▲赖草 *Leymus secalinus*（Georgi）Tzvel.

▲青海以礼草 *Kengyilia kokonorica*（Keng et S. L. Chen）J. L. Yang et al.

▲冰草 *Agropyron cristatum*（Linn.）J. Gaertner

▲芦苇 *Phragmites australis*（Cav.）Trin. ex Steud.

彩色图版Ⅳ

▲虎尾草 *Chloris virgata* Swartz

▲白草 *Pennisetum flaccidum* Griseb.

▲狗尾草 *Setaria viridis*（Linn.）Beauv.

▲梭罗草 *Kengyilia thoroldiana*（Oliv.）J. L. Yang et al.

▲帕米尔薹草 *Carex pamirensis* C. B. Clarke ex B. Fedtsch.

▲青藏薹草 *Carex moorcroftii* Falc. ex Boott

▲小灯心草 *Juncus bufonius* Linn.

▲展苞灯心草 *Juncus thomsonii* Buchen.

▲太白韭 *Allium prattii* C. H. Wright apud Forb. et Hemsl.

▲天蓝韭 *Allium cyaneum* Regel

▲唐古韭 *Allium tanguticum* Regel

彩色图版 Ⅵ

▲青甘韭 *Allium przewalskianum* Regel

▲杯花韭 *Allium cyathophorum* Bur. et Franch.

▲山丹 *Lilium pumilum* DC.

▲白花马蔺 *Iris lactea* Pall.

▲马蔺 *Iris lactea* Pall. var. *chinensis*（Fisch.）Koidz.

▲卷鞘鸢尾 *Iris potaninii* Maxim.（花）

▲卷鞘鸢尾 *Iris potaninii* Maxim.（果）

彩色图版Ⅷ

▲锐果鸢尾 *Iris goniocarpa* Baker（花）

▲甘肃鸢尾 *Iris pandurata* Maxim.

▲锐果鸢尾 *Iris goniocarpa* Baker（果）

▲准噶尔鸢尾 *Iris songaria* Schrenk.

FLORA KUNLUNICA

Tomus 4

Editor in Chief: Wu Yuhu

The Project Supported by the National Natural Science Foundation of China, the National Fund for Academic Publication in Science and Technology, and the Chongqing Publishing Group Fund for Academic Publication in Science

CHONGQING PUBLISHING GROUP · CHONGQING PUBLISHING HOUSE

Chongqing, China 400016

内 容 提 要

《昆仑植物志》是我国第一部系统记载喀喇昆仑山-昆仑山地区植物的大型专著。全书分为4卷，共收录喀喇昆仑山-昆仑山地区迄今所知的维管束植物2 600余种（包括种下类型）。本卷收录被子植物门单子叶植物纲香蒲科至兰科植物共10科106属532种15亚种37变种。书中除在各属种名下列出其主要相关文献、形态特征、产地分布和生境外，还特别列出附带详细地点的凭证标本号以供查阅。另含属种检索表若干，墨线图版80个，彩色图版8个；书末附有新分类群特征集要、标本采集史、植物中名索引和拉丁名索引，以及喀喇昆仑山-昆仑山地区范围图和山文水系图。

本书可供植物学，以及自然地理、生态环境、生物多样性、农林牧、中医药、植物资源保护与开发利用等相关领域的科研、教学、生产工作者和大中专院校师生参考。

EDITORIAL COMMITTEE

Authors:

Feng Ying (*Institute of Ecology and Geography in Xinjiang, Chinese Academy of Sciences*)

Wu Zhenlan, Wu Yuhu, Lu Shenglian, Yang Yongchang, Zhou Lihua (*Northwest Plateau Institute of Biology, Chinese Academy of Sciences*)

序

喀喇昆仑山、昆仑山从帕米尔高原隆起，横贯东西 2 500 余千米，草原和荒漠，茫茫苍苍，雪峰高耸，冰川纵横，巍峨神奇。从远古开始，昆仑山就成为中华各民族共同向往的圣地，在中华民族的文化史上具有“万山之祖”的显赫地位。中国古老的地理著作《山海经》、《禹贡》和《水经注》对它都不止一次地提到，其中记述大多与一些神话传说联系在一起。汉代以降，许多边塞诗吟咏的内容均涉及这一区域，然而直到近代，国内外的一些探险考察队进入这一地区，这一地区地理、生物的概貌才逐渐被揭开。

刘慎谔是第一个到喀喇昆仑山和昆仑山考察的中国植物学家。他于 1932 年（民国二十一年）初，由叶城入昆仑山区，在西藏西北部考察，8 月抵克什米尔的列城，采集标本 2 500 余号（《刘慎谔文集》，科学出版社 1985 年版）。此后，随着 20 世纪 50 年代的新疆考察，1973 年开始的青藏高原综合考察，中国植物学者才对这一地区的植物进行了较详细的调查和采集。1975 年我由格尔木出发，经西大滩，翻过海拔 4 700 余米的昆仑山山口，在五道梁、风火山、沱沱河地区进行了路线考察，亲身感受到在这一地区考察的艰辛。这里植物种类虽然较少，但有其特殊性。植物区系中许多中亚高山成分和旱生成分，与塔吉克斯坦、巴基斯坦、阿富汗等邻近国家，以及兴都库什山、帕米尔高原的植物区系都有联系，而与我国其他区域的植物有很大不同。

我很高兴看到《昆仑植物志》由诸多同行编著完成并即将出版。这部著作凝集了中国科学院西北高原生物研究所等单位研究植物分类的同行们的心血，是他们在工作条件和生活条件相对困难的情况下，继完成《青海植物志》之后又一部同心协力完成的力作，难能可贵。《昆仑植物志》的出版，必将促进对这一地区植物的更深入研究，也将为野生植物资源的开发和生态环境的保护提供重要的科学依据。

《中国植物志》已出版了，但《中国植物志》并不能完全替代地方植物志，尤其是一些边远和自然环境特殊地区的植物志。地方植物志针对植物的地区信息，如植物形态上有无变异、有何特殊用途，以及分布地点等的记载更为详尽。这些内容可补全国植物志的不足，也更便于应用。

青海长云暗雪山，孤城遥望玉门关。
黄沙百战穿金甲，不破楼兰终不还。

唐代王昌龄《从军行》（七首之四）概括描绘了当地的风光，展现了保卫边疆的决心。如今，时代不同了，但保卫和建设国家的精神是永远的。

是为序。

吴征镒

九十四岁衰翁

2010 年 3 月 8 日于昆明

前　　言

《昆仑植物志》终于就要付梓出版了。这使我倍感欣慰，也使我终于放下了近10多年来一直悬着的心。此时，我也才真正体会到了编书不比著书易。我真诚地感谢所有参加编撰的同人以及为此书提供过帮助和关心的人。

被喻为地球第三极的青藏高原，以其独有的海拔高度，会聚了亚洲许多巨大的山系而成为亚洲主要河流的发源地，是一个独特的自然地理单元。这里由昔日的特提斯大洋不断隆升、崛起，最后演变成今天地球上最高、最大和最具特色的高原。它不仅改变了亚洲和全球的地理面貌，同时也一举改变了亚洲乃至北半球的大气环流以及气候与生态等系统的格局，更因此而成为全球生物多样性的独特区和重点保护区、大型珍稀动物种群的集中分布区、中国气候变化的预警区和亚洲季风的启动区，以及全球变化的敏感区和典型生态系统的脆弱区，成为地球科学的最大之谜。但是，这里同时又被认为是一个全球环境变化研究的天然实验室和解开地球科学之谜的金钥匙，因而亦成为20世纪80年代以来地球系统科学的一个热点和知识创新的生长点，并进而成为当今国际学术界强烈竞争的重要地区。喀喇昆仑山和昆仑山地区更是作为“关键地区”而置身其中。

由国家自然科学基金委员会和中国科学院共同支持的“喀喇昆仑山-昆仑山地区综合科学考察研究”项目自1987年开始野外工作，至1991年该项目结束，历时5个年头。其中参加由武素功研究员任组长的生物组植物专业考察的先后有吴玉虎、夏榆、费勇、大场秀章（H. Ohba）等。野外考察每年从5月中下旬开始至10月上旬结束。考察结束后，由于种种原因（主要是联合资深植物学家和组织编研队伍以及筹集编研经费等），虽历经专业组成员的千辛万苦，资料和标本收获累累，并且都非常珍贵，但却一直未能有一部全面反映本次植物区系考察的专著问世，所采标本也一直被尘封而未作系统研究，从而使得本次综合考察，特别是植物区系考察留下了最大的遗憾。

有关自然地理单元，特别是独特的自然地理单元的植物志书的编撰和出版越来越受到国内外学界同人的欢迎和重视。昆仑山位于青藏高原的西北部，它西起帕米尔高原的东缘，东止于四川西部，绵延约 2 500 千米。它横卧于我国西部，和喀喇昆仑山一起，构成青藏高原西北隅及其北部边缘的高原、高山区。昆仑山脉以其巍峨高峻的山势而闻名于世，素有“亚洲脊柱”之称。这里是高原上极端干旱的地区，却又是大陆性高山冰川集中发育的地方和生物多样性的独特区域。其自然地理单元包括昆盖山、东帕米尔高原、喀喇昆仑山、昆仑山及其东延部分巴颜喀拉山和阿尼玛卿山等。区内有阿尔金山、可可西里和江河源等 3 个国家级自然保护区。这里分布着独特而典型的高寒类型植被和我国最大的野生动物群，但却是自然科学基础研究的相对薄弱区。就植物学研究来说，昆仑山地区地处青藏高原植物区系和中亚植物区系的地理交接地带，植物区系独特。它同时与吉尔吉斯斯坦、塔吉克斯坦、阿富汗、巴基斯坦、克什米尔和印度等多个国家和地区接壤，是多国交界的薄弱研究区，甚至有些地区此前还是野外考察的空白区；在国内，它跨越新疆、西藏、青海、四川、甘肃等西部省区和少数民族地区，地理位置十分重要，国际影响广泛，其重要性不言而喻。

作为我国和世界植物区系研究的薄弱区和部分空白区，对昆仑山地区的（多次）考察，由于涉及的地区偏远，范围广袤，交通不便，进入和开展工作都异常艰难，一般的业务部门和小型考察队都难以到达。所以，中国科学院昆仑山综合科学考察队所采集的植物标本，在世界范围内大多都非常珍贵。而这些珍贵的标本，在此前的近 20 年间竟未发挥应有的作用。不仅相邻各国的植物志书未能涉及这些来之不易的考察成果，就是我国的相关植物志书也未及利用这些标本，以致一些国内外的植物学家在中国科学院青藏高原生物标本馆查阅标本时，对该馆昆仑山地区的标本都表现出了极大的兴趣，包括其中的一些新分类群的标本，同时也对这些标本的未被系统研究而备觉惋惜。

正如我们所熟知的那样，任何植物志书的编写，其最艰巨、最危险的工作和最费时、费力、费钱的工作都在于野外考察。作为一项国家自然科学基金和中国科学院资助的重大项目，当其花费了国家巨额经费的野外考察工作结束，随后的工作就应该是系统地整理和研究所获得的第一手资料。而编研该地区的植物志书正是其中最重要的内容之一。所以，无论是就我国或是世界植物学研究而论，作为以西部独特自然地理单元存在的昆仑山地区的植物学专著——《昆仑植物志》是迟早要编著的。这项工作，现在不做，将来还是要做。我们不做，外国人，特别是相邻的别国就可能去做。那时，就有可能出现 100 多年以前任由外国人代替我们研究昆仑山地区的植物区系的情况，并且是利用我们的考察成果去发表他们的论文或新的分类群，类似的工作日本人近 20 年来一直在积极地进行着。不仅如此，我们还认为，包括《昆仑植物志》编研在内的该地区植物区系地理的研究，不仅对了解昆仑山地区乃至整个青藏高原的生物区系起源与发展及其地质历史等都具有积极作用，而且还涉及该地区植物区系分区的重要性以及国际影响和世界植物科学发展的需要。所以，为着消除国家青藏高原喀喇昆仑山-昆仑山科学考察的遗憾和完善国家重大基金项目的后续工作，以喀喇昆仑山和昆仑山地区这一独特地理单元为范围，编撰一部系统的《昆仑植物志》就尤显重要。

编撰《昆仑植物志》的想法由来已久。我国植物学界的先驱刘慎谔先生曾于1932年就考察过喀喇昆仑山地区的植物。作为第一个在本区进行植物考察的中国人，他早在20世纪50年代就提出要编撰《昆仑植物志》，并先后同中国科学院西北高原生物研究所的研究员郭本兆和周立华两位先生进行过交流。刘老真诚地希望有着地缘优势，并以动物、植物区系分类学起家和发展起来的该所植物研究室能够承担起组织这项工作的责任。但是，由于当时和后来很长一段时间，针对该地区植物区系研究所进行的野外考察不多，所涉及的范围太小，掌握的标本和资料有限等原因，直到刘慎谔先生去世，此事一直都未能提上议事日程。进入20世纪80年代，有我所（中国科学院西北高原生物研究所）参加的喀喇昆仑山和昆仑山地区大型综合科学考察完成以后，周立华和新疆农业大学的安峥皙教授又多次提出过编撰《昆仑植物志》的建议。不过，又由于经费和植物分类学人才短缺，以及跨省区、跨部门协作问题等原因而未能如愿。后来，在1993年2月和1998年初我们又同青海省农业资源区划办公室主任苟新京和副主任赵念农联合筹划过此事，两次希望《昆仑植物志》的编撰能在青海省农业资源区划办公室获得立项资助。为此，当时已经退休多年的安峥皙教授还专程从乌鲁木齐乘火车硬座来到西宁。但是，最终又因编研经费未能及时到位而只能中途作罢。再后来（2003年），我们又试图以“抢救曾经为我所的起家和发展创造过辉煌的植物区系分类学科”和“培养新人并为我所奉献专著类成果”的目的申请“所长基金”，然而，又终因该项目既无法列入所里的“重点学科”而又非考核所认为的“尖端创新类”项目而再一次落空。尽管如此，曾经为中国科学院西北高原生物研究所的创立和发展作出过不灭贡献的几位老先生却一直未能忘怀此事并仍在不断地积极努力。在当时，可以说，《昆仑植物志》虽尚未编写，却呼声已高，并已成为我国几代植物学家所梦寐以求之愿。

在争取《昆仑植物志》编研立项的过程中，最早提出编研《昆仑植物志》的刘慎谔教授已经作古；数次积极筹划编研《昆仑植物志》的周立华和安峥皙等业已退休多年；曾带队进行昆仑山植物区系考察并曾启动过《昆仑植物志》英文版编撰工作的武素功研究员也已退休；而已经答应承担虎耳草科编撰任务的潘锦堂研究员又于2005年底突然去世。还有，曾参加昆仑山植物野外考察工作的年轻植物学家费勇先生在后来的野外考察工作中已不幸以身殉职。这些都给《昆仑植物志》的编研带来不小的损失。失去潘锦堂研究员这样一位资深专家，不仅对《昆仑植物志》的编写来说是一大损失，而且原本可以由其通过编研《昆仑植物志》来对我国年轻一代虎耳草科研究人才进行培养和对其丰富的学识进行抢救的计划也都成为了泡影。必须看到，由于《昆仑植物志》编委会所会聚的和所依靠的都是年事已高的老一辈科学家（这正是由植物志书编研应该以资深植物分类学家为主的研究工作的特点决定的），无论是从编撰《昆仑植物志》本身或是从培养传统基础学科人才的角度出发，对他们丰富学识的抢救都已经到了刻不容缓的地步——包括我所在内的我国植物学经典分类人才队伍日渐萎缩，许多标本馆（当然也包括中国科学院青藏高原生物标本馆在内）的大量馆藏标本（这是植物学研究创新的基础和国家生物学研究的战略资源）未能定名，许多在研的相关课题所采集的凭证标本苦于无人鉴定，而青藏高原区研究薄弱甚至不乏空白区的现状更是呼唤大量经典分类人才。这甚至使得周俊和洪德元两位院士于2008年末先后在《科学时报》上提出“直面传统学科危机”，并疾呼“不要等到‘羊’去‘牢’空”!

中华人民共和国成立以来到20世纪末，我国科学家曾对青藏高原进行过3次大型的综合性科学考察，每次都有植物区系学科人员参加，并有相应的植物分类学专著问世。例如：20世纪70年代对西藏暨喜马拉雅山地区的科学考察后，有了5卷本的《西藏植物志》问世；80年代初对横断山地区的科学考察之后，又有了上、下两册的《横断山地区维管植物》的出版；80年代后期到90年代初，对喀喇昆仑山和昆仑山地区的科学考察是青藏高原综合科学考察的第三阶段。

如今，就国家层面来说，围绕昆仑山和喀喇昆仑山地区的大型综合科学考察工作已经结束，多次植物区系考察中所获得的植物标本也应该可以覆盖整个昆仑山和喀喇昆仑山地区。仅就中国科学院青藏高原生物标本馆的馆藏而言，除了有吴玉虎曾参加过的喀喇昆仑山-昆仑山地区综合科学考察队于1987～1991年采集的约5 000号近1万份标本外，还有1974年潘锦堂带领的由刘尚武、张盍曾等组成的中国科学院西北高原生物研究所新疆-西藏考察队采集的1 450号标本和1986年由黄荣福参加的中、德两国乔戈里峰考察队采集的500余号标本，以及刘海源等于1986年在昆仑山北坡和阿尔金山地区及塔里木盆地南缘所采集的约500号标本。更为重要的是，中国科学院西北高原生物研究所青藏高原生物标本馆自建馆40多年以来，收藏有昆仑山地区特别是东昆仑山地区的植物标本不下数万份。此外，还有中国科学院昆明植物研究所、北京植物研究所和新疆生态与地理研究所，以及新疆农业大学、石河子大学、兰州大学、西北师范大学等标本馆（室）所收藏的该地区1万余份植物标本。所采集和保藏的这些标本，都是国家和地方以及中国科学院历年来多次专项、综合和重大自然科学基金支持的研究项目所产生的宝贵财富。作为科学依据，这些标本已经足以支持和保证《昆仑植物志》编撰研究的需要。

无疑，《昆仑植物志》的编研出版可在填补研究地区空白的同时为国家的高原生物学培养传统学科的研究人才，其后续的补点考察还为独具高原特色的中国科学院青藏高原生物标本馆增加了数千份本区珍贵的植物标本。此外，这类“空白区”和“薄弱区”植物标本的继续收集、保藏，还将对青藏高原生物学及其相关学科的理论研究和学科发展等产生积极的后发效应。这也是我们积极投入《昆仑植物志》的编研并希望得到支持的重要原因。

为了不辜负老一辈植物学家寄予的厚望，我于 2003 年初开始担当起编撰和出版《昆仑植物志》的组织、协调，以及筹划、申请编撰和出版经费的工作。尽管困难重重，但好在有众多德高望重的老前辈和年轻一辈学人的支持、帮助和鼓励，我始终锲而不舍。经几位不计得失也愿意为编研《昆仑植物志》出力的老专家的真诚建议，也出于对参加《昆仑植物志》编研的资深老专家的学识和经验抢救的紧迫感以及时代赋予我们的责任感，我们在初时未能得到任何经费支持的情况下，提前启动了《昆仑植物志》的编研工作。

令人感动的是，在国内科技界因“一刀切”的简单管理和考评方式而助长浮躁、急功近利之风且负面报道时有出现的情况下，在我国植物区系地理研究和植物系统分类研究等传统学科的发展跌入最低谷的时期，在我国植物区系分类人才遭遇断档危机的情况下，在当时还未能获得任何专项经费支持的困难情况下，本书的编研得到了相关专家的热切响应。有这样一批老科学家，他们本已退休，原本可以心安理得地安享晚年，但是，他们不为名利，不计报酬，只是想发挥自己的余热，为我国的植物分类学研究多作一些贡献，为后人的研究工作多留下一些可供参考的基础性研究成果，哪怕这其中尚有不尽如人意之处。甚至有些老先生还说，只要有人组织，哪怕没有任何报酬我们也愿意干，因为《昆仑植物志》确实值得一做。还有一些年轻的科研人员，在自身工作时间紧、任务重、压力大，并且明知科技创新体制下植物区系分类研究等传统学科已经不再时髦的情况下，不计分文报酬和研究经费，在百忙中挤出各自的工作时间，牺牲业余时间，自筹经费外出查阅标本，以自己的实际行动支持这一工作并亲自加入到《昆仑植物志》的编研中来，认真地鉴定标本、认真地查阅资料、认真地撰写文稿。还有一些老先生，虽然自己未能参加《昆仑植物志》的编研，但却想方设法多方支持这项工作，如中国科学院新疆生态与地理研究所原党委副书记潘伯荣教授曾答应《昆仑植物志》可以通过扫描复制引用《新疆植物志》中的图版；中国科学院西北高原生物研究所已经退休的阎翠兰、王颖等先生答应为《昆仑植物志》的绘图提供他们往年积累下来的所有植物图版底稿或是可以通过扫描引用他们在《中国植物志》、《青海植物志》和《青海经济植物志》等书中的图版。这是我们在感受植物系统分类学和植物区系地理学等传统学科被边缘化的悲哀以及传统学科研究后继乏人的悲哀之时所能享受到的莫大欣慰和鼓舞。没有这样一批老科学家和这样一些年轻科学工作者的奉献精神、积极参与及其严谨的学风和一丝不苟的工作态度，以及对我国植物学科研发展的责任心，《昆仑植物志》的编撰工作就不可能在无任何经费支持的情况下启动，更不可能现在完成。这些都是值得我们倍加珍惜、好好学习并加以弘扬的。在这里，我谨对他们表示深深的敬意和诚挚的感谢。

由于《昆仑植物志》涉及的地域较广，所需鉴定的标本量大，编研人员较多，到多个标本馆查阅标本和资料的出差较多，需要补点考察的地区条件艰苦且耗费较大等，要完成本书近 3 000 种植物的编研，不仅工作量浩大，所需经费亦较高。因此，我们于 2003 年开始撰写申请报告，曾向多方提出申请，希望能够得到经费资助。虽然我们认为这项工作符合《国家中长期科学和技术发展规划纲要（2006～2020 年）》中关于加强对基础研究的支持精神，但前数年的申请都未能如愿。在此后的几年中，我们在提前启动项目的同时，一边继续完善我们的基金申请报告，一边还从 2004 年开始，先后对巴颜喀拉山南坡、沱沱河下游流域、阿尼玛卿山南部和东北部以及布尔汗布达山等标本欠缺的地区有重点地进行了补点考察，共采集标本 8 000 余号。经过多次申请并几经采纳历年专家评委关于申请书的建议，数易其稿，最终申请到了国家自然科学基金的资助。所以，我不但要感谢历年来国家自然科学基金的评委们对我本人的信任、鼓励、帮助和支持，而且还要感谢他们对本项目研究所提出的宝贵意见和建议。

还有必要特别指出的是，在植物系统分类学等传统学科发展艰辛的时期，不仅研究经费有限，而且出版经费更是没有着落，致使《昆仑植物志》在编撰之时还担心完稿后能否及时出版。而在这时，经青海人民出版社科技出版部原主任、编审陈孝全先生协助联系，我们很欣喜地申请到了“重庆出版集团科学学术著作出版基金”的资助，最终使得本书有机会和广大读者见面。在此，我们愿代表所有希望看到本书出版以及希望使用本书的各界人士并以我们自己的名义向相关支持者表示诚挚的感谢和深深的敬意。同时，我们还要感谢在百忙中抽出时间为本书作序和为本书出版基金的申请积极撰写推荐信的中国科学院院士吴征镒研究员、郑度研究员和洪德元研究员，以及中国科学院植物研究所所长马克平研究员；感谢本项目每一位参与者所作出的积极贡献；感谢徐文婷博士欣然应邀为本书精心绘制了地图。

另外，在《昆仑植物志》的编著过程中，除了各科作者和绘图者外，曾先后参加过标本整理、登记、文献查证、计算机录入、审核、校对、编著指导、文献提供和补点考察等工作的还有陈春花、吴瑞华、侯玉花、杨安粒、周静、黄荣福、方梅存、阳忠新、严海燕、祁海花、李小红、田宇、吴蕊洁、杨明、薛延芳、杜兰香、韩玉、熊淑惠、郑林、韩秀娟、杨应销、李炜祯、马文贤、蒋春香、郭柯、周浙昆、常朝阳、李小娟、蔡联炳等，在此也一并致谢。总之，我要感谢所有关心本套志书的编研、出版以及为之提供过帮助和为之做过有益工作的人们。

对于本套志书中难免出现的疏漏和不足之处，恳请读者不吝指正。

吴玉虎

2009 年 10 月

于中国科学院西北高原生物研究所

编 写 说 明

1.《昆仑植物志》分为4卷，共收录我国昆仑山和喀喇昆仑山地区截至目前所知的野生和重要的露天栽培维管束植物87科，仅有栽培种而无野生种的科不收录。其中，第一卷收录蕨类植物、裸子植物和被子植物杨柳科至十字花科，第二卷收录被子植物景天科至伞形科，第三卷收录被子植物杜鹃花科至菊科，第四卷收录被子植物香蒲科至兰科。

2.《昆仑植物志》所收录植物种类的分布范围涉及县级行政区域的有新疆的乌恰、喀什、疏附、疏勒、英吉沙、莎车、阿克陶、塔什库尔干、叶城、皮山、墨玉、和田、策勒、于田、民丰、且末、若羌等县（自治县），西藏的日土、改则（北纬34°以北）、尼玛（北纬34°以北）、双湖、班戈（北纬34°以北）等县（区），青海的茫崖、格尔木、都兰、兴海、治多（通天河以北的可可西里地区）、曲麻莱、称多、玛多、玛沁、达日、甘德、久治、班玛等县（区），四川的石渠县（北纬33°以北的巴颜喀拉山南坡）和甘肃的阿克塞（阿尔金山尾部）、玛曲（阿尼玛卿山的尾部）等县（自治县）。以行政区划名称标示的植物地理分布结果，使得一些分布于山前荒漠地带的种类亦进入收录范围。

3. 本书的系统，在蕨类植物按照秦仁昌（1978年）的系统；在裸子植物，按照郑万钧在《中国植物志》第七卷（1978年）的系统；在被子植物，按照恩格勒（Engler）的《植物分科纲要》（*Syllabus der Pflanzenfamilien*）第11版（1936年）的系统稍作变动，即将单子叶植物排在双子叶植物之后。

4. 所收录植物的科、属、种均列出中文名称和拉丁文名称，并给予形态特征描述；属和种（包括种下等级）均列出其主要文献、检索表；种和种下等级均列出各自的县级产地，凭证标本的采集者、采集号，以及精确到乡镇以下的采集地点，包括海拔高度范围在内的生境和国内外分布区；存疑种并有讨论；重要类群附有墨线图或图版，部分种类附有彩图。

5. 书后附有所有收入正文的植物科、属、种的中名索引和拉丁名索引，以及部分新分类群的特征集要。本卷还附有中国科学院青藏高原生物标本馆馆藏所涉《昆仑植物志》的标本采集史。

6. 本卷收录被子植物门单子叶植物纲香蒲科至兰科植物共 10 科 106 属 532 种 15 亚种 37 变种。有墨线图版 80 个、彩色图版 8 个，地图 2 幅。

7.《昆仑植物志》各卷的编撰除编写规格要求统一之外，采取植物科属（包括文字和图版）作者分工负责制。

8. 按照中国科学院青藏高原生物标本馆（QTPMB）的惯例，凡馆藏有本所（中国科学院西北高原生物研究所）人员参加的联合考察队所采集的植物标本，在采集签上通常将考察队中本所队员的姓名列于考察队名称之后。因此，本套志书中，由中国科学院青藏高原生物标本馆馆藏标本所标记的“青藏队吴玉虎”的所有号标本均指由“喀喇昆仑山-昆仑山综合科学考察队”中以武素功为组长的植物组采集，组员有吴玉虎、夏榆、费勇、大场秀章（H. Ohba）等。所采集的标本，除青藏高原生物标本馆馆藏外，同号标本还同时收藏于中国科学院昆明植物研究所标本馆（KUN）、中国科学院植物研究所（PE）和日本东京都大学博物馆植物研究室（TI）。所采集标本的标签，1987 年采用中文标记，采集人：中国科学院青藏高原综合科学考察队武素功、吴玉虎、夏榆；1988 年采用英文标记为 Expedition to Karakorum and Kunlun Mountain of China，Participants：S. G. Wu，H. Ohba，Y. H. Wu，Y. Fei；1989 年采用英文标记为 Expedition to Karakorum and Kunlun Mountain of China，Participants：S. G. Wu，Y. H. Wu，Y. Fei。另外，还有“可可西里队黄荣福（黄荣福 K.）”、“中德考察队黄荣福（黄荣福 C. G.）”等。“青藏队藏北分队郎楷永”等亦如此。

9. 本书引用了他书部分图版，请尚未取得联系的相关作者主动联系我们，以便致谢。

编 写 分 工

序 ………………………………………………………………………………… 吴征镒

前言、编写说明、编写分工、系统目录、中名索引、拉丁名索引、附录B

………………………………………………………………………………… 吴玉虎

香蒲科 ……………………………………………………………………… 冯　缨

眼子菜科、茨藻科、泽泻科、灯心草科、百合科 ……………………… 吴珍兰

禾本科、附录A ……………………………………………………… 吴玉虎　卢生莲

莎草科 ……………………………………………………………………… 杨永昌

鸢尾科、兰科 ……………………………………………………………… 周立华

TABULA AUCTORUM

Preface ·· Wu Zhengyi

Foreword, Illustrate, Authors division of labour, System, Index in Chinese and Latin, Addenda B ·· Wu Yuhu

Typhaceae ·· Feng Ying

Potamogetonaceae, Najadaceae, Alismataceae, Juncaceae, Liliaceae ·· Wu Zhenlan

Gramineae, Addenda A ······································· Wu Yuhu and Lu Shenglian

Cyperaceae ·· Yang Yongchang

Iridaceae, Orchidaceae ·· Zhou Lihua

目　录

昆仑植物志第四卷系统目录

被子植物门 ANGIOSPERMAE

单子叶植物纲 MONOCOTYLEDONEAE

七十八　香蒲科 TYPHACEAE

七十九　眼子菜科 POTAMOGETONACEAE

八十 茨藻科 NAJADACEAE

八十一 泽泻科 ALISMATACEAE

八十二 禾本科 GRAMINEAE

（一）针茅族 Trib. **Stipeae** Dum.

(五) 短柄草族 Trib. **Brachypodieae** Beauv.

(六) 雀麦族 Trib. **Bromueae** Drmort.

(七) 小麦族 Trib. **Tritaceae** Dumort.

(十三) 虎尾草族 Trib. **Cynodondeae** Agardh

(十四) 黍族 Trib. **Paniceae** R. Br.

八十三 莎草科 CYPERACEAE

八十四　灯心草科 JUNCACEAE

八十五　百合科 LILIACEAE

八十六　鸢尾科 IRIDACEAE

八十七 兰科 ORCHIDACEAE

被子植物门 ANGIOSPERMAE

单子叶植物纲 MONOCOTYLEDONEAE

七十八　香蒲科 TYPHACEAE

多年生沼生、水生或湿生草本。地下具根状茎，地上茎直立。叶革质，条形或剑形，两列互生，直立或斜向伸展，基部扩大成鞘，开裂，边缘膜质，向上渐窄，常有叶耳。花单性，雌雄同株，构成顶生的蜡烛状穗状花序，雄花序在上，雌花序在下，无总苞片或基部具早落的叶状总苞片；花无花被；雄蕊 1～3 枚结合成单体雄蕊，花药矩圆形或条形；雌花具苞片或无，心皮单一，子房 1 室，具长柄，柄上被白色丝状毛，花柱线性，柱头单侧条形、披针形、匙形；不孕雌花生于延长而具白色丝状毛的长柄上，顶端膨大部分是不育的子房，此柄较可育花更长。果实为细小坚果，纺锤形，具宿存的花柱。种子具粉质胚乳。

仅 1 属，约 16 种，分布于南北半球的温带和热带地区。我国有 11 种，分布广泛，以温带地区种类较多；昆仑地区产 4 种。

1. 香蒲属 **Typha** Linn.

Linn. Sp. Pl. 971. 1753.

形态特征与科同。

分种检索表

1. 植株体比较小，高不及 1 m；叶片宽 1～2 mm；雄花序轴无毛 ……………………………………………………………………………………… **4. 小香蒲 T. minima** Funck

1. 植株体比较高，1～2 m；叶片宽 3～12 mm；雌性穗状花序与雄性穗状花序远离而不连接。

2. 雌花无小苞片 ·· **1. 无苞香蒲 T. laxmannii** Lepech.

2. 雌花具小苞片。

3. 雄花序轴具稀疏的白色或黄褐色柔毛；花药长 1.2～1.5 mm，不分叉 ·········
·· **2. 长苞香蒲 T. angustata** Bory et Chaub.

3. 雄花序轴密生褐色扁柔毛，单出或分叉；花药长约 2 mm ·····················
·· **3. 狭叶香蒲 T. angustifolia** Linn.

1. 无苞香蒲 图版 1：1～3

Typha laxmannii Lepech. in Nova Acta Acad. Sci. Petrop. 12：84. 335. t. 4. 1801；Fl. URSS 1：221. 1934；Fl. Kazakh. 1：81. 1956；Fl. Tajikist. 1：85. 1957；中国植物志 8：5. 图版 1：11～13. 1992；新疆植物志 6：3. 图版 2：1～3. 1996；青海植物志 4：2. 图版 1：1～2. 1999；青藏高原维管植物及其生态地理分布 1066. 2008.

多年生水生或沼生草本。根状茎黄白色，地上茎直立，高 60～150 cm。叶片条形，上面扁平，下面隆起，长 50～90 cm，宽 3～6 mm。雌雄花序远离，相距 1～6 cm；雄花序棕褐色，长 8～17 cm，直径 10～15 mm，花序轴上具灰褐色柔毛，基部和中部具 1～2 枚纸质叶状苞片，花后脱落；雄花由 2～3 枚雄蕊合生，花药长约 2 mm，花丝很短；雌花无苞片，孕性雌花柱头匙形，深褐色，长 0.5～1.0 mm，花柱长 0.5～1.0 mm，子房披针形，其长不足子房柄的 1/3～1/2，子房柄基部着生白色丝状毛，毛短于花柱；不孕雌花子房倒圆锥形，淡褐色，柱头退化。小坚果椭圆形，长 1.0～1.2 mm，果皮褐色。　花期 6～7 月，果期 7～8 月。

产新疆：疏附（县城附近，采集人和采集号不详）。生于海拔 1 200 m 左右的湖泊、溪渠、河滩浅水中。

青海：都兰。生于海拔 2 200～2 800 m 的淡水沼泽、湖泊和渠边。

分布于我国的西北、华北、东北，以及江苏、四川；俄罗斯，巴基斯坦，亚洲北部，欧洲也有。

2. 长苞香蒲

Typha angustata Bory et Chaub. in Exp. Sci. Moree 3：338. 1832；Fl. URSS 1：215. t. 10：3. 1934；Fl. Kazakh. 1：82. 1956；Fl. Tajikist. 1：86. 1957；中国植物志 8：8. 图版 2：8～10. 1992；新疆植物志 6：4. 图版 1：5～8. 1996；青藏高原维管植物及其生态地理分布 1065. 2008.

多年生水生或沼生草本。具根状茎；茎直立，高 1～2 m，直径 8～20 mm。叶片条形，上面扁平，下面隆起，长 40～150 cm，宽 7～12 mm；叶鞘紧密抱茎，边缘膜质，开裂而相叠。雌雄花序相距 2～6 cm；雄花序长 20～30 cm，直径 1 cm，花序轴上具弯曲柔毛，叶状苞片1～2枚，花后脱落；雄花由3枚雄蕊组成，稀2枚，花药长1.2～1.5 mm，花丝细弱，下部合生成短柄；雌花具白褐色小苞片，孕性雌花柱头淡灰色，长0.8～1.5 mm，花柱长0.5～1.5 mm，子房披针形，长约1 mm，子房柄细弱，长3～6 mm，子房柄上的白色丝状毛短于苞片和柱头；不孕雌花子房倒圆锥形，淡褐色，柱头陷于凹处。小坚果长1.0～1.2 mm，果皮褐色。 花期6～7月，果期7～8月。

产新疆：乌恰（县城以东20 km处，刘海源200、227）、策勒（达玛沟乡，采集人不详32821）、民丰（安迪尔，中科院新疆综考队9563）。生于海拔1 300 m左右的湖泊、溪渠、河滩积水沼泽中。

分布于我国的西北、华北、东北，以及江苏、贵州、云南；印度，俄罗斯，日本，亚洲其他地区也有。

3. 狭叶香蒲

Typha angustifolia Linn. Sp. Pl. 971. 1753；Fl. URSS 1：215. 1934；Fl. Kazakh. 1：82. 1956；Fl. Tajikist. 1：86. 1957；中国植物志 8：7. 图版 2：6～7. 1992；新疆植物志 6：4. 图版 1：9～11. 1996；青海植物志 4：1. 1999；青藏高原维管植物及其生态地理分布 1066. 2008.

多年生水生或沼生草本。具根状茎；地上茎直立，高1～2 m。叶片条形，扁平或下面稍隆起，长50～120 cm，宽4～8 mm，深绿色；叶鞘细长，紧裹茎，具膜质边。雌雄花序相距2.5～7.0 cm；雄花序长20～30 cm，花序轴具褐色柔毛，单出或分叉，叶状苞片1～3枚，花后脱落；雄花具2～3枚雄蕊，花药长约2 mm，花丝短、细弱；雌花序圆柱形，长15～30 cm，成熟时宽1.0～2.5 cm，淡褐色，有时出现2节雌花序相连的现象，基部具1枚叶状苞片，常比叶宽，花后脱落；雌花小苞片匙形，黄褐色，孕性雌花柱头褐色，长1.3～1.8 mm，花柱长1.0～1.5 mm，子房纺锤形，长约1 mm，子房柄纤细，长4～5 mm，子房柄上的白色丝状毛长约8 mm；不孕雌花子房倒圆锥形，具褐色斑点，柱头短尖。小坚果长约1 mm，具褐色斑点。 花期6～7月，果期7～9月。

产新疆：若羌（阿尔金山阿吾拉孜沟，采集人和采集号不详）、阿图什（小阿图什，采集人不详150）。生于海拔3 050 m左右的湖泊、溪流、河滩积水沼泽。

青海：格尔木（托拉海，植被地理组187）、都兰。生于海拔2 200～2 800 m的淡水沼泽、湖泊和渠边。

分布于我国的南北各省区；北半球大都有分布。

4. 小香蒲 图版 1：4～5

Typha minima Funck in Hoppe Bot. Taschenb. 118. 1794；Fl. URSS 1：216. t. 10：4. 1934；Fl. Kazakh. 1：84. 1956；Fl. Tajikist. 1：88. 1957；中国植物

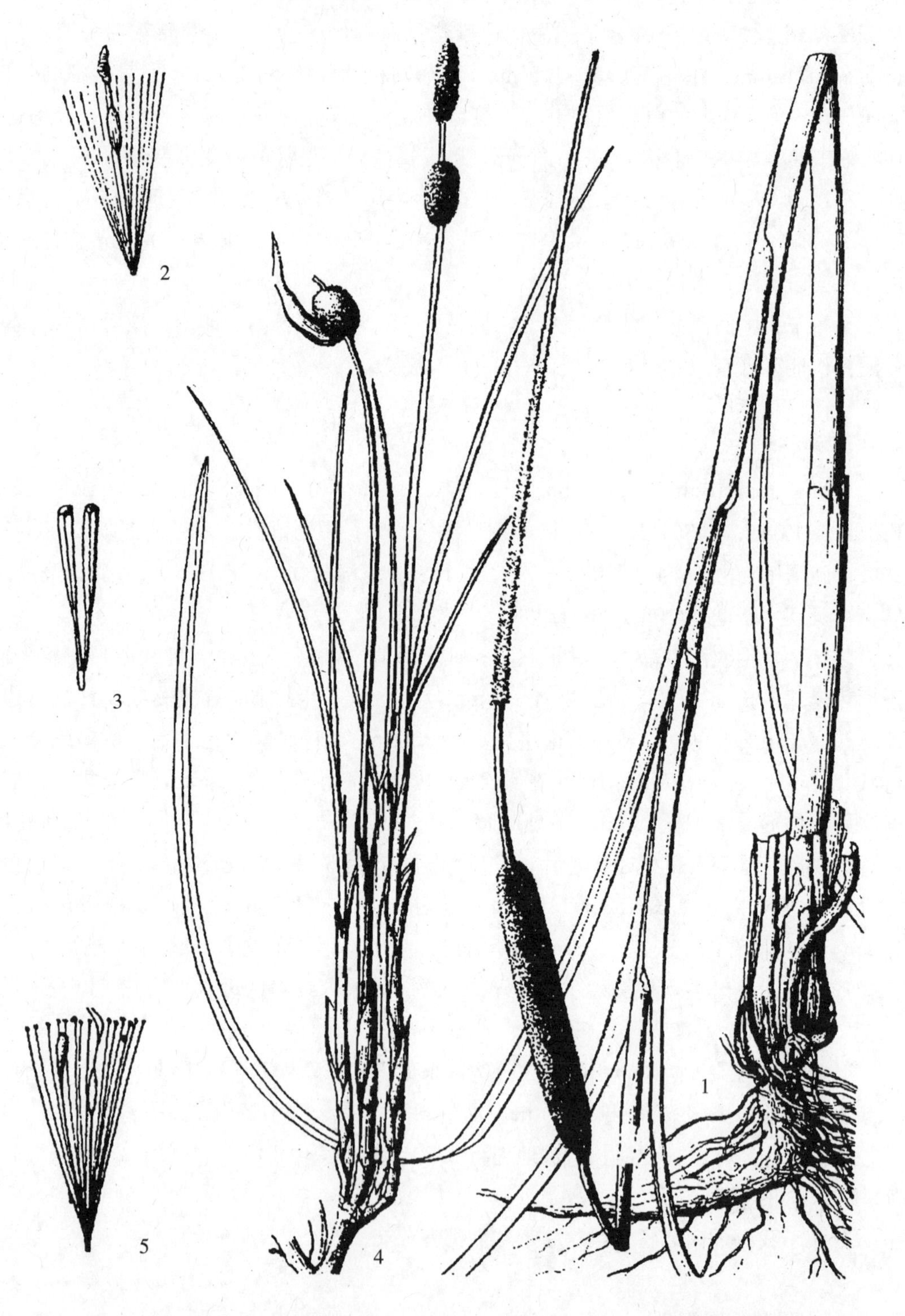

图版 1 无苞香蒲 **Typha laxmannii** Lepech. 1. 植株；2. 雌花；3. 雄花。小香蒲 **T. minima** Funck 4. 植株；5. 雌花。（引自《新疆植物志》，谭丽霞、张荣生绘）

志 8：9. 图版 2：12～14. 1992；新疆植物志 6：8. 图版 2：4～5. 1996；青藏高原维管植物及其生态地理分布 1066. 2008.

多年生水生或沼生草本。根状茎粗壮；地上茎细弱，直立，高 30～50 cm，直径 3～5 mm。通常基生叶鞘状，无叶片，上部叶片条形，长 15～40 cm，宽 1～2 mm，短于花葶；叶鞘具膜质边；叶舌向上伸展，长 0.5～1.0 cm。雌雄花序远离；雄花序圆柱形，长 3～8 cm，花序轴无毛，基部叶状苞片 1 枚，花后脱落；雄花具单一雄蕊，有时 2～3 枚合生，花药长约 1.5 mm，花丝短、细弱；雌花序长椭圆形，长 1.5～5.5 cm，成熟时直径 8～17 mm，基部具 1 枚叶状苞片，明显宽于叶片，花后脱落；雌花具小苞片，黄褐色，孕性雌花柱头条形，长约 0.5 mm，子房纺锤形，长约 1 mm，子房柄长 4～5 mm，子房柄上的白色长柔毛顶端稍膨大成圆形；不孕雌花子房倒圆锥形，顶端有短柱头。小坚果褐色，长约 0.5 mm。　花期 5～6 月，果期 7～8 月。

产新疆：喀什（喀什河，采集人不详）、疏勒、莎车、和田（麻扎山南河岸，采集人不详 9635）、且末（车尔臣河，采集人不详 9497）。生于海拔 1 200～1 300 m 的湖泊、溪流、河滩积水沼泽。

分布于我国的西北、华北、东北，以及湖北、四川；俄罗斯，巴基斯坦，亚洲北部，欧洲也有。

七十九　眼子菜科
POTAMOGETONACEAE

多年生水生草本。具根茎或匍匐茎，节上生须根和直立茎，稀无根茎。叶沉水或浮水，边缘全缘或具齿，有柄或无，浮水叶通常较宽而质厚，沉水叶通常较窄而质薄，常呈条形，互生或对生，稀轮生；托叶有或无，膜质或草质，鞘状抱茎，开放形，极少呈封闭的套管状。花序顶生或腋生，常呈简单的穗状或聚伞花序，花芽外包被有苞状托叶鞘；花小，两性或单性；花被有或无；雄蕊1～6枚，通常无花丝，花药长圆形、肾形或近球形，2或1室，纵裂；雌蕊具1至数个心皮，离生或稍合丝，花柱短粗或无，柱头呈头状或毛笔状，子房1室含胚珠1枚。果实多为小核果或小坚果，稀为纵裂的蒴果。种子无胚乳。

约有10属，170余种。我国有8属45种，昆仑地区产2属12种。

分属检索表

1. 根茎粗壮；须根多数；叶全部基生；花被片6，排列成2轮；雄蕊6；雌蕊心皮合生；果为蒴果 ………………………………………………… **1. 水麦冬属 Triglochin** Linn.
1. 根茎纤细；须根稀疏；叶茎生；花被片4，排列成1轮；雄蕊4；雌蕊心皮离生；果为核果 ………………………………………………… **2. 眼子菜属 Potamogeton** Linn.

1. 水麦冬属 Triglochin Linn.

Linn. Sp. Pl. 338. 1753.

多年生水生或湿生草本。具根茎，密生须根。叶全部基生，条形或锥状条形，具叶鞘，鞘两侧边缘膜质。总状花序较长，无苞片；花两性，花被片6枚，卵形，绿色，排列成2轮；雄蕊6枚，与花被片对生，花药2室，无花丝；心皮6或3个，合生，柱头毛笔状，子房上位，每室胚珠1颗。蒴果椭圆形、卵形或棒状条形，成熟后呈6瓣或3瓣开裂，内含种子1粒。

约有13种。我国有2种，昆仑地区产2种。

分种检索表

1. 植株细弱；总状花序具排列较疏散的小花；心皮 3；蒴果棒状条形，成熟后呈 3 瓣开裂 …………………………………………………………… **1. 水麦冬 T. palustre** Linn.
1. 植株较粗壮；总状花序具排列较紧密的小花；心皮 6；蒴果椭圆形，成熟后呈 6 瓣开裂 ………………………………………………………… **2. 海韭菜 T. maritimum** Linn.

1. 水麦冬

Triglochin palustre Linn. Sp. Pl. 338. 1753；Juz. in Kom. Fl. URSS 1：277. 1934；Hand.-Mazz. Symb Sin. 7：119. 1936；Dobroch. in Pavl. Fl. Kazakh. 1：104. t. 7. f. 9. 1956；Dandy in Tutin et al. Fl. Europ. 5：6. 1980；西藏植物志 5：13. 图 9. 1987；中国植物志 8：40. 图版 10. 1992；新疆植物志 5：27. 图版 8：1～3. 1996；青海植物志 4：4. 1999；青藏高原维管植物及其生态地理分布 1071. 2008.

多年生水生或湿生草本，植株弱小，基部具纤维状枯叶鞘。须根细弱。根茎细，直径 0.5～1.5 mm，长达数厘米；茎直立，圆柱形，无毛，有时紫红色，高 6～35 cm，直径约 1 mm，为鞘内分蘖，基部形成较小的根头。叶全部基生，条形或半圆柱状，长不超过花序，宽约 1 mm，先端钝，基部具鞘，有时紫红色，两侧鞘缘膜质；叶舌膜质，较短。总状花序顶生，长 1.5～14.0 cm，花多数，排列疏散；花梗长约 2 mm；花小，紫绿色，长 2.0～2.5 mm；无苞片；花被片 6 枚，椭圆形或舟形，鳞片状，具狭膜质边缘；雄蕊 6 枚，近无花丝，花药卵形，长约 1.5 mm；心皮 3 个，柱头毛刷状。蒴果褐紫色或褐黄色，棒状条形，长 5～10 mm，直径约 1.5 mm，成熟时自下向上呈 3 瓣开裂，仅顶端联合，果梗直立，长达 6 mm。 花期 6～7 月，果期 7～9 月。

产新疆：乌恰（乌拉根，青藏队吴玉虎 870019；巴尔库提，采集人不详 9694）、阿克陶（布伦口乡恰克拉克，青藏队吴玉虎 870566、870611）、塔什库尔干（麻扎至卡拉其古，高生所西藏队 3129、青藏队吴玉虎 4952；县城东，采集人不详 805）、莎车（采集记录不详）、和田（县城以南，刘海源 152；县城郊，采集人不详 1417）、叶城（赛图拉，高生所西藏队 3394；依力克其，黄荣福 C. G. 86－085；乔戈里峰，青藏队吴玉虎 1507）、且末（阿羌乡昆其布拉克，青藏队吴玉虎 2101）、若羌（阿其克库勒湖，青藏队吴玉虎 2200、4048、4050；阿尔金山保护区鸭子泉，青藏队吴玉虎 2139、3908；库木库里湖，青藏队吴玉虎 2307；阿尔金山，刘海源 022B）。生于海拔1 420～4 250 m 的河漫滩、沼泽地、水渠旁。

西藏：日土（尼亚格祖，青藏队 76－9154；县城郊，青藏队吴玉虎 1615；班公湖西段，高生所西藏队 3605）、尼玛（双湖，青藏队 9773、9858）。生于海拔 4 200～4 850 m 的河滩草地、沼泽草甸。

青海：茫崖（西北部，84A－017）、格尔木（纳赤台，青甘队 419）、曲麻莱（东风乡，刘尚武等 819）、称多（清水河乡，陈桂琛等 1880）、玛沁（雪山乡，H. B. G. 411；优云乡，区划一组 177）、久治（索乎日麻乡，果洛队 323）。生于海拔 3 560～4 300 m 的沟谷河边、沼泽湿地。

四川：石渠（长沙贡玛乡，吴玉虎 29674）。生于海拔 4 000 m 左右的沟谷河滩灌丛草甸中。

分布于我国的西北、西南、华北，以及东北各省区；欧洲，亚洲，北美洲也有。

2. 海韭菜 图版 2：1～2

Triglochin maritimum Linn. Sp. Pl. 338. 1753；Buch. in Engl. Pflanzenr. 16（Ⅳ. 14）：8. 1903；Juz. in Kom. Fl. URSS 1：277. 1934；Hand.-Mazz. Symb. Sin. 7：1190. 1936；Dobroch. in Pavl. Fl. Kazakh. 1：104. t. 7. f. 8. 1956；Dandy in Tutin et al. Fl. Europ. 5：6. 1980；西藏植物志 5：13. 图 8. 1987；中国植物志 8：40. 图版 11. 1992；新疆植物志，6：27. 图版 8：4～6. 1996；青海植物志 4：4. 图版 3：3～4. 1999；青藏高原维管植物及其生态地理分布 1070. 2008.

多年生水生或湿生草本。基部具纤维状枯叶鞘。根茎粗壮，垂直向下，斜生或横生，密生多数较粗须根。茎光滑，直立，不分枝，高 3.5～30.0 cm，粗达 2.5 mm，为鞘内分蘖，基部形成较小的根头。叶全部基生，条形，基部具宽鞘，鞘缘膜质，顶端与叶舌相连，宿存；叶舌膜质，长 2～5 mm。总状花序具密集多数小花，长 1.2～14.0 cm；花梗长约 1 mm，花后常稍延长；花小，绿色或绿紫色，花被片 6 枚，鳞片状，外轮 3 枚，宽卵形，内轮 3 枚稍狭；雄蕊 6 枚，分离，无花丝；雌蕊由 6 枚合生心皮组成，柱头毛笔状。蓇果椭圆形或卵形，具 6 棱，长 3～5 mm，宽 2.0～2.5 mm，成熟后呈 6 瓣开裂；果梗直或弯，长 4～5 mm。种子小，絮状，无胚孔。 花期 6～7 月，果期 7～9 月。

产新疆：乌恰（老乌恰，青藏队吴玉虎 87075；吉根乡，采集人不详 73－62）、阿克陶（布伦口乡恰克拉克，青藏队吴玉虎 87569）、塔什库尔干（麻扎种羊场，青藏队吴玉虎 87426；县城附近，高生所西藏队 3130；采集人不详 835）、叶城（克勒克河，青藏队吴玉虎 1535；麦盖提西，采集人不详 483）、若羌（阿尔金山保护区鸭子泉，青藏队吴玉虎 2143、3893）。生于海拔 2 720～4 000 m 的河漫滩、河滩沼泽草甸、河边及高山草甸。

西藏：日土（班公湖西段，高生所西藏队 3629）、改则、班戈（色哇区切多茶盐，青藏队 9527；色哇区比浪彭错，青藏队 9505）。生于海拔 4 200～5 150 m 的湖旁水沟边、冷泉边水草地。

青海：茫崖（城镇以西 20 km 处，刘海源 022；阿拉尔以西，植被地理组 110）、格尔木（纳赤台，吴玉虎 36699、36707，钟补求 421；市区附近，杜庆 025；乌兰乌拉，

图版 2　海韭菜 **Triglochin maritimum** Linn. 1. 植株；2. 果实。泽泻 **Alisma orientale**（Sam.）Juz. 3. 植株；4. 花。（王颖绘）

武素功等 710）、都兰（县城附近，吴玉虎 36587、36630；沟里乡，吴玉虎 36231；诺木洪农场，吴玉虎 36406、36414、36421、36430）、兴海（河卡纳滩，吴珍兰 107；河卡山，郭本兆 6158）、治多（可可西里库赛湖，可可西里队黄荣福等 K－439、K－1018；五雪峰，可可西里队黄荣福 K－985）、曲麻莱（县城附近，吴玉虎 38839、38881；巴隆乡昆仑山北坡矮屋多日沟，吴玉虎 36320B；秋智乡，刘尚武等 740）、称多（清水河乡，陈桂琛等 1874、2018）、玛多（扎陵湖畔，吴玉虎，采集号不详；黑河乡，吴玉虎 382；花石峡，H. B. G. 1478）、玛沁（大武乡，H. B. G. 583；昌马河乡，陈桂琛等 1782）、达日（德昂乡，陈桂琛等 1650）、甘德（上贡麻乡，区划一组 1140）、久治（县城以东 15 km 处，陈桂琛等 1613；龙卡湖，藏药队 712）。生于海拔 2 700～4 600 m 的高山草甸、湖边、沼泽湿地、河岸。

分布于我国的西北、西南、华北，以及东北各省区；广布于北半球温带及寒带。

2. 眼子菜属 Potamogeton Linn.

Linn. Sp. Pl. 126. 1753.

多年生水生草本。常具横走根茎，或无根茎，多须根。茎圆柱形或稍扁。叶互生或对生，沉水或浮水，沉水叶较狭而薄，浮水叶较宽而质厚，叶柄有或无；叶片线形、披针形、卵形至椭圆形；叶脉 3 至多条，相互平行，于叶片顶端相会合；托叶鞘多为膜质，稀草质，常为鞘状，与叶分离或合生。穗状花序顶生或腋生，花序梗基部有膜质鞘；花小，两性，无梗或近无梗；花被片 4 枚，排列成 1 轮，淡绿色至绿色，圆形，常基部具爪，先端钝圆或微凹；雄蕊 4 枚，着生于花被基部，几无花丝，花药 2 室，呈背面纵裂；雌蕊（1～）4 枚，离生，子房 1 室，花柱缩短，柱头膨大，头状或盾形，胚珠 1 枚。果实核果状，外果皮质地疏松，借水漂传播。种子近肾形。

约有 100 种。我国约有 28 种 4 变种，昆仑地区产 10 种。

分种检索表

1. 叶狭条形或丝状，宽不超过 4 mm，全部沉没在水中；无叶柄。

  2. 托叶与叶片分离，边缘合生成套管状抱茎；无根茎（稀具很细弱的根茎）………
  ……………………………………………………………… **1. 小眼子菜 P. pusillus** Linn.

  2. 托叶大部分与叶片基部贴生，形成明显的鞘，上部分离；具根茎。

    3. 叶鞘敞开，管状，具白色至浅褐色边缘，腋部常包裹 2～4 个分枝。

      4. 托叶鞘窄，边缘叠压而抱茎，包裹 2 个分枝；果实长 3.5～5.0 mm ……
      ………………………………………………… **2. 篦齿眼子菜 P. pectinatus** Linn.

4. 托叶鞘宽大，膨松而抱茎，包裹 2～4 个分枝；果实较小，长 2～3 mm
······································ **3. 鞘叶眼子菜 P. vaginatus** Turcz.

3. 叶鞘下部闭合，具褐色边缘，腋部无分枝或包裹 1 个分枝。

5. 叶窄条形，宽 1～3 mm；叶鞘稍膨松，长 2～3 cm ··························
······································ **4. 帕米尔眼子菜 P. pamiricus** Baag.

5. 叶丝状，宽 0.3～0.5 mm；叶鞘细而贴茎，长 0.8～1.5 cm ··············
······································ **5. 丝叶眼子菜 P. filiformis** Pers.

1. 叶椭圆形、长圆形、卵形、披针形或宽条形，宽均在 4 mm 以上，全部沉没水中或有浮水和沉水两型；具叶柄或无叶柄。

6. 叶全部沉没水中，叶片质地较薄，草质，边缘具细微的齿。

7. 叶宽条形或条状披针形，基部楔形；具长叶柄；托叶大，长 2.5～5.0 cm ···
······································ **6. 竹叶眼子菜 P. malaianus** Miq.

7. 叶卵形、卵状披针形或卵状圆形，基部心形，呈耳状抱茎；无叶柄；托叶小，长 0.3～0.7 cm，早落 ···························· **7. 穿叶眼子菜 P. perfoliatus** Linn.

6. 叶两型，有浮水叶和沉水叶之分；浮水叶革质，具叶柄，沉水叶草质，均全缘，不具微齿。

8. 浮水叶叶片与叶柄连接处明显具易弯曲的关节；沉水叶条形，叶柄状 ·········
······································ **8. 浮叶眼子菜 P. natans** Linn.

8. 浮水叶叶片与叶柄连接处不具关节；沉水叶披针形至条形。

9. 果实长 3～4 mm，背部具 3 脊，中脊锐；浮水叶卵状长圆形或卵状披针形，基部楔形至近圆形 ·························· **9. 小节眼子菜 P. nodosus** Poir.

9. 果实长 2.0～2.5 mm，背部钝圆；浮水叶卵形至椭圆形，基部圆形或近心形 ······································ **10. 蓼叶眼子菜 P. polygonifolius** Pour.

1. 小眼子菜

Potamogeton pusillus Linn. Sp. Pl. 127. 1753; Asch. et Graebn. in Engl. Pflanzenr. 31 (Ⅳ. 11): 113. f. 27. J. 1907; Juz. in Kom. Fl. URSS 1: 247. 1934; Dobroch. in Pavl. Fl. Kazakh. 1: 94. t. 6. f. 6. 1956; Dandy in Tutin et al. Fl. Europ. 5: 10. 1980; 西藏植物志 5: 8. 图 5. 1987; 中国植物志 8: 44. 图版 12. 1992; 新疆植物志 6: 16. 图版 4: 8～11. 1996; 青海植物志 4: 8. 图版 1: 3～5. 1999; 青藏高原维管植物及其生态地理分布 1069. 2008.

多年生沉水草本。根茎细弱或有时阙如。茎纤细，近圆柱形，直径 0.3～0.8 mm，多分枝，节间长 1.5～3.0 cm。叶狭条形，无柄，长 1.5～7.0 cm，宽约 1 mm，先端渐尖，全缘，通常具 3 脉，两侧脉细弱，中脉宽，背部突起；托叶无色透明膜质，披针形至条形，长达 1 cm，与叶片分离，边缘合生成套管状抱茎，常早落；休眠芽腋生，呈纤细的纺锤状，长 1.0～2.5 cm，下面具 2 或 3 枚伸展的小苞叶。穗状花序顶生，长圆柱形，长 5～10 mm，通常由 2～3 轮花簇间断排列组成；花序梗与茎等粗或稍粗于茎，长 1～3 cm；花小，花被片 4 枚，绿色；雌蕊 4 枚，花柱短。果实斜倒卵形，长1～2 mm，平滑，龙骨脊钝圆，顶端具 1 稍向后弯的短喙。 花果期 6～9 月。

产新疆：喀什、和田、于田、民丰。生于海拔 1 400～3 300 m 的沼泽湖泊、沟渠中。

青海：茫崖（阿拉尔以西，植被地理组 123）、玛多（死鱼湖畔，吴玉虎 455）。生于海拔 2 980～4 280 m 的湖泊浅水区、沟渠等静水之中。

分布于我国的西北、华北，以及东北诸省区；广布于北半球温带。

2. 篦齿眼子菜 图版 3：1～2

Potamogeton pectinatus Linn. Sp. Pl. 127. 1753；Asch. et Graebn. in Engl. Pflanzenr. 31（Ⅳ. 11）：121. f. 28 A～B. 1907；Juz. in Kom. Fl. URSS 1：239. 1934；Dobroch. in Pavl. Fl. Kazakh. 1：91. t. 6. f. 4. 1956；Dandy in Tutin et al. Fl. Europ. 5：11. 1980；西藏植物志 5：10. 图 6. 1987；中国植物志 8：79. 图版 32. 1992；新疆植物志 6：14. 图版 4：3～7. 1996；青海植物志 4：11. 图版 2：6～7. 1999；青藏高原维管植物及其生态地理分布 1069. 2008.

多年生沉水草本。根茎发达，细长，白色，具分枝，常于春末夏初至秋季之间在根茎及其分枝的顶端形成白色卵形的小块茎状休眠芽。茎红色或淡黄色，近圆柱形，纤细，长达 2 m 多，直径 0.5～1.0 mm，节与节间明显，长 0.5～5.0 cm；分枝呈叉状，上部分枝稍密集，下部分枝稀疏。叶窄条形，扁平，长 2～10 cm，宽 0.3～1.0 mm，先端渐尖或急尖，基部与托叶贴生成鞘；托叶鞘绿色，长 1～3 cm，边缘膜质，白色，叠压而抱茎，顶端具长 2～10 mm 的无色膜质小舌片；叶脉 1～3 条，平行，中脉显著，有与之近于垂直的次级叶脉。穗状花序顶生，长 1～3 cm，具 4～7 轮花簇，间断排列；花序梗长 2～10 cm，与茎近等粗；花被片 4 枚，圆形或宽卵形，直径约 1 mm；雌蕊 4 枚，通常仅 1～2 枚可发育为成熟果实。果实倒卵形，长 3.5～5.0 mm，宽 2.2～3.0 mm，具短喙，背部钝圆，腹面平直或微凹。 花果期 6～9 月。

产新疆：疏勒、莎车、皮山（康西瓦，高生所西藏队 3409）、策勒（采集记录不详）、若羌（土房子，青藏队 2332；依夏克帕提，青藏队 4271；库木库里湖，青藏队 2317）。生于海拔 3 900～4 300 m 的沼泽地、湖中。

西藏：日土（过巴乡，青藏队吴玉虎 1607；多玛区，青藏队 76－9096）、改则（可拉丁山口，高生所西藏队 4366）、尼玛（双湖，采集人和采集号不详）、班戈（普保乡，青藏队 10588）。生于海拔 4 300～4 900 m 的高原宽谷溪流河水中、河谷滩地沼泽地。

青海：格尔木（纳赤台，青甘队 506）、治多（可可西里察日错，可可西里队黄荣福 K－042）、玛多（扎陵湖，吴玉虎 436；清水乡，吴玉虎 29027；黑河乡，吴玉虎 29020）、玛沁（大武乡，H. B. G. 714；下大武乡，玛沁队 487）、达日（德昂乡，陈桂琛等1685)、久治（龙卡湖，藏药队788)。生于海拔3 600～4 700 m的高原湖泊、河滩及沼泽水坑。

甘肃：玛曲（欧拉乡，吴玉虎32096A、32099A)。生于海拔3 330 m左右的沟谷河滩、沼泽。

分布于我国的南北各省区；南北两半球温带水域可见。

3. 鞘叶眼子菜

Potamogeton vaginatus Turcz. in Bull. Soc. Nat. Mosc. 27（2)：66. 1854；Juz. in Kom. Fl. URSS 1：238. 1934；Dobroch. in Pavl. Fl. Kazakh. 1：91. 1956；Dandy in Tutin et al. Fl. Europ. 5：11. 1980；新疆植物志6：14. 1996；青藏高原维管植物及其生态地理分布1069. 2008.

多年生沉水草本。根茎细，白色。茎细长，具多数分枝，节间短。叶窄条形，扁平，长5～8 cm，宽1.0～1.5 mm，全缘，顶端钝，基部与托叶贴生成鞘；叶鞘敞开或内卷，较下部的疏松并且膨大，宽大抱茎，其中包裹着4个分枝，很少只包2个分枝，边缘膜质，白色至浅褐色，顶端分离部分长5～10 mm；叶脉3条，平行。穗状花序于顶端腋生，长1～5 cm，由6～8轮花簇组成，花簇彼此等距离间断排列；花序梗与茎等粗，长3～6 cm；花小，花被片4枚；雌蕊4枚，离生，具短花柱，柱头水平展开。果实小，圆形，长2～3 mm。　花果期6～9月。

产新疆：阿克陶（布伦口乡恰克拉克，青藏队吴玉虎870611B)、策勒（采集记录不详)、若羌（库木库里盆地，采集人和采集号不详)。生于海拔3 400～4 150 m的高原湖泊及沼泽。

分布于我国新疆；欧洲，亚洲北部，北美洲也有。

4. 帕米尔眼子菜　图版3：3

Potamogeton pamiricus Baag. in Vidensk. Medd. Natur. Foren. 182. 1903；Asch. et Graebn. in Engl. Pflanzenr. 31（Ⅳ. 11)：127. 1907；Juz. in Kom. Fl. URSS 1：237. 1934；Dobroch. in Pavl. Fl. Kazakh. 1：91. 1956；中国植物志8：78. 1992；新疆植物志6：13. 图版4：1～2. 1996；青海植物志4：9. 图版2：8. 1999；青藏高原维管植物及其生态地理分布1069. 2008.

多年生沉水草本。根茎发达，白色，直径1.0～1.5 mm，具分枝，节处生有多数须根。茎圆柱形，直径0.5～0.8 mm，不分枝或少分枝，长可达1 m。叶互生，硬挺，线形，长4～12 cm，宽1～3 mm，顶端钝圆，基部与托叶贴生成鞘；叶鞘大，长2～3 cm，明显蓬松，近边缘部分无色膜质，下部合生成套管状抱茎，顶端具长1～2 cm的绿色或近无色的膜质叶舌，舌片通常宿存，先端钝或渐尖；叶脉3～5条，明显，中脉与边缘脉之间有与之垂直的次级脉相连接。穗状花序顶生，长3～4 cm，具数轮花簇，间断排列；花序梗长 3～5 cm，直而稍硬挺，与茎近等粗；花小，花被片 4 枚，近圆形；雌蕊 4 枚，离生。果实小，斜倒卵形，具极短的喙。 花果期 7～9 月。

产新疆：乌恰（吉根乡，采集人不详 73-172）、塔什库尔干。生于海拔 2 300～2 700 m 的湖泊、沼泽中。

青海：称多（清水河乡，苟新京 83-29）、玛多（城郊，陈桂琛 2020）。生于海拔 4 000～4 500 m 的高原湖泊、沼泽之水中。

分布于我国的新疆、青海、甘肃、西藏、四川；中亚地区各国也有。

5. 丝叶眼子菜

Potamogeton filiformis Pers. Syn. Pl. 1：152. 1805；Asch. et Graebn. in Engl. Pflanzenr. 31（Ⅳ.11）：126. f. 28. C～E. 1907；Juz. in Kom. Fl. URSS 1：236. 1934；Dobroch. in Pavl. Fl. Kazakh. 1：90. t. 6. f. 7. 1956；Dandy in Tutin et al. Fl. Europ. 5：11. 1980；中国植物志 8：76. 图版 31. 1992；新疆植物志 6：14. 1996；青海植物志 4：10. 1999；青藏高原维管植物及其生态地理分布 1067. 2008.

多年生沉水草本。根茎细长，白色，直径约 1 mm，具分枝，常于春末至秋季在主根茎及其分枝顶端形成卵球形休眠芽体。茎圆柱形，纤细，直径约 0.5 mm，基部多分枝，或少分枝；基部于水底常匍匐，节间常短缩，长 0.5～2.0 cm，或伸长。叶互生，线形或丝状，长 3～7 cm，宽 0.3～0.5 mm，顶端钝，基部与托叶贴生成叶鞘；叶鞘长 0.8～1.5 cm，绿色，合生成套管状抱茎（或至少在幼株时为合生的管状），顶端具长 0.5～1.5 cm 的透明膜质舌片；叶脉 3 条，平行，顶端连接，中脉明显，边缘细弱而不明显，次级脉很不清晰。穗状花序顶生，具 2～4 轮花簇，花簇彼此间断排列；花序梗与茎近等粗，长 10～20 cm；花小，花被片 4 枚，绿色，近圆形；雌蕊 4 枚，离生，通常仅1～2 枚发育为成熟果实。果实倒卵形，长 2～3 mm，宽 1.5～2.0 mm，顶端具极短呈疣状的喙，背脊通常钝圆。 花果期 7～10 月。

产新疆：喀什、塔什库尔干、策勒、若羌（库木库里湖，青藏队吴玉虎 2318）。生于海拔 1 400～4 100 m 的静水湖沼及荒漠戈壁河渠中。

青海：称多（清水河乡，陈桂琛等 1876）、玛多（黄河沿，黄荣福 3676；巴颜喀拉山北坡，陈桂琛等 1956；黑河乡，陈桂琛等 1766）、玛沁（昌马河乡，陈桂琛等 1715）。生于海拔 4 100～4 500 m 的沼泽湿地。

分布于我国的新疆、青海、宁夏、陕西；欧洲，中亚地区各国，北美洲也有。

6. 竹叶眼子菜 图版 3：4～6

Potamogeton malaianus Miq. Illustr. Fl. Arch. Ind. 46. 1871；Asch. et Graebn. in Engl. Pflanzenr. 31（Ⅳ.11）：83. 1907；Juz. in Kom. Fl. URSS 1：258. 1934；Dobroch. in Pavl. Fl. Kazakh. 1：96. t. 6. f. 1. 1956；中国植物志

8：60. 图版 22. 1992；新疆植物志 6：19. 图版 5：3～4. 1996；青藏高原维管植物及其生态地理分布 1068. 2008.

多年生沉水草本。根茎发达，白色，节处生有须根。茎圆柱形，长达 1 m 左右，直径约 2 mm，不分枝或具少分枝，节间长达 10 余 cm，叶互生，花序梗下部叶对生，薄纸质，条形或条状披针形；叶柄扁圆形，长 1.5～5.0 cm；叶片长 5～19 cm，宽 1.0～2.5 cm，顶端钝圆，并具长 2～3 mm 的小凸头，基部楔形或钝圆，边缘微波状且有细微的锯齿，中脉明显，自基部至中部发出 6 至多条与之平行，并在顶端连接的次级叶脉，3 级横叶脉清晰可见；托叶大而明显，近膜质，无色，与叶片离生，鞘状抱茎，长 2～5 cm。穗状花序顶生，具多轮花簇，密集或稍密集；花序梗膨大，稍粗于茎，长 4～7 cm；花小，花被片 4 枚，绿色；雌蕊 4 枚，离生。果实倒卵形，长约 3 mm，两侧稍扁，背部明显 3 脊，中脊狭翅状，侧脊锐，具短喙。 花果期 6～10 月。

产新疆：喀什。生于海拔 1 400 m 左右的湖泊、水库及沟渠中。

分布于我国的南北各省区；俄罗斯，蒙古，朝鲜，日本，东南亚各国，印度也有。

采自青海省久治县的标本（藏药队 560）与本种相似，但有区别。前者茎纤细，淡褐红色，下部多分枝；叶片长 1.5～5.5 cm，宽 0.3～1.0 cm，先端无小凸尖；叶脉 5～7 条平行并于顶端连接；雌蕊 2 枚（稀 4 枚）。因标本少，待今后补采，进一步仔细研究。

7. 穿叶眼子菜

Potamogeton perfoliatus Linn. Sp. Pl. 126. 1753；Hook. f. Fl. Brit. Ind. 6：566. 1894；Juz. in Kom. Fl. URSS 1：260. 1934；Dobroch. in Pavl. Fl. Kazakh. 1：97. t. 6. f. 9. 1956；Dandy in Tutin et al. Fl. Europ. 5：9. 1980；西藏植物志 5：7. 图 4. 1987；新疆植物志 6：18. 图版 5：7～8. 1996；青海植物志 4：8. 1999；青藏高原维管植物及其生态地理分布 1069. 2008.

多年生沉水草本。根茎长，白色，节处有须根。茎圆柱形，长 46～100 cm，直径 0.5～3.0 mm，上部多分枝。叶互生，花序下部的叶对生；叶片较薄，卵形、卵状披针形或卵状圆形，长 2～6 cm，宽 1.0～2.5 cm，顶端钝圆至急尖，基部心形，呈耳状抱茎，边全缘而常波状，具极细小的微齿，基出 3 脉或 5 脉，弧形，顶端连接，次级脉细弱；托叶膜质，白色，长 3～7 mm，早落。穗状花序生于茎顶或叶腋，具 4～7 轮花簇，密集或稍密集，长 1.5～3.0 cm；花序梗与茎近等粗，长 2～4 cm；花小，花被片 4 枚，淡绿色或绿色；雌蕊 4 枚，离生。果实倒卵形，长 3～5 mm，顶端具短喙，背部具 3 条不显著的脊，中脊稍锐。 花果期 5～9 月。

产新疆：喀什、和田、且末。生于海拔 1 400～4 000 m 的湖泊、池塘。

青海：玛多（扎陵湖，吴玉虎 435）。生于海拔 4 280 m 左右的湖泊、浅水中。

分布于西北、华北、东北各省区，以及西藏、云南、贵州、湖北、湖南、河南、山东；欧洲，亚洲，北美洲，南美洲，非洲，大洋洲也有。

8. 浮叶眼子菜　图版 3：7～8

Potamogeton natans Linn. Sp. Pl. 126. 1753；Hook. f. Fl. Brit. Ind. 6：565. 1894；Juz. in Kom. Fl. URSS 1：255. pl. 12. f. 21. 1934；Dobroch. in Pavl. Fl. Kazakh. 1：95. t. 6. f. 11. 1956；Dandy in Tutin et al. Fl. Europ. 5：9. 1980；西藏植物志 5：5. 图 3. 1987；中国植物志 8：64. 图版 25. 1992；新疆植物志 6：20. 图版 6：5～6. 1996；青海植物志 4：6. 图版 2：1～2. 1999；青藏高原维管植物及其生态地理分布 1068. 2008.

多年生浮水或沉水草本。根茎发达，白色，常具红色斑点，多分枝，节处生有不定根。茎圆柱形，直径 1.5～2.0 mm，通常不分枝或极少分枝。浮水叶革质，卵形、卵状长圆形至卵状椭圆形，长 2～4 cm，宽 1.2～2.4 cm，顶端圆形或钝尖，基部心形至圆形，稀渐狭，具长柄，全缘，具多条纵脉于叶端连接，其中 7～10 条较清晰；沉水叶质厚，常为叶柄状，呈半圆柱状线形，先端稍钝，长 8～20 cm，宽 2～3 mm，具不明显的 3～5 脉；托叶近无色，膜质，长 3～8 cm，鞘状抱茎，多脉，常呈纤维状宿存。穗状花序顶生，紧密成圆柱形，长 2～5 cm，具多轮花簇，开花时伸出水面；花序梗粗于茎或有时与茎等粗，长 3～7 cm，直径 2～3 mm，开花时通常直立，花后弯曲而使花序沉没水中。花小，花被片 4 枚，绿色，肾形至近圆形，径约 2 mm；雌蕊 4 枚，离生。果实倒卵形，外果皮常为绿色或灰黄色，长 3～4 mm，宽 2～3 mm，背部钝圆，或具明显的中脊，顶端有短喙。　花果期 6～9 月。

产新疆：塔什库尔干（城东，西植所新疆队 800、808）、乌恰（吉根乡，采集人不详 73-33）。生于海拔 2 900～3 600 m 的宽谷河滩沼泽草甸、河溪边浅水坑。

西藏：日土（过巴乡，青藏队吴玉虎 1604）。生于海拔 4 350 m 左右的河谷滩地沼泽、河边浅水沼泽草甸。

分布于我国的新疆、青海、西藏、陕西、云南，以及东北 3 省；广布于亚洲，欧洲，非洲，北美洲。

9. 小节眼子菜

Potamogeton nodosus Poir. in Lam. Encycl. Meth. Bot. Suppl. 4：535. 1816；Juz. in Kom. Fl. URSS 1：254. 1934；Dobroch. in Pavl. Fl. Kazakh. 1：95. t. 6. f. 13. 1956；Dandy in Tutin et al. Fl. Europ. 5：9. 1980；中国植物志 8：67. 1992；新疆植物志 6：22. 图版 6：7～8. 1996；青藏高原维管植物及其生态地理分布 1068. 2008.

多年生浮水或沉水草本。根茎发达，白色，直径 1～2 mm，多分枝，节处生须根。茎圆柱形，直径 1.5～2.0 mm，通常不分枝。浮水叶革质，卵状长圆形或卵状披针形，

图版 3　篦齿眼子菜 **Potamogeton pectinatus** Linn. 1. 部分植株；2. 小坚果。帕米尔眼子菜 **P. pamiricus** Baag. 3. 部分植株。竹叶眼子菜 **P. malaianus** Miq. 4. 部分植株；5. 花序；6. 小坚果。浮叶眼子菜 **P. natans** Linn. 7. 植株；8. 小坚果。（王颖绘）

长 3.5～9.0 cm，宽 1.5～2.0 cm，顶端钝或尖，基部楔形至近圆形，具长于叶片的叶柄；叶脉多条，于顶端连接；沉水叶质薄，草质，披针形，先端稍钝，具柄，常早落；托叶褐色，鞘状抱茎，长 2～4 cm。穗状花序顶生，具多轮花簇，紧密，呈圆柱形，开花时伸出水面，花序梗比茎稍粗壮或等粗，开花时直立，花后自基部弯曲而使花穗沉没水中，长 2～6 cm；花小，花被片 4 枚，淡绿色；雌蕊 4 枚，离生。果实倒卵形，淡紫红色，长 3～4 mm，宽 1.0～1.5 mm，背部具不明显的 3 脊，中脊锐，顶端具稍弯曲的短喙。　花果期 6～9 月。

产新疆：喀什（采集地不详，高生所西藏队 3058A）、莎车、和田、于田。生于海拔 1 400～3 300 m 的湖泊边、沟渠静水处以及水田。

分布于我国的新疆、陕西北部；欧洲，北美洲，中亚地区各国也有。

10. 蓼叶眼子菜

Potamogeton polygonifolius Pour. in Mém. Acad. Toulous. 3：325. 1788；Asch. et Graebn. in Engl. Pflanzenr. 31（Ⅳ.11）：65. f. 16：A～D. 1907；Dandy in Tutin et al. Fl. Europ. 5：9. 1980；中国植物志 8：67. 1992；新疆植物志 6：22. 1996；青藏高原维管植物及其生态地理分布 1069. 2008.

多年生水生草本。根茎发达，淡黄色或稍带粉红色，常具深色斑点，有分枝，与茎近等粗，通常在节处生有多数须根。茎圆柱形，直径 0.7～1.5 mm，通常不分枝。浮水叶革质，卵形至椭圆形，长 2～5 cm，宽 1.0～2.5 cm，先端收缩变狭或钝圆，基部圆形或近心形，具 1～12 cm 长的叶柄；叶脉 15～19 条，平行，于叶端连接；沉水叶近透明草质，披针形，长 2～6 cm，宽 0.5～1.0 cm，顶端尖锐或钝，基部渐尖，全缘，具 1～3 cm 长的柄，常早落；托叶近膜质，长约 3 cm，呈鞘状抱茎。穗状花序顶生，具 10 余轮花簇，开花时伸出水面；花序梗与茎近等粗，开花时直立，花后自基部弯曲而使花穗沉没水中，长 3～7 cm；花小，花被片 4 枚，绿色，近圆形或宽椭圆形；雌蕊 4 枚，离生。果实宽倒卵形至圆形，外果皮红褐色，长 2.0～2.5 mm，宽 1.5～2.2 mm，基部圆，两侧平或稍凹陷，背部通常钝圆，喙短小，近消失。　花果期 7～9 月。

产新疆：和田。生于海拔 1 400 m 左右的静水中。

分布于我国的新疆；欧洲，北美洲，中亚地区各国，印度，蒙古，日本也有。

八十　茨藻科 NAJADACEAE

一年生或多年生沉水草本，生于内陆淡水、半咸水、咸水或浅海海水中。多须根。植株纤长，柔软，二叉状分枝或单轴分枝，下部匍匐或具根状茎。茎节上多生有不定根。叶线形，无柄，无气孔，多种排列方式；叶全缘或具锯齿；叶基扩展成叶鞘或具鞘状托叶；叶耳、叶舌缺或有。花单生、簇生或成花序，腋生或顶生；花小，单性，雌雄同株或异株；雄花具花被或无，或具苞片，花丝细长或无，花药1室、2室或4室，纵裂或不规则开裂；雌花无花被或具苞片，心皮1、2或4个，离生，柱头2裂或为斜盾形。果实为瘦果。

约有5属。我国有3属12种4变种，昆仑地区产1属1种。

1. 角果藻属 Zannichellia Linn.

Linn. Sp. Pl. 969. 1753.

生于淡水或海滨咸水中的沉水草本植物。具匍匐茎，多分枝，细弱而纤长。叶互生或近对生，全缘；叶鞘托叶状；叶片线形。花序腋生；花小，单性同株，雌花和雄花生在同一无色苞状鞘内；雄花无花被，仅雄蕊1枚，花丝细长，着生于雌花基部；雌花花被杯状，透明，心皮通常（2～）4（～8）个，离生，花柱细长，柱头斜生，盾形，子房内具1枚倒生胚珠。瘦果肾形略扁，无柄或具短柄，先端具喙，稍向背面弯曲。

约有3种。我国有2种，昆仑地区产1种。

1. 角果藻　图版4：1～3

Zannichellia palustris Linn. Sp. Pl. 969. 1753；Asch. et Graebn. in Engl. Pflanzenr. 31（Ⅳ.11）：153. pl. 34. 1907；Juz. in Kom. Fl. URSS 1：264. 1934；华东水生维管束植物 14. pl. 15. 1952；Dobroch. in Pavl. Fl. Kazakh. 1：99. 1956；秦岭植物志 1（1）：46. 图 43. 1976；中国水生高等植物图说 207. 图 149. 1983；西藏植物志 5：11. 图 7. 1987；中国植物志 8：104. 图版 41. 1992；新疆植物志 6：23. 图版 7：4～8. 1996；青海植物志 4：12. 图版 1：6～8. 1999；青藏高原维管植物及其生态地理分布 1070. 2008.

多年生水生小草本。根状茎横走，有须根。茎细弱而脆，易折断，长3～15 cm，具分枝。叶互生、近对生，线形，扁平，无柄，长2～7 cm，宽约0.5 mm，具1脉，

图版 4 角果藻 **Zannichellia palustris** Linn. 1. 植株；2. 果枝；3. 叶尖。
(引自《中国植物志》，陈宝联绘)

全缘，先端尖，基部有鞘状膜质托叶。花微小，腋生，无梗；雄花仅具雄蕊 1 枚，花药长约 1 mm，花丝细长；雌花的花被膜质，杯状，心皮通常 4 个，稀 2～4 个，离生，子房椭圆形，花柱短粗，后期伸长，宿存，柱头呈微凹的斜盾形，边缘具疏齿或呈波状。果实长圆形，略弯，或新月形、肾形，略扁平，长约 2.5 mm，常 2～4（5～6）枚簇生于叶腋，有时具总果柄，每枚具长短不定的小果柄；背脊有狭翅，翅缘具小钝齿，顶端具喙，喙长于或短于果长，略向背后弯曲。 花期 6～8 月，果期 8～9 月。

产新疆：喀什（县城附近，高生所西藏队 305B）、莎车、墨玉、洛浦、于田。生于海拔 1 400 m 左右的淡水或咸水湖泊、河湾及水田。

甘肃：玛曲（欧拉乡，吴玉虎 32099B）。生于海拔 3 300 m 左右的河滩、沼泽中。

分布于我国的南北各省区；世界各地都有。

此种分布极广，形态变异性很大，但这些变异性状又极不稳定，所以我们仅收录正种，种下等级暂不收录。

八十一　泽泻科 ALISMATACEAE

多年生或一年生草本，水生或沼生。具根茎、球茎、匍匐茎。茎直立挺水、浮水或沉水。叶多基生，常分陆生及水生叶；叶脉弧形；叶柄长短随水位深浅有明显变化，基部扩大成鞘状。花序总状、圆锥状或呈圆锥状聚伞花序；花两性或单性；花被片 6 枚，2 轮排列，外轮绿色；花萼状，宿存，内轮花瓣状，脱落；雄蕊 6 至多数，花丝分离，花药 2 室；雌蕊由多数或 6 枚离生心皮形成，螺旋状着生于凸出的花托上，花柱针状，果期宿存，子房上位，1 室，具 1 至多数胚珠。瘦果聚集成头状；种子马蹄形，无胚乳。

约有 11 属，100 多种。我国有 4 属 20 余种，昆仑地区产 1 属 1 种。

1. 泽泻属 **Alisma** Linn.

Linn. Sp. Pl. 342. 1753.

多年生水生、沼生或湿生草本。茎短缩，稀具根茎，有须根。叶基生，沉水或挺水，全缘，具长柄；叶片条状披针形、椭圆形至卵圆形；叶脉近平行，具横脉。花葶直立，花序分枝轮生，每个分枝再作 1～3 次分枝，组成大型圆锥状复伞形花序；分枝基部具苞片及小苞片。花小形，两性，辐射对称；花被片 6 枚，排成 2 轮，外轮花萼状，边缘膜质，绿色，宿存，内轮花瓣状，比外轮大，白色或淡红色，花后脱落；雄蕊 6 枚，着生于内轮花被片基部两侧，花药 2 室，纵裂，花丝条状；心皮多数，离生，两侧压扁，轮生于花托上，花柱侧生于腹缝线的上部。瘦果小，革质，两侧压扁，彼此紧密靠合，聚集成头状。

约有 11 种。我国有 6 种，昆仑地区产 1 种。

1. 泽　泻　图版 2：3～4

Alisma orientale (Sam.) Juz. In Kom. Fl. URSS 1：281. 1933；中国植物志 8：141. 图版 55：6～8. 1992；新疆植物志 6：33. 图 9：4～5. 1996；青海植物志 4：14. 图版 3：1～2. 1999；青藏高原维管植物及其生态地理分布 1072. 2008. ——*A. plantago-aquatica* var. *orientalis* Sam. in Meddel. Goteb. Bot. Tradg. 2：84. 1926.

多年生水生或沼生草本。根茎缩短，呈块状增粗，须根多数，黄褐色。叶基生，挺水叶片宽披针形、椭圆形，长 4～16 cm，宽 2～8 cm，先端渐尖，基部心形、近圆形或楔形，具5～7条纵脉，弧形，横脉多数，两面光滑；叶柄长5～15 cm，较粗壮，基部渐宽，边缘具狭膜质。花葶高25～100 cm，具3～9轮分枝，每节轮生3～9个分枝。花小，直径6～7 mm；花梗不等长，外轮花被片卵形，长2.0～2.5 mm，边缘窄膜质，具5～7脉，内轮花被片近圆形，比外轮花被片大，白色、淡红色，稀黄绿色，边缘波状；雄蕊6枚，花药黄色；心皮多数，分离，轮生，排列不整齐，花柱长约0.5 mm。瘦果椭圆形，两侧压扁，长1.5～2.0 mm，宽1.0～1.2 mm，背部具1～2条浅沟，花柱宿存；种子很小，长约1 mm，紫红色。 花期5～7月，果期7～9月。

产新疆：喀什、和田。生于海拔1 400 m左右的水边及沼泽地。

青海：玛沁。生于海拔4 000 m左右的沼泽地。

分布于我国南北各省区；俄罗斯，中亚地区各国，蒙古，朝鲜，日本，印度北部也有。

八十二　禾本科 GRAMINEAE

多年生、一年生或越年生草本，少为灌木或乔木。秆圆柱形，直立、平卧或基部匍匐，有明显的节，节间通常中空，少为实心。叶互生，排列成2行，分为叶片和叶鞘两部分；叶片常扁平或内卷，通常为长的狭窄披针形，有时线形或具刚毛，通常具平行脉，中脉明显，叶鞘包住秆，叶片与叶鞘间有叶舌，有时两侧具有膜质或纸质叶耳。花序由许多小穗组成，小穗具柄或无柄，着生在穗轴上，排列成圆锥状、穗状、总状或稀为头状花序；小穗由颖片、小穗轴和小花组成，小花多为两性，稀可单性，无显著的花被，由外稃、内稃、鳞被及雌蕊和雄蕊构成，外稃基部具基盘，顶端或背可具芒；内稃具1～2脉，内、外稃包在外面，其内有2～3（稀为6）枚鳞被，雄蕊（1）2～3～6枚，雌蕊1枚，由2（3）个心皮组成1室的上位子房，花柱通常2枚，稀少1或3枚；柱头大多羽毛状或毛刷状。果实通常为颖果，少为胞果、坚果和浆果，种子有小型的胚和丰富的胚乳。

有660余属，约9 000种。我国有230属，1 500种左右；昆仑地区产68属，308种，10亚种，26变种。

分族、分属检索表

1. 小穗含1小花或多花，常两侧压扁或为圆柱形，常脱节于颖之上。
  2. 成熟花的外稃具多脉至5脉，稀具3脉或其脉不明显，无芒或具直伸或膝曲的芒，叶舌常无纤毛，稀可具稀疏的纤毛。
    3. 小穗具柄，排列为开展或紧缩的圆锥花序；或近无柄，形成穗形总状花序；若无柄时则小穗覆瓦状排列于穗轴一侧，再形成圆锥花序。
      4. 小穗常含1花，稀有2花。
        5. 外稃质地较厚，背部常为坚硬革质或草质，紧密包卷着颖果［**（一）针茅族 Stipeae** Dum.］。
          6. 外稃顶端2深裂，裂片渐尖或直而硬。
            7. 小穗轴延伸于内稃之后。
              8. 外稃背部在2裂片基部具1圈冠毛状柔毛；雌蕊具2个花柱……………………………………………… **1. 冠毛草属 Stephanachne** Keng
              8. 外稃顶端在2裂片基部无冠毛状柔毛。外稃背部散生细柔毛；雌蕊具3个花柱 ……………………… **2. 三蕊草属 Sinochasea** Keng
            7. 小穗轴不延伸于内稃之后。

9. 子房密被糙毛；柱头凸出，花柱稍长 ……………………………………………………………… **4. 毛蕊草属 Duthiea** Hack.

9. 子房平滑无毛，花柱极短 ……………… **3. 三角草属 Trikeraia** Bor

6. 外稃顶端完整或具微齿裂。

10. 外稃具易落的芒；芒短而细弱，基部不扭转。

11. 外稃背部无毛或有微毛，具光泽，芒自顶端伸出；内稃具2脉 ………………………………… **6. 落芒草属 Oryzopsis** Michx.

11. 外稃背部遍生毛，无光泽，芒自顶端2微齿间伸出，内稃具5～7脉 ………………………… **5. 沙鞭属 Psammochloa** Hitchc.

10. 外稃具宿存的芒，芒常粗壮而下部扭转，但在芨芨草属芒细弱而易落。

12. 外稃顶端完整不裂且具膝曲，芒柱扭转，具宿存的芒，稃体包卷成圆筒形，背部被毛呈纵行或被散生细毛，基盘长而尖 …………………………………………………… **7. 针茅属 Stipa** Linn.

12. 外稃顶端具2齿裂。

13. 芒全部具羽状柔毛；小穗柄细长而纤弱 ………………………………………………… **8. 细柄茅属 Ptilagrostis** Griseb.

13. 芒粗糙或具微毛；小穗柄不细长纤弱 ………………………………………………… **9. 芨芨草属 Achnatherum** Beauv.

5. 外稃质地较薄，膜质或草质，疏松包着颖果［**(四) 燕麦族 Aveneae** Nees］。

14. 小穗脱节于颖之上；小穗轴延伸于内稃之后或否。

15. 外稃草质，芒自稃体背部伸出；小穗轴延伸于内稃之后且具柔毛 ……………………………………… **27. 野青茅属 Deyeuxia** Clarion

15. 外稃透明膜质，无芒或具芒，自稃体顶端或中部以上伸出，小穗轴不延伸于内稃之后或有延伸但极短。

16. 外稃具基盘无毛或稀具微毛……… **26. 剪股颖属 Agrostis** Linn.

16. 外稃基盘具长柔毛 ………… **28. 拂子茅属 Calamagrostis** Adans.

14. 小穗脱节于颖之下；小穗轴不延伸于内稃之后。

17. 小穗近圆形，无柄，呈覆瓦状排列于穗轴的一侧，而后形成圆锥花序……………………………………… **30. 䓞草属 Beckmannia** Host

17. 小穗披针形或椭圆形，具柄，排列成紧密或较疏松的穗形圆锥花序。

18. 颖具芒，背部脊粗糙，基部分离 …………………………………………………………………… **29. 棒头草属 Polypogon** Desf.

18. 颖无芒，背部脊有纤毛，基部相联合 ……………………………………………………… **31. 看麦娘属 Alopecurus** Linn.

4. 小穗含2至多花。

19. 第2颖常等长于或长于第1小花；外稃的芒多膝曲且扭转，自外稃的基部或自顶端2裂齿间伸出［**（四）燕麦族 Aveneae** Nees］。

20. 小穗含2至多数两性小花。

21. 子房有毛；小穗大，长7～25 mm。

22. 多年生；小穗直立，两颖不等长，具1～7脉……………………………………………… **19. 异燕麦属 Helictotrichon** Bess.

22. 一年生；小穗下垂，两颖近等长，具7～11脉 ………………………………………………………… **20. 燕麦属 Avena** Linn.

21. 子房平滑；小穗小，长2.5～8.0（10）mm。

23. 外稃无芒或顶端具小尖头，稀有短芒；圆锥花序紧密排列成穗状圆柱形 ……………………… **22. 落草属 Koeleria** Pers.

23. 外稃明显有芒；圆锥花序疏松开展或紧缩。

24. 外稃背部具脊，顶端2齿裂，芒自背中部以下伸出，膝曲 ………………………… **21. 三毛草属 Trisetum** Pers.

24. 外稃背部圆形，顶端具不规则齿裂或平截，芒自稃体背中部以下伸出，不明显膝曲………………………………………………… **23. 发草属 Deschampsia** Beauv.

20. 小穗含3花，两性小花只1枚，位于2枚不孕小花的上方。

25. 小穗棕色而有光泽；两性小花有2枚雄蕊；植物干后有香味 ……………………………………… **25. 黄花茅属 Anthoxanthum** Linn.

25. 小穗灰绿色，无光泽；两性小花有3枚雄蕊；植物干后无香味 …………………………………………………… **24. 虉草属 Phalaris** Linn.

19. 第2颖常短于或近等长于第1小花；外稃无芒或具劲直的芒，稀反曲，但不扭转。

26. 外稃常具（5）7～9脉。

27. 子房顶端无毛或偶有微毛；内稃脊上无毛或被短纤毛；颖果顶端无附属物或喙；小穗柄具关节而使小穗整个脱落，顶端不孕外稃聚集成球形或棒状；外稃无芒，基盘无毛［**（二）臭草族 Meliceae** Reichb.］ ………………………… **10. 臭草属 Melica** Linn.

27. 子房顶端有糙毛；内稃脊上有硬纤毛或具短纤毛；颖果顶端有毛或具短喙；小穗柄及小穗无上述特征。

28. 小穗具短柄，排列成穗形总状花序；叶鞘不闭合而边缘互相覆盖［**（五）短柄草族 Brachypodieae** Beauv.］ ……………………………………… **32. 短柄草属 Brachypodium** Beauv.

28. 小穗柄较长，排列成圆锥花序；叶鞘闭合或下部闭合［**（六）雀麦族 Bromueae** Drmort.］。

29. 叶鞘闭合；外稃顶端尖或具芒……………………………
……………………………………… **34. 雀麦属 Bromus** Linn.

29. 叶鞘仅下部闭合；外稃顶端钝而无芒 …………………
……………………………… **33. 扇穗茅属 Littledalea** Hemsl.

26. 外稃具（1）3～5 脉；小穗柄及小穗不具上述特征；叶鞘不闭合或边缘互相覆盖或有基部闭合［**（三）早熟禾族 Poeae** R. Br.］。

30. 小穗几无柄，排列成穗形总状花序；第 1 颖无或在顶生小穗中存在 ……………………………………… **12. 黑麦草属 Lolium** Linn.

30. 小穗具柄，排列成开展或紧缩的圆锥花序；第 1 颖存在。

31. 外稃具 1～3 脉。

32. 小穗含 2 小花；颖短小，无脉；外稃无毛 ……………
……………………………… **18. 沿沟草属 Catabrosa** Beauv.

32. 小穗含 3～4 小花，颖长约 2 mm，具 1～3 脉；外稃全被柔毛 …………………… **17. 小沿沟草属 Colpodium** Trin.

31. 外稃具 3～5 脉。

33. 外稃具芒稀无芒，基盘无毛 ……………………………
……………………………… **11. 羊茅属 Festuca** Linn.

33. 外稃无芒稀具短芒尖，基盘具长丝状柔毛或具微毛或无毛。

34. 一年生禾草，外稃具 3 脉，基盘无毛 ……………
……………………… **16. 旱禾属 Eremopoa** Roshev.

34. 多年生禾草；外稃具 5 脉。

35. 雌雄异株或同株；颖片膜质，具脊；子房顶端密生短柔毛 ………… **15. 银穗草属 Leucopoa** Griseb.

35. 小穗两性，同株；颖片草质，无脊或有脊；子房顶端无毛。

36. 外稃背部圆形无脊，脉明显平行；基盘无毛或稀具微毛；花柱不存在；盐生植物 ……
…………………… **13. 碱茅属 Puccinellia** Parl.

36. 外稃背部成脊，脉在顶端会合，基盘具丝状柔毛稀无毛；花柱存在；草甸草原植物 …
………………………… **14. 早熟禾属 Poa** Linn.

3. 小穗无柄或几无柄，排成穗状花序［**（七）小麦族 Tritaceae** Dumort.］。

37. 小穗常以 2 枚至数枚生于穗轴各节。

38. 小穗常 3 枚生于穗轴各节，三联小穗仅中间小穗无柄，可育，两侧生小穗具短柄，退化不育 …………………………… **36. 大麦属 Hordeum** Linn.

38. 小穗（1）2 至数枚生于穗轴各节。

39. 植株具下伸或横走的根茎，基部常为纤维状枯叶鞘所包；叶片质较硬，常卷折，灰绿色；穗状花序劲直；颖较窄，披针形至锥形，具1～3（5）脉 ………………………………… **35. 赖草属 Leymus** Hochst.

39. 植株无根状茎；基部不为碎裂的纤维状叶鞘所包；叶片较柔软，扁平，绿色；穗状花序常弯垂或直立；颖较宽，长圆状披针形，具3～5脉 ……………………………………… **37. 披碱草属 Elymus** Linn.

37. 小穗常单生于穗轴各节。

40. 外稃无基盘；颖卵形；颖果与内、外稃相分离。一年生栽培谷类作物 ……………………………………………………… **43. 小麦属 Triticum** Linn.

40. 外稃有基盘；颖披针形；颖果常与内、外稃相粘贴。多年生野生禾草或为栽培牧草。

41. 植株具根状茎；小穗成熟时脱节于颖之下，小穗轴不于诸花间断落 …………………………………………… **38. 偃麦草属 Elytrigia** Desv.

41. 植株不具根状茎或稀具有。

42. 穗轴坚硬，小穗不易掉落；穗状花序的顶生小穗正常发育或有退化。

43. 颖背部无脊，但中脉常突起似有脊；顶生小穗正常发育 ………………… **39. 以礼草属 Kengyilia** C. Yen et J. L. Yang

43. 颖背部显著具脊；顶生小穗常退化 …………………… ……………………………… **40. 冰草属 Agropyron** Gaertner

42. 穗轴脆而使小穗整个掉落；穗状花序的顶生小穗不孕或退化。

44. 小穗含3～10小花；颖披针形，基部多少相连，具2～3脉；外稃背部有脊，脊粗糙 …………………… ………………… **41. 旱麦草属 Eremopyrum** Jaub. et Spach

44. 小穗含2小花；颖极窄，具1脉；外稃显著具脊，脊上及上部边缘有纤毛 …………… **42. 黑麦属 Secale** Linn.

2. 成熟花的外稃具1～3脉，亦有具5～9脉者；常具直伸而不膝曲的芒，稀无芒；叶舌常具纤毛，或为1圈毛所代替。

45. 小穗圆柱形；孕性外稃茎盘有长丝状柔毛；叶舌具纤毛；植株高大［（八）**芦竹族 Arundineae** Dumort.］ ……………………… **44. 芦苇属 Phragmites** Trin.

45. 小穗两侧压扁。

46. 外稃具（3）7～9脉。

47. 外稃无芒，背部1/2以下密被长柔毛；小穗有柄，排列成较紧密的圆锥花序［（九）**扁芒草族 Danthonieae** Zotov］ ……………………… ……………………………………………… **45. 齿稃草属 Schismus** Beauv.

47. 外稃顶端具3～9芒。

48. 外稃质地厚，具 9 脉，顶端具 9～11 枚常呈羽毛状的芒［**（十一）冠芒草族 Pappophoreae** Kunth］ ……………………………………………………………… **48. 九顶草属 Enneapogon** Desv. ex Beauv.

48. 外稃成熟时质地变硬，具 3 脉，顶端有 3 裂的芒或有 3 芒［**（十）三芒草族 Aristideae** Hubb.］。

49. 外稃的芒粗糙 ……………………… **46. 三芒草属 Aristida** Linn.

49. 外稃的芒具羽状毛 ………………… **47. 针禾属 Stipagrostis** Nees

46. 外稃具（1）3～5（11）脉。

50. 小穗含 2 至多数结实的小花；圆锥花序，如为总状或穗状花序时，其小穗不排列在穗轴一侧［**（十二）画眉草族 Eragrostideae** Stapf］。

51. 外稃具 7～11 脉，背部无长柔毛；小穗几无柄 ………………………………………………………… **49. 獐毛属 Aeluropus** Trin.

51. 外稃具 3 脉，背部或边缘具柔毛或无毛；小穗具柄。

52. 圆锥花序紧缩成头状或穗状，位于宽广苞片的腋中 ……………………………………………………… **53. 隐花草属 Crypsis** Ait.

52. 圆锥花序开展或狭窄。

53. 小穗两侧压扁；外稃背部平滑无毛，基盘无毛；小穗轴不逐节断落 …………………… **52. 画眉草属 Eragrostis** Wolf

53. 小穗背部圆形；外稃背部常有毛，基盘有毛。

54. 植株无根状茎；叶鞘内有隐藏的小穗 ……………………………………………… **50. 隐子草属 Cleistogenes** Keng

54. 植株具细长且覆盖有鳞片的根状茎；叶鞘内无隐藏的小穗 ……………………… **51. 固沙草属 Orinus** Hitchc.

50. 小穗含 1 结实小花，排列于穗轴的一侧，形成穗状花序，此花序以多枚至 1 枚再沿主轴排列成圆锥状、总状或指状等复合花序［**（十三）虎尾草族 Cynodondeae** Agardh］。

55. 小穗簇具短柄，着生于花轴上，形成穗形总状花序；第 1 颖微小或缺，小穗 2～5 枚簇生，每簇中最下方 2 枚成熟小穗合并为 1 刺球体 ……………………………… **56. 锋芒草属 Tragus** Hall.

55. 小穗无柄或近无柄；穗状花序呈指状或近于指状排列于穗轴顶端。

56. 外稃明显具芒，其边脉的上部具长柔毛，植株无匍匐茎 ……………………………………………… **54. 虎尾草属 Chloris** Swartz

56. 外稃无芒，脊上有毛；植株具匍匐茎 ……………………………………………… **55. 狗牙根属 Cynodon** Rich.

1. 小穗含 2 小花，下部小花常不发育而为雄性，甚至退化仅存 1 外稃，背腹压扁，脱节于颖之下。

57. 第2小花的外稃及内稃通常质地坚韧而无芒［**（十四）黍族 Paniceae** R. Br.］。
58. 花序中无不育小枝。
59. 小穗排列为开展或紧缩的圆锥花序，单生；叶具叶舌 ………………… ………………………………………………………… **57. 黍属 Panicum** Linn.
59. 小穗排列在穗轴的一侧成穗轴花序，而后再作指状或圆锥状排列。
60. 第2外稃在果实成熟时为骨质或革质而坚硬，边缘包卷肉质的内稃；叶无叶耳 ……………………………… **58. 稗属 Echinochloa** Beauv.
60. 第2外稃在果实成熟时为膜质或为软骨质而有弹性，常具扁平质薄的边缘以覆盖其内稃 ………………………… **60. 马唐属 Digitaria** Hall.
58. 花序中有不育小枝形成的刚毛。
61. 小穗脱落时，附于其下的刚毛仍宿存在花序上 ………………………… ……………………………………………………… **59. 狗尾草属 Setaria** Beauv.
61. 小穗与附于其下的刚毛一起脱落 …………… **61. 狼尾草属 Pennisetun** Rich.
57. 第2小花的外稃及内稃均为膜质或为透明膜质［**（十五）高粱族 Andropogoneae** Dum.］。
62. 小穗两性，可育小穗与不孕小穗同时混生于穗轴上。
63. 小穗孪生；两性，能育且可成熟，各具长短不等的柄或1枚小穗无柄。
64. 圆锥花序开展，穗轴具关节，各节连同其上着生的无柄小穗一同脱落 ………………………………………… **62. 甘蔗属 Saccharum** Linn.
64. 圆锥花序紧缩成穗状，穗轴延续而无关节；小穗均有柄，自柄上脱落 ………………………………………… **63. 白茅属 Imperata** Cyrillo
63. 小穗孪生，其中无柄小穗两性，能孕，而有柄小穗雄性或中性不孕，以至退化成1短柄。
65. 叶片宽披针形至卵形，基部心形，抱茎；无柄小穗第2外稃的芒从近基部伸出 …………………………… **66. 荩草属 Arthraxon** Beauv.
65. 叶片线形或长披针形；无柄小穗第2外稃的芒不从基部伸出。
66. 无柄小穗第2外稃发育正常，顶端2裂，芒自裂齿间伸出或顶端全缘而无 …………………………… **64. 高粱属 Sorghum** Moench
66. 无柄小穗第2外稃退化成线形，顶端延伸成芒 ……………… ……………………………………… **65. 孔颖草属 Bothriochloa** Kuntze
62. 小穗单性，雌小穗与雄小穗分别生于不同的两个花序上或在同一花序的不同部位。
67. 雌小穗与雄小穗生于同一花序上，腋生，上部为雄性，下部为雌性的总状花序…………………………………………… **67. 薏苡属 Coix** Linn.
67. 雌小穗与雄小穗分别生于不同的两个花序上，雌花序为腋生而具总苞的肉穗花序，雄花序为顶生的圆锥花序 ……………… **68. 玉蜀黍属 Zea** Linn.

(一) 针茅族 Trib. **Stipeae** Dum.

1. 冠毛草属 **Stephanachne** Keng

Keng in Contrib. Biol. Lab. Sci. Soc. China Bot. 9 (2): 134. 1934.

多年生草本。叶片线形，细长。顶生圆锥花序紧缩成穗状。小穗含1小花，两性，脱节于颖之上；小穗轴微小，延伸于内稃之后；两颖近相等，膜质，披针形，具脊，微粗糙，顶端渐尖，具3～5脉；外稃短于颖，草质至膜质，顶端深裂，其2裂片先端渐尖成短尖头或成细弱的短芒，裂片的基部则生有1圈冠毛状之柔毛，基盘较短而钝圆，具柔毛，芒从裂片间伸出，膝曲或下部扭转；内稃狭披针形，等于或短于外稃；鳞被小，3～2枚；雄蕊3～1枚；子房卵状椭圆形，无毛，花柱不明显，柱头2枚，毛刷状。

约3种。分布于温带和亚洲的寒冷地区。我国均有，昆仑地区产2种。

分种检索表

1. 小穗暗黑色或深褐色，长12～15 mm；外稃长9～10 mm，顶端的裂片延伸或芒状，长4～5 mm，芒自裂片间伸出，长10～15 mm ……………… **1. 黑穗茅 S. nigrescens** Keng
1. 小穗黄绿色或枯黄色，长5～7 mm；外稃长3～4 mm，顶端的裂片延伸成长约0.5 mm短尖头，裂片基部生有1圈冠毛状柔毛，毛长3.5～4.0 mm；芒长6～8 mm …………………………………………………… **2. 冠毛草 S. pappophorea** (Hack.) Keng

1. 黑穗茅 图版5：1～3

Stephanachne nigrescens Keng Contr. Biol. Lab. China. Assoc. Advancem. Sci. Sect. Bot. 9 (2): 135. f. 14. 1934；中国主要植物图说 禾本科587. 图522. 1959；秦岭植物志1 (1): 147. 图114. 1976；中国植物志9 (3): 303. 图版75: 1～6. 1987；青海植物志4: 167. 图版24: 10～12. 1999；青藏高原维管植物及其生态地理分布1159. 2008.

多年生丛生草本。须根柔韧。秆直立，平滑无毛，高70～80 cm，通常具3～4节。叶鞘松弛，光滑无毛；叶舌膜质，顶端具不整齐的裂齿，长1～5 mm；叶片扁平，边缘内卷，稍粗糙或上部被微毛，长3～15 cm，宽1～5 mm。圆锥花序呈穗状，基部常具间断，通常灰黑色，长4～10 cm，宽约1.5 cm；小穗长12～15 mm（芒除外）；两颖近相等或第1颖稍长，披针形，顶端芒状渐尖，具3脉或第1颖基部具5脉；外稃长9～10 mm，顶端深裂几达稃体中部，其裂片向上延伸成长4～5 mm的芒，裂片基部生有1

圈长 4～5 mm 的冠毛状柔毛，其下贴生短毛，具不明显的 5 脉，基盘被长约 1.5 mm 的毛，芒自裂片间伸出，长 10～15 mm，下部 1/3 处膝曲，芒柱扭转；内稃长 7～8 mm，具 2 脉，脉间贴生柔毛；鳞被窄披针形，长约 3 mm；花药长 1.2～2.0 mm。 花果期 7～9 月。

产青海：久治（措勒赫湖畔，果洛队 507；龙卡湖，藏药队 725）、班玛（马柯河林场，王为义 27515）、称多（歇武寺，杨永昌 712）。生于海拔 3 600～4 600 m 的高山草地、山地阳坡草地、林缘灌丛。

分布于我国的青海、甘肃、陕西、四川。

2. 冠毛草 图版 5：4～5

Stephanachne pappophorea（Hack.）Keng in Contrib. Biol. Lab. China Assoc. Advancem. Sci. Sect. Bot. 9（2）：136. 1934；中国主要植物图说 禾本科 587. 图 521. 1959；中国植物志 9（3）：305. 图版 75：7～12. 1987；新疆植物志 6：322. 图版 127：5～9. 1996；Y. H. Wu Grass. Karakor. Kunlun Mount. 132. 1999；青海植物志 4：167. 图版 24：13～14. 1999；青藏高原维管植物及其生态地理分布 1159. 2008. —— *Calamagrostis pappophorea* Hack. in Ann. Cons. et Jard. Bot. Geneve. 7～8：325. 1904. ——*Pappagrostis pappophorea*（Hack.）Roshev. in Kom. Fl. URSS 2：231. 1934；Tzvel. in Grub. Pl. Asiae Centr. 4：92. 1968 et in Fed. Poaceae URSS 321. 1976.

多年生丛生草本。秆直立，高 10～35 cm，平滑无毛，草黄色，基部宿存枯萎的叶鞘，通常具 4～5 节。叶鞘微糙涩，紧密抱茎；叶舌膜质，顶端齿裂，长 2～3 mm；叶片光滑无毛或边缘微粗糙，长 5～25 cm，宽 1～3 mm。圆锥花序紧密排列成穗状，长 6～16 cm，宽约 1 cm，具光泽，通常黄绿色或成熟后呈草黄色；小穗长 5～7 mm；两颖近等长或第 2 颖稍短，长 5～6 mm，窄披针形，顶端渐尖成芒状，具 1～3 脉，中脉粗糙；外稃长 3～4 mm，顶端 2 裂，裂片长 1.2～1.8 mm，其先端延伸成长约 0.5 mm 的短尖头，裂片基部生有 1 圈长3～4 mm 的冠毛状柔毛，其下密生短毛，具不明显 5 脉，基盘被短毛，细长的芒自裂片间伸出，长 6～8 mm，近中部微膝曲，芒柱稍扭转；内稃稍短于外稃，疏生短柔毛；花药深黄色，长 1.0～1.2 mm。颖果长约 2 mm。 花果期 7～9 月。

产新疆：皮山、策勒、叶城（昆仑山，高生所西藏队 3250）。生于昆仑山海拔 2 000～3 000 m 的山地荒漠草原、干旱山坡、河滩草地、沟谷草地。

青海：都兰（香日德，杜庆 048、475；陀龙山，郭本兆 11790；采集地不详，王为义 11797）、兴海（河卡乡黄河谷，弃耕地调查队 379；唐乃亥乡，弃耕地调查队 244）、格尔木（采集地不详，植被地理组 239）。生于海拔 3 200～3 600 m 的沙砾山坡、干旱草原、干河滩及路边。

分布于我国的新疆、青海、甘肃、内蒙古；中亚地区各国也有。

2. 三蕊草属 Sinochasea Keng

Keng Journ. Wash. Acad. Sci. 48 (4)：115. 1958.

单种属，特征同种。

1. 三蕊草 图版 5：6～9

Sinochasea trigyna Keng Journ. Washington. Acad. Sci. 48 (4)：115. 1958；中国主要植物图说 禾本科 525. 图 451. 1959；中国植物志 9 (3)：301. 图版 74：1～6. 1987；青海植物志 4：168. 图版 24：15～18. 1999；Fl. China 22：191. 2006；青藏高原维管植物及其生态地理分布 1158. 2008.

多年生草本。秆直立，平滑无毛，但在花序下稍粗糙，高 7～40 cm。叶鞘稍粗糙；叶舌长 0.5～1.0 mm，具极短的纤毛；叶片内卷，长 3.0～8.5 cm，顶生者常退化成针状且长仅 1 cm，蘖生者长可达 16 cm。圆锥花序紧缩成穗状，长 5.0～8.5 cm；分枝直立贴生；小穗通常淡绿色或带紫色，长 8～11 mm，含 1 小花，脱节于颖之上；小穗轴延伸于内稃之后，微小而平滑无毛或稀有疏生少数柔毛；颖草质，披针形，具 5～7 脉，顶端渐尖，边缘狭膜质；外稃质薄，长 8～9 mm，背部被长柔毛，顶端 2 深裂几达稃体中部，具 5 脉，中脉自裂片间延伸成 1 膝曲扭转的长 9～13 mm 的芒，基盘微小，钝圆，具短毛；内稃具 2 脉，脉间被柔毛，顶端微 2 裂，长 6～8 mm；鳞被 2 枚，披针形；雄蕊 3 枚，花药黄色，长约 1 mm；花柱 3 枚，极短，柱头 3 枚，帚刷状，长约 3 mm。 花果期 8～9 月。

产青海：兴海（河卡乡河卡山，郭本兆 6384）。生于海拔 3 800～4 400 m 的高山草甸、山坡草地、河谷阶地。

分布于我国的青海、西藏。

3. 三角草属 Trikeraia Bor

Bor in Kew Bull. 1954：555. 1955.

多年生，较高大的禾草。具粗大而又为鳞芽所覆盖的根状茎。秆粗壮，直立。叶常纵卷或下部微扁平；叶舌短，膜质，顶端常不规则撕裂且具短纤毛。圆锥花序狭窄或开展，小穗柄短；小穗含 1 小花，两性；内稃后仅有小穗轴的痕迹；两颖几等长，草质，具 3 脉，粗糙或平滑，先端稍钝或渐尖；外稃微短于颖，薄纸质，背部被长柔毛，具 5

脉，顶端2裂，两裂齿呈刺芒状或膜质，边脉直达于两侧裂齿内，在顶端不与中脉会合，中脉向上延伸成粗糙、微弯曲、下部稍扭转的芒，基盘短钝，具短毛；内稃透明膜质，具2脉，脉间有柔毛；鳞被3枚，披针形；雄蕊3枚，花药顶端无毫毛；花柱2枚，短，柱头帚刷状。

本属有2种1变种，我国均产，昆仑地区产1种。

1. 假冠毛草 图版5：10～12

Trikeraia pappiformis (Keng) P. C. Kuo et S. L. Lu in Fl. Reipubl. Popul. Sin. 9 (3)：317. t. 79：8～12. 1987；西藏植物志5：261. 1987；青海植物志4：164. 图版24：1～3. 1999；Fl. China 22：190. 2006；青藏高原维管植物及其生态地理分布1166. 2008. ——*Stipa pappiformis* Keng in Sunyatsenia 6 (1)：71. 1941. ——*Achnatherum pappiforme* (Keng) Keng 中国主要植物图说 禾本科595. 图531. 1959.

多年生。具粗壮的被有芽鳞的根状茎。秆常单生，直立，坚硬，高90～150 cm，具3～5节，节处黄褐色。叶鞘平滑；叶舌长约1 mm；叶片常纵卷，顶端呈刺毛状且微粗糙，下部微扁平，长40～50 cm，宽2～4 mm。圆锥花序开展，长20～30 cm；分枝细，平滑，长达15 cm，下部裸露，上端密生小穗；小穗黄绿色或草黄色，有时顶端带灰褐色，长7～9 mm；颖窄披针形，顶端具芒尖；外稃长6～7 mm，背部上端具长约5 mm的柔毛，下部疏生长0.5～1.0 mm的短毛，顶端2裂，裂齿长1～2 mm，膜质，芒自裂齿间伸出，长5～7 mm；内稃长约4 mm，具2脉，脉间被短柔毛；鳞被长1.0～1.2 mm；花药长约3 mm。颖果长3.0～3.5 mm。 花果期8～9月。

产青海：兴海（中铁林场恰登沟，吴玉虎44873、45118、45143、45184、45211）、玛沁（大武乡江让水电站，吴玉虎18693）、班玛（马柯河林场，王为义27051）、称多（县城，郭本兆390）。生于海拔3 140～3 700 m的沟谷山坡草地、山坡灌丛草甸、河谷林缘草地、高山砾石滩、林场。

分布于我国的青海、甘肃、西藏、四川。

4. 毛蕊草属 Duthiea Hack.

Hack. in Verh. Zool. Bot. Ges. Wien. 45：200. 1895.

多年生草本。叶片常纵卷。具顶生而偏于一侧的总状花序；小穗大型，含1～3朵两性花和顶端退化的不育花，两侧压扁或背部稍呈圆形，小穗轴脱节于颖之上及各节小花之间；颖近等长或短于小穗，椭圆状披针形，具5～9脉，脉间常有网状横脉，边缘透明膜质，背部微具脊，或呈圆形；外稃革质或草质，顶端2深裂几达中部，背部圆形，被硬毛或柔毛，芒宿存，较粗壮，自外稃裂片间伸出，下部扭转，上部直伸如针状；内稃膜质，较外稃短且窄，具2脊，脊粗糙且向上延伸成2尖齿；鳞被缺，雄蕊3枚，花药细长，顶生小刺毛；子房卵形或倒圆锥形，密生糙毛，花柱单一，柱头2或3枚，常自小穗顶端伸出。颖果扁平，长圆形，具纵沟，被糙毛。

约3种。我国有1种，昆仑地区产1种。

1. 毛蕊草 图版30：17～20

Duthiea brachypodia（P. Candargy）Keng et Keng f. in Acta Phytotax. Sin. 10(2)：182. 1965；中国植物志9(3)：127. 图版31：4～10. 1987；青海植物志4：126. 图版17：17～20. 1999；Fl. China 22：192. 2006；青藏高原维管植物及其生态地理分布1100. 2008. ——*Trivenopsis brachypodium* P. Candargy Arch. Biol. Veg. Pure Appl. 1：65. 1901；——*Duthiea dura*（Keng）Keng et Keng f. 南京大学学报（自然科学版）2：92. 1956；中国主要植物图说 禾本科500. 图429. 1959；——*Thrixgyne dura* Keng in Sunyatsenia 6(2)：82. pl. 13. 1941.

多年生密丛生草本。秆直立，较硬而粗糙，高30～100 cm，通常具1～3节。叶鞘松弛，微粗糙，短于节间；叶舌膜质，顶端具不整齐的裂齿，长5～8 mm；叶片质硬，常纵卷，下面粗糙，长3～15 cm，基部分蘖叶长达30 cm。总状花序紧缩，直立并常偏于一侧，长8～10 cm；小穗通常灰绿色，长14～21 mm，含1小花；小穗柄短而硬直，被微毛，长1.5～3.0 mm，最下1枚小穗柄长达5 mm，并常具1枚苞片；延伸小穗轴细长，无毛，顶端具长约0.8 mm的退化小花；颖草质，长13～21 mm，具5～9脉，疏生横脉；外稃革质，近等长于小穗，具10～11脉，顶端具2裂片，裂片渐尖或锐尖，其基部具柔毛，背部1/2以下具柔毛，基盘被毛甚密，芒微粗糙，自裂片间伸出，芒柱微扭转，长8～10 mm，芒针长10～16 mm；内稃长11～15 mm，脊具纤毛；花药黄色，长7～9 mm；子房被糙毛。 花果期7～9月。

产青海：久治（康赛乡，吴玉虎26593；龙卡湖，藏药队794、果洛队624；县城附近，果洛队664）。生于海拔3 860～4 500 m的山坡草地、林缘灌丛。

分布于我国的青海、西藏、四川、云南；尼泊尔也有。

5. 沙鞭属 Psammochloa Hitchc.

Hitchc. Journ. Washington. Acad. Sci. 17：140. 1927.

单种属，特征同种。

1. 沙 鞭 图版5：13～15

Psammochloa villosa（Trin.）Bor in Kew Bull. 1951：191. 1951；中国植物志

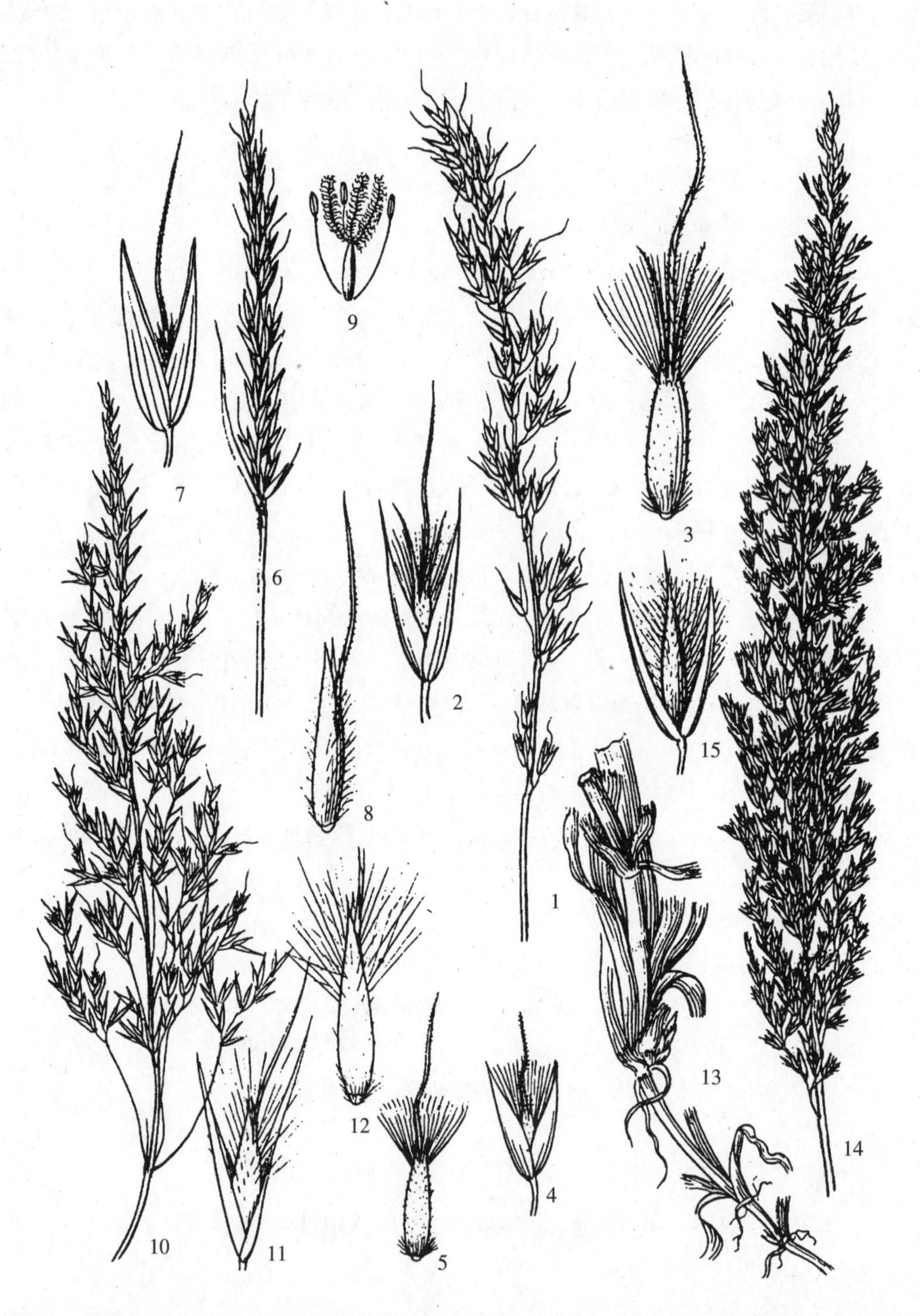

图版 5 黑穗茅 **Stephanachne nigrescens** Keng 1. 花序；2. 小穗；3. 小花 。冠毛草 **S. pappophorea**（Hack.） Keng 4. 小穗；5. 小花。三蕊草 **Sinochasea trigyna** Keng 6. 花序；7. 小穗；8. 小花；9. 雌蕊及雄蕊。假冠毛草 **Trikeraia pappiformis** （Keng） P. C. Kuo et S. L. Lu 10. 花序；11. 小穗；12. 小花。沙鞭 **Psammochloa villosa** （Trin.） Bor. 13. 植株下部；14. 花序；15. 小穗。（阎翠兰绘）

9 (3)：309. 图版 76：1～3. 1987；青海植物志 4：166. 图版 24：4～6. 1999；Fl. China 22：192. 2006；青藏高原维管植物及其生态地理分布 1144. 2008. ——*Arundo villosa* Trin. Sp. Gram. 3：t. 352. 1836；—— *Psammochloa mongolica* Hitchc. in Journ. Washington Acad. Sci. 17：141. 1927；中国主要植物图说 禾本科 584. 图 519. 1959.

多年生草本。具长而横走的根状茎。秆直立，平滑无毛，高 1～2 m，直径 0.8～1.0 cm，基部具有黄褐色枯萎的叶鞘。叶鞘平滑无毛，几乎全部包裹植株；叶舌膜质，披针形，长 5～8 mm；叶片扁平，坚硬，平滑无毛，常先端纵卷，长达 40 cm，宽 5～10 mm。圆锥花序紧密，直立，长 30～50 cm；分枝微粗糙，数枚簇生；小穗通常淡黄白色，长 10～14 mm，含 1 两性小花；两颖近等长，草质，披针形，被微毛，具 3～5 脉；外稃纸质，长约 10 mm，具 5～7 脉，顶端微 2 裂，背部密生长柔毛，基盘钝圆，光滑无毛，芒自裂齿间伸出，直立，易落，长 7～10 mm；内稃背部圆形，无脊，被长柔毛，边缘内卷，近等长于外稃，不为外稃紧密包裹；鳞被 3 枚，卵状披针形；雄蕊 3 枚，花药顶端具毫毛，长约 7 mm。 花果期 8～9 月。

产青海：都兰。生于海拔 2 900～3 400 m 的荒漠戈壁沙丘。

分布于我国的新疆、青海、甘肃、陕西北部、内蒙古；蒙古也有。

6. 落芒草属 Oryzopsis Michx.

Michx. Fl. Bor. Amer. 1：51. t. 9. 1803.

多年生疏丛生或密丛生草本。秆直立或基部稍倾斜。叶片扁平或内卷。圆锥花序开展或窄狭似穗状；小穗通常含 1 小花，两性，卵形至披针形，脱节于颖之上；两颖几等长，宿存，革质或膜质，顶端渐尖或钝圆；外稃质地硬，果期革质，背腹压扁或近于圆形，通常褐色或黑褐色，常发亮而有光泽，多被贴生柔毛或无毛，基盘短而钝，被短毛或平滑无毛，顶端具细弱、微粗糙、不膝曲也不扭转且易早脱落的芒，稀少有芒不断落；内稃扁平，几乎全被外稃所包裹或仅边缘被外稃所包；鳞被 3～2 枚；花药顶端常具髯毛或稀无毛。

有 50 余种，分布于北半球温带和亚热带山地。我国有 12 种 3 变种和 1 个栽培种，昆仑地区产 2 种。

分种检索表

1. 花序分枝每节具 2 枚；颖长 5～7 mm，明显长于外稃 ……………………………………………………………………………………… **1. 落芒草 O. munroi** Stapf ex Hook. f.

1. 花序分枝每节具 3～5 枚；颖长 3.5～5 mm；等长或稍长于外稃 …………………
……………………………………………… **2. 藏落芒草 O. tibetica**（Roshev.）P. C. Kuo

1. 落芒草 图版 6：1～3

Oryzopsis munroi Stapf ex Hook. f. Fl. Brit. Ind. 7：234. 1897；Hand.-Mazz. Symb. Sin. 7：1295. 1936；中国主要植物图说 禾本科 582. 图 517. 1959；Bor Grass. Burma Ceyl. Ind. Pakist. 640. 1960；西藏植物志 5：250. 1987；中国植物志 9（3）：300. 图版 73：5～7. 1987；青海植物志 4：143. 图版 21：1～3. 1999；青藏高原维管植物及其生态地理分布 1129. 2008. —— *Piptatherum munroi* Stapf in Hook. f. Fl. Brit. Ind. 7：234. 1897；——*Piptatherum munroi*（Stapf）Mez in Fedde Repert. Spec. Nov. Regni Veg. 17：212. 1921；Fl. China 22：195. 2006.

多年生丛生草本。秆直立或基部倾斜，平滑无毛，高 30～80 cm，通常具 3～5 节。叶鞘无毛或微粗糙；叶舌膜质，顶端钝，长 2～5 mm；叶片扁平，光滑无毛或微粗糙，秆生叶长 6～30 cm，顶生者长约 3 cm。圆锥花序疏松开展，长 10～25 cm；分枝细弱，粗糙或具细刺毛或几乎平滑无毛，开展或上伸，每节常具 2 枚，上部 1/3 处着生小穗，下部裸露；小穗通常灰绿色或顶端及边缘带紫红色，卵状披针形；两颖近相等或第 2 颖稍短，长 5～7 mm，顶端渐尖成喙状，且微粗糙，具 3～5 脉，侧脉多在基部，脉间常有小横脉；外稃褐色，革质，背部被贴生柔毛，果期为黑褐色且背脊光滑无毛，具 5 脉，长 4～5 mm，基盘平滑无毛，芒直立或稍弯曲，细弱，长 3～7 mm；鳞被 3 枚；雄蕊 3，花药黄色，顶生毫毛。 花果期 6～8 月。

产青海：兴海（河卡乡，郭本兆 63-015、168；大河坝，张盍曾 63-523）、玛沁（军功乡西哈垄河谷，吴玉虎 5693、21247）、久治（白玉乡，藏药队 611）、称多、曲麻莱（巴干乡，刘尚武 920、2312）。生于海拔 3 230～4 100 m 的高山灌丛、沟谷山坡林缘、山地阳坡草地、沙砾滩地、农田路边、干旱阳山坡、河谷阶地。

甘肃：玛曲（河曲军马场，吴玉虎 31878、31915）。生于海拔 3 440 m 左右的沟谷山坡草甸、山地岩石缝隙。

分布于我国的青海、甘肃、西藏、四川、云南；阿富汗东部，兴都库什山至喜马拉雅山区西部也有。

2. 藏落芒草

Oryzopsis tibetica（Roshev.）P. C. Kuo Fl. Tsinling. 1（1）：145. 113. 1976；西藏植物志 5：244. 1987；中国植物志 9（3）：293. 图版 71：11～15. 1987；青海植物志 4：144. 1999；青藏高原维管植物及其生态地理分布 1130. 2008. —— *Piptatherum tibeticum* Roshev. in Bot. Mater. Gerb. Bot. Inst. Kom. Akad. Nauk SSSR 11：23. 1949；Fl. China 22：195. 2006.

多年生疏丛生草本，具短根状茎。秆直立，平滑无毛，高 30～90 cm，通常具 2～5

图版 6 落芒草 **Oryzopsis munroi** Stapf ex Hook. f. 1. 花序；2.小穗；3.小花背腹面。狭穗针茅 **Stipa regeliana** Hack. 4. 花序；5. 小穗；6. 小花。异针茅 **S. aliena** Keng 7. 小穗；8. 小花；9. 秆生叶舌；10. 基生叶舌。疏花针茅 **S. penicillata** Hand.- Mazz. 11. 花序；12.小穗；13. 小花；14. 秆生叶舌；15. 基生叶舌。短花针茅 **S. breviflora** Griseb. 16. 小穗；17. 小花；18. 基生叶舌；19. 秆生叶舌。紫花针茅 **S. purpurea** Griseb. 20. 花序；21. 小穗；22. 小花；23. 叶舌。（阎翠兰绘）

节。叶鞘松弛抱茎，平滑无毛；叶舌膜质，卵圆形或披针形，顶端钝或尖，长 3～8 mm；叶片直立、扁平或稍内卷，先端渐尖，光滑无毛或微粗糙，长 5～25 cm。圆锥花序疏松开展，长10～20 cm；分枝伸展，纤细、粗糙，最下部 1 节具 3～5 枚；小穗通常黄绿色、紫色或有时灰白色而顶端为紫红色；两颖近相等，通常草质，无毛或被短毛，卵圆形，长 3.5～5.0 mm，顶端渐尖，具 5～7 脉，侧脉不达顶端，弓曲而与中脉结合，形似小横脉；外稃褐色，卵圆形，长 2.5～3.5 mm，背部贴生柔毛，果期变黑褐色且脊光滑无毛，具 5 脉，基盘光滑无毛，芒细弱，粗糙，易脱落，长 5～7 mm；内稃扁平，被贴生柔毛，边缘被外稃所包，具 2 脉；鳞被 3 枚，膜质；雄蕊 3 枚，花药黄色，顶端具毫毛，长约 1 mm。 花果期 6～8 月。

产青海：兴海（河卡乡，弃耕地调查队 368；河卡乡羊曲，王作宾 20079、20356）、班玛（采集地不详，陈实 304）、称多（采集地不详，郭本兆 387；歇武乡，刘尚武 2507；称文乡，刘尚武 2319）。生于海拔 3 200～3 900 m 的山坡草地、阳坡沙砾地、河边草地、干旱河谷阶地、半阴坡桦木林缘、山麓田边。

分布于我国的青海、甘肃、陕西、西藏、四川。

7. 针茅属 **Stipa** Linn.

Linn. Sp. Pl. 78. 1753. et Gen. Pl. ed. 5. 34. 1754.

多年生密丛生草本。叶片硬而狭窄细长，常内卷，稀少宽而扁平，有基生叶与秆生叶之分，其叶舌同形或异形。圆锥花序开展或紧缩而窄狭，伸出鞘外或基部为叶鞘所包裹；小穗纺锤状圆柱形或稀少细长，轻微两侧压扁，通常含 1 小花，两性，脱节于颖之上；两颖近等长或第 1 颖稍长，膜质或纸质，具 3～5 脉，常为窄披针形，先端细而渐尖或呈尖尾状，透明膜质，有时颖为宽披针形而具短尖头；外稃细长，稍呈圆柱形，成熟时变坚硬，为硬膜质到革质，紧密包卷内稃，背部沿脉纹被毛成行，或散生细毛，具 5 脉，脉纹在外稃顶部结合向上延伸成芒，芒基部与外稃顶端连接处具关节，芒一回或二回膝曲，芒柱扭转，全部具羽状毛或无毛，芒针无毛或全具羽状毛，基盘尖锐，具髭毛；内稃等长于或稍短于外稃，背部有毛或无毛，常被外稃包裹几不外露；鳞被披针形，3～2 枚。颖果细长，柱状，具纵长腹沟。

约 200 种，分布于世界的温带地区。我国有 32 种 1 亚种 4 变种，昆仑地区产 19 种。

分种检索表

1. 芒平滑无毛或微粗糙，二回膝曲。

2. 秆基部鞘内有隐藏的小穗；小穗长 10～15 mm；外稃长 5～6 mm ……………………………………………………………………… **1. 长芒草 S. bungeana** Trin.

2. 秆基部内无隐藏的小穗。

3. 花序不为顶生叶鞘所包，常全部伸出鞘外；芒在花序顶端常扭结如鞭状；颖顶端延伸成细丝状 ………………………………… **2. 丝颖针茅 S. capillacea** Keng

3. 花序常为顶生叶鞘所包，不全部伸出鞘外；芒粗糙，芒针常弧形或环状弯曲。

4. 颖长 1.8～2.5 cm；外稃长约 1 cm …………… **3. 西北针茅 S. krylovii** Roshev.

4. 颖长 2.5～4.5 cm；外稃长 1.2～1.7 cm。

5. 外稃长 1～1.2 cm；芒长 13～18 cm ……………… **4. 针茅 S. capillata** Linn.

5. 外稃长 1.5～1.7 cm；芒长 20～28 cm …… **5. 大针茅 S. grandis** P. Smirn.

1. 芒具长约 1 mm 以上的羽状毛，一回或二回膝曲。

6. 芒一回膝曲；外稃背部被毛成纵行；秆生叶舌与基生叶舌通常为钝圆形，长 1～2 mm，叶鞘口部常具白色柔毛。

7. 芒柱无毛，芒针具长 3～6 mm 的白色羽状毛；叶鞘无毛 ……………………………………………………………… **6. 天山针茅 S. tianschanica** Roshev.

7. 芒柱与芒针均具白色羽状毛。

8. 芒长 7～14 cm，芒柱与芒针间膝曲并形成镰刀状；叶片下面平滑无毛 ……………………………………………………… **7. 镰芒针茅 S. caucasica** Schmalh.

8. 芒长 4.5～7.0 cm，芒柱与芒针间膝曲不成镰刀状；叶片下面具柔毛或粗糙 ……………………………………………………… **8. 沙生针茅 S. glareosa** P. Smirn.

6. 芒二回膝曲；外稃背部被毛呈纵行或散生；秆生叶舌与基生叶舌同形或异形。

9. 芒柱具羽状毛，芒针无毛（狭穗针茅有 0.5 mm 以内的细刺毛），芒长 2～3 cm；外稃背部散生细短毛。

10. 圆锥花序狭窄，花序分枝长 1～3 cm，直向上伸。

11. 小穗长 11～13 mm；叶片尖端具黄褐色的小尖头，干后破裂成画笔状细毛 ……………………………………… **9. 狭穗针茅 S. regeliana** Hack.

11. 小穗长 6～9 mm；叶片尖端无黄褐色小尖头。

12. 颖长 6～7 mm，顶端无膜质的长尖；外稃长 2.0～2.5 cm ……… ………………… **10. 座花针茅 S. subsessiliflora** (Rupr.) Roshev.

12. 颖长 8～9 mm，顶端具 2～3 mm 长的膜质尖头；外稃长 1.5～1.8 cm……………………………… **11. 羽柱针茅 S. basiplumosa** Munro

10. 圆锥花序开展，花序分枝长 3～6 cm，开展或斜升。

13. 秆及叶鞘平滑无毛；花序分枝腋内无枕状物，分枝斜升；叶舌顶端钝圆长1.0～1.5 mm；芒柱具长 1.0～1.5 mm 的羽状毛…………………………………………………………………… **12. 异针茅 S. aliena** Keng

13. 秆及叶鞘粗糙或具毛；花序分枝腋内有枕状物，分枝开展；叶舌顶端急尖，长 4～7 mm；芒柱具长 2～3 mm 羽状毛 ……………………

…………………………………… **13. 疏花针茅 S. penicillata** Hand.-Mazz.

9. 芒全部具羽状毛。

14. 圆锥花序基部不为顶生叶鞘所包。

15. 颖长 2.0～2.5 cm；外稃长 8～10 mm，芒针具长 3.5～4.5 mm 的羽状毛 …………………………… **14. 喜马拉雅针茅 S. himalaica** Roshev.

15. 颖长 10～13 mm；外稃长 6～7 mm，芒针具长约 0.8 mm 的毛 ……… …………………………………… **15. 瑞士针茅 S. richteriana** Kar. et Kir.

14. 圆锥花序基部常被顶生叶鞘所包。

16. 叶舌边缘具纤毛；颖窄披针形，灰绿色或黄褐色。

17. 叶舌短而钝，基生者长约 0.5 mm，秆生者长约 2 mm，颖长 12～16 mm；外稃长 5～6 mm ………… **16. 短花针茅 S. breviflora** Griseb.

17. 叶舌披针形，长 2～4 mm；颖长 18～20 mm；外稃长 7～8 mm …………………………………………… **17. 东方针茅 S. orientalis** Trin.

16. 叶舌边缘不具纤毛；颖披针形，紫色或紫褐色。

18. 外稃背部被散生细毛，外稃长 8～10 mm；芒长 6～9 cm，圆锥花序开展 ……………………………… **18. 紫花针茅 S. purpurea** Griseb.

18. 外稃背部沿脉纹被毛成纵行，外稃长 6.8～8.0 mm；芒长 3.0～4.5 mm ……………………… **19. 昆仑针茅 S. roborowskyi** Roshev.

1. 长芒草 图版 7：1～5

Stipa bungeana Trin. Enum. Pl. China Bor. 70. 1833，et Mém. Acad. Imp. Sci. St.-Pétersb. Div. Sav. 2：144. 1835；中国主要植物图说 禾本科 606. 图 546. 1959；秦岭植物志 1（1）：149. 图 117. 1976；中国植物志 9（3）：271. 图版 65：1～5. 1987；青海植物志 4：153. 图版 22：4～8. 1999；种子植物科属地理 644. 1999；Fl. China 22：197. 2006；青藏高原维管植物及其生态地理分布 1160. 2008.

多年生密丛生草本。须根坚韧，外具沙套。秆基部膝曲，高 20～50 cm。叶鞘光滑无毛或边缘具纤毛，基部者内有隐藏小穗；基生叶舌钝圆形，顶端具短柔毛，长约 1 mm，秆生叶舌披针形，顶端常 2 裂，两侧下延与叶鞘边缘结合，长 3～5 mm；叶片纵卷成针状，长 3～15（17）cm。圆锥花序常为顶生叶鞘所包，成熟后可伸出鞘外，长 10～20 cm；分枝细弱，每节有 2～4 枚；小穗通常灰绿色或浅紫色；颖长 10～15 mm，具 3～5 脉，顶端延伸成细芒，边缘膜质；外稃长 5～6 mm，具 5 脉，背部沿脉纹密生短毛成行，顶端关节处具 1 圈短毛，基盘尖锐，密生柔毛，芒二回膝曲扭转，有光泽，边缘微粗糙，第 1 芒柱长 1.0～1.5 cm，第 2 芒柱长 0.5～1.0 cm，芒针稍弯曲，长3～5 cm；内稃近等长于外稃，具 2 脉。颖果细长圆柱形，但在隐藏的小穗中者则为卵圆形，长约 3 mm，被无芒且无毛的稃体紧密包裹。 花果期 6～8 月。

产青海：兴海、玛沁（玛沁队 169；军功乡，区划二组 168）、称多（县城附近，苟新京 83－137；刘尚武 2298）。生于海拔 3 200～3 900 m 的砾石质山坡草原、干旱黄土丘陵、河谷阶地、沟谷路旁草地。

四川：石渠（采集地不详，陈为烈等 7065）。生于海拔 3 400 m 左右的沟谷山地、山坡灌丛草地。

分布于我国的新疆、青海、甘肃、宁夏、陕西、西藏、四川、云南、贵州、山西、河北、内蒙古、辽宁、吉林、黑龙江、江苏、安徽；蒙古，日本也有。

2. 丝颖针茅 图版 7：6～9

Stipa capillacea Keng in Sunyatsenia 6（2）：100. t. 15. 1941；中国主要植物图说 禾本科 607. 图 547. 1959；中国植物志 9（3）：271. 图版 65：6～10. 1987；西藏植物志 5：270. 图 147. 1987；青海植物志 4：154. 图版 22：9～12. 1999；种子植物科属地理 644. 1999；青藏高原维管植物及其生态地理分布 1160. 2008.

多年生丛生草本。秆直立，高 20～45 cm，通常具 2～3 节，节有时膝曲，基部宿存枯死叶鞘。叶鞘平滑无毛；叶舌膜质，顶端平截，边缘具纤毛，长约 0.6 mm；叶片纵卷成针状，上面无毛，下面被糙毛，秆生者长 5～9 cm，基生者长为秆高的 1/3～1/2。圆锥花序紧缩，狭窄，常伸出鞘外，芒在顶端常相互扭结如鞭状，长 14～18 cm，分枝基部者孪生，长 2.5～3.0 cm，具 2～3 小穗，或简化为 1 小穗；小穗通常淡绿色或淡紫色；颖细长披针形，长 2.5～3.0 cm，顶端延伸成细丝状，第 1 颖具 3 脉，第 2 颖具 5 脉；外稃长约 10 mm（连同基盘），具 5 脉，顶生 1 圈短毛，其下具小刺毛，背部与腹部各具 1 纵行贴生的短毛（背部者仅位于其下半部，腹部者则位于叠生的边缘上），基盘尖锐，密生柔毛，芒二回膝曲，芒柱扭转，第 1 芒柱长 10～20 mm，第 2 芒柱长 6～10 mm，芒针长约 6 cm，全部具微毛或芒针具短小刺毛；内稃具 2 脉；花药长约 4 mm。 花果期 7～9 月。

产新疆：叶城（若宾勒，李勃生 11562）。生于海拔 3 550 m 左右的山地沼泽草甸。

西藏：改则（采集地不详，李发重 051）。生于海拔 4 205 m 左右的高寒河谷湿润草地。

青海：兴海（中铁林场中铁沟，吴玉虎 45506、45590）、玛沁（马柯河，区划一组 017）、久治（县城附近，藏药队 854、果洛队 645）、称多（县城附近，苟新京 83－142）。生于海拔 3 150～4 200 m 的高山灌丛、高寒草原、高山草甸、山坡草地、河谷阶地、沟谷阳坡山麓。

分布于我国的青海、甘肃、西藏、四川。

3. 西北针茅

Stipa krylovii Roshev. in Bull. Jard. Bot. Princ. URSS 28：379. 1929；Roshev. in Kom. Fl. URSS 2：112. 1934；中国主要植物图说 禾本科 610. 图 550.

1959；Tzvel. in Grub. Pl. Asiae Centr. 4：56. 1968 et in Fed. Poaceae URSS 581. 1976；中国高等植物图鉴 5：122. 图 7073. 1979；青海植物志 4：155. 1999；种子植物科属地理 644. 1999；青藏高原维管植物及其生态地理分布 1161. 2008. —— *S. sareptana* var. *krylovii* (Roshev.) P. C. Kuo et Y. H. Sun 中国植物志 9 (3)：275. 图版 65：37～41. 1987；Fl. China 22：198. 2006. ——*S. sareptana* subsp. *krylovii* (Roshev.) D. F. Cui 新疆植物志 6：299. 图版 120：7～10. 1996.

多年生丛生草本。须根稠密。秆直立，高 40～60 cm，通常具 3～4 节，基部宿存枯萎的叶鞘。叶鞘平滑无毛；叶舌膜质，基生者顶端钝，长 1～2 mm，秆生者披针形，长 (4) 5～7 mm；叶片纵卷成针状，质地柔韧，光滑无毛，秆生者长 10～20 cm，基生者长为秆高的 1/2。圆锥花序基部为顶生叶鞘所包裹，长 10～20 cm；分枝细弱，2～4 枚簇生；小穗通常草绿色或成熟时变为紫色；颖披针形，膜质，具 5 脉，顶端细丝状，两颖近等长，长 2.0～2.5 cm；外稃长 9～11 mm，具 5 脉，背部沿脉纹具贴生成行的短毛，顶端关节处生有 1 圈短毛，其下无刺毛，基盘尖锐，密生柔毛，芒二回膝曲，光亮，长 10～15 cm，芒柱扭转，芒针卷曲；内稃背部无毛；花药长 3.0～4.5 mm。 花果期 7～9 月。

产新疆：阿克陶（采集地不详，李勃生 K110A）、塔什库尔干（采集地和采集人不详，020）、策勒（都木村，采集人不详 213）、和田（采集地和采集人不详，432）。生于海拔 1 600～3 800 m 的戈壁滩、干旱砾石山坡、沙砾质河谷草地、荒漠草原。

青海：兴海（河卡乡羊曲，吴玉虎 20436、20443，王作宾 19591、20277；河卡山，郭本兆 384）、都兰（旺尕秀沟，郭本兆和王为义 11971；香日德，青甘队 1311）。生于海拔 2 200～3 900 m 的干旱山坡草地、平滩地、河谷阶地、山前洪积扇、路边。

西藏：班戈（班戈湖北面，王金亭 3661）。生于海拔 4 510 m 左右的高原湖积平原、河滩沙砾地、河谷阶地草甸。

分布于我国的新疆、青海、甘肃、宁夏、西藏、山西、河北、内蒙古；蒙古，中亚地区各国，俄罗斯西伯利亚也有。

4. 针 茅

Stipa capillata Linn. Sp. Pl. ed. 2：116. 1762；Roshev. in Kom. Fl. URSS 2：109. 1934；Fl. Kazakh. 1：155. 1956；中国主要植物图说 禾本科 608. 图 549. 1959；Bor Grass. Burma Ceyl. Ind. Pakist. 644. 1960；Tzvel. in Grub. Pl. Asiae Centr. 4：51. 1968，et in Fed. Poaceae URSS 580. 1976；Thomas A. Cope in E. Nasir et S. I. Ali Fl. Pakist. 143：540. 1982；中国植物志 9 (3)：273. 图版 65：21～25. 1987；新疆植物志 6：297. 图版 117：6～12. 1996；种子植物科属地理 645. 1999；Fl. China 22：199. 2006；青藏高原维管植物及其生态地理分布 1161. 2008.

多年生丛生草本。秆直立，高 40～80 cm，通常具 4 节，基部宿存枯叶鞘。叶鞘平滑无毛或稍糙涩，长于节间；叶舌披针形，基生者长 1.0～1.5 mm，秆生者长 4～8(10) mm；叶片纵卷成线形，上面被微毛，下面粗糙，基生叶长可达 40 cm。圆锥花序狭窄，几全部包藏于叶鞘内；小穗通常草黄色或灰白色；颖尖披针形，长 2.5～3.5 cm，顶端细丝状，第 1 颖具 1～3 脉，第 2 颖具 3～5 脉（间脉多不明显）；外稃长 1.0～1.2 cm，背部沿脉纹被毛成行，芒二回膝曲，光亮，边缘微粗糙，第 1 芒柱扭转，长 4～5 cm，第 2 芒柱稍扭转，长约 1.5 cm，芒针卷曲，长约 10 cm，基盘尖锐，长2～3 mm，具淡黄色柔毛；内稃具 2 脉。 花果期 6～8 月。

产新疆：乌恰（吉根乡斯木哈纳，采集人不详 1068）、策勒。生于昆仑山海拔 2 300 m左右的山地草原。

分布于我国的新疆、甘肃；蒙古，中亚地区各国，俄罗斯西伯利亚，欧洲也有。

5. 大针茅 图版 7：10～14

Stipa grandis P. Smirn. in Fedde Repert. Sp. Nov. Regni Veg. 26：267. 1929；中国主要植物图说 禾本科 608. 图 549. 1959；中国植物志 9 (3)：274. 图版 65：26～31. 1987；青海植物志 4：155. 图版 22：17～21. 1999；种子植物科属地理 644. 1999；Fl. China 22：199. 2006；青藏高原维管植物及其生态地理分布 1161. 2008.

多年生丛生草本。须根粗而坚韧，外具沙套。秆直立，高 50～90 cm，通常具 3～4 节，基部宿存枯萎的叶鞘。叶鞘粗糙或平滑无毛；叶舌基生者钝圆，边缘具睫毛，长 0.5～1.0 mm，秆生者披针形，长 3～6 mm；叶片纵卷成针状，上面具微毛，下面平滑，基生叶长达 40 cm。圆锥花序基部被顶生叶鞘所包，长 20～30 cm；分枝细弱，直向上伸；小穗通常淡绿色或紫色；颖膜质，尖披针形，长 3～4 cm，顶端丝状，第 1 颖具 3 脉，第 2 颖具 5 脉；外稃长 15～16 mm，具 5 脉，背部沿脉纹被毛成行，顶端关节处生 1 圈短毛，其下无刺毛，基盘尖锐，具柔毛，长约 4 mm，芒二回膝曲，芒柱扭转，第 1 芒柱长 7～10 cm，第 2 芒柱长 2.0～2.5 cm，芒针卷曲，细丝状，长 10～18 cm；内稃具 2 脉，近等长于外稃；花药长约 7 mm。 花果期 6～9 月。

产青海：兴海（河卡乡，何廷农 398）。生于海拔 3 200～3 400 m 的沙砾质干山坡、干旱草原。

分布于我国的青海、甘肃、宁夏、陕西、山西、河北、内蒙古、辽宁、吉林、黑龙江；蒙古也有。

6. 天山针茅

Stipa tianschanica Roshev. in B. Fedtsch. Fl. Asiat. Ross. 12：149. 1916，et in Kom. Fl. URSS 2：88. 1934；Gamajun. in Fl. Kazakh. 1：146. 1956；Tzvel. in Grub. Pl. Asiae Centr. 4：63. 1968，et in Fed. Poaceae URSS 593. 1976；中国

植物志 9 (3)：275. 1987；新疆植物志 6：299. 1996；Y. H. Wu Grass. Karakor. Kunlun Mount. 129. 1999；青海植物志 4：153. 1999；种子植物科属地理 642. 1999；Fl. China 22：199. 2006；青藏高原维管植物及其生态地理分布 1163. 2008.

6a. 天山针茅（原变种）

var. **tianschanica**

多年生丛生草本。须根坚韧。秆平滑无毛，高 15～32 cm，通常具 2～3 节，节下被短柔毛。叶鞘平滑无毛，短于节间，口部常具白色柔毛；叶舌长约 1 mm，边缘被短柔毛；叶片纵卷成针状，基生叶长为秆高的 1/2～2/3。圆锥花序紧缩，长约 5 cm，基部为顶生叶鞘所包；小穗通常浅绿色；颖披针形，具 3 脉，顶端长渐尖，两颖近等长或第 1 颖稍长，长约 2.7 cm；外稃长 7～8 mm，具 5 脉，背部沿脉纹被毛成行，顶端生 1 圈短毛，基盘尖锐，长约 2 mm，密生柔毛，芒一回膝曲，芒柱扭转，长约 1.2 cm，无毛，芒针长 6～7 cm，具长约 5 mm 的羽状毛；内稃与外稃近等长，具 2 脉，脊上具柔毛。 花果期 6～7 月。

产新疆：乌恰（康苏，青藏队吴玉虎 003；巴尔库提，中科院新疆综考队 9692）、喀什（县城西北郊，中科院新疆综考队 375；拜古尔特东，中科院新疆综考队 6793）、塔什库尔干（北温泉，西植所新疆队 853）、叶城（阿格勒达坂，青藏队吴玉虎 1458）。生于海拔 2 300～3 800 m 的沟谷山坡沙砾地、山坡稀疏草原、荒漠沙地。

青海：格尔木（采集地不详，郭本兆和王为义 11742；采集地不详，青甘队 347）、都兰（旺尕秀沟，郭本兆和王为义 11979）。生于海拔 2 100～2 600 m 的干山坡草地、沟谷河滩砾石滩上。

甘肃：阿克赛（采集地不详，河西队 1562）。生于海拔 2 600 m 左右的沟谷山地阳坡、山前洪积扇。

分布于我国的新疆（天山、阿尔泰山）、青海、甘肃；天山西部也有。

6b. 戈壁针茅（变种）

var. **gobica** (Roshev.) P. C. Kuo et Y. H. Sun in Fl. Reipubl. Popul. Sin. 9 (3)：277. t. 66：1～5. 1987；青海植物志 4：153. 1999；种子植物科属地理 643. 1999；Fl. China 22：199. 2006；青藏高原维管植物及其生态地理分布 1164. 2008. —— *Stipa gobica* Roshev. in Mot. Syst. Herb. Hort. Bot. Petrop. 5：13. 1924；中国主要植物图说 禾本科 602. 图 541. 1959；Tzvel. in Grub. Pl. Asiae Centr. 4：54. 1968. —— *Stipa tianschanica* subsp. *gobica* (Roshev.) D. F. Cui 新疆植物志 6：299. 1996.

本变种与原变种的区别在于：颖长 2.0～2.3 cm；外稃顶端光滑，不具毛环，芒长 6～8 cm，芒柱长 1.0～1.5 cm，芒针长 4～7 cm。

产新疆：乌恰（巴音普鲁，中科院新疆综考队 9713）、喀什（西北部 61 km 处，采集人不详 376）、疏勒、塔什库尔干（采集地不详，李勃生 10675）、叶城（克勒青河，李勃生 11516）。生于海拔 1 400～2 600 m 的荒漠戈壁滩、山前干旱阶地、山坡砾地。

西藏：日土（班公湖畔，李勃生 11037）。生于海拔 4 200 m 左右的湖畔沙砾质高寒草原。

青海：都兰（旺尕秀沟，郭本兆和王为义 11979B；英德尔羊场，杜庆 402；香日德，青甘队 1233）、兴海（河卡乡，弃耕地调查队 364）。生于海拔 2 100～3 800 m 的砾石山坡、戈壁滩、沙砾质河谷阶地、沟谷山坡柏树林下草地、山地阳坡草丛。

甘肃：阿克赛（县城西北山地，河西队 1562）。生于海拔 2 600～3 100 m 的山地阳坡草地、沟谷山前洪积扇。

分布于我国的新疆、青海、甘肃、宁夏、陕西、西藏、山西、河北、内蒙古；蒙古也有。

7. 镰芒针茅

Stipa caucasica Schmalh. in Ber. Deutsch. Bot. Ges. 10：293. 1892；Roshev. in Kom. Fl. URSS 2：89. 1934；Nik. in Fl. Kirg. 2：53. 1950；Gamajun. in Fl. Kazakh. 1：146. 1956；Ovcz. et Czuk. in Fl. Tadjik. 1：421. t. 52. f. 1～4. 1957；Bor Grass. Burma Ceyl. Ind. Pakist. 644. 1960；Tzvel. in Grub. Pl. Asiae Centr. 4：52. 1968，et in Fed. Poaceae URSS 592. 1976；Thomas A. Cope in E. Nasir et S. I. Ali Fl. Pakist. 143：541. 1982；西藏植物志 5：275. 图 151. 1987；中国植物志 9（3）：278. 1987；新疆植物志 6：302. 图版 119：6～11. 1996；Y. H. Wu Grass. Karakor. Kunlun Mount. 127. 1999；种子植物科属地理 642. 1999；Fl. China 22：200. 2006；青藏高原维管植物及其生态地理分布 1161. 2008.

7a. 镰芒针茅（原亚种）

subsp. **caucasica**

多年生草本。秆高 15～30 cm，通常具 2～3 节，光滑无毛或在节下具细毛，基部宿存灰褐色枯叶鞘。叶鞘平滑无毛，短于节间；基生叶舌平截，长 0.5～1.5 mm，秆生叶舌钝圆，长 1.0～1.5 mm，边缘均有纤毛；叶片纵卷如针状，基生叶为秆高的 2/3。圆锥花序狭窄，常包藏于扩大了的顶生叶鞘内，长 5～10 cm；小穗淡绿色或褐色带紫色；颖披针形，顶端细长如丝芒状，长 3.5～4.0 cm，两颖近等长或第 1 颖稍长，第 1 颖具 3 脉，第 2 颖具 5 脉；外稃长 8～10 mm，背部沿脉纹被毛成行，基盘尖锐，长约 2 mm，密被柔毛，芒一回膝曲扭转，芒柱长 1.6～2.2 cm，具长约 1 mm 的柔毛，芒针长 5～6 cm，呈镰刀状弯曲，具长 3～5 mm 的羽状毛，从上向下、从外圈向内圈逐渐变短。 花果期 4～6 月。

产新疆：乌恰（乌拉根，青藏队吴玉虎 009；礼乌尔多维恰特，采集人不详 028、西植所新疆队 2175）、喀什（采集记录不详）、塔什库尔干（采集地不详，李勃生 10381、10625；卡拉其古，西植所新疆队 891；南部 70 km 处，克里木 7244、T263；北部 65 km 处，采集人不详 T276）、莎车（喀拉吐孜，青藏队吴玉虎 687）、叶城（阿格勒达坂，李勃生 11356、11376、11378）、皮山（康西瓦，He 097；空喀山口，李勃生 11143；旱獭沟，李勃生 11150；康地达坂南，李勃生 10774、11313）、策勒（恰哈乡乌库，采集人不详 271、317）、且末（阿羌乡昆其布拉克，青藏队吴玉虎 2589、采集人不详 7475）、若羌（阿尔金山阿吾拉孜沟，采集人不详 220）。生于海拔 2 600～3 700 m 的滩地高寒荒漠草原、山坡沙砾地、河湖滩地、沟谷山坡干旱草地。

分布于我国的新疆、西藏；俄罗斯，波罗的海，中亚地区各国也有。

7b. 荒漠镰芒针茅（亚种）

subsp. **desertorum** (Roshev.) Tzvel. in Nov. Syst. Pl. Vasc. 11：20. 1974，et in Fed. Poaceae URSS 593. 1976；新疆植物志 6：302. 图版 119：1～5. 1996；Y. H. Wu Grass. Karakor. Kunlun Mount. 128. 1999；种子植物科属地理 642. 1999；青藏高原维管植物及其生态地理分布 1161. 2008. —— *S. caucasica* f. *desertorum* Roshev. in B. Fedtsch. Fl. Asiat. Ross. 12：143. 1916.

本亚种与原亚种的区别在于：植物秆高 15～30 cm；叶片宽 0.3～0.7 mm；外稃长 7～10 mm，芒长 5.0～8.5 cm。 花果期 5～8 月。

产新疆：乌恰（乌拉根，青藏队吴玉虎 09A；吉根乡，青藏队吴玉虎 87060；苏鲁萨克里沟，司马义 010、027）、塔什库尔干（红其拉甫，高生所西藏队 3207）、莎车（喀拉吐孜，青藏队吴玉虎 687）、叶城（乔戈里峰，青藏队吴玉虎 1492）。生于东帕米尔高原、喀喇昆仑山和昆仑山海拔 2 300～3 900 m 的沙砾山坡、高寒荒漠草原、高寒草甸、山地阳坡沙砾草地、干旱山坡草地。

青海：都兰（旺尕秀沟，郭本兆和王为义 11981）。生于海拔 3 100～4 000 m 的高寒干旱山坡草地、沟谷山地沙砾质草地。

分布于我国的新疆、青海；蒙古，中亚地区各国也有。

8. 沙生针茅 图版 7：15～17

Stipa glareosa P. Smirn. in Fedde Repert. Sp. Nov. 26：266. 1929；Roshev. in Kom. Fl. URSS 2：89. 1934；Ovcz. et Czuk. in Fl. Tadjik. 1：423. 1957；中国主要植物图说 禾本科 602. 图 540. 1959；Tzvel. in Grub. Pl. Asiae Centr. 4：53. 1968；西藏植物志 5：275. 图 150. 1987；中国植物志 9（3）：277. 图版 66：11～15. 1987；新疆植物志 6：300. 图版 118：1～8. 1996；Y. H. Wu Grass. Karakor. Kunlun Mount. 128. 1999；青海植物志 4：151. 图版 22：1～3. 1999；种

子植物科属地理 643. 1999；青藏高原维管植物及其生态地理分布 1161. 2008. ——*Stipa caucascca* subsp. *glareosa* (P. Smirn) Tzvel. Nov. Sist. Vyssh. Rast. 11: 20. 1974，et in Fed. Poaceae URSS 593. 1976；Fl. China 22: 200. 2006.

多年生丛生草本。须根较粗壮，坚韧，外具沙套。秆直立，细弱，微粗糙，高15～25 cm，通常具 1～2 节，基部宿存枯叶鞘。叶鞘密被毛；叶舌短而钝圆，长约 1 mm，边缘具长 1～2 mm 的纤毛；叶片纵卷成针状，下面粗糙或具细微的柔毛，秆生叶长2～5 cm，基生叶长为秆高的 2/3。圆锥花序基部被扩大了的顶生叶鞘所包裹，长约10 cm；分枝短，仅具 1 小穗；小穗通常淡草黄色；颖窄披针形，膜质，顶端呈 2～3 mm 长的细丝状，基部具 3～5 脉，两颖近等长，长 2～3 cm；外稃长 7～9 mm，具 5 脉，背部沿脉纹被毛成行，顶端关节处具 1 圈短毛，基盘尖锐，密被柔毛，芒一回膝曲，芒柱扭转，长约 1.5 cm，具长约 2 mm 的柔毛，芒针长约 3 cm，具长约 4 mm 的柔毛；内稃近等长于外稃，背部疏被短柔毛。 花果期 5～10 月。

产新疆：乌恰（县城至玉其塔什北，西植所新疆队 1788；苏约克，西植所新疆队 1878）、喀什、阿克陶（布伦口乡，西植所新疆队 744；木吉乡，青藏队吴玉虎 579；慕士塔格，青藏队吴玉虎 296）、塔什库尔干（采集地不详，中科院新疆综考队 3013；县城附近，高生所西藏队 74－3093；红其拉甫，青藏队吴玉虎 4923、高所生西藏队 3251）、叶城（依力克其乡，黄荣福 86－112；乔戈里峰，黄荣福 86－067、196、217，李勃生 11443）、且末（库拉木勒克，采集人不详 9475）、和田（岔路口，青藏队吴玉虎 1192、1242）、若羌（阿尔金山，采集人不详 086；阿其克库勒湖东，采集人不详 84A－398；祁漫塔格山，采集人不详 84A－375）。生于海拔 3 200～5 160 m 的高寒荒漠草原、山坡沙砾质草地、沙砾河滩、高寒荒漠、多沙草地。

西藏：日土（班公湖畔，青藏队吴玉虎 3459，黄荣福 3459、3724，李勃生 11019；多玛区，黄荣福 3452；麦卡沟，高生所西藏队 3600；空喀山口，高生所西藏队 3687；舒木野营，高生所西藏队 3597）、尼玛（双湖，青藏队 9716）、改则（大滩，高生所西藏队 4308；扎吉玉湖，高生所西藏队 4342；麻米区，青藏队 10192）、班戈（班戈湖北面，王金亭 3651）。生于海拔 4 200～5 200 m 的高寒草原、高寒河谷阶地、沙砾质干山坡、河滩沙砾地、高寒砾石滩地、湖畔砾石间。

青海：茫崖（红柳沟，采集人不详 84A－030）、都兰（香日德，郭本兆和王为义 11959，杜庆 476；旺尕秀沟，郭本兆和王为义 11981B）、格尔木（采集地不详，黄荣福 C. G. 81－362、青甘队 356）。生于海拔 2 900～4 100 m 的石质山坡、河谷阶地、戈壁沙滩。

甘肃：阿克赛（哈尔腾，河西队 1657）。生于海拔 4 600 m 左右的沟谷山坡草地。

分布于我国的新疆、青海、甘肃、宁夏、陕西、西藏、内蒙古、河北；蒙古，中亚地区各国，俄罗斯西伯利亚也有。

9. 狭穗针茅 图版 6：4～6

Stipa regeliana Hack. in Sitz. Kaiserl. Akad. Wiss. Math. Naturw. Cl. Abt. 1：130. 1884；Roshev. in Kom. Fl. URSS 2：84. t. 6. f. 27～32. 1934；Nik. in Fl. Kirgiz. 2：60. 1950；Gamajun. in Fl. Kazakh. 1：145. 1956；Ovcz. et Czuk. in Fl. Tadjik. 1：417. 1957；Bor Grass. Burma Ceyl. Ind. Pakist. 645. 1960；Tzvel. in Grub. Pl. Asiae Centr. 4：61. 1968，et in Fed. Poaceae URSS 577. 1976；Thomas A. Cope in E. Nasir et S. I. Ali Fl. Pakist. 143：537. 1982；西藏植物志 5：280. 图 154. 1987；中国植物志 9（3）：282. 图版 68：6～10. 1987；新疆植物志 6：307. 图版 122：1～8. 1996；Y. H. Wu Grass. Karakor. Kunlun Mount. 123. 1999；青海植物志 4：147. 图版 21：4～6. 1999；种子植物科属地理 640. 1999；Fl. China 22：202. 2006. ——*Achnatherum purpurascens*（Hitchc.）Keng 中国主要植物图说 禾本科 596. 图 535. 1959. ——*Stipa purpurascens* Hitchc. in Proc. Biol. Soc. Washington. 43：95. 1936.

多年生草本。须根坚韧。秆直立，平滑无毛，高 20～40 cm，基部宿存枯叶鞘。叶鞘平滑无毛，具膜质边缘，脉纹明显突起；叶舌膜质，披针形，贴生微毛，顶端常 2 裂，长 4～6 mm；叶片纵卷成线形，叶尖黄褐色，干后破裂成画笔状细毛，秆生叶长 2～5 cm，基生叶长为秆高的 1/3～1/2。圆锥花序狭窄成穗状，长 3～8 cm；分枝短，每节具 1 或 2 枚，贴向主轴；小穗通常紫色或深褐色，长 11～14 mm；颖披针形，膜质，下部紫色，先端白色，具 5～7 脉，侧脉细而短，顶端尖或渐尖，两颖近等长，或第 1 颖稍长；外稃厚纸质，长 7～8 mm，背部遍生细毛，具不明显的 5 脉，其诸脉于顶端会合，基盘尖锐，密生短柔毛，芒长 2.0～2.5 cm，二回膝曲或似一回膝曲，芒柱扭转且具短柔毛，第 1 芒柱长 5 mm，第 2 芒柱长 4～5 mm，芒针长 8～10 mm，被短刺毛。内稃具 2 脉，脉间被疏短柔毛；花药顶端无毛。 花果期 7～9 月。

产新疆：塔什库尔干、叶城（阿格勒达坂，黄荣福 86-117）、皮山［火箭公社（现木奎拉乡），Ho 167］、若羌（明布拉克东，青藏队吴玉虎 4196）。生于东帕米尔高原和昆仑山海拔4 100～5 000 m 的高寒草原、高寒荒漠草原、缓坡沙砾地。

青海：兴海（河卡乡，郭本兆 6164、6248）、玛沁（当洛乡，玛沁队 564）、久治（年宝滩，果洛队 502）、玛多（花石峡，吴玉虎 706）、称多（歇武乡，刘有义 83-381）、曲麻莱（秋智乡，刘尚武 763；东风乡，刘尚武 883）。生于海拔 3 200～4 600 m 的高寒草原、山谷冲积平原沙砾滩地、河谷阶地。

甘肃：玛曲（采集地和采集人不详，125）。生于海拔 3 600 m 左右的沟谷山坡草地。

分布于我国的新疆、青海、甘肃、宁夏、西藏、四川、云南、内蒙古；中亚地区各国也有。又见于帕米尔高原、喜马拉雅山区。

10. 座花针茅

Stipa subsessiliflora (Rupr.) Roshev. in B. Fedtsch. Izv. Imp. Bot. Sada Petra Velik. 14 (Suppl. 2): 50. 1915; Tzvel. in Grub. Pl. Asiae Centr. 4: 63. 1968, et in Fed. Poaceae URSS 577. 1976; Thomas A. Cope in E. Nasir et S. I. Ali Fl. Pakist. 143: 537. 1982; 中国植物志 9 (3): 282. 图版 68: 11～15. 1987; 新疆植物志 6: 309. 图版 122: 9～14. 1996; Y. H. Wu Grass. Karakor. Kunlun Mount. 124. 1999; 青海植物志 4: 147. 1999; 种子植物科属地理 640. 1999; Fl. China 22: 202. 2006; 青藏高原维管植物及其生态地理分布 1163. 2008. —— *Lasiagrostis subsessiliflora* Rupr. in Osten-Sacken. et Rupr. seet. Tiansh. 35. 1869. —— *Ptilagrostis subsessiliflora* (Rupr.) Roshev. in Kom Fl. URSS 2: 74. 1934; Gamajun. in Fl. Kazakh. 1: 156. 1956.

多年生密丛生草本。根较细而坚韧，秆直立而平滑，高 15～30 cm，通常具 2～3 节。叶鞘平滑无毛，上部者长于节间，而下部者短于节间；叶舌披针形，边缘具细短毛，长 2～3 mm；叶片纵卷成线形，下面粗糙，秆生者长 2～3 cm，基生者长可达 15 cm。圆锥花序长 7～14 cm，基部被顶生叶鞘所包，成熟时伸出鞘外；小穗长 6～7 mm；颖紫色，尖披针形，顶端白色膜质；外稃长约 5 mm，背部被散生柔毛，基盘尖锐，长约 2 mm，密被毛，芒二回膝曲，长 2.0～2.4 cm，芒柱扭转且具长约 3 mm 的羽状毛，芒针直立，无毛；内稃具 2 脉，与外稃近等长；花药顶端无毛；颖果圆柱形，长约 6 mm，黑褐色。 花果期 7～9 月。

产新疆：阿克陶（木吉乡塔克拉克，李勃生 10320）、塔什库尔干（水布浪沟，采集人不详 1430；北部 65 km 处，克里木 T270）、叶城（阿格勒达坂，黄荣福 86-161；麻扎达坂，黄荣福 86-40；神仙湾北，李勃生 11287）、皮山（空喀山口，李勃生 11142；喀拉喀什，李勃生 11230；康地达坂，李勃生 11228、11305；阿克沙，李勃生 10777）、于田（乌鲁克库勒湖畔，青藏队吴玉虎 3725）、且末（阿羌乡昆其布拉克，青藏队吴玉虎 2635）、策勒（采集记录不详）、若羌（阿尔金山阿秀拉沟，采集人不详 830226；祁漫塔格山，采集人不详 84-378；阿其克库勒，采集人不详 84-396）。生于东帕米尔高原、昆仑山和阿尔金山海拔 3 800～4 900 m 的高寒草原、山坡或沟谷沙砾地、沙砾河滩。

西藏：改则（大滩，高生所西藏队 4302、4309）。生于海拔 4 200～4 700 m 的高原湖畔草地、河滩沙砾地、河谷阶地。

青海：茫崖（北红柳构，采集人不详 84-030）、都兰（夏日哈，青甘队 1645）、格尔木（采集地不详，黄荣福 C.G. 81-347；纳赤台，青海生物所冻土队 220）、兴海（河卡乡，张振万 1970）、玛多（县牧场，吴玉虎 607；黑海乡吉迈纳，吴玉虎 921）。生于海拔 2 900～4 400 m 的山坡草甸、高寒草原、沙砾滩地、河谷阶地。

分布于我国的新疆、青海、甘肃；中亚地区各国，俄罗斯西伯利亚也有。

11. 羽柱针茅

Stipa basiplumosa Munro ex Hook. f. Fl. Brit. Ind. 7：229. 1897；青海植物志 4：148. 1999. 种子植物科属地理 640. 1999；青藏高原维管植物及其生态地理分布 1160. 2008. ——*S. subsessiliflora*（Rupr.）Roshev. var. *basiplumosa*（Munro et Hook. f.）P. C. Kuo et Y. H. Sun；中国植物志 9（3）：282. 图版 68：1～5. 1987；西藏植物志 5：281. 1987；Y. H. Wu Grass. Karakor. Kunlun Mount. 124. 1999；——*S. subsessiliflora*（Rupr.）Roshev. subsp. *basiplumosa*（Munro ex Hook.）D. F. Cui；新疆植物志 6：309. 1996.

多年生丛生草本。秆直立，细弱，高 15～40 cm，基部宿存枯叶鞘。叶鞘光滑无毛；叶舌披针形，长 1.5～3.0 mm；叶片纵卷成线形，微粗糙，长 10～15 cm。圆锥花序较狭窄，长 5～12 cm，下部被叶鞘所包裹，成熟时伸出鞘外；分枝短；小穗通常紫色；颖披针形，长8～9 mm，具 3 脉，顶端具长 2～3 mm 的白色膜质芒尖，两颖近等长；外稃长 5～6 mm，背部遍生短柔毛，基盘尖锐，密被毛，芒细弱，二回膝曲，长 1.5～1.8 cm，芒柱扭转且具2.5～3.0 mm 的羽状毛，芒针平滑无毛；内稃近等长于外稃，具 2 脉；花药长约 5 mm，顶端平滑无毛。 花果期 7～9 月。

产新疆：皮山（康西瓦，高生所西藏队 74-3405B；岔路口，青藏队吴玉虎 1191）、于田（普鲁，青藏队吴玉虎 3777、3788）、且末（阿羌乡昆其布拉克，青藏队吴玉虎 2067）、若羌（阿尔金山北坡，青藏队吴玉虎 2339、4312、4323；祁漫塔格山，青藏队吴玉虎 4290；阿尔金山保护区鸭子泉，青藏队吴玉虎 3946）。生于喀喇昆仑山和东昆仑山海拔 3 000～4 700 m 的高寒草原、陡峭山坡沙砾地、山坡草地、沙砾河滩、湖畔附近的沙砾质草地。

西藏：日土（空喀山口，高生所西藏队 3695；上曲龙，高生所西藏队 3731；热帮区，青藏队 76-9111、高生所西藏队 3511；多玛区，青藏队 76-9018、76-9082）、改则（康托区，青藏队 10202；麻米区，青藏队 10157；美马错西北，李勃生 10914）、尼玛（双湖区伊尔巴扎，青藏队植被组 12297；可可西里山，青藏队植被组 12295）、班戈（班戈湖东，王金亭 3667）。生于海拔 4 200～4 600 m 的高寒草原、阳坡沙砾质草地。

青海：格尔木（西大滩，青藏队吴玉虎 2837、2910；野牛沟，陈世龙 873A）、玛多（黑河乡宁果龙洼，吴玉虎 936）、治多（可可西里，采集人和采集号不详）。生于海拔 4 000～4 500 m 的阳坡草地、沙砾滩地、宽谷滩地高寒草原。

分布于我国的新疆、青海、西藏。

12. 异针茅 图版 6：7～10

Stipa aliena Keng in Sunyatsenia 6（1）：74. 1941；中国主要植物图说 禾本科 604.

图 543. 1959；中国植物志 9（3）：284. 图版 68：21～25. 1987；青海植物志 4：148. 图版 21：7～10. 1999；种子植物科属地理 640. 1999；Fl. China 22：203. 2006；青藏高原维管植物及其生态地理分布 1159. 2008.

多年生丛生草本。须根坚韧；秆直立，高 15～35 cm，平滑无毛，通常具 1～2 节。叶鞘平滑无毛；叶舌膜质，长 0.8～1.5 mm，顶端钝圆或 2 裂，背部具微毛；叶片纵卷成线形，上面粗糙，下面光滑，秆生叶长 3～8 cm，基生叶长为秆高的 1/2～2/3。圆锥花序较紧缩，长 10～15 cm；分枝单生或孪生，斜向上升，顶部者长 1～2 cm，基部者长 4～7 cm，下部裸露，上部着生少数小穗；小穗通常灰绿色或带紫色，长 10～13 mm；颖披针形，具 5～7 脉，顶端细渐尖，两颖近等长；外稃长 6.5～7.5 mm，具 5 脉，背部遍生细短毛，基盘尖锐，长约 1 mm，密被短毛，芒二回膝曲，芒柱扭转，第 1 芒柱长 4～5 mm，具长 1～2 mm 的柔毛，第 2 芒柱近等长于第 1 芒柱，被微毛，芒针长 1.0～1.6 cm，无毛；内稃与外稃近等长，具 2 脉，背部具短毛。 花果期 7～9 月。

产青海：兴海（河卡乡，何廷农 356）、玛沁（当洛乡，玛沁队 566）、达日（建设乡，吴玉虎 27189）、久治（索乎日麻乡，藏药队 599）、玛多（采集地不详，吴玉虎 607B）、称多（称文乡，吴玉虎 29297）、曲麻莱（东风乡，刘尚武 862）。生于海拔 3 200～4 600 m 的阳坡高寒草地、高寒草原、阳坡灌丛、沙砾河滩、冲积扇、山地高寒草甸、河谷阶地。

甘肃：玛曲（黄河沿，王学高等 145；大水军牧场，王学高 171；河曲军马场，吴玉虎 31900）。生于海拔 3 400～3 550 m 的滩地高寒草甸、高寒山坡草地。

四川：石渠（西区，采集人不详 7544；新荣乡，吴玉虎 29987；长沙贡玛乡，吴玉虎 29566）。生于海拔 3 400～4 500 m 的江边鲜卑花灌丛、河滩水柏枝灌丛、沟谷山坡高寒草地、撂荒地。

分布于我国的青海、甘肃、西藏、四川。

13. 疏花针茅 图版 6：11～15

Stipa penicillata Hand.-Mazz. in Oesterr. Bot. Zeitschr. 85：226. 1936；Tzvel. in Grub. Pl. Asiae Centr. 4：59. 1968；秦岭植物志 1（1）：148. 1976；中国植物志 9（3）：284. 图版 68：16～20. 1987；新疆植物志 6：310. 图版 116：1～7. 1996；青海植物志 4：149. 图版 21：11～15. 1999；种子植物科属地理 640. 1999；Fl. China 22：202. 2006；青藏高原维管植物及其生态地理分布 1162. 2008. —— *S. laxiflora* Keng in Sunyatsenia 6（1）：73. 1941；中国主要植物图说 禾本科 603. 图 542. 1959.

13a. 疏花针茅（原变种）

var. **penicillata**

多年生草本。须根坚韧。秆高 30～60 cm，通常具 1～2 节，基部宿存枯叶鞘。叶鞘微粗糙；叶舌披针形，长 3～7 mm；叶片纵卷成线形，粗糙，长 10～20 cm，基生者长达 30 cm。圆锥花序开展，长 15～25 cm，分枝孪生（上部者可单生），腋间具枕，下部裸露，上部疏生小穗 2～4 枚；小穗柄长 1～4 cm，小穗通常紫色或绿色；颖披针形，具 5 脉，基部有时有短脉纹，顶端细渐尖，两颖近等长或第 1 颖稍长，长 8～10 mm；外稃长 5～7 mm，背部遍生柔毛，基盘尖锐，密被毛，芒二回膝曲，芒柱扭转，第 1 芒柱长 3～7 mm，第 2 芒柱长4～5 mm，均具长 3～4 mm 的白色柔毛，芒针粗糙，光滑无毛，长 7～18 mm；内稃具 2 脉，背部具短毛；花药长约 4 mm。花果期 7～9 月。

产新疆：皮山（叶城一阿里公路康西瓦段，高生所西藏队 3405）、策勒。生于海拔 3 600 m 左右的沟谷山坡沙砾滩地。

西藏：班戈（班戈湖，青藏队 10679）、改则（康托区，郎楷永 10237）。生于海拔 4 500～4 700 m 的高原沙砾滩地、沟谷山间草地。

青海：都兰（香日德黑山，青甘队 1241）、兴海（河卡乡，张振万 1970；河卡乡，弃耕地调查队 428、郭本兆 6192；青根桥，王作宾 20142）、玛沁（优云乡，玛沁队 530、540）、久治（县城附近，果洛队 661）、玛多（黑河乡，吴玉虎 286、郭本兆 159）、称多（歇武乡，刘有义 83- 395）、曲麻莱（东风乡，刘尚武 850；叶格乡，刘尚武 731）、治多（多拉赛才沟，周立华 379）。生于海拔 3 300～4 500 m 的高寒草原、林缘草甸、阳坡草地、河谷阶地、高山草甸。

甘肃：阿克赛（当金山口，采集人不详 1613、1621、1715；哈尔腾，采集人不详 1652）。生于海拔 3 200～4 000 m 的沟谷山坡草地、砾石滩地、山地阳坡。

分布于我国的新疆、青海、甘肃、陕西、西藏、四川、山西。

13b. 毛疏花针茅（变种）

var. **hirsuta** P. C. Kuo et Y. H. Sun in Bull. Bot. Res. 4 (4)：89. 1984；中国植物志 9 (3)：284. 1987；青海植物志 4：149. 1999；种子植物科属地理 640. 1999；Fl. China 22：203. 2006；青藏高原维管植物及其生态地理分布 1162. 2008.

本变种与原变种的主要区别在于：叶鞘及叶片密被灰白色柔毛；叶舌背面及边缘具纤毛；芒二回膝曲明显。

产青海：兴海（河卡乡，郭本兆 6296）、都兰、格尔木、冷湖、茫崖、玛沁、曲麻莱（叶格乡，黄荣福 132）、称多（歇武乡，采集人不详 709）。生于海拔 3 600～4 500 m 的山坡下部沙地或沟坡、河谷阶地、山麓沙砾滩地、冲积扇。

分布于我国的青海。

14. 喜马拉雅针茅

Stipa himalaica Roshev. in Not. Syst. Herb. Hort. Bot. Petrop. 5：11. 1924；

Bor Grass. Bruma Ceyl. Ind. Pakist. 644. 1960；Tzvel. in Grub. Pl. Asiae Centr. 4：55. 1968；新疆植物志 6：304. 1996；种子植物科属地理 642. 1999；青藏高原维管植物及其生态地理分布 1161. 2008.

多年生丛生草本。须根细长而坚韧。秆直立，高 30～40 cm，通常具 2～3 节。叶鞘光滑无毛，通常长于节间；叶舌披针形，秆生者长 5～7 mm，基生者长 0.4～1.0 mm；叶片纵卷如针状，下面被皮刺而粗糙，基生叶长为秆高的 1/3～1/2。圆锥花序较疏松，基部不被叶鞘所包裹，长 10～12 cm；小穗通常淡绿色，有光泽；颖窄披针形，具 3 脉，顶端细而渐尖，两颖近等长，长 2.0～2.5 cm；外稃长 8～10 mm，背部沿脉纹被毛成行，顶端具 1 圈短毛，芒二回膝曲，扭转，第 2 芒柱长 1.5～1.7 cm，被长约 1.5 mm 的羽状毛，芒针长达 2.5 cm，被 3.5～4.5 mm 长的羽状毛。 花果期 6～8 月。

产新疆：塔什库尔干（采集地和采集人不详，254）。生于帕米尔高原海拔 3 650 m 左右的山地高寒荒漠草原。

分布于喜马拉雅山西部，克什米尔地区也有。

15. 瑞士针茅

Stipa richteriana Kar. et Kir. in Bull. Soc. Nat. Mosc. 14：862. 1841；Fl. URSS 2：90. 1934；Fl. Kazakh. 1：147. 1956；Tzvel. in Grub. Pl. Asiae Centr. 4：61. 1968，et in Fed. Poaceae URSS 578. 1976；新疆植物志 6：304. 1996；种子植物科属地理 642. 1999；青藏高原维管植物及其生态地理分布 1163. 2008.

多年生丛生草本。秆直立，高 25～40 cm，节上多少被短柔毛。叶鞘长或短于节间；叶舌短，长约 0.5 mm，顶端平截，具纤毛；叶片内卷成针状，下面光滑无毛，上面粗糙，秆生叶长约 3 cm，基生叶长 10～20 cm。圆锥花序长 10～20 cm；小穗通常草黄色；颖披针形，顶端具细尾状尖，具 3 脉，两颖近等长，长 10～13 mm；外稃长6～7 mm，顶端具 1 圈短毛，背部沿脉纹被毛成行几达外稃顶部，基盘尖锐，长约1 mm，芒二回膝曲，扭转，全被有长不足 1 mm 的短柔毛，第 1 芒柱长 8～15 mm，第 2 芒柱长 7～10 mm，芒针劲直，长 20～30 mm；内稃长约 5 mm。 花果期 6～8 月。

产新疆：乌恰（县城东部，C 82－331）、塔什库尔干（采集记录不详）、皮山（跃进乡，采集人不详 014；大布琼，采集人不详 072、089、092）。生于东帕米尔高原和昆仑山海拔 2 000～3 000 m 的荒漠草原、河谷滩地。

分布于我国的新疆；中亚地区各国，俄罗斯西伯利亚也有。

16. 短花针茅 图版 6：16～19

Stipa breviflora Griseb. in Nachr. Ges. Wiss. Gott. 1868：82. 1868；Hook. f. Fl. Brit. Ind. 7：233. 1897；Roshev. in Kom. Fl. URSS 2：91. 1934；Nik. in

Fl. Kirg. 2：57. 1950；中国主要植物图说 禾本科 606. 图 545. 1959；Bor Grass. Burma Ceyl. Ind. Pakist. 643. 1960；Tzvel. in Grub. Pl. Asiae Centr. 4：50. 1968，et in Fed. Poaceae URSS 582. 1976；Thomas A. Cope in E. Nasir et S. I. Ali Fl. Pakist. 143：542. 1982；西藏植物志 5：276. 1987；中国植物志 9 (3)：278. 图版 67：1～5. 1987；新疆植物志 6：304. 图版 120：11～15. 1996；Y. H. Wu Grass. Karakor. Kunlun Mount. 125. 1999；青海植物志 4：150. 图版 21：20～22. 1999；种子植物科属地理 642. 1999；Fl. China 22：201. 2006；青藏高原维管植物及其生态地理分布 1160. 2008.

多年生草本。须根粗壮、坚韧且长。秆直立，基部有时膝曲，高 20～60 cm，通常具 2～3 节。叶鞘基部者具短柔毛；叶舌具缘毛，基生者短钝，长 0.5～1.5 mm，秆生者顶端常 2 裂，长可达 2 mm；叶片纵卷成针状，秆生者长 3～7 cm，基生者长 10～40 cm。圆锥花序狭窄，基部常为顶生叶鞘所包；分枝细，孪生，平滑无毛，直立上伸，小穗通常灰绿色或浅褐色，长 10～15 mm；颖披针形，具 3 脉，顶端渐尖，两颖近等长或第 1 颖稍长；外稃长 5.5～7.0 mm，具 5 脉，背部沿脉纹被毛成行，顶生 1 圈短毛，其下具微小硬刺毛，基盘尖锐，长约 1 mm，密生柔毛，芒二回膝曲，芒柱扭转且具长约 0.6 mm 的短柔毛，第 1 芒柱长 1.0～1.5 cm，第 2 芒柱长 0.7～1.0 cm，芒针长 3～6 cm，具长 1.0～1.5 mm 的羽状毛；内稃与外稃近等长，具 2 脉，背部疏被柔毛。花果期 6～9 月。

产新疆：喀什（西北部塔西，采集人不详 086）、塔什库尔干（采集记录不详）、叶城（苏克皮亚，青藏队吴玉虎 1048、1086；柯克亚乡，青藏队吴玉虎 967）、皮山（喀尔塔什，青藏队吴玉虎 3629；垴阿巴提乡布琼，青藏队吴玉虎 1885、2447、2629）、策勒（采集记录不详）、和田（喀什塔什，青藏队吴玉虎 2048、2571）、且末（阿羌乡昆其布拉克，青藏队吴玉虎 2060B）、若羌（阿尔金山，崔乃然 A005）。生于海拔2 600～4 700 m的东帕米尔高原、昆仑山和阿尔金山的高寒草原、高寒荒漠草原、沟谷干山坡、沙砾山坡草地、河谷阶地。

西藏：日土（采集地和采集人不详，104；热帮区，高生所西藏队 74－3335、3553）。生于海拔 4 100～4 700 m 的山地高寒草原、沟谷山坡草原化草甸、山坡砾石地、河滩沙砾质草地。

青海：兴海（中铁林场中铁沟，吴玉虎 45645；野马台滩，吴玉虎 41808；中铁乡前滩，吴玉虎 45440、45445；河卡乡，吴珍兰 155、郭本兆 6208）、都兰（香日德，郭本兆和王为义 011、957；黄荣福 C. G. 81－259；英德尔羊场，杜庆 428）、称多（采集地不详，刘尚武 2278）。生于海拔 2 900～3 800 m 的干旱阳坡草地、石质山坡草地、河谷阶地、沟谷山坡、高寒干旱草原、沙砾滩地。

分布于我国的新疆、青海、甘肃、宁夏、陕西、西藏、四川、山西、河北、内蒙古；尼泊尔，亚洲中部和北部地区也有。

17. 东方针茅 图版 7：18～21

Stipa orientalis Trin. in Ledeb. Fl. Alt. 1：83. 1829；Roshev. in Kom. Fl. URSS 2：90. 1934；Hook. f. Fl. Brit. Ind. 7：229. 1897；Nik. in Fl. Kirg. 2：57. 1950；Gamajun. in Fl. Kazakh. 1：147. 1956；Ovcz. et Czuk. in Fl. Tadjik. 1：423. 1957；Bor Grass. Burma Ceyl. Ind. Pakist. 645. 1960；Tzvel. in Grub. Pl. Asiae Centr. 4：58. 1968，et in Fed. Poaceae URSS 583. 1976；Thomas A. Cope in E. Nasir et S. I. Ali Fl. Pakist. 143：543. 1982；西藏植物志 5：278. 图 152. 1987；中国植物志 9（3）：280. 图版 87：6～10. 1987；新疆植物志 6：306. 图版 121：1～6. 1996；Y. H. Wu Grass. Karakor. Kunlun Mount. 127. 1999；青海植物志 4：151. 1999；种子植物科属地理 642. 1999；Fl. China 22：201. 2006；青藏高原维管植物及其生态地理分布 1162. 2008.

多年生密丛生草本。须根稠密，坚韧。秆高 15～30 cm，通常具 2～3 节，节常为紫色，其下常具细毛。叶鞘粗糙或具细刺毛；叶舌披针形，边缘具细纤毛，长 2～4 mm；叶片纵卷成线形，上面被细毛，下面粗糙，基生叶长为秆高的 1/2～2/3。圆锥花序紧缩，狭窄，常为顶生叶鞘所包裹，长 4～6 cm；颖披针形，上部白色透明膜质，基部常为浅褐色，两颖近等长或第 1 颖稍长，长 1.8～2.0 cm，具 3 脉，顶端渐尖；外稃长 7～8 mm，具 5 脉，背部沿脉纹被毛成行，顶端生 1 圈短毛，基盘尖锐，密被柔毛，长约 2 mm，芒二回膝曲，但在两芒柱间有时膝曲关节不很明显，芒柱扭转，第 1 芒柱长约 8 mm，第 2 芒长约 5 mm，均具长 1～2 mm 的羽状毛，芒针弯曲，长 3～4 cm，具长 3～4 mm 的羽状毛；内稃与外稃等长，具 2 脉。颖果长 4～5 mm，狭窄圆柱形。 花期 7～8 月。

产新疆：乌恰（采集人不详 73380；康苏东，李勃生 10041）、喀什（去乌恰途中，中科院新疆综考队 59K－378）、疏勒（采集记录不详）、阿克陶（乌帕，采集人不详59－196）、塔什库尔干（麻扎至卡拉其古途中，青藏队吴玉虎 4938；麻扎，高生所西藏队 3251）、叶城（乔戈里峰阿格勒达坂，李勃生11544；克勒青河，李勃生 11517；麻扎达拉，李勃生 11343）。生于东帕米尔高原海拔 2 600～4 000 m 的河滩、山地草原、山坡沙砾地、阳坡草地。

西藏：日土（空喀山口，高生所西藏队 3695）、改则（关可西北，李勃生 10919）。生于海拔 4 900～5 100 m 的高寒山坡草地、沟谷砾石地。

分布于我国的新疆、青海、西藏；蒙古西部，印度西北部，俄罗斯南部，伊朗也有。

18. 紫花针茅 图版 6：20～23

Stipa purpurea Griseb. in Nashr. Ges. Wiss. Georg-Augusta-Univ. 3：82.

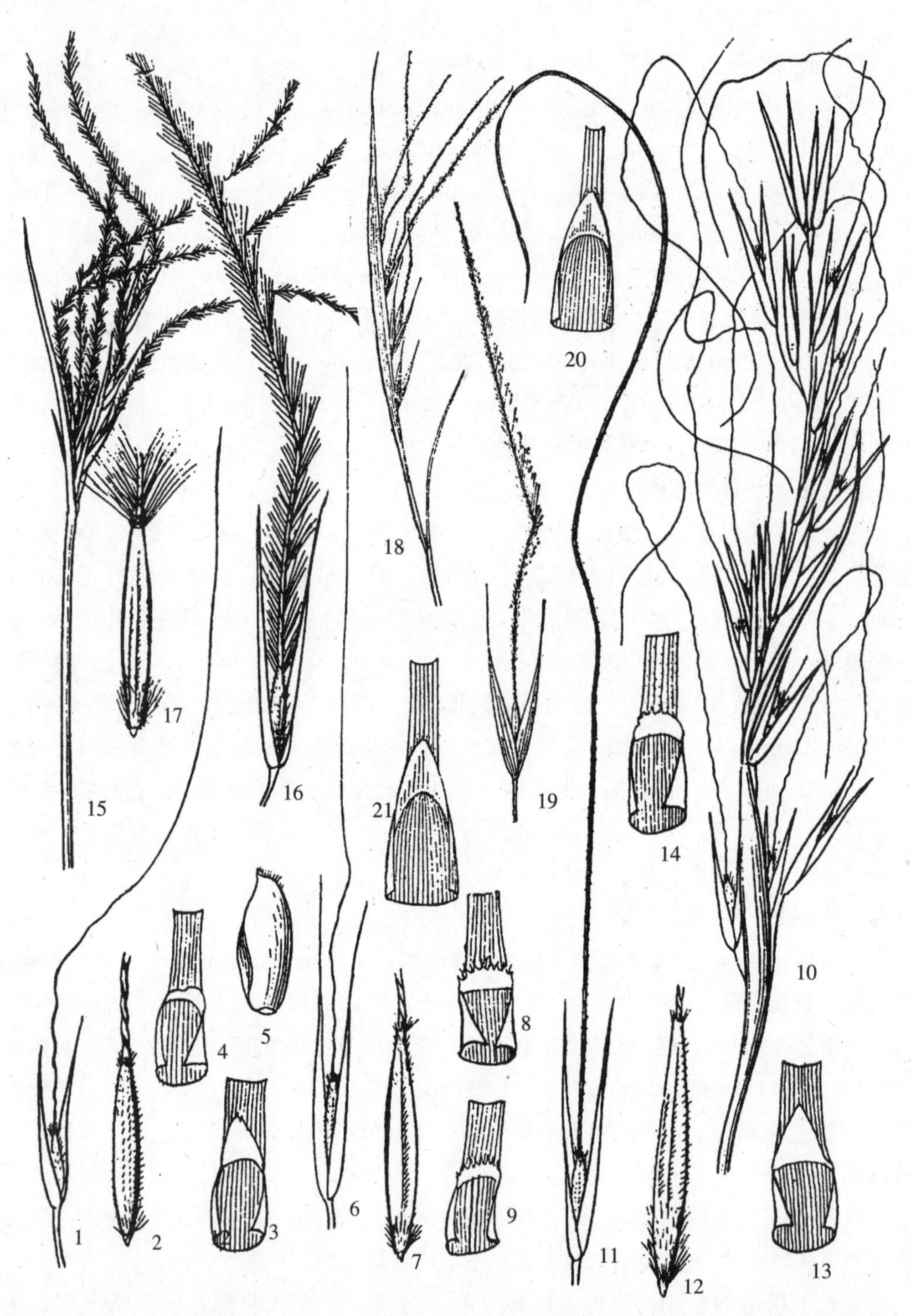

图版 7 长芒草 **Stipa bungeana** Trin. 1. 小穗；2. 小花；3. 秆生叶舌；4. 基生叶舌；5. 隐藏小穗。丝颖针茅 **S. capillacea** Keng 6. 小穗；7. 小花；8. 秆生叶舌；9. 基生叶舌。大针茅 **S. grandis** Smirn. 10. 花序；11. 小穗；12. 小花；13. 秆生叶舌；14. 基生叶舌。沙生针茅 **S. glareosa** P. Smirn. 15. 花序；16. 小穗；17. 小花。东方针茅 **S. orientalis** Trin. 18. 花序；19. 小穗；20. 分蘖叶舌；21. 秆生叶舌。（1 ~ 17. 阎翠兰绘；18 ~ 21. 宁汝莲绘）

1868；Hook. f. Fl. Brit. Ind. 7：229. 1897；中国主要植物图说 禾本科 605. 图 544. 1959；Bor Grass. Burma Ceyl. Ind. Pakist. 645. 1960；Tzvel. in Grub. Pl. Asiae Centr. 4：60. 1968，et in Fed. Poaceae URSS 583. 1976；Thomas A. Cope in E. Nasir et S. I. Ali Fl. Pakist. 143：542. 1982；西藏植物志 5：280，153. 1987；中国植物志 9（3）：281. 图版 67：6～20. 1987；新疆植物志 6：307. 图版 121：7～12. 1996；Y. H. Wu Grass. Karakor. Kunlun Mount. 126. 1999；青海植物志 4：149. 图版 21：16～19. 1999；种子植物科属地理 640. 1999；Fl. China 22：2a. 2006；青藏高原维管植物及其生态地理分布 1162. 2008. ——*Ptilagrostis purpurea*（Griseb.）Roshev. in Kom. Fl. URSS 2：76. 1934；Gamajun. Fl. Kazakh. 1：157. 1956.

18a. 紫花针茅（原变种）

var. **purpurea**

多年生密丛生草本。须根稠密而坚韧。秆直立，细瘦，高 20～40 cm，基部宿存枯叶鞘。叶鞘平滑无毛，长于节间；基生叶舌顶端钝，长约 1 mm，秆生叶舌披针形，长 3～6 mm，两侧下延与叶鞘边缘结合，均具极短的缘毛；叶片纵卷成针状，下面微粗糙，秆生者长 3.5～6.0 cm，基生叶长为秆高的 1/2。圆锥花序简化为总状花序，基部常包藏于叶鞘内，长可达 15 cm，成熟后伸出鞘外；分枝常单生，基部有孪生，有时蜿蜒状；小穗通常呈紫色；颖披针形，具 3 脉或不明显的 5 脉，顶端长渐尖或具透明细长的尖，边缘白色膜质，两颖近等长，长 13～18 cm；外稃长 8～10 mm，背部遍生细毛，顶端与芒相接处具关节，基盘尖锐，密被柔毛，长约 2 mm，芒二回膝曲，遍生长 2～3 mm 的柔毛，芒柱扭转，第 1 芒柱长 1.5～1.8 cm，第 2 芒柱长约 1 cm，芒针长 5～6 cm；内稃背部具短柔毛。花药顶端裸露。 花果期 7～9 月。

产新疆：阿克陶（恰尔隆乡，青藏队吴玉虎 4649）、塔什库尔干（麻扎，青藏队吴玉虎 374）、叶城（依力克其乡，黄荣福 86－101、113；阿格勒达坂，李勃生 11400；乔戈里峰，李勃生 11512）、且末（奴尔乡亚门，青藏队吴玉虎 1998A、2056、2103、2532；阿羌乡昆其布拉克，青藏队吴玉虎 2591A、3840）、策勒（采集记录不详）、若羌（库木库里湖畔，青藏队吴玉虎 2313；阿尔金山保护区鸭子泉，青藏队吴玉虎 2757）。生于东帕米尔高原、昆仑山和阿尔金山海拔 3 100～5 200 m 的高寒草原、荒漠草原、干旱山坡、山坡稀疏草地、河滩沙地。

西藏：日土（龙木错湖畔，青藏队吴玉虎 1282）、改则（大滩，高生所西藏队 4299；康托区，青藏队 10234；美马错，李勃生 10916）、尼玛（双湖区岗当湖，青藏队 9818）、班戈（采集地不详，青藏队 10679；班戈湖，傅国勋 1326）。生于海拔 4 600 m 左右的湖滨高寒草原、河滩沙砾质草地。

青海：格尔木（西大滩，青藏队吴玉虎 2841；野牛沟，陈世龙 873）、都兰（诺木洪，杜庆 298)、兴海（野马台滩，吴玉虎 41811；赛宗寺，吴玉虎 46209；中铁乡附近，吴玉虎 42779；温泉乡五道河，吴玉虎 28739；苦海滩，陈世龙 505)、玛沁（军功乡，吴玉虎 21241、21250)、玛多（县国营牧场，吴玉虎 1668；黑海乡苦海边，吴玉虎 18019、18047；扎陵湖乡哈姜盐池，吴玉虎 1577、1925)、称多（扎朵乡，苟新京 272；歇武乡，苟新京 403)、曲麻莱（采集记录不详)、治多（长江源各拉丹冬，蔡桂全 002；索加乡，周立华 280)。生于海拔 3 600～4 700 m 的高山草甸、高原滩地高寒草原、山前洪积扇、河谷阶地、沙砾干山坡及河滩沙地、沟谷山地灌丛草地。

甘肃：阿克赛（当金山口，采集人不详 1561、1614、1728)。生于海拔 3 200～3 400 m 的沟谷山坡草地、沙砾滩地、河谷阶地。

四川：石渠（采集地和采集人不详，7617；长沙贡玛乡，吴玉虎 29619)。生于海拔 4 000～4 500 m 的沟谷山地高寒草原、河滩沙棘灌丛中。

分布于我国的新疆、青海、甘肃、西藏、四川；中亚地区各国也有。

18b. 大紫花针茅（变种）

var. **arenosa** Tzvel. in Grub. Pl. Asiae Centr. 4：60. 1968；西藏植物志 5：280. 1987；中国植物志 9（3)：268. 1987；新疆植物志 6：307. 1996；Y. H. Wu Grass. Karakor. Kunlun Mount. 126. 1999；种子植物科属地理 642. 1999；青藏高原维管植物及其生态地理分布 1163. 2008.

本变种与原变种主要区别在于：小穗及花均较长而大，颖长 17～25 mm；外稃长 12～14 mm。

产新疆：若羌（阿尔金山保护区月牙河，青藏队吴玉虎 2275；拉慕祁漫，青藏队吴玉虎 4132；阿其克库勒湖畔，青藏队吴玉虎 2747、4022；采集地不详，崔乃然 88－079；皮亚奇勒克塔格山，青藏队吴玉虎 2160；依夏克帕提，青藏队吴玉虎 4273)。生于阿尔金山海拔 4 200～4 800 m 的高原滩地草原、高寒草原、高寒荒漠草原、沙砾草地。

西藏：日土（多玛区，青藏队吴玉虎 1332、青藏队 9067)、尼玛（双湖无人区，青藏队 9870、9900、10025)、班戈（江错区，青藏队 10391；色哇区，青藏队 9531)。生于海拔4 600～5 200 m 的沟谷山地高寒草原、山坡砾石地、河湖滩地草原。

青海：玛沁（优云乡，玛沁队 542、547)、治多（可可西里库赛湖，可可西里队黄荣福 K－989；乌兰乌拉湖，可可西里队黄荣福 K－760；太阳湖，可可西里队黄荣福 K－336；察日错，可可西里队黄荣福 K－43、K－47、K－643；西金乌兰湖，可可西里队黄荣福 K－183)。生于东昆仑山、可可西里和阿尔金山海拔 3 950～5 000 m 的高寒草原、高寒荒漠草原、沙地、沙砾山坡、多沙砾的干旱草地、多沙砾的河谷滩地草原。

分布于我国的新疆、青海、甘肃、西藏。

19. 昆仑针茅

Stipa roborowskyi Roshev. in Not. Syst. Herb. Hort. Bot. Petrop. 1（6)：1.

1920；Thomas A. Cope in E. Nasir et S. I. Ali Fl. Pakist. 143：543. 1982；西藏植物志 5：280. 1987；中国植物志 9 (3)：281. 1987；新疆植物志 6：306. 图版 120：1～6. 1996；Y. H. Wu Grass. Karakor. Kunlun Mount. 125. 1999；青海植物志 4：150. 1999；种子植物科属地理 642. 1999；Fl. China 22：202. 2006；青藏高原维管植物及其生态地理分布 1163. 2008.

多年生丛生草本。秆直立，平滑无毛，高 30～75 cm，通常具 2～3 节，基部宿存枯叶鞘。叶鞘光滑无毛，长于节间；叶舌披针形，长 3～6 mm；叶片纵卷成针状，基生叶长为秆高的 1/2～2/3。圆锥花序较紧缩，基部通常为顶生叶鞘所包，长 3～4 cm，分枝斜向上升，长 2～3 cm；小穗通常紫色；颖窄披针形，具 3 脉，或基部有短的边脉，顶端细渐尖，两颖近等长，长 12～16 mm；外稃长 6～8 mm，具 5 脉，背部沿脉纹被毛成行，顶端具 1 圈短毛，基盘尖锐，密被柔毛，芒二回膝曲扭转，第 1 芒柱长 6～7 mm，第 2 芒柱长 5～6 mm，芒针长约 2 cm，遍生长约 2 mm 的羽状毛；内稃近等长于外稃，具 2 脉，脊上具毛；花药黄褐色，长约 2 mm。 花果期 7～9 月。

产新疆：策勒（奴尔乡亚门，采集人不详 097、159、177；都木村，采集人不详 214)、且末（阿羌乡昆其布拉克，青藏队吴玉虎 2060A、2066、2591、3837、3875)。生于东帕米尔高原、昆仑山和阿尔金山海拔 3 000～4 700 m 的高寒草原、高寒荒漠草原、山坡沙砾地、山坡草地。

西藏：日土（采集地不详，青藏队 76 - 9138)、改则（麻米区，青藏队 10165、10188；大滩，高生所西藏队 4302；康托区，青藏队 10234、10237)、尼玛（双湖区来多戈林，青藏队 9805)、班戈（班戈湖东，王金亭 3677)。生于海拔 4 200～4 500 m 的河岸湖滩沙砾地、高寒荒漠草原、高寒草原。

青海：都兰、玛多（黑海乡吉迈纳，吴玉虎 926；扎陵湖，吴玉虎 060；鹿场，吴玉虎 069)。生于海拔 3 600～4 200 m 的山坡草地、高寒草原、高寒荒漠草原、山前冲积扇、河滩沙砾地。

分布于我国的新疆、青海、西藏；喜马拉雅山地区西部也有。

8. 细柄茅属 Ptilagrostis Griseb.

Griseb. in Ledeb. F1. Ross. 4：447. 1853.

多年生草本。叶片细丝状。圆锥花序疏松开展或紧缩狭窄。小穗含 1 小花，两性，具细长的柄。两颖近相等，膜质，基部常呈紫色；外稃背部被毛或仅下部被毛，顶端具 2 微齿，芒自齿间伸出，全被毛，膝曲，芒柱扭转，基盘短钝，被短毛；内稃膜质，具 1～2 脉，脉间具柔毛，背部圆形，常裸露于外稃之外；鳞被 3 枚；雄蕊 3 枚。

约 6 种，分布于亚洲北部至喜马拉雅山。我国有 6 种，昆仑地区产 6 种。

分种检索表

1. 叶舌平截，具纤毛；叶片质地较硬；颖片披针形，顶端渐尖。常生于石砾地及荒漠 …………………………………………………… **1. 中亚细柄茅 P. pelliotii**（Danguy）Grub.
1. 叶舌长圆形或披针形，无毛；叶片质地较软；颖片长圆状披针形，顶端较钝；多生长于高山草甸及山地草原。
   2. 圆锥花序开展，宽 3～5 cm。
      3. 颖片长 2.6～3.5 mm；外稃长 2.3～3.0 mm，芒长 0.6～1.0 cm …………………………………………………… **2. 短花细柄茅 P. luguersis** P. M. Peter. et al.
      3. 颖长 4.5～7.0 mm。
         4. 花序分枝腋间具枕，1～3 次二出叉分枝；颖片灰褐色或带紫色；在顶端带白色，外稃的芒长 1～2 cm；明显膝曲，芒柱扭转且具长 2.5～3.0 mm 的柔毛，芒针毛短，约长 1 mm；花药长 1～2 mm，顶端具毛 …………………………………………………… **3. 双叉细柄茅 P. dichotoma** Keng ex Tzvel.
         4. 花序分枝腋间无枕；颖片在基部深紫色；外稃的芒长 2～3 cm，不明显膝曲，芒柱、芒针均被长约 1.5 mm 微毛；花药长 2～3 mm，顶端无毛 …………………………………… **4. 细柄茅 P. mongholica**（Turcz. et Trin.）Griseb.
   2. 圆锥花序紧缩，宽 0.8～2.0 cm。
      5. 花序基部分枝处常具膜质苞片；小穗深紫色；外稃长 3.5～4.0 mm；花药顶端常具毫毛 ……………………………… **5. 太白细柄茅 P. concinna**（Hook. f.）Roshev.
      5. 花序基部分枝处无膜质苞片；小穗淡褐色；外稃长 5～6 mm，花药顶端无毛 ………………………………………………………… **6. 窄穗细柄茅 P. junatovii** Grub.

1. 中亚细柄茅　图版 8：1～5

Ptilagrostis pelliotii（Danguy）Grub. Consp. Fl. Mongol. 62. 1955；中国植物志 9（3）：311. 图版 77：1～7. 1987；青海植物志 4：161. 图版 23：14～18. 1999；Fl. China 22：204. 2006；青藏高原维管植物及其生态地理分布 1145. 2008.

多年生密丛生草本。秆直立，平滑无毛，高 20～50 cm，直径 1～2 mm，通常具 2～3 节。叶鞘平滑，紧密抱茎，短于节间；叶舌平截，顶端和边缘具纤毛；叶片质地较硬，常纵卷成刚毛状，灰绿色，微粗糙，长 6～10 cm，秆生者较短。圆锥花序疏松，长约 10 cm；分枝细弱，常孪生，下部裸露，上部着生小穗；小穗柄细弱；小穗通常淡黄色，长 5～6 mm；颖薄膜质，披针形，平滑无毛，具 3 脉，两颖近等长，顶端渐尖；外稃长 3～4 mm，具 3 脉，脉于顶端会合，背部遍生柔毛，顶端具 2 微齿，基盘短而钝圆，被短毛，芒长 20～25 mm，通体被毛，具不明显的一回膝曲；内稃稍短于外稃，背部疏被柔毛；鳞被 3 枚；花药长约 2.5 mm，顶端无毫毛。　花果期秋季。

产青海：柴达木盆地。生于海拔 3 160～3 460 m 的荒漠戈壁滩、河谷阶地草甸、河滩草甸石砾地、砾石质山坡草地。

分布于我国的新疆、青海、甘肃、内蒙古；土耳其也有。

2. 短花细柄茅

Ptilagrostis luguersis P. M. Peter. et al. Sida 21：1356. 2005；Fl. China 22：204. 2006.

多年生密丛生草本。秆高 5～10（20）cm。叶纵卷成细线形，长 2～6 cm；叶舌钝，长 0.4～1.2 mm。圆锥花序疏松，长 2～5 cm，分枝孪生；小穗通常淡黄色，基部微带紫色，长 3～4 mm；第 1 颖具 1～3 脉，第 2 颖具 3～5 脉，顶端钝，微粗糙；外稃长 2.5～3.0 mm，背中部以下被毛，上部粗糙，芒长 8～10 mm，细弱，膝曲，芒柱扭转，全被长 1.5～2.0 mm 的柔毛；内稃近等长于外稃；花药顶端无毛或具少量毫毛。 花果期 7～8 月。

产青海：兴海（河卡乡日干山，何廷农 286；大河坝乡，弃耕地调查队 359；河卡山，郭本兆 6414）、玛多（采集地不详，吴玉虎 1057；黑河乡，吴玉虎 1108）、曲麻莱（秋智乡，刘尚武 765）。生于海拔 3 600～5 000 m 的高山草甸、河谷阶地、河漫滩、丘陵坡地、沟旁。

四川：石渠（采集地、采集人和采集号不详）。生于海拔 4 100 m 左右的沟谷山坡草地。

分布于我国的青海、甘肃南部、西藏、四川西部。

3. 双叉细柄茅 图版 8：6～9

Ptilagrostis dichotoma Keng ex Tzvel. in Grub. Fl. Asiae Centr. 4：43. 1968；中国主要植物图说 禾本科 598. 图 537. 1959. sine latin. discr.；中国植物志 9（3）：315. 图版 78：6～11. 1987；青海植物志 4：163. 图版 23：24～27. 1999；Fl. China 22：204. 2006；青藏高原维管植物及其生态地理分布 1145. 2008.

多年生密丛生草本。秆直立，平滑无毛，高 40～50 cm。叶鞘稍粗糙；叶舌膜质，三角形或披针形，长 2～3 mm；叶片呈细线形，长约 20 cm，秆生叶短缩，长 1.5～2.5 cm。圆锥花序开展，长 9～12 cm；分枝细弱而呈丝状，通常孪生，下部裸露，上部1～3 次二叉分枝，叉顶着生小穗，基部主枝长达 5 cm；小穗柄细，长 5～15 mm，其柄及分枝的腋间具枕；小穗通常灰褐色，长 5～6 mm；颖膜质，具 3 脉，侧脉短，顶端稍钝，边缘透明膜质；外稃长约 4 mm，背上部微糙涩或具微毛，下部具柔毛，顶端 2 裂，基盘稍钝，具短毛，芒长 1.2～1.5 cm，膝曲，芒柱扭转且具长 2.5～3.0 mm 的柔毛，芒针被长约 1 mm 的短毛；内稃约等长于外稃，背部圆形，具柔毛；花药顶端具毫毛。 花果期 7～8 月。

产青海：兴海（河卡乡，郭本兆 6265；河卡山，弃耕地调查队 403、王作宾 20246）、玛沁（石峡煤矿，吴玉虎 27012；雪山乡，玛沁队 371）、班玛（多贡麻乡，吴玉虎 25960、王为义 27599）、久治（哇尔依乡，吴玉虎 26689；索乎日麻乡希门错湖，藏药队 583、果洛队 296）、玛多（花石峡，吴玉虎 785）、称多（歇武乡，刘有义 83-382）、治多（当江乡，周立华 421）。生于海拔 3 200～4 200 m 的高山草甸、山坡草地、沟谷河滩、山地阴坡灌丛、滩地灌丛草甸。

甘肃：玛曲（河曲军马场，吴玉虎 31894、31905）。生于海拔 3 440 m 左右的沟谷山坡草甸、山地灌丛草甸、山坡石隙。

分布于我国的青海、甘肃、陕西、西藏、四川西部。

4. 细柄茅

Ptilagrostis mongholica（Turcz. ex Trin.）Griseb. in Ledeb. Fl. Ross. 4：447. 1852；Roshev. in Kom. Fl. URSS 2：75. 1934；Gamajun. in Fl. Kazakh. 1：157. 1956；Ikon. in Fl. Tadjik. 1：432. 1957；中国主要植物图说 禾本科 598. 图 536. 1959；Tzvel. in Grub. Pl. Asiae Centr. 4：44. 1968，et in Fed. Poaceae URSS 566. 1976；西藏植物志 5：264. 图 14. 1987；中国植物志 9（3）：313. 图版 78：1～5. 1987；新疆植物志 6：318. 图版 126：4～8. 1996；Y. H. Wu Grass. Karakor. Kunlun Mount. 130. 1999；青藏高原维管植物及其生态地理分布 1145. 2008. —— *Stipa mongholica* Turcz. ex Trin. in Bull. Sci. Acad. Pétersb. 1：67. 1836；Hook. f. Fl. Brit. Ind. 7：229. 1897.

多年生密丛生草本。秆直立，高 20～50 cm，直径约 2 mm，平滑无毛，通常具 2 节，基部宿存枯萎的叶鞘。叶鞘紧密抱茎，微糙涩；叶舌膜质，顶端钝圆，长 1～3 mm；叶片纵卷如针状，质地较软，秆生者长 2～4 cm，基生者长达 20 cm。圆锥花序开展，长5～15 cm，分枝纤细柔弱，呈细毛状，常孪生或稀单生，下部裸露，上部一至二回分叉，枝腋间或小穗柄基部膨大；小穗柄细长；小穗通常暗紫色或带灰色，长 5～7 mm；颖膜质，具 3～5 脉，边脉甚短，上部粗糙，两颖几等长，先端尖或稍钝；外稃长 5～6 mm，具 5 脉，背上部粗糙或光滑无毛，下部被柔毛，基盘稍钝圆，顶端 2 裂，长约1 mm，具短毛，芒长 2～3 cm，全体被长约 2 mm 的柔毛，一回或不明显的二回膝曲，芒柱扭转；内稃与外稃近等长，背部圆形，下部具柔毛；花药长约 3 mm，顶端常无毛或具毛。 花果期 7～8 月。

产新疆：喀什。生于海拔 2 600～4 200 m 的高寒草原、高寒灌丛草地。

分布于我国的新疆、西藏、陕西、山西、内蒙古、辽宁、吉林、黑龙江；蒙古，中亚地区各国，俄罗斯西伯利亚也有。

5. 太白细柄茅

Ptilagrostis concinna（Hook. f.）Roshev. in Kom. Fl. URSS 2：76. 1934；

Gamajun. in Fl. Kazakh. 1：157. 1956；Tzvel. in Grub. Pl. Asiae Centr. 4：43. 1968；秦岭植物志 1（1）：154. 图 122. 1976；中国植物志 9（3）：311. 图版 77：8～14. 1987；新疆植物志 6：320. 1996；青海植物志 4：162. 1999；Fl. China 22：205. 2006；青藏高原维管植物及其生态地理分布 1144. 2008. ——*Stipa concinna* Hook. f. Fl. Brit. Ind. 7：230. 1896.

多年生丛生草本。秆直立，平滑无毛，高 10～20 cm。叶鞘平滑无毛，紧密抱茎；叶舌钝圆，粗糙，边缘下延与叶鞘边结合，秆生叶舌顶端微 2 裂，常呈紫色；叶片纵卷成细线形，长约 10 cm，秆生叶短缩至 1～2 cm。圆锥花序狭窄，长 2～5 cm，宽1～2 cm，基部分枝处常具披针形膜质苞片；分枝长 1～2 cm，细弱，多孪生，贴向主轴，直伸；小穗通常深紫色或紫红色，长 4～5（6）mm；颖膜质，宽披针形，平滑无毛，第 1 颖具 1 脉，第 2 颖具 3 脉，两颖几等长，外稃长 3.5～4.0 mm，背上部无毛而粗糙，基部被柔毛，顶端 2 裂，基盘钝圆，具短毛，芒长 1.0～1.4 cm，全体被柔毛，一回或不明显二回膝曲，芒柱微扭转；内稃近等长于外稃，具 2 脉，脉间疏被毛；花药顶端具毫毛。 花果期 7～9 月。

产新疆：叶城。生于海拔 3 600 m 的沟谷山坡草地。

西藏：日土（玛嘎滩，高生所西藏队 3731）。生于海拔 4 280 m 左右的沟谷河滩沙砾地、高寒灌丛草甸。

青海：兴海（温泉山，张盍曾 1048；河卡山，郭本兆 6412）、玛沁（采集地不详，区划二组 131；野马滩，吴玉虎 1403）、久治（希门错湖，藏药队 570；措勒赫湖畔，果洛队 508）、达日（德昂乡，陈桂琛 1651）、玛多（花石峡，吴玉虎 6353）、曲麻莱（秋智乡，黄荣福 776；叶格乡，黄荣福 113）、称多（清水河乡，苟新京 83-069）。生于昆仑山海拔 3 900～4 700 m 的高山草甸、高山流石坡、沟谷山坡草甸、山地高寒草原。

分布于我国的新疆、青海、甘肃、陕西、西藏、四川西北部；印度，俄罗斯南部也有。

6. 窄穗细柄茅 图版 8：10～14

Ptilagrostis junatovii Grub. Not. Syst. Herb. Inst. Bot. Acad. Sci. URSS 17：3. 1955；Tzvel. in Fed. Poaceae URSS 567. 1976；中国植物志 9（3）：313. 图版 77：15～20. 1987；新疆植物志 6：321. 1996；青海植物志 4：162. 图版 23：19～23. 1999；Fl. China 22：205. 2006；青藏高原维管植物及其生态地理分布 1145. 2008.

多年生丛生草本。秆直立，平滑无毛，高 15～30 cm，直径约 1 mm。叶鞘平滑无毛，通常短于节间；叶舌钝圆，长约 2 mm，基生叶舌长约 0.5 mm；叶片纵卷成针状，平滑无毛，长 5～15 cm，茎生者短缩至 1～2 cm。圆锥花序狭窄，长 4～8 cm，宽1.0～

1.5 cm；分枝细弱，常孪生，顶端着生少数小穗；小穗通常淡褐色，基部带紫色，长5～7 mm；颖披针形，具3脉，顶端微粗糙；外稃长4.5～6.0 mm，背部1/2以下被柔毛，上部平贴短毛，顶端具2微齿，基盘钝圆，具短毛，芒自裂齿间伸出，长1.0～1.5 cm，一回膝曲多呈直角，芒柱扭转且具较长的柔毛，芒针具短毛；内稃微短于外稃，边缘膜质，具2脉，基部被柔毛；花药顶端无毫毛。 花果期7～9月。

产青海：兴海（河卡山，弃耕地调查队402）、久治（采集地不详，陈桂琛1608）、玛多（采集地不详，吴玉虎743；黑海乡红土坡，吴玉虎852）、称多（采集地不详，苟新京83-418）。生于海拔3 200～4 500 m的沟谷高山草甸、沼泽湿地、山坡草地、河滩草丛、河谷山坡林下、山地阴坡灌丛。

分布于我国的新疆、青海、西藏、四川西部；蒙古，俄罗斯西伯利亚也有。

9. 芨芨草属 **Achnatherum** Beauv.

Beauv. Ess. Agrost. 19：146. 1812.

多年生丛生草本。叶片通常内卷，稀少扁平。顶生圆锥花序狭窄或疏松开展；小穗两性，含1小花，小穗轴脱节于颖之上；两颖近等长或稍不等长，宿存，膜质或草质，顶端尖或渐尖，稀少钝圆，膝曲；外稃较短于颖，圆柱形，厚纸质或膜质，成熟后略变硬，顶端具2微齿或稀无齿，背部散生柔毛，具3～5脉，中间3脉于顶端相结合，两侧脉分别延伸于2裂齿中，芒从齿间伸出，膝曲而宿存，稀少近于笔直而易脱落，粗糙或芒柱具微毛，基盘钝圆或少数端较尖，被髯毛；内稃具2脉，无脊，脉间被毛，成熟后背部多少裸露，不被外稃紧密包裹；鳞被3枚，雄蕊3枚；花药顶端被微柔毛或稀少无毛。颖果纺锤形或圆柱形。

20余种，分布于欧亚大陆的温寒地带。我国有14种，昆仑地区产6种。

分种检索表

1. 叶舌披针形或长圆状披针形，长（2）5～15 mm。
  2. 秆坚硬，内具白色的髓；秆生叶舌长5～15 mm；两颖不等长；外稃长4～5 mm；背部密生柔毛，芒直或微弯而不膝曲扭转 …… **1. 芨芨草 A. splendens** (Trin) Nevski
  2. 秆较细，内不具髓。
    3. 圆锥花序狭窄，长12～20 cm；外稃长6～8 mm，背部上面无毛，芒长10～15 mm …………………… **2. 细叶芨芨草 A. chingii** (Hitchc) Keng ex P. C. Kuo
    3. 圆锥花序紧密，呈穗状，长3.5～6.0 cm；外稃长约3 mm，背部被短毛，芒长约4 mm ……………………………… **3. 钝基草 A. saposhnikowii** (Roshev.) Nevski
1. 叶舌平截，顶端具裂齿，长约1 mm。

4. 外稃的基盘较尖，长 0.5～1.0 mm；小穗长 8～10 mm；外稃长约 7 mm；花序分枝稍弯曲 ………………………………………… **4. 羽茅 A. sibiricum** (Linn.) Keng

4. 外稃的基盘较钝，长 0.3～0.5 mm；小穗长约 6 mm；外稃长约 4 mm；花序分枝直伸。

5. 叶片纵卷，宽约 0.5 mm；外稃芒长 15～18 mm；花药顶端无毛……………………………………………………… **5. 光药芨芨草 A. psilantherum** Keng ex Tzvel.

5. 叶片扁平或边缘内卷，宽 2～10 mm；外稃芒长 10～13 mm；花药顶端具毛……………………………………………… **6. 醉马草 A. inebrians** (Hance) Keng ex Tzvel.

1. 芨芨草 图版 8：15～18

Achnatherum splendens (Trin.) Nevski Acta Inst Bot. Acad. Sci. URSS ser. 1. fasc. 4：224. 1937；中国主要植物图说 禾本科 89. 图 523. 1959；Tzvel. in Grub. Pl. Asiae Centr. 4：41. 1968，et in Fed. Poaceae URSS 564. 1976；西藏植物志 5：252. 图 135. 1987；中国植物志 9 (3)：320. 图版 80：1～3. 1987；新疆植物志 6：315. 图版 124：1～3. 1996；Y. H. Wu Grass. Karakor. Kunlun Mount. 129. 1999；青海植物志 4：157. 图版 23：1～4. 1999；种子植物科属地理 631. 1999；Fl. China 22：207. 2006；青藏高原维管植物及其生态地理分布 1074. 2008. ——*Stipa splendens* Trin. in Spreng. Neue Ent. 2：54. 1821；Bor Grass. Burma Ceyl. Ind. Pakist. 647. 1960.

多年生密丛生草本。须根粗壮坚韧，外具沙套。秆直立，坚硬，平滑，内具白色的髓，高 50～150 cm，直径 3～5 mm，通常具 2～3 节，基部宿存枯萎的黄褐色叶鞘，叶鞘边缘膜质；叶舌尖披针形，长 5～10 mm；叶片质坚韧，上面脉纹凸起，长 30～50 cm，宽 5～6 mm。圆锥花序开展，呈金字塔形，长 15～40 cm；分枝细弱，2～6 枚簇生，平展或斜向上升，基部裸露；小穗通常灰绿色或带紫色，或变成草黄色，长 4.5～6.5 mm；颖膜质，顶端尖或锐尖，第 1 颖长 4～5 mm，具 1 脉，第 2 颖长 6～7 mm，具 3 脉；外稃长 4～5 mm，背部密生柔毛，具 5 脉，顶端具 2 微齿，基盘钝圆，被柔毛，芒自齿间伸出，直立或微弯，不扭转，长 5～12 mm，易脱落；内稃短于外稃，长 3～4 mm，具 2 脉，脉间被柔毛；花药长 2.5～3.5 mm，顶端被毫毛。 花果期 6～9 月。

产新疆：疏勒、英吉沙、莎车（喀拉吐孜，青藏队吴玉虎 713）、塔什库尔干、叶城（苏克皮亚，青藏队吴玉虎 1109；库地，黄荣福 86－21；麻扎达拉，黄荣福 86－74）、于田（普鲁，青藏队吴玉虎 3804）、且末（阿羌乡昆其布拉克，青藏队吴玉虎 3832）、策勒、若羌（阿尔金山北坡，青藏队吴玉虎 4310、4325）。生于喀喇昆仑山和昆仑山山前海拔 2 000～4 400 m 的山坡、干旱河谷沙砾质草地、盐碱滩地和山麓、沟谷台地。

青海：兴海（中铁林场中铁沟，吴玉虎 45608；曲什安乡大米滩，吴玉虎 41822、42396；河卡乡羊曲，吴玉虎 20372；中铁林场卓琼沟，吴玉虎 45786）、都兰（采集地不详，甘青队1679）、格尔木（西大滩，青藏队吴玉虎 2901）、玛沁（军功乡，吴玉虎 4682、玛沁队 180）、玛多（黑海乡吉迈纳，吴玉虎 902）、称多。生于海拔 2 800～4 100 m 的砾石质山坡、河谷台地的阳坡砾石草地、干旱阳坡山麓灌丛草地、阔叶林缘草地、微碱性草滩、荒漠草原。

分布于我国的新疆、青海、甘肃、宁夏、陕西、西藏、四川、山西、河北、内蒙古、吉林、黑龙江；巴基斯坦，印度，阿富汗，蒙古，中亚地区各国，俄罗斯西伯利亚，欧洲也有。

2. 细叶芨芨草

Achnatherum chingii（Hitchc.）Keng ex P. C. Kuo in Fl. Tsinling. 1（1）：152. t. 121. 1976；中国主要植物图说 禾本科 595. 图 533. 1959；中国植物志 9（3）：323. 1987；青海植物志 4：157. 1999；种子植物科属地理 631. 1999；青藏高原维管植物及其生态地理分布 1072. 2008. ——*Stipa chingii* Hitchc. in Proc. Biol. Soc. Wash. 43：94. 1930.

2a. 细叶芨芨草（原变种）

var. **chingii**

多年生丛生草本。具直伸的根状茎。秆直立，高 40～50 cm，平滑无毛，通常具 2～3 节。叶鞘平滑无毛；叶舌膜质，披针形，顶端 2 浅裂或钝圆，长 2～4 mm；叶片质地柔软，纵卷成针状，长 3～6 cm，基生叶长达 25 cm。圆锥花序狭窄，长 12～20 cm，宽约 10 mm；分枝细，多孪生，斜向上升，下部裸露，上部疏生小穗；小穗通常草绿色或基部带紫色，长 7～10 mm；颖膜质，第 1 颖长 7～8 mm，具 1 脉，第 2 颖长 8～10 mm，具 3 脉；外稃长 6～8 mm，背上部平滑无毛，下部被短柔毛，具不明显的 5 脉，边脉不于顶端会合，顶端 2 裂，基盘钝圆，具微毛，芒自裂齿间伸出，长 10～15 mm，一回膝曲，芒柱扭转且生短毛，芒针光滑无毛；内稃稍短于外稃，具 2 脉，脉间被短柔毛；花药长约 2 mm。顶端无毛。 花果期 7～9 月。

产青海：班玛（马柯河林场，王为义 26797、27165）。生于海拔 3 200～3 800 m 的山坡林缘、林下灌丛草地、沟谷阶地、湖滨草地。

分布于我国的青海、甘肃、陕西、西藏、四川、云南、山西。

2b. 林荫芨芨草（变种）

var. **laxum** S. L. Lu in Acta Biol. Plat. Sin. 2：19. 1984；中国植物志 9（3）：324. 1987；青海植物志 4：159. 1999；种子植物科属地理 632. 1999；青藏高原维管植物及其生态地理分布 1072. 2008.

本变种与原变种的区别在于：叶舌被纤毛；秆生叶短，长 1～2 cm。圆锥花序疏松开展，长 10～20 cm，宽 10～12 cm，分枝水平开展；小穗长 11～12 mm；外稃长约 7 mm，芒长 14～18 mm；花药长 3.8～4.5 mm，顶端具毫毛。 花果期 8～9 月。

产青海：玛沁、班玛（马柯河林场烧柴沟，王为义 27539）。生于海拔 3 300～3 800 m 的山地林下、林缘灌丛。

分布于我国的青海、甘肃、陕西、西藏、云南、四川。

3. 钝基草

Achnatherum saposhnikowii（Roshev.）Nevski in Acta Inst. Bot. Acad. Sci. URSS 1 (4)：224. 1937；Tzvel. in Fed. Poaceae URSS 564. 1976；种子植物科属地理 631. 1999；Fl. China 22：207. 2006. —— *Timouria saposhnicowii* Roshev. in B. Fedtsch. Fl. Asiat. Ross 12：174. t. 12. 1916，et in Kom. Fl. URSS 2：118. 1934；中国主要植物图说 禾本科 585. 图 520. 1959；Tzvel. in Grub. Pl. Asiae Centr. 4：38. 1968；新疆植物志 6：321. 图版 114：4～10. 1996；Y. H. Wu Grass. Karakor. Kunlun Mount. 131. 1999；中国植物志 9 (3)：310. 图版 76：4～8. 1987；青海植物志 4：166. 图版 24：7～9. 1999；青藏高原维管植物及其生态地理分布 1165. 2008.

多年生丛生草本。具短根状茎。秆直立，细弱，高 30～50 cm，通常具 2～3 节，基部宿存枯萎的叶鞘。叶鞘平滑，紧密抱茎，常短于节间；叶舌薄膜质，长约 0.5 mm；叶片直立，质地较硬，纵卷成针状，长 5～12 cm。圆锥花序紧密排列成穗状，长 3.5～6.0 cm，宽约 6.5 mm；分枝微粗糙，贴向主轴，自基部即生小穗；小穗具短柄，通常淡绿色，成熟后呈草黄色，长 5～6 mm，含 1 枚两性小花；颖披针形，具 3 脉，中脉甚粗糙，背部点状粗糙，顶端渐尖，第 1 颖稍长于第 2 颖；外稃长约 3 mm，背部被短毛，顶端微 2 裂，基盘短而钝，具髭毛，芒自裂齿间伸出，长约 4 mm，直或膝曲，在基部稍扭转，微粗糙；内稃稍短于外稃，具 2 脉，脉间具短毛；鳞被 3 枚，花药顶端无毫毛，长约 2 mm。颖果长约 2 mm。 花果期 8～9 月。

产新疆：喀什、塔里木盆地西部山地。生于海拔 2 000～2 800 m 的干山坡或沟谷草地。

青海：都兰（采集地不详，杜庆 449；英德尔羊场，杜庆 392）、格尔木。生于海拔 2 800～3 600 m 的干旱山坡草地。

分布于我国的新疆、青海、甘肃、内蒙古；蒙古，中亚地区各国也有。

4. 羽 茅 图版 8：19～22

Achnatherum sibiricum（Linn.）Keng ex Tzvel. in Probl. Ecol. Geobot. Bot. Geogr. Florist. 140. 1977；中国主要植物图说 禾本科 599. 图 525. 1959；中国植物志 9 (3)：328. 1987；新疆植物志 6：307. 1996；青海植物志 4：160. 图版 23：9～

13. 1999；种子植物科属地理 632. 1999；Fl. China 22：210. 2006；青藏高原维管植物及其生态地理分布 1074. 2008. ——*Avena sibirica* Linn. Sp. Pl. 1：79. 1753. ——*Stipa sibirica*（L.）Lam. Tabl. Encycl. 1：158. 1791. ——*Achnatherum avenoides*（Honda）Y. L. Chang；东北植物检索表 486. 1959. ——*Stipa avenoides* Honda in Rep. First Sci. Exped. Monch. sect. 4. 4：103. 1936.

多年生疏丛生草本。须根较粗。秆直立，高 60～100 cm，平滑无毛，通常具 3～4 节，基部具鳞芽。叶鞘平滑无毛，松弛；叶舌厚膜质，长 0.5～1.5 mm，顶端平截，具齿裂；叶片质地较硬，扁平或边缘内卷，上面与边缘粗糙，下面平滑无毛，长 20～40 cm。圆锥花序紧缩，长 10～20 cm，宽 2～3 cm；分枝稍弯曲或直立，具微毛，3 至数枚簇生，自基部着生小穗；小穗通常草绿色或紫色，长 8～10 mm；颖长圆状披针形，膜质，背部微粗糙，具 3 脉，脉纹上具短刺毛，顶端尖，两颖近等长；外稃长 6～7 mm，具 3 脉，脉于顶端会合，背部密被短柔毛，顶端具 2 微齿且被较长的柔毛，基盘尖，具毛，芒长约 18 mm，一回或不明显的二回膝曲，芒柱扭转且具细微毛；内稃背部圆形，具 2 脉，脉间被短柔毛；花药长约 4 mm，顶端具毫毛。 花果期 7～9 月。

产青海：兴海（唐乃亥乡，吴玉虎 42189、采集人不详 256）。生于海拔 2 800～3 400 m 的山坡草地、林缘草甸、河滩疏林草甸。

分布于我国的新疆、青海、甘肃、宁夏、陕西、西藏、山西、河北、内蒙古、辽宁、吉林、黑龙江、河南、山东；蒙古，俄罗斯也有。

5. 光药芨芨草 图版 8：23～27

Achnatherum psilantherum Keng ex Tzvel. in Grub. Pl. Asiae Centr. 4：41. 1968；中国主要植物图说 禾本科 595. 图 532. 1959. sine latin. discr；植物研究 4（3）：198. 1984；中国植物志 9（3）：326. 1987；青海植物志 4：159. 图版 23：5～8. 1999；种子植物科属地理 631. 1999；Fl. China 22：209. 2006；青藏高原维管植物及其生态地理分布 1073. 2008.

多年生丛生草本。须根较细而柔韧。秆直立，高 40～50 cm，直径 1.0～1.5 mm，通常具 2～3 节，基部具分蘖并宿存枯萎的叶鞘。叶鞘平滑无毛；叶舌膜质，顶端平截，常具裂齿，长约 0.5 mm；叶片内卷成细线形，稍糙涩，秆生者长 8～9 cm，基生者长达 12 cm。圆锥花序稍紧缩，狭窄，长 5～12 cm，宽约 1 cm；分枝细弱，2 至数枚簇生，略倾斜上升，长达 2.5 cm，自下部或中部以上具少数小穗；小穗通常紫色，长约 6 mm；颖披针形，膜质，具 3 脉，顶端渐尖且白色透明，两颖近等长或第 1 颖稍短；外稃长约 4 mm，具 3 脉，脉于顶端会合，背部密被短柔毛，顶端具 2 微齿，基盘短而钝，芒自齿间伸出，长约 1.5 cm，一回膝曲，芒柱扭转；内稃稍短于外稃，具 2 脉，脉间被微毛，无脊；花药顶端无毛。 花果期 6～9 月。

产青海：玛沁、兴海（中铁乡附近，吴玉虎 42844、42936；河卡乡羊曲，王作宾

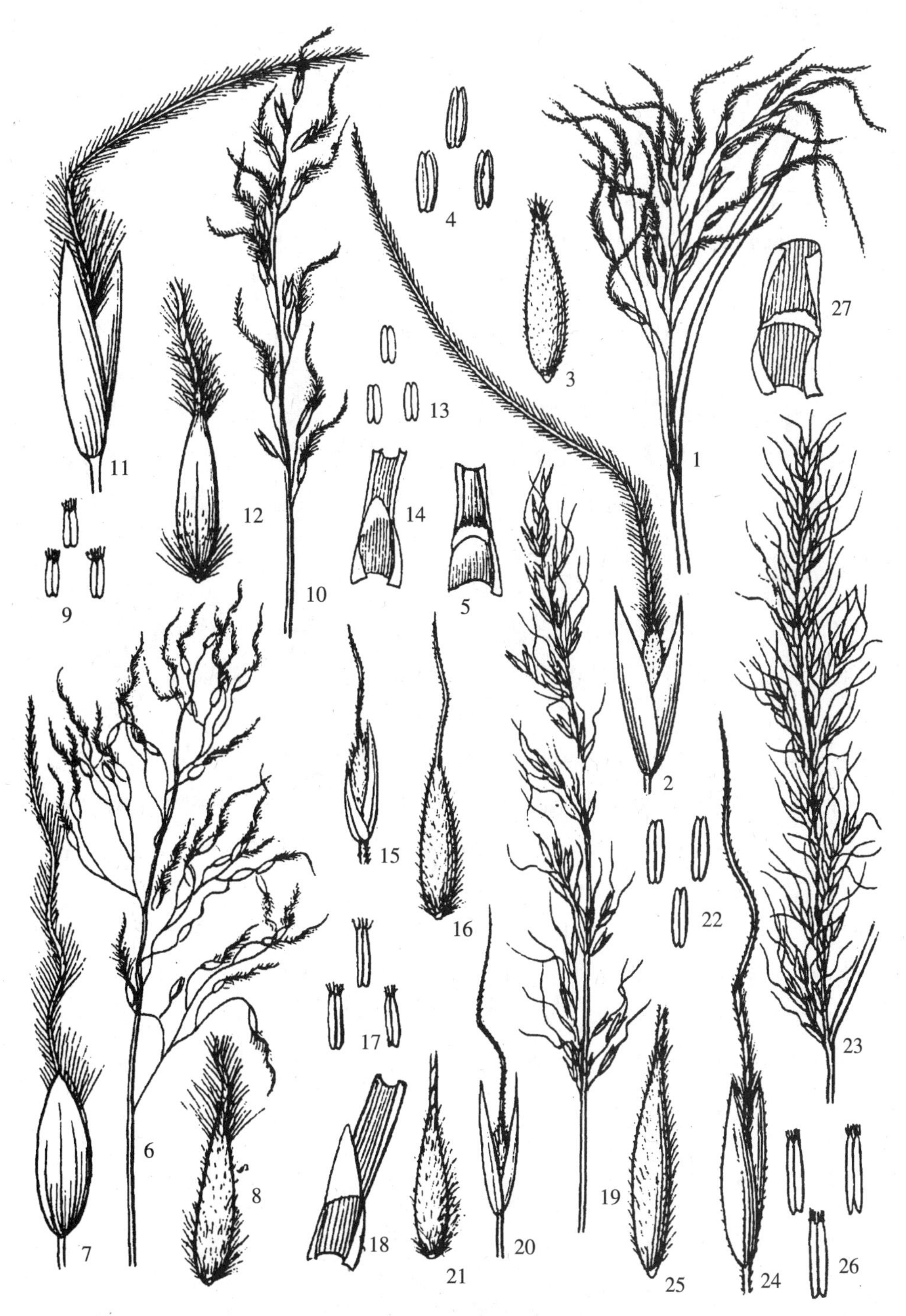

图版 8 中亚细柄茅 **Ptilagrostis pelliotii**（Danguy）Grub. 1. 花序；2. 小穗；3. 小花；4. 花药；5. 叶舌。双叉细柄茅 **P. dichotoma** Keng ex Tzvel. 6. 花序；7. 小穗；8. 小花；9. 花药。窄穗细柄茅 **P. junatovii** Grub. 10. 花序；11. 小穗；12. 小花；13. 花药；14. 叶舌。芨芨草 **Achnatherum splendens**（Trin.） Nevski 15. 小穗；16. 小花；17. 花药；18.叶舌。羽茅 **P. sibiricum**（Linn.） Keng ex Tzvel. 19. 花序；20. 小穗；21. 小花；22. 花药。光药芨芨草 **A. psilantherum** Keng ex Tzvel. 23. 花序；24. 小穗；25. 小花；26. 花药；27. 叶舌。（阎翠兰绘）

20054）、格尔木。生于海拔 3 100～4 050 m 的山坡草地、河岸草丛、沟谷山地阴坡灌丛草甸、河滩沙砾地。

分布于我国的青海、甘肃、四川。

6. 醉马草

Achnatherum inebrians（Hance）Keng ex Tzvel. in Grub. Pl. Asiae Centr. 4：40. 1968；中国主要植物图说 禾本科 593. 图 529. 1959；中国植物志 9（3）：326. 1987；新疆植物志 6：307. 图版 125：5～7. 1996；青海植物志 4：159. 1999；种子植物科属地理 632. 1999；Fl. China 22：210. 2006；青藏高原维管植物及其生态地理分布 1073. 2008. ——*Stipa inebrians* Hance in Journ. Bot. Brit. et For. 14：212. 1876.

多年生疏丛生草本。秆直立，高 60～100 cm，平滑无毛，通常具 3～4 节，节下贴生微毛，基部具鳞芽。叶鞘稍粗糙，鞘口具微毛；叶舌厚膜质，顶端平截或具裂齿，长约 1 mm；叶片质地较硬，边缘常卷折，上面及边缘粗糙，茎生者长 8～15 cm，基生者长达 30 cm，宽 2～8 mm。圆锥花序紧密排列成穗状，长 10～25 cm，宽 1.0～2.5 cm；小穗通常灰绿色或基部带紫色，成熟后变为褐铜色，长 5～6 mm；颖膜质，微粗糙，具 3 脉，顶端尖，两颖近等长；外稃长约 4 mm，具 3 脉，脉于顶端会合，背部密被柔毛，顶端具 2 微齿，基盘钝圆，具短毛，芒自齿间伸出，长 10～13 mm，一回膝曲，芒柱稍扭转且被微短毛；内稃具 2 脉，脉间被柔毛；花药顶端具毫毛。 花果期 7～9 月。

产青海：兴海（曲什安乡大米滩，吴玉虎 41827、41935；中铁乡天葬台沟，吴玉虎 45857A、45942；唐乃亥乡，吴玉虎 42138、42172；河卡乡卡日红山，郭本兆 6138；河卡山，吴珍兰 168；河卡乡羊曲，吴玉虎 20449）、玛沁（拉加乡，吴玉虎 6101；军功乡，玛沁队 178）、称多（称文乡长江边，刘尚武 2311）、曲麻莱（东风乡江荣寺，刘尚武 853）。生于海拔 2 800～3 700 m 的山坡草地、田边、河谷阶地荒漠草原、路旁、河谷台地阳坡砾石草丛、河滩砾地疏林田埂、高山灌丛。

分布于我国的新疆、青海、甘肃、宁夏、陕西、西藏、四川西部、内蒙古；蒙古也有。

（二）臭草族 Trib. **Meliceae** Reich.

10. 臭草属 **Melica** Linn.

Linn. Sp. Pl. 66. 1753.

多年生草本。叶鞘无毛，粗糙或被短毛，几乎全部闭合，叶片扁平或内卷，常粗糙或被短柔毛。顶生圆锥花序呈紧密穗状或开展；小穗柄细长，上部常弯曲且被短柔毛，常自弯曲处折断，与小穗一同脱落；小穗含可孕性小花 1 至数枚，上部 1～3 小花退化，仅具外稃，2～3 枚者常相互紧包成球形或棒状，脱节于颖之上，并在各小花之间断落，小穗轴光滑无毛、粗糙或被短毛；颖膜质或纸质，常有膜质的先端和边缘，等长或第 1 颖较短，具 1～5 脉；外稃下部革质或纸质，顶端常膜质，具 5～7（9）脉，背部圆形，光滑、粗糙或被毛，无芒（国产种），稀可于顶端裂齿间着生 1 芒；内稃短于外稃，或上部者与外稃等长，沿脊有纤毛或近于平滑，鳞被 2～3 枚或缺；雄蕊 3 枚。

约 80 种。我国有 25 种，昆仑地区产 6 种。

分种检索表

1. 小穗狭长，顶生不育外稃常 1 枚，不呈粗棒状或小球形；圆锥花序分枝细，伸展、直立或上升 …………………………………… **1. 甘肃臭草 M. przewalskyi** Roshev.
1. 小穗较宽，顶生不育外稃数枚，常聚集成粗棒状或小球形；圆锥花序分枝较短，常紧缩成穗状或总状。
  2. 外稃顶端钝，不 2 裂；第 1 颖较小，长 1.5～3.0 mm ………………………………………………………… **2. 抱草 M. virgata** Turcz. ex Trin.
  2. 外稃顶端 2 裂或有缺刻；第 1 颖长 3 mm 以上。
    3. 花药长 1.2～2.2 mm；外稃顶端常有缺刻，顶端不育外稃聚集成粗棒状；圆锥花序具较少的小穗；叶舌微凹，中间长 0.5～1.5 mm，两侧长达 3 mm ……………………………………………… **3. 柴达木臭草 M. kozlovii** Tzvel.
    3. 花药长 0.6～1.0 mm；外稃顶端膜质且 2 裂，顶端不育外稃聚集成小球形；圆锥花序具较多的小穗；叶舌平截圆形或齿裂或突尖，长达 1～4 mm。
      4. 小穗淡绿色；外稃顶端 2 浅裂或具缺刻 …… 4. **青甘臭草 M. tangutorum** Tzvel.
      4. 小穗紫红色或黄色，外稃顶端 2 裂。
        5. 叶舌长约 1 mm；小穗紫红色，长 5～8 mm，含孕性小花 2 枚 ……………………………………………… 5. **藏臭草 M. tibetica** Roshev.
        5. 叶舌长 2～4 mm；小穗黄色，长 8～11 mm，含孕性小花 2～4 枚 ……………………………………………… 6. **黄穗臭草 M. subflava** Z. L. Wu

1. 甘肃臭草 图版 9：1～3

Melica przewalskyi Roshev. in Not. Syst. Hert. Bot. Petrop. 2：25. 1921；中国主要植物图说 禾本科 240. 图 192. 1959；Tzvel in Grub. Pl. Asiae Centr. 4：125. 1968；秦岭植物志 1（1）：92. 图 73. 1976；西藏植物志 5：143. 1987；青海植物志 4：25. 图版 4：5～7. 1999；中国植物志 9（2）：300. 2002；Fl. China 22：219. 2006；青藏高原维管植物及其生态地理分布 1125. 2008.

多年生疏丛生草本，具细弱的根茎。秆细弱，直立，高 40～90 cm。叶鞘闭合几达鞘口，上部粗糙，基生者密被柔毛；叶舌极短或几阙如；叶片扁平或稍内卷，上面被微毛或柔毛，下面粗糙，长10～20 cm，宽2～6 mm。圆锥花序窄狭，长12～26 cm；分枝粗糙，直立或上升，每节具2～3枚，基部主枝长达7 cm；小穗柄纤细，上部弯曲且被微毛，顶端稍膨大；小穗常带紫色稀淡绿色，含孕性小花3（稀2或4）枚，顶生不育外稃1枚，极小；小穗轴节间光滑，微曲折；颖薄草质，边缘与先端膜质，第1颖具1脉，长2～3 mm，第2颖具3～5脉，长3～5 mm；外稃具7脉，顶端钝，边缘均具膜质，第1外稃长4～6 cm；内稃稍短于外稃，具2脊，脊上部被微细纤毛；雄蕊3枚，花药长0.5～1.0 mm。 花期7～8月。

产青海：兴海（中铁乡附近，吴玉虎42970；中铁林场恰登沟，吴玉虎45250；大河坝乡赞毛沟，吴玉虎46437、47155、47204；中铁乡前滩，吴玉虎45460）、玛沁（大武乡，区划二组126；军功乡，吴玉虎20736）、班玛（马柯河林场，王为义27498、27548）、久治、玛多、称多（扎朵乡，苟新京83-329）。生于海拔3 260～4 100 m的沟谷山地阔叶林缘灌丛、山地阴坡灌丛草甸、河边山坡草地。

分布于我国的青海、甘肃、陕西（秦岭太白山）、西藏、四川。

2. 抱　草　图版9：4～6

Melica virgata Turcz. ex Trin. Mém. Acad. Sci. St.-Pétersb. Sér. 6. 1：369. 1831；Regel Larv. in Kom. Fl. URSS 2：349. 1934；中国主要植物图说 禾本科 242. 图196. 1959；Tzvel. in Pl. Asiae Centr. 4：127. 1968，et in Fed Poaceae. URSS 551. 1976；内蒙古植物志 5：59. 图版 24：7～12. 1994；青海植物志 4：26. 图版4：11～13. 1999；中国植物志 9(2)：308. 2002；Fl. China 221. 2006；青藏高原维管植物及其生态地理分布1126. 2008.

多年生草本。秆直立，丛生，细而质硬，高30～80 cm。叶鞘闭合至近鞘口，无毛，平滑或较粗糙，叶舌干膜质，长约1 mm；叶质较硬，通常纵卷，上面稀生柔毛，下面微粗糙，长7～15 cm。圆锥花序细长，长10～25 cm，宽约1 cm；分枝粗糙，直立或斜向上升；小穗柄纤细，顶端稍膨大，被微毛；小穗成熟后呈紫色，长3.5～6.0 mm，含孕性小花2～5枚，顶生不育外稃聚集成小球形；颖草质，顶端及边缘白色膜质，第1颖卵形，长1.5～3.0 mm，具不明显的3～5脉；第2颖宽披针形，长2.5～4.0 mm，具较明显的5脉；外稃草质，具7脉，背部颗粒状粗糙，沿脉具疏糙毛，顶端钝，边缘膜质，第1外稃长4～5 mm；内稃近等长于外稃，脊具微细纤毛；花药长1.5～1.8 mm。 花果期5～8月。

产青海：兴海、称多（歇武乡，苟新京83-428）。生于海拔3 300～3 900 m的沟谷山坡草地、风化岩石间、山地灌丛。

分布于我国的青海、甘肃、宁夏、西藏、四川、山西、河北、内蒙古、江苏；俄罗斯西伯利亚，蒙古也有。

3. 柴达木臭草 图版 9：7～9

Melica kozlovii Tzvel. in Grub. Pl. Asiae Centr. 4：125. t. 7. f. 2. 1968；青海植物志 4：28. 图版 4：17～19. 1999；中国植物志 9（2）：316. 图版 37：20～25. 2002；Fl. China 22：222. 2006；青藏高原维管植物及其生态地理分布 1125. 2008.

多年生疏丛生草本。具短根茎。秆细，直立，平滑或近花序下粗糙，高 20～60 cm，具 2～3 节，节处黑紫色。叶鞘全部闭合，粗糙或被毛；叶舌膜质，具缺刻，中间部分长 0.5～1.5 mm，侧生的长达 3 mm；叶片稍纵卷或扁平，两面粗糙，长 5～10 cm，宽 1～3 mm。圆锥花序穗状，但疏松，长 6～16 cm；分枝短，粗糙，具少数小穗，偏向一边；小穗柄纤细，平滑或粗糙，顶端弯曲且被柔毛；小穗灰紫色，长 6.8～8.3 mm，含孕性小花 2～3 枚，顶生不孕外稃聚集成粗棒状；颖膜质，无毛或脉上微粗糙，顶端钝或急尖，第 1 颖宽卵形至椭圆形，长 5.0～6.5 mm，具 3～5 脉，第 2 颖长圆形，长 6.0～8.2 mm，具 5～7 脉；外稃硬革质，具 7～9 脉，背部点状粗糙，顶端膜质，常有缺刻，第 1 外稃长 5～8 mm；内稃近硬草质，长约 4 mm，被极短的毛，具 2 脊，脊上具短纤毛；花药紫色或黄色，长 1.2～2.2 mm。 花期 5～7 月。

产青海：都兰。生于海拔 2 800～3 830 m 的沟谷山坡草地、路边及谷地湿处。

分布于青海、甘肃；蒙古也有。

4. 青甘臭草

Melica tangutorum Tzvel. in Grub. Pl. Asiae Centr. 4：126. t. 7. f. 1. 1968；青海植物志 4：27. 1999；中国植物志 9（2）：316. 图版 37：14～19. 2002；Fl. China 22：222. 2006；青藏高原维管植物及其生态地理分布 1126. 2008.

多年生疏丛生草本。秆直立，平滑，花序下粗糙，高 30～80 cm，具有 3～4 节。叶鞘闭合几达口部，粗糙；叶舌膜质，长 2.0～6.5 mm，无毛或背面被微毛；叶片扁平或边缘纵卷，两面均粗糙，长 10～15 cm。圆锥花序窄狭，较稠密，稍偏向一侧，下部有时间断，长 10～16 cm；分枝较短，平滑；小穗柄纤细，曲折，顶端具短毛；小穗淡绿色，长 4～7 mm，含孕性小花 2～3 枚，不育外稃聚集顶端呈小球形；颖纸质，粗糙，顶端钝，第 1 颖短于小穗，具 3～5 脉，第 2 颖与小穗近等长，具 5～7 脉；外稃近硬草质，具 7～9 脉，背部颗粒状粗糙，顶端膜质且具 2 浅裂或具微缺刻，第 1 外稃长 3.0～4.5 mm；内稃椭圆形，被短毛，具 2 脊，脊上被短纤毛；雄蕊 3 枚，花药长 0.7～1.0 mm。 花期 5～7 月。

产新疆：乌恰（吉根乡，西植所新疆队 2199）、莎车（阿瓦提附近，王焕存 024）、和田（去都哈 50 km 处，采集人不详 153）。生于海拔 2 600～3 800 m 的沟谷山坡草甸、河谷草地。

青海：兴海（中铁乡附近，吴玉虎 42907）。生于海拔 3 200～3 600 m 的阳坡山脚、沟谷山地阴坡灌丛草甸、河谷草地、沟谷山坡灌丛。

分布于我国的新疆、青海、甘肃、四川；蒙古也有。

5. 藏臭草 图版 9：10～12

Melica tibetica Roshev. Not. Syst. Herb. Hort. Bot. Petrop. 2：27. 1921；中国主要植物图说 禾本科 241. 图 195. 1959；青海植物志 4：27. 1999；中国植物志 9 (2)：314. 图版 37：1～6. 2002；Fl. China 22：222. 2006；青藏高原维管植物及其生态地理分布 1126. 2008.

多年生草本。秆直立或基部倾斜，高 15～50 cm，具 3～6 节，在花序以下粗糙。叶鞘闭合近鞘口，粗糙；叶舌膜质，长约 1 mm，顶端平截，齿裂；叶片扁平或边缘稍内卷，两面粗糙，长 10～20 cm。圆锥花序狭窄，直立，长 6～18 cm，具较密集的小穗；分枝粗糙，基部主枝长达 5 cm；小穗柄细弱，常下弯，上部被微毛；小穗紫红色，长 5～8 mm，含孕性小花 2（稀 1 或 3）枚，顶生不育外稃聚集成小球形；颖膜质，脉上被微毛，顶端钝，第 1 颖长 4～6 mm，具 1～3 脉（侧脉不明显），第 2 颖长 5～8 mm，具 3～5 脉；外稃草质，具 5～7 脉，无毛或被微硬毛，顶端膜质，2 裂；第 1 外稃长 3.5～5.0 mm；内稃短于外稃，顶端钝，粗糙，脊上具微小纤毛，花药长 0.6～1.0 mm，花丝细长。 花期 7～9 月。

产青海：兴海（河卡乡阿米瓦阳山，何廷农 415）、治多、称多。生于海拔 4 200～4 300 m 的沟谷山麓灌丛、山地阴坡草地。

四川：石渠（城郊，王清泉 4981）。生于海拔 3 850～4 200 m 的山坡高寒草甸、沟谷山坡灌丛草甸。

分布于我国的青海、西藏、四川、内蒙古。

6. 黄穗臭草 图版 9：13～15

Melica subflava Z. L. Wu in Fl. Reipubl. Popul. Sin. 9：(2)：314. 2002；Fl. China 22：322. 2006. ——*M. flava* Z. L. Wu in Acta Phytotax. Sin. 30 (2)：171. pl. 1：1～8，pl. 2：10. 1992；青海植物志 4：27. 图版 4：14～16. 1999；青藏高原维管植物及其生态地理分布 1125. 2008.

多年生草本。秆直立或基部稍倾斜，无毛或近花序处粗糙，高 50～80 cm，直径 2～4 mm，具 3～5 节。叶鞘闭合几达口部，下部叶鞘长于节间，上部则短于节间，叶舌膜质，顶端平截或突尖或齿裂，背面被短柔毛，长 2～4 mm；叶片扁平，两面粗糙，长 10～22 cm，宽 3～6 mm；圆锥花序狭窄，直立，稠密，具较多的小穗，下部具间断，长 6～12 cm；分枝平滑，基部主枝长达 3 cm；小穗柄短而纤细，顶端被毛，常弯曲；小穗黄色，长 8～11 mm，含 2～4 枚孕性小花，顶生不育外稃聚集成小球形，小穗轴节间平滑，长约 2 mm；颖膜质，倒卵状长圆形或长圆状披针形，被微毛，顶端尖或

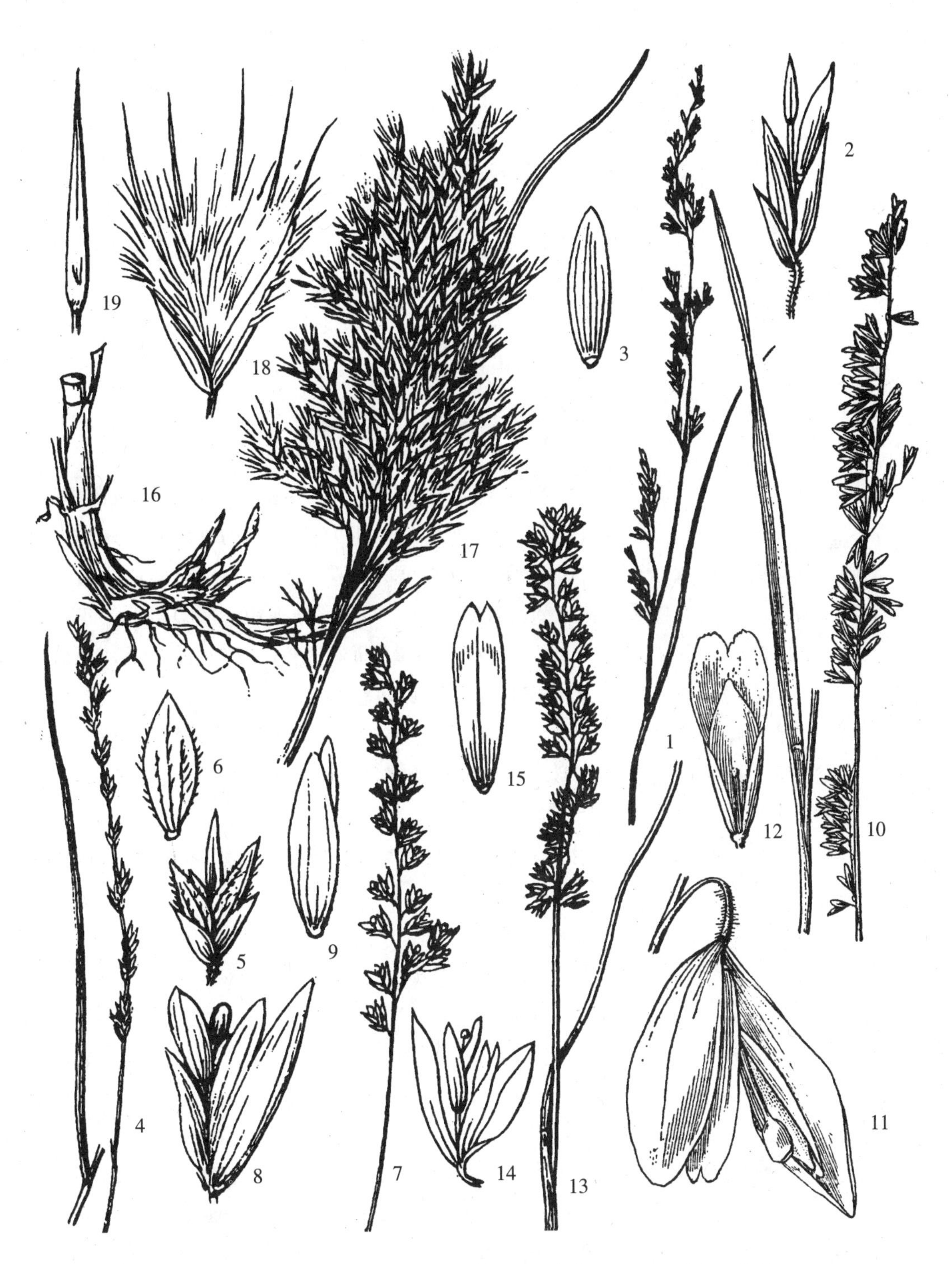

图版 9　甘肃臭草 **Melica przewalskyi** Roshev. 1. 花序；2. 小穗；3. 第 1 外稃。抱草 **M. virgata** Turcz. ex Trin. 4. 花序；5. 小穗；6. 第 1 外稃。柴达木臭草 **M. kozlovii** Tzvel. 7. 花序；8. 小穗；9. 第 1 外稃。藏臭草 **M. tibetica** Roshev. 10. 花序；11. 小穗；12. 第 1 外稃。黄穗臭草 **M. subflava** Z. L. Wu 13. 花序；14. 小穗；15. 第 1 外稃。芦苇 **Phragmites australis**（Cav.）Trin. ex Steud. 16. 植株下部；17. 花序；18. 小穗；19. 小花。（1~9，13~19. 王颖绘；10~12. 引自《中国主要植物图说 禾本科》，仲世奇绘）

稍钝，第1颖长6～8 mm，具1～3脉，侧脉常不明显，第2颖长7～11 mm，具3脉；外稃倒卵状长圆形，粗糙，具5～7脉，顶端膜质且2裂，其余为革质；第1外稃长5.5～7.0 mm；内稃长4.0～4.5 mm，具2脊，脊上具微纤毛；雄蕊3枚，花药长约1 mm。 花期7～8个月。

产青海：玛沁、甘德。生于海拔3 600 m左右的山坡草地。

（三）早熟禾族 Trib. **Poeae** R. Br.

11. 羊茅属 **Festuca** Linn.

Linn. Sp. P1. 73. 1753；F1. Xizang. 5：84. 1987.

多年生草本，密丛或疏丛生。叶鞘开裂或闭合，但不到顶部；叶舌膜质或薄革质；叶片扁平或纵卷，线形或针状，基部具叶耳或无。圆锥花序疏松开展或紧缩；小穗有柄，两侧压扁，含（1）2～11花，顶花常发育不全，小花基盘无毛；小穗轴微粗糙或平滑无毛，脱节于颖之上或诸小花之间；颖短于第1外稃，顶端锐尖或渐尖，第1颖具1脉，第2颖具3脉；外稃披针形，背部圆形或略呈圆形，光滑或粗糙或被毛，草质兼硬纸质，具狭膜质的边缘，背面顶端或其裂齿间具短芒或无芒，具5脉，其脉常不明显；内稃等长或略短于外稃，具2脊，脊粗糙或具短纤毛或近于平滑；雄蕊3枚；子房顶端平滑或被毛。颖果矩圆形或线形，腹面具沟槽或凹陷，（脐）条形或长圆形，分离或多少附着于内稃。

约200种，分布于世界温带和寒冷地区，延伸到热带山地。我国有56种，昆仑地区产19种。

分种检索表

1. 叶片常扁平，圆锥花序疏松展开；外稃顶端无芒或具短尖，子房顶端具毛或无毛（长花羊茅 *F. dolichantha*）。
  2. 叶舌长2～5 mm；外稃顶端无芒。
    3. 植株基部枯萎叶鞘被倒毛；第1外稃长7～8 mm；子房顶端被毛；花药长2.5～2.8 mm ………………………………… **1. 素羊茅 F. modesta** Nees ex Steud.
    3. 植物基部叶鞘平滑或微糙涩；第1外稃长9～11 mm；子房顶端无毛；花药长3～4 mm ………………………… **2. 长花羊茅 F. dolichantha** Keng ex P. C. Keng
  2. 叶舌长0.3～1.5 mm；外稃顶端具芒尖，长0.8～2.0（4.0）mm。
    4. 植株具短根茎；小穗长8～12 mm；外稃长6.0～6.5 mm；花药长约4 mm ………………………………………… **3. 阿拉套羊茅 F. alatavica**（St.-Yves）Roshev.

4. 植株不具根茎；小穗长 6～9 mm。

5. 小穗淡绿色或稍带紫色；第 1 颖长约 5 mm，第 2 颖长约 7 mm；花药长 1.2～1.8 mm …………………… **4. 中华羊茅 F. sinensis** Keng ex E. B. Alex.

5. 小穗暗紫色或褐色；第 1 颖长约 4 mm，第 2 颖长约 6 mm，花药长 3～4 mm …………………………………………… **5. 黑穗羊茅 F. tristis** Kryl. et Ivan.

1. 叶片纵卷，稀扁平或对折；圆锥花序紧密排列成穗状，或狭窄或疏松开展，但常较短；外稃顶端具较短的芒；子房顶端无毛或稀被微毛。

6. 花药长约 0.5 mm；叶片纵卷或对折。

7. 圆锥花序紧密排列成穗状，直立，长 2～3 cm；子房顶端无毛；叶舌长约 0.2 mm ………………………… **6. 短叶羊茅 F. brachyphylla** Schult. et Schult. f.

7. 圆锥花序疏松开展，常下垂，长 5～12 cm；子房顶端被微毛；叶舌长约 1 mm ……………………………………………………… **7. 微药羊茅 F. nitidula** Stapf

6. 花药长在 1 mm 以上；叶片纵卷，呈细丝状。

8. 圆锥花序紧密排列成穗状，或狭窄但不呈穗状。

9. 秆于花序下粗糙或被微毛；外稃背部粗糙；颖片边缘无纤毛 ……………… ……………………………………………………… **8. 羊茅 F. ovina** Linn.

9. 秆于花序下平滑；外稃背平滑或被微毛；颖片边缘具纤毛或无毛。

10. 花药长 1.0～1.5 mm；植株高 4～8 cm；第 1 颖边缘常具细短纤毛 … …………………… **9. 矮羊茅 F. coelestis** (St.-Yves) V. I. Krecz. et Bobr.

10. 花药长约 5 mm 以上；植株高 20 cm 以上；颖边缘具纤毛或窄膜质。

11. 颖片边缘窄膜质；外稃背平滑或微粗糙。

12. 第 1 颖长 3.5～4.0 mm；圆锥花序紧密排列成穗状 …………… ……………………………… **10. 寒生羊茅 F. kryloviana** Reverd.

12. 第 1 颖长 2.0～2.6 mm；圆锥花序狭窄但不紧密排列成穗状。

13. 小穗长 4～5 mm；第 1 外稃长 3～4 mm …………………… …………………… **11. 瑞士羊茅 F. valesiaca** Schleich ex Gaud.

13. 小穗长 7～8 mm；第 1 外稃长 4～5 mm …………………… ……………………………… **12. 沟叶羊茅 F. rupicola** Heuff.

11. 颖片边缘具纤毛；外稃背被微毛或无毛。

14. 颖片背部被微毛，外稃背部被微毛；小穗淡绿色，成熟后变草黄色 ……………… **13. 东亚羊茅 F. litvinovii** (Tzvel.) E. Alexeev

14. 颖片背部平滑，外稃背部亦平滑，上部微粗糙 ……………… ……………………………… **14. 帕米尔羊茅 F. alaica** Drob.

8. 圆锥花序疏松狭窄或紧密。

15. 外稃背部密被毛 ……………………………… **15. 毛稃羊茅 F. kirilowii** Steud.

15. 外稃背部平滑无毛，上部微粗糙。

16. 外稃顶端芒长 1.0～1.5 mm；第 1 颖长 2～3 mm。

17. 植株具短根茎；圆锥花序具多数小穗，第1外稃长2.5～3.5 mm
……………………………………………… **16. 紫羊茅 F. rubra** Linn.

17. 植株不具根茎；圆锥花序具少数小穗；第1外稃长4.5～6.0 mm
…………………………… **17. 葱岭羊茅 F. amblyodes** Krecz. et Bobr.

16. 外稃顶端芒长2～7 mm，第1颖长（2.5）3.0～3.5 mm。

18. 小穗长7～8 mm；第1外稃长5.0～5.5 mm ……………………
…………………… **18. 甘肃羊茅 F. kansuensis** I. Markgraf - Dann.

18. 小穗长8～10 mm；第1外稃长（5）6～7 mm ……………………
………………………………… **19. 玉龙羊茅 F. forrestii** St.-Yves.

1. 素羊茅 图版10：1～2

Festuca modesta Nees ex Steud. Syn. Pl. Glum. 1：316. 1854；Stapf in Hook. f. Fl. Ind. 7：354. 1897；Rendle in Journ. Linn. Soc. Bot. 36：429. 1936；中国主要植物图说 禾本科 128. 图94. 1959；Bor Grass. Burma Ceyl. Ind. Pakist. 539. 1960；秦岭植物志 1（1）：76. 图64. 1976；Thomas A. Cope in E. Nasir et S. I. Ali Fl. Pakist. 143：359. 1982；青海植物志 4：30. 图版5：1～2. 1999；中国植物志 9（2）：56. 2002；Fl. China 22：228. 2006；青藏高原维管植物及其生态地理分布 1109. 2008. —— *Festuca modesta* Steud. subsp. *handelii* St.-Yves in Hand.-Mazz. Symb. Sin. 7：1289. 1936.

多年生草本，具粗短根头，其上常为枯萎的深褐色且密被倒向毛的叶鞘所覆盖。秆直立，光滑无毛，高80～100 cm，常具2～3节。叶鞘粗糙，短于节间；叶舌膜质，长2～3 mm；叶片扁平，无毛，上面平滑，下面及边缘微粗糙，长10～20 cm，基生叶长达60 cm。圆锥花序开展，直立或顶端弯垂，长约15 cm；分枝单一，基部常孪生，长5～12 cm，2/3或1/2以下裸露，上部疏生小穗；小穗淡绿色，长7～11 mm，含2～4小花；颖背部平滑，顶端和边缘膜质，第1颖窄披针形，长2～3 mm，具1脉，顶端渐尖，第2颖椭圆状披针形，长3.5～5.0 mm，具3脉，顶端钝圆或有缺刻或稍具尖头；外稃背部粗糙或具微毛，顶端钝或钝尖，无芒，边缘膜质，第1外稃长7～8 mm；内稃近等于或稍短于外稃，顶端2裂，脊微粗糙或无毛；花药淡黄色或乳白色，长2.5～3.0（4.0）mm；子房顶端具毛。 花果期6～9月。

产青海：玛沁、曲麻莱（采集地不详，魏振铎22130；东风乡江荣寺，刘尚武和黄荣福849）、治多。生于海拔4 300～4 600 m的山坡林缘、灌丛草甸、山沟林下。

分布于我国的青海、甘肃、陕西（秦岭南北坡）、四川、云南；印度，尼泊尔也有。

2. 长花羊茅

Festuca dolichantha Keng ex P. C. Keng in Acta Bot. Yunnan 4（3）：274. 1982；中国主要植物图说 禾本科 127. 图93. 1959. sine latin. discr.；中国植物志 9（2）：

57. 图 7：1～3. 2002；Fl. China 22：229. 2006；青藏高原维管植物及其生态地理分布 1108. 2008.

多年生草本。根须状。秆疏丛生或单生，直立，高约 1 m，基部直径 3～4 mm，具 2～3 节。叶鞘疏松裹茎，微糙涩或老后变光滑，短于节间或下部者长于节间；叶舌膜质，长 3～5 mm，先端渐尖而易破碎成撕裂状；叶片扁平或干后内卷，两面粗糙，上面粉绿色，长 10～20 cm，宽 6 mm；圆锥花序展开，长约 20 cm，分枝孪生，光滑或上部微粗糙。基部主枝长约 11 cm，下部 1/3 或中部以下裸露，其上着生少数小枝，小枝先端疏生 2～4 枚小穗；小穗绿色而部分带紫色，长 11～14 mm，含 3～5 小花；颖线状披针形，质地较硬，具 1 脉，第 1 颖长 4.0～5.5 mm，第 2 颖长 5.5～7.0 mm；外稃披针形，渐尖，无芒，通常具脊，具 5 脉，间脉常不明显，背部或基部常有微小刺毛或微糙涩，第 1 外稃长 9～11 mm；内稃与外稃等长或稍短，顶端 2 裂，裂齿长约 0.6 mm，脊上平滑；花药长 3～4 mm；子房顶端无毛。　花果期 7～9 月。

产青海：玛沁（拉加寺，吴玉虎 6099；雪山乡，玛沁队 445；军功乡西哈垄河谷，何廷农 246）。生于海拔 3 000～3 800 m 的高寒山坡草地、干旱山坡、沟谷山地灌丛草甸。

分布于我国的青海、四川、云南。

3. 阿拉套羊茅

Festuca alatavica（St.-Yves）Roshev. in Kom. Fl. URSS 2：528. 1934；Bor Grass. Burma Ceyl. Ind. Pakist. 537. 1960；Tzvel. in Grub. Pl. Asiae Centr. 4：164. 1968，et in Fed. Poaceae URSS 398. 1976；Thomas A. Cope in E. Nasir et S. I. Ali Fl. Pakist. 143：364. 1982；新疆植物志 6：65. 图版 21：1～2. 1996；Y. H. Wu Grass. Karakor. Kunlun Mount. 35. 1999；中国植物志 9（2）：61. 图版 8：20～22. 2002；Fl. China 22：230. 2006；青藏高原维管植物及其生态地理分布 1107. 2008. ——*F. rubra* subsp. *alatavica* Hack. ex St.-Yves in Candollea 3：393. 1928. ——*F. tianschanica* Roshev. in Kom. Fl. URSS 2：772. 1934. 植物分类学报 16（2）：99. 1978.

多年生密丛生草本。具短的根茎；秆光滑无毛，高 35～60 cm。叶鞘光滑无毛或微粗糙；叶舌很短，长约 0.2 mm，边缘具细小纤毛；叶片狭长条形，对折或内卷，宽 1.0～1.5 mm，上面平滑，下面稍粗糙。圆锥花序疏展，长 10～16 cm，分枝孪生，平滑或微粗糙；小穗紫褐色，长 9～15 mm，含 4～5 花；颖窄披针形，平滑无毛，第 1 颖长约 4 mm，具 1 脉，第 2 颖长 5.0～5.5 mm，具 3 脉；外稃窄披针形，平滑无毛，顶端渐尖或具长达 1.0～1.5 mm 的短芒，边缘白色膜质，第 1 外稃长 6.0～6.5 mm；内稃稍短于外稃，脊粗糙或其上具细小纤毛；花药长约 4 mm。子房顶端被少量毛。　花果期 6～9 月。

产新疆：阿克陶（阿克塔什，青藏队吴玉虎156、238B）。生于海拔2 600～4 000 m的沟谷山坡林缘草甸、河边草地。

分布于我国的新疆（天山、阿拉套山、塔尔巴哈台山、阿尔泰山）；俄罗斯，中亚地区各国也有。

4. 中华羊茅 图版10：3～6

Festuca sinensis Keng ex E. B. Alex. Byull. Moskovsk. Obshch. Isp. Prin. Otd. Biol. 93 (1)：112. 1988；Fl. China 22：229. 2006；中国主要植物图说 禾本科126. 图91. 1959. sine latin. discr.；Keng ex S. L. Lu Acta Phytotax. Sin. 30 (6)：536. 1992；Y. H. Wu Grass. Karakor. Kunlun Mount. 34. 1999；青海植物志4：32. 图版5：3～6. 1999；中国植物志9 (2)：60. 图版7：15～17. 2002；青藏高原维管植物及其生态地理分布1111. 2008.

多年生丛生草本。秆直立或基部倾斜，高50～80 cm，具4节，其节无毛，呈黑紫色。叶鞘无毛，具条纹；叶舌革质或干膜质，具短纤毛，长0.3～1.5 mm；叶片直立，边缘卷折，无毛或上面被微毛，长6～16 cm，宽2.5～3.5 mm，顶生者退化，长3～6 cm。圆锥花序开展，长10～18 cm；分枝下部孪生，主枝细弱，长6～11 cm，中部以下裸露，上部分生一至二回的小枝，小枝具2～4小穗；小穗淡绿色或稍带紫色，长8～9 mm，含3～4小花，小穗轴节间具微刺毛；颖背部平滑，但脉上部微粗糙，顶端渐尖，第1颖窄披针形，具1脉，长5～6 mm，第2颖宽披针形，长7～8 mm，具3脉；外稃长圆状披针形，背上部具微毛，边缘膜质，具5脉，顶端无芒或具长0.8～1.5 mm的短芒，第1外稃长7～8 mm；内稃顶端具2微齿，具2脊，脊具短纤毛；花药长1.2～1.8 mm；子房顶端无毛或被少量毛。 花果期7～9月。

产青海：格尔木（青藏公路920 km处西大滩，青藏队吴玉虎2863）、兴海（赛宗寺，吴玉虎46275；大河坝乡，吴玉虎42452、弃耕地调查队63-341；采集地不详，地植物组62-442）、玛沁（石峡煤矿，吴玉虎27015；区划一组118；加拉乡塔玛沟，区划一组232）、达日（莫坝乡，吴玉虎29087）、玛多（采集地不详，吴玉虎934；牧场，吴玉虎822；黄河乡，吴玉虎1119）、称多（清水河乡，苟新京83-028；拉布乡，苟新京83-459、83-958）、曲麻莱（东风乡，刘尚武873）、治多。生于海拔3 650～4 800 m的宽谷河滩溪边湿草地、沟谷山地高寒草甸、高寒灌丛或林缘草地、山坡及山谷草甸、杨树林中。

甘肃：玛曲（河曲军马场，吴玉虎31891；黄河北岸，王学高82-137）。生于海拔3 300～3 500 m的山地高寒草甸、沟谷山坡岩石缝隙。

分布于我国的青海、甘肃、四川。

5. 黑穗羊茅

Festuca tristis Kryl. et Ivan. in Animadv. Syst. Herb. Univ. Tomsk. 1：1.

1928；V. I. Krecz. et Bobr. in Kom. Fl. URSS 2：527. 1934；Gamajun. in Fl. Kazakh. 1：263. 1956；Tzvel. in Grub. Pl. Asiae Centr. 4：165. 1968，et in Fed. Poaceae URSS 399. 1976；植物分类学报 16（2）：99. 图 8. 1978；新疆植物志 6：67. 图版 21：5～6. 1996；Y. H. Wu Grass. Karakor. Kunlun Mount. 36. 1999；中国植物志 9（2）：60. 图版 8：11～14. 2002；Fl. China 22：230. 2006；青藏高原维管植物及其生态地理分布 1111. 2008.

多年生丛生草本。根状茎短。秆细瘦，直立，高 20～60 cm，光滑无毛。叶鞘平滑无毛或被稀少微毛；叶舌白色膜质，平截，具纤毛，长 1.5～3.0 mm；叶片窄条形，长 6～16 cm，宽 0.6～1.5 mm，对折，粗糙，基生叶多数，长不超过茎秆的 1/2。圆锥花序疏展，长（5）7～12 cm，分枝单生，粗糙，长达 4 cm，含少数小穗；小穗暗紫色长圆形，长 6～8 mm，含 2～3 小花；颖窄披针形，先端渐尖或具小尖头，第 1 颖长 4～5 mm，具 1 脉，第 2 颖长 5～6 mm，具 3 脉；外稃背部平滑无毛，具明显的 5 脉，芒长 1～2 mm，第 1 外稃长 6～6.5 mm；内稃约与外稃等长；花药长 3～4 mm，子房顶端具微毛。 花果期 7～8 月。

产新疆：阿克陶（阿克塔什，青藏队吴玉虎 156A、238A）。生于海拔 3 000～4 400 m 的高寒草甸、河滩草甸、林缘草地。

西藏：日土。生于海拔 4 600～4 900 m 的沙砾质河湖滩地、高寒草原、高寒荒漠、冰缘砾石地、湖岸草甸、沟谷沙砾湿地、河湖边沙地。

分布于我国的新疆（天山、阿拉套山）、西藏；蒙古，俄罗斯西伯利亚，中亚地区各国也有。

6. 短叶羊茅 图版 10：7～11

Festuca brachyphylla Schult. et Schult. f. Add. ad Mant. 3：646. 1827；Tzvel. in Grub. Pl. Asiae Centr. 4：165. 1968. et in Fed. Poaceae URSS 405. 1976；Markgraf-Dann. in Fl. Europ. 5：142. 1980；新疆植物志 6：69. 图版 24：1～2. 1996；Y. H. Wu Grass. Karakor. Kunlun Mount. 36. 1999；青海植物志 4：32. 图版 5：7～11. 1999；中国植物志 9（2）：83. 图版 11：13～17. 2002；Fl. China 22：238. 2006；青藏高原维管植物及其生态地理分布 1107. 2008. ——*F. brevifolia* R. Br. Chkloris Melvilliana 31. 1823，non Mubl. 1817；植物分类学报 16（2）：102. 图 15. 1978. ——*F. jouldosensis* D. M. Chang in Acta Phytotax. Sin. 16（2）：98. f. 5. 1978.

多年生矮小、丛生草本。秆直立，平滑，高 5～15 cm。叶鞘平滑无毛；叶舌平截，具纤毛，长约 0.2 mm；叶片对折或纵卷，长 1.5～8.0 cm。圆锥花序紧密排列成穗状，长 2～4 cm，宽约 8 mm；分枝单生或孪生，粗糙，长 0.5～1.0 cm，自基部即生小穗；小穗褐紫红色，长 5～6 mm，含 3～4 小花；颖披针形至宽披针形，顶端尖，边缘狭窄干膜质，第 1 颖长约 2 mm，具 1 脉，第 2 颖长 2.5～3.0 mm，具 3 脉，边缘上部有时具微纤毛；外稃椭圆状披针形，背上部粗糙，顶端具芒，芒长 1.0～1.5 mm，第 1 外稃长 4.0～4.5 mm；内稃近等长于外稃，顶端微 2 裂，具 2 脊，脊粗糙；花药长约 0.5 mm；子房顶端无毛。　花期 7～8 月。

产新疆：叶城（岔路口，青藏队吴玉虎 1198）、策勒（昆仑牧场，采集人不详 1727）、若羌（阿牙克库木湖，青藏队吴玉虎 3753；阿其克库勒湖，青藏队吴玉虎 4112；喀什克勒河，青藏队吴玉虎 4145；木孜塔格峰雪照壁，青藏队吴玉虎 2253；冰河，青藏队吴玉虎 4226；阿尔金山保护区鸭子泉，青藏队吴玉虎 4004；鲸鱼湖，青藏队吴玉虎 4074；碧云山，青藏队吴玉虎 2704）。生于海拔 4 300～5 200 m 的沟谷山坡高寒草甸、山坡冰缘沙砾地、河谷滩地高寒草原、湖滨沙砾质湿草地。

西藏：日土（龙木错，青藏队吴玉虎 1289、1312）。生于海拔 4 200 m 左右的高原宽谷湖边、沙砾质高寒草原。

青海：格尔木（西大滩，青藏队吴玉虎 2886）、兴海（采集地不详，弃耕地调查队 392）、玛沁（雪山乡，王为义 27708）、玛多（采集地不详，吴玉虎 665）、治多（可可西里西金乌兰湖，可可西里队黄荣福 K-229、K-810；勒斜武担湖，可可西里队黄荣福 K-252、K-270；五雪峰，可可西里队黄荣福 K-377；太阳湖，可可西里队黄荣福 K-450；苟鲁错，可可西里队黄荣福 K-57）。生于海拔 3 700～4 750 m 的高山草甸、山坡草地、河漫滩草地、高山碎石带、河谷湖滨滩地、沙砾质高寒草原沟谷。

分布于我国的新疆（天山、阿拉套山、东帕米尔高原）、青海、甘肃、西藏；欧洲，中亚地区各国，俄罗斯西伯利亚，北美洲也有。

7. 微药羊茅

Festuca nitidula Stapf in Hook. f. Fl. Brit. Ind. 7：350. 1897；Bor Grass. Burma Ceyl. Ind. Pakist. 539. 1960；E. Alexeev in Nov. Syst. Vasc. 17：25. t. 2. f. 12～13. 1980；Thomas A. Cope in E. Nasir et S. I. Ali Fl. Pakist. 143：365. 1982；西藏植物志 5：89. 图 44：5～8. 1987；Y. H. Wu Grass. Karakor. Kunlun Mount. 3. 1999；青海植物志 4：33. 1999；中国植物志 9（2）：84. 图版 11：18～22. 2002；Fl. China 22：235. 2006；青藏高原维管植物及其生态地理分布 1109. 2008.

多年生草本。秆直立，平滑无毛，高 10～25 cm。叶鞘光滑无毛；叶舌短，长约 1 mm，具纤毛；叶片平滑，较柔软，纵卷或对折，宽约 0.5 mm，但秆生叶也有扁平者，且长 3～10 cm，宽约 3 mm。圆锥花序疏松开展，长 4～12 cm；分枝单一或有时孪生，平滑或微粗糙，长 4～8 cm，中部以下裸露，中、上部着生小枝与小穗；小穗紫红色，长 5～6 mm，含 2～5 小花；颖披针形，背部平滑，顶端渐尖，边缘膜质，第 1 颖长 1.5～2.5 mm，具 1 脉，第 2 颖长 3～4 mm，具 3 脉；外稃矩圆状披针形，背部粗

1960；Tzvel. in Grub. Pl. Asiae Centr. 4：171. 1968，et in Fed. Poaceae URSS 409. 1976；Markgraf - Dann. in Fl. Europ. 5：152. 1980；Thomas A. Cope in E. Nasir et S. I. Ali Fl. Pakist. 143：373. 1982；新疆植物志 6：74. 1996；Y. H. Wu Grass. Karakor. Kunlun Mount. 40. 1999；中国植物志 9 (2)：73. 图版 9：7～10，2002；青藏高原维管植物及其生态地理分布 1111. 2008.

多年生密丛生草本。秆直立，平滑无毛，高 15～35 cm，具 1～2 节。叶鞘平滑无毛；叶舌长约 0.2 mm，平截，具纤毛；叶片细弱，刚毛状或细丝状，微粗糙，长 5～15 cm。圆锥花序紧密，狭窄，长 2.5～5.0 (8.0) cm；分枝直立，粗糙；小穗褐色或黄褐色微带紫色，长 5～6 mm，含 3～4 小花；颖背部平滑，边缘窄膜质，顶端急尖，第 1 颖窄披针形，长 2.0～2.5 mm，具 1 脉，第 2 颖宽披针形，长约 3.2 mm，具 3 脉；外稃背部平滑或粗糙，具 3 脉，顶端具长约 2 mm 的芒，第 1 外稃长约 3.5 mm；内稃长圆形，两脊粗糙；花药长 1.6～2.4 mm；子房顶端无毛。 花果期 7～8 月。

产新疆：叶城（苏克皮亚，青藏队吴玉虎 997B)。生于海拔 3 000 m 左右的沟谷山坡草地、山地高寒草甸。

青海：兴海（河卡山，郭本兆 6385)。生于海拔 4 000 m 左右的山顶高寒草甸。

分布于我国的新疆（天山、阿拉套山、塔尔巴哈台山、阿尔泰山)、青海、西藏、内蒙古；蒙古，中亚地区各国，俄罗斯西伯利亚，欧洲也有。

12. 沟叶羊茅

Festuca rupicola Heuff. Verh. Zool. Bot. Ges. Wien 8：233. 1858；Markgraf-Dann. in Fl. Europ. 5：152. 1980；E. Alexeev in Nov. Syst. Pl. Vasc. 18：80. t. 4：f. 10. 1981；中国植物志 9 (2)：74. 图版 9：15～18. 2002.

多年生密丛生草本。秆直立，上部粗糙，高 20～50 cm。叶鞘平滑或稍粗糙；叶舌长约 1 mm，顶端具纤毛；叶片细弱，常对折，长 10～20 cm，宽 0.6～0.8 mm；叶横切面具维管束 5 束，厚壁组织束 3 稀 5 束，较粗。圆锥花序较狭窄但疏松不紧密，长 4.5～8.0 mm，分枝直立，粗糙；小穗淡绿色或带绿色，或黄褐色，长 7～8 mm，含 3～5 小花；颖片背部平滑，顶端尖，边缘具窄膜质，第 1 颖披针形，长 2.0～2.5 mm，具 1 脉，第 2 颖卵状披针形，长 3.0～4.5 mm，具 3 脉，边缘具纤毛；外稃背部平滑或上部微粗糙，顶端具芒，芒长 2～3 mm，第 1 外稃长 4～5 mm；内稃两脊粗糙；花药长约2 mm；子房顶端平滑。 花果期 6～9 月。

产新疆：乌恰（采集地不详，西植所新疆队 2220)、塔什库尔干（采集地不详，西植所新疆队 1098、1126、1132、1251)、叶城（新藏公路阿卡子达坂段，采集人和采集号不详)。生于海拔 3 400～4 500 m 的沟谷山坡草地、山谷沙砾质草地。

分布于我国的新疆。

13. 东亚羊茅

Festuca litvinovii（Tzvel.）E. Alexeev，Nov. Syst. Pl. Vasc. 13：31. 1976；Tzvel. in Fed. Poaceae URSS 413. 1976；内蒙古植物志 7：71. 图版 30：1～4. 1982，第 2 版. 5：74. 图版 33：1～4. 1994；青海植物志 4：34. 1999；中国植物志 9 (2)：70. 图版 10：5～8. 2002；Fl. China 22：241. 2006；青藏高原维管植物及其生态地理分布 1109. 2008. —— *F. pseudosulcata* var. *litvinovii* Tzvel. In Grub. Pl. Asiae Centr. 4：170. 1968.

多年生密丛生草本。秆直立，平滑无毛，高约 20 cm。叶鞘光滑无毛；叶舌齿裂，长约 1 mm，具纤毛；叶片纵卷成细丝状，平滑无毛，较柔韧，秆生者长 2～3 cm，基生者长可达 15 cm，宽 0.3～0.6 cm。圆锥花序紧缩成穗状，长约 2 cm；分枝短，被微毛，自基部即生小穗；小穗成熟后草黄色，长约 6 mm，含 3～4 小花；颖背部被短毛，顶端渐尖，边缘具细而短的睫毛，第 1 颖披针形，长约 2.5 mm，具 1 脉，第 2 颖宽披针形，长 3～4 mm，具 3 脉；外稃背部被细短毛，上部及两侧毛较密，或上部粗糙，中、下部无毛，顶端具芒，芒长约 1.5 mm，第 1 外稃长约 4 mm；内稃近等长于外稃，顶端微 2 裂，具 2 脊，脊具纤毛；花药长 2.0～2.5 mm。 花果期 7～9 月。

产新疆：莎车（采集地和采集人不详，59 - 9892）、塔什库尔干（卡拉其古，西植所新疆队 1069、1182、1242）。生于海拔 4 350～4 580 m 的高原沟谷山坡草地。

青海：冷湖（柴达木当金山口，采集人和采集号不详）、兴海（中铁乡天葬台沟，吴玉虎 45804）。生于海拔 3 300～4 170 m 的沟谷山坡草地、沟谷阴坡高寒灌丛草甸。

分布于我国的新疆、青海、山西、河北、内蒙古、辽宁、吉林、黑龙江；俄罗斯西伯利亚和远东地区，蒙古也有。

14. 帕米尔羊茅

Festuca alaica Drob. in Trav. Mus. Bot. Acad. Sci. Petrograd 16：134. 1916；Gamajun. in Fl. Kazakh. 1：260. 1956；Tzvel. in Fed. Poaceae URSS 403. 1976；植物分类学报 16 (2)：104. 图 17. 1978；E. Alexeev in Nov. Syst. Vasc. 14：50. t. 6. f. 1～4. 1977，et in l. c. 17：34. 1980；Thomas A. Cope in E. Nasir et S. I. Ali Fl. Pakist. 143：370. 1982；Y. H. Wu Grass. Karakor. Kunlun Mount. 39. 1999；中国植物志 9 (2)：71. 图版 10：9～11. 2002；青藏高原维管植物及其生态地理分布 1107. 2008.

多年生密丛生草本。秆细弱，平滑无毛，高 10～30 cm，基部具褐色或深棕色枯叶鞘。叶鞘平滑无毛；叶舌膜质，长约 0.2 mm，具纤毛，先端平截；叶片对折或边缘纵卷，长 4～16 cm，宽约 1 mm，微粗糙；叶横切面具维管束 5 束，较弱的厚壁组织束 3 束。圆锥花序紧缩狭窄，长 3～5 cm，分枝粗糙，长 0.5～1.0 cm，自基部起即生小穗；

小穗褐色，长6～9 mm，含3～7小花；小穗轴节间长约1 mm，被短毛或粗糙；颖片背部平滑无毛，顶端具短尖，边缘常具短纤毛，第1颖长2～3 mm，具1脉，第2颖长2.5～3.5 mm，具3脉；外稃背部上部粗糙，中部以下平滑无毛，顶端短芒长0.6～1.0 mm，第1外稃长4～5 mm。内稃近等长于外稃，先端具2微齿，两脊粗糙；花药长1.8～2.0 mm；子房顶端无毛。 花果期6～9月。

产新疆：乌恰（吉根乡斯木哈纳，青藏队吴玉虎037）、阿克陶（恰尔隆乡，青藏队吴玉虎4651、5025）、塔什库尔干（卡拉其古，青藏队吴玉虎5070）。生于海拔3 200～4 500 m的沟谷山坡草地、河谷山地高寒草原。

分布于我国的新疆；俄罗斯也有。

15. 毛稃羊茅 图版10：21～22

Festuca kirilowii Steud. Syn. Pl. Glum. 1：306. 1854；V. I. Krecz. et Bobr. in Kom. Fl. URSS 2：524. 1934；植物分类学报16（2）：101. f. 12. 1978；西藏植物志5：93. 1987；Y. H. Wu Grass. Karakor. Kunlun Mount. 37. 1999；青海植物志4：36. 图版5：21～22. 1999；中国植物志9（2）：79. 图版12：7～10. 2002；青藏高原维管植物及其生态地理分布1109. 2008.

多年生疏丛生草本。具细弱根茎。秆较硬直或基部稍膝曲，平滑无毛，高20～60 cm。叶鞘平滑；叶舌平截，具纤毛，长约1 mm；叶片通常对折，平滑无毛或上面稀有微毛，秆生者长2～3 cm，宽2～4 mm，基生者长可达20 cm。圆锥花序疏松或花期开展，长4～8 cm；分枝微粗糙，每节1～2枚，长1～3 cm；小穗褐紫色或成熟后褐黄草色，长8～10 mm，含4～6小花；颖背上部粗糙，中脉粗糙或具短刺毛，顶端尖或渐尖，边缘窄膜质或上部具纤毛，第1颖长3～4 mm，具1脉，第2颖长4～5 mm，具3脉；外稃背部遍被毛，具不明显5脉，顶端具芒，芒长2～3 mm，第1外稃长约5 mm；内稃顶端具2齿，脊具纤毛或粗糙，脊间具微毛；花药长2～3 mm；子房顶端无毛。
花果期6～8月。

产新疆：乌恰、叶城（棋盘乡，青藏队吴玉虎4660）、阿克陶（阿克塔什，青藏队吴玉虎185、187、244）、塔什库尔干（克克吐鲁克，青藏队吴玉虎526、527；卡拉其古，青藏队吴玉虎5064；麻扎，青藏队吴玉虎421；红其拉甫，青藏队吴玉虎4897）。生于海拔3 000～4 500 m的山坡草地、高寒草甸、沙砾山坡、河谷草甸、山地森林草甸、亚高山草甸。

青海：兴海（大河坝乡，弃耕地调查队355；河卡乡，郭本兆6244）、都兰（夏日哈，植被组293、甘青队1656；香日德，甘青队1274）、玛沁（拉加乡冷玛沟，采集人和采集号不详）、久治（希门错湖畔，果洛队451）、玛多（牧场，吴玉虎274；黑河乡，杜庆525）、曲麻莱（巴干乡，刘尚武和黄荣福936）、治多。生于海拔3 250～4 500 m的阳坡、灌丛草甸、林下草丛、河滩、河谷阶地。

分布于我国的新疆（天山、阿拉套山、阿尔泰山）、青海、甘肃、西藏、四川西部、云南、山西、河北、内蒙古；中亚地区各国，俄罗斯西伯利亚，欧洲也有。

16. 紫羊茅 图版 10：23～26

Festuca rubra Linn. Sp. Pl. 74. 1753；Stapf in Hook. f. Fl. Brit. Ind. 7：352. 1897；Krecz. et Bobr. in Kom. Fl. URSS 2：517. 1934；中国主要植物图说禾本科 129. 图 96. 1959；Bor Grass. Burma Ceyl. Ind. Pakist. 540. 1960；Tzvel. in Grub. Pl. Asiae Centr. 4：170. 1968，et in Fed. Poaceae URSS 400. 1976；植物分类学报 16（2）：100. 1978；Thomas A. Cope in E. Nasir et S. I. Ali Fl. Pakist. 143：365. 1982；西藏植物志 5：91. 图 47. 1987；新疆植物志 6：67. 图版 22：1～3. 1996；Y. H. Wu Grass. Karakor. Kunlun Mount. 37. 1999；青海植物志 4：36. 图版 5：23～26. 1999；中国植物志 9（2）：82. 2002；青藏高原维管植物及其生态地理分布 1110. 2008.

16a. 紫羊茅（原亚种）

subsp. **rubura**

多年生疏丛或密丛生草本。具短根茎或根头，多为鞘外分枝。秆直立或基部常倾斜或膝曲而上升，平滑，高 20～40 cm。叶鞘无毛或基部常带红棕色；叶舌平截，具纤毛，长 0.5 mm 或稍长；叶片对折或内卷，稀扁平，平滑无毛或上面被微毛，长 5～15 cm，宽0.5～1.5 mm。圆锥花序狭窄，稍下垂，有时较疏松，长 7～10 cm；分枝单生或最下部孪生，直立或贴生，与其主轴均粗糙，基部主枝长达 5 cm，中部以下常裸露；小穗淡绿色或深紫色，长 6～10 mm，含 3～6 小花；颖狭披针形，背部平滑或微粗糙，顶端渐尖，边缘窄膜质，第 1 颖长 2～3 mm，第 2 颖长 3.5～4.0 mm；外稃背部平滑或上部粗糙或具微毛，具不明显 5 脉，顶端具芒，芒长 1～3 mm，第 1 外稃长 4.5～5.0 mm；内稃近等长于外稃，顶端具 2 微齿，两脊上部粗糙；花药长 2～3 mm；子房顶端无毛。 花果期 6～9 月。

产新疆：若羌（祁漫塔格山，青藏队吴玉虎 3990、3992）、塔什库尔干（县城南中巴公路 43 km 处，采集人不详 3099；卡拉其古，采集人不详 928）。生于海拔 4 000～4 500 m 的山坡和沟谷草地。

青海：兴海（采集地不详，张振万 1969；河卡山，郭本兆 6413、王作宾 20225）、冷湖（当金山，青甘队 603）、格尔木、玛多（采集地不详，吴玉虎 79－934）、曲麻莱（叶格乡，黄荣福 141）。生于海拔 3 600～4 650 m 的高寒山地草原、沟谷林缘草甸、山坡阴处草地、宽谷河漫滩草甸。

甘肃：玛曲（齐哈玛大桥，吴玉虎 31817；河曲军马场，吴玉虎 31883）。生于海拔 3 400～3 500 m 的高寒灌丛草甸、高原山坡石隙、宽谷滩地高寒草甸。

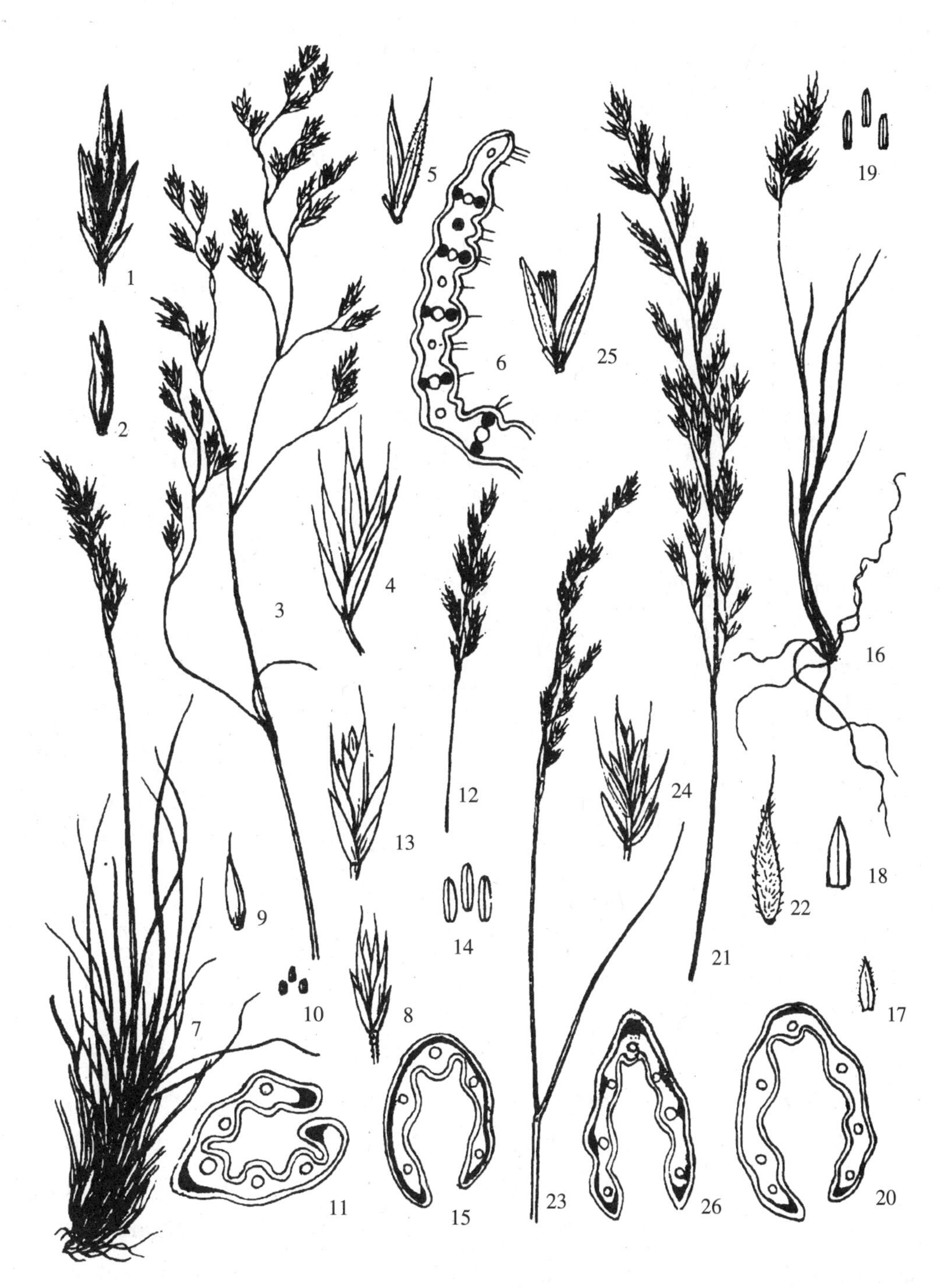

图版 **10** 素羊茅 **Festuca modesta** Steud. 1. 小穗；2. 小花。中华羊茅 **F. sinensis** Keng ex E.B.Alex 3. 花序；4. 小穗；5. 小花；6. 叶横切面。短叶羊茅 **F. brachyphylla** Schult. et Schult. f. 7. 植株；8. 小穗；9. 小花；10. 花药；11. 叶横切面。羊茅 **F. ovina** Linn. 12. 花序；13. 小穗；14. 花药；15. 叶横切面。矮羊茅 **F. coelestis** （St. -Yves） V. I. Krecz. et Bobr. 16. 植株；17～18. 颖片；19. 花药；20. 叶横切面。毛稃羊茅 **F. kirilowii** Steud. 21. 花序；22. 小花。紫羊茅 **F. rubra** Linn. 23. 花序；24. 小穗；25. 小花；26. 叶横切面。（王颖绘）

四川：石渠（红旗乡，吴玉虎 29436、29532）。生于海拔 4 200 m 左右的沟谷山地高寒草原、山坡草甸。

分布于我国的新疆、青海、甘肃、宁夏、陕西、西藏、四川、云南、山西、河南、河北、内蒙古、辽宁、吉林、黑龙江、山东；北半球温寒带均有。

16b. 糙毛紫羊茅（亚种）

subsp. **villosa**（Mert. et Koch ex Rochl.）S. L. Lu in Fl. Reipubl. Popul. Sin. 9（2）：83. 2002. ——*Festuca rubra* Linn. var. *villosa* Mert. et Koch. ex Rochl. Deutsch. Fl. ed. 3. 1：654. 1823；Bor Grass. Burma Ceyl. Ind. Pakist. 541. 1960；西藏植物志 5：91. 1987；青藏高原维管植物及其生态地理分布 1111. 2008.

与原亚种的区别在于：叶鞘被微柔毛，颖片边缘具纤毛，外稃密被柔毛。

产青海：兴海（河卡乡河卡山，弃耕地调查队 63-296）。生于海拔 3 700 m 左右的高寒沟谷山坡草地。

分布于我国的新疆、青海、西藏。

17. 葱岭羊茅

Festuca amblyodes Krecz. et Bobr. in Kom. Fl. URSS 2：529. 771. 1934；Tzvel. in Fed. Poaceae URSS 403. 1976；植物分类学报 16（2）：104. 图 18. 1978；Y. H. Wu Grass. Karakor. Kunlun Mount. 40. 1999；青海植物志 4：35. 1999；中国植物志 9（2）：80. 图版 12：15～18. 2002；Fl. China 22：236. 2006；青藏高原维管植物及其生态地理分布 1107. 2008. ——*F. erectiflora* Pavl. in Bull. Soc. Nat. Mosc. Ser. Biol. 47（1）：79. 1938. ——*F. amblyodes* subsp. *erectiflora*（Pavl.）Tzvel. in Bot. Zur. 56：9. 1254. 1971，et in Fed. Poaceae URSS 402. 1976；植物分类学报 16（2）：100. 1978.

多年生密丛生草本。秆直立，平滑无毛，高 15～30 cm，具 1 节。叶鞘平滑无毛；叶舌长约 0.2 mm，齿裂；叶片细线形，纵卷，长 5～13 cm。圆锥花序较狭窄，但疏松，花期开展，长 3～5 cm；分枝单生，平滑无毛或稀微粗糙，长 2～4 cm，中部以下裸露，上部疏生少数小穗；小穗暗紫色或褐棕色，长 7～10 mm，含 4～5 小花；颖背部平滑，具 1～3 脉，边缘窄膜质或具纤毛，第 1 颖窄披针形，长 2.5～3.0 mm，第 2 颖宽披针形，长约 4 mm；外稃背上部粗糙，其余平滑无毛，顶端具长 0.8～1.5 mm 的芒，具不明显的 5 脉，第 1 外稃长 4.5～5.0 mm；内稃近等长于外稃，具 2 脊，脊具纤毛或粗糙；花药长 2～3 mm；子房顶端无毛。 花果期 6～8 月。

产新疆：阿克陶（布伦口乡恰克拉克，青藏队吴玉虎 626）、乌恰（吉根乡，采集人不详73-193）。生于海拔 3 230～4 300 m 的高寒草甸、沟谷草地、沙砾山坡、山沟阳坡草甸草原。

分布于我国的新疆；克什米尔地区，中亚地区各国也有。又见于帕米尔高原。

18. 甘肃羊茅

Festuca kansuensis I. Markgraf-Danne. Acta Bot. Acad. Sci. Hung. 19 (1～4)：207. 1973；青海植物志 4：35. 1999；中国植物志 9 (2)：81. 图版 12：19～22. 2002；Fl. China 22：236. 2006；青藏高原维管植物及其生态地理分布 1108. 2008.

多年生密丛生草本。秆直立，细弱，高 20～30 cm。叶鞘平滑无毛或稀具微毛；叶舌长约 0.5 mm，具纤毛；叶片细丝状，长 15～20 cm。圆锥花序直立，狭窄但不紧缩成穗状；分枝微粗糙，单一或下面具 2 枚，长 1～3 cm，下部 1/3 以下裸露；小穗黄绿色或微带紫色，长 7～8 mm，含 3～4 小花；颖窄披针形，顶端渐尖，边缘窄膜质，第 1 颖长 3.0～3.5 mm，具 1 脉，第 2 颖长 4～5 mm，具 3 脉；外稃背上部微粗糙，顶端具芒，芒长 1.5～2.7 mm，第 1 外稃长约 5.5 mm；内稃近等长于外稃，顶端微 2 裂，具 2 脊，脊粗糙，脊间粗糙；子房顶端无毛；花药长 2.5～2.9 mm。 花果期 6～8 月。

产青海：兴海（河卡山，弃耕地调查队 3917、郭本兆 6263、何廷农 289）、班玛（莫巴乡，吴玉虎 26357）。生于海拔 3 200～3 700 m 的沟谷山地阴坡草地、高山草甸化草原、山前洪积扇。

分布于我国的青海、甘肃。

19. 玉龙羊茅

Festuca forrestii St.-Yves Rev. Bret. No. 2：16. 72. 1927，et Candollea 3：383. 1928；青海植物志 4：37. 1999；中国植物志 9 (2)：81. 图版 12：19～22. 2002；Fl. China 22：236. 2006；青藏高原维管植物及其生态地理分布 1108. 2008.

多年生密丛生草本。秆较坚硬，平滑，高 30～60 cm。叶鞘平滑无毛；叶舌极短；叶片内卷，平滑或下面微粗糙，长为秆高的 1/3～1/2。圆锥花序疏松，基部不为叶鞘所包，长 3～6 cm；分枝单一，长 1～2 cm，枝顶着生小穗；小穗紫色稀淡绿色，长 8～9 mm；颖背部平滑或上部微粗糙，顶端急尖或渐尖，边缘窄膜质，第 1 颖窄披针形，长 2.5～3.5 mm，具 1 脉，第 2 颖披针形，长 4～5 mm，具 3 脉；外稃背部微粗糙，顶端具长 (2) 3～5 mm 的芒，第 1 外稃长 5～6 mm；内稃稍短于外稃，顶端 2 裂，脊粗糙，脊间微粗糙；花药长 2～2.5 mm；子房顶端平滑。 花果期 7～9 月。

产青海：兴海（河卡乡，郭本兆 6191）、格尔木、曲麻莱（采集地不详，刘尚武和黄荣福 730）、治多。生于海拔 3 200～4 400 m 的沟谷山地高山草甸、阳山坡草地、高寒沟谷草地、高原河谷滩地。

四川：石渠（采集地不详，南水北调队 9266、采集人不详 28329）。生于海拔 4 000～4 200 m 的高寒山坡草地、山地阳坡湿润草地。

分布于我国的青海、西藏、四川、云南。

12. 黑麦草属 **Lolium** Linn.

Linn. Sp. P1. 83. 1753.

多年生或一年生草本。叶片细长，线形，扁平。穗状花序顶生；小穗含数花至多花，两侧压扁，单生，无柄，以其背面（亦即第 1、3、5 等外稃的背面）对向连续而不断落的穗轴，小穗轴脱节于颖之上及各小花之间；第 1 颖退化或仅在顶生小穗中存在，第 2 颖位于背轴的一方，革质，具 3～9 脉；外稃背部圆形，具 5 脉，纸质到革质，无芒或有芒；内稃等长或稍短于外稃，脊具狭翼，顶端尖；雄蕊 3 枚；子房无毛，柱头帚刷状。颖果腹部凹陷而中部具纵沟，与内稃黏合不易脱离。

约 10 种，分布于欧亚温带地区。我国有 7 种，多为输入种；昆仑地区产 4 种。

分 种 检 索 表

1. 多年生；小穗含 5～10 小花；颖短于小穗；外稃无芒……… **1. 黑麦草 L. perenne** Linn.
1. 一年生；外稃具芒。
  2. 小穗含 7～20 小花；外稃的芒长 2～5 mm …… **2. 多花黑麦草 L. multiflorum** Lam.
  2. 小穗含 4～6 小花；外稃的芒长 6～15 mm。
    3. 颖长于或近等于小穗，具 7～9 脉；第 1 外稃长 6～8 mm，芒自外稃顶端稍下方伸出 ……………………………………………… **3. 毒麦 L. temulentum** Linn.
    3. 颖短于小穗，具 5 脉，第 1 外稃长 8～11 mm，芒自外稃的背部伸出 ……… ……………………………………… **4. 欧毒麦 L. persicum** Boiss. et Hohen.

1. 黑麦草

Lolium perenne Linn. Sp. Pl. 83. 1753；Nevski in Kom. Fl. URSS 2：552. 1934；N. Kusn. in Fl. Kzakh. 1：272. 1956；Masl. et Ovcz. Fl. Tadjik. 1：216. 1957；中国主要植物图说 禾本科 447. 图 379. 1959；Bor Grass. Burma Ceyl. Ind. Pakist. 545. 1960；Tzvel. in Fed. Poaceae URSS 420. 1976；秦岭植物志 1（1）：100. 图 80. 1976；Thomas A. Cope in E. Nasir et S. I. Ali Fl. Pakist. 143：376. 1982；西藏植物志 5：150. 1987；新疆植物志 6：128. 图版 50：1～4. 1996；Y. H. Wu Grass. Karakor. Kunlun Mount. 64. 1999；中国植物志 9（2）：289. 图版 33：6. 2002；Fl. China 22：244. 2006；青海植物志 4：64. 1999；青藏高原维管植物及其生态地理分布 1124. 2008.

多年生疏丛生草本，植株具细弱的根茎。秆直立，较细软，基部常斜卧，高 30～50 cm，具 3～4 节。叶鞘疏松，常短于节间；叶舌短小，长约 0.5 mm；叶片质地柔软，具微柔毛，长 10～15 cm，宽 2～4 mm。穗状花序长 10～15 cm，宽 5～6 mm；穗轴节间长 5～10 mm（下部者长可达 2 cm），微粗糙；小穗长 10～16 mm，含 7～13 小花；小穗轴节间长约 1 mm，平滑无毛；第 1 颖退化，第 2 颖厚纸质，长 8～10 mm，具 5～9 脉，边缘狭膜质，短于小穗，长于第 1 小花；外稃宽披针形，质地较柔软，具 5 脉，基盘明显，顶端无芒，第 1 外稃长 5～7 mm；内稃近等长于外稃，具 2 脊，脊上生短纤毛；花药长 2～3 mm。 花果期 7～8 月。

栽培于新疆、青海境内的昆仑山地区。生于海拔 2 250～3 100 m 的人工草地。

除新疆、青海外，宁夏、甘肃、陕西、西藏、云南、山西、河北、内蒙古、山东、江苏、安徽也有栽培或逸生。

又见于喜马拉雅山区。世界温带地区也有。

2. 多花黑麦草

Lolium multiflorum Lam. in Fl. France 3：621. 1778；Nevski in Kom. Fl. URSS 2：551. 1934；N. Kusn. in Fl. Kazakh. 1：272. 1956；中国主要植物图说 禾本科 447. 图 380. 1959；Bor Grass. Burma Ceyl. Ind. Pakist. 545. 1960；Tzvel. in Fed. Poaceae URSS 422. 1976；Thomas A. Cope in E. Nasir et S. I. Ali Fl. Pakist. 143：377. 1982；新疆植物志 6：130. 图版 50：5～7. 1996；Y. H. Wu Grass. Karakor. Kunlun Mount. 64. 1999；中国植物志 9（2）：290. 图版 33：2，2a. 2002；Fl. China 22：2006.

一年生，短期越年生或多年生丛生草本。秆直立，高 50～70 cm。叶鞘较疏松；叶舌较小或退化而不显著；叶片长 10～15 cm，宽 3～5 mm。穗形总状花序长 10～20 cm，宽 5～8 mm，穗轴节间长 7～18 mm；小穗绿色，长 10～18 mm，宽 3～5 mm，含 10～15 小花；小穗轴节间长约 1 mm，平滑无毛；第 1 颖除顶生小穗外均退化，第 2 颖质地较硬，长 5～8 mm，通常与第 1 花等长，具 5～7 脉，边缘狭膜质；外稃披针形，质地较薄，顶端膜质透明，具 5 脉，基盘微小，第 1 外稃长约 6 mm，芒细弱，长达 5 mm，上部小花常无芒；内稃约与外稃等长，边缘内折，脊上具微小纤毛。 花果期 6～7 月。

栽培于新疆昆仑山北坡山麓的绿洲。

3. 毒　麦

Lolium temulentum Linn. Sp. Pl. 83. 1753；中国主要植物图说 禾本科 449. 图 381. 1959；秦岭植物志 1：102. 图 82. 1976；Thomas A. Cope in E. Nasir et S. I. Ali Fl. Pakist. 143：377. 1982；新疆植物志 6：130. 图版 51：1～3. 1996；青海植物志 4：64. 1999；中国植物志 9（2）：293. 图版 33：7. 2002；Fl. China 243. 2006；青藏高原维管植物及其生态地理分布 1125. 2008.

一年生疏丛生草本。秆高 30～50 cm，光滑无毛，具 3～4 节。叶鞘松弛，长于节间；叶舌长约 1 mm；叶片质地较薄，无毛或微粗糙，长 10～15 cm，宽 4～5 mm。穗形总状花序长 10～15 cm，宽 10～15 mm，穗轴节间长 8～10 mm；小穗单生，无柄，长 8～9 mm（芒除外）；含 4～5（7）小花，小穗轴节间长 1.0～1.5 mm，平滑无毛；第 1 颖除顶生小穗外，均退化，第 2 颖较宽大，质地较硬，长 8～10 mm，宽 1.5～2.0 mm，具 5～9 脉，边缘窄膜质；外稃椭圆形至卵形，质地较薄，具 5 脉，顶端膜质透明，基盘微小，芒自外稃顶端稍下方伸出，长 1～2 cm，第 1 外稃长 6～8 mm；内稃近等长于外稃，脊上具微小纤毛。 花果期 7～8 月。

产新疆：塔什库尔干。生于海拔 3 600 m 左右的麦田。

分布于我国的新疆、青海，我国北方麦田多有发现；原产欧洲，中亚地区各国、俄罗斯西伯利亚、高加索也有。

4. 欧毒麦

Lolium persicum Boiss. et Hohen. in Boiss. Diagn. Pl. Orient. ser. 1. 13：66. 1854（1853）；Nevski in Kom. Fl. URSS 2：548. 1934；Masl. et Ovcz. Fl. Tadjik. 1：215. 1957；中国主要植物图说 禾本科 449. 图 382. 1959；Bor Grass. Burma Ceyl. Ind. Pakist. 545. 1960；Tzvel. in Fed. Poaceae URSS 423. 1976；Thomas A. Cope in E. Nasir et S. I. Ali Fl. Pakist. 143：379. 1982；新疆植物志 6：132. 图版 51：4～6. 1996；Y. H. Wu Grass. Karakor. Kunlun Mount. 65. 1999；青海植物志 4：64. 1999；中国植物志 9（2）：290. 图版 33：1. 2002；Fl. China 22. 244. 2006；青藏高原维管植物及其生态地理分布 1125. 2008.

一年生疏丛生草本。秆较细弱，高约 50 cm，具 3～4 节。叶鞘光滑无毛；叶舌短小，长约 0.5 mm；叶片扁平，质地较薄，上面粗糙，下面光滑，长 10～12 cm，宽 2～3 mm。穗形总状花序长 9～10 cm，穗轴节间长 10～20 mm；小穗长 10～13 mm（芒除外），含 5～6 小花，小穗轴节间长约 0.5 mm，被微小刺毛；第 1 颖退化，第 2 颖长约 10 mm，具 5 脉；外稃披针形，边缘膜质，具 5 脉，顶端具细而微弯曲的芒，芒长 7～12 mm，第 1 外稃长 8～9 mm；内稃近等长于外稃，两侧内折，脊上具纤毛。

产新疆：阿克陶、塔什库尔干。生于帕米尔和昆仑山海拔 2 300～3 000 m 的河边附近草地。

青海：都兰（香日德农场，植被地理组 263）、兴海（唐乃亥乡，弃耕地调查队 293）。生于海拔 2 400～2 800 m 的沟谷河滩草地、水沟边。

分布于我国的青海、陕西（秦岭有种植或田间有逸生）；俄罗斯，中亚地区各国，伊朗也有。

13. 碱茅属 **Puccinellia** Parl.

Parl. Fl. Ital. 1: 366. 1848; Fl. Xizang. 5: 121. 1987.

多年生草本，通常低矮，密集丛生。圆锥花序开展或紧缩；小穗含2～9小花，两侧稍压扁或圆筒形；小穗轴无毛，脱节于颖之上或诸小花间；小花呈覆瓦状排列；颖不等长，均短于第1小花，顶端钝或尖，常上部干膜质，第1颖较小，具1脉，第2颖具3脉；外稃背部圆形，稀上部具脊，具不明显平行的5脉，顶端钝或稍尖，常具膜质或有不整齐的细齿与纤毛，基部无毛或具短柔毛，无芒；内稃近等长于外稃，具2脊，脊平滑或微粗糙或具纤毛；雄蕊3枚；柱头羽状，无花柱。颖果长圆形，与内外稃分离。

约100种，分布于北半球温带和北极寒冷地区。我国有40种，昆仑地区产33种。

分种检索表

1. 外稃无毛。
  2. 花药长0.3～0.8 mm。
    3. 小穗含2～3小花，长3.0～3.5 mm。
      4. 植株高3～5 cm；外稃长约2.5 mm；圆锥花序紧密排列成穗形，长约2 cm ………………………………………………………… **1. 侏碱茅 P. minuta** Bor
      4. 植株高10～20 cm；圆锥花序紧缩狭窄后期开展，长4～6 cm；外稃长1.6～2.0 mm ……………………………………… **2. 喜马拉雅碱茅 P. himalaica** Tzvel.
    3. 小穗含3～6（7）小花，长4～7 mm。
      5. 花药长0.3～0.5 mm；圆锥花序长12～20 cm，宽6～12 cm，秆高25～40 cm ……………………………………… **3. 小药碱茅 P. micranthera** D. F. Cui
      5. 花药长0.6～0.8 mm；圆锥花序长3～8 cm，宽5～10 mm；秆高10～20 cm。
        6. 圆锥花序极狭窄，长3～4 cm，宽约5 mm，外稃长3.2～3.5 mm …… ……………………………………………… **4. 克什米尔碱茅 P. kashmiriana** Bor
        6. 圆锥花序较紧密，长4～8 cm，宽1～2 cm，外稃长2.2～2.8 mm。
          7. 小穗含4小花；长约5 mm，外稃长2.5～2.8 mm；花序伸出叶鞘 ……………………………………… **5. 裸花碱茅 P. nudliflora**（Hack.）Tzvel.
          7. 小穗含5～7小花，长4～6 mm，外稃长2.0～2.2 mm；花序基部被叶鞘所包藏 ……………………………………… **6. 光稃碱茅 P. leiolepis** L. Liu
  2. 花药长1.2～2.0 mm。
    8. 植株低矮，秆高4～8（18）cm。

9. 外稃长 2～3 mm；花序分枝单生；花药长 1.0～1.5 mm。

10. 圆锥花序长 1～2 cm，宽约 1 cm；外稃长 2.8～3.0 mm；花药长约 1.5 mm ······························· **7. 双湖碱茅 P. shuanghuensis** L. Liu

10. 圆锥花序紧密近穗形，长 3～5 cm，宽约 5 mm；外稃长 2.0～2.2 mm；花药长约 1 mm ································· **8. 竖碱茅 P. strictura** L. Liu

9. 外稃长 3.0～3.5 mm，花序分枝孪生；花药长 1.5～2.0 mm。

11. 植株具长匍匐根状茎；圆锥花序疏松开展或弯垂，长 3～5 cm ························· **9. 佛利碱茅 P. phryganodes**（Trin.）Scribn. et Merr.

11. 植株不具根状茎；圆锥花序较紧缩，长 5～10 cm ······························ **10. 拉达克碱茅 P. ladakhensis**（Hortm.）Dick.

8. 植株高 20～60 cm。

12. 小穗含 6～9 小花，长 8～11 mm ·············· **11. 多花碱茅 P. multiflora** L. Liu

12. 小穗含（2）3～4 小花，长 3～6 mm。

13. 小穗含 2～3 小花，长 3～4 mm；第 1 颖长 0.6～1.0 mm。

14. 圆锥花序疏散，长 20～30 cm；外稃长 1.5～1.8 mm ························· **12. 星星草 P. tenuiflora**（Griseb.）Scribn. et Merr.

14. 圆锥花序卵圆形，长 3～5 cm；外稃长 2.0～2.2 mm ······························· **13. 德格碱茅 P. degeensis** L. Liu

13. 小穗含 3～4 花，长 4～6 mm。

15. 圆锥花序开展，长 4～6 mm；第 1 颖长 1.2～1.5 mm，第 2 颖长 1.8～2.0 mm ·································· **14. 少枝碱茅 P. pauciramea**（Hack.）V. I. Krecz. ex Ovcz. et Czuk.

15. 圆锥花序狭窄或紧缩，花后开展，长 5～10 cm。

16. 小穗长 5～6 mm；颖顶端钝或稍尖，第 1 颖长 2.0～2.2 mm，第 2 颖长 2.5～2.8 mm，外稃长 3.2～3.5 mm；圆锥花序狭窄 ······························· **15. 藏北碱茅 P. stapfiana** R. R. Stew.

16. 小穗长 4～5 mm；颖顶端尖，第 1 颖长 1.5～1.8 mm；第 2 颖长 2.0～2.5 mm；外稃长 2.5～3.0 mm；圆锥花序紧缩，花后开展 ·································· **16. 帕米尔碱茅 P. pamirica**（Roshev.）V. I. Krecz. ex Ovcz. et Czuk.

1. 外稃被毛，稃体下部脉间被微毛或基部两侧具短柔毛。

17. 花药长 1～2 mm；外稃顶端尖，长 3～4（5）mm。

18. 外稃长 2.0～2.5 mm；第 1 颖长约 1.2 mm；圆锥花序开展，长 10～20 cm ················· **17. 展穗碱茅 P. diffusa**（V. I. Krecz.）V. I. Krecz. ex Drob.

18. 外稃长 3～4 mm；第 1 颖长 2.0～2.5 mm。

19. 第 1 颖长（1.5）2～3 mm，第 2 颖长约 3 mm。

20. 花药长 1.5～2.0 mm；外稃长 3.0～3.5 mm；叶舌长 2～4 mm ……………………………………… **18. 卷叶碱茅 P. convoluta**（Horm）Fourr.

20. 花药长约 1 mm；外稃长 3.5～4.0 mm；叶舌长 1～2 mm。

21. 小穗常含 3 小花；圆锥花序疏展，长 5～10 cm，宽约 4 cm；植株高 20～25 cm …… **19. 阿尔金山碱茅 P. arjinshanensis** D. F. Cui

21. 小穗含 5～6 小花；圆锥花序紧密近穗形，长 2～4 cm，宽 0.5～1.0 cm ……… **20. 矮碱茅 P. humilis**（Litw. ex V. I. Krecz.）Bor

19. 第 1 颖长 1.0～1.5 mm，第 2 颖长 1.5～2.5 mm。

22. 小穗长 2～8 mm；圆锥花序开展，长约 15 cm，宽 4～8 cm；叶舌长 2～3 mm；植株高 40～60 cm ……………………………………………………………………… **21. 中间碱茅 P. intermedia**（Schur.）Janch.

22. 小穗长 4～6（7）mm；圆锥花序狭窄或疏松，长 5～10（15）cm；叶舌长 1～2 mm；植株高 10～30（40）cm。

23. 植株具下伸的细根状茎；圆锥花序紧缩，长 6～8 cm；小穗长 6～7 mm …………………… **22. 细穗碱茅 P. capillaris**（Liji.）Jans.

23. 植株密丛而不具根状茎；圆锥花序狭窄或疏松；小穗长 4～5（6）mm。

24. 颖片卵状披针形，顶端尖。

25. 圆锥花序长 5～8 cm，疏展；小穗含 4～6 花，长约 6 mm，花药长约 1.5 mm ………………………………………………… **23. 布达尔碱茅 P. ladyginii** Ivan. ex Tzvel.

25. 圆锥花序长 8～18 cm，极狭窄；小穗含 3～4（5）花，长约 5 mm，花药长 1.6～1.8 mm …………………………………………………… **24. 昆仑碱茅 P. kunlunica** Tzvel.

24. 颖片披针形，顶端渐尖。

26. 花药长 0.8～1.2 mm；圆锥花序长 10～20 cm，狭窄；小穗含 5～7 花，长约 6 mm，外稃长 2.8～3.0 mm ……………………………… **25. 斯碱茅 P. schischkinii** Tzvel.

26. 花药长 1.2～2.0 mm；圆锥花序长 5～15 cm，紧缩或疏松。

27. 小穗长约 4.5 mm，含 3～4 小花；外稃长 2.3～3.0 mm；圆锥花序紧缩或花期稍疏松；花药长 1.2～1.6 mm ……… **26. 阿尔泰碱茅 P. altaica** Tzvel.

27. 小穗长 4（5）～7 mm，含（2）4～5 小花；外稃长 3～4 mm；圆锥花序疏展。

28. 花药长约 2 mm；外稃长 3.5～4.0 mm ……… **27. 毛稃碱茅 P. dolicholepis**（V. I. Krecz.）Pavl.

28. 花药长约 1.5 mm；外稃长 3.0～3.5 mm ……
…………………… **28. 疏穗碱茅 P. roborovskyi** Tzvel.

17. 花药长 0.5～0.8（1.0）mm；外稃长 1.5～2.5 mm，顶端钝圆，具缘或细齿。

29. 外稃长 1.5～2.0 mm。

30. 第 1 颖长 1.0～1.5 mm，第 2 颖长 1.5～2.0 mm；第 1 外稃长约 2 mm；花药长约 0.8 mm ………………………… **29. 碱茅 P. distans**（Jacq.）Parl.

30. 第 1 颖长 0.6～1.0 mm，第 2 颖长 1.2～1.5 mm；第 1 外稃长 1.5～1.8 mm；花药长 0.5～0.6 mm。

31. 小穗含 5～8 小花，长 4～5 mm；圆锥花序长 15～20 cm …………
………… **30. 鹤甫碱茅 P. hauptiana**（Trin. ex V. I. Krecz.）Kitag.

31. 小穗含 2～3 小花，长约 2.5 mm，圆锥花序长 5～8 cm ……………
……………… **31. 微药碱茅 P. micrandra**（Keng）Keng et S. L. Chen

29. 外稃长 2.5～3.0 mm。

32. 花药长 0.6～0.8 mm；圆锥花序长 15～20 cm，广展开；植株高 40～80 cm；叶片扁平，长 10～20 cm，宽 3～4 mm ………………………
………………………………………… **32. 西伯利亚碱茅 P. sibirica** Holmb.

32. 花药 0.8～1.0 mm，圆锥花序长 5～10 cm，狭窄或疏松；植株高 15～25 cm；叶片内卷或对折，长 1～3 cm，宽 1.0～1.5 mm ……………
……… **33. 高山碱茅 P. hackeliana**（V. I. Krecz.）V. I. Krecz. ex Drob.

1. 侏碱茅　图版 11：1～5

Puccinellia minuta Bor in Wend. ex Nytt. Mag. Bot. 1：19. 1952；Bor Grass. Burma Ceyl. Ind. Pakist. 563. 1960；Thomas A. Cope in E. Nasir et S. I. Ali Fl. Pakist. 143：431. 1982；西藏植物志 5：128. 1987；Y. H. Wu Grass. Karakor. Kunlun Mount. 58. 1999；青海植物志 4：59. 图版 9：6～10. 1999；中国植物志 9（2）：251. 图版 28：13. 2002；Fl. China 22：256. 2006；青藏高原维管植物及其生态地理分布 1147. 2008.

多年生矮小、密丛生草本。秆高 2～5 cm，平滑无毛。叶鞘宽松，聚集基部，具宽干膜质边缘；叶舌膜质，长约 1 mm；叶片内卷，上面粗糙，下面平滑，长 1～2 cm，宽 0.5～1.0 mm。圆锥花序直立，狭窄，紧密排列成线形，长 1.0～2.5 cm，每节 2～3 分枝；分枝短，上升，长约 5 mm，自基部着生小穗；小穗柄上部常稍粗糙；小穗长 3.0～3.5（4.0）mm，含 2～3（4）小花；颖无毛，具 1 脉，顶端稍尖或钝，第 1 颖长约 1 mm，第 2 颖长约 1.5 mm；外稃背部无毛，第 1 外稃长 2.0～2.5 mm；内稃稍短于外稃，具 2 脊，脊上部微粗糙；花药长 0.5～0.8 mm。　花果期 7～8 月。

产新疆：塔什库尔干（麻扎种羊场，青藏队吴玉虎 438、442）、于田（普鲁苏巴什，青藏队吴玉虎 3761）、和田（岔路口，青藏队吴玉虎 1200、1206；天文点，青藏队

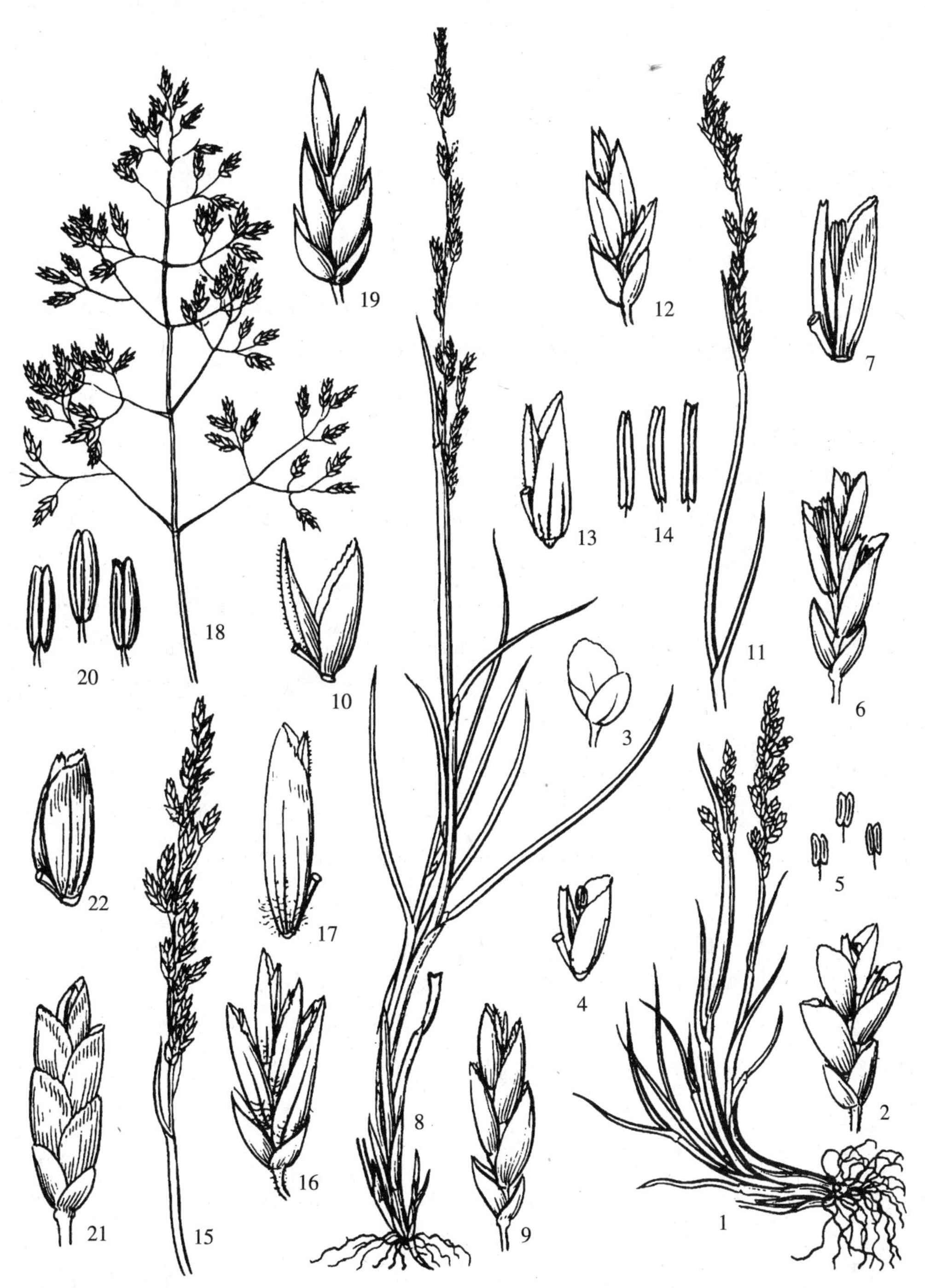

图版 11　侏碱茅 **Puccinellia minuta** Bor 1. 植株；2. 小穗；3. 颖片；4. 小花；5. 花药。裸花碱茅 **P. nudiflora**（Hack.）Tzvel. 6. 小穗；7. 小花。光稃碱茅 **P. leiolepis** L. Liu 8. 植株；9. 小穗；10. 小花。帕米尔碱茅 **P. pamirica**（Roshev.）V. I. Krecz. ex Ovcz. et Czuk. 11. 花序；12. 小穗；13. 小花；14. 花药。毛稃碱茅 **P. dolicholepis**（V. I. Krecz.）Pavl. 15. 花序；16. 小穗；17. 小花。疏穗碱茅 **P. roborovskyi** Tzvel. 18. 花序；19. 小穗；20. 花药。碱茅 **P. distans**（Jacq.）Parl. 21. 小穗；22. 小花。

（阎翠兰绘）

吴玉虎 1258)、若羌（木孜塔格峰，青藏队吴玉虎 2726、2728；明布拉克以东，青藏队吴玉虎 4194；阿其克库勒，青藏队吴玉虎 4033）。生于海拔 3 800～5 000 m 的河湖溪水边沙砾草地、盐生草甸、沟谷山坡砂土地、湖畔或河滩草地、河滩沼泽草甸、干旱山坡草地、冰缘湿地。

西藏：尼玛（双湖无人区，青藏队郎楷永 9951、9952）。生于海拔 5 100 m 左右的高原河滩草甸、山坡河滩沙地。

青海：茫崖（阿拉尔，植被地理组 134）、玛多（鄂陵湖畔，吴玉虎 417、78－066、78－093）。生于海拔 4 250～4 500 m 的河湖边草甸、湖边湿沙砾地。

分布于我国的新疆、青海、西藏；巴基斯坦也有。

2. 喜马拉雅碱茅

Puccinellia himalaica Tzvel. in Not. Syst. Herb. Inst. Bot. Acad. Sci. URSS 17：66. 1955；Bor Grass. Burma Ceyl. Ind. Pakist. 562. 1960；Tzvel. in Grub. Pl. Asiae Centr. 4：155. 1968；Thomas A. Cope in E. Nasir et S. I. Ali Fl. Pakist. 143：432. 1982；西藏植物志 5：127. 图 65. 1987；新疆植物志 6：115. 图版 48：4～6. 1996；Y. H. Wu Grass. Karakor. Kunlun Mount. 57. 1999；中国植物志 9 (2)：253. 2002；Fl. China 22：256. 2006；青藏高原维管植物及其生态地理分布 1147. 2008.

多年生密丛生草本。秆直立或斜升，平滑，高 5～10 (20) cm。叶鞘平滑，达秆的 1/2 以上，基部被灰绿色枯萎的叶鞘；叶舌长约 1 mm，三角形，顶端尖；叶片通常对折或内卷，长 3～6 cm，宽约 0.7 mm，上面和下面均平滑无毛或上面微粗糙。圆锥花序紧密排列成穗状，长 3～8 cm，宽 0.5～1.5 cm；分枝孪生，短且平滑无毛，长 1～2 cm，下部裸露；小穗绿带紫色，卵形，长 3～4 mm，通常含 2～3 小花；颖披针形，中脉明显，边缘微粗糙，顶端渐尖或稍钝，具细齿，第 1 颖长约 1 mm，具 1 脉，第 2 颖长 1.2～1.5 mm，具 3 脉；外稃平滑无毛，具不明显的 5 脉，顶端钝圆或平截，具窄膜质边，第 1 外稃长 1.6～2.0 mm；内稃稍短于外稃，脊上微粗糙。花药黄色，长 0.5～0.6 mm。 花果期 7～9 月。

产新疆：叶城（麻扎达坂，青藏队吴玉虎 1136；岔路口，青藏队吴玉虎 1236）、和田。生于海拔 3 600～4 800 m 的高原宽谷滩地盐生草甸、溪流河滩砾石草地、高寒草原。

西藏：日土（班公湖，青藏队吴玉虎 1359、1614、1616；高生所西藏队 74－3465、3612、3735）、改则（大滩，高生所西藏队 4291）。生于海拔 4 600～4 900 m 的沙砾质湖滨滩地、砾石山坡、湖岸草甸、沟谷沙砾湿地、河边沙地。

分布于我国的新疆、西藏；阿富汗，巴基斯坦西部，伊朗也有。

3. 小药碱茅　图版 12：1～4

Puccinellia micranthera D. F. Cui in Fl. Xinjiang 6：122. 602. 图版 47：1～4. 1996；中国植物志 9 (2)：249. 图版 27：4. 2002；Fl. China 22：254. 2006.

多年生丛生草本。秆直立，高 25～40 cm，具 2～3 节，顶节位于下部 1/3 处。叶鞘平滑无毛，短于节间；叶舌长 1.5～2.0 mm，顶端钝圆；叶片扁平，宽 2～3 mm，微粗糙。圆锥花序开展，长 12～20 cm，宽 5～7 cm；分枝长 5～10 cm，粗糙，每节具数枚；小穗柄长 5～8 mm，粗糙；小穗长 4～7 mm，含 3～6 小花；小穗轴长约 1 mm，被糙毛；颖边缘宽膜质，第 1 颖长 1.0～1.5 mm，具 1 脉，第 2 颖长约 2 mm，具不明显的 3 脉；外稃平滑无毛，顶端尖，边缘膜质，第 1 外稃长 3.5～4.0 mm；内稃短于外稃，两脊上部刺状粗糙；花药长 0.3～0.5 mm。　花果期 6～8 月。

产新疆：乌恰。生于海拔 2 000 m 左右的山坡沟谷、沼泽草甸。

分布于我国的新疆。

4. 克什米尔碱茅

Puccinellia kashmiriana Bor in Kew Bull. 1953：270. 1953, et Grass. Burma Ceyl. Ind. Pakist. 562. 1960；Thomas A. Cope in E. Nasir et S. I. Ali Fl. Pakist. 143：433. 1982；西藏植物志 5：126. 图 65. 1987；Y. H. Wu Grass. Karakor. Kunlun Mount. 57. 1999；中国植物志 9 (2)：252. 图版 28：7. 2002；Fl. China 22：253. 2006；青藏高原维管植物及其生态地理分布 1147. 2008.

多年生密丛生草本。须根较细而稠密。秆高约 10 cm，具 2 节。叶鞘平滑无毛，边缘膜质；叶舌长约 1.5 mm；叶片短，线形，基部者长约 5 cm，上部叶长 1～2 cm，宽 1 mm 左右，顶端钝或急尖，上面及边缘微粗糙。圆锥花序长 3～4 cm，宽 5～10 mm；下部分枝孪生，长 1～2 cm，斜升上举，平滑无毛。小穗长约 5 mm，含 2～3 (5) 小花；颖带紫色，平滑无毛，顶端尖，边缘稍膜质，第 1 颖长 1.2～1.5 mm，具 1 脉，第 2 颖长 2.0～2.2 mm，具 3 脉，侧脉达中部；外稃紫色，背部圆，平滑无毛，具 5 脉，顶端尖或具小尖头，边缘膜质，第 1 外稃长 3.0～3.4 mm；内稃窄小，脊平滑。花药长 0.6～0.9 mm。　花果期 8 月。

产新疆：阿克陶（阿克塔什，青藏队吴玉虎 243B）、若羌（阿其克库勒，青藏队吴玉虎 4021；明布拉克东，青藏队吴玉虎 4193；阿尔金山保护区鸭子泉，青藏队吴玉虎 3907）。生于海拔 3 200～5 150 m 的高山盐生草甸、高原河滩草地、河流湖畔沙砾质草甸。

西藏：日土（龙木错，青藏队吴玉虎 1275、1308）、阿里（采集地不详，青藏队吴玉虎 1359、高生所西藏队 3735）。生于海拔 4 300～4 900 m 的沙砾质河湖滩地草甸、高寒草原、砾石山坡、湖岸草甸、沟谷沙砾湿地、河边沙地。

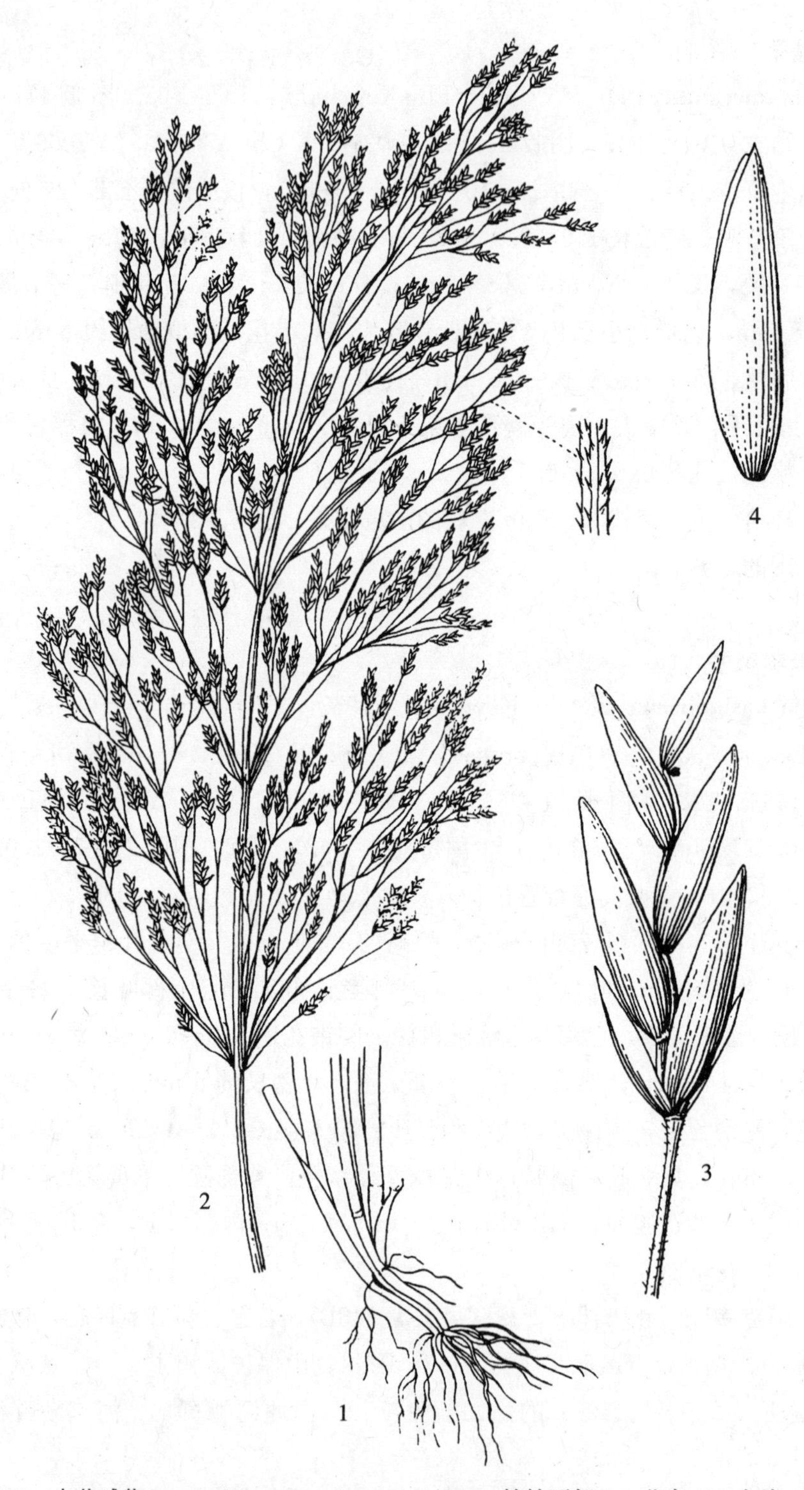

图版 **12** 小药碱茅 **Puccinellia micranthera** D. F. Cui 1. 植株下部；2. 花序；3. 小穗；4. 小花。
(引自《新疆植物志》，谭丽霞绘)

分布于我国的新疆、西藏；克什米尔地区也有。

5. 裸花碱茅 图版 11：6～7

Puccinellia nudiflora（Hack.）Tzvel. Bot. Mater. Gerb. Inst. Bot. Akad. Nauk Uzbekistan. 17：75. 1962；Tzvel. in Grub. Pl. Asiae Centr. 4：156. 1968，et in Fed. Poaceae URSS 505. 1976；西藏植物志 5：25. 1987；新疆植物志 6：122. 1996；Y. H. Wu Grass. Karakor. Kunlun Mount. 59. 1999；青海植物志 4：61. 图版 9：15. 16. 1999；中国植物志 9（2）：252. 图版 28：1. 2002；Fl. China 22：253. 2006；青藏高原维管植物及其生态地理分布 1148. 2008. ——*Poa nudiflora* Hack. Oest. Bot. Zeitschr. 52：453. 1902.

多年生丛生草本。秆高 15～25 cm，基部节膝曲。叶鞘平滑无毛，上部叶鞘长约 10 cm，常达花序基部；叶舌长约 1 mm；叶片对折或内卷，有时扁平，长 3～5 cm，分蘖叶聚集基部，秆上部叶长约 1 cm。圆锥花序长 4～6 cm，宽 2～4 cm；分枝多孪生，长2.0～4.5 cm，常平滑无毛，上部二叉状，下部裸露；小穗紫色或褐紫色，长圆状卵形，长 5.0～5.5 mm，含 4 稀 5 小花；颖长椭圆形或卵形，顶端钝圆或有细缘毛，第 1 颖长 1.0～1.5 mm，第 2 颖长约 2 mm；外稃顶端钝圆，边缘金黄色膜质或有细缘毛，背上部有脊，基部无毛，第 1 外稃长约 3 mm；内稃稍短于外稃，脊平滑无毛；花药长 1.5～1.8 mm。

产新疆：乌恰、叶城、塔什库尔干（卡拉其古，青藏队吴玉虎 563）、策勒、且末（阿羌乡昆其布拉克，青藏队 2598）；若羌（祁漫塔格山北坡，青藏队吴玉虎 2662、3983；鲸鱼湖西北部，青藏队 2205）。生于海拔 3 100～4 800 m 的沟谷河滩沙地、湖边砾石盐滩草甸、河边草甸、沟谷水边、潮湿的小块盐化草地、河滩草地。

西藏：日土（县城至狮泉河途中，青藏队吴玉虎 1357）。生于海拔 4 200～4 500 m 的河滩草地、沟谷和湖岸草甸。

青海：都兰（采集地不详，青甘队 1678）、玛多（鄂陵湖畔，吴玉虎 78－079；牧场，吴玉虎 676；扎陵湖乡哈姜盐池，采集人不详 1590）。生于海拔 3 200～4 300 m 的湖边砾石滩、河滩草甸、湖滩湿沙地。

分布于我国的新疆、青海、西藏；蒙古，俄罗斯，中亚地区各国也有。又见于帕米尔高原。

6. 光稃碱茅 图版 11：8～10

Puccinellia leiolepis L. Liu in Fl. Xizang. 5：12. 1987；青海植物志 4：58. 图版 9：3～5. 1999；中国植物志 9（2）：253. 图版 28：15. 2002；Fl. China 22：255. 2006；青藏高原维管植物及其生态地理分布 1147. 2008.

多年生丛生草本。秆直立或基部柔弱倾卧，高 15～20 cm。叶鞘纸质，宽大疏松，平滑无毛，长于节间，顶生者包藏着花序下部；叶舌膜质，钝圆，长 1.0～1.5 mm；叶片扁平或对折，长 2～5 cm，宽 1～2 mm。圆锥花序狭窄，绿色或稍带紫色，长 5～9 cm；分枝2～4枚，簇生，微粗糙；小穗柄短或无；小穗长 4～6 mm，含 5～6 小花；小穗轴节间长约 0.5 mm；第 1 颖长约 1 mm，具 1 脉，顶端钝，具细齿裂，第 2 颖长约 1.5 mm，具 3 脉；外稃具不明显的 5 脉，平滑无毛，顶端钝，具微细齿裂，第 1 外稃长约 2 mm；内稃等长或稍长于外稃，脊微粗糙；花药长 0.6～0.8 mm。 花果期 7～8 月。

产西藏：尼玛（双湖，采集人和采集号不详）。生于海拔 4 200 m 左右的宽谷河滩高寒草原。

青海：格尔木（纳赤台，黄荣福 89－009）、茫崖（城镇以西，刘海源 017、植被地理组 116）。生于海拔 3 050～3 200 m 的山坡草地、山麓沼泽地、河滩草甸、高山沼泽盐碱草甸。

分布于我国的青海、西藏。

7. 双湖碱茅

Puccinellia shuanghuensis L. Liu in Fl. Xizang 5：125. 1987；中国植物志 9（2）：249. 2002；Fl. China 22：252. 2006.

多年生密丛生小草本。秆细瘦，高 5～8 cm，仅基部具 1 节；叶鞘聚集基部，平滑无毛；叶舌长约 1 mm；叶片长 2～3 cm，宽约 1 mm，质地较柔软，上面微粗糙；茎生叶小，长仅 3～5 mm，锥形。圆锥花序开展，长 1～2 cm，宽约 1 cm；分枝单生，长 5～10 mm，小穗 1～2 枚着生于分枝上部，整个花序有 10 余枚小穗；小穗柄顶端稍粗厚；小穗长约 4 mm，含 2（～3）花；颖较窄渐尖，第 1 颖长 1.2～1.5 mm，第 2 颖长约 2 mm；外稃无毛，顶端渐尖，第 1 外稃长 2.8～3.0 mm；内稃较短于外稃，两脊平滑；花药长约 1.5 mm。 花果期 6～8 月。

产西藏：班戈（鲸鱼湖，青藏队吴玉虎 2205、4058）、尼玛。生于海拔 4 700～4 800 m 的高原湖滨滩地草甸、河谷滩地青藏薹草草原、沟谷水边草地、河边沙地。

青海：玛多（扎陵湖乡哈姜盐池，吴玉虎 1590、植被组 589；扎陵湖畔，吴玉虎 1543）、治多（各拉丹冬，蔡桂全 037）。生于海拔 4 200～4 700 m 的高原湖边草地、山前冲击滩地草甸、湖滨盐碱地、河谷滩地草甸。

分布于我国的青海、西藏。

8. 竖碱茅

Puccinellia strictura L. Liu in Reipubl. Popul. Sin. 405. 9（2）：249. pl. 30：16. 2002；Fl. China. 22：251. 2006.

多年生。秆多数簇生成小丛，高 5～8 cm，具 2～3 节，或下部节匍匐地生根。叶鞘平滑，顶生者长约 2 cm，达花序下部；叶舌长 1.0～1.5 mm；叶片大多对折，长 2～3 cm，宽约 2 mm。圆锥花序绿色，密集近穗形，长 3～5 cm，宽约 5 mm；分枝单生，长约 1 cm，具 4～5 小穗；小穗长 4.0～4.5 mm，含 4 小花；颖顶端尖，第 1 颖长1.2～1.5 mm，第 2 颖长约 2 mm；外稃无毛，顶端尖，第 1 外稃长 2.0～2.2 mm；内稃稍短于其外稃；花药长约 1 mm。 花期 7～8 月。

产新疆：若羌（阿尔金山阿其克库勒湖，青藏队吴玉虎 4111）。生于海拔 4 380 m 左右的高原湖边滩地草甸、河溪水边草甸。

西藏：尼玛县双湖。生于海拔 3 900 m 的高原山沟湿地、高寒草原。

分布于我国的新疆、西藏。

9. 佛利碱茅

Puccinellia phryganodes（Trin.）Scribn. et Merr. in Contr. U. S. Nat. Herb. 13：78. 1910；中国植物志 9（2）：239. 2002. ——*Poa phryganodes* Trin. in Mém. Acad. Sci. St.-Pétersb. Sér. 6. 1：389. 1830. ——*Atropis phryganodes*（Trin.）Krecz. in Kom. Fl. URSS 2：470. 1934.

多年生，具长匍匐根状茎。秆高 5～15 cm。叶片内卷，宽达 2 mm。圆锥花序长 3～5 cm；分枝平滑，后开展或弯垂；小穗紫色，长 5～8 mm，含 3～4 小花；小穗轴节间长约 1.5 mm，颖先端钝，第 1 颖长 1.5～2.0 mm，第 2 颖长 2.5～3.0 mm；外稃背部具脊，脉不明显，下部与基部无毛，顶端三角形，有细齿裂，第 1 外稃长 3.0～3.5 mm；内稃两脊平滑；花药窄线形，长 1.5～2.0 mm。 花期 6 月。

产新疆：塔什库尔干。生于海拔 3 500 m 的高原河滩草地。

青海：玛多（采集地不详，吴玉虎 681B）。生于海拔 4 300 m 左右的高原湖边沙砾湿地草甸。

西藏：尼玛（双湖，采集人和采集号不详）。生于海拔 4 850 m 左右的高原温泉古泉壁上。

分布于我国的新疆、青海、西藏；欧美北极地区，俄罗斯也有。

10. 拉达克碱茅

Puccinellia ladakhensis（Hortm.）Dick. Stapfia 39：182. 1995；中国植物志 9（2）：247. 图版 30：1. 2002；Fl. China 22：253. 2006. ——*Poa ladakhensis* Hartm. in Candollea 39（2）：510. 1984.

多年生疏丛生草本。秆高 8～18 cm，基部膝曲上升，具 3～4 节。叶鞘枯老后宿存秆基，有些撕裂成纤维状，顶生叶鞘长 4～6 cm；叶舌长约 1 mm，叶片长 2～5 cm，内卷，宽 0.2～0.5 mm。圆锥花序较紧缩，长 5～10 cm，宽 1～2 cm；分枝长 2～3（～5）cm，中部以下裸露，平滑；小穗带紫色，长 5～6 mm，含 3～4 小花；第 1 颖长

1.5～1.8 mm，第 2 颖长 2.5 mm；外稃具 3 脉，中脉直达顶端成脊，先端尖，基部无毛，第 1 外稃长 3.2～3.5 mm；内稃等长或稍短于外稃，两脊平滑无毛，其顶端延伸成 2 尖头；花药长 1.5 mm。 花期 5～7 月。

产西藏：班戈。生于海拔 4 200 m 左右的盐化河湖漫滩。

分布于我国的西藏；印度，克什米尔地区也有。

11. 多花碱茅

Puccinellia multiflora L. Liu in Z. Y. Wu Fl. Xizang. 5：123. 1987；Y. H. Wu Grass. Karakor. Kunlun Mount. 59. 1999；青海植物志 4：60. 1999；中国植物志 9 (2)：239. 图版 28：5. 2002；Fl. China 22：252. 2006；青藏高原维管植物及其生态地理分布 1148. 2008.

多年生疏丛生草本。秆质地柔软，高 45～50 cm，具 3～4 节，基部节膝曲。叶鞘平滑无毛，顶生叶鞘长约 10 cm，达花序下部；叶舌长 1.0～2.5 mm；叶片质地柔软，上面及边缘微粗糙，长 5～10 cm，宽 2～3 mm。圆锥花序紧缩，而后在成熟时开展，长约 15 cm，宽约 4 cm；分枝微粗糙，2～3 枚簇生于各节，长 4～10 cm，中部以下裸露，侧生小穗柄短而粗糙；小穗常带紫褐色，长圆状披针形，长 8～10 mm，宽 2～3 mm，含 5～8 小花；小穗轴长约 1.5 mm；颖顶端钝圆，第 1 颖长约 1.5 mm，第 2 颖长约 2.0～2.5 mm；外稃顶端有细缘毛，边缘膜质，基盘无毛，第 1 外稃长 3.0～3.5 mm；内稃脊的上部粗糙；花药长 1.2～1.5 mm。 花果期 7～8 月。

产新疆：若羌（采集地不详，青藏队吴玉虎 4206）。生于海拔 4 140 m 左右的高原河谷滩地草甸。

西藏：日土（班公湖畔，高生所西藏队 76-8749）。生于海拔 4 000～4 250 m 的冲积扇、河沟旁、潮湿的湖畔沙砾质草地。

分布于我国的新疆、青海、西藏。

12. 星星草

Puccinellia tenuiflora (Griseb.) Scribn. et Merr. in Contr. U. S. Nat. Herb. 13：78. 1910；Pavl. Fl. Kazakh. 1：244. 1956；中国主要植物图说 禾本科 230. 图 183. 1959；Tzvel. in Grub. Pl. Asiae Centr. 4：158. 1968，et in Fed. Poaceae URSS 504. 1976；Thomas A. Cope in E. Nasir et S. I. Ali Fl. Pakist. 143：432. 1982；新疆植物志 6：119. 图版 45：1～3. 1996；Y. H. Wu Grass. Karakor. Kunlun Mount. 56. 1999；青海植物志 4：59. 1999；中国植物志 9 (2)：242. 2002；Fl. China 22：250. 2006；青藏高原维管植物及其生态地理分布 1149. 2008. —— *Atropis tenuiflora* Griseb. in Ledeb. Fl. Ross. 4：389. 1852；Krecz. in Kom. Fl. URSS 2：493. t. 38. f. 33. 1934.

多年生草本。秆丛生，直立或基部膝曲，灰绿色，高 20～60 cm，具 3～4 节。叶鞘平滑无毛，多短于节间，顶生者远长于其叶片；叶舌干膜质，顶端半圆形，长约 1 mm；叶片通常内卷或对折，上面微粗糙，长 2～5 cm。圆锥花序开展，长 6～15 cm，主轴平滑；分枝细弱，微粗糙，2～5 枚簇生，上升或平展，下部裸露；小穗柄短，微粗糙；小穗草绿色或在成熟时为紫色，长 3.0～4.5 mm，含 3～4 小花；颖质地较薄，边缘具纤毛状细齿裂，第 1 颖长约 0.6 mm，具 1 脉，顶端尖，第 2 颖长约 1.2 mm，具 3 脉，顶端钝圆；外稃具不明显的 5 脉，顶端钝，基部平滑或具微毛，第 1 外稃长 1.5～2.0 mm；内稃近等长于外稃，光滑无毛和脊上部微粗糙；花药长约 1.0～1.2 mm。　花果期 6～9 月。

产新疆：阿克陶（琼块勒巴什，青藏队吴玉虎 645A）、塔什库尔干（卡拉其古，青藏队吴玉虎 563B）、叶城（麻扎达坂，青藏队吴玉虎 1141B）、策勒。生于海拔 3 200～4 740 m 的盐生草甸、河滩草地、沙砾河滩、湖畔或泉眼周围的盐碱化低湿草地。

青海：都兰、兴海（唐乃亥乡，弃耕地调查队 240）。生于海拔 3 000～4 000 m 的沟谷河滩、山谷水沟旁、农田边、渠岸、芨芨草滩中。

分布于我国的新疆（天山、阿拉套山、塔尔巴哈台山）、青海、内蒙古、山西、河北、辽宁、吉林、黑龙江；蒙古，俄罗斯西伯利亚，中亚地区各国也有。

13. 德格碱茅

Puccinellia degeensis L. Liu Fl. Reipubl. Popul. Sin. 9 (2): 244. t. 29: 8. in Addenda 405. 2002; Fl. China 22: 250. 2006.

多年生，密丛生草本。秆高 15～20 cm，直径约 1.5 mm，具 2～3 节，基部斜升。叶鞘长于节间，平滑无毛；叶舌平截，长约 1 mm；叶片扁平或对折，长 3～5 cm，宽 1.5～3.0 mm，边缘微粗糙，顶端骤尖。圆锥花序卵圆形，基部为叶鞘所包藏，长 3～4 cm，宽约 3 cm；分枝长 1～2 cm，2～4 枚簇生于主轴各节，密生多数小穗，小穗柄短而平滑；小穗长 3～4 mm，含 2～3 小花；小穗轴节间长约 1 mm，外露；第 1 颖小，长 0.6～1.0 mm，无脉或有时见 1 脉，第 2 颖长 1.0～1.5 mm，具 1～3 脉；外稃平滑无毛，顶端钝，具宽约 0.3 mm 的黄色膜质边缘，稍有细齿裂，第 1 外稃长 2.0～2.5 mm；内稃先端 2 尖裂，并形成长约 0.2 mm 之尖头，伸出其外稃而外露，两脊平滑；花药黄色，长 1.2～1.5 mm。　花果期 6～8 月。

产青海：兴海（温泉乡，陈桂琛 2003）。生于海拔 4 200 m 左右的河谷温泉边湿地。

分布于我国的青海、四川西北部。

14. 少枝碱茅

Puccinellia pauciramea (Hack.) V. I. Krecz. ex Ovcz. et Czuk. in Fl. Tadzikst. 1: 227. 1957; Bor in Rech. f. Fl. Iran. 70: 64. 1970; Tzvel. in Fed.

Poac. URSS 505. 1976；中国植物志 9（2）：247. 图版 28：12. 2002；Fl. China 22：253. 2006. —— *Atropis distans*（Jacq.）Griseb. f. *pauciramea* Hack. Trudy Imp. St.-Pétersb. Bot. Sada 21：442. 1903.

多年生草本。秆高 20～30 cm，具有多数低矮的分蘖植株，高 5～10 cm，聚集成密丛，节膝曲上升。叶鞘基部较宽，平滑无毛；叶片短，宽 1～2 mm，对折或内卷，上面与边缘微粗糙。圆锥花序广开展，长 4～6 cm；分枝孪生，微粗糙，先端着生 1～2 枚小穗；小穗带紫色，长 5～6 mm，含 3～4 小花；颖卵状椭圆形，顶端钝或尖，具缘毛，第 1 颖长 1.2～1.5 mm，第 2 颖长 1.8～2.0 mm；外稃紫色，具金黄色膜质边缘，宽倒卵形，具脊，背部无毛，边脉基部具微柔毛，顶端钝三角形，具细缘毛，第 1 外稃长 3.0～3.2 mm；内稃稍短，两脊平滑无毛或具少数疏刺；花药黄色，长圆形，长 1.5～1.8 mm。 花果期 6～8 月。

产新疆：和田（塔什巴什，采集人不详 2589）、且末（昆其布拉克，青藏队吴玉虎 2598）、若羌（阿尔金山保护区鸭子泉，青藏队吴玉虎 2205、3961；祁漫塔格山，青藏队吴玉虎 3995；明布拉克东，青藏队吴玉虎 4204）。生于海拔 3 100～4 800 m 的高原湖边沙地、河滩湿沙地、河谷山麓沙地草甸。

西藏：班戈。生于 4 550～5 000 m 的山地盐土及湖岸沙丘、河谷砾石沙地。

青海：都兰（诺木洪乡，杜庆 303）、玛多（清水乡，吴玉虎 29010）。生于海拔 4 000～4 270 m 的河谷滩地草甸、河滩沼泽草甸、山前湿沙地、高寒草甸。

分布于我国的新疆、青海、西藏。

15. 藏北碱茅　图版 13：1～5

Puccinellia stapfiana R. R. Stew. in Brittonia 5：418. 1945；Bor Grass. Burma Ceyl. Ind. Pakist. 563. 1960，et Rech. f. Fl. Iran. 70：68. 1970；T. A. Cope in A. Nasir. Fl. Pakist. 143：431. 1982；西藏植物志 5：129. 1987；中国植物志 9（2）：242. 图版 28：6. 2002；Fl. China 22：252. 2006. ——*Glyceria poaeoides* Stapf in Hook. f. Brit. Ind. 7：348. 1896. not *Puccinellia poaeoides* Keng in Journ. Wash. Acad. Sci. 28：301. 1938.

多年生草本。秆直立或倾斜上升，高 30～40 cm。叶鞘密聚于茎基，顶生者达花序下部；叶舌长约 1 mm；叶片对折，直伸，长 3～10 cm，宽 1.0～2.5 mm，上面与边缘微粗糙。圆锥花序狭窄，长 5～10 cm，宽约 1.5 cm；分枝斜升，长 2～3 cm，2～3 枚着生于各节，下部裸露，上部有 2～4 枚小穗；小穗带紫色，长 5～6 mm，含 2～4 小花；小穗柄平滑或上部微粗糙；颖顶端钝圆或尖，有时具细纤毛，第 1 颖长 2.0～2.2 mm，第 2 颖长 2.5～2.8 mm；外稃具 5 脉，顶端钝圆，边缘具细纤毛状细齿裂，基部无毛，第 1 外稃长 3.2～3.5（4.0）mm；内稃两脊平滑或上部微粗糙；花药长约 2 mm。 花果期 7～8 月。

产西藏：改则、尼玛。生于海拔 4 500～4 800 m 的高山草地、盐湖旁沙地或沼泽草甸。

分布于我国的西藏；巴基斯坦西部，克什米尔地区也有。

16. 帕米尔碱茅 图版 11：11～14

Puccinellia pamirica (Roshev.) V. I. Krecz. ex Ovcz. et Czuk. Fl. Tadzikst. 1：224. 1957；Tzvel. in Grub. Pl. Asiae Centr. 4：157. 1968，et in Fed. Poaceae URSS 505. 1976；Thomas A. Cope in E. Nasir et S. I. Ali Fl. Pakist. 143：428. 1982；西藏植物志 5：123. 图 64. 1987；新疆植物志 6：124. 图版 48：1～3. 1996；Y. H. Wu Grass. Karakor. Kunlun Mount. 58. 1999；青海植物志 4：61. 图版 9：11～14. 1999；中国植物志 9 (2)：246. 图版 30：20. 2002；Fl. China 22：253. 2006；青藏高原维管植物及其生态地理分布 1148. 2008. ——*Atropis distans* f. *pamirica* Roshev. in Acta Hort. Petrop. 38：121. 1924. ——*A. pamirica* (Roshev.) Krecz. in Kom. Fl. URSS 2：759. 474. 1934.

多年生丛生草本。秆直立，高 15～25 cm，基部稍膝曲倾卧。叶鞘质地较厚，浅黄褐色，稀淡紫色，多数聚集茎基部；叶舌长约 1 mm；叶片短缩，内卷，上面及边缘微粗糙，多密集基部，长 3～5 cm，宽 1.0～1.5 mm。圆锥花序紧密，或有时疏松，长 5～7 cm；分枝短缩，常斜上升，具多数小穗，裸露部分少，长 1～3 cm；小穗长约 5 mm，含 3～4 小花；颖卵圆形，顶端钝圆，第 1 颖长约 1.5 mm，具 1 脉，第 2 颖长 2.0～2.5 mm，具不明显 3 脉；外稃带紫色，顶端钝或稀渐尖，边缘膜质，背基部无毛或稀具微毛，第 1 外稃长 3～4 mm；内稃短于外稃，脊上部微粗糙；花药椭圆形，长 1.5～1.8 mm。 花果期 7～8 月。

产新疆：阿克陶（琼块勒巴什，青藏队吴玉虎 645）、塔什库尔干（麻扎达坂，青藏队 438）。生于海拔 3 800～4 800 m 的沙砾质河滩或湖畔草地、山坡沙地、滩地草甸。

青海：曲麻莱、玛多（牧场，吴玉虎 681）。生于海拔 4 200～4 700 m 的滩地、冲积地、沙砾地。

分布于我国的新疆、青海、西藏；俄罗斯，中亚地区各国也有。

17. 展穗碱茅

Puccinellia diffusa (V. I. Krecz.) V. I. Krecz. ex Drob. Fl. Uzbekistan. 1：253. 1941；Tzvel. in Fed. Poaceae. URSS 502. 1976；西藏植物志 5：129. 1987；青海植物志 4：61. 1999；中国植物志 9 (2)：268. 图版 30：15. 2002；Fl. China 22：249. 2006；青藏高原维管植物及其生态地理分布 1146. 2008. ——*Atropis diffusa* Krecz. in Kom. Fl. URSS 2：490. 760. pl. 38. f. 31：a～d. 1934.

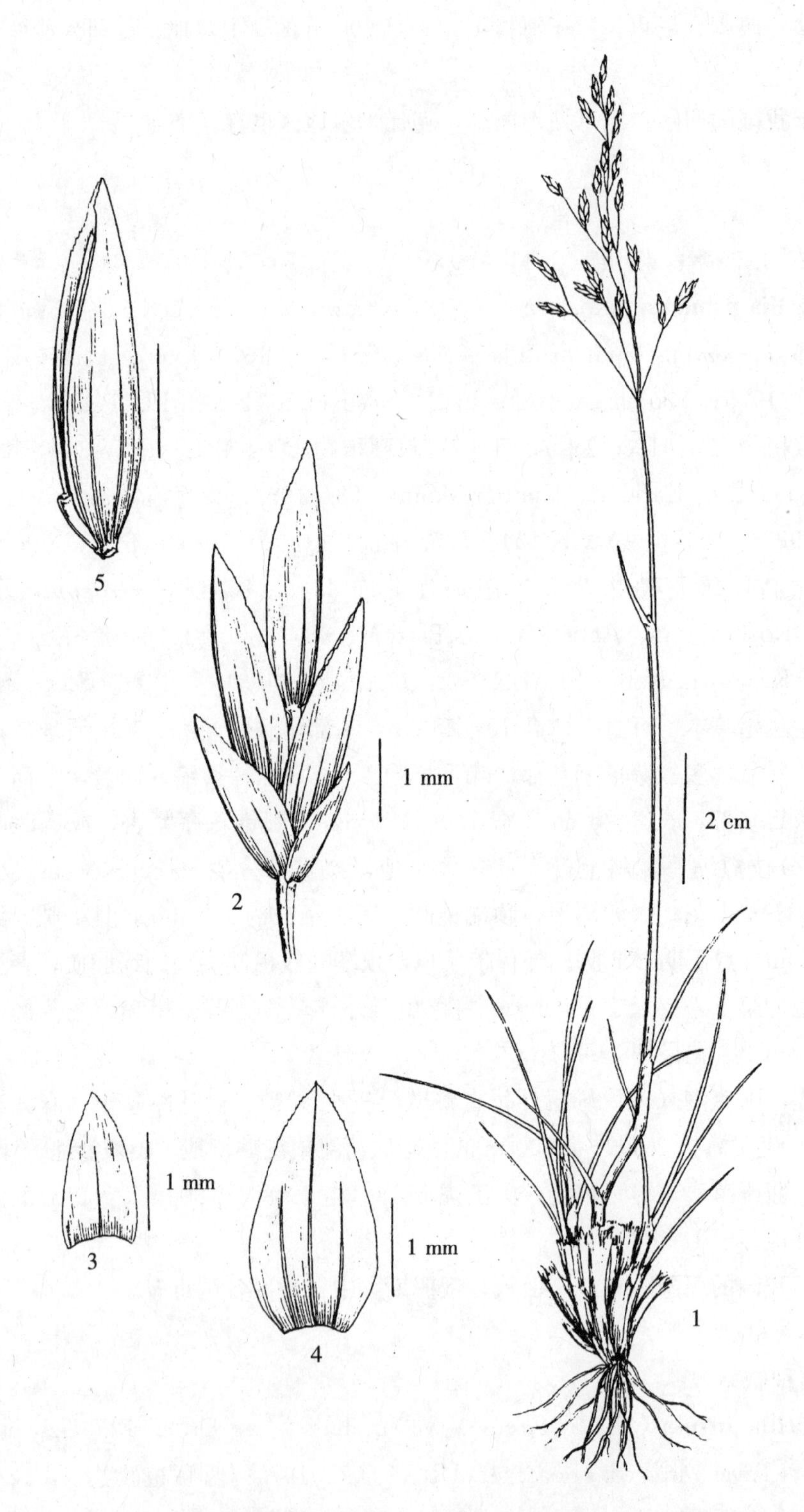

图版 **13** 藏北碱茅 **Puccinellia stapfiana** R. R. Stew. 1. 植株；2. 小穗；3. 第 1 颖；4. 第 2 颖；5. 外稃。
（引自 *Flora of China Illustrations*，李怡翡绘）

多年生草本。秆直立，细弱，平滑，高 30～50 cm。叶鞘光滑无毛，顶端边缘膜质；叶舌长约 1.5 mm；叶片扁平或对折，上面粗糙，长 5～14 cm，宽约 1 mm。圆锥花序开展，长 10～15 cm，主轴平滑无毛；分枝纤细，2～4 枚簇生于各节，平展或斜向上升，下部裸露，平滑，分枝顶端常单生 1 枚小穗；小穗柄微粗糙；小穗常带紫色，长 5～6 mm，含4～8 小花；颖顶端较钝圆，第 1 颖长卵圆形，长约 1.2 mm，第 2 颖椭圆形或卵圆形，长约 2 mm；外稃顶端钝圆，紫色或有金黄色膜质的边缘，具细纤毛，背基部被短柔毛，第 1 外稃长 2.0～2.6 mm；内稃具 2 脊，脊上部微粗糙，下部稍有柔毛；花药长约 1.5 mm。　花果期 7～8 月。

产青海：兴海（河卡乡卡日红山，郭本兆 6135）、玛多（死鱼湖畔，吴玉虎 449；黑河乡，陈桂琛 1769）。生于海拔 3 300～4 300 m 的高原河湖水边草甸、河漫滩草甸、湖边沼泽湿地。

分布于我国的青海、西藏；中亚地区各国也有。

18. 卷叶碱茅

Puccinellia convoluta（Horn.）Fourr. in Ann. Soc. Linn. Lyon n. s. 17：184. 1869；Davis Fl. Turkey. 9：504. 1985；中国植物志 9（2）：259. 图版 30：18. 2002. ——*Poa convolata* Horn. in Hort. Hafm 2：953. 1815，non Hartm. ex Reichb. 1830. ——*Puccinellia festuciformis*（Host.）Parl. subsp. *convolata*（Horn.）Hugh. in Bot. Journ. Linn. Soc. 76：363. 1978；Hugh. et Hall. in Tutin et al. Fl. Europ 5：169. 1980.

多年生丛生草本。秆直立，高 20～40 cm，无毛。叶舌长 2～4 mm；叶片内卷，长 4～14 cm，宽 0.5～1.5 mm，先端渐尖，平滑，边缘与上面微粗糙。圆锥花序紧缩，长 5～15 cm，宽 1～5 cm；分枝细，微粗糙，3～6 枚着生于下部各节；小穗长 5～7 mm，含4～7 小花；颖披针形，顶端尖，第 1 颖长 1.5～2.0 mm，第 2 颖长 2.5～2.8 mm；外稃黄绿色或紫色，具有黄色顶端，近顶端稍有脊，背下部 1/3 有毛，第一外稃长 3.0～3.5 mm；内稃下部有毛，上部粗糙；花药长 1.5～2.0 mm。　花期 6～8 月。

产新疆：若羌（采集地不详，青藏队吴玉虎 2759）。生于海拔 4 200 m 左右的高原河滩沙地。

分布于我国的新疆、青海、甘肃。

19. 阿尔金山碱茅　图版 14：1～6

Puccinellia arjinshanensis D. F. Cui in Fl. Xinjiang. 6：119. t. 46：1～7. 1996；中国植物志 9（2）：258. 图版 27：3. 2002；Fl. China 22：251. 2006；青藏高原维管植物及其生态地理分布 1146. 2008.

多年生丛生草本。秆直立，高 18～25 cm，直径约 1 mm，具 2 节。叶鞘长于节间，平滑无毛，基部具多数褐色鳞片状的叶鞘；叶舌长 2.0～2.5 mm，顶端半圆形；叶片质硬，对折或内卷，宽 1.0～1.5 mm，上面沿脉和边缘粗糙，下面光滑无毛。圆锥花序幼时为叶鞘所包藏，后伸出而展开，长 5～10 cm，宽约 4 cm；分枝近于平滑，每节具 1～2 枚，顶端刺状粗糙；小穗黄绿色，长 5～7 mm，通常含 3 小花；穗轴节间长达 1 mm，平滑无毛；颖披针形，顶端尖，近膜质，第 1 颖长 2.0～2.5 mm，具 1 脉，第 2 颖长 2.5～3.5 mm，具 3 脉；外稃具不明显的 5 脉，基部脉上和脉间密被柔毛，顶端尖，具宽膜质边缘，第 1 外稃长 3.5～4.0 mm；内稃等于或稍短于外稃，脊上半部呈刺毛状粗糙，下半部具纤毛；花药黄色，长约 1 mm。 花果期 7～9 月。

产新疆：莎车（喀拉吐孜矿区，青藏队吴玉虎 719）、于田（采集地不详，青藏队吴玉虎 3762；普鲁山口，青藏队吴玉虎 3794；坎羊，青藏队吴玉虎 3763）、且末（阿羌乡昆其布拉克，青藏队吴玉虎 3867）、若羌（阿尔金山模式标本产地，采集人和采集号不详）。生于海拔 2 600～4 000 m 的山谷水边草地、阿尔金山山坡草地、沟谷河边草甸、山坡荒漠化草原。

分布于我国的新疆。

20. 矮碱茅

Puccinellia humilis (Litw. ex V. I. Krecz.) Bor Ngtt. Mag. Bot. 1: 19. 1952; Roshev. in Fl. Krig. 2: 140. 1950; Pavl. Fl. Kazakh. 1: 248. 1956; Ovcz. et Czuk. Fl. Tadjik. 1: 244. 1957; Tzvel. in Pl. Asiae Centr. 4: 155. 1968; 中国植物志 9 (2): 258. 图版 30: 2. 2002; Fl. China 22: 254. 2006. ——*Atropis humilis* Litw. ex Krecz. in Kom. Fl. URSS 2: 474. pl. 35. fig. 5. 1934. ——*Puccinellia hackeliana* subsp. *humilis* (Litw. ex Krecz.) Tzvel. in Fed. Poaceae URSS 506. 1976; 新疆植物志 6: 126. 1996.

多年生密丛生草本。秆直立，高 4～15 cm，灰绿色，基部为黄褐色老鞘所包围。叶片短，长 1～3 cm，对折或内卷，宽约 1 mm，平滑。圆锥花序长圆状穗形，紧缩密集，长 2～4 cm，宽 5～10 mm；分枝平滑，着生 1～2 枚小穗；小穗绿色或带紫色，椭圆形，长 6～7 mm，含 5～6 小花；颖披针形，钝尖，第 1 颖长约 2.2 mm，第 2 颖长 2.5～3.0 mm；外稃堇色，脉不明显，顶端稍钝，边缘膜质，基部生短毛，第 1 外稃长 3.5～4.0 mm；内稃较短，两脊上部呈小刺状粗糙；花药长约 1.1 mm。 花果期 6～8 月。

产新疆：疏附、阿克陶（阿克塔什，青藏队吴玉虎 243）、塔什库尔干（麻扎种羊场，青藏队吴玉虎 438B）、叶城（麻扎达坂，黄荣福 86－029）。生于帕米尔高原和昆仑山海拔 3 000～4 600 m 的山坡沙砾地、河边草甸、盐碱化草甸、沟谷砾石山坡、高山泥石流地。

分布于我国的新疆（塔里木、天山、阿拉套山、塔什库尔干）、西藏；俄罗斯，中

图版 **14** 阿尔金山碱茅 **Puccinellia arjinshanensis** D. F. Cui 1. 植株；2. 小穗；3. 第 1 颖；4. 第 2 颖；5. 外稃；6. 内稃；7. 小花。（引自《新疆植物志》，谭丽霞绘）

亚地区各国也有。又见于喜马拉雅山区、帕米尔高原西北部。

21. 中间碱茅

Puccinellia intermedia（Schur.）Janch. in Wien. Bot. Zeitsch. 93：84. 1944；Davis. Fl. Urkey. 9：503. fig. 24：4. 1985；中国植物志 9（2）：260. 2002. ——*Atropis intermedia* Schur. in Enum. Pl. Transs. 779. 1866.

多年生丛生草本。秆直立，高 40～60 cm，灰白色，平滑无毛。叶舌长 2～3 mm；叶片扁平或内卷，长 8～15 cm，宽 2～3（～5）mm，先端渐尖，上面平滑，下面多少粗糙。圆锥花序开展，长约 15 cm，宽 4～8 cm；分枝细长，微粗糙，2～5 枚，簇生于下部各节；小穗线状披针形，长 7～8 mm，含 5～7 小花；第 1 颖长 1.5～2.0 mm，第 2 颖长 2.0～2.5 mm；外稃顶端平截，有齿蚀，下部 1/3 散生微柔毛，第 1 外稃长 2.8～3.0 mm；内稃两脊上部 2/3 呈纤毛状粗糙；花药长 1.5～2.0 mm。 花果期 5～6 月。

产新疆：若羌（采集地不详，青藏队吴玉虎 4305）。生于海拔 3 700 m 左右的河滩草甸。

分布于我国的新疆；俄罗斯，中亚地区各国也有。

22. 细穗碱茅

Puccinellia capillaris（Lilj.）Jans. in Fl. Neerl. 1（2）：69. 1951；Tzvel. in Fed. Poaceae URSS 509. 1976；中国植物志 9（2）：262. 图版 29：6. 2002. ——*Festuca capillasis* Lilj. in Utk. Sv. Fl. ed. 2. 48. 1798.

多年生草本，具下伸的细长根状茎。秆高 10～20 cm，具 2～4 节，节膝曲。叶鞘平滑，顶生者长 6～10 cm，包藏其花序下部；叶舌长约 1 mm；叶片扁平或对折，长 3～8 cm，平滑无毛。圆锥花序长 6～8 cm，紧缩，后张开；分枝近平滑或微粗糙，长 1～3 cm，上部密生小穗，下部裸露；小穗轴长约 1 mm，平滑，上部微糙涩；小穗草黄色，长 6～7 mm，含 3～4 小花；颖顶端尖，边缘具白膜质，第 1 颖长约 2 mm，第 2 颖长约 2.5 mm；外稃顶端截圆形，稍具缘毛状细齿裂，边缘下部 1/3 生柔毛，基盘有少量柔毛，第 1 外稃长约 3 mm；内稃等长于外稃，两脊上部呈疏锯齿状粗糙，下部具纤毛；花药长 1.2～1.5 mm。 花期 6～8 月。

产新疆：若羌（祁漫塔格山，青藏队吴玉虎 4291）。生于海拔 4 400 m 左右的沟谷山地砾石滩地潮湿处。

分布于我国的新疆；欧洲，俄罗斯也有。

23. 布达尔碱茅

Puccinellia ladyginii Ivan. ex Tzvel. in Not. Syst. Herb. Inst. Bot. Acad. Sci.

URSS 17：65. 1955；中国植物志 9（2）：262. 图版 30：4. 2002；Fl. China 22：254. 2006.

多年生密丛生草本。秆直立，高 20～30 cm，具 2～3 节，基部节膝曲。叶鞘平滑；叶舌长 1～2 mm；叶片扁平，长 5～8 cm，宽约 2 mm，平滑或上面微粗糙。圆锥花序开展，长 5～8 cm，宽约 4 cm；分枝孪生，平滑或微粗糙，长 3～4 cm，上部着生小枝与小穗，下部裸露；小穗带紫红色，长约 6 mm，含 4～6 小花；颖卵状披针形，第 1 颖长 1.5～2.0 mm，具 1 脉，第 2 颖长 2.0～2.5 mm，具 3 脉，顶端钝或稍尖，边缘膜质，具细缘毛；外稃卵状长圆形，脊上部微粗糙或平滑无毛，顶端钝，边缘宽膜质，具缘毛，有细齿，基部有柔毛，第 1 外稃长约 3 mm；花药长约 1.5 mm。 花期 6～8 月。

产青海：兴海（温泉乡苦海东大滩，吴玉虎 28855、28862）、玛多（县牧场，吴玉虎1650）。生于海拔 4 100～4 300 m 的高原宽谷滩地、高寒草原、弃耕地、河滩砾石草地。

分布于我国的青海布达尔山；中亚地区各国也有。又见于帕米尔高原。

24. 昆仑碱茅

Puccinellia kunlunica Tzvel. in Not. Syst. Herb. Inst. Bot. Acad. Sci. URSS 17：62. 1955；中国植物志 9（2）：264. 图版 29：1. 2002.

多年生密丛生草本，有鞘内与鞘外分蘖。秆直立，高 20～30 cm，基部膝曲。叶鞘呈颗粒状粗糙，顶生叶鞘甚长；叶舌长约 2 mm；叶片质硬，内卷，宽约 0.7 mm，上面与边缘微粗糙，蘖生叶片多而细长。圆锥花序长 8～18 cm，极狭窄，分枝短而贴生，花后开展；小穗长约 5 mm，含 3～5 小花；颖卵状披针形，顶端尖，第 1 颖长 1.0～1.2 mm，具 1 脉，第 2 颖长约 2 mm，具 3 脉；外稃卵状披针形，顶端尖，边缘膜质，有缘毛，基部近无毛，第 1 外稃长 2.8～3.2 mm；内稃两脊上部粗糙，下部平滑；花药长 1.0～1.2 mm。颖果长 1.6～1.8 mm。 花果期 6～8 月。

产新疆：南疆昆仑山。生于海拔 1 000～2 700 m 的戈壁、草原。

分布于我国的新疆、内蒙古。

25. 斯碱茅

Puccinellia schischkinii Tzvel. in Not. Syst. Herb. Inst. Bot. Acad. Sci. URSS 17：57. 1955；Pavl. Fl. Kazakh. 1：245. 1956；Tzvel. in Grub. Pl. Asiae Centr. 4：158. 1968，et in Fed. Poaceae URSS 506. 1976；新疆植物志 6：119. 1996；Y. H. Wu Grass. Karakor. Kunlun Mount. 59. 1999；中国植物志 9（2）：263. 图版 30：8. 2002；Fl. China 22：251. 2006；青藏高原维管植物及其生态地理分布 1148. 2008.

多年生密丛生草本。秆直立或基部膝曲，高 15～35 cm。叶鞘平滑无毛，基部通常具黄褐色鳞片状的叶鞘；叶舌圆形至三角形，长 1.0～2.0（3.0）mm；叶片内卷或扁平，长 2～4 cm，宽 1～3 mm，上部叶片沿脉被细小糙毛，下部叶片平滑无毛。圆锥花序狭窄，长 8～22 cm；分枝微粗糙，长 1～2 cm，直伸；小穗灰绿色，稍带紫色，长 5～6 mm，含 5～7 小花；颖披针形，顶端尖，常具脊，脊上部具小刺毛，第 1 颖长 1.5～1.8 mm，具 1 脉，第 2 颖长 2.0～2.5 mm，具 3 脉；外稃具明显的 5 脉，中脉上部微粗糙，顶端渐尖或尖，边缘窄膜质或上部具纤毛状齿裂，基部有稀少短毛或仅基盘具短毛，第 1 外稃长 2.9～3.0 mm；内稃约与外稃等长，脊上粗糙，有时仅上部粗糙；花药黄色，长 0.8～1.2 mm。 花果期 6～8 月。

产新疆：阿克陶（琼块勒巴什，青藏队吴玉虎 651）、叶城（大红柳滩，青藏队吴玉虎1186B）、塔什库尔干、策勒。生于海拔 3 200～4 500 m 的湖畔盐化草甸、沟谷盐化草甸、河滩草地、河溪水渠边草甸。

青海：都兰（宗加乡，杜庆 386）。生于海拔 2 900 m 左右的滩地盐碱质草甸。

分布于我国的新疆、青海；蒙古，俄罗斯西伯利亚，中亚地区各国也有。

26. 阿尔泰碱茅

Puccinellia altaica Tzvel. in Grub. Pl. Asiae Centr. 4：152. 1968，et in Fed. Poaceae URSS 505. 1976；西藏植物志 5：129. 1987；新疆植物志 6：122. 1996；Y. H. Wu Grass. Karakor. Kunlun Mount. 58. 1999；中国植物志 9（2）：263. 图版 28：1. 2002；Fl. China 22：252. 2006；青藏高原维管植物及其生态地理分布 1046. 2008.

多年生密丛生草本。秆高 20～40 cm，基部节稍膝曲。叶鞘平滑无毛；叶舌长约 1 mm；叶片对折或内卷，长约 6 cm，上部者长 2～3 cm，宽 1～1.5 mm，下面平滑，上面微粗糙。圆锥花序开展，长约 10 cm，分枝孪生，长 3～5 cm，纤细平展，下部常裸露，上部疏生小穗；小穗长 4.5～5.0 mm，含（2）3～4 小花；颖宽披针形，顶端稍尖，第 1 颖长 1.0～1.5 mm，第 2 颖长约 2 mm；外稃紫堇色，背部无毛或基部稍有柔毛，顶端稍尖，第 1 外稃长 2.5～3.0 mm；内稃脊上部稍粗糙，下部无纤毛；花药长 1.2～1.6 mm。 花果期7～8 月。

产新疆：阿克陶（琼块勒巴什，青藏队吴玉虎 644）。生于海拔 3 200～4 000 m 的山坡盐生草地、河滩盐生草甸、湖畔沼泽草甸。

分布于我国的新疆（阿尔泰山）、西藏；蒙古也有。

27. 毛稃碱茅 图版 11：15～17

Puccinellia dolicholepis（V. I. Krecz.）Pavl. Fl. Kazakh. 1：242. 1956；西藏植物志 5：129. 1987；青海植物志 4：62. 图版 9：20～22. 1999；中国植物志 9（2）：264. 图版 28：3. 2002；Fl. China 22：249. 2006；青藏高原维管植物及其生态地理分布

1148. 2008. ——*Atropis dolicholepis* Krecz. in Kom. Fl. URSS 2：764. 1934.

多年生密丛生草本。秆直立，高 20～30 cm。叶鞘短于节间；叶舌长约 1 mm；叶片内卷，稀少扁平，质地较硬，两面无毛，长 4～12 cm，宽 1.2～1.5 mm。圆锥花序较狭窄，后期疏松，长 6～11 cm；分枝较细，孪生，粗糙，下部裸露；小穗常带紫色，长 5～7 mm，含 3～5 小花；第 1 颖长圆形，长 1.0～1.5 mm，具 1 脉，顶端稍尖，第 2 颖卵圆形，长 2.0～2.5 mm，具 3 脉；外稃具明显的 5 脉，背基部脉及脉间具短柔毛，顶端尖或渐尖，第 1 外稃长 3.5～4.0 mm；内稃稍短于外稃，具 2 脊，脊上部粗糙，中下部具纤毛；花药长约 2 mm。　花果期 6～8 月。

产青海：格尔木（纳赤台，黄荣福 89－011）、玛多（采集地不详，吴玉虎 450、678；扎陵湖乡哈姜盐池，吴玉虎 1587、1589；死鱼湖，吴玉虎 498）。生于海拔 3 200～4 300 m 的盐湖边盐生草甸、湖滨盐碱化草地、河湖水边砾石地。

分布于我国的青海、西藏；俄罗斯西伯利亚，高加索，中亚地区各国，欧洲也有。

28. 疏穗碱茅　图版 11：18～20

Puccinellia roborovskyi Tzvel. in Grub. Pl. Asiae Centr. 4：157. 1968；西藏植物志 5：130. 图 64：4～6. 1987；青海植物志 4：62. 图版 9：17～19. 1999；中国植物志 9（2）：264. 图版 28：11. 2002；Fl. China 22：251. 2006；青藏高原维管植物及其生态地理分布 1148. 2008.

多年生疏丛生草本。秆直立，平滑无毛，高 20～40 cm，具 1～2 节，顶节位于秆下部约 1/4 处。叶鞘平滑无毛；叶舌长约 2 mm；叶片常内卷，稀少扁平，长 4.5～10.0 cm，宽 1.0～1.5 mm，顶生叶短缩至 1.5 cm。圆锥花序疏松、开展，长 6～10 cm；分枝纤细，孪生，平展，长 2～5 cm，枝腋间有枕，下部常裸露且平滑无毛，上部生有 1～3 枚小穗；小穗紫褐色或淡绿带紫色，长 6～7 mm，含 3～5 小花；颖顶端尖或稍钝，第 1 颖长 1～2 mm，具 1 脉，第 2 颖长 2.0～2.5 mm，具 3 脉；外稃披针形，顶端长渐尖，背基部脉上有柔毛，第 1 外稃长 3.5～4.0 mm；内稃稍短于外稃，脊粗糙或平滑；花药长 1.5～1.8 mm。　花果期 7～8 月。

产青海：玛多（扎陵湖乡哈姜盐池，植被地理组 587；牧场，吴玉虎 1662、1678；黑河乡，吴玉虎 431；扎陵湖乡至县城途中，吴玉虎 1602）。生于海拔 4 300 m 左右的盐湖边湿沙地、河滩草甸。

西藏：尼玛县双湖。生于海拔 4 200 m 左右的宽谷河滩高寒草原低湿沙砾地。

分布于我国的青海、西藏。

29. 碱　茅　图版 11：21～22

Puccinellia distans（Jacq.）Parl. in Fl. Ital. 1：367. 1848；Pavl. Fl. Kazakh. 1：247. t. 18. f. 7. 1956；中国主要植物图说 禾本科 230. 图 184. 1959；Bor

Grass. Burma Ceyl. Ind. Pakist. 562. 1960；Tzvel. in Grub. Pl. Asiae Centr. 4：153. 1968，et in Fed. Poaceae URSS 507. 1976；Thomas A. Cope in E. Nasir et S. I. Ali Fl. Pakist. 143：429. 1982；内蒙古植物志. 第2版. 5：100. 图版44：5～8. 1994；新疆植物志 6：117. 图版43：5～8. 1996；Y. H. Wu Grass. Karakor. Kunlun Mount. 61. 1999；青海植物志 4：58. 图版9：1～2. 1999；中国植物志 9(2)：275. 图版28：2. 2002；Fl. China 22：255. 2006；青藏高原维管植物及其生态地理分布 1146. 2008. ——*Poa distans* Jacq. in Observ. Bot. 1：42. 1764.

多年生丛生草本。秆直立或基部倾卧，常压扁，高15～36 cm，具2～3节，有时在基部的节着土生根。叶鞘平滑无毛；叶舌干膜质，半圆形或顶端具齿裂，长1.0～1.5 mm；叶片扁平或内卷，或稀少对折，上面微粗糙，下面近于平滑，长2～7 cm，宽1～2 mm。圆锥花序幼时为叶鞘所包藏，后伸出开展，长8～15 cm；分枝细长，每节2～6枚；疏展或下垂，下部裸露，微粗糙；小穗柄极短；小穗长4～6 mm，含3～6小花；小穗轴节间平滑无毛；颖质较薄，顶端钝，具不整齐细裂齿，第1颖长约1 mm，具1脉，第2颖长约1.2 mm，具3脉；外稃具不明显的5脉，顶端钝或平截，其顶端与边缘均具不整齐的细裂齿，背基部被微短毛，第1外稃长约2 mm；内稃等长或稍长于外稃，脊微粗糙；花药长约0.8 mm。颖果长约1.2 mm。 花果期6～9月。

产新疆：乌恰（吉根乡，采集人不详73-208）、阿克陶（布伦口乡恰克拉克至木吉途中，青藏队吴玉虎610）、塔什库尔干（麻扎到卡拉其古，青藏队吴玉虎562、4965；县城南东，采集人不详811）、叶城（麻扎达坂，高生所西藏队74-3328）、且末（阿羌乡昆其布拉克，青藏队吴玉虎3841、3842）。生于海拔2 000～4 700 m的山坡湿沙砾地、潮湿沙山坡草地、湖滩草甸、河滩草地、盐碱化低湿草甸。

青海：都兰、格尔木、曲麻莱（秋智乡，刘尚武756）。生于海拔2 900～4 400 m的沟边、路边、草丛、河滩、林下。

分布于我国的新疆、青海、山西、河北、内蒙古、辽宁、吉林、黑龙江；北美洲，非洲北部和西部，欧亚大陆温带也有。

30. 鹤甫碱茅 图版15：1～4

Puccinellia hauptiana（Trin. ex V. I. Krecz.）Kitag. Rep. Inst. Sci. Res. Manch. 1：255. 1937；Pavl. Fl. Kazakh. 1：247. 1956；Tzvel. in Fed. Poaceae URSS 506. 1976；内蒙古植物志 7：96. 图版40：1～4. 1983；新疆植物志 6：115. 图版43：1～4. 1996；Y. H. Wu Grass. Karakor. Kunlun Mount. 61. 1999；青海植物志 4：59. 1999；中国植物志 9(2)：273. 图版29：2. 2002；Fl. China 22：255. 2006；青藏高原维管植物及其生态地理分布 1147. 2008. ——*P. kobayaschii* Ohwi in Acta Phytotax. et Geobot. 4：31. 1935；中国主要植物图说 禾本科 230. 图185. 1959；Tzvel. in Grub. Pl. Asiae Centr. 4：154. 1968. ——*Atropis hauptiana*

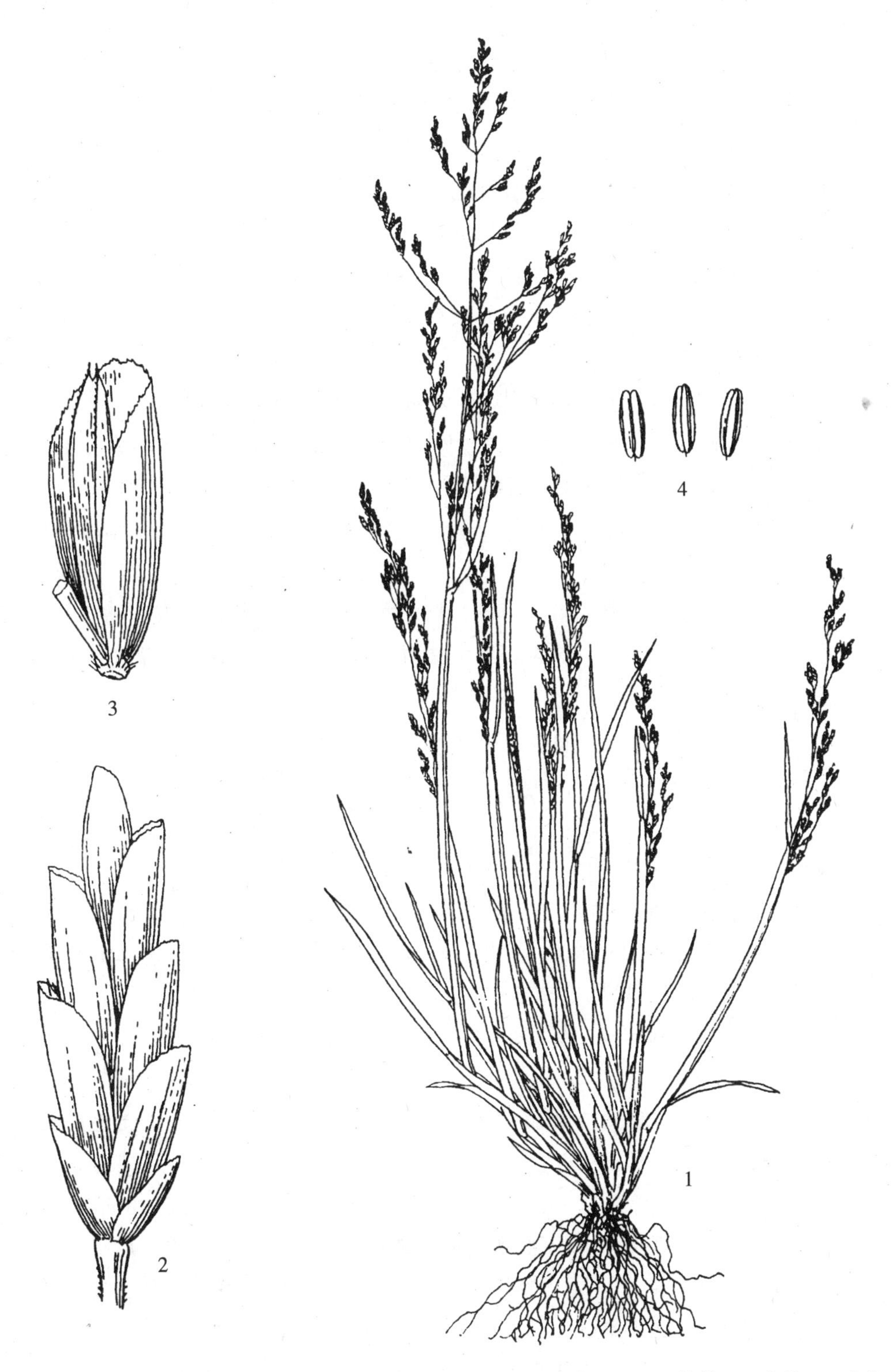

图版 15 鹤甫碱茅 **Puccinellia hauptiana**（Trin. ex V. I. Krecz.） Kitag. 1. 植株；2. 小穗；3. 小花；4. 花药。（引自《中国主要植物图说 禾本科》，冯晋庸绘）

Trin. ex V. I. Krecz. in Kom. Fl. URSS 2：485，763. t. 36. f. 21. 22. 1934.

多年生疏丛生草本。秆直立或基部膝曲，高 10～25 cm。叶鞘无毛；叶舌膜质，长 1.0～1.5 mm，两侧边缘下延；叶片细弱，内卷或稀扁平，上面及边缘微粗糙，下面近于平滑。圆锥花序开展或疏松，长 15～20 cm；分枝细直，每节 2～4 枚，微粗糙，中部以下裸露；小穗淡黄绿色，有时微带紫色，长 3～4（5）mm，含（4）5～6 小花；颖片近膜质，卵圆形，第 1 颖长 0.8～1.0 mm，具 1 脉，第 2 颖长 1.2～1.5 mm，具 1～3 脉；外稃倒卵形，脉不明显，顶端钝圆，具不整齐的细齿，边缘膜质，背基部被短毛，第 1 外稃长 1.5～1.8 mm；内稃近等长于外稃，顶端具缺刻，脊上部微粗糙；花药长 0.3～0.5 mm。　花期 7～8 月。

产新疆：喀什（采集地不详，高生所西藏队 74－3065）、阿克陶（布伦口乡恰克拉克至木吉途中，青藏队吴玉虎 610B）、塔什库尔干（卡拉其古，采集人不详 939；红其拉甫，克里木 T154）、叶城（苏克皮亚，青藏队吴玉虎 1077）、且末（采集地不详，青藏队吴玉虎 3841B）。生于海拔 1 400～3 600 m 的潮湿草地、沟谷草甸、河滩小块盐碱化低湿草地。

青海：都兰（诺木洪，郭本兆 11780）、格尔木（农场，弃耕地调查队 036、植被组 183）。生于海拔 2 800～3 200 m 的路边草丛、沟谷河滩草甸、河谷阶地草甸、河溪水边草甸、湖边盐碱地水沟边草地。

分布于我国的新疆、青海、西藏、河北、辽宁；中亚地区各国，俄罗斯西伯利亚，日本，北美洲也有。

31. 微药碱茅　图版 16：1～4

Puccinellia micrandra (Keng) Keng et S. L. Chen in Bull. Bot. Res. Harbin 14 (2)：140. 1994；中国主要植物图说 禾本科 233. 图 180. 1959. sine latin. discr.；青海植物志 4：60. 1999；中国植物志 9 (2)：273. 图版 29：12. 2002；Fl. China 22：256. 2006；青藏高原维管植物及其生态地理分布 1147. 2008. ——*P. distans* (Linn.) Parl. var. *micrandra* Keng in Sunyatsenia 6 (1)：58. 1941.

多年生疏丛生草本。秆直立或膝曲上升，高 10～50 cm。叶鞘光滑无毛，长于节间；叶舌干膜质，顶端平截或三角形，长约 1 mm；叶片内卷，质较硬而直立，上面及边缘粗糙，长 1～4 cm，宽 1～2 mm。圆锥花序开展成金字塔形，长 5～8 cm；分枝平展，每节 2～4 枚，上部微粗糙，下部裸露而平滑；小穗淡黄绿色，成熟后呈紫色，长 2.5～4.0 mm，含 2～4（5）小花；颖顶端较尖，其边缘具有呈纤毛状的细齿，第 1 颖具 1 脉，长 0.6～1.0 mm，第 2 颖具 3 脉，长约 1.2 mm；外稃具不明显的 5 脉，顶端钝圆且具纤毛状的细齿，基盘被短柔毛，第 1 外稃长约 1.5 mm；内稃等长于外稃，具 2 脊，脊平滑；花药长约 0.5 mm。　花果期 7～9 月。

产新疆：乌恰（吉根乡斯木哈纳，西植所新疆队 2112）。生于海拔 3 600 m 左右的

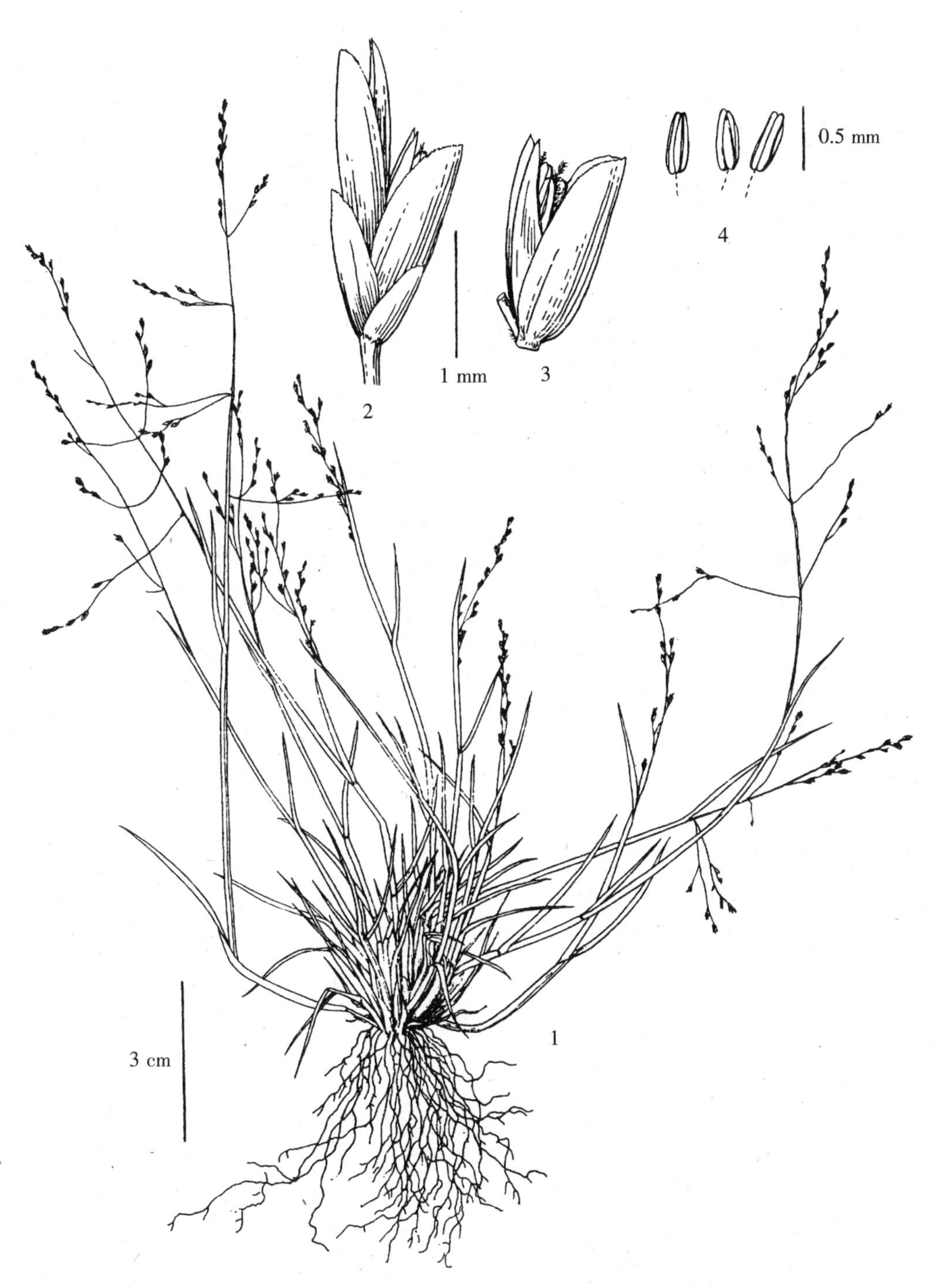

图版 16　微药碱茅 **Puccinellia micrandra**（Keng）Keng et S. L. Chen 1. 植株；2. 小穗；3. 小花；4. 花药。（引自《中国主要植物图说 禾本科》，冯晋庸绘）

沟谷山坡草甸。

青海：格尔木、都兰（香日德农场，杜庆 456；宗加乡，杜庆 380）。生于海拔 2 800～3 200 m 的河湖边草甸、水渠边草地。

分布于我国的新疆、青海、甘肃、河北、内蒙古、黑龙江；蒙古也有。

32. 西伯利亚碱茅

Puccinellia sibirica Holmb. in Bot. Not. 206. 1927；Tzvel. in Fed. Poaceae URSS 508. 1976；中国植物志 9（2）：271. 图版 29：15. 2002. ——*Atropis sibirica* (Holmb.) V. I. Krecz. in Kom. Fl. URSS 2：479，Pl. 35. f. 12. 1934.

多年生草本。秆高 40～80 cm，直径 3～4 mm，具 4～5 节，节膝曲。叶鞘平滑无毛，下部者短于节间，顶生叶鞘，包藏其花序下部；叶舌长 2～3 mm，先端尖；叶片扁平，平滑无毛或上面与边缘微粗糙，长 10～20 cm，宽 3～4 mm，分蘖叶片宽 1～2 mm。圆锥花序疏松开展，长 15～20 cm；分枝孪生，微粗糙，下部裸露，长约 10 cm，上部着生多数小穗；小穗长 5～6 mm，含 4～6 小花；颖卵形，顶端钝圆，具纤毛状细齿裂，第 1 颖长约 1.2 mm，具脊，第 2 颖长约 2 mm；外稃倒卵形，脉明显，顶端钝圆，有纤毛状细齿裂，下部生短柔毛，第 1 外稃长约 3 mm；内稃两脊上部粗糙，中部以下具纤毛；花药长 0.6～0.8 mm。 花果期 6～8 月。

产新疆：叶城（麻扎达坂，青藏队吴玉虎 1141A）。生于海拔 4 740 m 左右的高原沟谷河滩潮湿砾石地。

分布于我国的新疆。

33. 高山碱茅

Puccinellia hackeliana（V. I. Krecz.）V. I. Krecz. ex Drob. Fl. Uzbekistan. 1：250. 1941；新疆植物志 6：124. 1996；Y. H. Wu Grass. Karakor. Kunlun Mount. 60. 1999；中国植物志 9（2）：272. 图版 30：12. 2002；Fl. China 22：254. 2006；青藏高原维管植物及其生态地理分布 1147. 2008. ——*Atropis hackeliana* Krecz. in Kom. Fl. URSS 2：484. 762. t. 36. f. 20. 1934.

多年生密丛生草本。秆直立，基部节膝曲，高 10～35 cm，光滑无毛，仅于花序下部粗糙。叶鞘宽大，光滑无毛；叶舌长约 2 mm；叶片通常内卷或对折，长 1～3 cm，宽 1.0～1.5 mm，两面均平滑无毛。圆锥花序椭圆形，紧缩，成熟后水平展开，长 5～10 cm；分枝粗糙，主轴平滑，每节具 2～5 枚；小穗绿色或带紫色，椭圆状披针形，长 4～5 mm，含3～5 花；颖卵形，顶端钝，沿中脉具纤毛，第 1 颖长 1.5～2.0 mm，具 1 脉，第 2 颖长 2.0～2.3 mm，具 3 脉；外稃紫色，具不明显的 5 脉，顶端钝圆且具细齿裂，边缘宽膜质，基部被多数柔毛，第 1 外稃长 2.5～3.0 mm；内稃短于外稃，脊之上半部具短刺毛，下半部具短刺毛至柔毛；花药椭圆形，紫色，长 0.8～1.1 mm。 花果期 6～8 月。

产新疆：叶城（大红柳滩，青藏队吴玉虎 1186A）、策勒。生于昆仑山和喀喇昆仑山海拔 3 200～4 200 m 的盐生草甸、河滩草地、山坡沙砾质草地。

分布于我国的新疆、西藏；蒙古，俄罗斯，中亚地区各国也有。

14. 早熟禾属 Poa Linn.

Linn. Sp. Pl. 67. 1753, et Gen. Pl. ed. 5. 31. 1754.

多年生，密丛型或疏丛型，少为一年生草本。叶片线形，扁平、对折或内卷。圆锥花序开展或紧缩。小穗含 2 至数花；小穗轴脱节于颖之上及诸花之间，上部小花退化或不发育；颖大多短于外稃，第 1 颖具 1～3 脉，第 2 颖具 3 脉；外稃纸质、草质或较厚，顶端较钝或锐尖且常在成熟时为透明薄膜质，无芒，常具 5 脉，偶有脉不明显或逐渐消失，中脉隆起成脊，脊和边脉下部常具纤毛，脉间无毛或被柔毛；小花基盘通常有细绵毛或具短纤毛或有时无毛；内稃等于或稍短于外稃，具 2 脊，脊上粗糙或具纤毛稀具丝状柔毛；雄蕊 3 枚；花柱 2 枚，柱头羽毛状；鳞被 2 枚，常 2 裂；子房无毛。颖果纺锤形或长圆形，与内稃分离；胚长为颖果的 1/5～1/4，种脐椭圆形到卵圆形。

约 400 种，主产世界寒温带地区。我国有 100 余种，昆仑地区产 59 种 2 变种。

分种检索表

1. 第 1 颖具 1 脉；外稃质地较薄。
  2. 花药线形，长 1～3 mm。
    3. 植株具长的发达的匍匐根状茎。
      4. 外稃基盘无绵毛；叶片质地较厚；圆锥花序紧密排列成穗形 ……………… …………………………………………… **1. 西藏早熟禾 P. tibetica** Munro ex Stapf
      4. 外稃基盘多具绵毛；叶片质地较薄，圆锥花序疏松展开。
        5. 植株高在 30 cm 以上；小穗长 4～7 mm。
          6. 第 1 外稃长 4.0～4.5 mm；第 1 颖长约 3 mm ………………………… ………………………… **2. 长稃早熟禾 P. dolichachyra** Keng ex L. Liu
          6. 第 1 外稃长约 3 mm；第 1 颖长 2.0～2.5 mm。
            7. 叶舌长约 2 mm；花药长约 2 mm；叶片扁平，宽 2～4 mm ……… ……………………………………… **3. 草地早熟禾 P. pratensis** Linn.
            7. 叶舌长 0.5～1.0 mm；花药长约 1.2 mm；叶片内卷，宽约 1 mm ……………………………………… **4. 细叶早熟禾 P. angustifolia** Linn.
        5. 植株高在 30 cm 以下；小穗长 3～4 mm。

8. 小穗绿色或稍带紫色，颖与外稃顶端较尖，边缘狭膜质……………
……………………………… **5. 高原早熟禾 P. alpigena** (Bulytt) Lindm.

8. 小穗金黄褐色或褐紫色而顶部金黄色；颖与外稃顶端较钝，边缘宽膜质 ……………………… **6. 花丽早熟禾 P. calliopsis** Litw. ex Ovcz.

3. 植株疏丛生或密丛生，稀具短根状茎。

9. 外稃背部粗糙，脊与边缘下部无毛；基盘无绵毛 ……………………………
……………………………… **7. 青海早熟禾 P. qinghaiensis** Soreng et G. Zhu

9. 外稃脊与边脉下部具毛或脉间被微毛；基盘具毛或无毛。

10. 圆锥花序稠密，长 5～9 cm，宽约 2 cm；内稃两脊具丝状柔毛，外稃基盘具毛 …… **8. 天山早熟禾 P. tianshanica** (Regel) Hack. ex O. Fedtsch.

10. 圆锥花序疏松开展，长 (8) 10～20 cm，宽 5 cm 以上；内稃两脊不具丝状柔毛。

11. 叶舌长 0.5～1.3 mm；外稃脊下部稃间有微毛，基盘具毛 ………
……………………………………… **9. 曲枝早熟禾 P. pagophila** Bor

11. 叶舌长 2～6 mm；外稃背部无毛；基盘无毛。

12. 植株疏丛；叶舌长 4～6 mm；第 1 颖长 2～3 mm，第 2 颖长 3～4 mm；第 1 外稃长 3.5～4.0 mm ………………………………
…………………… **10. 大锥早熟禾 P. megalothyrsa** Keng ex Tzvel.

12. 植株具下伸的根状茎；叶舌长 2～4 mm；第 1 颖长 3～4 mm，第 2 颖长 3.5～5.0 mm；第 1 外稃长 4.5～5.0 mm …………
……………………………… **11. 疏穗早熟禾 P. lipskyi** Roshev.

2. 花药小，卵形，长 0.3～0.8 (～1.0) mm。

13. 一年生草本。

14. 内稃两脊全被丝状毛；外稃顶端与边缘宽膜质 … **12. 早熟禾 P. annua** Linn.

14. 内稃两脊无丝状毛；外稃顶端与边缘窄膜质。

15. 小穗长约 2.5 mm，含 2～3 小花；第 1 颖长 1.0～1.5 mm，第 2 颖长 1.5～2.0 mm；第 1 外稃长约 2 mm ……………………………………
……………………………………… **13. 四川早熟禾 P. szechuensis** Rendle

15. 小穗长 3.5～6.0 mm，含 3～5 小花；第 1 颖长 2～3 mm，第 2 颖 3.0～3.5 mm。

16. 外稃边缘窄膜质，脉间下部贴生微毛，脊与边脉无毛；花药长 0.5～0.8 mm …………… **14. 锡金早熟禾 P. sikkimensis** (Stapf) Bor

16. 外稃边缘具较宽膜质，脉间无毛，脊与边脉中部以下具短柔毛；花药长 0.8～1.0 mm ………………………………………………
……………………… **15. 套鞘早熟禾 P. tunicata** Keng ex C. Ling

13. 多年生草本。

17. 外稃基盘具绵毛。

18. 内稃两脊粗糙；花药长约 0.5 mm；植株无根状茎……………………………… **16. 垂枝早熟禾 P. declinata** Keng ex L. Liu

18. 内稃两脊下部具纤毛；花药长 0.8～1.5 mm；植株具匍匐茎 ……………………………… **17. 斯塔夫早熟禾 P. stapfiana** Bor

17. 外稃基盘无绵毛

19. 花药长 1.2～1.8 mm；第 1 外稃长约 3.5 mm；植株具短根茎……………………………… **18. 仰卧早熟禾 P. supina** Schrad.

19. 花药长 0.3～0.5 mm；第 1 外稃长 2.2～2.5（～3.0）mm；植株无根茎。

20. 圆锥花序疏松而呈卵圆形，长 2～5 cm；颖片卵状披针形；外稃脊与边脉下部具毛，花药长约 0.3 mm ……………………………… **19. 罗氏早熟禾 P. rossbergiana** Hao

20. 圆锥花序紧密而呈穗形，长 1.5～2.0 cm；颖片披针形；外稃全无毛；花药长约 0.5 mm ……………………………… **20. 小早熟禾 P. parvissima** Kuo et D. F. Cui

1. 第 1 颖具 3 脉；颖与外稃质地较厚。

21. 颖片宽卵形；外稃基盘不具绵毛。

22. 外稃脉间贴生短柔毛；叶片扁平；叶舌长 3～5 mm ……………………………… **21. 高山早熟禾 P. alpina** Linn.

22. 外稃脉间无毛；叶片内卷；叶舌长 1～3 mm。

23. 秆高 8～15（20）cm；小穗长 5～6（7）mm ……………………………… **22. 矮早熟禾 P. pumila** Host.

23. 秆高 20 cm 以上；小穗长 4.5～5.0 mm … **23. 中间早熟禾 P. media** Schur.

21. 颖片披针形；外稃基盘具绵毛。

24. 叶舌短，长 0.5～1.0 mm 或长 2～4 mm（盅早熟禾 P. fascinata Keng et L. Liu）；小穗含 2～3 小花；秆柔软或细直。颖长于小花或等于小穗。

25. 小穗长 4～5 mm；植株无根状茎。

26. 秆细弱；圆锥花序狭窄柔软，具少数小穗；小穗轴具微毛 ……………………………… **24. 林地早熟禾 P. nemoralis** Linn.

26. 秆直立；圆锥花序直立，具多数小穗；小穗轴无毛 ……………………………… **25. 柯顺早熟禾 P. korshunensis** Golosk.

25. 小穗长 3.5～4.0 mm；植株具根状茎。

27. 叶舌长约 1 mm；第 1 颖具 3 脉；花药长 1.5～2.0 mm ……………………………… **26. 纤弱早熟禾 P. malaca** Keng ex P. C. Kuo

27. 叶舌长 2～4 mm；第 1 颖具 1 脉；花药长约 1 mm ……………………………… **27. 盅早熟禾 P. fascinata** Keng ex L. Liu

24. 叶舌长 1～6（7）mm；秆质较硬；小穗含 3～5 小花；颖短于小花。

28. 圆锥花序疏松开展，分枝较长而下部裸露或狭窄但疏松；秆较高大。
29. 花药长约 3 mm；小穗长 7～8 mm；外稃长约 5.5 mm …………………………………………… **28. 大药早熟禾 P. macroanthera** D. F. Cui
29. 花药长 1.2～3.5 mm；小穗长（2.5）5.0～6.0 mm；外稃长（2.5）3.0～4.5（5.0）mm。
30. 外稃基盘无毛。
31. 第 1 外稃长 2.8～3.5 mm，脊与边脉下部具柔毛；第 1 颖长约 2.5 mm；第 2 颖长约 3 mm ……………………………………………………… **29. 克瑞早熟禾 P. krylovii** Reverd.
31. 第 1 外稃长 4～5 mm，边脉下部无毛；第 1 颖长 4～5 mm，第 2 颖长 4.5～6.0 mm ………………………………………………… **30. 光盘早熟禾 P. elanata** Keng ex Tzvel.
30. 外稃基盘具毛。
32. 小穗长 2.5～3.0 mm；颖长 2.0～2.5 mm；第 1 外稃长约 2.5 mm；花药长约 1 mm …………………………………………………… **31. 葡系早熟禾 P. botryoides** Trin.
32. 小穗长 3.0～3.5 mm；颖片长 2.5～3.5 mm；第 1 外稃长 3.5～4.5 mm，花药长 1.2～2.0 mm。
33. 圆锥花序疏松开展；第 1 外稃长 3.5～5.0 mm。
34. 植株具匍匐根茎；小穗紫色，含 2～3 小花，长 3.5～5.0 mm；花药长约 1.5 mm ……………………………………… **32. 阿尔泰早熟禾 P. altaica** Trin.
34. 植株无根茎；小穗绿色，含 3～5 小花，长 5.0～5.5 mm；花药长约 1.2 mm ………………………………………… **33. 乌苏里早熟禾 P. ursulensis** Trin.
33. 圆锥花序狭窄但疏松；第 1 外稃长 3～4 mm。
35. 叶舌长 1.0～1.5 mm；小穗长 5～6；花药长约 2 mm ………………………… 34. **新疆早熟禾 P. relaxa** Ovcz.
35. 叶舌长 2～6（7）mm；小穗长 3～4（5）mm；花药长约 1.5 mm。
36. 叶舌长 4～7 mm；第 1 颖长 3.0～3.5 mm；第 2 颖长 3.5～4.0 mm；外稃顶端窄膜质，其下呈黄铜色 …… **35. 多变早熟禾 P. varia** Keng ex L. Liu
36. 叶舌长 2～4 mm；第 1 颖长 2.5～3.0 mm；第 2 颖长 3.0～3.5 mm；外稃呈紫色，顶端黄白色膜质 …**36. 山地早熟禾 P. orinosa** Keng ex P. C. Kuo
28. 圆锥花序紧缩密集，或狭窄稀有疏展；高在 50 cm 以下。

37. 外稃脊与边脉中部以下具柔毛，基盘具绵毛或稀有近无毛。
38. 小穗长 3～4 mm，含 2～3 小花。
39. 第 1 颖具 1 脉；外稃长约 4 mm ……………………………………………………… **37. 宿生早熟禾 P. perennis** Keng ex L. Liu
39. 第 1 颖具 3 脉，外稃长 2.5～3.0 mm。
40. 外稃基盘具绵毛。
41. 植株高 20～30 cm；小穗紫色，长约 5 mm；花药长约 2 mm …………… **38. 华灰早熟禾 P. sinoglauca** Ohwi
41. 植株高 15～20 cm；小穗灰紫色，长约 4 mm；花药长约 1.2 mm ……………………………………… **39. 印度早熟禾 P. indattenuata** Keng ex L. Liu
40. 外稃基盘几无绵毛。
42. 圆锥花序紧缩，长 3～4 cm；外稃长约 3 mm …………………………… **40. 达呼里早熟禾 P. dahurica** Trin.
42. 圆锥花序疏松，长 4 cm 以上；外稃长约 3.5 mm ……… **41. 冷地早熟禾 P. crymophila** Keng ex C. Ling
38. 小穗长 4～7（8）mm，含 3～6（7）小花。
43. 植株丛生，不具根状茎；外稃顶端渐尖，长 3.0～3.5 mm ……………………………………… **42. 渐尖早熟禾 P. attenuata** Trin.
43. 植株具根状茎；外稃顶端钝或尖，长 3.5～4.5 mm。
44. 小穗长 4～5 mm；花药长 1.2～1.5 mm。
45. 植株高 8～15 cm；圆锥花序紧缩，长 1.5～4.0 cm ……………………… **43. 暗穗早熟禾 P. tristis** Trin. ex Regel
45. 植株高约 30 cm；圆锥花序狭窄，长 4～6 cm …… ……… **44. 中华早熟禾 P. sinattenuata** Keng ex L. Liu
44. 小穗长 5～7（8）mm，花药长 1.5～2.0 mm。
46. 颖与外稃的边缘下部具纤毛，沙地植物 …………… **45. 沙生早熟禾 P. stenostachya** S. L. Lu et X. F. Lu
46. 颖与外稃的边缘下部无毛，高山草原及草地植物。
47. 圆锥花序狭窄，密集，小穗长 4～5（6）mm，含 3～4 小花 …… **46. 阿洼早熟禾 P. araratica** Trautv.
47. 圆锥花序疏松；小穗长 6～8 mm；含（3）4～5 小花 ……………………………………………… …… **47. 阿尔金山早熟禾 P. arjinshanensis** D. F. Cui
37. 外稃全无毛或脊与边脉下部具微毛，基盘无毛。
48. 植株高 20 cm 以上；圆锥花序疏展，长 6～15 cm，分枝长 2～5 cm；下部裸露。

49. 外稃全无毛；小穗长 3.5～5.0 mm，含 2～4 小花；叶舌长 0.5～1.0 mm …… **48. 光稃早熟禾 P. psilolepis** Keng ex L. Liu

49. 外稃脊与边脉下部具微毛；小穗长 7～8 mm，含 5～7 花；叶舌长 2～4 mm …………… **49. 西奈早熟禾 P. sinaica** Steud.

48. 植株高 20 cm 以下；圆锥花序紧缩或稀有疏展（藏北早熟禾 *P. boreali-tibetica*）。

50. 外稃几乎全无毛，基盘亦无毛。

51. 植株高 5～8 cm；叶舌长 1～2 mm；颖宽卵形，长 2.0～2.5 mm；外稃边缘宽膜质，花药长约 1 mm ………………………… **50. 宽颖早熟禾 P. platyglumis** (L. Liu) L. Liu

51. 植株高 15～20 cm；叶舌长 2.0～3.5 mm；颖片披针形，长 2.5～3.0 mm；外稃边缘窄膜质；花药长 1.2～1.8 mm ……………… **51. 波伐早熟禾 P. poophagorum** Bor

50. 外稃脊与边脉下部具毛或脉间下部具微毛，基盘具少量绵毛或无毛。

52. 外稃基盘具少量的绵毛。

53. 小穗长 5～6 mm，小穗轴平滑无毛；外稃脉间下部具微毛；秆高 4～8 cm …………………………………………………………… **52. 高寒早熟禾 P. koelzii** Bor

53. 小穗长 3～4 mm；小穗轴具短毛；外稃脉间平滑无毛；秆高 10 cm 以上 …………………………………………………… **53. 中亚早熟禾 P. litwinowiana** Ovcz.

52. 外稃基盘无绵毛。

54. 外稃脉间下部被微毛或粗糙。

55. 植株具下伸的根状茎；小穗含 2 小花，小穗轴被微毛；花药长约 2 mm ………………………………………… **54. 密穗早熟禾 P. spiciformis** D. F. Cui

55. 植株丛生，不具根状茎；小穗含 3～5 小花，小穗轴无毛；花药长 1.3～1.6 mm。

56. 圆锥花序紧密，长 2～3 cm；第 1 颖长 2.0～2.5 mm，第 2 颖长 2.5～3.5 cm ……………… **55. 雪地早熟禾 P. rangkulensis** Ovcz. ex Czuk.

56. 圆锥花序疏松，长 4～6 cm；第 1 颖长 3.0～3.5 mm，第 2 颖长 3.5～4.0 mm ……………… **56. 藏北早熟禾 P. boreali-tibetica** C. Ling

54. 外稃脉间平滑无毛。

57. 秆高约 20 cm，密被糙毛；圆锥花序疏松开展；

植物具根状茎 ……………………………………

……… **57. 糙茎早熟禾 P. scabriculmis** N. R. Cui

57. 秆高 4～10 cm，平滑无毛；圆锥花序紧密排列成穗状；植株不具根状茎。

58. 叶舌长 1.0～1.5 mm；小穗长约 5 mm，含 3～4 小花；第 1 外稃长约 4 mm …………

… **58. 小密早熟禾 P. densissima** Roshev. ex Ovcz.

58. 叶舌长 2.5～3.5 mm；小穗长 3～4 mm，含 2～3 小花；第 1 外稃长 3.0～3.5 mm ……

……… **59. 羊茅状早熟禾 P. parafestuca** L. Liu

1. 西藏早熟禾 图版 17：1～4

Poa tibetica Munro ex Stapf in Hook. f. Fl. Brit. Ind. 7：339. 1897；Roshev. in Kom. Fl. URSS 2：425. t. 32. f. 4. 1934，et in Fl. Kirg. 2：136. 1950；Gamajun. in Fl. Kazakh. 1：238. 1956；Ovcz. et Czuk. Fl. Tadjik. 1：161. t. 20. 1957；中国主要植物图说 禾本科 157. 图 108. 1959；Bor Grass. Burma Ceyl. Ind. Pakist. 561. 1960；Tzvel. in Grub. Pl. Asiae Centr. 4：134. 1968，et in Fed. Poaceae URSS 446. 1976；Thomas A. Cope in E. Nasir et S. I. Ali Fl. Pakist. 143：407. 1982；西藏植物志 5：99. 图 50. 1987；新疆植物志 6：86. 图版 30：1～4. 1996；Y. H. Wu Grass. Karakor. Kunlun Mount. 43. 1999；青海植物志 4：42. 图版 6：16～19. 1999；中国植物志 9（2）：95. 图版 17：6，6a. 2002；青藏高原维管植物及其生态地理分布 1142. 2008.

多年生草本。具长而较粗壮的根状茎。秆单生，平滑无毛，高 20～50 cm。叶鞘平滑无毛，或基部被微毛；叶舌干膜质，钝圆，长 1～2 mm；叶片扁平或对折，质厚，上面及边缘微粗糙，下面平滑无毛，长 5～15 cm，宽 2～3 mm，顶端尖而硬。圆锥花序紧缩成穗状，下部有时有间断，长约 6 cm，宽约 1 cm；分枝平滑无毛，每节具 2～4 枚，基部主枝长 1～3 cm，侧枝自基部即生小穗；小穗长 5～7 mm，含 3～5 小花；颖边缘具狭膜质，第 1 颖较窄，长 3～4 mm，具 1 脉，第 2 颖长 4～5 mm，具 3 脉，脊上部微粗糙，边缘下部具短纤毛；外稃宽长圆形，间脉不明显，脊与边脉的中部以下具细直的长柔毛，脊与脉间上部微粗糙或贴生微毛，顶端及边缘窄膜质，其下微带黄色，基盘无绵毛，第 1 外稃长约 5 mm；内稃近等长或稍短于外稃；花药紫色，长约 2 mm。花果期 6～8 月。

产新疆：乌恰、阿克陶（阿克塔什，青藏队吴玉虎 108；琼块勒巴什，青藏队吴玉虎 646）、塔什库尔干（采集记录不详）、若羌（阿尔金山保护区鸭子泉，青藏队吴玉虎 2137、3902；明布拉克东，青藏队吴玉虎 4205）。生于海拔 2 900～4 500 m 的河滩草甸、沼泽草甸、小溪附近盐生草地。

西藏：日土（县城附近，青藏队吴玉虎 1612、1613；班公湖畔，高生所西藏队 3674）、改则（麻米区，青藏队 10169）。生于海拔 4 200～4 500 m 的宽谷河滩草地、山沟河边草地。

青海：兴海（河卡乡，吴珍兰 099、张振万 1205；卡日红山，郭本兆 6131）、都兰（采集记录不详）、玛沁（军功乡，玛沁队 160）、玛多（采集地不详，吴玉虎 801、899；扎陵湖畔，吴玉虎 601）、格尔木（唐古拉山乡，植被组 153）。生于海拔 2 900～5 000 m 的高山草甸、高寒草原、湖滨湿地、沟谷岩隙、河滩草甸、河谷阶地、沙砾滩地、山沟流水线附近、撂荒地、高山流石坡稀疏植被带。

分布于我国的新疆、西藏、青海、甘肃；印度西北部，伊朗，阿富汗，巴基斯坦，克什米尔地区，中亚地区各国，俄罗斯西伯利亚也有。

2. 长稃早熟禾　图版 17：5～8

Poa dolichachyra Keng ex L. Liu in Fl. Republ. Popul. Sin. 9（2）：391. 105. 2002；中国主要植物图说 禾本科 157. 图 106. 1959. sine latin. discr.；青藏高原维管植物及其生态地理分布 1136. 2008.

多年生，具根状茎。秆高 30～40 cm，具 2 节，顶节位于秆下部 1/3 处。叶鞘下部闭合，顶生者长约 10 cm，数倍长于其叶片；叶舌长 1.5～3.0 mm；叶片长 3～7 cm，宽 2～3 mm，先端尖，上面有微毛，分蘖叶片长 20～25 cm，宽 1～2 mm。圆锥花序开展，长约 6 cm，分枝孪生，长 3～5 cm，下部裸露，上部微粗糙；小穗带紫色，卵形，长 4.5～6.0 mm，含 2～4 小花；小穗轴无毛；第 1 颖长约 3 mm，具 1 脉，第 2 颖长约 4 mm，具 3 脉；外稃具明显 5 脉，脊与边脉中部以下具长柔毛，脊上部微粗糙，基盘具多量长绵毛，第 1 外稃长 4.0～4.5 mm；内稃两脊具短纤毛；花药长约 2 mm。花果期 8～9 月。

产新疆：皮山（采集地不详，青藏队吴玉虎 1888）。生于海拔 2 650 m 左右的沟谷山坡草地。

青海：兴海（采集地不详，弃耕地调查队 661）、达日（吉迈乡，H. B. G. 1038、1339）。生于海拔 3 200～4 200 m 的沟谷山地阴坡草地、高寒草地裸地。

甘肃：玛曲（欧拉乡，吴玉虎 32004）。生于海拔 3 320 m 左右的沟谷山坡草地、高山河滩沼泽地、水旁草坡。

分布于我国的新疆、青海、甘肃、四川北部（理塘、理县、德格、黑水、马尔康）。

3. 草地早熟禾　图版 17：9～11

Poa pratensis Linn. Sp. Pl. 67. 1753；Stapf in Hook. f. Fl. Brit. Ind. 7：339. 1897；Roshev. in Kom Fl. URSS 2：388. t. 29. f. 1. 1934，et in Fl. Kirg. 2：129. 1950；Gamajun. in Fl. Kazakh. 1：229. 1956；Ovcz. et Czuk. Fl.

图版 **17** 西藏早熟禾 **Poa tibetica** Munro ex Stapf 1．花序； 2．小穗； 3．小花； 4．叶舌。长稃早熟禾 **P. dolichachyra** Keng ex L. Liu 5. 花序；6. 小穗；7. 小花；8. 叶舌。草地早熟禾 **P. pratensis** Linn. 9. 花序；10. 小穗；11. 小花。高原早熟禾 **P. alpigena** （Bulytt） Lindm. 12. 花序；13. 小穗；14. 小花；15. 叶舌。花丽早熟禾 **P. calliopsis** Litw. ex Ovcz. 16.植株；17. 小穗；18. 小花；19. 叶舌。 （王颖绘）

Tadjik. 1: 155. 1957; 中国主要植物图说 禾本科 152. 图 101. 1959; Bor Grass. Burma Ceyl. Ind. Pakist. 559. 1960; Tzvel. in Grub. Pl. Asiae Centr. 4: 137. 1968. et in Fed. Poaceae URSS 456. 1976; 西藏植物志 5: 100. 图 52: 1~4. 1987; 新疆植物志 6: 95. 图版 34: 1~4. 1996; 青海植物志 4: 40. 图版 6: 1~3. 1999; Y. H. Wu Grass. Karakor. Kunlun Mount. 45. 1999; 中国植物志 9 (2): 97. 图版 14: 2. 2002; 青藏高原维管植物及其生态地理分布 1141. 2008.

多年生草本。具匍匐根状茎。秆疏丛生，直立，平滑无毛，高 50~80 cm，具 2~3 节。叶鞘糙涩或平滑无毛；叶舌膜质，长 1~2 mm；叶片扁平或内卷，长 6~20 cm 或蘖生者长逾 40 cm，宽 2~4 mm。圆锥花序疏展，金字塔形或卵圆形，顶端稍下垂，长 15~20 cm；分枝通常每节 3~5 枚，基部主枝长 5~10 cm，下部裸露；小穗绿色或草黄色，长 4~6 mm，含 2~4 花；颖卵圆形至卵状披针形，顶端渐尖，脊上部微粗糙，第 1 颖长约 3 mm，具 1 脉，第 2 颖长 3~4 mm，具 3 脉；外稃纸质，顶端尖且稍有膜质，脊与边脉在中部以下具长柔毛，间脉明显凸出，基盘具稠密而长的白色绵毛，第 1 外稃长 3.0~3.5 mm；内稃稍短于外稃，具 2 脊，脊上部微粗糙；花药长 1.5~2.0 mm。 花果期 6~8 月。

产新疆：阿克陶（阿克塔什，青藏队吴玉虎 108B）、叶城（苏克皮亚，青藏队吴玉虎 1010、1059；棋盘乡，青藏队吴玉虎 4655）、皮山（三十里营房，高生所西藏队 74-3396；垴阿巴提乡布琼，青藏队吴玉虎 1878；喀尔塔什，青藏队吴玉虎 3632A）。生于海拔 2 800~3 800 m 的林缘草甸、林间草地、田埂、田间、沼泽草甸、河边山坡草地。

青海：都兰（巴隆乡三合村，吴玉虎 36359）、兴海（河卡乡，何廷农 167）、格尔木、玛沁（优云乡，玛沁队 534）、达日（莫坝乡，吴玉虎 27082；建设乡，H. B. G. 1155）、玛多（扎陵湖乡，吴玉虎 416、453）。生于海拔 3 080~4 300 m 的山坡草地、河滩草甸、沟谷林下、河岸路边、林缘灌丛、湖滨草原、河边渠岸、荒漠灌丛草地。

分布于我国的新疆（天山、阿尔泰山）、青海、甘肃、宁夏、陕西、西藏、四川、云南、贵州、内蒙古、山西、河北、辽宁、吉林、黑龙江、山东、江西、河南、湖北、安徽、江苏；北半球温带地区广布。

4. 细叶早熟禾 图版 18: 1~4

Poa angustifolia Linn. Sp. Pl. 67. 1753; Roshev. in Kom. Fl. URSS 2: 388. t. 29. f. 3~2. 1934, et in Fl. Kirg. 2: 130. 1950; Ovcz. et Czuk. in Fl. Tadjik. 1: 157. 1957; 中国主要植物图说 禾本科 154. 图 102. 1959; Bor Grass. Burma Ceyl. Ind. Pakist. 555. 1960; Tzvel. in Grub. Pl. Asiae Centr. 4: 135. 1968; 新疆植物志 6: 94. 1996; Y. H. Wu Grass. Karakor. Kunlun Mount. 46. 1999; 中国植物志 9 (2): 99. 图版 14: 1, 1a. 2002; 青藏高原维管植物及其生态地理分布 1133. 2008. ——*P. pratensis* subsp. *angustifolia* (Linn.) Arcang. Compend. Fl. Ital. 787. 1882; Gaud. in

Agrost. Helv. 1：214. 1811；Tzvel. in Fed. Poaceae URSS 458. 1976；Thomas A. Cope in E. Nasir et S. I. Ali Fl. Pakist. 143：411. 1982.

多年生草本，具短根状茎。秆直立，平滑无毛，高 30～55 cm。叶鞘稍短于节间而长于其叶片；叶舌平截或钝圆，长 0.5～1.5 mm；叶片细长，扁平或对折，茎生者长 2～6 cm，分蘖叶常纵卷成线形，长可达 20 cm。圆锥花序疏松，或较狭窄，长 4～10 cm，宽约 2 cm；分枝微粗糙，每节 2～3 枚，基部主枝长 2.5～5.0 cm，中部以下裸露；小穗绿色或常带紫色，卵圆形，长 3.5～5.0 mm，含 2～5 小花；颖近相等或第 1 颖稍短，长 2～3 mm，脊上部微粗糙，顶端尖；外稃无毛，间脉明显，脊上部微粗糙，脊下部 2/3 以及边脉中部以下具长柔毛，顶端尖而具有狭膜质边缘，基盘具长绵毛，第 1 外稃长约 3 mm；内稃近等长于外稃，脊上具短纤毛；花药长 1.2～1.5 mm。 花果期 6～8 月。

产新疆：塔里木盆地西部山地、皮山、策勒、若羌。生于海拔 1 700～4 100 m 的高寒草甸、山坡草地、河滩疏林、沟谷草甸。

分布于我国的新疆、青海、甘肃、宁夏、陕西、西藏、云南、四川、山西、河北、内蒙古、辽宁、吉林、黑龙江；蒙古，俄罗斯西伯利亚，中亚地区各国，克什米尔地区，欧洲也有。

5. 高原早熟禾 图版 17：12～15

Poa alpigena（Bulytt）Lindm. in Svensk Fanerog Amfl. 91. 1881；Roshev. in Kom. Fl. URSS 2：390. 1934；中国主要植物图说 禾本科 155. 图 104. 1959；西藏植物志 5：103. 图 53. 1987；新疆植物志 6：93. 1996；青海植物志 4：41. 图版 6：8～11. 1999；中国植物志 9（2）：101. 图版 20：5，5a. 2002；青藏高原维管植物及其生态地理分布 1133. 2008. ——*P. pratensis* subsp. *alpigena*（Bulytt）Hiit. Suom. Kasvio 205. 1933；Tzvel. in Fed. Poaceae URSS 456. 1976. ——*Poa pratensis* var. *alpigena* Bulytt in Norg. Fl. 1：130. 1861.

多年生草本，具匍匐根状茎。秆高 10～15 cm。叶鞘平滑，长于节间；叶舌长 0.5～1.0 mm；叶片常折叠，长 2～5 cm，蘖生者长可达 12 cm，宽 1～2 mm。圆锥花序椭圆形，花期开展，长 3～5 cm；分枝微粗糙，稍曲折，每节具 2～4 枚，基部主枝长 1.5～3.0 cm，下部裸露；小穗长 3～4 mm，含 2～3 小花；两颖近相等，长 2～3 mm，顶端尖，边缘狭膜质，第 1 颖具 1 脉，第 2 颖具 3 脉，脊上微粗糙；外稃质地较薄，间脉明显，脊中部以下具长柔毛，上部粗糙，边脉下部 1/3 具柔毛，顶端尖，具窄膜质边缘，基盘具稠密的绵毛，第 1 外稃长约 3.5 mm；内稃近等长或稍短于外稃，脊上粗糙；花药长 1.5～2.0 mm。 花果期 6～9 月。

产新疆：喀什、塔什库尔干（克克吐鲁克，青藏队吴玉虎 530；中巴公路 60 km 处，高生所西藏考察队 3135）。生于海拔 3 500～4 000 m 的高寒草原、河滩草甸、水沟边草地。

青海：兴海（黄青河畔，吴玉虎 42737；大河坝乡，吴珍兰 342；中铁林场中铁沟，吴玉虎 45642B）、玛沁（大武乡，区划三组 086）、玛多（扎陵湖畔，吴玉虎 439）、治多、称多（清水河乡，吴玉虎 32434；珍秦乡，吴玉虎 32497）。生于海拔 3 600～4 500 m的高山草甸、高寒草原、河谷阶地、山地阴坡林下、林缘草地、沟谷灌丛、河滩草甸、河岸水沟边、砾石山坡草甸。

分布于我国的新疆、青海、西藏、四川北部、云南、河北、内蒙古；印度，不丹，伊朗，尼泊尔，中亚地区各国，欧亚大陆温带地区也有。

6. 花丽早熟禾 图版 17：16～19

Poa calliopsis Litw. ex Ovcz. in Izv. Tadzhik. Bazy Nauk URSS Acad. 1：11. 1933；Roshev. in Kom. Fl. URSS 2：414. 755. t. 21. f. 11. 1934；Ovcz. et Czuk. Fl. Tadjik. 1：160. t. 19. 1957；Bor Grass. Burma Ceyl. Ind. Pakist. 556. 1960；Tzvel. in Grub. Pl. Asiae Centr. 4：135. 1968，et in Fed. Poaceae URSS 459. 1976；Thomas A. Cope in E. Nasir et S. I. Ali Fl. Pakist. 143：410. 1982；西藏植物志 5：104. 图 54：1～3. 1987；新疆植物志 6：91. 图版 27：5～7. 1996；Y. H. Wu Grass. Karakor. Kunlun Mount. 47. 1999；青海植物志 4：42. 图版 6：12～15. 1999；中国植物志 9（2）：102. 图版 22：5. 2002；青藏高原维管植物及其生态地理分布 1135. 2008.

多年生矮小草本，具匍匐的根状茎。秆平滑无毛，高 3～10 cm。叶鞘平滑无毛；叶舌长 1～2 mm；叶片常对折或扁平，平滑无毛，长 2～4 cm，宽 2～3 mm。圆锥花序疏松，卵形，长 2～5 cm；分枝开展，微粗糙，长约 2 cm；小穗金黄色或紫色，长 3.5～4.0 mm，含 2～3 小花；两颖近等长，长 2.2～2.8 mm，背部微粗糙，顶端钝，边缘宽膜质，第 1 颖具 1 脉，第 2 颖具 3 脉；外稃宽长圆形，质薄，背部圆形，顶端宽膜质，顶部以下呈金黄色，基部淡紫色，脊与边脉下部具长柔毛，基盘具多量绵毛，第 1 外稃长约 3.5 mm；内稃稍短于外稃，脊微粗糙；花药长约 1.8 mm。 花果期 6～8 月。

产新疆：阿克陶（阿克塔什，青藏队吴玉虎 108A）、塔什库尔干（麻扎，青藏队吴玉虎 441、445）、叶城（柯克亚乡，青藏队吴玉虎 841；岔路口，青藏队吴玉虎 1209）、和田（采集地不详，青藏队吴玉虎 2017）、策勒（奴尔乡亚门，青藏队吴玉虎 1947）、于田（阿什库勒湖畔，青藏队吴玉虎 3754）、若羌（祁漫塔格山北坡，青藏队吴玉虎 2684；阿尔金山保护区鸭子泉，青藏队吴玉虎 3929；阿其克库勒湖以东，青藏队吴玉虎 2240、4114）。生于海拔 3 500～5 160 m 的河边盐生草甸、沼泽草甸、河滩或湖畔草地、山地草原、小溪边沙地、沟谷高寒草甸。

西藏：日土（龙木错，青藏队 1309）、尼玛（双湖，青藏队 9710、9855）。生于海拔 4 600～4 900 m 的河滩草地、沙砾质草地、高寒草甸、高寒草原、砾石山坡。

青海：格尔木、兴海（河卡山，吴珍兰 040）、玛沁（石峡，王为义 26585；当项乡，区划一组 039）、久治（采集地不详，藏药队 176）、达日（德昂乡，陈桂琛 1638）、玛多（扎陵湖乡，吴玉虎 29031；清水乡，陈桂琛 1862；巴颜喀拉山北坡，陈桂琛 1947）、称多（扎麻乡，陈世龙 551B；清水河乡，苟新京 229）、曲麻莱（采集地不详，黄荣福 084）、治多（可可西里西金乌兰湖，可可西里队黄荣福 K-218；太阳湖，可可西里队黄荣福 K-347；勒斜武担湖，可可西里队黄荣福 K-868）、唐古拉山北坡（采集地不详，黄荣福 035、211）。生于海拔3 000～5 000 m 的高山嵩草草甸、高寒草原、沙砾河滩、山顶岩隙、湖滨滩地、沟谷灌丛、山坡林下、林缘草地、河谷阶地、河沟草甸。

分布于我国的新疆天山、青海、甘肃、西藏、四川；尼泊尔，印度西北部，克什米尔地区，巴基斯坦，伊朗，俄罗斯，中亚地区各国也有。

7. 青海早熟禾

Poa qinghaiensis Soreng ex G. Zhu Fl. China 22：280. 2006；青藏高原维管植物及其生态地理分布 1141. 2008.

多年生草本。秆高 10～25 cm，具 2～3 节。叶鞘平滑无毛，长于节间；叶舌顶端钝圆或平截，长约 1 mm；叶片扁平，光滑，质软，长 6～8 cm。圆锥花序狭长，稍下垂，长 7～11 cm；分枝孪生，细弱，上举，平滑无毛或微粗糙，基部主枝长 3～4 cm，下部裸露；小穗长 5～6 mm，含 2～3 小花；颖顶端渐尖，脊上部粗糙，第 1 颖狭披针形，长 3.0～3.5 mm，具 1 脉，第 2 颖阔披针形，长 4.0～4.5 mm，具 3 脉；外稃厚纸质，具 5～7 脉，侧脉明显隆起，背部和基盘均无毛，顶端尖，边缘狭膜质，第 1 外稃长 4.5～5.0 mm；内稃稍短于外稃，脊上微粗糙；花药长 1～1.5 mm。 花果期 6～8 月。

产青海：都兰（察汗乌苏，青甘队 1184；诺木洪，吴玉虎 36550；布尔汗布达山北坡，吴玉虎 36574）、格尔木（野牛沟口，吴玉虎 37629）、兴海（河卡山，郭本兆 6426）、称多（采集地不详，苟新京 229）、治多、曲麻莱（采集地不详，黄荣福 098）、玛沁（阿尼玛卿山，黄荣福 066；雪山乡，玛沁队 343）、久治（采集地不详，藏药队 592）。生于海拔 3 700～5 100 m 的高山草甸、山地阴坡灌丛、河滩草地、滩地沼泽草甸、高寒荒漠草原、高山荒漠地带的沟谷山坡石隙。

分布于我国的青海、西藏。

8. 天山早熟禾

Poa tianschanica (Regel) Hack. ex O. Fedtsch. Acta Petrop. Gard. Bot. 21：441. 1903；Tzvel. in Fed. Poaceae URSS 459. 1976；新疆植物志 6：96. 1996；中

国植物志 9（2）：128. 图版 16：13. 2002；青藏高原维管植物及其生态地理分布 1142. 2008. ——*P. macrocalyx β. tianschanica* Regel Tr. Peterb. Bot. Sada 7. 2：619. 1881.

多年生草本，具根状茎。秆单生或成疏丛，直立，平滑无毛，蓝绿色或带紫色，高 30～45 cm，基部被浅灰色膜质的枯叶鞘所包被。叶鞘平滑无毛；叶舌宽大，被茸毛，长 2.5～4.0 mm，顶端钝圆，偶有撕裂；叶片条形，蓝绿色，扁平或对折，宽 3～4 mm，下面平滑，或边缘粗糙，通常上面贴生细毛。圆锥花序紧缩，长 3.5～9.0 cm，分枝平滑无毛，每节具 3～6 分枝；小穗紫色或绿带紫色，矩圆状披针形，长（4）5～6（7）mm，含 3～4（5）花；第 1 颖长 2.5～3.0 mm，具 1 脉，第 2 颖长 3～4 mm，具 3 脉，沿脊和边缘具短糙毛；外稃紫色，稀绿色，宽披针形，间脉明显，脊和边脉下部具柔毛，基盘具长而弯曲的绵毛，第 1 外稃长 3～4 mm；内稃短于外稃，脊上具纤毛，顶端钝圆；花药长 1.5～2.0（2.5）mm。 花果期 7～9 月。

产新疆：塔什库尔干、策勒。生于海拔 1 800～4 200 m 的山地草原、高寒草原、林缘草甸。

分布于我国的新疆、青海、西藏、四川；蒙古，中亚地区各国，俄罗斯西伯利亚也有。

9. 曲枝早熟禾 图版 18：5～8

Poa pagophila Bor in Kew Bull. 1949：239. 1949. et in Grass. Burma Ceyl. Ind. Pakist. 558. 1960；Ohashi Fl. E. Himal. 3：121. 1975；Hara et al. Enum. Fl. Pl. Nepal. 1：143. 1978；西藏植物志 5：图 57. 1987；中国植物志 9（2）：133. 图 14：6. 2002；青藏高原维管植物及其生态地理分布 1139. 2008.

多年生，丛生。秆直立，高 15～30 cm。叶鞘平滑无毛；叶舌长 0.5～1.3 mm；叶片长 2～4 cm，折叠或内卷成线形。圆锥花序长约 10 cm，宽约 5 cm；分枝孪生，长2～4 cm，2/3 以下裸露，开展或反折；小穗椭圆状卵形，长约 5.5 mm，含 3～4 小花；第 1 颖长 2.5～3.0 mm，具 1 脉，第 2 颖长 3.5～4.0 mm，具 3 脉；外稃具宽的膜质边缘，具不明显的 5 脉，边脉与脊下部具柔毛，脉间粗糙或具微毛，基盘疏生少量绵毛或无毛，第 1 外稃长 4.5～5.0 mm；内稃脊上粗糙；花药长约 3 mm 或退化。 花期 6～8 月。

产西藏：加查、改则。生于海拔 3 400～5 200 m 的山坡草地或沟谷山地灌丛草甸、河谷阶地高寒草甸。

青海：玛多（采集地不详，吴玉虎 432）。生于海拔 3 600～5 200 m 的沟谷山坡高寒草地、河谷山地石缝、宽谷滩地高寒草甸。

甘肃：玛曲（河曲军马场，吴玉虎 31876）。生于海拔 3 440 m 左右的沟谷山坡岩石缝隙、河谷滩地高寒草甸。

分布于我国的青海、甘肃、西藏；伊朗，阿富汗，巴基斯坦，印度北部阿萨姆，尼泊尔也有。

10. 大锥早熟禾　图版 18：9～11

Poa megalothyrsa Keng ex Tzvel. in Grub. Pl. Asiae Centr. 4：136. 1968；中国主要植物图说 禾本科 209. 图 164. 1959. sine latin. discr.；西藏植物志 5：105. 图 55. 1987；青海植物志 4：44. 图版 7：1～3. 1999；中国植物志 9（2）：137. 图版 17：7. 2002；青藏高原维管植物及其生态地理分布 1138. 2008.

多年生草本。秆直立，平滑无毛，高 80～100 cm，具 3～4 节。叶鞘平滑无毛，短于节间；叶舌膜质，长 3～6 mm，顶端 2 裂或呈撕裂状；叶片扁平，上面及边缘微粗糙，下面较平滑，长 8～20 cm，宽 2～3 mm。圆锥花序疏松开展，长 10～20 cm；分枝纤细，粗糙，常孪生，基部分枝长达 10 cm，2/3 以下裸露；小穗长 5.0～6.5 mm，含 3～4 小花，小花疏松排列；颖稍带紫色，披针形，顶端尖，边缘膜质，脊上部微粗糙，第 1 颖长 2.0～3.5 mm，具 1 脉，第 2 颖长 3.0～4.5 mm，具 3 脉；外稃顶端与边缘窄膜质，具较明显的 5 脉，脊上部粗糙，下部及边脉具柔毛，基盘无毛或具少量绵毛，第 1 外稃长 3～4 mm；内稃稍短于外稃，脊上粗糙；花药长约 2 mm。　花果期 8 月。

产青海：都兰（香日德，青甘队 1242；诺木洪昆仑山北坡，吴玉虎 36591）、兴海（中铁林场恰登沟，吴玉虎 44880）、玛沁（采集地不详，区划三组 125；下大武乡，玛沁队 498）、称多、曲麻莱（采集地不详，刘尚武 809、848）。生于海拔3 450～4 200 m 的山坡草地、高山草原、河沟砾地、河滩草甸、沟谷林缘、阴坡灌丛。

分布于我国的青海、西藏、四川、云南。

11. 疏穗早熟禾

Poa lipskyi Roshev. in Bull. Gard. Bot. Acad. Sci. URSS 30：303. 1932，et in Kom. Fl. URSS 2：421. t. 31. f. 12. 1934，et in Fl. Kirg. 2：135. 1950；Gamajun. in Fl. Kazakh. 1：237. T. 17. f. 21 1956；Ovcz. et Czuk. in Fl. Tadjik. 1：171. 1957；Tzvel. in Grub. Pl. Asiae Centr. 4：136. 1968，et in Fed. Poaceae URSS 451. 1976；新疆植物志 6：91. 1996；Y. H. Wu Grass. Karakor. Kunlun Mount. 45. 1999；青海植物志 4：45. 1999；中国植物志 9（2）：140. 图 21：4. 2002；青藏高原维管植物及其生态地理分布 1137. 2008.

多年生草本，具下伸的根状茎。秆直立，平滑无毛，高 10～50 cm，具 1～3 节，基部具多数枯叶鞘。叶鞘光滑无毛，长于节间；叶舌长约 4 mm，顶端平截；叶片扁平或对折，稀内卷，茎生叶长 3～10 cm，分蘖叶长达 12 cm。圆锥花序开展，长 6～16 cm，分枝孪生或单生，细弱，平滑无毛或微糙涩，下部 2/3 裸露，近顶端着生 2～4 枚小穗。小穗长 5～6 mm，含 2～3 小花；颖质较薄，披针形，顶端尖或渐尖，第 1 颖

图版 **18** 细叶早熟禾 **Poa angustifolia** Linn. 1. 花序；2. 小穗；3. 小花；4. 叶舌。曲枝早熟禾 **P. pagophila** Bor 5. 植株；6. 小穗；7. 小花；8. 叶舌。大锥早熟禾 **P. megalothyrsa** Keng ex Tzvel. 9. 小穗；10. 小花；11. 叶舌。套鞘早熟禾 **P. tunicata** Keng ex C. Ling 12. 花序；13. 小穗；14. 小花；15. 叶舌。垂枝早熟禾 **P. declinata** Keng ex L. Liu 16. 花序；17. 小穗；18.小花；19. 叶舌。罗氏早熟禾 **P. rossbergiana** Hao 20.植株；21. 小穗；22. 小花；23. 叶舌。（王颖绘；引自《新疆植物志》，谭丽霞绘）

长 3～4 mm，具 1 脉，第 2 颖长 4～5 mm，具 3 脉；外稃顶端较尖且具膜质，具 5 脉，脊上部微粗糙，脊和边脉下部具柔毛，脉间下部有时亦具微毛，基盘具少量的短绵毛或无毛，第 1 外稃长 5～6 mm；内稃近等长或稍短于外稃，脊上具小纤毛或粗糙；花药长约 2.5 mm。 花期 6～8 月。

产新疆：乌恰、塔什库尔干、叶城（麻扎达坂，黄荣福 86－033）、若羌（冰河，青藏队吴玉虎 4219）。生于海拔 2 300～4 500 m 的沟谷林缘、山地灌丛草甸、河滩疏林下、山坡草地、沟谷河岸草甸、沟谷砾石山坡草地、山地岩隙。

青海：兴海（河卡山，吴玉虎 28686）、曲麻莱（东风乡，刘尚武 809）、玛多（黑海乡红土坡，采集人不详 836）。生于海拔 3 800～4 300 m 的山地阴坡高寒灌丛草甸、沟谷山坡草地。

分布于我国的新疆（天山、帕米尔）、青海、西藏、四川西部、云南西北部；中亚地区各国，俄罗斯西伯利亚南部也有。

12. 早熟禾 图版 19：1～5

Poa annua Linn. Sp. Pl. 68. 1753；Stapf in Hook. f. Brit. Ind. 7：345. 1897；Roshev. in Kom. Fl. URSS 2：379. t. 28. f. 9. 1934，et in Fl. Kirg. 2：127. 1950；Gamajun. in Fl. Kazakh. 1：226. 1956；Ovcz. et Czuk. in Fl. Tadjik. 1：181. 1957；中国主要植物图说 禾本科 224. 图 179. 1959；Bor Grass. Burma Ceyl. Ind. Pakist. 555. 1960；Tzvel. in Grub. Pl. Asiae Centr. 4：146. 1968，et in Fed. Poaceae URSS 466. 1976；Thomas A. Cope in E. Nasir et S. I. Ali Fl. Pakist. 143：397. 1982；西藏植物志 5：119. 图 63. 1987；新疆植物志 6：96. 1996；Y. H. Wu Grass. Karakor. Kunlun Mount. 48. 1999；青海植物志 4：49. 图版 7：24～27. 1999；中国植物志 9（2）：159. 图 22：2. 2002；青藏高原维管植物及其生态地理分布 1134. 2008.

一年生或二年生草本。秆丛生，直立或基部稍倾斜，细弱，高 8～20 cm，光滑无毛。叶鞘中部以下闭合；叶舌膜质，钝圆，长 1～2 mm；叶片质地柔软，顶端呈船形，边缘微糙涩，长 2～10 cm，宽 2～5 mm。圆锥花序开展，卵形或长圆形，长 2～7 cm；分枝每节1～2 枚；小穗绿色，长 3～6 mm，含 3～5 小花；颖矩圆状披针形，顶端钝圆，边缘宽膜质，第 1 颖长 1.5～2.0 mm，具 1 脉，第 2 颖长 2.0～3.5 mm，具 3 脉；外稃顶端钝圆，边缘和顶端宽膜质，有明显凸出的 5 脉，脊中部或 2/3 以下具长柔毛，间脉无毛，边脉下部具柔毛，基盘不具绵毛，第 1 外稃长 3～4 mm；内稃等长或稍长于外稃，脊上具长纤毛；花药淡黄色，长约 0.8 mm。颖果长约 2 mm。 花果期 7～9 月。

产新疆：阿克陶（阿克塔什，青藏队吴玉虎 247）。生于海拔 2 000～4 200 m 的山坡草地、沟谷高寒湿地、山坡林缘草甸。

青海：兴海（唐乃亥乡，采集人不详 235）、称多（歇武乡，苟新京 413）。生于海拔 3 000～4 350 m 的山坡林下、林缘草地、沟谷灌丛、河漫滩疏林草甸、河溪水沟边。

广布于我国的大多数省区；欧洲，亚洲，北美洲也有。

13. 四川早熟禾

Poa szechuensis Rendle in Journ. Bot. Brit. et For. 46：173. 1908；中国主要植物图说 禾本科 221. 图 177. 1959；青海植物志 4：47. 1999；中国植物志 9 (2)：159. 2002；青藏高原维管植物及其生态地理分布 1142. 2008.

一年生草本。秆细弱柔软，高 10～40 cm，具 2 节。叶鞘微粗糙，叶舌长 1～2 mm；叶片扁平，质地柔软，长 5～8 cm，宽 1～3 mm，先端长渐尖。圆锥花序开展，长 4～8 cm；分枝细弱，微粗糙，长 2～4 cm，1～2 枚生于各节，中部以下裸露；小穗绿色，长约 2.5 mm，含 2～3 小花；第 1 颖顶端尖，长 1.0～1.5 mm，具 1 脉，脊微粗糙，第 2 颖较宽，长 1.5～2.0 mm，具 3 脉；外稃无毛，顶端钝稍具白膜质，间脉不明显，脊下部 1/3～1/2 具微毛，上部微粗糙，基盘不具绵毛，第 1 外稃长约 2 mm；内稃稍短于外稃，两脊上部微粗糙；花药长 0.4～0.5 mm。 花期 5～7 月。

产青海：兴海（大河坝乡赞毛沟，吴玉虎 46448）、久治（白玉乡，藏药队 647）、曲麻莱（巴干乡，刘尚武 927）。生于海拔 3 800～4 200 m 的溪流河滩高寒草地、沟谷阳坡草地。

四川：石渠（新荣乡，吴玉虎 29962；红旗乡，吴玉虎 29533）。生于海拔 3 900～4 200 m 的沟谷山坡高寒草甸、山地高寒草原、山坡林缘灌丛草地。

分布于我国的青海、四川。

14. 锡金早熟禾

Poa sikkimensis (Stapf) Bor Kew Bull. 1952：130. 1952；中国主要植物图说 禾本科 221. 图 176. 1959；Bor Grass. Burma Ceyl. Ind. Pakist. 560. 1960；西藏植物志 5：119. 图 62. 1987；Thomas A. Cope in E. Nasir et S. I. Ali Fl. Pakist. 143：408. 1982；青海植物志 4：47. 1999；中国植物志 9 (2)：157. 图 22：12. 2002；青藏高原维管植物及其生态地理分布 1141. 2008. ——*Poa annua* var. *sikkimensis* Stapf in Hook. f. Fl. Brit. Ind. 7：346. 1896.

一年生草本。秆丛生，直立，稍扁平，高 15～25 cm，具 1～2 节，糙涩。叶鞘直达花序下部，倒向粗糙，枯老后具干膜质聚集于秆基；叶舌膜质，半圆形，长约 3 mm；叶片扁平或对折，平滑无毛，长 3～8 cm，宽 2～4 mm。圆锥花序开展，长约 10 cm；分枝孪生，微粗糙，中部以下裸露，基部主枝长约 5 cm；小穗微带紫色，长 4～5 mm，含 2～4 小花；颖宽披针形，顶端尖，边缘窄膜质，第 1 颖长约 3 mm，具 1 脉，第 2 颖长 3.0～3.5 mm，具 3 脉；外稃顶端狭膜质，背部贴生微毛或微粗糙，间脉明显，脊与边脉均无毛，基盘无绵毛，第 1 外稃长约 3 mm；内稃稍短于外稃，脊上粗糙或具细短纤毛；花药黄色，长 0.5～0.7 mm。 花果期 6～8 月。

产青海：班玛（马柯河林场，王为义 27273）、曲麻莱（东风乡，刘尚武 820）。生于海拔 3 700～4 500 m 的高寒草原、高山草甸、山坡砾地、山沟流水线附近、沟谷林缘、河岸灌丛、河谷阶地、湖滨砾地。

分布于我国的青海、西藏、四川、云南；印度，克什米尔地区也有。

15. 套鞘早熟禾 图版 18：12～15

Poa tunicata Keng ex C. Ling in Acta Phytotax. Sin. 17 (1)：104. 1979；中国主要植物图说 禾本科 219. 图 175. 1959，sine latin. descr.；青海植物志 4：47. 图版 7：16～19. 1999；中国植物志 9 (2)：158. 图 24：5. 2002；青藏高原维管植物及其生态地理分布 1143. 2008.

一年生疏丛生草本。秆直立或基部膝曲，平滑，高 15～30 cm，具 3～4 节。叶鞘平滑，长于节间；叶舌膜质，长 1～4 mm；叶片扁平或对折，平滑无毛，边缘稍粗糙，长 3～8 cm，宽 1～3 mm。圆锥花序开展，长 6～10 cm；分枝细弱，粗糙，每节具 2～3 枚，中部以下基部裸露，主枝长 3～7 cm；小穗常带紫色，长 3.5～6.0 mm，含 3～6 小花；颖卵圆形，顶端渐尖或急尖，第 1 颖长 1.5～2.5 mm，具 1 脉，第 2 颖长 2.0～3.5 mm，具 3 脉；外稃顶端和边缘宽膜质，其下常带紫色，间脉稍明显，脊和边脉中部以下具短毛，基盘无毛，第 1 外稃长 2.5～3.0 mm；内稃与外稃近等长，脊上粗糙或具短纤毛；花药长 0.7～1.0 mm。 花果期 6～8 月。

产青海：兴海（河卡乡，王作宾 20326）。生于海拔 3 200～3 700 m 的山沟林下、河滩草甸、田边荒地、渠岸路边、山坡林缘、沟谷灌丛。

分布于我国的青海、甘肃、西藏、四川、云南。

16. 垂枝早熟禾 图版 18：16～19

Poa declinata Keng ex L. Liu in Fl. Reipubl. Popul. Sin. 9 (2)：390. 144. 2002；中国主要植物图说 禾本科 216. 图 171. 1959. sine latin. discr.；Pl. Resour. Gram. 11：46. 1989；青海植物志 4：46. 图版 7：12～15. 1999；青藏高原维管植物及其生态地理分布 1136. 2008.

多年生疏丛生草本。秆直立或基部稍膝曲，平滑无毛，高 50～60 cm，具 4～5 节。叶鞘平滑无毛，长于节间；叶舌平截而具不规则的微齿，长 2～4 mm；叶片质柔软，扁平或对折，上面及边缘微粗糙，长 5～8 cm，宽 2～3 mm。圆锥花序疏松、开展，长 10～20 cm；分枝微粗糙，微弯而下垂，每节具 2～3 枚，基部主枝长 3～7 cm，中部以下裸露；小穗灰绿而带淡紫色，长 3～4 mm，含 3～4 小花；颖窄披针形，顶端尖，脊上微粗糙，第 1 颖长约 2 mm，具 1 脉，第 2 颖较宽，长约 3 mm，具 3 脉；外稃顶端稍有膜质，具明显的 5 脉，脊中部以下和边脉下部 1/4 具短柔毛，基盘具极少量的绵毛，第1外稃长3.0～3.5 mm；内稃稍短于外稃，脊上粗糙；花药长约0.5 mm。 花果期7～9月。

产青海：兴海（河卡乡，采集人不详434）、玛沁（雪山乡，玛沁队430）、久治（康赛乡，吴玉虎31687；龙卡湖畔，果洛队552、662；索乎日麻乡，藏药队556、581）。生于海拔3 400～4 000 m的河岸草地、沟谷林缘、灌丛草甸、河滩疏林下、山坡湿润草地、河滩沼泽草甸、高寒草甸。

分布于我国的青海、甘肃、陕西、四川。

17. 斯塔夫早熟禾

Poa stapfiana Bor in Kew Bull. 1949：239. 1949；Sult. et Stew. Grass. W. Grass. 2：186. 1959；Bor Grass. Burma Ceyl. Ind. Pakist. 560. 1960，et Rech. f. Fl. Iran. 70：39. 1970；Meld. in Hara et al. Enum. Flow. Nepal. 1：143. 1978；T. A. Cope in Nasir. Fl. Pakist. 143：404. 1982；中国植物志9（2）：149. 图版24：4. 2002.

多年生，具匍匐茎。秆直立或斜升，高20～60 cm，基部偃卧，下部节上生根。叶舌钝，长2.5～5.0 mm；叶片扁平或对折，柔软，顶端渐尖或有尖头，边缘粗糙，有时上面微粗糙，长5～14 cm，宽1～5 mm。圆锥花序疏松，长12～25 cm；分枝孪生，细长，平滑，反曲，广开展；小穗绿色或灰白色，椭圆状长圆形，长4～6 mm，含3～6小花，簇生于分枝顶端；第1颖披针形至椭圆形，长2.8～3.8 mm，具1（3）脉，第2颖长圆形，长3.0～4.5 mm，具3脉；外稃长圆形，脊与边脉具纤毛，脉间散生至密生微柔毛，基盘具少量或丰富绵毛，第1外稃长3～4 mm；内稃短于外稃，脊下部具长纤毛，上部粗糙；花药长0.8～1.5 mm。 花果期7～9月。

产青海：久治（康赛乡，吴玉虎26511）。生于海拔3 900 m左右的沟谷山坡高山草甸。

分布于我国的青海、西藏；印度西北部，克什米尔地区，巴基斯坦，伊朗也有。

18. 仰卧早熟禾 图版19：6～9

Poa supina Schrad. Fl. Germ. 1：289. 1806；Roshev. in Kom. Fl. URSS 2：379. 1934；Ovcz et Czuk. Fl. Tadjik. 1：179. 1957；Bor Grass. Burma Ceyl. Ind. Pakist. 561. 1960；Tzvel. in Grub. Pl. Asiae Centr. 4：147. 1968，et in Fed. Poaceae URSS 465. 1976；Thomas A. Cope in E. Nasir et S. I. Ali Fl. Pakist. 143：399. 1982；新疆植物志6：100. 1996；Y. H. Wu Grass. Karakor. Kunlun Mount. 48. 1999；中国植物志9（2）：160. 图版22：11. 2002；青藏高原维管植物及其生态地理分布1142. 2008.

多年生疏丛生草本，具短的根状茎。秆平滑、细弱，基部斜升，高8～15 cm。叶

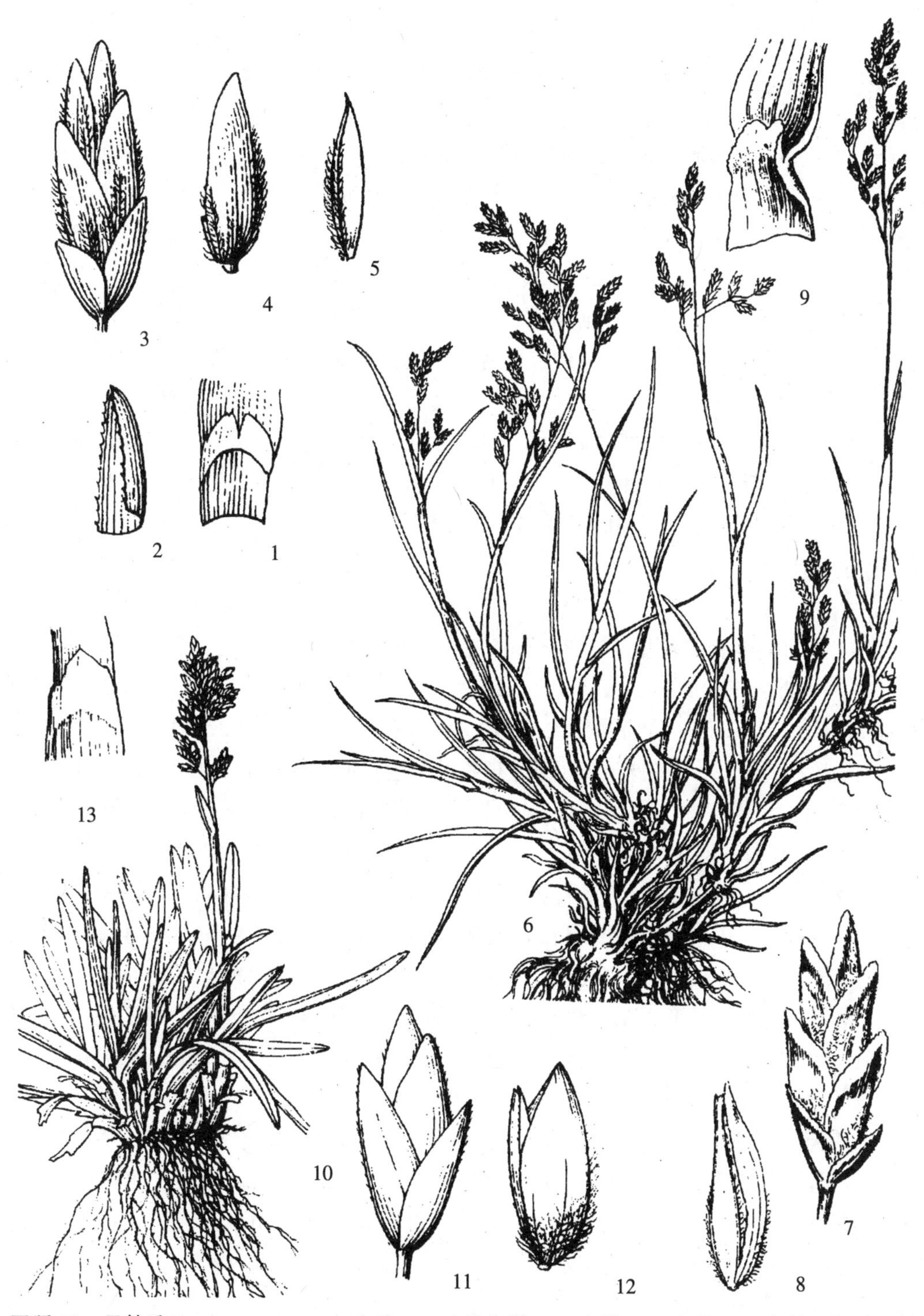

图版 **19** 早熟禾 **Poa annua** Linn. 1. 叶舌；2. 叶片先端；3. 小穗；4. 小花；5. 内稃。仰卧早熟禾 **P. supina** Schrad. 6. 植株；7. 小穗；8. 小花；9. 叶舌。高山早熟禾 **P. alpina** Linn. 10. 植株；11. 小穗；12. 小花；13. 叶舌。（引自《新疆植物志》，张荣生、张桂芝绘）

鞘平滑；叶舌长 1.0～1.5 mm，顶端齿裂或微凸形。叶片扁平，线状披针形，宽 2～4 mm，平滑无毛或上面与边缘稍粗糙，顶端渐尖。圆锥花序宽金字塔形，长 2～5 cm；分枝细、平滑无毛，每节具 1～2 枚；小穗浅绿色或带紫色，椭圆至卵圆形，长 3.5～4.0 (5.0) mm，含 3～6 小花；颖不等长，顶端锐尖和边缘窄膜质，第 1 颖披针形，长 1.2～1.8 mm，具 1 脉，第 2 颖椭圆形至宽披针形，长 1.8～2.5 mm，具 3 脉，有时上部脊上有小刺；外稃粗糙，先端钝，边缘膜质，中脉和边脉下半部具柔毛，开花时呈宽卵形，两侧平滑无毛，基盘无毛，第 1 外稃长 2.1～3.5 mm；内稃脊上具长的纤毛；花药黄色，长 1.2～1.5 (2.0) mm。 花果期6～8 月。

产新疆：叶城（柯克亚乡阿图秀，青藏队吴玉虎 878；依力克其乡，黄荣福 86-109）。生于海拔 2 600～3 600 m 的山坡高寒草甸、河滩小块潮湿草地、沟谷河边草地、山地林缘、高寒灌丛草甸。

青海：玛沁（大武乡，H. B. G. 497、498）。生于海拔 3 800～3 920 m 的沟谷山坡高寒草甸、河谷阶地湿草甸。

分布于我国的新疆（天山、阿尔泰山）、青海；蒙古，俄罗斯西伯利亚，中亚地区各国，欧洲也有。

19. 罗氏早熟禾 图版 18：20～23

Poa rossbergiana Hao Bot. Jahrb. Engl. 68：581. 1938；中国主要植物图说 禾本科 222. 图 178. 1959；青海植物志 4：49. 图版 7：20～23. 1999；中国植物志 9 (2)：152. 图版 21：9. 2002；青藏高原维管植物及其生态地理分布 1141. 2008.

多年生密丛生草本。秆基部倾斜或膝曲，高 5～10 cm，具 1～2 节。叶鞘平滑无毛，多长于节间；叶舌膜质，钝圆，长 0.5～2.0 mm；叶片扁平或对折，常平滑，柔软，长 2～8 cm，宽约 1 mm。圆锥花序稀疏，长 2～4 cm；分枝细弱，微粗糙，每节具 1～2 枚，长 1.0～1.5 cm，下部裸露，上部密生排列成覆瓦状的小穗；小穗绿色，稀微带紫色，长 3～4 mm，含 4～5 小花；颖卵状披针形，顶端尖，脊上部微粗糙，第 1 颖长约 2 mm，具 1 脉，第 2 颖长约 2.5 mm，具 3 脉；外稃顶端钝圆且具膜质，间脉明显，脊中部以下和边脉下部具柔毛，基盘常无毛，第 1 外稃长约 2 mm；内稃稍短于外稃，脊上具短纤毛；花药长约 0.3 mm。 花果期 6～8 月。

产青海：玛沁、达日（德昂乡，吴玉虎 25913）、玛多（鄂陵湖畔，吴玉虎 447；黑河乡野马滩，吴玉虎 29062、29075）、称多（扎朵乡，苟新京 82-252）、曲麻莱（东风乡，刘尚武 825）、治多。生于海拔 3 900～4 650 m 的滩地高山草甸、阴坡灌丛、高寒草原、沙砾山坡、河岸阶地、湖滨湿沙砾地、高寒沼泽草甸。

分布于我国的青海。

20. 小早熟禾 图版 20：1～5

Poa parvissima Kuo ex D. F. Cui in Acta Bot. Bor.-Occ. Sin. 7 (2)：85. f. 2.

1987；新疆植物志 6：84. 图版 28：1～5. 1996；Y. H. Wu Grass. Karakor. Kunlun Mount. 45. 1999；中国植物志 9（2）：152. 2002；青藏高原维管植物及其生态地理分布 1139. 2008.

多年生密丛生草本。具多数营养枝；秆斜升，平滑无毛，高 5～10 cm，基部具多数枯萎的灰褐色叶鞘。上部叶鞘平滑无毛；叶舌膜质，长约 1 mm；叶片扁平或内卷，宽 1.0～1.3 mm，两面均平滑。圆锥花序紧缩成穗状，长 1.5～2.0 cm；分枝短，近于平滑；小穗披针形，长 3.2～4.0 mm，含 2～3 花；颖披针形，第 1 颖长约 1 mm，具 1 脉，第 2 颖长约 2 mm，具 3 脉；外稃背部和基盘均无毛，第 1 外稃长 2.5～3.0 mm；内稃长约 2 mm，脊近于平滑；花药黄色，长约 0.5 mm。　花果期 7～9 月。

产新疆：叶城、策勒、若羌（鲸鱼湖，青藏队吴玉虎 3078）。生于海拔 2 800～5 200 m 的高山草原、冰缘湿地、山坡草地、盐生草甸、河滩草地。

分布于我国的新疆、西藏。

21. 高山早熟禾　图版 19：10～13

Poa alpina Linn. Sp. Pl. 61. 1753；Stapf in Hook. f. Fl. Brit. Ind. 7：338. 1897；Roshev. in Kom. Fl. URSS 2：411. t. 28. f. 9. 1934，et in Fl. Kirg. 2：131. 1950；Gamajun. in Fl. Kazakh. 1：234. 1956；Ovcz. et Czuk. in Fl. Tadjik. 1：162. t. 21. f. 1～4. 1957；中国主要植物图说 禾本科 212. 图 165. 1959；Bor Grass. Burma Ceyl. Ind. Pakist. 555. 1960；Tzvel. in Grub. Pl. Asiae Centr. 4：145. 1968，et in Fed. Poaceae URSS 448. 1976；Thomas A. Cope in E. Nasir et S. I. Ali Fl. Pakist. 143：404. 1982；新疆植物志 6：98. 1996；Y. H. Wu Grass. Karakor. Kunlun Mount. 44. 1999；中国植物志 9（2）：162. 图版 20：7. 2002；青藏高原维管植物及其生态地理分布 1133. 2008.

多年生丛生草本。具短缩而下伸的根状茎。秆直立，平滑无毛，高 10～25 cm，节常膝曲。叶鞘光滑无毛；叶舌基生者膜质，长 1～2 mm，茎生者长 3～5 mm；叶片扁平或对折，长（1）3～10（16）cm，宽 2～3 mm，无毛，先端呈舟形。圆锥花序宽卵形，稠密，长 2.5～5.0 cm，宽 1.5～2.5 cm；分枝通常孪生，中下部裸露，光滑无毛；小穗密集，卵形，长 4～7 mm，含 2～5（8）花；颖宽卵形，质薄，具明显的 3 脉，顶端锐尖，边缘宽膜质，基部微粗糙，第 1 颖长 2.5～3.0 mm，第 2 颖长 3.5～4.5 mm；外稃带紫色，宽卵形，质薄，顶端和边缘宽膜质，具 5 脉，下部脉间遍生长柔毛，中脉下部 2/3 与边脉中部以下具长柔毛，基盘无绵毛，第 1 外稃长 3～4（5）mm；内稃等长或稍长于外稃，顶端微凹，脊下部具长纤毛，上部具细小锯齿而微粗糙；花药长 1.2～2.0 mm。　花果期 6～8 月。

产新疆：阿克陶（布伦口乡恰克拉克，青藏队吴玉虎 633；阿克塔什，青藏队吴玉虎 247B）。生于海拔 3 600～5 100 m 的砾石山坡草地、湖岸高寒草甸、冰缘沙砾地、沟

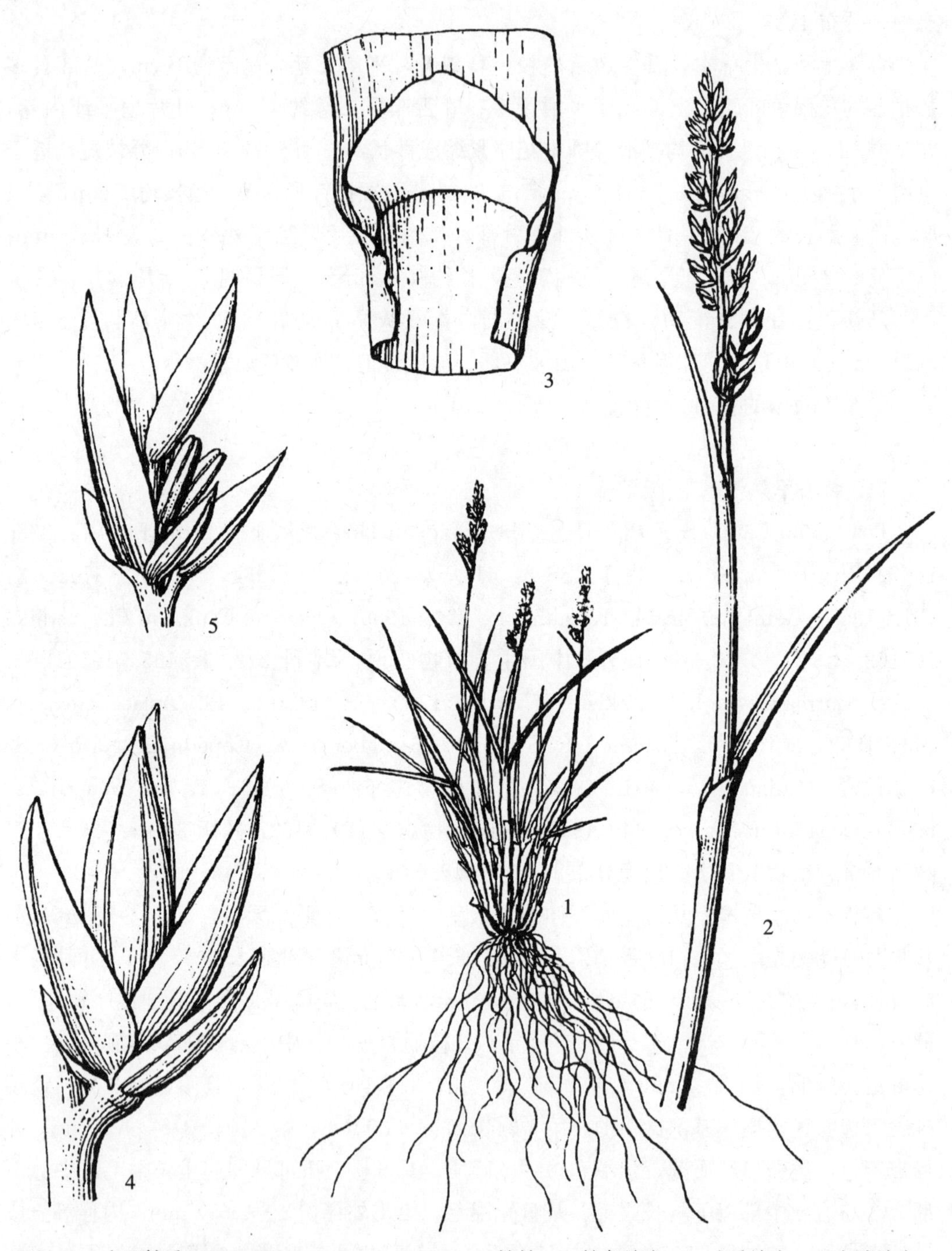

图版 **20** 小早熟禾 **Poa parvissima** Kuo ex D. F. Cui 1. 植株；2. 枝条放大；3. 叶舌放大；4. 小穗放大；5. 小花放大。（引自《新疆植物志》，张荣生绘）

谷沙砾湿地。

分布于我国的新疆（天山、阿尔泰山）；欧洲大部分国家，地中海地区，伊朗，阿富汗，巴基斯坦，印度，中亚地区各国，俄罗斯西伯利亚也有。

22. 矮早熟禾

Poa pumila Host. in Fl. Austr. 1：146. 1827，et Fl. Rep. Soc. Roman. 12：387. pl. 43C. fig. 4，4a. 1972；J. R. Edm. in Tutin. et al. Fl. Europ. 5：166. 1980；中国植物志 9（2）：164. 图版 14：7. 2002.

多年生密丛生草本。鞘内分蘖。秆直立或膝曲斜升，高 8～20 cm，直径约 1 mm，具2～3 节。叶鞘短于其节间，基生叶鞘聚集秆基；叶舌顶端尖，长 1～3 mm；叶片内卷，顶端尖，边缘微粗糙，长 2～7 cm，茎生叶片长约 1 cm，宽 0.5～1.0 mm。圆锥花序紧缩或稍开展，长 3～6 cm，宽 5～15 mm；分枝微粗糙，每节 1～2 枚，长 1～2 cm；小穗带紫色，长 5～7 mm，含 4～6 小花；颖卵圆形，顶端尖，或有小尖头，脊上部微粗糙，第 1 颖长约 2.5 mm，具 3 脉或侧脉短而不明显，第 2 颖长约 3.5 mm；外稃间脉不明显，顶端尖，有时具小尖头，脊上部粗糙，脉与脊的下部具长柔毛，基盘有少量绵毛或无毛；内稃较短而狭窄，粗糙或下部具少许小纤毛；花药长 1.0～1.5 mm。 花果期 6～7 月。

产新疆：塔什库尔干（麻扎种羊场，青藏队吴玉虎 327）。生于海拔 4 400 m 左右的沟谷山坡高寒草甸。

青海：格尔木（昆仑山口，吴玉虎 35614、36928、36945）、兴海（温泉滩，黄荣福 C. G. 01－7）、称多（清水河乡，苟新京 83－088）。生于海拔 3 900～4 900 m 的滩地高寒草甸、宽谷河滩盐碱地、河滩草甸。

分布于我国的新疆、青海；欧洲也有。

23. 中间早熟禾

Poa media Schur. in Verh. Mitt Siebenb. Ver. Naturw. 4. Sert. 87. 1853；J. R. Edm. Fl. Roman. 12：379 1972，et Tutin et al. Fl. Europ. 5：165. 1980；中国植物志 9（2）：163. 图版 17：8. 2002. ——*P. ursina* Velen. in Abh. Bohm. Ges. Wiss. Math. Nat. 8：45. 1886.

多年生草本。秆灰绿色，高 20～40 cm。叶舌长 1.0～2.5 mm，多少撕裂；叶片扁平或对折，大多基生，长 4～10 cm，宽 1.0～1.5 mm。圆锥花序紧缩，椭圆状长圆形，长 3～5 cm；分枝 1～2 枚，生于下部各节；小穗带堇色，长约 5 mm，含 3～5 小花；颖稍不等长，第 1 颖长约 3 mm；外稃脊与边脉下部有毛，基盘不具绵毛，第 1 外稃长约 4 mm；内稃两脊之下半部具纤毛；花药长约 1.6 mm。 花期 7～8 月。

产新疆：阿克陶（阿克塔什，青藏队吴玉虎 152）、叶城（苏克皮亚，青藏队吴玉虎 1004）。生于海拔 3 000～3 400 m 的沟谷山坡草地、河谷山地草甸。

欧洲也有分布。

24. 林地早熟禾　图版 21：1～4

Poa nemoralis Linn. Sp. Pl. 69. 1753；Stapf in Hook. f. Fl. Brit. Ind. 7：341. 1896；Stew. in Brittonia 5：420. 1945；Sutl. et Stew. Grass. W. Pakist. 2：187. 1959；Bor Grass. Burma Ceyl. Ind. Pakist. 558. 1960，et Rech. f. Fl. Iran. 70：44. 1970；Tzvel. in Fed. Poaceae. URSS 468. 1976；J. R. Edm. in Tutin et al. Fl. Europ. 5：164. 1980；T. A. Cope in Nasir Fl. Pakist. 143：414. 1982；Davis Fl. Turkey 9：481. 1985；中国主要植物图说 禾本科 164. 图 114. 1959；秦岭植物志 1：82. 图 67. 1976；西藏植物志 5：112. 1987；新疆植物志 6：104. 图版 39：5～8. 1996；中国植物志 9（2）：173. 图版 19：3，3a. 2002；青藏高原维管植物及其生态地理分布 1139. 2008.

多年生疏丛生草本，不具根状茎。秆直立或铺散，高 30～70 cm，细弱，直径约 1 mm，具 3～5 节，花序以下部分微粗糙。叶鞘平滑或糙涩，稍短或稍长于其节间，基部者带紫色；叶舌长 0.5～1.0 mm，截圆或细裂；叶片扁平，柔软，边缘和两面平滑无毛，长 5～12 cm，宽 1～3 mm。圆锥花序狭窄，柔弱，长 5～15 cm；分枝开展，微粗糙，2～5 枚着生主轴各节，疏生 1～5 枚小穗，基部主枝长约 5 cm，下部常裸露；小穗披针形，长 4～5 mm，常含 3 小花；小穗轴具微毛；颖披针形，长 3.5～4.0 mm，具 3 脉，脊上部糙涩，顶端渐尖，边缘膜质，第 1 颖较短而狭窄；外稃长圆状披针形，顶端具膜质，间脉不明显，脊中部以下与边脉下部 1/3 具柔毛，基盘具少量绵毛，第 1 外稃长约 4 mm；内稃两脊粗糙；花药长约 1.5 mm。　花期 5～6 月。

产青海：兴海（采集地不详，吴珍兰 131）。生于海拔 3 200 m 左右的沟谷山坡草地。

分布于我国的新疆（大部分地区）、青海、甘肃、陕西、西藏、四川、贵州、内蒙古、辽宁、吉林、黑龙江；全球温带地区都有。

25. 柯顺早熟禾

Poa korshunensis Golosk. in Not. Syst. Herb. Inst. Bot. Acad. Sci. URSS 14：72. 1955，et in Fl. Kazakh. 1：235. tab. 17. f. 19. 1956；中国植物志 9（2）：176. 2002. ——*P. nemoralis* subsp. *korshunensis*（Golosk.）Tzvel. in Nov. Syst. Pl. Vasc. 11：31. 1974，et in Fed. Poaceae URSS 469. 1976；新疆植物志 6：106. 图版 39：1～4. 1996.

多年生疏丛生草本。秆直立，高 25～40 cm。叶鞘平滑无毛，叶舌长 0.5～1.0 mm；叶片长 4～8 cm，宽 2～3 mm。圆锥花序具较多的小穗，长 5～8 cm，宽约

1 cm；小穗长约 5 mm，含 2～4 小花，小穗轴平滑无柔毛或微粗糙；颖顶端尖，边缘膜质，第 1 颖长 3.0～3.5 mm，具 3 脉，脊上部微粗糙，第 2 颖长约 4 mm；外稃顶端渐尖，边缘膜质，脊中部以下与边脉下部 1/3 具较长柔毛，基盘近无毛，具稀少绵毛，第 1 外稃长约 4 mm；内稃较狭窄，两脊有数枚小刺，微粗糙；花药长约 1.5 mm。 花果期 6～8 月。

产新疆：和田。生于海拔 2 600～3 200 m 的昆仑山河谷草甸、高寒草原。

分布于我国的新疆；中亚地区各国，俄罗斯西伯利亚也有。

26. 纤弱早熟禾 图版 21：5～8

Poa malaca Keng ex P. C. Kuo in Fl. Tsinling. 1（1）：85. 438. 1976；中国主要植物图说 禾本科 168. 图 117. 1959. sine latin. descr.；青海植物志 4：50. 图版 8：1～4. 1999；中国植物志 9（2）：176. 图版 24：9. 2002；青藏高原维管植物及其生态地理分布 1138. 2008.

多年生草本，具细短的根茎。秆细弱柔软，平滑无毛，高 30～40 cm，具 3～4 节。叶鞘短于节间，平滑无毛；叶舌膜质，三角形，长 1～3 mm；叶片质薄而柔软，上面微粗糙，下面平滑无毛，长 4～12 cm。圆锥花序极狭窄，长 6～7 cm；分枝细弱，直立，粗糙，每节具 2 枚，或基部者可具 3～4 枚，下部常裸露，基部主枝长 1～3 cm；小穗长 3.5～4.0 mm，含 1～2 小花；颖披针形，具 3 脉，脊上部微粗糙，边缘具狭膜质，第 1 颖长 2.5～3.0 mm，第 2 颖长约 4 mm；外稃顶端钝而具膜质，具明显的间脉，脉间具微柔毛，脊中部以下和边脉下部具柔毛，基盘具极短而少量的绵毛，第 1 外稃长约 3 mm；内稃与外稃等长。脊上微粗糙；花药黄色，长 1.5～2.0 mm。 花果期 7～8 月。

产青海：兴海（中铁林场恰登沟，吴玉虎 45194）、玛沁（军功乡，区划二组 088、106）、班玛（马柯河林场，王为义 26959、27129）、久治（采集地不详，藏药队 558、581，果洛队 409）。生于海拔 3 300～3 950 m 的山坡林下、林缘草地、沟谷灌丛、河岸草地。

分布于我国的青海、陕西、四川。

27. 蛊早熟禾

Poa fascinata Keng ex L. Liu in Fl. Reip. Popl. Sin. 9（2）：177. 392. pl. 24：f. 6. 2002；中国主要植物图说 禾本科 169. 图 119. 1959. sine latin. descr..

多年生疏丛生草本，具短根状茎。秆软弱，基部倾斜，高 60～70 cm，直径约 1 mm，紧接花序以下微糙涩，具 2～4 节，顶节位于下部 1/3 处。叶鞘质薄，顶生者长 9～14 cm，稍短于其叶片；叶舌三角形，长 2～4 mm；叶片柔弱，顶端渐尖，长 6～16 cm，宽约 1 mm，两面与边缘微糙涩。圆锥花序细弱下垂，长 4～12 cm；分枝孪生，

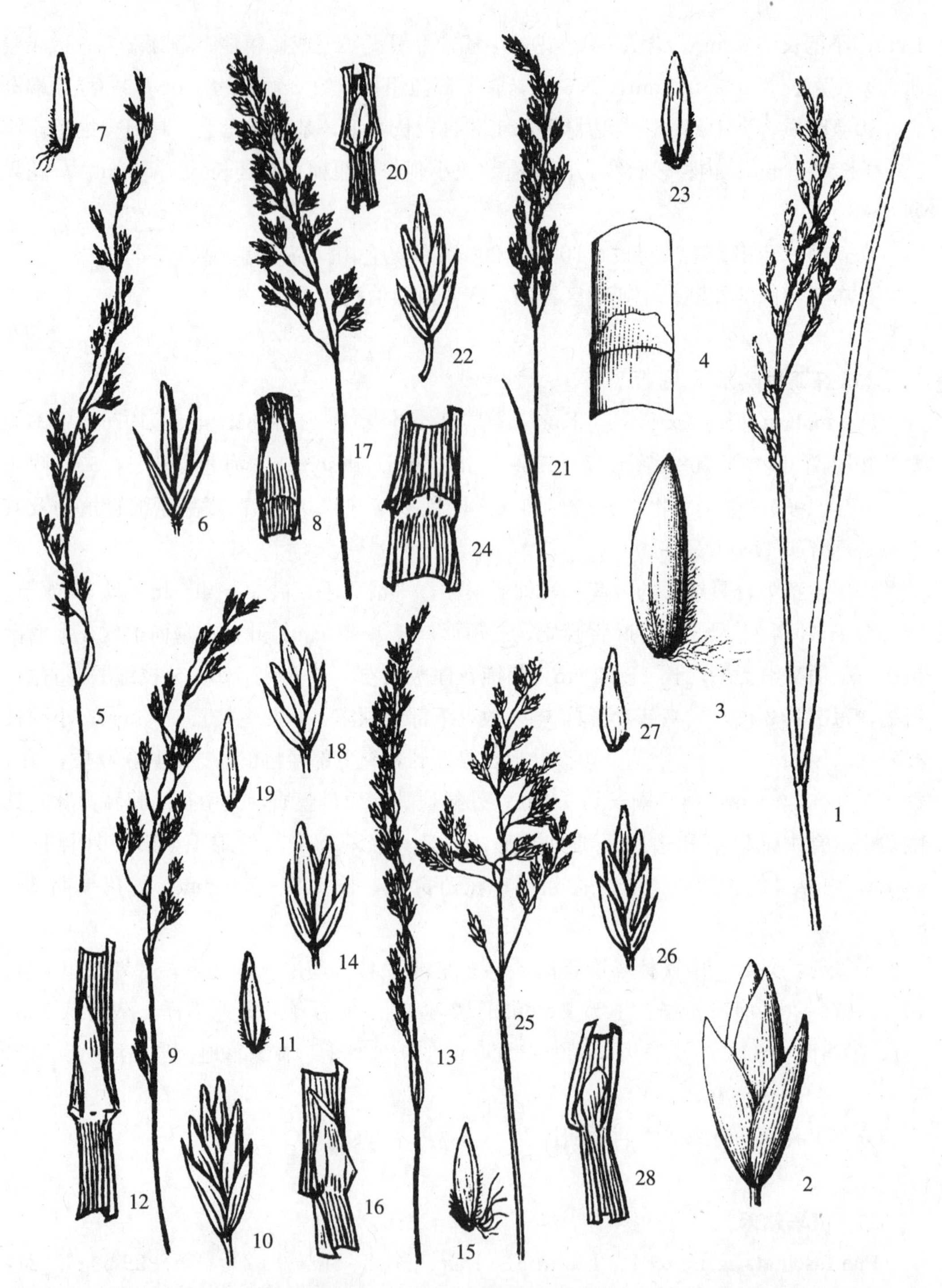

图版 21 林地早熟禾 **Poa nemoralis** Linn. 1. 花序；2. 小穗；3. 小花；4. 叶舌。纤弱早熟禾 **P. malaca** Keng ex P. C. Kuo 5. 花序；6. 小穗；7. 小花；8. 叶舌。光盘早熟禾 **P. elanata** Keng ex Tzvel. 9. 花序；10. 小穗；11. 小花；12. 叶舌。山地早熟禾 **P. orinosa** Keng ex P. C. Kuo 13. 花序；14. 小穗；15. 小花；16. 叶舌。光稃早熟禾 **P. psilolepis** Keng ex L. Liu 17. 花序；18.小穗；19. 小花；20. 叶舌。波伐早熟禾 **P. poophagorum** Bor 21. 花序；22. 小穗；23.小花；24.叶舌。藏北早熟禾 **P. boreali-tibetica** C . Ling 25. 花序；26. 小穗；27. 小花；28. 叶舌。（1~4. 引自《新疆植物志》，张桂芝、谭丽霞绘；5~28. 王颖绘）

微粗糙，长 1.5～3.0 cm，中部以下裸露；小穗灰绿色，长 3.5～5.0 mm，含 2～3 小花，第 1 花不孕为 1 空颖；颖脊上部粗糙，顶端渐尖，边缘狭膜质，第 1 颖较窄，长 2.0～3.5 mm，具 1 脉，第 2 颖长 3～4 mm，具 3 脉；外稃间脉不明显，脊与边脉的下部疏生柔毛，基盘具少量绵毛，第 1 外稃长 3～4 mm；内稃较短，两脊上部粗糙；花药长 1 mm。　花果期 6～8 月。

产青海：班玛（马柯河林场烧柴沟，王为义 27544；宝藏沟，王为义 27330）。生于海拔 3 600～3 800 m 的林缘沟谷山坡草地。

分布于甘肃、四川西北部、云南。

28. 大药早熟禾　图版 22：1～5

Poa macroanthera D. F. Cui in Acta Bot. Bor. - Occ. Sin. 7 (2)：100. fig. 9. 1987；新疆植物志 6：98. 图版 35. 1996；Y. H. Wu Grass. Karakor. Kunlun Mount. 40. 1999；中国植物志 9 (2)：189. 2002；青藏高原维管植物及其生态地理分布 1138. 2008.

多年生疏丛生草本。秆直立，平滑无毛，高 40～50 cm，基部被宿存枯萎叶鞘所包裹。叶鞘平滑；叶舌膜质，顶端钝圆，长 1.5～3.0 mm；叶片扁平或对折，宽 1～3 mm，两面均平滑无毛。圆锥花序开展，长 8～15 cm；分枝细长，近于平滑，每节具 2～3 个分枝，长达 5 cm；小穗绿色或稍带紫色，椭圆形至披针形，长 5～6 (7) mm，含 3～4 小花，小穗轴无毛；颖披针形，具 3 脉，主脉的上部具短刺毛，边缘宽膜质，第 1 颖长 3～4 mm，第 2 颖长 3.5～5.0 mm；外稃稍带紫色至青铜色，披针形，中脉下部 1/2、边脉下部 1/3 被长柔毛，脉间无毛或基部被微毛，顶端和边缘膜质，基盘具少量绵毛，第 1 外稃长 4.0～5.5 mm；内稃稍短于外稃，脊上部 2/3 被短纤毛；花药黄色，长约 3 mm，有时具长约 0.5 mm 的退化花药。　花果期 6～8 月。

产新疆：于田（普鲁至三岔口途中，青藏队吴玉虎 3792）。生于海拔 2 600～3 300 m的河边草地、林间草甸、高寒草甸。

分布于我国的新疆。

29. 克瑞早熟禾　图版 23：1～4

Poa krylovii Reverd. in Anim. Syst. Univ. Tomsk. 8：3. 1936；Tzvel. in Grub. Pl. Asiae Centr. 4：142. 1968，et in Fed. Poaceae URSS 470. 1976；新疆植物志 6：106. 图版 40：1～4. 1996；Y. H. Wu Grass. Karakor. Kunlun Mount. 49. 1999；中国植物志 9 (2)：185. 图版 14：8. 2002；青藏高原维管植物及其生态地理分布 1137. 2008.

多年生疏丛生草本，植株绿色。秆直立，平滑或节以下稍粗糙，高 20～40 cm；茎节紫褐色。叶鞘平滑，茎生叶鞘长达茎秆的 1/2 以上；叶舌长 1～3 mm；叶片线状披针

图版 22　大药早熟禾 **Poa macroanthera** D. F. Cui 1. 植株下部；2. 植株上部；3. 叶舌放大；4. 小花放大；5. 小穗放大。（引自《新疆植物志》，张荣生绘）

形，扁平或对折，两面均粗糙，通常下部老叶的背面平滑。圆锥花序疏展，长 4～10（15）cm；分枝粗糙，长 5～8 cm，每节具 2～3（5）枚，下部裸露；小穗绿色或带紫色，有光泽，宽披针形，长 4～6 mm，含 2～3（4）小花，小穗轴平滑无毛；颖披针形，近等长，长 3～4 mm，背部微糙，具 3 脉，主脉的上部具短刺毛，顶端尖，边缘宽膜质；外稃先端宽膜质，具不明显 3 脉，中脉下部 1/2 及边脉下部 1/3 具长柔毛，基盘无绵毛，第 1 外稃长 3～4 mm；内稃膜质，明显的短于外稃，上部花的内稃可稍长于外稃，脊上具细小纤毛；花药黄色，长 1.5～2.0 mm。 花果期 6～8 月。

产新疆：阿克陶（阿克塔什，青藏队吴玉虎 184）、塔什库尔干（卡拉其古，青藏队吴玉虎 551；克克吐鲁克，青藏队吴玉虎 582）、莎车（喀拉吐孜矿区，青藏队吴玉虎 716）、叶城（柯克亚乡，青藏队吴玉虎 879）、皮山（垴阿巴提乡布琼，青藏队吴玉虎 1895）、于田（普鲁坎羊，青藏队吴玉虎 3769）、且末（阿羌乡昆其布拉克，青藏队吴玉虎 1988）。生于海拔 2 500～3 800 m 的沟谷草甸、阳坡草地、林间草地、沙砾山坡草地、河滩草甸。

青海：格尔木（三岔沟大桥附近，吴玉虎 36775）。生于海拔 3 850 m 左右的干旱沟谷草地、河滩荒漠草原。

分布于我国的新疆（天山）、青海；蒙古，俄罗斯西伯利亚也有。

30. 光盘早熟禾 图版 21：9～12

Poa elanata Keng ex Tzvel. in Grub. Pl. Asiae Centr. 4：142. 1968；中国主要植物图说 禾本科 181. 图 133. 1959. sine latin. descr.；内蒙古植物志 5：89. 图版 38：11～12. 1994；青海植物志 4：50. 图版 8：5～8. 1999；中国植物志 9（2）：187. 2002；青藏高原维管植物及其生态地理分布 1136. 2008.

多年生疏丛生草本。秆直立，平滑无毛，高约 40 cm，具 3～4 节。叶鞘平滑无毛，长于节间；叶舌膜质，长 2～4 mm；叶片扁平或对折，上面及边缘稍粗糙，下面平滑，长 8～15 cm。圆锥花序狭窄，长 6～10 cm；分枝粗糙，直立，每节具 2～3 枚，中部以下裸露，基部主枝长约 3 cm；小穗长 5.0～6.5 mm，含 2～4 小花；颖披针形，具 3 脉，顶端尖，第 1 颖长 4～5 mm，第 2 颖长 4.5～6.0 mm；外稃顶端膜质，具 5 脉，间脉不甚明显，仅脊下部被微毛，边脉和基盘均无毛，第 1 外稃长 4～5 mm；内稃稍短于外稃，脊上具短纤毛；花药黄色，长 2.0～2.5 mm。 花果期 6～9 月。

产青海：兴海（大河坝乡，吴玉虎 42545；中铁乡天葬台沟，吴玉虎 45840、45882、45974、47614；赛宗寺，吴玉虎 46208；中铁乡附近，吴玉虎 42871、45380；河卡乡，吴珍兰 162）、玛沁（雪山乡，黄荣福 052；大武乡，区划三组 107）、久治（哇尔依乡，吴玉虎 36707）、玛多（采集地不详，吴玉虎 047）。生于海拔 3 300～4 500 m 的沟谷林下、阴坡灌丛草地、高山草甸、河谷滩地、沙砾山坡、山地阳坡岩缝。

四川：石渠（国营牧场，吴玉虎 30090；新荣乡雅砻江边，吴玉虎 30062）。生于海

图版 23 克瑞早熟禾 **Poa krylovii** Reverd. 1. 植株； 2. 小穗；3. 小花；4. 叶舌。
(引自《新疆植物志》，张桂芝绘)

拔 3 840 m 左右的沟谷山坡石隙。

分布于我国的青海、四川、内蒙古。

31. 葡系早熟禾

Poa botryoides Trin. in Fl. Zasauk 1：83. 1929；中国主要植物图说 禾本科 172. 图 122. 1959；中国植物志 9（2）：190. 图版 16：5. 2002. ——*Poa attenuata* Trin. subsp. *botryoides*（Trin. ex Griseb.）Tzvel. in Nov. Syst. Pl. Vasc. 11：31. 1974；Tzvel. in Fed. Poaceae URSS 473. 1976；新疆植物志 6：102. 1996.

多年生丛生草本。秆直立，高约 60 cm，具 4～5 节，节下具微毛。叶鞘短于节间，顶节者长 8～10 cm，长于其叶片；叶舌长 1～2 mm；叶片质地较硬，微粗糙，长 3～6 cm，宽 1～2 mm。圆锥花序开展，长 10～14 cm，宽达 4 cm；分枝微粗糙，每节具 4～5 枚，长达 3 cm，中部以上疏生小穗；小穗卵形至倒卵形，绿色带紫色，顶端黄铜色，长 2.5～3.0 mm，含 2～3 小花；颖近等长，具 3 脉，长 2.0～2.5 mm；外稃顶端钝，间脉不明显，脊中部以下与边脉下部 1/3 具柔毛，基盘具较多的绵毛，第 1 外稃长约 2.5 mm；内稃近等长于外稃，脊粗糙；花药长约 1 mm。 花果期 6～8 月。

产新疆：若羌。生于海拔 3 000～4 000 m 的阿尔金山的山坡草地、高寒草原、高山草甸。

分布于我国的新疆；蒙古，中亚地区各国，俄罗斯西伯利亚也有。

32. 阿尔泰早熟禾

Poa altaica Trin. in Ledeb. Fl. Alt. 1：97. 1829；Gamajun. in Fl. Kazakh. 1：230. 1956；Tzvel. in Grub. Pl. Asiae Centr. 4：140. 168，et in Fed. Poaceae URSS 475. 1976；中国植物志 9（2）：194. 图版 16：4. 2002；新疆植物志 6：108. 1996；青藏高原维管植物及其生态地理分布 1133. 2008.

多年生丛生草本，具短根茎。秆直立，平滑无毛，高 10～30 cm，节呈黑紫色。叶鞘平滑无毛；叶舌顶端钝圆，长 1.5～3.0 mm；叶片窄条形，绿色，扁平或对折，上面粗糙，下面平滑，宽 1～3 mm。圆锥花序疏松开展，长 3～10 cm，宽 2～3 cm；分枝粗糙，每节具 2～4 枚，小穗通常呈紫色，长 4～5 mm，含 2～3 小花；颖狭披针形，顶端渐尖，具 3 脉，第 1 颖长约 3 mm，第 2 颖长约 3.5 mm；外稃披针形，先端和边缘膜质，脉不明显，脊与边脉下部具柔毛，基盘具少量绵毛，第 1 外稃长 3.5～4.0 mm；内稃短于外稃，膜质，脊上具细小纤毛；花药长约 1.5 mm。 花果期 6～8 月。

产新疆：塔什库尔干。生于海拔 3 600～4 200 m 的帕米尔高原的高寒草原、山坡草甸、河谷草甸。

分布于我国的新疆；蒙古，中亚地区各国，俄罗斯西伯利亚也有。

33. 乌苏里早熟禾

Poa ursulensis Trin. in Mém. Acad. Imp. Sci. St.-Pétersb. Div. Sav. 2：527. 1835；Tzvel. in Fed. Poacea URSS 471. 1976；中国植物志 9（2）：184. 图版 18：5. 2002. ——*Poa nemoralis-formis* Roshev. in Bot. Mat. （Leningrad） 11：30. 1949；新疆植物志 6：108. 1996.

多年生疏丛生草本。秆斜升，高 40～80 cm。叶鞘平滑无毛，短于其节间；叶舌长 0.5～2.0 mm；叶片线性，扁平，上面微粗糙，长约 20 cm，宽 3～5 mm。圆锥花序疏松开展，长 15～30 cm，宽达 10 cm；分枝孪生，长 6～10 cm，中下部常裸露；小穗卵状披针形，绿色，长 5.0～5.5 mm，含 3～6 小花；颖窄披针形，具 3 脉，第 1 颖长 3～4 mm，第 2 颖长 3.5～4.5 mm；外稃顶端渐尖，具明显的 5 脉，脊与边缘下部具柔毛，基盘有少量的绵毛，第 1 外稃长 3.5～4.5（5.0）mm；内稃脊上部具小糙毛；花药长约 1.2 mm。 花果期 6～8 月。

产新疆：乌恰。生于海拔 3 200 m 的高山草甸草原。

分布于我国的新疆；蒙古，俄罗斯西伯利亚和远东地区，欧洲也有。

34. 新疆早熟禾 图版 24：1～4

Poa relaxa Ovcz. in Rep. Tadjik. Acad. Sci. URSS 1（1）：20. f. 2. 1933；Roshev. in Kom. Fl. URSS 2：402. 1934，Gamajun. in Fl. Kazakh. 1：232. 1956；Tzvel. in Grub. Pl. Asiae Centr. 4：144. 1968；新疆植物志 6：110. 1996；Y. H. Wu Grass. Karakor. Kunlun Mount. 49. 1999；中国植物志 9（2）：188. 图版 18：4. 2002.

多年生密丛生草本。秆直立，粗糙或平滑，高 30～50 cm，具 2～3 节。叶鞘平滑无毛，基部叶鞘稍带红色，枯萎叶鞘浅褐色；叶舌钝，长 1～3 mm；叶片窄条形，扁平或对折，长 10～20 mm，宽 1～2 mm，粗糙。圆锥花序长圆形，疏展或紧缩，长 7～15 cm；分枝微粗糙，每节具 1～5 枚，长 2.0～3.5 cm，着生 1～4 个小穗；小穗黄绿色至灰紫色，长 5～6 mm，含 3～5 小花；颖近于等长，具 3 脉，脊粗糙，顶端渐尖，第 1 颖较狭窄，长 3.0～3.5 mm，第 2 颖较宽，长 3.5～4.0 mm；外稃长圆状披针形，顶端钝圆，中脉和边脉中部以下具柔毛，基盘具少量的绵毛，第 1 外稃长 3～4 mm；内稃与外稃近于等长，脊上具短纤毛；花药黄色，长约 2 mm。 花果期 6～8 月。

产新疆：阿克陶（阿克塔什，青藏队吴玉虎 278）、塔什库尔干、叶城（苏克皮亚，青藏队吴玉虎 1015、1107）、策勒、且末、若羌。生于海拔 1 700～4 300 m 的林缘草甸、河谷草甸、高寒草原。

分布于我国的新疆、西藏；中亚地区各国也有。

图版 **24** 新疆早熟禾 **Poa relaxa** (Ovcz.) 1. 植株；2. 小穗；3. 小花；4. 叶舌。
(引自《新疆植物志》，冯金环绘)

35. 多变早熟禾

Poa varia Keng ex L. Liu in Fl. Reip. Sin. 9 (2): 193. 404. 2002; 中国主要植物图说 禾本科 179. 图 130. 1959. sine latin. descr.

多年生丛生草本。秆直立和膝曲上升，粗糙，高 30～40 cm，具 3～4 节。叶鞘微糙涩，长于其节间，顶生者长约 10 cm，长于其叶片；叶舌长 4～7 mm，先端尖；叶片狭窄，两面糙涩，长 8～11 cm，宽 1.5 mm。圆锥花序长 5～10 cm，宽 2～5 cm；主枝粗糙，长约 4 cm，每节具 2～5 枚，中部以下裸露，上部着生较密的小穗；小穗倒卵形，长 4～5 mm，含 2～3 小花，各花间疏松；小穗轴外露可见；颖具 3 脉，顶端锐尖，脊微粗糙，第 1 颖长 3.0～3.5 mm，第 2 颖长 3.5～4.0 mm；外稃顶端具少许膜质，其下方稍呈黄铜色，间脉不甚明显，脊中部以下与边脉下部 1/3 具较长柔毛，基盘具少量绵毛；第 1 外稃长 3.0～3.5 mm；内稃稍短，脊上粗糙；花药长 1.5 mm。 花果期6～8 月。

产青海：兴海（中铁乡附近，吴玉虎 42909）。生于海拔 3 600 m 左右的沟谷山地阴坡高寒灌丛草甸。

甘肃：玛曲（齐哈玛大桥，吴玉虎 31758、31811）。生于海拔 3 460 m 左右的沟谷山坡灌丛草甸。

分布于我国的青海、甘肃。

36. 山地早熟禾 图版 21：13～16

Poa orinosa Keng ex P. C. Kuo in Fl. Tsinling. 1 (1): 85. 439. 1976; 中国主要植物图说 禾本科 185. 图 140. 1959. sine latin. descr.；青海植物志 4：53. 图版 8：17～20. 1999；中国植物志 9 (2)：198. 图版 20：3. 2002；青藏高原维管植物及其生态地理分布1139. 2008.

多年生密丛生草本。秆直立，高约 45 cm，具 3～4 节，顶节位于中部以下。叶鞘无毛，均长于节间；叶舌膜质，顶端尖，长 2～4 mm；叶片扁平或上部对折，两面稍粗糙，长 3～10 cm。圆锥花序狭窄较稀疏，长 8～10 cm，宽仅 5 mm；分枝孪生，直立，粗糙，中部以下裸露，基部主枝长 3～4 cm；小穗长 3～4 mm，含 2～3 小花；颖紫色，卵状披针形，具 3 脉，顶端尖，第 1 颖长 2.5～3.0 mm，侧脉不明显，第 2 颖长 3.0～3.5 mm；外稃上部稍带紫色，顶端具膜质，具 5 脉，间脉不甚明显，脊中部以下和边脉下部具柔毛，基盘具极少量的绵毛，第 1 外稃长约 3.5 mm；内稃微短于外稃，脊上粗糙；花药长约 1.5 mm。 花果期 7～8 月。

产青海：兴海（河卡山，吴珍兰 169）、都兰（采集记录不详）、班玛（马柯河林场，王为义 27270、27324）、称多（采集地不详，刘尚武 2388）、曲麻莱（叶格乡，黄荣福 094）。生于海拔 3 400～4 700 m 的高寒草原、高山草甸、河谷阶地、沟谷阴坡灌丛、林缘草地、河沟水边潮湿处、山顶石隙、河滩砾地。

分布于我国的青海、陕西、西藏、四川。

37. 宿生早熟禾

Poa perennis Keng ex L. Liu in Acta Bot. Yunnan 4 (3): 276. 1982; 中国主要植物图说 禾本科 202. 图 156. 1959. sine latin. descr.; 青海植物志 4: 51. 1999; 中国植物志 9 (2): 202. 2002; 青藏高原维管植物及其生态地理分布 1140. 2008.

多年生密丛生草本。秆直立，平滑，高 20～30 cm，具 2 节。叶鞘平滑，常短于节间；叶舌膜质，长 0.5～2.0 mm；叶片狭线形，长 5～10 cm，宽 1.0～1.5 mm。圆锥花序卵圆形，疏松开展，长 5～8 cm；分枝细弱，每节着生 1～2 枚，下部常裸露，上部着生 2～3 枚小穗；小穗常紫色，长 4～5 mm，含 2～4 小花；颖披针形，质较硬，脊上部微粗糙，顶端尖，第 1 颖长约 2 mm，具 1 脉，第 2 颖长约 3 mm，具 3 脉；外稃顶端较尖，间脉常不明显，几乎全部无毛或脊与边脉下部具微毛，基盘不具绵毛，第 1 外稃长约 4 mm；内稃近等长或微短于外稃，脊上微粗糙；花药长 1.5～2.0 mm。 花果期 7～9 月。

产青海：兴海（采集地不详，郭本兆 6293）、玛沁（采集地不详，吴玉虎 6177、玛沁队 207）、曲麻莱（采集地不详，刘尚武 159、734、939）。生于海拔 3 200～4 500 m 的山坡草地、高山草甸、高寒草原、沟谷灌丛、河滩草地。

分布于我国的青海、西藏、云南。

38. 华灰早熟禾

Poa sinoglauca Ohwi in Journ. Jap. Bot. 19 (6): 169. 1943; 中国主要植物图说 禾本科 196. 图 149. 1959; 青海植物志 4: 53. 1999; 中国植物志 9 (2): 200. 图版 23: 1. 2002; 青藏高原维管植物及其生态地理分布 1142. 2008.

多年生密丛生草本。秆直立，微粗糙，高 25～40 cm，具 1～2 (4) 节。叶鞘无毛，长于节间，基部者有时微带紫红色，顶生者稍长于其叶片；叶舌钝圆，薄膜质，长 1.5～3.0 mm；叶片扁平或内卷，灰绿色，上面微粗糙，下面近于平滑，长 3～8 cm。圆锥花序狭窄，紧密，长 4～8 cm；分枝直立贴生，微粗糙，每节具 2～3 枚，长 1～2 cm；小穗灰绿色，顶端微带紫色，长约 4 mm，含 2～3 小花；颖片阔披针形或狭卵圆形，长 2.5～3.0 mm，具 3 脉，顶端尖，呈点状粗糙；外稃顶端窄膜质，具不明显的 5 脉，脊中部以下及边脉下部具细短柔毛，脉间呈细点状粗糙，基盘具少量绵毛，第 1 外稃长 2.5～3.0 mm；内稃稍短于或近等于外稃，脊微粗糙；花药长 1.0～1.5 (2.0) mm。 花果期 6～9 月。

产青海：兴海（赛宗寺，吴玉虎 46266；中铁林场中铁沟，吴玉虎 45642；三塔拉，张盍曾 1028、1087；河卡山，采集人不详 432）、玛沁（采集地不详，吴玉虎 21219；拉加乡，区划二组 230)、班玛（马柯河林场，王为义 27125、27303)、久治（希门错湖，果洛队 409)。生长于海拔 3 600～4 500 m 的山坡草地、沟谷林下草甸、山坡林缘灌丛草甸、河谷阶地高寒草甸、高山草原、河滩草甸、湖滨灌丛草地。

分布于我国的华北、东北，以及青海、西藏、四川西北部。

39. 印度早熟禾

Poa indattenuata Keng ex L. Liu in Fl. Reipubl. Popul. Sin 9 (2)：203. 396. 2002；中国主要植物图说 禾本科 198. 图 151. 1959. sine latin. descr.；新疆植物志 6：113. 1996；青海植物志 4：52. 1999；青藏高原维管植物及其生态地理分布 1137. 2008.

多年生密丛生草本。秆直立，高 10～25 cm，具 1～2 节。叶鞘无毛，长于节间，顶生者长于其叶片；叶舌膜质，钝圆而有齿裂，长 1.5～2.0 mm；叶片扁平或内卷，无毛或上面微粗糙，长 2～4 cm，宽约 1 mm。圆锥花序狭窄，紧密，长 2～4 (5) cm；分枝孪生，直立，粗糙，基部主枝长 1.0～1.5 cm；小穗紫色或灰紫色，长 3～5 mm，含 2～3 小花；小穗轴无毛或粗糙；颖近等长，具 3 脉或第 1 颖稀可具 1 脉，脊上微粗糙，顶端锐尖；外稃顶端窄膜质，具不明显的 5 脉，脊和边脉下部具微细毛，脉间无毛，基盘具少量的绵毛，第 1 外稃长 2.5～3.5 mm；内稃近等长于外稃，脊上粗糙或具细短纤毛；花药长 1.0～1.5 mm。 花果期 6～9 月。

产新疆：策勒。生于海拔 3 600 m 左右的沟谷山地高寒草甸、滩地高寒草原、河岸草甸、河溪边草地。

青海：都兰（采集地不详，青甘队 1671)、兴海（温泉乡曲隆，H. B. G. 1421)、治多（长江源各拉丹冬，黄荣福 C. G. -089)、玛多（黑河乡野马滩，吴玉虎 29066；县牧场，吴玉虎 017；扎陵湖乡哈姜，吴玉虎 1190；黑海乡，吴玉虎 28896；花石峡，刘海源 586)、玛沁（军功乡，玛沁队 191)。生于海拔 3 000～4 500 m 的高寒草原、河滩草甸、山坡砾地、河谷阶地、山沟溪水边草地、山顶岩隙、滩地沼泽草甸。

四川：石渠（采集地不详，王清泉 7547)。生于海拔 4 100 m 左右的沟谷山坡高山草甸。

分布于我国的青海、西藏、四川西部；印度也有。

40. 达呼里早熟禾

Poa dahurica Trin. in Mém. Acad. Sci. St.-Pétersb. Sér. 6，4 (2)：63. 1836；Roshev. in Kom. Fl. URSS 2：404. 1934；中国植物志 9 (2)：203. 2002.

多年生密丛生草本。秆直立，高 10～20 cm。叶鞘平滑无毛；叶舌长 1.5～2.0 mm，顶端较钝；叶片窄线形，对折，宽 0.5～1.2 mm，无毛，上面脉粗糙。圆锥花序紧缩，长 3～4 cm，宽 5～10 mm；分枝粗糙，长 2～10 mm；小穗稍带紫色，卵形，长 3～

4 mm，含3～4小花；颖具3脉，顶端尖，第1颖长约2 mm，第2颖长约2.5 mm；外稃间脉不明显，脊和边脉下部具柔毛，基盘几无绵毛，第1外稃长约3 mm；内稃近等长于外稃，脊粗糙，花药长约1 mm。 花果期6～7月。

产青海：都兰（旺尕秀山，吴玉虎36206、36211）、格尔木（西大滩附近，吴玉虎36964）。生于海拔3 590～4 000 m的河谷荒漠砾地、砾石河滩沙棘灌丛、平坦沙窝、河谷湿地、丘陵缓坡。

分布于我国的新疆、青海、内蒙古；俄罗斯西伯利亚也有。

41. 冷地早熟禾

Poa crymophila Keng ex C. Ling Acta Phytotax. Sin. 17（1）：102. 1979；中国主要植物图说 禾本科 200. 图153. 1959. sine latin. descr；西藏植物志 5：112. 1987；Y. H. Wu Grass. Karakor. Kunlun Mount. 53. 1999；青海植物志 4：52. 1999；中国植物志 9（2）：204. 2002；青藏高原维管植物及其生态地理分布 1136. 2008.

多年生丛生草本。秆直立或基部膝曲，紧接圆锥花序下微粗糙，高20～60 cm，具2～3节。叶鞘平滑无毛，基部者常带紫红色；叶舌膜质，平截或半圆形，长0.5～3.0 mm；叶片内卷或对折，上面微糙涩，下面平滑无毛，长3～9 cm，宽0.5～1.0 mm。圆锥花序狭窄，长2～10 cm，宽1～3 cm；分枝粗糙，每节具2～4枚，直立或上举，稀开展，基部主枝下部裸露；小穗灰绿色或带紫色，长3～4 mm，含2～3小花；颖披针形至卵状披针形，具3脉，脊粗糙，顶端渐尖，第1颖长1.5～3.0 mm，第2颖长2.0～2.5 mm；外稃长圆形，顶端尖，稍有膜质，具5脉，间脉不明显，脊及边脉基部微被短柔毛或无毛，基盘无毛或具稀疏绵毛，第1外稃长3.0～3.5 mm；内稃等于或稍短于外稃，脊上部稍粗糙；花药长1.0～1.5 mm。 花果期6～9月。

产新疆：塔什库尔干（红其拉甫，青藏队吴玉虎4915）、叶城（岔路口，青藏队吴玉虎1235、1241）、若羌（祁漫塔格山，青藏队吴玉虎2262、3978、3997）。生于海拔4 400～4 900 m的河边草甸、沙砾湿地。

西藏：改则（大滩，高生所西藏队4300；麻米区，郎楷永10178）。生于海拔4 450～4 500 m的山地阴坡草地、沟谷山坡草地。

青海：格尔木（西大滩，青藏队吴玉虎2797）、兴海（中铁乡附近，吴玉虎42853；唐乃亥乡沙那，王生新222；河卡乡，吴珍兰156）、都兰（采集地不详，郭本兆11943）、玛沁（拉加乡，吴玉虎6108；军功乡，吴玉虎20679；当洛乡，玛沁队359）、甘德、久治、班玛（马柯河林场，王为义27576）、玛多（县牧场，吴玉虎1673；扎陵湖乡，吴玉虎403）、称多（歇武乡，刘有义336）、曲麻莱（东风乡，刘尚武895）、治多（可可西里，采集人和采集号不详）。生于海拔3 000～4 800 m的高山草甸、高寒草原、山坡林缘、沟谷灌丛、河滩疏林、河谷阶地、沙砾山坡、高山石隙、高山流水线、湖滨河岸、山前冲积扇、宽谷湖盆砾地、阴坡高寒灌丛草甸。

四川：石渠（长沙贡玛乡，吴玉虎 29719、刘国光 7616）。生于海拔 4 100～4 500 m 的沟谷山坡岩石缝隙、高寒草甸、高山草地。

分布于我国的新疆、青海、甘肃南部、西藏、四川西部、云南。

42. 渐尖早熟禾 图版 25：1～4

Poa attenuata Trin. Mém. Acad. Sci. St.-Pétersb. Sav. Étrang. 2：527. 1835；Stapf in Hook. f. Fl. Brit. Ind. 7：340. 1897；Roshev. in Kom. Fl. URSS 2：403. t. 30. f. 8. 9. 1934；Gamajun. in Fl. Kazakh. 1：233. 1956；Tzvel. in Grub. Pl. Asiae Centr. 4：141. 1968，et in Fed. Poaceae URSS 474. 1976；Thomas A. Cope in E. Nasir et S. I. Ali Fl. Pakist. 143：417. 1982；西藏植物志 5：114. 1987；新疆植物志 6：102. 图版 37：5～8. 1996；Y. H. Wu Grass. Karakor. Kunlun Mount. 50. 1999；青海植物志 4：54. 1999；中国植物志 9（2）：206. 图版 16：1. 2002；青藏高原维管植物及其生态地理分布 1134. 2008.

42a. 渐尖早熟禾（原变种）

var. **attenuata**

多年生密丛生草本，具下伸的根状茎或具根头。秆直立，高 20～30 cm，花序以下部分微粗糙，具 1～2 节。叶鞘粗糙，长于节间；叶舌白色膜质，顶端钝圆或有时呈撕裂状，长 1.5～3.0 mm；叶片扁平或对折，粗糙或下面有时较平滑，长 4～6 cm。圆锥花序狭窄，长 3～6 cm；分枝单生或孪生，直立，粗糙，长 1～2 cm，下部裸露；小穗带紫色，长 4.0～4.5 mm，含 2～4 小花，小穗轴无毛；颖狭披针形，具 3 脉，脊上糙涩，顶端渐尖成尾状，具狭窄透明膜质边缘，第 1 颖长 3.0～3.5 mm，第 2 颖长 3.5～4.5 mm；外稃顶端尖且膜质，脊中部以下及边脉基部具长柔毛，基盘无毛或有稀疏的绵毛，第 1 外稃长约 4 mm；内稃稍短于外稃，脊上具短纤毛；花药长约 1.5 mm。 花期 6～7 月。

产新疆：阿克陶（布伦口乡恰克拉克，青藏队吴玉虎 581）、塔什库尔干（麻扎达坂，高生所西藏队3157）、叶城（阿格勒达坂，黄荣福 157）、皮山（康西瓦，高生所西藏队 3348、3406）、策勒（奴尔乡，青藏队吴玉虎 1984、3839）。生于海拔 3 200～4 500 m的陡峭山坡、湖畔沙砾滩地草甸、沙砾山坡草地、山坡沙砾地、山地阴坡草地。

西藏：日土（班公湖，高生所西藏队 74-3536、3575、3650）、尼玛（双湖，郎楷永 9730、10018、10056、10078）。生于海拔 4 800～5 500 m 的高山草甸、沙砾滩地高寒草原、河岸沙滩、河谷阶地、冰缘湿地、高山流石坡下缘。

青海：都兰（香日德沟里乡，吴玉虎 36237、36250、36264）、格尔木（西大滩昆仑山北坡，吴玉虎 36808）、久治（索乎日麻乡，高生所果洛队 315）、玛多（采集地不详，吴玉虎 211；县牧场，吴玉虎 1172、1657；黑海乡，吴玉虎 28879；黄河沿，区划一组 578；巴颜喀拉山北坡，吴玉虎 29137）。生于海拔 3 370～4 360 m 的高寒草甸、沙砾滩地高寒草原、湖滨草甸、砾石山坡草地、滩地荒漠草原、高山流石坡山地岩隙。

分布于我国的新疆、青海、西藏、四川西北部、云南；蒙古，印度西北部，俄罗斯西伯利亚南部，中亚地区各国也有。

42b. 胎生早熟禾（变种）

var. **vivipara** Rendle Journ. Linn. Soc. Bot. 36：435. 1904；西藏植物志 5：114. 1987；Y. H. Wu Grass. Karakor. Kunlun Mount. 50. 1999；青海植物志 4：54. 1999；青藏高原维管植物及其生态地理分布 1135. 2008.

与原变种的区别在于圆锥花序具胎生小穗。

产青海：格尔木（青藏公路 920 km 处，青藏队吴玉虎 2821）。兴海（河卡山，张盍曾 111）、玛沁（雪山乡，玛沁队 344；兔子山，吴玉虎 18291）、久治（上龙卡沟，果洛队 604；年宝山，藏药队 544）、达日、玛多（清水乡，吴玉虎 552）、称多（扎朵乡，苟新京 216；巴颜喀拉山，黄荣福 3673）、曲麻莱（龙甲山垭口，陈世龙 819、黄荣福 099）、治多。生于海拔 4 200～5 100 m 的高寒草甸、高山流石坡、高山石隙、阴坡高寒灌丛、河滩砾地、山坡草地。

四川：石渠（菊母乡，吴玉虎 29888、29909A）。生于海拔 4 000～4 800 m 的高山草地，沟谷山坡草甸、高山流石坡石隙、河谷山地岩缝。

分布于我国的新疆、青海、甘肃、陕西、西藏、四川。

43. 暗穗早熟禾

Poa tristis Trin. ex Regel in Mém. Pres. Acad. Sci. St.-Pétersb. 2. 6：528. 1853；Roshev. in Kom. Fl. URSS 2：400. pl. 30. fig. 3. 1934；中国植物志 9(2)：209. 2002.

多年生草本，具短根状茎。秆直立丛生，高 8～15 cm。叶鞘平滑；叶舌长 1.5～2.0 mm；叶片狭，线形，多少对折，宽 0.5～1.5 mm，质硬，边缘粗糙。圆锥花序狭窄，近总状，具少数小穗，长 1.5～4.0 cm，宽约 1 cm；分枝粗糙，小穗 1～2 枚着生于穗轴各节；小穗多少带紫色，长 4～5 mm，含 1～3 小花；颖狭披针形，具 3 脉，顶端尖，第 2 颖较大，稍短于其小穗；外稃脉不明显，脊与边脉下部具柔毛，基盘有绵毛。 花果期 6～8 月。

产新疆：阿克陶（阿克塔什，青藏队吴玉虎 193）。生于海拔 3 100～3 300 m 的河谷山坡高山草地。

分布于我国的新疆；俄罗斯西伯利亚也有。

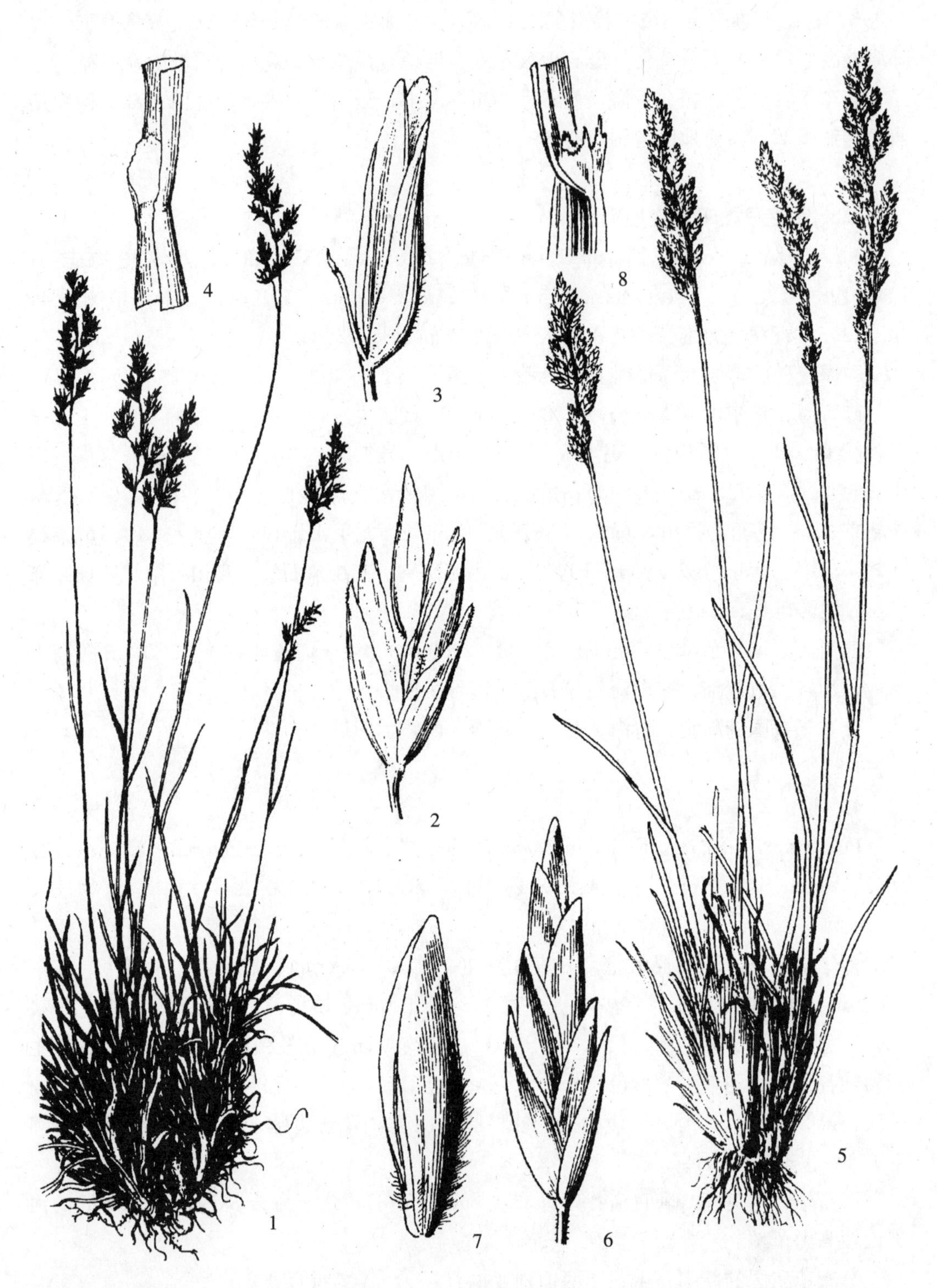

图版 **25** 渐尖早熟禾 **Poa attenuata** Trin. 1. 植株；2. 小穗；3. 小花；4. 叶舌。中亚早熟禾 **P. litwinowiana** Ovcz. 5. 植株；6. 小穗；7. 小花；8. 叶舌。（引自《新疆植物志》，冯金环、张桂芝绘）

44. 中华早熟禾

Poa sinattenuata Keng ex L. Liu in Fl. Reipub Popul Sin. 9 (2): 209. 402. 2002；中国主要植物图说 禾本科 189. 图 141. 1959. sine latin. descr.

多年生草本，具细长而下伸的根状茎。秆丛生，高约 30 cm，直径约 1 mm，花序以下的部分粗糙。叶鞘粗糙，长于其叶片；叶舌长 1.5～3.0 mm；叶片上面糙涩，先端渐尖，长 4～6 cm，宽约 1 mm；圆锥花序狭窄，长 4～6 cm，宽约 5 mm；分枝孪生，长 1～2 cm，下部常裸露；小穗带紫色，长 4.0～4.5 mm，含 2～3 小花；小穗轴具极少的毛；颖具 3 脉，脊粗糙，顶端渐尖或尖尾状，第 1 颖长 3.0～3.5 mm，第 2 颖长 3.5～4.5 mm；外稃顶端尖且有少许膜质，间脉不甚明显，脊中部以下与边脉基部具柔毛，基盘具短而少的绵毛，第 1 外稃长约 4 mm；内稃稍长于外稃，脊上具短纤毛，顶端 2 裂；花药长约 1.5 mm。 花期 6～7 月。

产青海：玛沁（东倾沟乡，区划三组 154）、玛多（扎陵湖三队，吴玉虎 438）。生于海拔 3 880～4 300 m 的沟谷山坡草地、山地阴坡草甸。

四川：石渠（中区，刘照光 7619）。生于海拔 4 500 m 左右的沟谷山坡高寒草地、高寒灌丛草甸。

分布于我国的青海、甘肃、四川。

45. 沙生早熟禾

Poa stenostachya S. L. Lu et X. F. Lu in Acta Bot. Bor.-Occ. Sin. 21 (5): 1035. 2001.

45a. 沙生早熟禾（原变种）

var. **stenostachya** 本区不产。

45b. 沙地早熟禾（变种）

var. **kokonorica** S. L. Lu ex X. F. Lu in Acta Bot. Bor.-Occ. Sin. 21 (5): 1038. 2001；青藏高原维管植物及其生态地理分布 1142. 2008.

多年生草本，具根茎。秆高 15～65 cm，具 3 节，顶节可伸至秆中部；叶鞘长达 19 cm；叶舌长 3.0～3.5 mm。圆锥花序紧密稍疏松；颖披针形，第 1 颖具 3 脉，边缘下部具纤毛；外稃具 5 脉，脉间背部具微毛，边缘下部具纤毛，基盘具长约 2 mm 的柔毛，第 1 外稃长 3.8～5.0 mm；内稃沿脊部具短毛；花药长约 2 mm，幼时黄色，花期变为紫色。

产青海：玛多（黑河乡，陈桂琛 1809）。生于海拔 4 250 m 左右的高原山谷滩地、高寒沼泽草甸沙砾地。

分布于我国的青海。

46. 阿洼早熟禾

Poa araratica Trautv. in Acta Horti Petrop. 2：486. 1873；Sult. Stew. Grass. W. Pakist. 2：192. 1959；Bor Grass. Burma Ceyl. Ind. Pakist. 555. 1960，et Towns. et al. Fl. Iraq 9：113. 1968，et Rech. f. Fl. Iran. 70：42. 1970；Davis Fl. Turkey 9：482. 1985；中国植物志 9（2）：208. 图版 19：11. 2002.

多年生密丛生草本，具根头或短根状茎。秆直立，带绿色，高 25～35 cm。叶舌撕裂，长 1. 5～2. 5 mm；叶片扁平，稍内卷或多少线形，边缘粗糙，长 4～10 cm，宽 1. 0～1. 5 mm。圆锥花序狭窄，密聚或多少疏松，长 4～9 cm。分枝孪生，粗糙，上升，弯曲；小穗长 4. 0～6. 5 mm，含 3～4 小花；颖顶端带紫色，长圆形至椭圆形，具 3 脉，第 1 颖长 3. 0～3. 8 mm，第 2 颖较宽，长 3. 2～4. 5 mm；外稃顶端钝或稍尖，脊与边脉下部具柔毛，基盘疏生绵毛，第 1 外稃长 3. 5～4. 5 mm；内稃短于外稃，两脊粗糙；花药长 1. 5～2. 0 mm。 花期7～8月。

产新疆：若羌（采集地不详，青藏队吴玉虎 4246）、叶城（依力克其牧场，黄荣福 86－109）。生于海拔 3 700～4 300 m 的峡谷山坡草地、河谷滩地。

西藏：西北部。生于海拔 4 300～5 100 m 的沟谷山地高寒草原。

分布于我国的新疆、西藏；克什米尔地区，阿富汗，伊朗，巴基斯坦，土耳其，高加索，欧洲也有。

47. 阿尔金山早熟禾 图版 26：1～4

Poa arjinshanensis D. F. Cui in Acta Bot. Bor.－Occ. Sin. 7（2）：87. f. 3. 1987；新疆植物志 6：88. 1996；Y. H. Wu Grass. Karakor. Kunlun Mount. 47. 1999；中国植物志 9（2）：208. 2002；青藏高原维管植物及其生态地理分布 1134. 2008.

多年生草本，具短根状茎。秆高 20～30 cm，平滑无毛，基部被多数枯死的叶鞘所包围。叶鞘平滑无毛；叶舌膜质，舌状，长 1. 2～1. 5 mm；叶片条形，顶端渐尖，扁平或对折，上面粗糙，下面平滑无毛。圆锥花序疏松，长 5～6（8）cm；分枝长而粗糙，每节具 1～3 枚；小穗绿色或带紫色，长 5～8 mm，含 2～5 花；颖卵状披针形，顶端尖，边缘膜质，第 1 颖长 3. 5～4. 0 mm，具 3 脉；第 2 颖具 3～5 脉，3. 5～4. 5 mm，脊上部 1/3 具短刺毛；外稃顶端尖而具膜质边，中脉下部 1/2 及边脉下部 1/4 具长柔毛，基盘具少量长而弯曲的绵毛，第 1 外稃长 3. 5～4. 0 mm；内稃短于外稃，长 3. 0～3. 5 mm，脊上具短纤毛；花药黄色，长约 2 mm。 花果期 7～8 月。

产新疆：若羌（阿尔金山，采集人和采集号不详）。生于海拔 3 500 m 左右的河谷地带的山坡草地。

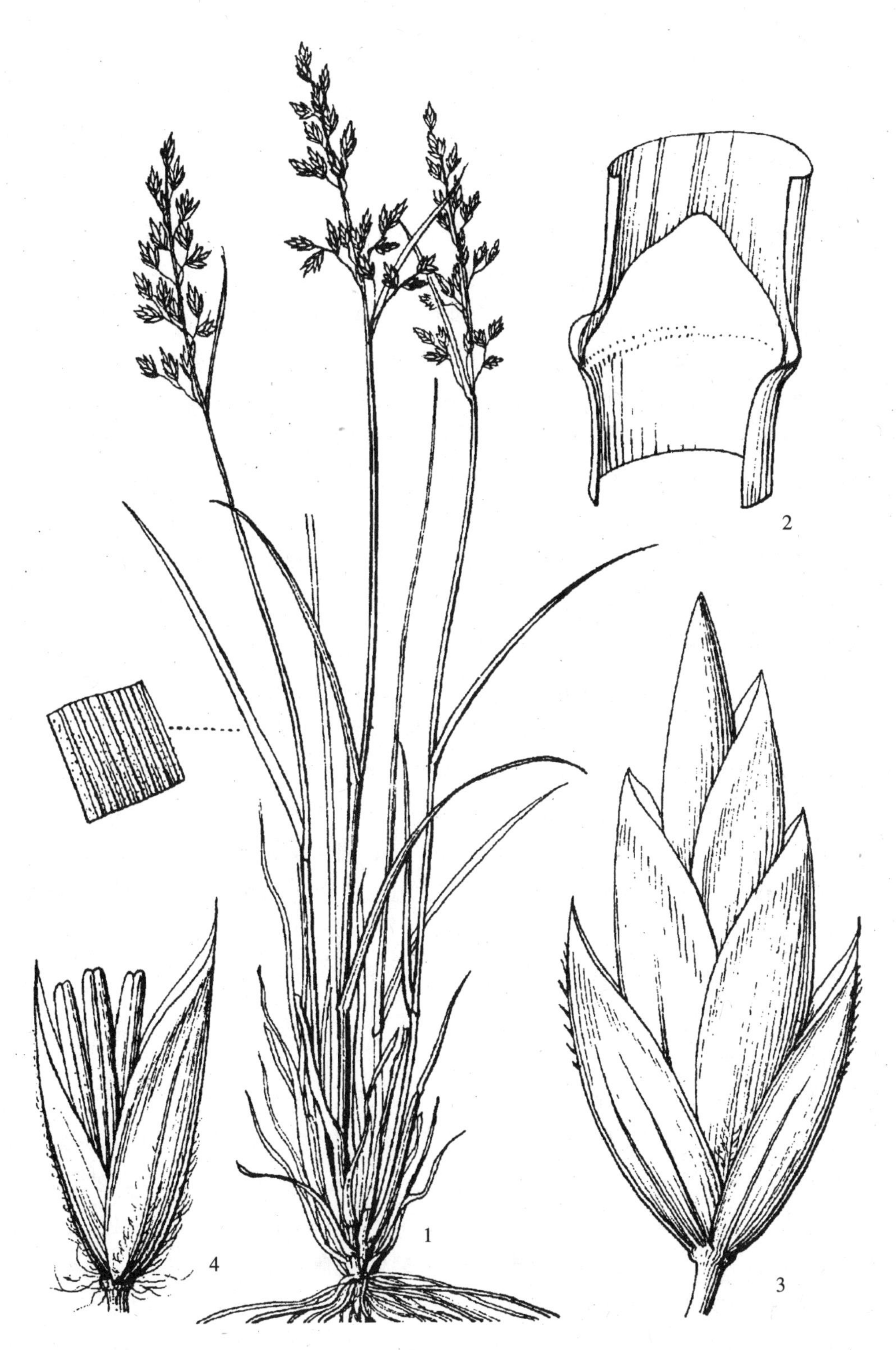

图版 **26** 阿尔金山早熟禾 **Poa arjinshanensis** D. F. Cui 1. 植株；2. 叶舌放大；3. 小穗放大；4. 小花放大。（引自《新疆植物志》，张荣生、谭丽霞绘）

青海：格尔木（西大滩，青藏队吴玉虎 2804）。生于海拔 4 400 m 左右的沟谷山坡草地、溪流河谷阶地高寒草甸。

分布于我国的新疆、青海。

48. 光稃早熟禾 图版 21：17～20

Poa psilolepis Keng ex L. Liu in Fl. Reipubl. Popul Sin. 9 (2)：213. 400. 2002；中国主要植物图说 禾本科 202. 图 155. 1959. sine latin. descr.；青海植物志 4：51. 图版 8：9～12. 1999；青藏高原维管植物及其生态地理分布 1141. 2008.

多年生密丛生草本。秆直立或基部稍膝曲，高 30～60 cm，具 2～3 节。叶鞘无毛，长于或短于节间，顶生叶鞘长于其叶片；叶舌膜质，三角形或顶端 2 浅裂，长 1～2 mm；叶片内卷，直伸，质较硬，无毛或下面微粗糙，长 2.5～10.0 cm，宽 1～2 mm。圆锥花序长圆形，狭窄稍疏松，长 6～9 cm；分枝微粗糙，每节着生 2～4 枚，基部主枝长达 4 cm，下部裸露；小穗带紫色，长（2.5）3.5～5.0 mm，含（1）2～4 小花；颖近等长，长 2.0～3.5 mm，具 3 脉，顶端尖；外稃平滑无毛，顶端窄膜质，间脉不明显，基盘不具绵毛，第 1 外稃长 2.5～3.5 mm；内稃稍短于外稃，脊上微粗糙；花药长约 1 mm。 花果期 7～8 月。

产青海：兴海（中铁乡天葬台沟，吴玉虎 45937；大河坝乡赞毛沟，吴玉虎 46427、46454、46455；中铁乡至中铁林场途中，吴玉虎 43200）、玛沁（西哈垄河谷，吴玉虎 5681；军功乡，吴玉虎 20708、21190；雪山乡，玛沁队 417；江让水电站，王为义 26655）、久治、称多（歇武乡，苟新京 83-423）。生于海拔 3 500～4 000 m 的河漫滩草甸、溪流河谷高寒草原、沟谷山坡林缘灌丛草甸、阳坡草地、沟谷河岸。

甘肃：玛曲（河曲军马场，吴玉虎 31855、31925）。生于海拔 3 440 m 左右的沟谷山坡草甸、山地岩石缝隙。

分布于我国的青海、甘肃、四川。

49. 西奈早熟禾

Poa sinaica Steud. in Syn. Pl. Glum. 1：256. 1854；Boiss. in Fl. Or. 5：606. 1884；Roshev. in Kom. Fl. URSS 2：378. pl. 28. f. 6：a～b. 1934；Bor Grass. Burma Cely. Ind. Pakist. 28. 1960，et Rech. f. Fl. Iran. 70：28. 1970；Tzvel. in Fed. Poaceae. URSS 450. fig. 43. 1976；Thomas A. Cope in Fl. Pakist. 143：401. fig. 43. 1982；中国植物志 9 (2)：212. 图版 22：10. 2002.

多年生密丛生草本。秆直立，高 20～60 cm。叶舌长 2～4 mm，常 2 裂；叶片大多基生，对折或内卷，顶端渐尖，边缘和上面粗糙，长 4～18 cm，宽 1～2 mm。圆锥花序疏松，长圆状椭圆形，长 6～12 cm；分枝微粗糙，2～4 枚簇生各节，着生多数密集的小穗；小穗长 6～8 mm，含 4～7 小花；颖近相等，椭圆形，具 3 脉，有尖头，第 1

颖长 3～4 mm，第 2 颖较宽，长 3.5～4.0 mm；外稃长圆形，顶端钝，脊与边脉下部具纤毛，基盘不具绵毛，第 1 外稃长 4.0～4.5（～5.0）mm；内稃稍短于外稃，沿脊粗糙；花药长 2.0～2.5 mm。 花果期 4～6 月。

产青海：都兰（诺木洪布尔汗布达山北坡三岔口南，吴玉虎 36522、36560）。生于海拔 3 200～3 760 m 的沟谷、山地荒漠、山崖石隙、中山带石质山坡、洪积扇、干旱草地。

分布于我国的青海；俄罗斯北高加索地区，中亚地区各国，地中海东部，小亚细亚，巴基斯坦，中东地区也有。又见于喜马拉雅山西部。

50. 宽颖早熟禾

Poa platyglumis (L. Liu) L. Liu Fl. Reipubl. Popul. Sin. 9 (2)：221. t. 24：1. 2002. ——*Puccinellia platyglumis* L. Liu 西藏植物志 5：128. 1987.

多年生密丛生矮小草本。秆高 5～8 cm。叶鞘平滑；叶舌膜质，长 1～2 mm；叶片长 1～2 cm，宽约 3 mm，边缘及上面微粗糙。圆锥花序长 1.0～2.5 mm，上部着生 2～5 枚小穗；小穗紫褐色，长约 4 mm，含 2～3 小花；两颖宽大，宽卵形，近相等，长 2.2～2.5 mm，具 3 脉，顶端尖，上部压扁成脊，脊微粗糙；外稃宽卵形，边缘宽膜质，背面下部圆形，上部压扁成脊，基部无毛，第 1 外稃长约 2.5 mm；内稃较短于外稃，脊微粗糙；花药长约 1 mm。 花果期 7～8 月。

产西藏：仲巴。生于海拔 5 600 m 左右的高原宽谷滩地、高寒草原、河湖周边平滩盐土。

青海：格尔木（昆仑山口，吴玉虎 36928、36945）。生于海拔 4 760 m 左右的高原沟谷河滩盐碱地。

分布于我国的青海、西藏。

51. 波伐早熟禾 图版 21：21～24

Poa poophagorum Bor in Kew Bull. 1948：143. 1948，et Grass. Burma Ceyl. Ind. Pakist. 559. 1960；中国主要植物图说 禾本科 200. 图 154. 1959；新疆植物志 6：111. 1996；Y. H. Wu Grass. Karakor. Kunlun Mount. 52. 1999；青海植物志 4：51. 图版 8：13～16. 1999；中国植物志 9 (2)：221. 图版 23：5，5a. 2002；青藏高原维管植物及其生态地理分布 1140. 2008.

51a. 波伐早熟禾（原变种）

var. **poophagorum**

多年生密丛生草本。秆直立，平滑，高 12～20 cm，仅在基部具 1 节。叶鞘平滑无毛；叶舌膜质，钝圆，长约 2 mm；叶片细长，微粗糙，扁平，边缘内卷，长 2～7 cm，宽约 1.5 mm。圆锥花序直立而狭窄，长 2～5 cm，宽 5～15 mm；分枝直立，微粗糙或平滑，每节具 1～4 枚，基部主枝长约 1 cm，自基部即生小穗；小穗紫色或褐黄色，长 3～5 mm，通常含 2～4 小花；小穗轴微粗糙或被微毛；颖卵状披针形，具 3 脉，平滑无毛，顶端尖且质较薄，第 1 颖长 2.0～2.5 mm，第 2 颖长约 3 mm；外稃顶端稍具膜质，具不明显的 5 脉，脊平滑或微粗糙，背部全部无毛或边脉下部有微毛，基盘无毛，第 1 外稃长约 3 mm；内稃近等长于外稃，脊上平滑或微粗糙；花药长（1.5）1.8～2.0 mm。 花果期 6～8 月。

产新疆：皮山（康西瓦，高生所西藏队 74－3406）、若羌（依夏克帕提，青藏队吴玉虎 4245）。生于海拔 3 900～4 500 m 的山坡草甸、河滩草地、高寒草甸、小溪边沙砾地。

青海：格尔木（市郊南部 130 km 处，青甘队 449；青藏公路 920 km 处，青藏队吴玉虎 2814）、冷湖（当金山，青甘队 588）、兴海（中铁乡天葬台沟，吴玉虎 45937；河卡乡，吴珍兰 163；羊曲台，何廷农 042）、都兰（诺木洪，杜庆 337）、玛沁（兔子山，吴玉虎 18058；军功乡，区划二组 138、植被组 614）、久治（索乎日麻乡，果洛队 315）、玛多（采集地不详，吴玉虎 019、132、173；扎陵湖乡，黄荣福 191）、称多（清水河乡，苟新京 088）、曲麻莱、治多。生于海拔 2 800～4 800 m 的高山草甸、高寒草原、沙砾山坡、高山流水线、沙砾滩地、湖滨草甸、山前冲积扇、河漫滩草地、河谷阶地、山谷路旁。

分布于我国的新疆、青海、西藏、四川、云南；尼泊尔，印度东北部也有。

51b. 红其拉甫早熟禾（变种）

var. **hunczilapensis** Keng ex D. F. Cui in Acta Bot. Bor.-Occ. Sin. 7 (2): 100. f. 11. 1987；新疆植物志 6：111. 1996；Y. H. Wu Grass. Karakor. Kunlun Mount. 50. 1999；青藏高原维管植物及其生态地理分布 1140. 2008.

本变种与原变种的区别为：颖宽披针形，具 3 脉，边缘宽膜质，第 1 颖长 2.5～3.5 mm，第 2 颖长 3～4 mm；外稃披针形，绿色，先端具宽的紫红色、黄棕色至白色膜质边，中脉下部 1/2 及边脉下部 1/3 具长柔毛，基盘无绵毛，第 1 外稃长约 4 mm；内稃稍短于外稃，脊上部 2/3 具细小的纤毛；花药长约 1.8 mm。 花果期 7～8 月。

产新疆：塔什库尔干（红其拉甫达坂，模式标本产地，采集人和采集号不详）、若羌（阿尔金山木孜塔格峰北坡，采集人和采集号不详）。生于帕米尔高原和阿尔金山海拔 4 000～4 400 m 的高寒草甸、山坡草地。

52. 高寒早熟禾

Poa koelzii Bor in Kew Bull. 1948: 139. 1948, et in Grass. Burma Ceyl. Ind. Pakist. 557. 1960, et in Rech. f. Fl. Iran. 70: 37. 1970；中国植物志 9 (2): 214.

图版 24：18. 2002.

多年生密丛生矮小草本。秆直立，灰绿色，高 4～10 cm。叶鞘枯老后成干膜质聚集于秆基；叶舌长约 3 mm，顶端钝圆；叶片短，对折，质硬，长 1～2 cm，宽约 1.5 mm，边缘和两面粗糙。圆锥花序紧缩，长约 2.5 cm，宽约 1.5 cm；分枝短而直伸，粗糙，常孪生；小穗常紫色，长 4.5～6.0 mm，含 2～5 小花；小穗轴节间平滑无毛；颖椭圆状披针形，具 3 脉，脊粗糙，第 1 颖长 2.2～2.5 mm，第 2 颖较宽，长 2.7～3.2 mm；外稃顶端钝，脊和边脉下部具纤毛，下部脉间密生短毛，基盘无毛或具少许绵毛，第 1 外稃长约 3.5 mm；内稃短于其外稃，两脊上部粗糙，下部具纤毛；花药长 1.2～1.5 mm。 花果期 7～8 月。

产西藏：尼玛（双湖，郎楷永 9929）、班戈（色哇区阿米错至马俊山途中，青藏队藏北分队 9603；九隆古玛，青藏队藏北分队 9591）。生于海拔 4 000～5 900 m 的宽谷河滩草地、山坡高寒草原、高山草甸、砾石坡地、河滩沙地。

新疆：塔什库尔干（慕士塔格，青藏队吴玉虎 300；麻扎种羊场萨拉勒克，青藏队吴玉虎 327A）、叶城（岔路口，青藏队吴玉虎 1230）、皮山（采集地不详，青藏队吴玉虎 4743）、于田（采集地不详，青藏队吴玉虎 3710、3716、3744）。生于海拔 2 700～5 160 m的砾石山坡草地、沟谷山坡草甸、山谷湿草地、河滩草地、山前洪积扇草地、林缘草地。

分布于我国的新疆、西藏；印度北部也有。

53. 中亚早熟禾 图版 25：5～8

Poa litwinowiana Ovcz. in Bull. Tadjik. Acad. Sci. 1 (1)：22. 1933；Roshev. in Kom. Fl. URSS 2：7. 1934，et in Fl. Kirg. 2：134. 1950；Gamajun. in Fl. Kazakh. 1：136. 1956；Ovcz. et Czuk. Fl. Tadjik. 1：151. 1957；Bor Grass. Burma Ceyl. Ind. Pakist. 558. 1960；西藏植物志 5：112. 图 59. 1987；新疆植物志 6：100. 1996；中国植物志 9 (2)：214. 图版 24：19. 2002；Y. H. Wu Grass. Karakor. Kunlun Mount. 51. 1999；青藏高原维管植物及其生态地理分布 1138. 2008.

多年生密丛生草本。秆直立或斜升，粗糙，高 15～30 cm。叶鞘较短，仅达茎秆的 1/2，平滑或稍粗糙；叶舌长 1～2 mm，顶端钝圆或尖；叶片窄条形，长 2～6 cm，宽 1.5～2.0 (3.0) mm，通常对折，有时扁平，两面均粗糙。圆锥花序狭窄、紧缩，长 2～4 (6) cm，宽约 1 cm；分枝孪生，长 0.5～1.0 cm，微粗糙，斜升；小穗轴被短毛；小穗绿紫色至褐紫色，长 4～6 mm，含 2～3 小花；颖披针形，近于等长，具 3 脉，第 1 颖长 2.0～2.5 mm，第 2 颖长约 3 mm；外稃窄披针形，顶端及边缘膜质，中脉和边脉下部 1/2 具微毛，基盘无绵毛或有时具少量绵毛，第 1 外稃长 3～4 mm，脉下部被毛或无，脉间无毛；内稃稍短于外稃，脊上具微细纤毛，下部 1/3 近于光滑；花药长约

1.5 mm。 花果期6～8月。

产新疆：阿克陶（阿克塔什，青藏队吴玉虎152；布伦口乡恰克拉克至木吉途中，青藏队吴玉虎193）、塔什库尔干（苏巴什达坂，青藏队吴玉虎310；红其拉甫达坂，青藏队吴玉虎4915）、叶城（柯克亚乡阿图秀，青藏队吴玉虎780、930；阿克拉达坂，青藏队吴玉虎1430、1463；乔戈里峰，青藏队吴玉虎1524）、皮山（垴阿巴提乡布琼，青藏队吴玉虎2997）、和田（天文点，青藏队吴玉虎1255）、策勒（奴尔乡亚门，青藏队吴玉虎2513）、于田（普鲁至火山区，青藏队吴玉虎3661、3688、3703、3760、3817）、且末（阿羌乡昆其布拉克，青藏队吴玉虎2105、3871）、若羌（阿尔金山保护区鸭子泉，青藏队吴玉虎3924、3955；皮亚奇勒克塔格山，青藏队吴玉虎2150；祁漫塔格山北坡，青藏队吴玉虎2167、2168、2169、2664；阿其克库勒湖畔，青藏队吴玉虎2742、4020、4023；明布拉克东，青藏队吴玉虎4207）。生于海拔2 600～4 800 m的高寒草甸、沙砾质草地、高寒草原、河滩草地、砾石山坡。

西藏：改则（至措勤途中，郎楷永10254）、日土（龙木错，青藏队吴玉虎1290、1298）。生于海拔4 700～5 200 m的砾石山坡、河滩草地、高寒草原、高寒草甸、湖水泉边沙砾质草地、山地岩石堆上。

青海：兴海（中铁林场卓琼沟，吴玉虎45771）、称多（珍秦乡，吴玉虎32501）、治多（长江源头各拉丹冬，黄荣福89-246、252、299、301；可可西里西金乌兰湖，可可西里队黄荣福K-809；库赛湖，可可西里队黄荣福K-460、K-467；五雪峰，可可西里队黄荣福K-969）、曲麻莱（秋智乡，刘尚武762）、玛沁（东倾沟乡，区划三组175；石峡，王为义26607；喜马拉雅山，植被组1281）、玛多（县牧场，吴玉虎1672；长石头山，刘海源679、690）。生于海拔3 100～5 400 m的湖畔草甸、高山冰缘湿地草甸、冰塔林前砾石山坡、河流溪水边草地、盐生草甸、河滩草地、沙砾质草地、高寒草甸、高寒草原、砾石山坡、林缘陡峭山坡。

分布于我国的新疆（天山）、青海、甘肃、西藏；俄罗斯南部，伊朗，阿富汗，巴基斯坦，尼泊尔，不丹，印度东北部也有。

54. 密穗早熟禾

Poa spiciformis D. F. Cui in Fl. Xinjiang. 6：601. 88. 1996；中国植物志 9(2)：219. 2002；青藏高原维管植物及其生态地理分布 1142. 2008.

多年生疏丛生草本，具下伸的根状茎。秆平滑无毛，高15～25 cm，节靠近基部，为叶鞘所包被；叶鞘平滑；叶舌膜质，顶端钝圆，长约3 mm；叶片扁平或对折，稍粗糙，宽1～2 mm。圆锥花序紧缩成穗状，长2.5～5.0 cm；分枝短，粗糙，每节2～4枚；小穗紫褐色或带紫色，卵圆形至宽披针形，长4.5～5.5 mm，通常含2小花；小穗轴被柔毛；颖披针形，具3脉，两颖近等长，长3～4 mm；外稃边缘及顶端膜质，中脉下部1/2及边脉下部1/3被长柔毛，脉间被短柔毛，基盘无绵毛，第1外稃长3.5～

4.0 mm；内稃稍短于外稃，顶端2齿裂，脊上被柔毛；花药黄色，长约2 mm。 花果期8～9月。

产新疆：策勒（奴尔乡亚门，模式标本产地，采集人和采集号不详）。生于海拔3 500～4 000 m的昆仑山河谷阶地、高山河谷草甸。

分布于我国的新疆。

55. 雪地早熟禾

Poa rangkulensis Ovcz. et Czuk. Bull. Acad. Tadjik. 17：40. 1956；Tzvel. in Fed. Poaceae URSS 476. 1976；新疆植物志 6：113. 1996；Y. H. Wu Grass. Karakor. Kunlun Mount. 54. 1999；中国植物志 9（2）：217. 图版 23：3，3a. 2002；青藏高原维管植物及其生态地理分布 1 141. 2008.

多年生密丛生草本。秆直立，微粗糙，具少数营养枝，平滑无毛，高5～20 cm，节位于基部，被枯萎叶鞘包裹。叶鞘平滑无毛或微粗糙；秆生叶舌膜质，长1.0～2.5 mm；叶片扁平或对折，下面平滑，上面和边缘稍粗糙，宽1～2 mm。圆锥花序紧密，呈穗状，长1～3 cm；分枝粗糙；小穗常紫褐色，卵形，长4～6 mm，通常含2～4小花；颖具3脉，顶端尖，第1颖长2.0～2.5 mm，第2颖长2.5～3.5 mm，主脉上部具糙毛；外稃边缘膜质，中脉2/3及边脉1/2以下被柔毛，下部脉间密被短柔毛，基盘无绵毛，第1外稃长3～4 mm；内稃膜质，稍短于外稃，脊上部具细小纤毛；花药黄色，长1.3～1.6 mm。 花果期7～8月。

产新疆：阿克陶（布伦口乡恰克拉克，青藏队吴玉虎583、628）、塔什库尔干（克克吐鲁克，青藏队吴玉虎528；卡拉其古，青藏队吴玉虎549）、于田（普鲁，青藏队吴玉虎3689）、若羌（祁漫塔格山，青藏队吴玉虎3978）、和田。生于帕米尔高原和昆仑山海拔3 400～5 150 m的河边草甸、小块河滩潮湿草地、沟谷草地。

西藏：尼玛（双湖区双湖鱼尾，青藏队郎楷永9902）。生于海拔4 600～5 050 m的湖边沙砾质草地、山谷滩地高寒草原、沟谷砾石山坡。

分布于我国的新疆天山、青海、西藏；中亚地区各国也有。

56. 藏北早熟禾 图版21：25～28

Poa boreali-tibetica C. Ling in Acta Phytotax. Sin. 17（1）：103. 图3. 1979；西藏植物志 5：115. 图50：1～3. 1987；青海植物志 4：56. 图版8：25～28. 1999；中国植物志 9（2）：219. 2002；青藏高原维管植物及其生态地理分布 1135. 2008.

多年生丛生草本。秆微粗糙，高10～20 cm，具1～2节。叶鞘长于节间，上部微粗糙，顶生者位于秆的中部以上；叶舌膜质，长1～3 mm；叶片扁平或对折，两面粗糙，长3～5 cm，宽1.5～3.0 cm。圆锥花序椭圆形，长4～6 cm；分枝粗糙，开展，每节有2～3枚，基部即着生小穗，基部主枝长约2 cm；小穗长4.5～6.0 mm，含3～6

小花；颖阔披针形，顶端锐尖，脊上部粗糙，具3脉，第1颖长3.0～3.5 mm，第2颖长3.5～4.0 mm；外稃顶端尖且稍带膜质，脊和边脉中部以下密被短柔毛，具5脉，间脉不明显，下部脉间被短柔毛，基盘无毛或有微毛，第1外稃长3～4 mm；内稃近等长于外稃，脊上微粗糙；花药长约1.5 mm。　花果期6～8月。

产西藏：双湖。生于海拔4 900 m左右的沟谷山坡砾石地。

青海：玛多（县牧场，吴玉虎1666、1676）、玛沁（军功乡，玛沁队248；西哈垄河谷，吴玉虎5663）、称多（县城附近，刘尚武2267）、治多、曲麻莱（东风乡，黄荣福161）。生于海拔3 610～4 900 m的砾石山坡、滩地草甸、弃耕地。

分布于我国的青海、西藏。

57. 糙茎早熟禾　图版27：1～5

Poa scabriculmis N. R. Cui in Acta Bot. Bor.-Occ. Sin. 7（2）：93. f. 6. 1987；新疆植物志 6：88. 1996；Y. H. Wu Grass. Karakor. Kunlun Mount. 54. 1999；中国植物志 9（2）：216. 2002；青藏高原维管植物及其生态地理分布 1141. 2008.

多年生丛生草本，具短而下伸的根状茎。秆直立，密被糙毛，高20～25 cm，节近于基部，为叶鞘所包被，基部营养枝具鳞片状叶鞘。叶鞘平滑无毛或微粗糙；叶舌先端钝圆，长2～4 mm；叶片通常内卷，宽约1 mm，两面均粗糙。圆锥花序疏展，长2～3 cm；分枝微粗糙，每节3～6分枝，下部分枝长1～2 cm；小穗紫褐色或带紫色，披针形，长约4 mm，含1～2小花；颖披针形，质厚，具3脉，脊上具细小微刺，顶端尖，边缘膜质；外稃质厚，中脉下部1/2和边脉下部1/3被柔毛，中脉上部1/2具锯齿，有时侧脉下部也被少量柔毛，基盘无毛，第1外稃长约4 mm；内稃稍短于外稃，脊上具细小纤毛；花药黄色或带紫色，长1.0～1.3 mm。　花果期8～9月。

产新疆：策勒（奴尔乡亚门，采集人和采集号不详）。生于海拔3 500～4 000 m的沟谷山地高寒草甸。

分布于我国新疆。

58. 小密早熟禾

Poa densissima Roshev. ex Ovcz. in Bull. Tadjik. Acad. Sci. 1（1）：26. 1933, et Roshev. in Kom. Fl. URSS 2：418. 1934, et in Fl. Kirg. 2：135. 1950；中国植物志 9（2）：216. 图版 14：12. 2002.

多年生丛生草本。秆直立，高4～8 cm，上部无叶。叶鞘膜质抱茎，鞘层高约2 cm；叶舌长1.0～1.5 mm；叶片对折，长1～2 cm，宽约1 mm，边缘粗糙。圆锥花序紧缩成长圆状穗形，长1～2 cm；分枝短而粗糙；小穗密生，长约5 mm，含3～4小花；颖披针形，近相等，长约3 mm，具3脉，顶端尖；外稃间脉不明显，脊与边脉下部具短柔

图版 **27** 糙茎早熟禾 **Poa scabriculmis** N. R. Cui 1. 植株；2. 茎段放大示密披糙毛；3. 叶舌放大；4. 小穗放大；5. 小花放大。（引自《新疆植物志》，张荣生绘）

毛，基盘无绵毛，第 1 外稃长 3.5～4.0 mm；花药长约 1.5 mm。 花果期 6～8 月。

产新疆：塔什库尔干（慕士塔格，青藏队吴玉虎 298）、于田（乌鲁克库勒湖畔，青藏队吴玉虎 3723）、且末（奴尔乡亚门，青藏队吴玉虎 2477）。生于海拔 3 500～4 200 m 的沟谷山坡高山草甸、冰缘砾石山坡、河谷砾地、冰缘湿草甸。

西藏：尼玛（双湖，郎楷永 9932；马益尔雪山，郎楷永 9738；江爱雪山，郎楷永 9714）、班戈（色哇区，郎楷永 9580）。生于海拔 4 800～5 150 m 的山坡草地、湖滨草原、宽谷湖盆砾石草地、老火山岩石上。

青海：兴海（温泉乡姜路岭，吴玉虎 28778，采集人不详 662）、称多（清水河乡，吴玉虎 32455）、治多（可可西里链湖，可可西里队黄荣福 K-191；乌兰乌拉，黄荣福 761；五雪峰，黄荣福 414；库赛湖，黄荣福 473；勒斜武但湖，黄荣福 851）、玛沁（东倾沟乡，区划三组 175）、玛多（黑河乡野马滩，吴玉虎 29105；黑海乡，吴玉虎 28899）。生于海拔3 820～5 000 m 的高寒草原、沙砾滩地草原、高寒草甸砾石地、山地阴坡草地、高寒沼泽草甸、高寒草甸、湖滨山麓草地。

四川：石渠（长沙贡玛乡，吴玉虎 29771A）。生于海拔 4 000 m 左右的沟谷山坡高寒草甸。

分布于我国的新疆、青海、西藏、四川；中亚地区各国也有。又见于帕米尔高原。

59. 羊茅状早熟禾 图版 28：1～5

Poa parafestuca L. Liu in Fl. Reipub. Popul. Sin. 217. 2002. ——*P. festucoides* N. R. Cui in Acta Bot.-Bor. Occ. Sin. 7 (2)：95. 图 7. 1987；新疆植物志 6：111. 图版 42：1～5. 1996；Y. H. Wu Grass. Karakor. Kunlun Mount. 52. 1999；青藏高原维管植物及其生态地理分布 1136. 2008.

多年生密丛生草本。秆直立，高 5～10 cm，花序下微粗糙，基部为多数灰褐色枯萎叶鞘所包藏。叶鞘微粗糙；叶舌长 2.5～3.5 mm；叶片内卷或对折，宽约 0.8 mm，两面微粗糙。圆锥花序紧密排列成穗状，长 1～3 cm；分枝短，粗糙；小穗紫褐色，披针形，长 3～4 mm，含 2～3 小花；颖具 3 脉，第 1 颖长约 2.5 mm，第 2 颖长约 3 mm；外稃披针形，边缘窄膜质，脊中部以下边缘下部具柔毛，基盘无毛，第 1 外稃长 3.0～3.5 mm；内稃稍短于外稃，脊具细纤毛；花药黄色，长约 1.5 mm。 花果期 7～8 月。

产新疆：阿克陶（阿克塔什，青藏队吴玉虎 116、160；恰尔隆乡，青藏队吴玉虎 5028；布伦口乡恰克拉克，青藏队吴玉虎 633）、塔什库尔干（卡拉其古，青藏队吴玉虎 5066；麻扎，青藏队吴玉虎 338；萨拉勒克，青藏队吴玉虎 443）、叶城（麻扎达坂，黄荣福 86-33、125、127；苏克皮亚，青藏队吴玉虎 1020）、皮山（喀尔塔什，青藏队吴玉虎 3631、3632B）、且末（阿羌乡昆其布拉克，青藏队吴玉虎 3839）、若羌（祁漫塔格山南坡，青藏队吴玉虎，采集号不详）。生于海拔 2 800～4 600 m 的林缘草甸、沟谷沼泽草甸、山坡草甸、沙砾质山坡草地、高寒草原。

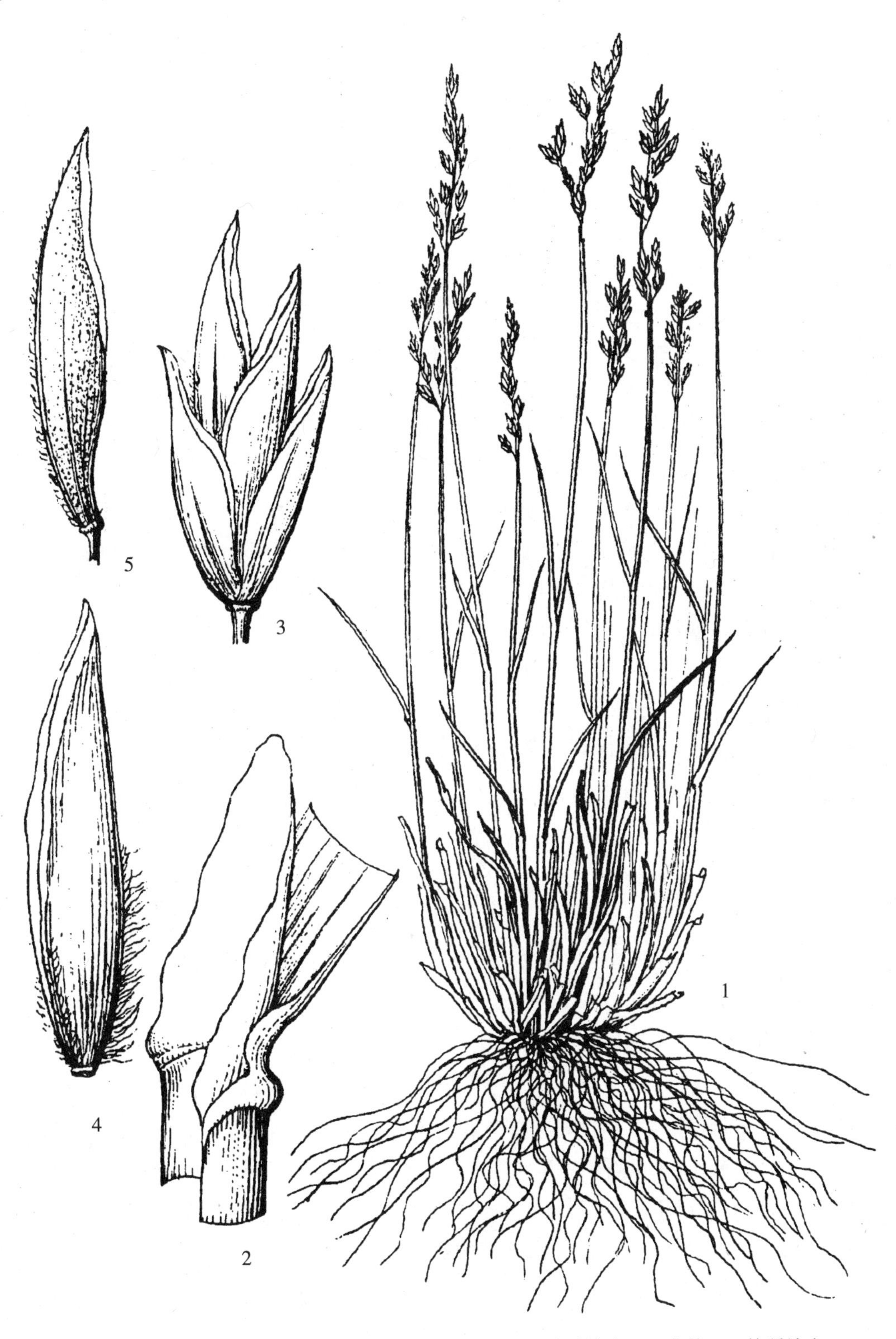

图版 **28**　羊茅状早熟禾 **Poa parafestuca** L. Liu 1. 植株；2. 叶舌放大；3. 小穗；4. 外稃放大；5. 内稃放大。（引自《新疆植物志》，张荣生、谭丽霞绘）

青海：兴海（温泉乡，吴玉虎 28728）、玛多（黑海乡，吴玉虎 28896）。生于海拔 3 750～4 120 m 的紫花针茅高寒草原、沟谷山地高寒草原。

四川：石渠（长沙贡玛乡，吴玉虎 29654、29657、29774）。生于海拔 4 000～4 100 m的沙砾河滩沙棘灌丛、沟谷山坡石隙。

分布于我国的新疆、青海、四川。

15. 银穗草属 **Leucopoa** Griseb.

Griseb. in Ledebour Fl. Ross. 4：383. 1852.

多年生草本。为不完全的雌雄异株，具顶生圆锥花序；小穗含数小花而为单性（但雌花中具不发育雄蕊，雄花中具不育雌蕊），小穗轴粗糙，脱节于颖之上及诸花之间；颖半透明膜质，无毛，不相等，均短于第 1 花，具明显的中脉和不明显的侧脉；外稃膜质，多少具脊，背面粗糙或被微毛，具 5 脉，间脉通常不显著，脉上呈小刺状粗糙；内稃膜质，脊较粗壮，具细刺状纤毛，顶端完整或不规则的齿裂。

约 5 种，多分布于东亚和中亚地区。我国有 2 种，昆仑地区产 1 种。

1. 新疆银穗草

Leucopoa olgae (Regel) Krecz. et Bobr. in Kom. Fl. URSS 2：495. 1934；新疆植物志 6：76. 1996；中国植物志 9（2）：231. 图版 8：5～10. 2002. ——*Molinia olgae* Regel in Acta Horti Petrop. 7：2. 625. 1881. ——*Festuca olgae*（Regel）Krivot in Not. Syst. Herb. Inst. Bot Acad. Sci. URSS 20：56. 1960；Tzvel. in Grub. Pl. Asiae Centr. 4：162. 1968，et in Fed. Poaceae URSS 397. 1976；Thomas A. Cope in E. Nasir et S. I. Ali Fl. Pakist. 143：362. 1982；Y. H. Wu Grass. Karakor. Kunlun Mount. 35. 1999；Fl. China 22：230. 2006；青藏高原维管植物及其生态地理分布 1121. 2008.

多年生密丛生草本，雌雄异株。秆高 20～40 cm，光滑无毛，基部具枯萎的叶鞘。叶鞘柔软，宽而光滑无毛；叶舌流苏状，长 0.5～1.0 mm；叶片灰绿色，扁平或内卷，长 5～14 cm，宽 3～4 mm，光滑无毛或边缘粗糙。圆锥花序长 3～10 cm，小穗不多，具 10～20 枚，花序轴和分枝粗糙；雌性植株的圆锥花序紧缩，几乎呈穗状，每节 3～5 分枝，长 0.5～1.5 cm；雄性植株的圆锥花序狭窄，每节 1～2 分枝，长 1～5 cm，被短毛或粗糙；小穗灰白色或红色，有时呈淡紫色，倒卵形，长 8～10 mm，含 3～4 花；花单性而雄花中有不孕雌蕊，雌花中有不孕雄蕊；颖膜质半透明，披针形，渐尖，第 1 颖长 3.5～4.0 mm，具 1 脉，第 2 颖长 4.5～5.0 mm，具 3 脉，中脉明显，侧脉不明显；外稃卵状披针形，长 5～8 mm，背上部平滑无毛，基部被短毛或粗糙，具 5 脉，中脉稍隆起呈脊，边缘宽膜质，具 3 脉，先端无芒或具短尖头；内稃窄，具 2 脊，被短柔毛；雄花花药紫色，3 枚，长 4.0～4.5 mm；雌花子房顶端被柔毛。 花果期 6～8 月。

产新疆：阿克陶（阿克塔什，青藏队吴玉虎 154、237；恰尔隆乡，青藏队吴玉虎 4613）、莎车（喀拉吐孜，青藏队吴玉虎 717）、叶城（乔戈里峰，黄荣福 86－192；柯克亚乡阿图秀，青藏队吴玉虎 809；苏克皮亚，青藏队吴玉虎 1023、1054；棋盘乡，青藏队吴玉虎 4071；阿卡子达坂，中科院新疆综考队 534、543）、皮山（喀尔塔什，青藏队吴玉虎 3626；垴阿巴提乡布琼，青藏队吴玉虎 1893、1894、1896、1897、2424）、策勒（奴尔乡亚门，青藏队吴玉虎 2490；奴尔乡，青藏队吴玉虎 1957、3038）、于田（普鲁至火山区，青藏队吴玉虎 3677）、且末（阿羌乡昆其布拉克，青藏队吴玉虎 3831，中科院新疆综考队 3448、9403、9433）、若羌（阿尔金山，青藏队吴玉虎 4316）。生于海拔 2 600～4 600 m 的沟谷阳坡高寒草甸、高原山地高寒草原、河谷林缘草地。

分布于我国的新疆（天山）；俄罗斯，中亚地区各国，喜马拉雅山地区西部也有。

16. 旱禾属 **Eremopoa** Roshev.

Roshev. in Kom. Fl. URSS 2：756. 1934.

一年生草本。圆锥花序；分枝细长，半轮生，在下部的有时不育；小穗与早熟禾属相似，长圆形，含 2 至数花，小穗轴被短柔毛；颖不等长，第 1 颖具 1 脉，第 2 颖具 3 脉；外稃窄披针形到狭窄矩圆形，脉不明显，先端钝圆或尖或具短芒，基部被疏柔毛。雄蕊 3 枚。

约 8 种，分布于地中海地区、土耳其、巴尔干半岛和非洲东部至中国西部。我国产 4 种，昆仑地区产 1 种。

1. 新疆旱禾

Eremopoa songarica（Schrenk）Reshev. in Kom. Fl. URSS 2：431. t. 32. f. 14. 1934；Gamajun. in Fl. Kazakh. 1：249. t. 19. f. 2. 1956；Tzvel. in Grub. Pl. Asiae Centr. 4：147. 1968；新疆植物志 6：114. 1996；Y. H. Wu Grass. Karakor. Kunlun Mount. 62. 1999；中国植物志 9（2）：234. 图版 26：3，3a. 2002；青藏高原维管植物及其生态地理分布 1105. 2008. ——*Glyceria songarica* Schrenk Enum. Pl. Nov. 1：1. 1841. ——*Eremopoa altaica* subsp. *songarica*（Schrenk）Tzvel. in Fed. Poaceae URSS 479. 1976.

一年生草本。秆单生，细弱，具少量分蘖，高 6～40 cm，光滑无毛。叶鞘光滑无毛；叶舌长 0.5～1.5 mm；叶片窄条形，宽 1.0～1.5 mm，扁平或对折，上面粗糙。圆锥花序疏松，长 6～15 cm；分枝通常 4～8 枚，很细，粗糙；小穗披针形，长 3～

5 mm，含 1～3 小花，小穗柄细长且粗糙，小穗轴被短柔毛；颖窄披针形，第 2 颖长于第 1 颖 2 倍；外稃窄披针形，先端渐尖，长 1.8～3.5 mm；内稃稍短或与外稃等长。花果期 5～7 月。

产新疆：东帕米尔高原。生于帕米尔高原海拔 3 200 m 左右的山坡草地。

分布于我国的新疆、西藏；中亚地区各国，俄罗斯西伯利亚也有。

17. 小沿沟草属 Colpodium Trin.

Trin. Fund. Agrost. 149. 1822. ——*Paracolpodium* (Tzvel.) Tzvel. Tzvel. Journ. Bot. URSS 50 (9): 1320. 1965.

多年生草本，具匍匐根状茎。叶鞘无毛；叶舌 1.5～5.0 mm 长，光滑无毛；叶片扁平或卷曲。圆锥花序长 1.5～12.0 cm，分枝光滑无毛；小穗轴光滑无毛，小穗含 1 枚两性小花；颖披针形或卵状披针形，顶端膜质，下部的颖具 1 脉，上部的颖具 1～3 脉；外稃顶端膜质，具 3～5 脉，下半部具毛；内稃具 2 脊，脊光滑无毛或被微柔毛；雄蕊 3 枚；子房无毛。种脐的长度约等于颖果的 1/3～2/3。

约 4 种，分布于欧亚大陆的温寒地带。我国有 2 种，昆仑地区产 1 种。

1. 柔毛小沿沟草

Colpodium altaicum Trin. in Ledeb. Fl. Altaic. 1: 100. 1829; Fl. China 22: 313. 2006; ——*Paracolpodium altaicum* subsp. *leucolepis* (Nevski) Tzvel. in Nov. Syst. Pl. Vasc. 1966: 33. 1966, et in Fed. Poaceae URSS 490. 1976; E. Alexeev in Nov. Syst. Vasc. 18: 89. t. 2. f. 3～4. 1981; Thomas A. Cope in E. Nasir et S. I. Ali Fl. Pakist. 143: 427. 1982; Y. H. Wu Grass. Karakor. Kunlun Mount. 63. 1999; 中国植物志 9 (2): 285. 图版 31: 17～20. 2002.

多年生草本，具匍匐根状茎。秆高 15～30 cm，平滑无毛，具 2～3 节。叶鞘较节间长，平滑无毛；叶舌长约 3 mm，顶端钝圆；叶片灰绿色，扁平或对折，宽 2～5 mm，两面或仅上面具钝的毛状附属物。圆锥花序紧缩狭窄，长 3～8 cm；分枝细，平滑，斜上升，下部长达 2 cm；小穗通常淡绿色或带紫色，长 4.0～5.5 mm，仅含 1 小花；颖长圆状披针形，平滑无毛，顶端渐尖且膜质带紫色，其余绿色，边缘干膜质，第 1 颖长 2.8～3.4 mm，具 1 脉，第 2 颖长 3.2～4.0 mm，具 3 脉；外稃灰绿色而顶部常带淡紫色，长圆形，长 3.5～4.0 mm，具不明显的 3 脉，沿脉或下半部边缘被白色柔毛，顶端钝，膜质，具不规则的锯齿；内稃等于或稍长于外稃，脊具长柔毛；雄蕊 2 枚，花药暗紫色，长 2.4～3.0 mm。 花果期 6～7 月。

产新疆：且末（阿羌乡昆其布拉克，青藏队吴玉虎 2080、2614；采集地不详，青藏队 6223、6878、8855、29851)。生于海拔 4 600～5 000 m 的高山冰缘台地、高山流石坡稀疏植被带、高原沙砾质湿草地。

分布于我国的新疆；伊朗，阿富汗，俄罗斯，巴基斯坦，克什米尔地区也有。

18. 沿沟草属 Catabrosa Beauv.

Beauv. Ess. Agrost. 97. 1812.

多年生草本，通常具匍匐茎。叶片扁平而柔软。圆锥花序顶生，开展或紧缩；小穗常含 2 小花，稀 1 至 4 小花，各小花间距较远，脱节于颖之上和各小花之间；小穗轴无毛，节间较长；颖不等长，均短于小花，脉不明显，顶端钝圆至平截或呈啮蚀状；外稃较宽，顶端透明干膜质，无芒，具明显而平行的 3 脉，基盘无毛；内稃近等长于外稃，具 2 条直脉。种脐矩圆形。

约 10 种，分布于北温带。我国有 3 种，昆仑地区产 1 种 1 变种。

1. 沿沟草　图版 29：1～3

Catabrosa aquatica (Linn.) Beauv. in Ess. Agrost. 97. 1812; Stapf in Hook. f. Fl. Brit. Ind. 7: 310. 1897; Nevski in Kom. Fl. URSS 2: 445. 1934; Gamajun. in Fl. Kazakh. 1: 53. 1956; Masl. et Ovcz. in Fl. Tadjik. 1: 235. 1957; 中国主要植物图说 禾本科 321. 图 263. 1959; Bor Grass. Burma Ceyl. Ind. Pakist. 528. 1960; Tzvel. in Grub. Pl. Asiae Centr. 4: 172. 1968; 中国高等植物图鉴 5: 52. f. 6933. 1976; Thomas A. Cope in E. Nasir et S. I. Ali Fl. Pakist. 143: 425. 1982; 新疆植物志 6: 58. 图版 18: 1～7. 1996; Y. H. Wu Grass. Karakor. Kunlun Mount. 31. 1999; 青海植物志 4: 63. 图版 10: 1～3. 1999; 中国植物志 9 (2): 281. 图版 31: 1～4. 2002; Fl. China 22: 314. 2006. 青藏高原维管植物及其生态地理分布 1088. 2008. ——*Aira aquatica* Linn. Sp. Pl. 64. 1753.

1a. 沿沟草（原变种）

var. **aquatica**

多年生草本。秆高 20～60 cm，质地柔软，直立或基部匍卧，并于节处生根。叶鞘松弛，上部者短于节间；叶舌透明薄膜质，长 2～4 mm，顶端钝圆；叶片扁平，柔软，光滑无毛，先端钝头呈舟形，长 5～15 cm，宽 3～6 mm。圆锥花序开展，长 10～20 cm；分枝细，斜升或平展，基部各节多呈半轮生，主枝长 2.0～2.5 cm；小穗绿色或褐绿色或褐紫色，长 2～3 mm，含 1～2 小花；颖纤细，薄膜质，顶端钝圆或近于平截，稀锐尖，第 1 颖长约 1 mm，第 2 颖长 1.0～1.5 mm；外稃背部平滑无毛，具隆起

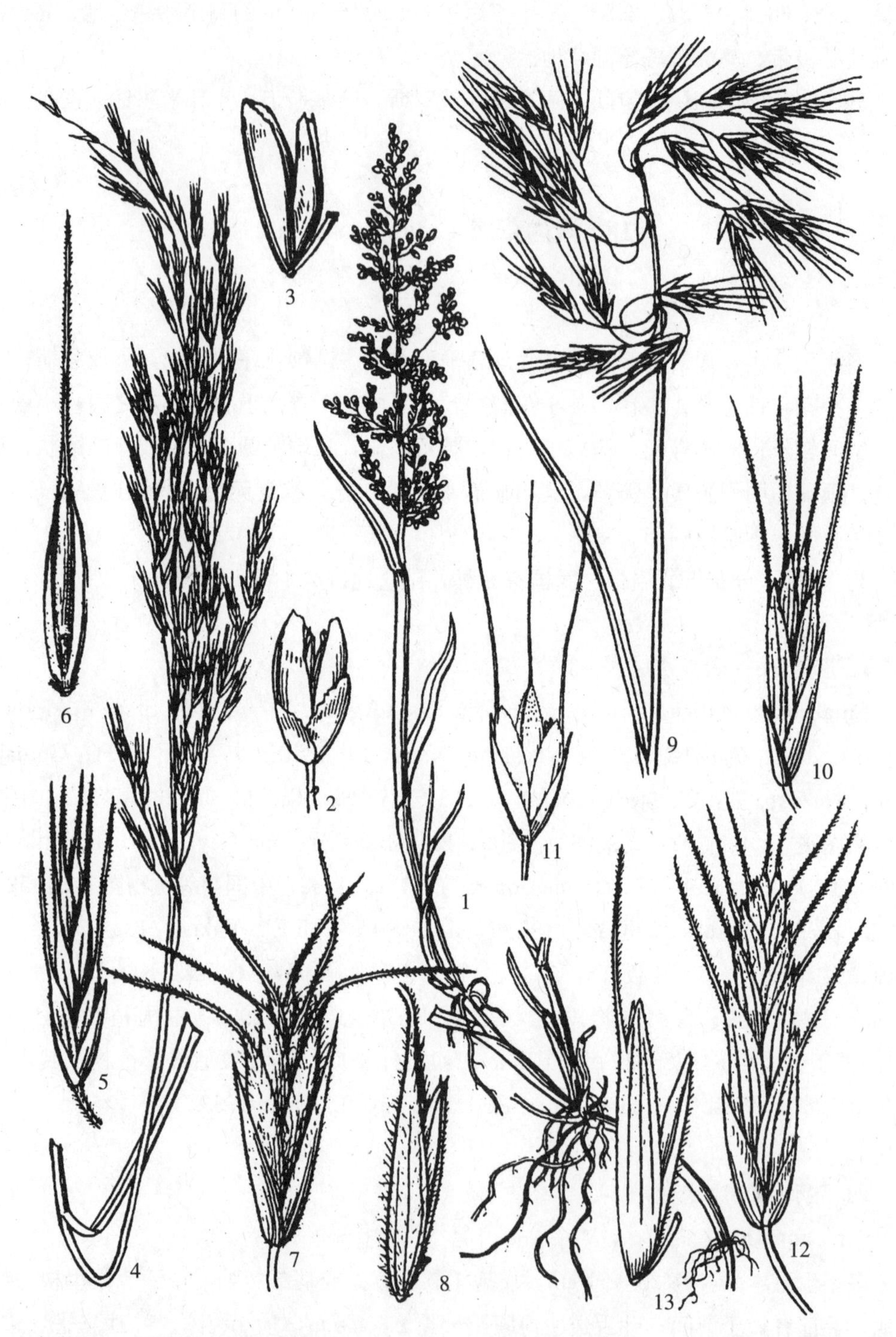

图版 **29** 沿沟草 **Catabrosa aquatica**（Linn.）Beauv. 1. 植株；2. 小穗；3. 小花。多节雀麦 **Bromus plurinodis** Keng ex P. C. Kuo 4. 花序；5. 小穗；6. 小花。华雀麦 **B. sinensis** Keng ex P. C. Keng 7.小穗；8. 小花。旱雀麦 **B. tectorum** Linn. 9. 花序；10. 小穗。细雀麦 **B. gracillimus** Bunge 11. 小穗。雀麦 **B. japonicus** Thunb. 12. 小穗；13. 小花。（1～10，12～13. 阎翠兰绘；11 . 引自《西藏植物志》,张泰利绘）

的 3 脉，顶端平截，边缘与脉间质薄，第 1 外稃长 2～3 mm；内稃近等长于外稃，具 2 脉；花药黄色，长约 1 mm。 花果期 7～9 月。

产新疆：叶城（柯克亚乡高沙斯，青藏队吴玉虎 926A）、若羌（采集地不详，青藏队吴玉虎 2140）。生于海拔 2 600～3 650 m 的河滩沼泽、沟谷小溪边荒地、河滩撂荒地。

青海：格尔木（纳赤台，青甘队 502）、久治（采集地不详，陈桂琛 1716）、达日（德昂乡，陈桂琛 1668）、玛多（多曲河畔，吴玉虎 1052；黑河乡，陈桂琛 1765；清水乡，陈桂琛 1899、1848；县城郊，陈桂琛 2016）、称多（歇武乡，苟新京 83－462）。生于海拔 3 600～4 000 m 的河沟水溪边、河岸阶地低湿处、沼泽边湿地。

甘肃：玛曲（尕海道班，陈桂琛 1221）。生于海拔 3 600 m 左右的高寒沼泽草甸，河滩湿地草甸、水边草地。

分布于我国的新疆、青海、甘肃、四川、云南、内蒙古；蒙古，中亚地区各国，俄罗斯西伯利亚，欧洲，亚洲温带，北美洲也有。

1b. 窄沿沟草（变种）

var. **angusta** Stapf in Hook. f. Fl. Brit. Ind. 7：311. 1897；Bor Grass. Burma Ceyl. Ind. Pakist. 529. 1960；青海植物志 4：63. 1999；中国植物志 9（2）：281. 图版 31：5～8. 2002；Fl. China 314. 2006. ——*Catabrosa angusta*（Stapf）L. Liu in Fl. Xizang. 5：141. Pl. 70. 1987；Y. H. Wu Grass. Karakor. Kunlun Mount. 32. 1999；青藏高原维管植物及其生态地理分布 1088. 2008.

本变种与原变种的区别在于：植株矮小，高 10～16 cm，丛生，有时具根茎；叶柔软，平滑无毛，长 2.0～6.0 cm，宽 2～4 mm；圆锥花序狭窄紧缩，长 3～6 cm；分枝非常短；小穗紫色，长 2.0～2.5 mm，具 1～2 小花；第 1 颖长 0.5～1.0 mm，均无脉或具 1 脉；外稃紫色，长 1.5～1.8 mm。

产新疆：若羌（阿尔金山保护区鸭子泉，青藏队吴玉虎 2140）。生于海拔 3 650 m 左右的宽谷小溪附近的高寒荒漠草地、高原滩地湖畔沼泽。

青海：玛沁（冷许忽，玛沁队 504）、曲麻莱（秋智乡，刘尚武 746）。生于海拔 3 800～4 700 m 的沟谷山地河滩草甸、河谷阶地高寒草原。

甘肃：玛曲（河曲军马场，陈桂琛 1100；大水军牧场，陈桂琛 1118）。生于海拔 3 600 m 左右的高寒河滩湿地草甸、河谷沟渠水边草地。

分布于我国的新疆、青海、甘肃、西藏西北部、四川北部、云南；印度拉那克山口也有。

(四) 燕麦族 Trib. **Aveneae** Nees

19. 异燕麦属 **Helictotrichon** Bess.

Bess. in Schult. et Schult. f. Syst. Veg. Mant. 3 (Addend. 1.) 526. 1827.

多年生草本。叶片扁平或卷折。圆锥花序顶生，开展或紧缩而有光泽；小穗含 2 至数小花，小穗轴节间被毛，脱节于颖之上及各小花之间；两颖近相等，等长于或短于小花，具 1～5 脉，边缘宽膜质；外稃成熟时下部质较硬，上部薄膜质，常浅裂或具 2 尖齿，背部为圆形，具数脉，芒自中部附近伸出，扭转膝曲，基盘钝而被毛；内稃具 2 脊，脊具纤毛；雄蕊 3 枚，子房有毛。

约 80 余种。我国有 14 种 2 变种，昆仑地区产 3 种。

分 种 检 索 表

1. 圆锥花序疏松开展；第 1 颖长 4～7 mm；秆高约 1 m ·····································
·· 1. **高异燕麦 H. altius** (Hitchc.) Ohwi
1. 圆锥花序紧缩狭窄；第 1 颖长 7～11 mm；秆高 15～70 cm。
  2. 小穗长 11～17 mm；两颖均具 3 脉；叶舌长 3～6 mm；秆于花序下无毛 ·········
  ·· 2. **异燕麦 H. schellianum** (Hack.) Kitag.
  2. 小穗长约 10 mm；第 1 颖具 1 脉；叶舌长约 0.5 mm；秆于花序下被毛···········
  ·· 3. **藏异燕麦 H. tibeticum** (Roshev.) Holub

1. 高异燕麦 图版 30：1～3

Helictotrichon altius (Hitchc.) Ohwi Journ. Jap. Bot. 17：440. 1941；中国主要植物图说 禾本科 490. 图 421. 1959；Tzvel. in Pl. Asiae Centr. 4：101. 1968；中国植物志 9 (3)：158. 图版 40：13～15. 1987；青海植物志 4：118. 图版 17：1～3. 1999；Fl. China 22：330. 2006；青藏高原维管植物及其生态地理分布 1112. 2008. ——*Avena altior* Hitchc. in Proc. Biol. Soc. Wash. 43：96. 1930.

多年生草本，具短而下伸的根状茎。秆较粗壮，直立，平滑无毛，高约 100 cm，通常具 3～4 节，节处被细短毛。叶鞘上部无毛或基部密生微毛；叶舌膜质，平截或呈啮蚀状，长 1～2 mm；叶片扁平，被短柔毛或光滑无毛，长达 15 cm，宽约 6 mm。圆锥花序疏松开展，长 15～20 cm；分枝粗糙，纤细且常屈曲，长 3～6 cm，下部多裸露；小穗常草绿色或带紫色，长 8～14 mm，含 3～4 小花，顶花甚小或退化；小穗轴背部具长达 2.5 mm 的毛，节间长约 2 mm；颖膜质，薄而柔软，第 1 颖长 4～7 mm，具 1 脉，第 2 颖长 8～11 mm，具 3 脉；外稃质厚，具 5～7 脉，基盘具柔毛，芒自稃体中部以上伸出，长 10～15 mm，下部 1/3 处膝曲，芒柱扭转，第 1 外稃等长于第 2 颖；内稃稍短于外稃；花药长约 4 mm；子房被微毛。 花果期 7～8 月。

产青海：兴海（大河坝，吴玉虎 42561）、玛沁（军功乡黄河边，吴玉虎 4680）。生于海拔 3 000～3 600 m 的山坡草丛、山地阴坡灌丛草甸、河谷山麓砾石山坡。

甘肃：玛曲（欧拉乡，吴玉虎 32003）。生于海拔 3 320～3 600 m 的河谷山地高寒灌丛草甸、高原滩地草甸。

分布于我国的青海、甘肃、四川、黑龙江北部。

2. 异燕麦 图版 30：4～5

Helictotrichon schellianum（Hack.）Kitag. Lineam. Fl. Mansh. 78. 1939；中国主要植物图说 禾本科 493. 图 425. 1959；中国植物志 9（3）：156. 图版 40：1～4. 1987；青海植物志 4：120. 图版 17：4. 5. 1999；青藏高原维管植物及其生态地理分布 1112. 2008. ——*Avena schelliamum* Hack. in Acta Hort. Petrop. 12：419. 1892. ——*Helitorichon hookeri* subsp. *schellianum*（Hack.）Tzvel. Novossist. Vyssb. Rast. 8：68. 1971；Fl. China 22：319. 2006. ——*Avenastrum schellianum*（Hack.）Roshev. in Kom. Fl. URSS 2：274. t. 21. f. 2a. 1934；Gamajun. in Fl. Kazakh. 1：198. 1956.

多年生丛生草本。秆直立，平滑无毛，高 25～70 cm，通常具 2 节。叶鞘较粗糙；叶舌透明薄膜质，披针形，长 3～6 mm；叶片扁平，上下两面均粗糙，长 5～10 cm，宽2.5～4.0 mm，基部分蘖叶长达 25 cm。圆锥花序紧缩，通常淡褐色，具光泽，长 4～12 cm，宽 1.5～2.0 cm；分枝粗糙，常孪生，直立或稍斜升，具 1～4 小穗；小穗长11～17 mm（芒除外），含 3～6 小花，顶花退化；小穗轴背面具长 1～2 mm 的柔毛，节间长 1.5～2.0 mm；颖披针形，上部膜质，下部具 3 脉，第 1 颖长 9～12 mm，第 2 颖长 10～13 mm；外稃上部透明膜质，下部成熟后变硬且为褐色，具 7 脉，基盘具短柔毛，芒自稃体中部附近伸出，粗糙，长 12～15 mm，下部 1/3 处膝曲，芒柱扭转，第 1 外稃长 10～13 mm；内稃甚短于外稃，脊上具细纤毛；花药长约 4 mm；子房上部被短毛。 花果期 7～9 月。

产青海：兴海（河卡乡河卡山，郭本兆 6302、6334）、称多（采集地不详，郭本兆 414；拉布乡，刘有义 450）。生于海拔 3 600～4 300 m 的山坡草地、沟谷山坡高山灌丛草甸、沟谷山地草甸。

分布于我国的新疆、青海、甘肃、四川、云南、山西、河北、内蒙古、辽宁、吉林、黑龙江；中亚地区各国，俄罗斯西伯利亚，蒙古，朝鲜也有。

3. 藏异燕麦 图版 30：6～7

Helictotrichon tibeticum（Roshev.）Holub Preslia 31（1）：50. 1959；Tzvel. in

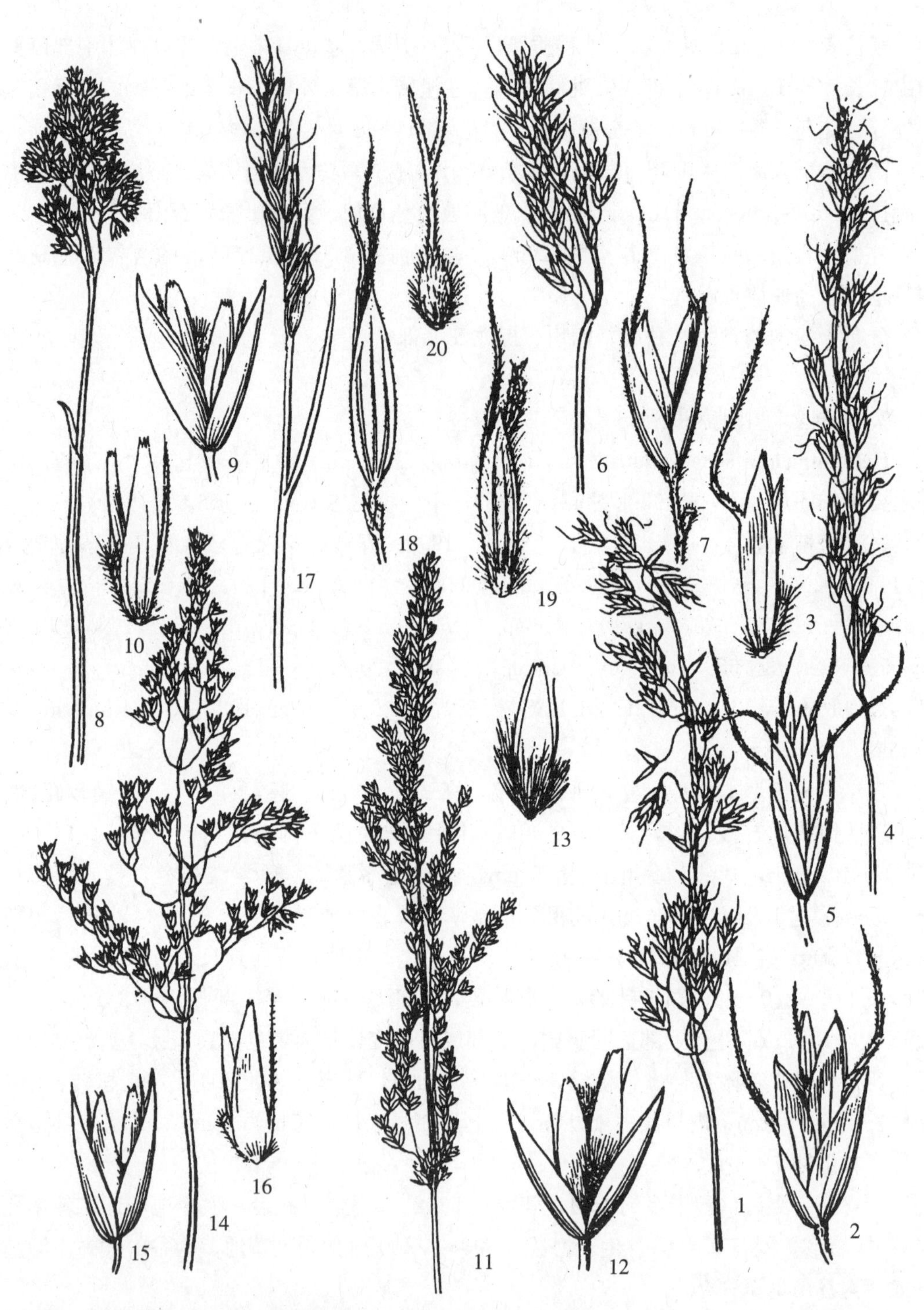

图版 **30** 高异燕麦 **Helictotrichon altitus** (Hitchc.) Ohwi 1. 花序；2. 小穗；3. 小花。异燕麦 **H. schellianum** (Hack.) Kitag. 4. 花序；5. 小穗。藏异燕麦 **H. tibeticum** (Roshev.) Holub 6. 花序；7. 小穗。穗发草 **Deschampsia koelerioides** Regel 8. 花序；9. 小穗；10.小花。帕米尔发草 **D. pamirica** Roshev. 11. 花序；12. 小穗；13. 小花。发草 **D. caespitosa** (Linn.) Beauv. 14. 花序；15. 小穗；16. 小花。毛蕊草 **Duthiea brachypodia** (P. Candargy) Keng et Keng f. 17. 花序；18. 小穗；19. 小花；20. 雌蕊。

(阎翠兰绘)

Grub. Pl. Asiae Centr. 4：103. 1968；中国植物志 9（3）：163. 图版 42：1～4. 1987；新疆植物志 6：237. 图版 94：1～4. 1996；青海植物志 4：121. 图版 17：6. 7. 1999；Fl. China 22：321. 2006；青藏高原维管植物及其生态地理分布 1113. 2008. 中国主要植物图说 禾本科 494. 图 426. 1959. sine latin. discr. ——*Avena tibetica* Roshev. in Bull. Jard. Bot. Princ. URSS 27：98. 1928.

3a. 藏异燕麦（原变种）

var. **tibeticum**

多年生丛生草本。秆直立，高 15～70 cm，通常具 2～3 节，花序以下被微毛。叶鞘密被短毛或光滑无毛；叶舌短小，长约 0.5 mm，具纤毛；叶片常内卷如针状，粗糙或上面被短毛，长 1～5 cm，基部分蘖者长达 25 cm。顶生圆锥花序紧缩成穗状，通常黄褐色或深褐色，长 2～6 cm；主轴和分枝与小穗柄均被微毛；小穗长约 1 cm（芒除外），含 2～3 小花，第 3 花常退化；小穗轴节间长约 2 mm，两侧具长约 2 mm 的白柔毛；颖披针形，无毛仅脊上粗糙，第 1 颖长 7～9 mm，具 1 脉，第 2 颖稍长于第 1 颖，具 3 脉；外稃质较硬，具 7 脉，背部粗糙或具短纤毛，顶端具 2 裂齿，基盘具长达 1.5 mm 的柔毛，芒自稃体中部稍上处伸出，长 1.0～1.5 cm，粗糙，膝曲，芒柱稍扭转，第 1 外稃长 7～9 mm；内稃稍短于外稃，具 2 脊，脊具微纤毛；花药长约 4 mm。花果期 7～8 月。

产青海：都兰（香日德，甘青队 1229）、格尔木、冷湖、茫崖、兴海（中铁林场卓琼沟，吴玉虎 45719；河卡山，吴玉虎 28723，郭本兆 6277、6393）、玛沁（石峡，吴玉虎 27049；拉加乡，玛沁队 241；当项乡，区划一组 74）、甘德、久治（哇尔依乡，吴玉虎 26744；索乎日麻乡，藏药队 674、果洛队 299）、班玛（马柯河林场，王为义 26772）、达日、玛多（黑海乡，吴玉虎 402、1273）、称多（县城郊，吴玉虎 29250、刘尚武 2423）、曲麻莱（秋智乡，刘尚武 764；叶格乡，刘尚武 138；巴干乡，刘尚武 149）、治多。生于海拔 3 260～4 520 m 的溪流河谷高山草原、山地高寒草甸、山地阴坡高寒灌丛草甸、沟谷林下及湿润草地。

四川：石渠（红旗乡，吴玉虎 29519；长沙贡玛乡，吴玉虎 29676、29707；新荣乡，吴玉虎 29982）。生于海拔 3 900～4 200 m 的山地沟谷高寒草甸、山坡岩隙、山地阴坡高寒草甸、山坡林缘灌丛草地。

甘肃：玛曲（欧拉乡，吴玉虎 31955、32067；河曲，吴玉虎 31896）。生于海拔 3 200～3 440 m 的山地阴坡高寒草甸，山坡高寒灌丛草地、高山岩隙。

分布于我国的新疆、青海、甘肃、西藏、四川。

3b. 疏花异燕麦（变种）

var. **laxiflorum** Keng ex Z. L. Wu Acta Biol. Plat. Sin. 2：16. 1984；中国植

物志 9 (3)：165. 图版 42：5～6. 1987；青海植物志 4：121. 1999；Fl. China 22：322. 2006；青藏高原维管植物及其生态地理分布 1113. 2008.

本变种与原变种的区别在于：秆高 50～100 cm；圆锥花序较疏松，长 6～14 cm，分枝较长，长 1～2 cm；小穗含 3～4 小花。

产青海：兴海（河卡乡，郭本兆 6297）。生于海拔 3 200～3 400 m 的沟谷山坡、山坡草甸化草原。

分布于我国的青海、四川。

20. 燕麦属 Avena Linn.

Linn. Sp. P1. 79. 1753，et Gen. P1. ed. 5. 34. 1754.

一年生草本，须根多粗壮。秆直立或基部稍倾斜，常平滑无毛。叶片扁平。圆锥花序顶生，常疏松开展，下垂；分枝粗糙；小穗含 2 至数小花，长超过 2 cm，其柄弯曲，常向下垂；小穗轴被毛或平滑无毛，脱节于颖之上与各小花之间，稀在各小花之间不具关节，所以不易断落；颖通常草质到膜质，长于下部小花，背面圆形，光滑无毛，具 7～11 脉；外稃质地多坚硬，通常革质而顶端常软纸质，具 5～9 脉，常有芒或无芒，芒常自稃体中部伸出，膝曲而具扭转的芒柱；雄蕊 3 枚；子房有毛。

约 25 种，主要分布于欧洲和亚洲的温带和寒带。我国有 7 种 2 变种，昆仑地区产 2 种。

分种检索表

1. 小穗含 2～3 小花；小穗轴易脱节；外稃被硬毛或无毛，第 2 外稃有芒 ……………………………………………………………………………………… 1. 野燕麦 A. **fatua** Linn.
1. 小穗含 1～2 小花；小穗轴不易脱节；外稃无毛，第 2 外稃无芒 ……………………………………………………………………………………… 2. 燕麦 A. **sativa** Linn.

1. 野燕麦

Avena fatua Linn. Sp. Pl. 80. 1753；Hook. f. Fl. Brit. Ind. 7：275. 1897；Roshev. in Kom. Fl. URSS 2：267. 1934；N. Kusn. in Fl. Kazakh. 1：195. 1956；Sidor. in Fl. Tadjik. 1：346. 1957；中国主要植物图说 禾本科 487. 图 418. 1959；Bor Grass. Burma Ceyl. Ind. Pakist. 434. 1960；Tzvel. in Fed. Poaceae URSS 239. 1976；Thomas A. Cope in E. Nasir et S. I. Ali Fl. Pakist. 143：508. 1982；中国植物志 9 (3)：172. 图版 44：4～6. 1987；西藏植物志 5：201. 图 102. 1987；新疆植物志 6：231. 1996；Y. H. Wu Grass. Karakor. Kunlun Mount. 105.

1999；青海植物志 4：122. 1999；Fl. China 22：324. 2006；青藏高原维管植物及其生态地理分布 1081. 2008.

1a. 野燕麦（原变种）

var. **fatua**

一年生草本，须根较坚韧。秆直立，高 45～70 cm，平滑无毛。叶鞘松弛，平滑或基部者被微毛；叶舌透明膜质，长 1～5 mm；叶片扁平，微粗糙，或上面和边缘疏生柔毛，长 10～30 cm，宽 4～12 mm。顶生圆锥花序开展，金字塔形，长 10～25 cm；分枝粗糙，具角棱；小穗长 18～25 mm，含 2～3 小花；小穗柄弯曲下垂，顶端膨胀；小穗轴密生浅棕色或白色硬毛，其节脆硬易断落，第 1 节间长约 3 mm；颖通常草质，近相等，常具 9 脉；外稃质地坚硬，背中部以下具淡棕色或白色硬毛，芒自稃体中部附近伸出，长 2～4 cm，膝曲，芒柱扭转，棕色，第 1 外稃长 15～20 mm；内稃短于外稃；颖果长 6～8 mm，被淡棕色柔毛，腹面具纵沟。　花果期 6～9 月。

产新疆：乌恰、喀什、莎车、塔什库尔干。生于海拔 1 400～2 500 m 的戈壁荒漠、绿洲小麦田间、河边渠岸、山坡草地。

青海：都兰（诺木洪乡贝壳梁，吴玉虎 36666、36671；香日德农场，杜庆 452、453；香日德，青甘队 1345）、格尔木、玛沁、久治、班玛（马柯河林场，吴玉虎 26174；马柯河林场红军沟，王为义 26866）、称多（歇武乡，苟新京 83－467）。生于海拔 2 700～3 750 m 的荒芜田野、田间地头、河谷林缘灌丛、荒漠草地。

广布于全国各地；欧洲、亚洲、非洲 3 洲的温寒带地区也有，北美洲亦有输入。

1b. 光稃野燕麦（变种）

var. **glabrata** Peterm. Fl. Bienitz. 13. 1841；Bor Grass. Burma Ceyl. Ind. Pakist. 434. 1960；中国植物志 9（3）：173. 图版 44：7. 1987；新疆植物志 6：231. 1996；青海植物志 4：122. 1999；Fl. China 22：325. 2006；青藏高原维管植物及其生态地理分布 1083. 2008.

本变种与原变种的区别在于：外稃平滑无毛。

产新疆：莎车。生于海拔 1 400 m 左右的荒漠戈壁绿洲农田边草地。

青海：都兰、格尔木、玛沁、久治、班玛、称多（歇武乡，苟新京和刘有义 467B）。生于海拔 3 000～3 600 m 的山坡草地、路旁及农田中。

分布于我国各地；欧洲，亚洲，北非也有。

2. 燕　麦

Avena sativa Linn. Sp. Pl. 79. 1753；Hook. f. Fl. Brit. Ind. 7：275. 1897；Roshev. in Kom. Fl. URSS 2：267. 1934；N. Kusn. in Fl. Kazakh. 1：194. 1956；

Sidor. in Fl. Tadjik. 1：347. 1957；中国主要植物图说 禾本科 487. 图 419. 1959；Bor Grass. Burma Ceyl. Ind. Pakist. 434. 1960；Tzvel. in Fed. Poaceae URSS 241. 1976；西藏植物志 5：202. 1987；中国植物志 9（3）：173. 图版 44. 1987；新疆植物志 6：231. 图版 92：1～3. 1996；Y. H. Wu Grass. Karakor. Kunlun Mount. 105. 1999；青海植物志 4：122. 1999；Fl. China 22：324. 2006；青藏高原维管植物及其生态地理分布 1082. 2008.

本种植物与野燕麦 *A. fatua* Linn. 很近似，其主要特征为：小穗含 1～2 小花；小穗轴近于无毛或疏生短毛，不易断落；第 1 外稃背部光滑无毛，基盘无毛或具少数短毛，无芒或仅第 1 外稃背部具 1 较直的芒，第 2 外稃无毛，通常无芒。

产新疆：帕米尔高原和昆仑山的山前较低海拔地带有栽培。

青海：兴海（唐乃亥乡，吴玉虎 42168）、都兰（香日德农场，孙永华 017）、格尔木、玛沁、甘德、久治、班玛、玛多有栽培或逸生。

我国的新疆、青海、甘肃、宁夏、陕西、西藏、内蒙古、山西、河北、辽宁、吉林、黑龙江有栽培；伊朗，巴基斯坦，欧亚温带均有栽培。

21. 三毛草属 Trisetum Pers.

Pers. Syn. Pl. 1：97. 1805.

多年生草本。秆丛生或单生。叶片窄狭而扁平。圆锥花序紧缩成穗状，稀少开展；小穗通常含 2～3 小花，稀含 4～5 小花；小穗轴节间具柔毛，并延伸于顶生内稃之后，呈刺状或具不育小花；两颖通常草质或膜质，多不等长，短于小穗，宿存，顶端尖或渐尖，第 1 颖较第 2 颖短，具 1～3 脉；外稃披针形，顶端常具 2 裂齿，通常纸质而具膜质边缘，基盘被微毛，芒自稃体背部 1/2 以上处伸出，基盘被微柔毛；内稃透明膜质，等长或较短于外稃，具 2 脊，脊粗糙；鳞被 2 枚，透明膜质，长圆形或披针形，顶端常 2 裂或齿裂。

约 70 余种，主要分布于北半球温带地区和极地。我国有 10 种 5 变种，昆仑地区产 5 种。

分种检索表

1. 圆锥花序狭窄但疏松；秆于花序下平滑无毛；小穗长（5）7～9 mm；植株具根茎。
   2. 第 1 外稃长 5～7 mm，芒自稃体顶端以下 2 mm 处伸出，长 7～9 mm；花药长 2～3 mm ………………………………………… **1. 西伯利亚三毛草 T. sibiricum** Rupr.
   2. 第 1 外稃长 4～5 mm，芒自稃体背部附近伸出，长约 5 mm；花药长约 1 mm ……………………………………………… **2. 高山三毛草 T. altaicum**（Steph.）Roshev.

1. 圆锥花序紧缩成穗状，小穗稠密；秆于花序下被毛；小穗长 4～7 mm；植株不具根茎。
   3. 圆锥花序长 5～12 cm，穗状长圆形，下部常具间断，有光泽；第 1 外稃长 3.5～4.0 mm ………………………… **3. 长穗三毛草 T. clarkei**（Hook. f.）R. R. Stewart
   3. 圆锥花序长 1～7 cm，穗状卵形至长圆形；第 1 外稃长 4～5 mm。
      4. 植株密被长约 1 mm 的柔毛；外稃密被长约 0.5 mm 的柔毛；内稃两脊的顶端延伸成芒状 ………………… **4. 西藏三毛草 T. tibeticum** P. C. Kuo et Z. L. Wu
      4. 植株密被较短毛；外稃无毛或粗糙；内稃顶端无芒尖 ……………………………………………………………………… **5. 穗三毛 T. spicatum**（Linn.）Richt.

1. 西伯利亚三毛草 图版 31：1～3

Trisetum sibiricum Rupr. in Beitr. Pfl. Russ. Reich. 2：65. 1845；Roshev. in Kom. Fl. URSS 2：253. 1934；中国主要植物图说 禾本科 482. 图 413. 1959；Tzvel. in Grub. Pl. Asiae Centr. 4：98. 1968；秦岭植物志 1（1）：121. 1976；中国植物志 9（3）：143. 图版 36：7，8. 1987；青海植物志 4：115. 图版 11：13～15. 1999；Fl. China 22：329. 2006；青藏高原维管植物及其生态地理分布 1167. 2008.

多年生丛生草本，植株具短根状茎。秆平滑，直立或基部稍膝曲，高 50～90 cm，通常具 3～4 节。叶鞘平滑无毛或粗糙；叶舌膜质，顶端具不规则的齿裂，长 1～2（5）mm；叶片扁平，粗糙或上面具短柔毛，长 6～20 cm，宽 4～9 mm。圆锥花序狭窄且疏松，长 10～20 cm；分枝平滑或微粗糙；小穗通常黄绿色或褐色，有光泽，长 6～9 mm（芒除外），含 2～4 小花；小穗轴被短柔毛，长约 1.5 mm；两颖不等长且短于小穗，第 1 颖长 4～6 mm，具 1 脉，第 2 颖长 5～8 mm，具 3 脉；外稃褐色，硬纸质，背部粗糙，顶端微 2 裂齿，基盘钝，具短毛，芒自稃体顶端下约 2 mm 处伸出，向外反曲，长 7～9 mm，第 1 外稃长 5～7 mm；内稃略短于外稃，顶端微 2 裂；花药黄色或顶端紫色，长 2～3 mm。 花果期6～8 月。

产青海：玛沁（军功乡西哈垄河谷，吴玉虎 5583；拉加乡，区划一组 183）、久治（康赛乡，吴玉虎 26540、26553）。生于海拔 3 600～4 000 m 的山坡草地、高寒草原、沟谷山地林缘灌丛、河谷滩地高山草甸。

甘肃：玛曲（欧拉乡，吴玉虎 31963；齐哈玛大桥，吴玉虎 31770）。生于海拔 3 300～3 360 m 的沟谷山坡草甸、高山灌丛草甸、河滩草地。

分布于我国的甘肃、青海、陕西、西藏、四川、云南、山西、河北、内蒙古、辽宁、吉林、黑龙江、湖北；俄罗斯西伯利亚也有。

2. 高山三毛草

Trisetum altaicum（Steph.）Roshev. in Not. Syst. Herb. Hort. Bot. Petrop. 3：85. 1922，et in Kom. Fl. URSS 2：254. 1934；N. Kusn. in Fl. Kazakh. 1：

193. 1956；Tzvel. in Grub. Pl. Asiae Centr. 4：96. 1968，et in Fed. Poaceae URSS 263. 1976；中国植物志 9（3）：136. 图版 34：1～6. 1987；新疆植物志 6：242. 1996；Y. H. Wu Grass. Karakor. Kunlun Mount. 100. 1999；Fl. China 22：2006；青藏高原维管植物及其生态地理分布 1167. 2008.

多年生丛生草本。须根细弱且短，具短根茎。秆直立或基部稍倾斜，高 15～45 cm，通常具 2～3 节，光滑无毛。叶鞘松弛，下部者长于节间，上部者短于节间，密被柔毛；叶舌透明膜质，长 2～3 mm，顶端齿裂；叶片扁平，绿色或稀带红紫色，线状披针形，长 10～15 cm，宽 2～4 mm，两面均被长柔毛。圆锥花序呈穗状，不稠密稍稀疏，有时具间断，线形或披针形，长 4～9 cm，宽 1～2 cm；分枝直立，长达 2.5 cm，光滑无毛稀微粗糙，每节 3～5 枚丛生；小穗卵圆形，通常绿褐色或紫褐色，长 5～7 mm，含 2～3 小花；小穗轴节间长约 1 mm，被长 0.5～1.0 mm 的柔毛；两颖不等长，紫褐色，脊粗糙，第 1 颖长 3～4 mm，具 1 脉，第 2 颖长 4～5 mm，具 3 脉；外稃颜色与颖相同，背部点状粗糙，具 5 脉，顶端具 2 裂齿，自稃体中部稍上处伸出 1 芒，常紫色，粗糙，长约 5 mm，向外反曲或膝曲，芒柱常扭转，基盘被 0.3～0.5 mm 的绵毛，第 1 外稃长 4～5 mm；内稃透明膜质，粗糙，长 3.5～4.0 mm，具 2 脊，脊上有纤毛；鳞被 2 枚，顶端 2 裂或齿裂；雄蕊 3 枚，花药黄色，顶端带紫红色，长约 1 mm；柱头帚刷状。　花期 6～9 月。

产新疆：塔什库尔干、叶城（棋盘乡，青藏队吴玉虎 4702）。生于帕米尔高原和昆仑山海拔 1 900～3 100 m 的高寒草甸、山坡林缘草地、山坡石隙。

分布于我国的新疆、青海；中亚地区各国，俄罗斯西伯利亚，土耳其也有。

3. 长穗三毛草　图版 31：4～6

Trisetum clarkei（Hook. f.）R. R. Stewart Brittonia 5（4）：431. 1945；Thomas A. Cope in E. Nasir et S. I. Ali Fl. Pakist. 143：519. 1982；中国植物志 9（3）：136. 图版 34：7～10. 1987；青海植物志 4：115. 图版 11：10～12. 1999；Fl. China 22：328. 2006；青藏高原维管植物及其生态地理分布 1167. 2008. ——*Avena clarkei* Hook. f. Brit. Ind. 7：278. 1986.

多年生丛生草本。秆直立，花序以下被密或较稀疏的柔毛，高 30～70 cm，通常具 2～3 节。叶鞘被柔毛；叶舌膜质，长 1～2 mm；叶片扁平，多柔软，被柔毛或粗糙，长 5～20 cm。圆锥花序呈穗状，细长，疏松，下部常具间断，通常浅褐色、浅绿色或草黄色，有光泽；分枝被柔毛，直立或稍倾斜；小穗长 4～6 mm，含 2～3 小花；小穗轴节间被柔毛；颖狭披针形，透明膜质，不等长，中脉粗糙，第 1 颖长 4.0～4.5 mm，具 1 脉，第 2 颖长 5～6 mm，具 3 脉；外稃背部粗糙，具 5 脉，顶端具 2 裂齿，基盘被微毛，芒自稃体背部顶端稍下处伸出，反曲，长约 4 mm，第 1 外稃长 3.5～4.0 mm；内稃膜质，稍短于外稃，具粗糙的 2 脊；鳞被透明膜质；雄蕊 3 枚，花药黄色，长约

1 mm。 花果期 7～9 月。

产青海：兴海（河卡乡墨都山，何廷农 304）、久治（白玉乡，藏药队 639）、班玛（马柯河林场，王为义 26843、27115）、玛多（花石峡，吴玉虎 795）。生于海拔 3 650～4 500 m的河谷高山林下、沟谷山坡灌丛草甸、山坡高山草甸、山地草原、河滩草地。

四川：石渠（长沙贡玛乡，吴玉虎 29735）。生于海拔 4 100 m 左右的沟谷山坡草甸、高山灌丛石隙。

甘肃：玛曲（河曲军马场，吴玉虎 31837；欧拉乡，吴玉虎 32014；齐哈玛大桥，吴玉虎 31807）。生于海拔 3 400～3 460 m 的河谷滩地沼泽草甸、沟谷山坡高寒灌丛草甸、山地岩石缝隙。

分布于我国的甘肃、新疆、青海、陕西、西藏、云南、四川；印度，克什米尔地区，巴基斯坦也有。

4. 西藏三毛草

Trisetum tibeticum P. C. Kuo et Z. L. Wu Fl. Xizang. 5：188. f. 93. 1987；中国植物志 9（3）：138. 图版 35：1～3. 1987；Y. H. Wu Grass. Karakor. Kunlun Mount. 100. 1999；青藏高原维管植物及其生态地理分布 1168. 2008. ——*Trisetum spicatum* subsp. *techticum*（P. C. Kuo et Z. L. Wu）Dick. Staptia 39：201. 1995；Fl. China 22：327. 2006.

多年生丛生草本。须根细长，柔韧，长达 9 cm。秆直立，低矮，高 3～9 cm，密被较长的柔毛，其毛长约 1 mm，疏密度自上而下递减。叶鞘松弛，密被柔毛；叶舌膜质，长约 1 mm；叶片扁平，长 1～5 cm，宽 1～2 mm，两面均被柔毛。圆锥花序排列稠密，呈穗状，长 1.0～2.5 cm，宽 1.0～1.5 cm，花序轴和小穗柄密被较长的柔毛，其毛长约 1 mm；小穗通常绿色带紫红色，长 5～7 mm，含 2 小花；小穗轴节间长 1～2 mm，被长 1.0～1.5 mm 的柔毛；颖膜质，近相等，脊粗糙，顶端尖，第 1 颖长 4～7 mm，具 1 脉，第 2 颖长 5～7 mm，较第 1 颖宽，具 3 脉；外稃顶端 2 齿裂，且呈芒尖状，密被长约 0.5 mm 的柔毛，基盘两侧被长约 1 mm 的柔毛，芒自稃体 1/2 以上伸出，其芒长 4～6 mm，膝曲，且芒柱扭转，粗糙或具短纤毛，第 1 外稃长约 5 mm（连同长达 0.6 mm 的芒尖）；内稃透明膜质，较外稃稍短，具 2 脊，脊先端延伸成短芒状，脊上粗糙；鳞被 2 枚，透明膜质，顶端 2 裂或齿裂；花药黄色，长约 1 mm。 花期 6～8 月。

产青海：治多（可可西里五雪峰，可可西里队黄荣福 K-415；太阳湖，可可西里队黄荣福 K-337、K-351；勒斜武担湖，可可西里队黄荣福 K-889）。生于海拔 4 800～5 400 m 的高寒草原、冰缘湿润草甸、沟谷河岸湿沙地、山坡草地。

分布于我国的西藏、青海。

5. 穗三毛

Trisetum spicatum（Linn.）Richt. Pl. Eur. 1：59. 1890；N. Kusn. in Fl.

Kazakh. 1：192. 1956；Bor Grass. Burma Ceyl. Ind. Pakist. 448. 1960；Tzvel. in Fed. Poaceae URSS 264. 1976；Thomas A. Cope in E. Nasir et S. I. Ali Fl. Pakist. 143：519. 1982；西藏植物志 5：185. 图 93. 1987；中国植物志 9（3）：140. 图版 35：4～6. 1987；新疆植物志 6：243. 图版 97：4～6. 1996；Y. H. Wu Grass. Karakor. Kunlun Mount. 101. 1999；青海植物志 4：116. 1999；Fl. China 22：326. 2006；青藏高原维管植物及其生态地理分布 1168. 2008. ——*Aira spicata* Linn. Sp. Pl. 64. 1753. ——*Trisetum subspicatum*（Linn.）Beauv. Ess. Agrost. 88. 149. 1812；中国主要植物图说 禾本科 482. 图 414. 1959.

5a. 穗三毛（原亚种）

subsp. **spicatum**

多年生密丛生草本。秆直立，高 8～30 cm，花序下通常具茸毛，具 1～3 节。叶鞘密生柔毛；叶舌透明膜质，顶端常撕裂，长 1～2 mm；叶片扁平或纵卷，被密或疏的柔毛，稀无毛，长 2～15 cm，宽 2～4 mm。圆锥花序紧缩成穗状，卵圆形至狭长圆形，下部有时有间断，通常浅绿色或紫红色，具光泽，长 1.5～5.0 cm，宽 0.5～2.0 cm；分枝被柔毛；小穗长 4～6 mm，含 2（3）小花；小穗轴节间被长柔毛，长 1.0～1.5 mm；两颖长近相等，透明膜质，中脉粗糙，第 1 颖长 4.0～5.5 mm，具 1 脉，第 2 颖长 5～6 mm，具 3 脉；外稃纸质，背部粗糙，顶端具 2 裂齿，边缘膜质，基盘具短柔毛，芒自稃体顶端稍下处伸出，长 3～4 mm，向外反曲，下部微扭转，第 1 外稃长 4～5 mm；内稃略短于外稃；花药黄色或带紫红色，长约 1.5 mm。 花果期 6～9 月。

产新疆：塔什库尔干（麻扎，青藏队吴玉虎 4960A；克克吐鲁克，青藏队吴玉虎 533A）、叶城（柯克亚乡阿图秀，青藏队吴玉虎 779；苏克皮亚，青藏队吴玉虎 1057；麻扎达坂，黄荣福 86－31）、策勒、若羌（冰河，青藏队吴玉虎 4218）。生于海拔 2 800～4 600 m 的高寒草甸、沙砾山坡、高山冻原、河滩草甸、山坡或沟谷沙砾质草地。

青海：格尔木（西大滩，青藏队吴玉虎 2836）、都兰（八宝山，杜庆 315）、玛沁（玛积雪山，郭本兆 542；兔子山，吴玉虎 18201）、玛多（多曲河畔，吴玉虎 501；牧场，吴玉虎 819；鄂陵湖西北面，吴玉虎 1564）、称多（清水河乡巴颜喀拉山南坡，苟新京 83－215；歇武乡，苟新京 83－388）、曲麻莱（叶格乡，黄荣福 098）。生于海拔 2 300～4 200 m 的山坡草地、高山草原、高山草甸、林下、灌丛潮湿处。

四川：石渠（菊母乡，吴玉虎 29857）。生于海拔 4 260 m 左右的沟谷山坡高寒草原、高山流石坡。

分布于我国的新疆（天山）、青海、甘肃、宁夏、陕西、西藏、四川、云南、山西、河北、内蒙古、辽宁、吉林、黑龙江、湖北；北半球极地和热带高海拔地区也有。

5b. 喜马拉雅穗三毛（亚种）

subsp. **virescens**（Regel）Tzvel. in Nov. Sust. Pl. Vasc. 7：65. 1971，et in Fed. Poaceae URSS 264. 1976；新疆植物志 6：245. 图版 96：1～3. 1996；Fl. China 22：327. 2006；青藏高原维管植物及其生态地理分布 1168. 2008. ——*Avena flavescens* var. *virescens* Regel in Bull. Soc. Nat. Mosc. 41（2）：299. 1868. ——*Trisetum spicatum* var. *himalaicum*（Hult.）P. C. Kuo et Z. L. Wu Fl. Reipubl. Popul. Sin. 9（3）：141. t. 35：11～14. 1987；Y. H. Wu Grass. Karakor. Kunlun Mount. 101. 1999；青海植物志 4：115. 1999；Fl. China 22；327. 2006；青藏高原维管植物及其生态地理分布 1168. 2008. ——*Trisetum spicatum* subsp. *himalaicum* Hult. in Svensk Bot. Tidsr. 53（2）：213. 1959.

本亚种与原亚种的区别在于：秆高 30～60 cm，秆、叶片和叶鞘被稠密柔毛至平滑无毛；花序穗状，较稠密，狭长，长 5～7（11）cm，绿色或淡褐色，下部有时有间断；第 1 外稃长 4.0～5.5 mm；芒上部较细，下部渐粗，自基部附近向外反曲，常和小穗成直角。

产新疆：叶城（克拉克达坂，青藏队吴玉虎 4509）、策勒。生于海拔 2 000～5 200 m的高寒草甸、山坡或河谷沙砾质草地。

西藏：日土（龙木错，青藏队吴玉虎 1273）。生于海拔 4 600～4 900 m 的高寒草甸、山坡沙砾质草地、高山泉水周围的草地。

青海：玛沁（玛积雪山，郭本兆 542）、玛多（扎陵湖乡多曲河畔，吴玉虎 501A）、玉树、曲麻莱（采集地不详，黄荣福 095）。生于海拔 4 400～4 800 m 的山坡草地、高山草甸。

分布于我国的新疆、青海、西藏、四川、云南；尼泊尔东部及中部，印度，喜马拉雅山区也有。

5c. 蒙古穗三毛（亚种）

subsp. **mongolicum** Hult. ex Veldkamp in Gard. Bull. Singapore 36：135. 1983；Fl. China 22：327. 2006. ——*Trisetum spicatum* var. *monglicum*（Hult.）P. C. Kuo et Z. L. Wu Fl. Reipubl. Popul. Sin. 9（3）：140. t. 35：7～10. 1987；青海植物志 4：117. 1999；青藏高原维管植物及其生态地理分布 1168. 2008. ——*Trisetum spicatum* subsp. *mongolicum* Hult. in Svensk. Bot. Tidsr. 53（2）：214. 1959；Tzvel. in Fed. Poaceae URSS 265. 1976.

本亚种与原亚种的区别在于：秆、叶片和叶鞘被微毛或近于平滑。圆锥花序稠密，穗状且短，呈卵圆形或长卵形；小穗稍小；颖呈卵圆形；外稃的芒较短，直立或微弯。

产新疆：乌恰（吉根乡，青藏队吴玉虎 87059）、阿克陶（阿克塔什，青藏队吴玉虎 87219）。生于海拔 2 800～3 200 m 的沟谷山坡砾石地、高寒山坡草地、高寒草甸。

青海：兴海（河卡山，何廷农 226）、格尔木（唐古拉山北坡，黄荣福 89－188；各拉丹冬，黄荣福 89－293、89－270；长江源头，黄荣福 89－260）、玛沁（昌马河，植被组 517；优云乡，采集人不详 095）、玛多（鄂陵湖畔，吴玉虎 564）、治多。生于海拔 3 900～5 400 m 的沟谷山坡草地、河谷山地高山草原、高山流石滩、山地阴坡草甸。

分布于我国的新疆、青海、西藏、四川；俄罗斯，蒙古也有。

22. 落草属 Koeleria Pers.

Pers. Syn. P1. 1：97. 1805.

多年生密丛生草本。叶片扁平或纵卷。圆锥花序紧密排列成穗状，顶生，分枝通常较短，常被柔毛；小穗两侧压扁，含 2～4 朵两性小花，几无柄或具短柄，小穗轴脱节于颖之上，无毛或被微柔毛，延伸于顶生内稃之后呈棘刺状；颖宿存，披针形或卵状披针形，稍不等长或近相等，通常短于外稃，边缘膜质而有光泽，第 1 颖较短而狭窄，具 1 脉，第 2 颖较宽而长，具 3 脉，侧脉不明显；外稃纸质，有光泽，两侧压扁，明显具脊，顶端及边缘宽膜质，具 3～5 脉，顶端钝圆至渐尖或在近顶端处伸出 1 长达 1 mm 的短芒，基盘钝圆；内稃膜质，与外稃近等长，具 2 脊；鳞被 2 枚；雄蕊 3 枚；子房无毛。

有 50 余种，主要分布于北温带。我国有 3 种 3 变种，昆仑地区产 2 种 2 变种。

分种检索表

1. 外稃无芒，仅顶端具小尖头；小穗轴无毛或具微毛 ……………………………………………… **1. 落草 K. cristata** (Linn.) Pers.
1. 外稃背部顶端稍下处具芒，芒长 0.5～2.5 mm；小穗轴被毛，毛长约 1 mm ……………………………………………… **2. 芒落草 K. litvinowii** Dom.

1. 落草 图版 31：7～9

Koeleria cristata (Linn.) Pers. Syn. Pl. 1：97. 1805；Hook. f. Fl. Brit. Ind. 7：308. 1897；中国主要植物图说 禾本科 477. 图 408. 1959；Bor Grass. Burma Ceyl. Ind. Pakist. 444. 1960；秦岭植物志 1（1）：119. 图 95. 1976；Tzvel. in Fed. Poaceae URSS 274. 1976；西藏植物志 5：183. 图 91. 1987；中国植物志 9（3）：130. 1987；新疆植物志 6：247. 1996；Y. H. Wu Grass. Karakor. Kunlun Mount. 98. 1999；青海植物志 4：114. 图版 11：7～9. 1999；青藏高原维管植物及其生态地理分布 1121. 2008. ——*Aira cristata* Linn. Sp. Pl. 63. 1753，p. p.

1a. 落草（原变种）

var. **cristata**

多年生密丛生草本。秆直立，在花序下密生茸毛，高 15～40 cm，通常具 2～3 节，秆基部残存有撕裂状的枯萎叶鞘。叶鞘被短柔毛或有时光滑无毛；叶舌膜质，平截或边缘呈啮蚀状，长 0.5～2.0 mm；叶片线形，常内卷或扁平，长 2～7 cm，宽 1～2 mm，两面被短柔毛或上面无毛，边缘粗糙，基部分蘖叶长 5～30 cm。圆锥花序呈穗状，通常黄绿色或黄褐色，有光泽，下部有间断，长 4～10 cm，宽 8～12 mm，主轴及分枝均被柔毛；小穗长 4～5 mm，通常含 2～3（5）小花；小穗轴被微毛或近于无毛，长约 1 mm；颖披针形，脊粗糙，顶端尖，边缘宽膜质，第 1 颖长 2.5～3.5 mm，具 1 脉，第 2 颖长 3.0～4.5 mm，具 3 脉；外稃背部无芒，具 3 脉，顶端尖或具长约 0.3 mm 的小尖头，边缘膜质，基盘钝圆，具微毛，第 1 外稃长约 4 mm；内稃膜质，稍短于外稃，顶端 2 裂，脊上光滑无毛或微粗糙；花药长约 1.5～2.0 mm。 花果期 6～9 月。

产新疆：塔什库尔干（麻扎至卡拉其古，青藏队 4960B）。生于海拔 2 800～3 800 m 的河滩草甸、沟谷山坡草地。

青海：兴海（大河坝乡，吴玉虎 42498；中铁林场中铁沟，吴玉虎 45644；赛宗寺，吴玉虎 46211；中铁乡至中铁林场途中，吴玉虎 43200A；河卡山，郭本兆 6199）、都兰（香日德考尔沟，黄荣福 281；莫不里山，甘青队 1234）、玛沁（西哈垄河谷，吴玉虎 5681；军功乡，吴玉虎 4639、4662）、甘德、久治（白玉乡，吴玉虎 26636、26655；康赛乡，吴玉虎 26632）、班玛（采集地不详，吴玉虎 26024、26056）、达日、玛多（扎陵湖乡哈姜盐池边，吴玉虎 1581；醉马滩，陈世龙 523）、称多、曲麻莱（东风乡上年错，黄荣福 160）、治多。生于海拔 2 320～4 000 m 的河谷山地林缘、沟谷灌丛、山坡草地、河谷阶地草原、宽谷溪流河边、沟谷山坡路旁、山坡高寒灌丛草甸。

四川：石渠（长沙贡玛乡，吴玉虎 29591）。生于海拔 4 000～4 250 m 的沟谷山坡草地、河滩沙棘灌丛、山谷高山柳灌丛。

甘肃：玛曲（河曲军马场，吴玉虎 31921；大水军牧场，王学高 173）。生于海拔 3 400～3 500 m 的山坡草地、滩地草甸、山地岩石缝隙。

广布于我国各地，欧亚大陆温带地区也有。

1b. 小花落草（变种）

var. **poaeformis**（Dom.）Tzvel. in Fed. Poaceae URSS 275. 1976；中国植物志 9（3）：132. 图版 32：6～8. 1987；新疆植物志 6：248. 1996；青海植物志 4：115. 1999；青藏高原维管植物及其生态地理分布 1121. 2008. ——*Koeleria poaeformis* Dom. Bibl. Bot. 65：171. 1907.

本变种与原变种的区别在于：植株矮小，仅高 5～15 cm；圆锥花序狭窄，宽 5～

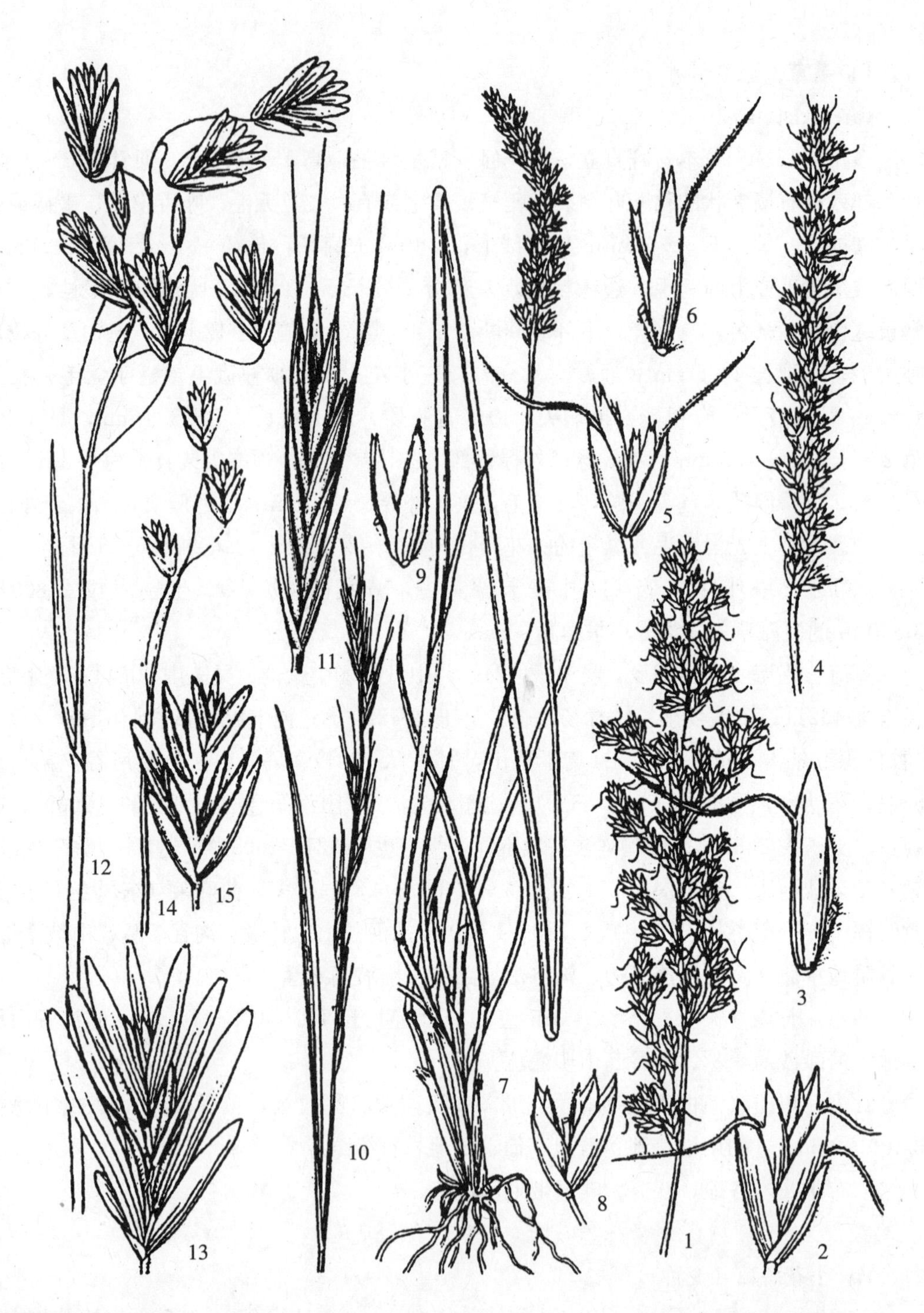

图版 31 西伯利亚三毛草 **Trisetum sibiricum** Rupr. 1. 花序；2.小穗；3. 小花。长穗三毛草 **T. clarkei**（Hook. f.）R. R. Stewart 4. 花序；5. 小穗；6. 小花。落草 **Koeleria cristata**（Linn.）Pers. 7. 植株；8. 小穗；9. 小花。短柄草 **Brachypodium sylvaticum**（Huds.）Beauv. 10. 花序；11. 小穗。扇穗茅 **Littledalea racemosa** Keng 12. 花序；13. 小穗。寡穗茅 **L. przevalskyi** Tzvel. 14. 花序；15. 小穗。

（1～9，12～15. 阎翠兰绘；10～11. 引自《中国主要植物图说 禾本科》，仲世奇绘）

8 mm；小穗长 3～4 mm；两颖不等长；第 1 外稃长 3.0～3.5 mm。 花果期 6～9 月。

产青海：都兰（旺尕秀，郭本兆 11943）、兴海（河卡乡，郭本兆 3217；温泉乡，吴玉虎 28854；五道河，吴玉虎 28738）、玛沁（军功乡，吴玉虎 4635）。生于海拔 3 200～3 620 m 的山坡草地、河滩草甸、路旁、山地草甸草原、沟谷山坡灌丛草甸、沙砾滩地紫花针茅高寒草原。

四川：石渠（采集地不详，吴玉虎 29417；新荣乡，吴玉虎 30026；长沙贡玛乡，吴玉虎 29644）。生于海拔 4 000～4 200 m 的山地高寒草原、沟谷山坡灌丛草甸、河滩沙棘灌丛草甸、山坡石隙。

分布于我国的新疆、青海、四川、内蒙古、辽宁、吉林、黑龙江；俄罗斯，蒙古，日本也有。

2. 芒落草

Koeleria litvinowii Dom. Bibl. Bot. 14（65）：116. 1907；Goncz. in Kom. Fl. URSS 2：325. 1939；中国主要植物图说 禾本科 477. 图 409. 1959；中国植物志 9（3）：130. 图版 33：4～6. 1987；新疆植物志 6：247. 图版 97：4～6. 1996；Y. H. Wu Grass. Karakor. Kunlun Mount. 98. 1999；青海植物志 4：113. 1999；青藏高原维管植物及其生态地理分布 1121. 2008. ——*Trisetum litvinowii*（Dom.）Nevski in Acta Univ. Asia. Med. 8b. Bot. 17：1. 1934；N. Kusn. in Fl. Kazakh. 1：193. 1956；Tzvel. in Grub. Pl. Asiae Centr. 4：97. 1968，et in Fed. Poaceae URSS 265. 1969.

2a. 芒落草（原变种）

var. **litvinowii**

多年生密丛生草本。秆高 15～35 cm，紧接花序下面被茸毛。叶鞘遍被柔毛，多长于节间或稍短于节间；叶舌膜质，边缘须状，长 1～2 mm；叶片扁平，两面被短柔毛，边缘具较长的纤毛，长 3～5 mm，宽 2～4 mm，分蘖者长可达 15 cm，宽 1～2 mm。圆锥花序呈穗状，通常草绿色或带淡褐色，有光泽，下部常有间断，长 3～10 cm，主轴及分枝均密被短柔毛；小穗长 5～6 mm，含 2～3 小花；小穗轴节间被长柔毛；颖长圆形至披针形，脊粗糙，顶端尖；边缘宽膜质，第 1 颖长 4.0～4.5 mm，具 1 脉，第 2 颖基部长约 5 mm，具 3 脉；外稃披针形，具不明显的 5 脉，背部具微细的点状毛，顶端及边缘宽膜质，芒自顶端下约 1 mm 处伸出，长 1.0～2.5 mm，第 1 外稃长约 5 mm；内稃细长，稍短于外稃，顶端 2 齿裂，脊微粗糙；花药长约 1.5 mm。 花果期 6～9 月。

产新疆：阿克陶、塔什库尔干（克克吐鲁克，青藏队吴玉虎 533B）、叶城、和田（喀什塔什，青藏队吴玉虎 2031）、策勒（奴尔乡，青藏队吴玉虎 1982）、于田（普鲁至克历亚火山区，青藏队吴玉虎3687、3793)、若羌（阿尔金山保护区鸭子泉，青藏队3925；祁漫塔格山，青藏队吴玉虎2173、3987)。生于海拔3 000～4 500 m的高原滩地高寒草甸、宽谷湖盆高寒草原沙砾地、河滩草地、泉眼周围草甸、陡峭山坡草地。

青海：兴海（中铁乡附近，吴玉虎42958；大河坝乡，吴玉虎42456；赛宗寺，吴玉虎46258；大河坝乡赞毛沟，吴玉虎46482；河卡山北坡，青甘队调查队429、郭本兆6386)、都兰（夏日哈，青甘队1652)、玛沁（西哈垄河谷，吴玉虎5690；昌马河，吴玉虎18334)、班玛（马柯河林场，吴玉虎26148)、久治（哇尔依乡，吴玉虎26716、26730；康赛乡，吴玉虎26602)、达日（建设乡，吴玉虎27177)、玛多（采集地不详，吴玉虎501、795、1581；扎陵湖哈姜盐池，植被地理组581)、称多（郊区，吴玉虎29263；称文乡，刘尚武23066)、曲麻莱（巴干乡，刘尚武937；县城附近，刘尚武和黄荣福737；东风乡，黄荣福160)、治多（采集地不详，皮南林，采集号不详)。生于海拔3 500～4 300 m的山坡草地、沟谷林缘、河滩草甸、山地灌丛草甸、山坡圆柏林下、湖边滩地草甸、滩地沼泽草甸、山地高寒灌丛草甸。

甘肃：玛曲（河曲军马场，吴玉虎31890；黄河北岸，王学高，采集号不详)。生于海拔3 440～3 500 m的河谷滩地草甸、山坡岩石缝隙。

分布于我国的新疆、青海、甘肃、西藏、四川；中亚地区各国，小亚细亚也有。

2b. 矮落草（变种）

var. **tafelii** (Dom.) P. C. Kuo et Z. L. Wu Fl. Reipubl. Popul. Sin. 9 (3): 130. 1987；青海植物志 4：114. 1999；青藏高原维管植物及其生态地理分布 1121. 2008. ——*Koeleria hosseana* Dom. var. *tafelii* Dom. in Fedde Repert. 10: 54. 1911. ——*Koeleria enodis* Keng in Sunyatsenia 6 (1): 60. 1941.

本变种与原变种的区别在于：植株矮小，仅高3～15 cm，无节；圆锥花序较短，长圆形至卵圆状长圆形，长1.5～3.0 cm；小穗较小，长不到5 mm，常含2小花；外稃背部的芒较短，长0.5～1.0 mm。　花果期7～8月。

产青海：兴海（温泉乡苦海东大滩，吴玉虎28721、28844)、玛沁（雪山乡，采集人不详50-11)、玛多（采集地不详，吴玉虎1627；黑河乡，吴玉虎521、1527；野马滩，吴玉虎29058、29107；鄂陵湖北岸，黄荣福C017-03；绵沙山，黄荣福C022-03)、达日（窝赛乡，吴玉虎25870)、称多（巴颜喀拉山南麓，郭本兆116)、曲麻莱（叶格乡，黄荣福106)。生于海拔3 800～4 600 m的高原河谷滩地、高山草甸、河滩沼泽、沟谷山坡高寒草甸、沙砾滩地、沙丘草地、阴坡高寒灌丛草甸。

分布于我国的青海、西藏。

23. 发草属 **Deschampsia** Beauv.

Beauv. Ess. Agrost. 91. Pl. 18. f. 3. 1812.

多年生草本。叶片扁平或卷曲。圆锥花序顶生，通常紧缩成穗状或疏松开展；小穗常含 2～3 小花，稀 4～5 小花，小花无柄；小穗轴脱节于颖之上，具柔毛，并延伸于顶生内稃之后；颖膜质，几等长，第 1 颖具 1 脉，第 2 颖具 3 脉；外稃透明膜质，背部圆形，顶端常啮蚀状，基盘具毛，芒直立或膝曲，自稃体背面基部或下半部伸出；内稃薄膜质，近等长于外稃，具 2 脊；鳞被 2 枚；雄蕊 3 枚；花柱短而不显著，柱头毛刷状。

约 60 种，分布于全世界温带地区，但主要在北半球温带。我国有 6 种 3 变种，昆仑地区产 4 种 2 变种。

分种检索表

1. 圆锥花序紧密而呈穗状圆柱形，或稍疏松呈卵圆形或长卵形。
   2. 圆锥花序长 2～7 cm；小穗常呈紫褐色；颖近等于小穗；外稃的芒自稃体 1/5～1/4处伸出，基盘的毛长达稃体的 1/6～1/4 ………… **1. 穗发草 D. koelerioides** Regel
   2. 圆锥花序长 8～15 cm；小穗常呈草黄色或灰绿色；颖短于小穗；外稃的芒自稃体背中部附近伸出，基盘的毛长达稃体的 1/3～1/2 …………………………………………………………………………………………… **2. 帕米尔发草 D. pamirica** Roshev.
1. 圆锥花序疏松开展，不呈穗状。
   3. 小穗长 4.0～4.5 mm，常含 2 花；第 1 外稃长 3.0～3.5 mm；花药长约 2 mm …………………………………………………… **3. 发草 D. caespitosa** (Linn.) Beauv.
   3. 小穗长 5～7 mm，含 2～3 花；第 1 外稃长（3.5）4.0～4.5 mm；花药长 2.0～2.5 mm ………………………………………… **4. 滨发草 D. littoralis** (Gaud.) Reuter

1. 穗发草　图版 30：8～10

Deschampsia koelerioides Regel in Bull. Soc. Nat. Mosk. 41：299. 1868；Hook. f. Brit. Ind. 7：273. 1897；Roshev. in Kom. URSS 2：251. t. 18. 1934；N. Kusn. in Fl. Kazakh. 1：190. 1956；Bor Grass. Burma Cryl. Ind. Pakist. 435. 1960；Tzvel. in Grub. Pl. Asiae Centr. 4：95. 1968；Thomas A. Cope in E. Nasir et S. I. Ali Fl. Pakist. 143：525. 1982；西藏植物志 5：192. 图 96. 1987；中国植物志 9 (3)：147. 图版 37：5～8. 1987；新疆植物志 6：249. 图版 98：4～6. 1996；Y. H. Wu Grass. Karakor. Kunlun Mount. 103. 1999；青海植物志 4：123. 图版 17：8～10. 1999；Fl. China 22：332. 2006；青藏高原维管植物及其生态地理分布

1093. 2008. ——*D. caespitosa* subsp. *koelerioides* (Regel) Tzvel. in Fed. Poaceae URSS 285. 1976.

多年生密丛生草本。秆直立，平滑无毛，高 5～30 cm，基部具残存的叶鞘。叶鞘平滑无毛；叶舌透明膜质，顶端渐尖，长 2～4 mm；叶片多纵卷，稀扁平，上面粗糙，下面平滑无毛，茎生叶仅 1～2 枚，长 1～3 cm，分蘖叶多数，长可达 10 cm。圆锥花序紧缩成穗状圆柱形，或稍疏松为卵圆形，长 2～7 cm，宽 1.0～2.5 cm；分枝短，平滑无毛；小穗通常紫褐色或褐黄色，有光泽，长 4～6 mm，常含 2 小花；小穗轴节间被柔毛；颖近等长或第 1 颖稍短于第 2 颖，第 1 颖具 1 脉，第 2 颖具 3 脉；外稃短于颖，顶端具啮蚀状锯齿，基盘钝，被短柔毛，芒直立或稍弯曲，约与稃体等长，自稃体基部 1/5～1/4 处伸出，第 1 外稃长 3～4 mm；内稃薄膜质，近等长于外稃；雄蕊 3 枚，花药紫色，长 1.5～2.2 mm。 花果期6～9 月。

产新疆：塔什库尔干、和田、策勒、若羌（喀什克勒河，青藏队吴玉虎 4160）。生于帕米尔高原和昆仑山海拔 2 600～4 800 m 的高寒草甸、高寒沼泽草甸、河漫滩草地、河湖岸边和泉眼周围潮湿草地。

青海：兴海（河卡乡，何廷农 486）、格尔木（唐古拉山口，采集人不详 85680）、玛沁（兔子山，吴玉虎 18274；尼卓玛山，高生所玛沁队 290）、曲麻莱（采集地不详，黄荣福 085）、称多（清水河乡巴颜喀拉山南坡，苟新京 214）。生于海拔 3 200～4 500 m 的高山灌丛草甸、山坡草地、河漫滩高寒草原、河谷山坡灌丛间。

分布于我国的新疆、青海、甘肃、西藏、内蒙古；蒙古，中亚地区各国，喜马拉雅地区西北部，土耳其，俄罗斯西伯利亚也有。

2. 帕米尔发草 图版 30：11～13

Deschampsia pamirica Roshev. in Kom. Fl. URSS 2：252. 1934；Ovcz. et Sidor. in Fl. Tadjik. 1：359. 1957；Tzvel. in Grub. Pl. Asiae Centr. 4：95. 1968；中国植物志 9（3）：149. 图版 37：9～12. 1987；新疆植物志 6：249. 1996；Y. H. Wu Grass. Karakor. Kunlun Mount. 103. 1999；青藏高原维管植物及其生态地理分布 1094. 2008. ——*D. caespitosa* subsp. *pamirica* (Roshev.) Tzvel. in Fed. Poaceae URSS 285. 1976；Fl. China 22：333. 2006.

多年生丛生草本。须根稀疏且较长，柔韧。茎直立或稍倾斜，光滑无毛，高 50～80 cm，具 2～3 节，节通常紫红色。叶鞘稍松弛，光滑无毛，短于节间；叶舌透明膜质，长 5～8 mm，渐尖；叶片扁平或对折，上面粗糙，下面光滑无毛，基部者稠密，长达 11 cm，宽 2～3 mm，茎生者少而短，长 3～8 cm。圆锥花序紧缩，通常草黄色或灰绿色，有时褐色，长卵形或狭椭圆形，长 8～15 cm；分枝长达 5 cm，每节分枝多枚丛生，向上直立，上部着生较多小穗；小穗长 4.5～5.0 mm，含 2～3 小花；小穗轴节间长约 1 mm，被近等长的柔毛；颖短于小穗，两颖近相等或第 1 颖稍短于第 2 颖，长

3.5～5.0 mm，先端尖或钝，具微细齿，第 1 颖具 1 脉，第 2 颖具 3 脉；外稃等于或稍短于第 1 颖，先端平截而呈啮蚀状，基盘两侧的绵毛长达稃体的 1/3 或 1/2，自稃体背中部或稍低处伸出 1 芒，其芒短于外稃，直立，或有时无芒，第 1 外稃长约 3 mm；内稃略短于外稃，具 2 脊。 花期 6～8 月。

产新疆：塔什库尔干。生于帕米尔高原海拔 1 800～3 200 m 的高寒草甸、高寒沼泽草甸、河湖滩地小块潮湿草地。

分布于我国的新疆；塔吉克斯坦也有。

3. 发 草 图版 30：14～16

Deschampsia caespitosa (Linn.) Beauv. Ess. Agrost. 160. 1812；Hook. f. Fl. Brit. Ind. 7：273. 1897；Ovcz. in Fl. Tadjik. 1：359. 1957；中国主要植物图说 禾本科 484. 图 410. 1959；Bor Grass. Burma Ceyl. Ind. Pakist. 435. 1960；Tzvel. in Fed. Poaceae URSS 281. 1976；Thomas A. Cope in E. Nasir et S. I. Ali Fl. Pakist. 143：524. 1982；中国植物志 9 (3)：153. 图版 39：1～3. 1987；青海植物志 4：125. 图版 17：14～16. 1999；Fl. China 22：332. 2006；青藏高原维管植物及其生态地理分布 1092. 2008. —— *Aira caespitosa* Linn. Sp. Pl. 64. 1753.

3a. 发 草（原亚种）

subsp. **caespitosa**

多年生丛生草本。秆直立或基部膝曲，高 30～150 cm，通常具 2～3 节。叶鞘光滑无毛；叶舌膜质，顶端渐尖或 2 裂，长 5～7 mm；叶片常纵卷或扁平，长 3～7 cm，分蘖者长达 20 cm。圆锥花序疏松开展，常下垂，长 10～20 cm；分枝细弱，平滑或微粗糙，中部以下裸露，上部疏生少数小穗；小穗通常草绿色或褐紫色，长 4.0～4.5 mm，含 2 小花；小穗轴节间长约 1 mm，被柔毛；颖不等长，第 1 颖长 3.5～4.5 mm，具 1 脉，第 2 颖稍长于第 1 颖，具 3 脉；外稃顶端啮蚀状，基盘两侧的绵毛长达稃体的 1/3，芒劲直，稍短于或略长于稃体，自稃体基部 1/5～1/4 处伸出；内稃等于或稍短于外稃；花药长约 2 mm。 花果期 7～9 月。

产青海：兴海（黄青河畔，吴玉虎 42644、42738；中铁林场恰登沟，吴玉虎 44869、45040；河卡乡，郭本兆 6170）、玛沁（优云乡，玛沁队 536）、久治（索乎日麻乡，果洛队 316）、甘德（东谷乡，吴玉虎 25741）、班玛（多贡麻乡，吴玉虎 25963、25968；马柯河林场，王为义 26880；烧柴沟，王为义 27559；灯塔乡，王为义 27445）、达日（德昂乡，吴玉虎 25921）、称多（采集地不详，郭本兆 389；歇武乡，苟新京 359）。生于海拔 3 260～4 500 m 的高山草甸、河谷山地高寒灌丛、河滩地草甸、沟谷阔叶林缘灌丛草甸、山坡路旁、沟谷田边、山坡草地。

分布于我国的青海、西藏、四川、云南、山西、河北、内蒙古、辽宁、吉林、黑龙江；世界温带、寒带地区都有。

3b. 小穗发草（亚种）

subsp. **orientalis** Hult. Kongl. Sve. Vet. Acad. Handl. Ser. 3，5：109. 1927；Fl. China 22：333. 206. ——*Deshampaia caespitosa*（Linn.）Beauv. var. *microstachya* Roshev. in Bull. Jarb. Bot. Prin. URSS 28：381. 1929；中国植物志 9（3）：153. 图版 39：4～7. 1987；青海植物志 4：125. 1999；青藏高原维管植物及其生态地理分布 1093. 2008.

本亚种与原变种的区别在于：小穗小，长 2.5～3.5 mm；芒自稃体背中部附近伸出。

产青海：班玛（马柯河林场宝藏沟，王为义 27328；灯塔乡，王为义 27443）。生于海拔 3 200～3 400 m 的河滩草地、灌丛及林缘草甸。

分布于我国的新疆；俄罗斯西伯利亚和远东地区，蒙古北部，朝鲜，日本，美国北部也有。

4. 滨发草

Deschampsia littoralis（Gaud.）Reuter Gat. Pl. Genev. ed. 2. 236. 1861；中国主要植物图说 禾本科 483. 图 415. 1959；中国高等植物图鉴 5：92. 1976；西藏植物志 5：192. 1987；中国植物志 9（3）：151. 1987；Y. H. Wu Grass. Karakor. Kunlun Mount. 104. 1999；青海植物志 4：124. 1999. ——*Aira caespitosa* f. *littoralis* Gaud. Fl. Helv. 1：323. 1823.

4a. 滨发草（原变种）

var. **littoralis**

多年生密丛生草本。秆直立，平滑无毛，高 30～90 cm，通常具 2 节。叶鞘平滑无毛；叶舌膜质，顶端渐尖常具 2 裂，长 5～7 mm；叶片直立，常卷折，稀扁平，上面粗糙，下面平滑无毛，长 2～8 cm，基部分蘖叶长达 30 cm。圆锥花序疏松稍开展，长 1～20 cm；分枝较细弱，粗糙，多 3 叉分枝，长达 10 cm，1/3～1/2 以下裸露，顶端具较多的小穗；小穗长卵形，通常灰褐色、暗紫色或褐紫色，长 5～7 mm，含 2～3 小花；小穗轴节间具柔毛，长 1.2～2.0 mm；颖等于或长于小穗，长（4）5～7 mm，两颖近相等，第 1 颖具 1 脉，第 2 颖具 3 脉，顶端锐尖；外稃顶端平截而呈啮蚀状，基盘两侧的绵毛长约 1 mm，芒自稃体近基部伸出，第 1 外稃（3.5）4.0～4.5 mm；第 2 小花的芒可自中部伸出，劲直，等于或略长于稃体；内稃近等于或长于外稃，脊上粗糙；花药长 2.0～2.5 mm。　花果期 7～9 个月。

产新疆：若羌（祁漫塔格山，青藏队吴玉虎 3988）。生于海拔 3 600～4 500 m 的土坡沙砾地、河边或湖畔草甸、沟谷小块潮湿草地。

青海：格尔木（青藏公路 920 km 处，青藏队吴玉虎 2862）、兴海（大河坝乡，吴玉虎 42507；河卡乡，吴玉虎 28671；河卡山，王作宾 20183）、玛沁、久治（采集地不详，藏药队 582；龙卡湖，藏药队 728）、玛多（采集地不详，吴玉虎 398；牧场，吴玉虎 1674；黑海乡，吴玉虎 1274）、称多（歇武乡，苟新京 420）。生于海拔 3 400～4 300 m 的高原草甸、阴坡灌丛、河谷、河滩湿地、水边草丛、沟谷山地林下。

四川：石渠（长沙贡玛乡，吴玉虎 29672；菊母乡，吴玉虎 29860、29800）。生于海拔 4 100～4 620 m 的沟谷山地砾石坡、高寒草甸、山沟柳树灌丛、山坡岩石缝隙。

分布于我国的新疆、青海、甘肃、陕西、西藏、四川、云南；欧亚大陆的温带、寒带地区也有。

4b. 短枝发草（变种）

var. **ivanovae**（Tzvel.）P. C. Kuo et Z. L. Wu Fl. Xizang. 5：194. f. 97. 1987；中国植物志 9（3）：151. 图版 38：7～9. 1987；Y. H. Wu Grass. Karakor. Kunlun Mount. 104. 1999；青海植物志 4：124. 1999. ——*D. ivanovae* Tzvel. in Not. Syst. Herb. Inst. Bot. Acad. Sci. URSS 21：49. 1961，et in Grub. Pl. Asiae Centr. 4：94. 1968；青藏高原维管植物及其生态地理分布 1093. 2008.

本变种与原变种的区别在于：基部叶多且较短，茎生叶少且短；圆锥花序开展，卵圆形至椭圆形，聚集较少的小穗，长 5～10 cm；分枝较短，曲折，长 2～7 cm；小穗长 4.5～7.0（8.0）mm；颖褐紫色，显著的长于第 1 外稃，顶端长渐尖，芒自近基部或背中部附近伸出，近等于或稍长于稃体。 花果期 7～9 月。

产新疆：若羌（阿其克库勒，青藏队吴玉虎 4044；祁漫塔格山，青藏队吴玉虎 3988）。生于海拔 3 200～4 800 m 的山地草甸、河漫滩草地、沟谷小块潮湿草地。

青海：兴海（温泉乡姜路岭，吴玉虎 28775；河卡山，王作宾 20183、20189；大河坝乡，郭本兆 348）、都兰、格尔木、玛沁（军功乡，区划一组 124；当项乡，区划一组 135；东倾沟，区划一组 132；雪山乡，郭本兆 537、544）、久治、曲麻莱（采集地不详，刘尚武 254）、治多（采集地不详，周立华 247）。生于海拔 2 980～4 500 m 的高山草甸、河滩湿地、林缘草地、灌丛草甸。

分布于我国的甘肃、新疆、青海、西藏、四川。

24. 虉草属 Phalaris Linn.

Linn. Sp. Pl. 54. 1753.

一年生或多年生草本。秆直立，叶片扁平。圆锥花序紧缩成穗状；小穗两侧压扁，含1枚两性小花及位于其下的2枚（有时为1枚）退化为线形或鳞片状的外稃；小穗轴脱节于颖之上，通常不延伸或很少延伸于内稃之后；颖草质，披针形，两颖等长，具3脉，主脉成脊，脊常有翼；可育花的外稃短于颖，软骨质，无芒，具不明显的5脉；内稃与外稃同质；鳞被2枚；子房光滑，花柱2枚；雄蕊3枚。颖果紧包于稃内。

约20种。我国有1种1变种，昆仑地区产1种。

1. 虉　草

Phalaris arundinacea Linn. Sp. Pl. 55. 1953；中国主要植物图说 禾本科 627. 图565. 1959；秦岭植物志 1（1）：156. 1976；Thomas A. Cope in E. Nasir et S. I. Ali Fl. Pakist. 143：494. 1982；中国植物志 9（3）：174. 1987；新疆植物志 6：257. 图版 101：1～3. 1996；青海植物志 4：129. 1999；Fl. China 22：335. 2006；青藏高原维管植物及其生态地理分布1132. 2008.

多年生草本，具根状茎。秆直立，常单生，高约80 cm，通常具6～8节。叶鞘光滑无毛，下部者长于节间，而上部者短于节间；叶舌薄膜质，长2～3 mm；叶片扁平，幼嫩时微粗糙，常呈灰绿色，长6～25 cm，宽5～10 mm。圆锥花序紧密排列成穗状，长约10 cm；分枝直向上伸，密生小穗；小穗长4～5 mm；颖草质，被微毛或光滑无毛，具3脉，中脉成脊，脊粗糙，上部具极窄的翅；孕花外稃软骨质，宽披针形，长3～4 mm，具5脉，上部具柔毛；内稃舟形，背部具1脊，脊的两侧疏生柔毛；花药黄色，长2.0～2.5 mm；不孕外稃2枚，具柔毛，退化为线形。　花期8月。

产青海：玛沁、班玛（灯塔乡，采集人不详 162；马柯河林场，王为义 27678）。生于海拔3 200～3 660 m的山坡或沟谷林下及灌丛中。

分布于我国的新疆、青海、甘肃、宁夏、陕西、四川、山西、河北、内蒙古、辽宁、吉林、黑龙江、湖南、山东、江苏、浙江、江西；中亚地区各国，俄罗斯西伯利亚，欧洲也有。

25. 黄花茅属 **Anthoxanthum** Linn.

Linn. Sp. Pl. 28. 1753

——*Hierochloë* R. Br. in prodr. Fl. Nov. Holl. 208. 1810. nom. consserv；Fl. Reipubl. Popul. Sin. 9（3）：175. 1987.

多年生有香味的草本植物。圆锥花序开展到密集，卵形或金字塔形；小穗通常褐色，有光泽，两侧压扁，含1顶生两性小花和两侧生的雄性小花；小穗轴脱节于颖之上，但不在小花间折断，3小花同时脱落；颖近等长并与小花等长或偶有短于小花者，薄膜质，宽卵形，顶端尖，具1～5脉，稍具脊；外稃舟形，稍变硬，硬膜质到革质，古铜色，边缘具纤毛，均等长于颖，无芒或有芒，背上部被微柔毛，下部有光泽，顶端尖至具 2 裂片，无芒或具短尖头，等长于或稍短于雄花外稃；内稃质较薄，无脊，具 1～2 脉；鳞被 2 枚；雄性花含 3 枚雄蕊，两性花含 2 枚雄蕊，柱头羽毛状。

约 20 种，分布于温带和寒带的高原、高山地带。我国有 4 种 1 变种，昆仑地区产 2 种。

分种检索表

1. 圆锥花序长 3～5 cm；小穗长 2.5～3.0 mm；雄花外稃等长或较长于颖片；秆高15～20 cm ………………………………………… **1. 光稃香草 A. glabrum**（Trin.）Veldk.
1. 圆锥花序长 8～10 cm；小穗长 3.5～6.0 mm；雄花外稃稍短于颖片；秆高 50～60 cm …………………………………… **2. 茅香 A. nitens**（Weber）Y. Sch. et Veldk.

1. 光稃香草 图版 32：1～4

Anthoxanthum glabrum（Trin.）Veldk. Blumea 30：347. 1985；Fl. China 22：337. 2006. ——*Hierochloe glabra* Trin. in Spreng. Neue Entdeck 2：66. 1821；Fl. URSS 2：62. 1934；中国主要植物图说 禾本科 621. 图 559. 1959；Tzvel. in Grub. Pl. Asiae Centr. 4：33. 1968，et in Fed. Poaceae URSS 352. 1976；中国植物志 9(3)：178. 图版 45：4～7. 1987；新疆植物志 6：253. 图版 99：1～3. 1996；青海植物志 4：127. 图版 18：1～4. 1999；青藏高原维管植物及其生态地理分布 1113. 2008.

多年生草本，具细长的黄色根状茎。秆直立，平滑，上部常裸露，高 15～20 cm，通常具 2～3 节。叶鞘密生微毛，长于节间；叶舌透明膜质，顶端啮蚀状，长 2～5 mm；叶片披针形，质较厚，上面被微毛，秆生者较短，长 2～5 cm，宽约 2 mm，基生者较长而狭窄。圆锥花序疏松，卵形至金字塔形，长约 5 cm；分枝平滑，上升或平展，多孪生或 3 枚簇生，下部裸露；小穗通常黄褐色，有光泽，长 2.5～3.0 mm，含 1 枚两性小花和 2 枚雄性小花；颖膜质，两颖近等长或第 1 颖稍短，具 1～3 脉；雄花外稃等长或较长于颖片，背上部被微毛或几乎无毛，边缘具纤毛；孕花外稃上部被短毛，长 2.0～2.5 mm。 花果期 6～9 月。

产青海：兴海（采集地不详，吴珍兰 008）、玛沁（采集地不详，玛沁队 001；军牧场，吴玉虎 22215；拉加乡，区划二组 179）、玛多。生于海拔 3 200～4 100 m 的山坡湿草地、河漫滩及湖边草甸、林缘灌丛草地。

分布于我国的青海、河北、辽宁；俄罗斯也有。

2. 茅 香

Anthoxanthum nitens（Weber）Y. Sch. et Veldk. Blumea 30：348. 1985；Fl. China 22：337. 2006. ——*Hierochloe odorata*（Linn.）Beauv. Ess. Agrost. 164. 1812；Roshev. in Kom. Fl. URSS 2：61. 1934；Gamajun. in Fl. Kazakh. 1：137.

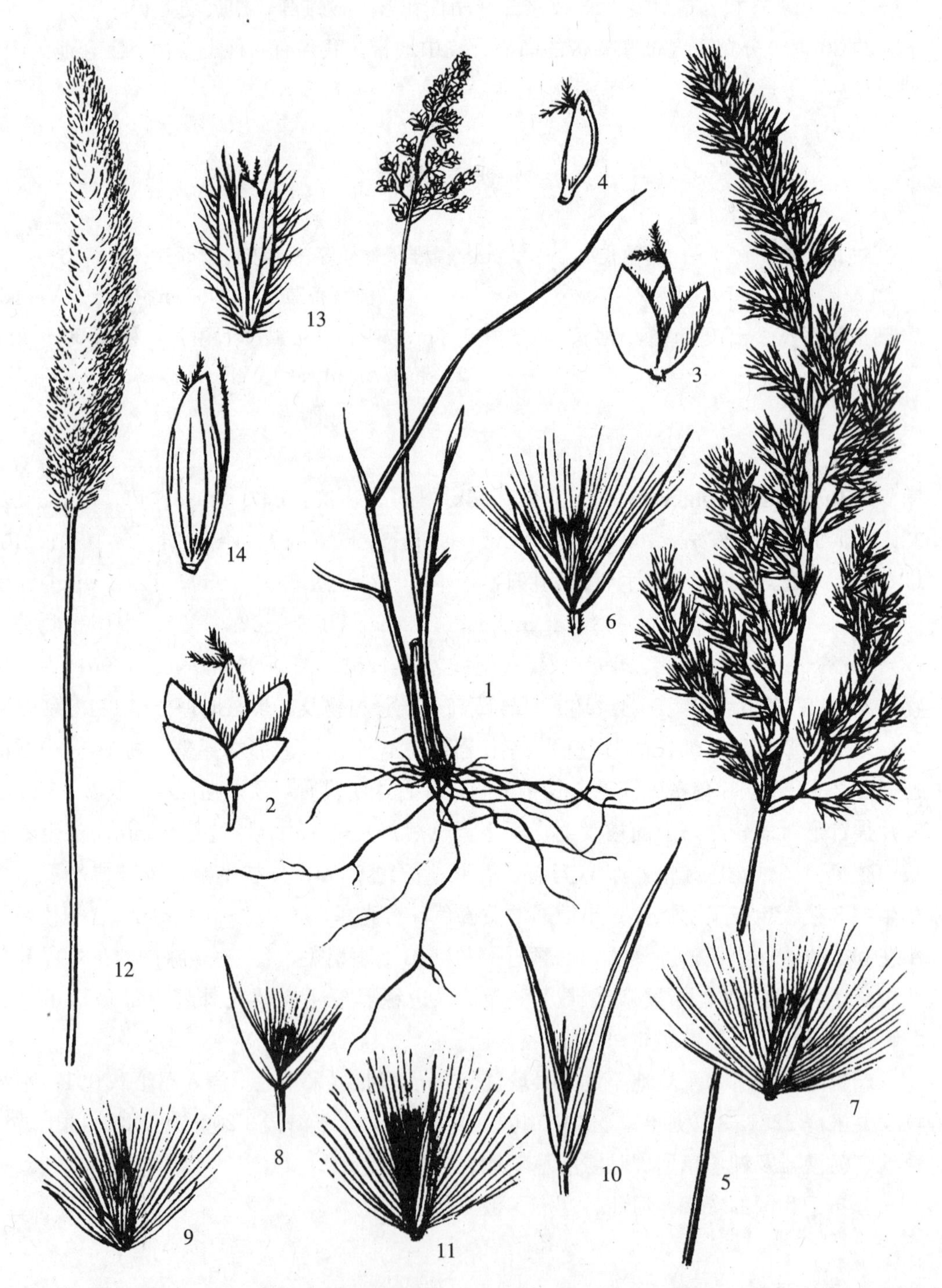

图版 **32** 光稃香草 **Anthoxanthum glabrum**（Trin.）Veldk. 1. 植株；2. 小穗；3. 小穗（去颖）；4. 孕花。假苇拂子茅 **Calamagrostis pseudophragmites**（Hall. f.） Koel. 5. 花序；6. 小穗；7. 小花。短芒拂子茅 **C. hedinii** Pilger 8. 小穗；9. 小花。大拂子茅 **C. macrolepis** Litv. 10. 小穗；11. 小花。苇状看麦娘 **Alopecurus arundinaceus** Poir. 12. 花序；13. 小穗；14. 小花。（王颖绘）

1956；中国主要植物图说 禾本科 620. f. 558. 1959；Tzvel. in Grub. Pl. Asiae Centr. 4：34. 1968，et in Fed. Poaceae URSS 349. 1976；中国高等植物图鉴 5：98. f. 7026. 1976；中国植物志 9（3）：178. 1987；西藏植物志 5：207. 1987；新疆植物志 6：253. 1996；Y. H. Wu Grass. Karakor. Kunlun Mount. 107. 1999；青海植物志 4：127. 1999；青藏高原维管植物及其生态地理分布 1114. 2008. ——*Hierochloe odorata* f. *pubescens* Krylov. Fl. Alt. 7：1553. 1914. ——*H. odorata* var. *pubescens* Kryl. Fl. Alt. 7：1553. 1914；中国主要植物图说 禾本科 621. 1959；中国植物志 9（3）：179. 1987；新疆植物志 6：255. 1996；青海植物志 4：127. 1999；青藏高原维管植物及其生态地理分布 1114. 2008. ——*Poa nitens* Weber Prim. Fl. Holsat. Suppl. 2. no. 6. 1787. ——*Holcus odoratus* Linn. Sp. Pl. 1048. 1753.

多年生草本，具细长根状茎。秆直立，平滑，上部长且裸露，高 40～60 cm。叶鞘平滑无毛或密生柔毛，通常长于节间；叶舌透明膜质，顶端啮蚀状，长 2～5 mm；叶片质较厚，披针形，上面被微毛，长约 5 cm，宽约 7 mm，基生者长可达 30 cm。圆锥花序卵形或疏松排列成金字塔形，长约 10 cm；分枝细长，光滑无毛，上升或平展，常孪生或 3 枚簇生，下部裸露；小穗通常淡黄褐色，有光泽，长（3.5）5.0～6.0 mm；颖膜质，具1～3 脉，两颖近等长或第 1 颖稍短；雄花外稃稍短于颖，背上部被微毛，顶端具微小尖头，边缘具纤毛；孕花外稃长约 3.5 mm，背上部被短毛，顶端锐尖。 花果期 6～9 月。

产青海：兴海（河卡乡草原站，吴珍兰 086）、曲麻莱（曲麻河乡，黄荣福 023）、玛多（扎陵湖，吴玉虎 406；黑海乡，采集人和采集号不详）、玛沁。生于海拔 3 200～4 500 m 的沟谷草地、沙砾山坡、阴坡草地、河漫滩沙地、河边湿润草地。

分布于我国的新疆、青海、甘肃、陕西、西藏、云南、山西、河北、内蒙古、山东；蒙古，中亚地区各国，俄罗斯西伯利亚，欧洲也有。

26. 剪股颖属 Agrostis Linn.

Linn. Sp. P1. 61. 1753，et Gen. P1. ed. 5. 30. 1754.

多年生丛生草本。具短根状茎或根茎头，有时具匍匐茎。秆直立或基部膝曲，平滑无毛或紧接花序下粗糙。叶鞘紧密抱茎，长于或短于节间；叶舌膜质，全缘或顶端破裂或具齿裂，稀少全缘；叶片扁平或内卷成针状。圆锥花序开展或紧缩成穗状；小穗含 1 小花，脱节于颖之上；小穗轴通常退化消失，稀有存在；两颖近等长或第 1 颖稍长，通常纸质或膜质，顶端急尖、渐尖或具短芒状小尖头，背部平滑无毛或粗糙，有时被短毛，具 1 脉，脉上粗糙或被短硬毛；外稃薄膜质，背部圆形，常平滑无毛，有时粗糙或稀少被毛，通常具 5 脉，稀少具 3 脉，顶端钝圆或平截，稀急尖，常短于颖或稀少与颖相等，芒自外稃近基部至近顶部伸出，直立或膝曲，稀无芒，基盘平滑无毛或两侧簇生短毛；内稃常短于外稃，稀等长，或几乎全部退化，仅残留一痕迹，顶端全缘、平截或具2齿裂；鳞被2枚，近披针形，透明膜质；雄蕊3枚，花药长度为外稃的3/4～1/10；子房平滑无毛，柱头2枚，羽毛状；颖果长圆形，与外稃分离或紧被外稃所包。

约220种，主要分布于北半球的温寒地带和热带的山地。我国有29种10变种，昆仑地区产8种。

分种检索表

1. 内稃较大，长为外稃的1/2以上。
  2. 植株高（30）50～130 cm；叶舌长3～6 mm；花药长1.0～1.2 mm ……………………………………………………………… **1. 巨序剪股颖 A. gigantea** Roth
  2. 植株高20～35 cm；叶舌长0.5～1.5 mm；花药长0.8～1.0 mm ……………………………………………………………… **2. 细弱剪股颖 A. capillaris** Linn.
1. 内稃较小，长为外稃的1/4以下。
  3. 外稃无芒。
    4. 小穗长3～4 mm；外稃长2.0～2.5 mm，基盘具长0.2 mm的毛；花药长0.7～0.8 mm ……………………………………… **3. 甘青剪股颖 A. hugoniana** Rendle
    4. 小穗长1.8～2.0 mm；外稃长约1.5 mm，基盘无毛；内稃长约0.2 mm；花药长约0.6 mm ……………………………… **4. 丽江剪股颖 A. nervosa** Ness ex Trin.
  3. 外稃具芒。
    5. 外稃的芒自稃体背下部伸出，长1～2 mm，伸出小穗；内稃小，长约0.5 mm；花药长1.0～1.5 mm；植株具匍匐根茎 ………… **5. 普通剪股颖 A. canina** Linn.
    5. 外稃的芒自稃体背中部附近或稍上伸出。
      6. 圆锥花序狭窄紧缩，长4～9 cm，宽0.5～1.5 cm；小穗长2.0～2.2 mm；花药长约1.2 mm ………………………… **6. 北疆剪股颖 A. turkestanica** Drob.
      6. 圆锥花序疏松开展；小穗长2.8～3.0 mm；花药长0.6～0.8 mm。
        7. 外稃长2.0～2.5 mm；内稃长约0.5 mm；秆高15～20 cm；小穗暗紫色 ……… **7. 岩生剪股颖 A. sinocrupestis** L. Liu ex S. M. Pillips et S. L. Lu
        7. 外稃长1.5～1.8 mm；内稃长约0.3 mm；秆高约50 cm；小穗黄绿色 …………………… **8. 疏花剪股颖 A. hookerianaa** C. B. Clarke ex Hook. f.

1. 巨序剪股颖 图版33：1～3

Agrostis gigantea Roth Fl. Germ. 1：31. 1788；Bor Grass. Burma Ceyl. Ind. Pakist. 387. 1960；Tzvel. Pl. Asiae Centr. 4：75. 1968，et in Fed. Poaceae URSS 329. 1976；Thomas A. Cope in E. Nasir et S. I. Ali Fl. Pakist. 143：481. 1982；

西藏植物志 5：232. 图 121. 1987；中国植物志 9（3）：235. 1987；新疆植物志 6：279. 图版 110：1～4. 1996；Y. H. Wu Grass. Karakor. Kunlun Mount. 117. 1999；青海植物志 4：139. 图版 20：1～3. 1999；Fl. China 22：343. 2006；青藏高原维管植物及其生态地理分布 1075. 2008. ——*A. alba* auct. non Linn.：Rendle in Journ. Soc. Bot. 36：389. 1904；Schischk. in Kom. Fl. URSS 2：183. 1934；中国主要植物图说 禾本科 531. 图 457. 1959. ——*A. stolonifera* auct. non Linn.：中国主要植物图说 禾本科 531. 图 456. 1959.

多年生草本，具短的根状茎或秆的基部平卧。秆高 30～90 cm，平滑无毛，通常具 2～4 节。叶鞘无毛，短于节间；叶舌干膜质，长圆形，顶端齿裂，长 3～6 mm；叶片扁平，边缘和脉粗糙，长约 20 cm，宽 4～6 mm。圆锥花序疏松开展，有时狭窄紧缩，长 10～25 cm；分枝稍粗糙，每节簇生 5～10 枚，中部以下常裸露，有时基部有小穗腋生；小穗通常淡绿色或带紫色，长 2.0～2.5 mm；颖片舟形，背部具脊，脊的上部顶端稍粗糙，两颖近等长或第 1 颖稍长，顶端尖；外稃透明膜质，长 1.8～2.0 mm，顶端钝圆，无芒，基盘两侧簇生长 0.2～0.4 mm 的柔毛；内稃长圆形，顶端圆或有不明显的微齿，长为外稃的 2/3～3/4；花药长 1.0～1.2 mm。 花果期 7～9 月。

产新疆：英吉沙、莎车、叶城。生于昆仑山海拔 1 200～2 000 m 的沟谷草甸、小块潮湿草地、河滩草甸、山坡草地。

青海：兴海（唐乃亥乡，吴玉虎 42115、42178）。生于海拔 2 800 m 左右的河谷滩地、疏林田埂。

分布于我国的新疆、青海、甘肃、陕西、西藏、四川、云南、山西、河北、内蒙古、辽宁、吉林、黑龙江、山东、江苏、江西、安徽；俄罗斯，中亚地区各国，日本也有。又见于喜马拉雅山。

2. 细弱剪股颖

Agrostis capillaris Linn. Sp. Pl. 62. 1753；Fl. China 22：342. 2006. —— *A. tenuis* Sibth. Fl. Oxon. 36. 1794；中国主要植物图说 禾本科 531. 图 458. 1959；Bor Grass. Burma Ceyl. Ind. Pakist. 391. 1960；Tzvel. in Fed. Poaceae URSS 330. 1976；中国植物志 9（3）：235. 1987；新疆植物志 6：281. 图版 110：5～8. 1996；Y. H. Wu Grass. Karakor. Kunlun Mount. 117. 1999；青藏高原维管植物及其生态地理分布 1078. 2008. ——*A. wulgaris* With. in Bot. Arr. Veg. Brit. ed. 3. 2：132. 1796.

多年生草本，具短的根状茎。秆高 20～25 cm，通常具 3～4 节，基部膝曲或弧形弯曲，上部直立，细弱，直径约 1 mm。叶鞘常长于节间，平滑；叶舌干膜质，长约 1 mm，顶端平截；叶片窄线形，长 2～14 cm，宽 1～2 mm，干时内卷，边缘和脉上粗糙，顶端渐尖。圆锥花序开展，近椭圆形；分枝斜向上升，细瘦，每节具 2～5 枚，长

1.5～3.5 cm，稍波状弯曲，平滑无毛；小穗通常紫褐色，长1.5～2.5 mm；两颖近等长或第1颖稍长，椭圆状披针形，顶端急尖，第1颖长1.5～1.7 mm，脊粗糙，第2颖常平滑无毛；外稃长约1.5 mm，无芒，中脉稍凸出，顶端平截，基盘无毛或具微毛；内稃较大，长为外稃的2/3；花药金黄色，长0.8～1.0 mm。 花期8月。

产新疆：和田、策勒。生于海拔1 400～2 500 m的沟谷湿草地、河漫滩草甸。

分布于我国的新疆、山西；中亚地区各国，俄罗斯西伯利亚，欧洲也有。

3. 甘青剪股颖 图版33：4～6

Agrostis hugoniana Rendle in Journ. Linn. Soc. Bot. 36：389. 1904；中国主要植物图说 禾本科 544. 图 472. 1959；中国植物志 9（3）：244. 图版 59：17～20. 1987；青海植物志 4：141. 图版 20：7～9. 1999；Fl. China 22：243. 2006；青藏高原维管植物及其生态地理分布 1076. 2008.

多年生密丛生草本，具根头或有细短根茎。秆直立或基部膝曲，平滑无毛，秆高15～30 cm，通常具2节。叶鞘平滑无毛，疏松抱茎，基部叶鞘质较薄，枯萎后常破碎成纤维状；叶舌膜质，顶端平截，背面微粗糙，长约2 mm；叶片扁平，线形，顶端渐尖，两面及边缘粗糙，长2～8 cm，基生叶长达13 cm。圆锥花序紧缩成穗状，长4～8 cm，宽5～15 mm；分枝稍粗糙，直立贴生，每节具3～6枚，长约3 cm；小穗通常暗紫色或古铜色，长3～4 mm；两颖近等长，或第1颖长于第2颖约0.2 mm，脊和上部边缘具小刺毛而粗糙；外稃背部平滑无毛，长2.0～2.5 mm，具较明显的5脉，顶端钝圆而具细齿，无芒或仅顶部具极短的芒，基盘两侧具短毛；内稃长约0.5 mm；花药长0.7～0.8 mm。 花果期8～9月。

产青海：兴海（河卡山，张盍曾 63554）、玛沁（石峡煤矿，王为义 26599）、久治（希门错湖畔，果洛队 453；白玉乡，藏药队 641）、班玛（马柯河林场，王为义 26968、吴玉虎 26004）、玛多。生于海拔3 500～4 200 m的高原宽谷滩地灌丛草甸、高山草地、沟谷河滩、阴坡林缘灌丛草甸。

四川：石渠（采集地和采集人不详，28390）。生于海拔4 200 m左右的沟谷山坡高山草甸、河谷阶地草甸。

甘肃：玛曲（黄河南岸，王学高 153）。生于海拔3 500 m左右的宽谷河滩草地。

分布于我国的青海、甘肃、陕西西部和四川西北部。

4. 丽江剪股颖

Agrostis nervosa Ness ex Trin. Mém. Acad. Imp. Sci. St.-Pétersb. Sér. 6, Sci. Math. Seconde Pl. Sci. Nat. 6. 4（3～4）：328. 1841；Fl. China 22：344. 2006. ——*A. schneideri* Pilger in Fedde Repert. Sp. Nov. 17：130. 1921；中国主要植物图说 禾本科 539. 图 465. 1959；中国植物志 9（3）：240. 图版 58：20～30.

1987；青藏高原维管植物及其生态地理分布 1077. 2008. ——*A. schneideri* Pilger var. *brevipes* Keng ex Y. C. Yang Bull. Bot. Res. Harbin. 4 (4)：99. 1984；中国植物志 9 (3)：240. 图版 58：24. 1987.

多年生草本。秆丛生，较细弱，直立或下部膝曲，高 20～30 cm，直径 0.6～1.0 mm，具 3～4 节，顶生节位于秆基 7 cm 处；叶鞘松弛，无毛，长于节间，上部者长达 9 cm；叶舌膜质，长 2.5～3.0 mm，先端尖或具细齿或 2 分裂，背部微粗糙；叶片线形、扁平或先端内卷渐尖，长 3～6 mm，宽 2 mm，微粗糙，分蘖叶片长 8 cm，内卷成线形；圆锥花序披针形，长 4～8 cm，宽 8～25 cm，每节具 2～5 (7) 分枝；分枝直立上举，稍带波状曲折，下部裸露，微粗糙，主枝长达 4 cm；小穗柄长 0.5～2.0 mm，微粗糙；小穗暗紫色，长 1.8～2.0 mm；两颖近于相等或第 1 颖稍长，脊微粗糙，顶端尖；外稃长 1.5 mm，具 5 脉，先端钝圆，无芒，基盘无毛；外稃长达 2 cm；内稃长约 0.2 mm；花药线形，长约 0.6 mm；花序分枝顶端间或具有"胎生"小穗，其颖增大达 5 mm。 花果期夏秋季。

产四川：石渠（采集地不详，刘照光 7608）。生于海拔 4 400 m 左右的沟谷山坡高山草甸。

分布于我国的云南西北部与四川交界处。

5. 普通剪股颖

Agrostis canina Linn. Sp. Pl. 62. 1753；Schischk. in Kom. Fl. URSS 2：174. 1934；Gamajun. in Fl. Kazakh. 1：179. 1956；Bor. Grass. Burma Ceyl. Ind. Pakist. 386. 1960；Tzvel. in Fed. Poaceae URSS 335. 1976；Y. H. Wu Grass. Karakor. Kunlun Mount. 118. 1999；Fl. China 22：347. 206.

多年生疏丛生草本。秆直立或基部膝曲，高 20～60 cm，具 3～5 节。叶鞘平滑；叶片线形，扁平或向顶端内卷；基生叶片较宽，宽 1～3 mm；圆锥花序疏松，长 5～12 cm，分枝细弱，每节 3～6 枚；小穗紫褐色，长 2～3 mm；颖近等长，披针形，脊粗糙，顶端尖；外稃长约 1.5 mm，顶端钝或具锯齿状；芒自背部或中部稍下伸出，膝曲，伸出小穗外，基盘具毛；内稃无或仅长 0.5 mm；花药长 1.0～1.5 mm。 花果期 7～9 月。

产新疆：莎车。生于海拔 1 400 m 左右的荒漠绿洲湿润草地。

分布于我国的新疆；蒙古，俄罗斯西伯利亚、亚洲温带（包括热带山区部分），欧洲，北美洲也有。

6. 北疆剪股颖

Agrostis turkestanica Drob. Fl. Uzbek. 1：537. 1941；Gamajun. in Fl. Kazakh. 1：178. 1956；中国植物志 9 (3)：251. 1987；新疆植物志 6：279. 1996；Y. H.

Wu Grass. Karakor. Kunlun Mount. 118. 1999；Fl. China 22：348. 2006. ——*A. vinealis* subsp. *turkestanica*（Drob.）Tzvel. in Nov. Syst. Pl. Vasc. 8：60. 1971，et in Fed. Poaceae URSS 336. 1976.

多年生密丛生草本。秆细瘦，高 30～35 cm，直径约 1 mm，基部微弧形弯曲，通常具 2 节，下面一节埋没在叶丛中，似仅具 1 节。叶鞘疏松抱茎，长过节间，表面光滑；叶舌膜质，长圆形，先端圆，长 2～3 mm；叶片短，在下部密集，长 3～4 cm；基生叶扁平，秆生叶内卷，宽 0.8～1.0 mm。圆锥花序紧缩，长 4～9 cm，宽 0.5～1.5 cm，明显高出叶片；小穗通常暗紫色；小穗梗平滑无毛；颖披针形，长 2.0～2.2 mm，顶端急尖，两颖近相等，或第 1 颖长于第 2 颖约 0.2 mm，第 1 颖的脊部具极短的粗毛；外稃长 1.8～1.9 mm，脉明显，顶端钝或近圆形，芒在外稃背面的 2/3～4/5 处着生，长 2.5～3.0 mm，直立；内稃长约 0.2 mm；花药长约 1.2 mm。 花果期 8～9 月。

产新疆：塔里木盆地南缘。生于东帕米尔高原海拔 2 300 m 左右的沟谷和河漫滩草地。

分布于我国的新疆；中亚地区各国也有。

7. 岩生剪股颖 图版 33：7～9

Agrostis sinocrupestis L. Liu ex S. M. Phillips et S. L. Lu Fl. China 22：346. 2006. ——*A. hugoniana* var. *aristata* Keng ex Y. C. Yang Bull. Bot. Res. 4（4）：99. 1984；中国植物志 9（3）：244. 图版 59：21～23. 1987；青海植物志 4：141. 1999；青藏高原维管植物及其生态地理分布 1076. 2008.

多年生密丛生草本。秆直立，细弱，高 12～20 cm，具 2～3 节。叶鞘长于节间；叶片线性，扁平或内卷，长 3～15 cm，两面均粗糙；叶舌短，平截或钝圆。圆锥花序紧缩但不呈穗状，稍疏松，长 3～8 cm；分枝平滑或稍粗糙，每节具 2～6 枚，长达 4 cm；小穗深紫色，长 2.8～3.5 mm；两颖近等长或第 1 颖稍长，脊粗糙，顶端尖；外稃背部平滑无毛，顶端具微齿裂，芒自稃体背中部伸出，长 3.5～5.0 mm，明显膝曲，基盘具短毛；内稃长 0.4～0.6 mm；花药长 0.6～0.8 mm。 花果期 7～9 月。

产青海：兴海（河卡山，王作宾 20188）、玛沁（拉加乡，区划二组 178）、久治（龙卡湖畔，果洛队 554）、班玛（马柯河林场，王为义 27368）、称多（歇武乡，刘有义 83-410）。生于海拔 3 200～4 100 m 的山坡草甸、高山灌丛、山谷林缘、河滩草地。

四川：石渠（中区，刘照光 7620；德荣马乡，采集人不详 28351）。生于海拔 4 200～4 500 m 的沟谷山坡高山草甸。

分布于我国的青海、甘肃、西藏、四川、云南。

8. 疏花剪股颖 图版 33：10～11

Agrostis hookeriana C. B. Clarke ex Hook. f. Fl. Brit. Ind. 7：256. 1896；Fl.

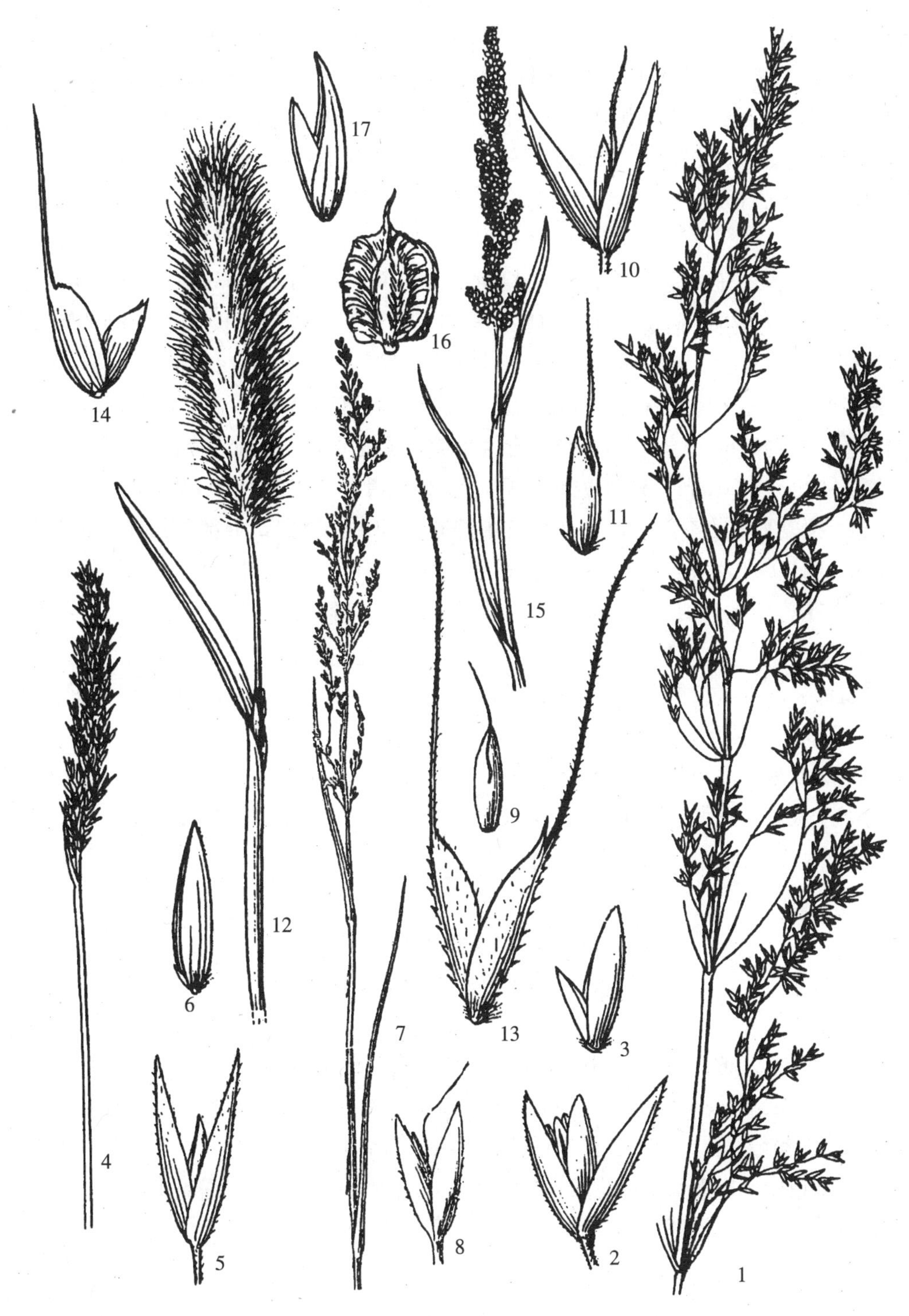

图版 33　巨序剪股颖 **Agrostis gigantea** Roth 1. 花序；2.小穗；3. 小花。甘青剪股颖 **A. hugoniana** Rendle 4. 花序；5. 小穗；6. 小花。岩生剪股颖 **A. sinocrupestis** L. Liu ex S. M. Phillips et S. L. Lu 7. 花序；8. 小穗；9. 小花。疏花剪股颖 **A. hookeriana** C. B. Clarke ex Hook. f. 10. 小穗；11. 小花。长芒棒头草 **Polypogon monspeliensis**（Linn.） Desf. 12. 花序；13. 小穗；14. 小花。菵草 **Beckmannia syzigachne**（Steud.） Fern. 15. 花序；16. 小穗；17. 小花。（阎翠兰绘）

China 22：346. 2006. ——*A. perlaxa* Pilger in Fedde Repert. Sp. Nov. Beih. 12：306. 1922；中国主要植物图说 禾本科 534. 图 460. 1959；中国植物志 9（3）：250. 图版 61：5～8. 1987；青海植物志 4：141. 图版 20：10. 11. 1999；青藏高原维管植物及其生态地理分布 1076. 2008. ——*A. pubicallis* Keng ex Y. C. Yang in Acta Bot. Bor.-Occ. Sin. 4（4）：101. 1984；中国植物志 9（3）：247. 图版 60：14～19. 1987.

多年生草本。秆细弱，直立或下部膝曲，高 30～50 cm，具 3～4 节。叶鞘无毛，常短于节间，但顶生叶鞘长；叶舌膜质，长圆形，顶端常碎裂，长 2～3 mm；叶片扁平，质薄，边缘和脉上微粗糙，长 6～10 cm，宽 1.5 mm。圆锥花序细瘦，花后开展，长 7～16 cm；分枝纤细，平滑或微粗糙，下部裸露，每节具 2～3 枚；小穗通常黄绿色或暗紫色，长约 3 mm；颖窄披针形，脊微粗糙，顶端渐尖，两颖近等长或第 2 颖稍短，第 1 颖长 3.5～4.0 mm；外稃透明膜质，背部平滑无毛，具明显的 5 脉，长 1.8～2.3 mm，顶端平截或有齿，芒自外稃背中部附近伸出，膝曲，下部微扭转，长 3.5～6.0 mm，明显伸出小穗之外，基盘具短毛，毛长约 0.2 mm；内稃长圆形，长 0.1～0.3 mm；花药长 0.6～1.0（1.5）mm。颖果长圆形，略扁，长 1.2～1.8 mm。 花果期 7～9 月。

产青海：玛沁（拉加乡，吴玉虎 6072；当洛乡，玛沁队 561）、班玛（马柯河林场，王为义 27590）。生于海拔 3 000～4 000 m 的阴坡灌丛、沟谷林下、干旱阴山坡、林缘草甸、河谷阶地、洪积扇湿润处。

分布于我国的青海、西藏、四川西部、云南；印度，尼泊尔，不丹也有。

27. 野青茅属 Deyeuxia Clarion

Clarion in Beauv. Ess. Agrost. 43. 1812.

多年生草本。植株高大或细弱。圆锥花序开展或紧缩；小穗常含 1 小花，稀有 2 小花，脱节于颖之上；小穗轴延伸于内稃之后而常被丝状柔毛；两颖近相等或第 1 颖稍长，顶端尖或渐尖，具 1～3 脉；外稃稍短于颖，通常草质或膜质，具 3～5 脉，中脉自稃体的基部或中部以上延伸成 1 芒，稀少无芒，基盘两侧的被毛通常短于外稃，稀等长或稍长于外稃；内稃质薄，具 2 脉，近等长或较短于外稃。

有 100 种以上，分布于南北半球的温带地区。我国约有 43 种 15 变种，昆仑地区产 12 种。

分种检索表

1. 外稃基盘两侧的柔毛甚短。

2. 芒自外稃背中部附近伸出。
 3. 小穗含2小花…………… 1. **喜马拉雅野青茅 D. himalaica** L. Liu ex W. L. Chen
 3. 小穗含1小花。
  4. 圆锥花序疏松开展；秆于花序下平滑无毛；外稃顶端具2个长约1 mm的芒尖；芒自稃体背部近基部伸出；花药长0.5~1.2 mm ……………………………………………………………………… **2. 黄花野青茅 D. flavens** Keng
  4. 圆锥花序紧密；秆于花序下甚粗糙；外稃顶端具细齿，芒自稃体背中部伸出；第1颖边缘具纤毛；花药长2~3 mm ……………………………………………………………… **3. 糙野青茅 D. scabrescens** (Griseb.) Munro ex Duthie
2. 芒自外稃背近基部伸出。
 5. 小穗发亮；外稃长5~6 mm，顶端齿裂，基盘毛短，约等于稃体的1/6~1/3 ………………………………… **4. 短毛野青茅 D. anthoxanthoides** Munro ex Hook. f.
 5. 小穗不发亮；外稃长约4 mm，顶端2分裂，基盘毛稍短于稃体………………………………………………………… **5. 阿拉尔野青茅 D. alaica** (Litv.) Y. H. Wu
1. 外稃基盘两侧的柔毛长达稃体1/2以上或近等长于稃体，稀长为稃体的1/3（天山野青茅 *D. ianschanica*）。
 6. 叶舌长5~7 mm；外稃基盘两侧的毛近等长于稃体或微短于稃体，芒细直或微弯 ………………………………… **6. 藏西野青茅 D. zangxiensis** P. C. Kuo et S. L. Lu
 6. 叶舌1~3（4）mm；外稃基盘两侧的毛长为稃体的1/3~1/2。
  7. 小穗长3~4 mm；外稃长2.5~3.5 mm，芒长1~2 mm，细直 ……………………………………………………… **7. 小花野青茅 D. neglecta** (Ehrh.) Kunth
  7. 小穗长4~7 mm；外稃长3~6 mm，芒长2.5~7.0 mm。
   8. 秆于花序下密被毛；花序分枝亦被毛；圆锥花序卵圆形或圆柱形紧密短缩 ……………………………………………………………… **8. 藏野青茅 D. tibetica** Bor
   8. 秆于花序下平滑无毛或粗糙；花序分枝平滑或粗糙；圆锥花序紧密但不短缩。
    9. 外稃的芒细直或微弯，且下部稍扭转，隐藏于小穗内。
     10. 小穗常呈紫色而顶端呈古铜色；外稃长约3.5 mm；芒长约3 mm，微弯，下部稍扭转；叶鞘微粗糙 ……………………………………………………… **9. 青海野青茅 D. kokonorica** (Keng ex Tzvel.) S. L. Lu
     10. 小穗常呈草黄色带淡紫色；外稃长约4 mm；芒长约2.5 mm，细直或微弯，但下部不扭转；叶鞘平滑无毛 ……………………………………………………… **10. 瘦野青茅 D. macilenta** (Griseb.) Keng ex S. L. Lu
    9. 外稃的芒膝曲扭转，明显伸出小穗。
     11. 秆于花序下平滑无毛；叶舌长1~2 mm；颖片卵状披针形；外稃基盘两侧的柔毛长为稃体的1/2 ……………………………………………… **11. 高原野青茅 D. compacta** Munro ex Hook. f.

11. 秆于花序下粗糙；叶舌长3～4 mm；颖片窄披针形；外稃基盘两侧的柔毛长为稃体的1/3 …… **12. 天山野青茅 D. tianschanica** (Rupr.) Bor

1. 喜马拉雅野青茅

Deyeuxia himalaica L. Liu ex W. L. Chen in Acta Phytotax. Sin. 39：447. 2001；中国植物志 9 (3)：197. 1987；西藏植物志 5：215. 1987；Fl. China 22：351. 2006；青藏高原维管植物及其生态地理分布 1095. 2008.

多年生草本。秆直立高 15～60 cm，平滑，具 3～4 节。叶鞘短于节间，平滑或微粗糙。叶舌长 3～4 mm。叶片扁平或内卷，长 15～20 cm，宽约 5 mm，顶端长渐尖，两面微粗糙。圆锥花序疏松，长 3.5～7.0 cm，宽约 5 cm；分枝长 3～6 cm，数枚簇生，上举，与小穗柄均粗糙。小穗暗紫色，长约 5 mm，含 2 小花，两颖近等长或第 1 颖稍长，具 1 脉，脉及背部均粗糙，第 1 颖宽披针形，顶端尖或稍钝，第 2 颖披针形，顶端渐尖；第 1 外稃长 4.0～4.5 mm，带紫色，背上部粗糙，具 5 脉，顶端有 4 齿裂，边缘白色膜质，边脉与间脉分别延伸为长 0.2～0.5 mm 的尖头；芒自顶端下方 1/5～1/4 处伸出，长 8～10 mm，粗糙，膝曲，基盘两侧的柔毛长为稃体的 1/4～1/3；穗轴节间长约 0.5 mm，边缘具长约 1.5 mm 的柔毛；第 2 小花的外稃长 3.0～3.5 mm；内稃约短于外稃 1/3，具 2 脉，顶端微 2 齿裂，脊微粗糙；花药长 1.5～2.0 mm；延伸小穗轴长约 1.5 mm，具长约 1.5 mm 的柔毛。 花果期 7～9 月。

产青海：班玛（马柯河林场，王为义 26884）。生于海拔 3 400～3 600 m 的河谷山地阳坡草地。

分布于我国的青海、西藏。

2. 黄花野青茅 图版 34：1～3

Deyeuxia flavens Keng Sunyatsenia 6 (1)：67. 1941；中国植物志 9 (3)：201. 1987；青海植物志 4：135. 图版 19：4～6. 1999；Fl. China 22：351. 2006；青藏高原维管植物及其生态地理分布 1094. 2008.

多年生草本。秆直立，平滑无毛，高 40～65 cm，通常具 2 节。叶鞘平滑无毛；叶舌膜质，顶端具齿裂，长 2.5～4.0 mm；叶片扁平，两面粗糙，长 3～12 cm，宽 3～5 mm。圆锥花序疏松开展，长 8～15 cm，宽 5～8 cm；分枝细弱，孪生，平展或斜向上升，稍粗糙，长 2.5～7.0 cm，1/2 以下裸露；小穗通常黄褐色或紫色，长 4～6 (7) mm；颖片卵状披针形，顶端尖，第 1 颖长于第 2 颖约 1 mm，具 1 脉，脉纹粗糙；外稃长 3.5～5.0 mm，顶端具 2 个长约 1 mm 的短芒尖，芒自稃体近基部伸出，长 5～6 mm，近中部膝曲，芒柱扭转，基盘两侧的柔毛长为稃体的 1/3 或 1/4；内稃膜质，约短于外稃 1/3，顶端具微齿裂，延伸小穗轴长 0.5～1.0 mm，与其所被柔毛共长约 2.5 mm；花药黄色或淡紫色，长 1.0～1.5 mm。 花果期 8～9 月。

产青海：兴海（中铁林场中铁沟，吴玉虎 45642C；河卡山，张盍曾 63535）、玛沁

（拉加乡，区划二组 184）、称多（歇武乡，苟新京 83－385、刘有义 83－391）、曲麻莱（东风乡，刘尚武 885）。生于海拔 3 600～4 500 m 的沟谷山地高山草甸、山坡林间草地、河谷滩地草丛、山地阴坡及沟谷灌丛草甸。

四川：石渠（中区，刘照光 7618）。生于海拔 4 500 m 左右的高山草甸、高寒灌丛草地、沟谷草甸。

分布于我国的青海、甘肃、西藏、四川西北部。

3. 糙野青茅 图版 34：4～6

Deyeuxia scabrescens（Griseb.）Munro ex Duthie in Atkins Gaz. N. W. Ind. 628. 1882；中国主要植物图说 禾本科 509. 图 432. 1959；秦岭植物志 1（1）：136. 图 108. 1976；中国植物志 9（3）：195. 图版 48：6～9. 1987；青海植物志 4：133. 图版 19：1～3. 1999；Fl. China 22：352. 2006；青藏高原维管植物及其生态地理分布 1097. 2008. ——*Calamagrostis scabrescens* Griseb. in Nachr. Ges. Wiss. Goett. 79. 1868.

多年生草本。秆直立，紧接花序下甚粗糙，高 60～80 cm，通常具 3～4 节。叶鞘平滑无毛或稍粗糙，疏松裹茎；叶舌厚膜质，披针形，长 4～6 mm；叶片质硬，直立，内卷，两面粗糙，长 15～20 cm，宽 3～5 mm。圆锥花序紧密排列成穗状，长 10～18 cm；分枝直立或斜向上升，数枚簇生，与其小穗柄甚粗糙；小穗通常草黄色或紫色，长4.5～6.0 mm；颖粗糙，长圆状披针形，近等长或第 1 颖稍长且边缘具纤毛，具 1 脉，第 2 颖具 3 脉；外稃背部粗糙，长 4～5 mm，顶端具细齿；芒自稃体背中部附近伸出，长 6～8 mm，细直或基部 1/3 以下膝曲，芒柱扭转，基盘两侧的柔毛长 1.0～1.5 mm；内稃约短于外稃 1/3，延伸小穗轴长 1.5～2.0 mm，与其所被柔毛共长 3～4 mm；花药长 2.0～2.5 mm。 花果期 7～9 月。

产青海：玛沁（西哈垄河谷，吴玉虎 5666）、久治（采集地不详，藏药队 722）、班玛（马柯河林场，王为义 27096、27636）、称多（采集地不详，刘尚武 2331）。生于海拔3 300～4 300 m 的高山草地、林下和林缘灌丛草甸、山坡和河滩草地。

分布于我国的青海、甘肃、陕西、西藏、四川、云南、湖北；印度也有。

4. 短毛野青茅

Deyeuxia anthoxanthoides Munro ex Hook. f. in Henders Hume Lahore to Fark. 339. 1873；Y. H. Wu Grass. Karakor. Kunlun Mount. 110. 1999；Fl. China 22：356. 2006；青藏高原维管植物及其生态地理分布 1094. 2008. ——*Calamagrostis anthoxanthoides*（Munro）Regel in Acta Petrop. Bot. Gard. 7（2）：639. 1881；Roshev. in Kom. Fl. URSS 2：209. 1934；Gamajun. in Fl. Kazakh. 1：85. 1956；Tzvel. in Grub. Pl. Asiae Centr. 4：82. 1968，et in Fed. Poaceae URSS 309.

1976；新疆植物志 6：266. 1996.

多年生丛生草本，具短根状茎。秆直立，高 10～35 cm，平滑无毛，上部近于无叶，基部具多数较长的叶。叶鞘平滑或粗糙；叶舌膜质，长约 7 mm；叶片扁平，长 3～6 cm，宽 2～4 mm，两面粗糙。圆锥花序紧密排列成穗状，通常淡棕紫色，以后变黄，卵形至矩圆形，长 2～6 cm，宽 1.2～2.0 cm；分枝短；小穗通常褐色或带黄色或稀少紫红色，长 5～7 mm，披针形；两颖近等长，长 6～7 mm，干膜质，披针形，顶端急尖；外稃稍短于小穗，长 4.5～5.0 mm，具 4～5 脉，顶端齿裂，芒自外稃近基部伸出，长约6 mm，近中部膝曲，芒柱扭转，长出外稃 1.5 倍，基盘两侧的柔毛长约等于稃体的1/6～1/3；内稃稍长于外稃；延伸小穗轴长 1.0～1.5 mm，被长约 2 mm 的柔毛；花药紫褐色，长 2.2～2.8 mm。 花果期 7～9 月。

产新疆：阿克陶（阿克塔什，青藏队吴玉虎 131、137）、塔什库尔干（麻扎萨拉勒克，青藏队吴玉虎 344；赛赛铁克，高生所西藏队 74－3255；卡拉其古，青藏队吴玉虎 5060）、叶城（苏克皮亚，青藏队吴玉虎 1074）、和田（喀什塔什，青藏队吴玉虎 2553）、策勒。生于帕米尔高原和昆仑山海拔 3 000～4 500 m 的高原宽谷滩地高寒草原、高山草甸、沟谷沙壤草地、山地阳坡草甸。

分布于我国的新疆；中亚地区各国也有。

5. 阿拉尔野青茅

Deyeuxia alaica（Litv.）Y. H. Wu Grass. Karakor. Kunlun Mount. 110. 1999. ——*Calamagrostis alaica* Litv. in Nor. Syst. Herb. Hort. Bot. 2：122. 1921；Roshev. in Kom. Fl. URSS 2：211. 1934；Gamajun. in Fl. Kazakh. 2：186. 1956；Sidor. in Fl. Tadjik. 1：370. 1957；Tzvel. in Fed. Poaceae URSS 308. 1976；N. R. Cui in Cl. Pl. Xinjiang. 1：222. 1982. ——*C. schugnanica* Litv. in Not. Syst. Herb. Hort. Bot. 2：123. 1921；Roshev. in Kom. Fl. URSS 2：212. 1934.

多年生密丛生草本，具非常短的根状茎。秆高 30～65 cm，多少有些倾斜，具 3 节。叶片扁平，两面粗糙，宽达 4 mm；叶舌长约 5 mm。圆锥花序密集成穗状，具间断；分枝稍粗糙；小穗淡紫色至褐色，长 5～6 mm；两颖近相等，窄披针形 ，顶端尖；外稃长约 4 mm，顶端 2 齿裂，芒自背基部或中部稍下伸出，稍伸出小穗外，基盘被毛短于外稃；延伸小穗轴长约 1 mm，被长柔毛，二者共长达 3 mm。

产新疆：乌恰。生于海拔 1 500～3 000 m 的沟谷和山坡草地。

分布于我国的新疆、西藏；中亚地区各国也有。

6. 藏西野青茅 图版 34：7～10

Deyeuxia zangxiensis P. C. Kuo et S. L. Lu Fl. Xizang. 5：228. 1987；中国植

物志 9（3）：218. 1987；Fl. China 22：358. 2006；青藏高原维管植物及其生态地理分布1097. 2008.

多年生草本，具根茎。秆直立，平滑无毛，高 15～30 cm，直径约 1.5 mm，具 2 节。叶鞘平滑，常短于节间；叶舌薄膜质，顶端撕裂，长 5～7 mm；叶片直立，质地较硬，长 4～10 cm，宽 1～3 mm，常纵卷，两面微粗糙。圆锥花序紧密排列成穗状，长 5～8 cm，宽 1 cm；分枝短，簇生，粗糙，自基部即生小穗。小穗紫色，长 6～7 mm；颖片窄披针形，渐尖，两颖近等长或第 1 颖稍长，第 1 颖具 1 脉，第 2 颖具 3 脉，中脉粗糙；外稃长 4～5 mm，顶具 4 裂齿，芒自稃体背面下部 1/3 处伸出，微弯，长 5～6 mm，基盘两侧之柔毛等长或微短于稃体；内稃短于外稃 1/4；延伸小穗轴长约 0.5 mm，被稀疏的长柔毛，二者共长达 4 mm；花药长约 2 mm。 花果期 7～8 月。

产青海：曲麻莱（叶格乡，黄荣福 129）。生于海拔 4 100 m 左右的河岸边沙滩草地。

分布于我国的青海、西藏。

7. 小花野青茅

Deyeuxia neglecta（Ehrh.）Kunth Rev. Gram. 1：76. 1829；中国主要植物图说禾本科 523. 图 448. 1959；中国植物志 9（3）：215. 1987；Fl. China 22：356. 2006；青藏高原维管植物及其生态地理分布 1096. 2008. ——*Arundo neglecta* Ehrh. Beirt. Naturk. 6：137. 1791. ——*Calamagrostis neglecta*（Ehrh.）Gaertn. Mey. et Scherb. Fl. Wett. 1：94. 1799；新疆植物志 6：271. 图版 106：1～3. 1996。

多年生草本，具短根状茎。秆直立，平滑无毛，高 50～80 cm，直径 2～3 mm，通常具 2 节。叶鞘平滑无毛，常短于节间；叶舌干膜质，长 1.5～2.0 mm，顶端平截或钝圆，具细齿裂；叶片窄线形，内卷，长 10～30 cm，宽 1～3 mm，上面粗糙，下面较平滑无毛。圆锥花序紧缩成穗状，但有间隔，长 6～12 cm，宽 1～2 cm，主轴平滑无毛或稍糙涩；分枝短缩，簇生，粗糙；小穗通常紫褐色，长 3.0～3.5 mm；颖宽披针形，顶端尖，两颖近等长，第 1 颖具 1 脉，第 2 颖具 3 脉，中脉粗糙；外稃长 2～3 mm，顶端钝而具细齿，芒自稃体基部 1/3～1/4 处伸出，细直，长 1～2 mm，不伸出小穗之外，基盘两侧的柔毛长为稃体的 2/3；内稃较外稃短 1/3，顶端钝而具细齿；延伸小穗轴长约 0.8 mm，与其所被柔毛共长达 2.5 mm；花药长约 2 mm，淡紫色。 花果期 8～9 月。

产新疆：塔什库尔干。生于帕米尔高原海拔 2 200～4 200 m 的沟谷山地高寒草甸、河谷阶地高寒草甸。

分布于我国的新疆、甘肃、四川、内蒙古、辽宁、黑龙江；蒙古，中亚地区各国，俄罗斯西伯利亚也有。

8. 藏野青茅

Deyeuxia tibetica Bor in Kew Bull. (4): 66. 1949; 中国主要植物图说 本禾科 518. 图 443. 1959; 中国植物志 9 (3): 212. 图版 52: 1～3. 1987; 西藏植物志 5: 223. 图 116. 1987; Fl. China 22: 357. 2006; 青藏高原维管植物及其生态地理分布 1097. 2008.

8a. 藏野青茅（原变种）

var. **tibetica**

本区不产。

8b. 矮野青茅（变种） 图版 34: 11～13

var. **przevaiskyi** (Tzvel.) P. C. Kuo et S. L. Lu in Fl. Reipubl. Popul. Sin. 9 (3): 212. t. 52. f. 4. 1987; 西藏植物志 5: 225. 1987; Y. H. Wu Grass. Karakor. Kunlun Mount. 110. 1999; 青海植物志 4: 136. 图版 19: 7～9. 1999; Fl. China 22: 357. 2006; 青藏高原维管植物及其生态地理分布 1097. 2008. —— *Calamagrostis przevalskyi* Tzvel. in Grub. Pl. Asiae Centr. 4: 85. 1968.

多年生草本，具短根状茎。秆直立，高 5～10 cm，直径约 1 mm，紧接花序下密被短毛，通常具 1 节。叶鞘无毛；叶舌膜质，长 2～4 mm；叶片常内卷，稀扁平，两面及边缘均粗糙，长 1.0～2.5 cm。圆锥花序紧密短缩成卵圆形或圆柱形，长 1.5～2.5 cm，宽 1.0～1.5 cm；分枝短，主轴及分枝密被短毛；小穗通常呈紫褐色或黄褐色，长 4.5～6.0 mm；颖披针形，质地较薄，上部边缘近于透明，背部粗糙，两颖近等长或第 2 颖稍短，第 1 颖具 1 脉，第 2 颖具 3 脉；外稃长约 4 mm，顶端具齿裂，芒自背基部伸出，长 5～8 mm，近中部膝曲，芒柱扭转，基盘两侧的柔毛长约 2.5 mm；内稃近等长于外稃，顶端微 2 裂；延伸小穗轴与其所被浓密的柔毛共长 4～5 mm；花药长 2.0～2.2 mm。 花果期 7～9 月。

产青海：治多（可可西里察日错，可可西里队黄荣福 K-45；五雪峰，可可西里队黄荣福K-386）、格尔木（唐古拉山乡玛章错钦，可可西里队黄荣福 K-103）、兴海（温泉乡，黄荣福 987）、玛沁（昌大公路 38 km 处，吴玉虎 1523）、玛多（扎陵湖畔，吴玉虎 1541）。生于海拔 3 600～4 800 m 的高寒草原、高寒草甸、山坡砾地、河谷阶地、河漫滩草地、沟谷石隙、山地阳坡草地。

分布于我国的青海、西藏。

9. 青海野青茅 图版 34: 14～16

Deyeuxia kokonorica (Keng ex Tzvel.) S. L. Lu Fl. Reipubl. Popul. Sin. 9 (3): 216. pl. 53: 1～3. 1987; 青海植物志 4: 137. 图版 19: 16～18. 1999; Fl.

China 22：359. 2006；青藏高原维管植物及其生态地理分布 1095. 2008. ——*Calamagrostis kokonorica*（Keng）Tzvel. in Grub. Pl. Asiae Centr. 4：84. 1968；新疆植物志 6：273. 1996；——*Deyeuxia kokonorica* Keng 中国主要植物图说 禾本科 521. 图 447. 1959. sine latin. descr..

多年生草本，具细弱的根状茎。秆直立，平滑无毛，高 15～40 cm，通常具 2 节。叶鞘稍糙涩，顶生叶鞘数倍长于其叶片；叶舌膜质，顶端具细齿裂，长 1～3 mm；叶片扁平或内卷，上面与边缘粗糙，下面无毛，长 3～8（12）cm，顶生叶常短而窄，长约 1 cm。圆锥花序紧密排列成穗状，长 3～7 cm，宽 6～10 mm；分枝短，粗糙，自基部即生小穗和小枝；小穗柄粗糙；小穗通常紫色，顶端常为古铜色，长约 4 mm；颖宽披针形，背部具小刺毛而粗糙，两颖近等长，第 1 颖具 1 脉，第 2 颖具 3 脉；外稃长约 3.5 mm，背中部以上具小刺毛而粗糙，顶端具细齿裂，芒微弯，下部稍扭转，自稃体基部 1/7 处伸出，长约 3 mm，不伸出小穗外；基盘两侧的柔毛长约 2 mm；内稃微短于外稃，具 2 脊，脊带紫色；延伸小穗轴与其所被柔毛共长达 3 mm；花药黄色，长约 2 mm。 花期 8～9 月。

产新疆：若羌（祁漫塔格山，青藏队吴玉虎，采集号不详）。生于海拔 4 100～4 200 m 的高山草甸、灌丛草甸、湖边草地、河谷草甸。

分布于我国的新疆、青海、四川。

10. 瘦野青茅

Deyeuxia macilenta（Griseb.）Keng ex S. L. Lu Fl. Reipubl. Popul. Sin. 9（3）：215. 1987；Y. H. Wu Grass. Karakor. Kunlun Mount. 113. 1999；中国主要植物图说 禾本科 520. 图 446. 1959. sine latin. descr.；青海植物志 4：137. 1999；Fl. China 22：359. 2006；青藏高原维管植物及其生态地理分布 1095. 2008. ——*Calamagrostis varia* Beauv. var. *macileata* Griseb. in Ledeb. Fl. Ross. 4：427. 1852. ——*C. macillenta*（Griseb.）Litv. Nor. Sust. Herb. Hort. Bot. Petrop. 2：119. 1921；Roshe. in Kom. Fl. URSS 2：205. 1934；Tzvel. Grub. Pl. Asiae Centr. 4：84. 1968，et in Fed. Poaceae URSS 309. 1976；新疆植物志 6：273. 图版 107：1～3. 1996.

多年生草本，具细长而向下的根状茎。秆直立，平滑无毛，高 50～60 cm，直径约 1.5 mm，通常具 3 节。叶鞘平滑无毛，基部有时稍带紫红色；叶舌膜质，顶端平截常齿裂，长 1.5～3.0 mm；叶片扁平或内卷，质地较硬，上面及边缘极粗糙，下面微糙涩，长 5～15 cm，宽 2～4（7）mm。圆锥花序紧密排列成穗状，长 6～9 cm，宽 8～10 mm；分枝短缩，簇生，稍粗糙；小穗通常草黄色或带紫色，长 4～5 mm；颖披针形，微粗糙，顶端尖，两颖近等长或第 1 颖稍长，第 1 颖具 1 脉，第 2 颖具 3 脉；外稃背上部微粗糙，长 3～4 mm，顶端钝圆且具齿裂；芒自稃体背中部或其下 1/3 处伸出，细直或微弯而下部不明显扭转，不伸出小穗之外，基盘两侧的柔毛约等于稃体的 1/2；

内稃稍短于外稃，具2脊，脊微粗糙；延伸小穗轴与其所被柔毛共长3.5～4.0 mm；花药淡紫红色，长2.0～2.2 mm。 花果期7～9月。

产新疆：乌恰。生于海拔1 500～3 900 m的沟谷山坡草地。

青海：格尔木、茫崖（阿拉子以西，植被地理组115）。生于海拔2 980～4 500 m的高山草地、高寒草原沙砾地。

分布于我国的新疆、青海、四川；亚洲温带区域有分布。

11. 高原野青茅 图版34：17～19

Deyeuxia compacta Munro ex Hook. f. Fl. Brit. Ind. 7：267. 1897；西藏植物志5：226. 图117. 1987；中国植物志9（3）：214. 图版52：5～8. 1987；Y. H. Wu Grass. Karakor. Kunlun Mount. 111. 1999；青藏高原维管植物及其生态地理分布1094. 2008. ——*Calamagrostis compacta*（Munro ex Hook. f.）Hack. ex Paulsen in Kjoeb. Vidensk. Meddel. 55：167. 1903.

多年生草本，具短根状茎。秆直立，高15～25 cm，平滑无毛，直径1～2 mm，通常具1～2节。叶鞘常平滑无毛，短于节间；叶舌膜质，长1～2 mm，顶端具细齿；叶片扁平或纵卷，长2.5～5.0 cm，秆生叶短缩至2 cm，上面微粗糙，下面平滑。圆锥花序紧密排列成穗状，长2～4 cm，宽约1 cm，分枝短缩；小穗通常紫色，长4～5 mm，成熟后呈黄褐色；颖卵状披针形，微粗糙，顶端尖，两颖近等长或第1颖稍长，具1脉，第2颖具3脉；外稃长3.5～4.0 mm，顶端具4齿裂，上部粗糙或有时被小糙毛，芒自稃体基部伸出，长5～6 mm，伸出小穗之外，近中部膝曲，芒柱明显扭转，基盘两侧的柔毛长1.5～2.0 mm；内稃近等长于外稃，顶端微齿裂；延伸小穗轴长约1.5 mm，与其所被柔毛共长达4 mm；花药长2.0～2.5 mm。 花期8～9月。

产新疆：叶城（克勒克河，青藏队吴玉虎1537；岔路口，青藏队吴玉虎1239；空喀山口，高生所西藏队74－3709）、和田（天文点，青藏队吴玉虎1256）；若羌（阿尔金山，刘海源037）。生于海拔3 200～5 400 m的河滩草甸、高寒草甸、湖畔或沟谷小块潮湿草地。

西藏：日土（班公湖畔，高生所西藏队74－3633）。生于海拔4 600～5 200 m的湖滨草甸、高寒草甸、河岸或沟谷潮湿草地。

青海：茫崖（城郊，青藏队吴玉虎2701）。生于海拔3 600～4 200 m的河湖滩地草甸、高寒草甸、沟谷草地、河谷沙滩草地、干旱山坡草地。

分布于我国的新疆、青海、西藏；印度也有。

12. 天山野青茅

Deyeuxia tianschanica（Rupr.）Bor in Kew Bull. 1949：66. 1949；中国植物志9（3）：214. 图版52：12～15. 1987；Y. H. Wu Grass. Karakor. Kunlun Mount. 112.

图版 **34** 黄花野青茅 **Deyeuxia flavens** Keng 1. 花序；2. 小穗；3. 小花。糙野青茅 **D. scabrescens**（Griseb.）Munro ex Duthie 4 . 花序；5 . 小穗；6. 小花。藏西野青茅 **D. zangxiensis** P. C. Kuo et S. L. Lu 7. 花序；8. 小穗；9. 颖片；10. 小花。矮野青茅 **D. tibetica** Bor var. **przevaiskyi**（Tzvel.）P. C. Kuo et S. L. Lu 11. 植株；12. 小穗；13. 小花。青海野青茅 **D. kokonorica**（Keng ex Tzvel.）S. L. Lu 14. 花序；15.小穗；16. 小花。高原野青茅 **D. compacta** Munro ex Hook. f. 17.小穗；18. 颖片；19. 小花。（王颖绘）

1999；Fl. China 22：357. 2006；青藏高原维管植物及其生态地理分布 1097. 2008. ——*Calamagrostis tianschanica* Rupr. in Osten - Sacken et Rupr. Sert. Tianschan. 34. 1869；Roshev. in Kom. Fl. URSS 2：205. 1934；Gamajun. in Fl. Kazakh. 4：185. 1956；Tzvel. Grub. Pl. Asiae Centr. 4：86. 1968，et in Fed. Poaceae URSS 308. 1976；新疆植物志 6：269. 图版 107：4～7. 1996. ——*C. pamirica* Litv. Not. Syst. Herb. Hort. Bot. Petrop. 2：121. 1921.

多年生草本，具短的根状茎。秆直立，高 15～30 cm，径 1～2 cm，紧接花序以下稍粗糙。叶鞘微糙涩或平滑无毛；叶舌膜质，长 3～4 mm，顶端易撕裂；叶片扁平，边缘纵卷，长 4～10 cm，宽 2～3 mm，上面及边缘粗糙，下面微糙涩。圆锥花序紧缩成穗形，长 3～4 cm，宽 1.0～1.5 cm，分枝短而粗糙；小穗通常紫色，长 4～5 mm；颖窄披针形，顶端渐尖，背部粗糙，两颖近等长，第 1 颖具 1 脉，第 2 颖具 3 脉，脉上粗糙；外稃长 3～4 mm，顶端具 2 裂或 4 裂齿，芒自稃体基部 1/4 处伸出，近中部膝曲，芒柱扭转，长 5～6 mm，基盘两侧的柔毛长 1.0～1.5 mm；内稃稍短于外稃，顶端钝且微齿裂；延伸小穗轴长约 2 mm，与其所被柔毛共长达 3.5 mm；花药黄色，长 1.5～2.0 mm。 花期 7～9 月。

产新疆：塔什库尔干、叶城（阿格勒达坂，黄荣福 86 - 135、160；麻扎达坂，青藏队吴玉虎 3374；乔戈里峰，青藏队吴玉虎 1502）、皮山（三十里营房，高生所西藏队 74 - 3395）、且末（阿羌乡昆其布拉克，青藏队吴玉虎 2090、2640）、和田、若羌（阿其克库勒北面，青藏队吴玉虎 2746、3947；祁漫塔格山，青藏队吴玉虎 2989；阿尔金山，青藏队吴玉虎 2785、刘海源 037；鲸鱼湖西北，青藏队吴玉虎 2208；喀什克勒河，青藏队吴玉虎 4164；阿尔金山保护区鸭子泉，青藏队吴玉虎3903、3925、3947；依夏克帕提，青藏队吴玉虎 4272）。生于帕米尔高原、昆仑山和阿尔金山海拔 3 600～4 800 m 的河滩草甸、山坡沙地、干旱的山坡草地、河边草地、高寒草甸。

分布于我国的新疆、青海、西藏；中亚地区各国也有。

28. 拂子茅属 Calamagrostis Adans.

Adans. Fam. Pl. 2：31. 1763.

多年生粗壮草本。叶片线形，细长，先端长渐尖。圆锥花序紧缩或开展。小穗线形，细长，通常含 1 小花，小穗轴脱节于颖之上，通常不延伸于内稃之后，或稀有极短的延伸；两颖近于等长，有时第 1 颖稍长，锥状狭披针形，膜质，顶端尖至长渐尖，具 1 脉，第 2 颖具 3 脉，中脉常粗糙；外稃透明膜质，短于颖，背部圆形或具脊，顶端有微齿或 2 裂，芒自顶端齿间或中部以上伸出，基盘密生长于稃体的丝状毛；内稃与外稃同质，细小而短于外稃。

约 15 种，主要分布于东半球温带地区。我国有 6 种 4 变种，昆仑地区产 5 种。

分种检索表

1. 外稃的芒自顶端附近伸出。
  2. 圆锥花序长 10～20 cm；小穗长 5～7 mm；外稃长 3～4 mm；芒长 1～3 mm，自顶端附近伸出 …………………… **1. 假苇拂子茅 C. pseudophragmites**（Hall. f.）Koel.
  2. 圆锥花序长 4～10 cm；小穗长 4～5 mm；外稃长 2～3 mm；芒长 0.5～1.0 mm，自顶端微齿间伸出 ………………………………………… **2. 短芒拂子茅 C. hedinii** Pilger
1. 外稃的芒自背中部附近伸出。
  3. 小穗长 9～11 mm；颖不等长，第 1 颖长 9～11 mm，第 2 颖长 7～9 mm；外稃长 4.5～5.0 mm ………………………………………… **3. 大拂子茅 C. macrolepis** Litv.
  3. 小穗长 5～7 mm；颖近等长；外稃长 3～4 mm。
    4. 花药黄色，长约 1.5 mm；外稃的芒长 2～3 mm ………………………………………………………………………… **4. 拂子茅 C. epigeios**（Linn.）Roth.
    4. 花药紫色，长约 2 mm；外稃的芒长 3.0～3.5 mm ………………………………………………………………………… **5. 突厥拂子茅 C. turkestanica** Hack.

1. 假苇拂子茅 图版 32：5～7

Calamagrostis pseudophragmites（Hall. f.）Koel. Descr. Gram. 106. 1802；Roshev. in Kom. Fl. URSS 2：196. 1934；Gamajun. in Fl. Kazakh. 1：184. 1956；Sidor. in Fl. Tadjik. 1：367. 1957；中国主要植物图说 禾本科 526. 图 452. 1959；Bor Grass. Burma Ceyl. Ind. Pakist. 396. 1960；Tzvel. in Pl. Asiae Centr. 4：90. 1968，et in Fed. Poaceae URSS 318. 1976；Thomas A. Cope in E. Nasir et S. I. Ali Fl. Pakist. 143：485. 1982；西藏植物志 5：212. 1987；中国植物志 9（3）：225. 1987；新疆植物志 6：277. 图版 109：1～3. 1996；Y. H. Wu Grass. Karakor. Kunlun Mount. 114. 1999；青海植物志 4：131. 图版 18：8～10. 1999；Fl. China 22：360. 2006；青藏高原维管植物及其生态地理分布 1087. 2008. ——*Arundo pseudophragmites* Hall. f. in Roem. Arch. 1（2）：11. 1797.

1a. 假苇拂子茅（原亚种）

subsp. **pseudophragmites**

多年生草本。秆粗壮，直立，高 40～80 cm，直径 1.5～3.0 mm。叶鞘平滑无毛或微粗糙，短于节间，稀有下部者长于节间；叶舌膜质，长圆形，顶端钝而易破碎，长 6～9 mm；叶片扁平或内卷，上面及边缘粗糙，下面平滑，长 10～20 cm，宽 1.5～5.0 mm。圆锥花序疏松开展，长 10～15 cm，宽 3～5 cm；分枝直立，稍粗糙；小穗通常草黄色或带紫色，长 5～7 mm；两颖不等长，线状披针形，成熟后张开，顶端长渐尖，第 2 颖短于第 1 颖 1/4～1/3，第 1 颖具 1 脉，第 2 颖具 3 脉，主脉粗糙；外稃透明膜质，顶端全缘，长 3～4 mm，芒自顶端伸出，细弱，直立，长 1～3 mm，基盘具有与小穗等长的丝状柔毛；内稃长为外稃的 1/3～2/3；雄蕊 3 枚；花药黄色，长 1.5～2.0 mm。 花果期 7～9 月。

产新疆：阿图什（城郊，青藏队吴玉虎 083）、泽普（城郊，刘海源 86 - 194）、莎车（阿瓦提，王焕存 044、064）、塔什库尔干（中苏边界，采集人不详 T206）、叶城（柯克亚乡，青藏队吴玉虎 920；麻扎，青藏队吴玉虎 1140；麻扎达拉，青藏队吴玉虎 1419）、皮山（三十里营房，青藏队吴玉虎 1170）、于田、和田（城南，刘海源 86 - 151）、策勒（尼勒克，刘海源 86 - 441；奴尔乡，青藏队吴玉虎 2003）、于田（种羊场，青藏队吴玉虎 3810）、且末（阿羌乡昆其布拉克，青藏队吴玉虎 3836）、若羌。生于海拔 1 200～3 900 m 的小块河滩草地、沟谷草甸、湖畔沼泽草甸、绿洲或山坡的砂质草地。

青海：茫崖（刘海源 86 - 005）、都兰（诺木洪北，杜庆 371）、格尔木（农场，郭本兆 040）、兴海（唐乃亥乡，吴玉虎 42009、42027、42045；中铁乡天葬台沟，吴玉虎 45942）。生于海拔 1 650～3 900 m 的山坡草地、河岸阶地潮湿处、盐碱化河滩沙砾地、沟谷山地阴坡高寒灌丛草甸。

分布于我国的新疆、青海、甘肃、宁夏、陕西、云南、四川、贵州、山西、河北、内蒙古、辽宁、吉林、黑龙江、湖北；欧亚大陆温带地区也有。

1b. 可疑拂子茅（亚种）

subsp. **dubia**（Bunge）Tzvel. Fl. Europ. Part URSS 1：224. 1974；Fed. Poaceae URSS 317. 1976；新疆植物志 6：278. 1996. ——*C. dubia* Bunge Beitr. 364. 1957；Grub. Pl. Asiae Centr. 4：88. 1968.

本亚种与原亚种的区别在于：叶舌外面被短柔毛至短皮刺；圆锥花序长 15～40 cm，排列紧密，通常灰绿色或带紫红色；株高 50～180 cm。

产新疆：若羌。生于海拔 900 m 左右的水渠边草地。

分布于我国的新疆；蒙古，中亚地区各国，欧洲也有。

2. 短芒拂子茅 图版 32：8～9

Calamagrostis hedinii Pilger in Hedin. South. Tibet Bot. 6 (3)：93. 1922；Tzvel. in Grub. Pl. Asiae Centr. 4：89. 1968；中国植物志 9 (3)：225. 图版 56：1～2. 1987；西藏植物志 5：213. 图 108. 1987；Y. H. Wu Grass. Karakor. Kunlun Mount. 115. 1999；青海植物志 4：131. 图版 18：11～12. 1999；Fl. China 22：360. 2006；青藏高原维管植物及其生态地理分布 1087. 2008. ——*C. tatarica*（Hook. f.）D. F. Cui 新疆植

物志 6：277. 图版 109：4～5. 1996.

多年生草本。秆直立，平滑无毛，高 30～60 cm，直径 1～3 mm。叶鞘平滑无毛，短于节间，或下部者长于节间；叶舌膜质，顶端撕裂，长 3～5 mm；叶片常内卷，上面及边缘微粗糙，秆生叶长 5～10 cm，基生者有时长达 20 cm。圆锥花序疏松开展，长 4～11 cm；分枝粗糙，斜向上升；小穗通常灰褐色而基部紫色，或变为草黄色，长 4～5 mm；小穗轴不延伸内稃之后；颖披针形，顶端尖，两颖不等长，第 1 颖长 4～5 mm，具 1 脉，第 2 颖长 2～4 mm，具 3 脉，中脉粗糙；外稃透明膜质，长 2～3 mm，顶端具细齿，芒自裂间伸出，细弱，长 0.5～1.0 mm，基盘两侧的柔毛长于稃体；内稃长约 1.5 mm；花药黄色，长约 2 mm。 花果期 8～9 月。

产新疆：乌恰、塔什库尔干、叶城（依力克其乡，黄荣福 86－083；洛河，高生所西藏队 74－3315；喀拉喀什河，青藏队吴玉虎 1532）、和田、若羌（阿尔金山保护区鸭子泉，青藏队吴玉虎 3918）。生于帕米尔高原和昆仑山海拔 2 400～3 900 m 的河滩草甸、沟谷潮湿草地、河边沙砾质草地。

分布于我国的新疆、青海、西藏、四川；中亚地区各国也有。

3. 大拂子茅 图版 32：10～11

Calamagrostis macrolepis Litv. in Not. Syst. Herb. Hort. Bot. Petrop. 2：125. 1921；Tzvel. in Grub. Pl. Asiae Centr. 4：90. 1968；中国植物志 9（3）：227. 图版 56：3～5. 1987；新疆植物志 6：275. 图版 108：4～6. 1996；Y. H. Wu Grass. Karakor. Kunlun Mount. 114. 1999；青海植物志 4：132. 图版 18：13～14. 1999；Fl. China 22：360. 2006；青藏高原维管植物及其生态地理分布 1087. 2008. ——*C. gigantea* Roshev. in Bull. Jard. Bot. Acad. Sci. URSS 30：294. 1932；Gamajun. in Fl. Kazakh. 1：182. 1956；中国主要植物图说 禾本科 528. 图 454. 1959. ——*C. epigeios* subsp. *macrolepis* (Litv.) Tzvel. in Arct. Fl. URSS 2：154. 1974，et in Fed. Poaceae URSS 317. 1976.

多年生草本，具短根状茎。秆直立，粗壮，紧接花序下稍粗糙，高 90～120 cm，直径 3～4 mm，通常具 4～5 节。叶鞘平滑无毛；叶舌厚膜质，顶端易破碎，长 5～10 mm；叶片扁平或边缘内卷，上面和边缘微粗糙，下面光滑无毛，长 15～35 cm，宽 5～9 mm。圆锥花序密集，有间断，长 20～25 cm，宽 3.0～4.5 cm；分枝直立，粗糙，长 1～3 cm，自基部即密生小穗；小穗通常淡绿色，成熟时变草黄色或带紫色，长 9～11 mm；颖锥状披针形，两颖不等长，第 1 颖长 9～11 mm，具 1 脉，第 2 颖长 7～9 mm，下部具 3 脉，主脉粗糙；外稃膜质，长 4～5 mm，顶端微 2 裂，芒自裂齿间伸出，长 3～4 mm，基盘具有稍短于小穗的丝状柔毛，毛长 7～9 mm；内稃约短于外稃 1/3；小穗轴不延伸于内稃之后；花药长 2.5～3.0 mm。 花期 8～9 月。

产新疆：塔什库尔干、皮山（三十里营房，青藏队吴玉虎 1169）、策勒、和田、且末（城郊，刘海源 86－124）。生于东帕米尔高原和昆仑山海拔 1 100～4 200 m 的沟谷山坡草地、河滩草甸、戈壁荒漠小块湿草地。

青海：格尔木（西大滩，青藏队吴玉虎 2900）。生于海拔 4 200 m 的沟谷河岸草地、山坡公路边。

分布于我国的新疆、青海、山西、河北、内蒙古、吉林、黑龙江；蒙古，中亚地区各国，俄罗斯西伯利亚也有。

4. 拂子茅

Calamagrostis epigeios（Linn.）Roth Tent. Fl. Germ. 1：34. 1788；Fl. URSS 2：194. 1934；Fl. Kazakh. 1：182. 1956；中国主要植物图说 禾本科 528. 图 455. 1959；Tzvel. in Grub. Pl. Asiae Centr. 4：89. 1968，et in Fed. Poaceae URSS 317. 1976；Thomas A. Cope in E. Nasir et S. I. Ali Fl. Pakist. 143：484. 1982；中国植物志 9（3）：228. 1987；新疆植物志 6：275. 图版 108：1～3. 1996；青海植物志 4：132. 1999；Fl. China 22：360. 2006；青藏高原维管植物及其生态地理分布 1087. 2008. ——*Arundo epigeios* Linn. Sp. Pl. 81. 1753.

多年生草本，具根状茎。秆直立，平滑无毛或紧接花序下稍粗糙，高 50～80 cm，直径 2～3 mm。叶鞘平滑无毛或稍粗糙；叶舌膜质，长圆形，顶端撕裂状，长 5～7 mm；叶片扁平或内卷，边缘及上面稍粗糙，长 15～22 cm，宽 4～6 mm。圆锥花序排列紧密，圆筒形，劲直，具间断，长 10～15 cm；分枝粗糙，直立或斜向上升；小穗通常灰绿色或带淡紫色，长 5～7 mm；颖通常草质，顶端渐尖，两颖近等长，具 1 脉或第 2 颖具 3 脉，主脉粗糙；外稃透明膜质，长为颖之一半，顶端具 2 裂齿，芒自稃体背中部附近伸出，细直，长 2～3 mm，基盘的柔毛与颖近等长；内稃长为外稃长度的2/3；小穗轴不延伸于内稃之后，但有残留的痕迹；花药黄色，长约 1.5 mm。 花果期7～9月。

产新疆：莎车、泽普、和田、策勒、若羌。生于海拔 2 300～3 200 m 的沟渠旁及河滩湿地等水分条件较好处。

分布遍及全国；欧亚大陆温带地区皆有。

5. 突厥拂子茅

Calamagrostis turkestanica Hack. in Acta Hort. Petr. 26：59. 1906；Roshev. in Kom. Fl. URSS 2：202. 1934，et in Fl. Kirg. 2：88. 1950；Sidor. in Fl. Tadjik. 1：368. 1957；Tzvel. in Grub. Pl. Asiae Centr. 4：92. 1968，et in Fed. Poaceae URSS 319. 1976；新疆植物志 6：273. 1996；Y. H. Wu Grass. Karakor. Kunlun Mount. 116. 1999；青藏高原维管植物及其生态地理分布 1087. 2008. ——*C. alopecuroides* Roshev. in Not. Syst. Herb. Hort. Bot. Petrop. 3：199. 1932，et in Kom Fl. URSS 2：202. 1934.

多年生草本，少数丛生或单生，具短的根状茎。秆直立，平滑无毛，高 30～80 cm，基部具多数叶鞘。叶片扁平或有时内卷，顶端长渐尖，长约 13 cm，宽达 5 mm，蓝绿色，两面无毛而粗糙；叶舌膜质，长 3～5 mm。圆锥花序紧缩成椭圆形，长 6～14 cm；宽 1～2 cm；分枝短，粗糙；小穗通常淡黄色、淡褐色或带淡紫色，长 6～7 mm；两颖近于等长，窄披针形，具长尖，主脉粗糙，第 1 颖长 6～7 mm，第 2 颖长 5～6 mm，上部边缘具纤毛；外稃披针形，长 3.5～4.0 mm，具 3～5 脉，先端 2 齿裂，芒自稃体中部以上伸出，劲直，长达 3.0～3.5 mm，基盘两侧的柔毛约与稃体等长；内稃等于外稃长的 3/4，延伸小穗轴缺。花药紫色，长约 2 mm。 花果期 7～8 月。

产新疆：乌恰、塔什库尔干、若羌（阿尔金山北坡，青藏队吴玉虎 4308）。生于帕米尔高原和昆仑山海拔 3 100～3 700 m 的潮湿沙砾地草甸、河滩草地、沟谷湿润草地。

分布于我国的新疆（天山）；中亚地区各国也有。

29. 棒头草属 **Polypogon** Desf.

Desf. Fl. Atlant. 1：66. 1789.

一年生或多年生草本。秆直立或基部膝曲。叶片扁平。圆锥花序紧缩成穗状或金字塔形；小穗含 1 小花，两侧压扁；小穗柄具关节，自节处脱落，而使小穗基部具柄状基盘；两颖近相等，纸质，背部粗糙，具 1 脉，顶端 2 浅裂或深裂，自裂片间或自顶端以下伸出 1 细直的芒；外稃透明膜质，平滑无毛，长为小穗的一半，背部圆形，具 5 脉，于近顶端处常伸出 1 易脱落、细直的短芒；内稃较小，透明膜质，具不明显的 2 脉；雄蕊 1～3 枚；花药较细小，长度约为外稃之半，透明膜质，具 2 脉。颖果与外稃近等长，且与稃体一同脱落。

约 6 种，分布于南北两半球的温带和热带山地。我国有 3 种，昆仑地区产 4 种。

分种检索表

1. 颖的芒短于或稍长于小穗。
   2. 圆锥花序紧缩；内稃长于外稃 ……………………… **1. 棒头草 P. fugax** Nees ex Steud.
   2. 圆锥花序疏松；内稃长为外稃的 2/3 ……………………… **2. 伊凡棒头草 P. ivanovae** Tzvel.
1. 颖的芒长于小穗 2.5～4.0 倍。
   3. 颖顶端全缘或 2 浅裂，裂片先端稍尖；外稃具芒，芒长 1.5～2.0 mm；花药长约 0.8 mm ……………………………………… **3. 长芒棒头草 P. monspeliensis** (Linn.) Desf.
   3. 颖顶端 2 裂；裂片尖端钝圆；外稃无芒；花药长 0.3～0.4 mm ……………………………………………………………………… **4. 裂颖棒头草 P. maritimus** Willd.

1. 棒头草

Polypogon fugax Nees ex Steud. Syn. Pl. Glum. 1：184. 1854；Bor Grass. Burma Ceyl. Ind. Pakist. 403. 1960；Hsu in Hara Fl. E. Himalaya 1：374. 1966；Tzvel. in Grub. Pl. Asiae Centr. 4：72. 1968，et in Fed. Poaceae URSS 343. 1976；Thomas A. Cope in E. Nasir et S. I. Ali Fl. Pakist. 143：468. 1982；中国植物志 9 (3)：252. 1987；西藏植物志 5：238. 图 124. 1987；新疆植物志 6：283. 图版 112：1～3. 1996；Y. H. Wu Grass. Karakor. Kunlun Mount. 120. 1999；Fl. China 22：362. 2006；青藏高原维管植物及其生态地理分布 1143. 2008. ——*P. higegaweri* Steud. Syn. Pl. Glum. 1：422. 1854；中国主要植物图说 禾本科 553. 图 482. 1959.

一年生丛生草本。秆基部膝曲，高 10～70 cm，大都平滑无毛，通常具 4～5 节。叶鞘平滑无毛，常短于或下部者长于节间；叶舌膜质，矩圆形，长 3～8 mm，常 2 裂或顶端具不整齐的裂齿；叶片扁平，长 5～15 cm，宽 3～6 mm，两面微粗糙或下面有时光滑无毛。圆锥花序呈穗状，矩圆形或卵形，较疏松，具缺刻或有间断，分枝长可达 4 cm；小穗灰绿色或部分带紫色，长约 2.5 mm（包括基盘）；颖矩圆形，疏被短纤毛，顶端 2 浅裂，芒从裂口处伸出，细直，微粗糙，长 1～3 mm；外稃平滑无毛，长约 1 mm，先端具微齿，中脉延伸成长约 2 mm 纤细而易脱落的芒；雄蕊 3 枚，花药长约 0.7 mm。颖果椭圆形，一面扁平，长约 1 mm。 花果期 4～9 月。

产新疆：乌恰、喀什（城郊，青藏队 772）、疏勒、塔什库尔干、策勒。生于东帕米尔高原和昆仑山海拔 1 200～3 600 m 的绿洲小块潮湿草地、田埂、田间、河漫滩草甸。

分布于我国的大多数地区；朝鲜，日本，俄罗斯，印度，不丹，缅甸也有。

2. 伊凡棒头草

Polypogon ivanovae Tzvel. in Grub. Pl. Asiae Centr. 4：72. 1968；新疆植物志 6：285. 1996；Y. H. Wu Grass. Karakor. Kunlun Mount. 120. 1999；Fl. China 22：362. 2006.

一年生草本，形成小丛。秆基部膝曲上升，平滑无毛，高 8～20 cm。叶鞘平滑无毛，上部粗糙；叶舌膜质，长 2.0～4.5 mm，边缘具纤毛；叶片扁平或疏松，纵卷，两面皆粗糙。圆锥花序较疏松，长 2.5～7.0 cm，宽 0.5～1.5 cm；分枝较短，粗糙；小穗柄粗糙，长0.7～2.5 mm，靠近基部具关节，易断落；小穗通常紫红色，长 2.2～2.8 mm，含 1 小花；两颖等长，粗糙，顶端钝，具长 0.5～2.8 mm 的劲直短芒，易脱落；外稃卵形，长 1.4～1.8 mm，平滑无毛，顶端具微齿，中脉延伸成芒，芒直或弯曲，长 2.3～3.5 mm，易脱落；内稃长约等于外稃的 1/2，平滑无毛；花药长 0.5～

0.8 mm。 花果期 6～8 月。

产新疆：喀什、莎车（县城东南郊，R1176）。生于塔里木盆地西部和南部的昆仑山区海拔 1 300～1 700 m 的小块潮湿草地、沟谷草甸、河滩草地。

分布于我国的新疆；中亚地区各国也有。

3. 长芒棒头草 图版 33：12～14

Polypogon monspeliensis（Linn.）Desf. Fl. Atlant. 1：67. 1788；Hook. f. Fl. Brit. Ind. 7：245，1897；Roshev. in Kom. Fl. URSS 2：164. 1934；Fl. Kazakh. 1：175. 1956；中国主要植物图说 禾本科 553. 图 481. 1959；Tzvel. in Grub. Pl. Asiae Centr. 4：73. 1968，et in Fed. Poaceae URSS 343. 1976；Thomas A. Cope in E. Nasir et S. I. Ali Fl. Pakist. 143：467. 1982；秦岭植物志 1（1）：133. 图 105. 1976；中国植物志 9（3）：253. 图版 62：1～3. 1987；新疆植物志 6：253. 图版 62：1～3. 1996；青海植物志 4：142. 图版 20：12～14. 1999；Fl. China 22：362. 2006；青藏高原维管植物及其生态地理分布 1144. 2008. ——*Alopecurus monspeliensis* Linn. Sp. Pl. 61. 1753.

一年生草本。秆直立或基部膝曲，平滑无毛，高 8～60 cm，通常具 2～5 节。叶鞘松弛抱茎，上部微粗糙；叶舌膜质，2 深裂或呈不规则撕裂状，长 2～8 mm；叶片扁平，上面及边缘粗糙，下面较平滑，长 2～15 cm，宽 2～9 mm。圆锥花序呈穗状，长（1）3～10 cm，小穗通常淡灰绿色，成熟后枯黄色，长 2.0～2.5 mm（包括基盘）；颖片倒卵状披针形，背部被短刺毛，脊与边缘具细纤毛，顶端 2 浅裂，自裂口处伸出 1 细长而粗糙的芒，芒长 3～7 mm，或第 1 颖芒较短；外稃背部平滑无毛，顶端具微齿，中脉延伸成约与稃体等长而易脱落的细芒；内稃较小，透明膜质，具不明显的 2 脉；花药长约 0.8 mm。颖果倒卵状长圆形，长约 1 mm。 花果期 7～9 月。

产新疆：莎车［团结公社（?），王焕存 269；县城附近，R1256］、叶城、塔什库尔干、策勒、和田、兴海（唐乃亥乡，弃耕地调查队 241；河卡乡，何廷农 425）、都兰（香日德农场，杜庆 455；诺木洪，杜庆 363；查查香卡，杜庆 136）、格尔木（河西，植被组 182）。生于海拔2 600～3 400 m 的河滩草甸、潮湿砂土地、河谷水沟边、流动沙丘、干旱山坡、河漫滩。

分布于我国大部分地区；广布于世界的温暖地区。

4. 裂颖棒头草

Polypogon maritimus Willd. in Neue Schrift. Ges. Nat. Fr. Berl. 3：442. 1801；Roshev. in Kom. Fl. URSS 2：165. 1934；Gamajun. in Fl. Kazakh. 1：175. 1956；Tzvel. in Grub. Pl. Asiae Centr. 4：73. 1968，et in Fed. Poaceae URSS 344. 1976；中国植物志 9（3）：254. 1987；新疆植物志 6：285. 图版 113：4～

5. 1996；Y. H. Wu Grass. Karakor. Kunlun Mount. 120. 1999；Fl. China 22：363. 2006；青藏高原维管植物及其生态地理分布 1144. 2008.

一年生丛生草本。秆细长而瘦，直立，平滑无毛，通常具 3～4 节，高 6～35 cm。叶鞘大都短于节间，微粗糙，最上部者略膨大；叶舌膜质，长 1～6 mm，顶端有不规则的裂齿；叶片扁平，长 5～70 mm，宽 1～5 mm，两面均粗糙。圆锥花序呈穗状，长5～7 cm，有时具分枝；小穗通常草黄色，长 2.5～3.0 mm（包括基盘）；颖倒卵状长圆形，被硬糙毛，先端 2 深裂，裂片先端钝圆，边缘具长纤毛，芒自裂口处伸出，粗糙，长达 7 mm；外稃光滑，长约 1 mm，无芒；雄蕊 3 枚，花药长 0.3～0.4 mm。颖果倒卵状长圆形，长约 1 mm。 花果期 6～8 月。

产新疆：乌恰（吉根乡斯木哈纳，采集人不详 2196）、塔什库尔干（采集地和采集人不详，816）、阿克陶、莎车、泽普、叶城、和田（喀什塔什，青藏队吴玉虎 2046）。生于海拔 1 800～3 300 m 的河滩草地、沼泽草甸、山坡草甸。

分布于我国的新疆；蒙古，中亚地区各国，俄罗斯西伯利亚也有。

30. 菵草属 **Beckmannia** Host

Host Gram. Austr. 3：5. t. 6. 1805.

一年生草本。秆直立。叶片扁平。圆锥花序狭窄，由多数短而贴生或斜升的穗状花序组成。小穗含 1 小花，稀为 2 小花，几为圆形，两侧压扁，近无柄，成 2 行覆瓦状排列于穗轴之一侧，小穗脱节于颖之下；小穗轴不延伸于内稃之后；颖半圆形，草质，近等长，具 3 脉，顶端钝或锐尖，具较薄而色白的边缘；外稃披针形，顶端尖或具短尖头，稍露出于颖外，具 5 脉；内稃稍短于外稃，具脊；雄蕊 3 枚。

约 2 种 1 变种，分布于世界的温带和寒带。我国有 1 种 1 变种，昆仑地区产 1 种。

1. 菵　草　图版 33：15～17

Beckmannia syzigachne（Steud.）Fern. Rhodora 30：27. 1928；Roshev. in Kom. Fl. URSS 2：288. 1934；Bor Grass. Burma Ceyl. Ind. Pakist. 527. 1960；Tzvel. in Grub. Pl. Asiae Centr. 4：110. 1968，et in Fed. Poaceae URSS 361. 1976；西藏植物志 5：238. 图 126. 1987；中国植物志 9（3）：256. 图版 62：4～6. 1987；新疆植物志 6：287. 图版 113：1～3. 1996；Y. H. Wu Grass. Karakor. Kunlun Mount. 121. 1999；青海植物志 4：143. 图版 20：15～17. 1999；Fl. China 22：364. 2006；青藏高原维管植物及其生态地理分布 1082. 2008. ——*Panicum syzigachne* Steud. Fl. 29：19. 1846. ——*B. erucaeformis* auct. non（Linn.）Host.：Franch. Pl. David. 1：322. 1884；中国主要植物图说 禾本科 474. 图 406. 1959.

一年生草本，须根细软。秆直立，平滑无毛，高 15～70 cm，通常具 2～4 节。叶鞘平滑无毛，疏松抱茎，大多长于节间；叶舌透明膜质，顶端钝圆，长 3～6 mm；叶片扁平，两面粗糙或下面平滑无毛，长 5～20 cm，宽 3～10 mm。圆锥花序狭窄，长 10～30 cm，由多数短而贴生或斜升的穗状花序组成；分枝稀疏，直立；小穗通常灰绿色，扁平，圆形，长约 3 mm，常含 1（稀少 2）小花；颖通常草质，背部灰绿色，具淡色的横纹，具 3 脉，中脉粗糙或具短刺毛，顶端钝或锐尖，边缘质薄而白色；外稃披针形，背部平滑无毛，具 5 脉，顶端常具伸出颖外的短尖头，边缘白色膜质；内稃稍短于外稃，具 2 脊，边缘透明膜质；花药黄色，长约 1 mm。颖果黄褐色，矩圆形，长约 1.5 mm。 花果期 6～9 月。

产新疆：东帕米尔高原和昆仑山山麓各县的绿洲、若羌（县城附近，刘海源 075）。生于海拔 1 400～3 600 m 的沼泽草甸、河滩草地、河边草甸、沟谷渠岸。

青海：兴海（唐乃亥乡，采集人不详 238）、班玛（马柯河林场烧柴沟三家村，吴玉虎 26282）。生于海拔3 200～3 600 m 的水沟边、沙砾河滩、林缘草甸、路边草丛。

甘肃：玛曲（河曲军马场，陈桂琛 1099）。生于海拔 3 400 m 左右的河谷沼泽湿地。

分布于我国的大部分地区；北半球温带和寒带均有。

31. 看麦娘属 Alopecurus Linn.

Linn. Sp. Pl. 60. 1753; et Gen. Pl. ed. 5. 30. 1754.

一年生或多年生草本。秆直立，丛生或单生。叶片扁平，较柔软。圆锥花序顶生，穗状圆柱形；小穗两性，两侧压扁，含 1 小花，小穗轴不延长，脱节于颖之下；两颖等长，常于基部联合，通常膜质到弱革质，具 3 脉，明显具脊并常有纤毛，顶端尖或具短芒；外稃膜质，边缘于下部联合，中部以下具芒，具不明显的 5 脉，先端尖或平截；内稃通常极小或缺；子房平滑无毛，柱头被短柔毛。颖果与稃体分离。

约 50 种，分布于北半球温寒地带和南美洲。我国有 9 种，昆仑地区产 2 种。

分种检索表

1. 颖片两侧密生柔毛，顶端渐尖成芒尖；花药长约 2 mm ……………………………… …………………………………………… **1. 喜马拉雅看麦娘 A. himalaicus** Hook. f.
1. 颖片两侧无毛或疏生微毛；顶端尖但不呈芒状；花药长 2.5～3.0 mm ………… ………………………………………………………… **2. 苇状看麦娘 A. arundinaceus** Poir.

1. 喜马拉雅看麦娘

Alopecurus himalaicus Hook. f. Fl. Brit. Ind. 7: 238. 1897; Ovcz. in Kom.

Fl. URSS 2：144. 1934；Bor Grass. Burma Ceyl. Ind. Pakist. 393. 1960；Tzvel. in Fed. Poaceae URSS 374. 1976；Thomas A. Cope in E. Nasir et S. I. Ali Fl. Pakist. 143：463. 1982；中国植物志 9（3）：261. 1987；新疆植物志 6：263. 1996；Y. H. Wu Grass. Karakor. Kunlun Mount. 108. 1999；Fl. China 22：365. 2006；青藏高原维管植物及其生态地理分布 1078. 2008.

多年生草本，单生或少数丛生。秆直立，高 15～30 cm，通常具 3 节，平滑无毛。叶鞘大多长于节间，上部者膨大，平滑无毛；叶舌膜质，长约 3 mm，顶端边缘有齿；叶片扁平，长约 6 cm，宽 2～6 mm，顶端渐尖，上面粗糙，下面光滑无毛。圆锥花序通常灰绿色或灰紫色，呈穗状长圆形，长 2.0～2.5 cm，宽 8～12 mm；小穗卵形，长 4～5 mm；颖近于膜质，下部联合，上部略叉开，脊上具长达 2 mm 的纤毛，两侧密被柔毛，顶端渐尖成芒尖；外稃短于颖，顶端急尖，边缘具短纤毛，芒自下部伸出，长 4～8 mm，劲直；雄蕊 3 枚，花药黄色，长约 2 mm。 花果期 6～8 月。

产新疆：塔什库尔干（麻扎，青藏队吴玉虎 414；县城郊，高生所西藏队 3131）。生于海拔 3 600～4 200 m 的河滩草甸、沼泽草甸、沟谷湖畔潮湿草地。

分布于我国的新疆；俄罗斯，伊朗，克什米尔地区，西喜马拉雅地区也有。

2. 苇状看麦娘 图版 32：12～14

Alopecurus arundinaceus Poir. in Lamk. Encycl. Meth. Bot. 8：776. 1808；Hook. f. Fl. Brit. Ind. 7：238. 1897；中国主要植物图说 禾本科 512. 图 503. 1959；Bor Grass. Burma Ceyl. Ind. Pakist. 393. 1960；Tzvel. in Grub. Pl. Asiae Centr. 4：70. 1968，et in Fed. Poaceae URSS 375. 1976；Thomas A. Cope in E. Nasir et S. I. Ali Fl. Pakist. 143：465. 1982；中国植物志 9（3）：262. 图版 64：4～5. 1987；新疆植物志 6：263. 图版 104：1～4. 1996；Y. H. Wu Grass. Karakor. Kunlun Mount. 109. 1999；青海植物志 4：130. 图版 18：5～7. 1999；Fl. China 22：365. 2006；青藏高原维管植物及其生态地理分布 1078. 2008.

多年生草本，单生或少数丛生，具根状茎。秆直立，高 20～70 cm，通常具 3～5 节。叶鞘松弛，大都短于节间；叶舌膜质，长约 5 mm；叶片上面粗糙，下面平滑无毛，斜向上升，长 5～20 cm，宽 3～7 mm。圆锥花序通常灰绿色或成熟后黑色，长圆状圆柱形，长 2.5～5.0 cm，宽 6～10 mm；小穗卵形，长 4～5 mm；两颖近等长，稍向外张开，脊具纤毛，两侧无毛或疏生短毛，顶端尖，基部约 1/4 互相联合；外稃膜质，稍短于颖，背部具微毛，顶端钝，芒长 1～5 mm，近于平滑无毛，约自稃体中部伸出，隐藏或稍露出颖外；内稃缺；雄蕊 3 枚；花药黄色，长 2.5～3.0 mm。 花期 6～7 月。

产新疆：塔什库尔干。生于海拔 3 000 m 左右的山坡潮湿草地、河滩草甸。

分布于我国的新疆（天山、阿尔泰山、塔尔巴哈台山、准噶尔盆地）、青海、甘肃、内蒙古、辽宁、吉林、黑龙江；蒙古，中亚地区各国，俄罗斯西伯利亚，欧亚大陆的温寒地带也有。

（五）短柄草族 Trib. **Brachypodieae** Beauv.

32. 短柄草属 **Brachypodium** Beauv.

Beauv. Ess. Agrost. 100. Pl. 19. 1812

多年生草本（限于我国的种类）。叶片扁平。具顶生穗形总状花序；小穗柄短，具微毛；小穗含多数小花，两侧稍压扁或略呈圆柱形；小穗轴脱节于颖之上和各小花之间；颖不等长，披针形，具3至多脉；外稃长圆形至披针形，具5～11脉，顶端延伸成直芒或短尖头；内稃近等于或稍短于外稃，顶端平截或微凹，具2脊，脊具纤毛；雄蕊3枚，花药线形，子房顶端具茸毛。颖果狭长圆形，具腹沟，成熟后微附着于内稃。

约10种。我国有5种，昆仑地区产1种。

1. 短柄草　图版 31：10～11

Brachypodium sylvaticum（Huds.）Beauv. Ess. Agrost. 101. 155. 1812；Nevski in Kom. Fl. URSS 2：594. 1934；Fl. Kazakh. 1：285. 1956；Fl. Tadjik. 1：262. 1957；中国主要植物图说 禾本科 279. 图 226. 1959；Tzvel. in Grub. Pl. Asiae Centr. 4：180. 1968，et. in Fed. Poaceae URSS 103. 1976；新疆植物志 6：139. 1996；青海植物志 4：71. 1999；中国植物志 9（2）：283. 图版 44：3. 2002；Fl. China 22：369. 2006；青藏高原维管植物及其生态地理分布 1083. 2008.

多年生疏丛生草本。秆直立或膝曲上升，高50～70 cm，具5～6节，节密生微毛。叶鞘紧密包茎，被倒向柔毛或无毛；叶舌厚膜质，长1～2 mm；叶片扁平或卷折，上面脉上具柔毛，长10～25 cm。穗形总状花序直立，长10～15 cm，穗轴节间长1～2 cm，直立或弯曲；小穗柄被微毛，长约1 mm；小穗绿色，长2～3 cm，含5～12小花；小穗轴节间长约2 mm，贴生细毛；颖披针形，被微毛或下部无毛，顶端渐尖，第1颖长5～9 mm，具5～7脉，第2颖长10～12 mm，具7～9脉；外稃背部贴生微毛，具7脉，芒细弱，长8～12 mm，基盘具微毛，第1外稃长10～14 mm；内稃稍短于外稃，顶端钝圆，脊具纤毛；花药长3～5 mm；子房顶端有毛。　花果期7～9月。

产青海：兴海（中铁林场中铁沟，吴玉虎 45581、45596）、玛沁（军功乡西哈垄河谷，吴玉虎 5909、21237；拉加乡，区划二组 212）、班玛（采集地不详，郭本兆 449）。生于海拔3 150～4 000 m的山坡草地、林缘草甸、山顶草甸、干旱阳山坡、阳坡山麓灌丛。

四川：石渠（国营牧场，吴玉虎 30093）。生于海拔3 840 m左右的沟谷山坡草地、河谷山地石隙。

甘肃：玛曲（黄河北岸，王学高 140）。生于海拔 3 500 m 左右的沟谷山坡草地。

分布于我国的新疆（天山）、青海、甘肃、陕西、西藏、四川、江苏；印度，尼泊尔，日本，欧洲也有。

（六）雀麦族 Trib. **Bromueae** Drmort.

33. **扇穗茅属 Littledalea** Hemsl.

Hemsl. in Hook. Icon. Pl. 25：t. 2472. 1896.

多年生草本。叶片扁平或内卷。圆锥花序疏松开展或为小穗数目较少的总状花序；小穗大，圆柱形到长圆形，含多数小花，顶生者不育或退化；小穗轴光滑无毛或微粗糙，脱节于颖之上和诸小花之间；颖不等长，远短于其第 1 外稃，膜质，顶端渐尖或钝圆，第 1 颖较小，具 1～3 脉，第 2 颖具 3～5 脉；外稃长而宽，椭圆状披针形，厚纸质，边缘膜质，具 7～9 脉，背部平滑或微粗糙或被微毛，顶端钝圆、平截或有缺刻，无芒，基盘钝圆；内稃披针形，长为外稃的 1/3～2/3，脊具纤毛或微粗糙；雄蕊 3 枚，花药细长，近等长于内稃；子房顶端具短柔毛，具 2 枚长羽状的柱头。

约 4 种，主要分布于青藏高原。我国有 4 种，昆仑地区产 3 种。

分 种 检 索 表

1. 小穗长 2. 0～3. 5 cm；第 1 外稃长 2. 2～3. 2 cm；花药长 6～7 mm；叶片扁平，宽2～5 mm ………………………………………………………… **1. 扇穗茅 L. racemosa** Keng
1. 小穗长 1. 5～2. 5 cm；第 1 外稃长 1. 2～1. 8 cm；花药长 4～6 mm；叶片常内卷，宽 0. 8～4. 0 mm。
   2. 叶片内卷，宽 0. 8～2. 5 mm；外稃背部沿侧脉被微毛，其余平滑；花药长约 4 mm ………………………………………………… **2. 寡穗茅 L. przevalskyi** Tzvel.
   2. 叶片扁平，宽约 4 mm；外稃背部平滑；花药长 5～6 mm ………………………… ………………………………………………………… **3. 藏扇穗茅 L. tibetica** Hemsl.

1. 扇穗茅 图版 31：12～13

Littledalea racemosa Keng in Contr. Biol. Lab. Sci. Soc. China 9 (2)：136. f. 15. 1934；中国主要植物图说 禾本科 257. 图 209. 1959；西藏植物志 5：140. 1987；Y. H. Wu Grass. Karakor. Kunlun Mount. 69. 1999；青海植物志 4：74. 图版 11：3，4. 1999；中国植物志 9 (2)：378. 图版 45：4，4a. 2002；Fl. China 22：371.

2006；青藏高原维管植物及其生态地理分布 1124. 2008.

多年生草本，单生或稀疏丛生，植株具短根茎。秆高 25～40 cm，平滑无毛，具 2～3 节。叶鞘松弛，平滑无毛；叶舌膜质，长 2～5 mm，顶端撕裂；叶片扁平或内卷，上面微被毛，下面平滑无毛，长 4～7 cm，宽 2～5 mm，分蘖叶有时具披针形的叶耳，秆生叶常无叶耳。圆锥花序多退化成总状，具有 5～9 枚小穗；分枝单生或孪生，细弱而平滑，长 2～5 cm；小穗呈扇形或楔形，长 2.2～3.2 cm，含 6～8 小花；小穗轴节间平滑无毛，长约 2.5 mm；颖不等长，披针形，第 1 颖长 5～8 mm，具 1 脉，第 2 颖长 12～15 mm，具 3 脉；外稃常带紫色，背部平滑或呈点状粗糙，具 7～9 脉，顶端具不规则的缺刻或钝圆，边缘膜质透明，第 1 外稃长 20～25 mm，宽 4～5 mm；内稃较短，长为外稃的 2/5～2/3，背部被微毛，脊具纤毛；花药长 4～6 mm。　花果期 7～9 月。

产青海：都兰（诺木洪，杜庆 301；加克北山，青甘队 1688）、格尔木（青藏公路 920 km 处，青藏队吴玉虎 2856；昆仑山，黄荣福 89－021；长江源，蔡桂全 008）、玛沁、玛多（采集地不详，吴玉虎 359；黑海乡，杜庆 510）、治多（可可西里苟鲁山克错，可可西里队黄荣福 K－59；察日错，可可西里队黄荣福 K－50；库赛湖，可可西里队黄荣福 K－421、K－488）、称多（采集地不详，郭本兆 411；扎朵乡，苟新京 253）、曲麻莱。生于海拔 3 600～4 900 m 的高寒草原、山坡草地、沙地灌丛、河边滩地草甸、沙砾滩地。

分布于我国的青海、西藏、四川。

2. 寡穗茅 图版 31：14～15

Littledalea przevalskyi Tzvel. in Grub. Pl. Asiae Centr. 4：173. 1968；西藏植物志 5：138. 图 69. 1987；Y. H. Wu Grass. Karakor. Kunlun Mount. 68. 1999；青海植物志 4：74. 图版 11：5，6. 1999；中国植物志 9（2）：378. 图版 45：1. 2002；Fl. China 22：370. 2006；青藏高原维管植物及其生态地理分布 1124. 2008. ——*L. tibetica* var. *paucispica* Keng 中国主要植物图说 禾本科 254. 图 208. 1959. sine latin. descr.

多年生草本。秆直立，高 20～40 cm。叶鞘通常平滑无毛，有时在下部稍具微毛。叶舌膜质，长圆形，长 1～3 mm；叶片常内卷，稀扁平，上面粗糙，下面平滑，长 4～15 cm，宽 1.5～3.0 mm。圆锥花序长 5～10 cm，多退化成总状；具 3～4 分枝，各分枝顶生 1 枚小穗；小穗常带紫褐色，长 1.2～2.5 cm，宽约 1 cm，含 3～6 小花；颖无毛，第 1 颖长 5～8 mm，第 2 颖长 9～11 mm；外稃背部被微毛，第 1 外稃长 12～15 mm；内稃脊具细纤毛，长约 8 mm；花药长 4～5 mm。　花期 6～7 月。

产青海：兴海（温泉乡苦海滩，吴玉虎 28849）、玛多（扎陵湖乡，吴玉虎 1547；黑海乡，吴玉虎 18059；花石峡，28973）、曲麻莱（麻多乡，刘尚武 640）、治多（可可西里苟鲁山克错，可可西里队黄荣福 K－69；玛章错钦，黄荣福 103）。生于海拔

4 100～4 750 m 的山坡沙砾地、河谷冲积滩地、山地高寒草原、宽谷高寒荒漠草原、河湖滩地草原、沟谷滩地高寒灌丛。

分布于我国的青海、甘肃、西藏。

3. 藏扇穗茅

Littledalea tibetica Hemsl. Hook. Icon. Pl. 25：2472. 1896；中国主要植物图说禾本科 254. 图 207. 1959；西藏植物志 5：140. 1987；Y. H. Wu Grass. Karakor. Kunlun Mount. 68. 1999；中国植物志 9（2）：378. 图版 45：3. 2002；Fl. China 22：371. 2006；青藏高原维管植物及其生态地理分布 1124. 2008.

多年生丛生草本。秆高约 50 cm，较细弱。平滑无毛。叶鞘松弛，无毛或下部者被微毛，鞘口被糙毛；叶舌膜质，长约 4 mm；叶片线形，细长，长约 8 cm 左右，两面被柔毛。圆锥花序长约 10 cm；分枝单生或孪生，长 2～4 cm。小穗扇形，长约 2.5 cm；颖远短于其花，顶端钝，第 1 颖长约 6 mm，第 2 颖长约 1 cm；外稃干膜质，具 7～9 脉，顶端钝圆，第 1 外稃长约 1.5 cm；内稃短于其外稃，长约 8 mm，两脊粗糙；雄蕊 3 枚，花药长 5～6 mm；子房椭圆形，上部生有柔毛。 花果期 7～8 月。

产青海：格尔木（昆仑山口，吴征镒 75-241）、玛沁（下大武乡，玛沁队 484）、玛多、称多（称文乡，刘尚武 2333）、治多（可可西里库赛湖，可可西里队黄荣福 K-1011）。生于海拔 4 200～5 500 m 的高寒草原、河谷砾地、山坡沙砾地。

分布于我国的青海、西藏；尼泊尔也有。

34. 雀麦属 Bromus Linn.

Linn. Sp. Pl. 76. 1573.

一年生或多年生草本。具闭合的叶鞘，叶片扁平；圆锥花序大型，开展或紧缩，有时可退化为总状花序。小穗较大，两侧压扁或几为圆柱形，含多数小花，上部小花通常发育不全；小穗轴脱节于颖之上及诸小花间。颖草质，不等长或近于等长，较短于或几等长于第 1 小花，顶端尖或渐尖至芒状，第 1 颖具 1～5 脉，第 2 颖具 3～9 脉；外稃草质至近革质，背部圆形或压扁成脊，有时具膜质边缘，顶端膜质，全缘或具 2 齿，具 5～9（11）脉，芒顶生或自外稃顶端稍下方伸出，稀无芒或具短尖头，基盘无毛或两侧被微毛；内稃较狭窄且短，具 2 脊，脊上具纤毛或微粗糙；雄蕊 3 枚；子房顶端有毛，花柱着生于其前下方。颖果细长圆形，顶端具短柔毛，成熟后紧贴着内外稃。

约 150 种，分布于南北两半球的温带地区，但主要在北半球。我国有 55 种，昆仑地区产 8 种。

分种检索表

1. 多年生；外稃顶端的芒顶生，细直或向外反曲。
  2. 颖片短于下部小花，顶端渐尖；第 1 颖长约 5 mm；外稃具 3 脉；芒细直；叶鞘平滑无毛 ………………………………… **1. 多节雀麦 B. plurinodis** Keng ex P. C. Kuo
  2. 颖片近等长于下部小花，顶端延伸成短芒；第 1 颖长 8～10 mm；外稃具 5～7 脉，芒向外反曲；叶鞘被柔毛。
    3. 颖片被微毛；外稃遍体密被柔毛；秆高约 60 cm ………………………………………………………………… **2. 华雀麦 B. sinensis** Keng ex P. C. Keng
    3. 颖片无毛；外稃两侧边缘及下部有毛；秆高约 100 cm ………………………………………………………… **3. 滇雀麦 B. mairei** Hack. ex Hand.-Mazz.
1. 一年生；外稃的芒自 2 裂齿间伸出，细直或外弯。
  4. 花序分枝弯曲；第 1 颖具 1～3 脉 ……………………… **4. 旱雀麦 B. tectorum** Linn.
  4. 花序分枝细直；第 1 颖具（1）3～5 脉。
    5. 花药长约 0.5 mm；第 1 颖长 3～4 mm，具 1 脉；外稃长 3.5～4.5 mm ……………………………………………………………… **5. 细雀麦 B. gracillimus** Bunge
    5. 花药长 1.0～1.8 mm；第 1 颖长 5～11 mm；具 3～5 脉。
      6. 外稃长 12～15 mm；顶端 2 裂，裂齿长 1.5～3.0 mm；花药长 1.2～1.8 mm ……………………………………………………… **6. 尖齿雀麦 B. oxyodon** Schrenk
      6. 外稃长 8～10 mm，顶端微齿裂或裂齿长约 0.8 mm；花药长约 1 mm。
        7. 小穗幼时呈圆筒形，成熟或稍压扁；外稃顶端微 2 齿裂；圆锥花序开展 ……………………………………………… **7. 雀麦 B. japonicus** Thumb.
        7. 小穗两侧压扁；外稃顶端 2 裂，裂齿长约 0.8 mm；圆锥花序较密集 …………………………………………… **8. 直芒雀麦 B. gedrosianus** Penz.

1. 多节雀麦 图版 29：4～6

Bromus plurinodis Keng ex P. C. Kuo Fl. Tsinling. 1 (1)：439. 1976；P. C. Keng in Acta Bot. Yunnan. 4 (4)：436. 1982；中国主要植物图说 禾本科 260. 图 211. 1959. sine latin. descr；西藏植物志 5：132. 图 67：3～5. 1987；青海植物志 4：68. 1999；中国植物志 9 (2)：337. 2002；Fl. China 22：374. 2006；青藏高原维管植物及其生态地理分布 1085. 2008.

多年生。秆直立，平滑无毛，高约 90 cm，直径约 3 mm，具 7～8 节。叶鞘无毛，均长于节间；叶舌膜质，褐色，长约 4 mm，常撕裂；叶片扁平，边缘粗糙，上面具白柔毛，长 20～30 cm，宽 6～7 mm。圆锥花序疏松开展，长 15～25 cm；分枝斜上升或开展，每节具 2～4 枚；小穗长 15～18 mm（芒除外），含 5～6 花；小穗轴节间被短毛，长 2.0～2.5 mm；颖披针形，边缘膜质，第 1 颖长 5～6 mm，具 1 脉，第 2 颖长 7～9 mm，具 3 脉；外稃具 3 脉，背下部边缘及脉上具极微小的毛，顶端具长 8～15 mm 细而劲直的芒，第 1 外稃长 10～11 mm；内稃长 6～7 mm，脊具细纤毛；花药长约 2 mm。 花果期 7～8 月。

产青海：兴海（唐乃亥乡，吴玉虎 42072B、42432、42732B）、班玛（马柯河林场宝藏沟，王为义 27154、27261；马柯河林场烧柴沟三家村，吴玉虎 26293、26297；苗圃，王为义 27183）。生于海拔 2 800～3 800 m 的沟谷山坡草地、山地林缘草坡、林缘灌丛草地、河谷林下、河谷滩地疏林下、沙砾河滩。

分布于我国的青海、甘肃、宁夏、西藏东南部、四川、云南。

2. 华雀麦 图版 29：7～8

Bromus sinensis Keng ex P. C. Keng in Acta Bot. Yunnan 4：349. 1982；中国主要植物图说 禾本科 269. 图 220. 1959. sine latin. descr.；西藏植物志 5：135. 1987；青海植物志 4：68. 图版 10：8～9. 1999；中国植物志 9（2）：353. 图版 43：3. 2002；Fl. China 22：379. 2006；青藏高原维管植物及其生态地理分布 1086. 2008.

多年生草本。秆单生或少数丛生，高 40～60 cm，无毛，具 3～4 节，其节黑色，生倒毛或下部者无毛有时膝曲。叶鞘具柔毛或下部常无毛；叶舌膜质，棕色，顶端平截或呈裂齿状，长 1～3 mm；叶片质较硬，扁平或干时卷折，长 10～25 cm，宽 3～5 mm，两面常疏生柔毛或下面无毛。圆锥花序开展，垂头，长 10～20 cm；分枝细弱，微粗糙，每节具 2～4 枚；小穗绿色或带紫色，长 12～20 mm，含 4～8 小花；小穗轴背面被短毛；颖披针形，背部被短柔毛，顶端渐尖或呈芒状，第 1 颖长 8～12 mm，具 1 脉，第 2 颖长 11～17 mm，具 3 脉；外稃背部具柔毛，具 5 脉，顶端全缘或具 2 微齿，芒自顶端伸出，反曲，长 8～14 mm，第 1 外稃长 10～15 mm；内稃质薄，脊具小纤毛；花药红棕色，长 2～3 mm。 花果期 7～9 月。

产青海：兴海（河卡乡，何廷农 355）、玛沁（军功乡，吴玉虎 20706；西哈垄河谷，吴玉虎20740、21291）、久治（白玉乡，藏药队 653、658；希门错湖畔，果洛队 445）。生于海拔 2 900～4 400 m 的沟谷阳坡灌丛、高山草丛、山地干旱阴坡草地。

四川：石渠（国营牧场，吴玉虎 30078）。生于海拔 3 840 m 左右的高寒山坡石隙、沟谷山坡草地。

分布于我国的青海、西藏东部、四川、云南。

3. 滇雀麦

Bromus mairei Hack. ex Hand.-Mazz. Symb. Sin. 7（5）：1290. 1936；中国主要植物图说 禾本科 269. 图 219. 1959；青海植物志 4：69. 1999；中国植物志 9（2）：353. 图版 43：11. 2002；Fl. China 22：379. 2006；青藏高原维管植物及其生态地理

分布 1085. 2008.

多年生草本。秆直立，高 80～90 cm，具 5～7 节。叶鞘下部者长于节间，而上部者短于节间，疏生细毛；叶舌棕褐色，顶端具不整齐裂齿，长 1～3（5）mm；叶片上面具细柔毛，下面无毛，长 20～25 cm，宽 4～5 mm。圆锥花序开展，下垂，长约 20 cm；分枝具细小糙刺，长 7～15 cm，每节具 2 枚；小穗长 2.0～2.5 cm（芒除外），含 6～8 小花；小穗轴节间长约 2 mm，贴生细毛；颖披针形，具窄膜质边缘，第 1 颖长 7～10 mm，具 1 脉，第 2 颖长 10～13 mm，具 3 脉；外稃背部两侧及下部均疏生白色糙毛，具 7 脉，顶端及边缘膜质，芒顶生，细直，长 10～13 mm，基盘近于无毛，第 1 外稃长 12～13 mm；内稃长 8～9 mm，脊具纤毛；花药黄棕色，长约 2 mm。 花期 8 月。

产青海：兴海（大河坝乡赞毛沟，吴玉虎 47070、47072）、久治。生于海拔 3 800～4 300 m 的高山草甸、山地阴坡草地、灌丛草甸、河漫滩草甸。

分布于我国的青海、四川、云南。

4. 旱雀麦 图版 29：9～10

Bromus tectorum Linn. Sp. Pl. 77. 1753；Hook. f. Fl. Brit. Ind. 7：359. 1896；Kreca. et Vved. in Kom. Fl. URSS 2：573. 1934；Roshev. in Fl. Kirg. 2：175. 1950；Gamajun. in Fl. Kazakh. 1：278. 1956；中国主要植物图说 禾本科 275. 图 224. 1959；Bor Grass. Burma Ceyl. Ind. Pakist. 456. 1960；西藏植物志 5：137. 1987；新疆植物志 6：135. 1996；内蒙古植物志. 第 2 版. 5：111. 图版 47：7～12. 1994；青海植物志 4：69. 图版 10：10～11. 1999；中国植物志 9（2）：356. 图版 44：7. 2002；Fl. China 22：380. 2006；青藏高原维管植物及其生态地理分布 1086. 2008.

一年生草本。秆直立，平滑，高 13～50 cm，具 2～3 节。叶鞘具柔毛，后渐脱落；叶舌膜质，常呈撕裂状，长约 2 mm；叶片具长柔毛，长 5～9 cm，宽 2～4 mm。圆锥花序开展，长 5～15 cm；分枝细弱，多弯曲，粗糙，每节具 3～5 枚，各枝着生 1～5 个小穗；小穗幼时绿色，成熟后变紫色，长约 2.5 cm（芒除外），含 4～7 小花，小穗轴节间长 2～3 mm；颖披针形，边缘薄膜质，第 1 颖长 6～8 mm，具 1～3 脉，第 2 颖长 10～11 mm，具 3～5 脉；外稃背部粗糙或被柔毛，具 7 脉，顶端渐尖，2 裂，边缘与顶端膜质，芒自顶端齿间或稍下伸出，略长于稃体，第 1 外稃长约 13 mm；内稃短于外稃，脊具纤毛；花药长约 1 mm。颖果贴生于稃内。 花果期 7～9 月。

产青海：兴海（中铁林场中铁沟，吴玉虎 45585、45588、45604；中铁乡天葬台沟，吴玉虎 45871；中铁林场恰登沟，吴玉虎 45220、45252、45264、45288、45458、45924；中铁乡附近，吴玉虎 42773、42869、42927；中铁乡至中铁林场途中，吴玉虎 43066、43134）、玛沁（尕柯河电站，吴玉虎 6027；江让水电站，吴玉虎 18727）、班玛

（采集地不详，吴玉虎 26046）、称多、曲麻莱（东风乡车青，刘尚武 832）。生于海拔 2 300～4 200 m 的阳坡山麓、河滩、田边、高山灌丛、沟谷山地阔叶林缘草甸、山麓高寒灌丛草甸。

甘肃：玛曲（欧拉乡，吴玉虎 31945、32074；尼玛乡，吴玉虎 32150）。生于海拔 3 300～3 500 m 的沟谷山坡草地、山地阴坡高寒灌丛草甸、河谷河滩草甸。

分布于我国的青海、甘肃、西藏、四川、云南；印度，欧洲，非洲北部，北美洲也有。

5. 细雀麦　图版 29：11

Bromus gracillimus Bunge in Mém. Acad. Sci. St.-Pétersb. Sav. Étrang. 7：527. 1851；Bor Grass. Burma Ceyl. Ind. Pakist. 454. 1960；Thomas A. Cope in E. Nasir et S. I. Ali Fl. Pakist. 143：573. 1982；西藏植物志 5：136. 图 68. 1987；Y. H. Wu Grass. Karakor. Kunlun Mount. 66. 1999；中国植物志 9（2）：361. 图版 41：8，8a. 2002；Fl. China 22：382. 2006；青藏高原维管植物及其生态地理分布 1084. 2008.

一年生草本。秆直立或倾斜，高 25～40 cm，细瘦，节或节间被细毛。叶鞘闭合至上部，被细柔毛；叶舌三角形，长约 2 mm，顶端撕裂；叶片扁平，长 8～15 cm，宽 2～4 mm，先端渐尖，两面被短柔毛，边缘粗糙。圆锥花序开展，长约 10 cm，宽 3～5 cm；分枝 4～8 枚轮生于各节，基部者长 3～6 cm，上部者长约 1 cm，平滑无毛，疏生 1～4 枚小穗。小穗倒卵形，长 4～5 mm，含 3～6 小花。颖片顶端尖，边缘膜质内卷，第 1 颖长 3～4 mm，具 1 脉；第 2 颖长 4～5 mm，具 3 脉；外稃矩圆形，长约 4 mm，边缘内卷，具纤毛；芒自顶端伸出，长 1.2～1.9 cm，细直；内稃与外稃近等长，脊有纤毛；花药长约 0.5 mm。颖果扁平，长约 3 mm。　花果期 6～9 月。

产新疆：塔什库尔干。生于海拔 2 000～3 400 m 的山坡草甸、河岸灌丛草地。

西藏：日土（县城附近，青藏队吴玉虎 1627）。生于海拔 4 200～4 250 m 的山坡高寒草甸、河滩草地、田间田埂、沟谷草地。

分布于我国的新疆、西藏；伊朗，阿富汗，巴基斯坦东北部，土耳其，俄罗斯也有。

6. 尖齿雀麦

Bromus oxyodon Schrenk in Bull. Acad. Sci. St.-Pétersb. 10：355. 1842；Krecz. et Vved. in Kom. Fl. URSS 2：581. t. 42. f. 11. 1934；Roshev. in Fl. Kirg. 2：179. 1950；Gamajun. in Fl. Kazakh. 1：281. 1956；Ovcz. et Schibk. Fl. Tadjik. 1：249. 1957；Poaceae URSS 232. 1976；Thomas A. Cope in E. Nasir et S. I. Ali Fl. Pakist. 143：567. 1982；新疆植物志 6：135. 图版 52：1～3.

1996；中国植物志 9（2）：372. 图版 42：1. 2002；Fl. China 22：384. 2006.

一年生草本。秆单一或少数丛生，直立或膝曲上升，高 20～70 cm，无毛或被短柔毛，具 2～4 节。上部叶鞘无毛或被毛，下部叶鞘具倒向的柔毛；叶舌长达 3 mm，顶端撕裂至纤毛状；叶片条形，宽 2.5～10.0 mm，两面均被柔毛。圆锥花序疏展，长 8～25 cm，分枝细长达 10 cm，粗糙，每节具 2～5 枚，着生 1～4 枚俯垂的小穗；小穗长披针形，无毛或被柔毛，长 2.5～3.5（5.0）cm，具 6～10（16）花；颖披针形，无毛或具短硬毛，边缘膜质，第 1 颖长 8～10 mm，具 3 脉，第 2 颖长 10～12 mm，具 5 脉；外稃长椭圆形，无毛或被短柔毛，具 5～7 脉，顶端具 1～2（3）mm 长的 2 齿裂，芒自裂齿间伸出，成熟后向外反曲，芒长 15～25 mm，第 1 外稃长 12～15 mm；内稃短于外稃，长 2～4 mm，脊具纤毛；花药长 1.0～1.2 mm。颖果与稃贴合，长约 8 mm。 花果期 6～8 月。

产新疆：乌恰。生于海拔 2 500 m 左右的山地荒漠草原。

分布于我国的新疆；中亚地区各国，蒙古也有。

7. 雀　麦　图版 29：12～13

Bromus japonicus Thumb. in Murr. Syst. Veg. 14：119. 1784，et in Fl. Jap. 52. t. 11. 1784；Krecz. et Vved. in Kom. Fl. URSS 2：578. t. 42. f. 10. 1934；Roshev. in Fl. Kirg. 2：179. 1950；Gamajun. in Fl. Kazakh. 1：280. 1956；Ovcz. et Schibk. in Fl. Tadjik. 1：246. 1957；中国主要植物图说 禾本科 273. 图 221. 1959；Bor Grass. Burma Ceyl. Ind. Pakist. 455. 1960；Tzvel. in Grub. Pl. Asiae Centr. 4：178. 1968，et in Fed. Poaceae URSS 229. 1976；Thomas A. Cope in E. Nasir et S. I. Ali Fl. Pakist. 143：564. 1982；西藏植物志 5：136. 1987；新疆植物志 6：139. 图版 54：4～6. 1996；Y. H. Wu Grass. Karakor. Kunlun Mount. 67. 1999；青海植物志 4：70. 图版 10：12，13. 1999；中国植物志 9（2）：368. 图版 41：4. 2002；Fl. China 22：383. 2006；青藏高原维管植物及其生态地理分布 1085. 2008.

一年生丛生草本。秆直立，高 20～50 cm。叶鞘被白色柔毛；叶舌透明膜质，顶端具不规则的裂齿，长 1.5～2.0 mm；叶片扁平，两面被白色柔毛，下面常脱落无毛，长 5～20 cm，宽 2～6 mm。圆锥花序开展，向下弯垂，长 12～20 cm；分枝细弱，下垂，长约 10 cm，每节具 2～6 枚；每枝顶端生 1～4 小穗；小穗黄绿色，幼时圆筒状，成熟后压扁，长 10～20 mm（芒除外），宽 5～7 mm，含 6～12 小花；颖宽披针形，顶端稍钝圆，边缘膜质，第 1 颖长 5～6 mm，具 3～5 脉；第 2 颖长 6～9 mm，具 7～9 脉；外稃宽椭圆形，草质，具 7～9 脉，顶端具 2 微小裂齿，边缘膜质，芒自稃体顶端约 2 mm 处伸出，长 5～10 mm，第 1 外稃长 7～11 mm；内稃较窄，短于外稃，脊上疏生纤毛；花药长 0.8～1.5 mm。颖果扁平，长约 8 mm。 花果期 6～8 月。

产新疆：乌恰、塔什库尔干（采集地不详，高生所西藏队 74-3300）、且末（阿羌乡昆其布拉克，青藏队 3824）。生于海拔 3 000～3 600 m 的山坡草地、沟谷河滩草地、荒漠绿洲。

青海：格尔木（农场，采集人不详 37）、兴海（唐乃亥乡，吴玉虎 42072A、42732A，采集人不详 253；河卡乡羊曲，何廷农 062）。生于海拔 2 780～3 200 m 的山坡草地、林缘、河漫滩、河滩疏林田埂。

分布于我国的新疆、青海、甘肃、陕西、西藏、四川、云南、辽宁、内蒙古、河北、山西、山东、河南、安徽、江苏、江西、湖南、湖北、台湾；蒙古，俄罗斯，朝鲜，印度，日本也有。

8. 直芒雀麦

Bromus gedrosianus Penz. in Bot. Kozlenen. 33：111. 1936；Bor Grass. Burma Ceyl. Ind. Pakist. 454. 1960；Tzvel. in Grub. Pl. Asiae Centr. 4：178. 1968，et in Fed. Poaceae URSS 233. 1976；新疆植物志 6：137. 1996；Y. H. Wu Grass. Karakor. Kunlun Mount. 66. 1999；青藏高原维管植物及其生态地理分布 1084. 2008；中国植物志 9（2）：369. 图版 43：4. 2002.

一年生草本。秆直立，光滑无毛，高 25～40 cm，具 2～4 节，膝曲。叶鞘被短毛或几无毛，短于节间；叶舌膜质，长 2～3 mm，顶端具不规则撕裂；叶片扁平，两面均被短毛，长 5～12 cm，宽 3～6 mm。圆锥花序疏松或开展，长 10～17 cm；分枝平滑或微粗糙，长 3～10 cm，2～6 枚簇生；小穗长 1.5～2.5 cm（芒除外），含 4～8 小花；小穗轴节间长约 2 mm，平滑无毛；颖披针形，不等长，边缘和顶端膜质，第 1 颖长 5～6 mm，具 3 脉，先端尖，边缘干膜质，第 2 颖长圆形，长 7.0～8.5 mm，具 5～7 脉，先端钝圆；外稃背部粗糙，具 7 脉，顶端 2 齿裂，裂片膜质，长 0.5～1.5 mm，芒自裂齿间伸出，细直，长 5～10 mm，第 1 外稃长 8～10 mm；内稃长约 8 mm，脊具纤毛；花药黄褐色，长 0.8～1 mm。 花果期 5～7 月。

产新疆：塔什库尔干、皮山（三十里营房，青藏队吴玉虎 1168）、策勒。生于帕米尔高原和昆仑山海拔 2 900～3 800 m 的沟谷沙砾质草地、河漫滩、水渠边。

分布于我国的新疆、青海、西藏；俄罗斯，中亚地区各国，巴勒斯坦，克什米尔地区也有。

（七）小麦族 Trib. **Tritaceae** Dumort.

35. 赖草属 Leymus Hochst.

Hochst. in Flora 31：118. 1848. ——Aneurolepidium Nevski in

Acta Inst. Bot. Acad. Sci. URSS 1 (1)：27. 1933，et in Kom. Fl. URSS 2：698. 1934；中国主要植物图说 禾本科 431. 1959.

多年生丛生草本，具下伸或横走根茎。秆直立，单生或丛生，于花序下或节下多被短柔毛。叶鞘光滑，茎基部叶鞘常枯碎成纤维状；叶舌膜质，顶端平截、钝圆或具齿；叶片质地较硬且扁平或内卷，上下两面光滑无毛至疏生柔毛，顶端尖锐。顶生穗状花序细长；小穗无柄，含 2 至数小花，常 1～6 枚簇生于穗轴各节，并紧贴穗轴，小穗轴稍扭转而使颖与稃体交叉排列；颖 1～3 脉，呈锥形、线形或近披针形，长度大多超过外稃之半，无脊或具脊，先端尖或具短芒；外稃披针形，顶端渐尖无芒或具短芒，背部光滑至被柔毛，无脊或仅在顶端具脊；内稃与外稃等长或稍短，顶端微 2 裂，脊上无毛或具短纤毛；花药通常黄色；子房上部被茸毛。颖果扁长圆形。

有 30 余种，分布于北温带和寒冷地区。我国有 24 种，昆仑地区产 15 种。

分种检索表

1. 小穗单生于穗轴，每节或中下部具 2～3 枚（*L. altus* D. F. Cui 高株赖草）。
  2. 颖具 3 脉，披针形或条状披针形；第 1 外稃长 10～14 mm。
    3. 内稃明显短于外稃；小穗含 2～3 小花 …………………………………… **1. 皮山赖草 L. pishanicus** S. L. Lu et Y. H. Wu
    3. 内稃近等长于外稃；小穗含 4～6 小花 …………… **2. 高株赖草 L. altus** D. F. Cui
  2. 颖无脉或具 1 脉，线状披针形或窄披针形；第 1 外稃长（6）7～8（12）mm。
    4. 外稃被毛或稀无毛，但边缘具纤毛；花药长 3～4 mm …………………………… **3. 若羌赖草 L. ruoqiangensis** S. L. Lu et Y. H. Wu
    4. 外稃平滑无毛。
      5. 小穗长 8～10 mm；外稃具 5 脉；花药长 2.5～3.0 mm …………………… **4. 格尔木赖草 L. golmudensis** Y. H. Wu
      5. 小穗长 11～17 mm；外稃具 5～9 脉 … **5. 单穗赖草 L. ramosus**（Trin）Tzvel.
1. 小穗 2～4（6）枚生于穗轴每节。
  6. 小穗（3）4～6 枚生于穗轴每节。
    7. 穗状花序长椭圆形或长卵形，长 5～9 cm；叶舌长约 1 mm …………………… **6. 宽穗赖草 L. ovatus**（Trin）Tzvel.
    7. 穗状花序线形，长 12～25 cm；叶舌长 2～3 mm。
      8. 颖具 1 脉，近等长，长 10～13 mm；第 1 外稃长 8～10 mm …………… **7. 粗穗赖草 L. crassiusculus** L. B. Cai
      8. 颖具 3 脉，不等长，第 1 颖长 10～12 mm，第 2 颖长 13～16 mm；第 1 外稃长 9～13 mm …………… **8. 柴达木赖草 L. pseudoracemosus** Yen et J. L. Yang
  6. 小穗 2～3 枚生于穗轴每节。

9. 颖背部常被刺毛，近等长 ………………… **9. 毛穗赖草 L. paboanus** (Claus) Pilger

9. 颖背部平滑无毛或微粗糙，常短于小穗。

10. 颖顶端具长 4～5 mm 芒 ……………… **10. 芒颖赖草 L. aristiglumis** L. B. Cai

10. 颖顶端不具芒。

11. 颖基部具宽膜质边，彼此覆盖，使第 1 外稃基部不外露；小穗含 2～3 小花；第 1 外稃长 10～14 mm … **11. 窄颖赖草 L. angustus** (Trin) Pilger

11. 颖基部具窄膜质边，彼此不覆盖，第 1 外稃外露；小穗含 3～10 小花。

12. 颖具 1 脉或脉不明显，内稃短于或近等长外稃。

13. 第 1 外稃长 5～8 mm，外稃基部具长柔毛；内稃短于外稃 … ……………… **12. 多枝赖草 L. multicaulis** (Kar. et Kir.) Tzvel.

13. 第 1 外稃长 9～10 mm，外稃基盘具短毛，内稃近等于外稃 … …………………………………… **13. 弯曲赖草 L. flexus** L. B. Cai

12. 颖具 3 脉；内稃近等于外稃。

14. 外稃基盘平滑无毛；颖近锥形 …………………………………… ……………………………… **14. 羊草 L. chinensis** (Trin.) Tzvel.

14. 外稃基盘具长约 1 mm 柔毛；颖线状披针形 ………………… ……………………………… **15. 赖草 L. secalinus** (Georgi) Tzvel.

1. 皮山赖草

Leymus pishanicus S. L. Lu et Y. H. Wu in Bull. Bot. Res. 12 (4): 344. f. 2. 1992；新疆植物志 6：216. 1996；Y. H. Wu Grass. Karakor. Kunlun Mount. 91. 1999；Fl. China 22：393. 2006；青藏高原维管植物及其生态地理分布 1123. 2008.

多年生疏丛生草本，具下伸长根状茎。秆直立，高 50～80 cm，平滑无毛，通常具 3～5 节。叶鞘平滑无毛；叶耳披针形，弯曲如镰刀状，长 1～2 mm；叶舌极短；叶片通常扁平或边缘内卷，长 6～18 cm，宽 2.0～4.5 mm，上面和边缘粗糙，下面平滑无毛。穗状花序细长，直立，疏松，长 8～13 cm；穗轴节间长 8～12 mm，边缘粗糙或具纤毛；小穗单生于穗轴的每节，长 12～17 mm，含 2～3 小花；颖披针形，平滑无毛，明显具 3～5 脉，两颖近等长，长 9～11 mm，顶端渐尖，边缘膜质具纤毛；外稃长圆状披针形，背部平滑无毛，具 5 脉，顶端无芒或具短尖头，第 1 外稃长 12～14 mm；内稃明显短于外稃，长约 9 mm，顶端微凹，被微柔毛，两脊具纤毛。

产新疆：皮山（垴阿巴提乡布琼，青藏队吴玉虎 1877）。生于海拔 2 600 m 左右的田埂、田间、沟谷山坡草地。

为我国新疆特有种。

2. 高株赖草

Leymus altus D. F. Cui Fl. Xinjiang. 6：604. 222. 图版 89：1～4. 1996；Fl.

China 22：393. 2006.

多年生单生或疏丛生草本，植株体遍被白霜。具下伸的根茎；秆直立，高 80～150 cm，具 2 节，平滑无毛。叶鞘平滑无毛，基部残留叶鞘成枯黄色碎裂；叶舌膜质，长约 2 mm；叶片扁平，宽 4～5 mm，有时内卷，上面粗糙，下面平滑无毛。穗状花序直立，长 8～15 cm，宽 7～9 mm，穗轴边缘具纤毛，节上被长柔毛，节间长 5～7 mm，基部可达 30 mm；小穗单生或在中下部者 2～3 枚生于穗轴的每节，通常灰绿色，长 15～18 mm，含 4～6 小花，小穗轴节间长 1.5～2.0 mm，被短柔毛；颖条状披针形，向上渐尖或呈芒状，背部具 3 脉，边缘膜质，侧脉通常不明显，具纤毛，第 1 颖稍短于第 2 颖，长 10～15 mm；外稃披针形，背部具 5 脉，被短柔毛，顶端具 1～3 mm 长的短芒，边缘具纤毛，基盘具长约 1 mm 的柔毛，第 1 外稃长 10～14 mm；内稃与外稃近等长，顶端常微 2 裂，脊之上半部具纤毛；花药黄色，长 3～4 mm。 花果期 7～8 月。

产新疆：叶城（乌恰巴什，采集人和采集号不详）。生于海拔 2 200 m 左右的林缘草甸、林下及田边地埂。

3. 若羌赖草 图版 35：1～3

Leymus ruoqiangensis S. L. Lu et Y. H. Wu in Bull. Bot. Res. Harbin 12 (4)：343. f. 1. 1992；Y. H. Wu Grass. Karakor. Kunlun Mount. 91. 1999；青海植物志 4：104. 图版 15：1～3. 1999；Fl. China 22：293. 2006；青藏高原维管植物及其生态地理分布 1123. 2008. ——*Leymus arginshanicus* D. F. Cui subsp. *ruoqiangensis* (S. L. Lu et Y. H. Wu) D. F. Cui in Fl. Xinjiang. 6：218. 1996.

多年生丛生草本，具下伸长根状茎。秆直立，高 30～70 cm，平滑无毛，通常具 3～4 节，基部具褐色枯老叶鞘，常撕裂为纤维状。叶鞘平滑无毛，边缘膜质，常具细纤毛；叶耳镰状或披针形，边缘被柔毛；叶舌长约 0.5 mm；叶片内卷如针状，长 1～4 cm，上面和边缘粗糙或被微柔毛，下面平滑无毛。穗状花序直立，疏松，长 4.5～14.0 cm，穗轴节间长 6～15 mm，节上被硬毛，边缘密被细纤毛或疏被柔毛；小穗单生于穗轴的每节，紫色或灰绿色，长 10～17 mm，含 3～5 小花，位于顶端的小花通常不育；颖钻状或窄披针形，无毛或疏被柔毛，无脉或具 1 脉，两颖近相等，长 7～10 mm，边缘粗糙；外稃长圆状披针形，被柔毛，具 5 脉，基部裸露，第 1 外稃长 9～12 mm；内稃与外稃近等长，脊上无毛或疏被柔毛；花药黑紫色或黄绿色，长 3～4 mm。

产新疆：若羌（阿尔金山保护区鸭子泉，青藏队吴玉虎 3904；土房子，青藏队吴玉虎 4268；阿尔金山，青藏队吴玉虎 4326）。生于海拔 3 600～4 100 m 的河滩盐碱地、河谷草甸、高寒荒漠草原、沟谷干山坡。

青海：格尔木（采集地不详，杨永昌 057；纳赤台，青甘队 410）、冷湖。生于海拔 2 500～3 000 m 的沟谷山地干山坡、湖滩草甸、河边盐碱滩。

分布于我国的新疆、青海。

4. 格尔木赖草

Leymus golmudensis Y. H. Wu sp. nov. in Addenda.

多年生疏丛生草本，具下伸的长根状茎。秆直立，高30～70 cm，平滑无毛，通常具3～4节，基部枯老叶鞘呈淡棕色。叶鞘平滑无毛，边缘膜质，常具细长纤毛；叶耳镰刀状，边缘被短柔毛；叶舌长约0.5 mm；叶片内卷如针状，长1～14 cm，两面平滑无毛。穗状花序直立，疏松，长4.5～9.0 cm；穗轴节间长5～10 mm，节上被硬毛，边缘密被细纤毛；小穗单生于穗轴的每节，紫色或灰绿色，长8～10 mm，含3小花，位于顶端的小花通常不育；颖线状披针形，无脉或具1脉，背中下部平滑无毛，上部粗糙，边缘粗糙或疏被毛，第1颖明显较短，长5～7 mm，第2颖长7～9 mm；外稃长圆状披针形，背部无毛，具5脉，下部脉不明显，顶端渐尖或具长约1 mm的短尖头，边缘膜质，基部裸露，基盘被柔毛，第1外稃长7～8 mm（包括小尖头）；内稃与外稃近等长，顶端微2裂，脊上和顶部疏被细柔毛；花药淡黄色，长2.5～3.0 mm。

产新疆：若羌（阿尔金山，刘海源011、015）。生于海拔3 600 m的干旱山坡草地。

青海：格尔木（纳赤台，吴玉虎36703、36705）、大柴旦（巴嘎柴达木湖畔，吴玉虎37713、37720、37723）。生于海拔3 200～3 700 m的多砾石盐碱河滩草地、荒漠盐生草甸、荒漠戈壁滩盐碱地。

5. 单穗赖草

Leymus ramosus（Trin.）Tzvel. Not. Syst. Inst. Bot. Kom. Acad. Sci. URSS 20：430. 1960，et in Grub. Pl. Asiae Centr. 4：208. 1968，et in Fed. Poaceae URSS 188. 1976；新疆植物志 6：214. 1996；Fl. China 22：394. 2006. ——*Triticum ramosus* Trin. in Ledeb. Fl. Altaic. 1：114 1829.

多年生草本，具根状茎。秆高30～50 cm，直立，平滑无毛。叶鞘平滑无毛或下部被短茸毛至细柔毛；叶耳条状披针形；叶舌很短；叶片灰绿色，扁平，宽2～6 mm，上面和边缘粗糙，有时被短柔毛，下面平滑无毛。穗状花序直立，长4～8 cm，宽6～10 mm，穗轴边缘具硬毛；小穗单生于穗轴的每节，蓝绿色或有时带紫色，长11～17 mm，含4～7花；颖坚硬，条状披针形，具不明显的中脉，长5～9 mm；外稃宽披针形，长6～8 mm，具5～9脉，平滑无毛，无芒或具长达2 mm的短芒。 花果期6～8月。

产新疆：塔什库尔干。生于海拔4 000 m左右的高山河谷草甸。

分布于我国的新疆；中亚地区各国，俄罗斯西伯利亚也有。

6. 宽穗赖草 图版35：4～6

Leymus ovatus（Trin.）Tzvel. Not. Syst. Inst. Bot. Kom. Acad. Sci. URSS

20：430. 1960，et in Grub. Pl. Asiae Centr. 4：206. 1968；中国植物志 9（3）：19. 图版 5：1～6. 1987；新疆植物志 6：228. 1996；Y. H. Wu Grass. Karakor. Kunlun Mount. 89. 1999；青海植物志 4：106. 图版 15：8～10. 1999；Fl. China 22：389. 2006；青藏高原维管植物及其生态地理分布 1122. 2008. ——*Elymus ovatus* Trin. in Ledeb. Fl. Alt. 1：121. 1829. ——*Aneurolepidium ovatus*（Trin.）Nevski in Kom. Fl. URSS 2：707. 1934.

多年生单生或丛生草本，具下伸根茎。秆高 30～80 cm，通常具 3～4 节，平滑无毛或常于花序下和节下被有短柔毛。叶鞘平滑，基部叶鞘呈纤维状枯残；叶舌长约 1.5 mm，顶端平截；叶片扁平或内卷，长 4～15 cm，宽 4～8 mm，上下两面粗糙或具短柔毛。穗状花序直立，常密集成长卵形或长椭圆形，长 5～11 cm，宽 1.0～2.5 cm；穗轴密被柔毛，节间长 3～6 mm；小穗 2～4 枚生于穗轴的每节，长 10～20 mm，含5～7 小花；颖下部明显扩宽，略呈披针形，具 3 脉，背部无毛，中脉粗糙，两颖近相等，长 8～16 mm；外稃披针形，背部粗糙或密生短柔毛，具 5～7 脉，顶端渐尖或具1～3 mm长的短芒，基盘具 8～10 mm 长的糙毛，第 1 外稃长 8～13 mm；内稃与外稃近等长，脊上部具纤毛；花药长 3.5～4.0 mm。 花果期 7～8 月。

产新疆：乌恰、阿克陶（琼块勒巴什，青藏队吴玉虎 648）、塔什库尔干、叶城（麻扎达拉，青藏队吴玉虎 1407）、且末（阿羌乡昆其布拉克，青藏队吴玉虎 3837）、若羌（阿尔金山，刘海源 034）。生于海拔 3 000～3 600 m 的河滩沙砾地、沟谷草地、河边草甸。

青海：都兰（察汗乌苏英德尔羊场，青甘队 1159）。生于海拔 2 800～3 250 m 的河滩草甸、山谷沟沿、湖岸草地、山间草地、杂类草草场。

分布于我国的新疆、青海、甘肃、西藏；蒙古，中亚地区各国，俄罗斯西伯利亚也有。

7. 粗穗赖草

Leymus crassiusculus L. B. Cai in Acta Phytotax. Sin. 33（5）：494. f. 3. 1995；青海植物志 4：106. 1999；Fl. China 22：389. 2006；青藏高原维管植物及其生态地理分布1122. 2008.

多年生丛生草本，具木质下伸根茎。秆高 70～110 cm，茎基粗约 4 mm，通常具 2～3 节。叶鞘短于节间，平滑无毛或有时边缘具纤毛，基部者常撕裂成纤维状；叶舌长 1.5～2.0 mm，顶端平截；叶片通常内卷，长 18～35 cm，宽 4～7 mm，平滑无毛或上面微粗糙。穗状花序直立，稠密，长 15～20 cm，宽 1.5～2.0 cm；穗轴密被长柔毛，节间长 4～10 mm；小穗通常 4～6 枚生于一节，长 12～18 mm，含 4～7 小花；颖线形，具 1 脉，边缘膜质具纤毛，两颖近等长，长 10～13 mm；外稃披针形，具不明显 5 脉，密被柔毛，顶端具长约 2 mm 的短尖头，第 1 外稃长 8～10 mm；内稃与外稃近等长，顶端微凹，两脊疏生短纤毛；花药长约 5 mm。 花果期 6～7 月。

产新疆：阿克陶（琼块勒巴什，湖中小岛，青藏队吴玉虎 87648）。生于海拔 3 200 m 左右的滩地草甸。

青海：茫崖（阿拉尔乡，植被地理组 130）、都兰（诺木洪农场，吴玉虎 36434）、兴海（河卡乡羊曲，植被地理组 251）。生于海拔 3 300～3 900 m 的山坡沟谷草地、河滩草甸、荒漠水边草地、农田边。

分布于我国的新疆、青海、山西。

8. 柴达木赖草 图版 35：7～8

Leymus pseudoracemosus Yen et J. L. Yang in Acta Bot. Yunnan. 5 (3)：275. f. 1. 1983；青海植物志 4：107. 图版 15：14～15. 1999；Fl. China 22：388. 2006；青藏高原维管植物及其生态地理分布 1123. 2008.

多年生疏丛生草本，具木质下伸根茎。秆高 60～90 cm，具 2～3 节，花序下常被微毛。叶鞘平滑无毛，大都长于节间，基部者撕裂成纤维状；叶舌舌状，长 2～3 mm；叶片扁平或边缘内卷，长 9～34 cm，宽 3～6 mm，上面密被微毛或疏生长柔毛，下面通常平滑无毛。穗状花序直立，排列密集，稀有分枝，长 10～25 cm，宽 1.3～3.0 cm，穗轴密被短柔毛；小穗常 3～5 枚生于各节，长 15～21 mm，含 5～10 小花；颖狭披针形，具不明显 3 脉，背部平滑无毛，边缘膜质具纤毛，第 1 颖长 9～12 mm，第 2 颖长 12～16 mm；外稃披针形，具 5～7 (10) 脉，背部密被长柔毛，顶端渐尖成长约 2 mm 的短芒，第 1 外稃长 9～12 mm；内稃与外稃等长或稍短，脊上部疏生短纤毛；花药长 3～5 mm。 花果期 7～8 月。

产青海：都兰（模式标本产地。诺木洪以北，杜庆 369）。生于海拔 2 900 m 左右的戈壁砾地、田林路边、水渠边。

9. 毛穗赖草 图版 35：9～11

Leymus paboanus (Claus) Pilger in Engl. Bot. Jahrb. Syst 74：6. 1947；Tzvel. in Grub. Pl. Asiae Centr. 4：207. 1968，et in Fed. Poaceae URSS 184. 1976；中国植物志 9 (3)：18. 图版 4：7～11. 1987；新疆植物志 6：218. 图版 86：1～6. 1996；Y. H. Wu Grass. Karakor. Kunlun Mount. 90. 1999；青海植物志 4：106. 图版 15：11～13. 1999；Fl. China 22：390. 2006；青藏高原维管植物及其生态地理分布 1123. 2008. ——*Elymus paboanus* Claus in Beitr. Pflanzenk. Russ. Reich. 8：170. 1851；N. Kusn. in Fl. Kazakh. 1：327. t. 24. f. 5. 1956. ——*Aneurolepidium paboanum* (Claus) Neveski in Kom. Fl. URSS 2：707. 1934.

9a. 毛穗赖草（原变种）

var. **paboanus**

多年生单生或丛生草本，具下伸根茎。秆高 3～90 cm，具 3～4 节，平滑无毛，花序下常被短柔毛。叶鞘平滑无毛，边缘有时被稀疏纤毛，秆基部叶鞘有时呈纤维状；叶舌长约 1 mm，顶端钝圆；叶片长 10～30 cm，宽 4～7 mm，扁平或干旱时内卷，上面粗糙或贴生短柔毛，下面平滑无毛或粗糙。穗状花序直立，排列紧密，长 10～18 cm，宽 7～12 mm；穗轴密被柔毛，节间长 3～7 mm；小穗通常 2～3 枚生于穗轴的每节，长 8～13 mm，含 3～5 小花；颖近锥形，不覆盖第 1 外稃的基部，具不明显 3 脉，背面常疏生小刺毛，两颖近等长，长 6～12 mm；外稃披针形，背面密被长柔毛，具 3～5 脉，顶端渐尖成 1～2 mm 长的短芒，第 1 外稃长 6～10 mm；内稃与外稃近等长，脊上半部具纤毛；花药长约 3 mm。　花果期 6～8 月。

产新疆：阿克陶（布伦口乡恰克拉克，青藏队吴玉虎 3300）、叶城（莫红滩，黄荣福 86－168；麻扎达坂，青藏队吴玉虎 1159；乔戈里峰，青藏队吴玉虎1490）、皮山（康西瓦，高生所西藏队 3397）、若羌（采集地不详，高生所西藏队 3013）。生于海拔 1 460～4 250 m的沟谷滩地盐生草甸、高原河滩草地、沟谷沙砾地、河湖滩地草甸、田埂地边。

西藏：日土（班公湖畔，高生所西藏队 74－3464）。生于海拔 4 230 m 左右的湖畔宽谷砾石质草地、山坡石隙。

青海：格尔木（托拉海，植被地理组 058、169）。生于海拔 2 750～3 100 m 的滩地草甸、河岸沙地、山谷沟沿、山坡砾地。

分布于我国的新疆（阿尔泰山）、青海、甘肃、西藏、山西；蒙古，俄罗斯西伯利亚，中亚地区各国也有。

9b. 胎生赖草（变种）

var. **viviparous** L. B. Cai in Acta Phytotax. Sin. 39（1）：77. 2001；青藏高原维管植物及其生态地理分布 1123. 2008.

本变种与原变种的区别在于：花序长 6～9 cm；小穗常有胎生。

产青海：都兰。生于海拔 2 900 m 左右的林缘草地。

10. 芒颖赖草

Leymus aristiglumis L. B. Cai in Bull. Bot. Res. Harbin 17：28. 1997；Fl. China 22：389. 2006.

秆直立，高 30～50 cm，直径 1.5～2.0 mm，具 3 节。叶鞘边缘具纤毛，在基部的叶鞘撕裂成纤维状；叶舌膜质，长 1.2～2.0 mm；叶片对折或边缘内卷，长 7～16 cm，宽 2.2～4.0 mm，两面粗糙；花序直立，绿色，密集，长 7～10 cm，宽 6～9 mm；花序轴被微毛；穗轴每节具 2～3 个小穗，小穗长 8～11 mm，含 3～4 小花；小穗轴密被毛；颖长圆状披针形，常 3.4～4.5 mm，具 1 脉，两颖近等长，边缘膜质，顶端具长

4～5 mm的芒；外稃披针形，具5脉，平滑或边缘疏被毛，顶端具有长约1 mm的芒尖，第1外稃长6～7 mm；内稃近等长于外稃，沿脊疏被纤毛；花药黄色，长约4 mm；花果期7～9月。

产青海：都兰（诺木洪农场，吴玉虎36438；诺木洪乡，吴玉虎36651）。生于海拔2 700～2 860 m的田边荒地、沟谷渠岸。

11. 窄颖赖草

Leymus angustus（Trin.）Pilger in Engl. Bot. Jahrb. 74：6. 1947；Tzvel. in Fed. Poaceae URSS 183. 1976；中国植物志9（3）：20. 1987；新疆植物志6：226. 图版90：7～9. 1996；Y. H. Wu Grass. Karakor. Kunlun Mount. 88. 1999；Fl. China 22：389. 2006；青藏高原维管植物及其生态地理分布1122. 2008. ——*Elymus angustus* Trin. in Ledeb. Fl. Alt. 1：119. 1829. ——*Aneurolepidium angustus*（Trin.）Nevski in Kom. Fl. URSS 2：700. 1934；中国主要植物图说 禾本科434. 图367. 1959.

多年生单生或丛生草本。具下伸的短根茎。须根粗壮，直径1～2 mm。秆高60～100 cm，具3～4节，无毛或在节下以及花序下常被短柔毛。叶鞘平滑或稍微粗糙，灰绿色，常短于节间；叶舌短，干膜质，先端钝圆，长0.5～1.0 mm；叶片质地较厚而硬，长15～25 cm，宽5～7 mm，淡绿色，粗糙或其下面几乎平滑无毛，内卷，顶端呈锥状。穗状花序直立，长15～20 cm，宽7～10 mm；穗轴常被短柔毛，节间长5～10 mm，基部者长达15 mm；小穗通常2枚，稀少3枚生于穗轴各节，长10～14 mm，含2～3小花；小穗轴节间长2～3 mm，被短柔毛；颖线状披针形，下部较宽广，覆盖第1外稃的基部，向上逐渐狭窄成芒，中上部分粗糙，下部偶有短柔毛，具1粗壮的脉，两颖近等长或第1颖短于第2颖，长10～13 mm；外稃披针形，密被柔毛，具不明显的5～7脉，顶端渐尖或延伸成长约1 mm的芒，基盘被短毛，第1外稃长10～14 mm（连芒）；内稃常稍短于外稃，脊上部有纤毛；花药长2.5～3.0 mm。 花果期6～8月。

产新疆：塔什库尔干（县城附近，高生所西藏队74-3092）、叶城（苏克皮亚，青藏队吴玉虎1005；麻扎达拉，青藏队吴玉虎1411）、于田（普鲁坎羊，青藏队吴玉虎3774）、若羌（阿尔金山，刘海源86-041、042；阿尔金山保护区鸭子泉，青藏队吴玉虎3895）。生于海拔3 600～4 400 m的沙砾山坡、沟谷草地、沙滩草甸、高原沙丘。

青海：都兰（香日德考尔沟，黄荣福81-264）、玛沁（军功乡黄河边，吴玉虎4681）、玛多（黑海乡吉迈纳，吴玉虎913）。生于海拔3 200～4 100 m的沟谷山麓草地、干旱山坡草地、荒漠草原沙砾草地。

分布于我国的新疆、青海、甘肃、宁夏、陕西；蒙古，俄罗斯西伯利亚，中亚地区各国，欧洲也有。

12. 多枝赖草

Leymus multicaulis（Kar. et Kir.）Tzvel. in Not. Syst. Inst. Bot. Kom. Acad. Sci. URSS 20：430. 1960，et in Grub. Pl. Asiae Centr. 4：206. 1968；et in Fed. Poaceae URSS 186. 1976；中国植物志 9（3）：16. 图版 4：12～15. 1987；新疆植物志 6：218. 图版 87：1～4. 1996；Y. H. Wu Grass. Karakor. Kunlun Mount. 90. 1999；Fl. China 22：391. 2006. ——*Elymus multicaulis* Kar. et Kir. in Bull. Soc. Nat. Mosc. 14：868. 1841；Roshev. in Fl. Kirg. 2：222. 1950；N. Kusn. in Fl. Kazakh. 1：325. 1956；Sidor. in Fl. Tadjik. 1：270. 1957. ——*Aneurolepidium multicaule*（Kar. et Kir.）Nevski in Kom. Fl. URSS 2：708. t. 50. f. 1. 1934.

多年生单生或丛生草本，具下伸或横走的根茎。秆直立，高 50～80 cm，直径 1.5～3.0 mm，具 3～5 节，平滑无毛或仅于花序下粗糙。叶鞘平滑无毛，残留于基部者枯黄色，多呈纤维状，有时稍带紫色；叶舌长约 1 mm；叶片长 10～30 cm，宽 3～8 mm，扁平或内卷，灰绿色，上面粗糙，下面较平滑。穗状花序长 5～12 cm，宽 6～10 mm，穗轴粗糙或被短毛，边缘具纤毛，节间长 3～8 mm，下部节间长达 10 mm；小穗 2～3 枚生于穗轴各节，通常绿色或稍带紫色，成熟后变黄，长 8～15 mm，含 2～6 小花；小穗轴节间长约 1 mm，被短毛；颖锥状，短于或等于第 1 小花，长 5～7 mm，具 1 脉，被纤毛，不覆盖第 1 外稃基部；外稃宽披针形，平滑无毛，具不明显的 5 脉，顶端具长 2～3 mm 的芒，基盘稍具微毛，第 1 外稃长 5～8 mm；内稃短于外稃，脊上具纤毛；花药长约 3 mm。 花果期 5～7 月。

产新疆：叶城。生于海拔 1 400～3 200 m 的绿洲盐生草甸、荒漠。

分布于我国的新疆；俄罗斯，中亚地区各国，欧洲也有。

13. 弯曲赖草

Leymus flexus L. B. Cai in Acta Phytotax. Sin. 33（5）：491. f. 1. 1995；青海植物志 4：104. 1999；Fl. China 22：392. 2006；青藏高原维管植物及其生态地理分布 1122. 2008.

多年生疏丛生草本，具下伸根茎。秆高 50～100 cm，通常具 3～4 节。叶鞘长于或短于节间，平滑无毛或下部叶鞘具柔毛，在基部者有时撕裂成纤维状；叶舌长 1.0～1.6 mm，顶端钝圆；叶片常内卷，长 12～27 cm，宽 4～5 mm，上面微粗糙，下面平滑无毛。穗状花序微弯，疏松，淡棕色，长 12～25 cm，宽 7～10 mm；穗轴密被短柔毛，节间长 7～15 mm；小穗通常 2～3 枚生于穗轴各节，长 11～17 mm，含 3～7 小花；颖近于线形，具 1～2 脉，顶端渐尖成芒状，边缘膜质常具纤毛，两颖近等长，长 10～14 mm；外稃披针形，具 5 脉，背部粗糙或密被长柔毛，顶端具 2～3 mm 长的短芒，基盘具柔毛，第 1 外稃长 9～10 mm；内稃与外稃近等长，脊上部具短纤毛；花药长3～

4 mm。 花果期 7～9 月。

产青海：兴海、格尔木、冷湖、玛多。生于海拔 3 200～4 000 m 的山坡草地、水渠岸边、撂荒地。

分布于我国的新疆、青海、甘肃、山西。

14. 羊 草

Leymus chinensis（Trin.）Tzvel. in Grub. Pl. Asiae Centr. 4：205. 1968；中国植物志 9（3）：19. 1987；新疆植物志 6：220. 图版 87：5～8. 1996；青海植物志 4：104. 1999；Fl. China 22：293. 2006；青藏高原维管植物及其生态地理分布 1122. 2008. ——*Aneurolrpidium chinense*（Trin.）Kitag. in Rep. Inst. Sci. Res. Manch. 2：281. 1938；中国主要植物图说 禾本科 432. 图 364. 1959.

多年生单生或丛生草本，具下伸或横走根茎，须根具沙套。秆高 45～85 cm，具 2～3 节，无毛。叶鞘平滑无毛，基部叶鞘多枯碎成纤维状；叶舌平截，先端具细齿，长约 1 mm；叶片长 6～16 cm，宽 2～5 mm，上面粗糙或具柔毛，下面平滑无毛。穗状花序直立，疏松，长 7～16 cm，宽 10～15 mm；穗轴棱边疏生纤毛，节间长 5～11 mm；小穗 1～2 枚生于穗轴各节，长 12～18 mm，含 4～10 小花；颖锥形，质地较硬，具 1 脉，上部及边缘粗糙，下部不覆盖第 1 外稃的基部，第 1 颖常略短于第 2 颖，长 5～8 mm；外稃披针形，平滑无毛，具不明显的 5 脉，顶端渐狭或具芒尖，边缘窄膜质，基盘无毛，第 1 外稃长 7～10 mm；内稃与外稃近等长，顶端微 2 裂，脊平滑无毛或稀有细纤毛；花药长 2.5～3.5 mm。 花果期 6～8 月。

产青海：兴海。生于海拔 3 200 m 左右的宽谷滩地草原、水旁砾石草地。

分布于我国的新疆、青海、甘肃、陕西、山西、河北、内蒙古、辽宁、吉林、黑龙江；中亚地区各国，俄罗斯，蒙古，朝鲜，日本也有。

15. 赖 草 图版 35：12～15

Leymus secalinus（Georgi）Tzvel. in Grub. Pl. Asiae Centr. 4：209. 1968，et in Fed. Poaceae URSS 183. 1976；Thomas A. Cope in E. Nasir et S. I. Ali Fl. Pakist. 143：632. 1982；西藏植物志 5：176. 1987；中国植物志 9（3）：20. 图版 5：7～11. 1987；新疆植物志 6：229. 1996；Y. H. Wu Grass. Karakor. Kunlun Mount. 88. 1999；青海植物志 4：106. 图版 15：4～7. 1999；Fl. China 22：392. 2006；青藏高原维管植物及其生态地理分布 1123. 2008. ——*Leymus dasystachys*（Trin.）Pilger in Engl. Bot. Jahrb. 74：6. 1947. ——*Triticum secalinum* Georgi. Bemerk. Einer Reise 1：198. 1775. ——*Elymus dasystachys* Trin. in Ledeb. Fl. Alt. 1：120. 1829. ——*Aneurolepidium dasystachys*（Trin.）Nevski in Kom. Fl. URSS 2：706. 1934；中国主要植物图说 禾本科 432. 图 365. 1959.

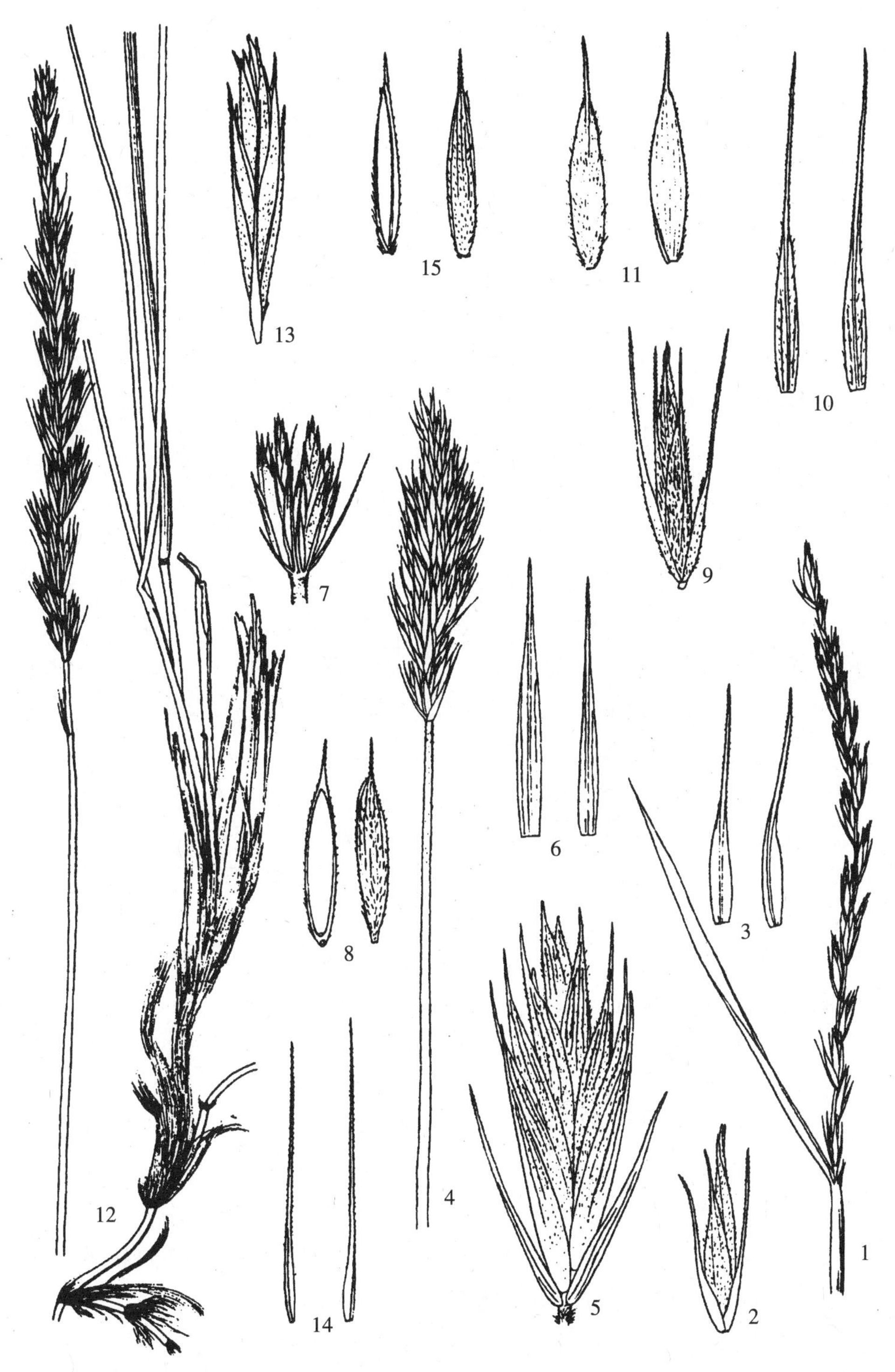

图版 35 若羌赖草 **Leymus ruoqiangensis** S. L. Lu et Y. H. Wu 1. 花序；2. 小穗；3.颖片。宽穗赖草 **L. ovatus**（Trin.）Tzvel. 4. 花序；5. 小穗；6 颖片。柴达木赖草 **L. pseudoracemosus** Yen et J. L. Yang 7. 同节上的小穗；8. 小花背腹面。毛穗赖草 **L. paboanus**（Claus）Pilger 9. 小穗；10. 颖片；11. 第 1 外稃背腹面。赖草 **L. secalinus**（Georgi）Tzvel. 12. 植株；13. 小穗；14. 颖片；15. 小花背腹面。（刘进军绘）

15a. 赖 草（原变种）

var. **secalinus**

多年生草本，具下伸或横走根茎。秆单生或丛生，高 20～100 cm，具 3～5 节，平滑无毛。叶鞘光滑无毛，基部残留叶鞘呈纤维状；叶舌长约 1～2 mm，顶端平截；叶片扁平或内卷，长 5～30 cm，宽 3～7 mm，上下两面无毛或均被短柔毛。穗状花序直立，密集，长 5～15 cm，宽 7～14 mm，常呈淡绿色；穗轴被短柔毛，节间长 3～7 mm；小穗常 2～3 枚生于穗轴各节，长 9～20 mm，含 4～7 小花；颖线状披针形，顶端狭窄如芒，上半部粗糙，其余平滑，长 7～15 mm，边缘具纤毛，不覆盖第 1 外稃基部，第 1 颖具 1 脉，短于第 2 颖，第 2 颖具不明显 3 脉；外稃披针形，被短柔毛或上部无毛，具 5 脉，基盘具长约 1 mm 的柔毛，顶端渐尖或具 1～3 mm 长的短芒，第 1 外稃长 8～12 mm；内稃与外稃近等长，顶端微 2 裂，脊上部具刺毛；花药长 3～4 mm。 花果期 7～9 月。

产新疆：阿克陶（布伦口乡恰克拉克，青藏队吴玉虎 574）、叶城（库地，黄荣福 86-020、058；麻扎达拉，青藏队吴玉虎 1143；岔路口，青藏队吴玉虎 1237）、皮山（康西瓦，高生所西藏队 74-3397）、莎车（喀拉吐孜，青藏队吴玉虎 721）、策勒（奴尔乡，青藏队吴玉虎 1906、1985、2005；奴尔乡亚门，青藏队吴玉虎 1996、2531）、且末（阿羌乡昆其布拉克，青藏队吴玉虎 3838）、若羌（阿尔金山保护区鸭子泉，青藏队吴玉虎 3919；依夏克帕提，青藏队吴玉虎 4262；土房子，青藏队吴玉虎 2758；明布拉克东，青藏队吴玉虎 4202；库木库里湖东南，青藏队吴玉虎 2303；阿尔金山，刘海源 041、042）。生于海拔 2 100～4 250 m 的高原沙丘、沙砾河滩草甸、缓坡草地、沟谷沙砾质草地、干旱河岸沙地。

西藏：日土（多玛区，青藏队吴玉虎 1331；班公湖畔，高生所西藏队 3464）、改则（采集地不详，高生所西藏队 4293）。生于海拔 4 200～4 500 m 的湖岸沙地、沟谷山坡草地、湖畔沙地、山麓石隙。

青海：都兰（香日德，青甘队 1340；英德尔羊场，杜庆 414）、格尔木、冷湖、茫崖（城镇西部，刘海源 088；阿拉子西部，植被地理组 118）、兴海（河卡乡，吴珍兰 153）、玛沁（军功乡，玛沁队 167、吴玉虎 4681）、甘德、久治、班玛、达日、玛多（黑河乡，吴玉虎 289、808）、称多、曲麻莱（县城郊，刘尚武和黄荣福 716）、治多（可可西里五雪峰，可可西里队黄荣福 K-987）。生于海拔 2 900～4 500 m 的山坡草地、河滩湖岸、田边沙地、林缘路旁、山麓砾石地。

分布于我国的新疆、青海、甘肃、宁夏、陕西、西藏、四川、山西、河北、内蒙古、辽宁、吉林、黑龙江；蒙古，中亚地区各国，俄罗斯，朝鲜，日本也有。

15b. 糙稃赖草（变种）

var. **pubescens**（O. Fedtsch.）Tzvel. in Grub. Pl. Asiae Centr. 4：209. 1968；

新疆植物志 6：229. 1996；青海植物志 4：106. 1999；青藏高原维管植物及其生态地理分布 1124. 2008. ——*Elymus dasystachys* var. *pubescens* O. Fedtsch. in Trudy Petrob. Bot. Sada 21：435. 1903. ——*Leymus secalinus* subsp. *pubescens*（O. Fedtsch.）Tzvel. in Grub. Pl. Asiae Centr. 4：209. 1968，et in Fed. Poaceae URSS 184. 1976.

本变种与原变种的主要区别是：外稃背部密被长柔毛。

产新疆：乌恰、若羌。生于海拔 2 800～3 600 m 的河谷滩地、山坡草地。

青海：曲麻莱、治多。生于海拔 4 200～4 550 m 的山坡草地、路旁、河漫滩、湖岸盐化草甸。

分布于我国的新疆、青海、宁夏、西藏、河北；伊朗，中亚地区各国也有。又见于喜马拉雅山区。

36. 大麦属 Hordeum Linn.

Linn. Sp. P1. 84. 1753，et Gen. P1. ed. 5. 37. 1754.

一年生或多年生草本。野生种类常具根状茎。秆直立，丛生，稀单生。叶片扁平，常具叶耳、叶舌。穗状花序顶生，矩圆形到细长，穗轴成熟时多逐节断落。小穗含 1 小花，稀含 2 小花，并常以 3 枚联生于穗轴各节，特称三联小穗。此三联小穗同型者皆无柄而可育，异型者则中间小穗无柄而可育，两侧生小穗大多有柄而不育或甚为退化；中间小穗以其腹面对向穗轴的扁平面，两侧生小穗则以其腹面对向穗轴的侧棱；颖针刺形或狭披针形，位于外稃背面或两侧；外稃披针形，背部圆形而略扁平，不明显具 5 脉，顶端渐尖至延伸成长短不等的单一芒或三分叉芒；内稃与外稃近等长，脊平滑无毛或上部粗糙；花药常黄色。颖果与稃体黏合或分离，顶端被短茸毛。

约 30 种，分布于世界温带地区和亚热带的山地及高原。我国有 10 种，昆仑地区产 4 种。

分种检索表

1. 一年生栽培植物；穗轴成熟时不断落；两侧小穗无柄；颖果成熟时黏着稃体，不脱出 …………………………………………………………………… **1. 大麦 H. vulgare** Linn.
1. 多年生；穗轴成熟时易逐节断落；两侧小穗有柄。
  2. 秆节平滑无毛 ……………………………………………… **2. 紫大麦草 H. roshevitzii** Bowd.
  2. 秆节密被毛。
    3. 中间小穗的外稃具芒，芒长 5～10 mm；花药长 2～4 mm ……………………… ……………………………………………… **3. 布顿大麦草 H. bogdanii** Wilensky.

3. 中间小穗的外稃无芒或具芒尖 ……… **4. 短芒大麦 H. brevisubulatum** (Trin.) Link

1. 大 麦 图版 36：1～3

Hordeum vulgare Linn. Sp. Pl. 84. 1753；Nevski in Kom. Fl. URSS 2：728. 1934；Hook. f. Fl. Brit. Ind. 7：371. 1897；中国主要植物图说 禾本科 440. 图 375. 1959；西藏植物志 5：179. 图 89：1～3. 1987；中国植物志 9 (3)：33. 1987；新疆植物志 6：208. 图版 83：7～9. 1996；Y. H. Wu Grass. Karakor. Kunlun Mount. 96. 1999；青海植物志 4：109. 1999；Fl. China 22：399. 2006；青藏高原维管植物及其生态地理分布 1116. 2008.

1a. 大麦（原变种）

var. **vulgare**

一年生草本。秆粗壮，直立，通常光滑无毛，高 50～100 cm。叶鞘松弛抱茎，大多光滑无毛或基部者具柔毛；两侧各有 1 枚披针形叶耳；叶舌膜质，长 1～2 mm；叶片长 9～20 cm，宽 6～20 mm，扁平。穗状花序具 6 棱，长 3～8 cm（芒除外），直径约 1.5 cm；小穗稠密排列，每节着生 3 枚发育的小穗，小穗均无柄，长 1.0～1.5 cm（芒除外）；颖线状披针形，外被短柔毛，先端常延伸为 8～14 mm 的芒；外稃具 5 脉，先端延伸成芒，芒长 8～15 cm，边棱具细刺；内稃与外稃几等长。颖果熟时黏着于稃内，不脱出。

产新疆：昆仑山北麓多数县有栽培。

青海：都兰、班玛、久治有栽培。

我国北方各省区广泛栽培。

1b. 青稞（变种）

var. **coeleste** Linn. Sp. Pl. 85. 1753；Fl. China 22：399. 2006.

本变种与原变种的区别是：外稃先端延伸为长 10～15 cm 的芒，两侧具细刺毛；颖果成熟时易脱出稃体。

产新疆：昆仑山北麓多数县有栽培。

青海：兴海、玛沁、称多有栽培。

我国西北、西南地区常有栽培。

根据对大量标本的观察和文献查阅，在下述著作——中国主要植物图说 禾本科 442. 1959；中国高等植物图鉴 5：89. 1976；西藏植物志 5：180. 1987；秦岭植物志 1 (1)：100. 1976；中国植物志 9 (3)：34. 1987；新疆植物志 6：210. 1996；Y. H. Wu Grass. Karakor. Kunkun Mount. 97. 1999；青藏高原维管植物及其生态地理分布 1116. 2008. 等——中写为青稞或裸麦 *Hoedeum vulgare* Linn. var. *nudum* (Ard. ex Schult.) Hook f. 的实际为裸麦 *Hoedeum distichon* Linn. var. *nudum* Linn.，而

青海省普遍栽培的青稞应为 *Hoedeum vulgare* Linn. var. *coeleste* Linn.，再次予以说明与订正。

1c. 藏青稞（变种） 图版 36：4～5

var. **trifurcatum** (Schlechet.) Alef. Landw. Fl. 341. 1866；中国主要植物图说 禾本科 442. 1959；西藏植物志 5：181. 图 89：4～5. 1987；中国植物志 9 (3)：34. 1987；新疆植物志 6：210. 1996；Y. H. Wu Grass. Karakor. Kunlun Mount. 97. 1999；Fl. China 22：399. 2006；青藏高原维管植物及其生态地理分布 1116. 2008. ——*H. coeleste* var. *trifurcatum* Schlecht. in Linnaea 11：543. 1837. ——*H. trifurcatum* (Schlecht.) Wender Flora 26：233. 1843. ——*H. vulgare* var. *aegiceras* (Nees ex Roule) Aitch. Cat. Punj. Pl. 171. 1869；Hook. f. Fl. Brit. Ind. 7：371. 1897. ——*H. aegiceras* Vees ex Royle Ill. Bot. Himal. 418. t. 97. f. 2. 1839；Bor Grass. Burma Ceyl. Ind. Pakist. 675. 1960；Tzvel. in Fed. Poaceae URSS 200. 1976.

本变种与原变种的区别是：外稃顶端具 3 个基部扩张的裂片，两侧者向外反或呈水平状，其先端渐尖成短而弯曲的芒或无芒；颖果成熟后易脱出。

产青海：称多有栽培。

我国青海、甘肃、西藏、四川等省区常有栽培，华北等地区也有栽培。

2. 紫大麦草 图版 36：6～8

Hordeum roshevitzii Bowd. in Can. Journ. Genet. Cytol. 7：395. 1965；青海植物志 4：110. 图版 16：8～10. 1999；Fl. China 22：397. 2006；青藏高原维管植物及其生态地理分布 1115. 2008. ——*H. violaceum* Boiss. et Huet. in Boiss. Diagn. Pl. Or. 1 (13)：70. 1853；中国主要植物图说 禾本科 438. 图 371. 1959；中国植物志 9 (3)：28. 图版 7：3. 4. 1987；新疆植物志 6：211. 1996；Y. H. Wu Grass. Karakor. Kunlun Mount. 95. 1999；青藏高原维管植物及其生态地理分布 1116. 2008.

多年生疏丛生草本，具短根茎。秆细弱，高 25～65 cm，通常具 3～4 节，下部节多膝曲，光滑无毛。叶鞘平滑无毛，基部者常长于节间；叶舌膜质，长约 0.5 mm；叶片长 1.5～7.0 cm，宽 2～4 mm，上下两面平滑无毛或稍粗糙。穗状花序略下垂，长 3～6 cm，宽 4～9 mm，通常紫色或绿色；穗轴成熟时极易碎断，棱边具纤毛，节间长约 1 mm；小穗 3 枚联生于一节，但仅无柄的中间小穗正常发育，具柄的两侧生小穗极为退化；颖均为针刺形，长 7～9 mm，脉不明显，中间小穗的外稃呈披针形，长 4～6 mm，顶端具长 3～5 mm 的芒，两侧生小穗的外稃常退缩为锥刺状，长约 3 mm；内稃具 2 脊，无毛；花药长 1～2 mm。 花果期 6～8 月。

产新疆：和田县。生于海拔 2 600 m 左右的河滩草甸、潮湿砂土草地。

青海：兴海（河卡乡，何廷农 390、张盍曾 544）。生于海拔 3 000～3 200 m 的湖岸渠边、河滩草甸、林缘灌丛、山坡草地。

西藏：日土（赴狮泉河途中，青藏队吴玉虎 1358）。生于海拔 4 200～4 300 m 的河滩草甸、砂质土壤的潮湿草地、林缘草甸、沟谷山坡。

分布于我国的新疆、青海、甘肃、陕西、西藏、四川、河北、内蒙古；中亚地区各国，俄罗斯，蒙古，日本也有。

3. 布顿大麦草 图版 36：9～10

Hordeum bogdanii Wilensky in Izv. Sarat. Op. Stan. 1 (2)：13. 1918；Nevski in Kom. Fl. URSS 2：724. 1934；Nik. in Fl. Kirg. 2：230. 1950；N. Kusn. in Fl. Kazakh. 1：331. 1956；Nevski in Tadjik. 1：281. 1957；中国主要植物图说 禾本科 439. 图 373. 1959；Bor Grass. Burma Ceyl. Ind. Pakist. 676. 1960；Tzvel. in Grub. Pl. Asiae Centr. 4：198. 1968，et in Fed. Poaceae URSS 196. 1976；Thomas A. Cope in E. Nasir et S. I. Ali Fl. Pakist. 143：639. 1982；中国植物志 9 (3)：28. 图版 7：1～2. 1987；新疆植物志 6：210. 图版 83：5～6. 1996；Y. H. Wu Grass. Karakor. Kunlun Mount. 96. 1999；青海植物志 4：110. 图版 16：11，12. 1999；Fl. China 22：397. 2006；青藏高原维管植物及其生态地理分布 1114. 2008.

多年生丛生草本，具短根茎。秆高 40～60 cm，通常具 4～5 节，节突起并被灰色柔毛。叶鞘光滑无毛或有时被毛，基部者长于节间；叶舌膜质，长约 1 mm；叶片长 4～15 cm，宽 4～6 mm，上下两面平滑或稍粗糙。穗状花序直立或略下垂，长 4～10 cm，宽 5～7 mm；穗轴成熟时韧而不断，棱边疏生短纤毛，节间长约 1 mm；小穗 3 枚联生于一节，其中间小穗较大，无柄，发育完全，两侧生小穗较小，具长约 1 mm 的短柄，发育不完全；颖均为针刺形，长 6～8 mm，具脉不明显；外稃常密被短柔毛，中间小穗的外稃长 5～7 mm，且顶端具长 5～8 mm 的芒，两侧生小穗的外稃较短，连同芒长 5～10 mm；内稃具 2 脊，常无毛；花药黄色，长约 2 mm。 花果期 6～9 月。

产新疆：乌恰（县城以东 20 km 处，刘海源 86 - 224）、疏勒、莎车。生于海拔 2 000 m 左右的小块潮湿草地、河滩草甸。

青海：都兰。生于海拔 2 900～3 200 m 的沟谷、河滩、湿润草地。

分布于我国的新疆、青海、甘肃、内蒙古；巴基斯坦，伊朗，阿富汗，中亚地区各国，俄罗斯西伯利亚，蒙古，欧洲也有。又见于喜马拉雅山区。

4. 短芒大麦 图版 36：11～14

Hordeum brevisubulatum (Trin.) Link in Linnaea 17：391. 1843；Nevski in Kom. Fl. URSS 2：724. 1934；Nik. in Fl. Kirg. 2：229. 1950；N. Kusn. in Fl. Kazakh. 1：331. 1956；Nevski in Fl. Tadjik. 1：282. 1957；中国主要植物图说 禾

本科 439. 图 372. 1959；Bor Grass. Burma Ceyl. Ind. Pakist. 699. 1960；Tzvel. in Grub. Pl. Asiae Centr. 4：198. 1968，et in Fed. Poaceae URSS 195. 1976；Thomas A. Cope in E. Nasir et S. I. Ali Fl. Pakist. 143：640. 1982；西藏植物志 5：177. 图 88. 1987；中国植物志 9（3）：28. 图版 7：5～6. 1987；新疆植物志 6：212. 1996；Y. H. Wu Grass. Karakor. Kunlun Mount. 94. 1999；青海植物志 4：110. 1999；Fl. China 22：397. 2006；青藏高原维管植物及其生态地理分布 1115. 2008. ——*H. secalinum* var. *brevisubulatum* Trin. Sp. Gram. Icon. et Descr. 1：t. 4. 1828.

4a. 短芒大麦（原亚种）

subsp. **brevisubulatum**

多年生疏丛生草本，常具根状茎。秆高 40～80 cm，通常具 3～5 节，下部节常膝曲，平滑无毛。叶鞘平滑无毛；叶耳多呈淡黄色；叶舌长约 1 mm，顶端平截；叶片长 5～15 cm，宽 2～6 mm，上下两面光滑无毛或上面微粗糙。穗状花序略下垂，通常灰绿色，在成熟时带紫色，长 3～9 cm，宽 3～6 mm；穗轴棱边具纤毛，节间一般长 1.5～2.5 mm；小穗 3 枚联生于一节，其中间小穗较大，无柄，发育完全，两侧生小穗较小，具长约 1 mm 的短柄，发育不全或为雄性；颖均为针刺形，长 4～6 mm，具脉不明显；外稃常平滑无毛，其中间小穗外稃长 5～7 mm，且顶端具长 1～2 mm 的短芒，两侧生小穗外稃长 4～6 mm，顶端无芒或具芒尖；内稃具 2 脊，无毛或贴生短柔毛；花药黄色，长 3～4 mm。颖果长 3 mm，顶端被毛。 花果期 7～9 月。

产新疆：乌恰（采集地不详，刘海源 86－290）、叶城（依力克其乡，黄荣福 86－087、088、089、090）、阿克陶（琼块勒巴什，青藏队吴玉虎 647）、塔什库尔干（麻扎种羊场，青藏队吴玉虎 446）、策勒。生于海拔 2 300～4 200 m 的湖畔草甸、河滩小块潮湿草地、河滩草地、沟谷草地。

西藏：日土（班公湖西部，高生所西藏队 3628）。生于海拔 4 200 m 左右的湖边草地。

青海：都兰。生于海拔 2 800～3 300 m 的河滩草甸、渠岸及湿润草地。

分布于我国的新疆（阿尔泰山）、青海、甘肃、宁夏、陕西、西藏、河北、内蒙古、辽宁、吉林、黑龙江；俄罗斯西伯利亚，中亚地区各国，蒙古，日本，伊朗，巴基斯坦也有。

4b. 涅夫大麦（亚种）

subsp. **nevskianum**（Bowd.）Tzvel. in Nov. Syst. Pl. Vasc. 8：66. 1971，et in Fed. Poaceae URSS 195. 1976；Thomas A. Cope in E. Nasir et S. I. Ali Fl. Pakist. 143：640. 1982；新疆植物志 6：212. 1996；青海植物志 4：112. 1999；Fl. China 22：

图版 **36** 大麦 **Hordeum vulgare** Linn. 1. 植株；2. 三联小穗；3. 小花。藏青稞 **H. vulgare** Linn. var. **trifurcatum**（Schlechet.）Alef. 4. 花序；5. 中间小穗。紫大麦草 **H. roshevitzii** Bowd. 6. 三联小穗；7. 侧生小穗；8. 花药。布顿大麦草 **H. bogdanii** Wilensky 9. 三联小穗；10. 花药。短芒大麦草 **H. brevisubulatum**（Trin.）Link 11. 植株；12. 三联小穗；13. 中间小穗颖片；14. 花药。（1～5. 引自《中国主要植物图说 禾本科》，冯钟元绘；6～14. 刘进军绘）

397. 2006；青藏高原维管植物及其生态地理分布 1115. 2008. ——*H. nevskianum* Bowd. in Can. Journ. Genet. Cytol. 7（3）：396. 1965；Y. H. Wu Grass. Karakor. Kunlun Mount. 94. 1999. ——*H. brevisubulatum* var. *nevskianum*（Bowd.）Tzvel. in Grub. Pl. Asiae Centr. 4：199. 1968.

本亚种与原亚种的主要区别在于：秆纤细且坚硬，节被短柔毛；穗状花序在成熟时呈紫褐色，中间小穗的颖近等长于外稃；外稃被短柔毛，顶端具长 3～4 mm 的芒。花果期 7～9 月。

产新疆：乌恰（县城以东 20 km，刘海源 224）、塔什库尔干、皮山（三十里营房，青藏队吴玉虎 1160）、叶城（乔戈里峰，青藏队吴玉虎 1503）、策勒、且末（阿羌乡昆其布拉克，青藏队 3833）、若羌（阿尔金山，刘海源 86－30）。生于海拔 2 800～4 300 m 的河滩草甸、沟谷潮湿草地、山坡草地、干山坡。

青海：茫崖。生于海拔 3 000～3 600 m 的宽谷湖边草甸、轻度盐渍化的河滩草地、河谷农田附近。

分布于我国的新疆、青海、西藏；伊朗，阿富汗，俄罗斯西伯利亚，中亚地区各国，欧洲也有。又见于喜马拉雅山区。

4c. 糙稃大麦草（亚种）

subsp. **turkestanicum**（Nevski）Tzvel. in Nov. Syst. Pl. Vasc. 8：66. 1971, et in Fed. Poaceae URSS 196. 1976；Thomas A. Cope in E. Nasir et S. I. Ali Fl. Pakist. 143：640. 1982；Fl. China 22：397. 2006. ——*H. turkestanicum* Nevski in Acta Univ. Asiae Med. ser. 8b. Fasc. 17：45. 1934, et in Kom. Fl. URSS 2：725. 1934；Nik. in Fl. Kirg. 2：230. 1950；N. Kusn. in Fl. Kazakh. 1：332. 1956；Nevski in Fl. Tadjik. 1：283. 1957；Bor Grass. Burma Ceyl. Ind. Pakist. 677. 1960；Tzvel. in Grub. Pl. Asiae Centr. 4：199. 1968；中国植物志 9（3）：30. 图版 7：7～8. 1987；新疆植物志 6：211. 1996；Y. H. Wu Grass. Karakor. Kunlun Mount. 95. 1999；青藏高原维管植物及其生态地理分布 1115. 2008.

本亚种与原亚种的区别是：中间小穗的外稃近等长于颖，长约 5 mm，背部密生细刺毛，顶端具长 2～3 mm 的芒尖。

产新疆：乌恰、阿克陶（阿克塔什，青藏队吴玉虎 104、182、276）、和田、若羌（依夏克帕提，青藏队吴玉虎 4275）、塔什库尔干（青藏队吴玉虎 446；卡拉其古，青藏队吴玉虎 5062；克克吐鲁克，青藏队吴玉虎 532B）、策勒。生于海拔 2 300～4 350 m 的沼泽草甸、河滩草甸、湖畔潮湿草地、沟谷草甸。

西藏：日土（班公湖畔，采集人和采集号不详）。生于海拔 4 200～4 500 m 的高寒沼泽草甸、沟谷河滩湿草地、湖畔潮湿砂质草地。

分布于我国的新疆、青海、西藏；蒙古，俄罗斯西伯利亚，中亚地区各国，伊朗，克什米尔地区至尼泊尔，欧洲也有。

37. 披碱草属 **Elymus** Linn.

Linn. Sp. P1. 83. 1753, et Gen. P1. ed. 5. 36. 1754.

多年生丛生、偶单生草本。无根茎或稀具短根茎。秆直立，下部多有膝曲。叶鞘通常无毛；叶舌膜质；叶片扁平或内卷。穗状花序顶生，直立或下垂；穗轴成熟时不脆断，棱边粗糙或具纤毛；小穗明显两侧压扁，常以2～3（4）枚生于穗轴每节，但在花序上、下端却有时有单生者着生，含2～7（3～9）小花；颖厚膜质到革质，近于长圆形、披针形或条状披针形，顶端尖或具短芒，脉明显而粗糙，第1颖的长度约为第1外稃的1/2，明显具3～7（9）脉，顶端钝圆到具短芒，脉粗糙，平行或于上半部与脊会合；外稃革质，披针形，具5脉，背部圆形或仅在顶端具脊，平滑无毛或密生柔毛，顶端渐尖或延伸成短芒，乃至长芒，芒直伸或稍向外反曲；内稃常与外稃近等长，顶端钝尖或平截，脊常具纤毛；花药黄色或紫色，短小。颖果长圆形，顶生茸毛。

有170余种，分布于北半球温带和寒冷地区，仅有少量种延伸到欧洲。我国有88种，昆仑地区产21种。

分种检索表

1. 小穗2枚生于穗轴每节。
  2. 颖明显的短于第1外稃。
    3. 外稃顶端芒长2～5 mm；颖顶端具长约1 mm的短尖头 ……………………… **1. 短芒披碱草 E. breviaristatus** (Keng) Keng f.
    3. 外稃顶端的芒长于5 mm。
      4. 穗状花序长而疏松，长15～20 cm；颖顶端具短芒；叶片扁平，宽5～10 mm……………… **2. 老芒麦 E. sibiricus** Linn.
      4. 穗状花序较紧密，长5～12 cm；颖顶端具芒尖或无芒；叶片扁平或内卷，宽2～5 mm。
        5. 叶片扁平，宽3～5 mm；颖长圆形，长4～5 mm，顶端具长1～4 mm的芒尖 ……………… **3. 垂穗披碱草 E. nutans** Griseb.
        5. 叶片内卷，宽约2 mm；颖甚小，长2～4 mm，狭长圆形或披针形，顶端无芒尖 ……………… **4. 黑紫披碱草 E. atratus** (Nevski) Hand.-Mazz.
  2. 颖等长于或稍短于第1外稃。
    6. 颖沿脉纹被毛，带紫色，顶端具约长1.5 mm的芒尖 ……………… **5. 硕穗披碱草 E. barystackyus** L. B. Cai

6. 颖沿脉纹粗糙，绿色，成熟后呈草黄色，顶端具短芒，长约 5 mm。
7. 外稃背部密生短小糙毛，具向外反曲的芒，长 8～20 mm；秆高 40～80 cm，具 2～3 节；叶片宽约 5 mm ········ **6. 披碱草 E. dahuricus** Turcz. ex Griseb.
7. 外稃背部平滑无毛或上半部被微小短毛，顶生 1 直立粗糙的芒，长（3）5～11 mm；秆高 100～120 cm，具 4～5 节；叶片宽 6～14 mm ································· **7. 麦蕒草 E. tangutorum**（Nevski）Hand.-Mazz.

1. 小穗单生于穗轴每节。
8. 外稃具直伸的芒；内稃稍短于或近等长于外稃。
9. 小穗含 5～9 花；颖具 7～9 脉；外稃的芒长 1～5 mm ································· **8. 齿披碱草 E. nevskii** Tzvel.
9. 小穗含 3～5（8）花；颖具 3～5（7）脉。
10. 颖近等长于外稃，具 5～7 脉；外稃的芒长 4～7（16）mm ································· **9. 天山披碱草 E. tianschanigenus** Czerep.
10. 颖短于外稃，具 3～5 脉；外稃的芒长 18～40 mm ································· **10. 柯孟披碱草 E. kamoji**（Ohwi）S. L. Chen
8. 外稃具长而弯曲的芒，或直伸的芒但在果期微弯；内稃稍长于或近等长于外稃。
11. 颖近等长于或稍短于第 1 外稃；外稃的芒直伸或微弯，长 14～22 mm；花药黄色，长 1～2 mm ························ **11. 肃草 E. strictus**（Keng）S. L. Chen
11. 颖明显的短于第 1 外稃或第 1 颖长为外稃的 2/3。
12. 小穗轴及外稃均平滑无毛；外稃的芒反曲，长 10～20 mm；花药长 3～5 mm ······ **12. 光穗披碱草 E. glaberrima**（Keng et S. L. Chen）S. L. Chen
12. 小穗轴和外稃均粗糙或具小刺毛；外稃的芒直伸或反曲，长 14～30 mm。
13. 颖顶端具 3～6 mm 的芒；外稃的芒反曲，长 14～30 mm；花药黑色，长约 2 mm ································· **13. 芒颖披碱草 E. aristiglumis**（Keng et S. L. Chen）S. L. Chen
13. 颖顶端不具芒。
14. 小穗具短柄，其柄长 0.5～2.0 mm。
15. 小穗轴扭转；穗状花序密生小穗且偏一侧；外稃极粗糙 ··············· **14. 扭轴披碱草 E. schrenkianus**（Fisch. et Mey.）Tzvel.
15. 小穗轴不扭转。
16. 第 1 颖长 1.5～3.0 mm；外稃近于平滑或微粗糙；花药黄色，长 1.5～2.5 mm ································· **15. 短柄披碱草 E. brevipes**（Keng）S. L. Chen
16. 第 1 颖长 3～4（7）mm；外稃被微毛或粗糙；花药黑色，长约 1.5 mm ································· **16. 岷山披碱草 E. durus**（Keng）S. L. Chen
14. 小穗无柄。

17. 秆高 60 cm 以上；外稃的芒直伸或稍弯曲。
18. 小穗含 1～3 花；第 1 颖长 5～6 mm ……………………
…**17. 高株披碱草 E. altissimus**（Keng）A. Love ex B. R. Lu
18. 小穗含 3～7（9）花；第 1 颖长 1.5～3.0 mm …………
……………… **18. 小颖披碱草 E. antiquus**（Nevski）Tzvel.
17. 秆高 10～60 cm；外稃的芒明显反曲。
19. 穗状花序直立；颖边缘干膜质 ……………………………
…………… **19. 马格草 E. caesifolius** A. Love ex S. L. Chen
19. 穗状花序下垂。
20. 小穗含 2～3 花；外稃背部被短毛；花药长 1.0～1.5 mm ………………………………………………
…… **20. 短颖披碱草 E. burchan-buddae**（Nevski）Tzvel.
20. 小穗含 4～7 花；外稃背部粗糙；花药长 2.0～2.5 mm
……… **21. 云山披碱草 E. tschimganicus**（Drob.）Tzvel.

1. 短芒披碱草 图版 37：1～2

Elymus breviaristatus（Keng）Keng f. in Bull. Bot. Res. Harbin 4（3）：191. 1984，based on *Clinelymus breviaristatus*（Keng）Keng f. l. c. 191～192. 1984（in China）；中国植物志 9（3）：9. 图版 2：7. 1987；Fl. China 22：407. 2006（in China），non *Elymus breviaristatus*（Hitche.）A. Love in Fedde Repert. 95：472. 1984，based on *Agropyron breviaristatus* Hitchc. Contr. U. S. Natl. 24：353. 1927（in America）. ——*E. brachyaristatus* A. Love in Fedde Repert. 95：472. 1984；青海植物志 4：98. 1999；青藏高原维管植物及其生态地理分布 1101. 2008. ——*Clinelymus breviaristatus* Keng 中国主要植物图说 禾本科 423. 图 354. 1959. sine latin. discr. ——*Elymus yilianus* S. L. Chen nom. nov. illeg. saperfl.

多年生草本，常具短根茎。秆直立，高 35～90 cm，3～4 节，无毛，下部节多膝曲。叶鞘平滑，短于节间；叶舌顶端平截，长约 0.5 mm；叶片长 4～13 cm，宽 3～5 mm，无毛或上面及边缘疏生柔毛。穗状花序疏松，柔弱而下垂，长 5～12 cm，宽约 8 mm；穗轴棱边粗糙或具短纤毛，节间长 5～7 mm；小穗灰绿色或稍带紫色，常以 2 枚生于穗轴一节，长 9～14 mm（芒除外），含 4～6 小花；颖近于长圆形，长 3～5 mm，具 1～3 脉，顶端渐尖或具长约 1 mm 的短尖头；外稃披针形，背部无毛或密生微毛，具 5 脉，顶端具长 2～5 mm 的短芒，第 1 外稃长 6～8 mm；内稃顶端钝圆，脊粗糙或具稀疏小纤毛；花药长约 1.5 mm。 花果期 7～8 月。

产青海：都兰（香日德，黄荣福 264）、兴海（河卡乡，吴珍兰 154；唐乃亥乡沙那，采集人不详 197）、玛沁（军功乡西哈垄河谷，吴玉虎 5676；江让水电站，王为义 26657）、玛多（扎陵湖畔，吴玉虎 419、18058；县草原站试验田，吴玉虎 1860）。生于海拔 3 700～4 300 m 的高原山坡高寒草原、沟谷草地、湖岸沙砾草地、河边草甸、山坡路边砾石堆。

分布于我国的新疆、青海、甘肃、宁夏、西藏、四川。

2. 老芒麦 图版 37：3～6

Elymus sibiricus Linn. Sp. Pl. 83. 1753；Hook. f. Fl. Brit. Ind. 7：373. 1897；N. Kusn. in Fl. Kazakh. 1：320. 1956；Bor Grass. Burma Ceyl. Ind. Pakist. 671. 1960；Tzvel. in Grub. Pl. Asiae Centr. 4：223. 1968，et in Fed. Poaceae URSS 126. 1976；西藏植物志 5：171. 图 86. 1987；中国植物志 9（3）：7. 图版 2：1～6. 1987；新疆植物志 6：168. 图版 65：1～5. 1996；Y. H. Wu Grass. Karakor. Kunlun Mount. 85. 1999；青海植物志 4：99. 1999；Fl. China 22：406. 2006；青藏高原维管植物及其生态地理分布 1103. 2008. ——*Elymus sibiricus* Linn. var. *gracilis* L. B. Cai in Acta Bot. Bor.-Occ. Sin. 13（6）：87. 1993；青海植物志 4：99. 1999；青藏高原维管植物及其生态地理分布 1103. 2008——*Clinelymus sibiricus*（Linn.）Nevski in Bull. Jard. Bot. Acad. Sci. URSS 30. 641. 1932，et in Kom. Fl. URSS 2：690. 1934；中国主要植物图说 禾本科 423. 图 353. 1959.

多年生疏丛生或单生草本。须根细长。秆平滑，高 50～90 cm，3～5 节，下部节稍有膝曲。叶鞘无毛，常短于节间；叶舌长约 1 mm，顶端平截；叶片扁平，长 8～20 cm，宽4～10 mm，无毛或上面有时疏生柔毛。穗状花序疏松，下垂，长 10～25 cm；穗轴细弱，多蜿蜒，棱边粗糙或具小纤毛，节间长 5～12 mm；小穗无柄，淡绿色或带紫色，常 2 枚生于一节，长 10～18 mm（芒除外），含 3～5 小花，小花脱节于颖之上；颖略呈披针形，长 4～5 mm，具 3～5 脉，脉上粗糙，顶端尖或具长达 5 mm 的短芒；外稃披针形，背部粗糙或密生短毛，具 5 脉，顶端延伸成 1 反曲或劲直之芒，芒长 15～20 mm，第 1 外稃长 8～12 mm；内稃等长于外稃，顶端钝尖，脊上具纤毛，顶端具 2 小裂片；花药长 1.2～2.0 mm。 花果期 6～9 月。

产新疆：塔什库尔干（卡拉其古，青藏队吴玉虎 5072；麻扎赛铁克，高生所西藏队 3253）、叶城（苏克皮亚，青藏队吴玉虎 1024；麻扎达拉，青藏队吴玉虎 1142）、和田（天文点，青藏队吴玉虎 1260）、若羌（阿尔金山保护区鸭子泉，青藏队吴玉虎 3963；拉慕祁漫，青藏队吴玉虎 4126；木孜塔格峰雪照壁东面，青藏队吴玉虎 2259）。生于海拔3 200～5 200 m 的高原溪流河边高寒沼泽草甸、山坡沙砾地、沟谷草地、沙砾河漫滩、林缘草甸。

西藏：日土（龙木错，青藏队吴玉虎 1280；上曲龙，高生所西藏队 3476；班公湖畔，高生所西藏队 3613）。生于海拔 4 200～4 300 m 的宽谷湖边滩地、河谷阶地高寒草地、山坡高寒灌丛草甸。

青海：都兰、格尔木、茫崖、兴海（大河坝乡赞毛沟，吴玉虎 47072；中铁乡天葬台沟，吴玉虎 45835、45958、47611；黄青河畔，吴玉虎 42660；赛宗寺，吴玉虎 46274；唐乃亥乡沙那，采集人不详 198）、玛沁（江让水电站，王为义 26638）、甘德、久治、班玛、达日（建设乡，吴玉虎 27177）、玛多（采集地不详，吴玉虎 101）、称多、曲麻莱（叶格乡，黄荣福 134）、治多。生于海拔 3 000～4 100 m 的高原宽谷高寒草原、山坡草地、路旁、河滩沼泽草甸、沟谷渠岸、河谷山地林缘灌丛草甸、沟谷阴坡高寒灌丛草甸。

四川：石渠（红旗乡，吴玉虎 29414、29418；长沙贡玛乡，吴玉虎 29567、29682）。生于海拔 4 000～4 200 m 的沟谷山坡高寒草原、河谷滩地沙棘灌丛、高寒山地岩石缝隙。

甘肃：玛曲（河曲军马场，吴玉虎 31909；欧拉乡，吴玉虎 32019）。生于海拔 3 300～3 440 m 的河谷山坡灌丛草甸、山坡岩石缝隙。

分布于我国的新疆（天山、阿尔泰山）、青海、甘肃、宁夏、陕西、西藏、四川、云南、山西、河北、内蒙古、辽宁、吉林、黑龙江；土耳其，中亚地区各国，俄罗斯，蒙古，朝鲜，日本也有。又见于喜马拉雅山区。

3. 垂穗披碱草 图版 37：7～9

Elymus nutans Griseb. Nachr. Ges. Wiss. Gott. 3：72. 1868；N. Kusn. in Fl. Kazakh. 1：321. 1956；Bor Grass. Burma Ceyl. Ind. Pakist. 670. 1960；Tzvel. in Grub. Pl. Asiae Centr. 4：222. 1968，et in Fed. Poaceae URSS 126. 1976；Thomas A. Cope in E. Nasir et S. I. Ali Fl. Pakist. 143：614. 1982；西藏植物志 5：171. 图 86. 1987；中国植物志 9 (3)：9. 图版 2：9～13. 1987；新疆植物志 6：170. 图版 66：1～4. 1996；Y. H. Wu Grass. Karakor. Kunlun Mount. 86. 1999；青海植物志 4：98. 图版 14：1～3. 1999；Fl. China 22：406. 2006；青藏高原维管植物及其生态地理分布 1102. 2008. ——*Clinelymus nutans* (Griseb.) Nevski in Bull. Jard. Bot. Acad. Sci. URSS 30：644. 1932，et in Kom. Fl. URSS 2：691. 1934；中国主要植物图说 禾本科 424. 图 356. 1959.

多年生草本。根须状。秆丛生，稀单生，平滑，高 20～70 cm，具 2～3 节，节有时稍膝曲。叶鞘通常无毛，短于节间；叶舌顶端平截，长约 0.5 mm；叶片扁平，长3～8 cm，宽 2～5 mm，上面有时疏生柔毛，下面粗糙或光滑无毛。穗状花序紧密，弯折下垂，通常绿色或在成熟时带紫色，长 3～12 cm，穗轴棱边粗糙或具小纤毛；小穗稍偏于穗轴一侧，常具短柄，通常多以 2 枚生于一节，长 12～15 mm（芒除外），含 3～4 小花，通常仅 2 或 3 小花发育；颖近于长圆形，长 4～5 mm，具 1～4 脉，脉上粗糙，顶端渐尖或具长 1～4 mm 的短芒；外稃披针形，背部密生短毛，具 5 脉，顶端延伸成 1 粗糙、反曲或稍展开之芒，芒长 12～20 mm，第 1 外稃长 7～10 mm；内稃几等长于外稃，顶端钝圆或平截，脊具纤毛，脊间被短柔毛；花药长 0.8～1.6 mm。 花果期 7～

10 月。

产新疆：阿克陶（布伦口乡，采集人和采集号不详）、莎车（喀拉吐孜，青藏队吴玉虎 720）、塔什库尔干（克克吐鲁克，青藏队吴玉虎 529、532）、叶城（柯克亚乡阿图秀，青藏队吴玉虎 781；岔路口，青藏队吴玉虎 1210）、皮山（三十里营房，青藏队吴玉虎采，集号不详）、策勒（奴尔乡，青藏队吴玉虎 1908）、且末（阿羌乡昆其布拉克，青藏队吴玉虎 3835）、于田（普鲁至三岔口途中，青藏队吴玉虎 3787）、和田（喀什塔什，青藏队吴玉虎 2567）、若羌（冰河，青藏队吴玉虎 4227）。生于海拔 2 000～5 200 m 的沟谷草地、高原山坡沙砾地、河流小溪边草地、高原宽谷盆地高寒草甸、河漫滩草甸、山麓湿草地、河谷阶地高寒草原。

西藏：日土（龙木错，青藏队吴玉虎 1283；拉龙山，高生所西藏队 3574；多玛区，青藏队 9008）、改则（康巴区，青藏队 10205；麻米区，青藏队 10175；县城至措勤途中，青藏队 10258）。生于海拔 4 600～5 000 m 的河湖滩地、山坡草地、沟谷边缘湿草地。

青海：都兰（香日德，郭本兆 11956）、格尔木（县城以南，青甘队 418）、茫崖、兴海（中铁乡天葬台沟，吴玉虎 45975；大河坝乡赞毛沟，吴玉虎 46483、47729；中铁林场中铁沟，吴玉虎 45643；中铁林场恰登沟，吴玉虎 45213、45039；黄青河畔，吴玉虎 42637；中铁乡至中铁林场途中，吴玉虎 43149；大河坝乡，吴玉虎 42455，采集人不详 351；河卡山，采集人不详 6383；中铁乡附近，吴玉虎 42866、45494；温泉乡，吴玉虎 28780、28857）、玛沁（下大武乡，玛沁队 497；军功乡，玛沁队 179）、甘德、久治（白玉乡，藏药队 650；索乎日麻乡，果洛队 288）、班玛、达日（建设乡，吴玉虎 27187）、玛多（扎陵湖，吴玉虎 440、黄荣福 203；死鱼湖，吴玉虎 428；牧场，吴玉虎 167；醉马滩与红土坡之间，陈世龙 525）、称多（采集地不详，郭本兆 418）、曲麻莱（叶格乡，黄荣福 134；通天河畔，陈世龙 792）、治多。生于海拔 2 900～4 900 m 的沟谷山坡草地、河谷山地林缘及灌丛草甸、田埂路旁、宽谷河滩草甸、河岸沙地、高原滩地湖岸、沟谷山地阴坡高寒灌丛草甸。

四川：石渠（采集地不详，邱发英 7614）。生于海拔 4 200 m 左右的沟谷山坡高寒草甸。

分布于我国的新疆、青海、甘肃、陕西、西藏、四川、云南、河北、内蒙古；印度，土耳其，中亚地区各国，俄罗斯，蒙古也有。又见于喜马拉雅山区。

4. 黑紫披碱草

Elymus atratus (Nevski) Hand.-Mazz. Symb. Sin. 7：1922. 1936；中国植物志 9 (3)：10. 1987；西藏植物志 5：171. 1987；新疆植物志 6：172. 1996；Fl. China 22：407. 2006；青藏高原维管植物及其生态地理分布 1101. 2008. ——*Clinelymus atratus* Nevski in Bull. Jard. Bot. Acad. Sci. URSS 30：644. 1932；中国主要植物图说 禾本科 425. 图 357. 1959.

多年生疏丛生草本。秆直立，细弱，高 40～60 cm，基部节呈膝曲状。叶鞘无毛；叶片线形，多少内卷，长 3～10（19）cm，宽仅 2 mm，两面均无毛，或在基生叶的上面有时可生柔毛。穗状花序较紧密，曲折而下垂，长 5～8 cm；小穗多少偏于一侧，成熟后变成黑紫色，长 8～10 mm，含 2～3 小花；颖甚小，几相等，长 2～4 mm，狭长圆形或披针形，具1～3 脉，主脉粗糙，侧脉不显著，顶端渐尖，稀可具长约 1 mm 的小尖头；外稃披针形，全部密生微小短毛，具 5 脉，脉在基部不甚明显，顶端延伸成芒，芒粗糙，反曲或开展，长10～17 mm，第 1 外稃长 7～8 mm；内稃与外稃等长，先端钝圆，脊具纤毛，其毛接近基部渐不明显。 花果期 7～9 月。

产青海：兴海（大河坝乡赞毛沟，吴玉虎 45936、46453、47133、47143；赛宗寺，吴玉虎 46249、46267；中铁乡天葬台沟，吴玉虎 45940；黄青河畔，吴玉虎 42663；中铁林场卓琼沟，吴玉虎 45724、45764；河卡乡，王作宾 20278）。生于海拔 3 150～3 720 m 的山地阴坡高寒灌丛草甸、河谷滩地针茅草原、沟谷山地圆柏林缘灌丛草甸。

分布于我国的新疆、青海、西藏。

5. 硕穗披碱草

Elymus barystachyus L. B. Cai in Acta Bot. Bor.-Occ. Sin. 13（1）：70. f. l. 1993；青海植物志 4：99. 1999；Fl. China 22：405. 2006；青藏高原维管植物及其生态地理分布1101. 2008.

多年生疏丛生或单生草本。根须状。秆高 40～60 cm，具 3～5 节，下部节明显膝曲。叶鞘无毛，基部者常长于节间；叶舌顶端钝圆，长约 1 mm；叶片扁平，长 7～20 cm，宽 4～8 mm，上下两面平滑无毛。穗状花序直立，较紧密，常呈淡紫色，长6～16 cm，宽 5～8 mm；穗轴棱边具小纤毛，节间长 4～7 mm；小穗 2 枚生于一节或上部及下部各节仅具 1 枚，长 8～16 mm，含 4～6 小花；颖条状披针形，长 7～9 mm，具 4～7 脉，脉上疏生短刺毛，顶端渐尖或具长约 1.5 mm 的短尖头；外稃披针形，具 5 脉，上部及边缘密生短柔毛，顶端尖或具 1～2 mm 长的短芒，第 1 外稃长 6～7 mm；内稃顶端钝圆，脊上部具纤毛；花药黑色或黄色，长约 2 mm。 花果期 7～8 月。

产青海：班玛。生于海拔 3 400～3 600 m 的河岸湿地、林缘灌丛草甸。

分布于我国的青海、西藏、四川。

6. 披碱草 图版 37：10～13

Elymus dahuricus Turcz. ex Griseb. in Ledeb. Fl. Ross. 4：331. 1852；N. Kusn. in Fl. Kazakh. 1：320. 1956；Tzvel. in Grub. Pl. Asiae Centr. 4：215. 1968，et in Fed. Poaceae URSS 111. 1976；Thomas A. Cope in E. Nasir et S. I. Ali Fl. Pakist. 143：614. 1982；新疆植物志 6：172. 图版 65：6～10. 1996；青海植物志 4：102. 图版 14：13～16. 1999；Fl. China 22：405. 2006；青藏高原维管植

物及其生态地理分布 1101. 2008. ——*Clinelymus dahuricus*（Turcz.）Nevski in Bull. Jard. Bot. Acad. Sci. URSS 30：645. 1932；中国主要植物图说 禾本科 427. 图 360. 1959.

6a. 披碱草（原变种）

var. **dahuricus**

多年生疏丛生草本。须根较细。秆平滑无毛，高 30～90 cm，具 3～4 节，基部节常有膝曲。叶鞘无毛或基部者有时具长柔毛；叶舌顶端平截，长约 1 mm；叶片长 7～22 cm，宽 3～8 mm，上面粗糙或疏被短柔毛，下面平滑无毛。穗状花序直立，较紧密，长 5～16 cm，宽 5～9 mm；穗轴棱边具小纤毛，节间长 4～8 mm；小穗多以 2 枚生于一节，长 10～13 mm（芒除外），含 3～5 小花；颖略呈条状披针形，长 7～8 mm，具 3～5 脉，脉稀有短纤毛，顶端延伸短芒长 2～5 mm；外稃披针形，背部密生短柔毛，具 5 脉，顶端延伸成 1 外展之芒，芒长 5～18 mm，第 1 外稃长 7～9 mm；内稃顶端平截或钝圆，脊具纤毛；花药长约 2 mm。 花果期 7～9 月。

产青海：都兰（香日德农场，孙永华 24）、格尔木、茫崖、兴海（赛宗寺，吴玉虎 46268；大河坝乡赞毛沟，吴玉虎 47205；河卡滩，采集人不详 347）、玛沁（拉加乡，区划二组 2230）、甘德、久治、班玛（马柯河林场，王为义 27010、27177）、达日、玛多（巴颜喀拉山北坡，陈桂琛 1972；黑河乡，陈桂琛 1810）、称多、曲麻莱、治多。生于海拔 3 200～4 500 m 的山坡草地、河滩沙地、沟谷草甸、沼泽湿地、林缘路边、沟谷山地阴坡灌丛中。

分布于我国的新疆、青海、甘肃、陕西、西藏、四川、云南、山西、河北、内蒙古、辽宁、吉林、黑龙江、河南；土耳其，伊朗，中亚地区各国，俄罗斯，蒙古，朝鲜，日本也有。又见于喜马拉雅山区。

6b. 圆柱披碱草（变种）

var. **cylindricus** Franch. in Nouv. Arch. Mus. Hist. Nat. Paris 2. 7：152. 1884；Fl. China 22：406. 2006. ——*Elymus cylindricus*（Franch.）Honda in Journ. Fac. Sci. Univ. Tokyo Sect. Ⅲ. Bot. 3：17. 1930；中国植物志 9（3）：14. 图版 3：19～20. 1987；新疆植物志 6：173. 1996；Y. H. Wu Grass. Karakor. Kunlun Mount. 85. 1999；青海植物志 4：102. 1999；青藏高原维管植物及其生态地理分布 1101. 2008. ——*Clinelymus cylindricus*（Franch.）Honda in Rep. Firdt Sci. Exped. Manch. Sect. Ⅳ.（Index Fl. Jehol.）101. 1936；中国主要植物图说 禾本科 428. 图 361. 1959.

本变种与原变种的区别是：秆细弱，高 40～75 cm；叶鞘平滑无毛；颖具明显的 3～5 脉，脉粗糙；外稃顶端延伸成 1 粗糙、直立或反曲之芒，芒长 6～13 mm；花药长约 1.7 mm。 花果期 7～9 月。

产新疆：阿克陶（阿克塔什，青藏队 277B）、叶城（柯克亚乡阿图秀，青藏队 921）、策勒、和田（刘海源 86-150）。生于海拔 1 400～2 700 m 的河谷山坡草地、沟谷灌丛草甸、宽谷河滩草地。

青海：都兰（夏日哈，植被组 281；香日德农场，植被组 256）、兴海（唐乃亥乡，吴玉虎 42139、42183，采集人不详 249；河卡乡羊曲，吴玉虎 20525、20747）、曲麻莱（巴干乡，刘尚武 944）。生于海拔 2 800～3 800 m 的山坡草地、沟谷河岸、林缘草甸、路旁、河谷滩沙砾草地。

分布于我国的新疆（天山）、青海、西藏、四川、云南、河北、内蒙古；俄罗斯，中亚地区各国也有。

7. 麦蕒草 图版 37：14～16

Elymus tangutorum（Nevski）Hand.-Mazz. Symb. Sin. 7：1292. 1936；Tzvel. in Grub. Pl. Asiae Centr. 4：218. 1968；Fl. China 22：404. 2006；中国植物志 9（3）：13. 图版 3：16～18. 1987；新疆植物志 6：173. 1996；青海植物志 4：101. 图版 14：10～12. 1999；Fl. China 22：404. 2006；青藏高原维管植物及其生态地理分布 1103. 2008. ——*Clinelymus tangutorum* Nevski in Bull. Jard. Bot. Acad. Sci. URSS 30：647. 1932；中国主要植物图说 禾本科 427. 图 359. 1959.

多年生草本。须根较粗。秆单生或疏丛生，高 90～120 cm，直径可达 5.5 mm，具 4～5 节，基部节稍膝曲。叶鞘无毛，除基部者外短于节间；叶舌长约 1 mm，顶端平截；叶片扁平，长 10～17 cm，宽 6～13 mm，平滑或上面粗糙。穗状花序直立，较紧密，带紫色，长 8～13 cm，穗轴棱边具小纤毛；小穗 2 枚或近穗轴顶端各节仅 1 枚生于一节，常趋于一侧排列，长 9～15 mm（芒除外），含 3～4 小花；颖近条状披针形，长 8～10 mm，具 5 脉，脉上粗糙，顶端渐尖或具长 1～3 mm 的短芒；外稃披针形，上部具微小短毛，下部无毛，具 5 脉，顶生一劲直、粗糙之芒，芒长 3～10 mm，第 1 外稃长 8～11 mm；内稃顶端钝尖，脊上具纤毛。颖果长约 5 mm，顶端被茸毛。 花果期 7～9 月。

产青海：兴海（唐乃亥乡，周兴民 247）、称多。生于海拔 2 800～3 900 m 的沟谷山坡草地、河漫滩草地。

分布于我国的新疆、青海、甘肃、西藏、四川、云南、山西、河北、内蒙古。

8. 齿披碱草

Elymus nevskii Tzvel. in Spisok Rast. Gerb. Fl. SSSR Bot. Inst. Vsesoyuzn. Akad. Nauk 18：29. 1970；Fl. China 22：421. 2006. ——*Roegneria ugamica*（Drob.）Nevski in Kom. Fl. URSS 2：613. 1934；中国植物志 9（3）：76. 1987；Y.

图版 **37** 短芒披碱草 **Elymus breviaristatus**（Keng）Keng f. 1. 小穗；2. 颖片。老芒麦 **E. sibiricus** Linn. 3. 植株；4. 小穗；5. 颖片；6. 小花背腹面。垂穗披碱草 **E. nutans** Griseb. 7. 花序；8. 小穗；9. 颖片。披碱草 **E. dahuricus** Turcz. ex Griseb. 10. 花序；11. 小穗；12. 颖片；13. 小花背腹面。麦蕒草 **E. tangutorum**（Nevski）Hand.-Mazz. 14. 小穗；15. 颖片；16. 第 1 外稃背腹面。（刘进军绘）

H. Wu Grass Karakor. Kunlun Mount. 71. 1999. ——*Agropyron ugamicum* Drob. in Vved. et Key Fl. Tashkent 1：40. 1923，non *Elymus ugamicus* Drob. （loc. cit. 44：1923）. ——*Elymus dentatus*（J. D. Hooker）Tzvel. subsp. *ugamicus*（Drob.）Tzvel. in Fed. Poaceae URSS 113. 1976. ——*Agropyron detatum* Hook. f. Fl. Brit. Ind. 7：370. 1897.

多年生草本。秆粗壮，高50～120 cm，具3～6节，基部膝曲。叶鞘平滑或下面的常被柔毛；叶片扁平，被散生毛，上面粗糙，下面平滑无毛或有时粗糙，宽7～11 mm。穗状花序直立，穗轴棱边粗糙；小穗排列紧密，通常偏于一侧，长2～3 cm，含5～9小花，狭窄，稍向不同方向叉开；颖宽披针形，几相等，长12～15 mm，宽2.5～4.0 mm，具明显的（5）7～9脉，粗糙，顶端尖，常具1齿，边缘透明；外稃披针形，被毛或粗糙，具短芒，芒粗壮，长1～5（7）mm，第1外稃长11～13 mm；内稃与外稃近于等长，长10～12 mm，顶端钝圆，脊被毛；雄蕊长2.5～3.0 mm。

产新疆：东帕米尔高原。生于海拔3 600 m左右的山坡和沟谷草地。

分布于我国新疆（天山、阿拉套山）；中亚地区各国，俄罗斯西伯利亚也有。

9. 天山披碱草

Elymus tianschanigenus Czerep. Sosud. Rast. SSSR 351 1981；Fl. China 22：429. 2006. ——*Roegneria tianschanica*（Drob.）Nevski in Kom. Fl. URSS 2：615. 1934；中国植物志 9（3）：77. 1987；Y. H. Wu Grass. Karakor. Kunlun Mount. 74. 1999，et 青藏高原维管植物及其生态地理分布 1155. 2008. ——*Agropyron tianschanicum* Drob. in Vrede. et al. Key Fl. Tashkent 1：40. 1923.

多年生草本。秆直立，高40～80 cm，平滑无毛。叶鞘平滑无毛；叶片扁平，上面粗糙或散生柔毛，下面粗糙，有时散生柔毛。穗状花序细长，直立或轻微下垂，长7～18 cm，穗轴仅于侧枝上粗糙；小穗密集排列，偏向穗轴一侧，含3～5（7）小花；颖淡绿色或带紫色，宽披针形，粗糙，长9～12 mm，具5～7脉，顶端急尖，具芒尖，有时具1齿；外稃披针形，被柔毛，顶端延伸成直芒，芒通常长7～16 mm，第1外稃长9～12 mm；内稃稍长于外稃，顶端钝圆或微缺，脊具纤毛；花药长约2.5 mm。 花果期7～8月。

产新疆：塔什库尔干（克克吐鲁克，青藏队吴玉虎529）。生于海拔3 000～4 000 m的河滩草甸、山麓草地。

分布于我国的新疆；俄罗斯，中亚地区各国也有。

10. 柯孟披碱草 图版 38：1～4

Elymus kamoji（Ohwi）S. L. Chen in Bull. Nanjing Bot. Gard. 1987：9. 1988；新疆植物志 6：188. 1996. Fl. China 22：422. 2006；——*Roegneria kamoji*（Ohwi）

Keng et S. L. Chen in Journ. Nanjing Univ. (Biol.) 1: 15. 1963; 中国主要植物图说 禾本科 351. 图 281. 1959; 中国植物志 9 (3): 59. 图 16: 1～5. 1987. ——*Agropgron kamoji* Ohwi in Acta Phytotax. et Geobot. 11 (3): 179. 1942.

多年生丛生草本。秆直立或基部倾斜，高 45～100 cm。上部叶鞘光滑无毛，基部叶鞘密被柔毛，常于外侧边缘具纤毛；叶舌短、平截，长仅 0.5 mm；叶片扁平，长 10～30 cm，宽 3～13 mm，平滑无毛或稍粗糙。穗状花序弯曲或下垂，长 9～20 cm，穗轴边缘粗糙或具小纤毛，节间长 8～16 mm，基部者长达 25 mm，弯曲或下垂；小穗绿色或带紫色，长 13～25 mm（芒除外），含 3～10 小花；颖卵状披针形至矩圆状披针形，具明显的 3～5 脉，中脉上部通常粗糙，顶端锐尖或具长 2～7 mm 的短芒，边缘白色宽膜质，第 1 颖长 5.0～7.5 mm，第 2 颖长 6～10 mm（芒除外）；外稃披针形，具宽的膜质边缘，背部平滑无毛，有时基盘两侧可具极微小的短毛，上部具明显的 5 脉，脉上稍粗糙，先端具直芒或芒的上部稍有弯曲，长(20)25～40 mm，第 1 外稃长 8～11 mm；内稃比外稃稍长或稍短，先端钝，脊显著具翼，翼缘具细小纤毛。 花果期 7～8 月。

产新疆：和田。生于昆仑山海拔 3 200 m 左右的沟谷山坡草原。

分布于我国的大部分地区。

11. 肃 草 图版 38：5～7

Elymus strictus (Keng) S. L. Chen Fl. China 22: 411. 2006. ——*Roegneria stricta* Keng et S. L. Chen in Journ. Nanjing Univ. (Biol.) 1: 68. 1963; 中国主要植物图说 禾本科 396. 图 325. 1959. sine latin. discr.; 青藏高原维管植物及其生态地理分布 1154. 2008; 青海植物志 4: 86. 图版 12: 13～15. 1999. ——*R. varia* Keng Journ. Nanjing Univ. (Biol.) 1: 70～71. 1963; 中国植物志 (9): 84. 图版 20: 14～17. 1987; 青海植物志 4: 86. 图版 12: 13～15. 1999. 中国主要植物图说 禾本科 396. 图 326. 1959. sine latin. descr.; 中国植物志 9 (3): 84. 图版 20: 12～13. 1987; 青海植物志 4: 83. 1999.

多年生疏丛草本。根须状。秆高 40～90 cm，具 4～5 节，平滑无毛，基部稍膝曲，叶鞘长于或短于节间，平滑无毛；叶舌顶端平截，长约 0.5 mm；叶片通常内卷，长8～20 cm，宽 3～6 mm，上面粗糙或疏生长柔毛，下面光滑无毛。穗状花序直立，狭窄，长 8～18 cm；穗轴棱边具纤毛，节间长 6～10 mm；小穗灰绿色，成熟时带紫色，长 8～18 mm（芒除外），含 3～7 小花；颖条状披针形，具 3～7 脉，脉上部粗糙，顶端渐尖，第 1 颖长 7～10 mm，第 2 颖长 8～11 mm；外稃背部平滑无毛，仅边缘和顶端具短刺毛，顶端芒常直伸或微弯，长 13～22 mm；基盘具长约 0.2 mm 的微毛，第 1 外稃长 7～10 mm；内稃与外稃近等长，顶端平截或微凹，脊上部具纤毛；花药黄色，长约 1.7 mm。 花果期 7～9 月。

产青海：兴海（河卡乡河卡山，何廷农 408；拉四干沟，省草原总站队 104）。生于海拔 3 200～3 800 m 的山坡草地、沟谷林缘、河滩草甸、滩地草甸草原。

分布于我国的青海、甘肃、宁夏、陕西、西藏、四川、山西、内蒙古。

12. 光穗披碱草

Elymus glaberrima（Keng et S. L. Chen）S. L. Chen in Bull. Nanjing Bot. Gard. 1987：9. 1988；Fl. China 22：413. 2006. ——*Roegneria glaberrima* Keng et S. L. Chen in Journ. Nanjing Univ.（Biol.）1：72. f. 5. 1963；中国植物志 9（3）：85. 图版 21：1～4. 1987；Y. H. Wu Grass. Karakor. Kunlun Mount. 75. 1999；青藏高原维管植物及其生态地理分布 1151. 2008.

多年生疏丛生草本。须根常具沙套。秆通常灰绿色，平滑无毛，高 50～60 cm，具 3～4 节，基部节有时膝曲。叶鞘光滑无毛或在基部被微毛，短于节间；叶舌长约 0.3 mm，顶端平截；叶片较坚硬，通常扁平或内卷，长 8～15 cm，宽 3～4 mm，上面粗糙，下面平滑无毛。穗状花序疏松，直立，长 5～12 cm；穗轴直硬，棱边粗糙，节间长 10～15 mm；小穗淡绿色，成熟时淡黄色，与穗轴贴生，长 10～14 mm（芒除外），含 4～8 小花；颖有光泽，略呈条状披针形，具明显的 3～7 脉，平滑无毛，顶端钝尖，边缘膜质透明，第 1 颖长 4～7 mm，第 2 颖长 6～9 mm；外稃平滑无毛，背部具 5 脉不明显，顶端芒反曲，长 10～15（20）mm，第 1 外稃长 7～9 mm；内稃等长或稍长于外稃，顶端钝平或微具缺刻，脊上部具细短纤毛；花药黄色，长 4～5 mm。 花果期 7～9 月。

产新疆：叶城（岔路口，青藏队吴玉虎 1238；依力克其牧场，黄荣福 86－103）。生于海拔 3 000～4 960 m 的阳坡沙砾地、干旱山坡草地、山麓林缘草地。

分布于我国的新疆（阿勒泰）、青海。

13. 芒颖披碱草

Elymus aristiglumis（Keng et S. L. Chen）S. L. Chen in Bull. Nanjing Bot. Gard. 1987：9. 1988；Fl. China 22：414. 2006. ——*Roegneria aristiglumis* Keng et S. L. Chen in Journ. Nanjing Univ.（Biol.）1：55. f. 4. 1963；西藏植物志 5：154. 图 76. 1987；中国植物志 9（3）：95. 图版 23：1～3. 1987；青海植物志 4：77. 1999；Y. H. Wu Grass. Karakor. Kunlun Mount. 74. 1999；青藏高原维管植物及其生态地理分布 1150. 2008.

13a. 芒颖披碱草（原变种）

var. **aristiglumis**

多年生疏丛生或单生草本。根须状。秆高 15～40 cm，具 1～2 节，无毛。叶鞘平滑，长于或短于节间；叶舌长 0.3～1.0 mm，顶端平截；叶片扁平，长 2～8 cm，宽 2～5 mm，上面粗糙或疏生柔毛，下面无毛。穗状花序密集，下垂，通常带紫色，长 6～8 cm；穗轴粗糙，弯折，节间一般长 2～4 mm；小穗单生，细长，具短柄，常稍偏于穗轴一侧，长11～15 mm（芒除外），含 2～4 小花，下部的小花通常不育；颖狭披针形，具 1～3 粗糙之脉，顶端芒长 3～6 mm，第 1 颖长 3～4 mm，第 2 颖长 3～5 mm；外稃具 5 脉，背部粗糙或上部密生小刺毛，顶端芒粗糙，反曲，长 20～30 mm，第 1 外稃长 9～10 mm；内稃与外稃近等长，顶端微凹或平截，脊上具短纤毛；花药黑色，长约 1.5 mm。　花果期 7～9 月。

产新疆：叶城（岔路口，青藏队吴玉虎 1210；麻扎达坂，黄荣福 86－027；阿格勒达坂，黄荣福 86－159）、于田（采集地不详，青藏队吴玉虎 3737）、策勒（采集地不详，青藏队吴玉虎 2503）、若羌（阿尔金山保护区鸭子泉，青藏队吴玉虎 3920；阿其克库勒，青藏队吴玉虎 4027）。生于海拔 3 600～5 100 m 的高寒草地、山坡沙砾地、高山冰缘湿地、沟谷河岸草地、湖滨沙砾质草原。

西藏：尼玛（双湖马益尔雪山，青藏队郎楷永 10676）、班戈（达门，青藏队郎楷永 9489）。生于海拔 5 100 m 左右的高原宽谷滩地草原、沟谷山坡草地。

青海：都兰（诺木洪乡，杜庆 300）、格尔木、兴海（河卡乡河卡山，弃耕地调查队 400）、玛多（花石峡，吴玉虎 763）、治多（可可西里，采集人和采集号不详）。生于海拔 3 400～4 800 m 的河谷山坡草甸、山麓沙砾草地、高寒草原、沟谷草甸、河滩沙砾地、山崖下湿沙地。

分布于我国的新疆（天山）、青海、甘肃、西藏、四川。

13b. 毛芒颖草（变种）

var. **hirsuta** (H. L. Yang) S. L. Chen in Novon 7：227. 1997；Fl. China 22：415. 2006. ——*Roegneria aristiglumis* var. *hirsuta* H. L. Yang in Acta Phytotax. Sin. 18 (2)：253. 1980；西藏植物志 5：154. 1987；中国植物志 9 (3)：97. 1987；Y. H. Wu Grass. Karakor. Kunlun Mount. 74. 1999.

本变种与原变种的主要区别在于：叶片密被硬刚毛，使植物体外观呈灰色；叶宽不及 2 mm，内卷。

产新疆：若羌。生于海拔 4 200 m 的高原宽谷滩地高寒草原、沟谷沙砾山坡。

青海：治多（可可西里库赛湖，可可西里队黄荣福 K－455；勒斜武担湖，可可西里队黄荣福 K－286；太阳湖，可可西里队黄荣福 K－366）。生于海拔 4 600～5 000 m 的山坡沙砾地、沟谷滩地高寒草原、高山冰缘湿地。

分布于我国的新疆、青海、甘肃、西藏。

13c. 平滑披碱草（变种）

var. **leiantha** (H. L. Yang) S. L. Chen in Novon 7：227. 1997；Fl. China 22：

415. 2006. ——*Roegneria aristiglumis* var. *leianthus* H. L. Yang in Acta Phytotax. Sin. 18 (2)：253. 1980；西藏植物志 5：154. 1987；中国植物志 9 (3)：97. 1987；Y. H. Wu Grass. Karakor. Kunlun Mount. 74. 1999.

本变种与原变种的主要区别在于：颖与外稃平滑无毛，外稃芒长可达 40 mm。

产新疆：若羌（阿其克库勒，青藏队吴玉虎 4027）。生于海拔 4 200～5 200 m 的山坡岩缝、石隙、多砾石的草地、河谷阶地。

西藏：尼玛（双湖无人区，青藏队郎楷永 9927；马益尔雪山，青藏队郎楷永 10055）。生于海拔 5 000～5 500 m 的高原山坡草地、高山冰川下流石滩。

分布于我国的新疆、西藏。

14. 扭轴披碱草 图版 38：8～9

Elymus schrenkianus (Fisch. et Mey.) Tzvel. in Bot. Mater. Gerb. Bot. Inst. Kom. Akad. Nauk SSSR 20：428. 1960，et in Fed. Poaceae SSSR 126. 1976；新疆植物志 6：199. 图版 80：1～6. 1996；Fl. China 22：417. 2006. ——*Triticum schrenkianum* Fisch. et Mey. in Bull. Phys. Math. Acad. Sci. Petersb. 3：305. 1845. ——*Roegneria schrenkiana* (Fisch. et Mey.) Nevski in Kom. Fl. URSS 2：605. 1934；西藏植物志 5：159. 1987；中国植物志 9 (3)：93. 1987；青海植物志 4：76. 图版 12：1～2. 1999；Y. H. Wu Grass. Karakor. Kunlun Mount. 75. 1999；青藏高原维管植物及其生态地理分布 1154. 2008.

多年生疏丛生草本。根须状。秆粗壮，高 25～60 cm，具 2～3 节，无毛。叶鞘微具倒生毛或有时平滑无毛，大都长于节间；叶舌顶端平截，长 0.4～0.8 mm；叶片扁平，长4～12 cm，宽 2～5 mm，粗糙或上面疏生柔毛。穗状花序密集，下垂，长 3～9 (11) cm；穗轴下或基部常扭曲，穗轴节间长 2～7 mm；小穗单生，常偏于穗轴一侧，基部具极短之柄，长 12～17 mm（芒除外），含 3～6 小花，由于小穗轴基部扭转而导致小花多少背腹面朝向小穗轴；颖线状狭披针形，具 3 脉，背部平滑或粗糙，顶端具短芒，第 1 颖长 4.0～4.5 mm，芒长 2～3 mm，第 2 颖长 4.5～5.5 mm，芒长 3～5 mm；外稃具 5 脉，背部粗糙或被短刺毛，顶端芒直伸或微弯，长 14～22 mm，第 1 外稃长约 9 mm；内稃与外稃近等长，顶端平截或微凹，脊具短纤毛；花药长 1.4～1.7 mm。花果期 7～9 月。

产新疆：塔什库尔干（克克吐鲁克，青藏队吴玉虎 529）、叶城（乔戈里峰，黄荣福 86-206）、和田、若羌（祁漫塔格山北坡，青藏队吴玉虎 2684）。生于海拔 3 800～4 900 m 的缓坡沙砾地、冰缘湿地、高寒草原、山坡草地、沟谷沙滩。

青海：兴海（河卡乡河卡山，郭本兆 6383）、冷湖（当金山口，采集人不详 589）。生于海拔 3 700～4 600 m 的山坡草地、河滩草甸、沟渠河岸、高寒草原。

分布于我国的新疆（天山、阿尔泰山、塔尔巴哈台山、帕米尔）、青海、西藏；俄罗斯西伯利亚，中亚地区各国，蒙古也有。又见于喜马拉雅山区。

15. 短柄披碱草 图版 38：10～11

Elymus brevipes（Keng）S. L. Chen Fl. China 22：417. 2006. ——*Roegneria brevipes* Keng et S. L. Chen in Journ. Nanjing Univ. （Biol.）1：49. 1963；中国主要植物图说 禾本科 378. 图 307. 1959. sine latin. descr.；中国植物志 9（3）：89. 图版 21：13～16. 1987；青海植物志 4：78. 图版 12：7，8. 1999. ——*R. breviglumis* Keng var. *brevipes*（Keng）L. B. Cai in Acta Phytotax. Sin. 35（2）：151. 1997；青藏高原维管植物及其生态地理分布 1153. 2008.

多年生单生或疏丛生草本。根须状。秆高 15～60 cm，具 2～4 节，平滑无毛。叶鞘通常平滑无毛，短于或长于节间；叶舌长约 0.3 mm 或几阙如；叶片长 5～13 cm，宽 1～4 mm，光滑无毛或密被微毛，有时边缘具纤毛。穗状花序稍下垂，长 4～8（13）cm，穗轴近无毛，基部常弯折，节间一般长 3～10 mm；小穗单生，常偏于穗轴一侧，长 13～25 mm（芒除外），含 4～8 小花，具 1～2 mm 长的短柄；颖披针形，具 3～4脉，平滑无毛，顶端渐尖，第 1 颖长 1～3 mm，第 2 颖长 2.0～4.5 mm；外稃平滑无毛或微被短毛，上部明显具 5 脉，顶端芒反曲，长 17～30 mm；第 1 外稃长 8～10 mm；内稃与外稃近等长，顶端平截，脊上部具纤毛；花药长约 2 mm。 花果期 7～9月。

产青海：格尔木（采集地不详，弃耕地调查队 001）、兴海（赛宗寺后山，吴玉虎 26379；大河坝沟，弃耕地调查队 346；河卡乡羊曲台，弃耕地调查队 366）、玛沁（大武乡，玛沁队 495）、班玛（马柯河林场，王为义 27664）、玛多（县牧场，吴玉虎 276；阿日冲过，吴玉虎 361）、曲麻莱（巴干乡香海，黄荣福 148；秋智乡，刘尚武 761）。生于海拔 2 800～4 520 m 的山坡草地、阴坡云杉林缘草地、沟谷草甸、河谷山地林缘、干旱阳山坡、河谷阶地、黄河台地崖缝、河滩疏林。

分布于我国的青海、西藏、四川。

16. 岷山披碱草

Elymus durus（Keng）S. L. Chen Fl. China 22：412. 2006. ——*Brachypodium durum* Keng Sunyatsenia 6（1）：54. 1941. ——*Roegneria dura*（Keng）Keng et S. L. Chen in Journ. Nanjing Univ. （Biol.）1：54. 1963；西藏植物志 5：156. 1987；中国植物志 9（3）：94. 图版 23：7～12. 1987；Y. H. Wu Grass. Karakor. Kunlun Mount. 73. 1999；青海植物志 4：78. 1999；青藏高原维管植物及其生态地理分布 1151. 2008. ——*Roegneria dura* Keng var. *variiglumis* Keng et S. L. Chen in Journ. Nanjing Univ. （Biol.）1：54. 1963；中国主要植物图说 禾本科 382. 1959. sine latin. descr. ——*Roegneria tschimganica*（Drob.）Nevski var. *variiglumis*

(Keng) L. B. Cai in Acta Phytotax. Sin. 35 (2): 160. 1997. ——*Elymus sclerus* A. Love in Fedde Repert. 95: 448. 1984. nom. illeg. superfl.; 新疆植物志 6: 188. 1996.

多年生疏丛生或单生草本。根须状。秆高 20～60 (80) cm，具 2～3 节，节带褐色，最下部的节有时膝曲和肿胀。叶鞘短于或长于节间，平滑无毛或基部者偶被倒生柔毛；叶舌极短；叶片较坚硬，扁平或边缘内卷，长 6～18 cm，宽 1.0～4.5 mm，无毛或上面密被微毛，边缘有时具纤毛。穗状花序弯曲下垂，带紫色，长 5～11 cm；穗轴无毛或粗糙，节间长 2.5～8.0 mm；小穗单生，带紫色，长 13～18 mm (芒除外)，含 3～6 小花，基部具 0.5～1.5 mm 长的短柄；颖披针形，常具 3 脉，主脉常粗糙，顶端尖或具小尖头，第 1 颖长 3.5～4.5 mm，第 2 颖长 4～6 mm；外稃明显具 5 脉，背部贴生微小刺毛或在主脉具短而硬的毛，顶端的芒粗壮、反曲，长 15～28 mm，第 1 外稃长 8～11 mm；内稃与外稃几等长或略短，顶端平截，脊被短纤毛；花药黑色，长约 1.5 mm。 花果期 7～10 月。

产新疆：塔什库尔干 (卡拉其古，青藏队吴玉虎 560)、策勒。生于海拔 3 600～3 800 m 的昆仑山高寒草原、山坡沙砾地。

青海：兴海、格尔木、玛多。生于海拔 3 200～5 400 m 的高寒草原、山坡砾地、林缘草地、灌丛及砾石滩地。

分布于我国的甘肃、新疆、青海、西藏、云南、四川。

17. 高株披碱草

Elymus altissimus (Keng) A. Love ex B. R. Lu in Nord. J. Bot. 15: 24. 1995; Fl. China 22: 416. 2006. ——*Roegneria altissima* Keng et S. C. Chen. in Journ. Nanjing Univ. (Biol.) 1: 53. 1963; 中国主要植物图说 禾本科 381. 图 310. 1959. sine latin. descr.; 中国植物志 9 (3): 90. 图版 21: 20～22. 1987; 青海植物志 4: 80. 1999; 青藏高原维管植物及其生态地理分布 1149. 2008.

多年生疏丛生草本。须根较粗长。秆平滑无毛，高 75～120 cm，具 3～5 节，下部节稍膝曲。叶鞘平滑无毛，通常短于节间；叶舌顶端平截，长约 0.5 mm；叶片扁平或内卷，长 15～30 cm，宽 4～6 mm，平滑无毛或上面疏生短柔毛。穗状花序直立或微弯，疏松，长 13～16 cm；穗轴棱边粗糙，节间长 10～20 mm；小穗单生，淡绿色或微带紫色，长10～12 mm (芒除外)，含 1～3 小花；颖长圆形，与小花紧贴，光滑无毛，具 3～5 脉，顶端锐尖，第 1 颖长 5～6 mm，第 2 颖长 5.5～7.0 mm；外稃长圆状披针形，具 5 脉，边缘和上部疏生刺毛，其余均平滑无毛，顶端芒直伸或微弯，长 10～20 mm，第 1 外稃长约 10 mm；内稃明显短于外稃，顶端钝圆或微凹，脊上部疏生短刺毛；花药长约 2 mm。 花果期7～9 月。

产青海：都兰 (香日德英柏里山，青甘队 1257)。生于海拔 3 700 m 左右的河谷山坡草甸、沟谷滩地草地。

分布于我国的新疆、青海、西藏、四川。

18. 小颖披碱草 图版 38：12～15

Elymus antiquus（Nevski）Tzvel. in Rast. Tsentr. Azii 4：220. 1968；Fl. China 22：413. 2006. ——*Agropyron antiquum* Nevski in Izv. Bot. Sada Akad. Nauk SSSR 30：515. 1932. ——*Roegneria parvigluma* Keng et S. L. Chen. in Journ. Nanjing Univ.（Biol.）1：47. 1963；中国主要植物图说 禾本科 376. 图 304. 1959. sine latin. descr.；中国植物志 9（3）：97. 图版 21：13～16. 1987；青海植物志 4：77. 图版 12：3～6. 1999；青藏高原维管植物及其生态地理分布 1153. 2008.

多年生疏丛生草本。须根偶具沙套。秆平滑无毛，较粗壮，高 60～115 cm，具 2～5 节，下部节有时膝曲。叶鞘长于或短于节间，平滑或基部者疏生柔毛；叶舌顶端平截，长约 0.5 mm；叶片扁平，长 5～22 cm，宽 2～7 mm，平滑无毛或脉上及边缘具纤毛。穗状花序松散，蜿蜒下垂，通常长 10～23 cm；穗轴纤细，棱边粗糙，节间长 7～15 mm；小穗单生，细狭，长 13～32 mm（芒除外），含 5～9 小花；颖披针形，具 3～5 脉，平滑无毛，顶端尖，第 1 颖长 2～3 mm，第 2 颖长 3～5 mm；外稃上部明显具 5 脉，背部粗糙，基部和顶端常被小刺毛，顶端芒反曲，长 10～17 mm，第 1 外稃长 8～10 mm；内稃与外稃等长或稍短，顶端常平截，脊上部具短纤毛；花药长约 2.5 mm。花果期 6～9 月。

产青海：班玛（马柯河林场，王为义 27656）。生于海拔 3 600～4 000 m 的山坡砾地、河滩草甸、灌丛、河谷湿沙地、沟谷山坡林缘、山沟路边。

分布于我国的青海、西藏、四川、云南。

19. 马格草

Elymus caesifolius A. Love ex S. L. Chen Fl. China 22：412. 2006. ——*Roegneria glaucifolia* Keng et S. L. Chen in Journ. Nanjing Univ.（Biol.）1：57. 1963，non *Elymus glaucifolius* Willd. Enum. Pl. 131. 1809；中国主要植物图说 禾本科 384. 图 313. 1959. sine latin. descr.；中国植物志 9（3）：91. 图 22：1～4. 1987；西藏植物志 5：156. 1987；青藏高原维管植物及其生态地理分布 1151. 2008.

多年生丛生草本，具根头。秆坚硬，直立，高约 50 cm，基部直径约 2 mm，具 2～3 节，其节无毛，顶生节位于植株的中部以下或其下部的 1/3 处；叶鞘短于或长于节间，无毛或基部者具柔毛，顶生叶鞘长 12.5～18.5 cm（长于它的叶片）；叶舌干膜质，平截，长0.2～0.5 mm；叶片质硬而常直立，灰绿色，茎生者扁平或边缘常内卷，长 6.5～12.0 cm，宽 3～5 mm，两面及边缘粗糙或上面具细柔毛。穗状花序直立，长 6.5～10.0 cm；穗轴节间长 8～16 mm，棱边粗糙，长 13～15 cm（除芒外），小穗长

图版 **38** 柯孟披碱草 **Elymus kamoji** （Ohwi） S. L. Chen 1. 花序；2. 小穗；3. 颖片；4. 小花背面。肃草 **E. strictus** （Keng） S. L. Chen 5. 小穗；6. 颖片；7. 小花背腹面。扭轴披碱草 **E. schrenkianus** （Fisch. et Mey.） Tzvel. 8. 花序；9. 小穗。短柄披碱草 **E. brevipes** （Keng） S. L. Chen 10.小穗；11. 颖片。小颖披碱草 **E. antiquus** （Nevski） Tzvel. 12. 植株；13. 小穗；14. 颖片；15. 第1外稃背腹面。（1~4. 引自《中国植物志》，杨锡麟、刘进军编绘；5~15.刘进军绘）

13～15 mm（除芒外），含3～5小花，小穗轴节间被微毛，长1.0～1.3 mm（第1节间）；颖长圆状披针形，先端锐尖至渐尖，边缘膜质，具明显而粗糙的脉，第1颖具3脉，长4～7 mm，第2颖具3～5脉，长6～8 mm；外稃长圆状披针形，背部微糙涩，上半部具明显的5脉，脉上粗糙或具微小刺毛，顶端延成1反曲的芒，芒粗糙，长15～30 mm，基盘两侧具短毛，第1外稃长9～11 mm；内稃与外稃等长或稍短，顶端平截，背面上半部疏生微毛，脊的上部具硬纤毛；子房顶端具长硬毛。 花果期7～9月。

产新疆：塔什库尔干（卡拉其古，青藏队吴玉虎87-560）。生于海拔3 600 m左右的河谷砾石山坡草地。

分布于我国的新疆。

20. 短颖披碱草

Elymus burchan-buddae (Nevski) Tzvel. in Rast. Tsentr. Azii 4：220. 1968；Fl. China 22：413. 2006. ——*Agropyron burchan-buddae* Nevski in Izv. Bot. Sada Akad. Nauk SSSR 30：514. 1932. ——*A. nutans* Keng in Sunyatseria 6（1）：63. 1941. ——*Roegneria nutans*（Keng）Keng et S. L. Chen in Journ. Nanjing Univ.（Biol.）1：48. 1963；西藏植物志 5：157. 图 77. 1987；中国植物志 9（3）：88. 图版 21：8～12. 1987；青海植物志 4：78. 1999；Y. H. Wu Grass. Kanakor. Kunlun Mount. 76. 1999；青藏高原维管植物及其生态地理分布 1153. 2008. ——*Elymus breviglumis*（Keng）A. Love in Fedde Repert. 95：467. 1984；新疆植物志 6：203. 1996. ——*E. pseudonutas* A. Love in Fedde Repert. 95：467. 1984；新疆植物志 6：201. 图版 79：11～15. 1996. ——*Roegneria breviglumis* Keng et S. L. Chen in Journ. Nanjing Univ.（Biol.）1：48. 1963；中国主要植物图说 禾本科 377. 图 306. 1959. sine latin. Descr.；中国植物志 9（3）：88. 1987；西藏植物志 5：154. 1987；青海植物志 4：77. 1999；Y. H. Wu Grass. Karakor. Kunlun Mount. 76. 1999；青藏高原维管植物及其生态地理分布 1151. 2008.

多年生疏丛生草本。根须状。秆光滑无毛，较纤细，高30～50 cm，具2～4节，下部节有时稍膝曲。叶鞘通常短于节间，光滑无毛或基部者偶被倒生柔毛；叶舌顶端平截，长约0.5 mm；叶片较坚硬，边缘内卷，长5～10 cm，宽1.5～3.0 mm，上面粗糙或与边缘均生疏柔毛，下面光滑无毛。穗状花序松散、细长、蜿蜒，向下弯曲几下垂，常带紫色，长6～10 cm；穗轴纤细，粗糙，节间长6～14 mm；小穗单生，瘦狭，长12～15 mm（芒除外），含2～5小花；颖披针形，具3～5脉，光滑无毛，顶端尖，第1颖长约3 mm，具3脉，第2颖长4～5 mm，具4～5脉；外稃明显具5脉，背面无毛或疏生小刺毛，顶端芒糙涩、反曲，长20～30 mm，第1外稃长8～10 mm；内稃与外稃等长或稍短，顶端通常平截，脊上粗糙或上部具短纤毛；花药长约1.5 mm。 花果期7～9月。

产新疆：叶城（岔路口，青藏队吴玉虎 1210；阿格勒达坂，采集人和采集号不详；麻扎达坂，黄荣福 86－027、159）、若羌（阿尔金山依夏克帕提，青藏队吴玉虎 4248A；祁漫塔格山北坡，青藏队吴玉虎 2684；阿尔金山保护区鸭子泉，青藏队吴玉虎 3920）、策勒（奴尔乡亚门，青藏队吴玉虎 2503）。生于海拔 3 200～5 200 m 的河滩草甸、山坡草地、沟谷小块潮湿草地、河边草地。

西藏：日土（龙木错，青藏队吴玉虎 1283）。生于海拔 4 600～4 900 m 的湖滨滩地、山坡草地、河溪水边草甸。

青海：都兰（英德尔羊场，采集人和采集号不详）、兴海（河卡乡，郭本兆 6243；河卡乡羊曲台，弃耕地调查队 366、370）、玛沁（采集地不详，区划二组 224；军功乡西哈垄河谷，吴玉虎 21288；军功乡，区划二组 137；大武乡江让，王为义 26639）、班玛（马柯河林场，王为义 27334、27469、27660）、曲麻莱（县城，刘尚武和黄荣福 811；巴干乡，刘尚武和黄荣福 918）、称多（歇武乡，吴玉虎 29383）。生于海拔 3 500～4 500 m 的山坡沙砾质草地、沟谷山坡林缘、河谷山地山生柳灌丛、山坡草地、河谷草甸、河边沙地、沟谷路旁、沙地灌丛草甸、河谷阶地。

甘肃：玛曲（黄河以南，王学高 144；欧拉乡，吴玉虎 31977；河曲军马场，吴玉虎 31872、32019；齐哈玛大桥，吴玉虎 31823）。生于海拔 3 300～3 500 m 的河谷山坡灌丛草甸，河滩草地、山地石隙、沟谷河滩草甸。

四川：石渠（红旗乡，吴玉虎 29418、29524）。生于海拔 4 200 m 左右的沟谷山坡高寒草原、山坡草地、山地灌丛。

分布于我国的新疆、青海、甘肃、西藏、四川、云南、内蒙古。

21. 云山披碱草

Elymus tschimganicus (Drob.) Tzvel. in Grub. Pl. Asiae Centr. 4：221. 1968, et in Fed. Poaceae URSS 124. 1976；Fl. China 22：418. 2006. ——*Agropuron tschimganica* Drob. in Vved. et al. Key Fl. Tajikist 1：40. 1923. ——*Roegneria tschimganicus* (Drob.) Nevski in Kom. Fl. URSS 2：604. t. 46. f. 3. 1934；中国植物志 9 (3)：89. 1987；青海植物志 4：79. 1999；青藏高原维管植物及其生态地理分布 1155. 2008.

21a. 云山披碱草（原变种）

var. **tschimganicus**

多年生矮小、丛生草本，常具根头或短根茎。秆平滑无毛，高 20～45 cm，具 2～3 节，基部节常有膝曲。叶鞘无毛，短于节间；叶舌长约 0.5 mm；叶片细长，稍内卷，长 3～12 cm，宽 1.5～3.5 mm，无毛或上面被微毛。穗状花序松散，弯曲下垂，长 5～9 cm；穗轴棱边粗糙，节间长 7～12 mm；小穗单生，常呈淡白色或灰绿色，长 13～

20 mm（芒除外），含 4～7 小花；颖较小，线状披针形，平滑无毛，具3～5 脉，主脉粗糙，顶端尖或具短尖头，第 1 颖长 5.0～6.5 mm，第 2 颖长 6.0～7.5 mm；外稃披针形，上部明显具 5 脉，背面无毛或疏生小刺毛，顶端芒粗壮，长 18～35 mm，第 1 外稃长 9～11 mm；内稃与外稃近等长，顶端平截或尖或微凹，脊疏生短刺毛；花药黑色，长 1.2～2.0 mm。 花果期 8～10 月。

产新疆：塔什库尔干、叶城（苏克皮亚，青藏队吴玉虎 1000）、于田（乌鲁克库勒湖，青藏队吴玉虎 3733）、若羌（阿尔金山依夏克帕提，青藏队吴玉虎 4248B）。生于东帕米尔高原和昆仑山海拔 3 000～4 800 m 的山坡和沟谷草地、高原宽谷滩地高寒草原。

青海：都兰（采集地不详，植被地理组 310）、达日（建设乡，H. B. G. 1129）、玛多（县牧场，吴玉虎 227、806）。生于海拔 3 300～4 500 m 的沙砾山坡、河谷草甸、高山草原、河谷草甸。

分布于我国的新疆（天山、阿拉套山、塔尔巴哈台山、帕米尔）、青海；俄罗斯，中亚地区各国也有。

21b. 光稃披碱草（变种）

var. **glabrispiculus** D. F. Cui in Bull. Bot. Res. Harbin 10（3）：30. f. 8. 1990；新疆植物志 6：203. 1996；Fl. China 22：418. 2006. ——*Roegneria tschimganicus* (Diob.) Tzvel. var. *glabrispiculus*（D. F. Cui）L. B. Cai in Bull. Bot. Res. Harbin 16（1）：50. 1996；Y. H. Wu Grass. Karakor. Kunlun Mount. 71. 1999. ——*Roegneria glabrispiculus*（D. F. Cui）L. B. Cai in Acta Phytotax. Sin. 35（2）：167. 1997.

本变种与原变种的区别是：下部叶鞘平滑无毛；颖顶端具 1～4 mm 长的短芒；外稃及基盘平滑无毛。

产新疆：若羌（阿尔金山）。生于海拔 3 500 m 左右的山坡草地。

38. 偃麦草属 Elytrigia Desv.

Desv. Nouv. Bull. Soc. Philom. Paris 2：191. 1810.

多年生丛生草本，具根状茎。秆直立或基部稍倾斜。叶鞘常平滑无毛；叶舌短小；具膜质叶耳；叶片扁平，有时略内卷。穗状花序顶生，直立；穗轴坚韧；小穗无柄，单生于穗轴各节，具 3～10 小花，两侧压扁，侧面对向穗轴扁平面，顶生小穗则以背腹面对向穗轴扁平面，小穗轴脱节于颖之下；颖长圆状披针形，平滑无毛，无脊，具 5～7 脉，边缘膜质，顶端具短尖头；外稃披针形，具 5 脉，常平滑无毛，顶端渐尖，无芒，具短尖头；小花基盘通常平滑无毛；内稃略短于外稃，具 2 脊，顶端凹缺；花药黄色。

颖果长圆形，顶端具茸毛。

约 40 种，分布南北于两半球温寒地带。我国包括栽培种有 6 种，昆仑地区产 1 种 1 亚种。

1. 偃麦草

Elytrigia repens (Linn.) Nevski in Acta Inst. Bot. Acad. Sci. URSS 1 (1): 14. 1933; Sidor. in Fl. Tadjik. 1: 317. 1957; 中国主要植物图说 禾本科 410. 图 339. 1959; Tzvel. in Fed. Poaceae URSS 137. 1976; Icon. Corm. Xin. 5: 81. f. 6991. 1976; 西藏植物志 5: 162. 图 79. 1987; 中国植物志 9 (3): 105. 图版 25: 1～7. 1987; 新疆植物志 6: 152. 1996; Y. H. Wu Grass. Karakor. Kunlun Mount. 79. 1999; 青海植物志 4: 94. 1999; Fl. China 22: 430. 2006; 青藏高原维管植物及其生态地理分布 1103. 2008. ——*Triticum repens* Linn. Sp. Pl. 86. 1753. ——*Agropyron repens* (Linn.) P. Beauv. Ess. Agrost. 102. 1812; Nevski in Kom. Fl. URSS 2: 652. 1934; Kuznetz. Fl. Kazakh. 1: 297. 1956; Bor Grass. Burma Ceyl. Ind. Pakist. 664. 1960; Tzvel. in Grub. Pl. Asiae Centr. 4: 184. 1968.

1a. 偃麦草（原亚种）

subsp. **repens**

多年生疏丛生草本，具横走根茎。秆高 40～60 cm，3～5 节，平滑无毛。叶鞘平滑无毛或下部的具倒生柔毛，分蘖叶鞘具柔毛；叶舌长约 0.5 mm，顶端撕裂；叶耳细小，长约 1 mm；叶片扁平，长 7～20 cm，宽 3～10 mm，上面粗糙或疏生柔毛，下面平滑。穗状花序直立，疏松，长 7～18 cm，宽 8～13 mm；穗轴棱边具短纤毛，节间长 8～12 mm；小穗单生于穗轴各节，长 10～16 mm，含 3～7 小花；颖长圆状披针形，无毛，长 7～15 mm，具 5～7 脉，边缘膜质，顶端具 1～2 mm 长的短尖头；外稃披针形，无毛或疏生短柔毛，具 5～7 脉，顶端具长 1.5～2.0 mm 的芒尖，第 1 外稃长 9.5～12.0 mm；内稃约短于外稃 1 mm，脊上具纤毛；花药黄色，长 4～5 mm。 花期 7 月。

产新疆：阿克陶（阿克塔什，青藏队吴玉虎 277A）、叶城（苏克皮亚，青藏队吴玉虎1076）。生于海拔 2 000～3 500 m 的沟谷草甸、山地林缘灌丛草地、山坡草地、河岸阶地。

分布于我国的新疆、青海、甘肃、西藏、内蒙古、辽宁、吉林、黑龙江；地中海，伊朗，俄罗斯西伯利亚，高加索地区，中亚地区各国，蒙古，朝鲜，日本，北美洲也有。又见于喜马拉雅山区。

1b. 芒偃麦草（亚种）

subsp. **longearistata** N. R. Cui in Fl. Xinjiang. 6: 602. 152. 1996; Fl. China

22：430. 2006；青藏高原维管植物及其生态地理分布 1103. 2008.

本亚种与原亚种的区别在于：穗状花序暗绿色或稍带紫红色；颖与外稃均具长 4～8 mm 的芒。

产新疆：叶城。生于海拔 1 400～1 900 m 的河谷草甸和农田边。

39. 以礼草属 **Kengyilia** C. Yen et J. L. Yang

C. Yen et J. L. Yang in Can. Journ. Bot. 68：1897. 1990.

多年生草本。通常具根茎或根头，须根有时被沙套。秆丛生，直立或基部稍膝曲，紧接花序下有时被微毛。叶鞘平滑无毛，除基部者外通常短于节间；叶舌膜质，较短，顶端平截；叶片内卷或扁平，无毛或表面疏生柔毛。穗状花序顶生，粗厚，直立或下垂；穗轴具韧性，通常极短；小穗单生于穗轴各节，无柄，短缩，多数排列得很密集，含 3～9 小花，小穗轴脱节于颖之上，顶生小穗能正常发育；颖卵状披针形或长圆状披针形，具 1～4 脉，背部略具脊，边缘质薄或显膜质，顶端尖至具短芒；外稃披针形，具 5 脉，通常密被长柔毛或糙硬毛，顶端具短芒、稀无芒；内稃与外稃近等长，具 2 脊，脊疏生刺毛或纤毛，顶端常下凹；花药通常黑色或铅绿色。颖果长圆形，顶端具茸毛。

约 21 种。我国有 18 种，昆仑地区产 12 种 2 变种。

分 种 检 索 表

1. 植物疏丛生。
  2. 颖近等长于第 1 外稃 ……………………………………………………………… ………… **1. 大颖以礼草 K. grandiglumis**（Keng et S. L. Chen）J. L. Yang et al.
  2. 颖短于第 1 外稃。
    3. 颖长圆状披针形；外稃被浓密的毛；穗状花序紧密，直立或微弯；穗轴节间长 1～2（6）mm；第 1 颖长 4～6 mm，第 2 颖长 5～7 mm；棱边无毛 ………… …………………………… **2. 黑药以礼草 K. melanthera**（Keng）J. L. Yang et al.
    3. 颖卵形或卵状披针形；外稃被稀疏的毛；穗状花序稍疏松；穗轴节间长 3～9 mm，棱边具纤毛；第 1 颖长 2～4 mm，第 2 颖长 3～6 mm ……………… …………… **3. 硬秆以礼草 K. rigidula**（Keng et S. L. Chen）J. L. Yang et al.
1. 植物密丛生。
  4. 穗状花序较柔弱而疏松。
    5. 小穗长 16～22 mm，含 6～9 小花；第 2 颖长 6～7 mm；外稃芒长 1～2 mm；花药黄色，长 3～4 mm ……………………………………………………………… …………… **4. 疏花以礼草 K. laxiflora**（Keng et S. L. Chen）J. L. Yang et al.

5. 小穗长12～15 mm，含4～5小花；第2颖长约5 mm；外稃芒长5～10 mm；花药暗绿色，长2.0～2.5 mm ……………………………………………………… 5. **窄颖以礼草 K. stenachyra** (Keng et S. L. Chen) J. L. Yang et al.

4. 穗状花序紧密。

6. 颖被浓密的粗毛。

7. 小穗轴被浓密的毛 …………………………………………… 6. **青海以礼草 K. kokonorica** (Keng et S. L. Chen) J. L. Yang et al.

7. 小穗轴平滑无毛或被微毛。

8. 颖长圆状披针形；外稃的芒长1～7 mm；花药黑色 ………………………………………………… 7. **梭罗草 K. thoroldiana** (Oliv.) J. L. Yang et al.

8. 颖长圆状卵形或卵状披针形；外稃的芒长9～12 mm；花药黄色或紫色 ……………… 8. **巴塔以礼草 K. batalinii** (Krasn.) J. L. Yang et al.

6. 颖无毛或仅中脉具硬纤毛或粗糙。

9. 外稃无芒；内稃常稍长于外稃 ……………………………………… 9. **无芒以礼草 K. mutica** (Keng et S. L. Chen) J. L. Yang et al.

9. 外稃具芒；内稃常短于或近等长外稃。

10. 外稃的芒外弯，长7～11 mm；花药长约1.5 mm ……………………………… 10. **喀什以礼草 K. kaschgarica** (D. F. Cui) L. B. Cai

10. 外稃的芒常直伸或微弯，长2～6 mm；花药长2～3 mm。

11. 颖卵状长圆形，长4.5～7.0 mm，具3或4脉，花药深绿色… **11. 糙毛以礼草 K. hirsuta** (Keng et S. L. Chen) J. L. Yang et al.

11. 颖披针形，长7～11 mm，具5脉；花药黄色 ………………………… 12. **毛稃以礼草 K. alatavica** (Drob.) J. L. Yang et al.

1. 大颖以礼草

Kengyilia grandiglumis (Keng et S. L. Chen) J. L. Yang et al. in Hereditas 116: 28. 1992; Fl. China 22: 432. 2006. ——*Roegneria grandiglumis* Keng et S. L. Chen in Journ. Nanjing Univ. (Biol.) 1: 82～83. 1963; 中国主要植物图说 禾本科 405. 图334. 1959. sine latin. descr.; 中国植物志 9 (3): 103. 图版 24: 20～23. 1987; 青海植物志 4: 88. 1999; 青藏高原维管植物及其生态地理分布 1118. 2008.

多年生草本，常具下伸根茎。秆疏丛，平滑，高30～90 cm，具3～4节，下部节稍膝曲。叶鞘无毛，通常基部者长于节间，而中、上部者短于节间；叶舌顶端平截，长约0.5 mm；叶片内卷或扁平，长5～18 cm，宽2～4 mm，上面微粗糙，下面平滑。穗状花序稍下垂，疏松，长5～9 cm；穗轴多弯折，平滑或被柔毛，节间长4～6 mm；小穗绿色或微带紫色，长10～15 mm（芒除外），含3～6小花；颖长圆状披针形，无毛或上部疏生柔毛，常具3脉，顶端锐尖或具短尖头，第1颖长6～8 mm，第2颖长6.5～

10.0 mm；外稃背部密生粗长柔毛，顶端具 1～5 mm 长的短芒，第 1 外稃长约 9 mm；内稃与外稃等长或稍短，顶端凹缺，脊上部疏生小刺毛；花药长约 3 mm。 花果期 7～9 月。

产青海：达日（建设乡，吴玉虎 27180）、曲麻莱（叶格乡，黄荣福 133；通天河畔，刘海源 902）、称多（歇武乡，杨永昌 730）。生于海拔 3 500～4 200 m 的河谷滩地杂类草草甸、山地阴坡草甸、山麓河滩沙砾质草地。

分布于我国的青海。

2. 黑药以礼草

Kengyilia melanthera (Keng) J. L. Yang et al. in Hereditas 116：28. 1992；青海植物志 4：88. 1999；Fl. China 22：432. 2006；青藏高原维管植物及其生态地理分布 1119. 2008. ——*Agropyron melantherum* Keng in Sunyatsenia 6：62. 1941. ——*Roegneria melanthera* (Keng) Keng et S. L. Chen in Journ. Nanjing Univ. (Biol.) 1：78. 1963；中国植物志 9 (3)：98. 图版 24：5～7. 1987；中国主要植物图说 禾本科 401. 图 329. 1959.

2a. 黑药以礼草（原变种）

var. **melanthera**

多年生疏丛生或单生草本。具横走或下伸根茎，下部常有倾斜。秆高 15～45 cm，具 2～3 节，平滑无毛。叶鞘平滑无毛，长于或短于节间；叶舌短小，长 0.3～0.5 mm；叶片扁平或内卷，长 2.5～10.0 cm，宽 2～5 mm，平滑无毛或密生微毛，有时上面还伴生长柔毛。穗状花序直立或稍弯曲，密集，长 2.5～5.0 cm；穗轴棱边粗糙，节间长 1～3 mm；小穗常偏于穗轴一侧，微带紫色，长 10～14 mm，含 3～5 小花；颖长圆状披针形，具 3～5 脉，平滑无毛或脉上粗糙，顶端尖或具短尖头，第 1 颖长 5～7 mm，第 2 颖长 6～9 mm；外稃背部密生粗长柔毛，顶端具 2～3 mm 长的短芒，第 1 外稃长 7～8 mm；内稃与外稃等长或稍短，顶端微凹或平截，脊具纤毛；花药长约 2 mm。 花果期 7～9 月。

产青海：达日、玛多（鄂陵湖出口处，吴玉虎 510）、曲麻莱（县城附近通天河畔，陈世龙 793)、治多。生于海拔 3 800～4 550 m 的河滩沙地、山坡砾石堆、沙砾质河谷阶地。

分布于我国的新疆、青海、西藏。

2b. 大河坝黑药草（变种）

var. **tahopaica** (Keng) S. L. Chen in Bull. Bot. Res. Harbin 14 (2)：141. 1994；青海植物志 4：89. 1999；Fl. China 22：433. 2006. ——*Roegneria melanthera* var. *tahopaica* Keng et S. L. Chen in Journ. Nanjing Univ. (Biol.) 1: 78. 1963; 中国植物志 9 (3): 99. 图版 24: 8～10. 1987; 中国主要植物图说 禾本科 401. 图 330. 1959. sine latin. discr.

本变种与原变种的主要区别在于：植株较高，可达 60 cm；穗状花序裸出鞘外较长，达 11～19 cm；穗轴节间密生柔毛；颖显著具长柔毛；外稃无芒或仅具长 2～3 mm 的短尖头。 花果期 7～9 月。

产青海：兴海（大河坝乡模式标本产地，弃耕地调查队 353)、都兰、玛多。生于海拔 3 200～4 300 m 的山坡草地、灌丛草甸、河岸沙地。

3. 硬秆以礼草

Kengyilia rigidula (Keng et S. L. Chen) J. L. Yang et al. in Hereditas 116. 27. 1992; Fl. China 22: 432. 2006. ——*Roegneria rigidula* Keng et S. L. Chen in Journ. Nanjing Univ. (Biol.) 1: 77. 1963; 中国主要植物图说 禾本科 401. 330. 图 334. 1959. sine latin. discr. ——*Kengyilia rigidula* Keng J. L. Yang et al. var. *trichocolea* L. B. Cai Bull. Bot. Res. 15 (4): 427. 1995; 青海植物志 4: 90. 1999.

多年生疏丛生草本。秆质硬，直立或基部膝曲，高（40）50～75 cm，具 3～4 节，紧接花序下无毛。叶鞘无毛，分蘖叶鞘倒生柔毛；叶片内卷，直立，两面具柔毛，边缘具纤毛，长 3～10 cm，宽 2～4 mm，蘖生者长可达 25 cm，宽仅 1～2 mm。穗状花序弯曲，稍疏松，长 7.5～8.0 cm，穗轴节间长 3～9 mm，棱边常具纤毛；小穗长 10～15 mm，含 4～6 小花；颖卵状披针形，无毛，具 3～4 脉，主脉上部微粗糙，顶端锐尖，第 1 颖长 2～4 mm，常具 1～2 脉，第 2 颖长 3～5 mm；外稃长圆状披针形，全部疏生柔毛，具 5 脉，顶端芒长 1～3 mm，第 1 外稃长 7～8 mm；内稃与外稃等长或稍长，顶端下凹，脊自基部 1/5 以上具短纤毛，背部贴生短毛，向基部渐稀少；花药带黑色或黄色。

产青海：玛多（鄂陵湖出口，吴玉虎 510)、称多。生于海拔 4 000 m 左右的高原沟谷山地阳坡草地。

分布于我国的青海。

4. 疏花以礼草

Kengyilia laxiflora (Keng et S. L. Chen) J. L. Yang et al. in Hereditas 116: 27. 1992; 青海植物志 4: 91. 1999; Fl. China 22: 433. 2006; 青藏高原维管植物及其生态地理分布 1119. 2008. ——*Roegneria laxiflora* Keng et S. L. Chen in Journ. Nanjing Univ. (Biol.) 1: 76. 1963; 中国主要植物图说 禾本科 399. 图 328. 1959. sine latin. discr.; 中国植物志 9 (3): 68. 图版 17: 12～13. 1987.

多年生丛生草本。须根有时具沙套。秆高 50～110 cm，具 3～4 节，平滑无毛或花序下被微毛。叶鞘平滑无毛，短于节间，叶舌顶端平截，长约 0.5 mm；叶片扁平或稍内卷，长 6～20 cm，宽 2～4 mm，平滑无毛或上面疏生长柔毛。穗状花序疏松，稍下垂，长 6～16 cm；穗轴多弯折，背面具微毛，节间长 4～12 mm；小穗长 16～22 mm（芒除外），含 6～8 小花；颖卵状披针形，平滑无毛，常具 3 脉，顶端锐尖，第 1 颖长 3～5 mm，第 2 颖长 6～7 mm；外稃具 5 脉，背面密被柔毛，顶端具 1～2 mm 长的短芒，第 1 外稃长 8～9 mm；内稃与外稃等长或稍长，顶端下凹，脊具短纤毛；花药黄色，长约 3 mm。 花果期 7～9 月。

产青海：兴海（大河坝乡，弃耕地调查队 294；河卡乡羊曲，弃耕地调查队 371）、班玛（马柯河林场，王为义 27675）。生于海拔 2 800～3 300 m 的河谷渠岸、林缘草地、黄河台地草丛。

分布于我国的青海、甘肃、四川。

5. 窄颖以礼草

Kengyilia stenachyra（Keng et S. L. Chen）J. L. Yang et al. in Hereditas 116：27. 1992；青海植物志 4：90. 1999；Fl. China 22：434. 2006；青藏高原维管植物及其生态地理分布 1120. 2008. ——*Roegneria stenachyra* Keng et S. L. Chen in Journ. Nanjing Univ.（Biol.）1：79. 1963；中国主要植物图说 禾本科 404. 图 333. 1959. sine latin. discr.；中国植物志 9（3）：101. 图版 24：11. 1987.

多年生疏丛生草本，常具下伸根茎。秆平滑无毛，高 40～100 cm，具 3 节，基部节常有膝曲。叶鞘光滑无毛或有时基部者疏生倒向毛，常短于节间；叶舌长约 0.5 mm，顶端平截；叶片扁平或稍内卷，长 5～15 cm，宽 2～5 mm，无毛或被微毛，边缘疏生长纤毛。穗状花序疏松，稍下垂，有时带紫色，长 5～12 cm；穗轴多弯折，棱边具纤毛，其余几平滑无毛，节间长 4～9 mm；小穗长 12～15 mm（芒除外），含 4～5 小花；颖披针形，长 4～5 mm 或第 2 颖稍长，常具 3 脉，脉上疏生小刺毛，顶端常延伸成长 2～4 mm 的短芒；外稃具 5 脉，背面密生长硬毛，顶端芒糙涩，芒长 5～10 mm，第 1 外稃长约 10 mm；内稃与外稃近等长，顶端微凹或平截，脊具短纤毛；花药长 2.0～2.5 mm。 花果期 7～9 月。

产青海：玛多（黑海乡吉迈纳，吴玉虎 914）。生于海拔 3 200～4 300 m 的河滩沙砾地、阳坡草地、山麓沙砾质草地。

分布于我国的青海、甘肃、四川。

6. 青海以礼草 图版 39：1～3

Kengyilia kokonorica（Keng et S. L. Chen）J. L. Yang et al. in Hereditas 116：27. 1992；青海植物志 4：91. 图版 13：5～7. 1999；Fl. China 22：437. 2006；青藏高原维管植物及其生态地理分布 1119. 2008. ——*Roegneria kokonorica* Keng et S. L.

Chen in Journ. Nanjing Univ. (Biol.) 1: 88. 1963；中国主要植物图说 禾本科 408. 图 338. 1959. sine latin. discr.；中国植物志 9 (3)：104. 图版 24：24～27. 1987；Y. H. Wu Grass. Karakor. Kunlun Mount. 72. 1999. ——*Elymus kokonoricus* (Keng) A. Love in Fedde Repert. 95：455. 1984；新疆植物志 6：183. 1996.

多年生疏丛生或单生草本，稀具根茎或根头。秆高 25～50 cm，具 2～3 节，节常膝曲，花序下粗糙或被微毛。叶鞘光滑无毛，短于节间；叶舌短，长约 0.4 mm；叶片直立，内卷或扁平，长 2～10 cm，宽 2～3 mm，无毛或上面被微毛。穗状花序直立，密集，长 3～6 cm；穗轴背面粗糙或被柔毛，节间长 2～5 mm；小穗绿色或略带紫色，长 8～13 mm（芒除外），含 3～5 小花；颖披针形，长 3～4 mm，常具 3 脉，背部疏生刺毛或硬毛，顶端具 2～3 mm 长的短芒；外稃具 5 脉，背面密生柔毛，顶端具 4～6 mm 的短芒，芒粗糙，直立而纤细，稍弯曲，第 1 外稃长约 6 mm；内稃与外稃近等长，顶端凹缺，脊上部具短纤毛；花药黄色或灰黑色，长约 2.2 mm。 花果期 7～9 月。

产新疆：叶城（依力克其乡，黄荣福 86-094）、策勒、若羌。生于海拔 3 800～4 600 m 的沙砾山坡、干旱草地、高寒草原。

青海：玛沁（大武乡，区划二组 116）、玛多（采集地不详，陈桂琛 1819；黑海乡，杜庆 516）、治多（可可西里五雪峰，可可西里队黄荣福 K-382；勒斜武担湖，可可西里队黄荣福 K-852）、称多（歇武寺，采集人不详 730）。生于海拔 3 550～4 800 m 的河谷干山坡草地、山沟砾石坡地、沟谷河边沙地、滩地高寒草原。

分布于我国的新疆、青海、甘肃、宁夏、西藏。

7. 梭罗草 图版 39：4～7

Kengyilia thoroldiana (Oliv.) J. L. Yang et al. in Hereditas 116：27. 1992；青海植物志 4：89. 图版 13：1～4. 1999；Fl. China 22：437. 2006；青藏高原维管植物及其生态地理分布 1120. 2008. ——*Roegneria thoroldiana* (Oliv.) Keng et S. L. Chen in Journ. Nanjing Univ. (Biol.) 1：79. 1963；中国主要植物图说 禾本科 404. 图 332. 1959；西藏植物志 5：160. 图 78. 1987；中国植物志 9 (3)：98. 图版 24：1～4. 1987；Y. H. Wu Grass. Karakor. Kunlun Mount. 72. 1999. ——*Agropuron thoroldiana* Oliv. in Hook. Icon. Pl. 23. t. 262. 1893.

7a. 梭罗草（原变种）

var. **thoroldiana**

多年生密丛生草本，常具下伸或横走根茎。秆高 5～25 cm，具 2～3 节，下部有倾斜，紧接花序以下平滑无毛。叶鞘疏松裹茎，平滑无毛或疏生柔毛，长于或短于节间；叶舌极短或几阙如；叶片扁平或内卷成针状，长 2～5 cm，宽 2.0～4.5 mm，分蘖叶片较长，光滑无毛或上下两面密生短柔毛。穗状花序弯曲或稍直立，常密集成卵圆形或长圆状卵圆形，长 3～5 cm，宽 1.0～1.5 cm；穗轴光滑无毛或密被柔毛，节间长 1～3 mm；小穗紧密排列且常偏于穗轴一侧，长 9～14 mm，含 3～6 小花；颖长圆状披针形，具 3～5 脉，背面密生长柔毛，顶端尖至具短尖头，第 1 颖长 5.0～6.5 mm，具 3 脉，稀有 4 脉，第 2 颖长 5.0～7.5 mm，常具 5 脉；外稃背部密生粗长柔毛，具 5 脉，顶端具短尖头长 1～2 mm，第 1 外稃长 7～8 mm；内稃与外稃等长或稍短，顶端微凹或具 2 齿裂，脊上部具长纤毛；花药黑色，长 1.5～1.9 mm。 花果期 7～10 月。

产新疆：若羌（阿其克库勒，青藏队吴玉虎 2194、2721；鲸鱼湖西北面，青藏队吴玉虎 2207、4028；小沙湖，青藏队吴玉虎 2761A；拉慕祁漫，青藏队吴玉虎 4125）。生于海拔 4 200～5 000 m 的高寒荒漠草原、高原沙丘、沟谷沙砾山坡、河湖边沙砾滩地。

西藏：日土（多玛区，青藏队 9076）、尼玛（双湖区江爱雪山，青藏队 9676、9704；岗当湖附近，青藏队 9811；兰湖，青藏队 9876）、班戈（江错区附近，青藏队郎楷永 10393；朋错湖附近，青藏队郎楷永 10567）。生于海拔 4 600～5 200 m 的沟谷山坡草地、宽谷湖滨针茅高寒草原、山坡沙砾地。

青海：格尔木（唐古拉山乡沱沱河畔，采集人不详 4407、冻土组 139；纳赤台至西大滩途中，黄荣福 006）、兴海（大河坝乡，吴玉虎 42528、42533、42562；温泉乡，刘海源 591；五道河，吴玉虎 28737；苦海东大滩，吴玉虎 28831）、玛沁（大武乡，玛沁队 481；优云乡，玛沁队 523）、达日（建设乡，H. B. G. 1446）、玛多（鄂陵湖畔，吴玉虎 1568、1679；长石头山，吴玉虎28925；黑海乡，吴玉虎 18078、28884；清水乡，吴玉虎 29003；黑河乡，陈桂琛 1785；醉马滩，陈世龙 524）、治多（可可西里库赛湖，可可西里队黄荣福 K-484；太阳湖，可可西里队黄荣福 K-331；勒斜武担湖，可可西里队黄荣福 K-832）、曲麻莱（不冻泉，陈世龙 856；秋智乡，刘尚武 678；东风乡，刘尚武 800）。生于海拔 3 200～5 000 m 的山坡草地、宽谷滩地高寒草原、沙砾滩地、河谷岸边多沙处、河岸阶地、高原湖滩沙砾滩地、高山流石坡稀疏植被带湿地、沟谷山地阴坡高寒灌丛草甸、河谷山麓沙砾地。

分布于我国的新疆、青海、甘肃、西藏。

7b. 疏穗梭罗草（变种）

var. **laxiuscula** (Melderis) S. L. Chen in Novon 7: 229. 1997; Fl. China 22: 436. 2006. ——*Agropuron thorldianum* var. *laxiusculum* Melderis in Bor Grass. Bruma Cryl. Ind. Pakist. 696. 1960. ——*Roegneria thoroldiana* var. *laxiuscula* (Melderis) H. L. Yang in Fl. Reipubl. Popul. Sin. 9 (3): 98. 1987; 西藏植物志 5: 161. 1987; Y. H. Wu Grass. Karakor. Kunlun Mount. 73. 1999.

本变种与原变种的主要区别在于：穗状花序长 5.0～7.5 cm（芒除外）；小穗在穗

轴上稀疏排列；颖不具长毛而仅于中脉粗糙；外稃具芒长 5～7 mm。 花果期 7～8 月。

产新疆：若羌（土房子至小沙湖，青藏队 2761B；依夏克帕提，青藏队 4247；库木库里湖东南部，青藏队 2304）。生于海拔 4 100～4 600 m 的高原沙丘、山坡沙砾地、砾石荒漠。

分布于我国的新疆、西藏。

8. 巴塔以礼草

Kengyilia batalinii（Krasn.）J. L. Yang et al. in Canad. T. Bot. 343. 1993；Fl. China 22：436. 2006. ——*Triticum batalinii* Krasn. Bot. Zap. 2：21. 1887～1888. ——*Elymus batalinii*（Krasn.）A. Love in Fedde Repert. 95：473. 1984；新疆植物志 6：174. 1996；青藏高原维管植物及其生态地理分布 1150. 2008.

多年生密丛生草本。根状茎短。秆直立，高 20～40 cm，光滑无毛或花序下被少量柔毛，基部膝曲。叶鞘光滑无毛，稀具柔毛或边缘具纤毛；叶舌很短；叶片扁平或内卷，上面被柔毛，下面无毛或被短柔毛，宽达 4 mm。穗状花序紧密，长 2.5～7.0 cm，宽 7～10 mm；穗轴平滑无毛或被柔毛，节间长约 5 mm；小穗绿色带紫红色，被灰色柔毛，长 9～13 mm，含 3～6 花（顶花不育）；颖卵状披针形，长 5～7 mm，密被柔毛，具 5 脉，脉具纤毛，边缘宽膜质，顶端具短芒，芒长 2～4 mm；外稃宽披针形，密被长柔毛，顶端具长 10～13 mm 的芒，第 1 外稃长达 8 mm；内稃披针形，顶端微凹，上部脊具纤毛；花药黄色，长约 4 mm。 花果期 6～9 月。

产新疆：策勒。生于昆仑山海拔 3 500 m 左右的山坡草地。

分布于我国的新疆、西藏；中亚地区各国，俄罗斯西伯利亚和远东地区也有。

9. 无芒以礼草 图版 39：8～10

Kengyilia mutica (Keng et S. L. Chen) J. L. Yang et al. in Hereditas 116：28. 1992；Fl. China 22：453. 2006. ——*Roegneria mutica* Keng et S. L. Chen in Journ. Nanjing Univ.（Biol.）1：87. 1963；中国主要植物图说 禾本科 408. 图 337. 1959. sine latin. discr.；中国植物志 9（3）：102. 1987；青海植物志 4：91. 图版 13：8～10. 1999；青藏高原维管植物及其生态地理分布 1119. 2008.

多年生疏丛生草本，具短根茎。秆高 35～60 cm，具 2～3 节，节有时膝曲，紧接花序下被微毛。叶鞘短于或长于节间，无毛；叶舌顶端平截，长约 0.8 mm；叶片扁平或内卷，长 7～22 cm，宽 8～10 mm，无毛或上面疏生长柔毛。穗状花序直立，紧密，长 4～6（8）cm，宽 8～10 mm；穗轴节间密被柔毛，上部者长 3～4 mm，下部者长 8～9 mm；小穗长 10～12 mm，含 4～6 小花；颖卵状披针形或披针形，长 3～6 mm，无毛或背部疏生长柔毛，具 3～5 脉，顶端锐尖或急尖；外稃具 5 脉，背面密生长柔毛，顶端无芒，第 1 外稃长 7.0～9.5 mm；内稃常长于外稃，顶端微凹或钝，脊上部具纤毛；

花药灰黑色或淡黄色，长 2～3 mm。 花期 7 月。

产新疆：若羌（阿尔金山，刘海源 040）。生于海拔 3 600 m 左右的沟谷山地干旱山坡草地。

青海：格尔木（野牛沟，陈世龙 872）。生于海拔 4 110～4 200 m 的沟谷山地干旱草原、河谷沙地。

四川：石渠（长沙贡玛乡，吴玉虎 29608、29613）。生于海拔 4 000 m 左右的沟谷山坡草地、河滩沙棘灌丛草地。

甘肃：玛曲（县城南黄河滩，陈桂琛 1060）。生于海拔 3 200 m 左右的河滩沙地。

分布于我国的新疆、青海、甘肃、四川。

10. 喀什以礼草

Kengyilia kaschgarica (D. F. Cui) L. B. Cai in Novon 6：142. 1996；Fl. China 22：435. 2006. ——*Elymus kaschgaricus* D. F. Cui in Bull. Bot. Res. Harbin 10 (3)：27. f. 3. 1990；新疆植物志 6：196. 1996. ——*Roegneria kaschgarica* (D. F. Cui) Y. H. Wu Grass. Karakor. Kunlun Mount. 77. 1999；青藏高原维管植物及其生态地理分布 1152. 2008.

多年生密丛生草本。秆直立，高 25～35 cm，直径约 2 mm，紧接花序下被短柔毛，其余无毛，具 2～3 节。茎上部叶鞘平滑无毛，下部叶鞘密被倒向柔毛；叶片通常内卷，宽 1.5～2.0 mm，上面粗糙并具稀疏的长柔毛，下面平滑或被短糙毛；叶舌膜质，平截，长约 0.5 mm。穗状花序直立，长 3～8 cm，宽 5～7 mm；穗轴节间密被柔毛，长 4～5 mm，基部长可达 8 mm；小穗紧密，覆瓦状排列于穗轴两侧，长 9～11 mm，含 3～5 小花；小穗轴节间长 1.0～1.5 mm，密被柔毛；颖卵状长圆形，具粗壮而隆起的 3～5 脉，脉常具纤毛，顶端渐尖或具长达 1.5 mm 的短芒，边缘宽膜质，第 1 颖长 5～7 mm（芒除外），第 2 颖长 6～8 mm（芒除外）；外稃长圆形，全体密被柔毛，具 5 脉，顶端具长 7～11 mm 反曲的芒，基盘两侧被柔毛，第 1 外稃长 7～9 mm；内稃稍短于外稃，顶端微凹，两脊疏生短刺毛；花药长约 1.5 mm。 花果期 7～9 月。

产新疆：阿克陶（布伦口乡恰克拉克，青藏队吴玉虎 87578）、塔什库尔干（慕士塔格，青藏队吴玉虎 302）、叶城（喀拉吐孜煤矿，青藏队吴玉虎 722；苏克皮亚，青藏队吴玉虎 1022；依力克其牧场，黄荣福 86-094）。生于海拔 2 300～3 900 m 的沟谷山坡沙砾地、高原宽谷滩地、山坡高寒草原沙砾地、砾石山坡草地。

分布于我国的新疆。

11. 糙毛以礼草

Kengyilia hirsuta (Keng et S. L. Chen) J. L. Yang et al. in Hereditas 116：28. 1992；青海植物志 4：93. 1999；Fl. China 22：435. 2006；青藏高原维管植物及其生

态地理分布 1119.. 2008. ——*Roegneria hirsuta* Keng et S. L. Chen in Journ. Nanjing Univ.（Biol.）1：84. 1963；中国主要植物图说 禾本科 407. 图 336. 1959. sine latin. discr.；中国植物志 9（3）：101. 图版 24：16～17. 1987；Y. H. Wu Grass. Karakor. Kunlun Mount. 72. 1999.

多年生丛生草本，具根头或短根茎。秆高 30～70 cm，具 2～3 节，节常有膝曲，基部具鞘内分枝，紧接花序下被短柔毛。叶鞘平滑无毛，常短于节间；叶舌长 0.4～0.8 mm，顶端平截；叶片扁平或边缘内卷，长 5～10 cm，宽 2～5 mm，平滑无毛或被微毛，有时边缘疏生长纤毛。穗状花序直立，紧密，长 4.0～6.0（7.5）cm；穗轴密被柔毛，节间长 2～5 mm；小穗淡绿色或有时带紫色，长 10～15 mm（芒除外），含 3～7 小花；颖卵状披针形，具 3～4 脉，平滑或主脉粗糙，顶端尖或具长约 1.2 mm 的短尖头，第 1 颖长 4～6 mm，第 2 颖长 5～7 mm；外稃具 5 脉，背面密被长硬毛，顶端具 1.5～6.0 mm 长的芒；芒粗糙，直立，纤细，稍反曲，第 1 外稃长 7～9 mm；内稃等于或稍短于外稃，顶端微凹，脊疏生刺状纤毛，顶端具缺刻；花药暗绿色，长 2.0～2.5 mm。 花果期 7～9 月。

产新疆：若羌（依夏克帕提，青藏队吴玉虎 4263）。生于海拔 3 600～4 300 m 的高原宽谷滩地高寒草原、河谷沙砾山坡草地。

青海：兴海（赛宗寺，吴玉虎 46250；温泉乡，刘海源 602；河卡乡卡日红山，郭本兆 6099；大河坝乡，何廷农 353）、玛沁（采集地不详，区划二组 325）、玛多（采集地不详，吴玉虎 1677、1684；黑海乡红土坡，吴玉虎 18069）、曲麻莱（叶格乡，黄荣福 135）。生于海拔 3 300～4 300 m 的山坡草地、河滩草甸、河湖渠岸、沟谷山地阴坡高寒灌丛草甸。

分布于我国的新疆、青海、甘肃。

12. 毛稃以礼草

Kengyilia alatavica（Drob.）J. L. Yang et al. in Can. Journ. Bot. 71：343. 1993；Fl. China 22：435. 2006. ——*Agropyron alatavica* Drob. Repert. Spec. Nov. Regni Veg. 21：43. 1925. ——*Elymus alatavicus*（Drob.）A. Love in Fedde Repert. 95：473. 1984；新疆植物志 6：174. 1996.

12a. 毛稃以礼草（原变种）

var. **alatavica**

本区不产。

12b. 长颖以礼草（变种）

var. **longiglumis**（Keng）C. Yen et al. in Novon 8：94. 1998；Fl. China 22：435.

2006. ——*Kengylia longiglumis*（Keng）J. L. Yang et al. in Hereditas 116：27. 1992. ——*Roegneria longigumis* Keng in Journ. Nanjing Univ.（Biol.）1：83. 1963.

秆直立或其节常膝曲，密生倒毛，高 50～70 cm。叶鞘紧密苞茎，密生短柔毛；叶片长 5～10 cm，宽 3～5 mm，上面常具微毛，下面密生短柔毛。穗状花序长 5～8 cm，宽 6～8 mm；穗轴节间密生短柔毛，长 0.8～1.0 cm，下部者长可达 1.5 cm；小穗含 4～6 小花，长 12～16 mm，宽 5～7 mm；颖披针形，无毛或于脉上微粗糙，具膜质边缘，长 1.0～1.1 cm，宽约 2.5 mm；外稃密被贴生短糙毛或短柔毛，具 5 脉，第 1 外稃长约 8 mm，顶端具短芒，长 2.5～5.0 mm；内稃与外稃等长或稍长，先端微凹，脊具较稀疏短小的刺毛。

产新疆：乌恰（巴尔库提，中科院新疆综考队 9689）、叶城（昆仑山，高生所西藏队 3340）。生于海拔 2 100～3 340 m 的沟谷山坡草地、砾石山坡。

青海：称多（歇武寺，杨永昌 724、730）。生于海拔 4 000 m 左右的沟谷山地阳坡草地。

分布于我国的新疆、青海、甘肃。

40. 冰草属 Agropyron Gaertner

Gaertner in Nov. Comm. Acad. Sci. Petrop. 14：539. 1770.

多年生疏丛生草本。具下伸或横走根茎，稀无根茎，须根常被沙套。秆具少量节，直立或基部呈膝曲状。叶鞘紧密裹茎，常短于节间，无毛或表面粗糙；叶舌膜质，短小；叶片常内卷。穗状花序顶生，细长，狭矩圆形；穗轴坚韧，密被柔毛，节间特短；小穗无柄，单生于穗轴各节，排列整齐，具 3～11 小花，顶生小穗不育或退化；颖舟形至狭卵形，不对称，具1～3 脉，稀少具 5～7 脉，无毛或密被柔毛，边缘宽膜质，顶端渐尖，于脉的会合处具芒尖或短芒；外稃具 5 脉，中脉凸出形成脊，无毛或密被长柔毛，顶端具芒尖或短芒，基盘明显；内稃等于或略长于外稃，具 2 脊，顶端常凹缺，有时具短尖头；花药黄色，长为内稃之半。颖果窄矩形，顶端有毛，与稃体黏合而不易脱落。

约 15 种，主要分布于欧亚大陆的温寒地带。我国有 5 种，昆仑地区产 1 种 1 变种。

1. 冰　草　图版 39：11～14

Agropyron cristatum（Linn.）Gaertner in Nov. Comm. Acad. Sci. Petrop. 14：540. 1770；Nevski in Kom. Fl. URSS 2：661. 1934；Kuznetz. in Fl. Kazakh. 1：293. 1956；中国主要植物图说 禾本科 416. 图 347. 1959；Tzvel. in Grub. Pl. Asiae Centr. 4：191. 1968，et in Fed. Poaceae URSS 149. 1976；中国植物志 9（3）：

111. 图版 27：1～7. 1987；新疆植物志 6：159. 图版 63：6～11. 1996；Y. H. Wu Grass. Karakor. Kunlun Mount. 80. 1999；青海植物志 4：95. 图版 13：11～14. 1999；Fl. China 22：439. 2006；青藏高原维管植物及其生态地理分布 1074. 2008. ——*Bromus cristatus* Linn. Sp. Pl. 78. 1753.

1a. 冰草（原变种）

var. **cristatum**

多年生疏丛生草本，有时具横走或下伸根茎。秆高 10～40 cm，具 2～3 节，基部节稍膝曲，花序下或节下被短柔毛。叶鞘短于节间，光滑或边缘粗糙；叶舌长 0.5～1.0 mm，顶端平截而具细齿；叶片长 4～12 cm，宽 2～5 mm，通常内卷，主脉凸出，上面粗糙或密被柔毛，下面平滑无毛。穗状花序直立，扁平，常呈矩圆形，长 2～6 cm，宽 8～15 mm；穗轴被柔毛，节间长 0.5～1.5 mm，具多数小穗；小穗单生于穗轴的每节，整齐排列于穗轴两侧呈篦齿状，长 6～11 mm，含（3）5～7 小花；颖舟形，背部密被柔毛，第 1 颖长 2.0～3.5 mm，第 2 颖长 3.0～4.5 mm，顶端具 2～4 mm 长的短芒；外稃舟形，密被长柔毛，顶端具长 2～4 mm 的短芒，第 1 外稃长 5～6 mm；内稃与外稃近等长，顶端 2 裂，脊疏生短纤毛；花药黄色，长 3～4 mm。 花果期 6～9 月。

产新疆：乌恰县（吉根乡，青藏队吴玉虎 061B、采集人不详 73-85；苏约克附近，采集人不详 1886）、喀什（喀什桥边，刘海源 393）、阿克陶（阿克塔什，青藏队吴玉虎 103A；恰尔隆乡，青藏队吴玉虎 4603）、疏勒。生于海拔 2 800～3 200 m 的山坡或沟谷草地、山坡沙砾地或沙丘、荒漠草原、河边草地。

青海：都兰、格尔木、兴海（河卡乡尕玛羊曲，吴玉虎 20362）、玛沁（兔子山，吴玉虎 18058、18266）、玛多。生于海拔 2 800～4 500 m 的干旱山坡、高寒草原、沙砾滩地、山谷草地、湖岸阶地。

分布于我国的新疆、青海、甘肃、宁夏、陕西、山西、河北、内蒙古、辽宁、吉林、黑龙江；俄罗斯西伯利亚，中亚地区各国，蒙古，日本，北美洲也有。

1b. 光穗冰草（变种） 图版 39：15～17

var. **pectinatum**（M. Bieb.）Roshev. ex Fedtsch. in Izv. Imp. Bot. Sada Petra Velik. 14（Suppl. 2）：97. 1915；Fl. China 22：439. 2006. ——*Tritic*[illegible] *pectinatum* M. Bieb. Fl. Taur.-Cauc. 1：87. 1808. ——*Agropyron pecti*[illegible]（M. Bieb.）Beauv. Ess. Agrost. 146. 1812；Tzvel. in Grub. Pl[illegible]ntr. 4：193. 1968；新疆植物志 6：161. 图版 63：1～5. 199[illegible] Grass. Karakor. Kunlun Mount. 81. 1999；青藏高原维[illegible]生态地理分布 1075. 2008. ——*Agropuron pectiniforme* Roem. [illegible]ult. Syst. Veg. 2：758. 1817；Nevski in

Kom. Fl. URSS 2：659. 1934；V. Kusm. in Fl. Kazakh. 1：292. 1956；Sidor. in Fl. Tadjik. 1：311. 1957；Bor Grass. Bruma Ceyl. Ind. Pakist. 664. 1960；中国植物志 9（3）：113. 图版 27：9. 1987.

本变种与原变种的区别是：颖平滑无毛，稀仅上部边缘粗糙；外稃平滑无毛，仅脊粗糙。

产新疆：乌恰（吉根乡，青藏队吴玉虎 061A）、阿克陶（阿克塔什，青藏队吴玉虎 103B）。生于海拔 2 600～3 000 m 的山坡沙砾地、沟谷草地。

分布于我国的新疆；蒙古，俄罗斯西伯利亚，中亚地区各国，欧洲也有。

41. 旱麦草属 **Eremopyrum** Jaub. et Spach

Jaub. et Spach Ill. Pl. Or. 4：26. 1851.

一年生草本。穗状花序椭圆形或长椭圆状卵形，穗轴具关节，脆而易逐节断落；小穗无柄，单生于穗轴的每节，排列于穗轴两侧呈篦齿状，两侧压扁，含 3～6 小花，具很短的芒或无芒，顶生小穗通常不发育；颖具脊，边缘在成熟时变厚或呈角质，两颖基部多少相连；外稃背部有脊，先端渐尖或具短芒，具基盘；鳞被边缘须状；雄蕊 3 枚。

约 8 种，从地中海到印度西北部和巴基斯坦均有分布。我国有 4 种，昆仑地区产 1 种。

1. 毛穗旱麦草

Eremopyrum distans（C. Koch）Nevski in Acta Inst. Bot. Acad. Sci. URSS 1（1）：18. 1933，et in Kom. Fl. URSS 2：665. 1934；Sidor. in Fl. Tadjik. 1：320. 1957；Bor Grass. Burma Ceyl. Ind. Pakist. 672. 1960；Tzvel. in Grub. Pl. Asiae Centr. 4：195. 1968，et in Fed. Poaceae URSS 151. 1976；Thomas A. Cope in E. Nasir et S. I. Ali Fl. Pakist. 143：609. 1982；新疆植物志 6：162. 1996；Y. H. Wu Grass. Karakor. Kunlun Mount. 82. 1999；Fl. China 22：440. 2006. —— *Agropyrum distans* C. Koch in Linnaea 21：426. 1848.

一年生草本。秆高 20～40 cm，平滑无毛，而于花序下部被短柔毛，基部膝曲。上部叶鞘稍宽，但不膨大；叶片扁平，绿色，粗糙，上面有时沿脉具短柔毛，下面多少被茸毛。穗状花序矩圆形或卵状长圆形，长 2.8～5.5 cm，宽 1.4～2.5 cm；穗轴在成熟时易逐节折断，穗轴节间长 1～2 mm，被短柔毛或近于无毛；小穗灰绿色或带紫色，长 1.3～1.7 cm，含 3～5 小花，顶端小穗不育；颖条形，等长于小穗或稍短，背面具长纤毛，顶端渐尖成短芒，芒粗糙稍弯曲，长 0.4～0.8 mm；外稃明显具基盘，背部密被长柔毛，顶端渐尖成短芒，芒粗糙，长 0.5～0.7 mm；内稃约与外稃等长或稍短，脊具纤

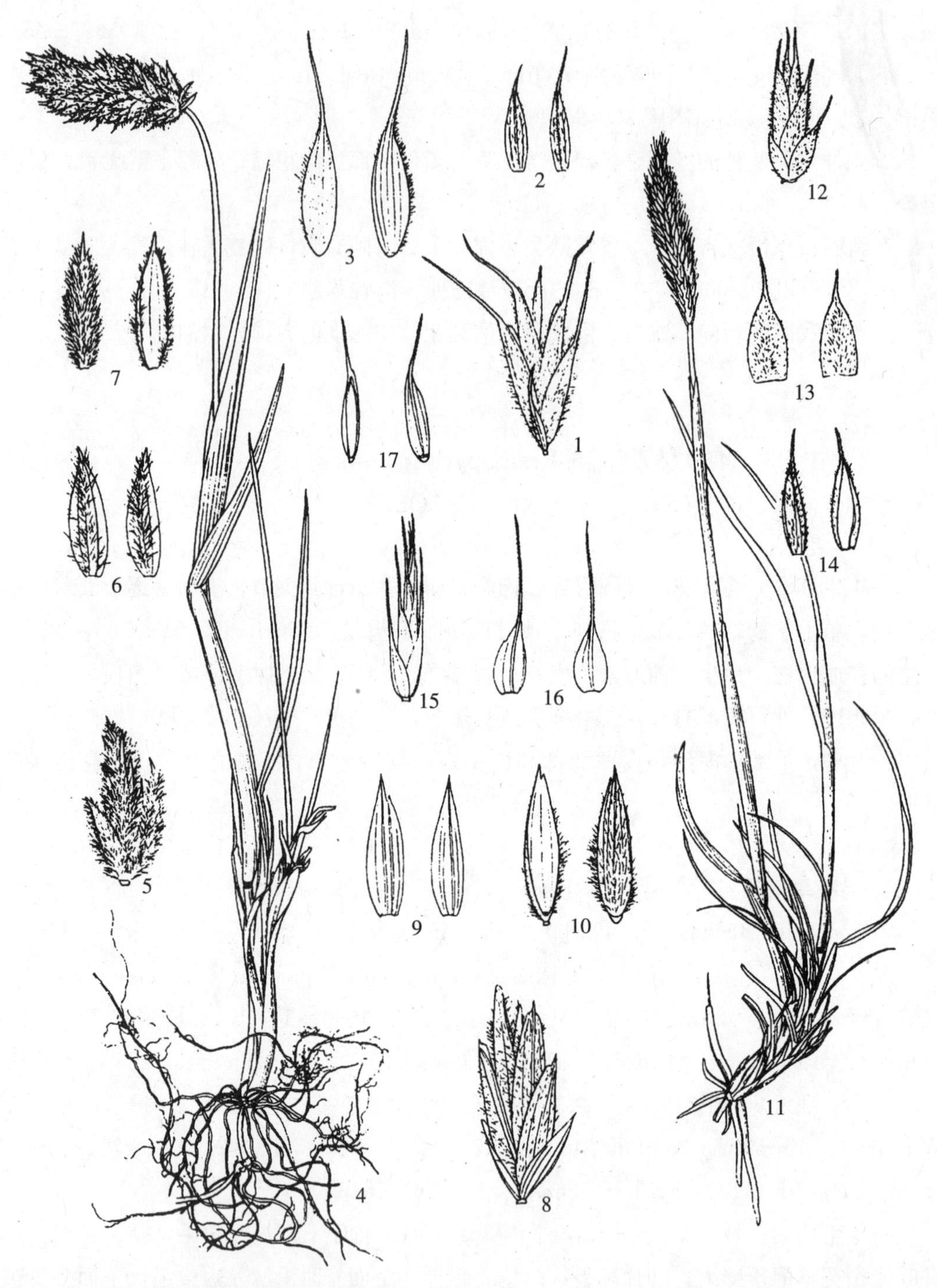

图版 **39** 青海以礼草 **Kengyilia kokonorica**（Keng et S. L. Chen）J. L. Yang et al. 1. 小穗；2. 颖片；3. 第1外稃背腹面。梭罗草 **K. thoroldiana**（Oliv.）J. L. Yang et al. 4. 植株；5. 小穗；6. 颖片；7. 第1外稃背腹面。无芒以礼草 **K. mutica**（Keng et S. L. Chen）J. L. Yang et al. 8. 小穗；9. 颖片；10. 第1外稃背腹面。冰草 **Agropyron cristatum**（Linn.）Gaertner 11. 植株；12. 小穗；13. 颖片；14. 第1小花背腹面。光穗冰草 **A. cristatum** var. pectinatum（M.Bieb.）Roshev. ex Fedtsch. 15. 小穗；16. 颖片；17. 第1小花背腹面。（刘进军绘）

毛，顶端具 2 裂齿，齿长 0.7～2.0 mm；花药黄色，长 0.5～0.9 mm。颖果与稃黏生，顶端具茸毛。　花果期 5～6 月。

产新疆：塔里木盆地西部和南部的昆仑山。生于海拔 2 600 m 左右的山坡草地。

分布于我国的新疆；俄罗斯北高加索地区，中亚地区各国，欧洲也有。

42. 黑麦属 Secale Linn.

Linn. Sp. P1. 84. 1753, et Gen. P1. ed. 5. 36. 1754.

一年生或多年生草本。秆直立。顶生穗状花序，矩圆形。小穗无柄，含 2 朵可育小花，单生于穗轴各节，两侧压扁，以侧面对向穗轴的扁平面，脱节于颖之上；小穗轴延伸于第 2 小花之后形成 1 棒状物，而在两朵可育花之间极短缩，使两小花相距极近且形成并生状态，在栽培种中延续不断落，在野生种中可逐节断落；颖窄，细长，常具 1 脉，两侧有膜质边，顶端渐尖或延伸成芒，背部脊常具细小纤毛；外稃具 5 脉，背部显著具脊，脊通常具纤毛，顶端渐尖或延伸成芒；内稃与外稃等长，具宽膜质边缘，两脊平滑无毛或上端微粗糙；雄蕊 3 枚；子房顶部具茸毛。颖果具纵长腹沟，易与稃体分离。

约 5 种，分布于欧亚大陆的温带地区。我国有 1 种，引种 1 种；昆仑地区产 1 种。

1. 黑　麦

Secale cereale Linn. Sp. Pl. 84. 1753; Nevski in Kom. Fl. URSS 2: 667. 1934; N. Kusn. in Fl. Kazakh. 1: 313. 1956; 中国主要植物图说 禾本科 421. 图 352. 1959; Bor Grass. Burma Ceyl. Ind. Pakist. 677. 1960; Tzvel. in Grub. Pl. Asiae Centr. 4: 196. 1968, et in Fed. Poaceae URSS 174. 1976; 中国植物志 9 (3): 37. 1987; 新疆植物志 6: 148. 图版 58: 6～8. 1996; Y. H. Wu Grass. Karakor. Kunlun Mount. 84. 1999; 青藏高原维管植物及其生态地理分布 1157. 2008.

一年生或越年生稀疏丛生草本。秆高约 100 cm，具 5～7 节，于花序下部密生柔毛。叶鞘常无毛或被白粉；叶舌长约 1.5 mm，顶端具细裂齿；叶片长 10～20 cm，宽 5～10 mm，下面平滑，上面边缘粗糙。穗状花序密集，长 6～15 cm（芒除外），宽约 1 cm；穗轴节间长 2～4 mm，具柔毛；小穗长约 15 mm（芒除外），通常具 2 枚能育小花和 1 枚不育小花，2 枚能育小花近于对生，另 1 枚退化的小花位于延伸的小穗轴上；两颖近等长，芒状，长约 10 mm，具 1 脉，背部沿中脉成脊，常具细刺毛，边缘干膜质；外稃长 12～15 mm，具 5 脉，沿背部两侧脉和脊上部具细刺毛，并具向内折的膜质边，顶端具 3～5 cm 长的芒；内稃与外稃近等长。颖果长圆形，淡褐色，长约 8 mm，顶端具茸毛。　花果期 6～7 月。异花传粉。

产新疆：乌恰、阿克陶、莎车、叶城。生于海拔 1 200～1 450 m 的昆仑山北麓的小麦田间或山区。

分布于我国的北部山区（为栽培或野生）；印度西北部，俄罗斯，德国，匈牙利，美国也有。

43. 小麦属 Triticum Linn.

Linn. Sp. P1. 85. 1753, et Gen. P1. ed. 5. 37. 1753.

一年生或越年生丛生草本。根须状细长。秆直立，基部略有膝曲。叶鞘光滑无毛，松弛抱茎；叶舌膜质；具叶耳；叶片扁平，常光滑无毛。穗状花序顶生，柱状；穗轴坚韧而不逐节断落；小穗无柄，单生于穗轴的各节，两侧压扁，侧面对向穗轴扁平面，含 3～9 小花；颖矩圆形至卵形或披针形，革质或草质，具 3～9 脉，背部具 1～2 脊，边缘稍膜质，顶端钝圆、平截或 2 齿裂，常具短尖头或芒；外稃背部扁圆或多少具脊，顶端常具芒或无芒如颖，无基盘；内稃与外稃近等长，边缘内折；花药黄色。颖果卵圆形或长圆形，顶端被微柔毛，栽培种易与稃体相分离，野生者紧密包裹于稃体中而不易脱落。

约 20 种，广泛栽培于欧亚大陆和北美洲。我国栽培有 4 种 4 变种，昆仑地区产 1 种 1 亚种。

分种检索表

1. 颖卵圆形，长 6～8 mm，硬革质；外稃无芒或具短芒；内稃近等长于外稃…………
……………………………………………………………… **1. 普通小麦 T. aestivum** Linn.
1. 颖椭圆状披针形，长 20～30 mm，草质或薄膜质；外稃具长芒；内稃短于外稃……
……………………………………………………………… **2. 圆锥小麦 T. turgidum** Linn.

1. 普通小麦

Triticum aestivum Linn. Sp. Pl. 85. 1753; Nevski in Kom. Fl. URSS 2: 687. 1934; N. Kusn. in Fl. Kazakh. 1: 317. 1956; 中国主要植物图说 禾本科 420. 图 351. 1959; Bor Grass. Burma Ceyl. Ind. Pakist. 679. 1960; Tzvel. in Fed. Poaceae URSS 168. 1976; 中国植物志 9 (3): 51. 图版 13: 11～13. 1987; 新疆植物志 6: 146. 图版 58: 1～5. 1996; Y. H. Wu Grass. Karakor. Kunlun Mount. 83. 1999; 青海植物志 4: 96. 1999; Fl. China 22: 443. 2006; 青藏高原维管植物及其生态地理分布 1169. 2008. ——*Triticum compactum* Host Gram. Austr. 4: 4. f. 7.

1809；Nevski in Kom. Fl. URSS 2：687. 1934；N. Kusn. in Fl. Kazakh. 1：314. 1956；Tzvel. in Fed. Poaceae URSS 169. 1976；新疆植物志 6：146. 1996；Y. H. Wu Grass. Karakor. Kunlun Mount. 83. 1999.

一年生丛生草本或越冬作物。秆直立，高约 100 cm，具 6～7 节，平滑无毛。叶鞘平滑无毛，常短于节间；叶舌顶端疏生细毛、平截，长 1～2 mm；叶耳弯形爪状，抱茎；叶片扁平，长 10～30 cm，宽 5～10 mm，上下两面常平滑无毛。穗状花序直立，长 5～10 cm（芒除外），宽 10～15 mm；穗轴棱边和节上有时被短柔毛，节间长 3～5 mm；小穗单生于穗轴各节，长 9～12 mm（芒除外），含 3～7 小花，上部小花通常不育；颖卵形，长 6～8 mm，背部隆起成脊，具不明显的 5～9 脉，中脉常在顶端延伸成短尖头；外稃扁圆形，背部无毛，稍具脊，具 5～9 脉，顶端无芒或具长短不一的粗糙芒，第 1 外稃长 8～10 mm；内稃具 2 脊，脊上疏生短小纤毛；花药长 2.5～3.5 mm。颖果顶端有髯毛。 花果期 6～8 月。

产新疆：广泛栽培于昆仑山北坡山麓各县海拔 1 000～1 400 m 的荒漠绿洲中。

青海：都兰、玛沁、久治、班玛有栽培。

我国北方普遍栽培。

2. 圆锥小麦

Triticum turgidum Linn. Sp. Pl. 86. 1753；中国植物志 9（3）：48. 1987；Fl. China 22：442. 2006.

2a. 圆锥小麦（原亚种）

subsp. **turgidum**

本地区无栽培。

2b. 波兰小麦（亚种）

subsp. **polonicum**（Linn.）Thell. Nat. Woch. n. s. 17：470. 1918；Fl. China 22：443. 2006. ——*Triticum polonicum* Linn. Sp. Pl. ed. 2. 127. 1763；Nevski in Kom. Fl. URSS 2：688. 1934；N. Kusn. in Fl. Kazakh. 1：317. 1956；Bor Grass. Burma Ceyl. Ind. Pakist. 679. 1960；Tzvel. in Fed. Poaceae URSS 169. 1976；新疆植物志 6：148. 图版 57：4～7. 1996；Y. H. Wu Grass. Karakor. Kunlun Mount. 83. 1999. ——*Triticum turgidum* Linn. var. *polonicum*（Linn.）Yan. ex P. C. Kuo Fl. Reipubl. Popul. Sin. 9（3）：48. 1987；青藏高原维管植物及其生态地理分布 1169. 2008.

秆直立，高 97～120 cm，平滑无毛。叶鞘平滑或被茸毛；叶舌很短；叶片宽披针形，宽达 2 cm，平滑或被柔毛。穗状花序紧密，长 9～12 cm，穗轴密被柔毛或近于无毛，在小穗基部具加厚的胼胝体；小穗含 2～3 朵可育花和 3～4 朵不育花；颖椭圆状披针形，长 2.0～3.5 cm，草质，无毛或被柔毛，背部具 2 条向内折的边，顶端仅具长约 1 mm 的尖齿，边缘膜质；外稃披针形，与颖等长或稍短，顶端具 5～15 cm 的长芒或稀无芒，脊不明显。颖果长约 1 cm。 花果期 6～7 月。

产新疆：昆仑山北麓的莎车、叶城、和田、墨玉有栽培。

我国的多数地区有栽培；地中海地区，埃塞俄比亚，伊朗，阿富汗，俄罗斯西伯利亚，中亚地区各国亦然。

（八）芦竹族 Trib. **Arundineae** Dumort.

44. 芦苇属 **Phragmites** Trin.

Trin. Fund. Agrost. 134. 1820.

多年生高大草本，具粗壮而短的根状茎。叶片扁平宽大，脱落；叶舌膜质，非常短，边缘具长纤毛（睫毛）。圆锥花序大型，顶生，羽毛状；小穗含 3～7 小花，两侧压扁，小穗轴节间短而无毛，脱节于第 1 外稃和第 2 小花之间；颖矩圆状披针形，不等长，第 1 颖较小，具 3～5 脉；第 1 外稃远长于颖，通常不孕，中性或雌性，其余小花两性，外稃向上逐渐变小，狭长披针形，顶端长渐尖，具 3 脉，无毛，基盘细长，向下延伸并生有丝状长柔毛；内稃甚短于外稃；雄蕊 3 枚；花柱分离，顶生。颖果矩圆形。

约 8 种。我国有 3 种，昆仑地区产 1 种。

1. 芦 苇 图版 9：16～19

Phragmites australis（Cav.）Trin. ex Steud. Nomencl. Bot. ed. 2. 1：143. 1840；Tzvel. in Fed. Poaceae URSS 606. 1976；Thomas A. Cope in E. Nasir et S. I. Ali Fl. Pakist. 143：25. 1982；西藏植物志 5：62. 图 30. 1987；内蒙古植物志. 第 2 版. 5：54. 图版 21：1～6. 1994；新疆植物志 6：47. 图版 13：1～4. 1996；Y. H. Wu Grass. Karakor. Kunlun Mount. 30. 1999；青海植物志 4：24. 图版 4：1～4. 1999；中国植物志 9（2）：27. 图版 3，3a. 2002；Fl. China 22：449. 2006；青藏高原维管植物及其生态地理分布 1132. 2008. ——*Arundo australis* Cav. Ann. Hist. Nat（Paris）1：100. 1799. ——*A. phragmites* Linn. Sp. Pl. 81. 1753. ——*Phragmites commnis* Trin. Funud. Agrost. 134. 1820；中国主要植物图说 禾本科 337. 图 277. 1959.

高大多年生草本，具粗壮发达的匍匐根状茎。秆中空，直立，平滑，坚韧，不分枝，高 1～2 m，直径 2～10 mm，节下常具白粉。叶稍圆筒形，无毛或具细毛，下部者短于上部者则长于其节间；叶舌极短，边缘密生1圈长约1 mm的短纤毛，两侧缘毛长3～5 mm，易脱落；叶片扁平，平滑或边缘粗糙，长10～40 cm，宽1～3 cm，顶端长渐尖。圆锥花序大型，直立或微下垂，长10～40 cm，宽约10 cm；分枝多数，长5～20 cm，着生稠密的小穗，下部枝腋间具柔毛，分枝及小枝粗糙；小穗柄长2～4 mm，无毛，小穗带紫褐色，长12～16 mm，含3～5小花；颖披针形，具3脉，第1颖长3～5 mm，第2颖长5～8（11）mm，第1小花常为雄性；外稃长披针形，长12～15 mm，孕性外稃长约11 mm，具3脉，基盘延长，两侧密生等长于外稃的丝状柔毛，与无毛的小穗轴相连接处具明显的关节，成熟后易自关节上脱落；内稃长3～4 mm，两脊粗糙；雄蕊3枚，花药黄色，长1.5～2.0 mm。颖果长约1.5 mm。　花果期7～9月。

产新疆：喀什、莎车（阿瓦提，王焕存082）、叶城（县城附近，刘海源057、208；黄荣福86－014）、墨玉（县城西部，刘海源186）、和田（采集地不详，刘海源86－156；布扎克乡，祁贵199）、策勒（恰哈乡，R1576）、若羌（采集地不详，刘海源86－057、087、093；阿尔金山，刘海源86－050）。生于海拔1 320～4 000 m的沟谷河岸、荒漠沙丘、绿洲沼泽、干山坡草地、水边草甸。

西藏：日土（班公湖畔，青藏队8751）。生于海拔4 200 m左右的高原宽谷湖边沼泽草甸。

青海：都兰（香日德，郭本兆8013；诺木洪，黄荣福285）、格尔木（雨水河畔，陈世龙862）、冷湖（采集地不详，植被地理组100）、茫崖（阿拉子以西，植被地理组111）、兴海（河卡乡，何廷农449；尕玛羊曲，吴玉虎20479）、班玛（马柯河林场，王为义27216）。生于海拔2 710～3 200 m的河谷湖边、河谷沼泽、荒漠沙地、河岸水边、田林路边、低湿荒漠盐碱地。

分布遍及全国；全世界温带地区皆有。

（九）扁芒草族 Trib. **Danthonieae** Zotov

45. 齿稃草属 **Schismus** Beauv.

Beauv. Ess. Agrost. 73. t. 15. f. 4. 1812.

一年生矮小、密丛生草本。叶片扁平，狭窄，细长线形。圆锥花序小型，紧缩或呈穗状。小穗含数小花，两性，小穗轴脱节于颖之上和各小花之间；两颖近相等，背部圆形，具透明的膜质边缘，具凸出的5～7脉；外稃较宽，背部圆形，具7～9脉，下部与边缘被柔毛，顶端膜质，具2枚裂片，基盘短；内稃圆形，膜质；鳞被2枚；雄蕊3枚，花药小；花柱顶生羽毛状的柱头，子房小。种脐的长度约为颖果的1/5。

约5种，多分布于欧洲、亚洲和北非。我国有2种，昆仑地区产1种。

1. 齿稃草

Schismus arabicus Nees Fl. Afr. Austr. 422. 1841；Roshev. in Kom. Fl. URSS 2：365. 1934；N. Kusn. in Fl. Kazakh. 1：221. 1956；Korol. in Fl. Tadjik. 1：360. 1957；Bor Grass. Burma Ceyl. Ind. Pakist. 481. 1960；Tzvel. in Fed. Poaceae URSS 614. 1976；Thomas A. Cope in E. Nasir et S. I. Ali Fl. Pakist. 143：28. 1982；中国植物志 9 (3)：128. 图版 31：11～14. 1987；新疆植物志 6：51. 图版 15：1～4. 1996；Y. H. Wu Grass. Karakor. Kunlun Mount. 106. 1999；Fl. China 22：452. 2006；青藏高原维管植物及其生态地理分布 1156. 2008.

一年生矮小、丛生草本。须根细弱，稀疏。茎秆纤细，高 5～15 cm，平滑无毛，通常具 2～3 节，节部多弯曲。叶鞘基部者长于节间，上部者短于节间，表面具突出明显的脉纹，边缘膜质，平滑无毛；叶舌为 1 圈长约 1.5 mm 的柔毛；叶片扁平，窄线形，长约 1.5 cm，宽 0.5～2.0 mm，两面平滑无毛。圆锥花序通常灰绿色，较密集，近穗状卵形，长 1～2 cm；分枝纤细且较短，被稀疏短毛；小穗长 6～7 mm，含 5～7 小花；小穗轴弯曲，长约 1 mm；颖短于小穗，边缘具宽膜质，第 1 颖长约 5 mm，具 5～7 脉，第 2 颖长 5.5～6.0 mm，具 5 脉；外稃边缘和背下部均被长 0.3～1.2 mm 的柔毛，边缘毛被密集，具 7～9 脉，顶端及边缘均为膜质，顶端 2 齿裂，2 裂片长约 1 mm，渐尖，无芒或有时于齿间具短尖头，第 1 外稃长 2.5～3.0 mm；内稃膜质，长圆状匙形，较外稃短，具 2 脉；雄蕊 3 枚，花药长约 0.5 mm。

产新疆：叶城（苏克皮亚，青藏队吴玉虎 1018）、且末（阿羌乡昆其布拉克，青藏队吴玉虎 3830）、策勒。生于海拔 2 600～3 300 m 的荒漠戈壁、干山坡草地、荒漠沙砾山坡。

分布于我国的新疆（天山、塔尔巴哈台山）、西藏西部；中亚地区各国，俄罗斯西伯利亚，巴基斯坦，印度也有。

（十）三芒草族 Trib. **Aristideae** Hubb.

46. 三芒草属 **Aristida** Linn.

Linn. Sp. P1. 82. 1753, et Gen. P1. ed. 5. 35. 1754.

一年生或多年生丛生草本。叶鞘平滑无毛或被长柔毛；叶片通常纵卷，稀扁平。圆锥花序顶生，狭窄或开展；小穗两性，细长，含 1 小花；小穗轴倾斜，脱节于颖之上；两颖近相等或不等长，膜质，狭窄，长披针形，具 1 脉或稀第 1 颖具 3～5 脉；外稃圆筒形，成熟后质地变得较硬，具 3 脉，通常内卷而包着内稃，顶端有 3 芒，芒粗糙或被柔毛，芒柱直立或扭转，宿存或脱落；小花基盘尖锐或较钝圆，具短柔毛；内稃质薄而短小，或甚退化；鳞被 2 枚，较大；雄蕊 3 枚。颖果圆柱形或长圆形。

约 150 种，分布于温带和亚热带的干旱地区。我国有 10 种，昆仑地区产 2 种。

分种检索表

1. 一年生；秆多具分枝；外稃顶端的 3 芒近等长，主芒长 10～20 cm，两侧芒近等长或稍短于主芒 ………………………………………… **1. 三芒草 A. adscensionis** Linn.

1. 多年生；秆不具分枝；外稃顶端的 3 芒不等长，主芒长 4～8 mm，两侧芒长 0.5～3.5 mm ………………………………………………………… **2. 三刺草 A. triseta** Keng

1. 三芒草

Aristida adscensionis Linn. Sp. Pl. 82. 1753；Rendle in Journ. Linn. Soc. Bot. 36：381. 1904；Roshev. in Kom. Fl. URSS 2：66. 1934；Gamajun. in Fl. Kazakh. 1：138. 1956；中国主要植物图说 禾本科 619. 图 557. 1959；Bor Grass. Burma Ceyl. Ind. Pakist. 407. 1960；Thomas A. Cope in E. Nasir et S. I. Ali Fl. Pakist. 143：41. 1982；中国植物志 10（1）：120. 图版 37：3～6. 1990；Y. H. Wu Grass. Karakor. Kunlun Mount. 140. 1999；Fl. China 22：454. 2006；青藏高原维管植物及其生态地理分布 1079. 2008. ——*Chaetaria adscensionis*（Linn.）Beauv. in Roem. et Schult. Syst. Veg. 2：390. 1817. ——*Aristida vulgaris* Trin. et Rupr. in Mém. Acad. Sci. St.-Pétersb. Sav. Étrang. 6：133. 1842. ——*A. heymannii* Regel in Acta Hort. Petrop. 7. 2：649. 1881；Tzvel. in Grub. Pl. Asiae Centr. 4：36. 1968；新疆植物志 6：49. 图版 14：6～7. 1996.

一年生丛生草本。须根坚韧。秆具分枝，高 15～35 cm，平滑无毛，直立或基部膝曲。叶鞘平滑无毛，疏松裹茎，短于节间；叶舌膜质，短而平截，具短纤毛；叶片内卷成针状，长 3～18 cm。圆锥花序狭窄或疏松，长 4～20 cm；分枝单生，纤细，柔弱，斜向上升或贴生；小穗细长，通常灰绿色或紫色，长 6～10 mm；两颖稍不等长，干膜质，披针形，具 1 脉，脉上粗糙，第 1 颖长 4～8 mm，第 2 颖长 5～9 mm；外稃明显长于颖，长 6～10 mm，背部平滑或微粗糙，具 3 脉，中脉粗糙，芒粗糙，主芒长 1～2 cm，侧芒近等长于主芒或稍短，基盘尖，长约 0.7 mm，被长约 1 mm 的柔毛；内稃薄膜质，披针形，长 1.5～2.0 mm；鳞被 2 枚，长约 1.8 mm；花药长约 2 mm。花期 7 月。

产新疆：泽普（县城郊，刘海源 86－195）、叶城（洛河，高生所西藏队 74－3312）、且末（县城附近，刘海源 86－133、中科院新疆综考队 9490）、于田（魏都拉光，刘瑛心 208）、和田、策勒（县城西郊，R1280）、民丰。生于海拔 1 200～2 600 m 的戈壁荒漠、河湖岸边沙地。

广布于全世界温带地区。我国新疆、青海、甘肃、宁夏、陕西、山西、河北、内蒙古、辽宁、吉林、黑龙江、河南、山东、江苏等地均有分布。

2. 三刺草 图版 40：1～3

Aristida triseta Keng Sunyatsenia 6：102. f. 16. 1941；中国主要植物图说 禾本科 614. 图 555. 1959；中国植物志 10（1）：116. 1990；青海植物志 4：178. 图版 26：3～5. 1999；Fl. China 22：455. 2006；青藏高原维管植物及其生态地理分布 1080. 2008.

多年生丛生草本。须根较粗而坚韧。秆直立，高 10～35 cm，平滑无毛，通常具 1～2 节，基部宿存枯萎的叶鞘。叶鞘平滑无毛，短于节间；叶舌较小，具短纤毛；叶片常卷折而弯曲，长 3.5～15.0 cm。圆锥花序狭窄，线形，长 4～9 cm，分枝短而硬，贴向主轴；小穗柄长 1～5 mm，顶生者长可达 1 cm；小穗通常紫色或古铜色，长 7～10 mm；颖窄披针形，具 1 脉，脉上粗糙，顶端渐尖或稀延伸成短尖头，两颖近等长或第 2 颖较长；外稃背部具紫褐色斑点，长 6.5～8.0 mm，上部微粗糙，具 3 脉，基盘短而钝，具短毛，具 3 芒，芒粗糙，主芒长 4～8 mm，侧芒长 0.5～3.0 mm；内稃薄膜质，长约 2.5 mm；鳞被 2 枚，长约 2 mm；花药黄色或为紫色，长 3～4 mm。颖果圆柱形，长约 5 mm。 花果期 7～9 月。

产青海：兴海（河卡乡羊曲，吴玉虎 20437、20452）、玛沁（采集地不详，区划二组 2242）。生于海拔 3 400～4 300 m 的沟谷山坡草地、高原山坡干燥草原、河谷灌木林下。

分布于我国的青海、甘肃、四川。

47. 针禾属 Stipagrostis Nees

Ness in Linnaca 7：290. 1832. —— *Aristida* Sect. *Stipagrostis* (Nees) Benth. et J. D. Hooer

多年生，有时近灌木状，或稀一年生。秆丛生；叶片大多数内卷，有时凋落；叶鞘保留。花序为窄的或开展的圆锥花序；小穗具 1 小花；颖干膜质，不等长或近等长，具 1～11 脉，小花基盘有侧生的髯毛；外稃窄圆柱状，平滑或微有毛，顶端具 3 芒，芒柱扭转或直立，芒针全部被白色的羽状毛，在外稃顶端有关节，中间的芒较长，两侧芒较短；雄蕊 3 枚。

约 50 种。我国有 2 种，昆仑地区产 2 种。

图版 40　三刺草 **Aristida triseta** Keng 1. 植株；2. 小穗；3. 小花。隐花草 **Crypsis aculeata**（Linn.）Ait. 4. 植株；5.小穗。虱子草 **Tragus berteronianus** Schult. 6. 花序；7. 小穗背面；8. 小穗腹面。狗尾草 **Setaria viridis**（Linn.）Beauv. 9. 植株；10. 小穗背面；11. 小穗腹面。白草 **Pennisetum flaccidum** Griseb. 12. 花序；13. 小穗背面；14. 小穗腹面。白羊草 **Bothriochloa ischaemua**（Linn.）Keng 15. 花序；16. 小穗。（王颖绘）

分种检索表

1. 小穗长1.3～1.7 cm；颖近等长；外稃长5～7 mm，顶端平截，具纤毛 ……………
……………………………………………… **1. 羽毛针禾 S. pennata** (Trin.) De Wint.
1. 小穗长2.5～3.0 mm；颖不等长；外稃长8～9 mm，顶端微2裂，平滑无毛 ……
…………………………………………… **2. 大颖针禾 S. gransiglumis** (Roshev.) Tzvel.

1. 羽毛针禾

Stipagrostis pennata (Trin.) De Wint. Kirkia 3：135. 1963；Fl. China 22：456. 2006. ——*Aristida pennata* Trin. in Mém. Acad. Sci. St.-Pétersb. Sav. Étrang. 6：488. 1815；Roshev. in Kom. Fl. URSS 2：67. t. 5. f. 6～8. 1934；Gamajun. in Fl. Kazakh. 1：138. 1956；中国主要植物图说 禾本科 614. 图 553. 1959；Bor Grass. Burma Ceyl. Ind. Pakist. 698. t. 10. 1960；Tzvel. in Grub. Pl. Asiae Centr. 4：37. 1968；中国植物志 10 (1)：113. 图版 35：1～5. 1990；新疆植物志 6：51. 图版 14：1～3. 1996；Y. H. Wu Grass. Karakor. Kunlun Mount. 141. 1999. ——*A. pungens* var. *pennata* (Trin.) Traut. in Acat Hort. Petrop. 1：7. 1871. ——*Stipagrostis pennata* subsp. *pennata* Tzvel. in Fed. Poaceae URSS 618. 1976.

多年生丛生草本。须根较粗且坚韧，外被紧密的沙套。秆直立，高20～60 cm，基部具分枝，平滑无毛。叶鞘平滑无毛或微粗糙，长于节间；叶舌短小，平截，边缘具0.5～1.0 mm的纤毛；叶片质地坚硬，纵卷如针状，长10～30 cm，上面具微毛，下面平滑无毛。圆锥花序疏松，基部常被顶生叶鞘所包，长5～20 cm；分枝多孪生或稀单生，直立或斜升。小穗通常草黄色，长15～17 mm；颖窄披针形，平滑无毛或微粗糙，两颖不等长，第1颖长10～20 mm，具3～5脉，第2颖微短于第1颖，长8～17 mm，具3脉，基部被第1颖包藏；外稃长5～7 mm，具3脉，背部平滑，顶端平截且具1圈短毛，具3芒，芒全被柔毛，其毛长2～4 mm，主芒长10～15 mm，侧芒稍短；基盘尖锐，长约1 mm，具短毛；内稃椭圆形，长约2.2 mm；鳞被2枚，长约2 mm；花药长约4 mm。 花果期7～9月。

产新疆：塔里木盆地西部的昆仑山山麓。生于海拔1 200～1 600 m的戈壁荒漠、河湖岸边沙滩地、绿洲附近的沙地和沙丘。

分布于我国的新疆；俄罗斯，中亚地区各国，伊朗，土耳其，巴基斯坦西北部，欧洲也有。

2. 大颖针禾

Stipagrostis gransiglumis (Roshev.) Tzvel. in Fed. Poaceae URSS 618. 1976；Fl.

China 22：456. 2006. ——*Aristida grandiglumis* Roshev. in Not. Syst. Inst. Bot. Kom. Acad. Sci. URSS 11：18. 1949；Tzvel. in Grub. Pl. Asiae Centr. 4：36. 1968；中国植物志 10 (1)：115. 图版 35：6～13. 1990；新疆植物志 6：49. 图版 14：4～5. 1996；Y. H. Wu Grass. Karakor. Kunlun Mount. 141. 1999；青藏高原维管植物及其生态地理分布 1079. 2008.

多年生紧密丛生草本。须根坚韧，外被沙套。秆直立，高 30～65 cm，平滑无毛，基部具分枝，且具枯萎的叶鞘。叶鞘微糙涩，长于节间，疏松包茎，边缘膜质；叶舌短，具纤毛；叶片内卷，上面被短毛，下面平滑，长 10～35 cm。圆锥花序开展，长 15～30 cm；分枝细弱，单生，长 3～10 cm，斜升，顶端生少数小穗；小穗线形，通常草黄色或黄白色；颖线状披针形，背面平滑或点状粗糙，腹面上部密被短毛，顶端渐尖，两颖不等长，第 1 颖长 2.8～3.0 cm，具 5～7 脉，两边脉不明显，第 2 颖长 1.7～2.2 cm，具 3 脉；外稃长 6～8 mm，具 3 脉，顶端微 2 裂，裂片及边缘薄膜质，具较长的 3 芒，芒自外稃顶端 2 裂片间伸出，芒柱短，平滑，长约 1 mm，芒针全被长 4～5 mm 的白色羽状毛，毛向顶部逐渐变短以至近无毛，主芒长约 2.4 cm，两侧芒长 1.8～2.2 cm，基盘尖，长约 1.5 mm，具长 1.5～2.0 mm 的柔毛；内稃倒卵形或椭圆形，长约 2 mm，有伸达中部的 2 脉；鳞被 2 枚，长约 2 mm，条状；花药长约 5 mm。花果期6～9 月。

产新疆：和田、策勒、于田、若羌（阿尔金山，采集人和采集号不详)。生于海拔 1 200～2 500 m 的昆仑山山地洪积扇、戈壁荒漠、沙砾质河湖滩地、沙丘和沙地。

分布于我国的新疆、甘肃；蒙古，俄罗斯也有。

（十一）冠芒草族 Trib. **Pappophoreae** Kunth

48. 九顶草属 **Enneapogon** Desv. ex Beauv.

Desv. ex Beauv. Ess. Agrost. 81. 1812.

一年生或多年生草本。秆密丛生。叶片常狭窄或内卷。圆锥花序顶生，紧缩成穗状或头状；小穗含 2～3 小花，稀含 1 小花，顶端小花退化；小穗轴脱节于颖之上，但不于小花间断落；颖膜质，近等长，与小花等长或较长，具 3～7 (11) 脉，无芒；外稃草质或革质，短于颖，背部具脊，平滑或中部以下被毛，具 9 脉，脉于顶端形成 9 条粗糙或具羽毛的芒，呈冠毛状；内稃近等长于外稃，具 2 脊，脊具纤毛；鳞被 2 枚；雄蕊 3 枚；花柱短，分离，柱头羽毛状。

约 30 种。我国有 2 种，昆仑地区产 1 种。

1. 九顶草 图版 41：1～3

Enneapogon desvauxii P. Beauv. Ess. Agrostogr. 82. 1812；Fl. China 22：456. 2006. ——*E. brachystachyus*（Jaub. et Spach）Stapf in Dyer Fl. Cap. 7：654. 1900；青海植物志 4：169. 图版 25：1～3. 1999；青藏高原维管植物及其生态地理分布 1104. 2008. ——*E. borealis*（Griseb.）Honda in Rep. First. Sci. Exped. Manch. Sect. 4，4：101. 1936；中国植物志 10（1）：2. 图版 1：1～6. 1990.

一年生密丛生草本。秆直立，高 5～20 cm，节常膝曲，密被柔毛，基部鞘内常具隐藏小穗。叶鞘多短于节间，密被短柔毛，鞘内常有分枝；叶舌极短，顶端具纤毛；叶片多内卷，密被短柔毛，长 2～10 cm。圆锥花序短穗状，紧密，呈圆柱形，铅灰色或成熟后为草黄色，长 1.5～2.5 cm，宽 6～10 mm；小穗常含 2～3 小花，顶端小花退化；小穗轴节间无毛；颖质薄，披针形，背部被短柔毛，具脊，具 3～5（7）脉，边缘宽膜质，顶端尖，第 1 颖长 3.0～3.5 mm，第 2 颖长 4～5 mm；外稃背部被柔毛，尤以边缘更甚，具 9 脉，脉于顶端形成 9 条直立的具羽毛的芒，芒略不等长，长 2～4 mm，第 1 外稃长 2.0～2.5 mm；内稃近等长于外稃，脊具纤毛；花药长 0.3～0.5 mm。花果期 7～9 月。

产青海：兴海（唐乃亥乡，杨永昌 282；河卡乡羊曲，何廷农 479）。生于海拔 2 800～3 200 m 的干山坡草地、河滩砾地。

分布于我国的新疆、青海、甘肃、宁夏、山西、河北、内蒙古、辽宁、安徽；印度，中亚地区各国，非洲也有。

（十二）画眉草族 Trib. **Eragrostideae** Stapf

49. 獐毛属 **Aeluropus** Trin.

Trin. Fund. Agrost. 143. 1822.

多年生低矮草本，具匍匐茎，多分枝。叶舌非常短，膜质，边缘被毛；叶片坚硬，常卷折成针状。圆锥花序紧密而呈穗状或头状；小穗卵状披针形，含 4 至多数小花，无柄或几乎无柄，成 2 行排列于穗轴一侧，小花紧密排列成覆瓦状，小穗轴脱节于颖之上及各小花之间；两颖近相等，革质，边缘干膜质，短于第 1 小花，第 1 颖具 1～3 脉，第 2 颖具 5～7 脉；外稃卵形，纸质，先端尖或具小尖头，明显具 7～11 脉，边缘无毛或被毛；内稃几等长于外稃，顶端平截，脊上微粗糙或具纤毛；雄蕊 3 枚，花药细长线形。颖果卵形至长圆形。

有 20 余种，分布于地中海地区、喜马拉雅山和亚洲北部。我国有 4 种 1 变种，昆仑地区产 2 种。

分种检索表

1\. 花序分枝排列较疏离；外稃边缘具纤毛；花药长约 1.5 mm ……………………………………………………………………… **1. 小獐毛 A. pungens** (M. Bieb.) C. Koch

1\. 花序分枝排列紧密而重叠；外稃常无毛；花药长 0.6～0.8 mm ……………………………………………………………………… **2. 微药獐毛 A. micrantherus** Tzvel.

1. 小獐毛

Aeluropus pungens (M. Bieb.) C. Koch in Linnaea 21: 408. 1848; Tzvel. in Grub. Pl. Asiae Centr. 4: 129. 1968, et in Fed. Poaceae URSS 621. 1976; 中国植物志 10 (1): 7. 1990; 新疆植物志 6: 327. 图版 128: 1～7. 1996; Y. H. Wu Grass. Karakor. Kunlun Mount. 133. 1999; Fl. China 22: 459. 2006; 青藏高原维管植物及其生态地理分布 1074. 2008. ——*Poa pungens* M. Bieb. Tabl. Prov. Mer. Casp. 130. 1800; Land. Zwisch. Fluss. Terek. u. Kur 130. 1800. ——*Aeluropus littoralis* subsp. *pungens* (M. Bieb.) Tzvel. in Nov. Syst. Pl. Vasc. 8: 78. 1971. ——*A. littoralis* (Gouan) Parl. Fl. Ital. 1: 461. 1848; 中国主要植物图说 禾本科 328. 图 268. 1959; Tzvel. in Grub. Pl. Asiae Centr. 4: 129. 1968. ——*Poa littoralis* Gouan Fl. Monspel. 470. 1765.

多年生草本，具向四周伸展的匍匐枝。秆直立或倾斜，高 5～25 cm，花序以下粗糙或被毛，节上通常光滑无毛或被柔毛，基部密生鳞片状叶，且自基部多分枝。叶鞘多聚于秆基，平滑无毛，长于或短于节间，鞘内有时具分枝；叶舌很短，具 1 圈纤毛；叶片狭线形，尖硬，长 0.5～6.0 cm，宽约 1.5 mm，扁平或内卷如针状，平滑无毛。圆锥花序呈穗状，长 2～7 cm，宽 3～5 mm；分枝单生，彼此疏离而不重叠；小穗密集，卵形，长 3～4 mm，含 5～9 小花，在穗轴上明显排成整齐的 2 行；颖卵形，具膜质边缘，并疏生少量纤毛，脊粗糙，第 1 颖长 1～2 mm，第 2 颖长 1.5～2.5 mm；外稃卵形，具 5～9 脉，顶端尖，边缘膜质而具纤毛，尤以基部两侧的毛较长而密，第 1 外稃长 2.0～2.5 mm；内稃等长于外稃，顶端平截或具缺刻，脊具微纤毛而粗糙；花药长约 1.4 mm；子房顶端无毛，花柱 2 枚，顶生。　花果期 5～8 月。

产新疆：喀什、莎车、疏勒（牙甫泉，R898）、民丰、策勒、墨玉、若羌（县城郊，刘海源 86-75）。生于昆仑山山前地带海拔 1 200～2 000 m 的绿洲盐生草甸、林下或河岸潮湿草地、渠岸、田间。

分布于我国的新疆、甘肃；蒙古，伊朗，中亚地区各国，俄罗斯西伯利亚，欧洲也有。

2. 微药獐毛

Aeluropus micrantherus Tzvel. in Grub. Pl. Asiae Centr. 4：128. 1968；中国植物志 10（1）：5. 1990；新疆植物志 6：325. 1996；Y. H. Wu Grass. Karakor. Kunlun Mount. 134. 1999；Fl. China 22：458. 2006；青藏高原维管植物及其生态地理分布 1074. 2008.

多年生密丛生草本。秆基部多分枝，高 6～30 cm。叶鞘平滑无毛或疏被柔毛，鞘口或连同边缘被较长柔毛；叶舌膜质，长约 0.2 mm，顶端覆以长 0.3～0.5 mm 的柔毛；叶片扁平或顶端内卷成针状，长 1.5～4.5 cm，宽 1～2 mm，两面密被微刚毛。圆锥花序呈穗状，长 2～5 cm，宽约 3 mm；分枝单生，紧贴穗轴而彼此密接且重叠；小穗卵形，长 2～3 mm，含 2～6 小花；颖卵形，脊粗糙，边缘膜质，第 1 颖长 1.0～1.2 mm，第 2 颖长 1.5～1.8 mm；外稃卵形或宽卵形，具 5～9 脉，边缘膜质，全部无毛或近基部两侧有纤毛，顶端锐尖或具极短芒尖，第 1 外稃长约 2.5 mm；内稃与外稃近等长；花药长 0.6～0.8 mm。

产新疆：乌恰（县城以东 20 km 处，刘海源 226）、英吉沙、墨玉、和田、若羌。生于昆仑山山前地带海拔 1 200～2 400 m 的绿洲草甸、潮湿草地、干山坡、戈壁荒漠、山坡草地。

分布于我国的新疆；蒙古，中亚地区各国也有。

50. 隐子草属 Cleistogenes Keng

Keng in Sinensia 5：147. 1934. ——*Kengia* Packer in Bet. Not. 113（3）：291. 1960.

多年生丛生草本。秆通常具多节。叶片线状披针形，扁平或内卷，质较硬，与鞘口相接处有一横痕，易自此处脱落；叶鞘内常有隐藏的小穗。圆锥花序狭窄或开展，由数枚单一的或具有分枝的总状花序组成；小穗两侧压扁，含 1 至数小花，具短柄，近于成 2 行排列于三棱状穗轴的一侧；小穗轴顶端疏生茸毛，脱节于颖之上及各小花之间；颖质薄或似膜质，不等长，顶端尖或钝，第 1 颖较小，具 1 脉，第 2 颖具 3～5 脉；外稃灰绿色，被深绿色的花纹，具 3～5 脉，无毛或边缘疏生柔毛，顶端具 2 微齿，裂齿间伸出细短芒或小尖头，稀可不裂而渐尖，基盘短钝，具短毛；内稃稍长于或短于外稃，具 2 脊，脊无毛或粗糙；雄蕊 3 枚，花药线形；花柱短，分离，柱头帚刷状，紫色。

有 20 多种。我国产 12 种 2 变种，昆仑山地区有 2 种。

分种检索表

1. 外稃顶端无芒或稀具短尖，第1外稃长3～4 mm，卵状披针形 ……………………………………………………………… **1. 无芒隐子草 C. songorica**（Roshev.）Ohwi

1. 外稃顶端具芒，芒长3～6 mm，第1外稃长5～6 mm，披针形…………………………………………………………… **2. 糙隐子草 C. squarrosa**（Trin.）Keng

1. 无芒隐子草 图版 41：4～5

Cleistogenes songorica（Roshev.）Ohwi in Journ. Jap. Bot. 18：540. 1942；Tzvel. in Grub. Pl. Asiae Centr. 4：113. 1968，et in Fed. Poaceae URSS 629. 1976；中国植物志 10（1）：43. 图版 11：1～6. 1990；新疆植物志 6：335. 图版 131：5～7. 1996；青海植物志 4：169. 图版 25：11，12. 1999；Fl. China 22：461. 2006；青藏高原维管植物及其生态地理分布 1118. 2008. ——*Diplachne songorica* Roshev. Fl. URSS 2：752. 1934.

多年生丛生草本。秆直立，高 15～25 cm，通常具多节。叶鞘长于节间，平滑无毛，鞘口具长柔毛；叶舌长约 0.5 mm，具短纤毛；叶片扁平或边缘内卷，上面粗糙，长 2～6 cm。圆锥花序开展，长 2～8 cm；分枝平展或稍斜升，枝腋间具柔毛；小穗通常绿色或稍带紫色，长 4～8 mm，含 3～8 小花；颖卵状披针形，近膜质，具 1 脉，顶端尖，第 1 颖长 2～3 mm，第 2 颖长 3～4 mm；外稃卵状披针形，常具 5 脉，主脉及边脉疏生长柔毛，边缘膜质，顶端无芒或稀具短尖，基盘生短毛，第 1 外稃长 3～4 mm；内稃稍短于外稃，脊下部具较长的纤毛；花药黄色或紫色，长约 1.2 mm。 花果期7～9 月。

产新疆：和田（喀什塔什，青藏队吴玉虎 2556）。生于海拔 4 000 m 左右的沟谷山地草甸。

青海：兴海（唐乃亥乡，杨永昌 237）。生于海拔 2 600～2 800 m 的沟谷干山坡草地、河漫滩草地。

分布于我国的新疆、青海、甘肃、宁夏、陕西、内蒙古；日本，中亚地区各国，俄罗斯西伯利亚也有。

2. 糙隐子草

Cleistogenes squarrosa（Trin.）Keng in Sinensia 5：156. 1934；Gamajun. in Fl. Kazakh. 1：206. 1956；中国主要植物图说 禾本科 293. 图 239. 1959；Tzvel. in Grub. Pl. Asiae Centr. 4：115. 1968，et in Fed. Poaceae URSS 628. 1976；中国植物志 10（1）：45. 图版 11：7～12. 1990；新疆植物志 6：337. 图版 131：1～4.

1996；青海植物志 4：174. 1999；Fl. China 22：461. 2006；青藏高原维管植物及其生态地理分布 1118. 2008. ——*Molinia squarrosa* Trin. in Ledeb. Fl. Alt. 1：105. 1829. ——*Diplachne squarrosa*（Trin.）Maxim. in Bull. Soc. Nat. Mosc. 54. 1：71. 1879. in adnot.；Roshev. in Kom. Fl. URSS 2：310. 1934.

多年生密丛生草本。秆高约 10 cm，通常具多节，干后卷曲作蜿蜒状。叶鞘长于节间，平滑无毛，层层包裹直达花序基部；叶舌为一圈很短的纤毛；叶片常内卷，长 3～6 cm。圆锥花序狭窄，长 3～5 cm；分枝单生，微糙涩；小穗通常绿色或微带紫色，长 5～7 mm（芒除外），含 2～3 小花，颖具 1 脉，脊粗糙，边缘宽膜质，第 1 颖长 1～2 mm，第 2 颖长 3～5 mm；外稃披针形，近边缘处常具短柔毛，具 5 脉，或间脉不明显而成 3 脉，主脉通常延伸成长 4～6 mm 的芒，顶端微 2 裂，基盘具短毛，第 1 外稃长5～6 mm；内稃狭窄，近等长于或稍长于外稃；花药长约 2 mm。 花果期 7～9 月。

产青海：兴海（河卡山，何廷农 385）。生于海拔 3 300～3 700 m 的沟谷山坡干旱草原、沙砾质河谷滩地草甸草原。

分布于我国的新疆、青海、宁夏、甘肃、陕西、山西、河北、内蒙古、辽宁、吉林、黑龙江、山东；蒙古，俄罗斯，高加索地区，中亚地区各国，日本，欧洲也有。

51. 固沙草属 Orinus Hitchc.

Hitchc. in Journ. Acad. Sci. Wash. 23：136. f. 2. 1933.

多年生草本。具长根状茎，其上覆盖革质且有光泽的鳞片。叶片扁平或内卷，易自叶鞘的顶端脱落。圆锥花序由数枚单生的总状花序组成；小穗含 2 至数小花，稀含 1 花，具短柄，较疏松地排列于穗轴的一侧；小穗轴节间无毛，或疏生短柔毛，脱节于颖之上及各小花之间；颖质薄，顶端尖，无毛或多少被毛，第 1 颖稍短，具 1 脉，第 2 颖具 3 脉；外稃具脊，全部或仅于下部及边缘具柔毛，顶端尖或具短尖头；内稃近等长于外稃或稍短，具 2 脊，脊具纤毛或微糙涩，脊间及其两侧多少被毛；鳞被 2 枚；雄蕊 3 枚。颖果长圆形，具 3 棱。

约 3 种，分布于克什米尔地区和我国西部。昆仑地区产 3 种。

分种检索表

1. 外稃全部密被柔毛；叶鞘常被长柔毛 …… **1. 固沙草 O. thoroldii**（Stapf ex Hemsl.）Bor
1. 外稃仅于下半部或脊的两侧和边缘疏生柔毛，叶鞘常平滑无毛。
    2. 小穗长 5～6 mm，含 1～2 小花；外稃仅边缘及脊的下半部疏生柔毛 ……………………………………………… **2. 鸡爪草 O. anomala** Keng ex Keng f. et L. Liu

2. 小穗长 7.0～8.5 mm，含 3～5 小花；外稃下部具柔毛 ······························
······························ **3. 青海固沙草 O. kokonorica**（Hao）Keng ex Tzvel.

1. 固沙草

Orinus thoroldii（Stapf ex Hemsl.）Bor in Kew Bull. 1951：454. 1952，et Grass. Burma Ceyl. Ind. Pakist. 519. 1960；中国主要植物图说 禾本科 284. 图 229. 1959；Thomas A. Cope in E. Nasir et S. I. Ali Fl. Pakist. 143：71. 1982；西藏植物志 5：71. 图 36. 1987；中国植物志 10（1）：39. 1990；新疆植物志 6：333. 图版 130：1～3. 1996；Y. H. Wu Grass. Karakor. Kunlun Mount. 136. 1999；Fl. China 22：465. 2006；青藏高原维管植物及其生态地理分布 1128. 2008. ——*Diplachne thoroldii* Stapf ex Hemsl. in Journ. Linn. Soc. Bot. 30：121. 1894. ——*Orinus arenicola* Hitchc. in Journ. Wash. Acad. Sci. 23：136. 1933.

多年生疏丛生草本。具长根状茎，长超过 20 cm，其上覆盖革质且有光泽的小鳞片，枯老时鳞片易脱落。秆高 20～50 cm。叶片扁平或内卷，长 3～9 cm，宽 2～3 mm，被毛或光滑无毛，易自叶鞘之顶端脱落。圆锥花序由数枝单生的总状花序组成，长 6～15 cm，分枝长 2～6 cm；小穗通常黑褐色，长 7～9 mm，含（1）2 至数小花，具长约 1.5 mm 的短柄，光滑无毛，较疏松地排列于穗轴之一侧；小穗轴节间无毛或疏生短毛，脱节于颖之上及各小花之间；颖长 4～6 mm，质薄，顶端尖，平滑无毛或多少被毛，第 1 颖稍短，具 1 脉，第 2 颖具 3 脉；外稃全部或仅于下部及边缘被柔毛，具 3 脉，顶端无芒或具短尖头，第 1 外稃长 6～7 mm；内稃近等长于外稃或稍短，具 2 脊，脊生纤毛或微糙涩，脊间及其两侧多少被毛；鳞被 2 枚；雄蕊 3 枚，花药长约 3.5 mm。颖果长圆形，长约 3 mm，具 3 棱。　花期 8 月。

产新疆：皮山（康西瓦，采集人和采集号不详）。生于海拔 3 500 m 左右的河滩沙砾地、河谷地带砂土干山坡。

西藏：日土（多玛，青藏队吴玉虎 1330；上曲龙，高生所西藏队 3505）、改则（大滩，高生所西藏队 4307；麻米区附近，青藏队郎楷永 10142；康托区，青藏队郎楷永 10225）。生于海拔 4 200～5 000 m 的喀喇昆仑山山坡沙砾地、沟谷沙丘、河谷滩地高寒草原、高原宽谷湖畔沙地。

分布于我国的新疆、青海、西藏；克什米尔地区也有。

2. 鸡爪草

Orinus anomala Keng ex Keng f. et L. Liu in Acta Bot. Sin. 9（1）：68. 1960；中国植物志 10（1）：41. 1990；Fl. China 22：465. 2006；中国主要植物图说 禾本科 284. 图 231. 1959. sine latin. discr.

多年生草本。根茎呈圆筒形而多节，其节间甚短，平滑无毛，密生鳞片，长 1.5～8.0 cm，直径 1.5～2.0 mm。秆疏丛生，直立，高 35～50 cm，具 4～5 节，节下疏生微毛。根出叶鞘草黄色，密集排列成覆瓦状，无毛，先端尖而不具叶片，或叶片退化，长仅5～7 mm，宽约2 mm；茎生叶鞘质较硬，圆筒形，无毛或鞘口处疏生柔毛；叶舌长约0.5 mm，平截；叶片质较硬，直立，内卷，顶端长渐尖，呈锥状，长7～12 cm，宽2.0～3.5 mm，无毛或上面稍糙涩而基部疏生少许柔毛。圆锥花序线形，长约10 cm，每节具1分枝，稀可有2枚；分枝直立，稍糙涩，基部分枝长3.5～4.0 cm；小穗黄绿色或带暗紫色，长5～6 mm，具1或2小花；小穗轴节间纤细，长约1.5 mm，顶端略被细毛茸；颖膜质，顶端渐尖，无毛，脊上部稍糙涩，第1颖具1～3脉，长3.0～3.5 mm，第2颖具3脉，长4.0～4.5 mm；外稃长圆状披针形，顶端渐尖，具3脉，无芒，边缘内卷，脊的下半部疏生柔毛，第1外稃长约5 mm；内稃与外稃等长或稍短，顶端稍下凹，脊的上部稍糙涩；鳞被2枚，肉质，长约0.5 mm；花药黄色，线形，长约2 mm。　花期8月。

产青海：兴海（河卡乡宁曲，何廷农330）、称多（拉布乡，苟新京83-440）。生于海拔3 600～3 900 m的山地阳坡草原、沟谷山坡草甸。

分布于我国的青海。

3. 青海固沙草　图版41：6～8

Orinus kokonorica（Hao）Keng ex Tzvel. in Grub. Asiae Centr. 4：112. 1968；中国主要植物图说 禾本科284. 图230. 1959；中国植物志10（1）：40. 图版1：7～12. 1990；青海植物志4：173. 图版25：8～10. 1999；Fl. China 22：465. 2006；青藏高原维管植物及其生态地理分布1128. 2008. ——*Cleistogenes kokonorica* Hao Bot. Jahrb. Syst. 68：582. 1938.

多年生疏丛生草本。具密被鳞片的根状茎，鳞片衰老后易脱落。秆直立，高20～50 cm，质较硬，粗糙或平滑无毛。叶鞘平滑无毛或粗糙，有时被短糙毛；叶舌膜质，顶端平截，边缘撕裂成纤毛状，长0.5～1.0 mm；叶片质较硬，常内卷成刺毛状，长4～10 cm，两面糙涩或被短刺毛，边缘粗糙。圆锥花序线形，长4～15 cm；分枝直立，单生，棱边具短刺毛；小穗绿色，成熟后变草黄色，长7.0～8.5 mm，含3～4（5）小花；小穗轴节间疏生细短毛；颖质薄，披针形，平滑无毛，背部常带黑紫色，边缘膜质呈土黄褐色，顶端尖或第2颖稍钝，第1颖长3.5～5.0 mm，第2颖长4.5～6.0 mm；外稃质薄，顶端呈细齿状，无芒，具3脉，脊两侧及边缘或背下部被长柔毛，基盘两侧疏生短毛，第1外稃长约5.5 mm；内稃具脊，脊及其两侧疏生短毛；花药长约3 mm。花果期7～9月。

产青海：兴海（中铁乡附近，吴玉虎42780、42791；河卡乡，吴玉虎20429、20438；尕玛羊曲，吴玉虎20357、20425；唐乃亥乡，弃耕地调查队243；河卡乡宁曲山，何廷农483）、称多（歇武寺，采集人不详723）、曲麻莱（巴干乡，刘尚武919）、治多。生于海拔3 200～4 400 m的干旱山坡、高山草原、山麓砂土地、固定沙丘、沙砾质干旱草原。

分布于我国的青海、甘肃。

52. 画眉草属 **Eragrostis** Wolf

Wolf Gen. Pl. Vocab. Char. Def. 23. 1776.

一年生或多年生草本。秆常丛生，平滑无毛。叶片大多扁平，有时卷曲，线形细长，稀少尖锐。圆锥花序开展或紧缩；小穗两侧压扁，有数个至多数小花，小花常紧密或疏松排列成覆瓦状而且向上逐渐变小；小穗轴无毛或具微毛，常作“之”字形曲折，逐渐断落或延伸而不折断；两颖近等长或不等长，通常短于第 1 小花，具 1 脉，常宿存或稀少脱落；外稃无芒，背部圆形，具脊，膜质到革质，平滑无毛到微粗糙或稀少被毛，全缘，顶端钝或尖，稀少具短尖头，具明显的 3 脉，或侧脉不明显，无芒；内稃等长或稍短于外稃，具 2 脊，常作弓形弯曲，宿存或与外稃同落。颖果与稃体分离，球形压扁且具 3 棱。

约 300 种，分布于全世界的热带、亚热带和温带。我国连同引种的共有 29 种 1 变种，昆仑地区产 6 种。

分种检索表

1. 多年生。
  2. 植株具根茎；叶舌为 1 圈短毛；小穗深绿色，具 2～5 小花 ……………………………………………………………………………… **1. 戈壁画眉草 E. collina** Trin.
  2. 植株不具根茎；叶舌长约 0.5 mm；小穗黑色或黑绿色，具 3～8 小花 ………………………………………………………………………… **2. 黑穗画眉草 E. nigra** Nees ex Steud.
1. 一年生。
  3. 植物体不具腺点；花序分枝腋间具细长柔毛 …… **3. 画眉草 E. pilosa** (Linn.) Beauv.
  3. 植物体具腺点；花序分枝腋间不具细长柔毛或大画眉草具柔毛。
    4. 小穗宽 2～3 mm；第 1 外稃长约 2.5 mm；花序分枝腋间具毛………………………………………………… **4. 大画眉草 E. cilianensis** (All.) Link ex Vignolo - Lutati
    4. 小穗宽 1.4～2.5 mm；第 1 外稃长 1.5～2.0 mm；花序分枝腋间无毛。
      5. 小穗长 3～8 mm；外稃脊上有腺点；叶片上面疏生柔毛 ………………………………………………………………………… **5. 小画眉草 E. minor** Host
      5. 小穗长 5～11 mm；外稃脊上无腺点；叶片上面无毛 ………………………………………………… **6. 香画眉草 E. suaveolens** A. K. Beck. ex Claus

1. 戈壁画眉草

Eragrostis collina Trin. Mém. Acad. Imp. Sci. St.-Pétersb. Sér. 6. Sci. Math. 1：413. 1831；Tzvel. in Fed. Poaceae URSS 635. 1976；新疆植物志 6：331. 1996；Y. H. Wu Grass. Karakor. Kunlun Mount. 135. 1999；Fl. China 22：478. 2006；青藏高原维管植物及其生态地理分布 1104. 2008. ——*Aira arundimacda* Linn. Sp. Pl. 64. 1753. ——*Eragrostis arundinacea*（Linn.）Roshev. in Kom. Fl. URSS 2：319. 1934；Gamajun. in Fl. Kazakh. 1：211. 1956.

多年生丛生草本。植株青绿色，具短根状茎。秆直立，粗壮，坚硬，平滑无毛，高 30～100 cm，基部具革质鳞片状叶。叶鞘平滑无毛，鞘口具长柔毛；叶舌为 1 圈纤毛状；叶片条形，扁平或卷缩，平滑无毛，宽 2～6 mm，边缘粗糙。大型圆锥花序，长达 25 cm，宽约 12 cm；分枝远离而上举，通常单生或 2（3）枚生于一节，平滑无毛，小穗通常深绿色，密集聚于分枝末端，长 1.8～3.5 mm，具 2～5 花；小穗轴非常脆且常于果熟时易逐节断落；两颖不等长，短于小花；外稃长约 2 mm，具 3 脉，顶端钝。颖果近于圆形，长约 1 mm。 花果期 6～9 月。

产新疆：叶城。生于昆仑山山前海拔 1 400 m 左右的戈壁沙砾地。

分布于我国的新疆；中亚地区各国，俄罗斯西伯利亚和北高加索地区也有。

2. 黑穗画眉草 图版 41：9～10

Eragrostis nigra Ness ex Steud. Syn. Pl. Glum 1：267. 1854；中国主要植物图说 禾本科 311. 图 252. 1959；Bor Grass. Burma Ceyl. Ind. Pakist. 511. 1960；秦岭植物志 1（1）：73. 1976；西藏植物志 5：67. 图 33. 1987；中国植物志 10（1）：21. 图版 122：6. 1990；青海植物志 4：170. 图版 25：4～5. 1999；Fl. China 22：475. 2006；青藏高原维管植物及其生态地理分布 1104. 2008.

多年生丛生草本。秆高约 50 cm，有 2～3 节，直立，基部稍倾斜。叶鞘压扁，长于或短于节间，鞘口具长 2～5 mm 白色柔毛；叶舌长约 0.5 mm；叶片扁平，长 10～25 cm，宽 3～5 mm，顶端长渐尖，上面疏生柔毛。圆锥花序开展，长约 15 cm，宽约 5 cm；分枝近于轮生或稀有单生，纤细，与小穗柄均无腺点；小穗黑色或铅绿色，长 3～5 mm，含5～7 小花；颖披针形，脊粗糙，顶端渐尖，第 1 颖长 1.0～1.5 mm，具 1 脉；第 2 颖长 1.5～2.0 mm，具 3 脉；外稃卵状长圆形，排列疏松，具 3 脉，侧脉有时不明显，顶端膜质，第 1 外稃长约 1.5 mm；内稃宿存，稍短于外稃，脊上部粗糙，顶端钝圆；花药黄色，长约 0.6 mm。

产青海：兴海（唐乃亥乡，吴玉虎 42063；河卡乡羊曲，吴玉虎 20378）。生于海拔 2 600～3 000 m 的干旱山坡草地、沙砾河滩干草地。

分布于我国的青海、甘肃、陕西、西藏、四川、云南、贵州、河南、广西、江西；

印度，东南亚也有。

3. 画眉草

Eragrostis pilosa（Linn.）Beauv. Ess. Agrost 162. 175. 1812；Fl. URSS 2：315. 1934；Fl. Kazakh. 1：209. 1956；Fl. Tadjik. 1：449. 1957；中国主要植物图说 禾本科 313. 图 255. 1959；Tzvel. in Grub. Pl. Asiae Centr. 4：118. 1968；Tzvel. Fed. Poaceae URSS 632. 1976；Thomas A. Cope in E. Nasir et S. I. Ali Fl. Pakist. 143：91. 1982；中国植物志 10（1）：23. 图版 122：9. 1990；新疆植物志 6：328. 图版 129：1～2. 1996；Fl. China 22：476. 2006；青藏高原维管植物及其生态地理分布 1105. 2008. ——*Poa pilosa* Linn. Sp. Pl. 68. 1753.

一年生丛生草本。秆直立或基部膝曲，高 15～60 cm，径 1.5～2.5 mm，通常具 4 节，平滑无毛。叶鞘松弛裹茎，长于或短于节间，压扁，鞘缘近膜质，鞘口有长柔毛；叶舌为 1 圈纤毛，长约 0.5 mm；叶片线形，扁平或内卷，长 6～20 cm，宽 2～3 mm，光滑无毛。圆锥花序开展或紧缩，长 10～25 cm，宽 2～10 cm；分枝单生，簇生或轮生，多直立向上，腋间有长柔毛，小穗柄较长，小穗长 3～10 mm，宽 1.0～1.5 mm，含 4～14 小花；颖膜质，披针形，顶端渐尖，第 1 颖长约 1 mm，无脉，第 2 颖长约 1.5 mm，具 1 脉；外稃阔卵形，具 3 脉，顶端尖，第 1 外稃长约 1.8 mm；内稃长约 1.5 mm，稍作弓形弯曲，脊有纤毛，迟落或宿存；雄蕊 3 枚，花药长约 0.3 mm。颖果长圆形，长约 0.8 mm。 花果期 8～11 月。

产新疆：英吉沙、策勒。生于海拔 1 400～1 500 m 的昆仑山山前地带的绿洲荒地。

分布于我国大部分地区；全世界温暖地区均有。

4. 大画眉草 图版 41：11～12

Eragrostis cilianensis（All.）Link ex Vignolo - Lutati in Malpighia 18：386. 1904；中国主要植物图说 禾本科 317. 图 257. 1959；Bor Grass. Burma Ceyl. Ind. Pakist. 505. 1960；Tzvel. in Grub. Pl. Asiae Centr. 4：117. 1968；Tzvel. in Fed. Poaceae URSS 634. 1976；Thomas A. Cope in E. Nasir et S. I. Ali Fl. Pakist. 143：93. 1982；中国植物志 10（1）：24. 图版 121：4. 1990；新疆植物志 6：330. 图版 129：6～8. 1996；青海植物志 4：172. 图版 25：6～7. 1999；Fl. China 22：447. 2006；青藏高原维管植物及其生态地理分布 1104. 2008. ——*Poa cilianensis* All. Fl. Pedemont. 2：246. 1785. ——*E. megastachya*（Koel.）Link. Hort. Bot. Berol. 1：187. 1827；Roshev. in Kom. Fl. URSS 2：316. 1934；Gamajun. in Fl. Kazakh. 1：210. 1956；Ovcz. et Czuk. Fl. Tadjik. 1：451. 1957. ——*Poa meyastachya* Koel. Deser. Gram 181. 1802.

一年生丛生草本。秆直立，高 20～35 cm，基部常膝曲，向外张开而上升，通常具

2～4节，节下常有1圈明显的腺体。叶鞘疏松裹茎，短于节间，具纵脉纹，脉上有腺体，鞘口具长柔毛；叶舌为1圈短毛，长约0.5 mm；叶片扁平或内卷，叶脉和叶缘常有腺体，长6～10 cm。圆锥花序疏松开展，金字塔形或长圆形，长5～15 cm；分枝单生，小枝及小穗柄上均具黄色腺体；小穗通常铅绿色或淡绿色，长4～10 mm，宽2～3 mm，含5至多数小花；颖具1脉或第2颖具3脉，两颖近等长或第1颖稍短，长约2 mm，脊具腺体，顶端尖，外稃呈宽卵形，顶端钝圆，具3脉，侧脉明显，主脉具腺点，第1外稃长2.0～2.2 mm；内稃宿存，长为外稃的3/4，脊具短纤毛；花药长0.3～0.5 mm。颖果近圆形。　花果期7～9月。

产青海：兴海（唐乃亥乡，王生新245）。生于海拔2 800 m左右的荒芜草地、田边、河漫滩草地、路旁。

分布几遍全国；全世界热带、温带地区均有。

5. 小画眉草

Eragrostis minor Host Icon. et Descr. Gram. Austr. 4：15. 1809；Roshev. in Kom. Fl. URSS 2：315. 1934；Nik. in Fl. Kirg. 2：108. 1950；Gamajun. in Fl. Kazakh. 1：209. 1956；Tzvel. in Fed. Poaceae URSS 434. 1976；Thomas A. Cope in E. Nasir et S. I. Ali Fl. Pakist. 143：95. 1982；中国植物志 10（1）：25. 图版121：5. 1990；新疆植物志 6：330. 图版129：3～5. 1996；Y. H. Wu Grass. Karakor. Kunlun Mount. 135. 1999；青海植物志 4：172. 1999；Fl. China 22：477. 2006；青藏高原维管植物及其生态地理分布 1104. 2008. ——*Poa eragrostis* Linn. Sp. Pl. 68. 1753. ——*Eragrostis eragrostis*（Linn.）Beauv. Ess. Agrost. 71. 174. t. 14. f. 11. 1912. ——*E. poaeoides* Beauv. Ess. Agrost. 162. 1812；中国主要植物图说 禾本科 317. 图258. 1959；Bor Grass. Burma Cryl. Ind. Pakist. 5：130. 1976；秦岭植物志 1（1）：71～72. 1976；台湾植物志 5：488. 1978.

一年生丛生草本。秆较细弱，膝曲上升，高15～30 cm，通常具3～4节，节下具有1圈腺体。叶鞘较节间短，疏松裹茎，叶鞘中脉上明显具腺体，鞘口有长柔毛；叶舌为1圈纤毛，长0.5～1.0 mm；叶片线形，长5～15 cm，宽2.5～5.0 mm，扁平或干后内卷，上面粗糙或疏生柔毛，下面光滑，主脉及边缘有腺体。圆锥花序疏松开展，长6～15 cm；分枝单生，平展或上举，枝腋间无毛，小枝及小穗柄有腺体；小穗通常暗绿色或淡绿色，长3～9 mm，宽1.5～2.0 mm，含3～14小花；两颖近相等或第1颖稍短，长1～2 mm，顶端锐尖；具1脉，脉上常具腺点；外稃宽卵圆形，顶端钝，背部平滑无毛，具3脉，侧脉明显，主脉常具腺点，第1外稃长1.5～2.0 mm；内稃弯曲，细长，长1.3～1.6 mm，宿存，脊具短纤毛；花药长约0.2 mm。颖果红褐色，近球形，直径约0.5 mm。　花果期7～9月。

产新疆：疏勒（牙甫泉，R966）、叶城（柯克亚乡至莫莫克途中，青藏队吴玉虎

球体的一半；外稃膜质，扁平，具 3 脉；内稃稍短于外稃，质地较薄，背部凸起，具不明显 2 脉；雄蕊 3 枚，花丝细弱，花药卵圆形；花柱单一，柱头分叉，帚状。颖果细瘦而长，与稃体分离。

约 8 种。我国有 2 种，昆仑地区产 1 种。

1. 虱子草 图版 40：6～8

Tragus berteronianus Schult. Mant. 2：205. 1824；Fl. China 22：496. 2006. ——*Tragus racemosus* (Linn.) All. Fl. Pedemont 2：241. 1785；中国主要植物图说 禾本科 739. 图 686. 1959；中国植物志 10（1）：132. 图版 41：1～6. 1990；青海植物志 4：180. 图版 26：6～8. 1999；青藏高原维管植物及其生态地理分布 1165. 2008.

一年生丛生草本。秆基部常膝曲而向上斜倾或平卧地面，高 4.5～12.0 cm。叶鞘平滑无毛，短于节间；叶舌纤毛状，长约 1 mm；叶片扁平，边缘疏生小刺毛，长 3～8 cm，宽 2～4 mm。花序紧密而呈穗状，长 2～5 cm，宽约 8 mm；小穗长 4.0～4.5 mm，通常 3 枚一组簇生，其中 1 枚退化；第 1 颖退化，极微小，薄膜质，第 2 颖革质，背部具 5 肋，肋上具钩刺，顶端具明显伸出刺外的小尖头；外稃膜质，长约 3 mm，具不明显的 3 脉；内稃薄膜质，稍短于外稃，背部凸起，脉不明显。雄蕊 3 枚，花药卵圆形；花柱柱头 2 裂，帚状。颖果稍扁，卵圆形，长约 2.5 mm。 花果期 7～9 月。

产青海：兴海（唐乃亥乡，杨永昌 236）。生于海拔 2 800 m 左右的干旱山坡草地、河漫滩草地、沙砾干河滩。

分布于我国的青海、甘肃、宁夏、四川西部、云南、山西、内蒙古；全世界温暖地区均有。

（十四）黍族 Trib. **Paniceae** R. Br.

57. 黍属 **Panicum** Linn.

Linn. Sp. P1. 55. 1753.

一年生或多年生草本。可具根状茎。秆直立，或基部膝曲或匍匐。叶舌膜质，顶端具毛，甚至全由 1 列毛组成；叶片常扁平，线形至卵状披针形。圆锥花序顶生，分枝常开展；小穗具柄，背腹压扁，含 2 小花，脱节于颖之下或第 1 颖先落；第 1 小花雄性或中性；第 2 小花两性；两颖不等长，草质或纸质，第 1 颖通常较小穗短而小，有的种基部包着小穗，第 2 颖近等长于小穗，顶端平截到具芒尖；第 1 外稃相同于第 2 颖，第 1

内稃存在或退化，甚至阙如；第2外稃硬纸质或革质，具光泽，边缘包着同质的内稃；鳞被2枚，其肉质程度、折叠状况、脉数等因种而异；雄蕊3枚；花柱2枚，分离，柱头毛刷状。种脐近圆形到卵形。

约500种，分布于世界的热带和亚热带，并延伸到温带地区。我国有21种（包括引种驯化的种），昆仑地区产1种。

1. 糜　子

Panicum miliaceum Linn. Sp. Pl. 58. 1753；中国主要植物图说 禾本科 656. 1959；Bor Grass. Burma Ceyl. Ind. Pakist. 327. 1960；Thomas A. Cope in E. Nasir et S. I. Ali Fl. Pakist. 143：165. 1982；西藏植物志 5：287. 1987；中国植物志 10（1）：202. 图版 60：1～10. 1990；新疆植物志 6：345. 图版 135：1～3. 1996；Y. H. Wu Grass. Karakor. Kunlun Mount. 142. 1999；青海植物志 4：181. 1999；Fl. China 22：508. 2006；青藏高原维管植物及其生态地理分布 1130. 2008.

一年生栽培草本。秆直立，单生或少数丛生，有时有分枝，高 40～100 cm，节密被刚毛，节下具疣基毛。叶鞘松弛，被疣基毛；叶舌膜质，长约 1 mm，具长约 2 mm 的纤毛；叶片线状披针形，长 10～25 cm；宽达 1.5 cm，两面具疣基长柔毛或无，边缘常粗糙。圆锥花序开展或紧密，成熟时下垂，长 10～25 cm；分枝具角棱，边缘具糙刺毛，下部裸露，上部密生小枝与小穗；小穗卵状椭圆形，长 4～5 mm，宿存；颖纸质，长 2.5～5.0 mm，平滑无毛，第1颖卵形，长为小穗的 1/2～2/3，通常具 5～7 脉，顶端尖或渐尖，第2颖与小穗等长，常具 9～11 脉，其脉于顶端渐会合成喙状；第1外稃形似第2颖，具 11～13 脉；内稃透明膜质，短小，长 1.5～2.0 mm，顶端微凹或深2裂，第2小花长约 3 mm，第2外稃背部圆形，平滑，具7脉，内稃具2脉；鳞被较发育，长约 0.5 mm，宽约 0.7 mm，多脉。谷粒圆形或椭圆形，成熟后因品种不同，而有黄、乳白、褐、红和黑等色。　花果期 7～8 月。

产青海：兴海（河卡乡，张盍曾 255、6346）。逸生于海拔 2 800～2 900 m 的沟谷河滩、田间地边。

我国西北、西南、华北、东北、华东、华南等地的山区有栽培，新疆偶见有野生；亚洲，欧洲，美洲，非洲等温暖地区均有栽培。

58. 稗属 Echinochloa Beauv.

Beauv. Ess. Agrost. 53：161. 1812. nom. cons.

一年生或多年生草本。叶舌通常不存在；叶片细长线形，扁平。圆锥花序由数枚偏于一侧的穗形总状花序组成。小穗狭椭圆形到近圆形，含 1～2 小花，背腹压扁成一面扁平、一面凸起，单生或2～3个不规则地聚集于穗轴的一侧，近无柄；颖草质，三角形，第1颖甚小，顶端尖，长为小穗的1/3～1/2或3/5，第2颖与小穗等长或稍短；第1小花中性或雄性，其外稃革质或近革质，内稃膜质，有时内稃不存在；第2小花两性，其外稃成熟时变硬，顶端具极小尖头，平滑，光亮、无毛，边缘内卷，包卷同质的内稃，内稃顶端外露；鳞被2枚，对折，具5～7脉。

约30种，分布于世界热带和暖温带地区。我国有9种5变种，昆仑地区产1种1变种。

1. 稗

Echinochloa crusgalli（Linn.）Beauv. Ess. Agrost. 53：161. 1812；Roshev. in Kom. Fl. URSS 2：32. 1934；Gamajun. in Fl. Kazakh. 1：130. 1956；中国主要植物图说 禾本科 673. 图 616. 1959；Bor Grass. Burma Ceyl. Ind. Pakist. 310. 1960；Tzvel. in Grub. Pl. Asiae Centr. 4：24. 1968，et in Fed. Poaceae URSS 662. 1976；Thomas A. Cope in E. Nasir et S. I. Ali Fl. Pakist. 143：193. 1982；西藏植物志 5：292. 1987；中国植物志 10（1）：252. 图版 77：4～7. 1990；新疆植物志 6：347. 图版 135：4～7. 1996；Y. H. Wu Grass. Karakor. Kunlun Mount. 143. 1999；青海植物志 4：182. 1999；Fl. China 22：517. 2006；青藏高原维管植物及其生态地理分布 1100. 2008. ——*Panicum crusgalli* Linn. Sp. Pl. 56. 1753. ——*Millium crusgalli*（Linn.）Moench Method. Pl. 202. 1794. ——*Pennisetum crusgalli*（Linn.）Baumg. Enum. Strip. Transsilv. 3：277. 1816.

1a. 稗（原变种）

var. **crusgalli**

一年生草本。秆平滑无毛，基部倾斜或膝曲，高20～50 cm。叶鞘平滑无毛，疏松裹茎；叶舌不存在；叶片扁平，两面平滑无毛，边缘粗糙，长5～16 cm，宽4～12 mm。圆锥花序直立，近尖塔形，长6～20 cm，主轴具棱，粗糙，较粗壮，穗形总状花序斜上举或贴向主轴，穗轴粗糙或具疣基长刺毛；小穗卵形，密集，长3～4 mm，偏向穗轴的一侧，具极短的柄或近无柄；第1颖三角形，具3～5脉，长为小穗的1/3～1/2，脉上具疣基毛，顶端尖，基部包卷小穗，第2颖具5脉，脉上具疣基毛，脉间被短硬毛，与小穗等长，顶端渐尖或具小尖头；第1小花中性，外稃草质，上部具7脉，脉具疣基毛，顶端延伸成1粗壮的芒，芒长0.5～1.0 cm；内稃狭窄，具2脊；第2外稃椭圆形，平滑光亮，成熟后变硬，顶端具小尖头，边缘内卷，包着同质的内稃；内稃顶端露出。颖果椭圆形，长约4 mm，具短尖头。　花果期夏秋季。

产新疆：疏勒（牙甫泉，R908）、莎车（阿瓦提附近，王焕存 067）、喀什（县城郊，刘海源 86-386）、且末（县城附近，刘海源 86-109）。生于海拔1 200～1 500 m

的水稻田间、河溪水边、绿洲潮湿草地。

青海：兴海、班玛、都兰。生于海拔 2 680～3 200 m 的山坡、沼泽草甸、水沟边、农田中。

分布于我国的大部分地区，全世界温暖地区均有。

1b. 无芒稗（变种）

var. **mitis** (Pursh) Peterm. Fl. Lips. 82. 1838；中国主要植物图说 禾本科 673. 1959；中国植物志 10 (1)：255：77，8～9. 1990；新疆植物志 6：347. 1996；Y. H. Wu Grass. Karakor. Kunlun Mount. 143. 1999；青海植物志 4：183. 1999；Fl. China 22：518. 2006；青藏高原维管植物及其生态地理分布 1100. 2008. ——*Panicum crusgalli* var. *mite* Pursh Fl. Amer. Spet. 66. 1814. ——*Echinochloa crusgalli* subsp. *spiralis* (Vasing.) Tzvel. in Fed. Poaceae URSS 662. 1976. ——*E. spiralis* Vasing. in Kom. Fl. URSS 2：34. 739. 1934.

本变种与原变种的区别在于：小穗无芒或具极短的小尖头。

产新疆：叶城（洛河，高生所西藏队 74－3317）、墨玉（县城附近，刘海源 86－182）、和田（县城郊区，刘海源 86－171）、策勒、若羌（县城附近，刘海源 86－062、74）。生于海拔 900～1 500 m 的稻田、渠岸、绿洲小块潮湿草地。

青海：兴海。生于海拔 2 600～3 000 m 的沟谷水边、路边草地。

分布几遍全国；世界温暖地区均有。

59. 狗尾草属 Setaria Beauv.

Beauv. Ess. Agrost. 51. t. 13. f. 3. 1812.

一年生或多年生草本。秆直立或基部膝曲。叶片扁平或具折襞，细长，披针形或长披针形，基部钝圆或窄狭成柄状。圆锥花序通常呈穗状或总状圆柱形，少数疏散而开展；小穗含 1～2 小花，椭圆形至披针形，单生或簇生，全部或部分小穗下托以 1 至数枚刚毛（退化的小枝），脱节于极短且呈杯状的小穗柄上，并与宿存的刚毛分离而脱落；两颖不等长，第 1 颖宽卵形、卵形或三角形，具 3～5 脉或无脉，长为小穗的 1/4～1/2，第 2 颖与第 1 外稃等长或稍短，具 5～7 脉；第 1 小花雄性或中性，第 1 外稃与第 2 颖同质，常包着纸质或膜质的内稃；第 2 小花两性，第 2 外稃革质或软骨质，背部隆起或否，平滑或具点状、横条状皱纹，包卷同质的内稃，等于或稍长于或稀短于第 1 外稃；鳞被 2 枚；雄蕊 3 枚；花柱 2 枚，基部联合或少数种类分离。颖果椭圆状球形或卵状球形，稀扁。

约 130 种，分布于世界热带和温带，并可延伸至北极。我国有 15 种 3 亚种 3 变种，昆仑地区产 3 种。

分种检索表

1. 花序主轴上每个小枝具 1 枚成熟的小穗；第 2 颖长为小穗的 1/2～2/3；第 2 外稃背部具明显的横皱纹 ………………………………… **1. 幽狗尾草 S. parviflora**（Poir.）Kerg.
1. 花序主轴上每个小枝常具 3 枚以上的成熟小穗；第 2 颖近等长于小穗。
   2. 谷粒自颖与第 1 外稃分离而脱落；圆锥花序大型而呈多种形状，长 10～40 cm；栽培植物 ………………………………………………… **2. 小米 S. italica**（Linn.）Beauv.
   2. 谷粒连同第 1 外稃一同脱落；野生植物 ……… **3. 狗尾草 S. viridis**（Linn.）Beauv.

1. 幽狗尾草

Setaria parviflora（Poir.）Kerg. Lejeunia 120：161. 1987；Fl. China 22：535. 2006. ——*Cenchrus parviflorus* Poir. in Lamorck Encycl. 6：52. 1804. ——*Setaria glauca*（Linn.）Beauv. Ess. Agrost. 51. 178. 1812；Hook. f. Fl. Brit. Ind. 7：79. 1897，p. p.；Bor Grass. Burma Ceyl. Ind. Pakist. 360. 1960；中国植物志 10(1)：357. 1990；新疆植物志 6：354. 图版 138：1～3. 1996；Y. H. Wu Grass. Karakor. Kunlun Mount. 148. 1999；青海植物志 4：185. 1999；青藏高原维管植物及其生态地理分布 1157. 2008. ——*Panicum glaucum* Linn. Sp. Pl. 56. 1753，p. p. ——*Setaria lutescens*（Weig.）F. T. Hubb. in Rhodora 18：232. 1916；中国主要植物图说 禾本科 712. 图 660. 1959. ——*P. lutescens* Weig. Obs. Bot. 20. 1772.

一年生草本。秆直立或基部倾斜膝曲，高 20～60 cm，平滑无毛，仅接花序下稍粗糙。叶鞘平滑无毛，上部者为圆形，下部者压扁具脊；叶舌为 1 圈长约 1 mm 的纤毛；叶片扁平，上面粗糙，下面平滑，近基部疏生长柔毛，长 5～25 cm，宽 2～8 mm。圆锥花序紧密而呈圆柱状，长 3～8 cm，直立；刚毛粗糙，金黄色或稍带褐色，长 4～8 mm；小穗椭圆形，长 3～4 mm，通常在一簇中仅具 1 个发育的小穗；第 1 颖广卵形，具 3 脉，长为小穗的 1/3～1/2，顶端尖；第 2 颖宽卵形，具 5～7 脉，长为小穗的1/2～2/3，顶端稍钝；第 1 小花雄性或中性，第 1 外稃与小穗等长，具 5 脉；内稃膜质，等长且等宽于第 2 小花，具 2 脉；第 2 小花两性，外稃革质，等长于第 1 外稃，成熟时背部极隆起，具明显的横皱纹；鳞被楔形；花柱基部联合。 花果期 7～9 月。

产新疆：喀什、英吉沙、叶城、民丰、策勒、和田。生于海拔 1 200～1 500 m 的绿洲草地、田埂、田间。

分布于我国的大多数地区；欧洲，亚洲也有。

2. 小　米

Setaria italica（Linn.）Beauv. Ess. Agrost. 51. 1812；Hook. f. Fl. Brit.

Ind. 7：78. 1897；中国主要植物图说 禾本科 711. 1959；Bor Grass. Burma Ceyl. Ind. Pakist. 362. 1960；中国植物志 10（1）：353. 1990；新疆植物志 6：356. 图版 138：7～9. 1996；Y. H. Wu Grass. Karakor. Kunlun Mount. 148. 1999；Fl. China 22：535. 2006；青藏高原维管植物及其生态地理分布 1157. 2008. ——*Panicum italicum* Linn. Sp. Pl. 56. 1753.

一年生栽培草本。须根粗大。秆粗壮，直立，高 40～100 cm 或更高。叶鞘松裹茎秆，密具疣毛或光滑无毛，以近边缘及与叶片交接处的背面毛为密，边缘密具纤毛；叶舌为 1 圈纤毛；叶片长披针形或线状披针形，长 10～45 cm，宽 5～33 mm，顶端尖，基部钝圆，上面粗糙，下面稍光滑。圆锥花序呈圆柱状或近纺锤状，通常下垂，基部多少有间断，长 10～40 cm，宽 1～5 cm，常因品种的不同而多变异，主轴密生柔毛，刚毛黄色、褐色或紫色，显著长于或稍长于小穗；小穗通常黄色、橘红色或紫色，椭圆形或近圆球形，长 2～3 mm；颖较短，第 1 颖长为小穗的 1/3～1/2，具 3 脉；第 2 颖稍短于或长为小穗的 3/4，具 5～9 脉，顶端钝；第 1 外稃与小穗等长，具 5～7 脉；其内稃薄纸质，披针形，长为其 2/3；第 2 外稃等长于第 1 外稃，卵圆形或圆球形，质坚硬，平滑或具细点状皱纹，成熟后自第 1 外稃基部和颖分离脱落；鳞被顶端不平，呈微波状；花柱基部分离。

产新疆：和田（县城郊，R1374、R1408）、策勒（县城西郊，R1279）。本区昆仑山北坡山麓绿洲有栽培。

我国的北方多有栽培；世界温带地区及欧洲均有栽培。

3. 狗尾草 图版 40：9～11

Setaria viridis（Linn.）Beauv. Ess. Agrost. 51. 171. 178. t. 13. f. 3. 1812；Hook. f. Fl. Brit. Ind. 7：80. 1897；Roshev. in Kom. Fl. URSS 2：40. 1934；中国主要植物图说 禾本科 710. 1959；Bor Grass. Burma Ceyl. Ind. Pakist. 365. 1960；Tzvel. In Grub. Pl. Asiae Centr. 4：29. 1968，et in Fed. Poaceae URSS 676. 1976；Thomas A. Cope in E. Nasir et S. I. Ali Fl. Pakist. 143：179. 1982；中国植物志 10（1）：348. 图版 109：1～11. 1990；新疆植物志 6：356. 图版 138：4～6. 1996；Y. H. Wu Grass. Karakor. Kunlun Mount. 149. 1999；青海植物志 4：184. 图版 26：9～11. 1999；Fl. China 22：536. 2006；青藏高原维管植物及其生态地理分布 1157. 2008. ——*Panicum viride* Linn. Syst. Veg. ed. 10. 2：870. 1759.

一年生草本。秆直立或基部膝曲，高 20～60 cm，常较细弱，也有高达 90 cm 者。叶鞘无毛或具疏柔毛或疣毛，边缘具较长的纤毛；叶舌极短，具长 1～2 mm 的纤毛；叶片扁平，通常平滑无毛，边缘粗糙，长 4～26 cm，宽 2～12 mm。圆锥花序紧密排列成圆柱形，微弯垂或直立，长 2～15 cm；刚毛粗糙，或微粗糙，长 4～12 mm，直立或稍扭曲，通常绿色、褐黄色或变为紫红色；小穗通常铅绿色，椭圆形，长 2.0～

2.5 mm，2～5 个簇生于主轴上或更多的小穗着生在小枝上，顶端钝；第 1 颖卵形，长约为小穗的 1/3，具 3 脉，顶端钝或稍尖，第 2 颖椭圆形，近等长于小穗，具 5～7 脉；第 1 外稃顶端钝，与小穗等长，具 5～7 脉，其内稃短小而狭窄；第 2 外稃背部具细点状皱纹，顶端钝，边缘内卷，包卷同质的内稃；鳞被楔形；花柱基部分离。颖果矩圆形，灰白色。 花果期 7～10 月。

产新疆：乌恰（县城以东 20 km 处，刘海源 86－219、237）、喀什、莎车（县城郊西南部，王焕存 048；县城郊东南部，R1188、R1457）、塔什库尔干、泽普（采集地不详，刘海源 86－198；县城西北部 150 km 处，刘海源 86－199）、叶城（洛河，高生所西藏队 3320；普沙，青藏队吴玉虎 1129）、墨玉（采集地不详，刘海源 86－181）、和田[采集地不详，刘海源 86－166；星火公社（?），R1403]、民丰、策勒、皮山、若羌（采集地不详，刘海源 86－86）。生于海拔 1 400～2 100 m 的绿洲附近沙丘、荒地、干旱山坡草地。

西藏：日土（多玛区，青藏队 76－8358）。生于海拔 4 300 m 左右的沟谷山地石灰岩山坡、阳坡草地。

青海：兴海（曲什安乡大米滩，吴玉虎 41832；河卡乡羊曲，吴玉虎 20456、20497、20514；唐乃亥乡，吴玉虎 42073、杨永昌 252；河卡乡黄河沿，张盍曾 543）、玛沁。生于海拔 2 800～3 600 m 的山坡、沙砾质河滩、田边、路旁、水沟边、荒野、河谷阶地的阳坡砾石地。

分布遍及全国；世界温带和亚热带地区均有。

60. 马唐属 **Digitaria** Hall.

Hall. Stirp. Helv. 2：244. 1768.

一年生或多年生草本。秆直立或基部横卧地面，节上生根。叶片扁平，线状披针形，质地大多柔软。总状花序纤细，2 至多枚呈指状排列于茎顶或着生于短缩的主轴上。小穗含 1 两性花，背腹压扁，椭圆形至披针形，2 或 3～4 枚着生于穗轴各节，互生或排列成 2～4 行于穗轴的一侧；穗轴扁平，具翼或狭窄而呈三棱形；小穗柄长短不等，下方 1 枚近无柄；第 1 颖短小或缺，第 2 颖披针形，短于小穗，常被毛；第 1 外稃与小穗等长或稍短，具 3～9 脉，脉间距离近等或不等，常生柔毛；第 2 外稃厚纸质或软骨质，顶端尖，背部隆起，贴向穗轴，边缘膜质、扁平，内包同质的内稃而不内卷，苍白色，紫色或黑褐色，有光泽，常具颗粒状微细突起；雄蕊 3 枚；柱头 2 枚；鳞被 2 枚。颖果长圆状椭圆形，胚约占果体的 1/3，种脐点状。

约有 300 种，分布于世界热带和暖温带地区。我国有 24 种，昆仑地区产 4 种。

分种检索表

1. 小穗长 2.5～3.5 mm，孪生于穗轴每节；第 1 颖三角形，微小；第 2 颖长为小穗的 1/3～3/4 ………………………………………… **1. 马唐 D. sanguinalis** (Linn.) Scop.
1. 小穗长 2.0～2.2 mm，常 3 枚生于穗轴每节；第 1 颖阙如；第 2 颖近等长于或微短于小穗。
    2. 总状花序 4～8 枚；小穗长 1.3～1.8 mm ……………… **2. 紫马唐 D. violascens** Link
    2. 总状花序 2～3 枚；小穗长 2.0～2.2 mm。
        3. 叶舌长 0.6 mm；第 1 外稃具 5～7 脉，脉间与边缘具细柱状棒毛与柔毛 …… ………………………………………… **3. 止血马唐 D. ischaemum** (Schreb.) Muhl.
        3. 叶舌长 1.0～1.5 mm；第 1 外稃具 5 脉，平滑无毛 …………………………… ………………………………………………………… **4. 昆仑马唐 D. stewartiana** Bor

1. 马　唐

Digitaria sanguinalis (Linn.) Scop. Fl. Carniol. ed. 2. 1: 52. 1772; Roshev. in Kom. Fl. URSS 2: 29. 1934; Gamajun. in Fl. Kazakh. 1: 129. 1956; 中国主要植物图说 禾本科 702. 图 649. 1959; Bor Grass. Burma Ceyl. Ind. Pakist. 304. 1960; Tzvel. in Grub. Pl. Asiae Centr. 4: 26. 1968, et in Fed. Poaceae URSS 672. 1976; Thomas A. Cope in E. Nasir et S. I. Ali Fl. Pakist. 143: 231. 1982; 中国植物志 10 (1): 329. 图版 103: 7～9. 1990; 新疆植物志 6: 349. 图版 136: 1～3. 1996; Y. H. Wu Grass. Karakor. Kunlun Mount. 145. 1999; Fl. China 22: 542. 2006; 青藏高原维管植物及其生态地理分布 1099. 2008. ——*Panicum sanguinale* Linn. Sp. Pl. 57. 1753.

一年生草本。秆直立或下部倾斜，膝曲上升，高 30～60 cm，直径 2～3 mm，光滑无毛或节生柔毛。叶鞘短于节间，无毛或散生疣基柔毛；叶舌长 1～3 mm；叶片线状披针形，长 3～17 cm，宽 3～10 mm，基部圆形，边缘较厚，微粗糙，具柔毛或无毛。总状花序长 5～18 cm，3～10 枚呈指状着生于长 1～2 cm 的主轴上；穗轴直伸或开展，宽约 1 mm，两侧具宽翼，边缘微粗糙；孪生小穗之一具长花梗而另一个具非常短的花梗或无；小穗椭圆状披针形，长 3.0～3.5 mm；第 1 颖小，短三角形，无脉，顶端钝圆；第 2 颖狭窄，具不明显 3 脉，披针形，长为小穗的 1/2 左右，脉间及边缘大多具柔毛；第 1 外稃等长于小穗，具 7 脉，中脉平滑，两侧的脉间距离较宽，平滑无毛，边缘上小刺状粗糙，脉间及边缘生柔毛；第 2 外稃近革质，灰绿色，顶端渐尖，等长于第 1 外稃；花药长约 1 mm。颖果长约 3.2 mm。　花果期 6～9 月。

产新疆：喀什、疏勒、莎车、和田。生于海拔 1 200～1 500 m 的县城边荒地、河溪水边小块潮湿草地。

分布于我国的大部分地区；世界温带和热带地区均有。

2. 紫马唐

Digitaria violascens Link in Hort. Bot. Berol 1：229. 1827；中国主要植物图说 禾本科 697. 图 642. 1959；Bor Grass. Burma Ceyl. Ind. Pakist. 307. 1960；Tzvel. in Fed. Poaceae URSS 674. 1976；Thomas A. Cope in E. Nasir et S. I. Ali Fl. Pakist. 143：219. 1982；西藏植物志 5：293. 图 161. 1987；中国植物志 10（1）：308. 图版 95：1～5. 1990；新疆植物志 6：351. 图版 137：1～3. 1996；Y. H. Wu Grass. Karakor. Kunlun Mount. 146. 1999；青海植物志 4：183. 1999；Fl. China 22：547. 2006；青藏高原维管植物及其生态地理分布 1100. 2008.

一年生草本。秆直立或基部稍倾斜，高 20～40 cm，平滑无毛，具分枝。叶鞘平滑无毛，短于节间；叶舌长 1～2 mm；叶片扁平，质地较软，粗糙，上面基部及鞘口具柔毛，长 5～10 cm，宽 2～6 mm。总状花序长约 5 cm，3～5 枚呈指状排列于茎顶或散生于长约 2 cm 的主轴上；穗轴宽 0.6～1.0 mm，边缘微粗糙，中脉白色；小穗椭圆形，长 1.6～1.8 mm，2～3 枚生于各节；小穗柄稍糙涩；第 1 颖不存在，第 2 颖稍短于小穗，具 3 脉，脉间及边缘生柔毛；第 1 外稃与小穗等长，具 5～7 脉，脉间及边缘微被柔毛，中脉附近毛较少或平滑无毛；第 2 外稃与小穗近等长，中部宽约 0.7 mm，有纵行颗粒状粗糙，坚硬革质，有光泽，顶端尖；花药长约 0.5 mm。颖果长约 1.8 mm，紫褐色。 花果期 8～9 月。

产新疆：莎车、叶城（洛河，高生所西藏队 74－3316）、皮山、策勒、墨玉（县城郊，刘海源 86－183）、和田（县城附近，刘海源 86－158）。生于海拔 1 420～2 260 m 的渠岸、稀疏林下、田边。

广布于我国的西北、西南、华东、华中、华南诸省区；亚洲热带地区，美国，澳大利亚也有。

3. 止血马唐

Digitaria ischaemum（Schreb.）Muhl. in Descr. Gram. 131. 1817；中国主要植物图说 禾本科 699. 图 644. 1959；Bor Grass. Burma Ceyl. Ind. Pakist. 302. 1960；Tzvel. in Grub. Pl. Asiae Centr. 4：27. 1968，et in Fed. Poaceae URSS 673. 1976；Thomas A. Cope in E. Nasir et S. I. Ali Fl. Pakist. 143：221. 1982；中国植物志 10（1）：314. 图版 99：6～10. 1990；新疆植物志 6：353. 图版 137：4～5. 1996；Y. H. Wu Grass. Karakor. Kunlun Mount. 146. 1999；Fl. China 22：546. 2006；青藏高原维管植物及其生态地理分布 1099. 2008. ——*Panicum ischaemum* Schreb. in Schw. Spec. Fl. Erlang. 1：16. 1804. ——*Digitaria asiatica* Tzvel. in Nor. Syst. Inst. Bor. Kom. Acad. Sci. URSS 22：64. 1963，et in Grub. Pl.

Asiae Centr. 4：26. 1968；Y. H. Wu Grass. Karakor. Kunlun Mount. 145. 1999.

一年生草本。秆直立或基部倾斜，高 15～30 cm，下部常被毛。叶鞘具脊，平滑无毛或疏生柔毛；叶舌长约 0.6 mm；叶片扁平，线状披针形，长 5～12 cm，宽 4～8 mm，顶端渐尖，基部近圆形，多少具柔毛。总状花序长 2～7 cm，指状；穗轴宽约 1 mm，具白色中脉，边缘微粗糙；小穗长 2.0～2.2 mm，宽约 1 mm，2～3 枚着生于各节；第 1 颖不存在；第 2 颖具 3～5 脉，等长或稍短于小穗；第 1 外稃与小穗等长，具 5～7 脉，脉间及边缘具细棒状毛与柔毛；第 2 外稃长约 2 mm，有光泽。颖果在成熟时黑紫色。　花果期 6～11 月。

产新疆：喀什、乌恰、叶城、和田。生于海拔 1 200～1 500 m 的绿洲潮湿草地、田间、渠岸、小溪边。

分布于我国的大多数省区；北半球温带地区均有。

4. 昆仑马唐

Digitaria stewartiana Bor in Kew Bull. 1951：166. 1951，et Grass. Burma Ceyl. Ind. Pakist. 305. 1960；Tzvel. in Grub. Pl. Asiae Centr. 4：27. 1968；Thomas A. Cope in E. Nasir et S. I. Ali Fl. Pakist. 143：220. 1982；中国植物志 10 (1)：317. 1990；新疆植物志 6：351. 1996；Y. H. Wu Grass. Karakor. Kunlun Mount. 147. 1999；Fl. China 22：546. 2006；青藏高原维管植物及其生态地理分布 1099. 2008.

一年生草本。秆基部倾卧地面，直立部分高约 15 cm，通常具分枝，较细弱，节上光滑无毛。叶鞘平滑无毛，边缘粗糙，基部叶鞘呈纤维状；叶舌长 1.0～1.5 mm；叶片长达 6 cm，宽约 5 mm，基部圆形，顶端渐尖，边缘粗糙，两面均平滑无毛。总状花序长 4～5 cm，2～3 枚，直伸或开展；穗轴具宽翼，平滑无毛；小穗柄微粗糙，柄长 1.0～1.5 mm；小穗椭圆形，长约 2 mm，近无毛，3 枚簇生；第 2 颖稍短于小穗，长约 1.8 mm，半透明膜质，平滑无毛，具 3 脉，脉于顶端会合；第 1 外稃紫色，具 5 脉，中部 3 脉平行，均在顶端会合；第 2 外稃紫褐色，有纵条纹，厚纸质；花药长约 0.5 mm。　花果期夏秋季。

产新疆：喀什、疏勒（牙甫泉，R894）、莎车、和田。生于昆仑山低山地带和山麓海拔 1 400～2 000 m 的沟谷湿地、山坡草地。

分布于我国的新疆、西藏；印度，克什米尔地区也有。

61. 狼尾草属 **Pennisetum** Rich.

Rich. in Pers. Pl. 1：72. 1805.

一年生或多年生草本。秆质坚硬。叶舌通常为毛状，稀少膜质；叶片细长，扁平或内卷。顶生圆锥花序紧缩成穗状圆柱形；小穗含1～2小花，无柄或具短柄，单生或2～3枚聚生成簇，每簇之下围以刚毛组成的总苞，刚毛长于或短于小穗，平滑、粗糙或生长柔毛而呈羽毛状，随同小穗一起脱落；两颖不等长，第1颖质薄而细小，第2颖较长于第1颖；第1小花雄性或中性，第1外稃与小穗等长或稍短，通常遮盖第1内稃，顶端尖或具芒状尖头，具数脉或少数脉；第2小花两性，第2外稃平滑无毛，厚纸质或革质，等长或较短于第1外稃，先端钝圆到尖锐，边缘质薄且扁平，包着同质的内稃，但内稃顶端与外稃分离；鳞被2枚，楔形，对折，通常具3脉；雄蕊3枚，花药顶端有毫毛或无毛；花柱基部多少联合，很少分离。颖果矩圆形或椭圆形。

约80种，分布于世界热带和亚热带，并延伸到温带和寒冷地区。我国有11种（包括引种栽培），昆仑地区产2种。

分种检索表

1. 花序主轴近平滑；刚毛柔软而细弱；植株具横走的根茎 ……………………………… **1. 白草 P. flaccidum** Griseb.
1. 花序主轴被微毛；刚毛硬直而粗壮；植株疏丛生具短根茎 ……………………………… **2. 陕西狼尾草 P. shaanxiense** S. L. Chen et Y. X. Jin

1. 白　草　图版40：12～14

Pennisetum flaccidum Griseb. Nachr. Ges. Wiss. Gott. 3：86. 1868；中国主要植物图说 禾本科 714. 1959；Thomas A. Cope in E. Nasir et S. I. Ali Fl. Pakist. 143：238. 1982；Fl. China 22：551. 2006；青藏高原维管植物及其生态地理分布 1131. 2008. ——*P. centrasiaticum* Tzvel. in Grub. Pl. Asiae Centr. 4：30. 1968, et in Fed. Poaceae URSS 682. 1976；中国植物志 10（1）：368. 图版 113：1～14. 128：15. 1990；新疆植物志 6：357. 图版 139：1～4. 1996；Y. H. Wu Grass. Karakor. Kunlun Mount. 150. 1999；青海植物志 4：186. 图版 26：12～14. 1999.

1a. 白草（原变种）

var. **flaccidum**

多年生草本，具横走的根状茎。秆直立，单生或丛生，高30～100 cm。叶鞘无毛，鞘口和边缘具纤毛；叶舌短，具长1～2 mm的纤毛；叶片扁平，狭线形，两面平滑无毛，长6～16 cm，宽3～10 mm。圆锥花序呈穗状圆柱形，直立或稍弯曲，长5～18 cm，宽5～10 mm；主轴具棱角，平滑无毛或被稀疏微毛；总梗极短，长0.5～1.0 mm；刚毛通常灰白色或带紫褐色，柔软，细弱，微粗糙，长10～20 mm；小穗长5～7 mm，常单生或有时2～3枚簇生，在成熟时连同刚毛一起脱落；第1颖微小，长0.5～2.0 mm，顶端钝圆、齿裂或锐尖，第2颖长为小穗的1/3～3/4，具1～3脉，顶端芒尖；第1小花雄性，稀中性，第1外稃厚膜质，与小穗等长，具5～7（9）脉，顶端芒尖，其内稃透明膜质或退化；第2小花两性，第2外稃平滑，厚纸质，具5脉，顶端芒尖，与其内稃同为纸质，并包卷内稃。花药顶端无毛。 花果期7～9月。

产新疆：喀什、莎车、塔什库尔干、叶城（普沙，青藏队吴玉虎1130）、和田（县城郊，采集人和采集号不详）、皮山、策勒（奴尔乡，青藏队吴玉虎1907；恰哈乡，R1587；西郊，R1281）。生于昆仑山海拔2 000～4 300 m的平缓山坡、干旱山坡草地、沟谷沙地、阳坡山麓沙砾地。

西藏：日土（县兵站，高生所西藏队3560；过巴乡，青藏队吴玉虎1397）。生于海拔4 200～4 300 m的沟谷山地干旱阳坡草地、山麓沙砾地。

青海：格尔木、冷湖、茫崖、都兰（香日德巴隆滩，杜庆484）、兴海（中铁乡至中铁林场途中，吴玉虎43205、43219；唐乃亥乡，吴玉虎42075；中铁乡前滩，吴玉虎45471、45493；赛宗寺，吴玉虎46276；中铁林场恰登沟，吴玉虎45212、45296、45306；河卡乡羊曲，吴玉虎20426、20509；河卡乡，何廷农448；河卡乡黄河沿，张盍曾63-539）、玛沁（采集地不详，区划二组172；拉加乡，吴玉虎6060、6122）、久治、班玛（马柯河林场，王为义27647）、称多。生于海拔2 790～4 000 m的山坡草地、河滩砾地、田边草丛、林缘灌丛、滩地高寒杂类草草甸、路旁、固定沙丘、水沟边、沟谷山坡阔叶林缘草甸、山地阳坡灌丛草地。

分布于我国的新疆、青海、甘肃、宁夏、陕西、西藏、四川、云南、贵州、内蒙古、山西、河北、辽宁、吉林、黑龙江；俄罗斯，日本，西亚地区和中亚地区各国，印度也有。

1b. 青海白草（变种）

var. **qinghaiensis** Y. H. Wu Acta Bot. Bor.-Occ. Sin. 24（6）：1117～1118. 2004；青藏高原维管植物及其生态地理分布1131. 2008.

本变种与原变种的区别在于：植株上部2～4节具分枝花序，下部各节具未发育成熟的分枝花序；分枝花序具叶，包裹于主秆的各个叶鞘内；顶生小穗通常无刚毛，远离下部小穗，有时其他小穗亦有分枝如顶生小穗。

产青海：兴海（中铁林场中铁沟，吴玉虎45583；中铁乡附近，吴玉虎42845、42867；中铁林场恰登沟，吴玉虎45339）。生于海拔3 150～3 600 m的沟谷山地林缘草甸、阳坡山麓灌丛草甸。

分布于我国的青海、甘肃。模式标本采自青海省祁连县。

2. 陕西狼尾草

Pennisetum shaanxiense S. L. Chen et Y. X. Jin in Bull. Bot. Res. Harbin 4（1）：68. pl. 3. 1984；中国植物志10（1）：363. 图版113：20～24. 1990；Fl.

China 22：552. 2006. ——*P. longissimum* var. *intermedium* S. L. Chen et Y. X. Jin in Bull. Nanjing. Bot. Gard. Mem. Sun. Yat Sen 1988～1989：6～7. 1988～1989；中国植物志 10（1）：371. 1990；青海植物志 4：186. 1999；青藏高原维管植物及其生态地理分布 1132. 2008.

多年生草本。秆直立，高（40）60～80（150）cm。叶鞘密生疣毛，近鞘口尤多；叶舌短，具长约 2.5 mm 的纤毛；叶片扁平，两面无毛，长 30～50 cm，宽 0.5～1.5 mm，边缘粗糙，近基部具疣毛。圆锥花序穗状，呈圆柱形，长 10～20 cm；花序主轴密被或疏被短硬毛，残留主轴上的总梗极短或仅呈 1 束纤毛；刚毛灰绿色或淡紫色，较粗壮，长 6～30 mm，最长者为小穗的 3～4 倍，基部生柔毛而呈羽毛状；小穗长 5～8 mm，常单生，稀 2～3 枚簇生；颖近草质，常有紫色纵纹，第 1 颖卵形，长约 2 mm，无脉或具 1 脉，顶端钝圆、齿裂或锐尖，第 2 颖长 2～4 mm，具 1～3 脉，顶端渐尖；第 1 小花通常雄性罕中性，第 1 外稃与小穗等长，具 5～7 脉，顶端渐尖；第 2 小花两性，常稍短于第 1 外稃；第 2 外稃具 5～7 脉，顶端渐尖；雄蕊 3 枚，花药顶端无毫毛；花柱基部联合。 花果期 7～10 月。

产青海：都兰（香日德农场，郭本兆 11786）、玛沁（军功乡，采集人不详 177）、称多（称文乡，刘尚武 2323）。生于海拔 2 900～3 600 m 的河谷阶地、荒漠草原、山地阳坡、河滩草地。

分布于我国的青海、甘肃、陕西、四川、湖南、贵州及云南。

62. 甘蔗属 Saccharum Linn.

Linn. Sp. P1. 54. 1753.

多年生高大丛生草本。秆直立，中空或实心，通常具多节。叶片宽，扁平。圆锥花序大型密集；小穗孪生，两性，1 无柄，1 有柄，成熟后穗轴易逐节折断；基盘或小穗柄上的白柔毛均长于小穗；颖草质或革质，两颖近等长；外稃透明膜质；第 2 外稃顶端无芒或有芒；雄蕊 3 枚。

有 30 余种，分布于世界热带和亚热带地区。我国有 12 种，昆仑地区产 2 种。

分种检索表

1. 第 2 外稃顶端无芒；花药长 1.5～2.0 mm …………… **1. 甜根子草 S. spontaneum** Linn.
1. 第 2 外稃顶端具芒，芒长达 5 mm；花药长 2.0～2.5 mm ……………………………
……………………………………………………………… **2. 沙生蔗茅 S. ravennae**（Linn.）Linn.

1. 甜根子草

Saccharum spontaneum Linn. Mant. Pl. Alt. 183. 1771; Roshev. in Kom. Fl. URSS 2: 9. 1934; Gamajun. in Fl. Kazakh. 1: 120. 1956; 中国主要植物图说 禾本科 762. 图 705. 1959; Tzvel. in Grub. Pl. Asiae Centr. 4: 17. 1968, et in Fed. Poaceae URSS 690. 1976; Thomas A. Cope in E. Nasir et S. I. Ali Fl. Pakist. 143: 263. 1982; Y. H. Wu Grass. Karakor. Kunlun Mount. 152. 1999; Fl. China 22: 578. 2006; 青藏高原维管植物及其生态地理分布 1156. 2008.

多年生草本，具长根状茎。秆直立，高 1～4 m，在花序以下被白色柔毛；叶鞘均长于节间，鞘口和节处生柔毛，其余无毛；叶舌钝，长约 2 mm，具纤毛；叶片通常长达 60 cm，宽 3～6 mm，两面无毛，干后边缘内卷。圆锥花序长 20～30 cm，分枝细弱，直立或上伸；穗轴节间较细弱，长 4～10 mm，顶端稍膨大，边缘疏生长丝状柔毛，其毛在顶端与基部成束而生；小穗双生，无柄小穗披针形，长 3～4 mm，基盘具长于小穗 2 倍以上的丝状毛；第 1 颖近膜质，上部具点状微毛，具 2 脊，顶端稍钝，第 2 颖舟形，近膜质，顶端锐尖，边缘具纤毛；第 1 外稃卵状长圆形，顶端尖，边缘具纤毛，第 2 外稃较狭窄，稍短于第 1 外稃；内稃阙如；雄蕊 3 枚，花药长约 3 mm。有柄小穗与无柄小穗相似，柄长 2.5～3.0 mm。 花果期 8～10 月。

产新疆：喀什（城郊，采集人和采集号不详）。生于海拔 1 200～1 400 m 的绿洲荒地。

分布于我国的新疆、西藏、四川、云南、贵州、河南、湖南、湖北、广西、广东、海南；印度，中亚地区各国，日本也有。

2. 沙生蔗茅

Saccharum ravennae (Linn.) Linn. in Murray Syst. Veg. ed. 13. 88. 1774; Fl. China 22: 577. 2006. ——*Erianthus ravennae* (Linn.) Beauv. Ess. Agrost. 14. 1812; Bor Grass. Burma Ceyl. Ind. Pakist. 151. 1960; Tzvel. in Grub. Pl. Asiae Centr. 4: 17. 1968, et in Fed. Poaceae URSS 687. 1976; 新疆植物志 6: 361. 图版 140: 1～9. 1996; Y. H. Wu Grass. Karakor. Kunlun Mount. 152. 1999; 青藏高原维管植物及其生态地理分布 1105. 2008. ——*Andropogon ravennae* Linn. Sp. Pl. ed. 2. 1481. 1763.

多年生高大而粗壮的丛生草本，具粗壮的根状茎。秆高 1.5～2.0 m，直径 0.5～1.0 cm，秆中实，光滑无毛，下部茎节上密被黄色毛。叶鞘圆筒形；叶舌长毛状；叶片扁平，长约 60 cm，宽 0.3～0.8 cm，基部叶几无叶片，而仅呈短小的半圆柱状。大型圆锥花序密集顶生，多分枝，直立，长 30～60 cm；小穗含 1 两性花，孪生，长约 4 mm，两侧压扁，脱节于颖之下；小穗轴密被白色长柔毛，包裹着小穗，并长于小穗；

颖革质，第 1 颖具 2 脊，第 2 颖具 1 脊，脊上具短刚毛；外稃干膜质，第 1 外稃具 2 脊，脊上具纤毛，第 2 外稃具 1 脉，长约 3 mm，顶端具芒，芒长达 5 mm；内稃先端钝圆，平滑无芒；雄蕊 3 枚，花药黄色；柱头羽毛状。 花果期 6～8 月。

产新疆：皮山 [八一公社（?），刘名建，采集号不详]、和田（县城附近，刘海源 86－139；玉龙喀什河 1 号闸，刘名建，采集号不详）。生于海拔 1 200～1 500 m 的固定沙丘、沙砾干山坡草地。

分布于我国的新疆；中亚地区各国，欧洲也有。

63. 白茅属 Imperata Cyrillo

Cyrillo P1. Rar. Neap. 2：26. 1792.

多年生丛生草本。具长根状茎，根茎密生鳞片。秆直立，通常具 2～3 节。叶片细长，扁平。圆锥花序穗状圆柱形，有茸毛；分枝短缩密集，花序基部有时较疏或间断；花序轴硬而坚韧；小穗小，两性，基部围以细长的丝状柔毛，含 1 小花，具长短不一的小穗柄；两颖近于相等或第 1 颖稍短，草质兼膜质，下部及边缘被细长软毛；外稃透明膜质，无脉，全缘，无芒；第 1 内稃阙如，第 2 内稃透明膜质；桨片不存在；雄蕊 1～2 枚；雌蕊具 2 个柱头，毛刷状。

约 10 种，分布于世界热带并延伸到暖温带地区。我国有 3 种，昆仑地区产 1 变种。

1. 白　茅

Imperata cylindrica (Linn.) Raeusch. Nomencl. Bot. ed. 3. 3：10. 1797；Fl. China 22：584. 2006. ——*Lagurus cylindricus* Linn. Syst. Nat. ed. 2. 2：878. 1757.

1a. 白茅（原变种）

var. **cylindrica**

本区不产。

1b. 大白茅（变种）

var. **majur** (Nees) C. E. Hubb. in C. E. Hubb. et Vaughan Grass. Maur. Rod. 96. 1940；Bor Grass. Burma Ceyl. Ind. Pakist. 170. 1960；Fl. China. 22：584. 2006. ——*I. cylindrical* subsp. *koenigii* (Retz.) Tzvel. in Fed. Poaceae URSS 691. 1976；新疆植物志 6：359. 1996；Y. H. Wu Grass. Karakor. Kunlun Mount. 151. 1999；青藏高原维管植物及其生态地理分布 1117. 2008. ——*I. koenigii* var. *major* Nees Fl. Afr. Austr. 90. 1841.

多年生丛生草本。具长根状茎，根茎密被鳞片。秆直立，高 25～80 cm，通常具 2～3 节，节具长 4～10 mm 的柔毛。叶鞘光滑无毛或上部及边缘和鞘口具纤毛；叶舌膜质，钝头，长约 1 mm；叶片条形或条状披针形，扁平，长 5～60 cm，宽 2～8 mm，平滑无毛或下面及边缘粗糙，先端渐尖。圆锥花序穗状圆柱形，长 5～20 cm，宽 1.5～3.0 cm；分枝短缩密集，花序基部有时较疏或有间断；小穗柄长短不等；小穗孪生，披针形或长圆形，长 2.5～4.0 mm，具 2 小花，第 1 小花不育，基部密生长 10～15 mm 的丝状柔毛；颖膜质，但背下部稍呈草质，背面疏生丝状柔毛，边缘具纤毛，两颖等长或第 1 颖稍短，第 1 颖较窄，具 3～4 脉，第 2 颖较宽，具 4～6 脉；第 1 外稃卵状长圆形，长约 1.5 mm，先端钝，内稃阙如；第 2 外稃披针形，长约 1.2 mm，顶端尖，两侧略呈细齿状；内稃长约 1.2 mm，宽约 1.5 mm，顶端平截具齿；雄蕊 2 枚，花药黄色，长约 3 mm；柱头 2 枚，深紫色。 花果期 7～8 月。

产新疆：昆仑山北坡山麓药圃有小块栽培。

分布于我国各地；亚洲热带、亚热带地区，非洲东部，澳大利亚均有。

（十五）高粱族 Trib. **Andropogoneae** Dum.

64. 高粱属 **Sorghum** Moench

Moench Meth. 207. 1794. Fl. Xizang. 5：323. 1987.

一年生或多年生高大丛生草本。有时具短根状茎。秆直立，大多粗壮。叶鞘光滑无毛或被白粉；叶片宽，扁平。顶生圆锥花序，分枝轮生；小穗在分枝上部孪生，无柄小穗为两性，基盘钝圆或尖锐，有柄小穗为雄性或中性；穗轴节间及小穗柄线形，边缘具纤毛；第 1 颖革质，背部凸起或扁平，成熟时变硬而有光泽，边缘狭窄而内卷，第 2 颖舟形，具脊；第 1 外稃透明膜质，第 2 外稃长圆形或条形，顶端 2 裂，芒从裂齿间伸出，或全缘而无芒。桨片有纤毛。

有 30 余种，分布于世界热带和亚热带。我国有 5 种（包括栽培种），昆仑地区产 2 种。

分种检索表

1. 圆锥花序花期疏松；无柄小穗椭圆形，长 5～8 mm；颖果紧包在颖内………………
……………………………………………………… **1. 苏丹草 S. sudanense**（Piper）Stapf

1. 圆锥花序常紧密；无柄小穗卵形至近圆形，长 3.5～5.0 mm；颖果成熟后露出颖外
……………………………………………………… **2. 高粱 S. bicolor**（Linn.）Moench

1. 苏丹草

Sorghum sudanense (Piper) Stapf in Prain Fl. Trop. Afr. 9: 113. 1917; Roshev. in Kom. Fl. URSS 2: 22. 1934; Gamajun. in Fl. Kazakh. 1: 125. 1956; Tzvel. in Grub. Pl. Asiae Centr. 4: 21. 1968, et in Fed. Poaceae URSS 698. 1976; 新疆植物志 6: 365. 图版 142: 5～8. 1996; Y. H. Wu Grass. Karakor. Kunlun Mount. 154. 1999; Fl. China 22: 601. 2006. ——*Andropogon sorghum* subsp. *sudanensis* Piper in Proc. Biol. Soc. Wash. 28 (4): 33. 1915.

一年生丛生草本。秆光滑无毛，自基部分枝，高 1.5～2.5 m，基部茎粗 3～9 mm。除最上一节外，各节叶鞘与节间等长，平滑无毛；叶舌膜质，长 3.0～4.5 mm，顶端钝圆，常撕裂；叶片条形，长 15～40 cm，宽 1.0～4.5 cm，两面均平滑无毛，边缘具刚毛或粗糙。圆锥花序直立，于开花后疏展，卵形，长 15～40 cm，宽 7～15 cm；分枝半轮生，斜升，长 10～20 cm，下部 1/2 或 1/3 裸露；穗轴及分枝均粗糙，节上生有柔毛；小穗通常每 2 枚着生于一节，其中 1 枚无柄、较大、结实，另 1 枚有柄、雄性，柄长 2.5～4.0 mm；顶生小穗 3 枚，中央者无柄，两侧者具柄，无柄小穗披针形至卵形，长 5～8 mm，宽 2～3 mm，基部周围具毛；颖全部密被白色长柔毛，或第 2 颖向基部渐可无毛而光滑；外稃膜质透明，长 3.0～4.5 (6.0) mm，被丝状长柔毛，顶端具芒，芒长 1～2 cm，膝曲，宿存。颖果倒卵形，略扁，黄褐色或红褐色，紧密着生于颖内，顶端不外露。 花果期 6～8 月。

产新疆：西昆仑山北坡山麓地带作为牧草栽培。

分布于我国的新疆、青海、甘肃、宁夏、陕西、内蒙古、山西、河北、辽宁、吉林、黑龙江；全世界温带地区均有栽培。

2. 高 粱

Sorghum bicolor (Linn.) Moench Meth. Pl. 207. 1794; Roshev. in Kom. Fl. URSS 2: 20. 1934; Bor Grass. Burma Ceyl. Ind. Pakist. 227. 1960; Tzvel. in Grub. Pl. Asiae Centr. 4: 20. 1968, et in Fed. Poaceae URSS 699. 1976; 西藏植物志 5: 324. 1987; 新疆植物志 6: 361. 1996; Y. H. Wu Grass. Karakor. Kunlun Mount. 154. 1999; Fl. China 22: 601. 2006; 青藏高原维管植物及其生态地理分布 1158. 2008. ——*Holcus bicolor* Linn. Mant. Alt. 301. 1771. ——*Sorghum cernuum* (Ard.) Host. Gram. Aust. 4: 2. t. 3. 1809; Roshev. in Kom. Fl. URSS 2: 20. 1934; Gamajun. in Fl. Kazakh. 1: 126. 1956; Bor Grass. Brum. Ceyl. Ind. Pakist. 228. 1960; Tzvel. in Grub. Pl. Asiae Centr. 4: 21. 1968, et in Fed. Poaceae URSS 700. 1976; 新疆植物志 6: 365. 图版 142: 1～4. 1996; Y. H. Wu Grass. Karakor. Kunlun Mount. 154. 1999. ——*S. vulgare* Pers. Synops.

Pl. 1：101. 1804，s. str.；中国主要植物图说 禾本科 816. 1959. ——*Holcus cernuus* Ard. in Saggi Sci. Lett. Acad. Padova 1：128. 1786.

一年生高大草本。秆直立，高3～4 m，直径约2 cm。叶鞘无毛或被白粉；叶舌硬膜质，顶端圆，边缘生纤毛；叶片狭长披针形，长达50 cm，宽约4 cm。圆锥花序顶生；分枝轮生，长达30 cm；穗轴坚韧；小穗孪生，背腹压扁，其中无柄小穗两性，能孕，有柄小穗为雄性，其发育程度不一，无柄小穗卵状椭圆形，长5～6 mm，含2花，第1花退化；第1颖成熟时下部革质，坚硬，光滑无毛，有光泽，上部及边缘具短柔毛，边缘内卷，第2颖舟形，具脊；第1外稃（不孕花）透明膜质，第2外稃透明膜质，顶端2齿裂，芒从裂齿间伸出，长3.5～8.0 mm，或无芒。颖果倒卵形，成熟后露出颖外。 花果期6～9月。

产新疆：西昆仑山北坡山麓地带有栽培。

分布于我国的新疆、甘肃、宁夏、陕西、内蒙古、山西、河北、辽宁、吉林、黑龙江；全世界温带地区均有栽培。

65. 孔颖草属 Bothriochloa Kuntze

Kuntze Rev. Gen. P1. 2：762. 1891.

多年生。秆单生或具分枝。叶片大多扁平。总状花序呈圆锥状或伞房状兼指状排列于茎顶。小穗孪生，无柄者两性，有柄者雄性或中性，大小等于或小于无柄小穗，无柄小穗基盘钝圆，具短柔毛，水平脱落；穗轴节间与小穗柄边缘质厚而中央为纵凹沟，尤以穗轴上部者明显；第1颖草质或硬纸质，顶端尖或渐尖，边缘对折成2脊，背部扁平或有小孔穴，第2颖舟形，顶端尖，具3脉；第1外稃透明膜质，无脉，第2外稃退化，膜质，极窄线形，顶端延伸成1膝曲的无毛的芒。有柄小穗较瘦小，无芒。

约30种，分布于世界热带。我国有3种2变种，昆仑地区产2种。

分种检索表

1. 总状花序呈圆锥状排列于延伸的主轴上 ……… **1. 臭根子草 B. bladhii**（Retz.）S. T. Blake
1. 总状花序呈伞房状兼指状，排列于短缩的主轴上 ……………………………………
…………………………………………………… **2. 白羊草 B. ischaemua**（Linn.）Keng

1. 臭根子草

Bothriochloa bladhii（Retz.）S. T. Blake in Proc. Roy. Soc. Queensland 80：62. 1969；Fl. China 22：608. 2006. ——*Andropogon bladhii* Ret. Observ. Bot. 2：27. 1761. ——*Bothriochloa intermedia*（R. Br.）A. Camus in Ann. Soc. Linn.

Lyon n. s. 76：164. 1931；中国主要植物图说 禾本科 823. 图 771. 1959；Bor Grass. Burma Ceyl. Ind. Pakist. 108. 1960；Y. H. Wu Grass. Karakor. Kunlun Mount. 155. 1999. ——*Andropogon intermedius* R. Br. Prod. 202. 1810.

多年生疏丛生草本。秆高 60～100 cm，直立或基部倾斜，具多节，节被多数短髯毛。叶鞘无毛；叶舌膜质，平截，长 0.5～2.0 mm；叶片狭线形，长 15～30 cm，宽 1～4 mm，两面均疏生疣毛或下面无毛，边缘粗糙，顶端长渐尖，基部圆形。圆锥花序长 9～16 cm，每节各具 1～3 枚总状花序，总状花序长 3～8 cm，具总梗；穗轴节间与小穗柄两侧均具丝状毛；无柄小穗两性，灰绿色或带紫色，长圆状披针形，长 3.5～4.0 mm，基盘具白色髯毛；第 1 颖背腹扁，具 5～7 脉，背部稍下凹，无毛或中部以下疏生白色柔毛，顶端钝，边缘内折，而上部呈 2 脊，脊上具小纤毛，第 2 颖舟形，与第 1 颖等长，具 3 脉，顶端尖，边缘近膜质，上部具纤毛；第 1 外稃卵状，或长圆状披针形，长 2～3 mm，顶端尖，边缘及顶端疏生纤毛，第 2 外稃退化成线形，顶端具 1 个膝曲的芒，芒长 10～16 mm；有柄小穗中性，稀为雄性，较狭窄，无芒，第 1 颖具 9 脉，无毛，第 2 颖扁平，质较薄。

产新疆：本区昆仑山北坡山麓。生于海拔 2 500 m 左右的绿洲草地、渠岸。

分布于我国的新疆、陕西、四川、云南、湖南、广西、广东、福建、海南、台湾；亚洲、非洲至大洋洲的热带和亚热带地区均有。

2. 白羊草 图版 40：15～16

Bothriochloa ischaemua（Linn.）Keng in Contrib. Biol. Lab. Sci. Soc. China Bot. 10（2）：201. 1936；中国主要植物图说 禾本科 825. 1959；Bor Grass. Burma Ceyl. Ind. Pakist. 108. 1960；Thomas A. Cope in E. Nasir et S. I. Ali Fl. Pakist. 143：287. 1982；西藏植物志 5：326. 图 180. 1987；新疆植物志 6：368. 图版 14：1～6. 1996；Y. H. Wu Grass. Karakor. Kunlun Mount. 156. 1999；青海植物志 4：187. 图版 26：15，16. 1999；Fl. China 22：608. 2006；青藏高原维管植物及其生态地理分布 1082. 2008. ——*Andropogon ischaemum* Linn. Sp. Pl. 1047. 1753.

多年生丛生草本。有时具短根状茎。秆直立或基部膝曲，高 20～60 cm，通常具 3～4 节，节裸露或被毛。叶鞘平滑无毛，秆生者常短于节间；叶舌膜质，钝圆，具纤毛，长约 1 mm；叶片扁平，细长，长 5～16 cm，宽 2～3 mm，顶生者常短缩，两面疏生疣基柔毛或下面无毛。总状花序通常灰绿色带紫色，长 3～5 cm，4 至多枚簇生于茎顶呈指状，较细弱；花序轴易脱节；小穗孪生于每一节；穗轴节间与小穗柄两侧具白色丝状毛。无柄小穗长圆状针形，长 4～5 mm，基盘钝圆，具髯毛；第 1 颖草质，背部稍凹，具 5～7 脉，上部具 2 脊，脊粗糙，下部常具丝状柔毛，顶端钝而膜质，边缘内卷，第 2 颖舟形，中部以上具纤毛，边缘近于膜质；第 1 外稃长圆状披针形，长约 3 mm，顶端尖，边缘上部疏生纤毛；第 2 外稃退化成线形，顶端延伸成长 10～15 mm 膝曲的芒。有柄小穗雄性，无芒；第1颖背部无毛，具9脉，第2颖背腹扁，两边内折，具5脉，边缘近于膜质且具纤毛；花药黄色，长1.5～2.0 mm。　花果期7～9月。

产新疆：塔什库尔干、叶城、和田（县城附近，刘海源86－140、157）。生于海拔1 200～1 500 m的河边草地、渠岸。

青海：兴海。生于海拔约3 000 m左右的山坡草地、路边沙地。

分布于我国的大部分地区；世界温带地区均有。

66. 荩草属 Arthraxon Beauv.

Beauv. Ess. Agrost. 111. 152. 1812.

一年生或多年生草本。秆细弱，具基部为心形抱茎的叶片。总状花序细弱，指状排列或簇生于茎顶；小穗孪生，1有柄，1无柄，有柄者雄性或中性，或者退化而为仅残留其柄的痕迹，故小穗仍为单生，无柄者含1花，多数具芒，小穗逐节断落；第1颖纸质，通常脉上粗糙，第2颖具3脉，对折而主脉成脊，先端尖或具小尖头；第1外稃透明膜质，内稃及雌雄蕊均阙如；第2外稃透明膜质或其基部质稍厚，全缘或先端具2微齿，芒自基部伸出，内稃很小或缺。

约26种，分布于东半球的热带与亚热带地区。我国有12种1变种，昆仑地区产1种1变种。

1. 荩　草

Arthraxon hispidus（Thunb.）Makino in Bot. Mag. Tokyo 26：214. 1912；中国主要植物图说 禾本科 813. 图 765. 1959；Tzvel. in Grub. Pl. Asiae Centr. 4：18. 1968，et in Fed. Poaceae URSS 705. 1976；新疆植物志 6：361. 图版 141：1～7. 1996；Fl. China 22：619. 2006. ——*Phalaris hispida* Thunb. Syst. Veg. ed. 14：104. 1784.

1a. 荩草（原变种）

var. **hispidus**

一年生草本。秆细弱，光滑无毛，基部倾斜，高30～45 cm，通常具多节，常分枝，基部节着土后易生根。叶鞘短于节间；叶舌膜质，长0.5～1.0 mm，边缘具纤毛；叶片卵状披针形，基部呈心形抱茎，长2～4 cm，宽8～15 mm，除下部边缘生纤毛外均无毛。总状花序细弱，长1.5～3.0 cm，2～10枚呈指状排列或簇生于茎顶；穗轴节间无毛，长为小穗的2/3～3/4；有柄小穗退化仅剩短柄，柄长0.2～1.0 mm；无柄小穗通常灰绿色或带紫色，卵状披针形，长4.0～4.5 mm；第1颖草质，具7～9脉，脉上粗糙，顶端钝圆，边缘膜质；第 2 颖舟形，近于膜质，与第 1 颖等长，脊上粗糙，具 3 脉而两侧脉不明显，顶端尖；第 1 外稃长圆形，透明膜质，长约为第 1 颖的 2/3，顶端尖；第 2 外稃与第 1 外稃等长，透明膜质但基部质较硬，近基部伸出 1 膝曲的芒，芒长 6～9 mm，下部扭转；雄蕊 2 枚，花药黄色带紫色，长 0.7～1.0 mm。颖果长圆形，与稃体几等长。　花果期 7～9 月。

产新疆：疏勒（牙甫泉，R926）。生于海拔 1 200 m 左右的西昆仑山前绿洲河畔、沼泽草甸。

分布于我国的大部分省区；欧亚大陆温带地区均有。

1b. 中亚荩草（变种）

var. **centrasiaticus**（Griseb.）Honda in Bot. Mag. Tokyo. 39：278. 1925；中国主要植物图说 禾本科 814. 1959；Fl. China 22：620. 2006. ——*A. hispidu* subsp. *centrasiaticus*（Griseb.）Tzvel. in Fed. Poaceae URSS 705. 1976；新疆植物志 6：363. 1996. ——*Pleuroplitis centrasiatica* Griseb. in Ledeb. Fl. Ross. 4：477. 1853.

本变种与原变种的区别在于：叶片两面均被毛。　花果期 6～9 月。

产新疆：疏勒。生于海拔 1 200 m 左右的西昆仑山前绿洲河畔、沼泽草甸。

分布于我国的西北、华北、东北、华中、华东；日本，中亚地区各国也有。

67. 薏苡属 Coix Linn.

Linn. Sp. P1. 972. 1753.

一年生或多年生高大草本。秆直立。叶片扁平，条状披针形。总状花序腋生成束，其雄小穗则由念珠状的总苞中抽出；小穗单性，雄小穗含 2 小花，2～3 枚为一组生于小穗轴的一节，只有 1 枚小穗无柄，其余均有柄，排列在细弱而连续的总状花序上部；雌小穗 2～3 枚生于一节，常仅 1 枚发育，其余的退化，生于总状花序基部而被包在 1 骨质念珠状的总苞（变形叶鞘）内。

约 4 种，分布于亚洲热带。我国有 2 种，昆仑地区产 1 种。

1. 薏　苡

Coix lacryma-jobi Linn. Sp. Pl. 972. 1753；中国主要植物图说 禾本科 851. 图 798. 1959；Bor Grass. Bruma Ceyl. Ind. Pakist. 264. 1960；中国高等植物图鉴 5：209. 图 7248. 1976；Thomas A. Cope in E. Nasir et S. I. Ali Fl. Pakist. 143：349. 1982；新疆植物志 6：370. 1996；Y. H. Wu Grass. Karakor. Kunlun Mount.

157. 1999；Fl. China 22：648. 2006.

一年生或多年生草本。秆直立，高 1.0～1.5 m。叶鞘平滑，上部者短于节间；叶舌质硬，长约 1 mm；叶片线状披针形，长达 30 cm，宽 1.5～3.0 cm，中脉粗厚而下面凸起。总状花序腋生成束，长 6～10 cm，直立或下垂，具总梗。雄性小穗在总状花序上部，自总苞中抽出；无柄小穗长 6～7 mm；颖草质，第 1 颖扁平，具多数脉，两侧内折成脊而具不等宽的翼，第 2 颖舟形，具多脉；外稃与内稃均为薄膜质；雄蕊 3 枚，花药黄褐色，长 4～5 mm；有柄小穗和无柄小穗相似，但较小或更退化。雌性小穗位于花序下部，长 7～9 mm，外面包以骨质念珠状总苞，总苞近等长于小穗；第 1 颖顶端钝，具数 10 脉，第 2 颖舟形，被包于第 1 颖中，渐尖；第 1 小花仅具外稃，稍短于颖，第 2 外稃微短于第 1 小花，具 3 脉；内稃与外稃相似而较小；雄蕊 3 枚退化；雌蕊具长花柱，柱头分离；颖果长约 5 mm。 花果期 7～10 月。

产新疆：和田（县城东郊，R1406）。西昆仑山北坡山麓地带作药材栽培。

分布于我国和世界的温暖气候带。

68. 玉蜀黍属 Zea Linn.

Linn. Sp. P1. 974. 1753，et Gen. P1. ed. 5. 1754.

特征同种。

1. 玉 米

Zea mays Linn. Sp. Pl. 971. 1753；Roshev. in Kom. Fl. URSS 2：4. 1934；中国主要植物图说 禾本科 851. 图 799. 1959；Bor Grass. Burma Ceyl. Ind. Pakist. 270. 1960；Thomas A. Cope in E. Nasir et S. I. Ali Fl. Pakist. 143：247. 1982；西藏植物志 5：44. 1987；新疆植物志 6：368. 图版 144：1～7. 1996；Y. H. Wu Grass. Karakor. Kunlun Mount. 157. 1999；青海植物志 4：188. 1999；Fl. China 22：650. 2006.

一年生草本，为高大粗壮的栽培作物。秆直立，高 1～3 m，实心，不具分枝，基部各节具气生支柱根。叶鞘光滑无毛，具横脉，鞘口具茸毛；叶舌干膜质，长约 5 mm；叶片宽大，带状披针形，具强壮的中脉，边缘呈波状皱褶。雄性圆锥花序顶生；雄小穗孪生于穗轴的各节，长约 1 cm，含 2 小花；颖膜质，近等长，背部隆起，具 9～11 脉；外稃与内稃均透明膜质，近等长于颖；花药橙黄色，长约 5 mm。雌花序肉穗状，腋生；雌小穗成对，密集成纵行，8～14（30）行，排列于粗壮且呈海绵状的穗轴上；颖较宽，无脉，近等长，拱圆而环抱 2 小花，第 1 小花不育，外稃透明膜质，比颖短小，内稃小或退化不存在，第 2 小花正常发育，外稃与内稃透明膜质；雌蕊具 1 长可达 40 cm、纤细且被短毛的丝状花柱，远伸出鞘状苞叶以外，绿黄色、紫红色或黑褐色。颖果略呈球形，成熟后超出颖和稃之外。　花果期夏秋季。

产新疆：叶城、皮山、墨玉、和田、策勒、于田、民丰、且末、若羌（县城附近，刘海源 061）。广泛栽培于西昆仑山北麓山前地带的绿洲。

青海：兴海、班玛有栽培。

我国各地及世界热带和温带地区广泛栽培。

八十三　莎草科 CYPERACEAE

多年生草本，少数为一年生。一般具根状茎或无，少有兼具块茎；秆散生或丛生，三棱形，少数圆柱形。叶基生或秆生，具叶片和叶鞘，叶片扁平，有时内卷，有的无叶片仅具叶鞘，叶鞘一般闭合。苞片禾叶状、鳞片状，少数为秆的延长；花序多种多样，有穗状花序、总状花序、圆锥花序、头状花序或长侧枝聚伞花序；小穗单生、簇生或排列成穗状等，含 1 朵、2 朵至多数花；花两性或单性，雌雄同株或雌雄异株，花腋生于鳞片内；鳞片覆瓦状螺旋排列或为 2 行排列；无花被或花被退化而成下位刚毛或下位鳞片，有的雌花为先出叶所形成的果囊所包；雄蕊 3 枚，稀 2～1 枚，花丝丝状，花药底着；子房 1 室，胚珠 1 枚，花柱 1 枚，柱头 2～3 枚。小坚果三棱形，双凸或平凸状，稀球形。

有 80 余属 4 000 余种。我国有 28 属 500 余种，广布于全国；昆仑地区产 8 属 98 种 4 亚种 1 变种。

分属检索表

1. 花两性；无先出叶所形成的果囊。
　2. 鳞片螺旋状排列；下位刚毛存在，稀阙如。
　　3. 花柱基部不膨大；叶有叶鞘和叶片。
　　　4. 花序为简单或复出的长侧枝聚伞花序，有时为头形，很少只有 1 个小穗；小穗不排成 2 列；下位刚毛 6 条，不分叉 …………………… **1. 藨草属 Scirpus** Linn.
　　　4. 花序为极简单的穗状花序；小穗为 2 列排列 ……… **2. 扁穗草属 Blysmus** Panz.
　　3. 花柱基部膨大，一般呈僧帽状；叶无叶片，仅有叶鞘 ………………………… **3. 荸荠属 Eleocharis** R. Br.
　2. 鳞片为 2 行排列；无下位刚毛。
　　5. 柱头 3；小坚果三棱形 ……………………………………… **4. 莎草属 Cyperus** Linn.
　　5. 柱头 2；小坚果双凸状、平凸状或凹凸状。
　　　6. 小坚果背腹压扁，面向小穗轴生 ………………………………………… **5. 水莎草属 Juncellus** (Griseb.) C. B. Clarke
　　　6. 小坚果两侧压扁，棱向小穗轴生 ……………… **6. 扁莎草属 Pycreus** P. Beauv.
1. 花单性，雌花有先出叶；先出叶两边内弯，在基部、中部或全部愈合，而呈果囊状。
　7. 小坚果不包于先出叶内，仅愈合在中上部以上 …………… **7. 嵩草属 Kobresia** Willd.
　7. 小坚果被果囊所包，先出叶全部愈合，而成果囊 …………… **8. 薹草属 Carex** Linn.

1. 藨草属 **Scirpus** Linn.

Linn. Sp. Pl. 47. 1753.

一年生或多年生草本。根状茎有或无，有的节处膨大成块茎。秆散生或丛生，三棱形或圆柱形，有节或无节。叶片扁平，具基生叶或秆生叶或两者均有，有的叶片不发达或全部退化，仅存叶鞘。苞片禾叶状、鳞片状或为秆的延长；长侧枝聚伞花序顶生，有的几次复出组成圆锥花序，有的简单几个小穗成簇而形成假侧生，极少仅有 1 枚顶生小穗；小穗含多数或少数两性花，少数为单性花，雌雄异株；鳞片螺旋状排列。每 1 鳞片含 1 朵花，有的最下部鳞片中空，一般鳞片全缘，有的顶部凹缺；下位刚毛 4～6 条或阙如，常有倒刺，通常直立，少数弯曲；雄蕊 3 枚；柱头 2 枚，少数为 3 枚。小坚果平凸状、双凸状或三棱形。

约 200 种，广布于全球。我国有 40 余种，昆仑地区产 10 种。

分种检索表

1. 苞片禾叶状，在秆的顶端常数枚包围花序。
  2. 柱头 3；长侧枝聚伞花序比较发达；小坚果扁三棱形 ……………………………… **1. 滨海藨草 S. maritimus** Linn.
  2. 柱头 2；长侧枝聚伞花序仅具少数辐射枝或花序呈头形；小坚果平凸或双凸状。
    3. 鳞片锈褐色或褐色；小坚果宽倒卵形，两面微凹，长约 3 mm ……………………………… **2. 扁秆藨草 S. planiculmis** Fr. Schmidt
    3. 鳞片淡黄色；小坚果宽倒卵形，两面微凸，长 2.0～2.5 mm ……………………………… **3. 球穗藨草 S. strobilinus** Roxb.
1. 苞片鳞片状，或似秆的顶部延长。
  4. 苞片为秆的延长。
    5. 花序假侧生；多年生。
      6. 秆圆柱形；根状茎粗壮 ……………………… **4. 水葱 S. tabernaemontani** Gmel.
      6. 秆三棱形；根状茎细。
        7. 柱头 3；下位刚毛上半部流苏状；鳞片边缘宽膜质 ……………………………… **5. 羽状刚毛藨草 S. litoralis** Schrad.
        7. 柱头 2；下位刚毛具倒刺；鳞片边缘具纤毛 ……… **6. 藨草 S. trigueter** Linn.
    5. 花序通常为头形，无辐射枝；一年生。
      8. 植株高大，高 25～60 cm；下位刚毛 5～6 条；有叶鞘无叶片 ……………………………… **7. 萤蔺 S. juncoides** Roxb.

8. 植株矮小，高 3～13 cm；下位刚毛无；叶条形 ……………………………… 8. **细秆藨草 S. setaceus** Linn.

4. 苞片为鳞片状；小穗含少数花。

9. 雌雄同株；小坚果三棱形，柱头 3 …………………… 9. **矮藨草 S. pumilus** Vahl.

9. 雌雄异株；小坚果平凸状，柱头 2 ………………………………………… 10. **双柱头藨草 S. distigmaticus** (Kük.) Tang et Wang

1. 滨海藨草

Scirpus maritimus Linn. Sp. Pl. 50. 1753；新疆植物志 6：374. 1996；青藏高原维管植物及其生态地理分布 1204. 2008.——*Bolboschoenus maxitimus* (Linn.) Palla in Hall. et Wohlf. Kochs；Syn. Deutsch. Fl. Anfl. 3 (3)：2532. 1907；Egorova in Grub. Pl. Asiae Centr. 3：19. 1967.

多年生草本。根状茎有细长横走的匍匐枝，在其节处或先端有加粗或球状的块茎，块茎黑褐色，长约 1.5 cm，坚硬，匍匐枝具棱。秆散生，高 50～80 cm，三棱形，平滑，具秆生叶。叶扁平、线形，宽 3～5 mm，具长鞘，鞘口边缘白色膜质。苞片叶状，2～3 枚，开展，长于花序。长侧枝聚伞花序简单或复出，具 2～4 个辐射枝，辐射枝顶端具 1～4 枚小穗；小穗长圆形或狭椭圆形，深褐色，长 1.0～1.5 cm，具多数花；鳞片椭圆形，覆瓦状排列，长 5～6 mm，膜质，背部具短柔毛，中脉 1 条由先端伸出，芒端微反曲；雄蕊 3 枚；下位刚毛 1～6 条，稍短于小坚果，具倒刺；柱头 3 枚。小坚果倒卵形，扁三棱形，稍有光泽。 花果期 6～9 月。

产新疆：喀什（采集地不详，高生所西藏队 3061）。生于海拔 1 400 m 左右的荒漠绿洲水田。

分布于我国的新疆；欧洲，高加索地区，中亚地区各国，俄罗斯西伯利亚也有。

2. 扁秆藨草 图版 42：1～4

Scirpus planiculmis Fr. Schmidt Reis. Amurl. u. Ins. Sachl. 190. t. 8：1～7. 1868；中国植物志 11：7. 图版 1：1～7. 1961；新疆植物志 6：374. 图版 145：1～4. 1996；青海植物志 4：189. 图版 27：6～7. 1999；青藏高原维管植物及其生态地理分布 1205. 2008.——*Bolloschoenus planiculmus* (Fr. Schmidt.) Egorova in Grub. Pl. Asiae Centr. 3：20. 1967.

多年生草本。根状茎具地下匍匐枝，匍匐枝细长，水平横走，顶端具加粗的球状块茎，块茎长圆形，坚硬。秆散生，直立，三棱形，高 30～50 cm，平滑，具多数秆生叶。叶狭条形，扁平，宽约 3 mm，边缘粗糙，背部有稍突出的中脉。苞片叶状，具 2～3枚，其长超过花序数倍。长侧枝聚伞花序短缩成头状，常 3～5 枚小穗成簇生于秆顶；小穗卵状长圆形或长圆形，锈褐色，具多数两性花，长 1.0～1.5 cm；鳞片椭圆形或卵状长圆形，膜质，长 7～8 mm，外面疏被短毛，先端常撕裂，中脉褐色，基部鳞片的中脉常伸出成芒；下位刚毛 4～6 条，生有倒刺，短于小坚果或近等长；雄蕊 3 枚，花药线形，药隔在顶端伸出；花柱长，柱头 2 枚。小坚果倒卵形或宽倒卵形，长 3.0～3.5 mm，两侧压扁，微凹，有光泽。 花果期 6～9 月。

产新疆：乌恰（县城郊；刘海源 233）、莎车（县城，采集人不详 270）。生于海拔 1 500 m 左右的沟谷山坡草甸。

青海：格尔木（市郊，科沙队 4129）。生于海拔 1 600～2 000 m 的农田边、沙丘湿地。

分布于我国的新疆、青海、甘肃、河南、江苏、浙江、云南，以及华北、东北各省区；朝鲜，日本，琉球群岛也有。

3. 球穗藨草 图版 42：5～8

Scirpus strobilinus Roxb. Fl. Ind. ed. Carey 1：222. 1820；中国植物志 11：8. 图版1：8～11. 1961；新疆植物志 6：347. 图版 145：5～8. 1996；青海植物志 4：190. 1999；青藏高原维管植物及其生态地理分布 1205. 2008.——*Bolboschoenus strobilinus*（Roxb.）V. Krecz. Egorova in Grub. Pl. Asiae Centr. 3：21. 1967.

多年生草本。匍匐根状茎细长，水平横走，并有块茎，块茎小，卵形或披针形。秆散生，直立，高 20～40 cm，钝三棱形，平滑，自基部到中上部有叶。叶扁平，宽 1～4 mm，稍坚挺，先端粗糙。苞片叶状，1～2 枚，长于花序。长侧枝聚伞花序常短缩成头状，稀有辐射枝，仅有 1～5 个小穗丛生于秆顶；小穗椭圆形或卵状长圆形，长 1～2 cm，宽约 0.8 mm，具多数两性花；鳞片宽卵状长圆形，长 5～6 mm，膜质，褐黄色，外面微被短毛，先端有缺刻，缺刻三角形，其顶微撕裂，背面有中脉 1 条并从缺刻处伸出成芒尖，芒尖长 1～2 mm；下位刚毛 6 条，长短不一，短于小坚果，生有倒刺；雄蕊 3 枚，花药线形，长约 1 mm，有药隔伸出；花柱细长，柱头 2 枚。小坚果宽倒卵形，双凸状，长 2.0～2.5 mm，成熟时黄褐色，有光泽。 花果期 6～9 月。

产新疆：乌恰（县城以东 20 km 处，刘海源 233）、且末（县城西北，采集人不详 9508；塔提让，采集人不详 9496）、疏勒（牙甫泉，R960）、喀什（至伽师途中，采集人不详 7547）。生于海拔 1 600～2 400 m 的戈壁荒漠绿洲草地、河谷溪流边草甸、小溪水边。

青海：格尔木（托拉海，植被地理组 189；钾肥厂，植被地理组 206）。生于海拔 2 600～2 700 m 的流动淡水边。

分布于我国的新疆、青海、甘肃；俄罗斯，伊朗，印度也有。

4. 水 葱 图版 42：9～10

Scirpus tabernaemontani Gmel. Fl. Bad. 1：101. 1805；新疆植物志 6：376. 图版 145：9～10. 1996；青海植物志 4：190. 1999；青藏高原维管植物及其生态地理分

布 1205. 2008. ——*S. validus* Vahl Enum. 2：265. 1806；中国植物志 11：19. 图版 9：8～13. 1961.

多年生草本。根状茎横走，紫栗色，节处具丝状不定根。秆散生，直立，圆柱形，高 30～40 cm，平滑，秆上无叶。叶无叶片，仅具叶鞘，叶鞘深栗色，无毛，膜质，鞘口偏斜。苞片 1 枚，钻状，为秆的延长，短于花序。长侧枝聚伞花序简单或复出，假侧生，具 2 个以上不等长的辐射枝，辐射枝长 1.5 cm 或过之，每枝有 1～3 枚小穗；小穗卵状长圆形，长 5～10 mm，宽 2.0～3.5 mm，具多数花；鳞片椭圆形或宽卵形，棕色或红褐色，长约 3 mm，背面具铁锈色或紫红色小点，先端微凹，中脉伸出成短尖，膜质，边缘具纤毛；下位刚毛 6 条，约等长于小坚果，棕色，有倒刺；雄蕊 3 枚，花药线形，药隔突出；花柱中等长，柱头 2 或 3 枚。小坚果倒卵形，近扁平，灰褐色，平滑，长约 2 mm。 花果期 6～9 月。

产新疆：且末（县城郊，刘海源 126、132）。生于海拔 1 000～1 500 m 的绿洲或水边、沼泽中。

分布于我国的新疆、青海、甘肃、陕西、四川、云南、贵州，以及华北、东北各省区；朝鲜，日本，大洋洲，南北美洲也有。

5. 羽状刚毛藨草

Scirpus litoralis Schrad. Fl. Germ. 1：142. t. 5：7. 1806；新疆植物志 6：377. 1996；青藏高原维管植物及其生态地理分布 1204. 2008.

多年生草本。具细长的根状茎。秆三棱形，光滑，高 50～120 cm。叶鞘光滑无毛，顶端具窄而呈龙骨状隆起的叶片。苞片长，恰如秆的延长部分，三棱形。长侧枝聚伞花序假侧生，长 4～6 cm，疏松，简单或复出，具 3～10 个辐射枝；小穗长圆状卵形，长 6～10 mm，宽 1.5～3.0 mm，红褐色，单生，罕数枚簇生于辐射枝顶端；鳞片宽椭圆形，边缘具宽的白色膜质边，顶端由中脉延伸成短芒；下位刚毛匙形加宽，上半部具纤毛如流苏状；雄蕊 3 枚；花药基部钝，顶端具纤毛。小坚果卵圆形，呈双凸状。

产新疆：莎车、和田、墨玉。生于海拔 1 200 m 左右的水边、浅水沼泽。

分布于我国的新疆；俄罗斯，中亚地区各国，印度也有。

6. 藨　草　图版 42：11～12

Scirpus trigueter Linn. Mant. 1：29. 1967；中国植物志 11：18. 图版 8：11～15. 1961；中国高等植物图鉴 5：214. 图 7257. 1976；新疆植物志 6：377. 1996；青藏高原维管植物及其生态地理分布 1205. 2008.

多年生草本。匍匐根状茎细长，淡红色或紫红色；秆直立，高 40～100 cm，锐三棱形，无毛，基部具 2～3 个蒴。叶鞘具隆起的横隔膜，无毛，仅上部者具小型叶，鞘口部膜质，与叶舌联合成管状。苞片 1 枚，如秆的延长部分，直立，稍呈三棱形，比花序短、近等长或稍长，长 3～5 mm。简单长侧枝聚伞花序假生，具 2～6 个不等长的辐射枝，长达 5 cm，顶端着生（1）2～3（5）个小穗，有时无辐射枝则小穗簇生成头状花序；小穗含数花，卵形或长圆形，顶端稍钝，长 7～10（13）mm，宽约 5 mm，锈褐色；鳞片椭圆形或长圆状椭圆形，长约 3.5 mm，膜质，边缘具纤毛，顶端凹缺，背部具绿色中脉，延伸至凹缺间成小尖而凸出；下位刚毛通常 3（2～4）条，与小坚果等长，稍长或较短，具倒刺；柱头 2 枚；雄蕊 3 枚。小坚果倒卵形或宽倒卵形，呈不等的双凸或平凸状，长 2～3 mm，褐色，有光泽。　花果期 5～8 月。

产新疆：喀什、疏勒、英吉沙、莎车、泽普、于田、策勒、和田。生于海拔 1 200 m 左右的水边、沼泽草甸和稻田。

我国除广东和海南外，其余各省区都有广泛分布；俄罗斯，日本，朝鲜，欧洲，美洲也有。

7. 萤　蔺

Scirpus juncoides Roxb. Fl. Ind. 1：228. 1820；中国高等植物图鉴 5：215. 图 7260. 1976；新疆植物志 6：379. 1996.

一年生草本。须根多数，细。秆数个至多数丛生，通常直立，上部三棱状，高 25～60 cm。叶鞘通常无叶片，下部者大多为褐色或黑褐色。苞片 1 枚，直立向上，长 2～7 cm，为秆的延长部分，近于圆筒形。长侧枝聚伞花序缩短成头状，由 1～6 个无柄小穗组成，假侧生；小穗椭圆形至卵形，长 8～12 mm；鳞片椭圆形，初为淡白色，后变为褐色，具绿色中脉，顶端钝或具很小的尖头；下位刚毛 6 条，具倒刺，稍短于小坚果；柱头 2～3 裂。小坚果三棱状圆形至宽倒卵形，长 2.0～2.5 mm，具不明显的皱纹，几乎平滑，褐色。　花果期 6～9 月。

产新疆：塔里木盆地南缘。生于海拔 1 400 m 左右的河滩水边及沼泽。

分布于我国除甘肃、内蒙古、西藏以外的其他省区；欧亚大陆、大洋洲，北美洲也有。

8. 细秆藨草　图版 42：13～14

Scirpus setaceus Linn. Sp. Pl. 49. 1753；中国植物志 11：29. 图版 8：21～24. 1967；Egorova in Grub. Pl. Asiae Centr 3：18. 1967；西藏植物志 5：348. 1987；新疆植物志 6：378. 图版 145：13～14. 1996；青海植物志 4：192. 图版 27：1～3. 1999；青藏高原维管植物及其生态地理分布 1205. 2008.

一年生草本，矮小丛生。无匍匐根状茎，丝状，须根多数。秆极纤细，直立，高 2～10 cm，近圆柱形，平滑，无秆生叶。叶丝状，基生叶短于秆，宽可达 0.5 mm，似三棱状，无叶片只有叶鞘。苞片 1 枚，丝状。基部稍扩大，长于花序；小穗单一，顶生，偏于秆的一侧，卵形，长约 2 mm，宽比长稍窄，含有较多的花；鳞片卵形、卵状

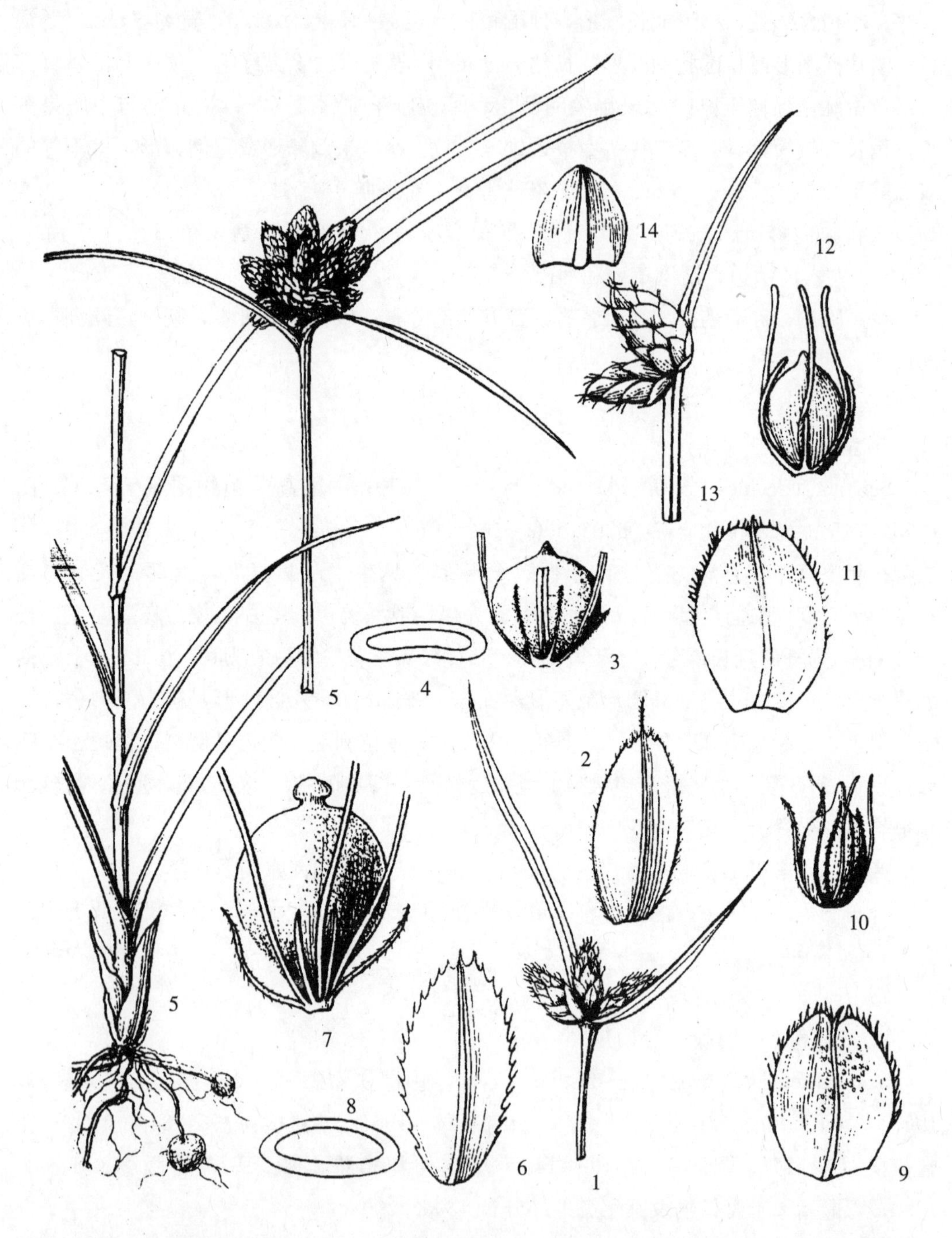

图版 **42**　扁秆藨草 **Scirpus planiculmis** Fr. Schmidt 1. 花序；2. 鳞片；3.小坚果；4. 小坚果横切面。球穗藨草 **S. strobilinus** Roxb. 5. 植株；6. 鳞片；7. 小坚果 ；8. 小坚果横切面。水葱 **S. tabernaemontani** Gmel. 9. 鳞片；10. 小坚果。藨草 **S. trigueter** Linn. 11. 鳞片；12. 小坚果。细秆藨草 **S. setaceus** Linn. 13. 花序；14. 鳞片。　（引自《新疆植物志》，张荣生、谭丽霞绘）

长圆形或卵状披针形，长 1～2 mm，紫栗色，膜质，先端钝，背面具 1 条绿色中脉，有时基部鳞片的中脉稍伸出成很短的尖头；无下位刚毛；雄蕊 2 枚，花药线形，有药隔伸出；花柱短，柱头 2～3 枚，细长。小坚果宽倒卵形，平凸状或近于三棱形，长约 1 mm，具许多较粗的纵肋和密而细的平行横纹，成熟时近黑色。 花果期 6～8 期。

产青海：称多（县城郊，苟新京 83-149）。生于海拔 3 900 m 左右的河边水中，常在河滩、沼泽地中生长，稀在岩石缝隙中生长。

分布于我国的新疆、青海、甘肃、西藏、四川；亚洲其他国家，欧洲，非洲，大洋洲也有。

9. 矮藨草

Scirpus pumilus Vahl. Enum. Pl. 2：243. 1806；中国植物志 11：32. 图版 13：9～12. 1961；中国高等植物图鉴 5：218. 图 7265. 1976；新疆植物志 6：379. 1996；青藏高原维管植物及其生态地理分布 1205. 2008.

多年生草本，具细长的匍匐根状茎。秆稍丛生，纤细，高 5～15 cm，具有纵沟。基部叶鞘棕褐色，无叶片，稍上部者具短叶片；叶片半圆柱状，具槽，长 7～16 mm，极细。苞片鳞片状；小穗单生于秆的顶端，卵形或椭圆形，长 4.0～4.5 mm，宽 2.5～3.0 mm，具 3～5 花；鳞片棕褐色，膜质，卵形或椭圆形，顶端钝，长 2.5～3.0 mm，背面具 1 条绿色中脉，两侧黄褐色，边缘无色透明；下位刚毛缺；雄蕊 3 枚。小坚果三棱状倒卵形，黑褐色，有光泽，长约 1.5 mm。花柱中等长，柱头 3 枚，细长，有许多乳头状小突起。 花果期 5～8 月。

产新疆：喀什、莎车、叶城、塔什库尔干（采集地不详，高生所西藏队，3124）。生于海拔 1 200 m 左右的水边、河谷湿草地。

分布于我国的新疆、西藏、河北、内蒙古；伊朗，中亚地区各国，俄罗斯西伯利亚，欧洲也有。

10. 双柱头藨草

Scirpus distigmaticus (Kük.) Tang et Wang Fl. Reipubl. Popul. Sin. 11：32. t. 13：5～8. 1961；西藏植物志 5：350. 1987；青海植物志 4：192. 1999；青藏高原维管植物及其生态地理分布 1204. 2008.——*S. pumilus* Vahl. subsp. *distigmaticus* Kük. in Acta Hort. Gothob. 5：34. 1929.——*Trichophorum distigmaticum* (Kük.) Egorova in Grub. Pl. Asiae Centr. 3：14. 1967.

多年生丛生草本。匍匐根状茎细瘦，直径约 1 mm，栗色。秆直立，高 7～20 cm，细矮而质地硬，近圆柱形，平滑，无秆生叶，基部有栗褐色叶鞘。叶基生，刚毛状或针状，短于秆。花单性，雌雄异株；小穗单一，顶生，卵形，长 3～5 mm，宽 2～4 mm，含少数花；鳞片卵状长圆形，雄花和雌花鳞片相同，栗褐色，长约 3 mm，膜质，有光泽，先端钝或急尖，边缘色淡或具狭的白边，成熟时可能自然脱落；无下位刚毛；雄蕊伸出鳞片之外，花药长约 2 mm，有短的药隔伸出；花柱长，柱头 2 枚。小坚果近圆形或宽倒卵形，长约 2 mm，平凸状，成熟时黑色，有光泽。 花果期 6～8 月。

产青海：兴海（河卡乡，吴珍兰 006、051，高生所植被组 447）、玛沁（大武乡，H. B. G. 533、826；当项乡，区划一组 009；德日尼沟，玛沁队 052；雪山，黄荣福 C. G. 81－173）、久治（县城郊，藏药队 183、果洛队 028）、称多（清水河乡，陈桂琛 1882）。生于海拔 3 200～4 100 m 的沼泽化草甸、宽谷滩地高寒草甸、河滩草地、山坡灌丛草甸、石隙、阴坡草甸、河溪滩地潮湿处。

甘肃：玛曲（黄河南，王学高 149、150；大水军牧场，王学高 168）。生于海拔 3 100 m 左右的宽谷河滩湿草甸、滩地沼泽草甸。

四川：石渠（新荣乡，吴玉虎 30033）。生于海拔 3 100～4 200 m 的河谷阶地、沟谷山坡、河漫滩、沼泽化草甸、灌丛草甸和潮湿处，有时也生于潮湿的石隙中。

分布于我国的青海、甘肃、西藏、四川。

2. 扁穗草属 **Blysmus** Panz.

Panz. in Schult. Mant. 2：41. 1824，nom. conserv.

多年生草本。根状茎匍匐。秆钝三棱形，有节或不明显。叶基生或秆生。苞片叶状，小苞片鳞片状。穗状花序单一顶生，具数个至 10 数个小穗，排列成 2 列或近于 2 列，每个小穗具少数两性花；鳞片覆瓦状排列，膜质；下位刚毛 3～6 条或不发育，通常生倒刺；雄蕊 3 枚，药隔突出于花药顶端；花柱基不膨大，柱头 2 枚。小坚果平凸状。

约 3 种。我国有 3 种，昆仑地区皆产。

分种检索表

1. 叶片较宽，具脊；秆钝三棱形；鳞片锈褐色；下位刚毛 3～6 条；长于小坚果 2 倍以上；小坚果较宽，倒卵形或宽倒卵形。
   2. 下位刚毛微卷曲，长约小坚果的 2 倍；花药长约 2 mm ………………………………………………………………………… **1. 扁穗草 B. compressus**（Linn.）Panz.
   2. 下位刚毛极度卷曲，长约小坚果的 3 倍；花药长约 3 mm ………………………………………………………………………… **2. 华扁穗草 B. sinocompressus** Tang et Wang
1. 叶片较狭，似无脊；秆近扁圆柱形；鳞片一般栗褐色；下位刚毛仅存少许痕迹或无；小坚果较狭，为长圆状卵形或狭椭圆形 ……… **3. 内蒙古扁穗草 B. rufus**（Huds.）Link

1. 扁穗草 图版 43：1～2

Blysmus compressus（Linn.）Panz. in Link. Hork. Bot. Berel. 1：278. 1827；中国植物志 11：40. 图版 16：5. 1961；Egorova in Grub. Pl. Asiae Centr. 3：22. 1967；西藏植物志 5：350. 1987；新疆植物志 6：383. 图版 146：1～2. 1996；青藏高原维管植物及其生态地理分布 1170. 2008.——*Schoenus compressus* Linn. Sp. Pl. 43. 1753.

多年生草本。根状茎长而横走或垂直向下，褐色。秆散生或少数丛生，三棱形，中部以下生叶，基部被黑栗色老叶鞘包围。叶扁平，通常短于秆，宽 2～3 mm；叶鞘褐色，边缘有的稍内卷，有很短的白色膜质叶舌。苞片针状，短于或稍长于花序。穗状花序单一顶生，由数枚至 10 余枚小穗于两侧排列而成，一般为长圆形，稀为倒卵形，长 1.0～2.5 cm，紧密排列，稀最下部一枚小穗稍远离；小穗长圆形，长 5～7 mm，含少数小花；鳞片卵状长圆形，锈褐色，长约 5 mm，膜质，先端钝或急尖，稍有光泽，背部中脉具脉 5 条，最下部小穗的基部鳞片有芒尖伸出；下位刚毛 5～6 条，白色或淡褐色，长于小坚果 1～2 倍，生有倒刺；花药条形，长约 2 mm；柱头 2 枚，细长。小坚果倒卵形或倒卵状长圆形，长约 2 mm，平凸状，褐色。 花果期 7～8 月。

产新疆：乌恰（老乌恰城附近，青藏队吴玉虎，采集号不详）、阿克陶（布伦口乡恰克拉克，青藏队吴玉虎，采集号不详）、塔什库尔干（克克吐鲁克，高生所西藏队 3278；麻扎，青藏队吴玉虎 4953）、叶城（依力克其乡，黄荣福 C. G. 86－82）、皮山（三十里营房，青藏队吴玉虎，采集号不详）。生于海拔 1 800～3 600 m 的戈壁荒漠水边草甸、高原河谷地带沼泽草甸、宽谷河滩草地。

西藏：日土（多玛区，青藏队 76－9069；尼亚格祖，采集人和采集号不详），改则（大滩，生物所考察队 4318）。生于海拔 3 200～4 500 m 的河滩、宽谷及温泉处，且在沼泽、沼泽草甸、湿润草地，以及阴坡流水线处也有生长。

分布于我国的新疆、西藏；中亚地区各国，欧洲也有。

2. 华扁穗草 图版 43：3～6

Blysmus sinocompressus Tang et Wang Fl. Reipubl. Popul. Sin. 11：224，41. t. 16：1～4. 1961；Egorova in Grub. Pl. Asiae Centr. 3：23. 1967；新疆植物志 6：383. 图版 146：3～6. 1996；青海植物志 4：193. 图版 27：8～9. 1999；青藏高原维管植物及其生态地理分布 1171. 2008.

多年生草本。根状茎水平横走，褐色，节处生不定根。秆散生，有时少数丛生，直立，高 10～20 cm，钝三棱形，中部以下生叶，基部具褐色或暗栗色叶鞘。叶扁平，宽 3～4 mm，边缘粗糙，叶舌不明显。苞片短叶状，一般长于花序，小苞片鳞片状。穗状花序单一顶生，一般为长圆形，有的为椭圆形或卵形，长 1.0～2.5 cm，由 6～20 枚小穗组成；小穗排成 2 列，长圆形或卵状披针形，长约 6 mm，有少数花，最基部的小穗

图版 **43**　扁穗草 **Blysmus compressus** （Linn.） Panz. 1. 植株；2. 小坚果。华扁穗草 **B. sinocompressus** Tang et Wang 3. 植株；4. 小穗；5. 鳞片；6. 小坚果。（引自《新疆植物志》，张荣生绘）

有时略分离，稀少为复小穗；鳞片卵状长圆形，锈褐色，膜质，长 5～6 mm，背脊绿色，有 3 脉，仅花序基部鳞片有芒尖突出；下位刚毛 3～6 条，极度卷曲，高出小坚果约 3 倍，有倒刺，淡褐色；雄蕊 3 枚，花药条形，药隔伸出；花柱细长，柱头 2 枚，柱头长于花柱 2 倍。小坚果近圆形或宽倒卵形，平凸状，长约 2 mm。 花果期 6～9 月。

产新疆：塔什库尔干（麻扎种羊场，新疆采集队 1535；县城东，西植所新疆队 296、804）、叶城（莫红滩，黄荣福 C. G. 86－167）、若羌（依夏克帕提，青藏队吴玉虎 4274；茫崖以西阿尔金山，刘海源 010、024）。生于海拔 3 400～4 200 m 的高原宽谷滩地湿草甸、河谷阶地沼泽草甸、干旱山坡草地、沼泽草甸。

西藏：日土（班公湖，高生所考察队 3614、青藏队 76－8718；过巴乡，青藏队吴玉虎 1608；班摩掌，青藏队 76－8755）、改则（麻米区，青藏队 10143）、班戈（色哇区，青藏队 9436；班戈湖，采集人和采集号不详）、尼玛（来多，青藏队 9770；米多戈林，采集人和采集号不详）。生于海拔 4 000～4 300 m 的滩地高寒草原低湿处、宽谷湖盆沼泽草甸、河谷阶地高寒沼泽草甸。

青海：茫崖（茫崖镇附近，采集人和采集号不详）、兴海（卡日红山，郭本兆 6129，唐乃亥乡，吴珍兰 108）、玛沁（西哈垄河谷，H. B. G. 3354；大武乡，H. B. G. 610；当项乡，玛沁队 569；雪山乡，玛沁队 409）、久治（索乎日麻乡，果洛队 308、吴玉虎 26461；县城东附近，陈桂琛 1627）、班玛（马柯河林场，王为义 27499；多贡麻乡，吴玉虎 25970）、治多（鹿场附近，采集人不详 65）、曲麻莱（东风乡，刘尚武 858）、称多（拉布乡，苟新京 83－445；清水河乡，陈桂琛 1890）。生于海拔 3 600～4 200 m 的沟谷山坡高寒草甸、河谷阶地灌丛草甸、宽谷河滩沼泽草甸。

甘肃：玛曲（大水军牧场，陈桂琛 1139；河曲军马场，陈桂琛 1049）。生于海拔 3 600 m 左右的宽谷滩地高寒沼泽草甸、河谷滩地高寒草甸低湿沙地。

四川：石渠（长沙贡玛乡，吴玉虎 29647）。生于海拔 3 100～4 800 m 的沟谷河滩、河谷阶地、湖滨、水边沙地上的草甸、沼泽草甸和湿地，也生于山坡草甸和流水线处。

分布于我国的华北、西北和西南诸省区。

甘肃省玛曲县沙滩上生长的本种植物，基部 1～2 小穗有分枝，形成复穗状花序，且基部小穗有间隔。因标本太少，故暂定此名，归于华扁穗草中。

3. 内蒙古扁穗草

Blysmus rufus (Huds.) Link Hort. Bot. Bevol. 1：278. 1827；Egorova in Grub. Pl. Asiae Centr. 3：23. 1967；西藏植物志 5：350. 1987；新疆植物志 6：381. 1996；青海植物志 4：193. 图版 27：10. 1999；青藏高原维管植物及其生态地理分布 1170. 2008.——*Schoenus rufus* Huds. Fl. Angl. ed 2：15. 1798.

多年生草本。根状茎伸长横走，褐色，粗约 2 mm；秆扁圆筒形，高 5～20 cm，少数丛生，下部有棕色枯老叶鞘包围。叶片条形，宽 1.0～1.5 mm，质地坚硬，短于秆，光滑，边缘常内卷，粗糙。苞片短叶状，等于或稍长于花序。穗状花序单一顶生，长圆形或椭圆形，长1.0～1.5（2.0）cm，由4～10枚小穗组成，紧密地排成2列；小穗长圆形或卵状长圆形，长5～6 mm，含2～9朵两性花；鳞片宽卵形或卵形，长4～6 mm，栗褐色，膜质，先端钝，背面具3脉；下位刚毛退化，无或残留少许痕迹；雄蕊3枚，花药条形，长2～3 mm，有药隔伸出；柱头2枚。小坚果长圆形或椭圆形，平凸状，长约4 mm，灰褐色。　花果期6～8月。

产新疆：皮山（三十里营房，青藏队吴玉虎1163）。生于海拔3 500 m的山地河谷溪流岸边沙地、河滩湿草甸。

青海：兴海（温泉乡，刘海源552）。生于海拔3 600～4 000 m的河边高寒草甸、河滩及河谷阶地杂草地。

分布于我国的新疆、青海、内蒙古和东北3省；蒙古，俄罗斯，欧洲一些国家也有。

3. 荸荠属 **Eleocharis** R. Br.

R. Br. Prod. 244. 1810.

多年生或一年生草本。根状茎短，匍匐根状茎发育；秆丛生或单生，无节。叶退化，只有叶鞘而无叶片，苞片状；小穗单一，顶生，稀在小穗基部的鳞片中生出分枝而呈长侧枝状；通常具多数两性花，有的种仅数个两性花；鳞片一般多数，螺旋状排列，常在最下的1～2片鳞片内中空无花；下位刚毛4～8条，其上或多或少具倒刺，很少无下位刚毛；雄蕊1～3枚；花柱细，花柱基膨大，形成各种形状，宿存于小坚果上，柱头2～3枚，细长，常脱落。小坚果宽倒卵形或倒卵形，三棱形或双凸状，表面平滑或有4～6角形网纹。

有150多种。我国有20多种，昆仑地区产6种。

分种检索表

1. 花柱基和小坚果间不缢缩，花柱基不膨大。
  2. 下位刚毛退化，通常不超过小坚果长度的1/2或无下位刚毛。果实长约2 mm ……………………………………………… **1. 少花荸荠 E. pauciflora**（Lightf.）Link.
  2. 下位刚毛的长度通常超过小坚果。果实长约1.5 mm ……………………………………………………………… **2. 南方荸荠 E. meridionalis** Zinserl.
1. 花柱基和小坚果间缢缩；花柱基膨大，形成不同形状。
  3. 无下位刚毛，刚毛全部退化 ………………… **3. 无刚毛荸荠 E. glabella** Y. D. Chen
  3. 有下位刚毛。

4. 花柱基的基部下延；小坚果顶端缢缩部为其上花柱基的基部所掩盖。一般植株矮小 ………………………………… **4. 单鳞苞荸荠 E. uniglumis**（Link.）Schult.
4. 花柱基的基部不下延；小坚果顶端缢缩部分裸露。一般植株较高大。
5. 小坚果长约 1.2 mm；花柱基长为小坚果的 1/4，宽为小坚果的 1/3 ……………………………………………………… **5. 中间型荸荠 E. intersita** Zinserl.
5. 小坚果长约 2 mm；花柱基长为小坚果的 1/3，宽为 1/2 ……………………………………………………… **6. 耳海荸荠 E. erhaiensis** Y. D. Chen

1. 少花荸荠　图版 44：1～4

Eleocharis pauciflora（Lightf.）Link. Hort. Berol. 1：284. 1827；中国植物志 11：52. 图版 20：1～6. 1961；新疆植物志 6：385. 图版 147：1～4. 1996；青藏高原维管植物及其生态地理分布 1191. 2008.——*Scirpus pauciflorus* Lightf. Fl. Scot. 2：1078. 1977.

多年生草本。匍匐根状茎细弱，水平横走，黑栗色。秆丛生，直立，高 15～20 cm，直径不到 1 mm，细弱，稍呈不明显的五角形；叶无叶片，仅在秆的基部有 1～2 枚叶鞘，鞘细管状，膜质，褐色或红褐色，高 1～4 cm，鞘口平。小穗椭圆形、长圆形或卵形，长 6～7 mm，宽 3～4 mm，褐色或深褐色，含 6～7 朵花，仅在小穗基部 1 枚鳞片内中空无花；鳞片卵状披针形，长约 1.5 mm，宽不逾 2 mm，膜质，先端急尖，中脉栗色，两侧色淡，基部 1 枚鳞片较大，栗褐色，长度超过小穗一半或过之，基部抱秆 1 周；下位刚毛 1～3 条，短小，不到小坚果高度一半，有倒刺；柱头 3 枚，花柱基小，不膨大，为三棱形，先端有短尖，褐色，尖头黑色，长为小坚果的 1/5。小坚果倒卵状长圆形，有模糊的 3 棱，深灰色，长约 2 mm，表面有网纹。　花果期 6～9 月。

产新疆：叶城（克勒克河，青藏队 1534）。生于海拔 3 600 m 左右的河谷阶地草甸、溪流水边湿草甸。

青海：格尔木（市郊北 32 km 处，青甘队 110）。生于海拔 2 800 m 左右的水边或高山草甸。

分布于我国的新疆、青海；欧洲，亚洲，美洲至北极地区也有。

2. 南方荸荠　图版 44：5～7

Eleocharis meridionalis Zinserl. in Kom. Fl. URSS 3：580. 69. t. 6：1. 1935；Egorova in Grub. Pl. Asiae Centr. 3：27. 1967；新疆植物志 387. 图版 148：8～10. 1996；青藏高原维管植物及其生态地理分布 1191. 2008.

多年生草本，具根状茎。秆丛生，直立，细瘦，高 10～15 cm，有明显棱角和沟槽，灰绿色。叶无叶片，仅秆的基部具 1～2 枚叶鞘，鞘褐色，长 2～3 cm，鞘口平截。小穗单一顶生，卵状长圆形、长圆形或卵形，长 6～7 mm，宽约 4 mm，含少数花；鳞片卵状长圆形或长圆形，长约 5 mm，膜质，中脉不明显，先端急尖或钝，上部宗褐色，向下渐为白色膜质，基部 1 枚鳞片中空无花，长为小穗的 3/4，质厚，先端钝，栗褐色；下位刚毛 5 条，细瘦，淡褐色，长超过小坚果，有倒刺；花柱基小，呈不明显的三棱形，黑栗色，长为小坚果的 1/6 或过之。小坚果三棱形、倒卵状长圆形，长约 2 mm，灰色，表面无明显纹理。 果期 6 月。

产新疆：乌恰（乌拉根，青藏队 81020；巴尔库提，采集人不详 9693）、塔什库尔干（麻扎种羊场，青藏队吴玉虎 1536；县城北温泉，采集人不详 78093）。生于海拔 2 300～3 600 m 的沟谷河边草地、高原河谷溪流水边、宽谷河滩沼泽草甸。

分布于我国的新疆；中亚地区各国，高加索地区也有。

3. 无刚毛荸荠

Eleocharis glabella Y. D. Chen in Bull. Bot. Res. 7（2）：118. t. 1：2. 1987；青海植物志 4：197. 1999；青藏高原维管植物及其生态地理分布 1190. 2008. ——*Heleocharis intersita* Zinserl. form. *acetosa* Tang et Wang 中国植物志 11：67. 1961. nom. nud.

多年生草本。匍匐根状茎横走。秆丛生，直立，高 20～60 cm，直径 2～3 mm，圆柱形，平滑，无节。叶无叶片，具筒状叶鞘，叶鞘仅生于秆的基部，1～2 枚，鞘基部淡紫红色，长 4～10 cm，鞘口平截。小穗单一顶生，长圆形或卵状披针形，长 5～10 mm，宽 4～6 mm，含多数两性花；鳞片卵状长圆形或卵形，长约 4 mm，栗紫红色，先端钝或近圆形，中脉近白色，下部和边缘白色膜质，每一鳞片有 1 朵花，仅最基部鳞片中空无花，基部鳞片较短，中脉较宽，黄绿色，几乎抱秆 1 周；下位刚毛无；花柱基圆锥形，长为小坚果的 1/3，宽超过小坚果的 1/2，柱头 2 枚。小坚果倒卵形，长 1.5～2.0 mm，双凸状，黄褐色。 花果期 6～8 月。

产青海：兴海（唐乃亥乡，弃荒地调查队 260）、茫崖（阿拉农场，青甘队 517）。生于海拔 2 650～2 800 m 的河谷阶地农田边沼泽草甸、溪流河谷沼泽水中。

西藏：日土（班公湖玛戈滩，采集人和采集号不详）。生于海拔 2 900～4 200 m 的沟谷河滩水边和沼泽水中。

分布于我国的青海、西藏、内蒙古；俄罗斯也有。

本种标本内，唯有在西藏日土县采集的标本花柱基较大，海绵质非常明显，有异于本种，但无下位刚毛，花柱基的宽超过小坚果的 1/2；它又似大基荸荠的变型无刚毛荸荠，即 *Eleocharis kamtschatica*（C. A. Mey.）Kom. from. *reducta* Ohwi，但此变型的分布范围估计不会到达西藏，故有待今后标本齐全后再作进一步研究。

4. 单鳞苞荸荠 图版 44：8～10

Eleocharis uniglumis（Link.）Schult. Mant. 2：88. 1824；中国植物志 11：68. 图版 22：11～13. 1961；新疆植物志 390. 图版 147：8～10. 1996；青海植物志 4：198.

1999；青藏高原维管植物及其生态地理分布 1191. 2008. ——*Scirpus uniglumis* Link in Spreng. Jahr. 3：77. 1820.

多年生草本。匍匐根状茎细瘦，水平横走。秆少数或多数成密丛生，直立，高 10～15 cm，粗约 1 mm，细弱，无节。叶无叶片，仅在秆的基部有 1～2 枚叶鞘，鞘上部黄绿色，基部紫栗红色，管状，长 1～4 cm，鞘口平截，膜质。小穗单一顶生，长圆形，长 5～6 mm，宽约 3 mm，栗褐色，含少数两性花；鳞片卵状披针形、长圆状披针形或卵状长圆形，长约 5 mm，宽约 2 mm，先端钝或急尖，中脉不明显，膜质，每鳞片含花 1 朵，仅基部鳞片中空无花，基部鳞片先端钝或近圆形，有色淡的边缘，基部明显抱秆 1 周；下位刚毛 6 条，长于小坚果，淡褐色，丝状，有倒刺；花柱基卵状三角形，基部下延，淡褐色，长于小坚果（因小坚果未成熟）。 花期 7 月。

产新疆：且末（县城西北，采集人不详 9507）、于田（克里雅河河漫滩，采集人不详 119）。生于海拔 1 200～2 200 m 的戈壁荒漠绿洲湿草甸、河谷水边草甸。

西藏：日土（班公湖，高生所西藏队 3634）、尼玛（来多嘎林附近，青藏队郎楷永 9778）。生于海拔 4 000～4 500 m 的湖边和温泉的古泉带上。

分布于我国的新疆、青海、西藏；俄罗斯西伯利亚和远东地区，蒙古，中亚地区各国，印度，欧洲也有。

5. 中间型荸荠 图版 44：11～13

Eleocharis intersita Zinserl. in Kom. Fl. URSS 3：76，et 581. 1935；中国植物志 11：67. 1961；Egorova in Grub. Pl. Asiae Centr. 3：26. 1967；新疆植物志 6：390. 图版 148：5～7. 1996；青海植物志 4：197. 1999；青藏高原维管植物及其生态地理分布 1190. 2008.

多年生草本。匍匐根状茎长而开展，黑栗色。秆丛生，直立，圆柱状，高 20～40 cm，直径 1～2 mm，细弱，干时稍压扁，无节。叶无叶片，只在秆基部具 1～2 枚叶鞘，鞘下部紫红色，鞘口平截，高 3～6 cm。小穗长圆形或卵状长圆形，长 7～12 mm，宽 4～5 mm，含多数两性花，仅基部 1 枚鳞片中空无花；鳞片卵状长圆形，长 4～5 mm，暗紫色，先端钝或微急尖，背部中脉区色淡，具很狭的白色膜质边缘，基部鳞片抱秆半周或稍过之；下位刚毛 4 条，细弱，微弯曲，长于小坚果，生有倒刺；花丝伸出鳞片之外，弯曲，花药长 2 mm，药隔微伸出；花柱基圆锥状，长为小坚果的 1/4，宽为小坚果的 1/3，长 0.3～0.4 mm，柱头 2 枚。小坚果倒卵形，长约 1.2 mm，双凸状，黄褐色。 花果期 7～8 月。

产新疆：阿克陶（琼块勒巴什，青藏队吴玉虎 649；布伦口乡恰克拉克，青藏队吴玉虎 575）。生于海拔 3 200 m 左右的溪流河谷水湿地、河沟水中。

青海：玛多（清水乡，吴玉虎 29028；黑河乡，吴玉虎 29024）。生于海拔 3 000～4 300 m 的沟谷河边沼泽地或湖边。

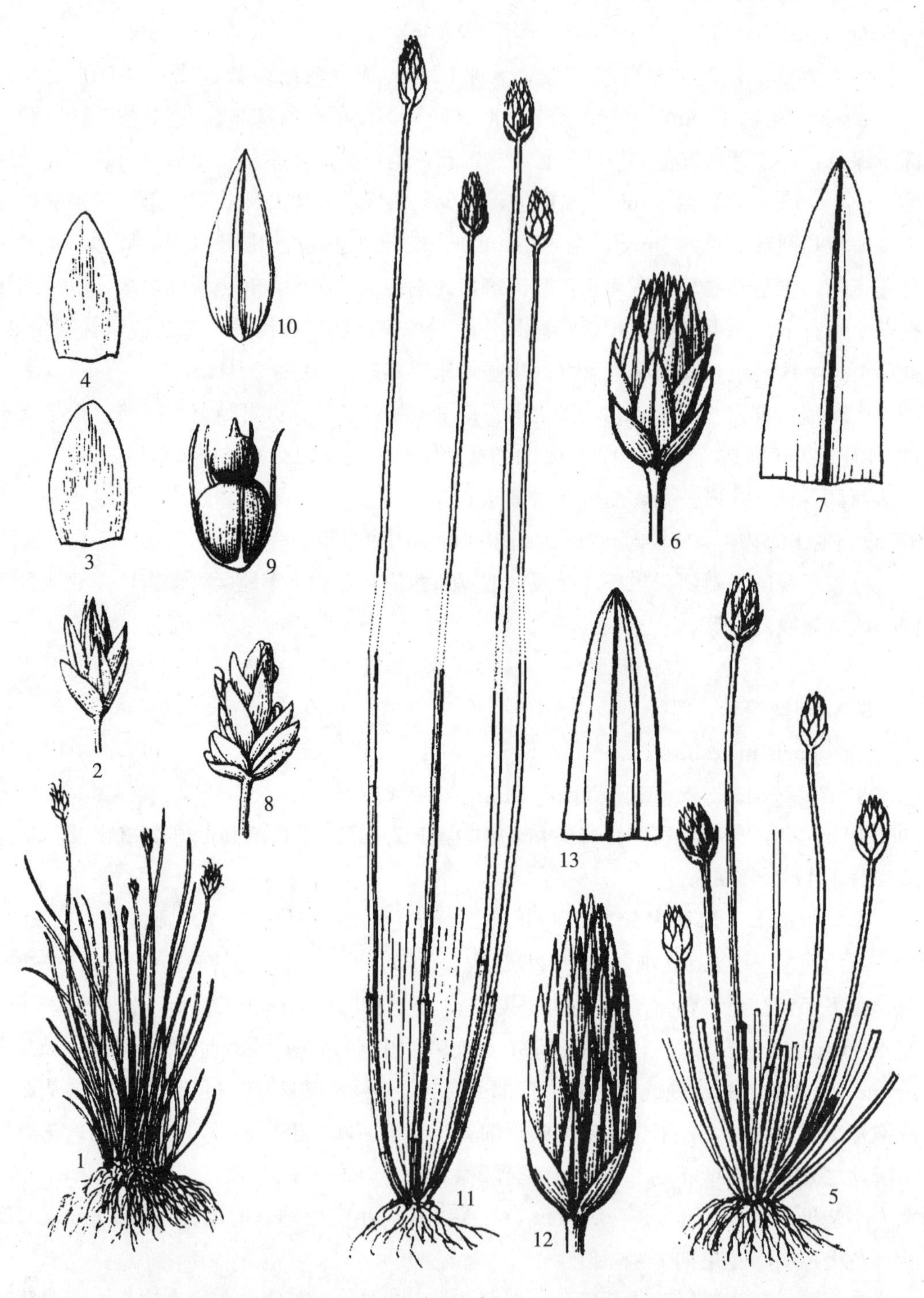

图版 **44** 少花荸荠 **Eleocharis pauciflora** (Lightf.) Link. 1. 植株；2.小穗；3～4. 鳞片。南方荸荠 **E. meridionalis** Zinserl. 5. 植株；6. 小穗；7. 鳞片。单鳞苞荸荠 **E. uniglumis** (Link.) Schult. 8. 小穗；9. 小坚果；10. 鳞片。中间型荸荠 **E. intersita** Zinserl. 11. 植株；12.小穗；13. 鳞片。(引自《新疆植物志》，谭丽霞绘)

分布于我国的新疆、青海、内蒙古和东北3省；蒙古，俄罗斯，日本，欧洲，北美洲也有。

6. 耳海荸荠

Eleocharis erhaiensis Y. D. Chen in Bull. Bot. Res. 7 (2)：122. t. 2：2. 1987；青海植物志 4：199. 图版 28：9～10. 1999；青藏高原维管植物及其生态地理分布 1190. 2008.

多年生草本。匍匐根状茎细长而柔弱，褐色，直径约1 mm。秆丛生，高20～30 cm，细瘦，直径1.0～1.5 mm，平滑。叶无叶片，仅在秆的基部具1～2枚叶鞘，叶鞘带紫色，鞘口近平截，鞘长约5 cm。小穗长圆形，长约1 cm，宽3～4 mm，具10余朵花；鳞片卵状长圆形，基部1枚鳞片中空无花，抱秆1周，其余鳞片全有花，长约4 mm，鳞片中部栗紫色，两侧具较宽的白色膜质边缘，先端急尖，有1条稍突起的中脉；下位刚毛4条，细弱，具极短的倒刺，比小坚果略长；雄蕊2枚，花丝细而扁。小坚果倒卵形，双凸透镜状，长约2 mm，黄褐色；花柱基三角形，其长为小坚果的1/3，宽为小坚果的1/2，成熟时栗色，有白色的缘，柱头2枚。 果期8月。

产青海：格尔木（市郊，科沙队，采集号不详；托拉海，植被地理组188）。生于海拔2 600～3 200 m的沼泽地或浅水中。

分布于我国的青海（青海湖地区）。

4. 莎草属 Cyperus Linn.

Linn. Sp. Pl. 44. 1753.

一年或多年生草本。秆直立，丛生或散生，三棱形，粗壮或细弱，仅于基部具叶。长侧枝聚伞花序简单，复出或有时短缩成头状，基部具叶状苞片数枚；小穗条形或长圆形，扁压，穗轴大部具翅；鳞片成2行排列，具1至多数脉，最下部1～2枚鳞片无花，其余均具1朵两性花；无下位刚毛；雄蕊3～2（1）枚；花柱基不增大，柱头3枚，极少2枚。小坚果三棱形。

约有380多种。我国产30余种，全国各地均有分布；昆仑地区仅产1种。

1. 褐穗莎草

Cyperus fuscus Linn. Sp. Pl. 46. 1753；中国植物志 11：150. 图版 51：8～11. 1961；中国高等植物图鉴 5：245. 图 7320. 1976；新疆植物志 6：394. 1996；青藏高原维管植物及其生态地理分布 1189. 2008.

一年生草本。秆丛生，高5～30 cm，锐三棱形，平滑，基部具少数叶。叶片扁平，宽 1～3 mm，渐尖，质软，上部边缘稍粗糙。苞片 2～3 枚，叶状，不等长，有的长超出花序 1～2 倍；长侧枝聚伞花序复出或有时简单，具 1～6 个不等长的辐射枝，辐射枝长 0.2～18.0～30.0 mm，其顶端无延长发育的中轴，集生多数小穗，而呈球形，稍疏松或有时辐射枝完全简化而花序呈头状；小穗棕褐色，长圆形，顶端钝，长 4～7 mm，宽约 2 mm，具 15～25 朵花；鳞片卵形，长 1.0～1.4 mm，背脊绿色，近于无脉或具 3 条不明显的脉，两侧红褐色，边缘白色膜质，顶端钝，通常具小尖；雄蕊 2 枚；柱头 3 枚。小坚果椭圆形或倒卵状椭圆形，三棱状，长 1.0～1.3 mm，淡黄色，具不明显的小点。　花果期 6～8 月。

产新疆：喀什、于田、和田。生于海拔 1 200 m 左右的溪流河沟水边、沼泽化草甸。

分布于我国的新疆。

5. 水莎草属 Juncellus (Griseb.) C. B. Clarke

C. B. Clarke in Hook. f. Fl. Brit. Ind. 6：594. 1893.

一年生或多年生草本。具根状茎或无；秆丛生或散生，稍呈三棱形，基部具叶。苞片叶状。长侧枝聚伞花序简单或复出，疏展或密聚成头状；辐射枝延长或短缩或近于阙如；小穗排列成穗状或头状；小穗轴延续，基部无关节，宿存；鳞片成 2 行排列，最下面 1～2 枚无花，其余皆具 1 朵两性花；无下位刚毛；雄蕊 3 枚，少为 1～2 枚；花柱基部不膨大，柱头 2 枚，罕见 3 枚。小坚果背腹扁，扁压面对向小穗轴着生，双凸或平凸状。

约 10 种。我国有 3 种，广布于全国各省区；昆仑地区产 2 种。

分种检索表

1. 长侧枝聚伞花序复出或简单，通常具长的辐射枝；小穗排列成穗状 ……………………
……………………………………………… **1. 水莎草 J. serotinus** (Rottb.) C. B. Clarke

1. 长侧枝聚伞花序缩短成头状，假侧生，无辐射枝，通常具 1～8 个小穗；小穗卵状长圆形或长圆形；鳞片呈紧密的覆瓦状排列，稍大，长约 3 mm ………………………
………………………………………… **2. 花穗水莎草 J. pannonicus** (Jacq.) C. B. Clarke

1. 水莎草　图版 45：1～4

Juncellus serotinus (Rottb.) C. B. Clarke in Hook. f. Fl. Brit. Ind. 6：594. 1983；中国植物志 11：159. 图版 56：1～6. 1961；中国高等植物图鉴 5：248. 图 7325. 1976；新疆植物志 6：397. 图版 150：1～4. 1996.——*Cyperus scrotinus* Rottb. Progr. 18. 1772.

多年生草本。根状茎长、匍匐；秆高 30～100 cm，通常单生，扁三棱形，平滑，基部具叶片。叶片条形，扁平，宽（3）5～10 mm，比秆短，渐尖，背面中脉明显，上部边缘稍粗糙。苞片 3 枚，叶状，平展，长于花序数倍；长侧枝聚伞花序复出，长达 10 cm，具 7～10（17）个不等长的辐射枝，每个辐射枝具 1～3 个穗状花序，穗状花序着生 5～14 个小穗，中轴明显，具棱角，被短硬毛；小穗长圆状披针形，长 8～20 mm，宽约 3 mm，具 10～34 朵花；小穗轴具膜质翅；鳞片宽卵形，红褐色，具多数脉，顶端圆，钝或微缺，背脊绿色，边缘黄白色，透明膜质，长 1.8～2.0 mm，具 5～7 脉；雄蕊 3 枚，花药紫红色，花柱很短，柱头 2 枚，细长，具暗红色斑纹。小坚果宽倒卵形，平凸状，比鳞片短，褐色，长 1.5～1.8 mm，稍有光泽，具突起的细点。　花果期 6～9 月。

产新疆：和田（东南部，R1426）。生于海拔 1 040 m 左右的水边及沼泽草甸。

分布于我国的东北、华北、西北、华东、华中、广东、贵州；俄罗斯，朝鲜，日本，印度，欧洲也有。

2. 花穗水莎草　图版 45：5～7

Juncellus pannonicus (Jacq.) C. B. Clarke in Kew Bull. Add. Ser. 8：3. 1908；新疆植物志 397. 图版 150：5～7. 1996；青藏高原维管植物及其生态地理分布 1193. 2008.——*Cyperus pannonicus* Jacq. Fl. Anstr. v. App. 24. 1778.

多年生草本。根状茎极短，具多数须根。秆扁三棱形，平滑，密丛生，高 10～20 cm。基部叶鞘 3～4 个，微红褐色，仅上部 1 个具叶片；叶片线形，宽 0.5～1.0 mm。苞片 2～3 枚，叶状，不等长，下部苞片的基部稍宽，直立，恰如秆的延长。长侧枝聚伞花序短缩成头状，有时仅具 1 个小穗，假侧生；小穗通常 1～12 个，近无柄，卵状长圆形或宽披针形，肿胀，长 5～15 mm，宽 2～5 mm，具 10～20～32 朵花；小穗轴稍宽，近于四棱形；鳞片宽卵形，具多数脉，两侧黑褐色，中部浅褐色，顶端具短尖，长 2.0～2.5 mm；雄蕊 3 枚，花药条形；花柱长，通常露出于鳞片之外，柱头 2 枚。小坚果宽椭圆形或倒卵形，稍呈平凸状，长 1.5～1.8 mm，宽 1.0～1.5 mm，稍短于鳞片，有光泽，表面具网纹，褐黄色。　花果期 6～9 月。

产新疆：英吉沙、于田、和田（县城郊，R1419）。生于 1 400 m 左右的河沟水边、积水沼泽。

分布于我国的北方各省区；中亚地区各国，俄罗斯西伯利亚也有。

6. 扁莎草属 Pycreus P. Beauv.

P. Beauv. Fl. Oware 2：48，t. 86. 1807.

一年生或多年生草本。具根状茎或无；秆丛生，平滑，基部具叶。叶片条形；苞片叶状。长侧枝聚伞花序简单或复出，疏展或密集成头状，稀为1个小穗；辐射枝不等长；小穗多花，排列成穗状或头状；小穗轴延续，基部无关节，宿存；鳞片成2行排列，最下面1～2枚无花，其余皆具两性花；无下位刚毛或鳞片状花被；雄蕊1～3枚；花柱基不膨大，柱头2枚。小坚果两侧扁压，狭面对小穗轴着生，双凸状。

有70余种。我国有10多种，昆仑地区产1种。

1. 红鳞扁莎 图版45：8～10

Pycreus sanguinolentus (Vahl) Nees in Linnaea 9：283. 1835；中国植物志 11：170. 图版 58：12～15. 1961；中国高等植物图鉴 5：250. 图 7330. 1976；新疆植物志 6：398. 图版 150：8～10. 1996；青藏高原维管植物及其生态地理分布 1203. 2008.——*Cyperus sanguinoleutus* Vahl Enum. 2：351. 1806.

一年生草本。秆密丛生，高7～40 cm，扁三棱状。叶片条形，短于秆，宽2～4 mm，边缘具细刺。苞片3～4枚，叶状，长于花序。长侧枝聚伞花序简单，有3～5个辐射枝，最长达4.5 cm或极短缩；小穗长圆形或矩圆状披针形，长5～13 mm，宽2.5～3.0 mm，含6～24朵花，4～12个或更多密聚成头状花序，开展；鳞片卵形，长约2 mm，顶端钝，中间黄绿色，两侧具较宽的槽，褐黄色或淡黄色，边缘宽紫红色，具3～5脉；雄蕊3枚，少有2枚；柱头2枚。小坚果倒卵形或矩圆状倒卵形，双凸状，稍肿胀，长为鳞片的1/2～3/5，黑色。 花果期6～9月。

产新疆：喀什、莎车、和田。生于海拔1 000 m左右的湖边及河滩湿草地。

分布于我国的东北、华北、西北、华南、西南；世界东半球温带地区均有。

7. 嵩草属 Kobresia Willd.

Willd. Sp. Pl. 4：205. 1805.

多年生草本。根状茎短或稀长而匍匐。秆密丛生，稀疏丛生，直立，呈三棱形或圆柱形，基部具疏或密的残存枯死叶鞘或叶。叶基生，扁平或边缘内卷成线形，有的种内折，一般比秆短或近等长。在秆的顶部具由数个到多数小穗组成的穗状花序或穗状圆锥花序，雌雄同株或雌雄异株；小穗两性或单性，单性时小穗含1朵雄花或1朵雌花，两性时小穗为雄雌顺序，即基部为1朵雌花，其上为1至数朵（多数）雄花；雄花具1枚鳞片，鳞片内腋生2～3枚雄蕊；雌花亦具1枚鳞片，其内着生1枚雌蕊和1枚先出叶；先出叶与鳞片对生，先出叶由2枚鳞片结合而成，其腹面的边缘内弯并从基部到中部以上愈合，包围雌花；子房上位，柱头3或2枚。果实为小坚果，倒卵形、倒卵状长圆形、长圆形，稀近圆形，一般为三棱形，双凸状或平凸状，完全或不完全为先出叶所包；退化小穗轴在有的种存在。

有70余种，分布于中国、印度东北部、尼泊尔、阿富汗、俄罗斯、中亚地区各国，以及欧洲和北美洲。我国有59种，集中分布于新疆、青海、甘肃、西藏、四川、云南诸省；昆仑地区产18种1亚种1变种。

分种检索表

1. 匍匐根状茎细长；秆散生。
  2. 小坚果近圆形；先出叶边缘分离；叶片扁平 …… **1. 大花嵩草 K. macrantha** Böcklr.
  2. 小坚果长圆形；先出叶边缘叠压；叶片边缘内卷 …………………………………… **2. 匍茎嵩草 K. stolonifera** Y. C. Tang ex P. C. Li
1. 根状茎短缩；秆密丛生。
  3. 小穗单性；先出叶内仅包围有1朵雌花。
    4. 花序单性，雌雄花序异秆。
      5. 先出叶边缘仅在基部愈合；植株高大；花序长2～5 cm …………………………………… **3. 禾叶嵩草 K. graminifolia** C. B. Clarke
      5. 先出叶边缘在中部以上愈合；植株矮小；花序长1.5～2.0 cm …………………………………… **4. 短轴嵩草 K. vidua**（Boott ex C. B. Clarke）Kük.
    4. 花序两性，上部雄性，下部雌性（稀花序单性）；植株高仅达6 cm；花序长在1 cm以下 …………………………………… **5. 高山嵩草 K. pygmaea** C. B. Clarke
  3. 小穗两性；先出叶内有或无分枝小穗。
    6. 花序为穗状圆锥形，植株较高大。
      7. 先出叶两边不愈合而完全分离；花序和植株基部的残存叶鞘淡褐色 …………………………………… **6. 藏西嵩草 K. deasyi** C. B. Clarke
      7. 先出叶两边仅基部愈合；花序和植株基部残存叶鞘色较深。
        8. 叶片扁平。
          9. 小穗分枝含花3～7朵，雄雌顺序或全为单性；先出叶长4.5～7.0 mm；花序暗栗色；植株高大 …………… **7. 甘肃嵩草 K. kansuensis** Kük.
          9. 小穗分枝含花1或2朵，稀3朵；先出叶长3～4 mm；花序栗色或栗褐色；植株中等稀矮小。
            10. 先出叶长于小坚果；小坚果狭长圆形，有长喙（0.5～1.0 mm长） …………………… **8. 细果嵩草 K. stenocarpa**（Kar. et Kir.）Steud.
            10. 先出叶近等长于小坚果；小坚果倒卵状长圆形，有短喙 …………………………………… **9. 喜马拉雅嵩草 K. royleana**（Nees）Böcklr.
        8. 叶片内卷成丝形，宽不及1 mm；先出叶大，长于小坚果；小坚果的柱头2～3枚 ………… **10. 祁连嵩草 K. macroprophylla**（Y. C. Yang）P. C. Li
    6. 花序为穗状；小穗内无分枝。

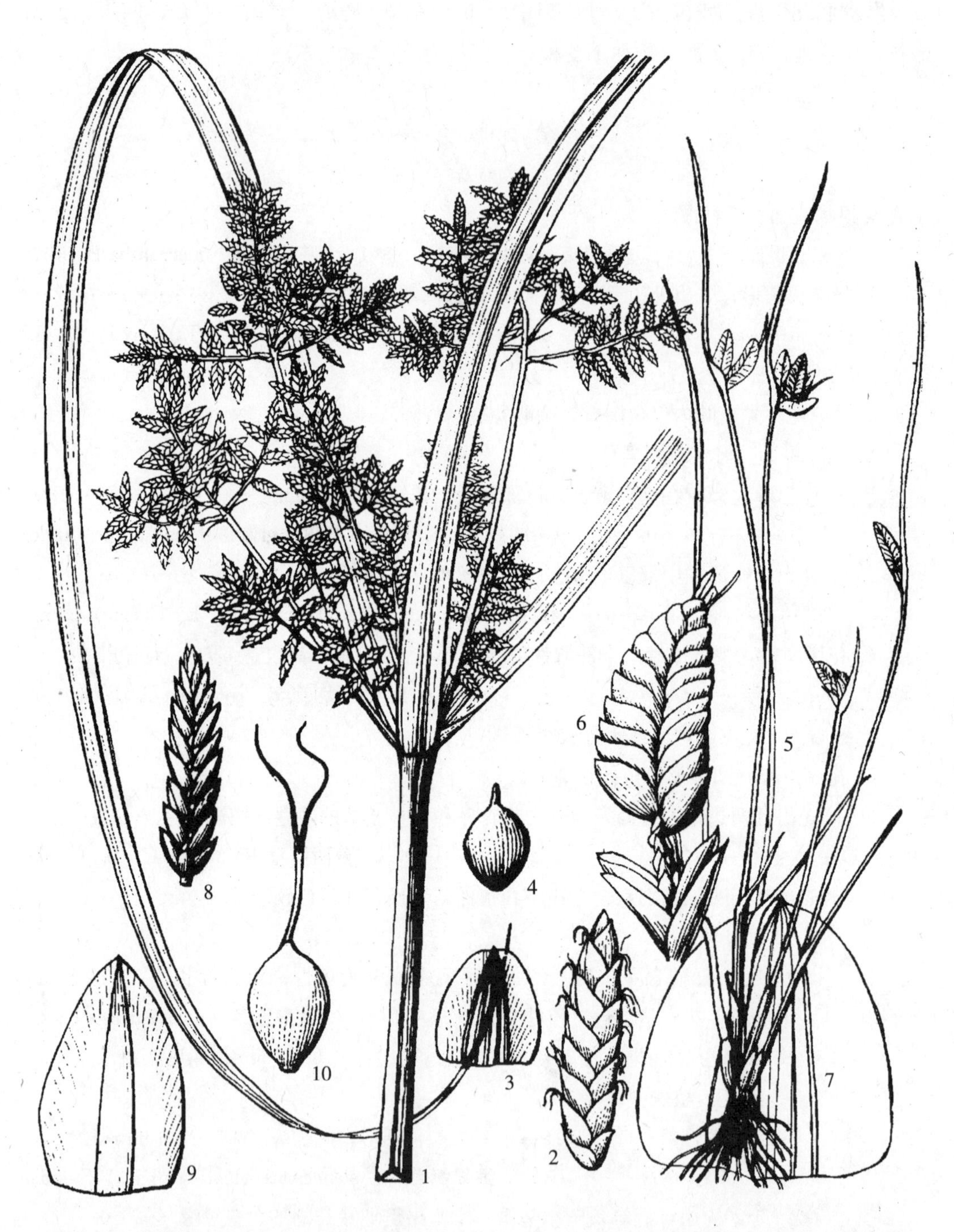

图版 **45** 水莎草 **Juncellus serotinus** （Rottb.） C. B. Clarke 1. 植株上部的花序；2. 小穗；3. 鳞片；4. 小坚果。花穗水莎草 **J. pannonicus** （Jacq.） C. B. Clarke 5. 植株；6. 小穗；7. 鳞片。红鳞扁莎 **Pycreus sanguinolentus** （Vahl） Nees 8.小穗；9. 鳞片；10.小坚果。（引自《新疆植物志》，谭丽霞绘）

11. 叶片扁平。
12. 小坚果钝三棱形，柱头 3 枚 ……………………………………………… **11. 矮生嵩草 K. humilis** (C. A. Mey. ex Trautv.) Serg.
12. 小坚果双凸状或凸状，柱头 2 枚…………… **12. 高原嵩草 K. pusilla** Ivan.
11. 叶片对折，边缘内卷成线状或针状。
13. 先出叶的两边完全分离，背部无脊无脉。
14. 小坚果多为长圆形，不扁压，栗色或灰栗色 ……………………………………………………………… **13. 西藏嵩草 K. tibetica** Maxim.
14. 小坚果倒卵状长圆形，扁压，黄褐色或淡褐色 …………………………………… **14. 赤箭嵩草 K. schoenoides** (C. A. Mey.) Steud.
13. 先出叶的两边在基部愈合或达中部或中部以上愈合；背部具 1～2 脊。
15. 先出叶不为囊状，仅基部愈合。
16. 小穗含 5～9 朵花。
17. 苞片鳞片状，无长芒；先出叶背部无脊或具 1 脊，腹面在底部稍愈合 ………… **15. 玛曲嵩草 K. maquensis** Y. C. Yang
17. 苞片鳞片状，具长芒；先出叶背部具 2 脊，腹面愈合至1/3 处 ……………… **16. 四川嵩草 K. setchwanensis** Hand. -Mazz.
16. 小穗有花 2～4 朵。
18. 鳞片长 4～6 mm，略长于先出叶（4 mm）；小坚果长 3～4 mm；花 3～4 朵。 ……………………………………………… **17. 线叶嵩草 K. capillifolia** (Decne.) C. B. Clarke
18. 鳞片长 3.0～3.5 mm，近等长于先出叶；小坚果长 2.0～2.5 mm；花仅 2 朵 … **18. 嵩草 K. myosuroides** (Vill.) Fiori
15. 先出叶两边愈合至中部或中部以上，呈囊状；小穗大，长可至 1 cm；花序黄褐色 ………………… **19. 粗壮嵩草 K. robusta** Maxim.

1. 大花嵩草

Kobresia macrantha Böcklr. Cyper. Nov. 1: 39. 1888；西藏植物志 5: 388. 1987, p. p.；新疆植物志 6: 408. 1996；青海植物志 4: 201. 1999, p. p.；中国植物志 12: 25. 图版 2: 6～7. 2000；S. R. Zhang in Acta Phytotax. Sin. 42 (3): 200. 2004；青藏高原维管植物及其生态地理分布 1197. 2008.

具细长匍匐根状茎。秆纤细，稍坚挺，高 6～20 cm，粗 1.0～1.5 mm，钝三棱形，光滑，基部具稀少的淡褐色宿存叶鞘。叶短于秆，平张，宽 1.5～3.0 mm。圆锥花序紧缩成穗状，卵形或卵状长圆形，长 1～2 cm，宽 5～13 mm。苞片鳞片状，顶端具长芒，有时基部 1 枚鳞片之芒可长于花序；小穗 3～9 个，密生或基部的 1 个稍疏远，椭圆形，长 4～7 mm，雄雌顺序；支小穗约 10 个，单性，顶生的 3～5 个雄性，其余的雌性，仅具1朵雌花，但极少在雌花之上尚有1～3枚雄花。雌花鳞片长圆状披针形或卵状披针形，长4～5 mm，顶端渐尖，膜质，两侧栗褐色或褐色，具宽的白色薄膜质边缘，中间绿色，有1条中脉；先出叶卵状披针形，长2.5～3.0 mm，膜质，下部黄白色，上部褐栗色，腹面边缘分离几至基部，背面具平滑的2脊，脊间无明显之脉，顶端微凹。小坚果卵圆形或宽椭圆形，平凸状，长约2 mm，成熟时褐色，有光泽，基部圆，有约1 mm长之柄，顶端微圆，无喙；花柱基部不增粗，柱头2枚；退化小穗轴刚毛状，与果柄近等长。

产西藏：日土。生于海拔3 600～4 700 m的沟谷山地高山草甸、河岸湖边及沟边草地。

青海：治多（可可西里，采集人和采集号不详）。生于海拔4 200～4 600 m的山地沟谷高寒草甸、滩地干旱草原、沙砾河滩草地。

分布于我国的青海、甘肃、西藏、四川西部；尼泊尔也有。

2. 匍茎嵩草

Kobresia stolonifera Y. C. Tang ex P. C. Li in Acta Phytotax. Sin. 37 (2): 154. f. 2. 1999；中国植物志 12：38. 图版 7：9～12. 2000；S. R. Zhang in Acta Phytotax Sin. 42 (3): 201. 2004.——*K. macrantha* auct. non Böcklr.: Fl. Xizang. 5：388, pro max. p. 1987；青藏高原维管植物及其生态地理分布 1201. 2008.

多年生草本。匍匐根状茎发达而细长。秆单生或疏丛生，高8～20 cm，细软，具不明显的3钝棱，平滑，基部具淡褐色枯死叶鞘。叶鞘微有光泽，高达5 cm，稀撕裂成丝状；叶短于秆，粗不及1 mm，叶边内卷成线形，平滑，柔软。花序为穗状，椭圆形或倒卵状长圆形，长约2 cm，宽约1 cm，由10枚左右小穗组成；小穗长圆形，长约9 mm，近两侧排列，含有数花，位于基部的1朵为雌花，其余为雄花；鳞片长圆形，长5～8 mm，先端渐尖，仅基部1个顶端具芒，中脉绿色，具3脉，两侧栗褐色，有或宽或狭的白色膜质边缘；先出叶狭椭圆形，长7～8 mm，背面具2脊，脊间具脉，腹面边缘分离几达基部。小坚果长圆形，长3～4 mm，双凸状，先端圆形，无喙，基部具柄；柱头2枚；退化小穗轴与果柄近等长。 花果期6～9月。

产西藏：日土（多玛区，青藏队吴玉虎1339；热帮区，高生所西藏队3518）、改则（夏曲，青藏队郎楷永10138；康托区，青藏队郎楷永1022；龙木错，青藏队吴玉虎1276；扎吉玉湖，高生所西藏队4343）、班戈（色哇区，青藏队郎楷永9444）、尼玛（岗当湖，青藏队郎楷永9824）。生于海拔4 500～5 200 m的高山草甸、山坡草地、山坡草原、滩地、湖边草地、沟底。

青海：治多（可可西里湖，可可西里队黄荣福K-333、K-901），玛多（县城郊，吴玉虎1628）。生于海拔4 300～4 900 m的山麓、沙地和湿润草地。

分布于我国的新疆南部、青海、西藏西部和北部。

3. 禾叶嵩草

Kobresia graminifolia C. B. Clarke in Journ. Linn. Soc. Bot. 36：268. 1903；西藏植物志 5：383. 1987；中国植物志 12：50, 2000；S. R. Zhang in Acta Phytotax. Sin. 42 (3)：217. 2004；青藏高原维管植物及其生态地理分布 1195. 2008.

多年生草本。根状茎短。秆直立，密丛生，高 30～50 cm，钝三棱形，粗约 1 mm，细瘦，平滑，基部具褐色或栗褐色枯死叶鞘，略有光泽。叶短于秆或与秆等长，对折或平展，线形，宽 1～2 mm，边缘粗糙。花序简单穗状，线状圆柱形，雌雄异株；雄花序长 2～4 cm，粗约 7 mm，含多数雄花；雌花序长 2.5～5.0 cm，粗 3～4 mm；小穗在花序上部密生，下部较疏离；雄花鳞片长圆状披针形，长 6～8 mm，褐色，先端有宽的白色膜质，内有雄蕊 3 枚；雌花鳞片狭长圆形或长圆状披针形，长 5～7 mm，栗色，先端钝或近圆形，背部具 1 脉，边缘为白色膜质；先出叶狭长圆形，长 5～6 mm，近膜质，背部具 2 脊，脊上粗糙，脊间稍有脉，腹面的边缘仅在基部愈合。小坚果长圆形或狭椭圆形，长约 5 mm，三棱形，褐色，基部有短柄，先端具喙；柱头 3 枚；退化小穗轴扁平，长为小坚果的 1/3。 花果期 6～8 月。

产青海：兴海（河卡乡河卡山，吴玉虎 28661、28679）、达日（吉迈乡赛纳纽达山，H. B. G. 1209、1218）、玛沁（大武乡，玛沁队 274；雪山乡，玛沁队 347；大武乡，H. B. G. 697、699；军功乡，区划一组 058；县城郊，马柄奇 2058、丁经业，采集号不详）。生于海拔 3 600～4 600 m 的沟谷山坡、沼泽滩地、高山流石滩或砾石边的灌丛、河谷沼泽草甸、山地鬼箭锦鸡儿灌丛、岩石缝隙。

分布于我国的青海、甘肃、陕西、西藏、四川。

4. 短轴嵩草

Kobresia vidua (Boott ex C. B. Clarke) Kük. in Engl. Pflanzenr. Heft 38 (4.20)：40. 1909；中国植物志 12：54. 2000；S. R. Zhang in Acta Phytotax. Sin. 42 (3)：218. 2004；青藏高原维管植物及其生态地理分布 1202. 2008.——*Kobresia prattii* C. B. Clarke in Journ. Linn. Soc. Bot. 36：268. 1903；西藏植物志 5：385. 图 217. 1987；青海植物志 4：204. 1999.——*Carex vidua* Boott ex C. B. Clarke in Hook. f. Fl. Brit. Ind. 6：713. 1894.

多年生草本。根状茎短。秆密丛生，直立，高 8～30 cm，直径约 1 mm，钝三棱形，平滑，基部具棕色枯死老叶鞘。鞘无光泽，边缘和顶部撕裂；叶短于或长于秆，线形，宽 0.5～1.0 mm，边缘内卷，腹面具沟，边粗糙。穗状花序单一顶生，单性，雌雄异株；雄花序椭圆形，长 1.0～1.5 cm，宽 5～6 mm，黄褐色；雌花序圆柱形，长 1.5～2.0 cm，粗约 3 mm，栗褐色，具多数单花，且小穗排列密集；雄花鳞片卵状长圆形，向上鳞片越狭，长约 5 mm，褐色，先端圆或钝，中脉 1～3 条，淡褐色，内含雄蕊 3 枚；雌花鳞片卵形，长 3～4 mm，先端近圆形，厚纸质，具脉 3 条，黄褐色，有极狭的白色边缘；先出叶囊状，长圆形，长 3～4 mm，背部具稍粗糙的 2 脊，脊间脉不明显，腹面两边联合几至顶部，使顶部形成倾斜的喙口。小坚果倒卵状长圆形或长圆形，长 3.0～3.5 mm，扁三棱形，褐色，先端具短喙；柱头 3 枚；退化小穗轴小，长约为小坚果的 1/4。 花果期 5～8 月。

产青海：兴海（河卡山，高生所考察队 415、郭本兆 6275）、曲麻莱（秋智乡，刘尚武769）、玛多（县城郊，吴玉虎 1042；巴颜喀拉山北麓，刘海源 821、835，陈桂琛 1863）、玛沁（雪山乡，采集人不详 42 - 001；昌马河乡，吴玉虎 1519；德勒龙沟，H. B. G. 857、864；大武乡，植被地理组 519）、久治（都哈尔玛，果洛队 070）。生于海拔 3 600～4 800 m 的沟谷山坡、山麓、山地峡谷、河谷滩地草甸、山坡灌丛草甸、沼泽草甸、沼泽湿地。

分布于我国的青海、甘肃、西藏、四川、云南。

5. 高山嵩草 图版 46：1～4

Kobresia pygmaea C. B. Clarke in Hook. f. Fl. Brit. Ind. 6：696. 1894；Ivan. in Journ. Bot. URSS 24：498. 1939；西藏植物志 5：382. 图 214. 1987；新疆植物志 6：405. 图版 153：1～4. 1996；青海植物志 4：205. 图版 30：8～9. 1999；中国植物志 12：47. 2000；青藏高原维管植物及其生态地理分布 1199. 2008.

5a. 高山嵩草（原变种）

var. **pygmaea**

多年生草本，密集丛生。根状茎节间短，盘结错综。秆矮小，高 3～5 cm，直立，圆柱形或具 3 钝棱，平滑，基部被栗褐色枯死的宿存叶鞘密集包围。叶针状，与秆等长或稍短于秆，宽约 0.5 mm，坚挺，腹面扁平，或呈宽沟形，背面圆形，平滑，先端稍呈尖头。花序雌雄同株，少有雌雄异株，同株者雄雌顺序；花序卵状长圆形、长圆形或椭圆形，短小，长 3～5 mm，直径约 2～3 mm；小穗少数，密生，顶生的 2～3 枚雄性，侧生的雌性，少有全部小穗单性；雄花鳞片长圆状披针形，长 3.8～4.5 mm，膜质，褐色，有 3 枚雄蕊；雌花鳞片宽卵形、卵状长圆形，长 2～4 mm，先端圆或钝，有时具短芒尖，背部中间褐绿色或淡褐色，具脉 3 条，两侧栗褐色，边缘稍具极狭的白色膜质；先出叶椭圆形，长 2～3 mm，膜质，淡褐色或栗褐色，紧抱小坚果，背部具 2 脊，脊上微粗糙，腹面两边分离，仅在基部愈合。小坚果倒卵形或倒卵状长圆形，稍扁压，钝三棱形，长约 2 mm，无光泽；花柱短，柱头 3 枚；退化小穗轴扁，长为小坚果之半。 花果期 6～8 月。

产新疆：叶城（岔路口，青藏队吴玉虎 1202）、于田（阿什库勒湖，青藏队吴玉虎 3747）、若羌（阿其克库勒河，青藏队吴玉虎 4150；木孜塔格，青藏队吴玉虎 2272）。生于海拔 4 750～5 160 m 的高山草甸、河谷草甸、河边及河滩。

西藏：日土（热帮区，高生所西藏队 3546）、改则（扎吉玉湖，高生所西藏队 4355）。生于海拔 4 900～5 000 m 的山沟阴湿处及沟谷北坡。

青海：格尔木（青藏公路 920 km 处，青藏队吴玉虎 2858；各拉丹冬，黄荣福 C. G. 89－284、可可西里队黄荣福 K－627）、兴海（河卡山，郭本兆 6420；温泉乡，刘海源 592）、玛多（县城郊，吴玉虎 29301；花石峡，H. B. G. 1508；扎陵湖，刘海源 709）、玛沁（大武乡，植被地理组 404、397、517；野马滩，吴玉虎 1404；雪山乡，黄荣福 C. G. 81－038、C. G. 81－159；雪山乡切木曲，H. B. G. 391）、达日（德昂乡，陈桂琛 1653）、久治（县城郊，果洛队 013）、治多（唐古拉山北 100 道班，黄荣福 C. G. 89－217；库赛湖，可可西里队黄荣福 K－493）、曲麻莱（县城郊，刘尚武 707）、称多（珍秦乡，苟新京 83－176；称文乡，吴玉虎 29301）。生于海拔 3 600～5 200 m的河漫滩、沟谷山坡、河谷阶地沙滩、沟谷高山草甸、高寒草甸草原、高寒沼泽草甸、高寒灌丛草甸。

四川：石渠（长沙贡玛乡，吴玉虎 29594）。生于海拔 4 000 m 左右的河谷沙滩、河滩沙棘灌丛。

甘肃：玛曲（大水军牧场黑河北岸，陈桂琛 1125）。生于海拔 3 800 m 左右的河滩沼泽湿地、河谷高寒沼泽草甸及沙丘。

分布于我国的新疆、青海、甘肃、西藏、四川、云南、内蒙古、山西、河北；不丹，印度东北部，尼泊尔，克什米尔地区也有。

5b. 新都嵩草（变种）

var. **filiculmis** Kük. in Acta Hort. Gothob. 5：37. 1930；中国植物志 12：48. 2000；青藏高原维管植物及其生态地理分布 1199. 2008.

本变种与原变种的区别在于：植株高 5～10 cm；叶片长于秆或等长于秆，边缘内卷成线形且粗糙；穗状花序比原变种较长或相等。

产青海：玛沁（昌马河，吴玉虎 1517）、久治（索乎日麻乡，果洛队 276）。生于海拔 3 850～4 380 m 的沟谷山地高山草甸、山地半阴坡草地。

甘肃：玛曲（大水军牧场黑河北岸，陈桂琛 1078、1156）。生于海拔 3 800～4 300 m 的沟谷山地沼泽湿地、沼泽草甸。

分布于我国的青海、甘肃、西藏、四川、云南。

6. 藏西嵩草

Kobresia deasyi C. B. Clarke in Kew Bull. 1908：68. 1909；西藏植物志 5：375. 1987；新疆植物志 6：401. 图版 151：8. 1996；中国植物志 12：28. 2000；青藏高原维管植物及其生态地理分布 1194. 2008.

多年生草本。根状茎短。秆密丛生，直立，高 20～40 cm，粗壮，圆柱形，直径

2～3 mm，平滑，基部具淡栗褐色或褐色的枯死叶鞘，还保留往年的老秆，有光泽。叶短于秆，对折，宽 1.5～3.0 mm，叶端渐尖或尾尖，边缘粗糙。复穗状花序圆柱形，有的长圆形，长 1.5～3.5 cm，粗 5～8 mm；小穗排列稠密，有的仅基部 1～2 枚小穗疏离，下部具苞片，有的无；苞片短叶状，有的超过花序，一般均短于花序；小穗长圆状，长 5～7 mm，下部的具 1～3 分枝，上部的不分枝，有的花序内的小穗均不分枝；不分枝的小穗，基部 1 朵雌花，上部 5～7 朵雄花；分枝的小穗，除基部雌花外，其上生有 0～3 朵雌花；鳞片卵状长圆形，狭椭圆形或卵形，长 4.5～7.0 mm，淡褐色、褐色，稀栗褐色，具 1 条中脉，稀 3 脉，先端钝圆，具白色膜质边缘；先出叶长圆形，长 4～5 mm，膜质，背部具明显的 2 脊，淡褐色或栗色，腹面边缘内卷不愈合。小坚果卵状长圆形或倒卵形，扁三棱形，长约 3 mm，乳黄色，无柄，先端急缩成短喙；柱头 3 枚。 花果期 6～8 月。

产新疆：塔什库尔干（克克吐鲁克，高生所西藏队 3294；麻扎种羊场，青藏队吴玉虎 870437；慕士塔格峰，青藏队吴玉虎 870293）、叶城（阿格勒达坂，黄荣福 C. G. 86－134；胜利达坂，高生所西藏队 3372；阿克拉达坂，青藏队 6477）、阿克陶（布伦口南 25 km 处，采集人不详 284）、于田（阿什库勒湖，高生所西藏队 3757）。生于海拔 3 600～4 800 m 的高山草甸、沼泽草甸、河滩、砾石滩及水沟边、平缓山坡草甸。

西藏：日土（班公湖西段，高生所西藏队 3608；空喀山口，高生所西藏队 3705；多玛区，高生所考察队 3439）。生于海拔 4 200～4 900 m 的河漫滩、湖边滩地、沼泽草甸。

分布于我国的新疆、西藏；尼泊尔，阿富汗，吉尔吉斯斯坦，塔吉克斯坦也有。

关于本种，张树仁（S. R. Zhang）在 *Acta Phytotax. Sin.* 42 (3)：209. 2004 中将 *K. deasyi* C. B. Clarke，*K. pamiroalaica* Ivom，*K. saptatorcodosa* Keyama，*K. glaucifolia* Wang et Tang ex P. C. Li 等全归为 *K. schoenoides*（C. A. Mey.）Steud. 的异名；但其中 *K. deasyi*，*K. pamiroalaica* 和 *K. glaucifolia* Wang et Tang ex P. C. Li 与 *K. schoenoides*（C. A. Mey.）Steud. 不同。经我们整理发现，这 3 种除植株粗壮，叶宽，叶序大，枯死鞘口和花序色较淡，为褐色，稀栗褐色而与后者不同外，主要的不同为鳞片长约 7 mm，小坚果长约 3 mm，先出叶有明显 2 脊，故将其独立出来。另外，这 3 种实为 1 个类型，应合并为 1 种。

7. 甘肃嵩草

Kobresia kansuensis Kük. in Acta Hort. Gothob. 5：38. 1930；Ivan. in Journ. Bot. USSR 24：292. 1936；T. V. Egorova in Grub. Pl. Asiae Centr. 3：36. 1967；西藏植物志 5：393. 图 223. 1987；青海植物志 4：203. 图版 29：5～7. 1999；中国植物志 12：21. 图版 4：1～4. 2000；青藏高原维管植物及其生态地理分布 1196. 2008.

多年生草本。根状茎短，木质。秆密丛生，粗壮而直立，高 20～70 cm，粗 3～4 mm，三棱形，平滑，仅花序下粗糙，基部具暗栗色枯死叶鞘，无光泽，顶部和边缘稍分裂。叶短于秆，基部对折而中上部开展，宽约 5 mm，边缘粗糙，先端稍尾尖。复穗状花序单一顶生，排列密集，卵状长圆形、长圆形或椭圆形，长 2～4 cm，粗 8～12 mm；苞片呈鳞片状，先端具芒；小穗密集，长圆形或狭椭圆形，长 1.2～1.5 cm，粗 2～3 mm，小穗内含少数分枝小穗；分枝小穗上部的全部为雄花，侧生的为雄雌顺序，即基部 1 朵雌花，上部有 3～7 朵雄花；鳞片卵状长圆形或椭圆形，长约 5 mm，先端渐尖，有短尖或无，暗栗色，无光泽，纸质，边缘有狭的白色膜质，中脉绿色，1～3 条；先出叶长圆形，长 4～5 mm，栗褐色，背面具粗糙的 2 脊，腹面边缘仅在基部愈合。小坚果长圆形，长约 3 mm，三棱形，淡灰栗色，基部微具柄，先端具短喙；柱头 3 枚；有的植株存在退化的小穗轴，小穗轴短小。　花果期 6～9 月。

产青海：兴海（中铁林场卓琼沟，吴玉虎 45718B）、玛多（巴山北麓，刘海源 818）、玛沁（大武乡格曲，H. B. G. 547；雪山乡浪日，H. B. G. 424；当项乡卡巴沟，区划一组 096；拉加乡，玛沁队 090；石峡煤矿，吴玉虎 27065）、甘德（上贡麻乡，H. B. G. 915）、久治（都哈尔玛，果洛队 069；索乎日麻乡，果洛队 359、藏药队 499；县城郊康赛乡，吴玉虎 26596、26612）、班玛（马柯河林场，王为义 27512）、治多（鹿场东山，周立华 417）、曲麻莱（东风乡，刘尚武 828；六盘山，刘海源 860）、称多（歇武乡，刘有义 83-262；歇武乡与四川交界处，苟新京 83-437；城郊，吴玉虎 29247、29255；毛哇山垭口，陈世龙 571）。生于海拔 3 680～4 800 m 的沟谷山坡草甸、高寒高山草甸、山地灌丛草甸、河滩高寒沼泽草甸、宽谷滩地高寒草原、河谷阶地草甸、山地阴坡、杂类草草甸。

四川：石渠（红旗乡，吴玉虎 29502；菊母乡，吴玉虎 29782、29809）。生于海拔 4 200～4 600 m 的山顶流石坡高寒草甸及高寒草原。

分布于我国的青海、甘肃、西藏、四川、云南。

8. 细果嵩草　图版 46：5～9

Kobresia stenocarpa (Kar. et Kir.) Steud. Syn. Cyper. 246. 1855; Ivan in Journ. Bot. URSS 24: 492. 1939; T. V. Egorova in Grub. Pl. Asiae Centr. 3: 38. 1967; 新疆植物志 6：407. 图版 153：5～9. 1996；中国植物志 12：23. 图版 4：8～9. 2000；青藏高原维管植物及其生态地理分布 1201. 2008.——*Kobresia stenocarpa* (Kar. et Kir.) Steud. var. *simplex* Y. C. Yang 西藏植物志 5：395. 1987.——*Kobresia persica* auct. non Kük. et Bornm.: 西藏植物志 5：379. 1987；中国植物志 12：35. 2000.——*Kobresia royleana* auct. non (Nees) Böcklr.: S. R. Zhang in Acta Phytotax. Sin. 42 (3): 204. 2004, p. p. ——*Elyna stenocarpa* Kar. et Kir. in Bull. Soc. Nat. Mosc. 15: 526. 1842.

多年生草本。根状茎短，木质。秆直立，密丛生，高 10～30（40）cm，粗 1.5～2.5 mm，坚挺，钝三棱形，近花序的秆区稍粗糙，基部具枯死老叶。叶短于秆或明显短于秆，平展，宽 2.5～3.5 mm，边缘粗糙。苞片鳞片状，有的仅基部苞片具芒尖，芒尖粗糙；花序广卵形、宽椭圆形至长圆形，长 1～3 cm，粗 5～12 mm，小穗多数，排列紧密，花序下的小穗常疏离；小穗狭椭圆形，长 7～12 mm，小穗又分枝，下部的小穗分枝较长较多，上部的渐少，一般先端的为雄性，侧生的为雌性或雄雌顺序；鳞片卵状长圆形，长约 4 mm，淡褐色至栗褐色，膜质，先端急尖或钝，中脉 1 条，色较淡，有狭或较宽的白色膜质边缘；先出叶狭长圆形，长 4～5 mm，膜质，淡褐色，背面具 2 脊，腹面两边分离几至基部，分离两边常疏松叠接抱围小坚果。小坚果狭长圆形或长圆形，具 3 钝棱，长约 2.5 mm，浅灰色而带绿色，基部略有短柄，先端渐缩成长喙，喙长 0.5～1.0 mm；柱头 3 枚；有的有退化成小穗轴。 花果期 6～8 月。

产新疆：塔什库尔干（红其拉甫，青藏队吴玉虎 4914；麻扎，高生所西藏队 3118、3153；麻扎种羊场，青藏队吴玉虎 870427）、叶城（柯克亚乡，青藏队吴玉虎 870807、870825、870827、870884；胜利达坂，高生所西藏队 3373；阿格勒达坂，黄荣福 C. G. 86－148）、皮山（三十里营房，青藏队吴玉虎 1174）、策勒（奴尔乡亚门，青藏队吴玉虎 2482、采集人不详 107）、若羌（明布拉克东，青藏队吴玉虎 4189；阿其克库勒，青藏队吴玉虎 4045；喀尔墩，采集人不详 84A－098）、于田（乌鲁克库勒湖，青藏队吴玉虎 3729）。生于海拔 3 500～5 700 m 的沟谷河漫滩、山坡草甸、河边湿地、山谷草甸、沙砾地湿草甸、高寒沼泽草甸、高寒草甸草原、山地草原，有的温泉流水沟边也能生长。

分布于我国的新疆、青海、甘肃；哈萨克斯坦，中亚地区各国也有。

2004 年，由张树仁发表的《西藏嵩草属（莎草科）的修订》一文中，将本种作为异名合并在喜马拉雅嵩草 *Kobresia royleana*（Nees）Böcklr. 内，同时还将 *K. caricina* 和 *K. persica* 等也合并在喜马拉雅嵩草中。合并的理由是："本种的形态性状变异很大，花序从大型而复杂到较小而简单，小穗从两性多花到单性单花，小坚果的喙从较短到较长，均呈现有一系列过渡类型的连续变异。"从我们所拥有的中国科学院西北高原生物研究所青藏高原生物标本馆标本观察的结果是：①喜马拉雅嵩草 *K. royleana*（Nees）Böcklr.，先出叶长 3.0～3.5 mm；小坚果狭倒卵状长圆形，长 2.5～3.0 mm，近等长于先出叶，色呈灰栗色，收缩成短喙。②细果嵩草 *K. stenocarpa*（Kar. et Kir.）Steud.，先出叶长4～5 mm；小坚果狭长圆形，长约 2.5 mm，明显短于先出叶，色浅，淡灰褐色，渐缩成 1.5 mm 的长喙。另外，细果嵩草 *K. stenocarpa*（Kar. et Kir.）Steud. 分布在中国新疆、甘肃等地，而喜马拉雅嵩草 *K. royleana*（Nees）Böcklr. 主要分布在青海、甘肃、西藏西部及四川省。鉴于上述理由，故将两种分离。

9. 喜马拉雅嵩草 图版 46：10～11

Kobresia royleana（Nees）Böcklr. in Linnaea 39：8. 1875；Ivan. in Journ. Bot.

URSS 24：429. 1939；T. V. Egorova in Grub. Pl. Asiae Centr. 3：37. 1967；西藏植物志 5：396. 图 225. 1987；新疆植物志 6：407. 图版 153：10～11. 1996；青海植物志 4：203. 图版 29：1～3. 1999；中国植物志 12：18. 2000；S. R. Zhang in Acta Phytotax. Sin. 42（3）：204. 2004，p. p.；青藏高原维管植物及其生态地理分布 1200. 2008.——*Trilepis royleana* Nees in Linnaea 9：305. 1834.

多年生草本。根状茎短，木质。秆密丛生，直立，高 10～40 cm，粗约 1.5 mm，下部圆柱形，上部钝三棱形，平滑，基部具栗褐色的枯死老叶鞘，外部叶鞘撕裂成纤维状。叶短于秆，平展，宽 2～4 mm，先端常显尾尖，边缘稍粗糙。复穗状圆锥花序顶生，卵形、卵状长圆形或椭圆形，长 1.5～3.0 cm，粗 6～12 mm，多数小穗密生；小穗 10 余个，长圆形，长 6～9 mm，含少数分枝小穗，一般顶生的为雄性，侧生的为雄雌顺序或雌性，即基部为 1 朵雌花，上部为 0～1 朵雄花，稀为 2 朵；鳞片卵状长圆形或卵状披针形，长约 4 mm，先端急尖或钝，两侧淡褐色、褐色或栗褐色，背部具脉 1～3条，边缘为白色膜质；先出叶长圆形，长 3.0～3.5 mm，褐色，背面具 2 脊，腹面边缘分离几至基部，果成熟时，包围果实的两边分开，稍露出小坚果。小坚果倒卵状长圆形或长圆形，与先出叶等长或稍短，三棱形，灰栗色，无光泽，基部几无柄，先端收缩成短喙；柱头 3 枚，稀 2 枚。 花果期 6～8 月。

产新疆：若羌（阿其克库勒，青藏队吴玉虎 4109）。生于海拔 4 200 m 左右的高原宽谷湖盆高寒草原砾石地、河谷阶地沙砾质草地。

西藏：日土（空喀山口，高生所西藏队 3719；拉竹龙北藏马尔保，青藏队植被组 13173；多玛区，高生所西藏队 3447；曲则热都，青藏队郎楷永 76－8791）、尼玛（马益尔雪山，藏北分队郎楷永 9739；县城郊后山，青藏队郎楷永 9862）、班戈（普保乡，青藏队陶德定 10587）。生于海拔 4 800～5 700 m 的沟谷山坡草原、河谷阶地高寒沼泽草甸、退化蒿草草甸、宽谷湖盆滩地、山沟草地、沟谷山坡温泉流水处、高寒地带沙砾平川。

青海：格尔木（各拉丹冬，黄荣福 C. G. 89－334）、兴海（河卡山，采集人不详 388、吴玉虎 28712）、玛多（巴颜喀拉山北坡，陈桂琛等 1962、1978；黑海乡，吴玉虎 983）、玛沁（军功乡，区划二组 025；拉加乡，玛沁队 077、240；昌马河，陈桂琛 1727）、达日（吉迈乡，H. B. G. 1224）、久治（县城郊区，陈桂琛等 1586、1626；哈都尔玛，果洛队 074；年宝滩，果洛队 503）、曲麻莱（叶格乡，黄荣福 115；秋智乡，刘尚武 780）、称多（清水河乡，陈桂琛等 1881；歇武寺，刘有义 83－386；县城附近，吴玉虎 29255、刘尚武 2426；苟新京 83－145）。生于海拔 3 300～5 100 m 的河谷阶地高寒草甸、沟谷山坡高寒草地、阶地草原、沙砾质河漫滩、高寒沼泽湿地、宽谷盆地高寒沼泽草甸、山地高山草甸、山坡高寒灌丛草甸、河谷山地林下、山地阴坡锦鸡儿灌丛、山地杂类草草原。

甘肃：玛曲（黄河边，王学高 148）。生于海拔 3 500 m 左右的宽谷滩地高寒沼泽草甸。

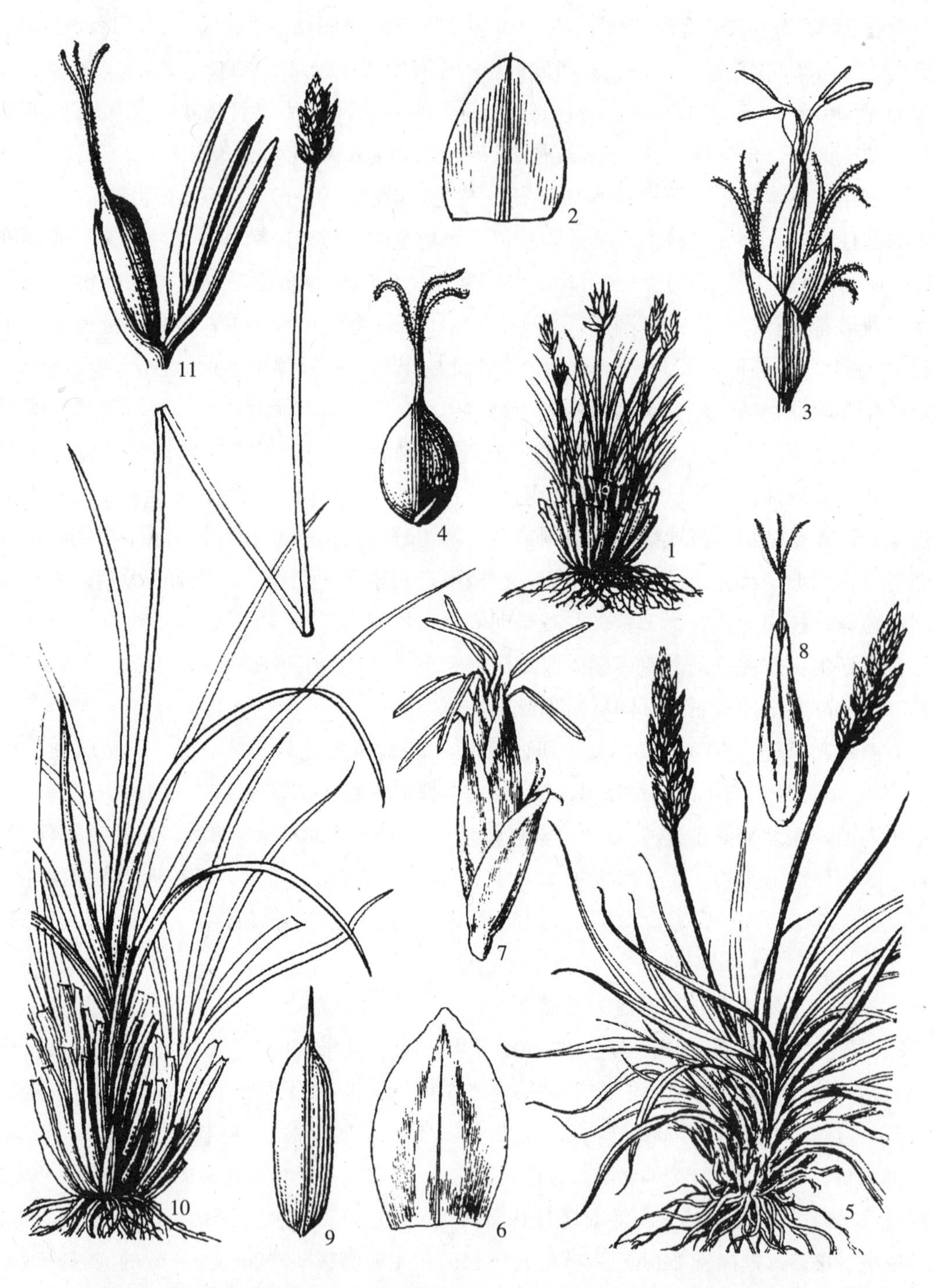

图版 **46** 高山嵩草 **Kobresia pygmaea** C. B. Clarke 1. 植株；2. 雌鳞片；3. 花序；4.小坚果与退化小穗轴。细果嵩草 **K. stenocarpa** （Kar. et Kir.） Steud. 5. 植株；6. 雌鳞片；7. 支小穗；8. 先出叶；9. 小坚果。喜马拉雅嵩草 **K. royleana** （Nees）Böcklr. 10. 植株；11. 先出叶、小坚果和雌花。（引自《新疆植物志》，张荣生绘）

四川：石渠（长沙贡玛乡，吴玉虎 29678、29681）。生于海拔 4 100 m 左右的河谷滩地高寒灌丛、山坡岩石缝隙。

分布于我国的新疆、青海、甘肃、西藏、四川、云南；尼泊尔，印度东北部，阿富汗，塔吉克斯坦，哈萨克斯坦也有。

10. 祁连嵩草

Kobresia macroprophylla（Y. C. Yang）P. C. Li Fl. Reipubl. Popul. Sin. 12：17. t. 3：9～11. 2000；青藏高原维管植物及其生态地理分布 1197. 2008.——*Kobresia filifolia*（Turcz.）C. B. Clarke var. *macroprophylla* Y. C. Yang in Acta Biol. Plat. Sin. 2：8. 图 5. 1984.——*Kobresia filifolia* auct. non（Turcz.）C. B. Clarke：青海植物志 4：209. 1999.

多年生草本。根状茎短，木质。秆密丛生，高 20～40 cm，纤细，粗不到 1 mm，钝三棱形，平滑，基部具栗褐色枯死老叶鞘，边缘稍撕裂。叶短于或近等长于秆，边缘内卷成丝状，宽不及 1 mm，细软，边缘稍粗糙，先端常尾尖。圆锥穗状花序紧缩成穗形、柱形或长圆状圆柱形，长 2.0～3.5 cm，粗 4～6 mm，含小穗多数；小穗在上部密集，下部稍疏离，椭圆状长圆形，长约 7 mm，宽约 3 mm，有简单分枝；雄雌顺序，在基部雌花之上有 3～6 朵雄花；鳞片卵状长圆形，长 3～5 mm，膜质，褐色或栗褐色，有中脉 1 条，下部中脉绿色，上部淡褐色，有狭或宽的白色膜质边缘；先出叶长圆形或卵状披针形，长 3.0～4.5 mm，膜质，褐色，先端急尖或渐尖，背面具微粗糙 2 脊，腹面边缘仅在基部愈合。小坚果倒卵状长圆形，长约 3 mm，有 3 钝棱，褐色，先端急缩成短喙；柱头 2～3 枚。 花果期 6～8 月。

产青海：兴海（河卡乡河卜朗赛朗西，何廷农 109；也隆沟，何廷农 133；河卡乡羊曲，何廷农 083；河卡山，吴珍兰 133）、玛沁（军功乡，区划二组 073；采集地不详，马柄奇 2073、2076；雪山乡，采集人不详 55-001）。生于海拔 3 000～3 500 m 的山沟草地、山坡高寒灌丛草甸、河谷阶地草甸化草原、山地林下。

分布于我国的青海、甘肃。模式标本采自青海省乐都县。

11. 矮生嵩草 图版 47：1～4

Kobresia humilis（C. A. Mey. ex Trautv.）Serg. in Kom. Fl. URSS 3：111. 1935；Ivan. in Journ. Bot. URSS 24：495. 1939；T. V. Egorova in Grub. Pl. Asiae Centr. 3：36. 1967；西藏植物志 5：378. 1987，p. p.；新疆植物志 6：402. 图版 152：4～7. 1996；青海植物志 4：209. 1999，p. p.；中国植物志 12：35. 图版 7：1～4. 2000；青藏高原维管植物及其生态地理分布 1196. 2008.——*Elyna humilis* C. A. Mey. ex Trautv. in Acta Hort. Petrop. 1：21. 1871.

多年生草本。根状茎短。秆密丛生，矮小，高 8～13 cm，直立，具 3 钝棱，平滑，基部具宿存枯死叶，有的枯死叶外部尚保留撕裂成纤维状的老叶鞘。叶短于秆或近等长于秆，平展，有的在叶基部对折，宽 1～2 mm，边缘稍粗糙，叶片弧形外反。穗状花序单一顶生，椭圆形或长圆形，长 1.0～1.5 cm，粗约 6 mm，有约 10 枚小穗紧密排列；顶部的少许小穗雄性，侧生的雄雌顺序，即基部 1 朵雌花，其上有 3～5 朵雄花；鳞片卵状长圆形或长椭圆形，长 3～5 mm，膜质，栗褐色，先端圆形或微钝，中部具 1～3 条脉，绿色或淡褐色，有白色膜质边缘；先出叶长圆形或椭圆形，长 4～5 mm，淡褐色，背部具微粗糙的 2 脊，无脉，腹面两边仅在基部愈合。小坚果倒卵状长圆形，有 3 钝棱或呈平凸状，长 2～3 mm，先端具短喙，栗褐色，有光泽；柱头 3 枚。 花果期 6～8月。

产新疆：阿克陶（恰尔隆乡，青藏队吴玉虎 5012；阿克塔什，青藏队吴玉虎 870155、870175、870245）、塔什库尔干（麻扎种羊场，青藏队吴玉虎 870340）、叶城（阿格勒达坂，黄荣福 C. G. 86－136）。生于海拔 3 000～4 700 m 的沟谷山坡草地、山坡高寒草甸、平缓山坡湿地。

青海：玛多（花石峡南面，植被地理组 608；果洛州岔路口，植被地理组 612）。生于海拔 3 000～4 500 m 的沟谷山坡高山草甸、河谷滩地草甸、山坡。

分布于我国的新疆、青海；哈萨克斯坦也有。

12. 高原嵩草

Kobresia pusilla Ivan. in Journ. Bot. URSS 24：496. 1939；中国植物志 12：37. 图版 7：14～17. 2000；S. R. Zhang in Acta Phytotax. Sin. 42（3）：208. 2004；青藏高原维管植物及其生态地理分布 1198. 2008.——*Kobresia humilis* auct. non（C. A. Mey. ex Trautv.）Serg.：西藏植物志 5：378. 1987，p. p.；青海植物志 4：209. 1999，p. p.

多年生草本。根状茎短。秆密丛生，矮小，高 3～10 cm，粗约 1 mm，钝三棱形，基部具宿存的褐色叶鞘和老叶。叶短于秆或与秆近等长，扁平，有的基部对折，宽 1～2 mm，坚硬，边缘粗糙。花序为简单穗状，长圆形或椭圆形，长 7～15 mm，宽 3～5 mm，含有 10 枚以下的小穗；小穗密集，长圆形，长 4～5 mm，顶端有少许雄性小穗，侧生的为雄雌顺序，即基部有 1 朵雌花，其上为 2～4 朵雄花；鳞片卵形或卵状长圆形，长 3～5 mm，栗褐色或褐色，中间绿色或淡褐色，具 3 条脉，边缘白色膜质，先端钝或急尖，在基部的鳞片先端截形或微凹，有短而硬的芒尖或无；先出叶长圆形或狭椭圆形，膜质，长约 4 mm，淡褐色，背部有粗糙的 2 脊，腹面两边在基部愈合。小坚果长圆形或倒卵状长圆形，长 2～3 mm，双凸或平凸状，褐色，先端具短喙；柱头 2 枚。 花果期 5～9 月。

产青海：格尔木（市郊，科考队，采集号不详），都兰（英德尔羊场，杜庆 410）、兴海（河卡山，郭本兆 6418，采集人不详 648B；野牛沟，吴珍兰 015；温泉乡，张盍曾63－113；河卡乡白龙，郭本兆 6198；温泉乡姜路岭，吴玉虎 28770、28772)、玛多（多曲狭口，吴玉虎 490；黑海乡，吴玉虎 28880、28910)、玛沁（大武至东倾沟，植被地理组 520；大武滩，植被地理组 511；县城郊，玛沁队 015；雪山乡，黄荣福 C. G. 81－58；德勒龙，H. B. G. 827；大武河对岸，吴玉虎 1511)、曲麻莱（东风乡，刘尚武 812)、称多（清水河乡，陈桂琛等 1869)。生长于海拔 3 200～4 400 m 的沟谷山坡、宽谷河漫滩、沼泽湿地及草甸、草甸化草原、高山草甸、高寒沼泽草甸、高山柳灌丛，有的生长于湿冷的砾石地和石隙中。

甘肃：玛曲（欧拉乡，吴玉虎 32117)。生于海拔 3 300 m 左右的沟谷河滩高寒草地。

分布于我国的青海、甘肃、西藏、四川、内蒙古、河北。

13. 西藏嵩草　图版 47：5～7

Kobresia tibetica Maxim. in Bull. Acad. Sci. St.-Pétersb. 29：219. 1883；Ivan. in Journ. Bot. URSS 24：483. 1939，p. p.；T. V. Egorova in Grub. Pl. Asiae Centr. 3：34. 1967；新疆植物志 6：402. 图版 152：1～3. 1996；中国植物志 12：33. 图版 6：8～11. 2000；S. R. Zhang in Acta Phytotax. Sin. 48 (3)：211. 2004；青藏高原维管植物及其生态地理分布 1201. 2008.——*Kobresia schoenoides* auct. non Steud.：西藏植物志 5：376. 图 210. 1987，p. p.

多年生草本。根状茎短，木质。秆密丛生，直立，高 10～30 cm，粗 1.0～1.5 mm，圆柱形或有不明显 3 棱，平滑，基部具黑栗色枯死的老叶鞘，鞘无光泽，边缘和顶部破裂。叶短于秆，边缘内卷成鬃状，细而韧，宽约 1 mm，平滑。穗状花序长圆形、卵状长圆形或短圆柱形，长 0.8～2.0 cm，粗 3～5 mm，由多数密集的小穗组成，顶端的有少许雄性，侧生的为雄雌顺序，即基部 1 朵雌花，其上有 3～4 朵雄花；鳞片卵状长圆形或椭圆形，基部的鳞片较宽，常呈卵形，长 4～5 mm，膜质，栗褐色，先端钝或圆形，背部具 1 条脉，淡褐色，先端和两侧有白色膜质边缘；先出叶长圆形或卵状长圆形，长约 3.5 mm，膜质，淡栗色或褐色，先端钝或平截，有时微凹，背面无脊无脉，腹面两边弧形内弯，在基部不结合。小坚果倒卵状长圆形、长圆形或近倒卵形，长约 2 mm，稍扁压，灰栗色，无光泽，先端无喙或有短喙；柱头 3 枚。　花果期 6～8 月。

产新疆：若羌（阿尔金山保护区鸭子泉，青藏队吴玉虎 4005；阿其克库勒，青藏队吴玉虎 4156)。生于海拔 3 600～4 700 m 的沟谷河滩高山草甸、山地高寒草甸。

青海：格尔木（各拉丹冬，黄荣福 C. G. 89－337；雀莫错，吴玉虎 7123、17111)、兴海（河卡山，采集人和采集号不详)、玛多（清水乡，吴玉虎 29021；黑河乡，吴玉虎 29038、陈桂琛等 1773；野马滩，吴玉虎 29042；巴颜喀拉山北坡，陈桂琛等 1961、1976；花石峡，吴玉虎 711、772)、玛沁（大武乡，区划三组 085；阿尼玛卿山东南面，黄荣福 C. G. 81－106、C. G. 81－109、C. G. 81－127、C. G. 81－

128；雪山乡，采集人和采集号不详；德日尼沟，玛沁队 055；昌马河，H. B. G. 1503、陈桂琛 1740）、达日（德昂乡，陈桂琛等 1658）、甘德（东吉乡，吴玉虎 25746）、久治（县城郊，陈桂琛等 1600）、称多（扎麻乡，陈世龙 550）、治多（库赛湖，可可西里队黄荣福 K-445、K-1013）、曲麻莱（巴干乡，黄荣福 152；秋智乡，刘尚武 689）。生于海拔 3 100～5 000 m 的河谷山坡草地、高原山麓、宽谷盆地湖边、山沟河岸草地、山前砾石地、高山冰川前沿、沟前沼泽草甸、砾石草甸、高山嵩草草甸、山地阴坡高山柳灌丛草甸、河谷滩地沙棘灌丛、宽谷河滩高寒沼泽湿地。

四川：石渠（长沙贡玛乡，吴玉虎 29670；红旗乡，吴玉虎，29444、29490）。生于海拔 4 000～4 200 m 的沟谷山地高寒草甸、宽谷河滩草地、砾石河滩沙棘灌丛。

甘肃：玛曲（大水军牧场黑河北岸，陈桂琛等 1137）。生于海拔 3 500 m 左右的宽谷滩地高寒沼泽草甸。

分布于我国的青海、甘肃、西藏、四川。

14. 赤箭嵩草

Kobresia schoenoides（C. A. Mey.）Steud. Synops. Cyper. 246. 1855；Ivan. in Journ. Bot. URSS 24：481. 1939；西藏植物志 5：376. 1987，excl. Syn.；中国植物志 12：18. 2000；S. R. Zhang in Acta Phytotax. Sin. 42（3）：209. 2004，p. p.；青藏高原维管植物及其生态地理分布 1200. 2008.——*Kobresia littledalei* auct. non C. B. Clarke：西藏植物志 5：377. 1986，p. p.；青海植物志 4：210. 1999，p. p.；中国植物志 12：34. 2000，p. p. ——*Elyna schoenoides* C. A. Mey. in Ledeb. Fl. Alta. 4：235. 1833.

多年生草本。根状茎短，木质。秆密丛生，直立，高 8～20 cm，圆柱形，稍压扁，粗 1～2 mm，平滑，基部具暗栗色或棕色枯死叶鞘。鞘多而厚，边缘稍撕裂；叶短于秆，边缘内卷成线形，坚韧，宽约 1 mm，平滑。单一花序顶生，长圆形，长 0.8～2.0 cm，粗 3～5 mm，多数小穗紧密着生；小穗约 10 枚或稍过之，卵状长圆形，长 4.5～6.0 mm，顶端数枚雄性，其余的（侧生的）雄雌顺序，即基部 1 朵雌花，其上 2～3朵为雄花；鳞片卵状长圆形或卵形，长 4～5 mm，暗栗色或棕色，膜质，先端钝，中间淡褐色，一般具 1 脉，稀在基部有 3 脉；先出叶长圆形或卵状长圆形，长 3.0～3.5 mm，薄膜质，背部无脊，稀具明显的脉，腹面两边呈弧形内弯，在基部不愈合，先端钝圆或平截，有的呈现 2 齿。小坚果倒卵形或倒卵状长圆形，扁三棱形，长约 2 mm，黄褐色或淡褐色，基部几无柄，先端急缩成短喙；柱头 3 枚。 花果期 6～8 月。

产西藏：日土（多玛区，高生所西藏队 3439）、尼玛（拉支岗日雪山，青藏队郎楷永 9633）、班戈（色哇区，青藏队郎楷永 9403；阿木错，青藏队郎楷永 9602；比让彭错，青藏队郎楷永 9516）。生于海拔 4 650～5 250 m 的山坡草地、滩地沼泽草甸、湖边、水沟边。

青海：格尔木（各拉丹冬，可可西里队黄荣福 K-628）、兴海（河卡乡，吴珍兰 009）、玛多（花石峡南，植被地理组 607）、玛沁（尼卓玛雪山，H. B. G. 739；德日尼沟，玛沁队 055；当项乡东沟，区划一组 01；阿尼玛卿山，采集人和采集号不详）、治多（乌兰乌拉湖，可可西里队黄荣福 K-174；岗齐曲，可可西里队黄荣福 K-077、K-107、K-115；太阳湖，可可西里队黄荣福 K-307；库赛湖，可可西里队黄荣福 K-472）。生于海拔 3 200～5 100 m 的山坡、沟谷、水边的沼泽草甸、滩地草甸、湖盆滩地。

分布于我国的新疆、青海、西藏、四川、云南；中亚地区各国，俄罗斯西伯利亚也有。

15. 玛曲嵩草

Kobresia maquensis Y. C. Yang in Acta Biol. Plat. Sin. 2：4. t. 3. 1954；中国植物志 12：38. 2000；青藏高原维管植物及其生态地理分布 1197. 2008.

多年生草本。根状茎短，近木质。秆直立，密丛生，高 20～50 cm，三棱形，近平滑，基部具暗栗色宿存叶鞘。叶短于秆，平展或对折，宽约 1 mm，边缘粗糙。穗状花序长圆形或柱状长圆形，长 1.5～2.0 cm，粗 4～5 mm；小穗多数，顶部仅数枚雄性，其余小穗为雄雌顺序，即基部 1 朵雌花，其上为 6～7 朵雄花；鳞片栗色，卵状长圆形，长约 4 mm，先端急尖或钝，中间褐色，具 1～3 脉，边缘有极狭的白色膜质；先出叶椭圆形，长 4.0～4.5 mm，膜质，无脊，或微有 1 脊，上半部栗色，下半部淡褐色，先端钝，基部微结合。小坚果椭圆形或宽长圆形、钝三棱形，长约 3 mm，绿褐色，先端急缩成短喙；柱头 3 枚。 果期 8 月。

产甘肃：玛曲（河曲军马场，吴玉虎 31863）。生于海拔 3 400 m 左右的岩石缝隙和沟谷山地草甸。

分布于我国的甘肃南部和四川西北部。

16. 四川嵩草

Kobresia setchwanensis Hand.-Mazz. Symb. Sin. 7（5）：1254. 1936；Ivan. in Journ. Bot. URSS 24：436. 1939；西藏植物志 5：379. 图 212. 1987；青海植物志 4：207. 1999；中国植物志 12：29. 图版 6：12～16. 2000；青藏高原维管植物及其生态地理分布 1200. 2008.

多年生草本。根状茎短。秆密丛生，直立，高 15～40 cm，钝三棱形，平滑，基部具较短的栗褐色残存叶鞘，常破碎成纤维状。叶短于秆，近直立或稍呈弯刀形，叶面对折或扁平，宽 1.0～1.5 mm。花序长圆形或圆柱形，长 1.0～3.5 cm，粗约 4 mm，由多数小穗形成简单的穗状花序；小穗较紧密排列，有的植物仅在下部疏离，顶部少数小穗为雄性，其余为雄雌顺序；花序基部苞片鳞片形，先端具芒，有的芒很长；鳞片卵状长圆形或狭椭圆形，质地较厚，长约 4 mm，褐色或栗褐色，背部中脉色淡，有 3 条脉，具狭或宽的白色膜质边缘；先出叶长圆形或卵状长圆形，长 3～4 mm，膜质，淡褐色，边缘在腹面 1/3 处愈合，背有 2 脊，脊间无脉。小坚果倒卵状长圆形或长圆形，钝三棱形，扁压，长约 3 mm，黄褐色，先端骤缩成短喙；柱头 3 枚。 花果期 6～8 月。

产青海：玛沁（大武乡德勒龙，H. B. G. 872）、久治（白玉乡科索沟，高生所藏药队 662；康赛乡，吴玉虎 36598）、班玛（马柯河林场，H. B. G. 872）。生于海拔 3 400～4 040 m 的高山草甸、林缘灌丛、峡谷灌丛草甸、阴坡。

四川：石渠（国营牧场，吴玉虎 30097、30099）。生于海拔 3 840 m 的沟谷山坡石隙处、山地高寒草甸。

甘肃：玛曲（欧拉乡，吴玉虎 32013、32107；尼玛乡，吴玉虎 32127、32131；河曲军马场，吴玉虎 32113）。生于海拔 3 300～3 400 m 的河谷山坡高寒草甸、宽谷河滩沼泽、山坡林缘灌丛、山地高寒灌丛草甸、滩地高寒沼泽草甸中。

分布于我国的青海、甘肃、西藏东部、四川西部和北部、云南西北部。

17. 线叶嵩草 图版 47：8～9

Kobresia capillifolia (Decne.) C. B. Clarke in Journ. Linn. Soc. Bot. 20：378. 1883；Ivan in Journ. Bot. URSS 24：486. 1939；T. V. Egorova in Grub. Pl. Asiae Centr. 3：34. 1967；西藏植物志 5：379. 图 213. 1987；新疆植物志 6：404. 图版 152：8～9. 1996；青海植物志 4：208. 1999；中国植物志 12：31. 图版 6：1～4. 2000；青藏高原维管植物及其生态地理分布 1193. 2008.——*Elyna capillifolia* Decne. in Jacquem. Voy. Bot. 4：173. 1844.

多年生草本。根状茎木质，短。秆密丛生，多数，直立，高 10～40 cm，纤细，质地柔软，钝三棱形，平滑，基部具栗色或暗栗色宿存叶鞘。叶短于秆，叶片内卷成线形，宽约 0.5 mm，柔软。花序顶生，圆柱形或狭长圆柱形，长 1.5～4.5 cm，粗约 3 mm，含多数小穗，一般排列较密，有时仅下部 1～2 小穗稍疏远；小穗雄雌顺序，长圆形，长 4～5 mm，有的仅顶端小穗为雄性，一般小穗含花 2～4 朵，基部 1 朵雌性花，其余为雄性花；鳞片卵状长圆形或椭圆形，长 4～6 mm，栗色或褐色，膜质，先端钝，中脉 1～3 条，褐色，边缘白色；先出叶长圆形或椭圆形，长约 4 mm，膜质，背部具 1～2脊，先端钝或近圆形，有时平截，腹面仅基部结合。小坚果倒卵状长圆形、椭圆形或长圆形，长 2.5～4.0 mm，三棱形或扁三棱形，先端具短喙或无喙；柱头 3 枚。 花果期 6～8 月。

产新疆：乌恰（吉根乡斯木哈纳，采集人不详 73-100）、阿克陶（阿克塔什，青藏队吴玉虎 870153；恰尔隆乡，青藏队吴玉虎 5014；布伦口南 25 km 处，采集人不详 285）、塔什库尔干（麻扎种羊场萨拉勒克，青藏队吴玉虎 325、336；麻扎，高生所西藏队 3146、3221；红其拉甫，青藏队吴玉虎 4898；克克吐鲁克，高生所西藏队 3146、3276、3294）、叶城（苏克皮亚，青藏队吴玉虎 871019、87974）、和田（喀什塔什，青藏队吴玉虎 2019、2557）、策勒（奴尔乡，青藏队吴玉虎 1935、1948、1949、1960，奴尔乡亚门，青藏队吴玉虎 1956、2476、2504）。生于海拔 3 000～4 600 m 的沟谷山坡高寒草甸、宽谷河滩高寒沼泽草甸、溪流水沟边草甸、河谷山坡云杉林缘草甸、湿草地、山坡草原。

青海：格尔木（市郊，科考队，采集号不详）、兴海（河卡乡，吴玉虎 28710；河卡乡白龙，郭本兆 6310；河卡山，郭本兆 6343、6416，采集人不详 648A；卡日红山，何廷农 180；科学滩，何廷农 201）、玛多（县城郊，吴玉虎 690）、玛沁（大武乡德勒龙，H. B. G. 866、872；大武乡江让，王为义等 26687；大武格曲，H. B. G. 553、601；阿尼玛卿山，黄荣福 C. G. 81-0100；雪山乡，黄荣福 C. G. 81-037、C. G. 81-055；西哈垄河谷，黄荣福 C. G. 81-155；尕柯河岸，玛沁队 146；军功乡，区划二组 076）、达日（建设乡胡勒安玛，H. B. G. 1113）、治多（鹿场，周立华 418）、曲麻莱（叶格乡，黄荣福 139；东风乡，刘尚武等 340）、称多（县城郊，刘尚武 2424；歇武寺，高生所考察队 013）。生于海拔 3 100～4 700 m 的沟谷山坡高寒草甸、溪流水沟边草甸、河边滩地草甸、宽谷河漫滩、高山冰川边缘湿地、峡谷灌丛草甸、草甸化草原、滩地高寒沼泽草甸、高山草甸、山坡柏林下，以及鬼箭锦鸡儿灌丛和杜鹃-山生柳灌丛。

甘肃：玛曲（尼玛乡，吴玉虎 32127；欧拉乡，吴玉虎 31967）。生于海拔 3 300～3 400 m 的灌丛草甸、干山坡。

分布于我国的新疆、青海、甘肃、西藏、四川、云南、内蒙古；哈萨克斯坦，塔吉克斯坦，吉尔吉斯斯坦，阿富汗，尼泊尔，克什米尔地区，蒙古西部也有。

18. 嵩　草

Kobresia myosuroides（Vill.）Fiori in Fiori et Pool. Fl. Anal. Ital. 1：125. 1896.

18a. 嵩　草（原亚种）

subsp. **myosuroides**

本区不产。

18b. 二蕊嵩草（亚种）

subsp. **bistaminata**（W. Z. Di et M. J. Zhong）S. R. Zhang in Novon 9：453. 1999，et in Acta Phytotax. Sin. 42（3）：212. 2004；青藏高原维管植物及其生态地理分布 1197. 2008. ——*K. bistaminata* W. Z. Di et M. J. Zhang in Acta Bot. Bor.-Occ. Sin. 6（4）：275. 1986. ——*Kobresia myosuroides* auct. non（Vill.）Fiori：中国

植物志 12：32. 图版 6：5～7. 2000，p. p. ——*Kobresia bellarii* auct. non（All.）Degl.：西藏植物志 5：381. 1987；新疆植物志 6：405. 图版 152：10～12. 1996；青海植物志 4：207. 图版 30：6～7. 1999.

多年生草本。根状茎短，木质。秆密丛生，高 10～40 cm，纤细，粗 0.7～1.0 mm，一般柔软，有 3 钝棱，平滑，基部具棕栗色的枯死老叶鞘，鞘稍有光泽，边缘撕裂成丝状。叶短于秆或与秆近等长，细软，线状，边缘稍粗糙。穗状花序顶生，线状圆柱形，长 1～3 cm，粗 1～3 mm；小穗多数，上部较密，下部排列较稀疏，椭圆形或长圆形，长 3～4 mm，一般雄雌顺序，有的顶端有少许雄性小穗，下部雄雌顺序，即基部雌性，其上有 1 朵雄性花，稀为 2 朵；鳞片卵状长圆形或椭圆形，长 2.0～3.5 mm，先端钝，栗褐色，膜质，具狭或宽的白色膜质边缘；先出叶椭圆形或长圆形，长度与鳞片近等长，膜质，栗褐色，背面具微粗糙的 2 脊，腹面边缘在 1/3 处愈合。小坚果倒卵状长圆形或卵形，长 2.0～2.5 mm，三棱形，有的双凸状，栗色，有光泽，先端无喙或有的具短喙；柱头 3 或 2 枚。　花果期 6～9 月。

产青海：兴海（河卡山，生物所考察队 387；日干山，何廷农 255；河卡山，郭本兆 6222、6273、6343、6347；天特沟，何廷农 194）、玛多（花石峡，吴玉虎 720、774；多曲峡口，吴玉虎 489；黑海乡，杜庆 495）、玛沁（大武乡德勒龙，H. B. G. 859；军功乡，H. B. G. 267；东倾沟，区划三组 179）、久治（龙卡沟，果洛队 636；城郊，果洛队 655）、治多（莫云滩，周立华 290）、曲麻莱（秋智乡，刘尚武等 768）、称多（珍秦乡，苟新京 83-170；歇武乡，刘有义 83-338）。生于海拔 3 400～4 800 m 的沟谷山坡及河漫滩、草甸化草原、宽谷滩地高寒草甸、山坡高寒灌丛草甸、河谷阶地高山草甸及高寒沼泽草甸。

甘肃：玛曲（大水军牧场，王学高 161、164）。生于海拔 3 500 m 左右的水滩草场。

分布于我国的新疆、青海、甘肃、宁夏、西藏、四川、云南、内蒙古、山西、河北、黑龙江、吉林；中亚地区各国，巴基斯坦也有。

19. 粗壮嵩草　图版 47：10～13

Kobresia robusta Maxim. in Bull. Acad. St.-Pétersb. 29：218. 1883；Ivan. in Journ. Bot. URSS 24：488. 1939；西藏植物志 5：373. 图 207. 1987；新疆植物志 6：399. 图版 151：1～4. 1996；青海植物志 4：205. 图版 30：4～5. 1999；中国植物志 12：39. 图版 8：1～4. 2000；青藏高原维管植物及其生态地理分布 1199. 2008.

多年生粗壮草本。根状茎短，木质。秆密丛生，坚挺，高 15～40 cm，近圆柱形，直立或弧形弯曲，平滑，基部具褐色枯死叶鞘，鞘边缘稍破裂，一般有光泽。叶短于秆，边缘内卷，宽 1.0～1.5 mm，近革质，先端尾尖，边缘稍粗糙。穗状花序单一顶生，圆柱形，粗壮，长 2～5 cm，粗 5～7 mm，小穗多数，一般上部排列紧密，下部稍稀疏，顶部少数小穗雄性，侧生的为雄雌顺序，即基部 1 朵雌花，其上为 2～4 朵雄花；

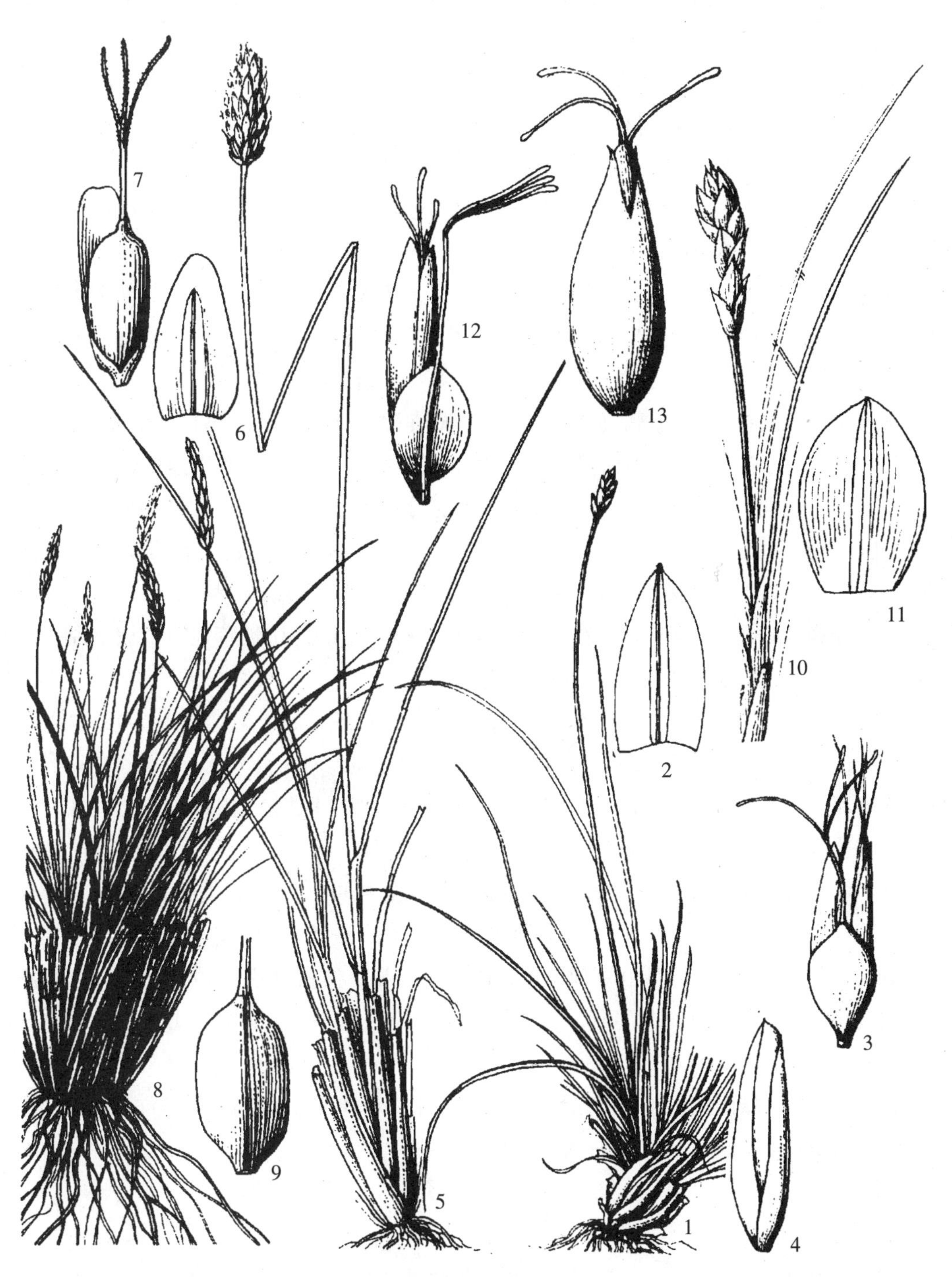

图版 **47** 矮生嵩草 **Kobresia humilis** （C. A. Mey. et Trautv.） Serg. 1. 植株；2. 雌鳞片；3. 小坚果与雄花；4. 先出叶。西藏嵩草 **K. tibetica** Maxim. 5. 植株；6. 雌鳞片；7. 小坚果与先出叶。线叶嵩草 **K. capillifolia** （Decne.） C. B. Clarke 8. 植株；9. 小坚果。粗壮嵩草 **K. robusta** Maxim. 10. 花序；11. 雌鳞片；12. 支小穗囊苞；13. 囊苞。（引自《新疆植物志》，张荣生、谭丽霞绘）

鳞片大，宽卵形、卵状长圆形或长圆形，长 5～10 mm，淡褐色，先端圆或钝，背面中部黄绿色，有脉 3 条，具宽的白色膜质边缘；先出叶囊状，卵状长圆形或椭圆形，长 8～10 mm，淡褐色，上部白色膜质，背面具 2 脊，脊间有少数脉，腹面两边愈合至中部或稍上。小坚果长圆形或椭圆形，有 3 钝棱，长 5～7 mm，基部具短柄，先端具短喙；柱头 3 枚。 花果期 6～9 月。

产新疆：皮山（神仙湾黄羊滩，青藏队吴玉虎 4752）、和田（天文点，青藏队吴玉虎 1512）、且末（阿羌乡昆其布拉克，青藏队吴玉虎 2599）、若羌（阿其克库勒，青藏队吴玉虎 4030；月牙河至阿其克库勒，青藏队吴玉虎 2276；明布拉克东，青藏队吴玉虎 4208；依夏克帕提，青藏队吴玉虎 4243）。生于海拔 4 000～5 000 m 的沟谷山坡砾石地草甸、溪流河谷沙岸、河谷阶地针茅高寒草原、河边沙地。

西藏：日土（拉竹龙北藏马尔保，青藏队植被组 13177；多玛区，青藏队 76－9052）、改则（扎吉玉湖，青藏队吴玉虎 4345、黄荣福 3725；至安布区途中，采集人不详 A87－127）、尼玛（马益尔雪山，青藏队藏北分队 9717；双湖区双湖鱼尾，青藏队藏北分队 10015；江爱雪山，青藏队藏北分队 9668；克拉木仑山口，青藏队藏北分队 9958；巴木求宗，青藏队藏北分队 9919）、班戈（鲸鱼湖，青藏队 88－2707；色哇区阿木尔错，青藏队藏北分队 9576）。生于海拔 4 700～5 300 m 的山坡草地、山坡草原、湖边草原、荒漠化草原、滩地、山坡洪积扇处。

青海：格尔木（昆仑山小南川，采集人不详 447；各拉丹冬，蔡桂全 005）、兴海（温泉乡苦海滩，吴玉虎 28842）、玛多（县城郊，吴玉虎 013；黑海乡，杜庆 517；黑河乡，陈桂琛等 2006）、玛沁（优云乡，高生所植被组 529、区划一组 100）、达日（吉迈乡赛纳纽达山，H. B. G. 1321；建设乡胡勒安玛，H. B. G. 1159）、治多（西金乌兰湖畔，可可西里队黄荣福 K－782；勒斜武担湖畔，可可西里队黄荣福 K－839；烽火山，黄荣福 C. G. 89－024；库赛湖，可可西里队黄荣福 K－991）。生于海拔 4 100～5 300 m 的沟谷山坡、河谷棘豆草甸砾地、山前洪积扇、宽谷河漫滩沙丘草地、宽谷湖边、山坡路边、高原山地高寒草甸、沙砾滩地干草原、高寒草原、沟谷山地山生柳灌丛沙包。

甘肃：玛曲（城南黄河边，陈桂琛 1062）。生于河边 3 600 m 左右的沟谷河边沙丘地。

分布于我国的新疆、青海、甘肃、西藏。

8. 薹草属 **Carex** Linn.

Linn. Gen. Pl. 280. 1737.

多年生草本。根状茎短或长，具匍匐枝或无。秆丛生或散生，中生或侧生，三棱形，实心，基部常有无叶片的叶鞘残存或具正常叶。叶基生或兼具秆生叶，禾草状，基部通常具鞘，具平行脉，有的脉间具小横脉。苞片叶状或鳞片状或刚毛状，有鞘或无。小穗基部的枝先出叶囊状、鞘状或不明显。花单性，多数为雌雄同株，稀异株，雌花外面具有边缘完全合生的先出叶，即果囊，雄花裸露，雌花和雄花外面具有鳞片保护；多数花组成雌性或雄性小穗，有的小穗为两性，花在小穗轴上排列为雄花在上、雌花在下的雄雌顺序，反之为雌雄顺序；小穗有柄或无柄，多数小穗组成穗状或总状花序，稀组成头状、圆锥状花序，仅有部分植物为单一顶生花序；雄花有雄蕊 3 枚，少数 2 枚，花丝分离，顶部具可孕花药；雌花具雌蕊 1 枚，子房 1 室，胚珠 1 枚，倒生，花柱细瘦，有的基部增粗，2～3 枚；果囊三棱形，平凸状或双凸状，先端具长或短的喙，其内紧密或松弛地包有小坚果，稀在果囊内有退化小穗轴。小坚果三棱形、平凸形或双凸形；花柱宿存，柱头 2 或 3 枚。

约 2 000 种，广布于全球。我国约有 500 种，分布于全国各地；昆仑地区产 47 种 3 亚种。

分种检索表

1. 小穗单性，稀两性，常数枚排列成疏或密的穗状或总状花序，稀单生于秆顶；柱头 3 枚，稀 2 枚。
  2. 小穗单一顶生；果囊似囊状枝先出叶一样，内有明显的退化小穗轴（即分枝），成熟后外倾或反折。
    3. 果囊长 4～5 mm，成熟后果囊向下深度反折；退化小穗轴伸出果囊之外，先端有不明显的弯曲 ……………………………… **1. 尖苞薹草 C. microglochin** Wahlenb.
    3. 果囊长 6～8 mm，成熟后深达 90°外倾；退化小穗轴不伸出果囊 …………………………………………………………………………… **2. 小薹草 C. parva** Nees
  2. 小穗 2 至数枚；果囊内无退化小穗轴。
    4. 果囊具长喙或中等长或明显的喙，喙口具 2 齿。
      5. 叶片脉间具小横脉；顶生小穗 1～3 枚，雄性。
        6. 雌花鳞片长圆状披针形；果囊卵状长圆形，先端渐尖成长喙 ……………………………… **3. 帕米尔薹草 C. pamirensis** C. B. Clarke ex B. Fedtsch.
        6. 雌花鳞片卵形或宽卵形；果囊宽卵形，先端短缩成喙 …………………………………………………… **4. 准噶尔薹草 C. songarica** Kar. et Kir.
      5. 叶片不具小横脉；顶生仅 1 枚小穗雄性，稀数枚或为雌雄顺序小穗。
        7. 雌花鳞片色淡；果囊三棱形，质地厚。
          8. 穗轴常呈“之”字形弯曲；果囊长 5～6 mm，先端急缩成长喙，喙口 2 裂 …………………………………… **5. 泽库薹草 C. zekuensis** Y. C. Yang
          8. 穗轴直立；果囊长约 3 mm，先端急尖缩成短喙；喙口斜截形 ……………………………………………………… **6. 绿穗薹草 C. chlorostachys** Stev.

7. 雌花鳞片栗褐色或深褐色；果囊压扁成扁三棱形，质地较薄。

9. 果囊无毛，果囊极压扁，质地薄。

10. 顶生 1～2 小穗，为雌雄顺序；果囊急缩成极短的管状喙 ………
……………………………………… **7. 喜马拉雅薹草 C. nivalis** Boott

10. 顶生小穗雄性。稀在小穗下部含少许雌花。

11. 叶宽 2～3 mm，扁平。

12. 果囊具明显色淡的边缘 ………………………………………
8. 扁囊薹草 C. coriophora Fisch. et C. A. Mey. ex Kunth

12. 果囊不具色淡的边缘。

13. 果囊倒卵状长圆形，先端急缩成管状喙，喙区粗糙；
雌花鳞片有芒尖伸出 …… **9. 格里薹草 C. griffithii** Boott

13. 果囊长圆形或椭圆形，先端收缩不成管状喙；雌花鳞
片无芒尖伸出 ……… **10. 暗褐薹草 C. atrofusca** Schkuhr

11. 叶片狭，宽约 1 mm 或边缘内卷。

14. 植株矮小；叶片先端尾尖并常拳卷 ……………………………
…………………………… **11. 窄叶薹草 C. montis-everestii** Kük.

14. 植株较高，叶片先端不尾尖；果囊披针形，无脉，喙长
………………… **12. 昆仑薹草 C. kunlunshanensis** N. R. Cui

9. 果囊有毛，稀在喙上有刺毛。

15. 柱头 3 枚；小穗在花序上疏生。

16. 果囊的喙细长。

17. 顶生雄小穗的下部不含雌花；植株高大，可达 50～60 cm。

18. 果囊长 3～5 mm，喙直立 ………………………………
…… **13. 细果薹草 C. stenocarpa** Turcz. ex V. I. Krecz.

18. 果囊长 6～7 mm，喙常向外弯 ………………………
……………………… **14. 糙喙薹草 C. scabrirostris** Kük.

17. 雄小穗的下部常含有少许雌花；植株矮，高仅达 20 cm
……………………………………… **15. 葱岭薹草 C. alajica** Litv.

16. 果囊喙短。

19. 雌花鳞片有毛，中脉不伸出成小尖头。

20. 雌花鳞片上部被短毛或粗糙；果囊 3 脉不明显或无脉
……………………… **16. 红嘴薹草 C. haematostoma** Nees

20. 雌花鳞片中脉的两侧粗糙，果囊具脉………………
……………… **17. 和硕薹草 C. heshuonensis** S. Y. Liang

19. 雌花鳞片无毛，中脉常伸出成小尖头 ……………………
……………………… **18. 刺苞薹草 C. alexeenkoana** Litv.

15. 柱头 2 枚；小穗在花序上排列密 ……………………………………
…………………………………… **19. 红棕薹草 C. przewalskii** Egorova

4. 果囊具短喙，喙口无明显 2 齿。
21. 柱头 3 枚；果囊三棱形。
22. 果囊无毛；苞片无鞘，稀有极短的鞘。
23. 小穗具密生的花，果囊无光泽（少数例外）。
24. 顶生小穗雌雄顺序。
25. 果囊无明显的脉；雌花鳞片椭圆状披针形至卵形。
26. 果囊明显膨胀，成熟后水平开展 ……………………
…………………… **20. 点叶薹草 C. hancockiana** Maxim.
26. 果囊成熟时不膨胀。
27. 果囊近等长于鳞片，喙口具 2 微齿 …………
…………………… **21. 甘肃薹草 C. kansuensis** Nelmes
27. 果囊短于鳞片，喙口微凹 ………………………
………………………… **22. 黑穗薹草 C. atrata** Linn.
25. 果囊有明显的脉；雌花鳞片宽卵形 ……………………
……………………………… **23. 膨囊薹草 C. lehmanii** Drejer
24. 顶生小穗雄性。
28. 花序紧密似头状；顶生小穗卵形 ………………………
…………………… **24. 黑花薹草 C. melanantha** C. A. Mey.
28. 花序稍疏松；基生小穗多少与以上小穗有距离；顶生小穗长圆形或圆柱形 ……………………………………
…………… **25. 青藏薹草 C. moorcroftii** Falc. ex Boott
23. 小穗含少数花；果囊有光泽。
29. 植株矮小；果囊小；雌小穗常藏于叶丛中，无秆 …………
………………… **26. 唐古拉薹草 C. tangulashanensis** Y. C. Yang
29. 植株比上述种高；果囊长 3～4 mm；有秆伸出叶丛外。
30. 苞片鳞片状，无苞鞘；小穗无小穗柄。
31. 雌小穗紧贴雄小穗；果囊成熟时暗棕色；叶片内卷
…………………… **27. 无穗柄薹草 C. ivanoviae** Egorova
31. 雌小穗最下面 1 枚稍远离；果囊成熟时淡黄色或褐色；叶片扁平。
32. 果囊椭圆形或倒卵形，成熟时膨胀，长 3～4 mm …………… **28. 黄囊薹草 C. korshinskyi** Kom.
32. 果囊球状倒卵形，钝三棱形，长约 3 mm ……
…………… **29. 干生薹草 C. aridula** V. I. Krecz.
30. 苞片叶状，具短鞘；小穗有柄。

33. 小穗 3～5 枚，花可达 10 余朵；果囊无毛 ……………………………… **30. 新疆薹草 C. turkestanica** Rgl.
33. 小穗 2～3 枚，花仅几朵；果囊被短糙硬毛 ……………………………… **31. 粗糙囊薹草 C. asperifructus** Kük.
22. 果囊有毛；苞片有鞘。
34. 秆疏丛，根状茎长；雌小穗含花少数；叶扁平 ……………………………… **32. 丝秆薹草 C. filamentosa** K. T. Fu
34. 秆密丛，根状茎短；小穗含花较多。
35. 叶片内卷；仅花序基部小穗排列稍疏远，小穗小而花密 ……………………………… **33. 密生薹草 C. crebra** V. I. Krecz.
35. 叶片一般平展或边缘内弯；小穗间均疏远，小穗大而花排列疏 ……………………………… **34. 柄状薹草 C. pediformis** C. A. Mey.
21. 柱头 2 枚；果囊平凸或凸状。
36. 基部苞片刚毛状。
37. 果囊近圆形、卵圆形或倒卵状圆形。
38. 雌小穗卵形至长圆形，小穗无柄或具短柄；果囊比鳞片宽 2～3 倍。
39. 根状茎具匍匐茎 …………… **35. 圆囊薹草 C. orbicularis** Boott
39. 根状茎无匍匐茎……… **36. 藏北薹草 C. satakeana** T. Koyama
38. 雌小穗圆柱形；基部小穗具明显的柄 ……………………………… **37. 北疆薹草 C. arcatica** Meinsh.
37. 果囊卵形或椭圆形。
40. 植株矮小，高可达 15 cm；雄花鳞片倒卵形，成熟后鳞片变白色；雌花鳞片和果囊为卵形，近等宽 ……………………………… **38. 南疆薹草 C. taldycola** Meinsh.
40. 植株较高大；雄花鳞片长圆形，栗褐色；雌花鳞片长圆形，果囊比鳞片稍宽………… **39. 箭叶薹草 C. ensifolia** Turcz. ex Bess.
36. 基部苞片叶状；果囊倒卵形或近圆形，长于鳞片 ……………………………… **40. 木里薹草 C. muliensis** Hand.-Mazz.
1. 小穗两性，常密集排成卵状或头状，稀穗间有间隔；柱头 2。
41. 小穗多数，组成圆柱形或中间有明显间隔的穗状花序；苞片叶状 ……………………………… **41. 云雾薹草 C. nubigena** D. Don
41. 小穗在 10 枚以下，常密集成头状；苞片鳞片形。
42. 果囊膜质或纸质。
43. 果囊的喙口偏向一侧，斜裂。
44. 果囊长 3.5～4.5 mm；脉不明显 ……………………………… **42. 无味薹草 C. pseudofoetida** Kük.

44. 果囊长约 3 mm；无脉…………… **43. 无脉薹草 C. enervis** C. A. Mey.

43. 果囊的喙口不偏向一侧开裂。

45. 果囊先端急缩成中等长的细喙，喙长约 1.5 mm；小坚果长圆形；果囊不膨胀 …………………… **44. 兴海薹草 C. roborowskii** V. I. Krecz.

45. 果囊渐缩成喙，喙短不明显；小坚果椭圆形；果囊微膨胀 ………… ………………………………………… **45. 内弯薹草 C. incurva** Lightf.

42. 果囊草质。

46. 花序长 2～3 cm；果囊边缘具明显或不明显的翅。

47. 苞片先端具芒尖；果囊边缘具明显的翅，翅缘具齿 ………………… ……………………………… **46. 密穗薹草 C. pycnostachya** Kar. et Kir.

47. 苞片先端尖而无芒尖；果囊边缘具极狭的翅或翅不明显，边缘粗糙 …………………………………………………… **47. 库地薹草 C. curaica** Kunth

46. 花序长 1 cm 左右；果囊无翅。

48. 果囊卵状披针形或卵状长圆形，先端渐狭成中等长的喙 …………… …………………………… **48. 细叶薹草 C. stenophylloides** V. I. Krecz.

48. 果囊卵形或宽卵形，先端急缩成短喙。

49. 果囊长约 3 mm，果囊边缘平滑，稀在喙区粗糙 ……………… ……………………………… **49. 寸草 C. duriuscula** C. A. Mey.

49. 果囊长 3.0～3.5 mm，果囊边缘有明显细齿……………………… ………………………………… **50. 柄囊薹草 C. stenophylla** Wahlenb.

1. 尖苞薹草 图版 48：1～2

Carex microglochin Wahlenb. in Svensk. Vet-Akad. Handl. Stockh. 24：140. 1803；Kük. in Engl. Pflanzenr. Heft 38（Ⅳ. 20）：108. 1909；Egorova in Grub. Pl. Asiae Centr. 3：52. 1967；新疆植物志 6：415. 图版 154：1～2. 1996；青海植物志 4：213. 图版 31：14～15. 1999；中国植物志 12：456. 图版 93：7～10. 2000；青藏高原维管植物及其生态地理分布 1181. 2008.——*Uncinia microglochin*（Wahlenb.）Spreng. Syst. Veg. 3：830. 1826.

多年生丛生草本。根状茎长，匍匐枝细软。秆直立，细，钝三棱形，高 5～15 cm，平滑。叶短于秆，内卷如针状，宽不及 1 mm，质地坚硬。苞片不显。小穗单一，顶生，椭圆形，长约 1 cm，雄雌顺序，雄花部分极短，有 5～7 花，成熟时常脱落；雌花部分比雄花部分长，有花 10 余朵。雌花鳞片卵状长圆形，栗褐色，长约 3 mm，具淡色或白色膜质边缘，先端钝或近圆形，微显中脉。果囊披针状钻形或钻形，长 4～5 mm，幼嫩时果囊直立，后渐反折，再后弯曲向下，最后脱落；果囊淡棕色，近革质，最宽在基部，向上渐狭成喙，喙口近平截，表面有不明显细脉，基部海绵质；果囊腹面含退化小穗轴 1 枚，先端尖锐，直直地伸出果囊，先端尖锐区稍外倾。小坚果长圆形，长约

2 mm，具极短的柄；柱头 3 枚。　花果期 6～8 月。

产新疆：塔什库尔干（城郊，高生所西藏队 3112）、叶城（大红柳滩，青藏队吴玉虎 1187）、皮山（神仙湾黄羊滩，青藏队吴玉虎 4763）、若羌（阿尔金山保护区鸭子泉，青藏队吴玉虎 3888）。生于海拔 3 000～4 900 m 的溪流河滩草甸、宽谷河漫滩草甸、高原湖盆潮湿草甸。

西藏：日土（班公湖，高生所西藏队 3631；多玛区，高生所 3442、青藏队 76－9072）。生于海拔 4 100～5 200 m 的高原湖边高寒草甸、温泉边湿润草地、宽谷滩地高寒沼泽草甸。

青海：曲麻莱（曲麻河，黄荣福 031）、称多（清水河乡，陈桂琛 1872）、玛多（黑海乡南果滩，吴玉虎 788；巴颜喀拉山北坡，陈桂琛 1965；黑河乡，陈桂琛 1801）、玛沁（大武乡，H. B. G. 574；昌马河，陈桂琛等 1718；东科河，H. B. G. 780）。生于海拔 3 800～4 500 m 的河漫滩、河谷高山草甸、潮湿草甸、沼泽草甸、沼泽湿地。

分布于我国的新疆、青海、西藏、四川；在北美洲北部，欧洲北部，中亚地区各国，俄罗斯西伯利亚，蒙古也有。

2. 小薹草　图版 48：3～4

Carex parva Nees in Wight Contr. Bot. Ind. 120. 1834；Kük. in Engl. Pflanzenr. Heft 38（4. 20）：110. 1909；青海植物志 4：213. 图版 31：16～17. 1999；中国植物志 12：454. 图版 93：1～6. 2000；青藏高原维管植物及其生态地理分布 1183. 2008.

多年生草本。根状茎延长横走。秆直立，高 20～40 cm，细瘦，扁三棱形，粗约 1 mm，光滑，基部具栗色或褐色无叶片的枯叶鞘。新叶在秆下部的无叶片，向上仅有 1～2枚叶具叶片，叶片短，矮于秆，平展，宽约 1 mm。小穗 1 枚，顶生，成熟前长圆形，长 1.0～1.5 cm，略扁，使花常于两侧排列，成熟时常呈宽卵形；小穗雄雌顺序，雄花较多，雌花较少，常 4～5 枚。雄花鳞片披针形或狭披针形，长 6～7 mm，栗褐色，膜质，成熟时脱落，仅显细长而白的花丝；雌花鳞片长圆状披针形，长 6～7 mm，栗色，先端渐尖，基部鳞片常具短芒，常脱落。果囊初期直立，成熟时外倾，直至水平开展，菱状披针形，长约 1 cm，厚纸质，具多条细脉，有光泽，先端长渐尖，有细长的喙，喙口斜截形。小坚果圆柱形，有 3 棱，长 3～4 mm，基部有柄；延伸小穗轴柔软，扁平，不伸出果囊外；柱头 3 枚。　果期 7～8 月。

产青海：玛多（黑河乡，陈桂琛 1774）、玛沁（下大武乡，玛沁队 494）、久治（索乎日麻乡，果洛队 358）。生于海拔 3 900～4 100 m 的沟谷河滩高寒沼泽草甸、高原宽谷滩地沼泽湿地。

分布于我国的青海、甘肃、陕西、西藏、云南。又见于天山地区至喜马拉雅山区。

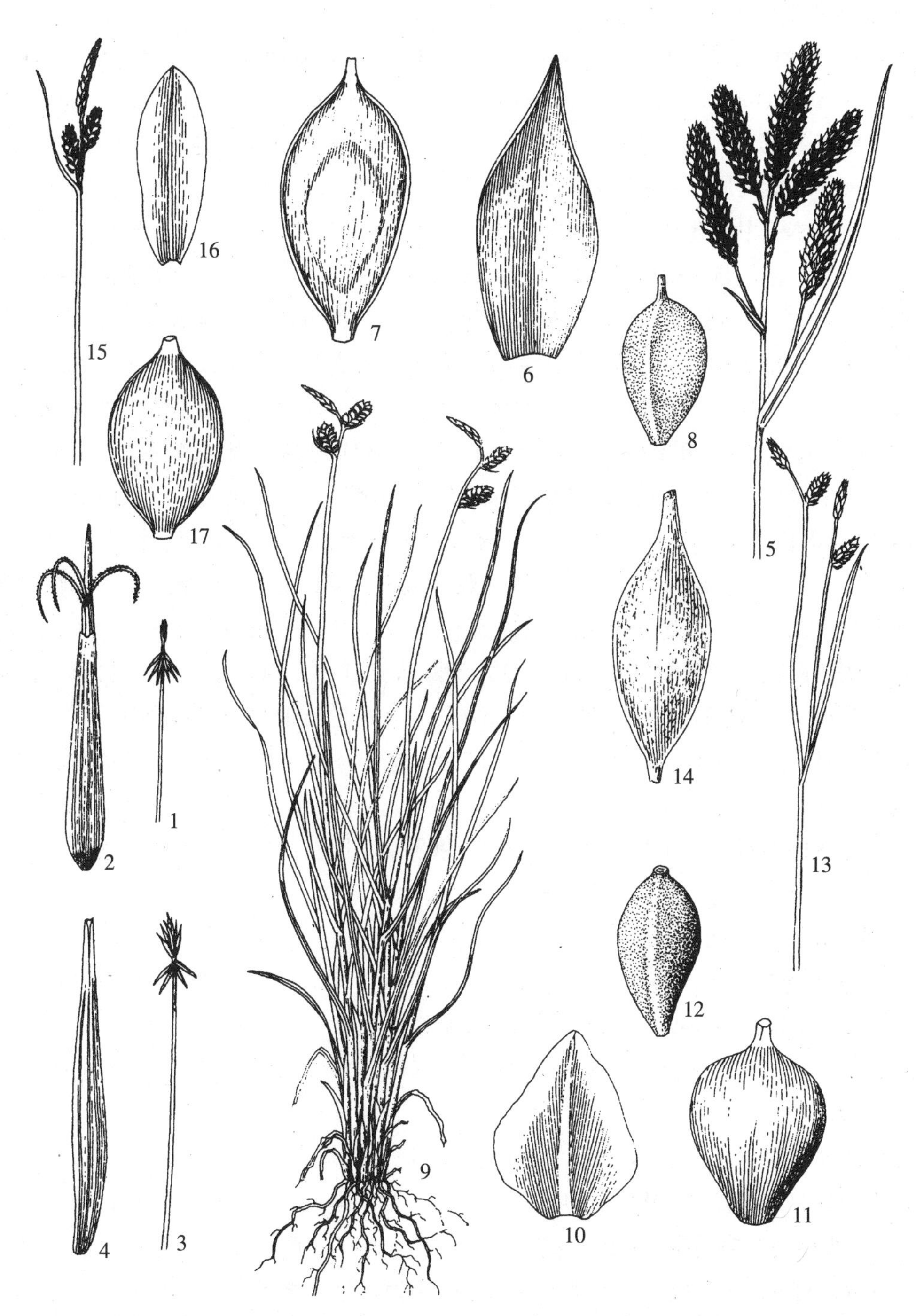

图版 **48** 尖苞薹草 **Carex microglochin** Wahlenb. 1. 花序；2. 果囊。小薹草 **C. parva** Nees 3. 花序；4. 果囊。 甘肃薹草 **C. kansuensis** Nelmes 5. 花序；6. 雌花鳞片；7. 果囊；8. 小坚果。干生薹草 **C. aridula** V. I. Krecz. 9 植株；10. 雌花鳞片；11. 果囊；12. 小坚果。粗糙囊薹草 **C. asperifructus** Kük. 13. 花序；14. 果囊。箭叶薹草 **C. ensifolia** Turcz. ex Bess . 15. 花序；16. 雌花鳞片；17. 果囊。
（1～8，13～17. 引自《青海植物志》，王金凤绘；9～12. 引自《中国植物志》，李爱莉绘）

3. 帕米尔薹草 图版49：1～3

Carex pamirensis C. B. Clarke ex B. Fedtsch. in Journ. Bot. éd. Sect. Bot. Soc. Nat. St.-Pétersb. 1：19. 1906；Egorova in Grub. Pl. Asiae Centr. 3：85. 1967；新疆植物志 6：421. 图版 156：6～9. 1996；中国植物志 12：359. 图版 74：8～11. 2000；青藏高原维管植物及其生态地理分布 1183. 2008.

多年生草本。根状茎和匍匐枝粗壮。秆粗而坚挺，高 60～80 cm，三棱形，下部平滑，上部粗糙，基部具棕褐色的叶鞘。叶长于或近等长于秆，扁平，叶下部常对折，宽约 6 mm，脉间具小横脉，下部的横脉凸起而明显，边缘和背部中脉粗糙。苞片叶状，长于花序，无苞鞘。小穗 3～5 枚，上部 1～3 枚为雄小穗，棍棒状或柱形，长 1.5～4.0 cm，顶端小穗最长，有柄，侧生的无柄，其余小穗为雌小穗；雌小穗排列稀疏，圆柱状，长约 4.5 mm，粗约 1 cm，最基部的小穗具短柄。雌花鳞片披针形，长 4～5 mm，栗褐色带紫色，膜质，先端急尖或钝，中脉色较淡。果囊卵状长圆形，长约 5 mm，淡栗褐色或黄绿色（西藏），长于或稍等长于鳞片，膨胀，使 3 棱不明显，膜质，有光泽，具不明显脉，基部圆形，先端收缩成细筒状的喙，喙长约 1 mm，喙口微缺。小坚果（未成熟）椭圆形；花柱长而弯曲，柱头 3 枚。 花期 7 月。

产新疆：阿克陶（布伦口乡恰克拉克，青藏队吴玉虎 97605）、塔什库尔干（县城郊区，高生所西藏队 3299）。生于海拔 3 100～3 400 m 的滩地沼泽草甸水中。

西藏：日土（过巴沟，高生所西藏队 3555）。生于海拔 3 400～4 350 m 的沟底、沼泽草甸中。

分布于我国的新疆、甘肃、西藏、四川；俄罗斯，阿富汗，哈萨克斯坦也有。

4. 准噶尔薹草 图版 50：1～2

Carex songarica Kar. et Kir. in Bull. Soc. Nat. Mosc. 15：525. 1842；Egorova in Grub. Pl. Asiae Centr. 3：89. 1967；新疆植物志 6：417. 图版 155：7～8. 1996；中国植物志 12：370. 图版 77：5～8. 2000；青藏高原维管植物及其生态地理分布 1186. 2008.

多年生丛生草本。根状茎木质，长而粗壮。秆直立，高约 50 cm，三棱形，平滑，仅花序下粗糙，基部包以棕褐色无叶片的老叶鞘，常破裂成丝状。叶短于秆，扁平，宽约 3 mm，纵脉间有横隔膜，边缘粗糙。苞片叶状，长于花序，一般无苞鞘，仅下部的苞叶具短鞘。小穗 3～4 枚，上部的 1～2 枚小穗为雄性，彼此靠近，棒状，长 1.5～2.0 cm，顶部的雄小穗较大，全无柄，其余为雌小穗；雌小穗长圆形，长 1.5～2.0 cm，密生多数花，基部较稀疏，具短柄。雌花鳞片宽卵形或卵状长圆形，长 3～4 mm，栗褐色，中脉褐色，先端短渐尖，边缘被白色膜质。果囊卵圆形或卵形，长 3～4 mm，稍长于或等于鳞片，革质，黄褐色，具多条细脉，成熟后斜展，先端急缩成短喙，喙长约 1 mm，喙口具明显的 2 齿。柱头 3 枚。 果期 8 月。

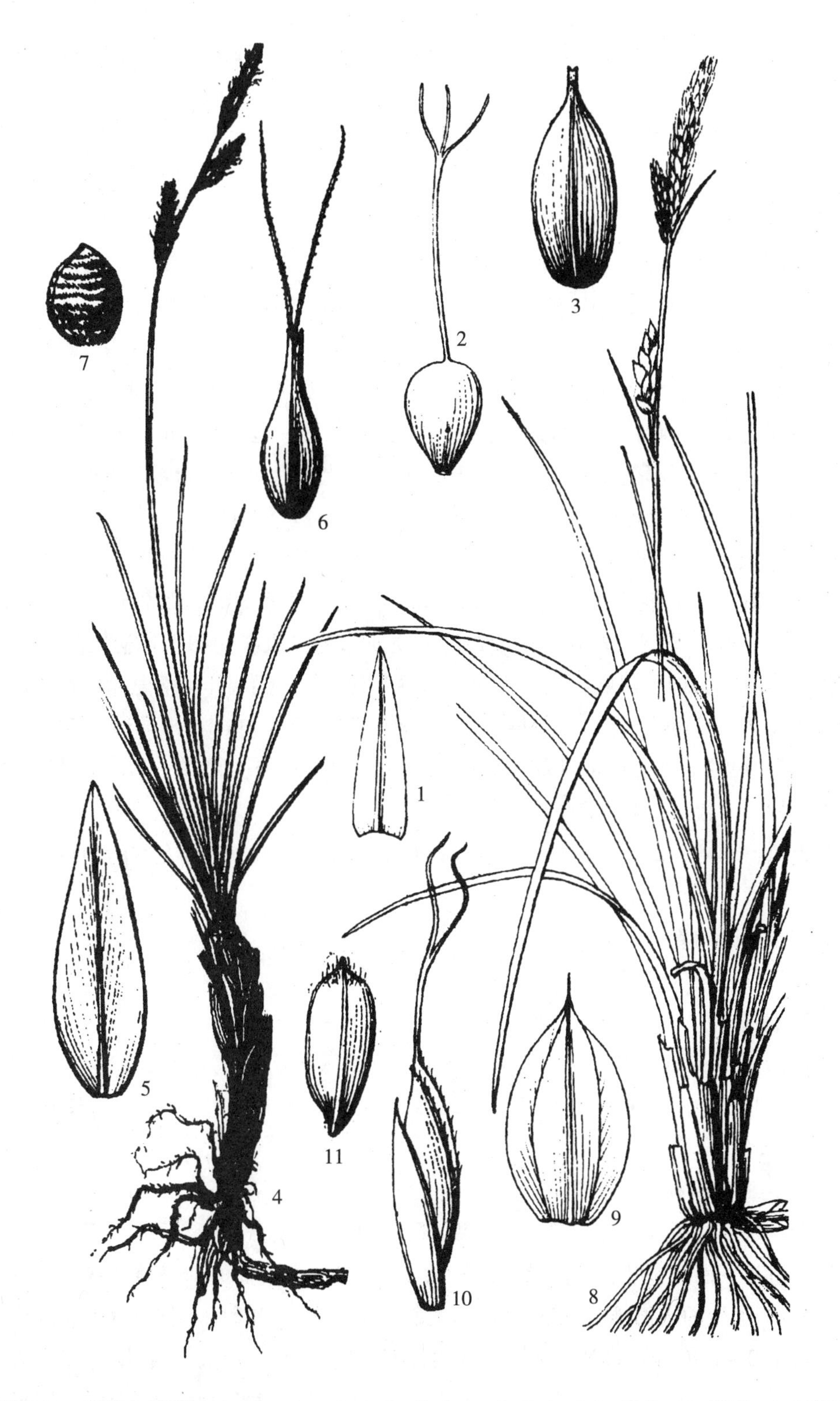

图版 **49** 帕米尔薹草 **Carex pamirensis** C. B. Clarke ex B. Fedtsch. 1. 鳞片；2. 果囊；3.小坚果。昆仑薹草 **C. kunlunshanensis** N. R. Cui 4. 植株；5. 鳞片；6. 果囊；7.小坚果。刺苞薹草 **C. alexeenkoana** Litv. 8. 植株；9. 鳞片；10. 雌小花；11. 果囊。（引自《新疆植物志》，谭丽霞绘）

产新疆：叶城（苏克皮亚，青藏队吴玉虎 1075）。生于海拔 3 200 m 左右的沟谷山坡草地。

分布于我国的新疆；印度，伊朗，阿富汗，俄罗斯，蒙古也有。

5. 泽库薹草

Carex zekuensis Y. C. Yang in Acta Phytotax. Sin. 18 (3)：363. f. 1. 1980；青海植物志 4：219. 1999；中国植物志 12：272. 2000；青藏高原维管植物及其生态地理分布 1188. 2008.

多年生草本。根状茎细长，有匍匐茎。秆直立，高 15～30 cm，细瘦，钝三棱形，平滑，基部具枯褐色叶，枯鞘带紫色。叶短于秆，扁平，宽约 2 mm，表面粗糙。苞片叶状，短于花序，下部苞片的叶鞘长达 1.5 cm，其上苞片为极短叶状，有较短的叶鞘。小穗 4～5 枚，排列稀疏，上部的 1 或 2 枚为雄小穗，细棍状，长约 1.5 cm，宽约 2 mm，淡栗色，顶生的小穗具柄，侧生雄小穗小，无柄，其余的为雌小穗；雌小穗长圆形，长达 1.5 cm，花少而稀疏，宽约 5 mm，均具细柄。雌花鳞片卵形或卵状披针形，长 4～5 mm，栗色，先端渐尖，具白色膜质边缘。果囊倒卵形或椭圆形，钝三棱形，长 5～6 mm，向外斜展，长于鳞片，革质，有光泽，无毛，顶端急缩成长喙，喙呈细管状，长达 2.5 mm，喙口 2 深裂，裂片边带白色膜质，基部楔形或宽楔形，着生在“之”字形的穗轴上。小坚果倒卵形或椭圆形、钝三棱形，长约 2.5 mm，紧紧地为果囊所包围；柱头 3 枚。 花果期 6～8 月。

产青海：玛沁（军功乡，H. B. G. 206）。生于海拔 3 340 m 左右的沟谷山坡林缘灌丛草地。

分布于我国的青海。

6. 绿穗薹草

Carex chlorostachys Stev. in Mém. Soc. Nat. Moscou 4：68. 1813；青海植物志 4：219. 1999；中国植物志 12：258. 2000；青藏高原维管植物及其生态地理分布 1174. 2008.

多年生细软草本。根状茎短，密丛生。秆高（8）10～30 cm，细而稍瘦，钝三棱形，平滑，基部具栗褐色老叶鞘。叶多数，短于秆，宽 2～3 mm，平展，平滑或至顶端微粗糙。苞片下面的呈叶状，具鞘，鞘长 1.2～2.0 cm，上面的渐呈鳞片状，无鞘。小穗 3～6 枚，顶生的小穗雄性，狭长圆形，长 7～10 mm；侧生的小穗雌性，长圆形或圆柱形，长 1.2～1.8 cm，排列疏离，具细弱长柄，使小穗常下垂。雌花鳞片倒卵形或卵状长圆形，长 2.0～2.5 mm，麦秆黄色或淡褐黄色，先端钝圆，膜质。果囊椭圆形或梭形、钝三棱形，长约 3 mm，略长于鳞片，膜质，成熟时棕褐色，具光泽，无脉，先端急缩成短喙，喙口斜截形，白色膜质，基部骤缩成短柄，平滑。小坚果宽倒卵形，具 3

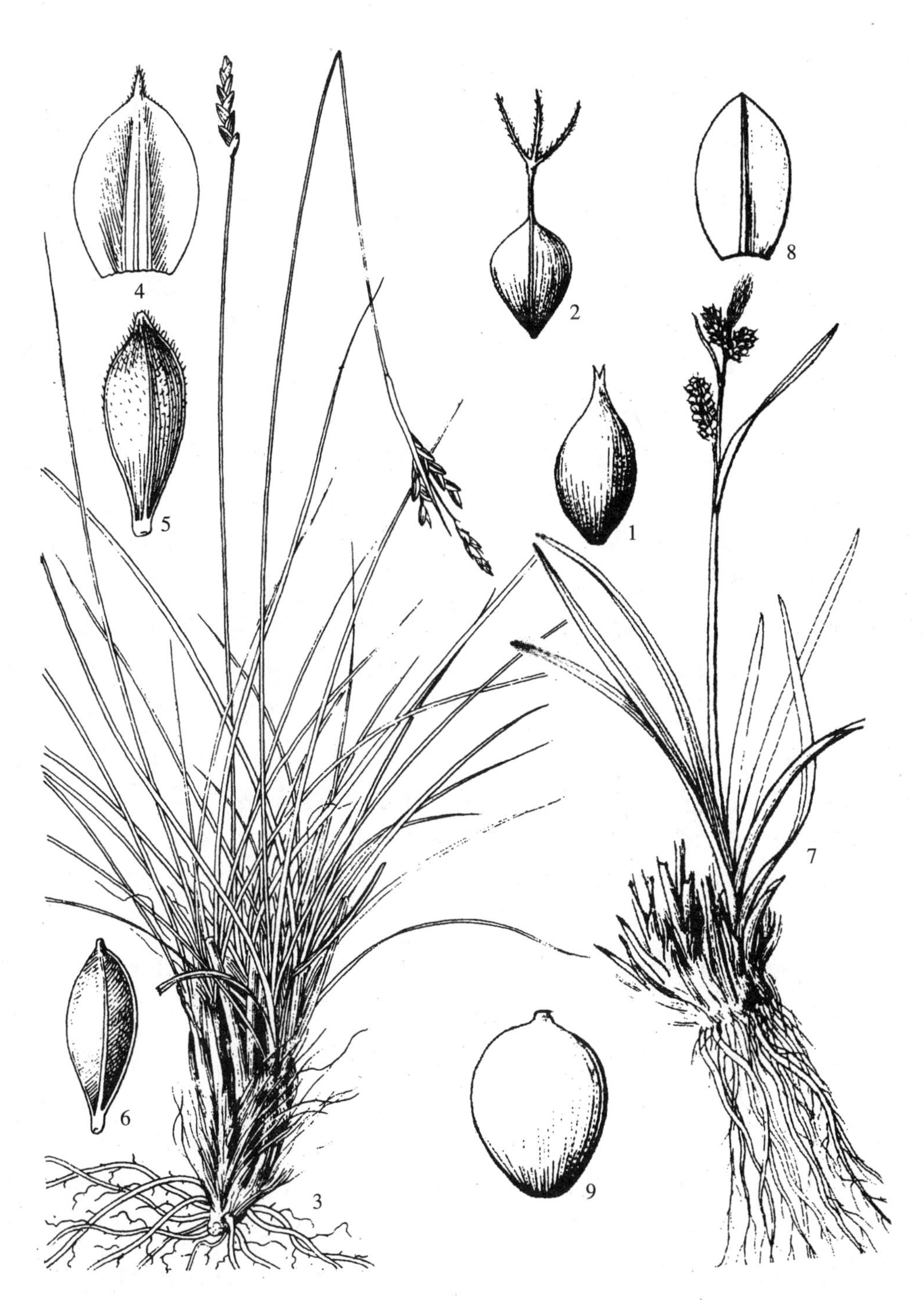

图版 **50** 准噶尔薹草 **Carex songarica** Kar. et Kir. 1. 果囊；2. 小坚果。密生薹草 **C. crebra** V. I. Krecz. 3. 植株；4. 鳞片；5. 果囊；6. 小坚果。圆囊薹草 **C. orbicularis** Boott 7. 植株；8. 鳞片；9. 果囊。（1～2，7～9. 引自《新疆植物志》，谭丽霞绘；3～6. 引自《青海植物志》，冀朝祯绘）

棱，长约 1.5 mm，疏松地被果囊所包围，褐色，无柄；柱头 3 枚。 花果期 6～7 月。

产青海：玛沁（尕柯河，玛沁队 115）。生于海拔 3 300 m 左右的高原河滩草甸。

分布于我国的新疆、青海、甘肃、西藏、四川、内蒙古、河北、山西；朝鲜，日本，俄罗斯，中亚地区各国也有。

7. 喜马拉雅薹草

Carex nivalis Boott in Journ. Linn. Soc. Bot. 20：136. 1846；西藏植物志 5：421. 1987；中国植物志 12：233. 2000；青藏高原维管植物及其生态地理分布 1182. 2008.

多年生丛生草本。根状茎短，木质，具稍肉质细长的土褐色根。秆直立，高 30～50 cm，三棱形，棱上粗糙；秆上具叶，基部具栗褐色或褐色残存枯叶。叶短于秆，扁平，宽 3～6 mm，基部常对折，先端长尾尖，边缘粗糙。下部苞片呈长芒状或短叶状，短于包被的小穗，先端尾尖，具长鞘；上部苞片呈鳞片状。小穗 3～5 枚，近等高，圆柱形或棒状，长 2～5 cm，暗栗色，顶生的 1～2 枚小穗雌雄顺序，基部雄花少数，无柄，其余小穗为雌性；雌小穗具细柄，仅最下部的 1 枚小穗柄最长且疏离，花序下垂。雌花鳞片长圆状披针形或长圆形，长 4～5 mm，黑栗色带紫色，中脉褐色并从鳞片顶部伸出成芒尖。果囊长圆状椭圆形或倒卵状长圆形，极压扁，长 5.0～5.5 mm，明显长于鳞片，膜质，表面平滑，无脉，上部紫褐色，下部白色，先端短缩成极短的针管状小喙，喙口膜质，斜截形，具不明显 2 齿。小坚果疏松地被果囊所包围，长圆形或狭椭圆形，长约 1.5 mm，基部具长柄，柄长约 1 mm；柱头 3 枚。 花果期 7～8 月。

产新疆：塔什库尔干（克克吐鲁克，青藏队吴玉虎 870522；红其拉甫，青藏队吴玉虎4921）、叶城（乔戈里冰川，黄荣福 C. G. 86－181）。生于海拔 4 500～4 800 m 的高山流石滩稀疏植被带、宽谷河滩湿地和沼泽。

分布于我国的新疆、西藏、云南、四川；印度东北部，尼泊尔，克什米尔地区，阿富汗也有。

本种有很大的变异。在同一号标本中，出现了两种植物。其中一株植株的根形、根状茎形、叶形、秆形和基部残存枯叶鞘都似喜马拉雅薹草 *Carex nivalis* Boott，但其花序长度，苞鞘长度，果囊形状、脉纹、质地等又与之不尽相同，而很像 *Carex cinnamomea* Boott。C. B. Clarke 在 Hooker 主编的《印度植物志 薹草属》中，将上述两种合并为 *C. nivalis* Boott。显然这种植物变异很大，如标本充足，今后对上述 2 种以及相关的另 2 个近缘种扁囊薹草 *C. coriophora* Fisch. et C. A. Mey. 和格里薹草 *C. griffithii* Boott 2 种都有进一步研究的必要。

8. 扁囊薹草 图版 51：1～2

Carex coriophora Fisch. et C. A. Mey. ex Kunth Enum. Pl. 2：463. 1847；青

图版 **51** 扁囊薹草 **Carex coriophora** Fisch. et C. A. Mey. ex Kunth 1. 小穗；2. 果囊。糙喙薹草 **C. scabrirostris** Kük. 3. 花序；4.雌花鳞片；5.果囊；6. 小坚果。红嘴薹草 **C. haematostoma** Nees 7. 花序；8. 雌花鳞片；9. 果囊；10. 小坚果。红棕薹草 **C. przewalskii** Egorova 11. 植株；12. 雌花鳞片；13. 果囊；14. 小坚果。（引自《青海植物志》，王金风绘）

海植物志 4：227. 1999；中国植物志 12：229. 图版 45：8～11. 2000；青藏高原维管植物及其生态地理分布 1175. 2008.

多年生丛生草本。根状茎短，木质，具匍匐茎。秆直立，高 30～50 cm，平滑，具 3 棱，基部具栗褐色老叶鞘，有的撕裂成纤维状。叶明显短于秆，扁平，宽 3～5 mm，淡绿色，先端渐尖，顶部边缘粗糙。苞片叶状，一般短于小穗，有的长于小穗，具长鞘。小穗 3～5 枚，先端 1～2 枚雄性，狭椭圆形或长圆形，长 1.0～1.5 cm；侧生的小穗雌性，椭圆形或卵状长圆形，长 1.5～2.0 cm，具细弱长柄，常使小穗弯下。雄花鳞片长圆状倒卵形，黑栗色带紫色，长 4～5 mm，先端有白色膜质边缘；雌花鳞片长圆状披针形，长 4.0～4.5 mm，栗紫色，中脉褐色，具窄的白色膜质边缘。果囊宽椭圆形，极压扁，呈扁三棱形，较长且宽于鳞片，褐色，具色淡的边缘，表面无毛无脉，先端急缩成短喙，喙区边缘疏生小刺，喙口白色膜质，具 2 微齿。小坚果疏松地被果囊所包围，椭圆形，长约 1.5 mm，基部具长柄；柱头 3 枚。 花果期 7～8 月。

产青海：兴海（中铁林场卓琼沟，吴玉虎 45697、45770；河卡山，郭本兆 6354、6357；温泉乡，刘海源 563）、称多（清水河乡，陈桂琛 1873）、玛多（巴颜喀拉山，陈桂琛 1977；多曲河畔，吴玉虎，采集号不详）、玛沁（大武乡兔子山，吴玉虎 18294；昌马河，陈桂琛 1725）、达日（德昂山，陈桂琛 1656）、久治（都哈尔玛，陈桂琛 1595）。生于海拔 3 200～3 900 m 的沟谷河滩草甸、山坡杂草地、溪流河边高寒草甸、河谷阶地高寒沼泽湿地、山地高寒灌丛草甸。

甘肃：玛曲（黄河南岸，王学高 151）。生于海拔 3 500 m 的高原宽谷滩地高寒沼泽草甸。

分布于我国的青海、甘肃、内蒙古、山西、河北、黑龙江；俄罗斯西伯利亚，蒙古也有。

9. 格里薹草

Carex griffithii Boott in Trans. Linn. Soc. London 20：138. 1846，et in Trans Linn. Soc. London 22（3）：138. 1851；Egrova in Grub. Pl. Asiae Ceutr. 3：79. 1967；新疆植物志 6：433. 1996；青海植物志 4：230. 1999；青藏高原维管植物及其生态地理分布 1178. 2008.

多年生疏丛生草本，灰绿色。根状茎长，斜升，具长的匍匐枝。秆直立，高 35～60 cm，钝三棱形，平滑，坚实，上部稍俯垂，基部具栗褐色的宿存枯叶，边缘有时撕裂。叶片扁平，宽 3～4（5）mm，短于秆，先端短渐尖，上部边缘微粗糙。上部的苞片鳞片状，下部的 2～3 枚苞片短叶状，长不超过小穗，具长的苞鞘。小穗 3～7 枚，疏生，最下部的 1 枚远离，几达秆的 1/3 处，顶生的 1～3 枚小穗雄性，长圆形或短圆柱形，褐色或淡栗褐色，长约 2 cm，其余的为雌性；雌小穗暗栗褐色，长椭圆形或圆柱形，长 2.5～3.0 cm，具纤细小穗轴，基部的小穗柄有的可长达 16 cm，小穗下垂。雌花鳞片狭披针形，长约 5 mm，先端渐尖，中脉淡褐色，有的芒尖伸出，明显比果囊狭。果囊倒卵状长圆形，膜质，上部栗褐色带紫色，下部色淡，长约 5 mm，与鳞片近等长或短于鳞片，压扁，无脉，先端急缩成短筒状喙，喙区边缘稍粗糙，喙口微凹，有的显白色膜质。小坚果椭圆形或长圆形，基部具长柄。　花果期 6～7 月。

产青海：玛沁（拉加乡，玛沁队 232；军功乡，H. B. G. 264）、久治（希门错湖，果洛队 450；索乎日麻乡，果洛队 232）。生于海拔 3 300～4 000 m 的沟谷山坡、河谷阶地林下、灌丛草甸。

甘肃：玛曲（齐哈玛大桥，吴玉虎 31781）。

分布于我国的甘肃、新疆、青海；阿富汗，中亚地区各国也有。又见于喜马拉雅西北部。

10. 暗褐薹草　图版 52：1～4

Carex atrofusca Schkuhr Riedgr. 1：106. T. Y. fig. 82. 1801；青藏高原维管植物及其生态地理分布 1173. 2008.

10a. 暗褐薹草（原亚种）

subsp. **atrofusca**

本区不产。产于欧洲和美洲。

10b. 黑褐穗薹草（亚种）

subsp. **minor** (Boott) T. Koyama in Ohashi Fl. East. Himal. 3：122. 1975；西藏植物志 5：422. 图 243. 1987；青海植物志 4：227. 1999；中国植物志 12：231. 2000；青藏高原维管植物及其生态地理分布 1173. 2008.——*C. oxyleuca* V. Krecz. in Kom. Fl. URSS 3：284. t. 17：5. 1935；西藏植物志 5：424. 图 244. 1987.——*C. ustulata* Wahl. var. *minor* Boott Illustr. Carex 1：71. t. 197：1. 1858.

多年生草本，疏丛生。根状茎长而匍匐。秆直立或顶部稍下弯，高（5）10～70 cm，锐三棱形，平滑，基部具栗色或褐色老叶鞘，鞘先端或边缘稍撕裂。叶扁平，宽3～5 mm，长不足秆的一半，先端渐尖，边缘粗糙。苞片在花序上部的呈鳞片状，最下部的呈短叶状，长不超过小穗，具苞鞘。小穗 2～5 枚，顶生的 1～2 枚雄性，长圆形或卵形，长 0.8～1.5 cm；侧生的小穗雌性，卵形、卵状长圆形或椭圆形，长 1.6～2.0 cm，花密生，具纤细的小穗柄，柄长 1.0～2.5 cm，稍下垂。雌花鳞片长圆状披针形或披针形，长 4～5 mm，黑栗色，中脉色淡，先端渐尖，具狭的白色膜质边缘。果囊长圆形或椭圆形，长约 5 mm 或过之，扁三棱形，上部色深，暗紫红色，下部色淡，无脉，先端急缩成短喙，喙口为白色膜质的 2 齿。小坚果椭圆形，疏松地包于果囊中，长约 1 mm，基部具长柄。　花果期 5～8 月。

产新疆：叶城（柯克亚乡，青藏队吴玉虎 870889；阿克拉达坂，青藏队吴玉虎 1479）、和田（喀什塔什，青藏队吴玉虎 2545）、于田（阿什库勒湖，青藏队吴玉虎 3755）、若羌（祁漫塔格山北坡，青藏队吴玉虎 2657；冰河，青藏队吴玉虎 4230；阿尔金山保护区鸭子泉，青藏队吴玉虎 3959；巴什克勒河，青藏队吴玉虎 4172）。生于海拔 3 700～4 800 m 的沟谷山坡草甸、高原宽谷湖滩高山草甸、滩地高寒湿润草甸、溪流河边草甸。

西藏：尼玛（达果雪山，郎楷永 9615）、班戈（色哇区，郎楷永 9467、9565）。生于海拔 5 100～5 200 m 的高原山坡草甸、沟谷河滩高寒草地、溪流河边高寒草甸、水沟边草甸。

青海：兴海（中铁林场中铁沟，吴玉虎 45631；河卡山，郭本兆 6354、何廷农 121、吴珍兰 36）、玛多（多曲河，吴玉虎 491）、玛沁（尼卓玛雪山，H. B. G. 752、765；尕柯河，采集人和采集号不详；东科河，H. B. G. 781；雪山乡，H. B. G. 461；尼玛乡，黄荣福 C. G. 81－107；石隆乡，区划三组 036）、达日（吉迈乡，H. B. G. 1307）、久治（年保山希门错湖，果洛队 415）、治多（可可西里卓乃湖，黄荣福 12－423）、曲麻莱（叶格乡，黄荣福 126）、称多（扎麻乡，陈世龙 554；清水河乡，苟新京 83－1、83－87）。生于海拔 3 400～4 900 m 的河谷山坡草地、河谷滩地草甸、山顶砾石地、岩石缝隙和冰斗处的草甸、湿润草甸、灌丛草甸。

四川：石渠（菊母乡，吴玉虎 29198；红旗乡，吴玉虎 29447）。生于海拔 4 200～4 600 m 的沟谷山坡草甸、河谷阶地高寒草甸、山坡草甸。

分布于我国的新疆、青海、甘肃、西藏、四川、云南；尼泊尔，印度东北部也有。

11. 窄叶薹草

Carex montis-everestii Kük. in Kew Bull. 1934：261. 1934；Egorova in Grub. Pl. Asiae Centr. 3：81. 1967；西藏植物志 5：425. 1987；中国植物志 12：229. 2000；青藏高原维管植物及其生态地理分布 1181. 2008.

多年生丛生草本。根状茎斜升，木质，有匍匐枝。秆直立，钝三棱形，高 6～15 cm，纤细，粗不及 1 mm，平滑，基部具栗褐色、撕裂成纤维状的老叶鞘。叶短于秆，淡绿色，边缘内卷，宽不及 1 mm，边缘粗糙，先端略弯曲。下部苞片刚毛状，短于花序，边缘粗糙，基部具鞘；上部苞片鳞片状，与雌花鳞片同色。小穗 2～3 枚，排列较近，先端 1 枚雄性，长圆形，长 1.0～1.5 cm，具短柄；侧生的小穗雌性，长圆形或棒状长圆形或椭圆形，长 1～2 cm，密花，具纤细小穗轴，整个花序稍下垂。雌花鳞片卵状披针形，长 5～7 mm，栗紫红色，有光泽，中脉淡绿色或褐色，边缘具狭的白色膜质，先端有小尖头伸出或不明显。果囊宽椭圆形或倒卵状披针形，扁平，长 3.5～4.0 mm，短于鳞片，无脉；喙区栗紫色，微粗糙，下部麦秆黄色，平滑，先端具短喙，有明显 2 齿。小坚果椭圆形，长约 1 mm，疏松地包于果囊中，有短柄；柱头 3 枚。

花果期 6～8 月。

产西藏：日土（班公湖，高生所西藏队 3664）、尼玛（兰湖，青藏队郎楷永 9850）。生于海拔 4 300～4 900 m 的沟谷山坡高寒草原、高原山地流水线处。

分布于我国的西藏。

12. 昆仑薹草 图版 49：4～7

Carex kunlunshanensis N. R. Cui Fl. Xinjiang. 6：435 et 604. f. 434. 1996；青藏高原维管植物及其生态地理分布 1180. 2008.

多年生草本，具长而横行的根状茎。秆细而直立，高（3）7～16 cm，平滑无毛，基部被多数棕褐色枯萎的叶鞘。叶片对折成丝状，宽约 1 mm，平滑无毛，等长，稍长或稍短于秆。下部苞片叶状，短于花序，基部具褐色叶鞘。小穗通常 3 枚，少为 2～4 枚，稍离生，上部 1 枚为雄小穗，长 1.0～1.5 cm，宽约 3 mm，其余为雌性；雌小穗长圆形，长 0.8～1.5 cm，宽约 3 mm，无柄。雄花鳞片紫褐色，披针形，长 6～7 mm，具宽膜质边；雌花鳞片卵形，黑紫褐色，长 4～5 mm，顶端尖，边缘膜质，具 1 条棕褐色的中脉。果囊披针形，三棱状，长 3.5～4.0 mm，上部紫色，边缘稍粗糙，下部绿色，无脉，具 2 齿裂的长喙；柱头 3 枚。 花果期 5～6 月。

产新疆：若羌。生于海拔 4 150～4 300 m 的河谷山坡草甸、高原山地砂壤土或沙地草原。

模式标本产新疆若羌、东昆仑山库木库勒盆地的卡尔洞和阿其克湖东岸，现存新疆师范大学。同号模式标本存新疆农业大学和中国科学院新疆生物土壤沙漠研究所标本室。

本种需要说明的问题如下：

（1）初时所拟拉丁文种名“*Carex kunlunsannsis* N. R. Cui”中，词干“*kunlunshan*”应加后缀“*ensis*”，连接起来是“*kunlunshanensis*”，原种名中少 1 个辅音字母“*h*”和 1 个元音字母“*e*”，应予以更正。

（2）该种文字描述中缺少小坚果的叙述，而该种图中绘有小坚果。小坚果绘似卵圆形，表面有波状横纹，基部近截形无柄，先端急尖，果形非常特殊。因此需进一步加以研究。

13. 细果薹草 图版 52：1～4

Carex stenocarpa Turcz. ex V. I. Krecz. in Kom. Fl. URSS 3：291. t. 18：2. 1935；Egorova in Grub. Pl. Asiae Centr. 3：81. 1967；新疆植物志 6：436. 图版 160：5～8. 1996；中国植物志 12：248. 图版 47：9～12. 2000；青藏高原维管植物及其生态地理分布 1187. 2008.

多年生草本。根状茎短，木质，无匍匐枝。秆直立，高 20～50 cm，钝三棱形，细

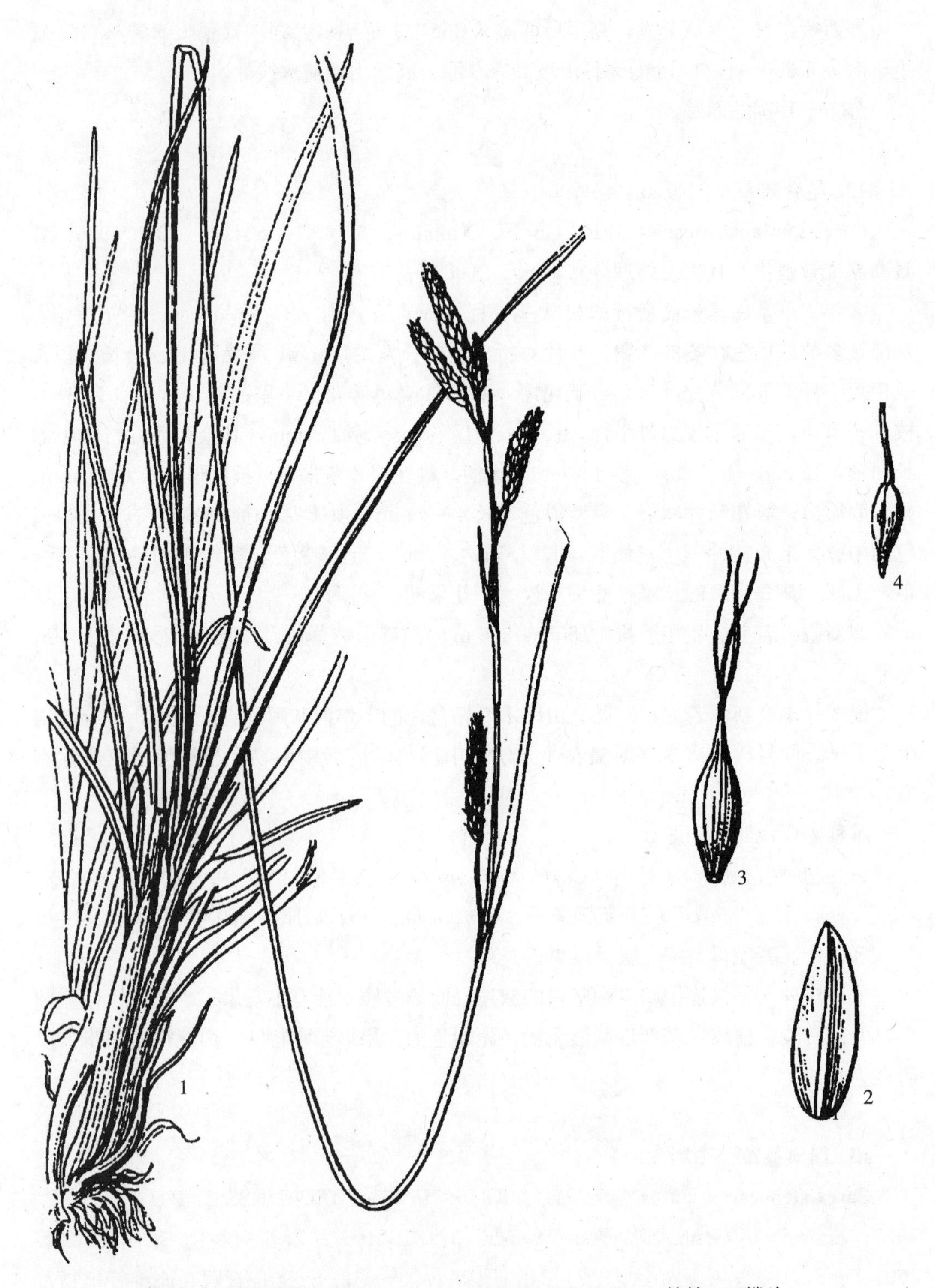

图版 **52** 细果薹草 **Cares stenocarpa** Turcz. ex V. I. Krecz. 1. 植株；2. 鳞片；3. 果囊；4. 小坚果。（引自《新疆植物志》，谭丽霞绘）

弱，顶端稍下垂，平滑，基部有土褐色的老叶。一般叶鞘完整，有的叶鞘边缘撕裂成纤维状；叶短于秆，扁平，宽5～6 mm，淡绿色，边缘粗糙，先端有尾尖。苞片叶状，短于花序，具1～2 cm的鞘。小穗3～5枚，顶生的1～2枚小穗雄性，排列密，无柄，长圆形或狭椭圆形，长约1.5 cm，其余的为雌性，排列稀疏；雌小穗卵状长圆形或长圆形，长1～2 cm，一般均具小穗柄，尤以基部的最长，可达5 cm。雌花鳞片卵形或卵状长圆形，长4～5 mm，暗栗色，中脉稍突起，褐色，上半部稍粗糙，鳞片先端钝，边缘有白色膜质。果囊稍长于鳞片，披针形，三棱形，长达6 mm，下半部褐色，上半部栗紫色，基部收缩成短柄，上部渐狭成长喙，棱上具短刺毛，喙口显2齿。小坚果长圆形，有3棱，长2～3 mm；柱头3枚。　花果期6～8月。

产新疆：乌恰（吉根乡，采集人不详73-187）、阿克陶（阿克塔什，青藏队吴玉虎870151、870750；恰尔隆乡，青藏队吴玉虎5011）、塔什库尔干（麻扎，青藏队吴玉虎870334；红其拉甫，青藏队吴玉虎4870；克克吐鲁克，高生所西藏队3272）、叶城（柯克亚乡，青藏队吴玉虎870806）、和田（喀什塔什，青藏队吴玉虎2022、2548）。生于海拔3 500～4 600 m的沟谷山坡草地、河谷阶地高寒草甸、河谷山地林下及沼泽处。

分布于我国的新疆；俄罗斯也有。

14. 糙喙薹草　图版51：3～6

Carex scabrirostris Kük. in Engl. Bot. Jahrb. 36：Beibl. n. 82. 9. 1905；西藏植物志5：420. 图242. 1987；青海植物志4：229. 图版33：9～12. 1999；中国植物志12：249. 图版47：13～15. 2000；青藏高原维管植物及其生态地理分布1185. 2008.

多年生丛生草本。根状茎短，木质，倾斜向下，无匍匐枝。秆直立，顶端稍向下弯，高20～60 cm，三棱形，平滑，基部有褐色的老叶鞘，有的分裂成纤维状。叶短于秆，扁平，宽1～2 mm，边缘稍粗糙。苞片叶状，短于花序，具长鞘，鞘长1.5～3.0 cm。小穗3～5枚，上部1～2枚小穗雄性，紧密相靠，棍棒状，长1～2 cm，淡栗褐色，密花，仅顶端小穗有短柄；下部小穗雌性，排列稀疏，长圆形或圆柱形，长1.5～2.0 cm，有纤细的长柄，最下部小穗柄长4～6 cm，下垂。雌花鳞片椭圆形或卵状长圆形或宽披针形，长4～5 mm，栗褐色带紫色，先端渐尖，具白色膜质边缘，中脉1条，稍隆起，脉上粗糙。果囊狭披针形，长5～6 mm，明显长于鳞片，扁三棱形，膜质，无脉，上部急缩成长喙，喙长约2 mm，微向外弯，喙口白色膜质，2裂，棱上具糙毛。小坚果倒卵状长圆形，扁三棱形，长约3 mm，褐色；柱头3枚。　花果期6～8月。

产青海：兴海（河卡山，郭本兆6270）、玛多（花石峡，吴玉虎787）、玛沁（军功乡，H. B. G. 266）、治多（当江乡，采集人和采集号不详）、曲麻莱（东风乡，采集人和采集号不详）、称多（县城郊，吴玉虎29258）。生于海拔3 300～4 500 m的高原山顶高寒草甸、山地阴坡和沟谷中的高寒沼泽草甸、山地阴坡高寒灌丛草甸、河谷山地林下及草甸草原。

分布于我国的青海、甘肃、陕西、西藏、四川。

15. 葱岭薹草

Carex alajica Litv. in Trev. Mus. Bot. Acad. Soc. St.-Pétersb. 7：99. 1910；Egorova in Grub. Pl. Asiae Centr. 3：77. t. 5：1. 1967；新疆植物志 6：435. 1996；青藏高原维管植物及其生态地理分布 1171. 2008.

多年生丛生草本，淡褐绿色。根多数，密而细长。根状茎木质。秆三棱形，细软而微弯，高约 15 cm，粗约 1 mm，微粗糙。叶短于秆或近于等长，平展，宽 1.5～2.0 mm，边缘粗糙，先端渐尖，外围以土褐色或枯黄色的老叶片。苞片短叶状或芒状，短于花序，仅下部苞片具鞘。小穗 2～3（1）枚，秆上仅生 1 枚小穗时，上部多个雄花，下部少许雌花；秆上有 2～3 枚小穗时，顶部为雄小穗，侧生的为雌小穗。雄小穗长圆形，长 1.0～1.5 cm，穗下部有的也含少许雌花；侧生的雌小穗，全部为雌花，花少数离生，均具细长的柄。雄花鳞片披针形或长圆状披针形，长 4～5 mm，淡栗色，有白色膜质边缘；雌花鳞片卵状长圆形，栗褐色，长约 5 mm，先端急尖，边为白色膜质。果囊倒卵形或倒披针形，长约 5 mm，钝三棱形，表面被毛，无脉，先端突缩成较长而斜裂的喙，喙缘膜质。小坚果长圆形。

产新疆：乌恰（吉根乡，采集人不详 73-14）。生于 2 800～3 000 m 的沟谷山麓草地。

青海：兴海（河卡山，郭本兆 412、6346，何廷农 124）、玛多（花石峡，吴玉虎 787）、玛沁（军功乡，H. B. G. 266；拉加乡，玛沁队 234；雪山乡，黄荣福 C. G. 81-180；黑土山，吴玉虎 5772）、治多（当江乡，周立华 424）、曲麻莱（东风乡，刘尚武884）、称多（县城郊，吴玉虎 29258B）。生于海拔 3 300～4 500 m 的高原山顶高寒草甸、山地阴坡和沟谷中的高寒沼泽草甸、山地阴坡灌丛、河谷阶地草甸、山谷林下及草甸草原。

分布于我国的新疆、青海；中亚地区各国也有。

16. 红嘴薹草　图版 51：7～10

Carex haematostoma Nees in Wight Contrib. Bot. Ind. 125. 1834；西藏植物志 5：419. 1987；青海植物志 4：227. 图版 33：5～8. 1999；中国植物志 12：246. 2000；青藏高原维管植物及其生态地理分布 1178. 2008.

多年生丛生草本。根状茎短，木质。秆直立，高 20～70 cm，平滑，仅花序下粗糙，基部具栗色、分裂成纤维状的老叶鞘。叶短于秆，扁平或稍卷，宽 2～3 mm，边缘粗糙，先端渐尖，有的至末端几成丝状。苞片短叶状，短于花序，具短苞鞘。小穗 3～7 枚，上部小穗排列较密，下部排列较疏松；上部 2～3 枚雄性，顶生雄小穗棒状且较长，长 1.5～2.0 cm，其余雄小穗短小，无柄，其下的 3～4 枚为雌小穗；雌小穗圆柱形，长 1～2 cm，均具长短不等的穗柄，穗柄纤细，最下部的最长，长 1.5～3.0 cm，花在小穗上密生。雌花鳞片长圆形或卵状披针形，长约 3 mm，栗褐色，先端渐尖，边缘具白色膜质，背部中脉色淡，其上粗糙或被毛。果囊椭圆状长圆形，扁三棱形，长 4.0～4.5 mm，长于鳞片，膜质，被短硬毛，脉不明显，先端渐狭成喙，喙口呈 2 齿。小坚果倒卵状长圆形或长圆形，具 3 棱，长约 1.5 mm，基部具柄；柱头 3 枚。 花果期 7～8 月。

产青海：格尔木（采集地不详，科考队，采集号不详）、玛多（黑海乡，杜庆 511）、玛沁（军功乡，H. B. G. 214；东倾沟，区划三组 180）。生于海拔 3 300～4 800 m 的山坡林地、沟谷山地高寒灌丛草甸、河谷滩地低湿沙滩、河沟岩石中、高山流石滩小块草皮中。

甘肃：玛曲（欧拉乡，吴玉虎 32026）。生于海拔 3 500～4 800 m 的沟谷山坡草地、高原山顶高寒草甸、山地阴坡高寒灌丛草甸。

分布于我国的青海、甘肃、西藏、四川、云南；尼泊尔也有。

在本区的称多和曲麻莱县，发现有 2 份相似于本植物的标本，其区别为：小穗小，无柄；雌花鳞片的中脉两侧粗糙；果囊无脉，先端渐狭成中等长的喙。因标本较少，不知是否有变异，故暂放此种下。

17. 和硕薹草

Carex heshuonensis S. Y. Liang Fl. Reipubl. Popul. Sin. 12：249，et 525. t. 48：1～4. 2000；青藏高原维管植物及其生态地理分布 1178. 2008.

多年生丛生草本，黄绿色。根状茎短，木质。秆直立，高 40～50 cm，钝三棱形，平滑，基部具棕栗色的枯老叶鞘，有的老叶鞘撕裂成纤维状。叶扁平或对折，明显短于秆，宽 2～4 mm，边缘粗糙，先端长渐尖。苞片短叶状，短于花序，具短鞘。小穗 3～4 枚，顶生 1～2 枚雄性，雄小穗圆柱形，长约 2 cm，排列紧密，无柄，其余为雌小穗；雌小穗疏生，长圆形，长约 1.5 cm，无柄或具短柄。雌花鳞片卵状长圆形，长约 5 mm，栗褐色，先端急尖，具较宽的白色膜质边缘，中脉褐色，稍隆起。果囊倒披针形或长圆形，扁三棱形，上部淡栗褐色，下部褐色，长 5.5～9.0 mm，上部粗糙，边缘有小刺毛，膜质，背面具脉，腹面无脉，先端急缩成喙，基部渐狭窄，成熟时易脱落。小坚果倒披针状长圆形或长圆形，长约 4 mm，扁三棱形，褐色，幼时具柄，成熟时近无柄；柱头 3 枚。 果期 8 月。

产新疆：若羌（茫崖至若羌途中，青藏队吴玉虎 2788）。生于海拔 3 000～3 600 m 的沟谷山坡草地。

分布于我国的新疆。

我们的标本与和硕薹草的原描述略有不同：①花序顶部的雄小穗数目较少；②雌小

穗柄较短；③生境不同。从形态上比较，我们的标本与模式图近似，因此定为本种。

18. 刺苞薹草 图版49：8～11

Carex alexeenkoana Litv. in Trav. Mus. Bot. Acad. Sci. St.-Pétersb. 7：98. 1910；Egorova in Grub. Pl. Asiae Centr. 3：77. 图版 6：3. 1967；新疆植物志 6：425. 1996；青藏高原维管植物及其生态地理分布 1172. 2008.

多年生丛生草本，淡绿色。根多数，黑栗色。根状茎木质，近水平横走。秆直立，钝三棱形，高 30～50 cm，粗 1.5～2.0 mm，平滑，基部有土褐色老叶鞘。叶扁平，短于秆或与秆近等长，宽 2～3 mm，先端渐尖或有丝状叶尖，叶尖常弯曲。苞片叶状或芒状，短于花序，仅下部具 1.5 cm 或稍短的鞘。小穗 3～5 枚，上部 1～3 枚为雄小穗，彼此靠近，其余的为雌小穗，尤以基部的雌小穗远离；雄小穗圆柱形或长圆形，长 1.5～3.0 cm，紫褐色，顶生的有柄，相邻的无柄且小；雌小穗长圆形或圆柱形，长 1～3 cm，上部的近于无柄，基部的有柄，有的伸出苞鞘，有的隐藏于苞鞘内。雌花鳞片紫褐色，卵状长圆形，长 4.0～4.5 mm，先端急尖，边缘为白色膜质，中脉隆起，常伸出成小尖头。果囊椭圆形或倒披针形，长 5～6 mm，扁三棱形，膜质，具脉，先端和边缘被毛，先端急缩成短喙，喙口小，微有裂。小坚果长圆形，有 3 棱，栗褐色，长约 4 mm，基部具短柄。 花果期 6～8 月。

产新疆：乌恰（吉根乡斯木哈纳，青藏队吴玉虎 870036）、阿克陶（阿克塔什，青藏队吴玉虎 5068、870203；恰尔隆乡，青藏队吴玉虎 4652）、塔什库尔干（卡拉其古，青藏队吴玉虎 870547；麻扎，高生所西藏队 3114、3242）、叶城（苏克皮亚，青藏队吴玉虎 1025、1037、871025、871026、871040）、皮山（垴阿巴提乡，青藏队吴玉虎 2407；垴阿巴提乡布琼，青藏队吴玉虎 2423；喀尔塔什，青藏队吴玉虎 3644）、于田（普鲁，青藏队吴玉虎 3795）。生于海拔 2 800～3 700 m 的沟谷山坡草地、山坡林间空地、河谷山地阴坡灌丛草地、溪流河边高寒沼泽草甸、山地高寒草甸、砾石山坡或岩石隙中。

分布于我国的新疆，中亚地区各国也有。

本种与 *Carex macrogyna* Turz. ex Steud. 的形态近似。根据我们所掌握的标本，本种雌小穗有的长圆形，有的圆柱形；最下部雌小穗的柄有的伸出苞鞘之外，有的隐藏于苞鞘内；果囊有的等长于鳞片，有的长于鳞片，全部具脉。从两种的分布区考察，本种一般分布于帕米尔高原、昆仑山以及中亚地区各国，而 *Carex macrogyna* Turcz. ex Steud. 分布于蒙古至天山一带。因此，暂定所描述的种为刺苞薹草 *Carex alexeenkoana* Litv.

19. 红棕薹草 图版 51：11～14

Carex przewalskii Egorova in Grub. Pl. Asiae Centr. 3：80. 1967；青海植物志

4：226. 图版 33：1～4. 1999；中国植物志 12：238. 2000；青藏高原维管植物及其生态地理分布 1184. 2008.——*C. haematostema* Nees var. *digyae* Kük. in Acta Horti Gothob. 5：45. 1929；中国高等植物图鉴 5：315. 图 7459. 1976.

多年生丛生草本。根状茎短，木质。秆直立，高 20～30 cm，钝三棱形，平滑，基部具栗褐色分裂成纤维状的老叶鞘。叶短于秆，扁平，宽 2～3 mm，边缘稍粗糙。基部苞片呈短叶状，短于花序，具鞘；上部苞片鳞片状，先端具芒尖，向顶端的无芒尖。小穗 4～7 枚，排列紧密，上部的 1～5 枚为雄小穗，圆柱形，长 1～2 cm，无柄或下部的有短柄，其余为雌小穗；雌小穗椭圆形或长圆形，长 1.5～2.0 cm，花密生，具柄，基部小穗的柄最长。雌花鳞片卵状披针形或卵状长圆形，栗紫色，长 3.5～4.0 mm，先端急尖，中脉褐色，边缘为白色膜质狭边。果囊椭圆形或卵状披针形，长约 5 mm，长于鳞片，扁三棱形，膜质，上部红棕色，粗糙，下部淡黄色，平滑，脉不明显，先端渐狭成喙，喙口微凹或具不明显 2 齿，白色膜质。小坚果椭圆形，长约 2 mm，疏松地被果囊所包围，扁三棱形，具长约 1 mm 的果柄；柱头 2 枚。　花果期 6～8 月。

产新疆：若羌（阿尔金山，刘海源 032）。生于海拔 3 600 m 左右的干旱山坡草地。

青海：兴海（河卡山，何廷农 195、河卡乡阿米瓦阳山，王作宾 20289；河卡乡加尔各，何廷农 154；温泉乡，采集人和采集号不详）、曲麻莱（叶格乡，黄荣福 117）、玛多（花石峡，吴玉虎 700；黑河乡，刘海源 746、748；玛多牧场，吴玉虎 260）、玛沁（尕柯河，玛沁队 141；军功乡，区划二组采集号不详；雪山乡，黄荣福 C. G. 81-160；优云乡，区划一组 092；大武乡江让，植被地理组 453）、达日（建设乡，H. B. G. 1123）。生于海拔 3 400～4 700 m 的山沟、沟谷河漫滩、阴坡或山顶、草甸化草原、灌丛草甸或湿沙地。

甘肃：玛曲（黄河边，陈桂琛 1071；大水军牧场，王学高 159）。生于海拔 3 500 m 的宽谷滩地高寒草甸、河岸沙丘草地。

分布于我国的新疆、青海、甘肃、四川、云南。

20. 点叶薹草　图版 53：1～4

Carex hancockiana Maxim. in Bull. Soc. Nat. Mosc. 54 (1)：66. 1879；Egorova in Grub. Pl. Asiae Centr. 3：65. 1967；新疆植物志 6：439. 图版 163：8～11. 1996；青海植物志 4：223. 1999；中国植物志 12：112. 图版 20：1～4. 2000；青藏高原维管植物及其生态地理分布 1178. 2008.

多年生草本，灰绿色。根状茎短，木质，具长的匍匐枝。秆直立，高 30～60 cm，三棱形，平滑，仅上部稍粗糙，基部具暗栗色或紫褐色的老叶鞘。叶短于秆或与秆近等长，扁平，宽 2～5 mm，边缘或背面中脉粗糙，背面密生小点。苞片叶状，明显长于花序，无苞鞘。小穗 4～5 枚，多下垂，一般密生或仅基部 1 枚小穗远离。顶生小穗雌雄顺序，长圆形，长 1.0～1.5 cm，多数为雌花，仅基部具少数雄花，有短柄；侧生小穗全为雌花，花多而密集，短圆柱形，长 1～2 cm，具丝状柄，尤以在基部的小穗柄最长。雌花鳞片卵状披针形或椭圆状披针形，深栗褐色带紫晕，长 2.0～2.5 mm，中脉略隆起，先端尖锐。果囊椭圆形或长圆形，膨胀，黄绿色，长约 3 mm，长于鳞片，具脉，先端急缩成短喙，喙口具不明显的 2 齿或为平截形。小坚果倒卵形，有 3 棱，长约 2 mm；柱头 3 枚。　花果期 7～8 月。

产青海：久治（龙卡湖，果洛队 550）、班玛（马柯河，王为义 27059）。生于海拔 3 200～3 900 m 的沟谷山坡林下或林间空地。

分布于我国的新疆、青海、甘肃、陕西、内蒙古、山西、河北、吉林；俄罗斯，蒙古，朝鲜也有。

21. 甘肃薹草　图版 48：5～8

Carex kansuensis Nelmes in Kew Bull. 1939：201. 1939；Egorova in Grub. Pl. Asiae Centr. 3：66. 1967；西藏植物志 5：425. 图 246. 1987；青海植物志 4：224. 图版 31：7～10. 1999；中国植物志 12：110. 图版 20：5～8. 2000；青藏高原维管植物及其生态地理分布 1179. 2008.

多年生草本。根状茎短，木质。秆直立，高 60～120 cm，粗壮，具 3 棱，平滑，基部具栗褐色的老叶鞘，老叶鞘内的叶鞘为紫栗色。叶明显短于秆，扁平，宽 3～4 mm，平滑，仅先端边缘粗糙，先端渐尖。最下部的苞片短叶状或长芒状，短于花序，无鞘，上部的苞片鳞片状。小穗 3～5 枚，圆柱状长圆形，长 2.0～3.5 cm，黑栗色，彼此靠近，下垂，具纤细的小穗柄，最下面的小穗柄最长。顶部小穗雌雄顺序，侧生小穗雌性，有时在雌小穗的基部还有少数雄花，花密生。雌花鳞片椭圆状披针形，长 3.5～4.5 mm，先端渐尖，边缘具狭的白色膜质。果囊椭圆状长圆形，成熟时麦秆黄色，与鳞片近等长，压扁，有时上部带黄褐色或紫红色斑点，脉不明显，先端急缩成短喙，喙口边缘白色，具 2 小齿。小坚果长圆形或倒卵状长圆形，长约 2 mm，有 3 棱，疏松地被果囊所包围；柱头 3 枚。　花果期 6～9 月。

产青海：兴海（河卡山，吴珍兰 139）、称多（歇武乡，杨永昌 713）、玛沁（大武，H. B. G. 551；军功乡，区划二组 051；东倾沟，区划三组 190）、久治（索乎日麻乡，高生所藏药队 469；希门错湖，高生所果洛队 455；龙卡湖，高生所藏药队 715）、班玛（马柯河，王为义 26785）。生于海拔 3 200～4 500 m 的高原山谷高寒草甸、山地阴坡高寒草地、宽谷河漫滩草甸、河谷阶地上的高寒灌丛草甸和草甸。

四川：石渠（长沙贡玛乡，吴玉虎 29701）。生于海拔 4 200 m 左右的沟谷河滩高寒草甸、山地阴坡高寒灌丛草甸。

分布于我国的青海、甘肃、陕西、西藏、四川、云南。

滩等草原草甸、山地高寒灌丛草甸、沼泽草甸、高寒干草原、湖滨沙丘。

四川：石渠（红旗乡，吴玉虎 29517；长沙贡玛乡，吴玉虎 29589）。生于海拔 3 500～4 200 m 的高原宽谷河滩沙砾地、沟谷滩地沙丘、滩地高寒沼泽草甸。

甘肃：玛曲（黄河南面，陈桂琛 1065、王学高 147）。生于海拔 3 200～3 600 m 的宽谷滩地高寒沼泽草甸。

分布于我国的新疆、青海、西藏、四川；印度东北部也有。

26. 唐古拉薹草

Carex tangulashanensis Y. C. Yang in Acta Phytotax. Sin. 18 (3)：362～363. fig. 2. 1980；青海植物志 4：218. 1999；中国植物志 12：127. 2000.

多年生疏丛生草本。根状茎细而长，近水平伸展。秆极矮小，花序隐藏于叶丛中，株高约 1 cm，基部有少数枯叶包围。叶较长于秆，扁平或对折，宽 1～2 mm，坚硬，先端尖，边缘粗糙。苞片短叶状，短于花序。小穗 2～3 枚，顶生小穗为雄小穗，狭长圆形，长 5～6 mm，褐色，具细长的柄，柄长达 1 cm，先端常弧曲，与雌小穗远离；雌小穗常 2 枚，似簇生，密集于秆的基部，卵形或宽卵形，长 4～7 mm，含 4～6 花。雄花鳞片长圆状披针形，长约 4 mm，先端急尖，顶部与边缘有白色透明膜质的边；雌花鳞片椭圆形或卵状长圆形，长 2.5～3.0 mm，栗褐色，有光泽，中脉绿褐色，先端钝或急尖。果囊椭圆形或近圆形，不明显三棱状，长 2.0～2.5 mm，常斜展，革质，栗褐色，有光泽，先端急缩成短喙，喙短管状，喙口具 2 齿。小坚果椭圆形，钝三棱形，长约 1.5 mm；柱头 3 枚。 花果期 6～8 月。

产青海：玛沁（大武乡，H. B. G. 534）。生于海拔 3 800～3 900 m 的沟谷河滩灌丛草甸、山谷滩地高寒草甸。

分布于我国的青海、西藏。

27. 无穗柄薹草

Carex ivanoviae Egorova in Novit. Syst. Pl. Vasc. Acad. Sci. URSS 1966：34～35. 1966；西藏植物志 5：418. 1987；青海植物志 4：226. 1999；中国植物志 12：129. 2000；青藏高原维管植物及其生态地理分布 1179. 2008.

多年生丛生草本，黄绿色。根状茎细长，斜升。秆细弱，高 8～20 cm，钝三棱形，平滑，基部被栗褐色、撕裂成纤维状的残存叶鞘所包围。叶短于秆，边缘内卷成针状，宽几乎达 1 mm，平滑。苞片鳞片状，基部小穗的苞片狭披针状或芒状，短于小穗，无苞鞘。小穗 2～3 枚，排列密集。顶生 1 枚小穗雄性，狭椭圆形或短棒状，长 0.8～1.5 cm，无小穗柄；侧生小穗雌性，卵形、长圆形或狭椭圆形，长 0.5～1.5 cm，栗色，具数朵至 10 余朵花，花密生。雄花鳞片卵状长圆形，长约 4 mm，先端渐尖，具白色膜质边缘；雌花鳞片卵形或卵状长圆形，长约 4 mm，先端渐尖，有光泽，具白色膜质边缘。果囊卵状披针形，钝三棱形，长 3.5～5.0 mm，等于或微长于鳞片，近革质，有光泽，无明显的脉，先端渐狭成喙，喙口白色膜质，有短小的 2 齿。小坚果椭圆形，有 3 棱，长 2～3 mm；柱头 3 枚。　花果期 6～8 月。

产新疆：且末（阿羌乡昆其布拉克，青藏队吴玉虎 2621）、若羌（月牙河，青藏队吴玉虎 2274；阿其克库勒湖，青藏队吴玉虎 2197；冰河，青藏队吴玉虎 4222）。生于海拔3 300～4 200 m 的山坡草地、沟谷砾石山坡草地、河滩薹草草甸、针茅高寒草原、河谷阶地沙砾地。

西藏：日土（多玛区，青藏队 9043）、改则（麻米乡，采集人和采集号不详；县城至措勤途中，郎楷永 10267）、尼玛（江爱雪山，青藏队郎楷永 9713；巴木求宗，青藏队郎楷永 9941）、班戈（阿木尔错，青藏队郎楷永 9579）。生于海拔 4 500～5 200 m 的山坡草地、山前洪积扇、湖边草原、河滩草地、山坡岩石堆处。

青海：格尔木、都兰（莫德尔，杜庆 409；香日德，黄荣福 81－273；诺木洪乡，杜庆 304）、兴海（河卡乡，郭本兆 6202、吴珍兰 035；羊曲台，何廷农 041、吴珍兰 3526；温泉乡，刘海源 541）、玛多（死鱼湖，刘海源 651；黑海乡，吴玉虎 659；布青山，植被地理组 540；扎陵湖畔，吴玉虎 1540）、玛沁（雪山乡，黄荣福 C. G. 81－61；大武乡，玛沁队，采集号不详）、治多（索加乡附近，周立华 335）、曲麻莱（县城附近，刘尚武等 813；叶格乡，黄荣福 121）。生于海拔 3 300～4 600 m 的沟谷山坡草甸、河滩沙地、砾石山坡草甸、宽谷河漫滩、高寒山坡、河滩灌丛草甸、干草原、湖边等处。

甘肃：玛曲（城关区，陈桂琛 1077）。生于海拔 3 500～3 600 m 的河滩沙丘-草甸。

分布于我国的新疆、青海、甘肃、西藏。

28. 黄囊薹草

Carex korshinskyi Kom. Fl. Mansh. 1：393. 1901；Egorova in Grub. Pl. Asiae Centr. 3：71. 1967；中国植物志 12：129. 图版 25：10～13. 2000；青藏高原维管植物及其生态地理分布 1180. 2008.

多年生丛生草本。根状茎细长，横走或倾斜向下。秆纤细，柔软，扁三棱形，高 20～30 cm，下弯，花序下微粗糙，下半部平滑，基部具栗褐色、破碎成纤维状的老叶鞘。叶短于或等长于秆，扁平，宽 2.0～3.5 mm，边缘粗糙，先端常尾尖。苞片鳞片状，最下部的苞片先端具长芒，稍短于或等长于花序，无苞鞘。小穗 2～3 枚，排列稀疏，先端的为雄小穗，长圆形，长约 1 cm，无柄；其余小穗为雌小穗，上部的雌小穗紧贴于雄小穗之下，基部的雌小穗远离，雌小穗含花数朵，形成球形或卵形，长约 6 mm，亦无柄。雄花鳞片披针形，长 5～6 mm，棕褐色；雌花鳞片卵形或卵状长圆形，长约 3 mm，栗褐色，先端钝或尖，上半部边缘白色膜质，具淡褐色中脉。果囊倒卵形、三棱形，长 3～4 mm，稍长于鳞片，绿褐色，革质，脉不明显，基部稍有柄，顶部急缩成短喙，喙口微缺。小坚果椭圆形，长 2.5 mm，三棱形，紧紧地被果囊所包围；柱头 3 枚。 果期 8 月。

产新疆：叶城（苏克皮亚，青藏队吴玉虎 1081）。生于海拔 3 000 m 左右的沟谷山坡林下、林缘灌丛草甸。

分布于我国的新疆、甘肃、陕西、内蒙古、黑龙江、辽宁；俄罗斯西伯利亚及远东地区也有。

本标本有变异，需进一步研究。

29. 干生薹草 图版 48：9～12

Carex aridula V. I. Krecz. in Not. Syst. Herb. Inst. Bot. Acad. Sci. URSS 9：191. 1946；Egorova in Grub. Pl. Asiae Centr. 3：71. 1967；中国植物志 12：131. 2000；青藏高原维管植物及其生态地理分布 1172. 2008.

多年生草本。须根多数，密集。根状茎细长。秆丛生，高 8～15 cm，纤细，锐三棱形，上半部的棱粗糙，基部具栗色的老叶鞘，老叶鞘常撕裂成纤维状。叶短于秆或等长于秆，宽 1.0～1.5 mm，先端渐细，有的细如丝状，表面和边缘粗糙；当年生的叶鞘紫褐色。苞片鳞片状，最下面的 1 枚苞片先端具长芒，芒等长或不超过小穗。小穗 2～3 枚，顶生的为雄小穗，侧生的为雌小穗。雄小穗棒状，长 0.8～1.0 cm，无柄；雌小穗球形，长 5～8 mm，最下部稍远离，疏生，亦无柄。雄花鳞片栗褐色，长圆形，长约 3 mm，先端钝或近圆形，具宽的白色膜质边缘；雌花鳞片卵形或卵状长圆形，长约 3 mm，红褐色，先端急尖，边缘具白色膜质，果实成熟时鳞片仅包围果囊一部分。果囊球形或倒卵形，黄绿色，为不明显的 3 棱，长约 3 mm，成熟时斜展，表面平滑有光泽，无脉，先端急缩成很短的管状喙，喙口具白色膜质边缘。小坚果倒卵形或宽倒卵形，长约 2 mm；花柱基部微增粗，柱头 3 枚。

产青海：兴海（河卡乡，郭本兆 6122）。生于海拔 3 300～3 400 m 的干山坡草地、山地岩石缝隙处。

分布于我国的青海、甘肃、西藏、四川、内蒙古。

30. 新疆薹草

Carex turkestanica Rgl. in Acta Hort. Petrop. 7：570. 1880；Egorova in Grub. Pl. Asiae Centr. 3：72. 1967；新疆植物志 6：431. 图版 159：8～11. 1996；中国植物志 12：132. 图版 26：5～8. 2000；青藏高原维管植物及其生态地理分布 1188. 2008.

多年生疏丛生草本。根状茎斜升或近横走，细长，有匍匐枝。秆直立，高 20～25 cm，三棱形，平滑，基部被灰褐色或淡灰棕色残存的老叶鞘，边缘常撕裂成丝状。叶短于秆，扁平，边缘常稍外卷，宽约 2 mm，边缘粗糙。位于最下面的苞片叶状，嫩时为芒状，短于花序，无苞鞘或有极短的鞘，下部的苞片先端有芒尖，上部的苞片鳞片状。小穗常5枚，仅最下部的小穗远离，上部密集，顶生的1枚雄性，雄小穗圆柱状或棒状，长1～2 cm，无柄；其余为雌小穗，长圆形，长达1.5 cm，无柄，最下部的小穗常有短柄。雌花鳞片卵状长圆形，长4～5 mm，栗褐色，老时为淡枯褐色，先端渐尖，边缘为白色膜质，具绿褐色中脉1条。果囊椭圆形，斜展，钝三棱形，长约4 mm，与鳞片近等长，褐色，平滑，脉不明显，先端急缩成中等长的喙，喙似筒状，长近1 mm，喙口斜裂。小坚果椭圆形；花柱基部稍增粗，柱头3枚。　花果期6～8月。

产新疆：乌恰（吉根乡斯木哈纳，青藏队吴玉虎 87035、87036）。生于海拔 3 200 m 左右的沟谷山坡草地。

分布于我国的新疆、甘肃；俄罗斯，中亚地区各国，阿富汗也有。

31. 粗糙囊薹草　图版 48：13～14

Carex asperifructus Kük. in Acta Hort. Gothob. 5：111. 1930；中国植物志 12：132. 2000；青藏高原维管植物及其生态地理分布 1172. 2008.

多年生疏丛生草本。根细长而疏，栗色。根状茎倾斜向下，木质，稍长。秆纤细，三棱形，高15～20 cm，稍粗糙，基部具黄褐色的老叶鞘，老叶鞘撕裂成细纤维状。叶短于或等长于秆，内卷或平展，宽约1 mm，表面和边缘粗糙。苞片叶状，最下部苞片具鞘，上面的无鞘，等于或稍长于花序。小穗3枚，顶生的1枚雄性，具柄，侧生的雌性，无柄。雄小穗长圆形或棒状，长1.0～1.5 cm，锈褐色，含多数雄花；雌小穗长圆形或圆柱形，长0.7～1.4 cm，含花5～10朵。雄花鳞片卵状长圆形，长约4 mm，先端钝圆或波状，具宽的白色膜质边缘；雌花鳞片卵形，膜质，长约3 mm，先端急尖，脉明显，常由先端稍伸出，边缘具狭的白色膜质。果囊椭圆形，长约3 mm，钝三棱形，革质，表面有6条凸起的脉，并被短毛，先端突缩成短喙，喙小。小坚果长圆形或椭圆状，三棱形，长约2.5 mm；柱头3枚。

产青海：兴海（河卡乡，郭本兆 6109）。生于海拔 3 200 m 左右的山地沟谷草坡。

分布于我国的青海、山西。

我们的标本与本种的原始描述所不同之处在于：小穗之间排列较稀疏；雌小穗含花较多；果囊具稍凸起的3脉。

32. 丝秆薹草

Carex filamentosa K. T. Fu in Fl. Tsinling. 1 (1)：255. fig. 221. 1976；中国植物志 12：195. 图版 39：5～7. 2000；青藏高原维管植物及其生态地理分布 1177. 2008.

多年生密丛生草本。根状茎斜升，长而粗壮，木质。秆细弱如线，高15～25 cm，钝三棱形，稍粗糙，先端略下弯，秆基部具栗褐色的老叶鞘，常撕裂成丝状。叶短于秆，多数，扁平，宽 1.0～1.5 mm，边缘粗糙。下部苞片佛焰苞状，先端有短苞叶，上部的鳞片形；有的从基部伸出的秆具 1 小穗，无苞片。小穗 1～2 枚，含少数花，顶生的 1 枚雄性，狭长圆形，长约 8 mm，有的顶生雄小穗基部含 1～3 枚雌花；侧生的雌性，长圆形，长 8～15 mm，均具小穗柄，小穗柄细长如丝，基部小穗柄超出苞鞘很多，尤在叶丝中生出的小穗常下弯，小穗轴直或曲折。雄花鳞片长圆形，长 5～6 mm，紫褐色，膜质，先端急尖，具白色膜质边缘；雌花鳞片倒卵状长圆形，长 4～5 mm，紫褐色，先端急尖，常具短芒尖，有宽的白色膜质边缘，中脉绿色。果囊稍长于或等于鳞片，倒卵状长圆形，长 4～5 mm，钝三棱形，淡绿褐色，密被短柔毛，具 2 侧脉，先端急缩成外弯的短喙，喙口小，平截，基部渐缩成柄。小坚果倒卵状长圆形，三棱形，长约 3 mm，基部渐狭成柄；柱头 3 枚。 花果期 6～8 月。

产青海：玛沁（军功乡，区划二组 055）；生于海拔 4 000 m 左右的沟谷山坡林下、山地高寒灌丛草甸。

分布于我国的青海、甘肃、陕西、四川、云南。

33. 密生薹草 图版 50：3～6

Carex crebra V. I. Krecz. in Not. Syst. Herb. Inst. Bot. Acad. Sci. URSS 9：190. 1946；西藏植物志 5：412. 图 235. 1987；青海植物志 4：220. 图版 32：1～4. 1999；中国植物志 12：203. 2000；青藏高原维管植物及其生态地理分布 1175. 2008.

多年生密丛生草本。根状茎短，木质。秆纤细，钝三棱形，高 10～35 cm，直径约 1 mm，平滑，有的秆仅顶部稍粗糙，基部均撕裂成栗褐色纤维状的老叶鞘。叶短于秆，边缘内卷成芒状，稀杂有少数扁平叶，宽约 1 mm，坚挺，边缘粗糙。苞片鳞片状，仅最下部的呈佛焰苞状，边缘栗褐色，背面绿色，先端中脉突出成芒，短于花序。小穗 2～4 枚，顶生的小穗雄性，长圆形或棍棒状，长 0.8～1.5 cm，具细柄；侧生的雌性，长圆形或短圆柱形，长 0.7～2.0 cm，无柄，基部的小穗稍远离上部小穗，其余的小穗下部有时被苞鞘所包。雄花鳞片长圆形，长 4～5 mm，褐色，先端钝，边缘白色膜质；雌花鳞片宽长圆形，长 4.5～5.0 mm，栗褐色，先端急尖，尤位于下部的鳞片顶部常有短芒尖突出，中脉绿色，具脉 1～3 条，边缘有宽的白色膜质边。果囊倒卵状长圆形，长约 4 mm，稍短于鳞片，淡黄绿色，密被短柔毛，具 2 条侧脉，侧脉之间的细脉不明显，先端收缩成外弯的喙，喙口截形，基部渐狭成短柄。小坚果倒卵状椭圆形，具 3 棱，长约 3 mm，褐色，基部常具短柄；柱头 3 枚。 花果期 6～8 月。

产青海：兴海（中铁乡附近，吴玉虎 42860；河卡乡，何廷农 111）、玛沁（当洛乡，区划一组 065；军功乡，区划二组 087；雪山乡，高生所地植物组 15－002；大武乡，H. B. G. 632）、达日（建设乡，H. B. G. 1121）、称多（称文乡，刘尚武 2350、苟新京 83－155）。生于海拔 3 100～4 500 m 的河谷阶地、山坡草甸、沟谷山地岩石缝隙、河谷滩地高寒草原、山地阳坡林下灌丛。

甘肃：玛曲（大水军牧场，卢学峰 165；河曲军马场，吴玉虎 31912）。生于海拔 3 500 m 左右的宽谷河滩高寒草地。

分布于我国的青海、甘肃、西藏、四川、云南。

34. 柄状薹草

Carex pediformis C. A. Mey. in Mém. Acad. St.-Pétersb. Sav. Étrang. 1：219. t. 10：2. 1831；Egorova in Grub. Pl. Asiae Centr. 3：75. 1967；新疆植物志 6：428. 图版：5～8. 1996；中国植物志 12：204. 图版 41：1～4. 2000；青藏高原维管植物及其生态地理分布 1183. 2008.

多年生草本。根状茎短。秆密丛生，直立或近弧形弯曲，纤细，高 30～40 cm，直径约 1 mm，三棱形，稍粗糙，基部具暗褐色破碎成纤维状的宿存叶鞘。叶稍短于秆，内卷或扁平，宽 1.0～1.5 mm，深绿色，边缘粗糙。苞片呈佛焰苞状，具短鞘，鞘的背部绿色，口部具白色膜质，苞叶芒状或短叶状，呈叶状的苞片有的超过小穗。小穗 2～4 个，顶生的 1 个雄性，一般超过下部的雌小穗，有的等于或低于下部雌小穗；雄小穗长圆形，长 1～2 cm，无柄或有柄，其余的为雌小穗；靠近雄小穗的雌小穗短小、花少而无柄，其下的雌小穗疏离，雌小穗圆柱形，长 1.5～2.0 cm，含多数花，花疏生，最下部的雌小穗的基部不伸出或伸出苞鞘，有柄。雌花鳞片倒卵状长圆形，长 4～5 mm，栗紫色，中间绿色，具脉 3 条，先端有芒尖伸出，边缘为白色膜质。果囊倒卵状长圆形，长 3.5～4.5 mm，稍短于鳞片，具 3 钝棱，表面密被白色短柔毛，背部无脉，腹面有不明显的细脉，先端急缩成短喙，基部渐狭呈柄状。小坚果倒卵形，三棱形，长 2.5～3.0 mm，黄褐色，基部具短柄；花柱基略加粗，柱头 3 枚。 果期 7～8 月。

甘肃：玛曲（河曲军马场，吴玉虎 31912B）。生于海拔 3 000～4 000 m 的沟谷山坡石隙中。

产四川：石渠（国营牧场，吴玉虎 30085、30095）。生于海拔 4 200 m 左右的宽谷河滩高寒草地。

分布于我国的新疆、甘肃、陕西、四川、内蒙古、山西、河北、黑龙江、吉林；蒙古，俄罗斯也有。

采集于四川石渠的本种标本，基部小穗的穗柄细长，明显超过苞鞘，使小穗明显露在外面。这与本种描述不符，尚待今后进一步研究。

35. 圆囊薹草 图版 50：7～9

Carex orbicularis Boott in Proc. Linn. Soc. 1：254. 1845；Egorova in Grub. Pl. Asiae Centr. 3：62. 1967，p. p.；西藏植物志 5：432. 图 252. 1987；新疆植物志 6：444. 图版 164：10～12. 1996；青海植物志 4：216. 1999；中国植物志 12：398. 图版 83：1～4. 2000；青藏高原维管植物及其生态地理分布 1183. 2008.

多年生疏丛生草本。根状茎斜升，木质，具匍匐茎。秆直立或成弧形，三棱形，高5～20 cm，棱上粗糙，基部具暗栗色的老叶鞘，常撕裂成纤维状。叶短于秆，扁平，宽约3 mm，边缘粗糙。下部苞片刚毛状，不超过小穗，无鞘；上部苞叶鳞片状。小穗2～3（4）枚，排列稍稀疏，顶生1枚雄性，圆柱形，长1.5～2.0 cm，具柄；侧生的小穗雌性，卵形、长圆形或短圆柱形，长0.6～1.5 cm，花密生，无柄，仅基部小穗具短柄。雌花鳞片卵状长圆形或长圆形，长1.5～2.0 mm，宽约1 mm，黑紫红色，中脉1条，褐色，先端钝，边缘无或有极狭白色膜质。果囊圆形或倒卵状圆状，平凸状，长2.0～2.5 mm，宽约2.5 mm，长于鳞片且宽于鳞片2～3倍，近革质，无脉，先端截然收缩成极短的喙，喙口平截或微凹。小坚果卵形，长约2 mm；柱头2枚。 花果期7～8月。

产新疆：阿克陶（布伦口乡恰克拉克至木吉途中，青藏队吴玉虎603、607）、若羌（土房子，青藏队吴玉虎774）。生于海拔3 400～4 100 m的宽谷滩地高寒沼泽草甸、河滩高寒沼泽地塔头上。

青海：格尔木（市郊附近，采集人不详050）、玛多（县城附近，陈桂琛2021；黑河乡，陈桂琛1803）、玛沁（大武乡，H. B. G. 576）、达日（德昂乡，陈桂琛1659）。生于海拔2 700～4 100 m的河谷阶地高寒草甸、河滩沙地、河漫滩高寒沼泽草甸、盐生沼泽、宽谷湖盆高寒沼泽湿地。

分布于我国的新疆、青海、甘肃、西藏；西亚，中亚地区各国，俄罗斯，印度，巴基斯坦也有。

36. 藏北薹草

Carex satakeana T. Koyama in Acta Phytotax. Geobot. 15：113. 1954；西藏植物志 5：433. 1987；中国植物志 12：398. 2000；青藏高原维管植物及其生态地理分布 1185. 2008.

多年生丛生草本。根状茎短，木质，无匍匐茎。秆高7～15 cm，锐三棱形，上部微弧形弯曲或直立，棱上粗糙，基部有栗色枯死的叶鞘，破碎成纤维状。叶明显短于秆，扁平，宽2～3 mm，先端短渐尖，边缘粗糙。下部苞片芒状或短叶状，短于花序，无鞘。小穗2～4枚，最基部的小穗离生，上部的小穗排列紧密，有时仅有2枚小穗时，不离生，顶生的小穗雄性，短长圆形或棒状，栗褐色或褐色，长0.5～1.5 cm，一般有柄，柄长3～15 mm，其余为雌小穗；雌小穗卵形或长圆形，长5～10 mm，无柄，有时最基部的小穗有短柄。雄花鳞片长圆形或狭长圆形，长2.5～3.0 mm，先端圆形或近平截，中脉褐色；雌花鳞片长圆形或卵状长圆形，长约2 mm，黑栗色，先端钝，中脉褐色，不直达鳞片顶端。果囊圆形、宽椭圆形或倒卵状长圆形，长2～3 mm，平凸状，脉不明显，先端急缩成短喙，喙口平截或微凹，基部稍有短柄。小坚果长圆形，长可达2 mm；柱头2枚。 花果期8～9月。

产新疆：若羌（明布拉克东，青藏队吴玉虎 4200）。生于海拔 4 100 m 左右的高原宽谷湖盆高寒沼泽草甸、河滩沙砾质高寒草地。

西藏：日土（尼亚格祖，青藏队 76－915）。生于海拔 4 000～4 500 m 的河谷阶地高寒沼泽草甸。

分布于我国的新疆、西藏。

本种描述所依据的为西藏日土县和新疆若羌县所采到的标本。这些标本与藏北薹草 *Carex satakeana* T. Koyame 和南疆薹草 *Carex taldycola* Meinsh. 都很近似，但经与它们仔细比较后有如下区别。

（1）与南疆薹草的区别：①采到的标本中有的苞片短叶状，有的为芒状；②最下面的 1 枚小穗远离；③原始描述中的南疆薹草淡褐色且以后变白，雄花鳞片为倒卵形或长圆形，顶端平截，而与我们的标本不同；④南疆薹草的雌花鳞片卵形，果囊卵形，果囊的喙口全缘，亦有异于我们的标本。

（2）与藏北薹草比较：其差别较少，且与中国科学院青藏高原生物标本馆馆藏的该种标本近似，因此定为藏北薹草。Egorova 在 Grubov 主编的 *Plaufae Asiae Centralis* 第三卷中，将南疆薹草和藏北薹草合并在圆囊薹草 *Carex orbicularis* Boott 中，目前我们觉得也不妥。看来，这类标本还需进一步充实和研究。

37. 北疆薹草

Carex arcatica Meinsh. in Acta Horti Petrop. 18：336. 1901；青海植物志 4：217. 1999；中国植物 12：400. 2000；青藏高原维管植物及其生态地理分布 1172. 2008. ——*C. orbicularis* auct. non Boott Egorova in Grub. Pl. Asiae Centr. 3：62. 1967，p. p.；新疆植物志 6：445. 图版 164：10～12. 1996，p. p.

多年生丛生草本。根状茎短，木质。秆直立，稀弧曲，高 35～50 cm，纤细，直径约1 mm，三棱形，上部稍粗糙，基部具黑栗色、撕裂成纤维状的老叶鞘。叶明显短于秆，扁平，宽约 1 mm，边缘粗糙。苞片刚毛状，长或短于小穗，无鞘。小穗 2～3 枚，疏离，顶生 1 枚小穗雄性，狭棒状，长 2.5～3.0 cm，宽约 2 mm，花极多数，密集，有的仅基部 3～4 朵花较疏生，小穗柄长 1.5～2.0 cm；侧生小穗雌性，长圆形至棒状，长 1.5～2.0 cm，宽 4～6 mm，花密生，基部小穗柄短，长 1～2 cm，向上较短。雄花鳞片狭长圆形，棕色，长约 3 mm，宽约 0.5 mm，先端钝；雌花鳞片长圆形，黑栗色带紫色，长约 3 mm，宽约 1 mm，中脉褐色，先端钝尖。果囊近圆形或倒宽卵形，平凸状，稍长于鳞片，宽为鳞片的 2～3 倍，褐色，上半部有紫色点，表面有瘤状小突起，脉不明显，先端急缩或突缩成管状小喙，喙口微凹，有的喙口生小刺。小坚果倒卵圆形，长约 2 mm；柱头 2 枚。 果期 8 月。

产青海：茫崖（阿拉子，植被地理组 122）、格尔木（更尕海，采集人和采集号不详）。生于海拔 2 500～3 000 m 的滩地沟谷水旁、河滩沼泽地。

分布于我国的新疆、青海、甘肃、西藏、内蒙古；蒙古，中亚地区各国，阿富汗也有。

最近有的学者将本种置于寸草 *Carex duriuscula* C. A. Mey. 种下，作为亚种处理，即 *C. duriuscula* C. A. Mey. subsp. *stenophylloides*（V. I. Krecz.）S. L. Liang et Y. C. Tang，我们认为本种应独立成种。因寸草 *C. duriuseula* C. A. Mey 的果形一般来说为卵形，具短喙，与白颖薹草 *C. rigescens*（Fr.）S. Y. Liang et Y. C. Ting 和柄囊薹草 *C. stenophylla* Wahlenb. 的果形十分近似。而本种的果形为卵状披针形，先端渐缩为长喙，在分布区交界处可能有果形变化，如仔细划分，我们认为会有区别，故将本种独立出来。

49. 寸　草

Carex duriuscula C. A. Mey. in Mém. Acad. Sci. St.-Pétersh. Sav. Étrang. 1：214. 1831；V. Krecz. in Kom. Fl. URSS 3：140. t. 10. f. a～c. 1935；Ohwi Cyper. Japon. 1：234. 1936；Kitag. Lineam. Fl. Mansh. 100. 1939；Egorova Caric. URSS Subgen. Vignea Sp. 126. f. 13（11）. 1966；中国高等植物图鉴 5：272. 图 2374. 1976；中国植物志 12：495. 图版 101：1～4. 2000.——*C. stenophylla* auct. non Wahlenb.：Kom. Fl. Mansh. 1：360. 1901.——*C. stenophylla* wahlenb. var. *duriuscula*（C. A. Mey.）Trautv. in Acta Horti Petrop. 10：537. 1889.

49a. 寸　草（原亚种）

subsp. **duriuscula**

本区不产。产于黑龙江、吉林、辽宁、内蒙古、甘肃；蒙古北部，朝鲜，俄罗斯远东地区也有。

49b. 白颖薹草（亚种）

subsp. **rigescens**（Franch.）S. Y. Liang et Y. C. Tang in Acta Phytotax. Sin. 28（2）：153. 1990；青海植物志 4：215. 1999；中国植物志 12：496. 2000；青藏高原维管植物及其生态地理分布 1176. 2008.——*C. stenophylla* Wahlenb. var. *rigescens* Franch. in Nouv. Arch. Mus. Paris Ⅱ. 7：128. 1884.

多年生草本，灰绿色。根状茎细长，常水平伸展。秆直立，高 10～15 cm，三棱形，表面平滑，基部具黑棕色的老叶鞘，常成纤维状分裂。叶短于秆，扁平，宽约 2 mm，边缘有时稍内卷，粗糙。苞片鳞片形，无鞘也无芒尖。穗状花序单一，顶生，卵形或长圆形，长 1～2 cm，含小穗 5～10 枚，密集，仅下部小穗有时稍远离；小穗卵形，长 6～7 mm，雄雌顺序。雌花鳞片卵形、卵状长圆形或椭圆形，长 2.5～3.0 mm，褐色或淡褐色，先端钝，具宽的白色膜质边缘。果囊椭圆形或卵形，长约 3 mm，与鳞

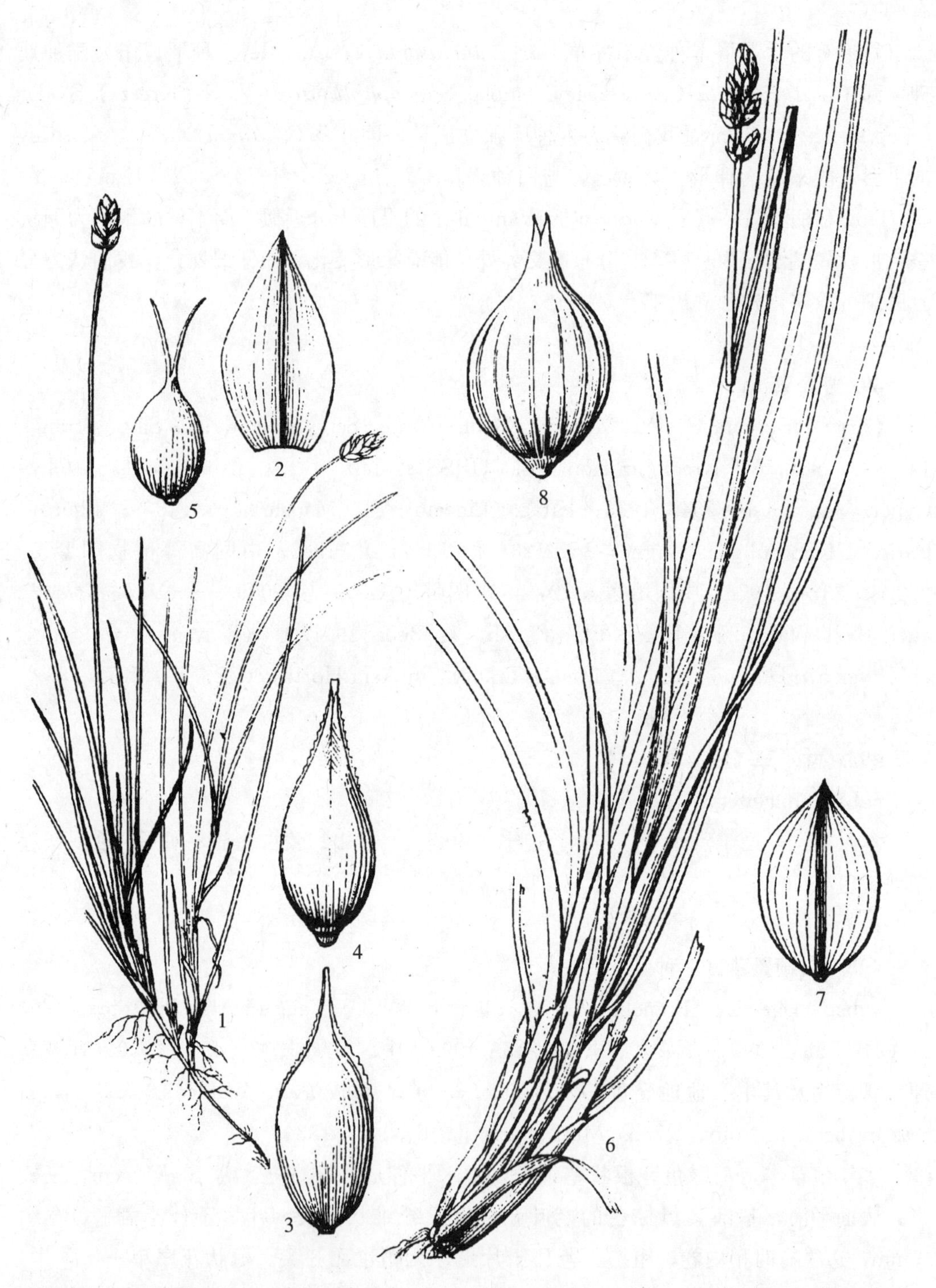

图版 **55** 细叶薹草 **Carex stenophylloides** V. I. Krecz. 1. 植株；2. 鳞片；3～4. 果囊；5. 小坚果。柄囊薹草 **C. stenophylla** Wahlenb. 6. 植株；7. 鳞片；8. 果囊。（引自《新疆植物志》，谭丽霞绘）

片近等长，平凸状，锈褐色，有光泽，革质，两面有脉，平滑，先端急缩成短喙，喙口白色膜质，有 2 齿，基部有短柄。小坚果近卵形，长约 2 mm；柱头 2 枚。 花果期 6～8 月。

产青海：都兰（县城郊区，植被地理组 338）。生于海拔 2 800 m 左右的沟谷山地路边、农田边的草地上。

分布于我国的青海、甘肃、宁夏、陕西、山西、河北、内蒙古、辽宁、吉林、河南、山东；俄罗斯远东地区也有。

50. 柄囊薹草 图版 55：6～8

Carex stenophylla Wahlenb. in Kong. Vet. Akad. Handl. Stockh. 24：142. 1803；C. B. Clarke in Hook. f. Fl. Brit. India 6：700. 1894；青藏高原维管植物及其生态地理分布 1187. 2008.

多年生草本。根状茎细长横走，生有多数丝状须根。秆直立，高 5～8 cm，具 3 钝棱，粗约 1 mm，近平滑，基部有数层淡棕栗色的残存叶鞘。叶短于或等长于秆，扁平，直立或稍内弯成弧形，宽 0.5～1.5 mm，边缘粗糙。花序卵形或宽卵形，有的呈卵状长圆形，长 1.0～1.3 cm，直径 5～10 mm，由数枚小穗组成，无苞片；小穗雄雌顺序，卵形、长圆形或卵状长圆形，长 4～7 mm，密集排列，稀下部稍疏离。雌花鳞片卵形或椭圆形，长 3.0～3.5 mm，栗褐色，背部中脉 1 条，先端钝或急尖，有狭或宽的白色膜质边缘。果囊卵形或椭圆形，长 3～4 mm，近等长于鳞片，厚革质，淡栗褐色，背部具多数脉，腹面具脉较少，平凸状，先端短缩成喙，喙边粗糙，基部有极短的柄。小坚果近椭圆形，紧密地为果囊所包，平凸状，褐色；柱头 2 枚。 花果期 5～8 月。

产新疆：阿克陶（阿克塔什，青藏队吴玉虎 87248）、皮山（垴阿巴提乡布琼，青藏队吴玉虎 1892）。生于海拔 3 200～4 000 m 的沟谷山坡草地、河谷山地林缘灌丛草地、河谷阶地。

西藏：日土（上曲龙，高生所西藏队 3491）。生于海拔 2 700～4 300 m 的高原宽阔谷地、裸露山坡、沟谷山坡草地。

分布于我国的新疆、西藏；蒙古，中亚地区各国，俄罗斯西伯利亚，欧洲也有。

八十四　灯心草科 JUNCACEAE

多年生或稀为一年生草本。根茎直立或横走，须根纤维状。茎通常丛生，圆柱形或压扁，表面多具纵沟棱，内部具髓心或中空，常不分枝，绿色。叶全部基生或具少数茎生叶，有些多年生种类茎基部常具数枚低出叶，呈鞘状或鳞片状；叶片线形、圆筒形或披针形，通常扁平，稀毛鬃状，具横隔膜或无；叶鞘开放或闭合，具叶耳或无叶耳。花序圆锥状、聚伞状或头状，顶生、腋生或稀假侧生；花单生或集生成穗状或头状，头状花序通常再组成圆锥、总状、伞状或伞房状等各式复花序；头状花序下常具数枚苞片，最下方1枚通常较花长；花序分枝基部各具2枚膜质苞片；整个花序下常有1～2枚叶状总苞片；花小，两性或稀单性异株，具花梗或无，花下常具2枚膜质小苞片；花被片6枚，排列成2轮，稀内轮缺，颖片状，狭卵形至披针形、长圆形或钻形，常透明；雄蕊6枚，分离，与花被片对生，有时内轮退化，花丝线形或圆柱形，较花药长，花药长圆形、线形或卵形，基着，内向或侧向，药室纵裂，花粉粒为四面体形的四合花粉，每粒花粉具1远极孔；雌蕊由3个心皮结合而成，子房上位，1或3室，花柱1枚，常较短，柱头3分叉，线形，多扭曲，胚珠多数，着生于侧膜胎座或中轴胚座上，或3枚着生于子房基部，倒生胚珠具双珠被和厚珠心。果实为蒴果，室背开裂，稀不开裂。种子卵球形、纺锤形或倒卵形，有时两端或一端具尾状附属物；种皮具纵沟或网纹；胚小，直立。

约有8属，300余种。我国有2属90余种，昆仑地区产1属15种2变种。

1. 灯心草属 Juncus Linn.

Linn. Sp. Pl. 325. 1753，et Gen. Pl. ed. 5. 152. 1754.

多年生或一年生草本。根茎横走或直伸。茎常丛生，圆柱形或压扁，具沟棱，无毛。叶基生和茎生，叶片扁平或圆柱形、披针形、线形或毛发状，具横隔膜或无，有时全部退化为鞘状鳞片；叶鞘开放，具叶耳或无。花序顶生或假侧生，由单花或数个小头状花序组成聚伞状、圆锥状等复花序，或为单独顶生的头状花序；苞片叶状或似茎的延伸；花被片6枚，颖片状，膜质、草质或革质，排列成2轮；雄蕊6枚，稀3枚，花药长圆形或线形，花丝丝状；子房无柄，由3个侧膜胎座向中央延伸成3室或不完全3室，每室具多数胚珠，有时1室。蒴果3瓣裂，具多数种子。种子小，表面常具条纹，有时两端具尾状附属物。

约有 240 种。我国约有 77 种，昆仑地区产 15 种 2 变种。

分种检索表

1. 一年生草本，无根状茎；茎从基部即分枝；叶片扁平，无叶；花序顶生，呈二歧聚伞状，每分枝常顶生和侧生 2～4 朵花 …………………… **1. 小灯心草 J. bufonius** Linn.
1. 多年生草本，具根状茎。
  2. 花单生或 2～3 花束生，再组成聚伞花序；花被片革质，背部中央黄绿色，其他部分暗褐色或栗褐色，顶端钝圆；花药长于花丝；具叶耳 ……………………………………………………… **2. 七河灯心草 J. heptapotamicus** V. I. Krecz. et Gontsch.
  2. 花 2 至多朵聚集成头状花序，头状花序单生茎顶或 2 至多个生于花序分枝上，排成聚伞状花序；花被片膜质或草质。
    3. 种子两端无尾状附属物，不呈锯屑状；头状花序 5～30 个排成顶生复聚伞花序；花小，花被片长 2.5～3.0 mm；叶具显著的横隔膜 ……………………………………………………………… **3. 小花灯心草 J. articulatus** Linn.
    3. 种子两端具尾状附属物，呈锯屑状；头状花序单一顶生或 2 至多个排成顶生聚伞花序；花较大，花被片长（3～）4～8 mm。
      4. 头状花序单一顶生。
        5. 叶基生和茎生。
          6. 叶具明显横隔膜；茎和叶较粗壮；头状花序大，含 7～25 朵花；苞片 3～5 枚，最下方 2 枚长于花序；花被片长 5～8 mm；雄蕊伸出花被外 ………………………………………… **4. 葱状灯心草 J. allioides** Franch.
          6. 叶不具横隔膜；茎和叶纤细；头状花序通常含 2 花；苞片约与花等长；花被片小，长约 4 mm；雄蕊与花被片近等长或稍长 ……………………………………………………………… **5. 单枝灯心草 J. potaninii** Buchen.
        5. 叶全部基生。
          7. 花序最下面 1 枚苞片叶状，显著长于花序，其余的较小，近等长于花序。
            8. 植株较高大而粗壮，高 8～23 cm；叶片圆筒形，长 8～15 cm；头状花序直径 1.2～1.9 cm，通常有 15～22 朵花；最下面 1 枚苞片长可达 7 cm ……………………………… **6. 金灯心草 J. kingii** Rendle
            8. 植株较矮而纤细，高 2.5～15.0 cm；叶片折叠成线形，长 0.7～5.0 cm；头状花序直径 0.5～1.3 cm，有 5～10 朵花；最下面 1 枚苞片长于花，但不超过 2 倍 ……………………………………………………… **7. 长苞灯心草 J. leucomelas** Royle ex D. Don
          7. 花序下面的苞片全部较小，比花序短或与其近等长，有时稍长。

9. 花序下苞片开展，与花等长或稍短；雄蕊长于花被片；花药线形，长 1.5～2.0 mm ………………… **8. 展苞灯心草 J. thomsonii** Buchen.
9. 花序下苞片紧贴于花，明显短于花；雄蕊短于花被片或近等长；花药长圆形，长 0.7～1.0 mm ……… **9. 贴苞灯心草 J. triglumis** Linn.

4. 头状花序 2 至多个，排列成聚伞状。
10. 叶全部基生，具叶耳；花序假侧生，通常由 2（～3）个头状花序组成；花药长于花丝；蒴果短于花被片。
11. 叶具横隔膜；花被片膜质，栗褐色，边缘和顶端带白色，外轮者长 4.5～7.0 mm；花药线形，长 1.5～2.0 mm，淡白色…………………………… **10. 假栗花灯心草 J. pseudocastaneus**（Lingelsh.）G. Sam.
11. 叶无横隔膜；花被片质地稍厚，黑褐色，外轮者长 6.5～8.0 mm；花药长圆形，长 3～4 mm，黄色 …………………………………………………………………… **11. 锡金灯心草 J. sikkimensis** Hook. f.
10. 叶基生和茎生，叶耳不明显或缺；花序通常由 2 至多个头状花序组成，花药短于花丝，稀较长；蒴果长于花被片，稀等于或稍短于花被片。
12. 叶片宽超过 6 mm；聚伞花序大而疏散，由 15～19 个头状花序组成；果实与花被片等长或稍短 ………… **12. 巨灯心草 J. giganteus** G. Sam.
12. 叶片宽不超过 6 mm；聚伞花序由 2～8 个头状花序组成，果实长于花被片。
13. 花药长 2.5～3.0 mm，比花丝长；根状茎长而明显横走 ……………………………………… **13. 走茎灯心草 J. amplifolius** A. Camus
13. 花药长 1.0～1.5 mm，比花丝短；根状茎短或稍长，直伸或稍匍匐。
14. 花序由 3～7 个头状花序组成为伞房状聚伞花序，头状花序通常密集而叠生；花被片近等长；花丝长 2.5～3.5 mm，基部暗褐色…………… **14. 喜马拉雅灯心草 J. himalensis** Klotzsch
14. 花序由 2～8 个头状花序组成为聚伞花序，头状花序通常不密集；花被片外轮者稍长于内轮；花丝长约 2 mm …………………………………… **15. 栗花灯心草 J. castaneus** Smith

1. 小灯心草　图版 56：1～4

Juncus bufonius Linn. Sp. Pl. 328. 1753；Hook. f. Fl. Birt. Ind. 6：392. 1894；Buchen. in Engl. Pflanzenr. 25（Ⅳ. 36）：105. 1906；V. Krecz. et Gontsch. in Kom. Fl. URSS 3：517. 1935；Snogerup in Tutin et al. Fl. Europ. 5：107. 1980，et in Rech. f. Fl. Iran. 75. 1971；Jafri in E. Nasir et al. Fl. Pakist. 138：4. 1981；西藏植物志 5：503. 图 277. 1987；新疆植物志，6：465. 1996；中国

植物志 13（3）：172. 图版 39：8～11. 1997；青海植物志 4：238. 1999；青藏高原维管植物及其生态地理分布 1219. 2008.

1a. 小灯心草（原变种）

var. **bufonius**

一年生草本。具多数细弱、浅褐色的须根。茎高 1.3～20.0 cm，直立或倾斜，常常聚生、簇生或丛生，细弱，从基部即分枝，光滑，具纵沟纹，上部绿色，基部常红褐色。叶基生和茎生；茎生叶通常 1 枚，叶片刚毛状或线形扁平，长 0.7～9.0 cm，宽 0.2～1.5 mm，顶端尖；叶鞘具膜质边缘，无叶耳。花序为二歧聚伞状，或排列成近简单的圆锥状，生于茎顶；分枝细弱，每分枝上常顶生和侧生（1～）2～4 朵花；叶状总苞片长于或短于花序；花排列疏松或密集，具梗和小苞片；小苞片 2～3 枚，三角状卵形，膜质，长 1.2～2.5 mm；花被片 6 枚，窄披针形至披针形，外轮者长 3.2～7.5 mm，背部中间绿色，边缘宽膜质，白色，顶端锐尖，内轮者长 3～6 mm，全部为膜质，顶端稍尖；雄蕊 6 枚，长 1～2 mm，花药长圆形，浅黄色，花丝丝状，且长于花药；雌蕊具短花柱，柱头 3 分叉，向外弯曲，长 0.5～0.8 mm。蒴果三棱状椭圆形，黄褐色，长 3.0～4.5 mm，顶端稍钝，3 室。种子长椭圆形，黄褐色。 花期 5～7 月，果期 6～9 月。

产新疆：阿克陶、塔什库尔干、叶城（柯克亚乡，青藏队吴玉虎 87931）、和田、策勒。生于海拔 1 400～3 700 m 的沟谷河漫滩、河滩沼泽及水边湿地。

青海：兴海（大河坝乡，采集人不详 315；温泉乡，陈桂琛 2000）、称多（称文乡，苟新京 83-148）。生于海拔 2 800～3 900 m 的沟谷河边浅水中、河流泉边湿地。

分布于我国的西北、西南、华北、东北及华东地区；朝鲜，日本，俄罗斯，中亚地区各国，欧洲，北美也有。

本种分布广，在植株高矮、叶片长度、花排列疏密程度、花被片长短等方面的变化很大，因而有些学者（Kreczetowicz et Gontscharov in Kom. Fl. URSS 3：517. 1935）把它分为 5 或 6 个单独的种。但笔者同意多数学者的意见，把它作为异名或是本种的变种处理，无须另立为种。在昆仑地区有 2 个变种。

1b. 密聚花灯心草（变种）

var. **congestus** Whlb. in Fl. Gothob. 38. 1820；Jafri in Nasir et al. Fl. Pakist. 138：6. f. 1. 1981；青藏高原维管植物及其生态地理分布 1219. 2008.——*J. turkestanicus* Krecz. et Gontsch. in Kom. Fl. URSS 3：625. 1935；新疆植物志 6：467. 图版 172：1～4. 1996.

本变种与原变种的区别在于：茎近直立至外倾，丛生，具较短或缩短的分枝；叶状总苞片远长于花序；花 2～3 朵密聚于极缩短的分枝顶端；花被片外轮者长 5～7 mm，内轮者长4～5 mm；雄蕊长2～3 mm。

产新疆：乌恰、塔什库尔干、叶城。生于海拔2 300～3 000 m的河谷沼泽草甸及水边草地。

青海：达日（采集地和采集人不详，069）。生于海拔4 000 m左右的沟谷河滩沼泽地。

甘肃：玛曲（河曲军马场，吴玉虎32098、陈桂琛等1087）。生于海拔3 340 m左右的沟谷河滩草甸、高寒沼泽草甸。

分布于我国新疆、青海、甘肃；中亚地区各国也有。

1c. 纤细灯心草（变种，新记录）

var. **rechingeri** (Snog.) Jafri in Nasir et al. Fl. Pakist. 138：6. 1981；青藏高原维管植物及其生态地理分布1220. 2008.——*J. rechinegri* Snog. in Rech. f. Fl. Iran. 75：19. tab. 3. 1971.

本变种与原变种的区别在于：植株低矮，并很纤弱，直立，高1.3～6.0 cm，粗0.2～0.3 mm，单生或许多株密集丛生；具白色或有时稍带褐色毛发状的茎和叶；小花通常单一顶生；小苞片长约1 mm；外轮花被片长3.2～5.0 mm，内轮花被片长3.0～3.5 mm；雄蕊长约1 mm。

产新疆：阿克陶（奥依塔克，青藏队吴玉虎4854）、和田（喀什塔什，青藏队吴玉虎2582）。生于海拔2 800～3 300 m的沟谷林下草甸、河边沼泽地。

分布于我国的新疆；土耳其东部，伊朗，阿富汗，巴基斯坦，克什米尔地区也有。

本变种的形态非常近似产于西藏错那县的黑紫灯心草 *J. nigroviolaceus* K. F. Wu。但后者仅具基生叶1枚，无茎生叶；花被片近等长，黑紫色，边缘几无膜质；雄蕊花药长于花丝；花柱和柱头均较长，伸出花被外。据此与本变种易于区别。

2. 七河灯心草

Juncus heptapotamicus V. I. Krecz. et Gontsch. in Kom. Fl. URSS 3：530. 628. t. 28：6. 1935；Bajt. in Fl. Kazakh. 2：95. 1958；新疆植物志6：470. 图版173：1～3. 1996；中国植物志13 (3)：167. 1997；青藏高原维管植物及其生态地理分布1221. 2008.——*J. heptapotamicus* Krecz. et Gontsch. var. *yinigensis* K. F. Wu in Acta Phytotax. Sin. 32 (5)：447. 1994.

多年生草本。根状茎匍匐，短或有时较长，具黄褐色、较粗的须根。茎直立，丛生，高6～30 cm，圆柱形，直径约1 mm，有纵条纹，基部被褐色残存的叶鞘。叶基生，有时具1枚茎生叶；叶片线形，略扁，边缘常内卷或折叠，有沟槽，顶端尖；叶鞘黄褐色，长1.5～5.0 cm，具白色膜质边缘；叶耳白色，短而钝圆。花序聚伞状，密集，具2～5个短而展开的分枝，分枝末端生2～5朵花；总苞片1枚，通常长于花序；花具短梗，基部有苞片；小苞片2枚，稍革质，近圆形，长约1.5 mm，栗色或暗棕色，边缘透明；花被片革质，卵形或长圆状披针形，长 2.8～3.2 mm，内外轮近等长，顶端钝圆，背部隆起，中央黄绿色，周围暗褐色或栗褐色，窄的边缘白色膜质；雄蕊短于花被片，花药黄色，长圆形，长约 1.5 mm，花丝扁平，长约 0.5 mm；雌蕊花柱长约 1 mm，柱头 3 分叉，长约 1.5 mm。蒴果三棱状长圆形，长 3～4 mm，顶端具短尖头。种子卵形，长 0.5～0.7 mm，锈色。 花期 6～7 月，果期 8～9 月。

产新疆：乌恰（老乌恰附近，青藏队吴玉虎 87077）、疏勒、塔什库尔干、叶城、和田。生于海拔 1 400～4 000 m 的沼泽草甸、河谷水溪边。

分布于我国的新疆；俄罗斯，土库曼斯坦，乌兹别克斯坦，吉尔吉斯斯坦也有。

3. 小花灯心草 图版 56：5～7

Juncus articulatus Linn. Sp. Pl. 327. 1753；Snogerup in Tutin et al. Fl. Europ. 5：111. 1980；Jafri in Nasir et al. Fl. Pakist. 138：15. f. 3. A～E. 1981；西藏植物志 5：508. 图 281. 1987；新疆植物志 6：472. 图版 176：1～3. 1996；中国植物志 13（3）：184. 图版 42：8～10. 1997；青海植物志 4：239. 1999；青藏高原维管植物及其生态地理分布 1219. 2008.——*J. lampocarpus* Ehrn. ex Hoffm. Deutschl. Fl. 125. 1791；中国高等植物图鉴 5：412. 图 7653. 1976.——*J. lampocarpus* Ehrn. ex Hoffm. var. *senescens* Buchen. in Bot. Jahrb. 37（Beibl. 82）：19. 1905；秦岭植物志 1（1）：309. 图 282. 1976.

多年生草本。根状茎粗壮横走，具细密褐黄色须根。茎密丛生，高 15～45 cm，直立，圆柱形，直径 0.8～2.5 mm，具纵条纹。叶基生和茎生，短于茎；低出叶少，鞘状；基生叶 1～2 枚，茎生叶 1～4 枚，叶鞘基部红褐色至褐色；叶片扁圆筒形，长 2.5～14.0 cm，宽 0.8～2.0 mm，顶端渐尖，具明显的横隔膜；叶鞘松弛抱茎，边缘膜质；叶耳明显，膜质，钝圆。花序由 5～32 个头状花序组成，排列成顶生复聚伞花序；头状花序半球形至近圆球形，有 2～10 朵花；叶状总苞片 1 枚，形似茎生叶，通常短于花序；小苞片披针形，膜质，长 2.5～3.0 mm，顶端锐尖，背部具 1 脉；花被片披针形，等长，长 2.5～3.0 mm，顶端尖，边缘白色宽膜质，背面通常具 3 脉，幼时黄绿色，后期略带淡红褐色；雄蕊 6 枚，长约 1.8 mm，花药与花丝近于等长；花柱极短，圆柱形，柱头 3 分叉，线形，较长。蒴果三棱状长卵形，长 3～4 mm，长出花被片，顶端具短喙，1 室，成熟深褐色，光亮。种子浅褐色，卵圆形，长约 0.5 mm。 花果期 6～8 月。

产新疆：喀什（采集地不详，高生所西藏队 3062）、疏附、英吉沙、莎车、叶城（柯克亚乡，青藏队吴玉虎 87928；叶河大桥，刘海源 205）、策勒。生于海拔 1 320～2 600 m 的宽谷河滩、池塘边及水稻田中。

分布于我国的新疆、青海、甘肃、宁夏、陕西、西藏、四川、云南、河北、河南、湖北、山东；亚洲北部，北美洲，欧洲，非洲也有。

4. 葱状灯心草 图版 56：8～10

Juncus allioides Franch. in Nouv. Arch. Mus. Hist. Nat. Paris ser. 2. 10：99. 1887；Buchen. in Engl. Pflanzenr. 25（Ⅳ. 36）：229. 1906；西藏植物志 5：515. 图 287. 1987；青海植物志 4：245. 1999；中国植物志 13（3）：177. 图版 41：1～3. 1997；青藏高原维管植物及其生态地理分布 1218. 2008.——*J. concinnus* auct. non D. Don：G. Sam. in Hand. -Mazz. Symb. Sin. 7：1235. 1936；中国高等植物图鉴 5：415. 图 7660. 1976.

多年生草本，稀疏丛生。根状茎短缩，横走，具褐色细弱的须根。茎圆柱形，直立，高 20～45 cm，直径 1.0～1.5 mm，具纵条纹，光滑。叶基生和茎生；低出叶鳞片状，褐色；基生叶通常 1 枚，长可达 30 cm；茎生叶 1 枚，长 1～5 cm；叶片圆柱形，稍压扁，直径 1.0～1.5 mm，具明显横隔膜；叶鞘红褐色，具膜质边缘；叶耳长 2～3 mm，钝圆。头状花序单一顶生，花序较大，直径 1～2 cm，具花多数；苞片 4～6 枚，披针形至卵形，淡黄色至褐色，最下方（1～）2 枚较大，长 1.2～1.5 cm，宽约 2 mm，其余长约 1 cm；小苞片卵形，膜质，长约 2 mm，花具短梗；花被片淡黄色至灰白色，披针形，膜质，长 5～7 mm，具 3 条纵脉，内外轮等长；雄蕊 6 枚，花药淡黄色，线形，长 2～3 mm，花丝长 5～7 mm，伸出花外；雌蕊花柱较长，柱头 3 分叉。蒴果黄褐色，长卵形，长 5～7 mm，有小尖头。种子小，长圆形，长约 1 mm，两端有白色附属物。 花期 6～8 月，果期 7～9 月。

产青海：久治（采集地不详，陈桂琛等 1605；龙卡湖北岸，藏药队 731；康赛乡，吴玉虎 26501、26599）、班玛（马柯河林场灯塔乡，王为义等 27432；马柯河林场五桑苗圃，王为义等 26730；马柯河林场可培苗圃，王为义 27056、27102）。生于海拔 3 200～4 000 m 的沟谷山地高寒灌丛、河谷高寒沼泽湿地。

甘肃：玛曲（齐哈玛大桥，吴玉虎 31776）。生于海拔 3 360 m 左右的沟谷山地高寒灌丛草甸。

分布于我国的青海、甘肃、宁夏、陕西、西藏、四川、云南；克什米尔地区，印度东北部（喀西山）也有。

5. 单枝灯心草 图版 57：1～3

Juncus potaninii Buchen. in Bot. Jahrb. 12：394. 1890；N. E. Brown in Journ. Linn. Soc. Bot. 36：165. 1903；Walker in Contr. U. S. Nat. Herb. 28：602. 1941；中国高等植物图鉴 5：414. 图 7658. 1976；西藏植物志 5：514. 图 285. 1987；中国植物志 13（3）：206. 图版 49：9～11. 1997；青海植物志 4：242. 图版 36：1～3. 1999；青藏高原维管植物及其生态地理分布 1223. 2008.——*J. luzuliformis* Franch. var. *potaninii* Buchen. in Bot. Jahrb. 36（Beibl. 82）：15. 1905，et in Engl. Pflanzenr. 25（Ⅳ. 36）：228. 1906；秦岭植物志 1（1）：312. 图 286. 1976.

图版 **56** 小灯心草 **Juncus bufonius** Linn. 1. 植株；2. 具未成熟果实的花；3. 花被片和雄蕊；4. 种子。小花灯心草 **J. articulatus** Linn. 5. 植株；6. 具成熟果实的花；7. 花被片和雄蕊。葱状灯心草 **J. allioides** Franch. 8. 植株；9. 花；10. 种子。（引自《中国植物志》，蔡淑琴绘）

多年生细弱草本，具密集稍短的须根。茎丛生，高5～15 cm，直立或斜升，纤细，直径约0.3 mm，绿色。叶基生和茎生；低出叶鞘状或鳞片状，褐色；茎生叶常2枚，下面1枚较长；叶片丝状，长5～13 cm，宽0.3～0.5 mm，上面的较短，长2.0～5.5 cm；叶鞘紧密抱茎，边缘膜质；叶耳短，钝圆。头状花序单生于茎顶，通常具2花，稀为1花，偶有3花；苞片2～3枚，宽卵形，膜质，顶端尖，下面2枚基部稍合生；花被片6枚，披针形，长3～4 mm，顶端渐尖，内轮者稍长于外轮，白色或淡黄色；雄蕊6枚，与花被片近等长或稍长，花药浅黄色，线状长圆形，长约1 mm，花丝丝状，长2.5～3.0 mm；花柱长约1 mm，柱头3分叉。蒴果卵状长圆形，稍长于花被，顶端具短尖头，1室，成熟时暗褐色。种子卵形，长约0.5 mm，黄褐色，连同白色附属物长约0.8 mm。　花期6～8月，果期7～9月。

产青海：玛沁（西哈垄河谷，H. B. G. 360）、久治（龙卡湖上段，藏药队766）。生于海拔3 450～3 900 m的山麓岩边或阴坡石崖缝中。

分布于我国的青海、甘肃、宁夏、陕西、西藏、四川、贵州、湖北。模式标本采自甘肃。

采自青海省玛沁县（西哈垄河谷，H. B. G. 360）的标本中，有1株花序与《中国植物志》中描述的不同：①顶生花1朵具长11 mm的花梗，下面有花2朵，具长2.5 mm的花梗；②花序下有1长7 mm的苞片覆盖。而采自青海省久治县（龙卡湖上段，藏药队766）的标本，与《中国植物志》中描述的也有不同：①一丛约有45株，仅1株头状花序有花2朵，其余44株花单生于茎顶；②花各部（苞片、花被片、雌雄蕊）较小，与单花灯心草 *J. perparvus* K. F. W 应为1个类群。是否应合并，有待进一步研究。

6. 金灯心草　图版58：1～2

Juncus kingii Rendle in Journ. Bot. 44：45. 1906；Buchen. in Engl. Pflanzenr. 25（Ⅳ. 36）：265. 1906；G. Sam. in Hand. -Mazz. Symb. Sin. 7：1237. 1936；西藏植物志5：511. 1987；青藏高原维管植物及其生态地理分布1222. 2008.——*J. longibracteatus* A. M. Lu et Z. Y. Zhang in Acta Phytotax. Sin. 17（3）：126. t. 1：5～8. 1979；西藏植物志5：513. 1987.

多年生草本。根状茎长而横走，具纤细、褐色的须根。茎直立，丛生，高8～23 cm，直径约1 mm。叶基生；低出叶鞘状抱茎，长1～3 cm；基生叶1枚，内卷成筒形，长为茎的一半，直径约1 mm，绿色，顶端为褐色硬尖头；叶鞘长1.5～3.0 cm，边缘白色膜质；叶耳钝圆，常带紫红褐色。头状花序单一顶生，近圆球状，直径1.2～1.9 cm，具10～20朵花；苞片2～3枚，卵状披针形，最下面的1枚叶状，长1.5～4.5（～7.0）cm，其余的与花被片等长或稍长；花具短花梗，长约1.5 mm；花被片草黄色，长披针形，膜质，长4.0～5.5 mm，常具1脉，顶端稍尖，内外轮近等长；雄蕊长于花被片，花药黄色，线形，长2.0～2.5 mm，花丝红褐色，长5.0～6.5 mm；雌蕊花柱长

图版 **57** 单枝灯心草 **Juncus potaninii** Buchen. 1. 植株；2. 花； 3.蒴果。展苞灯心草 **J. thomsonii** Buchen. 4. 植株；5. 花；6. 蒴果。贴苞灯心草 **J.triglumis** Linn. 7. 植株； 8. 花； 9. 蒴果。（王颖绘）

2.0～2.5 mm，柱头 3 分叉，长约 1.5 mm。蒴果三棱状卵形，短于花被片，具 3 隔膜，顶端具短尖头，成熟时黄褐色。种子纺锤形，两端的白色附属物极短，长约 1.2 mm。花期 7～8 月，果期 8～9 月。

产青海：玛沁（军功乡，H. B. G. 297A）。生于海拔 3 650 m 左右的沟谷山坡潮湿草地。

分布于我国的青海、西藏、四川、云南；尼泊尔，印度东北部也有。模式标本采自西藏。

本种与长苞灯心草 *J. leucomelas* Royle ex D. Don 非常接近，但植株较高大，高 8～23 cm；根状茎长而横走；叶耳明显，钝圆，淡红褐色；头状花序具较多的花，常 10～20 朵；最下面的 1 枚苞片长 1.5～4.5 cm，有时可达 7 cm，易于区别。

7. 长苞灯心草 图版 58：3～6

Juncus leucomelas Royle ex D. Don in Trans. Linn. Soc. Lond. 18：319. 1840；Hook. f. Fl. Brit. Ind. 6：397. 1894，p. p.；Buchen. in Engl. Pflanzenr. 25（Ⅳ. 36）：225. 1906；Satake in Hara Fl. E. Himal. 403. 1966；Jafri in Nasir et al. Fl. Pakist. 138：7. f. 1. D. 1981；西藏植物志 5：510. 图 283. 1987；新疆植物志 6：474. 1996；中国植物志 13（3）：199. 图版 47：7～10. 1997；青海植物志 4：244. 1999；青藏高原维管植物及其生态地理分布 1222. 2008.

多年生草本。根状茎短，具褐色纤细的须根。茎直立，丛生，高 2.5～15.0 cm，有明显的纵条纹，绿色。叶全部基生；低出叶鞘状或鳞片状，红褐色；基生叶 1～2 枚，叶片线形，折叠，长 0.7～5.0 cm，顶端稍尖，褐色；叶鞘具白色至红褐色膜质边缘；叶耳不明显。头状花序单一顶生，直径 0.5～1.3 cm，有 5～10 朵花；苞片常 3 枚，褐色或淡褐色，卵形至狭披针形，最下面 1 枚叶状，长于花但不超过 2 倍，其余较小，稍短于花；花具长 1.2～2.0 mm 的花梗；花被片 6 枚，淡黄色至白色，披针形，膜质，顶端钝，长约 5 mm，内外轮近等长；雄蕊长于花被片，花药线形，黄色，长约 2.5 mm，花丝长 4.0～5.5 mm，稍带红褐色；雌蕊花柱长约 2 mm，柱头 3 分叉，较短。蒴果卵状长圆形，顶端有短尖头，常短于花被片。种子锯屑状，两端有附属物。 花期 7～8 月，果期 8～9 月。

产新疆：叶城（柯克亚乡，青藏队吴玉虎 87886）、若羌。生于海拔 3 100～4 200 m 的山坡草甸及水溪边。

分布于我国的新疆、甘肃、西藏、四川、云南；克什米尔地区至印度东北部也有。又见于喀喇昆仑山、喜马拉雅山区。

8. 展苞灯心草 图版 57：4～6

Juncus thomsonii Buchen. in Bot. Zeit. 25：148. 1867，et in Engl. Pflanzenr.

图版 **58** 金灯心草 **Juncus kingii** Rendle 1. 植株；2. 花。长苞灯心草 **J. leucomelas** Royle ex D. Don 3. 植株；4. 花；5. 花被片和雄蕊；6. 雌蕊。（引自《中国植物志》，蔡淑琴绘）

25（Ⅳ. 36）：224. 1906；Satake in Ohshi Fl. E. Himal. 3：131. 1975；Jafri in Nasir et al. Fl. Pakist. 138：4. f. 1：E～G. 1981；西藏植物志 5：508. 图 282. 1987；新疆植物志 6：474. 1996；中国植物志 13（3）：198. 图版 46：5～7. 1997；青海植物志 4：244. 图版 36：10～12. 1999；青藏高原维管植物及其生态地理分布 1225. 2008.

多年生草本。根状茎短，具褐色须根。茎直立，丛生，圆柱形，高（3.5～）8.0～20.0（～30.0）cm，直径 0.5～1.0 mm。叶全部基生，通常 2 枚，叶片窄线形，扁平，长 1～8 cm，宽 0.5～0.8 mm，顶端具褐红色胼胝体；叶鞘红褐色，边缘稍膜质；叶耳钝圆。头状花序单一顶生，含 4～8 朵花，直径 4～10 mm；苞片开展，常褐红色，3～4 枚，长 3～7 mm，宽 1～3 mm，顶端钝；花具短梗；花被片 6 枚，淡黄白色、黄色或红褐色，长圆状披针形，顶端钝，长 4～5 mm，等长或内轮略短；雄蕊 6 枚，比花被片稍长或明显伸出，花药线形，黄色，长 1.5～2.0 mm，花丝长 3～6 mm；雌蕊花柱长约 0.8 mm，柱头 3 分叉，线形，长 1.0～2.5 mm，常弯曲。蒴果三棱状椭圆形，长 5～6 mm，顶端具短尖头，成熟时红褐色至黑褐色。种子长圆形，长约 1 mm，锯屑状，连两端白色附属物共长约 2.8 mm。 花期 6～8 月，果期 8～9 月。

产新疆：塔什库尔干（麻扎，高生所西藏队 3217）、皮山（三十里营房，青藏队吴玉虎1182）、若羌。生于海拔 3 700～4 200 m 的沟谷山地沼泽草甸及水沟边。

西藏：日土（班公湖西段，高生所西藏队 3632；上曲龙，高生所西藏队 3485；过巴乡，青藏队吴玉虎 1389；班摩掌，青藏队 76－8759）、改则、班戈（色哇区，青藏队藏北分队 9526）。生于海拔 4 200～5 100 m 的高山沼泽草甸、河谷溪流水旁沟边草地。

青海：兴海（中铁林场卓琼沟，吴玉虎 45684、45727、45781；中铁林场中铁沟，吴玉虎 45702；河卡乡，吴珍兰 80；河卡山，王作宾 20190、郭本兆 6223）、玛多（黄河乡，吴玉虎 1116；黑河乡，陈桂琛 1777）、玛沁（县城郊，玛沁队 004；拉加乡，玛沁队 234；当洛乡，区划一组 040；大武乡，植被地理组 420、H. B. G. 655）、达日（德昂乡，陈桂琛 1648）、甘德、久治（县城郊，陈桂琛 1599；索乎日麻乡，果洛队 371、藏药队 390）、班玛、曲麻莱、称多（歇武乡，刘有义 82－357）。生于海拔 3 200～4 600 m 的沟谷山坡林下潮湿处、河谷高山灌丛、河谷山地高寒草甸、水渠边。

甘肃：玛曲（黄河南，陈桂琛 154）。生于海拔 3 500 m 左右的宽谷滩地高寒草甸。

分布于我国的新疆、青海、甘肃、陕西、西藏、四川、云南；中亚地区各国也有。又见于喜马拉雅山区。

9. 贴苞灯心草 图版 57：7～9

Juncus triglumis Linn. Sp. Pl. 328. 1753；Hook. f. Fl. Brit. Ind. 6：396. 1894；Buchen. in Engl. Pflanzenr. 25（Ⅳ. 36）：224. 1906；Krecz. et Gontsch. in Kom. Fl. URSS 3：522. 1935；Ohwi Fl. Jap. 276. 1956；Satake in Hara. Fl. E.

Himal. 404. 1906；Snogerup in Tutin et al. Fl. Europ. 5：111. 1980；西藏植物志 5：508. 1987；新疆植物志 6：474. 1996；中国植物志 13（3）：196. 图版 46：1～4. 1997；青海植物志 4：245. 1999；青藏高原维管植物及其生态地理分布 1225. 2008.

多年生草本。根状茎短，具褐色须根。茎丛生，直立，高 5～15 cm，圆柱形，直径约 1 mm，光滑。叶全部基生，叶片线形，绿色，长 2～5 cm，具沟槽，宽 0.5～0.7 mm，顶端尖；叶鞘长 1～3 cm，边缘膜质；叶耳钝圆，常带淡红褐色。头状花序单一顶生，直径 3～8 mm，含 3～5 朵花；苞片通常 3 枚，不开展，常紧贴于花被下，宽卵形，长 4.0～6.5 mm，顶端钝圆或稍尖，暗褐色，几等长或有时最下面 1 枚稍长；花被片黄白色或略带红褐色，披针形，长 3.0～4.5 mm，外轮比内轮稍长，膜质，顶端渐尖；雄蕊与花被片近等长，花药长圆形，长 0.7～1.0 mm，淡黄色，花丝长约 3 mm，黄白色，雌蕊花柱短，长 0.5～0.8 mm，柱头 3 分叉，稍长于花柱。蒴果三棱状长圆形，与花被片近等长，顶端具短尖头，成熟时红褐色。种子长圆形，锯屑状，连同两端白色附属物共长约 2 mm。 花期 6～8 月，果期 8～9 月。

产新疆：叶城（柯克亚乡，青藏队吴玉虎 87885）。生于海拔 3 700 m 左右的沟谷山坡高寒草甸。

青海：兴海（大河坝乡，吴玉虎 42608）、玛沁（雪山乡，H. B. G. 477）。生于海拔 3 600～4 600 m 的高山冰缘湿地、沟谷山坡高寒草地、沟谷砾石山坡草甸。

分布于我国的新疆、青海、西藏、四川、云南、山西、河北；克什米尔地区至印度东北部，欧洲，亚洲北部及中部的高山和极地地区，北美洲也有。

采自青海省玛沁县的标本叶片具不太清晰的横隔膜。

10. 假栗花灯心草 图版 59：1～3

Juncus pseudocastaneus（Lingelsh.）G. Sam. in Hand.-Mazz. Symb. Sin. 7：1230. 1936；西藏植物志 5：518. 1987；中国植物志 13（3）：179. 图版 41：4～6. 1997；青海植物志 4：240. 图版 35：5～6. 1999；青藏高原维管植物及其生态地理分布 1224. 2008.——*J. sikkimensis* Hook. f. var. *pseudocastaneus* Lingelsh. apud Limpr. f. in Fedde Repert. Sp. Nov. Beih. 12：316. 1922.

多年生草本。根状茎匍匐，长而稍粗。茎圆柱形，直立，高 13～40 cm，直径 1～2 mm，基部常有残存叶。叶基生和茎生，最下面为低出叶，鳞片状或鞘状，褐色，边缘膜质；基生叶 2～3 枚；叶片圆柱形稍压扁，长 5～15 cm，直径 1～3 mm，顶端渐尖而钝，具横隔膜（有时不太清晰）；叶鞘边缘红褐色；叶耳明显，较小；茎生叶 1 枚，与基生叶相似，但具很清晰的横隔膜。头状花序常 2 个，排列成顶生聚伞花序，花序梗长短不一，每个头状花序含 2～5 朵花；叶状总苞片通常 1 枚，卵状披针形，长 2～6 cm，比花序长，下部褐色，上部绿色；苞片 3～4 枚，卵状披针形，膜质，背部暗褐色，边缘和顶端色较浅，常比花被片短；花具短梗，长 1～3 mm；花被片栗褐色，披针形，边缘和顶端带白色，膜质，外轮花被片长 4.5～7.0 mm，急尖，内轮者较短，长 4～6 mm，稍钝；雄蕊 6 枚，短于花被片，花药比花丝长，线形，淡黄色，长 1.3～2.0 mm，花丝长约 1 mm；雌蕊子房卵形，长约 2.5 mm；花柱长 2～3 mm，在果时比花被片长，柱头 3 分叉，线形，暗褐色，长 3.5～5.5 mm。果实栗黑色，有光亮，三棱状椭圆形，顶端具短尖头，比花被片短。种子锯屑状，长 1.5～2.0 mm，两端具白色近等长的尾状附属物。　花期 6～8 月，果期 8～9 月。

产青海：甘德（上贡麻乡甘德山垭口，H. B. G. 910）、久治（索乎日麻乡，藏药队 516；年保山北坡，果洛队 378、387）。生于海拔 4 100～4 400 m 的沟谷山坡高寒草甸、河滩高寒灌丛、河流溪边草地。

四川：石渠（新荣乡，吴玉虎 29952）。生于海拔 3 900 m 左右的沟谷山地高寒草甸、河谷阶地高寒草甸。

分布于我国的青海、西藏、四川；尼泊尔，印度东北部也有。

11. 锡金灯心草

Juncus sikkimensis Hook. f. Fl. Brit. Ind. 6：399. 1894；Buchen. in Engl. Pflanzenr. 25（Ⅳ. 36）：234. 1906；西藏植物志 5：522. 图 292. 1987；中国植物志 13（3）：217. 图版 52：8～11. 1977；青藏高原维管植物及其生态地理分布 1224. 2008.

多年生草本。根状茎横走，具细弱褐色的须根。茎直立，高 10～25 cm，圆柱形，稍压扁，直径约 1 mm，具纵条纹。叶全部基生；低出叶鞘状，红褐色至棕褐色，顶端呈芒状尖头；基生叶常 2～3 枚，叶片稍压扁，长 5～14 cm，顶端钝尖，具不明显的横隔膜；叶鞘边缘膜质；叶耳长而钝圆。花序假侧生，通常由 2 个头状花序组成，具长短不等的花序梗；总苞片叶状，卵状披针形，长 1.0～2.5 cm，下部黑褐色；头状花序有 2～5 朵花；苞片 2～4 枚，卵形，与头状花序近等长，黑褐色；具花梗；花被片黑褐色，披针形，质地稍厚，长 6～8 mm，外轮者稍长于内轮者，顶端钝，具宽膜质边缘；雄蕊短于花被片，花药黄色，长圆形，长 3～4 mm，花丝黄褐色，宽而短，长 1.0～1.5 mm；雌蕊花柱长 2.5～3.0 mm，柱头长 3.0～4.2 mm，伸出花被外，呈三叉状。蒴果三棱状卵形，稍短于花被片，顶端有小尖头，栗褐色，光亮。种子长圆形，锯屑状，连同两端的白色附属物共长约 2.8 mm。　花果期 6～9 月。

产四川：石渠（甘孜州草原站，采集人不详 080）。生于海拔 4 200 m 左右的沟谷山坡高山草甸。

分布于我国的甘肃、西藏、四川、云南；印度东北部，尼泊尔，不丹也有。

12. 巨灯心草

Juncus giganteus G. Sam. in Acta Hort. Gothob. 3（18）：70. 1927；中国植物志

13（3）：225. 图版 54：1～3. 1997；青藏高原维管植物及其生态地理分布 1221. 2008.

多年生草本。根状茎直伸，具黄褐色较粗的须根。茎直立，高 30～60 cm，圆柱形，直径 2.2～3.0 mm，具纵棱，绿色。叶基生和茎生，基生叶通常 2～4 枚，茎生叶常 1 枚；叶片线状披针形，扁平，长 15～50 cm，宽约 5 mm，具 12～22 条纵向脉纹，脉间有形似小横脉，边缘和下面有很多极微小的点状突起，绿色；叶鞘边缘稍膜质，松弛抱茎，与叶片之间无明显界限；无叶耳。花序常由 15～19 个头状花序组成大而疏散的顶生聚伞花序；花序梗常 3～5 个，从基部分枝，长短不一，长者可达 12 cm；头状花序直径 5～12 mm，具 5～12 朵花；叶状总苞片与叶片甚相似，线状披针形，扁平，常超出花序；头状花序下的苞片披针形，膜质，顶端尖；花下具小苞片，披针形，膜质，短于花；花具长 1～2 mm 的花梗；花被片褐色披针形，边缘膜质，顶端锐尖，具 3 脉，外轮者长约 6 mm，内轮者长约 5 mm；雄蕊短于花被片，花药线形，长约1.5 mm，淡黄色，花丝与花药近等长，下部黄褐色；雌蕊子房长卵形，长约 3 mm；花柱长 1.0～1.5 mm，柱头 3 分叉，线形，长 1.5～2.5 mm，黑褐色。蒴果卵形至长圆形，与花被片等长或稍长，具小尖头，褐色（未成熟）。种子锯屑状，两端具长而狭的白色膜质附属物，共长约 3.5 mm。　花果期 6～8 月。

产青海：兴海（唐乃亥乡，采集人不详 258）。生于海拔 2 800 m 左右的河漫滩水边草甸。

分布于我国的青海、四川。模式标本采自四川。

我们的标本与《中国植物志》中的描述稍有差异：植株稍矮，高 30～60 cm；叶片宽约 5 mm；花序梗长者可达 12 cm。其他特征完全符合本种。

13. 走茎灯心草

Juncus amplifolius A. Camus in Lecomte Not. Syst. 1：281. 1910；G. Sam. in Hand.-Mazz. Symb. Sin. 7：1230. 1936；西藏植物志 5：522. 图 293. 1987；中国植物志 13（3）：224. 图版 52：1～4. 1997；青海植物志 4：240. 1999；青藏高原维管植物及其生态地理分布 1218. 2008.

多年生草本。根状茎横走，具褐色稍粗的须根。茎直立，高 20～40 cm，圆柱形或稍扁平，直径 1～2 mm，具纵条纹。叶基生和茎生；低出叶鞘状或鳞片状，淡红褐色；基生叶长 5～15 cm，宽线形，扁平，宽 2～6 mm，顶端钝尖，纵脉明显；叶鞘紧密抱茎，边缘稍膜质；叶耳不明显；茎生叶 1～2 枚，长 5～10 cm。花序常由 2～4 个头状花序组成聚伞花序，花序梗长短不一；每个头状花序有 3～10 朵花；叶状总苞片 1 枚，长 1～6 cm，苞片数枚，褐色，披针形或卵状披针形，顶端渐尖，长约 5 mm；花具短梗，长 1～2 mm；花被片红褐色至紫褐色，背面中间稍淡，披针形，长 5～6 mm，具膜质边缘，外轮者稍短，呈龙骨状突起，顶端渐尖；雄蕊短于花被片，花药浅黄色，长圆形，长 2.5～3.0 mm，花丝长 1.5～2.0 mm，基部宽扁，褐色；雌蕊花柱长约 2 mm，柱头暗褐色，线形，长 2.0～4.5 mm。蒴果深褐色，长椭圆形，长约 7 mm，伸出花被片外，顶端具短尖头，具 3 隔膜。种子红褐色，卵形，锯屑状，连同两端白色附属物共长 3.0～3.5 mm。 花期 6～7 月，果期 7～9 月。

产四川：石渠（甘孜州草原站，采集人不详 320）。生于海拔 4 200 m 左右的沟谷山地高寒草甸。

分布于我国的青海、甘肃、陕西、西藏、四川、云南。

14. 喜马拉雅灯心草 图版 59：4～7

Juncus himalensis Klotzsch in Klotzsch et Garcke Bot. Reise Prinz Walaemar 60. fig. 97. 1862；Hook. f. Fl. Brit. Ind. 6：398. 1894；Buchen. in Engl. Pflanzenr. 25（Ⅳ. 36.）：234. 1906；西藏植物志 5：521. 1987；中国植物志 13(3)：229. 图版 56：1～4. 1997；青藏高原维管植物及其生态地理分布 1221. 2008.——*J. himalensis* Klotzsch var. *schlagintweitii* Buchen. in Bot. Jahrb. 12：406. 1890；西藏植物志 5：521. 1987；青海植物志 4：241. 1999.

多年生草本。根状茎稍短而斜升，具黄褐色须根。茎直立，高 15～50 cm，圆柱形，较粗壮，直径 1～3 mm，具纵条纹。叶基生和茎生；低出叶较少，鞘状抱茎，红褐色；基生叶 3～4 枚，叶片扁平或对折，长 6～18 cm，宽 3～5 mm；叶鞘长 4～12 cm，基部红褐色；茎生叶 1～2 枚，线形，顶端渐尖，两侧边缘常内卷或对折；叶耳钝或不明显。花序顶生，由 3～7 个头状花序组成为伞房状聚伞花序，头状花序通常密集而叠生，花序梗从基部分枝，常 3～5 个，短缩；头状花序含 3～8 朵花；叶状总苞片 1～2 枚，线状披针形，长于花序，每一花序梗基部具 1 枚披针形苞片，淡褐色；头状花序下具苞片 3～5 枚，通常短于花；每花具梗，长 1～2 mm；花被片褐色或淡褐色，狭披针形，长 5～6 mm，近等长或内轮者稍短，顶端锐尖；雄蕊短于花被片，花药淡黄色至白色，线形，长 1.0～1.5 mm，花丝基部暗褐色，线形，长 2.5～3.5 mm；雌蕊花柱长约 1 mm，柱头长 2.0～2.5 mm。蒴果黄褐色，三棱状长圆形，长 6.0～7.5 mm，顶端渐尖，具长约 1.5 mm 的尖头，具 3 个不完全的隔膜。种子长圆形，顶端和基部具白色附属物，共长 3.0～3.5 mm。 花期 6～7 月，果期 7～9 月。

产青海：兴海（河卡山，王作宾 20196、郭本兆 6362）、玛沁（大武乡，H. B. G. 548；大武至江让途中，植被地理组 489）、称多（拉布乡，苟新京等 83-443）。生于海拔 3 400～4 000 m 的阴坡灌丛、山坡草地、河谷滩地、沼泽。

分布于我国的青海、甘肃、西藏、四川、云南；印度，巴基斯坦，尼泊尔，不丹也有。

本种是一个在头状花序排列、花的大小和蒴果形状等方面多变的种，和栗花灯心草 *J. castaneus* Smith 相似，但有区别。本种植株叶片较宽，聚伞花序由 3～7 个密集而叠

图版 **59** 假栗花灯心草 **Juncus pseudocastaneus** （Lingelsh.） G. Sam. 1. 植株；2. 花；3. 花被片和雄蕊。喜马拉雅灯心草 **J. himalensis** Klotzsch 4. 植株；5. 具未成熟果实的花；6. 花被片和雄蕊；7. 种子。栗花灯心草 **J. castaneus** Smith 8. 植株；9. 具未成熟果实的花；10. 花被片和雄蕊；11. 种子。（引自《中国植物志》，蔡淑琴绘）

生的头状花序组成，雄蕊花丝长 2.5～3.5 mm，蒴果具 3 个不完全的隔膜。

15. 栗花灯心草 图版 59：8～11

Juncus castaneus Smith Fl. Brit. 1：383. 1800；Buchen. in Bot. Jahrb. 12：403. 1890；V. Krecz. et Gontsch. in Kom. Fl. URSS 3：525. t. 30：11. 1935；Snogerup in Tutin et al. Fl. Europ. 5：111. 1980；秦岭植物志 1 (1)：306. 图 279. 1976；内蒙古植物志. 第 2 版 . 5：451. 图版 185：3～5. 1994；中国植物志 13 (3)：227. 图版 55：5～8. 1997；青海植物志 4：241. 图版 35：1～4. 1999；青藏高原维管植物及其生态地理分布 1220. 2008.

多年生草本。根状茎长，具黄褐色须根。茎直立，高 20～60 cm，单生或丛生，圆柱形，直径 2.0～3.5 mm，绿色，具纵沟纹。叶基生和茎生；低出叶鞘状或鳞片状，褐色至红褐色；基生叶 2～4 枚，长 5～20 cm，宽 3～5 mm，边缘常内卷或对折；叶鞘红褐色，边缘膜质，松弛抱茎，无叶耳；茎生叶 1 枚或缺，较短，叶片与基生叶相似，扁平或边缘内卷。顶生聚伞花序由 2～8 个头状花序组成，头状花序梗长短不一，长 1～8 cm；叶状总苞片 1～2 枚，线状披针形，顶端渐尖，常超出花序；头状花序含 4～12 朵花，其基部具 2～3 枚苞片；苞片披针形，膜质，常短于花；花具长约 2 mm 的花梗；花被片淡褐色至暗褐色，披针形，长 4～5 mm，顶端渐尖，外轮者背脊明显，稍长于内轮；雄蕊短于花被片，花药线形，黄色，长 0.8～1.2 mm，花丝线形，长约 2 mm，上部白色，下部黄褐色；雌蕊花柱长 1.0～1.5 mm，柱头 3 分叉，线形，长 2～3 mm。蒴果三棱状长圆形，超出花被片，长 6～7 mm，顶端渐变细而呈喙状，成熟时深褐色。种子长圆形，黄褐色，锯屑状，长约 1 mm，两端各具长约 1 mm 的白色附属物。 花期 7～8月，果期 8～9 月。

产青海：兴海（中铁林场卓琼沟，吴玉虎 45749）、玛沁（优云乡，区划一组 1171；当洛乡，玛沁队 567；当项乡，玛沁队 573；大武至江让途中，吴玉虎 1489；拉加乡，区划二组 182）、达日（建设乡，H. B. G. 1102）、久治（希门错湖畔，果洛队 452；龙卡湖北岸，藏药队 726）、称多（歇武乡，刘有义 83-358）。生于海拔 3 700～4 150 m 的沟谷山地高山灌丛、河谷滩地高寒沼泽草甸、溪流河边沙滩地。

分布于我国的新疆、青海、甘肃、宁夏、陕西、四川、云南、内蒙古、山西、河北、吉林；蒙古，俄罗斯东部，欧洲，北美也有。

八十五　百合科 LILIACEAE

多年生草本，具根状茎或鳞茎，少为半灌木或小灌木。茎或花葶直立或有时攀缘。叶基生或茎生，后者多为互生，少为对生或轮生，通常具弧形平行脉，稀具网状脉。花两性，少为单性异株或杂性，常为辐射对称，少有两侧对称；花被片6枚，稀4枚或多数，离生、稍合生或合生成筒，常为鲜艳的各种色彩，形似花冠；雄蕊与花被片同数，花丝离生或贴生于花被筒上，花药基着或“丁”字状着生，2室，纵裂，稀会合成1室而横裂；心皮合生或有时离生，子房上位，有时半下位，通常3室，中轴胎座，稀为1室而具侧膜胎座，每室具1至多数倒生胚珠。果实通常为蒴果或浆果。种子具胚乳，胚小。

约240属4 000余种。我国有60属600多种，昆仑地区产10属44种。

分属检索表

1. 植株具根状茎。
  2. 叶退化为鳞片；叶状枝（形似叶）很小，针形或丝状，宽在1.5 mm以下，每2～10余枚1簇，生于茎和枝条上 …………………………… **1. 天门冬属 Asparagus** Linn.
  2. 叶为真正的叶，宽而长，互生、对生、轮生，或丛生基部。
    3. 花被片中部以下合生，裂片通常长于筒；蒴果；叶基生，成丛 ………………………………………………………………………………… **2. 粉条儿菜属 Aletris** Linn.
    3. 花被片合生成筒，裂片短于筒，占花被长的1/6或更短；浆果；叶互生、对生或轮生 …………………………………………………… **3. 黄精属 Polygonatum** Mill.
1. 植株具鳞茎。
  4. 花序为伞形花序，外被膜质总苞；植物具葱蒜味；叶鞘闭合 … **4. 葱属 Allium** Linn.
  4. 花序非伞形；植物不具葱蒜味。
    5. 鳞茎由2枚白粉质鳞片组成；花下垂；花被片基部具蜜腺；蒴果棱上具翅 …………………………………………………………………… **5. 贝母属 Fritillaria** Linn.
    5. 鳞茎通常不具白粉质鳞片；花直立或平展斜升；花被片基部不具蜜腺；蒴果棱上不具翅。
      6. 花药“丁”字状着生。
        7. 鳞茎由多数鳞片组成；须根上不具小鳞茎；在花期仅具茎生叶 …………………………………………………………………… **6. 百合属 Lilium** Linn.
        7. 鳞茎稍膨大，如葱白，外被黑褐色的膜质鳞茎皮；须根上有许多珠状小鳞茎；叶基生和茎生 …………… **7. 假百合属 Notholirion** Wall. ex Boiss.

6. 花药基着。
    8. 花大，通常单朵顶生，直立；叶全部茎生；鳞茎较大，通常直径在 1 cm 以上 …………………………………………… **8. 郁金香属 Tulipa** Linn.
    8. 花较小，单生或数朵排成伞房花序，通常平展或斜升；叶基生和茎生；鳞茎较小，通常直径在 1 cm 以下。
        9. 花白色，具深紫色斑纹；花被片在果期枯萎，不增大，通常脱落…… …………………………………………… **9. 洼瓣花属 Lloydia** Salisb.
        9. 花黄绿色，花被片在果期变厚增大，宿存，边缘白色膜质…………… …………………………………………… **10. 顶冰花属 Gagea** Salisb.

1. 天门冬属 Asparagus Linn.

Linn. Sp. Pl. 313. 1753, et Gen. Pl. ed. 5. 147. 1754.

多年生草本或半灌木，直立或攀缘，常具粗厚的根状茎和肉质的须根，有时膨大成块根。小枝近似叶状，称叶状枝，扁平、锐三棱形或近圆柱形，常数枚成簇；在茎、分枝和叶状枝上常有软骨质细齿。叶退化为鳞片状，基部有距或刺。花小，常 1～4 朵腋生，两性或单性；花梗通常具关节；在单性花中雄花具退化雌蕊，雌花具 6 枚退化雄蕊；花被片 6 枚，离生；雄蕊着生于花被片基部，花药矩圆形、卵形或圆形，基部 2 裂，花丝多少贴生于花被片上；花柱明显，柱头 3 裂，子房 3 室。浆果有宿存的花被片。种子少数。

约 300 种。我国有 28 种，昆仑地区产 5 种。

分种检索表

1. 叶状枝扁平，镰刀状，有明显的中脉；花梗丝状，长 14～20 mm；根簇生，纺锤状膨大 …………………………………………… **1. 羊齿天门冬 A. filicinus** Ham. ex D. Don
1. 叶状枝稍扁，圆柱状，无中脉。
    2. 攀缘植物。
        3. 分枝与叶状枝具软骨质齿；须根多，膨大，肉质，圆柱形；花常 2～4 朵腋生；花梗长 2～6 mm ……………………………… **2. 攀缘天门冬 A. brachyphyllus** Turcz.
        3. 叶状枝通常不具软骨质齿；须根细长，不膨大；花每 2 朵腋生；花梗长 5～15 mm …………………………………………… **3. 西北天门冬 A. persicus** Baker
    2. 直立植物。
        4. 淡紫褐色；花梗长 6～12 mm；茎直立，幼枝和叶状枝具软骨质齿；鳞片状叶基部具长 1～3 mm 的刺状距 ……………… **4. 长花天门冬 A. longiflorus** Franch.

4. 花淡黄色；花梗长 4～6 mm（雌花花梗稍长）；茎和分枝稍回折状，细枝不具软骨质齿；鳞片状叶基部无刺 ………………… **5. 折枝天门冬 A. angulofractus** Iljin

1. 羊齿天门冬 图版 60：1～7

Asparagus filicinus Ham. ex D. Don in Prodr. Fl. Nepal. 49. 1825；Baker in Journ. Linn. Soc. Bot. 14：605. 1875；Hook. f. Fl. Brit. Ind. 6：314. 1894；Diels in Bot. Jahrb. 29：245. 1900；秦岭植物志 1（1）：322. 图 299. 1976；中国植物志 15：104. 图版 33：1～2. 1978；西藏植物志 5：579. 1987；青海植物志 4：250. 图版 37：1～7. 1999；青藏高原维管植物及其生态地理分布 1235. 2008.

多年生直立草本。根簇生，从基部开始或在距基部数厘米处呈纺锤状膨大，膨大的小块根长短不一，通常长 2～6 cm，直径约 0.8 cm，幼株的根较细。茎近平滑，高 30～100 cm；分枝常具棱，有时稍具软骨质齿。叶状枝 4～11 枚为 1 簇，镰刀状，扁平，具明显的中脉，长 6～15 mm，宽 1.0～1.5 mm，先端渐尖；鳞片状叶卵状三角形，膜质，基部无刺。花多数，每 1～2 朵腋生，淡绿色或紫色；花梗纤细，丝状，长 14～20 mm，关节位于中部；雄花的花被片长圆形，长约 2.5 mm，先端钝，花药卵形，长 0.5～0.8 mm，花丝不贴生于花被片上；雌花与雄花近等长或稍小。浆果成熟时黑色，球形，直径 5～6 mm，有 2～3 颗种子。 花期 6～7 月，果期 8～9 月。

产青海：班玛（马柯河林场哑巴沟，王为义等 27160）。生于海拔 3 200～3 750 m 的山沟阴湿处、沟谷山麓林缘灌丛。

分布于我国的青海、甘肃、陕西、西藏、四川、云南、贵州、山西、河南、湖北、湖南、浙江；克什米尔地区，尼泊尔，印度东北部，不丹，缅甸，泰国，越南也有。

2. 攀缘天门冬

Asparagus brachyphyllus Turcz. in Bull. Soc. Nat. Mosc. 13：78. 1840；中国植物志 15：116. 图版 37：1～4. 1978；内蒙古植物志. 第 2 版. 5：525. 图版 220：1～2. 1994；青海植物志 4：250. 1999；青藏高原维管植物及其生态地理分布 1234. 2008.

多年生攀缘植物。根状茎粗短，须根多，膨大，圆柱形，粗 8～15 mm。茎近平滑，长 20～60 cm，多分枝；分枝具纵凸纹及软骨质齿。叶状枝 4～10 枚为 1 簇，圆柱形稍扁，有软骨质齿，伸直或弧曲，长 3～12 mm，有时稍长，直径约 0.5 mm；鳞片状叶基部有不明显短刺状距。花淡紫色，通常 2～4 朵腋生；花梗较短，长 2～6 mm，关节位于中部偏上处；雄花的花被长 5～7 mm，雄蕊长为花被的 2/3，花丝中部以下贴生于花被片上；雌花较小，花被长约 3 mm，果期常宿存。浆果成熟时红色，球形，直径 6～7 mm，通常具 4～5 颗种子。 花期 5～6 月，果期 8～9 月。

产青海：兴海（河卡乡羊曲，何廷农 455）。生于海拔 2 580 m 左右的黄河一级阶地上芨芨草丛间。

分布于我国的青海、宁夏、陕西、内蒙古、山西、河北、辽宁、吉林；朝鲜也有。

3. 西北天门冬

Asparagus persicus Baker in Journ. Linn. Soc. Bot. 14：603. 1875；Iljin in Kom. Fl. URSS 4：438. 1935；中国植物志 15：114. 图版 37：4. 1978；Valdes in Tutin et al. Fl. Europ. 5：72. 1980；新疆植物志 6：558. 图版 209：1～2. 1996；青海植物志 4：253. 1999；青藏高原维管植物及其生态地理分布 1235. 2008.

多年生草本。根状茎粗短，发出很多密集的茎。须根较细，不膨大。茎平滑，直立、稍弯曲或近攀缘，高 30～60 cm，茎皮不条裂，绿色；分枝弯曲或直伸，略具条纹或近平滑，不具软骨质齿。叶状枝通常 4～8 枚为 1 簇，圆柱形稍扁，有钝棱，伸直或稍弧曲，长 5～14 mm，宽 0.5～1.0 mm，无软骨质齿；鳞片状叶基部有时具短的刺状距。花红紫色或绿白色，每 2～4 朵腋生；花梗长 5～15 mm（枝下部的更长），关节位于上部或近花被基部；雄花的花被长约 6 mm，花药长圆形，长约 1 mm，黄色，顶端有细尖，花丝中部以下贴生于花被片上；雌花较小，花被长 2.5～3.0 mm，果期常宿存，花梗常比雄花的稍长。浆果熟时红色，球形，直径 6～8 mm，具 5～6 颗种子。 花期 5 月，果期 6～8 月。

产新疆：喀什、和田、且末、若羌（县城附近，高生所西藏队 2987、3011，雌株）。生于海拔 960 m 左右的村庄及田边的绿篱上。

青海：冷湖（镇西 10 km 处的湖畔，青甘队 538）。生于海拔 2 790 m 左右的高寒荒漠戈壁宽谷湖边。

分布于我国的新疆、青海、甘肃、宁夏、内蒙古；伊朗，蒙古，俄罗斯西伯利亚，中亚地区各国，欧洲，哈萨克斯坦西部也有。

4. 长花天门冬 图版 60：8～11

Asparagus longiflorus Franch. in Nouv. Arch. Mus. Paris ser. 2. 7：110. 1884；中国植物志 15：117. 1978；青海植物志 4：252. 图版 37：13～16. 1999；青藏高原维管植物及其生态地理分布 1235. 2008.

多年生草本。根状茎粗短；根不膨大，较细，直径 2～3 mm。茎直立，高达70 cm，通常中部以下平滑，中部以上多分枝，多少具棱并稍有软骨质齿；分枝平展或斜升，具棱和软骨质齿，嫩枝更明显。叶状枝 4～10 枚 1 簇，贴生或张开，扁圆柱形，通常伸直，不弯曲，先端尖，长 5～10 mm，较细，宽不足 1 mm，具棱，软骨质齿很少；茎上的鳞片状叶基部具长 1～3 mm 的刺状距，在幼枝上的刺状距短或有时不明显。花淡紫褐色，通常每 2 朵腋生；花梗纤细，长 6～12 mm，关节位于中部或偏上部；雄花的花被长 6～8 mm，花被片长圆形，先端钝，花药长圆形，长约 1 mm，花丝中部以下贴生于花被片上；雌花较小，花被长约 3 mm。浆果熟时红色，球形，直径 6～8 mm，通常具 4 颗种子。 花果期 6～9 月。

图版 **60** 羊齿天门冬 **Asparagus filicinus** Ham. ex D. Don 1. 根；2. 果枝；3. 花枝；4. 叶；5. 花侧面观；6. 花被片展开；7. 果实。长花天门冬 **A. longiflorus** Franch. 8. 根；9. 花枝；10. 叶；11. 花被纵剖。（阎翠兰绘）

产青海：称多（歇武乡赛巴沟，刘尚武 2527）。生于海拔 3 500 m 左右的沟谷山地半阴坡高寒草甸。

分布于我国的青海、甘肃、陕西、山西、河北、河南、山东。

5. 折枝天门冬

Asparagus angulofractus Iljin in Kom. Fl. URSS 4：432. 1935；Grub. Pl. Asiae Centr. 7：78. 1977；中国植物志 15：114. 图版 36：2～3. 1978；新疆植物志 6：559. 图版 209：3～4. 1996；青藏高原维管植物及其生态地理分布 1234. 2008.

多年生直立草本。根较粗，直径可达 1 cm，有时横走，具许多较粗的须根。茎高 20～40 cm，茎和分枝平滑，稍回折状，分枝有时具不明显的条纹。叶状枝 1～5 枚成簇，通常平展，和分枝构成直角或下倾成钝角，近扁的圆柱形，具不明显的棱，伸直或略弧曲，通常长 1～3 cm，粗 1.0～1.5 mm；鳞片状叶基部无刺。花通常 2 朵腋生，淡黄色。雄花狭钟状，花梗长 4～6 mm，与花被近等长，关节位于近中部或上部；花被裂片卵圆形，与花冠筒近等长，长 3.0～3.5 mm，先端钝，色较筒部淡；花药长圆形，淡黄色，长约 1 mm；花丝扁，中部以下贴生于花被上。雌花的花被长 3～4 mm，果期常宿存，花梗常较雄花的稍长，关节位于上部或紧靠花被基部。浆果圆球形，成熟后呈红色，直径约 6 mm。种子 2～3 粒。 花期 5～7 月，果期 7～8 月。

产新疆：乌恰（巴尔库提，采集人不详 9708）、疏附、疏勒（卡扎克拉，采集人不详 002）、莎车（阿瓦提附近，王焕存 028）、叶城（昆仑山，高生所西藏队 3336，雄株；柯克亚乡，青藏队吴玉虎 87752，雌株；普沙，青藏队吴玉虎 87974，雄株）、皮山（垴阿巴提乡布琼，青藏队吴玉虎 2455，雄株）、策勒（县城郊，采集人和采集号不详）、且末、若羌。生于海拔 1 350～3 040 m 的沟谷山坡和荒漠的砂质地。

分布于我国的新疆；中亚地区各国也有。

采自叶城县普沙的标本，花的颜色有些不同，花被片背面中部紫红色，其余黄色。

2. 粉条儿菜属 Aletris Linn.

Linn. Sp. Pl. 319. 1753.

多年生草本。具根状茎，其上通常簇生很多细长的纤维状根。叶基生，成丛，条形或条状披针形，中脉明显且较粗。花葶从叶丛中抽出，不分枝，通常中下部具数枚苞片状叶。总状花序；花梗短；苞片位于花梗的基部至上端；花小，花被钟形或坛状，下部与子房合生，从中部向上分裂，裂片 6 枚，镊合状排列；雄蕊 6 枚，着生于花被裂片的基部或花被筒上，花丝短，花药基着，半内向开裂；子房半下位，3 室，每室具多数胚珠，花柱短，具 3 裂的柱头。蒴果包藏于宿存的花被里，室背开裂，具多数细小的种子。

约有 17 种。我国有 15 种，昆仑地区产 1 种。

1. 无毛粉条儿菜 图版 61：1～3

Aletris glabra Bur. et Franch. in Journ. de Bot. 5：156. 1891，et 10：197. 1896；中国植物志 15：171. 图版 57：1～3. 1978；西藏植物志 5：586. 图 311. 1987；青海植物志 4：261. 1999；青藏高原维管植物及其生态地理分布 1227. 2008.

多年生草本，具细长的纤维根。叶簇生，条形或条状披针形，有时呈镰刀状弯曲，长 8～25 cm，宽 5～8 mm，先端渐尖，干时叶脉明显。花葶高 45～60 cm，无毛，中下部具苞片状叶，苞片叶长达 9 cm；总状花序长约 15 cm，具多数花，上部稍密生，下部较疏离；花梗长 1～3 mm；苞片 2 枚，其中 1 枚位于基部，比较大，另 1 枚生于顶部，极小；花被坛状，无毛，黄绿色，长约 4 mm，浅裂不达中部；裂片披针状锥形，长约 2 mm，膜质，有 1 条明显的绿色中脉；雄蕊着生于裂片基部，花药卵形，长约 0.4 mm，花丝极短；子房卵形，花柱极短。蒴果卵形，长 3～5 mm，外面无毛。种子很小，多数。 花果期 8 月。

产青海：班玛（马柯河林场，王为义等 27069）。生于海拔 3 200～3 700 m 的沟谷山坡林场苗圃。

分布于我国的青海、甘肃、陕西、西藏、四川、云南、贵州、湖北、福建、台湾；印度东北部也有。

3. 黄精属 Polygonatum Mill.

Mill. Gard. Dict. Abridg. ed. 4. 1754.

多年生草本。根状茎圆柱状或连珠状。茎不分枝，基部具膜质的鞘，直立或上部下弯成拱形。叶互生、对生或轮生，全缘。花生叶腋间，单生或 2～4 花组成花序，稀全株仅 1 朵花；花被片 6 枚，合生成筒，裂片顶端外面通常具乳突状毛，花被筒基部与子房贴生，呈小柄状，并与花梗之间具 1 关节；雄蕊 6 枚，内藏，花丝下部贴生于花被筒基部，离生，丝状或两侧扁，花药长圆形至条形，基部 2 裂；子房 3 室，花柱丝状，不伸出花被之外，柱头小。浆果近球形。

约 46 种。我国有 37 种，昆仑地区产 3 种。

分种检索表

1. 花被淡黄色或白色，长 15～22 mm；全株通常仅具 1 花；植株矮小，高 2～5 cm ……
………………………………………… **1. 青海黄精 P. qinghaiense** Z. L. Wu et Y. C. Yang

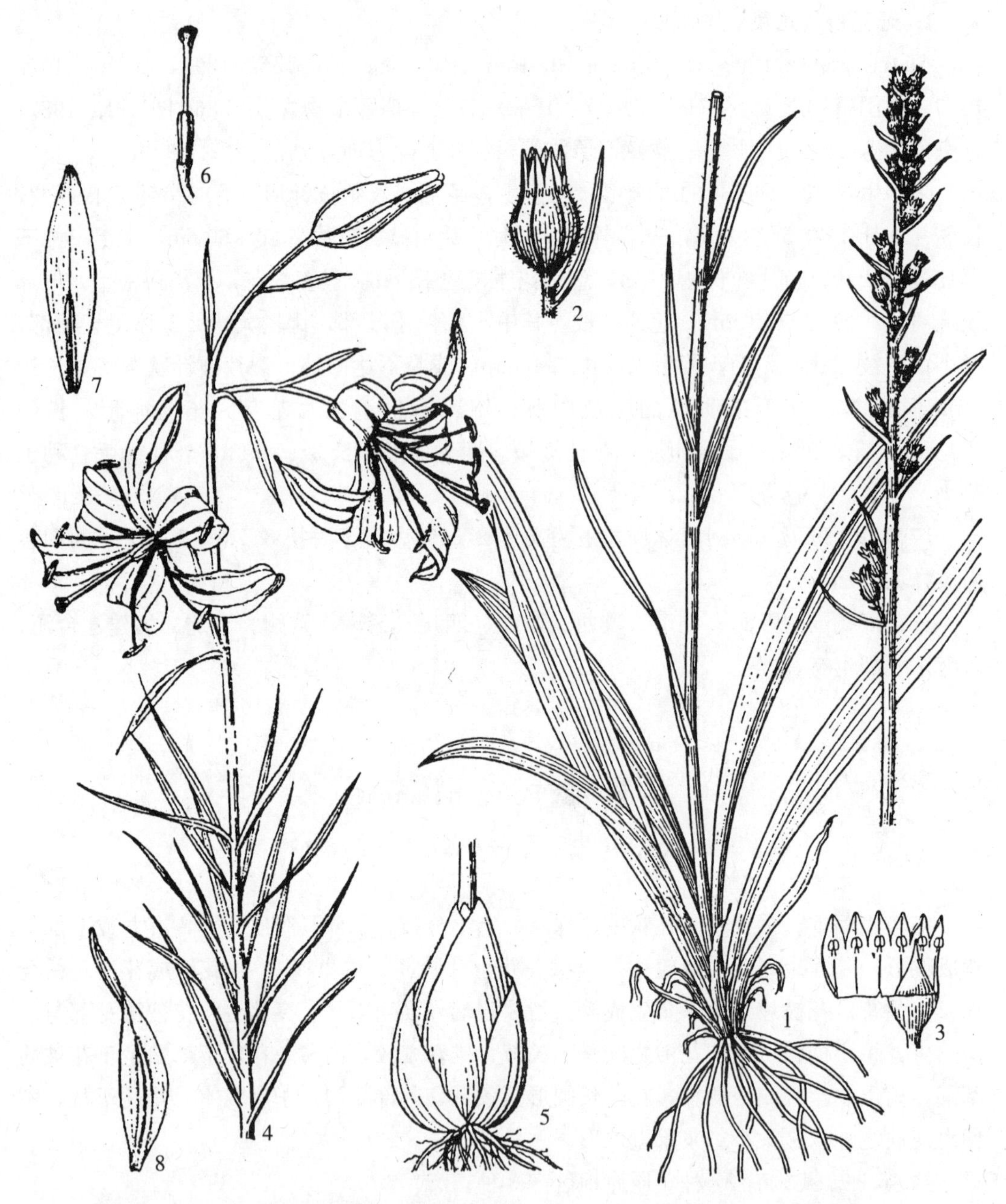

图版 **61** 无毛粉条儿菜 **Aletris glabra** Bur. et Franch. 1. 植株；2. 花；3. 花被纵剖。山丹 **Lilium pumilum** DC. 4. 植株上部；5. 鳞茎；6. 雄蕊；7. 外花被片；8. 内花被片。(引自《中国植物志》，王金凤、张泰利绘)

1. 花被紫红色或淡紫色，长 6～10 mm；花单生叶腋或 2～4 朵组成花序；植株较前种高。
   2. 叶先端卷曲成环或钩状 …………………… **2. 卷叶黄精 P. cirrhifolium**（Wall.）Royle
   2. 叶先端不卷曲……………………………… **3. 轮叶黄精 P. verticillatum**（Linn.）All.

1. 青海黄精 图版 62：1～2

Polygonatum qinghaiense Z. L. Wu et Y. C. Yang in Acta Bot. Bor.-Occ. Sin. 25（10）：288. 2005；青藏高原维管植物及其生态地理分布 1248. 2008.

多年生草本，株高 2～5 cm。根状茎细长，平卧，圆柱形，直径 3～4 mm，顶端具 1 枚肉质芽。茎的地下部分白色，圆柱形，直立，细长，长达 6 cm；地上部分稍伸长，具节，无毛。叶 3～6 枚，稍厚，长圆形或狭椭圆形，长 1.6～4.5 cm，宽 4～12 mm，下部互生，上部轮生，生于茎的顶端；低出叶 1～2 枚，白色膜质，卵圆形或披针形，对生，生于地上茎的基部；无叶柄。全株通常仅 1 花，偶有 2 花，单生于下部的叶腋；花淡黄色或白色；花梗短，长 2～5 mm；花被筒状，长 15～22 mm；裂片 6 枚，狭披针状长圆形，与筒部等长，先端具乳突状的毛；筒部直径 2～4 mm；雄蕊 6 枚，着生于花被近喉部，花药长圆形，长 1.5～2.0 mm，近基部背着，花丝很短，长约 1 mm；子房球形，长 2～3 mm，花柱长约 2 mm。浆果球形，直径约 6 mm（未成熟）。 花期 6 月，果期 7～9 月。

产青海：玛沁（县城郊，玛沁队 027；大武滩，植被地理队 513；大武河对岸，吴玉虎1513）、达日（建设乡，H. B. G. 1160）、久治（县城郊，藏药队 182、果洛队 046）。生于海拔 3 650～4 100 m 的河滩草地、沟谷沙地及山坡草地。

青海特有种。模式标本采自青海省玛沁县。

2. 卷叶黄精 图版 62：3～5

Polygonatum cirrhifolium（Wall.）Royle Ill. Bot. Himal. 380. 1839；Hooker. f. Fl. Brit. Ind. 6：322. 1894；秦岭植物志 1（1）：347. 图 331. 1976；中国植物志 15：78. 图版 27：1～2. 1978；西藏植物志 5：573. 1987；青海植物志 4：259. 图版 39：5～7. 1999；青藏高原维管植物及其生态地理分布 1247. 2008.——*Convallaria cirrhifolia* Wall. in Asiat. Res. 13：382. cum tab. 1820.

多年生草本，株高 15～70 cm。根状茎粗厚，圆柱状或连珠状，直径可达 1 cm 或节部达 2 cm，长达 7 cm。茎直立，直径 2～8 mm。叶通常 3～6 枚在茎上部轮生，多轮，中部者 3 叶轮生、对生或有时互生，线状披针形至狭披针形，长 3～12 cm，宽 2～8 mm，先端卷曲成环或钩状，边缘常外卷且具细小齿，基部狭缩成短柄，茎下部常无叶。花序腋生，通常具 2 花，有时多至 4 花；总花序梗长 4～10 mm，花梗长 2～8 mm，纤细，下垂；苞片白色膜质，线形，位于花梗基部，长 1～2 mm，在花期不脱落；花被紫红色或淡紫色，筒状，中部稍狭，长 6～8 mm，直径 2～3 mm，6 裂，裂片长 1.5～

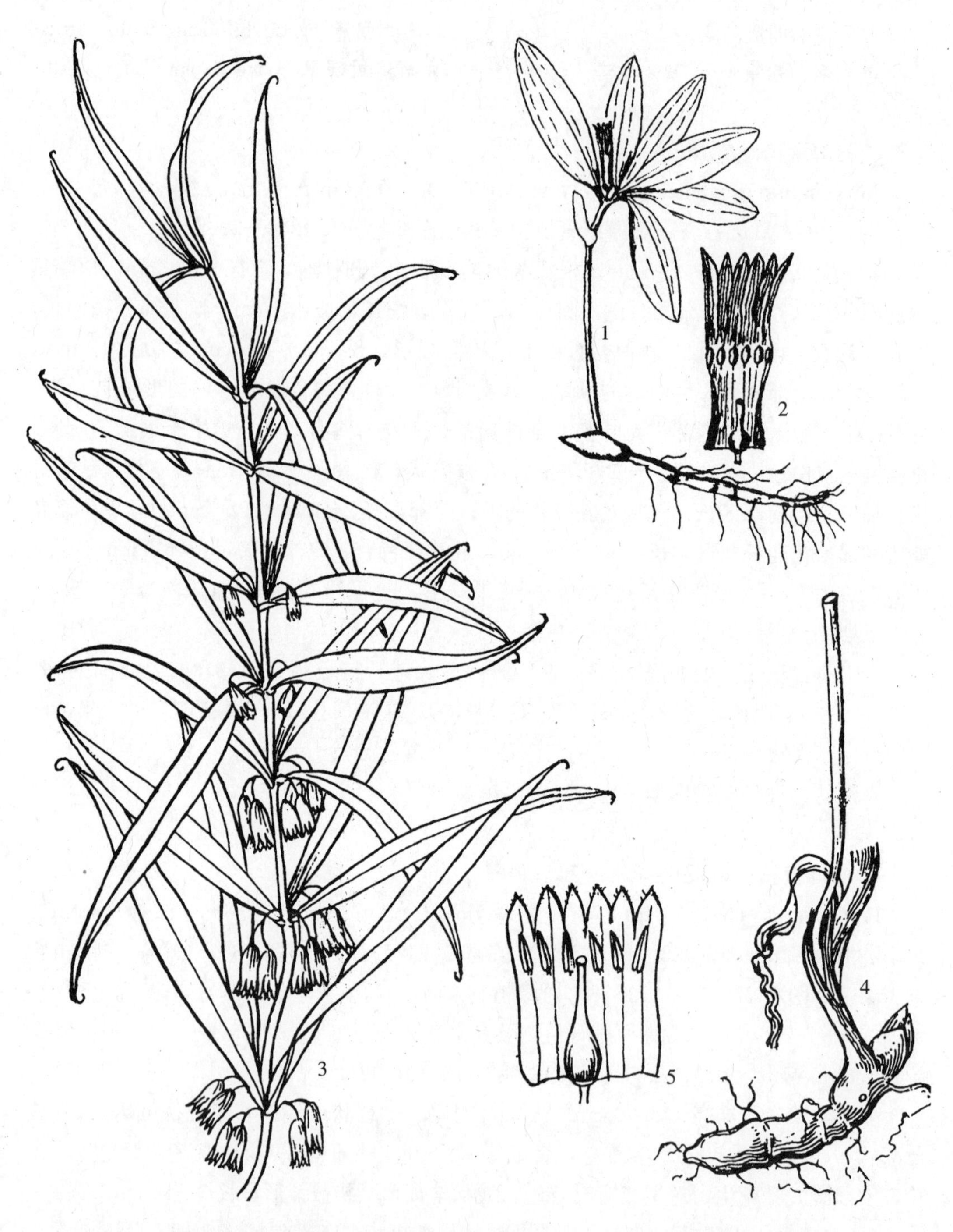

图版 **62** 青海黄精 **Polygonatum qinghaiense** Z. L. Wu et Y. C. Yang 1. 植株；2. 花被纵剖。卷叶黄精 **P. cirrhifolium**（Wall.）Royle 3. 植株上部；4.植株下部；5. 花被纵剖。（阎翠兰绘）

2.0 mm，先端有乳突状短毛；雄蕊 6 枚，生于花被筒中部以上，花丝短，长约 0.8 mm，花药长圆形，长 1.8～2.5 mm；子房近球形，长 1.8～2.5 mm，花柱近等长于子房。浆果球形，红色，直径约 7 mm，内含种子数粒。 花期 6～7 月，果期 7～9 月。

产青海：兴海（中铁林场卓琼沟，吴玉虎 45747；中铁乡前滩，吴玉虎 45362、45372、45463、45472；中铁林场恰登沟，吴玉虎 44910、44914、45174、45221、45238、45290；河卡乡，采集人不详 376）、称多（称文乡，刘尚武 2285）、玛沁（尕柯河，玛沁队 113；拉加乡，吴玉虎 6085；军功乡，吴玉虎 4661、区划二组 081）、久治（县城附近，果洛队 666；智青松多镇沙柯，藏药队 875）、班玛（马柯河林场，王为义等 27287、27451）。生于海拔 3 080～3 800 m 的沟谷林下、山坡林缘灌丛草地、高山碎石地及山坡草丛、山沟高寒杂类草草甸。

分布于我国的青海、甘肃、宁夏、陕西、西藏、四川、云南；印度东北部和北部，尼泊尔，不丹也有。

3. 轮叶黄精

Polygonatum verticillatum（Linn.）All. Fl. Pedem. 1：131. 1785；Hooker. f. Fl. Brit. Ind. 6：321. 1894；秦岭植物志 1（1）：345. 图 329. 1979；中国植物志 15：72. 图版 24：1～2. 1978；西藏植物志 5：573. 1987；青海植物志 4：259. 1999；青藏高原维管植物及其生态地理分布 1248. 2008.——*Convallaria verticillata* Linn. Sp. Pl. 315. 1753.

多年生草本，株高 20～60 cm。根状茎下部增厚，上部渐狭，通常为近圆柱形的连珠状。茎由根状茎先端伸出，基部具白色膜质鞘，中部有薄纸质的先出叶 1 枚，具条棱。叶 3 枚轮生，兼有对生或互生，或全为对生和互生，长圆状披针形、披针形或线形，长 4～7 cm，宽 4～7 mm，先端渐尖，不卷曲，基部渐狭成短柄。花多单生或 2 花；总花梗长约 4 mm，花梗纤细，下垂，长约 5 mm；苞片小，早落；花被紫红色或淡紫色，长 8～10 mm，筒部直径 2～3 mm，先端 6 裂，裂片长 2～3 mm，端钝，有乳突状短毛；雄蕊着生于花被近喉部，花丝长约 1 mm，花药长约 2 mm；子房卵状球形，长约 3 mm，与花柱等长。浆果球形，红色，直径约 6 mm（未成熟）。 花期 6～7 月，果期 7～9 月。

产青海：玛沁（大武乡江让，吴玉虎 1470、植被地理组 470）、班玛（马柯河林场，王为义等 27240）。生于海拔 3 300～3 650 m 的沟谷山地阴坡灌丛、山坡草地。

分布于我国的青海、甘肃、陕西、西藏、四川、云南；欧洲经西南亚至中亚地区各国，阿富汗，克什米尔地区也有。又见于喜马拉雅山区。

4. 葱属 **Allium** Linn.

Linn. Sp. Pl. 294. 1753.

多年生草本。植物体具葱蒜气味；具根状茎或根状茎不甚明显；地下部分的肥厚叶鞘形成鳞茎。鳞茎呈各种形状，从圆柱形直至球形，最外面的为鳞茎外皮，膜质或革质，分裂或不分裂。叶形多样，从扁平的狭条形至卵圆形，从实心到中空的圆柱形；通常无叶柄，极少有明显叶柄。花葶常中空，裸露或下部具叶鞘；伞形花序顶生，开花前外被总苞；开花时总苞开裂，早落或宿存；花梗无关节，基部具小苞片或否；花两性，花被片 6 枚，两轮排列，分离或基部靠合成管状；雄蕊 6 枚，排成两轮，花丝全缘或基部扩大而每侧具齿，通常基部彼此合生并与花被片贴生，有时合生部位较高成为筒状；子房 3 室，每室各具 1 至数个胚珠，基部常具形状多样的蜜腺，花柱单一，柱头全缘或 3 裂。蒴果室背开裂。种子黑色。

约有 500 种。我国有 110 种，昆仑地区产 22 种。

分种检索表

1. 叶通常 2 枚，扁平，长披针形或椭圆状披针形，宽 0.5～3.5 cm，基部渐收窄为不明显的叶柄；子房基部收窄成短柄，每室具 1 枚胚珠；鳞茎外皮破裂成纤维状，形成明显的网状 ………………… **1. 太白韭 A. prattii** C. H. Wright apud Forb. et Hemsl.
1. 叶多枚，条形、半圆柱形、圆柱形，实心或中空，基部不收窄为叶柄；子房通常每室具 2 枚胚珠。
    2. 花天蓝色或深蓝色；鳞茎数枚丛生，细圆柱形。
        3. 叶条形，扁平；花被片长 5～10 mm；花丝较花被片短，内藏 ……………………………………………………………………… **2. 高山韭 A. sikkimense** Baker
        3. 叶半圆柱形；花被片长 4～5 mm；花丝较花被片长，伸出花被外 ……………………………………………………………………… **3. 天蓝韭 A. cyaneum** Regel
    2. 花为紫红色、白色或黄色。
        4. 鳞茎常单生，卵形或卵球形；花柱细长，伸出花被外。
            5. 花梗与花被片等长或稍长；子房基部无蜜腺 ……………………………………………………………… **4. 头花韭 A. glomeratum** Prokh.
            5. 花梗较花被片长 2～4 倍；子房基部具蜜腺。
                6. 叶半圆柱形，上面具纵沟纹；花梗基部无小苞片；内轮花丝的基部扩大，常每侧各具 1 齿 ……………………………… **5. 小山蒜 A. pallasii** Murr.

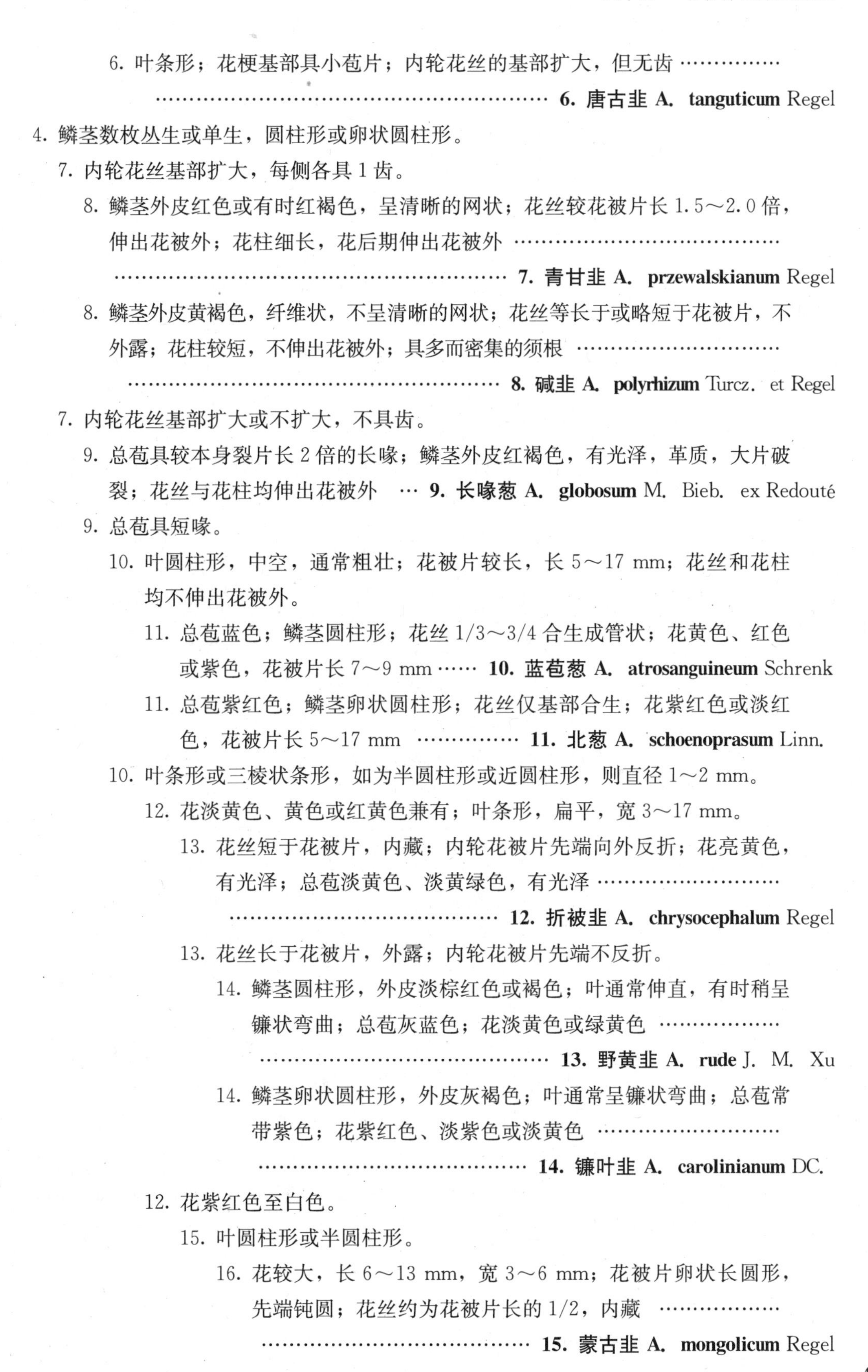

6. 叶条形；花梗基部具小苞片；内轮花丝的基部扩大，但无齿 ……………………………………………………………………… **6. 唐古韭 A. tanguticum** Regel

4. 鳞茎数枚丛生或单生，圆柱形或卵状圆柱形。

7. 内轮花丝基部扩大，每侧各具 1 齿。

8. 鳞茎外皮红色或有时红褐色，呈清晰的网状；花丝较花被片长 1.5～2.0 倍，伸出花被外；花柱细长，花后期伸出花被外 ……………………………………………………………………… **7. 青甘韭 A. przewalskianum** Regel

8. 鳞茎外皮黄褐色，纤维状，不呈清晰的网状；花丝等长于或略短于花被片，不外露；花柱较短，不伸出花被外；具多而密集的须根 ……………………………………………………………………… **8. 碱韭 A. polyrhizum** Turcz. et Regel

7. 内轮花丝基部扩大或不扩大，不具齿。

9. 总苞具较本身裂片长 2 倍的长喙；鳞茎外皮红褐色，有光泽，革质，大片破裂；花丝与花柱均伸出花被外 … **9. 长喙葱 A. globosum** M. Bieb. ex Redouté

9. 总苞具短喙。

10. 叶圆柱形，中空，通常粗壮；花被片较长，长 5～17 mm；花丝和花柱均不伸出花被外。

11. 总苞蓝色；鳞茎圆柱形；花丝 1/3～3/4 合生成管状；花黄色、红色或紫色，花被片长 7～9 mm …… **10. 蓝苞葱 A. atrosanguineum** Schrenk

11. 总苞紫红色；鳞茎卵状圆柱形；花丝仅基部合生；花紫红色或淡红色，花被片长 5～17 mm …………… **11. 北葱 A. schoenoprasum** Linn.

10. 叶条形或三棱状条形，如为半圆柱形或近圆柱形，则直径 1～2 mm。

12. 花淡黄色、黄色或红黄色兼有；叶条形，扁平，宽 3～17 mm。

13. 花丝短于花被片，内藏；内轮花被片先端向外反折；花亮黄色，有光泽；总苞淡黄色、淡黄绿色，有光泽 ……………………………………………………………………… **12. 折被韭 A. chrysocephalum** Regel

13. 花丝长于花被片，外露；内轮花被片先端不反折。

14. 鳞茎圆柱形，外皮淡棕红色或褐色；叶通常伸直，有时稍呈镰状弯曲；总苞灰蓝色；花淡黄色或绿黄色 ……………………………………………………………………… **13. 野黄韭 A. rude** J. M. Xu

14. 鳞茎卵状圆柱形，外皮灰褐色；叶通常呈镰状弯曲；总苞常带紫色；花紫红色、淡紫色或淡黄色 ……………………………………………………………………… **14. 镰叶韭 A. carolinianum** DC.

12. 花紫红色至白色。

15. 叶圆柱形或半圆柱形。

16. 花较大，长 6～13 mm，宽 3～6 mm；花被片卵状长圆形，先端钝圆；花丝约为花被片长的 1/2，内藏 ……………………………………………………………………… **15. 蒙古韭 A. mongolicum** Regel

16. 花较小，长 3.5～7.0 mm，宽 1.5～2.5 mm；花被片披针形、长圆状披针形或卵形、长圆形，先端常具短尖头。

17. 鳞茎外皮褐色；花丝较花被片短，内轮花丝分离部分的基部呈三角形扩大，向上突然收缩成锥形；花柱短，内藏 …………………………… **16. 褐皮韭 A. korolkowii** Regel

17. 鳞茎外皮棕色或红褐色；花丝较花被片长 1.5 倍，外露，分离部分锥形；花柱细长，伸出花被外 ………… ……………………………… **17. 石生韭 A. caricoides** Regel

15. 叶条形，扁平，或三棱状条形，且中空。

18. 花白色或淡红色；花丝为花被片长的 1/2～3/4；花柱短，不伸出花被外；鳞茎外皮黄褐色。

19. 鳞茎外皮破裂成纤维状，形成清晰的网状；花被片倒卵状椭圆形或倒卵状宽椭圆形，先端具反折的对折小尖头；叶条形，扁平 …… **18. 滩地韭 A. oreoprasum** Schrenk

19. 鳞茎外皮破裂成纤维状，呈近网状；花被片长圆状倒卵形或长圆状披针形，先端尖或钝圆，不具反折的对折小尖头；叶三棱状条形，中空 … **19. 野韭 A. ramosum** Linn.

18. 花深紫色、紫红色或淡红色。

20. 花紫红色或深紫色；花被片长圆形或椭圆形，宽 2～4 mm，先端钝圆；花丝和花柱均较花被片短，内藏；鳞茎具许多粗根，外皮灰褐色 …………………………… ………… **20. 杯花韭 A. cyathophorum** Bur. et Franch.

20. 花淡红色或紫红色；花被片较窄，宽 1.5～2.0 mm，先端尖或钝圆；花丝和花柱均较花被片长，伸出花被外。

21. 鳞茎外皮深褐色或黑色，膜质或纸质，无光泽；叶宽 3～14 mm，常弯曲；花被片披针形或条状披针形，长 6～8 mm，有光泽 ………………………… …………………… **21. 宽苞韭 A. platyspathum** Schrenk

21. 鳞茎外皮红褐色，革质，有光泽，片状开裂；叶细，宽 2～3 mm，直伸；花被片狭长圆状椭圆形，长 4～5 mm，无光泽 …………………………………… ………………… **22. 北疆韭 A. hymenorrhizum** Ledeb.

1. 太白韭 图版 63：1～3

Allium prattii C. H. Wright apud Forb. et Hemsl. in Journ. Linn. Soc. Bot. 36：124. 1903；Hand.-Mazz. Symb. Sin. 7：1196. 1936；秦岭植物志 1（1）：375.

图版 **63** 太白韭 **Allium prattii** C. H. Wright apud Forb. et Hemsl. 1. 植株外形；2. 花被片和花丝；3. 子房。蒙古韭 **A. mongolicum** Regel 4. 植株；5. 部分花被片和花丝；6. 雄蕊。（引自《中国植物 志》，王金凤绘）

图 364. 1976；中国植物志 14：207. 图 30. 1980；西藏植物志 5：552. 图 302：1～3. 1987；青海植物志 4：270. 1999；青藏高原维管植物及其生态地理分布 1232. 2008.

多年生草本，株高 10～50 cm。鳞茎常单生，有时 2～3 枚聚生，近圆柱状；鳞茎外皮黄褐色、灰褐色或黑褐色，分裂成纤维状，形成明显的网状。叶通常 2 枚，稀 3 枚，近似对生或互生，长披针形或椭圆状披针形，较花葶短，长达 38 cm，宽 0.5～3.5 cm，先端渐尖，基部渐尖收窄为不明显的叶柄，有时为紫红色。花葶圆柱形，直径 2～5 mm，下部被叶鞘；总苞 1～2 枚，宿存；伞形花序球形，具多而密集的花；花梗近等长，果期花梗延伸，长达 3 cm，无小苞片；花紫红色或淡红色；花被片长圆形或卵状长圆形，长 4～6 mm，宽约 1.5 mm，先端钝，外轮者花被片较宽稍短，先端凹缺；花丝较花被片长，伸出花被外，基部合生并与花被片贴生，内轮花丝狭卵状长三角形，基部扩大，外轮者锥形；子房球形，具 3 圆棱，基部收狭成短柄。蒴果开裂，每室具 1 枚种子。　花期 7 月，果期 8～9 月。

产青海：曲麻莱（巴干乡，刘尚武、黄荣福 906）、称多（毛洼营，刘尚武 2370）。生于海拔 4 100～4 400 m 的沟谷山地阴坡灌丛中。

四川：石渠（长沙贡玛乡，吴玉虎 29673、29680、29705；新荣乡，吴玉虎 29978、30002、30012）。生于海拔 4 000～4 100 m 的宽谷河滩、山地岩石缝隙、山坡灌木丛中。

分布于我国的青海、甘肃、陕西、西藏、四川、云南、河南、安徽；尼泊尔，印度东北部，不丹也有。

2. 高山韭

Allium sikkimense Baker in Journ. Bot. 12：292. 1874；Hook. f. Fl. Brit. Ind. 6：341. 1894；秦岭植物志 1（1）：375. 图 365. 1976；中国植物志 14：229. 图 53. 1980；西藏植物志 5：556. 1987；青海植物志 4：270. 图版 42：3～5. 1999；青藏高原维管植物及其生态地理分布 1233. 2008.

多年生草本，株高 8～40 cm。鳞茎数枚丛生或单生，细圆柱形；鳞茎外皮淡褐色或深褐色，破裂成纤维状，下部近网状。叶条形，扁平，比花葶短，宽 2～5 mm，上面具沟纹。花葶圆柱形，下部被叶鞘；伞形花序半球形，常具多数花，有时花较少；总苞花蕾期白色或红色，膜质，先端具细尖，单侧开裂，花展开时脱落；花梗近等长，较花被片短或等长，基部无小苞片；花钟状，天蓝色或深蓝色（花初放时，花被片周边白色，中间蓝色）；花被片卵状披针形、卵形或卵状长圆形，长 5～10 mm，宽 3～4 mm，先端钝或稍尖，具蓝色的中脉，内轮较外轮花被片稍长略宽；花丝蓝色，等长，为花被片长的 1/2～2/3，基部扩大，宽而扁，合生并与花被片贴生；子房近球形，基部具蜜腺，花柱线形，较子房短或近等长，内藏，柱头头状。　花期 7～8 月。

产青海：玛沁（雪山乡，玛沁队 420、H. B. G. 409；东倾沟乡，区划三组 181；拉加乡，区划二组 210；优云乡隆纳合，区划一组 157）、达日（吉迈乡，吴玉虎 27054、

H. B. G. 1266；德昂乡，陈桂琛等 1641）、甘德（上贡麻乡，H. B. G. 998）、久治（希门错湖，果洛队 480；康赛乡，吴玉虎 26510、31701；索乎日麻乡，果洛队 348、藏药队 507）、玛多（黑海乡醉马滩，陈世龙 519）。生于海拔 3 600～4 600 m 的山坡草地、高山流石滩、灌丛草甸及沼泽湿地、湖边沙砾滩地。

四川：石渠（红旗乡，吴玉虎 29468；长沙贡玛乡，吴玉虎 29734）。生于海拔 4 100～4 200 m 的沟谷山地高寒草原、砾石河滩灌丛。

甘肃：玛曲（齐哈玛大桥，吴玉虎 31789；大水军牧场，陈桂琛等 1142；欧拉乡，吴玉虎 32029、32084）。生于海拔 3 300～3 460 m 的河谷沙滩、宽谷滩地沼泽草甸、沙砾河滩灌丛。

分布于我国的青海、甘肃、宁夏、陕西、西藏、四川、云南；尼泊尔，不丹，印度东北部也有。

3. 天蓝韭

Allium cyaneum Regel in Acta Hort. Petrop. 3：174. 1875；id. in Acta Hort. Petrop. 10：375. pl. 4. f. 3c. 1887；秦岭植物志 1（1）：375. 1976；中国植物志 14：229. 图 54. 1980；西藏植物志 5：556. 1987；青海植物志 4：270. 1999；青藏高原维管植物及其生态地理分布 1229. 2008.

多年生草本，株高 6～35 cm。鳞茎常单生，有时数枚丛生，圆柱状，细长，直径 2～4 mm；鳞茎外皮淡褐色或深褐色，老时破裂成纤维状，稍呈网状。叶半圆柱形，通常较花葶短，有时稍超过花葶，直径约 2 mm，上面具沟槽。花葶圆柱形，下部被叶鞘；伞形花序半球形，具少数或多数花，常较疏松；总苞膜质，单侧开裂，脱落较晚；花梗近等长，长 4～12 mm，基部无小苞片；花钟状，天蓝色或深蓝色；花被片卵形、卵圆形或卵状长圆形，长 4～5 mm，宽 2～4 mm，内轮者稍长，先端钝；花丝等长，较花被片长，伸出外露，仅基部合生并与花被片贴生，内轮者基部扩大，无齿或有时每侧各具 1 齿；子房近球形，基部具蜜腺，花柱细长，伸出花被外。 花期 7～8 月。

产青海：兴海（大河坝乡，吴玉虎 42496；河卡乡，郭本兆 185、何廷农 192；温泉乡，刘海源 604、吴玉虎 17962）、玛多（黑海乡，吴玉虎 985、18038；清水乡，H. B. G. 1438、吴玉虎 28987；黑河乡，陈桂琛等 1752、吴玉虎 686；扎陵湖，采集人不详 023）、玛沁（东倾沟乡，吴玉虎 18338；昌马河乡，刘海源 1198）、达日（建设乡，H. B. G. 1152）、久治（希门错湖，果洛队 407）、班玛（马柯河林场，郭本兆 452）、曲麻莱（秋智乡，刘尚武等 789）、称多（扎朵乡，苟新京 83－271、83－301；珍秦乡，苟新京 83－198a）。生于海拔 3 600～4 600 m 的高山流石滩、沟谷山坡草甸、河谷山地高寒灌丛、河谷山麓砾石草地。

分布于我国的青海、甘肃、宁夏、陕西、西藏、四川、湖北。

4. 头花韭 图版 64：1～3

Allium glomeratum Prokh. in Bull. Jard. Bot. Princ. URSS 29：560. f. 2. 1930；Vved. in Kom. Fl. URSS 4：220. 1935；Grub. Pl. Asiae Centr. 7：63. 1977；中国植物志 14：263. 图 90. 1980；新疆植物志 6：549. 图版 206：1～3. 1996；青藏高原维管植物及其生态地理分布 1230. 2008.

多年生草本，株高 10～20 cm。鳞茎常单生，卵球形，直径 1.0～1.5 cm；鳞茎外皮灰黄色或灰色，纸质，老时多少破裂成平行纤维状。叶 2～3 枚，窄条形，较花葶短，宽 0.5～1.5 mm，上面具纵沟纹，叶片和叶鞘沿纵脉及边缘具细小糙齿。花葶圆柱形，直径 1.0～1.5 mm，下部被叶鞘；伞形花序半球形或近球形，直径 1.0～1.5 cm，具多数而密集的花；总苞淡紫色后变白色，与花序约等长，2 裂，宿存；花梗近等长，与花被片等长或稍长，基部具膜质小苞片；花淡紫色；花被片卵状披针形，长 4～5 mm，宽 1～2 mm，具紫红色中脉，内轮者常略狭且稍长；花丝等长，较花被片稍短或近等长，基部为狭长三角形扩大，向上渐狭为锥形，在基部合生并与花被片贴生；子房球形，基部无蜜腺，花柱细长，伸出花被外，柱头头状。 花期 7 月。

产新疆：塔什库尔干、和田（喀什塔什，青藏队吴玉虎 2047、2583）。生于海拔 3 100～3 300 m 的沟谷丘陵山坡草地、沙漠草地。

分布于我国新疆；中亚地区各国也有。

5. 小山蒜 图版 64：4～6

Allium pallasii Murr. in Nov. Comment. Soc. Sci. Goetting. 6：32. t. 3. 1775；Vved. in Kom. Fl. URSS 4：220. 1935；Pavl. Fl. Kazakh. 2：177. 1958；Grub. Pl. Asiae Centr. 7：64. 1977；中国植物志 14：264. 图 91. 1980；新疆植物志 6：540. 图版 206：4～6. 1996；青藏高原维管植物及其生态地理分布 1231. 2008.

多年生草本，株高 15～30 cm。鳞茎卵球形或近球形，直径 0.7～1.5 cm；鳞茎外皮淡褐色或褐色，膜质或纸质，常不破裂或有时稍破裂。叶 3～5 枚，半圆柱形，较花葶短，宽约 1.5 mm，上面具纵沟纹，边缘被细小的糙齿。花葶圆柱形，直径 1.5～3.0 mm，下部被叶鞘；伞形花序球形或半球形，直径约 2.5 cm，具多数而密集的花；总苞初为淡紫色，后变白色，短于花序，2 裂，宿存；花梗近等长，较花被片长 2～4 倍，基部无小苞片；花淡紫色或淡红色，带光泽；花被片披针形或长圆状披针形，等长，长 3～4 mm，宽 0.8～1.8 mm，具紫红色中脉，内轮者常较狭；花丝等长，长于花被片 0.5 倍或近等长，基部合生并与花被片贴生，外轮者锥形，内轮者基部扩大，有时扩大部分每侧各具 1 齿；子房近球形，表面具细的疣突，基部具蜜腺；花柱细长，稍伸出花被外，柱头稍膨大。 花果期 5～7 月。

产新疆：莎车、塔什库尔干、乌恰（吉根乡斯木哈纳，采集人不详 373）。生于海拔 2 000～2 300 m 的沟谷干旱山坡上。

图版 **64** 头花韭 **Allium glomeratum** Prokh. 1. 植株；2. 花纵剖面；3. 雄蕊。小山蒜 **A. pallasii** Murr. 4. 植株；5. 花纵剖面；6. 雄蕊。（引自《新疆植物志》，张荣生绘）

分布于我国的新疆；中亚地区各国也有。

6. 唐古韭 图版 65：1～4

Allium tanguticum Regel in Acta Hort. Petrop. 10：316. t. 2. f. 1. 1887；中国植物志 14：262. 图 88. 1980；西藏植物志 5：561. 1987；青海植物志 4：271. 图版 43：1～4. 1999；青藏高原维管植物及其生态地理分布 1233. 2008.

多年生草本，株高达 40 cm。鳞茎单生，卵形，直径 1.0～1.5 cm；鳞茎外皮灰褐色，纸质，不裂或老时顶端常条裂成纤维状。叶扁平，下部具长叶鞘，较花葶短，宽约 2 mm，脉上粗糙。花葶圆柱形，直径 2～4 mm，下部被叶鞘；伞形花序近球形，具多数而密集的花；总苞淡蓝色，膜质，2 裂，较花序短，宿存；花梗近等长，长达 1.5 cm，基部具小苞片；花紫红色；花被片卵状披针形或狭披针形，长 4～5 mm，具明显的红色中脉，先端渐尖；花丝等长，紫红色，长为花被片的 1.0～1.5 倍，伸出花被外，基部合生并与花被片贴生，内轮者基部扩大，明显较外轮者基部宽；子房近球形，基部具蜜腺，花柱长于花被片，外露，柱头头状。 花果期 7～9 月。

产青海：兴海（中铁乡天葬台沟，吴玉虎 45829；中铁林场中铁沟，吴玉虎 45517；赛宗寺，吴玉虎 46216A、46235；中铁林场恰登沟，吴玉虎 45310B、45314）、称多（歇武乡，刘尚武 2528）。生于海拔 3 500 m 左右的沟谷山地高寒灌丛、河谷山坡阔叶林缘草地。

分布于我国的甘肃、青海、西藏。

7. 青甘韭 图版 65：5～7

Allium przewalskianum Regel All. Monogr. 164. 1875，et in Acta Hort. Petrop. 10：343. t. 4. f. 2. 1887；中国植物志 14：216. 图 40. 1980；西藏植物志 5：554. 图 302. 1987；新疆植物志 6：525. 图版 195：7～9. 1996；青海植物志 4：275. 图版 43：8～10. 1999；青藏高原维管植物及其生态地理分布 1232. 2008.

多年生草本，株高 8～20 cm。鳞茎数枚丛生，卵状圆柱形，鳞茎外皮红色或有时红褐色，破裂成纤维状，呈清晰的网状，常紧密地包被鳞茎。叶半圆柱形或圆柱形，中空，具 4～5 纵棱，通常短于花葶，直径 1.0～1.5 mm。花葶圆柱形，下部被叶鞘；伞形花序球形或半球形，具多而稍密集的花；总苞膜质，单侧开裂，具与裂片等长的喙，宿存；花梗等长，长约 2 cm，基部通常无小苞片；花淡紫红色或紫红色；花被片卵形、长圆形或长圆状披针形，长 4～6 mm，宽 1.5～2.5 mm，内外轮近等长，先端钝；花丝等长，伸出花被外，蕾期花丝反折，待开放时花丝才伸直，长 7～9 mm，基部合生并与花被片贴生，内轮花丝基部扩大成长圆形，每侧各具 1 齿；子房球形，基部无蜜腺，花柱与花丝近等长，花后期伸出花被外。 花果期 6～9 月。

产新疆：塔什库尔干（麻扎种畜场，青藏队吴玉虎 87376；县城北温泉边，西植所

图版 **65** 唐古韭 **Allium tanguticum** Regel 1. 植株；2. 花被纵剖；3. 雄蕊；4. 果实。青甘韭 **A. przewalskianum** Regel 5. 植株；6. 花被纵剖；7. 雄蕊。镰叶韭 **A. carolinianum** DC. 8. 植株；9. 花被纵剖；10. 雄蕊。（王颖绘）

新疆队 827)、叶城（依力克其牧场，黄荣福 C. G. 86－093)、策勒（奴尔乡亚门，青藏队吴玉虎 2527)、若羌（土房子，青藏队吴玉虎 88－2773；祁漫塔格山，青藏队吴玉虎 2331；依夏克帕提，青藏队吴玉虎 4257)。生于海拔 2 800～4 300 m 的高山石质山坡、河谷阶地沙砾地、高原宽谷湖盆沙砾滩地高寒草原。

西藏：日土（班公湖，高生所西藏队 3621；多玛区附近，青藏队 76－8373；上曲龙，高生所西藏队 3478)、改则（大滩，高生所西藏队 4313)、尼玛（双湖办事处附近，青藏队 9844；来多山坡，青藏队 9758)、班戈（班戈湖东北，青藏队 10682)。生于海拔 4 200～4 850 m 的干旱山坡、沟谷山地石缝、湖边砾地、河谷沙滩地。

青海：都兰（旺尕秀沟，郭本兆、王为义 11972；香日德，青甘队 1239；英德尔羊场，杜庆 403)、兴海（中铁乡至中铁林场途中，吴玉虎 43203；赛宗寺，吴玉虎 46216B；黄青河畔，吴玉虎 42643；中铁林场恰登沟，吴玉虎 45002、45011、45335；大河坝乡，吴玉虎 42513、42582；中铁乡附近，吴玉虎 42859；河卡山，吴珍兰 105、177；中铁林场中铁沟，吴玉虎 45310A、45517、45561；尕玛羊曲，吴玉虎 20446、20471；河卡乡白龙，郭本兆 6215、6305)、玛沁（军功乡，吴玉虎 4636、21205，H. B. G. 312；雪山乡，玛沁队 421)、班玛（县城附近，吴玉虎 26022、26042)、久治（索乎日麻乡，藏药队 427)、曲麻莱（通天河畔，刘海源 885；叶格乡，刘尚武等 729)、称多（县城附近，刘尚武 2273)。生于海拔 3 100～4 100 m 的河谷山地干山坡草地、河边滩地、沟谷山坡灌丛草甸、林缘草地、河谷砾石山坡。

四川：石渠（新荣乡，吴玉虎 30066；真达乡，陈世龙 627)。生于海拔 3 500～3 840 m 左右的沟谷山坡石缝。

分布于我国的新疆、青海、甘肃、宁夏、陕西、西藏、四川、云南；印度，尼泊尔也有。

8. 碱　韭　图版 66：1～3

Allium polyrhizum Turcz. et Regel in Acta Hort. Petrop. 3：162. 1875；Vved. in Kom. Fl. URSS 4：172. t. 10. f. 3a. 1935；Fl. Kazakh. 2：154. 1958；Pl. Asiae Centr. 7：35. 1997；中国植物志 14：223. 图 48. 1980；内蒙古植物志. 第 2 版. 5：488. 图版 203. 图4～6. 1994；新疆植物志 6：530. 图版 197：5～7. 1996；青海植物志 4：276. 1999；青藏高原维管植物及其生态地理分布 1231. 2008.

多年生草本，株高 10～35 cm。具多数而密集的须根。鳞茎多数，圆柱形，紧密丛生，鳞茎外皮黄褐色，破裂成纤维状，不呈清晰的网状。叶半圆柱状，边缘具细微糙齿，稀光滑，比花葶短，粗约 1 mm。花葶圆柱状，下部具叶鞘；伞形花序半球形，具多而集密的花；总苞 2～3 裂，宿存；花梗近等长，与花被片等长或长于 1 倍，基部具小苞片，有时无小苞片；花紫红色或淡紫色，有时粉白色；花被片明显具红色中脉，长 3.5～8.0 mm，宽 1.5～3.0 mm，外轮者狭卵形或卵形，内轮者较宽稍长，先端钝；花

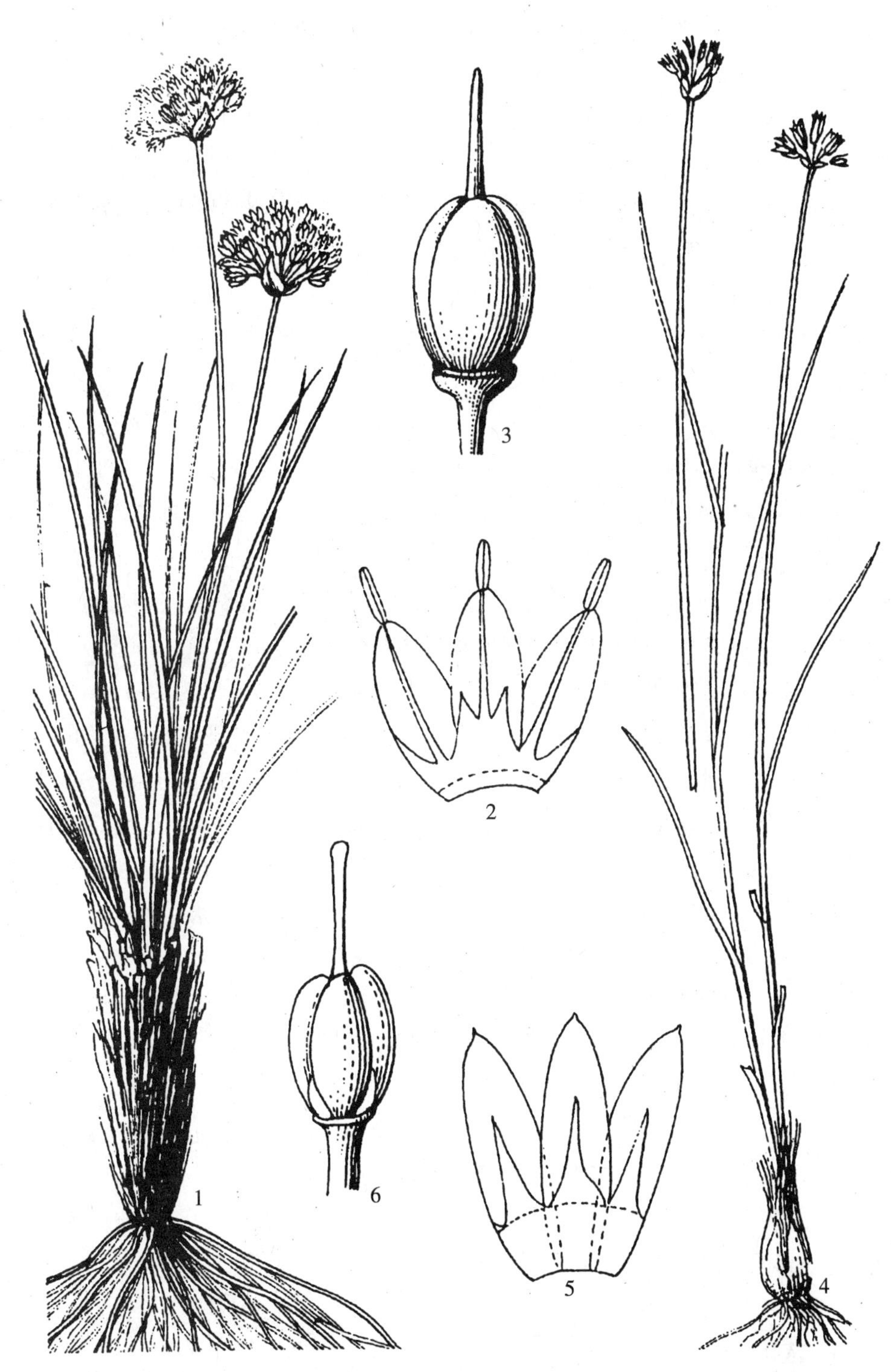

图版 66　碱韭 **Allium polyrhizum** Turcz. et Regel 1. 植株；2. 部分花被片和花丝；3. 雄蕊。褐皮韭 **A. korolkowii** Regel 4. 植株；5. 花纵剖面；6. 雄蕊。（引自《新疆植物志》，张荣生绘）

丝等长于或略短于花被片，不外露，基部约1/2合生成筒状，合生部分的1/2与花被片贴生，内轮花丝分离部分的基部扩大，扩大部分每侧各具1尖齿；子房卵形，基部不具蜜腺，花柱比子房长，但不伸出花被外。 花果期7～8月。

产新疆：若羌（克里木，采集人不详A002）。生于海拔1 600 m左右的荒漠戈壁沙砾滩地。

青海：都兰（脱土山，郭本兆等11788；香日德，杜庆480）、兴海（河卡乡羊曲，何廷农055；河卡乡卡日红山，郭本兆6102）。生于海拔2 650～3 600 m的河谷干山坡草地、半荒漠化草原。

分布于我国的新疆、青海、甘肃、宁夏、河北、内蒙古、辽宁、吉林、黑龙江；中亚地区各国，俄罗斯，蒙古也有。

9. 长喙葱 图版67：1～3

Allium globosum M. Bieb. ex Redouté Liliac. 3：t. 179. 1807；Vved. in Kom. Fl. URSS 4：185. 1935；Pavl. Fl. Kazakh. 2：165. t. 13：7. 1958；Grub. Pl. Asiae Centr. 7：50. 1977；中国植物志14：248. 图72. 1980；新疆植物志6：538. 图版202：4～6. 1996；青藏高原维管植物及其生态地理分布1229. 2008.

多年生草本，株高约35 cm。鳞茎常数枚丛生，圆柱形，直径约1 cm；鳞茎外皮红褐色，有光泽，革质，大片破裂。叶4～6枚，半圆柱形，较花葶短，宽约1 mm，上面具纵沟纹，边缘具细糙齿。花葶圆柱形，实心，光滑，下部被叶鞘，外层的叶鞘常具细小的乳头状突起；伞形花序球形，具多数而密集的花，直径约2 cm；总苞初期紫红色，开裂后淡红色，单侧开裂或2裂，具较裂片长2倍的长喙，宿存；花梗近等长，较花被片长约1.5倍，基部具膜质小苞片；花淡黄绿色；花被片长圆状卵形，长4～5 mm，宽约2.5 mm，具深色中脉，先端具短尖头，内轮花被片略长；花丝等长，为花被片长的1.5～2.0倍，外露，锥形，基部合生并与花被片贴生；子房近球形，基部具蜜腺，花柱细长，伸出花被外。 花期7月。

产新疆：阿克陶（布伦口乡恰克拉克至木吉途中，青藏队吴玉虎87580）、塔什库尔干（卡拉其古，西植所新疆队949）。生于海拔3 400～3 500 m的山坡沙砾地。

欧洲中部，中亚地区各国，俄罗斯西伯利亚西部地区也有分布。

采自阿克陶（采集地不详，青藏队吴玉虎87580）的标本记录，花为淡黄绿色，非紫红色。其他特征均符合本种，故暂归本种，尚有待进一步研究。

10. 蓝苞葱

Allium atrosanguineum Schrenk in Bull. Acad. Sci. St.-Pétersb. 10：355. 1842；Hook, f. Fl. Brit. Ind. 6：338. 1894；中国植物志14：253. 图75. 1980；西藏植物志5：559. 图303. 1987；青海植物志4：272. 1999；青藏高原维管植物及其生态地

图版 **67**　长喙葱 **Allium globosum** M. Bieb. ex Redouté 1. 植株；2. 部分花被片和花丝；3. 雄蕊。石生韭 **A. caricoides** Regel 4.植株；5. 部分花被片和花丝；6. 雄蕊。（引自《新疆植物志》，张荣生绘）

理分布 1227. 2008.

多年生草本，株高 5～15 cm。鳞茎圆柱形，单生或数枚丛生；鳞茎外皮灰褐色或带淡紫色，条裂，近似纤维状。叶管状，中空，较花葶长、等长或稍短，直径 2～4 mm，先端钝且有时紫色。花葶圆柱形，中空，直径 1.5～4.0 mm，下部 1/3 处被较长的叶鞘；伞形花序球形，具多数而密集的花；总苞蓝色，2 裂，与花序近等长；花梗不等长，外层的常较花被片短，而内层常较花被片长，基部无小苞片；花大，钟状，有光泽，淡黄色、黄色、黄绿带紫色或淡紫褐色、红紫色；花被片倒卵状长圆形、长圆形或长圆状披针形，长 7～13 mm，宽 3～5 mm，先端钝或稍尖，内轮者较外轮者短；花丝较花被片短，1/3～3/4 合生成管状，合生部分约一半与花被片贴生，内轮花丝分离部分的基部较外轮者宽，无齿；花药常紫红色；子房倒卵形，基部常渐狭成短柄，基部具蜜腺，花柱等长于或短于花丝，不伸出花被外，柱头 3 浅裂或有时不裂。 花期 6～8 月。

产新疆：塔什库尔干。生于海拔 3 600～4 200 m 的高原沟谷山坡草地。

青海：兴海（鄂拉山垭口，采集人不详 007）、玛多（花石峡，植被地理组 355；清水乡，吴玉虎 533B）、玛沁（阿尼玛卿山，黄荣福 C. G. 81－090；雪山乡，H. B. G. 464；扎麻日，玛沁队 059；尼卓玛雪山，刘海源 1231、H. B. G. 753）、久治（索乎日麻乡，果洛队 170、藏药队 325；门堂乡，藏药队 297、果洛队 89）、曲麻莱（县城附近，刘海源 869）。生于海拔 4 000～4 900 m 的高山草甸、沼泽草甸及山坡上。

分布于我国的新疆、青海、甘肃、西藏、四川、云南；中亚地区各国，俄罗斯及蒙古也有。

本种在《中国植物志》中的描述为花黄色，后变红色或紫色。据对大量标本的仔细对比研究，发现该种花的红色或紫色并非后变。如：1971 年 6 月 15 日采自青海省久治县的标本（果洛队 089），花为淡紫褐色；1978 年 8 月 10 日采自青海省玛多县的标本（吴玉虎 533B），花为黄色，等等。笔者认为该种花的颜色可能就是多种颜色——黄色、红色或紫色。

11. 北 葱

Allium schoenoprasum Linn. Sp. Pl. 301. 1753；Hook. f. Fl. Brit. Ind. 6：338. 1894；Vved. in Kom. Fl. URSS 4：190. 1935；E. Nasir Fl. West Pakist. 83：13. f. 1：A～C. 1975；Grub. Pl. Asiae Centr. 7：57. 1977；中国植物志 14：235. 图 76. 1980；新疆植物志 6：546. 1996；青藏高原维管植物及其生态地理分布 1233. 2008.

多年生草本，株高 15～60 cm。鳞茎常数个丛生，卵状圆柱形；鳞茎外皮灰褐色或暗灰色，条状分裂，顶端纤维状。叶 1～2 枚，管状，中空，较花葶短，径 2～6 mm，光滑。花葶圆柱形，中空，直径 2～4 mm，光滑，1/3～1/2 被光滑的叶鞘；伞形花序近球形，具多数而密集的花；总苞紫红色，2 裂，宿存；花梗常不等长，短于或近等长于花被片，基部无小苞片；花紫红色或淡红色，中脉暗紫色，少数为暗绿色；花被片近等长，披针形或长圆状披针形，少数为长圆形，长 5～17 mm，宽 1.5～3.0 mm，先端具短尖或渐尖，向外反卷；花丝等长，为花被片长的 1/3～2/3，下部 1.0～1.5 mm 合生并与花被片贴生，内轮花丝基部狭三角形扩大，较外轮者基部宽 1.5 倍；子房近球形，基部具蜜腺，花柱短，不伸出花被外。　花期 7 月。

产新疆：乌恰（吉根乡，采集人不详 73－181）、塔什库尔干。生于海拔 2 500～3 500 m 的沟谷山地高山草甸、河谷潮湿草地。

分布于我国新疆；欧洲，亚洲西部，中亚地区各国，俄罗斯西伯利亚，日本和北美洲也有。

12. 折被韭

Allium chrysocephalum Regel in Acta Hort. Petrop. 10：335. t. 3. f. 1. 1887；C. H. Wright in Journ. Linn. Soc. Bot. 36：112. 1903；中国植物志 14：251. 1980；青海植物志 4：274. 1999；青藏高原维管植物及其生态地理分布 1228. 2008.

多年生草本，株高 8～40 cm。鳞茎圆柱状，常单生，有时下部稍增粗，直径 0.4～1.0 cm；鳞茎外皮褐色或棕色，近革质，下部一般不裂，仅顶端条裂。叶条形，扁平，稍呈镰状弯曲，通常短于花葶，有时近等长，宽 3～8 mm，具细脉，光滑，先端钝。花葶圆柱形，中空，下部被长叶鞘；伞形花序球形，具多数密集的花；总苞膜质，淡黄绿色，2～3 裂，与花序近等长，宿存；花梗近等长，短于或等长于花被片，基部无小苞片；花亮黄色，具光泽；花被片长圆状卵形或长圆状披针形，长 5.0～8.5 mm，宽 2～3 mm，先端钝，内轮者较长于且略窄于外轮者，先端向外反折（在盛开的花期很容易看到）；花丝短于花被片，约为花被片长度的 2/3，基部合生并与花被片贴生，分离部分锥形且基部不扩大；子房卵球形，基部具蜜腺，花柱不外露，长 2～3 mm。　花期 7～9（上旬）月。

产青海：兴海（河卡乡，何廷农 231、258；温泉乡，吴玉虎 28763）、玛多（花石峡，H. B. G. 1500；清水乡，吴玉虎 533A）、玛沁（大武乡，H. B. G. 520；拉加乡，区划二组 209；雪山乡，玛沁队 345）、甘德（上贡麻乡，H. B. G. 994）、久治（索乎日麻乡，果洛队 346、藏药队 503）、曲麻莱（东风乡，刘尚武等 881、黄荣福 144）、称多（毛哇山垭口，陈世龙 580；歇武乡，刘有义 83－413；扎朵乡，苟新京 83－248）。生于海拔 3 800～4 520 m 的沟谷山地高山灌丛、高山草甸。

分布于我国的甘肃、青海。

13. 野黄韭

Allium rude J. M. Xu Fl. Reipubl. Popul. Sin. 14：249. 286. t. 50. f. 6.

1980；西藏植物志 5：559. 1987；青海植物志 4：274. 1999；青藏高原维管植物及其生态地理分布 1232. 2008.

多年生草本，株高 10～70 cm。鳞茎单生，圆柱形或下部膨大成卵状圆柱形；鳞茎外皮淡棕红色或褐色，薄革质，条状破裂。叶条形，扁平，直伸或稍呈镰状弯曲，比花序短或近等长，宽 3～9 mm，实心，通常光滑，稀边缘具细齿。花葶圆柱状，中空，直径达 5 mm，下部被叶鞘；伞形花序球形，直径 1.5～3.5 cm，具多数而密集的花；总苞灰蓝色，膜质，2～3 裂，宿存；花梗近等长，与花被片等长或较长，基部无小苞片；花淡黄色或绿黄色；花被片长圆状卵形或椭圆形，长 5～7 mm，宽 2.0～3.5 mm，内外轮近等长，先端钝；花丝等长，锥形，较花被片长，外露，基部不扩大，合生并与花被片贴生；子房卵球形，基部具凹陷的蜜腺；花柱细长，伸出花被片外，柱头头状。 花期 7～8 月。

产青海：玛沁（大武乡江让，吴玉虎 18689）、达日（建设乡，H. B. G. 1023；吉迈乡，H. B. G. 1295）、甘德（上贡麻乡，H. B. G. 991）、久治（龙卡湖，果洛队 524）、班玛（马柯河林场，郭本兆 450、471）。生于海拔 3 400～4 350 m 的沟谷山地灌丛中、山坡草地、河谷砾石山坡。

四川：石渠（新荣乡，吴玉虎 29951；菊母乡，吴玉虎 29810）。生于海拔 3 900～4 100 m 的沟谷山地高寒草甸、高山流石坡。

分布于我国的青海、甘肃、西藏、四川。

14. 镰叶韭 图版 65：8～10

Allium carolinianum DC. in Redouté Liliac. 2：t. 101. 1804；Wendelbo in Rech. f. Fl. Iran. 76：14. 1971；Nasir Fl. West Pakist. 83：9. f. 2. A～C. 1975；Grub. Pl. Asiae Centr. 7：48. 1977；中国植物志 14：243. 图 67. 1980；西藏植物志 5：558. 1987；新疆植物志 6：536. 图版 200：4～6. 1996；青海植物志 4：272. 图版 43：5～7. 1999；青藏高原维管植物及其生态地理分布 1228. 2008.

多年生草本，株高 7～60 cm，实心。鳞茎粗壮，基部弯曲，单生，有时 2～3 枚丛生，卵状圆柱形或狭卵形；鳞茎外皮灰褐色，近革质，条状纵裂，不呈纤维状。叶条形或披针形，扁平，光滑，常呈镰刀状弯曲或不弯曲，比花葶短，宽 3～17 mm，先端钝，下部被叶鞘。花葶粗壮，直径达 1 cm，或有时细，直径约 0.4 cm；总苞常带紫色，后期变无色，2 裂，具短喙，短于伞形花序，宿存；花梗近等长，较花被片稍短，果期稍伸长，基部无小苞片；伞形花序具多数密集的花，球形，直径达 4 cm；花紫红色、淡紫红色或淡黄色至白色；花被片狭长圆形、卵状披针形或披针形，长 4.5～8.0 mm，宽 1.5～3.0 mm，先端钝或有时微凹缺，内轮者常稍长，或内外轮近等长；花丝锥形，比花被片长，外露，有时可长达 1 倍，基部合生并与花被片贴生；子房近球形，基部具蜜腺，花柱伸出花被外。 花果期 7～9 月。

产新疆：乌恰（吉根乡，西植所新疆队 2194；斯木哈纳，青藏队吴玉虎 87052；苏约克附近，西植所新疆队 1902）、莎车、塔什库尔干（北部，克里木 T273；麻扎，高生所西藏队 3262）、叶城（乔戈里冰川，黄荣福 C. G. 86-095；阿格勒达坂，黄荣福 C. G. 86-118）、若羌（祁漫塔格山，青藏队吴玉虎 2166、2675；土房子至小沙湖，青藏队吴玉虎 2766；阿尔金山保护区鸭子泉，青藏队吴玉虎 4010；阿其克库勒，青藏队吴玉虎 4016；明布拉克东，青藏队吴玉虎 4209；依夏克帕提，青藏队吴玉虎 4244）。生于海拔 3 200～4 400 m 的沟谷山地砾石山坡、河谷阶地高寒草原、宽谷湖盆沙砾滩地。

西藏：尼玛（双湖，青藏队 9608、9887）、班戈（色哇区，青藏队 9429、9442）。生于海拔 4 900～5 200 m 的沟谷山坡高寒草原、宽谷河滩草地。

青海：格尔木（唐古拉乡，吴玉虎 17104、17114，青藏队吴玉虎 2846；各拉丹冬，蔡桂全 028）、都兰（采集地不详，青甘队 1682）、兴海（河卡乡，郭本兆 6317）、玛多（黑海乡，吴玉虎 28890、28895、28900；醉马滩，陈世龙 521；哈姜茶卡，吴玉虎 1592）、玛沁（大武乡，H. B. G. 686）、治多（西金乌兰湖，可可西里考察队黄荣福 K-767；五道梁，黄荣福 C. G. 89-017；可可西里察日错，可可西里队黄荣福 K-049；可可西里苟鲁错，可可西里队黄荣福 K-063；可可西里乌兰乌拉湖，可可西里队黄荣福 K-132）、曲麻莱（秋智乡，刘尚武等 677）、称多（扎朵乡，苟新京 83-257、83-294、83-326）。生于海拔 3 400～5 200 m 的高山流石滩、山间沙砾滩地、山前冲积扇、沟谷干山坡、溪流河边高寒灌丛。

分布于我国的新疆、青海、甘肃、西藏；中亚地区各国，阿富汗，尼泊尔也有。

15. 蒙古韭 图版 63：4～6

Allium mongolicum Regel in Acta Hort. Petrop. 3：160. 1875；Pl. Asiae Centr. 7：43. 1977；中国植物志 14：224. 图 48：1～3. 1980；内蒙古植物志. 第 2 版. 5：489. 图版 204：1～3. 1994；新疆植物志 6：530. 图版 197：8～9. 1996；青海植物志 4：276. 1999；青藏高原维管植物及其生态地理分布 1231. 2008.

多年生草本，株高 25～30 cm。鳞茎多数，丛生，细圆柱状；鳞茎外皮淡褐色，破裂成松散的纤维状。叶半圆柱状或圆柱状，直径约 2 mm，短于花葶。花葶圆柱状，下部被叶鞘；伞形花序半球形或球形，通常具多而密集的花，有时花较少而疏松；总苞一侧开裂，宿存；花梗近等长，长约 1 cm（花后期），基部无小苞片；花紫红色、淡红色，较大；花被片卵状长圆形，长 6～13 mm，宽 3～6 mm，具明显深红色中脉，先端钝圆，内轮者较外轮者稍宽略长；花丝近等长，约为花被片长的 1/2～2/3，基部合生并与花被片贴生，内轮者基部约 1/2 扩大成卵形，两侧无齿，外轮者锥形；子房卵球形，基部无蜜腺，花柱长于子房，但不伸出花被外。花果期 7～8 月。

产新疆：若羌（阿尔金山北坡，青藏队吴玉虎 4320）。生于海拔 3 100 m 的高寒荒漠沟谷山坡砾石地。

青海：茫崖（采集地不详，青藏队 238）、都兰（香日德脱土山，植被地理组 238）。生于海拔 2 500～2 800 m 的山前缓坡、荒漠戈壁多砾石地。

分布于我国的新疆、青海、甘肃、宁夏、陕西、内蒙古、辽宁；蒙古也有。

16. 褐皮韭 图版 66：4～6

Allium korolkowii Regel in Acta Hort. Petrop. 3：158. 1875；Vved. in Kom. Fl. URSS 4：187. 1935；Pavl. Fl. Kazakh. 2：166. t. 12. f. 8. 1958；Grub. Pl. Asiae Centr. 7：51. 1977；中国植物志 14：213. 图版 47：1～3. 1980；新疆植物志 6：523. 图版 195：1～3. 1996；青藏高原维管植物及其生态地理分布 1230. 2008.

多年生草本，株高约 30 cm。鳞茎单生或数个丛生，狭卵状圆柱形，直径约 1 cm；鳞茎外皮褐色，革质，破裂成纤维状。叶 2～4 枚，半圆柱形，较花葶短，直径约 1 mm，上面具沟槽，光滑。花葶圆柱形，直径约 1.5 mm，下部 1/3 处被叶鞘；伞形花序半球形，具少数的花；总苞淡紫色，与花序近等长或较短，膜质，2 裂，具与裂片近等长的喙；花梗不等长，有的短于花被片，有的长于花被片，基部具小苞片；花粉红色；花被片披针形或长圆状披针形，长 4.5～7.0 mm，宽约 2 mm，近等长，具紫色中脉，有短尖头；花丝等长，约为花被片长的 2/3，基部合生并与花被片贴生，分离部分的基部扩大成三角形，向上突然收缩成锥形；内轮花丝扩大部分的基部比外轮者基部宽约 1 倍；子房卵球形，基部具蜜腺，花柱较短，不伸出花被。 花期 7～8 月。

产新疆：喀什、叶城（苏克皮亚，青藏队吴玉虎 87992）。生于海拔 3 000 m 左右的沟谷山坡岩石上。

分布于我国新疆；中亚地区各国也有。

采自叶城的标本（青藏队吴玉虎 87992），鳞茎为狭卵状圆柱形，具明显根状茎，非卵形。

17. 石生韭 图版 67：4～6

Allium caricoides Regel in Acta Hort. Petrop. 6：532. 1880，et 10：350. t. 6. f. 2. 1887；Vved in Kom. Fl. URSS 4：181. 1935；Fl. Kazakh. 2：162. 1958；中国植物志 14：147. 1980；新疆植物志 6：554. 图版 202：1～3. 1996；青藏高原维管植物及其生态地理分布 1228. 2008.

多年生草本，株高 5～15 cm。鳞茎丛生，圆柱状，直径 0.5～1.0 cm；鳞茎外皮棕色或红褐色，革质，不破裂或顶端条裂。叶 3～4 枚，半圆柱形或近圆柱形，压干后扁平，较花葶短或近等长，宽约 1 mm，上面具纵沟纹，边缘具纤毛状短糙齿。花葶圆柱形，直径 1.0～1.5 mm，下部被叶鞘；伞形花序半球形，具密集的花；总苞在开裂前紫红色，2 裂后变淡粉红色或白色，具短喙，宿存；花梗近等长，与花被片近等长或为花被片长的 1/2，基部具小苞片；花淡红色或淡紫色，钟形；花被片卵形、卵状长圆形或长圆形，长 3.5～5.0 mm，宽 1.5～2.5 mm，先端常具短尖头，具紫色中脉，内轮者较外轮者稍长，外轮舟状；花丝等长，长于花被片的 1.5 倍，外露，锥形，基部合生并与花被片贴生；子房倒卵形或近球形，基部具蜜腺；花柱细长，伸出花被之外。 花果期 7～8 月。

产新疆：乌恰（吉根乡斯木哈纳，西植所新疆队 2180）、莎车、喀什（拜占尔特北，采集人不详 9738；赴塔什库尔干途中 139 km 处，克里木 T011）、阿克陶（布伦口乡恰克拉克，青藏队吴玉虎 87582；木吉乡北山，西植所新疆队 014）、塔什库尔干（县城南部，克里木 T221；卡拉其古，青藏队吴玉虎 87535）、叶城（柯克亚乡，青藏队吴玉虎 87956）、于田（普鲁，青藏队吴玉虎 3674；三岔口，青藏队吴玉虎 3800）、且末（阿羌乡昆其布拉克，青藏队吴玉虎 2057；阿羌乡，青藏队吴玉虎 3860）。生于海拔 2 600～3 600 m 的河谷山地干旱砾质山坡、河谷阶地草地。

分布于我国新疆；中亚地区各国，阿富汗，巴基斯坦也有。

18. 滩地韭

Allium oreoprasum Schrenk in Bull. Acad. Sci. St.-Pétersb. 10：354. 1842；Hook. f. Fl. Brit. Ind. 6：344. 1894；Vved. in Kom Fl. URSS 4：163. 1935；E. Nasir Fl. West Pakist. 83：15. f. 5. A～C. 1975；中国植物志 14：221. 图 46. 1980；西藏植物志 5：556. 1987；新疆植物志 6：528. 图版 196：1～3. 1996；青藏高原维管植物及其生态地理分布 1231. 2008.

多年生草本，株高 10～30 cm。鳞茎丛生，近狭卵状圆柱形，直径 0.5～1.0 cm；鳞茎外皮黄褐色，破裂成纤维状，呈清晰的网状。叶条形，较花葶短，有时仅为花葶长的 1/2，宽 1～3 mm。花葶圆柱形，直径 1～2 mm，下被叶鞘；伞形花序近半球形，具少数花，疏散；总苞在花未开放前呈粉红色，后变白色，有时稍带红色，单侧开裂或 2 裂，宿存；花梗近等长，较花被片长 1.5～3.0 倍，基部具小苞片；花白色或淡红色；花被片倒卵状椭圆形或倒卵状宽椭圆形，长 3.8～7.0 mm，宽 2.5～4.0 mm，明显地具深紫红色的中脉，先端具反折的对折小尖头，内轮者常较外轮者稍短而略宽；花丝近等长，为花被片长的 1/2～3/4，基部合生并与花被片贴生，分离部分基部增宽，两侧无齿，外轮常较内轮稍短且窄；子房近球形，基部无蜜腺；花柱短，不伸出花被外，柱头 3 浅裂。 花期 6～8 月。

产新疆：叶城（昆仑山，高生所西藏队 3339）、皮山（垴阿巴提乡布琼，青藏队吴玉虎 1899；垴阿巴提乡，青藏队吴玉虎 2438、2453）、和田（喀什塔什，青藏队吴玉虎 2045、2539、2581）、策勒（奴尔乡，青藏队吴玉虎 2000；奴尔乡亚门，青藏队吴玉虎 2536）、于田（普鲁至三岔口途中，青藏队吴玉虎 3793、3797）、且末（阿羌乡昆其布拉克，青藏队吴玉虎 2588；阿羌乡，青藏队吴玉虎 3866）。生于海拔 2 600～3 880 m 的沟谷山地石质山坡、河谷山坡干草原、滩地高寒荒漠草原。

青海：兴海（曲什安乡大米滩，吴玉虎 41815）。生于海拔 3 200 m 左右的河谷台地的阳坡砾石地。

分布于我国的新疆、青海、西藏；中亚地区各国也有。

19. 野　韭

Allium ramosum Linn. Sp. Pl. 269. 1753；Grub. Pl. Asiae Centr. 7：74. 1997；中国植物志 14：222. 1980；内蒙古植物志. 第 2 版. 5：488. 图版 203. 图 1～3. 1994；新疆植物志 6：528. 图版 197：1～4. 1996；青藏高原维管植物及其生态地理分布 1232. 2008.

多年生草本，株高约 45 cm。鳞茎近圆柱形；鳞茎外皮暗黄色或黄褐色，破裂成纤维状或近网状。叶三棱状条形，中空，较花葶短，宽 1.5～8.0 mm，背面具龙骨状隆起的纵棱，光滑。花葶圆柱形，具纵棱，下部被叶鞘；伞形花序半球形或近球形，具多数花；总苞单侧开裂或 2 裂，白色，膜质，宿存；花梗近等长，较花被片长 2～4 倍，基部除具小苞片外，常在数枚花梗的基部又为 1 枚共同的苞片所包围；花白色，稀淡红色；花被片长圆状倒卵形、长圆状卵形或长圆状披针形，长 4～11 mm，宽 1.8～3.0 mm，常具红色中脉，内轮者先端具短尖头或钝圆，外轮者常与内轮者等长，但较窄，先端具短尖头；花丝等长，为花被片长的 1/2～3/4，基部合生并与花被片贴生，分离部分狭三角形，内轮者略宽；子房倒圆锥状球形，具 3 圆棱，外壁具细的疣突；花柱短，不伸出花被外。　花果期 6～8 月。

产新疆：若羌（县城附近，刘海源 88）。生于海拔 940 m 的荒漠戈壁砾石质草地。

分布于我国的新疆、青海、甘肃、宁夏、陕西、西藏、内蒙古、山西、河北、黑龙江、吉林、辽宁、山东；中亚地区各国，俄罗斯西伯利亚及蒙古也有。

采自若羌的标本（刘海源 88），花被片明显具红色中脉。

20. 杯花韭

Allium cyathophorum Bur. et Franch. in journ. de Bot. 5：154. 1891；Stearn in Bot. Mag. t. 252. 1955；中国植物志 14：213. 图 37. 1980；西藏植物志 5：554. 图 302. 1987；青海植物志 4：275. 1999；青藏高原维管植物及其生态地理分布 1229. 2008.

多年生草本，株高 15～50 cm。鳞茎单生或数枚丛生，圆柱形，具许多粗根；鳞茎外皮灰褐色，条状破裂，常呈近平行的纤维状。叶条形，扁平，通常比花葶短，有时等长或稍长，宽 2～7 mm，背面叶脉呈龙骨状突起。花葶圆柱形，具 2 纵棱，下部被叶鞘；伞形花序具多数花，松散；总苞膜质，单侧开裂，宿存；花梗长 1～2 cm，果期略伸长，长达 3 cm，基部无小苞片；花紫红色或深紫色；花被片长圆形或椭圆形，长 7～9 mm，宽 2～4 mm，先端钝圆，内轮花被片稍长；花丝比花被片短，内藏，2/3～3/4

合生成管状，内轮花丝分离部分的基部常呈肩状扩大，外轮者为狭三角形；子房卵球形，表面具细的突起。花柱不伸出花被，柱头3浅裂。 花期6～8月，果期8～9月。

产青海：兴海（中铁乡前滩，吴玉虎45364、45381；中铁林场中铁沟，吴玉虎45635；中铁乡至中铁林场途中，吴玉虎43136、43154；中铁林场恰登沟，吴玉虎44901、44980、45145、45161、45298、45338；中铁乡附近，吴玉虎42827、42875、42988）、玛沁（军功乡，玛沁队161、吴玉虎4605、H. B. G. 294；大武乡，区划三组105、吴玉虎18647、王为义等26634）、久治（白玉乡，吴玉虎26648）、班玛（马柯河林场，王为义等26890）。生于海拔3 150～3 680 m的沟谷山地高寒灌丛、宽谷河滩草地、山坡高寒草地、河谷山坡阔叶林缘草甸、山沟高寒杂类草草甸。

分布于我国的青海、西藏、四川、云南。

21. 宽苞韭 图版68：1～3

Allium platyspathum Schrenk Enum. Pl. Nov. 1：7. 1841；Vved. in Kom. Fl. URSS 4：175. 1935；Grub. Pl. Asiae Centr. 7：53. 1977；中国植物志14：242. 图66. 1980；新疆植物志6：551. 图版199：5～7. 1996；青藏高原维管植物及其生态地理分布1231. 2008.

多年生草本，株高15～40 cm。基部具短的根状茎。鳞茎单生或数枚丛生，卵形或卵状圆柱形，直径1.0～1.5 cm；鳞茎外皮深褐色或黑色，膜质或纸质，干时开裂或不开裂。叶条形，扁平，较花葶短或有时稍长于花葶，宽3～13 mm，常弯曲，但不呈镰刀形，先端钝，基部抱茎。花葶圆柱形，直径2～4 mm，下部被叶鞘；伞形花序球形或半球形，具多而密集的花；总苞初时紫红色，后变无色或淡紫色，2裂，与花序近等长；花梗近等长，短于或长于花被片，基部无小苞片；花淡红色或紫色，有光泽；花被片披针形或条状披针形，长6～8 mm，宽1.5～2.0 mm，内轮者稍长于外轮者；花丝等长，锥形，等于或长于花被片1.5倍，基部合生并与花被片贴生；子房近球形，基部具蜜腺；花柱细长，伸出花被外，柱头头状。 花果期6～9月。

产新疆：乌恰（吉根乡斯木哈纳，克里木2130；吉根乡斯木哈纳后沟，采集人不详73-39）、莎车、阿克陶（阿克塔什，青藏队吴玉虎87149）、塔什库尔干（卡拉其古，青藏队吴玉虎87556；麻扎，青藏队吴玉虎87386；阿克拉达坂，青藏队吴玉虎871468）、叶城（乔戈里峰，青藏队吴玉虎1526）。生于海拔3 400～4 300 m的河谷山坡草甸、河谷阶地砾石山坡草地。

分布于我国的新疆、甘肃；中亚地区各国也有。

22. 北疆韭 图版68：4～6

Allium hymenorrhizum Ledeb. Fl. Alt. 2：12. 1830；Vved. in Kom. Fl. URSS 4：176. 1935；Pavl. Fl. Kazakh. 2：160. 1958；Grub. Pl. Asiae Centr. 7：

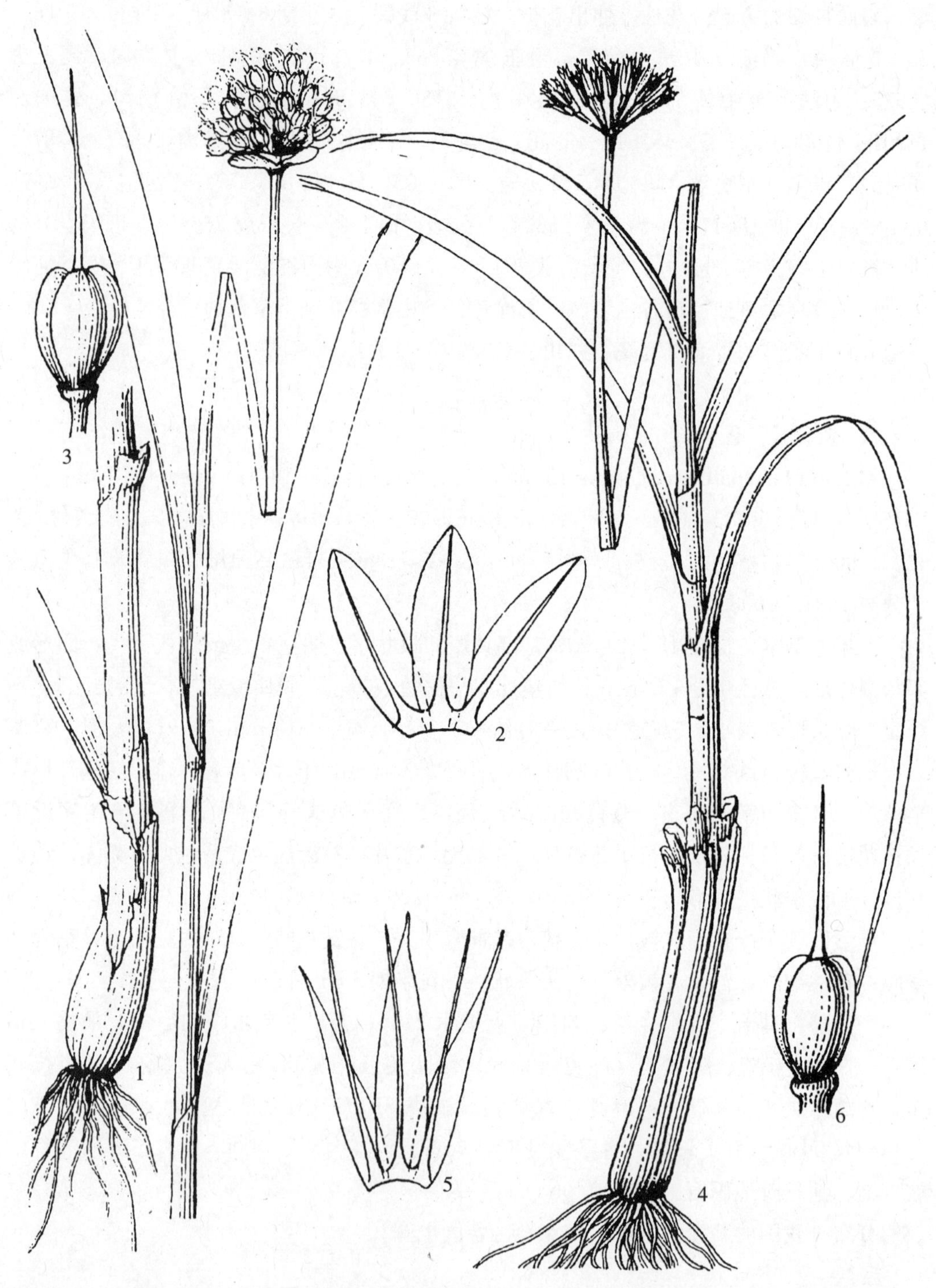

图版 68 宽苞韭 **Allium platyspathum** Schrenk 1.植株；2. 部分花被片和花丝；3. 雄蕊。北疆韭 **A. hymenorrhizum** Ledeb. 4. 植株；5. 部分花被片和花丝；6. 雄蕊。（引自《新疆植物志》，张荣生绘）

50. 1977；中国植物志 14：244. 1980；新疆植物志 6：538. 图版 201：1～3. 1996；青藏高原维管植物及其生态地理分布 1230. 2008.

多年生草本，株高 20～80 cm。鳞茎数枚丛生或单生，圆柱形，直径约 1.5 cm；鳞茎外皮红褐色，革质，具光泽，片状开裂。叶数枚，条形，扁平，较花葶短，宽 2～3 mm，光滑。花葶圆柱形，约 1/2 被叶鞘包围，光滑；伞形花序球形或半球形，具多数而密集的花；总苞与花序近等长，单侧开裂，具短喙，宿存；花梗近等长，较花被片长 1.5～2.0 倍，基部无小苞片；花淡红色或紫红色；花被片内轮者狭长圆状椭圆形，长 4～5 mm，宽 1.5～2.0 mm，先端钝圆，较外轮者略长而宽，外轮者披针形或椭圆状披针形，长 4～5 mm，宽 1.0～1.5 mm，先端钝；花丝等长，较花被片长 1/4～1 倍，基部合生并与花被片贴生，分离部分锥形；子房倒卵形或近球形，基部具蜜腺；花柱细长，伸出花被外。　花期 8 月。

产新疆：乌恰。生于海拔 2 500 m 左右的沟谷山坡草地。

分布于我国的新疆；中亚地区各国，伊朗也有。

5. 贝母属 **Fritillaria** Linn.

Linn. Sp. Pl. 303. 1753.

多年生草本。鳞茎深埋土中，外有鳞茎皮，通常由 2（3）枚白色粉质鳞片组成（鳞片内生有 2～3 对小鳞片，近卵形或球形）。茎直立，光滑或有乳突，下面一部分位于地下。叶基生和茎生，基生叶具长柄，茎生叶对生或轮生，先端卷曲或直伸，基部半抱茎。花常钟形，下垂，果期直立，单生或数朵排成总状花序；苞片叶状，1 至数枚；花被片 6 枚，2 轮，离生，常靠合，内面近基部具凹陷的蜜腺窝；雄蕊 6 枚，花丝线状，稍扁平，向下方加宽，基部最宽，花药长圆形近基着或背着，2 室，向内开放；花柱先端 3 裂或不裂，柱头伸出于雄蕊之外，子房几无柄，3 室。蒴果倒卵形或球形，具 6 棱，棱上具翅，室背开裂。种子多数，扁平，边缘具狭翅。

约 80 种。我国有 35 种，昆仑地区产 4 种。

分 种 检 索 表

1. 花深紫色，具黄褐色小方格；叶状苞片 1 枚 ……………………………………………………… **1. 暗紫贝母 F. unibracteata** Hsiao et K. C. Hsia

1. 花淡黄色、黄绿色或黄红色。

  2. 中部叶 3～6 枚轮生；叶及叶状苞片先端卷曲或钩状；叶状苞片 3 枚；柱头裂片长约 3 mm …………………………………… **2. 乌恰贝母 F. ferganensis** A. Los.

  2. 中部叶互生或对生；叶先端钝或渐尖，不卷曲；叶状苞片 1 枚或无；柱头裂片短，长不逾 1 mm。

3. 叶卵状椭圆形，集生于茎中部；无叶状苞片；花被片较长且宽，长 3.5～4.2 cm，宽约 1.5 cm ………………………… **3. 梭砂贝母 F. delavayi** Franch.

3. 叶条形，散生茎中上部；叶状苞片 1 枚，先端不卷曲；花被片较短且窄，长 1.6～2.2 cm，宽约 6 mm ………… **4. 甘肃贝母 F. przewalskii** Maxim. ex Batal.

1. 暗紫贝母 图版 69：1～2

Fritillaria unibracteata Hsiao et K. C. Hsia in Acta Phytotax. Sin. 15 (2)：39. t. 4：2～3. 1977；中国植物志 14：109. 图 27：1. 1980；青海植物志 4：277. 图版 44：1～2. 1999；青藏高原维管植物及其生态地理分布 1239. 2008.

多年生草本，株高 10～30 cm。鳞茎由 2 枚鳞片组成，球形，直径 6～13 mm。茎直立，有时带紫色，光滑，下面一部分埋于地下。下部叶对生，上部叶互生，条形或条状披针形，长 2.5～5.0 cm，宽 2～7 mm，先端钝，不卷曲。花常单朵，深紫色，有黄褐色小方格；叶状苞片 1 枚，先端不卷曲；花被片长圆形或卵状长圆形，内轮 3 片较外轮 3 片宽，长 1.5～2.8 cm，宽 0.5～1.2 cm，蜜腺窝不很明显；雄蕊长约为花被片的一半，花药黄色，长圆形，长 3～6 mm，近基着，花丝扁平，向基增宽，长 4～7 mm，具 1 中脉；子房长圆柱形，长约 6 mm，花柱细，长约 1 cm，柱头裂片极短，长 0.5～1.0 mm。蒴果长约 1.5 cm，直径约 1 cm。 花期 6～7 月，果期 7～9 月。

产青海：兴海（河卡山，吴珍兰 055、郭本兆 6268、何廷农 036）、玛沁（拉加乡，玛沁队 068；军牧场，吴玉虎 1381；雪山乡，黄荣福 81-045）、久治（县城附近，果洛队 027；德黑日麻沟，藏药队 235；康赛乡，果洛队 683）。生于海拔 3 500～4 500 m 的河谷山坡高寒灌丛草甸、山地阴坡草丛。

分布于我国的青海、四川。

采自久治县康赛乡的 1 份标本（果洛队 683），有 2 朵花生于茎端，但叶很不完整，解剖其花，除柱头裂片略长（约 1.1 mm）外，其他特征均符合本种。目前在无更多标本的情况下，暂归本种。今后有待补点采集完整的标本，并作进一步仔细研究。

2. 乌恰贝母

Fritillaria ferganensis A. Los. in Kom. URSS 4：315，et 740. t. 19. f. 3. 1935；中国植物志 14：102. 1980；新疆植物志 6：511. 图版 191：1～3. 1996；青藏高原维管植物及其生态地理分布 1238. 2008.

多年生草本，株高 15～35 cm。鳞茎由 2 枚鳞片组成，圆锥状椭圆形，肥厚，外被多层薄膜。茎细弱，绿紫色，光滑。基部叶对生，中部叶 3～4 或 6 枚轮生，有时对生或散生，叶条形或条状披针形，长 4～6（～8）cm，宽 3～5 mm，先端卷曲或钩状，不扭转。花单朵，顶生，下垂，狭钟状，淡绿黄色，具紫色方格斑点，先端紫色；叶状苞片 3 枚，线形，先端螺旋状卷曲；花被片长圆形或椭圆形，长约 2.7 cm，宽 6～7 mm，内轮 3 片与外轮 3 片等长，稍宽，具 5～7 条细脉，先端钝，基部蜜腺窝直角状，微突出；雄蕊长为花被片的 2/3，花药黄色，长 3～8 mm，近基着，花丝淡白色，长 9～10 mm，光滑，无乳突；花柱长 9～10 mm，柱头 3 裂，裂片长约 3 mm。蒴果具翅。花期 4～5 月，果期 6 月。

产新疆：乌恰。生于海拔 2 500～3 000 m 的河谷山地阴坡灌木丛。

分布于我国新疆；中亚地区各国也有分布。

3. 梭砂贝母 图版 69：3～4

Fritillaria delavayi Franch. in Journ. de Bot. 12：222. 1898；中国高等植物图鉴 5：460. 图 7750. 1976；中国植物志 14：112. 图版 30：1. 1980；西藏植物志 5：537. 图 296. 1987；青海植物志 4：279. 图版 44：6～7. 1999；青藏高原维管植物及其生态地理分布 1238. 2008.

多年生草本，株高 10～15 cm。鳞茎由 2 枚鳞片组成，卵形，直径 1.5～2.0 cm。茎直立，有时带紫褐色，光滑。叶 4 枚集生于茎中部或上部，下面 2 枚互生，上面 2 枚对生，狭卵形或卵状椭圆形，长 2.5～5.5 cm，宽 1.0～2.5 cm，先端钝，不卷曲。花单生茎的顶端；无叶状苞片；花被片灰黄色，具紫色斑点，长圆形或椭圆形，长 3.5～4.2 cm，宽约 1.5 cm，先端钝圆，内轮 3 片较外轮 3 片稍长而宽，脉纹清晰；雄蕊 6 枚，花药黄色，长圆形，长 5～8 mm，近基着，花丝扁平，披针形，向下方加宽，基部最宽，长约 13 mm，具 1 条脉；柱头 3 裂，裂片长约 2 mm。蒴果未见。 花期 7 月。

产青海：称多（毛滏营，刘尚武 2360）。生于海拔 4 400～4 700 m 的高山流石滩稀疏植被带。

分布于我国的青海、西藏、四川、云南。

采自本区的标本，与《中国植物志》中所描述的有所不同：柱头裂片长约 2 mm。

4. 甘肃贝母 图版 69：5～7

Fritillaria przewalskii Maxim. ex Batal. in Acta Hort. Petrop. 8：105. 1893；秦岭植物志 1（1）：356. 图 342. 1976；植物分类学报 15（2）：39. 1977；中国植物志 14：107. 1980；青海植物志 4：279. 图版 44：3～5. 1999；青藏高原维管植物及其生态地理分布 1238. 2008.

多年生草本，株高 8～55 cm。鳞茎由 2 枚鳞片组成，卵球形，直径 5～15 mm。茎细，光滑，下面一部分埋于地下。叶通常 5 枚，下部 2 枚叶对生，上部叶互生或对生，条形，长 3～6 cm，宽 3～5 mm，先端钝或渐尖，不卷曲。花单生，少有 2 朵，钟状，下垂，浅黄色，有紫褐色斑点或无；叶状苞片 1 枚，细而长，先端尾状渐尖，卷曲或不卷曲；花被片长圆形或长圆状倒卵形，长 1.6～2.2 cm，宽约 6 mm，先端钝，外轮 3 片较窄，基部蜜腺窝不明显；雄蕊长为花被片的 1 半，花药黄色，长圆形，长约 5 mm，

图版 **69** 暗紫贝母 **Fritillaria unibracteata** Hsiao et K. C. Hsia 1.植株；2.花被展开。梭砂贝母 **F. delavayi** Franch. 3. 植株；4. 雌蕊和雄蕊。甘肃贝母 **F. przewalskii** Maxim. ex Batal. 5. 植株；6. 花被展开；7. 鳞茎。（王颖绘）

花丝基部最宽约 6 mm，被乳突或光滑；子房长圆形，长约 3 mm；花柱细，长约5 mm，柱头 3 裂，裂片短，长约 1 mm。蒴果长宽近相等，直径 1.0～1.3 cm。 花期 6 月，果期 8 月。

产青海：玛沁（拉加乡，吴玉虎 6140；县城附近，玛沁队 036）、班玛（马柯河林场，王为义等 27422）、称多（毛洼营，刘尚武 2380）。生于海拔 3 200～4 400 m 的沟谷山坡草地、山地高寒灌丛。

甘肃：玛曲（欧拉乡，吴玉虎 32001）。生于海拔 3 200 m 左右的沟谷山地灌丛草甸。

分布于我国的青海、甘肃、四川。

采自本区的标本，与《中国植物志》中所描述的有所不同：叶全部对生；花被片较短，长 1.6～2.2 cm，被很少黑紫色斑点（有的标本无）；花丝光滑，不具乳突。

6. 百合属 **Lilium** Linn.

Linn. Sp. Pl. 302. 1753.

多年生草本。鳞茎卵形或近球形；鳞片多数，肉质，白色，少黄色，卵形或披针形，无节或有节。茎圆柱形，具乳突。叶互生，稀轮生，无柄或具短柄，全缘，边缘有细乳突。花单生或数朵排成总状花序；苞片叶状；花有多种颜色，鲜艳美丽，有时具香气；花被片 6 枚，2 轮，离生，但常靠合，形成喇叭形或钟形，有时上部反卷，披针形或匙形，基部具蜜腺；雄蕊 6 枚，花丝钻形，被毛或无毛，花药背着，“丁”字状；子房长圆形，3 室，花柱细长，柱头膨大，3 裂。蒴果长圆形，室背开裂。种子多数，扁平，周围有翅。

约 90 种。我国有 45 种，昆仑地区产 1 种。

1. 山　丹　图版 61：4～8

Lilium pumilum DC. in Redouté Liliac. 7：t. 378. 1812；Woodc. et Stearn Lil. World 324. f. 97. 1950；中国植物志 14：147. 图版 40：1～5. 1980；内蒙古植物志. 第 2 版. 5：473. 图版 194：3. 1994；青海植物志 4：280. 1999；青藏高原维管植物及其生态地理分布 1241. 2008.

多年生草本，株高 25～35 cm。鳞茎卵形或圆锥形，直径 1～2 cm；鳞片长圆形或长卵形，白色。茎直立，有乳突及紫色条纹。叶多枚散生于茎中部，条形，长 3～7 cm，宽 1.5～3.0 mm，中脉下面突出，先端尖，边缘有细乳突；无叶柄。花单生或数朵排成总状花序，鲜红色，通常无斑点，下垂；花梗长 3.0～4.5 cm，下具叶状苞片，长 1.5～2.5 cm；花被片向外反卷，长 3～4 cm，宽 6～10 mm，长圆形或长圆状披针形，蜜腺两边有乳突；雄蕊6枚，花丝下部白色，长1.5～2.0 cm，花药橘红色，长圆形，长5～10 mm；子房圆柱形，长约1 cm，花柱细，长约1.3 cm，柱头膨大，3裂。蒴果长圆形。　花期7月。

产青海：兴海（唐乃亥乡，采集人不详291）。生于海拔3 000 m左右的沟谷山坡草地。

分布于我国的青海、甘肃、宁夏、陕西、内蒙古、山西、河北、辽宁、吉林、黑龙江、河南、山东；俄罗斯，蒙古，朝鲜也有。

7. 假百合属 Notholirion Wall. ex Boiss.

Wall. ex Boiss. Fl. Orient. 5：190. 1882.

多年生草本。鳞茎圆筒形，粗短，无鳞片，外被黑褐色的膜质鳞茎皮；须根多数，其上生有小鳞茎；小鳞茎卵形，成熟后具灰褐色硬壳，内有白色肉质的鳞片。茎直立，无毛，有细棱。叶基生和茎生，条形或披针形，无柄。花序总状；花排列疏散，多数，具小苞片；花梗短，稍弯；花钟形，花被片淡紫色或蓝紫色，裂片6枚，2轮，离生；雄蕊6枚，花丝丝状，花药背着；子房圆柱形或矩圆形，3室，花柱细长，柱头3裂。蒴果矩圆形或倒卵状矩圆形，顶端凹陷。种子扁平，具狭翅。

约4种。我国有3种，昆仑地区产1种。

1. 假百合　图版70：1～5

Notholirion bulbuliferum (Lingelsh.) Stearn in Kew Bull. 4：421. 1950；中国植物志14：165. 图21. 1980；西藏植物志5：548. 图301. 1987；青海植物志4：281. 图版45：1～5. 1999；青藏高原维管植物及其生态地理分布1244. 2008.——*Paradisea bulbulifera* Lingelsh. Apuol Limpr. f. in Fedde Repert. Sp. Nov. Beih. 12：316. 1922.——*Notholirion hyacinthinum* (Wilson) Stapf in Kew Bull. 96. 1934；秦岭植物志1（1）：361. 图348. 1976.

多年生草本。小鳞茎多数，灰褐色，卵圆形，直径3～5 mm，两端稍尖，有8条纵棱，成熟后外壳变硬，内有数层白色肉质鳞片紧抱如米粒状。茎粗大，高达90 cm，无毛。基生叶数枚，茎生叶多数，带状或狭长披针形，长10～22 cm，宽达2.3 cm，上举，先端渐尖，均无柄，基部抱茎。总状花序顶生，具10～12花；花梗长5～10 mm，中上部弯曲；苞片叶状，线形，由下向上渐小，长2.5～6.5 cm；花淡紫色，花被片倒披针形，长2.3～3.5 cm，宽约1 cm，先端钝，绿色；雄蕊与花被片近等长，花丝先端常弯曲，使花药反折；子房淡紫色，柱状，长1.0～1.5 cm，花柱长1.5～2.0 cm，柱头3裂，裂片稍反卷。蒴果未见。　花期8月。

产青海：班玛（马柯河林场烧柴沟，王为义等 27136、27604）。生于海拔 3 200～3 800 m 的沟谷山地草丛中。

分布于我国的青海、甘肃、陕西、西藏、四川、云南；印度，尼泊尔，不丹也有。

8. 郁金香属 **Tulipa** Linn.

Linn. Sp. Pl. 305. 1753.

多年生草本。具鳞茎，鳞茎外被多层鳞茎皮，外层色深，褐色或暗褐色，内层色浅，淡褐色或褐色，上端有时上延抱茎，内面常被毛。茎通常单生，直立，下部常埋于地下。叶条形至长卵形，通常 2～4 枚，稀 5～6 枚，互生或对生。花较大，通常单朵顶生，钟状或漏斗状钟形，直立，稀下垂；花被片 6 枚，离生；雄蕊 6 枚，等长或 3 长 3 短，着生于花被片基部，花药基着，内向开裂，花丝常在中部或基部扩大，光滑或被毛；子房长椭圆形，3 室，胚珠多枚，花柱明显或不明显，柱头 3 裂。蒴果椭圆形或近球形，室背开裂。种子近三角形，扁平。

有 150 余种。我国有 15 种，昆仑地区产 1 种。

1. 毛蕊郁金香

Tulipa dasystemon (Regel) Regel in Acta Hort. Petrop. 6：507. 1880；Vved. in Kom. Fl. URSS 4：361. 1935；Pavl. Fl. Kazakh. 2：212. 1958；中国植物志 14：94. 图版 23：5～7. 1980；新疆植物志 6：504. 图版 188：5～6. 1996.——*Orithyia dasystemon* Regel l. c. 5：261. 1877.

多年生草本，株高 10～15 cm。鳞茎较小，直径约 1 cm；鳞茎皮纸质，内面上部常被稀疏伏生毛，稀无毛。叶 2 枚，条形，疏离，伸展。花葶直立，无毛；花单朵顶生，乳白色或淡黄色；花被片长约 2 cm，宽 5～10 mm，外轮花被片背面紫绿色，内轮花被片背面中央具紫绿色纵条纹，基部被毛；雄蕊 3 长 3 短，花丝有的仅基部被毛，有的几乎全部被毛，花药具紫黑色或黄色的短尖头；花柱长约 2 mm。蒴果长圆形，具较长的喙。 花期 4 月，果期 4～5 月。

产新疆：乌恰（吉根乡斯木哈纳，采集人不详 73－94）。生于海拔 2 300～3 200 m 的河谷山地阳坡草地。

分布于我国新疆；中亚地区各国也有。

9. 洼瓣花属 Lloydia Salisb.

Salisb. in Trans. Hort. Soc. 1：328. 1812.

多年生草本。鳞茎外被多层枯叶鞘，近圆柱形。茎直立，不分枝。基生叶与不育叶丛1至数枚，叶片线形或窄条形，扁平；叶鞘膜质，包被鳞茎；茎生叶苞片状，互生，向上逐渐变小成苞片。花单生于茎顶端或2～3朵排成伞房状花序；花被片6枚，离生，有3～7条脉，近基部内面常有凹穴、毛或褶片，内外轮同形，内轮花被片稍宽；雄蕊6枚，生于花被片基部，短于花被片；花丝无毛或有时被毛，花药基部着生，向两侧开裂；子房3室，与花柱等长或较长，柱头近头状或3浅裂。蒴果室背上部开裂。种子多数，三角形或狭卵形，一端有短翅。

约11种。我国有8种，昆仑地区产1种。

1. 洼瓣花 图版70：6～9

Lloydia serotina（Linn.）Rchb. Fl. Germ. Excurs. 102. 1830；Hook. f. Fl. Brit. Ind. 6：354. 1894；Fl. URSS 4：369. 1935；中国植物志 14：81. 图版 19：7～8. 1980；B. Valdes in Tutin et al. Fl. Europ. 5：25. 1980；西藏植物志 5：534. 图 296. 1987；新疆植物志 6：494. 图版 183：1～3. 1996；青海植物志 4：284. 图版 45：6～9. 1999；青藏高原维管植物及其生态地理分布 1243. 2008.——*Bulboscodium serotinum* Linn. Sp. Pl. 294. 1753.

多年生草本，株高8～15 cm。鳞茎狭长，被多层淡褐色、条裂的枯叶鞘。基生叶常2枚，或因不育叶丛尚未完全从叶鞘中分出，而叶数增加至4或5枚；叶片线形，与花序等高或短，宽约1 mm，基部扩大形成长鞘，包被鳞茎；茎生叶多枚，通常短小，长1～4 cm，宽约2 mm，半抱茎。花1～3朵，白色，有紫斑，向基部斑纹的颜色加深；花被片倒卵状长圆形或椭圆形，内外花被片近相似，长9～14 mm，宽5～7 mm，先端急尖或钝圆，常有3条紫色脉，中脉色暗，明显，侧脉先端有时分叉，基部内面常有1个凹穴；雄蕊长为花被片的2/3，花药长圆形，长约1.5 mm，花丝下部略加宽，长4～6 mm，无毛；子房长圆形，长3～4 mm，与花柱近等长，柱头3浅裂。蒴果近倒卵形，略有3钝棱（上一年果实）。 花期6～7月。

产新疆：阿克陶（布伦口乡恰克拉克，青藏队吴玉虎 87629；阿克塔什，青藏队吴玉虎 87144、87180）、塔什库尔干（麻扎，高生所西藏队 3235、陈英生 012）、皮山（垴阿巴提乡布琼，青藏队吴玉虎 1861、3009；垴阿巴提乡，青藏队吴玉虎 2420）、和田（喀什塔什，青藏队吴玉虎 2007）、于田（普鲁至火山途中，青藏队吴玉虎 3659）、策勒（奴尔乡，青藏队吴玉虎 1934、3039）。生于海拔2 800～4 300 m的砾石山坡石缝、河

图版 70 假百合 **Notholirion bulbuliferum** (Lingelsh.) Stearn 1. 植株；2. 花被展开；3. 内花被片；4. 外花被片；5. 小鳞茎。洼瓣花 **Lloydia serotina** (Linn.) Rchb. 6. 植株；7. 花被展开；8. 内花被片；9. 外花被片。少花顶冰花 **Gagea pauciflora** Turcz. ex Ledeb. 10. 植株；11. 内花被片；12. 外花被片。（王颖绘）

谷山地高山草甸。

青海：兴海（河卡山，吴珍兰 054、何廷农 136）、玛沁（东倾沟，玛沁队 063）、久治（门堂乡，藏药队 262；康赛至门堂途中，果洛队 681）、曲麻莱（巴干乡，刘尚武等 581）。生于海拔 3 500～4 100 m 的沟谷山地阴坡草地、山坡岩石缝。

分布于我国的西北、西南、华北、东北各省区；欧洲，亚洲其他地方，北美洲也有。

采自玛沁县和久治县的标本，花柱明显短于子房，与《中国植物志》中该种的描述有所不同，有待进一步研究。

10. 顶冰花属 **Gagea** Salisb.

Salisb. in Koenig et Sims. Ann. Bot. 2：555. 1806.

多年生草本。鳞茎通常卵球形，大小不一，外被多层枯叶鞘，基部内外常有小鳞茎。茎直立，不分枝。基生叶常 1～2 枚，线形，扁平；茎生叶互生，向上渐小，苞片状。花常单生或有数朵排列成伞房花序、伞形花序，具总苞或小苞片；花被片 6 枚，通常黄色或绿黄色，离生，2 轮，外轮者具 5～9 脉，内轮者通常有 3 脉，无蜜腺，在果期增大，变厚，中部常为绿色，边缘膜质，白色，长于蒴果；雄蕊 6 枚，3 长 3 短或 6 枚等长，短于花被片，花丝丝状或下部扁平，着生于花被片基部，花药基着；子房 3 室，每室具多数胚珠，花柱长，柱头头状或 3 裂。蒴果倒卵形或长圆形，通常具 3 棱。种子多数，卵形或狭椭圆形，扁平，有时具棱角。

约 70 种。我国有 19 种，昆仑地区产 5 种。

分种检索表

1. 茎生叶叶腋中具球状小鳞茎（珠芽）；植株被短柔毛 …………………………………… **1. 高山顶冰花 G. jaeschkei** Pasch.
1. 茎生叶叶腋中无球状小鳞茎；植株无毛或被短柔毛。
  2. 在鳞茎皮内外具或多或少的附属小鳞茎。
    3. 柱头 3 深裂；花被片大，长 1.2～3.0 cm，宽 2.5～5.0 mm；附属小鳞茎少 ………………………………… **2. 少花顶冰花 G. pauciflora** Turcz. ex Ledeb.
    3. 柱头头状，不分裂；花被片小，长 0.5～0.9 cm，宽 1～2 mm；附属小鳞茎多 ………………………………………… **3. 多球顶冰花 G. ova** Stapf
  2. 在鳞茎皮内外无附属小鳞茎。
    4. 植株被灰白色短柔毛；基生叶丝状，常超过茎之长；花被片较小，长 0.8～1.0 cm，宽约 2 mm ……………………………… **4. 乌恰顶冰花 G. olgae** Regel

4. 植株光滑无毛；基生叶条形，常短于茎之长；花被片较大，长 1.4～1.8 cm，宽 3～5 mm …………………………………… **5. 新疆顶冰花 G. subalpina** L. Z. Shue

1. 高山顶冰花　图版 71：1

Gagea jaeschkei Pasch. Sitz.-Ber. Deutsch. Naturwissensch. Geselsch. 24：128. 1904；Grossh in Kom. Fl. URSS 4：108. 1935；Pavl. Fl. Kazakh. 2：132. t. 11：14. 1958；Grub. Pl. Asiae Contr. 7：16. 1977；中国植物志 14：74. 1980；新疆植物志 6：488. 图版 179：6. 1996；青藏高原维管植物及其生态地理分布 1239. 2008.

多年生草本，株高 3～7 cm，疏被短柔毛。地下鳞茎窄卵形，直径 4～6 mm；皮黄褐色，膜质，上端延伸成圆筒状，抱茎，无附属小鳞茎。基生叶 1 枚，条形，扁平，长 4～7 cm，宽 1～2 mm，无毛或有时被稀疏短柔毛；茎生叶 5～6 枚，互生，与基生叶相似，向上渐小，边缘被较多缘毛，每叶腋中有时具 1 枚紫色球状小鳞茎（珠芽）。花单生；花梗无毛；花被里面黄色，外面上半部暗红色，下半部黄色，花被片卵状披针形，长约 8 mm，宽约 3 mm，先端钝或锐尖；雄蕊长为花被片的 4/5，花丝基部扁宽，长于花药 2～3 倍，花药长圆形，黄色，长约 2 mm；子房长圆形，与花柱近等长，柱头微 3 裂。蒴果未见。　花期 7 月。

产新疆：乌恰（吉根乡斯木哈纳，采集人不详 73-87）、阿克陶（恰尔隆乡，青藏队吴玉虎 5015）、塔什库尔干。生于海拔 3 100～4 600 m 的高山草甸砾石缝隙周围和高山雪线附近。

分布于我国新疆；中亚地区各国也有。

采自阿克陶的标本，花梗无毛。

2. 少花顶冰花　图版 70：10～12

Gagea pauciflora Turcz. ex Ledeb. Fl. Ross. 4：143. 1853；西藏植物志 5：533. 图 296：6～7. 1987.——*G. pauciflora* Turcz. in Bull. Soc. Nat. Mosc. 11：102. 1838，nom. nud.；中国植物志 14：72. 图版 19：1～3. 1980；青海植物志 4：283. 图版 45：10～12. 1999；青藏高原维管植物及其生态地理分布 1239. 2008.

多年生草本，株高 4～20 cm，疏被短柔毛，下部明显且较密。鳞茎卵形，向上渐狭，外被多层褐色枯叶鞘，内藏少数小鳞茎。基生叶常 1 枚，线形，与茎等长或较长，宽 1.5～2.5 mm，有时脉上和边缘疏生短柔毛；茎生叶 2～3 枚，下部者较长，向上渐短，苞片状，基部半抱茎，脉上和边缘明显疏被短柔毛。花单生或 2～4 朵排成伞房花序；花被里面黄色，背面灰绿色，有时先端带灰紫色，花被片条形，长 1.2～3.0 cm，宽 2.5～5.0 mm，先端渐尖，边缘白色膜质，中部绿色，脉纹清晰；雄蕊长为花被片的 1/2，花丝丝状，下部扁平且较宽，长达 10 mm，花药长圆形，黄色，长达 6 mm；子房长圆形，长约 3 mm，花柱与子房等长或稍短，柱头 3 深裂。蒴果长圆形，比花被片短。种子红色，三角形，扁平。　花果期 5～6 月。

产西藏：班戈（色哇区，青藏队 9508）、尼玛（双湖，青藏队，采集号不详）。生于海拔 5 200 m 左右的沟谷山坡草地。

青海：格尔木（小南川，青甘队 473）、兴海（河卡山，吴珍兰 053）、玛多（县城后面，吴玉虎 971；花石峡，吴玉虎 653、28950）、玛沁（县城郊，玛沁队 023；大武乡，玛沁队 273）、格尔木（唐古拉山乡玛章错钦，可可西里队黄荣福 K-690；煤矿沟，可可西里队黄荣福 K-614；勒斜武担湖，可可西里队黄荣福 K-849；可可西里保护站，吴玉虎 17139）。生于海拔 3 600～4 800 m 的沟谷山地高山灌丛、河谷山坡草地、宽谷河滩高寒草原。

分布于我国的青海、甘肃、陕西、西藏、内蒙古、河北、黑龙江；俄罗斯，蒙古也有。

3. 多球顶冰花 图版 71：2

Gagea ova Stapf Bot. Ergeb. Exped. Persien 1：16. 1885；Grossh. in Kom. Fl. URSS 4：109. 1935；Grub. Pl. Asiae Centr. 7：16. 1977；中国植物志 14：77. 图版 18：10. 1980；新疆植物志 6：492. 图版 181：8. 1996；青藏高原维管植物及其生态地理分布 1239. 2008.

多年生草本，株高 5～10 cm，无毛。地下鳞茎卵球形，直径 4～7 mm；皮紫褐色或淡褐色，革质，上端稍延伸，内具许多聚集成团的卵形小鳞茎。基生叶 1 枚，线形，长于或短于茎，宽约 1 mm，光滑，横断面半圆形；茎生叶 2～3 枚，叶腋中常有花序枝，下面 1 枚茎生叶与基生叶相似，但较短，上部的叶明显短小，均无毛。花 2～6 朵（稀单生），排成二歧伞房花序；花梗无毛或具极疏短柔毛；花被里面黄白色或近白色，外面淡黄绿色，花被片窄长圆形，长 5～9 mm，宽 1～2 mm，具淡黄色的边缘，先端钝，果期背面上端变为紫红色，有时花被片外轮 3 枚外面为紫红色，内轮 3 枚外面为淡黄绿色（此类花被片都较长，长约 9 mm）；雄蕊短于花被片，花丝基部扁且稍宽，长约 3.5 mm，花药近圆形，黄色，长 0.5～0.7 mm；子房长圆形，花柱长为子房的 2 倍，柱头头状，不分裂。蒴果未见。 花期 6 月。

产新疆：乌恰、塔什库尔干（红其拉甫达坂，高生所西藏队 3196）。生于海拔 4 100～4 600 m 的高山沙砾地、宽谷湖盆沙砾质高寒草原。

分布于我国的新疆；伊朗，阿富汗，中亚地区各国也有。

4. 乌恰顶冰花

Gagea olgae Regel in Acta Hort. Petrop. 3：292. 1965；Grossh. in Kom. Fl. URSS 4：104. 1935；Pavl. Fl. Kazakh. 2：130. 1958；中国植物志 14：76. 1980；新疆植物志 6：492. 图版 179：3. 1996；青藏高原维管植物及其生态地理分布 1239. 2008.

色棒毛状附属物，花被管管状，长 2～4 cm …… **1. 卷鞘鸢尾 I. potaninii** Maxim.

3. 残留叶鞘纤维须状，齐地面折断；花蓝色，外花被片向轴面仅具脉纹，无棒毛状附属物，花被管长管状，长 7～10 cm ………………………………………………………… **2. 青海鸢尾 I. qinghaiensis** Y. T. Zhao

2. 花茎高，伸出地面，残留叶鞘纤维须状；蒴果远离地面。

4. 植株高 6～13 cm，花 1～2 朵，紫红色或蓝紫色；苞片 2～3 枚，花被片向轴面具黄色棒毛状附属物。

5. 花茎高 6～13 cm；花 1～2 朵，紫红色；苞片 3 枚，边缘紫红色，花被管细管状；蒴果卵圆形，具短喙；种子褐色，梨形，表面光滑 ………………………………………………………… **3. 甘肃鸢尾 I. pandurata** Maxim.

5. 花茎高 8～10 cm；花 2 朵，蓝紫色；苞片 2 或 3 枚，膜质或草质，呈黄色、黄绿色，具膜质边缘；花被片蓝紫色，花被管短管状；蒴果纺锤形或圆柱形，顶端膨大呈环状，喙不明显；种子深褐色，表面多皱纹 ………………………………………………………… **4. 膜苞鸢尾 I. scariosa** Willd. ex Link.

4. 植株高 10～20 cm；花单生，蓝紫色；苞片 2 枚，膜质，外花被片向轴面具白色毛状附属物或否。

6. 植株高 15～20 cm；花蓝紫色具紫红色斑点，苞片淡黄色，外花被片向轴面具白色棒毛状附属物，花药黄色 ……………… **5. 锐果鸢尾 I. goniocarpa** Baker

6. 植株高 10～20 cm；花蓝紫色，苞片边缘紫红色，外花被片向轴面仅具深色斑纹，无棒毛状附属物 …………………… **6. 紫苞鸢尾 I. ruthenica** Ker -Gawl.

1. 植株高大，高 20～100 cm。

7. 残留叶鞘纤维呈稠密毛发状或须状；根状茎木质；花 1～4 朵，外花被片向轴面中脉仅具脉纹，无附属物。

8. 残留叶鞘纤维呈稠密毛发状；花乳白色或蓝紫色，外花被片倒披针形或匙形，向轴面中脉具黄色斑纹，雄蕊花药黄色；蒴果喙短，喙端平截 ………………………………………………………… **7. 白花马蔺 I. lactea** Pall.

8. 残留叶鞘纤维呈须状；花黄白色、蓝紫色或紫红色，外花被片提琴形，向轴面中脉具深色脉纹，雄蕊花药褐色；蒴果具长喙，喙 3 裂，分枝倒垂 ………………………………………………………… **8. 准噶尔鸢尾 I. songarica** Schrenk

7. 残留叶鞘纤维呈片状，齐地面折断或为须状；根状茎粗壮、肥大或细而匍匐；多数花排列成总状花序或具 1～4 花，外花被片向轴面中脉具鸡冠状、棒毛状附属物或无附属物。

9. 残留叶鞘纤维呈片状，齐地面折断；根状茎细，匍匐状；花茎较矮，不伸出地面，外花被片向轴面中脉具紫色或褐色斑纹，花被管长管状，长 7～10 cm ………………………………………………………… **9. 天山鸢尾 I. loczyi** Kanitz

9. 残留叶鞘纤维呈须状；根状茎粗壮、肥大；花茎较高，伸出地面；外花被片向轴面中脉具鸡冠状、棒毛状附属物或否，花被管短管状、喇叭形或漏斗状。

10. 多数花排列成总状花序或圆锥花序，外花被片下弯，向轴面中脉具鸡冠状或棒毛状附属物，花被管喇叭形。

11. 花蓝紫色，外花被片向轴面中脉具鸡冠状附属物，雄蕊花药黄色；种子棕黄色，无附属物 ………………………… **10. 鸢尾 I. tectorum** Maxim.

11. 花蓝紫色、紫红色至白色，较香，外花被片向轴面中脉具黄色棒毛状附属物，雄蕊花药乳白色；种子黄色，具文饰及附属物 ……………………………………………………… **11. 德国鸢尾 I. germanica** Linn.

10. 花1～4朵，外花被片不下弯，向轴面中脉无附属物，花被管短管状或漏斗形。

12. 根状茎较长，粗壮、肥大，斜上升，具环纹；花黄色、蓝色或蓝紫色，外花被片提琴形，花被管短管状，长约1 cm，雄蕊花药黄色；蒴果顶端喙长；种子黄色，表面皱缩，具光泽 ……………………………………………………………………………… **12. 喜盐鸢尾 I. halophila** Pall.

12. 根状茎短，粗壮；花鲜红紫色、深蓝色或紫色，外花被片倒卵形或椭圆形，花被管漏斗状，长1.0～1.5 cm，雄蕊花药紫红色；蒴果顶端喙短；种子棕色，边缘具翅状突起 …………… **13. 玉蝉花 I. ensata** Thunb.

1. 卷鞘鸢尾 图版72：1～2

Iris potaninii Maxim. in Bull. Acad. Sci. St.-Pétrsb. 26：528. 1880；Fedtsch. in Kom. Fl. URSS 4：550. 1955；中国高等植物图鉴 5：576. 图 9781. 1976；中国植物志 16（1）：192. 图版 62：1～2. 1985；西藏植物志 5：621. 图 326. 1987；新疆植物志 6：578. 1996；青海植物志 4：289. 图版 46：2～3. 1999；青藏高原维管植物及其生态地理分布 1259. 2008.

1a. 卷鞘鸢尾（原变种）

var. **potaninii**

多年生草本。植株高6～20 cm，基部宿存纤维状卷叶鞘，呈毛发状向外卷曲。根状茎粗短，块状，木质，须根多数，近肉质，黄白色。基生叶条形，长3～20 cm，宽2～4 mm，基部鞘状，互相套叠，顶端渐尖，淡绿色，粗糙，直立。花茎短，不伸出地面，基部具2枚鞘状叶；苞片2枚，膜质，顶端渐尖，内包有1花；花黄色，花被片6枚，外轮花被片较大，下弯，向轴面具棒毛状附属物，内轮花被片直立，花被管长2～4 cm；雄蕊3枚，花药紫色，条形；子房纺锤形，埋于地下，花柱柱头3裂，每个裂片复2裂，小裂片花瓣状，黄色。蒴果椭圆形，具长喙，成熟时顶部开裂。种子梨形，棕黄色，具白色附属物。 花果期6～9月。

产新疆：西昆仑山北麓（采集地和采集人不详，84－A－152）、阿尔金山（鲸鱼湖，青藏队吴玉虎1641）、若羌（库木库里盆地，采集人和采集号不详）。生于海拔2 500～

图版 **72** 卷鞘鸢尾 **Iris potaninii** Maxim. 1. 植株；2. 外花被裂片。锐果鸢尾 **I. goniocarpa** Baker 3. 植株；4. 外花被裂片；5. 果实。紫苞鸢尾 **I. ruthenica** Ker - Gawl. 6. 植株；7. 果枝。
(1～5. 王颖绘；6～7. 引自《中国植物志》，于振洲绘)

4 300 m 的荒漠草原和砾质山坡、高原宽谷湖盆沙砾质高寒草原。

西藏：尼玛（双湖区双湖鱼尾，郎楷永 10016）、班戈（色哇至双湖漫克拉木湖途中，青藏队郎楷永 9422；达木错日阿日至比让彭错途中，青藏队郎楷永 9493；鲸鱼湖边，青藏队吴玉虎 88－1205）。生于海拔 3 200～5 300 m 的高原宽谷盆地湖岸边、砾质山沟草地、沟谷山地高寒草原、高原滩地高寒荒漠草原、高山草甸和高山石砾坡。

青海：格尔木（小南川，青甘队 454；五道梁附近，吴征镒等 75－256）、兴海（河卡乡，张盍曾 0006、吴珍兰 27）、玛多（黑河乡，吴玉虎 028）、玛沁（采集地不详，黄荣福 81－011；优云乡代当沟巴些卡恰，区划一组 094）、治多（可可西里桑加曲，可可西里队黄荣福 K－035；岗齐曲，可可西里队黄荣福 K－072；库赛湖，吴玉虎 17143；可可西里保护站，吴玉虎 17141；可可西里盐湖，吴玉虎 17145；可可西里大滩，可可西里队黄荣福 K－608A；瓜拉错，可可西里队黄荣福 K－650；岗加曲巴，吴玉虎 16991；各拉丹冬，可可西里队黄荣福 K－616）、曲麻莱（曲麻河乡，黄荣福 026；巴干乡，黄荣福 580）、称多（清水河乡，周立华 005；县城附近，玛沁队 020；东倾沟，区划二组 164）。生于海拔 3 200～5 200 m 的沟谷、河滩砾地、缓丘、山地阳坡、干山坡、荒漠草原、高寒草原、高寒草甸和高寒荒漠。

分布于我国新疆、青海、甘肃、西藏；俄罗斯西伯利亚，印度也有。

本种花的颜色变化较大，种群中存在一些过渡类型，有些标本的花被片仅上部为黄色，下部为蓝色；有的标本花被除爪部为黄色外，其他的全部为蓝色。该种花的颜色变化尚不稳定。

1b. 蓝花卷鞘鸢尾（变种）

var. **ionantha** Y. T. Zhao in Acta Phytotax. Sin. 18 (1)：59. 1980；中国植物志 16 (1)：193. 1985；西藏植物志 5：622. 1987；新疆植物志 6：598. 1996；青海植物志 4：289. 1999；青藏高原维管植物及其生态地理分布 1260. 2008.

本变种与原变种的区别在于：花被片、花柱全部为蓝色。

产新疆：若羌（库木库里盆地，采集人和采集号不详），生于海拔 1 000～2 000 m 的砾石质滩地荒漠草原。

西藏：尼玛、班戈（达木错日阿日至比让彭错途中，青藏队郎楷永 9492；县城至色哇马尔则途中，青藏队郎楷永 9424）。生于海拔 4 900～5 300 m 的山坡草地、高山草地和高山砾石坡。

青海：格尔木（小南川，青甘队 453；五道梁附近，吴征镒 72－225）、兴海（河卡山，采集人和采集号不详）、玛多（黑海乡，吴玉虎 064；野牛沟，王为义等 064）、治多（可可西里保护站，吴玉虎 17144；库赛湖，吴玉虎 17142；可可西里盐湖，吴玉虎 17146；岗齐曲，可可西里队黄荣福 K－073；桑加曲，可可西里队黄荣福 K－034；格陆错，可可西里队黄荣福 K－655；可可西里山各拉丹冬，可可西里队黄荣福 K－617）、曲麻莱（东风乡白布沟垴，黄荣福等 068）。生于海拔 3 200～4 900 m 的高原宽谷平滩、高原缓丘、沟谷坡麓沙地、河谷阶地高山草地、宽谷滩地高山草甸、高山草原和高山荒漠。

分布于我国新疆、青海。

2. 青海鸢尾 图版 73：1

Iris qinghaiensis Y. T. Zhao in Acta Phytotax. Sin. 18（1）：55. 1980；中国植物志 16（1）：159. 图版 52：7. 1985；青海植物志 4：292. 1999；青藏高原维管植物及其生态地理分布 1260. 2008.

多年生草本。植株高 10～25 cm，基部宿存红棕色至灰褐色纤维状枯叶鞘，齐地面折断。根状茎缩短，块状，木质，须根多数，黑褐色。叶基生，条形，长 4～25 cm，宽 2～3 mm，直立，基部鞘状，互相套叠。花茎不伸出地面，基部具 3～4 枚鞘状叶；苞片内含有一两朵花；花蓝紫色；花被片 6 枚，外轮花被片斜升，顶端稍反折，向轴面光滑具脉纹，内轮花被片较宽，直立，花被管管状，长 7～10 cm；雄蕊 3 枚，花药紫色，条形；子房纺锤形，埋于地下，花柱柱头 3 裂，每个裂片复 2 裂，小裂片花瓣状，蓝色。蒴果卵圆形，黄色，成熟时顶部开裂。种子多面体状梨形，栗褐色。 花果期 6～9 月。

产新疆：西昆仑山北麓（采集地和采集人不详，84 - A - 139）。生于海拔 4 300 m 左右的沟谷山地高寒草原砾石地。

青海：兴海（河卡乡，吴珍兰 030）。生于海拔 3 250～3 400 m 的沟谷山地草原。

分布于我国新疆、青海。

3. 甘肃鸢尾 图版 73：2～3

Iris pandurata Maxim. in Bull. Acad. Sci. St.-Pétersb. 26：529. 1880；植物分类学报 18（1）：61. 1980；中国植物志 16（1）：190. 图版 60：5. 6. 1985；青海植物志 4：290. 1999；青藏高原维管植物及其生态地理分布 1259. 2008.

多年生草本。植株高 5～20 cm，基部宿存纤维状枯叶鞘。根状茎块状，缩短，须根肉质，黄白色，上下近等粗，侧根较少。基生叶条形，长 5～20 cm，宽 2～4 mm，基部鞘状，互相套叠。花茎高 2～13 cm，基部包被数枚鳞片状叶；苞片披针形，膜质或草质，黄色或黄绿色，边缘具窄膜质；花被片 6 枚，外轮花被片较大，下弯，向轴面中脉具黄色棒毛状附属物，内轮花被片直立，花被管细管状；雄蕊 3 枚，着生于外轮花被片基部，花药紫红色；子房纺锤形，花柱柱头 3 裂，裂片花瓣状，蓝紫色或蓝色。蒴果卵圆形，长 2～4 cm，成熟时室背开裂成 3 瓣。种子梨形，红褐色，无附属物。 花果期 6～9 月。

产青海：兴海。生于海拔 3 200 m 的沟谷山坡草地。

图版 73　青海鸢尾 **Iris qinghaiensis** Y. T. Zhao 1. 植株。甘肃鸢尾 **I. pandurata** Maxim. 2. 植株；3. 果实。 膜苞鸢尾 **I. scariosa** Willd. ex Link. 4. 植株；5. 果实。（引自《青海植物志》，于振洲、何瑞五绘）

分布于我国青海、甘肃。

4. 膜苞鸢尾 图版 73：4～5

Iris scariosa Willd. ex Link. in Engl. Bot. Jahrb. 1 (3)：71. 1920；Maxim. in Bull. Acad. Sci. St.-Pétersb. 26：534. 1880；Fedtsch. in Kom. Fl. URSS 4：550. 1935；Poljak. in Pavl. Kazakh. 2：245. 1958；中国植物志 16 (1)：189. 图版 60：3～4. 1985；新疆植物志 6：578. 图版 216：1～2. 1996；青藏高原维管植物及其生态地理分布 1260. 2008.

多年生草本。植株高 10～15 cm，基部宿存残留的纤维状老叶鞘。根状茎粗壮，斜升，棕黄色，须根分枝淡黄色。基生叶披针状条形，呈镰状弯曲，长 10～20 cm，宽 1～2 cm，基部鞘状，中部较宽，顶端渐尖。花茎高 9～10 cm；苞片 3 枚，椭圆状披针形，长 4～6 cm，膜质，边缘紫红色，顶端渐尖，内含 2 朵花；花蓝紫色；花被片 6 枚，外轮花被片倒卵形，长约 6 cm，爪楔形，向轴面有黄色毛状附属物，内轮花被片斜披针形，长约 5 cm，直立，花被管长约 1.5 cm；雄蕊 3 枚，长 1.5～2.0 cm；子房纺锤形，花柱裂片三角形，淡紫色。蒴果纺锤形或圆柱形，长 5～8 cm，顶端膨大呈环状，喙不明显，成熟后室背开裂。种子长圆形，长约 8 mm，深褐色，表面具皱纹。 花期 6～7 月，果期 7～8 月。

产新疆：若羌（阿尔金山，采集人和采集号不详）。生于海拔 2 500 m 左右的干旱山坡、山前冲积平坦砾石滩。

分布于我国新疆；哈萨克斯坦，俄罗斯西伯利亚也有。

5. 锐果鸢尾 图版 72：3～5

Iris goniocarpa Baker in Gard. Chron. ser. 36：710. 1876；秦岭植物志 1 (1)：386. 1967；中国高等植物图鉴 5：576. 图 7982. 1976；中国植物志 16 (1)：195. 图版 63：1～2. 1985；西藏植物志 5：621. 图 326. 1987；横断山维管植物 下册 2489. 1994；新疆植物志 6：579. 1996；青海植物志 4：289. 图版 46：4～6. 1999；青藏高原维管植物及其生态地理分布 1257. 2008.

5a. 锐果鸢尾（原变种）

var. **goniocarpa**

多年生草本。植株高 10～25 cm，基部宿存纤维状枯叶鞘。根状茎短，黄褐色或棕色，须根多数，近肉质，淡黄色或黄白色。叶基生，条形，基部鞘状，互相套叠，直立，长 7～25 cm，宽 2～4 mm。花茎直立，高 9～25 cm；苞片 2 枚，绿色，边缘膜质，淡粉红色，顶端渐尖，向外反卷，内含 1 花；花蓝色；花被片 6 枚，外轮花被片长约 3 cm，平展或下弯，具深紫色斑纹。向轴面中脉具白色棒毛状附属物，内轮花被片短于外轮花被片，直立，花被管管状，长 1.5～2.0 cm；雄蕊 3 枚，花药条形，黄色；子房纺锤形，花柱柱头 3 裂，每个裂片复 2 裂，小裂片花瓣状，蓝色。蒴果椭圆形，具短喙。种子栗褐色，为多面体。

产青海：兴海（河卡乡，吴珍兰 056）、玛多、玛沁（雪山乡、黄荣福 C. G. 81-024；德日尼沟，玛沁队 050）、久治（索乎日麻乡，藏药队 303；县城附近，藏药队 195；哇尔依乡，吴玉虎 26674）、班玛（马柯河林场可培苗圃，王为义 27120）、曲麻莱、称多。生于海拔 3 200～4 040 m 的山前河漫滩、山地阳坡和半阳坡的灌丛草甸和苗圃。

四川：石渠（长沙贡玛乡，吴玉虎 29726）。生于海拔 4 000～4 100 m 的沟谷山坡草地、河谷阶地高寒草原。

分布于我国青海、甘肃、陕西、西藏、四川、云南；印度东北部，不丹，尼泊尔也有。

5b. 大锐果鸢尾（变种）

var. **grossa** Y. T. Zhao in Acta Phytotax. Sin. 18 (1)：60. 1980；中国植物志 16 (1)：1978. 1985；西藏植物志 5：612. 图 324. 1987；青海植物志 4：290. 1999；青藏高原维管植物及其生态地理分布 1257. 2008.

本变种与原变种的区别是：体型高大；叶长 25～35 cm，宽约 5 mm；花大，直径约 8 cm；蒴果长 3～4 cm，直径 2～3 cm。

产青海：称多、玛沁（当项尼亚嘎玛沟，区划一组 121；东倾沟，区划三组 160；军功乡塔浪沟，区划一组 011；大武乡，高生所植被地理组 401、区划三组 001；德日尼沟，玛沁队 050）、达日（建设乡，吴玉虎 27131）、久治（希门错，果洛队 404；康赛乡，吴玉虎 26580）、班玛（马柯河林场丁桑苗圃，王为义 26783）。生于海拔 3 600～4 000 m 的沟谷阳坡草地、阴坡灌丛草甸、河谷阶地高寒草甸。

分布于我国青海、四川、云南等省。

6. 紫苞鸢尾 图版 72：6～7

Iris ruthenica Ker - Gawl. Bot. Magaz. tab. 1123. 1808, et tab. 1393. 1811; Maxim in Acad. Sci St.-Pétersb. 26：516. 1880；Fedtsch. in Kom. Fl. URSS 4：517. 1935；Poljak. in Pavl. Kazakh. 2：237. tab. 22：fig. 5. 1958；中国高等植物图鉴 5：579. 图 7988. 1976；中国植物志 16 (1)：165. 图版 52：7～8. 1985；新疆植物志 6：573. 图版 216：5～6. 1996；青藏高原维管植物及其生态地理分布 1260. 2008.

多年生草本。植株高 10～30 cm，基部宿存褐色纤维状老叶鞘。根状茎细长，匍匐，分枝，密生条状须根。叶基生，条形，长 10～25 cm，宽 3～6 cm，基部鞘状，互相套合，顶端渐尖，两面具凸出的叶脉 2～3 条。花茎纤细，短于叶；苞片 2 枚，椭圆状披针形，长 3～4 mm，膜质，边缘紫红色，顶端渐尖，内含 1 朵花；花蓝紫色；花被片 6 枚，外轮花被片披针形，长 2～3 cm，顶端圆形，基部渐狭，具紫色斑纹，内轮花被片较短，花被管细长，长 1.0～1.5 cm；雄蕊 3 枚，花药乳白色；子房纺锤形，花柱狭披针形，顶端 2 裂，裂片三角形。蒴果球形或卵球形，直径 1.0～1.5 cm，具 6 条棱，顶端喙短，成熟后开裂。种子球形，具乳白色附属物。　花期 6～7 月，果期 7～9 月。

产新疆：皮山。生于海拔 1 900～3 500 m 的河滩草地、河谷山坡云杉林下及林缘草地。

青海：玛沁（大武乡江让水电站，王为义 26671），生于海拔 3 800 m 的河谷山地高寒灌丛草甸。

分布于我国新疆、青海；俄罗斯，中亚地区各国也有。

7. 白花马蔺

Iris lactea Pall. in Reise Russ. Reich. 3：713. 1776；Poljak in Pavl. Fl. Kazakh. 2：236. tab. 22. fig. 3. 1958；Grub. Pl. Asiae Centr. 7：92. 1977；中国植物志 16（1）：156. 1985；新疆植物志 6：570. 图版 214：3～6. 1996；青海植物志 4：293. 1999；青藏高原维管植物及其生态地理分布 1258. 2008.

7a. 白花马蔺（原变种）

var. **lactea**

多年生草本。植株高 15～50 cm，基部宿存稠密的红褐色或灰褐色纤维状老叶鞘。根状茎粗壮，缩短，木质，斜升，须根绳状，棕褐色、黄白色或黑褐色，有时具分枝。基生叶多数，条形或剑形，长 20～50 cm，宽 3～7 mm，顶端锐尖或渐尖，基部鞘状，互相套叠，直立，两面具明显的数条纵脉，中脉不明显，绿色或稍呈蓝紫色。花茎高 4～30 cm；苞片 2～4 枚，矩圆形或披针形，长 6～10 cm，宽 0.5～1.5 cm，草质，具白色膜质边缘，顶端渐尖，内含 2～4 朵花；花乳白色，花梗短；花被片 6 枚，外轮花被片较大，倒披针形或披针形，斜升，顶端反折，向轴面光滑，具黄色脉纹，内轮花被片较小，窄椭圆形，直立或斜升，花被管喇叭形；雄蕊 3 枚，花药黄色，条形；子房纺锤形，花柱柱头 3 裂，每个裂处复 2 裂，小裂片花瓣状。蒴果圆柱形，长 4～6 cm，具明显的 6 条棱，喙短，平截，成熟时开裂。种子呈多面体状梨形，棕褐色。　花果期 6～9 月。

产新疆：乌恰（县城以东 20 km 处，刘海源 228）、叶城。生于海拔 1 500 m 左右的戈壁荒漠地带的沟谷山坡草地。

青海：兴海。生于海拔 2 500～3 400 m 的沟谷山坡草地。

分布于我国新疆、青海、甘肃、西藏、内蒙古、吉林；蒙古，俄罗斯，朝鲜，中亚地区各国，西亚也有。

7b. 马蔺（变种） 图版 74：1～2

var. **chinensis**（Fisch.）Koidz. in Bot. Mag. Tokyo 39：300. 1925；秦岭植物志 1（1）：387. 1967；中国高等植物图鉴 5：579. 图 7989. 1976；中国植物志 16（1）：157. 图版 50：1～2. 1985；新疆植物志 6：570. 1996；青海植物志 4：293. 图版 47：1～2. 1999；青藏高原维管植物及其生态地理分布 1258. 2008.——*I. pallasii* Fisch. var. *chinensis* Fisch. in Curtis's Bot. Mag. tab. 2331. 1822.——*I. ensata* Thunb. var. *chinensis*（Fisch.）Maxim. in Gartenfl. 1880：161. tab. 1011. 1880.

本变种与原变种的区别在于：花被片及花柱为蓝色或浅蓝色，外轮花被片稍宽于内轮花被片；种子近球形。

产新疆：乌恰、疏附、疏勒（牙甫泉，R1485；卡扎克拉，采集人不详 001）、莎车、阿克陶、叶城、策勒、于田。生于海拔 1 400～2 000 m 的戈壁荒漠绿洲、盆地边缘、芨芨草甸和荒漠草原。

青海：茫崖、格尔木、都兰、兴海（河卡乡，吴珍兰 004）、玛多（采集地不详，吴玉虎 030）、玛沁（采集地不详，玛沁队 157、高生所植被地理组 466、王为义 26671）、达日、久治、班玛、治多、曲麻莱、称多。生于海拔 2 200～4 900 m 的河谷滩地沼泽化草甸、沟谷山坡高山草地、河谷林缘草地、山地高寒灌丛草地。

分布于我国的东北、华北、西北，以及西藏、四川、山东、河南、安徽、江苏、浙江；蒙古，俄罗斯西伯利亚，中亚地区各国，朝鲜也有。又见于喜马拉雅山区西部。

8. 准噶尔鸢尾 图版 74：3～4

Iris songarica Schrenk in Fisch. et Mey. Enum. Pl. Nov. 1：13. 1841；Fedtsch. in Kom. Fl. URSS 4：516. 1935；Poljak. in Pavl. Fl. Kazakh. 2：236. 1958；中国植物志 16（1）：162. 图版 51：5～6. 1985；新疆植物志 6：573. 图版 213：5～6. 1996；青海植物志 4：293. 图版 47：3～4. 1999；青藏高原维管植物及其生态地理分布 1260. 2008.

多年生丛生草本。植株高 20～50（80）cm，基部宿存棕色至灰褐色、褐色纤维状残留叶鞘。根状茎缩短，块状，木质；须根多数，黑褐色。基生叶条形，长 10～40（70）cm，宽 4～5 mm，最宽可达 1 cm，近直立或直立，基部鞘状，互相套合，具有脉纹 3～6 条。花被片 6 枚，外轮花被片较大，黄白色或蓝紫色，提琴形，斜升，顶端反折，向轴面光滑，具深色脉纹，内轮花被片平展，斜升，蓝紫色或紫色，花被管喇叭状；雄蕊 3 枚，花药条形，褐色；子房纺锤形，花柱 3 裂，裂片花瓣状，蓝紫色。蒴果圆柱形，具长喙，成熟时开裂。种子呈多面体梨形，棕褐色。 花果期 6～9 月。

产新疆：乌恰（采集地不详，刘海源 228）、莎车（达木斯乡，青藏队吴玉虎 87739）。生于海拔 1 800～1 950 m 的河滩草地、沟谷干山坡草地、荒漠草原。

青海：兴海（中铁乡附近，吴玉虎 42896；河卡乡，郭本兆 6184）、玛沁（采集地不详，玛沁队 158）、达日（建设乡，吴玉虎 25789、27149、27172、27192；莫坝乡，吴玉虎 27085）、甘德（贡南乡，吴玉虎 25789）。生于海拔 3 300～4 030 m 的沟谷山地高山杂类草甸、沟谷山地阴坡高寒灌丛草甸。

甘肃：玛曲（齐哈玛大桥附近，吴玉虎 31795），生于海拔 3 460 m 左右的河谷山地灌丛草甸。

分布于我国的西北、西南、东北各省区；俄罗斯西伯利亚和远东地区，哈萨克斯坦也有。

9. 天山鸢尾　图版 74：5

Iris loczyi Kanitz in Bot. Res. Szech. Centr. Asiae Exped. 58. tab. 6：fig. 2. 1891；Grub. Pl. Asiae Centr. 7：92. 1977；中国植物志 16（1）：161. 图版 51：3～4. 1985；西藏植物志 5：613. 图 322. 1987；新疆植物志 6：572. 图版 214：1～2. 1996；青海植物志 4：292. 图版 47：5. 1999；青藏高原维管植物及其生态地理分布 1259. 2008.——*I. thianschanica* (Maxim.) Vved. Fl. Turkim. 1 (2)：325. 1935.

多年生密丛生草本。植株高 20～40 cm，具宿存残留红褐色片状老叶鞘。根状茎缩短，块状，木质；须根多数，绳状，坚韧，黑褐色。基生叶条形，长 20～40 cm，宽 3～5 mm，直立，基部鞘状，互相套叠，顶端渐尖，中脉不明显。花茎短，不伸出地面；苞片较薄，鞘状，内含 1～2 朵花；花蓝色，花被片 6 枚，外轮花被片较大，长 5～6 cm，斜升，顶端反折，向轴面光滑，具脉纹，内轮花被片短，直立，花被管长管状，长 5～10 cm；雄蕊 3 枚，花药条形，紫色；子房纺锤形，埋于地下，花柱柱头 3 裂，每个裂片复 2 裂，小裂片花瓣状，蓝色。蒴果圆柱形，红色，成熟时顶部开裂。种子呈多面体状梨形，栗褐色或深褐色，具光泽，有皱纹。　花果期 6～9 月。

产新疆：喀什、阿克陶（阿克塔什，青藏队吴玉虎 288；合勒克，青藏队吴玉虎 67063；恰尔隆乡，青藏队吴玉虎 5027）、塔什库尔干、叶城（昆仑山，高生所西藏队 3346）、皮山（喀尔塔什，青藏队吴玉虎 3605）、墨玉、策勒、若羌（阿尔金山，西藏考察队 2983）。生于海拔 1 900～4 300 m 的沟谷山坡沙砾地、山坡高寒草地、河谷滩地高山草甸。

青海：茫崖、格尔木、都兰、兴海（河卡乡，郭本兆 6333）、玛多、玛沁、达日、甘德、班玛、曲麻莱、称多。生于海拔 3 200～4 900 m 的沟谷河滩沙砾地草甸、河谷干旱山坡草地、山坡高寒草地。

甘肃：阿克赛（阿尔金山，黄荣福 3416；当金山口，何廷农 3125）。生于海拔 3 600～3 700 m 的戈壁滩地荒漠草原。

分布于我国的西北及西藏、四川、内蒙古；俄罗斯，中亚地区各国也有。

图版 **74** 马蔺 **Iris lactea** Pall. var. **chinensis** （Fisch.） Koidz. 1. 全株；2. 果实。准噶尔鸢尾 **I. songarica** Schrenk 3. 花；4. 果实。天山鸢尾 **I. loczyi** Kanitz 5. 全株。 （刘进军绘）

10. 鸢　尾

Iris tectorum Maxim. in Bull. Acad. Sci. St.-Pétersb. 15：380. 1987；中国植物志 16（1）：180. 图版 58：1～3. 1985；横断山区维管植物　下册 2497. 1994；青海植物志 4：288. 1999；青藏高原维管植物及其生态地理分布 1261. 2008.

多年生草本。植株高 20～50 cm，基部宿存纤维状残留枯叶鞘。根状茎粗大，直径约 1 cm，二歧状分枝。基生叶多数，宽剑形，长 15～45 cm，宽 2～4 cm，基部鞘状，互相套叠，稍弯曲。花茎直立，高 20～50 cm，多数花排列成总状或圆锥状花序；花和花序下具苞片 2～3 枚，苞片披针状条形，长 5～7 cm，宽 2～3 cm，草质，内含 2～3 朵花；花被片 6 枚，外轮花被片较大，蓝紫色，下弯，向轴面中脉具鸡冠状附属物，内轮花被片平展，花被管喇叭形；雄蕊 3 枚，着生于外轮花被片的基部，花丝细，白色，花药黄色；子房纺锤形，花柱柱头 3 裂，每个裂片复 2 裂，小裂片花瓣状，蓝色。蒴果具突出的 6 条棱，成熟时背部开裂成 3 瓣。种子黑色，无附属物。　花果期6～9月。

产青海：格尔木。庭院栽培。

原产我国淮南地区，我国大部分地区均有栽培。

11. 德国鸢尾

Iris germanica Linn. Sp. Pl. 38. 1753；E. Nasir. et S. I. Ali Fl. Pakist. 63. 1972；植物分类学报 18（1）：60. 1980；中国植物志 16（1）：184. 图版 59：1～2. 1985；青海植物志 4：290. 1999；青藏高原维管植物及其生态地理分布 1257. 2008.

多年生草本。植株高 20～80 cm。根状茎粗大，肥厚，分枝，黄褐色；须根多数，肉质，黄白色。基生叶宽剑形，长 15～40 cm，宽 2～3 cm，基部鞘状，互相套叠，具白粉。花茎直立，光滑，被白粉；总状花序或圆锥花序，具数花至多花；苞片 3 枚，草质，边缘膜质，稍带紫红色，内含 1～2 朵花；花蓝紫色，直径约 10 cm；花被片 6 枚，有香气，外轮花被片下弯，向轴面中脉具黄色棒毛状附属物，内轮花被片直立，花被管喇叭状；雄蕊 3 枚，花药乳白色；子房纺锤形，花柱柱头 3 裂，每个裂片复 2 裂，小裂片花瓣状，蓝色。蒴果三棱状圆柱形，成熟时室背开裂成 3 瓣。种子棕黄色，具纹饰及附属物。　花果期 6～9 月。

产青海：格尔木。庭院栽培。生于海拔 2 900～3 000 m 的居民区。

原产欧洲，我国部分地区有栽培；巴基斯坦也有。

12. 喜盐鸢尾

Iris halophila Pall. in Reise Russ. Reich 3：713，tab. B. fig. 2. 1776；E. Nasir et S. I. Ali Fl. Pakist. 64. 1972；Grub. Pl. Asiae Centr. 7：91. 1977；中国植物志 16（1）：167. 图版 53：6～7. 1985；新疆植物志 6：575. 图版 215：1～4. 1996；青藏高原维管植物及其生态地理分布 1258. 2008.

12a. 喜盐鸢尾（原变种）

var. **halophila**

多年生草本。植株高 20～40 cm，基部宿存纤维状叶鞘。根状茎粗壮，斜升，具环纹；须根皱缩。叶剑形，长 20～40 cm，具纵脉 9～12 条，中脉不明显。花茎粗壮，具 1～4 分枝，茎生叶 1～2 片；苞片 3 枚，长 5～10 cm，草质，边缘膜质，内含 2 朵花；花黄色；花被片 6 枚，外轮花被片提琴形，长约 4 cm，内轮花被片较短，花被管长约 1 cm；雄蕊 3 枚，花药黄色；子房纺锤形，花柱分枝扁平，呈拱形扭曲。蒴果长圆柱形，长 5～9 cm，具 6 条翅状棱，顶端具长喙，成熟后开裂。种子长约 5 mm，棕黄色，表面皱缩，具光泽。　花果期 6～9 月。

产新疆：若羌、阿尔金山。生于海拔 1 700～3 600 m 的山谷湿润草地、河谷阶地、干旱山坡草地。

分布于我国新疆、甘肃；俄罗斯，中亚地区各国，巴基斯坦也有。

12b. 蓝花喜盐鸢尾（变种）

var. **sogdiana**（Bunge）Grub. Pl. Asiae Centr. 7：91. 1977；中国植物志 16（1）：169. 1985；新疆植物志 6：575. 1996；青藏高原维管植物及其生态地理分布 1258. 2008.——*I. sogdiana* Bunge in Mém. Acad. St.-Pétersb. Sav. Étrang. 7：507. 1851；Fedtsch. in Kom. Fl. URSS 4：26. 1935；Poljak. in Pavl. Fl. Kazakh. 2：242. 1958.

本变种与原变种的区别在于：花蓝紫色或内、外轮花被片上部为蓝色，爪部为黄色。

产新疆：乌恰、若羌。生于海拔 1 700～2 000 m 的山前冲积平原、沟谷山坡草地。

分布于我国的新疆、甘肃；俄罗斯，中亚地区各国也有。

13. 玉蝉花

Iris ensata Thunb. in Trans. Linn. Soc. 2：328. 1794；E. Nasir et S. I. Ali Fl. Pakist. 63. 1972；中国高等植物图鉴 5：577. 图 7984. 1976；中国植物志 16（1）：142. 图版 44：415. 1985；新疆植物志 6：568. 图版 213：1～2. 1996；青藏高原维管植物及其生态地理分布 1257. 2008.

多年生草本。植株高 40～100 cm，基部具残留纤维状老叶鞘。根状茎粗壮，斜升；须根绳索状，皱缩。茎直立，圆柱形，无毛。基生叶条形，长 30～80 cm，宽 5～12 mm，基部鞘状，顶端急尖、渐尖或钝；茎生叶 1～3 枚，与基生叶近等长或稍短，具显著的中脉。花茎直立；苞片 3 枚，窄披针形，长 4～8 cm；花 2 朵，深蓝色或紫色；花被片 6 枚，外轮花被片倒卵形或椭圆形，长 7～8 cm，宽约 3 cm，顶端近圆形，爪细长，中间沟状，中脉具黄色斑纹，内轮花被片小，直立，披针形，花被管漏斗状，长

1.5～2.0 cm；雄蕊 3 枚，长 3.0～3.5 cm，花药紫色，长于花丝；子房长椭圆形，长 1.5～2.0 cm。蒴果长椭圆形或椭圆形，长 4～5 cm，宽约 1.5 cm，具明显的棱，喙短，成熟时开裂。种子扁平，半圆形，棕褐色，边缘具翅状突起。 花期 7～8 月，果期 8～9 月。

产新疆：乌恰、莎车、皮山（采集地不详，青藏队吴玉虎 2427、3652）。生于海拔 2 620～3 420 m 的河谷草甸、冲积扇和山地灌丛草地。

青海：兴海（河卡乡，郭本兆等 6184）。生于海拔 3 300～4 400 m 的高原滩地高寒草甸、山地阴坡砂质地。

分布于我国的新疆、青海、吉林、黑龙江、山东、浙江；俄罗斯远东地区，日本，朝鲜，巴基斯坦也有。

八十七　兰科 ORCHIDACEAE

多年生草本，一般多为地生、附生，稀腐生，罕为攀缘藤本。地生、附生者多具根状茎或块茎，稀为假鳞茎。茎直立，悬垂或攀缘。叶基生或茎生，茎生叶多为单叶、互生，稀对生或轮生，罕簇生，基部多呈鞘状或多少抱茎；附生种的叶一般在基部具关节，且多为肉质或厚草质；腐生种的叶退化，呈鳞片状或为鞘状，多与茎同色。花单生或多数花排列成穗状、总状或圆锥花序；花两性，两侧对称；花被片 6 枚，排列成 2 轮；花被片外轮 3 片称之为萼片，花瓣状，离生或部分合生，中央的 1 枚称中萼片，稀与花瓣靠合或贴生成兜状，两侧 2 枚称为侧萼片，通常稍歪斜，离生或靠合，有时基部与蕊柱足合生成萼囊，稀合生为 1 片合萼片；花被片内轮 3 片花瓣状，两侧的 2 枚称花瓣，中央的 1 片多特化成各种形状，称之为唇瓣，稀不特化而与花瓣同形，唇瓣有时因子房或花梗作 180°扭转而位于下方，即远离轴位置，顶端分裂或不分裂，基部常呈囊状或具距；雄蕊 1 或 2（3）枚，与花柱合生，称蕊柱，当雄蕊为 1 枚时其生于花柱的顶端，若为 2 枚时其侧生于花柱的两侧，有时具退化雄蕊，常呈小突起，稀为花瓣状；花药直立或前倾，雄蕊基部有时向前方延伸而呈足状，称蕊柱足，内向，2 室，花粉一般合生成花粉团块，粒粉质或蜡质，少数不黏合具粒状花粉，每室有花粉块 1～4 个，通常具有花粉块柄和黏盘，有时缺；雌蕊由 3 个心皮合成，子房下位，1 室，侧膜胎座，含多数胚珠，当单雄蕊时，3 个柱头其中有 2 个发育，且常黏合，另外 1 个柱头不发育，变成小突起，称蕊喙，位于柱头与花药之间，当具 2 个雄蕊时，3 个柱头合成单柱头，无蕊喙。蒴果三棱状圆柱形，直立或下垂，成熟后由侧面形成 3 条或 6 条纵缝，裂开。种子多数，微小，无胚乳，种皮两端延伸或呈翅状。

约 700 属，2 000 多种。我国有 166 属 1 019 种，昆仑地区产 12 属 18 种。

分属检索表

1. 腐生植物；叶退化，呈非绿色的鞘状 ………………………… **1. 鸟巢兰属 Neottia** Guett.

1. 非腐生植物；具绿色叶。

　2. 2 枚侧萼片合生成 1 枚合萼片，顶端分离，唇瓣呈囊状 …………………………
　…………………………………………………………………… **2. 杓兰属 Cypripedium** Linn.

　2. 2 枚侧萼片分离，唇瓣不呈囊状。

　　3. 茎基部具肉质块茎（圆形、椭圆形或卵形）。

　　　4. 块茎前面掌状分裂，花粉块的黏盘裸露。

　　　　5. 花绿色或黄色，舌瓣前面 3 浅裂，中裂片较侧裂片小得多，唇瓣基部的

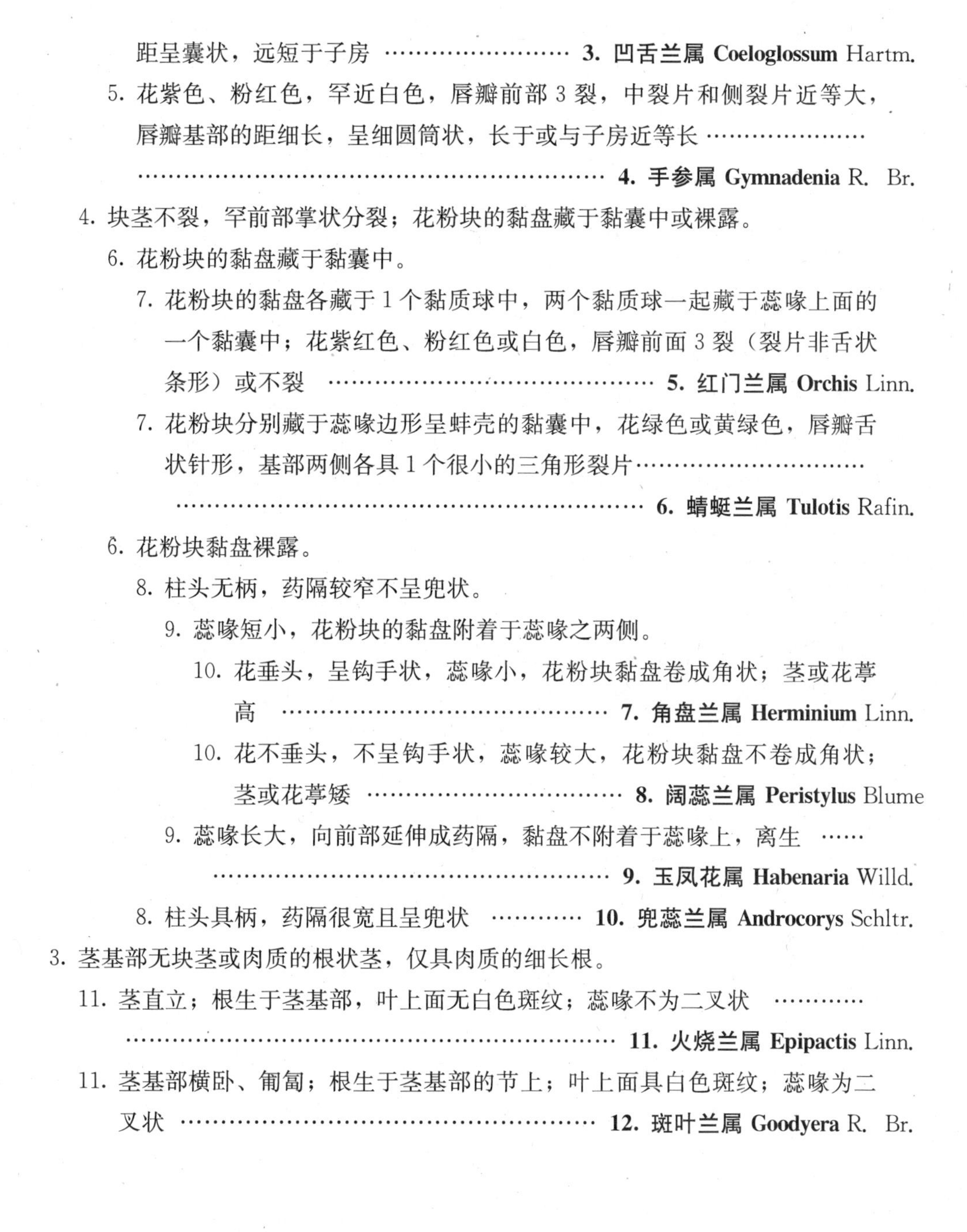

距呈囊状，远短于子房 ························ **3. 凹舌兰属 Coeloglossum** Hartm.

5. 花紫色、粉红色，罕近白色，唇瓣前部 3 裂，中裂片和侧裂片近等大，唇瓣基部的距细长，呈细圆筒状，长于或与子房近等长 ··· **4. 手参属 Gymnadenia** R. Br.

4. 块茎不裂，罕前部掌状分裂；花粉块的黏盘藏于黏囊中或裸露。

6. 花粉块的黏盘藏于黏囊中。

7. 花粉块的黏盘各藏于 1 个黏质球中，两个黏质球一起藏于蕊喙上面的一个黏囊中；花紫红色、粉红色或白色，唇瓣前面 3 裂（裂片非舌状条形）或不裂 ·· **5. 红门兰属 Orchis** Linn.

7. 花粉块分别藏于蕊喙边形呈蚌壳的黏囊中，花绿色或黄绿色，唇瓣舌状针形，基部两侧各具 1 个很小的三角形裂片·· **6. 蜻蜓兰属 Tulotis** Rafin.

6. 花粉块黏盘裸露。

8. 柱头无柄，药隔较窄不呈兜状。

9. 蕊喙短小，花粉块的黏盘附着于蕊喙之两侧。

10. 花垂头，呈钩手状，蕊喙小，花粉块黏盘卷成角状；茎或花葶高 ·· **7. 角盘兰属 Herminium** Linn.

10. 花不垂头，不呈钩手状，蕊喙较大，花粉块黏盘不卷成角状；茎或花葶矮 ································· **8. 阔蕊兰属 Peristylus** Blume

9. 蕊喙长大，向前部延伸成药隔，黏盘不附着于蕊喙上，离生 ·· **9. 玉凤花属 Habenaria** Willd.

8. 柱头具柄，药隔很宽且呈兜状 ············ **10. 兜蕊兰属 Androcorys** Schltr.

3. 茎基部无块茎或肉质的根状茎，仅具肉质的细长根。

11. 茎直立；根生于茎基部，叶上面无白色斑纹；蕊喙不为二叉状 ·· **11. 火烧兰属 Epipactis** Linn.

11. 茎基部横卧、匍匐；根生于茎基部的节上；叶上面具白色斑纹；蕊喙为二叉状 ·· **12. 斑叶兰属 Goodyera** R. Br.

1. 鸟巢兰属 Neottia Guett.

Guett. in Mern. Hist. Acad. Roy. Sci. Paris 1750：374. 1754.

腐生兰。根状茎短，具多数粗短的肉质纤维状根，簇生聚集盘结，呈鸟巢状。茎直立，黄褐色，光滑，无绿色叶，仅在茎基部具褐色鞘状或鳞片状叶。总状花序，顶生，具多数花，并生有密集或疏生的小苞片；萼片离生，外形相似；花瓣通常较萼片小，唇瓣位于下方，稀位于上方，一般较萼片和花瓣大，顶端 2 裂，罕不裂，基部稍狭窄，平坦或凹陷；蕊柱直立，圆柱形，较长，顶端具药床，花药生于药床内，直立或向前俯倾，无花丝，花粉块 2 枚，花粉团粒粉质，多颗粒状；蕊喙大，一般与花药近相等，前伸并弯向柱头；柱头位于蕊喙之下，侧生或呈唇形而伸出，较大，稍呈 2 裂，子房细长。蒴果卵形或椭圆形，无喙。

约 11 种。我国有 9 种，昆仑地区产 1 种。

1. 堪察加鸟巢兰

Neottia camtschatea（Linn.）Rchb. f. in Icon. Fl. Germ. 13：146. tab. 478. 1851；中国高等植物图鉴 5：645. 图 8120. 1976；中国植物志 17：99. 图版 12：8. 1999；植物分类学报 30（5）：460. 1992；新疆植物志 6：581. 图版 217：12. 1996；青海植物志 4：323. 1999；青藏高原维管植物及其生态地理分布 1295. 2008.——*Ophrys camtschatea* Linn. Sp . Pl. 948. 1753.——*N. camtschatia* Spreng. Syst. 3：3074. 1826.

植株高 10～30 cm。根状茎具多数肉质曲折的纤维状根，呈鸟巢状。茎直立，淡棕色，疏被棕色乳突状柔毛，着生 2～3 枚鞘状鳞形叶。总状花序，顶生，长 5～15 cm，具多数花，排列疏散，花序轴被乳突状短柔毛；苞片长圆状披针形，短于子房；花黄色、黄绿色或淡绿色；萼片近等大，中萼片矩圆形、矩圆状卵形，舌状，长 4～6 cm，宽约 1.5 mm，顶端钝，外面被稀疏的短柔毛，侧萼片稍歪斜；花瓣线形或条形，较萼片窄而短，顶端钝或尖；唇瓣位于下方，向前伸，近楔形，肉质，长约 1 cm，宽约 2 mm，顶端 2 裂，裂片窄披针形，长约 5 mm，边缘具乳突状细长毛，唇瓣基部上面有 2 枚褶片；蕊柱长约 3 mm；柱头隆起，似马蹄形，2 裂；子房椭圆形，长 2～3 mm，扭转，被棕色乳状突起的短柔毛。 花期 7～8 月。

产新疆：叶城（苏克皮亚，青藏队吴玉虎 1082）。生于海拔 3 100 m 左右的河谷山坡云杉林下。

分布于我国的新疆、青海、甘肃、宁夏、内蒙古、山西、河北；中亚地区各国，俄罗斯西伯利亚也有。

2. 杓兰属 Cypripedium Linn.

Linn. Sp. Pl. 951. 1753.

地生兰。根状茎粗短或长而横走。茎生叶 2 至多数，互生或近对生。花单生或 2～3 朵，大而艳丽；中萼片较大，两枚侧萼片合生成合萼片，顶端分离；花瓣扭转或否，开展，唇瓣远大于萼片和花瓣，囊状或拖鞋状，位于下方，无距；蕊柱短，粗壮，下弯；雄蕊 2 枚（内轮 2 枚侧生雄蕊），着生于蕊柱两侧，花药 2 室，花丝极短，生出的 2

个突起，伸出于花药的侧方或上方，具粒状花粉，不黏合成花粉团块，退化雄蕊 1 枚（外轮中间），大型，花瓣状，覆盖于蕊柱上方，无蕊喙；柱头盾状，微 3 裂，生于蕊柱顶端前方；子房 1 室，扭转。

约 40 种。我国有 23 种，昆仑地区产 2 种。

分种检索表

1. 植株被稀疏的短柔毛或近无毛；叶椭圆形或卵状椭圆形；花紫红色，子房无毛……
……………………………………………………… **1. 大花杓兰 C. macranthum** Sw.

1. 植株被较密的长柔毛，上部尤为稠密；叶菱状椭圆形或近宽椭圆形；花褐色，具紫红色条纹，子房被长柔毛 ……………………………… **2. 毛杓兰 C. franchetii** Wilson

1. 大花杓兰　图版 75：1～2

Cypripedium macranthum Sw. in Vetensk. Acad. Nya Handl. 21：251. 1800；中国高等植物图鉴 5：606. 图 8041. 1976；中国植物志 17：34. 1999；青海植物志 4：299. 图版 48：1～2. 1999；青藏高原维管植物及其生态地理分布 1279. 2008.

植株高 15～30 cm。根状茎横走，粗壮，具多数细长的根。茎直立，被短柔毛，基部具棕色叶鞘。叶 3～4 枚，互生，椭圆形或卵状椭圆形，长 5～10 cm，宽 3～4 cm，顶端渐尖或急尖，基部渐狭，鞘状，抱茎，边缘具细缘毛，两面具多数弧曲脉序，沿脉多少被柔毛。花 1 朵，紫红色；中萼片卵形，长约 4 cm，宽 2～5 cm，顶端渐尖，合萼片卵形，较中萼片短而窄，长约 3 cm，宽约 1.5 cm，顶端 2 裂，裂片三角状披针形，长约 1 cm，顶端渐尖；花瓣披针形或卵状披针形，长约 4 cm，宽约 1 cm，顶端渐尖，内侧基部具长柔毛，外面无毛，口部的前面内弯；蕊柱长约 2 cm；退化雄蕊近卵状箭形，白色，长约 1.5 cm，宽约 8 mm，顶端急尖；柱头长圆形或近菱形，长约 8 mm，宽约 4 mm，顶端钝；子房圆柱形，长 1.5～2.0 cm，扭转，无毛，稀上部被短柔毛。花期 6～7 月。

产新疆：叶城（柯克亚乡，青藏队吴玉虎 870791；苏克皮亚，青藏队吴玉虎 1096）、皮山。生于海拔 3 200～3 600 m 的河谷山坡云杉林间草甸、林缘灌丛草地。

青海：玛沁（大武乡江让水电站，吴玉虎 1448A、高生所植被地理组 448A）、班玛（马柯河林场，王为义 27071）。生于海拔 3 200～3 700 m 的沟谷山地高山林下、林缘灌丛草甸。

分布于我国的云南、四川，以及西北、华北、东北；俄罗斯西伯利亚和远东地区，蒙古，日本，朝鲜，欧洲也有。

2. 毛杓兰

Cypripedium franchetii Wilson in Hort. 14：145. 1912；横断山区维管植物 下册

图版 **75** 大花杓兰 **Cypripedium macranthum** Sw. 1. 全株；2. 花的中萼片、花瓣、合萼片和唇瓣。落地金钱 **Habenaria aitchisonii** Rchb. f. 3. 植株；4. 花。（引自《中国植物志》，吴彰桦绘）

2512. 1994；青海植物志 4：299. 1999；青藏高原维管植物及其生态地理分布 1278. 2008.

植株高 20～25 cm。茎被长柔毛，上部较下部更为稠密。叶 3～4 枚，互生，菱状椭圆形或宽椭圆形，长 8～10 cm，宽 4～5 cm，顶端急尖，基部渐窄，抱茎，边缘具细缘毛。花 1 朵；褐色，具紫红色条纹；苞片草质，椭圆形，背部沿脉具短毛；中萼片卵形，长约 4 cm，宽 2～3 cm，顶端渐尖，背部中脉具短柔毛，边缘具细缘毛，合萼片椭圆形，长约 3.5 cm，宽约 2 cm，顶端 2 浅裂，裂片齿裂，背面沿脉具短柔毛，边缘具细缘毛；花瓣披针形，长约 4.5 cm，宽约 2 cm，顶端尖，内侧基部具长柔毛，唇瓣与花瓣近等长，具明显的紫色斑点，口部前面内弯，边缘甚宽，宽约 5 mm，内折，侧裂片呈宽三角形，囊内的底部具长柔毛；退化雄蕊近卵形，长约 1.5 cm，宽约 8 mm，基部具柄和耳；子房纺锤形，长约 2 cm，扭转，被长柔毛。 花期 6～7 月。

产四川：石渠（温波乡，采集人和采集号不详）。生于海拔 3 190 m 的沟谷山坡高山草甸。

分布于我国的青海、甘肃、宁夏、陕西、四川、云南、山西、河北、河南、湖北西部。

3. 凹舌兰属 **Coeloglossum** Hartm.

Hartm. Handb Skand. Fl. 329. 1820.

地生兰。块茎掌状分裂。叶数枚，互生。总状花序，顶生，具多数花，花黄绿色；萼片较大，近等长，通常基部合生成盔状，绿色；花瓣较小，被萼片掩盖，唇瓣位于下方，倒披针形，顶端 3 浅裂，中裂片短小，突尖状，唇瓣基部多少呈囊状或呈短距，蕊柱短，直立，退化雄蕊较小，位于花药基部两侧，花药较大，位于蕊柱顶端，2 室，基部叉开，花粉块 2 个，粉质颗粒状，具极短的柄和黏盘，黏盘 2 个，圆形，贴生于蕊喙基部，叉开部分的末端裸露，蕊喙位于两药室之间靠近基部处，稍凸起，三角状，宽阔，基部叉开；柱头 1 枚，位于蕊喙穴下凹处，肥厚，隆起，子房扭转。

1 种。我国也有，昆仑地区亦产。

1. 凹舌兰 图版 76：1～3

Coeloglossum viride (Linn.) Hartm. in Handb. Skand. Fl. 329. 1820; Nevski in Kom. Fl. URSS 4: 47. 1935; Kusm. et Pavl. in Pavl. Fl. Kazakh. 2: 265. 1959; E. Nasir et S. I. Ali Fl. Pakist 67. 1972; Grub. Pl. Asiae Centr. 7: 112. 1977; J. Renz in E. Nasir et S. I. Ali; Fl. Pakist. No. 164: 27. fig: K～N. 1984；植物分类学报 30（5）：464. 1992；新疆植物志 6：591. 图版 219：4～7. 1996；

图版 **76** 凹舌兰 **Coeloglossum viride** (Linn.) Hartm. 1. 全株；2. 花；3. 中萼片、花瓣、侧萼片和唇瓣。宽叶红门兰 **Orchis latifolia** Linn. 4. 全株；5. 花；6. 中萼片、花瓣、侧萼片和唇瓣。(引自《中国植物志》，张泰利绘)

横断山区维管植物 下册 2542. 1994；中国植物志 17：328. 图版 38：1～3. 1999；青海植物志 4：307. 图版 49：8～9. 1999；——*Satyrium viride* Linn. Sp. Pl. 944. 1753；青藏高原维管植物及其生态地理分布 1274. 2008.

植物高 10～40 cm。块茎掌状分裂或基部 2 裂，裂片再 2～3 裂，基部具数条细长的根。茎直立，无毛，基部具 1～3 枚叶鞘。叶 2～4 枚，椭圆形、卵形或披针形，长 3～10 cm，宽 1.5～4.0 cm，顶端急尖或稍钝，基部鞘状，抱茎。总状花序，顶生，具数花至多数花；苞片线形或卵状或线状披针形，长于花；花绿色或黄色，无梗；萼片卵状椭圆形，顶端钝，基部与花瓣靠合成盔状，中萼片卵圆形，顶端钝，长 4～6 mm，中部宽 2～3 mm，侧萼片歪斜，长约 4 mm，比中萼片稍宽；花瓣线状披针形，长约 4 mm，宽不足 1 mm，唇瓣下垂，倒披针形，紫褐色，长 5～6 mm，前部稍宽，基部具囊状距，基部中央有 1 条短褶片，顶端 3 浅裂；蕊柱长 2～3 mm，直立，花粉块近棒状，退化雄蕊近半圆形；子房纺锤形，长 7～9 mm，扭转，无毛。蒴果直立，椭圆形。 花期 6～7 月，果期 7～8 月。

产新疆：和田、皮山（采集地不详，青藏队吴玉虎 3016）。生于海拔 1 200～3 300 m 的沟谷山坡草地、山地草原、山地云杉林下、河谷山坡亚高山草甸。

青海：兴海（采集地不详，郭本兆 6231）、玛沁（采集地不详，青藏队吴玉虎 361、吴玉虎 5622）、称多（巴颜喀拉山南坡，吴玉虎 41364）。生于海拔 3 200～4 600 m 的山坡高寒灌丛草甸、沟谷山地林缘、河谷山坡灌丛及山坡草地。

分布于我国的新疆、青海、甘肃、宁夏、陕西、西藏、云南西北部、内蒙古、山西、河北、黑龙江、吉林、辽宁、河南、湖北、台湾；俄罗斯西伯利亚，蒙古，朝鲜，日本，巴基斯坦，不丹，尼泊尔，克什米尔地区和欧洲、北美洲也有。

4. 手参属 **Gymnadenia** R. Br.

R. Br. in Aiton Hort. Kew ed. 2. 5：191. 1813.

地生兰。块茎掌状分裂。茎直立，具数片叶。叶互生。总状花序，顶生，具 10 余朵至多数花，花多为紫红色、粉红色或带白色；萼片离生，近等长，中萼片舟状，侧萼片张开；花瓣较萼片稍宽，直立，伸展，与中萼片多少相靠，唇瓣位于下方，宽菱形或宽倒卵形，顶端 3 浅裂或几不裂，基部具细长的距；蕊柱短，退化雄蕊 2 枚，较小，位于花药基部两侧，花药较大，药室 2 个，平行，花粉块 2 个，花粉团粉质，多颗粒状，具花粉团柄和黏盘，黏盘裸露，蕊喙小，无臂，位于两药室基部之间；柱头 2 枚，隆起，较大，贴身于唇瓣基部；子房扭转，无毛。

约 10 种。我国有 5 种，昆仑地区产 2 种。

分种检索表

1. 植株高 20～30 cm；叶椭圆形或窄椭圆形；中萼片卵形，花瓣边缘具波状齿，花瓣 3 浅裂，中间裂片窄而长 ………………………………………… **1. 西南手参 G. orchidis** Lindl.
1. 植株高 20～50 cm；叶片舌状披针形或窄卵形；中萼片矩圆状椭圆形或卵状披针形，花瓣边缘具细锯齿，唇瓣 3 裂，中裂片宽大 …… **2. 手参 G. conopsea** (Linn.) R. Br.

1. 西南手参 图版 77：1～3

Gymnadenia orchidis Lindl. Gen. Sp. Orch. Pl. 278. 1835 (no. 7039A)；E. Nasir et S. I. Ali Fl. Pakist. 70. 1972；J. Renz in E. Nasir et S. I. Ali Fl Pakist. No. 164：27. fig. G～J. 1984；横断山区维管植物 下册 2537. 1994；中国植物志 17：390. 图版 61：1～3. 1999；青海植物志 4：315. 图版 49：6～7. 1999；青藏高原维管植物及其生态地理分布 1286. 2008.——*G. cylindrostachya* Lindl I. C. (no. 7056).

植株高 20～35 cm。块茎长约 5 cm，下部掌状分裂，裂片细长。茎直立，具叶 3～6 枚。叶疏生，椭圆形或窄椭圆形，长 5～12 cm，宽 1.5～3.0 cm，顶端急尖或钝，基部鞘状，抱茎。总状花序，长 5～10 cm，花多数，密集；苞片披针形，花序下部的苞片显著长于花；花紫红色、粉红色或带白色；中萼片卵形，长 4～5 mm，宽约 3 mm，直立，顶端钝，侧萼片斜卵形，反折，边缘外卷，较中萼片略长而稍宽，顶端钝；花瓣宽卵状三角形，斜歪，与中萼片等长且较宽，顶端钝，边缘具波状齿，唇瓣倒卵形，长 5～6 mm，宽约 4 mm，前部 3 浅裂，中间的裂片较两边的裂片稍长，顶端钝，距细圆筒形，细而长，下垂或向前弯，长于子房；子房纺锤形，长 6～8 mm，无毛，扭转。 花期 7～8 月。

产青海：玛沁（采集地不详，马柄奇 218；西哈垄河谷，青藏队吴玉虎 335；拉加日科河，区划二组 218）、久治。生于海拔 2 300～4 300 m 的河谷山坡林下、山地灌丛草地。

分布于我国的青海、甘肃、陕西、西藏、四川、云南、湖北；克什米尔地区，巴基斯坦，不丹，印度东北部也有。

2. 手 参

Gymnadenia conopsea (Linn.) R. Br. in Aiton Hort. Kew ed. 2. 5：191. 1813；Nevski in Kom. URSS 4：668 tab. 40. fig. 14. 1935；中国植物志 17：389. 1999；青藏高原维管植物及其生态地理分布 1286. 2008.——*Orchis conopsea* Linn. Sp. Pl. 942. 1753.

植株高 20～50 cm。块茎肉质，肥厚，颈部具几条细而长的根。茎基部具 2～3 枚

图版 **77**　西南手参 **Gymnadenia orchidis** Lindl. 1. 全株；2. 花；3 .中萼片、花瓣、侧萼片和唇瓣。湿生阔蕊兰 **Peristylus humidicolus** K. Y. Lang et D. S. Deng 4. 全株；5. 花；6. 花的中萼片、花瓣、侧萼片、唇瓣和距。（1～3. 引自《中国植物志》，张泰利绘；4～6. 引自《青海植物志》，吴彰桦绘）

叶鞘，茎中部上部的叶 3～7 枚，互生，窄卵圆形或匙状披针形，顶端急尖、渐尖或钝，基部鞘状，抱茎。总状花序，具多花，密集；苞片披针形，紫色或粉红色，稀白色；中萼片矩圆状椭圆形或卵状披针形，反折，长 3～6 mm，宽 2～3 mm，顶端钝，略呈舟状，侧萼片矩圆状椭圆形或斜卵形，边缘外卷，长于或与中萼片近等长，顶端钝；花瓣较萼片宽，斜卵状三角形，与中萼片近等长，顶端钝，边缘具细锯齿；唇瓣倒卵形或菱形，长 5～6 mm，宽约 5 mm，前部 3 裂，中间裂片较大；距细长，圆筒状，下垂，略弯，长 1.0～1.5 cm，顶端稍尖；蕊柱长约 2 mm，花药椭圆形，顶端微凹，花粉块小，黏盘条形，退化雄蕊矩圆形，蕊喙小；柱头 2 枚，隆起，近棍棒状，从蕊柱凹穴中伸出；子房纺锤形，长约 1 cm。 花期 7～8 月。

产新疆：乌恰（老乌恰附近，青藏队吴玉虎 87079）、塔什库尔干（麻扎种羊场，青藏队吴玉虎 87428）。生于海拔 2 720～4 000 m 的沟谷河边沼泽草地、宽谷河滩高寒沼泽草甸。

分布于我国的新疆、青海、甘肃、陕西、四川、云南、山西、河北、河南等省区；俄罗斯西伯利亚和远东地区，蒙古，日本也有。

5. 红门兰属 **Orchis** Linn.

Linn. Sp. Pl. 939. 1753.

地生兰。具根状茎或块茎。叶 1 至数枚，基生或茎生，茎基部常具鞘状叶。总状花序，顶生，或为穗状花序；萼片离生，近相似，花瓣常与中萼片靠合成盔状，唇瓣位于下方，顶端 3 裂稀不裂，基部具距或无距；蕊柱短，直立，花药位于蕊柱顶端，2 室，花粉块 2 个，粉质颗粒状，具花粉块柄和黏盘，黏盘 2 个，各藏于 1 个黏质球内，两个黏质球一起被包于蕊喙上面的黏囊中，黏囊卵球形，突出于距口之上；退化雄蕊 2 枚，较小，位于花药基部两侧，蕊喙位于两个药室之间的基部；柱头 1 枚，凹陷，位于蕊喙之下的穴内；子房扭转，无毛。蒴果直立。

约 100 种。我国有 23 种，昆仑地区产 4 种。

分种检索表

1. 植株不具块茎，具细长条状肉质根状茎 …… **1. 河北红门兰 O. tschiliensis** (Schltr.) Soo
1. 植株具块茎。
  2. 茎生叶 5～7 枚，长 10～30 cm，宽 2～5 cm，唇瓣长度短于宽度，长 8～9 mm，宽 8～12 mm，距稍弯曲 ……………………… **4. 阴生红门兰 O. umbrosa** Kar. et Kir.
  2. 茎生叶 1～6 枚，长 15～18 cm，宽 5～7 cm；唇瓣长宽近相等，长 8～10 mm，距直立。

3. 块茎不裂；叶 1～3 枚；花序具 2～9 朵花，唇瓣倒卵形，3 深裂……………………………………………………………… **2. 广布红门兰 O. chusua** D. Don

3. 块茎掌状裂；叶 3～6 枚；花序具数朵至 20 余朵花，较密集，唇瓣卵形或卵圆形，不裂或 3 深裂 ……………………………… **3. 宽叶红门兰 O. latifolia** Linn.

1. 河北红门兰

Orchis tschiliensis（Schltr.）Soo in Ann. Mus. Nat. Hungar. 26：351. 1929；横断山区维管植物 下册 2514. 1994；青海植物志 4：302. 1999；青藏高原维管植物及其生态地理分布 1298. 2008.——*Aceratorchis albiflora* Schltr. in Repert. Sp. Nov. Beih. 12：328. 1922.

植株高 5～13 cm。根状茎匍匐，指状条形；叶 1 片，直立，伸长，椭圆状匙形，长 3～6 cm，宽 1～2 cm，顶端钝，基部渐窄成柄，抱茎。花葶直立，总状花序，长 1～4 cm，具花数朵，较疏散；苞片长椭圆状披针形，顶端渐尖或稍尖，花下面的 1 枚苞片长于花或与子房近等长；花粉红色、紫红色或白色；萼片长圆形，等大，长约 7 mm，宽约 3 mm，顶端钝或微尖；花瓣卵形，较萼片稍短而宽，与中萼片靠合成兜状，顶端钝；唇瓣与花瓣近相似，较花瓣稍短，顶端钝，边缘微波状，基部稍凹，无距；蕊柱直立，长约 4 mm，花药顶部微凹；子房纺锤形，长约 1 cm，扭转，柄极短。 花期 6～7 月。

产青海：玛沁（拉加乡，玛沁队 229）。生于海拔 3 000～4 200 m 的山麓草地、沟谷山坡林下、河谷山地高寒灌丛草地。

分布于我国的青海、甘肃、陕西、四川、云南和河北。

2. 广布红门兰 图版 78：1～5

Orchis chusua D. Don Prodr Fl. Nepal. 23. 1852；Rolfe in Journ. Linn. Soc. Bot. 36：49. 1930；中国植物志 17：259. 图版 36：1～5. 1999；青海植物志 4：303. 1999；青藏高原维管植物及其生态地理分布 1297. 2008.

植株高 10～30 cm。块茎椭圆形或近球形，直径 0.5～1.5 cm。茎直立，纤细，无毛，基部具棕色膜质卵圆形叶鞘。叶 1～3 枚，长圆形、长圆状披针形或线形，长 3～6 cm，宽 0.5～1.5 cm，顶端急尖或渐尖，基部渐窄成鞘状，抱茎，全缘，两面无毛。花葶直立，顶端数花排列成总状花序，花多偏向一方；苞片披针形，草质；花紫红色或紫色；中萼片近长圆形或卵状披针形，长约 8 mm，宽约 3 mm，直立，顶端钝，侧萼片呈斜歪状长卵形，长约 9 mm，宽约 4 mm，顶端钝，背折；花瓣直立，斜卵形，较中萼片短而稍宽，顶端微尖，与中萼片靠合成兜状；唇瓣较萼片长，宽卵形或菱形，顶端 3 裂，中裂片长圆形或四方形，具短尖或微凹，侧裂片扩展，镰状长圆形，短于中裂片，顶端钝，全缘或具波状齿；距一般直立，圆筒形，长于子房或与子房近等长；蕊柱短，长约 3 mm，花药长约 1 mm，花粉块柄短，基部黏盘藏于两个黏质球中，蕊喙小；子房

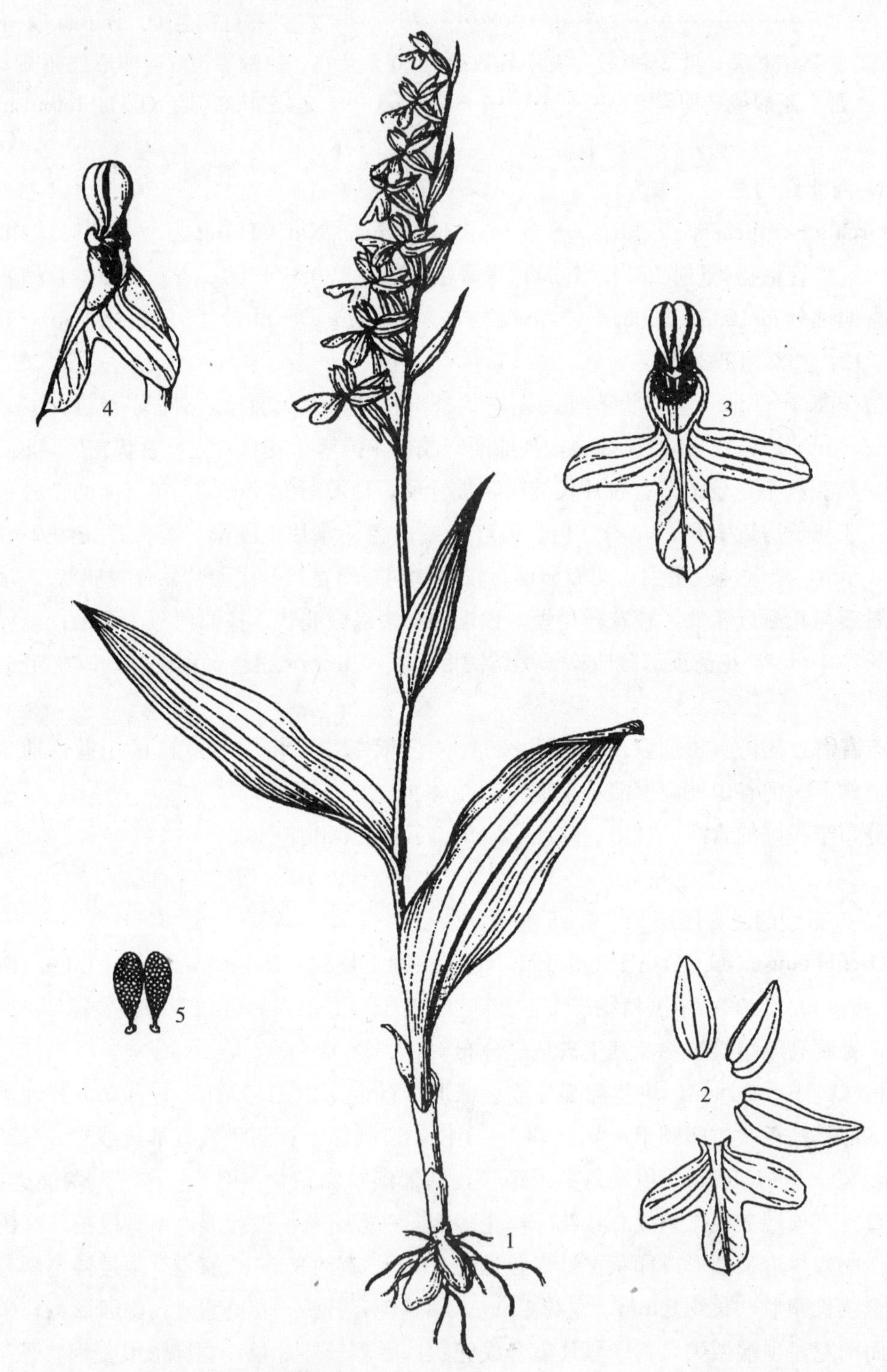

图版 **78** 广布红门兰 **Orchis chusua** D. Don 1. 全株； 2. 中萼片、花瓣、侧萼片和唇瓣；3～4. 蕊柱和唇瓣的正面和侧面观；5. 花粉块。（引自《中国植物志》，张泰利绘）

圆柱状纺锤形，长约 1 cm，弓曲，扭转，无毛。 花期 7～8 月。

产青海：班玛（马柯河林场加不足沟，王为义等 2747）。生于海拔 3 200～3 450 m 的溪流河谷山坡草地。

分布于我国的青海、甘肃、陕西、四川、云南、内蒙古、黑龙江、吉林、湖北、台湾等省区；俄罗斯西伯利亚和远东地区，日本，尼泊尔，不丹，印度北部，缅甸也有。

3. 宽叶红门兰 图版 76：4～6

Orchis latifolia Linn. Sp. Pl. 941. 1753；Nevski in Kom. Fl. URSS 4：717. tab. 42. fig. 7. 1935；横断山区维管植物 下册 2516. 1994；新疆植物志 6：595. 图版 220：2～3. 1996；中国植物志 17：268. 图版 38：4～6. 1999；青海植物志 4：303. 图版 49：1～2. 1999；青藏高原维管植物及其生态地理分布 1297. 2008.

植株高 10～30 cm。块茎厚，肉质，前部掌状分裂，裂片细长。茎直立，基部具 2～3枚叶鞘。叶 3～6 枚，长圆状披针形、披针形或线状披针形，长 6～15 cm，宽 1.0～2.5 cm，顶端渐尖或急尖，基部渐窄成鞘，抱茎。总状花序，长 4～9 cm，具数花至多花，花多密集成穗状；苞片披针形，顶端渐尖，最下部的苞片长于花；花紫红色或粉红色，有时花基部为白色，中部为红色或紫色；中萼片直立，长圆形、卵状椭圆形或卵形，长 7～9 mm，宽 2～4 mm，顶端钝；侧萼片斜狭卵形或斜卵状椭圆形，张开，与中萼片近等大，顶端钝；花瓣直立，斜窄卵形，较中萼片短或近等长，顶端钝，内弯，与中萼片靠合成兜状；唇瓣前伸，卵圆形、宽卵圆形或近菱形，长、宽近相等，前部不裂或微 3 裂，边缘具波状齿；距圆筒状或圆锥状，基部较宽，末端变细，顶端钝，与子房近等长，有时稍短于或稍长于子房；蕊柱短，长 3～4 mm；花药长约 2 mm，花粉块柄短，长约 1 mm，黏盘小，圆形，藏于黏囊中，蕊喙小，生于药室之间的基部；子房圆柱形，扭转，无毛。 花期 7～8 月。

产新疆：乌恰（吉根乡，采集人不详 73－63）、喀什、阿克陶（布伦口乡，新疆采集队 717）、塔什库尔干（采集地不详，高生所西藏队 3127、3187；县城北温泉下，高生所西藏队 840；西部，采集人不详 840）、叶城、策勒。生于 1 400～3 400 m 的宽谷滩地沼泽草甸、河滩草甸、河岸山坡林下及草地，盐渍化草甸也有生长。

西藏：阿里、札达（古浪至布什奇，青藏队 76－8173）。生于海拔 3 400～3 800 m 的沟谷山地灌丛草甸。

青海：玛沁（西哈垄河谷，青藏队吴玉虎 365；大武乡江让，高生所植被地理组 448B、王为义 26640、吴玉虎 1448、区划二组 124；拉加乡，玛沁队 222）、称多（歇武乡通天河滩地，采集人和采集号不详）。生于海拔 2 950～3 700 m 的河滩草地、沟谷山坡灌丛。

分布于我国的新疆、青海、甘肃、宁夏、西藏、四川、内蒙古、吉林、黑龙江；克什米尔地区，阿富汗，俄罗斯西伯利亚和远东地区，日本，蒙古，巴基斯坦，尼泊尔，不丹，印度东北部和西北部，缅甸，欧洲，中亚地区各国也有。

4. 阴生红门兰

Orchis umbrosa Kar. et Kir. in Bull. Soc. Nat. Mosc. 15：504. 1842；Nevski in Kom. Fl. URSS 4：714. 1935；Kusm. et Pavl. in Pavl. Fl. Kazakh. 2：272. 1958；植物分类学报 30（5）：468. 1992；新疆植物志 6：595. 图版 220：4. 1996；中国植物志 17：270. 图版 39：9～11. 1999；青藏高原维管植物及其生态地理分布 1298. 2008.——*Dactylorhiza umbrosa*（Kar. et Kir.）Nevski in Acta Inst. Bot. Acad. Sci. URSS Ser. I. 4：332. 1937；E. Nsir et S. I. Ali Fl. Pakist 68. 1972；J. Renz. in E. Nasir et S. I. Ali Fl. Pakist. No. 164：23. 1984.

植株高 10～50 cm。块茎前部 3～6 裂。茎直立，中空，下部较粗，叶 5～7 枚，线状披针形，茎下部的叶长 10～30 cm，宽 2～5 cm，顶端渐尖，基部狭窄。顶生穗状花序，长 3～25 cm，呈圆柱状或短柱形；苞片草质，绿色，披针形，长 2～4 cm，下部的苞片长于花或与花近等长，上部的苞片短于花；花紫色或黄红色；萼片等长，直立，歪斜，长 9～11 mm，中萼片长 7～9 mm，卵圆形或披针形，顶端钝；唇瓣菱状圆形或卵形，长 8～10 mm，宽 8～12 mm，中部较宽，具乳头状突起，基部全缘，上部边缘呈浅波状或具波状齿，稀 3 浅裂；距长 12～15 mm，圆筒状，顶端钝，稍向下弯；花药生于蕊柱顶端，2 室，花粉块 2 个，粉粒状，花粉块柄短，黏盘包于黏囊中，黏囊卵球形；子房长 1.0～1.5 cm，扭转。

产新疆：乌恰、喀什、阿克陶（昆仑山，青藏考察队 5007）、塔什库尔干（麻扎种羊场，高生所西藏队 3127）。生于海拔 1 400～4 000 m 的宽谷河滩湿地、山地高寒灌丛草甸、滩地高山草甸低湿处。

分布于我国的新疆；俄罗斯西伯利亚，阿富汗，哈萨克斯坦，印度，巴基斯坦也有。

6. 蜻蜓兰属 Tulotis Rafin.

Rafin Herb. Rafin 70. 1833.

地生兰。根状茎指状，肉质。叶 2～3 片，互生。总状花序，具多花，花绿色，小；萼片离生，花瓣肉质，唇瓣舌状，下垂，3 浅裂，中裂片大于侧裂片，具距；蕊柱短，直立，花药 2 室，药室略叉开，顶端多少凹陷，花粉块 2 个，花粉团粒粉质，多颗粒状，具短的花粉团柄和黏盘，黏盘藏于蕊喙基部末端的蚌壳黏囊中；退化雄蕊 2 枚，较小，位于花药基部的两侧，蕊喙大，基部叉开，末端具蚌壳状黏囊；柱头 1 枚，位于蕊喙之下，隆起而肥厚；子房扭转。

约 5 种。我国有 3 种，昆仑地区产 1 种。

1. 蜻蜓兰

Tulotis fuscescens（Linn.）Czer. Addit. et Collig. Fl. URSS 622. 1973，id Pl. Vasc. URSS 314. 1981；中国植物志 17：330. 图版 51：1～3. 1999.——*Orchis fuscescens* Linn. Sp. Pl. 943. 1753；Tulotis asiatica H. Hara in Journ. Jap. Bot. 30：72. 1955；中国高等植物图鉴 5：620. 图 8069. 1976；横断山区维管植物 下册 2524. 1994；青海植物志 4：307. 图版 50：9～10. 1999；青藏高原维管植物及其生态地理分布 1307. 2008.——*Perularia fuscescens*（Linn.）Lindl. Gen. Sp. Orch. Pl. 281. 1835；秦岭植物志 1（1）：404. 图 391. 1976.

植株高 30～60 cm。根状茎肉质，指状，细长，平卧或弧曲，颈部具数条细而长的根或无。茎直立，基部具 2 枚叶鞘。叶 1～3 片，倒卵形或椭圆形至宽椭圆形，长 6～10 cm，宽 3～6 cm，顶端钝，基部渐窄成鞘，抱茎。总状花序，具多花，排列较密；苞片窄卵形或披针形，顶端稍尖，花序下部的苞片长于花；花小，黄绿色或淡绿色，中萼片卵形或宽卵形，长约 4 mm，宽约 3 mm，顶端钝，侧萼片斜椭圆形，张开，边缘外卷，顶端钝，舟状，较中萼片窄而长；花瓣张开，肉质，窄卵圆状长圆形、椭圆形或矩形，偏斜，顶端平截，较侧萼片窄而短；唇瓣舌状披针形，肉质，向前伸，长 3～6 mm，3 裂，中间小裂片舌状，侧裂片小，三角形；距细圆筒状，悬垂，弧曲，与子房等长或稍长，向末端渐细，顶端钝；退化雄蕊半圆形，蕊喙基部叉开，末端形成蚌壳状黏囊，毛裹着黏盘；子房圆柱形，长约 9 mm，扭转。 花期 6～8 月。

产青海：玛沁、班玛（马柯河林场可培苗圃，王为义 27105）。生于海拔 2 300～3 700 m 的山坡草地或河谷林下灌丛。

分布于我国的西北、华北、东北及四川、云南、河南、山东；俄罗斯西伯利亚和远东地区，朝鲜，日本也有。

7. 角盘兰属 Herminium Linn.

Linn. Opera Varia 251. 1758.

地生兰。块茎近球形，不分裂。叶 2～4 片，互生或近对生。花序总状，具多数密集排列的花，一般长而细，似穗状；花小，黄色或绿色，通常垂头，呈钩手状；萼片离生，近等大；花瓣一般小于萼片，狭窄，多增厚，呈肉质，唇瓣位于下方，前部 3 裂或不裂，基部稍凹陷，一般无距，仅少数种具距，具距者黏盘卷成角状；蕊柱极短，直立，花药生于蕊柱顶端，2 室，药室并行或基部稍叉开，下部延长成槽，花粉块 2 个，花粉团块粒粉质，多颗粒状，具短的花粉团柄和黏盘，黏盘裸露卷成角状或否（唇瓣基部无距者），退化雄蕊 2 枚，显著，位于花药基部两侧，蕊喙小，近三角形；柱头 2 枚，隆起，分离，似棍棒状；子房扭转。

约 24 种。我国有 17 种，昆仑地区产 2 种。

分种检索表

1. 叶椭圆形或椭圆状披针形；花绿色或黄色，唇瓣基部凹陷呈浅囊，距近圆形，唇瓣中裂片较侧裂片窄而长 ………………………… **1. 角盘兰 H. monorchis** (Linn.) R. Br.
1. 叶窄长圆状倒披针形或近线形；花绿色，唇瓣基部具明显的距，距长圆形，长约 1.5 cm，唇瓣中裂片较侧裂片宽而短 ………… **2. 裂瓣角盘兰 H. alashanicum** Maxim.

1. 角盘兰 图版 79：1～3

Herminium monorchis (Linn.) R. Br. in Aiton. Hort. Kew. ed. 2. 5：191. 1831；Nevski in Kom. Fl. URSS 4：643. 1935；E. Nasir et S. I. Ali Fl. Pskist. 70. 1972；J. Renz in E. Nasir et S. I. Ali Fl. Pakist No. 164：30. fig. A～C. 1984；横断山区维管植物 下册 2529. 1994；中国植物志 17：347. 图版 51：10～11. 1999；青藏高原维管植物及其生态地理分布 1290. 2008.——*Ophrys monorchis* Linn. Sp. Pl. 947. 1753.——*Herminium tanguticum* (Maxim.) Rolfe in Jour. Linm. Soc. Bot. 36：51. 1903.

植株高 10～30 cm。块茎圆球形，直径 4～6 mm。茎直立，无毛，基部具棕色叶鞘。叶披针形、椭圆状披针形、卵状披针形或椭圆形，长 2～6 cm，宽 0.8～2.0 cm，顶端急尖或渐尖，基部渐窄成鞘，抱茎，无毛。总状花序，长 3～10 cm，具多数花；苞片线状披针形或披针形，顶端尖，花序下部的苞片长于子房；花小，黄绿色，垂头，钩手状；中萼片卵形或卵状披针形，长约 3 mm，宽约 1 mm，顶端钝，侧萼片斜披针形，较中萼片稍长或近等长而窄，顶端稍尖或钝；花瓣菱状披针形或条状披针形，长约 5 mm，顶端钝，在下部约有1/3长的一段骤然变窄，呈线状披针形，且肉质增厚；唇瓣长约 4 mm，近基部宽约 1 mm，顶部 1/4 处呈 3 裂，中间裂片线形，肉质增厚，侧裂片三角形，稍叉开，远短于中裂片，唇瓣基部凹陷呈浅囊；花粉团近圆球形，具短的花粉块柄和角状的黏盘，蕊喙短而宽；柱头 2 枚，隆起，位于蕊喙之下；子房圆柱形，长约 5 mm，扭转，无毛。 花期 7～8 月。

产青海：兴海（赛宗寺后山，吴玉虎 46391；河卡乡，郭本兆 6174）、玛沁（军功乡阿尼孜，区划二组 117；军功乡塔拉隆，H. B. G. 1919）、称多（称文乡，刘尚武 2306、2510）。生于海拔 2 300～4 500 m 的宽谷河滩草地、河谷滩地沼泽地、山坡林下、山地林缘灌丛草地。

分布于我国的青海、甘肃、宁夏、陕西、西藏、四川、云南、内蒙古、山西、河北、河南、山东等省区；俄罗斯西伯利亚，日本，朝鲜，克什米尔地区，巴基斯坦，尼泊尔，印度东北部，欧洲也有。

图版 **79** 角盘兰 **Herminium monorchis**（Linn.） R. Br. 1. 植株；2. 花；3. 花的中萼片、花瓣、侧萼片和唇瓣。裂瓣角盘兰 **H. alashanicum** Maxim. 4. 花；5. 花的中萼片、花瓣、侧萼片和唇瓣。（1～3. 引自《西藏植物志》，冯晋庸绘；4～5. 引自《青海植物志》，吴彰桦绘）

2. 裂瓣角盘兰 图版 79：4～5

Herminium alashanicum Maxim. in Bull. Acad. Sci St.-Pétersb. 31：105. 1886；中国高等植物图鉴 5：622. 图 8073. 1976；中国植物志 17：350. 图版 55：1～3. 1999；青海植物志 4：309. 图版 51：12～13. 1999；青藏高原维管植物及其生态地理分布 1289. 2008.

植株高 10～30 cm。块茎圆球形或椭圆形，直径 1～2 cm。茎直立，无毛。叶条状披针形、椭圆状披针形或窄披针形，长 4～10 cm，宽 0.5～1.5 cm，顶端急尖或渐尖，基部渐窄成鞘，抱茎。总状花序，具多花；苞片披针形，顶端呈尾状，花序下部的苞片长于子房；花小，绿色，垂头，钩手状；中萼片卵形，似舟状，长 2～4 mm，宽 1.5～2.0 mm，直立，顶端钝或近急尖；侧萼片卵状披针形，斜歪，与中萼片近等长，但较窄，顶端钝或急尖；花瓣卵状披针形，近中部骤呈尾状，肉质增厚，近线形，端钝；唇瓣长圆形，近中部 3 深裂，中间裂片较侧裂片短而宽，唇瓣的距较明显，呈矩圆形或长椭圆形；花粉块倒卵形，具极短的花粉块柄和卷成角状的黏盘，蕊喙小；子房圆柱形，长 5～6 mm，扭转，无毛，柱头 2 枚，隆起。 花期 7～8 月。

产青海：兴海（赛宗寺，吴玉虎 46199、46218；中铁乡附近，吴玉虎 42850、42966、42969；河卡乡，郭本兆 6175、吴珍兰 134；沙那台，弃耕地调查队 204）、玛沁（大武乡江让，H. B. G. 641；西哈垄河谷，H. B. G. 343；军功乡尕柯河，区划二组 149）、班玛（灯塔乡，王为义 27409）、称多（称文乡长江边，采集人和采集号不详）。生于海拔 3 600～4 000 m 的河谷滩地、高原山坡砾石地、河谷沙丘、山坡阴坡高寒灌丛草甸、滩地高寒草甸。

分布于我国的青海、甘肃、宁夏、陕西、西藏、四川、云南、内蒙古、山西、河北等省区。

8. 阔蕊兰属 **Peristylus** Blume

Blume Bijdri 404. tab. 30. 1825.

地生兰。块茎圆球形或长圆形，肉质，不裂，颈顶具几条细长的根。茎直立，无毛或被毛，基部具 2～3 枚圆筒状叶鞘。叶 1 至多片，散生或集生于茎顶、茎上或基部。顶生总状花序，具多数花，有少数种花密生似穗状，稀集生近似头状花序；苞片直立，伸展，稀无苞片；花绿色或淡绿色；萼片离生，中萼片直立，侧萼片伸展，张开，稀反折；花瓣不裂，稍呈肉质，直立，与中萼片相靠合成兜状，一般较萼片稍宽，唇瓣位于下方，3 深裂或 3 浅裂，罕不裂，基部具距，距极短，囊状或圆球形，极稀呈圆筒状，一般短于萼片和子房；蕊柱很短，花药位于蕊柱顶端，2 室，药室并行，下部几乎不延伸成沟，花粉块 2 个，花粉团粉质，多颗粒状，具短的花粉团柄和黏盘，黏盘小，裸露，椭圆形、卵形或近圆形，不卷成角状，附着于蕊喙的短臂上；退化雄蕊 2 枚，直立或向前伸展，位于花药基部两侧；蕊喙小，其臂很短或不明显；柱头 2 枚，隆起并凸出，圆球形或近棒状，从蕊喙下向外伸出，常贴生于花瓣基部与退化雄蕊之间；子房扭转，无毛或被毛，与花序轴紧靠，倒置。蒴果长圆形，一般直立。

约 60 种。我国有 21 种，昆仑地区产 1 种。

1. 湿生阔蕊兰 图版 77：4～6

Peristylus humidicolus K. Y. Lang et D. S. Deng in Novon 6：190. fig. 2. 1996；中国植物志 17：422. 图版 67：1～3. 1990；青海植物志 4：315. 图版 52：1～3. 1999；青藏高原维管植物及其生态地理分布 1300. 2008.

矮小草本，高 4～5 cm。块茎圆球形，直径 0.5～1.0 cm。茎极矮，高 0.7～1.5 cm，基部具 2 枚圆筒状鞘。叶 2～4 片，对生、簇生或呈莲座状 ，平展，椭圆状卵圆形或卵状披针形，长 2～3 cm，宽 1～2 cm，顶端急尖，其下部渐窄成 1 短柄，基部呈鞘状，抱茎。总状花序，具 2～5 花，花下无苞片；花小，黄绿色，在开花过程中，花梗和子房亦随着增大、伸长，使花近等高排于一个水平面上，形似伞房花序；中萼片卵圆形，舟状，直立，长约 4 mm，宽约 3 mm，边缘近上部白色，具锯齿，萼脉 3，侧萼片张开，卵状披针形，斜歪，长约 4 mm，宽约 2 mm，边缘近顶端白色，具锯齿，亦具 3 脉；花瓣直立，倒卵状圆形，长约 3 mm，宽约 2 mm，顶端钝圆，与中萼片多少相靠合，边缘全缘，具 3 脉；唇瓣向前伸展，长约 3.5 mm，3 深裂至基部，中间的裂片舌状条形，长约 2.5 mm，宽不足 1 mm，顶端钝，两侧的裂片很小，三角形，稍叉开，顶端渐尖，唇瓣基部的距长圆形，长约 2 mm，直径约 1 mm，略向前弯，末端钝圆；蕊柱短，长约 2.5 mm；退化雄蕊 2 枚，较大，近半圆形；花药直立，顶端钝，2 室，花粉块 2 个，粉粒状，花粉块柄短，黏盘椭圆形，裸露；子房长 1.0～1.5 cm，扭转。花期 5～7 月。

产青海：玛沁（军功乡，H. B. G. 807）。生于海拔 3 000～3 800 m 的沟谷滩地沼泽草甸、河滩草地和山坡林下。

9. 玉凤花属 Habenaria Willd.

Willd. Sp. Pl. 4：44. 1805.

地生兰。块茎不分裂。茎直立。叶 2 至数片，基生或茎生。总状花序，顶生，具少数或多数花，花黄绿色或近白色；萼片离生，中萼片与花瓣靠合成兜状，侧萼片伸展或反折；唇瓣位于下方，一般 3 裂，具距，稀无距；蕊柱短，花药生于蕊柱顶端，直立，2 室，药隔宽阔，药室叉开，基部常延长成槽状，花粉块 2 个，花粉团粒粉质，多为颗粒状，基部具较长的花粉团柄和黏盘，黏盘裸露，离生，不黏于蕊喙臂上；退化雄蕊 2 枚，小，着生于花药基部的两侧；蕊喙通常厚而大，有臂，直立于两药室之间；柱头 2 枚，分离，凸起或延长成“柱头枝”，位于蕊喙前方基部；子房扭转，无毛或被乳突状毛。

约 600 种。我国有 70 种，昆仑地区产 1 种。

1. 落地金钱 图版 75：3～4

Habenaria aitchisonii Rchb. f. in Trans. Linn. Soe. Bot. ser. 2. 3：113. 1886；E. Nasir et S. I. Ali Fl. Pakist. 70. 1972；J. Renz. in E. Nasir et S. I. Ali Fl. Pakist. No 164. 34. 1984；西藏植物志 5：734. 图 390. 1987；横断山区维管植物 下册 2546. 1994；中国植物志 17：438. 图版 70：4～6. 1999；青藏高原维管植物及其生态地理分布 1286. 2008.

植株高 10～30 cm。块茎椭圆形或矩圆形，肉质，不分裂，长 1～2 cm。叶 2 片，生于基部，近对生，稍肥厚，平展，宽卵形、卵圆形或近圆形，长 2～4 cm，宽 1.5～4 cm，顶端急尖，基部骤狭，抱茎，两面绿色，有时表面稍带黄白色，具数条脉纹。花葶直立，被乳突状柔毛，总状花序，长 5～7 cm，具数朵至 10 余朵花；苞片卵状披针形，顶端急尖，与子房等长或稍短；花小，黄绿色或绿色；中萼片直立，卵形，长约 4 mm，宽约 3 mm，舟状，顶端尖或急尖；侧萼片反折，斜卵状长圆形，长约 5 mm，宽约 2.5 mm，顶端钝；花瓣直立，斜卵状披针形，长约 4 mm，宽约 1.5 mm，顶端钝，与中萼片靠合成兜状；唇瓣长约 6 mm，3 深裂，中间的裂片线形，直立，向前伸，长约 5 mm，顶端钝，侧裂片线状披针形，顶端渐尖，与中间裂片相交成 90°，背折；距下垂，圆筒状棒形，下部稍增粗，顶端钝圆，短于子房或与子房近等长；子房圆柱形或纺锤形，长约 7 mm，被乳突状柔毛，扭转；柱头 2 枚，并行，凸起部分粗而短。花期 7～8 月。

产青海：班玛（马柯河林场宝藏沟，王为义 27233；灯塔乡加不足沟，王为义 27385）。生于海拔 3 000～3 650 m 的沟谷山地、山坡高寒草甸。

分布于我国的青海、西藏、贵州、四川西部、云南西北部；不丹，尼泊尔至克什米尔地区，阿富汗，印度也有。

10. 兜蕊兰属 **Androcorys** Schltr.

Schltr. in Fedde Rep. Sp. Nov. Beih. 4：526. 1919.

地生兰。植株矮小。块茎小，圆球形，肉质。茎直立，纤细。叶较小，匙形或窄椭圆形。总状花序，顶生，疏生数朵至多数花；苞片极小，鳞片状；花小，黄色或绿色，呈螺旋状排列于花序上，多倒置，唇瓣位于下方；萼片离生，边缘全缘或具细锯齿，中萼片直立，与花瓣靠合成兜状，侧萼片较中萼片大而长，反折；花瓣直立，凹陷呈舟状且向内弧弯，唇瓣较小，舌状或线形，反折，不裂，基部多少膨大，稀呈匕首状，无距；花药直立，具宽的兜状药隔，药室 2 个，位于花药左右两侧的下部，彼此远离，花粉块 2 个，花粉团粒粉质，多呈颗粒状，具短的花粉团柄和黏盘，黏盘被蕊喙的边缘所包裹；蕊喙三角形，位于药室之间；花柱 2 枚，隆起，具柄，柄贴生于蕊喙的基部；子房扭转，一般具短柄。

约 6 种。我国有 5 种，昆仑地区产 1 种。

1. 兜蕊兰

Andrócorys ophioglossoides Schltr. in Fedde Repert. Sp. Nov. Beih. 4：53. 136. 1919；中国高等植物图鉴 5：640. 图 8110. 1976；中国植物志 17：488. 图版 87：1～3. 1999；青海植物志 4：320. 图版 51：4～6. 1999；青藏高原维管植物及其生态地理分布 1267. 2008.

植株高 7～14 cm。块茎肉质，球形，直径 7～6 mm；茎直立，纤细，无毛；叶 1 片，近基生，椭圆状匙形或长圆形，长 4～6 cm，宽 8～14 mm，顶端钝 ，基部鞘状，抱茎。总状花序，具数花至多数花，花萼绿色，呈螺旋状排列于花序轴上；苞片小，鳞片状，长约 1 mm，顶端截形，稀 2 浅裂，远短于子房；中萼片直立，宽卵形，凹陷，长约 1 mm，顶端钝，侧萼片斜椭圆形，长约 2 mm，宽约 1 mm，顶端钝，反折；花瓣斜卵形，直立，凹陷呈舟状，向内弧曲，呈斧形，长约 1 mm，与中萼片靠合成兜状，唇瓣线形，长 1.0～1.3 mm，基部略宽，宽不足 1 mm，顶端钝；蕊柱短，花药直立，药隔宽，呈兜状，蕊喙三角形，位于药室之间；子房纺锤形，长约 5 mm，扭转。花期 7～8 月。

产青海：玛沁（军功乡，区划二组 116；大武乡乳品厂，H. B. G. 535；大武乡军牧场，H. B. G. 801）。生于海拔 3 600～3 920 m 的宽谷河滩草地、河沟山坡林下、滩地高寒草甸。

分布于我国的青海、甘肃、陕西、贵州、内蒙古、山西、河北、黑龙江、吉林、辽宁等省区；俄罗斯西伯利亚，蒙古，朝鲜，日本也有。

11. 火烧兰属 Epipactis Linn.

Linn. Cat. Pl. Gott. 85. 1757.

地生兰。根状茎短，具数条细而长的纤维状根。茎直立，具 2 至数片叶。叶互生，无柄，基部鞘状，抱茎，叶脉呈折扇状。总状花序，顶生，具数朵花，花平展或俯垂；花被片离生，开展近等长，唇瓣位于下方，中部缢缩成上、下两部分，下半部称下唇，常凹陷成囊状或杯状，其内分泌蜜汁，基部无距，上半部称上唇，在上、下唇之间具明显的关节；蕊柱短，顶端具1浅杯状药床，雄蕊生于蕊柱顶端的背面，花粉块2个，隆起成球形，多向前倾斜，并向前弯曲，每个花粉块又纵裂为2块，花粉团粒粉质，多颗粒状，无花粉团柄，黏着于小的黏盘上；退化雄蕊2枚，小，位于花药基部两侧，蕊喙位于柱头上方中央，大，近球形；柱头2枚，隆起，位于蕊柱前侧方；子房被毛或无毛。蒴果悬垂。

约20种。我国有6种，昆仑地区产1种。

1. 小花火烧兰 图版80：1～3

Epipactis helleborine (Linn.) Crantz in Stirp. Austr. ed. 2. 6：467. 1969；中国高等植物图鉴5：648. 图8125. 1976；秦岭植物志1（1）：413. 1976；西藏植物志5：749. 图400. 1987；植物分类学报30（5）：463. 1992；横断山区维管植物 下册2565. 1994；新疆植物志6：586. 图版218：1～3. 1996；中国植物志17：87. 图版11：1～3. 1999；青海植物志4：325. 1999；青藏高原维管植物及其生态地理分布1281. 2008.——*Serapias helleborine* Linn. Sp. Pl. 949. 1753.

植株高20～60 cm。根状茎短，具数条细长的根。茎直立，圆柱形，具纵条纹，近无毛或上部被柔毛，下部具数枚叶鞘。叶2～5片，互生，卵形至卵状披针形或卵状椭圆形，长4～7 cm，宽2.5～4.0 cm，顶端急尖，基部抱茎，具弧曲状脉，边缘具乳突状细缘毛。总状花序，具数花至多花，花序轴被短柔毛；苞片草质，卵状披针形或披针形，花序下部的苞片较花长，上部的苞片较花短；花黄绿色，下垂；中萼片卵状披针形，舟状，长8～10 mm，宽2～3 mm，顶端渐尖，无毛，侧萼片与中萼片相似，等大，稍偏斜；花瓣卵形或卵状披针形，长约7 mm，宽约3 mm，顶端渐尖，无毛，萼片和花瓣的中脉明显；唇瓣长5～7 mm，下半部凹陷，呈杯状，近半球形，上半部三角形、卵形至心形，长约3 mm，顶端钝或急尖，基部具2枚突起；蕊柱长约3 mm，粗厚，花药长约2 mm；子房窄倒卵形或窄椭圆形，长约8 mm，被短柔毛，扭转。 花期7～8月。

产新疆：和田。生于海拔1 400～1 750 m的湖畔、芦苇丛、山地阴坡草甸、沟谷山地云杉林下及林缘灌丛草甸。

分布于我国的新疆、甘肃、宁夏、陕西、四川、云南、贵州、山西、河北、内蒙古、辽宁、吉林、黑龙江、河南、湖北、湖南；不丹，印度东北部，尼泊尔，阿富汗，克什米尔地区，伊朗，俄罗斯西伯利亚，中亚地区各国，欧洲，中非，北美洲也有。

12. 斑叶兰属 Goodyera R. Br.

R. Br. in Aiton. Hort. Kew. ed. 2. 5：197. 1813.

地生兰。根状茎伸长，匍匐，具节，节上生根。叶鞘肉质，叶柄多少鞘状，叶上面

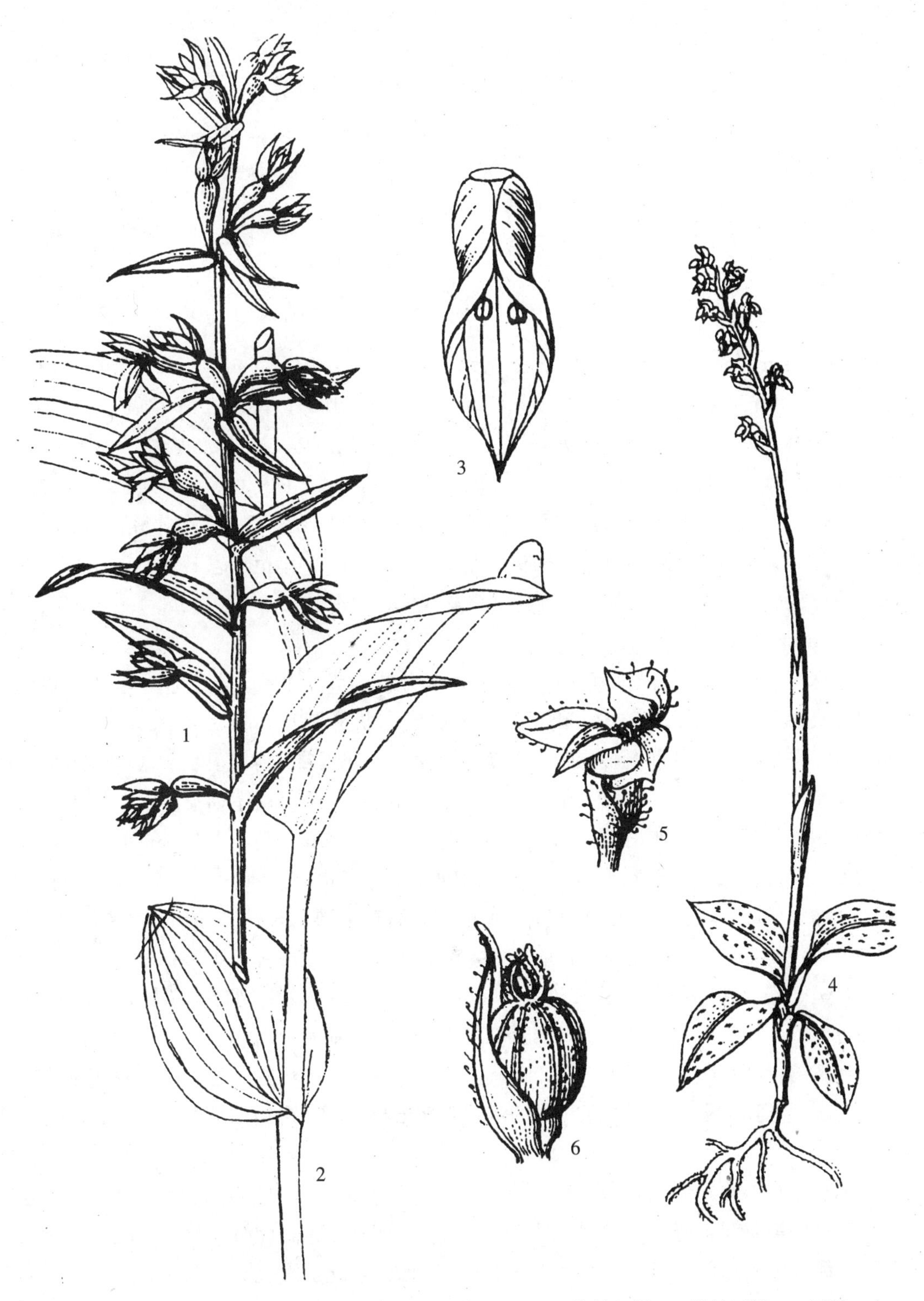

图版 **80** 小花火烧兰 **Epipactis helleborine** （Linn.） Crantz 1. 植株上部；2. 植株下部；3. 唇瓣。小斑叶兰 **Goodyera repens** （Linn.） R. Br. 4. 植株；5. 花；6. 果实。（引自《新疆植物志》，谭丽霞绘）

具斑纹。顶生总状花序或近穗状，花小，常偏向一侧；萼片相似，背面被毛，中萼片与花瓣靠合成盔状，侧萼片分离，直立或平展；花瓣较萼片狭窄，唇瓣位于上方，不裂，基部凹陷成囊状、杯状或舟状，围绕蕊柱基部，无距，顶端外折；蕊柱短，花药直立或斜卧，药隔顶常呈喙状突出，花粉块 2 个，花粉团粒粉质，多颗粒状，无花粉团柄，具黏盘；蕊喙直立，一般多呈狭窄的二叉状或深 2 裂，黏盘插于蕊喙叉中；柱头 1 枚，较大，位于蕊柱前面蕊喙之下；子房扭转。

约 40 种。我国有 28 种，昆仑地区产 1 种。

1. 小斑叶兰 图版 80：4～6

Goodyera repens（Linn.）R. Br. in Aiton. Hort. Kew. ed. 2. 5：198. 1813；Nevski in Kom. H. URSS 4：639. t. 39. f. a，b. 1935；Kusm. et Pavl. in Pavl. Fl. Kazakh. 2：265. 1958；E. Nasir et S. I. Ali Fl. Pakist. 69. 1972；秦岭植物志 1（1）：430. 1976；J. Renz. in E Nasir et S. I. Ali Fl. Pakist. No. 164：18. fig. A～H. 1984；植物分类学报 30（5）：463. 1992；横断山区维管植物 下册 2565. 1994；新疆植物志 6：589. 图版 219：1～3. 1996；中国植物志 17：131. 1991；青海植物志 4：326. 1999；青藏高原维管植物及其生态地理分布 1285. 2008.——*Satyrium repens* Linn. Sp. Pl. 145. 1753.

植株高 8～20 cm。根状茎匍匐，纤细，多分枝，节上生根。茎直立，被淡黄色腺柔毛，具鳞形鞘状叶 3～5 片。叶互生，卵形或卵状椭圆形，长 2～3 cm，宽 1.0～1.5 cm，顶端急尖，基部渐狭成鞘，抱茎，上面具数条弧曲状脉及乳白色斑纹，下面灰绿色，全缘。总状花序，具数朵至 10 余朵花，常偏向一侧，花序轴被淡黄色腺毛；苞片披针形，与花近等长或稍短，长于子房；花小，白色或粉红色；萼片外面被腺毛，中萼片卵状披针形或卵状椭圆形，直立，长约 4 mm，舟状，斜钝，与花瓣靠合成兜状；侧萼片卵状椭圆形，较中萼片长而宽，顶端钝；唇瓣卵形，长约 3.5 mm，靠后中 2/3 凹陷成囊状，半球形，囊内无毛，前部短，对折成舟状，顶端钝，不裂；蕊柱短，蕊喙直立，呈 2 裂，裂片细尖，呈二叉状，黏盘插生其中；子房纺锤形，扭转，疏被短柔毛，近无柄；柱头 1 个，较大，位于蕊喙之中央。 花期 7～8 月。

产新疆：阿克陶（采集地不详，青藏队吴玉虎 4853）、叶城（昆仑山，青藏队吴玉虎 5126）。生于海拔 1 300～2 880 m 的沟谷山坡云杉林下、山地阴坡灌丛草甸、河谷阶地草原。

分布于我国的新疆、甘肃、陕西、四川、云南、贵州、山西、河北、内蒙古、辽宁、吉林、黑龙江、河南、安徽、湖北、湖南、台湾；蒙古，朝鲜，日本，俄罗斯西伯利亚，缅甸，不丹，巴基斯坦，克什米尔地区，欧洲，北美洲也有。

附录 A 新分类群特征集要
DIAGNOSES TAXORUM NOVARUM

1. 格尔木赖草（新种） 图 A1

Leymus golmudensis Y. H. Wu **sp. nov.** (Fig. A1)

Species nova affinis *L. ruoqiangensis* S. L. Lu et Y. H. Wu, sed spiculis 8～10 mm longis, flosculis 3 instructis; glumis primis brevibus, 5～7 mm longis, secundis 7～9 mm longis; lemmatibus glabris, primis 7～8 mm longis (mucrinibus incl.). Antheris 2.5～3.0 mm longis differt.

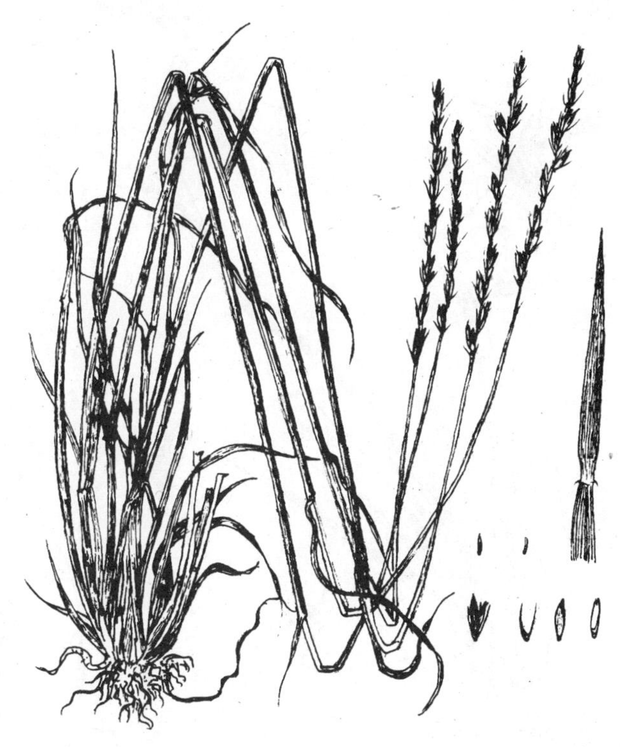

图 **A1** 格尔木赖草 **Leymus golmudensis** Y. H. Wu（吴海垣绘）

Qinghai, China（中国青海）: Golmud City（格尔木市）, Naij Tal（纳赤台）and Da Qaidam（大柴旦）, Baga Qaidam Lake（巴嘎柴达木湖畔）, ad pratum alpinum frigidum desertorum, on flood land saline meadow in alpine desert, alt. 3 200～3 700 m. 2006-07-17, Wu Yuhu（吴玉虎）37720 (Holotype, QTPMB: Qinghai-Tibetan Plateau Museum of Biology, the Chinese Academy of Sciences = HNWP, 模式标本存中国科学

院青藏高原生物标本馆). Qinghai (青海): Wu Yuhu (吴玉虎) 36703, 36705, 36710, 37713, 37723; Xinjiang (新疆): Ruoqiang County (若羌县), Altun Mt. (阿尔金山), Liu Haiyuan (刘海源) 011, 015.

2. 杂多披碱草(新种) 图 A2

Elymus zadoiensis S. L. Lu et Y. H. Wu **sp. nov.** (Fig. A2)

Species nova affinis *E. brevipis* (Keng) S. L. Chen, sed apice vaginae auriferis manifeste; vagina basis pubescentibus, spica laxo, rhachide serpentino; spicùlis nihil secundis; glumis primis 4～5 mm longis, secundis 5.0～6.5 mm longis. Antheris 1.0～1.2 mm longis differt.

图 **A2** 杂多披碱草 **Elymus zadoiensis** S. L. Lu et Y. H. Wu (吴海垣绘)

Qinghai, China (中国青海): Zadoi County (杂多县), Surug Township (苏鲁乡). in alpine meadow by sunny slope, alpine shrub and gravel flood land, alt. 4 070～4 460 m. 2005-07-19, Wu Yuhu (吴玉虎) 34277-A (Holotype, QTPMB, 模式标本存中国科学院青藏高原生物标本馆). Zaqên Township (扎青乡), Diqing Village (地青

村）35094A；Sahuteng Town（萨呼腾镇），Hongqi Village（红旗村）32703，32716.

多年生草本。秆丛生，直立，高 20～40 cm，直径 1.0～1.5 mm，平滑无毛，具2～3节，节呈黑色。叶鞘短于节间，平滑无毛，基部叶鞘常被微毛，叶耳明显，叶舌短；叶片长 3～7（20）cm，宽 2～4 mm，两面密被短毛，下面与边缘常有长粗毛；穗状花序疏松，长 6～11 cm；穗轴无毛，蜿蜒状，节间长 5～10 mm，每节着生 1 枚小穗；小穗含 4～8 花，长 15～22 mm（芒除外），灰绿色，具小穗柄，长 1.0（～1.5）～3. 0 mm；小穗轴具毛；颖片披针形，无毛，第 1 颖长 4～5 mm，具 3 脉，第 2 颖长 5.0～6.5 mm，具 5 脉；外稃长圆状披针形，上半部明显具 5 脉，无毛或疏具微刺毛，下部两侧具较密的刺毛，顶端具芒，芒长 12～30 mm，反曲；基盘被毛；第 1 外稃长约 9 mm；内稃稍短于外稃，脊上部具短刺毛，顶端平截，具纤毛；花药深绿色。长 1.0～1.2 mm。　花期 7 月。

本种与短柄披碱草 *Elymus brevipes*（Keng）S. L. Chen 近似，但其叶鞘顶端两侧具叶耳，基部叶鞘被毛；穗状花序疏松；穗轴蜿蜒状；小穗不偏向一侧；第 1 颖长 4～5 mm，第 2 颖长 5.0～6.5 mm；花药长 1.0～1.2 mm。而后者叶鞘平滑无毛；穗状花序下垂；穗轴基部弯折，小穗常偏向穗轴一侧着生；第 1 颖长 1～3 mm，第 2 颖长 2.0～4.5 mm；花药长约 2 mm。故而可以区别。

本种为青海特有种。

3. 长轴披碱草（新种）　图 A3

Elymus dolichorhachis S. L. Lu et Y. H. Wu **sp. nov.**（Fig. A3）

Species nova affinis *E. parviglumis* Keng，sed apice vaginae auriferis manifeste；rhachida internodiis 1.4～2.5 cm longis；spiculis densis，cylindricis，pedicellis（1～）2～3 mm longis，glumis primis 5.5～6.0 mm longis，secundis 6.5～7.0 mm longis. Antheris nigritus，c. 1 mm longis differt.

Qinghai，China（中国青海）：Zadoi County（杂多县），Surug Township（苏鲁乡），on alpine meadow in valley，alt. 4 260 m. 2005－07－19，Wu Yuhu（吴玉虎）34453（Holotype，QTPMB，模式标本存中国科学院青藏高原生物标本馆）.

多年生。秆单生，直立，高约 50 cm，平滑无毛，具 2 节，节黑色；基部叶鞘被毛，其余无毛，顶端具镰形的叶耳；叶舌短，长约 0.5 mm；叶片扁平或纵卷，长 3～8 cm，上下两面密被短柔毛。花序近直立，疏松，暗紫色，长约 7.5 cm（芒除外）；穗轴节间长 14～25 mm，无毛；小穗长 2.3～3.0 cm（芒除外），暗紫色，单生于穗轴每节，含 7 花，小花紧密排列成圆柱形，具小穗柄长（1～）2～3 mm，无毛；颖片披针形，渐尖无芒，具 3～5 脉，中脉粗糙，第 1 颖长 5.5～6.0 mm，第 2 颖长 6.5～7.0 mm；外稃长圆状披针形，背部粗糙，下部两侧具短刺毛，具 5 脉，中脉延伸成粗糙反曲的芒，长 0.7～2.0 cm，基盘具毛，第 1 外稃长 8～10 mm；内稃近等长于外稃，顶端圆形具纤毛，具2脊，脊上部具纤毛，下部无毛。花药黑色，长约1 mm。 花期7月。

图 **A3** 长轴披碱草 **Elymus dolichorhachis** S. L. Lu et Y. H. Wu（吴海垣绘）

本种与小颖披碱草 *Elymus parvigluma* Keng = *Elymus antiquus* (Nevski) Tzvelev 相似，但其叶鞘顶部两侧具叶耳；穗轴节间长14～25 mm；小穗紧密排列成圆柱形，小穗柄长（1～）2～3 mm，第1颖长5.5～6.0 mm，第2颖长6.5～7.0 mm；花药黑色，长约1 mm。故而可以区别。

本种为青海特有种。

4. 青南披碱草（新种） 图A4

Elymus qingnanensis S. L. Lu et Y. H. Wu **sp. nov.** (Fig. A4)

Species nova affinis *E. humilis* (Keng et S. L. Chen) S. L. Chen, sed apice vaginae auriferis manifeste; spico laxo, flexo, pendulo, saepe purpureo, 4～8 cm longo, 1.0～2.5 cm lato; rhachide serpentino; glumis glabris, apicibus pungentibus, glumis primis 4.5～5.0 mm longis, secundis 6.0～6.5 mm longis; aristis lemmatum reflexis 15～20 mm longis. Antheris perviridibus, c. 1 mm longis differt.

图 A4　青南披碱草 **Elymus qingnanensis** S. L. Lu et Y. H. Wu（吴海垣绘）

Qinghai，China（中国青海）：Zadoi County（杂多县），Namsai Township（昂赛乡），Longdeng Mt.（龙登山），in alpine meadow，sunny slope and alpine scree，alt. 4 580 m. 2005－07－15，Wu Yuhu（吴玉虎）34237（Holotype，QTPMB，模式标本存中国科学院青藏高原生物标本馆）. Surug Township（苏鲁乡），alt. 4 260 m. 2005－07－19，Wu Yuhu 34306－B.

多年生。秆丛生，平滑无毛，高 20～25 cm，具 2 节。叶鞘平滑无毛，常长于节间，顶端具长约 1 mm 的镰刀形叶耳，叶舌短，平截；叶片通常直立，扁平或边缘内卷，两面被微毛，边缘偶有长粗毛，长 5～12 cm，宽 1.5～2.5 mm。穗状花序疏松，弯曲，下垂，常呈紫色，长 4～8cm，宽 1.0～2.5 cm，基部被叶鞘所包；穗轴纤细，常呈蜿蜒状，无毛，稀边缘具纤毛，节间一般长 8～12 mm，基部一节可长达 20 mm；小穗单生于穗轴每节，长约 15 mm（芒除外），含 4～5 花，灰绿色，稍带紫色，具长约 1 mm 的短柄且具微毛；小穗轴密被短柔毛，节间长 1.5～2.5 mm；颖片披针形，无毛，顶端渐尖，第 1 颖长 4.5～5.0 mm，具 3 脉，第 2 颖长 6.0～6.5 mm，具 5 脉；外稃长圆状披针形，上半部明显具 5 脉，背部被短刺毛，先端具芒，芒长 15～20 mm，紫色，粗糙，反曲，基盘具毛，第1外稃长约8 mm，内稃近等长于外稃，先端平截，具2脊，脊中上部具粗刺毛，两脊之间及边缘均具细而短的刺毛，顶端平截，具纤毛；花药深绿色，长约1mm。　花期7月。

本种与矮披碱草 *Elymus humilis* (Kang et S. L. Chen) S. L. Chen 近似，但叶鞘顶端有叶耳；穗状花序疏松，弯曲，长4～8 cm，宽1.5～3.0 cm；穗轴蜿蜒状；颖片顶端渐尖，第1颖长4.5～5.0 mm，第2颖长6.0～6.5 mm；外稃顶端芒反曲，长15～20 mm；花药深绿色，长约1 mm。而后者的叶鞘顶端无叶耳；穗状花序多少偏向一侧；颖片顶端具约3 mm长的芒尖，第1颖长7～10 mm，第2颖长8～11 mm；外稃芒直立，长2～5 mm；花药紫色，长约2 mm。故而可以区别。

本种为青海特有种。

附录B　中国科学院青藏高原生物标本馆馆藏所涉《昆仑植物志》标本采集史

1963年6月19日至9月18日　中国科学院西北高原生物研究所地植物组杨永昌、丁经业、王生新、王质彬等沿青藏公路一线考察。途经地区有青海省共和县江西沟公社、橡皮山、曲沟公社、柳梢沟垭口、青海南山，兴海县唐乃亥乡（沙那村、龙曲沟）、大河坝河、大河坝沟、河卡乡、三塔拉、塘格木农场，都兰县香日德、诺木洪，格尔木市昆仑山纳赤台、唐古拉山温泉，以及西藏安多县兵站后山、土门格拉煤矿、黑河、日喀则大竹卡、林芝、拉萨、安多等地，海拔2 800～4 900 m。共采集植物标本1 115号。

1963年6月中旬至7月22日　张盍曾在青海省共和县考察并采集植物标本，涉及地区有倒淌河公社、铁卜加切其干沟，贵南县巴仓农场，兴海县温泉公社、黑马河、大河坝河谷、河卡乡黄河滩，共和县廿地乡拉龙山等，海拔3 050～3 570 m。共采集植物标本200余号。

1963年6月30日至7月27日　张珍万（队长）等在青海省境内考察，途经湟源县日月山，共和县柳梢沟、恰卜恰、头塔拉，兴海县河卡乡河卡滩、黑岭滩，共和县切吉水库、倒淌河至黑马河、橡皮山，乌兰县茶卡、中吾农山，天峻县中吾农山、天峻滩、天棚公社，刚察县湟鱼农场、义口渠，祁连县阿力克、县城附近雪山、野牛沟乡边麻沟，门源回族自治县无名地、永安滩、西河台等地，海拔3 420～3 600 m。共采集植物标本917号。

1964年5月初至6月4日　杨永昌等在青海省玉树县等地考察。途经兴海县鄂拉山垭口，玛多县黄河沿、野牛沟、巴颜喀拉山北坡，称多县歇武寺北，玉树县北山、下巴塘、上巴塘帕日卡拉、上巴塘熊栓沟、上拉秀、热水沟、古拉山通往江西林场处、错路松多姜工山、格隆太南大山、小苏莽乡以西小苏莽沟、上巴塘盆地、龙宝乡哈秀山、龙宝乡德钦沟、布朗公社、错格生多错曲河边、西河马公社（?）、西河马热水沟、古拉山顶、安冲乡布郎村、隆保哈香山、结古乡通天河大桥等地，海拔3 200～3 800 m。共采集植物标本988号。

1964年8月11日至8月17日　王作宾在青海省兴海县采集标本，采集地包括河卡乡羊曲、青根桥附近、河卡山、河卡草原工作站、阿米瓦阳山等地，海拔3 500～3 900 m。共采集植物标本393号。

1965年6月18日至7月15日　何廷农、吴珍兰等在青海省兴海县考察，涉及河卡草原工作站、羊曲东琅山、火隆沟、卡日红山、河卡山开特沟、日干山、黑都山、阿米瓦阳山等地，海拔 3 320 m 左右。共采集植物标本 500 号。

1965 年 7 月 15 日至 7 月 18 日 郭本兆、何廷农等考察青海省共和县头塔拉，兴海县河卡乡卡日红山、河卡草原工作站附近等地，海拔 3 400 m 左右。共采集植物标本 323 号。

1965 年 7 月 27 日至 8 月 6 日 郭本兆、何廷农赴青海省共和县以及兴海县河卡乡等地考察，海拔 3 500～4 000 m。共采集植物标本 272 号。

1966 年 5 月 8 日至 7 月 21 日 吴珍兰在青海省兴海县考察。涉及河卡乡河卡山、纳滩、也隆沟、羊曲台、草原站、爱格拉沟、满丈沟、白龙村、乡政府驻地等，海拔 2 600～3 600 m。共采集植物标本 210 号。

1966 年 5 月 23 日至 9 月 6 日 周立华在青海省称多县等地考察。足至称多县清水河乡附近，玉树县结古河畔、南山麓，治多县城背后、县鹿场东面山上、当江乡、当江河、岗察乡拉乌拉山、叶青公社郎永沟、治渠乡、扎河乡、立新乡、多彩乡，海拔 3 400～4 900 m。共采集植物标本 537 号。

1966 年 6 月 16 日至 8 月 25 日 黄荣福在青海省曲麻莱县叶格乡、叶格乡长江边、东风乡、曲麻河乡、巴干乡等地考察，海拔 4 200～4 500 m。共采集植物标本 200 号。

1966 年 8 月 30 日至 9 月 4 日 刘尚武在青海省曲麻莱县考察。采集地有巴干乡、赛康山、巴干乡政府驻地、德曲河、县城附近、麻多乡星宿海、雅达江泽、秋智乡各化鄂色、东风乡政府驻地附近、东风乡江荣寺、班州涌等，海拔 4 100～4 400 m。共采集植物标本 325 号。

1967 年 8 月 2 日至 8 月 19 日 丁经业在青海省兴海县温泉乡，甘德县上贡麻乡、岗龙乡考察，海拔 3 240 m。共采集植物标本 50 号。

1970 年 6 月中旬至 8 月 22 日 郭本兆、黄荣福在青海省民和回族土族自治县古鄯公社药水泉、古鄯公社郭家山、川口公社、园艺场、北山公社、西沟公社，乐都县曲坛公社、引胜公社、引德沟，门源回族自治县仙米公社，大通回族土族自治县达坂山，祁连县景阳岭、阿力克，门源回族自治县仙米公社桥滩大队、朱固公社雪龙大队、浩门农场、仙米林区，德令哈区巴音河公社，大柴旦镇，格尔木县等地考察，海拔 2 000～3 800 m。共采集植物标本 577 号。

1970 年 8 月 郭本兆、沙渠在青藏公路格拉段考察。途经青海省都兰县香日德、诺木洪，格尔木纳赤台、五道梁，西藏唐古拉山、安多、黑河、羊八井、拉萨药王山、罗布林卡、拉萨市西郊、当雄等地，海拔 2 900～4 500 m。共采集植物标本 120 号。

1971 年 5 月 17 日至 10 月 5 日 由刘尚武、潘锦堂、周兴民、黄荣福等组成的藏药队在甘肃、四川、青海等地考察并采集植物标本。采集地有甘肃省武都县城附近，文县高楼山、范坝公社浪水河、碧口公社；四川省汶川县桃湾，理县米亚罗大石包，红原县刷经寺；青海省久治县城附近、德黑日麻沟、门堂公社寺曲、索乎日麻公社科尔青曲、龙卡湖北岸山上；四川省阿坝县查理寺林场、下龙卡、阿坝南山、县城附近、柯河区，海拔 3 200～4 400 m。共采集植物标本 1 011 号。

1971 年 6 月 7 日至 10 月 9 日 周立华、杜庆、张盍曾、杨福囤组成的果洛队在青海省果洛藏族自治州和四川省阿坝县考察。采集地有青海省久治县两河口、哈尕垭豁、门堂公社南面黄河沿、索乎日麻公社、哇赛公社、年保山、希门错湖无名岛、措勒赫湖畔、尕日吾尼阿垭豁、龙卡湖畔、智青松多，四川省阿坝县沙垭马柯河边，海拔 3 650～4 300 m。共采集植物标本 867 号。

1971 年 7 月 1 日至 7 月 9 日 郭本兆、王为义考察青海省玛多县野牛沟、玉树县巴塘滩，采集植物标本 42 号。

1972 年 7 月 16 日至 8 月 6 日 潘锦堂、周兴民考察青海省玉树藏族自治州。途经巴颜喀拉山，囊谦县白扎乡、林场、夏燕山、香达倒盖拉、打热拉山、东坝沙那喀等地，海拔 3 840～4 700 m。共采集植物标本 330 号。

1974 年 5 月 23 日至 9 月 21 日 由潘锦堂（队长）、刘尚武、张盍曾等组成的高生所西藏队在新疆和西藏等地进行植物考察。沿途采集地有青海省共和县黑马河公社，德令哈，都兰县诺木洪地区；新疆阿尔金山，若羌县，库尔勒县，拜城县，阿克苏市，阿克陶县奥依塔克、布伦口、布伦达坂，塔什库尔干塔吉克自治县县城附近、麻扎、红其拉甫达坂、克克吐鲁克，叶城县洛河、库地、胜利达坂、叶（城）—阿（里）公路阿特达坂，皮山县三十里营房、康西瓦、大红柳滩—和田县甜水海—西藏日土县界山达坂；西藏日土县多玛区、班公湖东南边、上曲龙、热帮区、兵站周围、拉龙山、甲吾山、麦卡空喀山口，阿里狮泉河，噶尔县昆沙，札达县象泉河北岸、扎布朗、托林、多吉冬、波林边防站、香孜附近大滩，普兰县科加、仁贡、玛法木湖畔、巴格区康仁波清附近，改则县大滩、扎吉玉湖、可拉可山口，以及藏北的安多县；青海省格尔木市唐古拉山乡唐古拉兵站、都兰县诺木洪以东 60 km 处，海拔 2 820～5 100 m。共采集植物标本 1 449 号。

1974 年 6 月 6 日至 9 月 2 日 由杨永昌、周兴民、杨福囤、韩立忠等组成的玛沁队在青海省玛沁县考察。采集地有玛沁县城附近、拉加公社、那木棱吉山、尕柯河沿岸、军功公社、大武公社、甲朗沟口、尼卓玛山、东倾沟公社、雪山公社、下大武公社、优云公社、昌马河公社、当洛公社、当项公社等，海拔 3 100～4 400 m。共采集植物标本 576 号。

1975 年 6 月 30 日至 9 月 1 日 杨福囤、李建华考察西藏安多县两道河，青藏公路 114 道班、125 道班，土门格拉，唐古拉山口和山顶；青海省境内的唐古拉山南麓、沱沱河沿岸、风火山、纳赤台等地，海拔 4 800～5 300 m。共采集植物标本 227 号。

1975 年 7 月 9 日至 9 月 13 日 郭本兆、王为义、诸国本等在青海省海西蒙古族藏族自治州采集植物标本，途经刚察县唐曲农场、铁卜加草原工作站，天峻县天峻沟，乌兰县希里沟南山、赛什克农场，德令哈柏树山、野马滩、尕海农场，大柴旦绿草山，格尔木河西，都兰县诺木洪农场、脱土山、香日德农场、旺尕秀沟，大通回族土族自治县达坂山公路边，门源回族自治县青石嘴、老虎沟、浩门农场八队北山麓，祁连县俄堡、牛心山、野牛沟、八宝林区，门源回族自治县仙米林场，互助土族自治县达坂山梁等地，海拔 2 300～3 400 m。共采集植物标本 1 581 号。

1976～1984 年 吴玉虎在青海省玛多、玛沁等县的黄河源地区多次对高寒类草场植物、植被类型及其生态环境等进行调查，海拔 3 700～5 200 m。共采集植物标本 1 600余号（全部标本赠送中国科学院青藏高原生物标本馆）。

1977 年 7 月 1 日至 8 月 20 日 刘尚武在青海省共和县江西沟，兴海县科学滩，玉树县结古河畔，称多县县城附近、赛巴沟、清水河、巴颜喀拉山南麓考察，海拔 3 000～4 500 m。共采集植物标本 236 号。

1978 年 7 月下旬至 8 月 19 日 郭本兆、王为义、李庸等在青海省青南地区考察。采集地有玛多县野牛沟，称多县巴颜喀喇山南麓、歇武乡、通天河畔，囊谦县白扎公社、白扎林场，班玛县马柯河林场，兴海县河卡等地，海拔 2 800～4 600 m。共采集植物标本 549 号。

1981 年 6 月 10 日至 9 月 21 日 杜庆考察青海省乌兰县北山坡、野马滩北山南坡，天峻县生格公社加布隆，乌兰县同香公社哈尔哈特、河东滩地，都兰县查查香卡，德令哈市尕海、巴音河、托索湖北岸、巴音郭勒，格尔木市以北，都兰县诺木洪公社、英德尔羊场东沟、香日德托勒南山、巴西隆滩、巴隆柏树沟、香日德农场五大队水库山，玛多县黑海公社等地，海拔 3 200～4 900 m。共采集植物标本 573 号。

1981 年 7 月 5 日至 8 月 4 日 黄荣福考察青海省果洛藏族自治州玛多县扎陵湖、黄河沿、野牛沟，兴海县温泉乡，共和县青海湖南岸，乌兰县茶卡盆地，都兰县夏日哈公社、香日德若尔沟、香日德托土山西坡、诺木洪，格尔木市昆仑山口北，大柴旦、小柴旦西南，乌兰县卡喀图盆地等地，海拔 3 200～4 500 m。共采集植物标本 200 号。

1982 年 6 月 10 日至 7 月 3 日 黄荣福、王为义考察青海省称多县清水河乡，囊谦县肖曲、扣巴塘沟、肖龙尕，玉树县上拉秀乡，玛多县野牛沟等地，海拔 3 800～4 400 m。共采集植物标本 57 号。

1982 年 8 月 王为义、时英、蔡联炳等在青海省果洛州玛沁县石峡，班玛县城郊、马柯河林场、班前公社哑巴沟、格尔寨沟等地考察，海拔 3 400～3 900 m。共采集植物标本 151 号。

1983 年 7 月 25 日至 8 月 31 日 彭敏、陈桂琛等人组成的植被地理组从西宁市出发进行植被考察。途经青海省共和县青藏公路 231 km 处南山坡，乌兰县德农，德令哈市尕海以北，大柴旦、敦（煌）—格（尔木）公路 12 道班处、花海子、当金山口、苏干湖北面、冷湖—茫崖公路沿途、尕斯库勒湖附近、阿拉尔以西、马海农场、锡铁山矿区西南、格尔木市托拉海、河西青藏公路边、昆仑山口，都兰县诺木洪—香日德沿途、脱土山、香日德农场、县城附近、夏日哈公社，至乌兰县茶卡沿途，共和县哇玉香卡农场—新哲农场等地，海拔 2 800～3 300 m。共采集植物标本 353 号。

1984 年 7 月 14 日至 8 月 9 日 由彭敏（中科院方面队长）、吴玉虎（玛多县方面队长）、陈桂琛、杜志红、林海珍、扎西等人组成的院地联合考察队在青海省果洛藏族自治州考察并采集植物标本。采集地有玛多县花石峡北侧山地，玛沁县野马滩、大武乡—军马场沿途、江让水电站等，玛多县布青山南面、鄂陵湖西北面、哈姜盐池周围、扎陵湖乡，海拔 3 650～4300 m。共采集植物标本 307 号。

1985 年 6 月 13 日至 7 月 2 日 王为义（队长）、顾立华、胡一木（司机）等考察青海省玛多县野牛沟、称多县清水河乡、玉树县通天河附近、囊谦县白扎林场东沟和该县与西藏昌都交界处，以及巴颜喀拉山等地，海拔 3 900～5 085 m。共采集植物标本 736 号。

1986 年 8 月 9 日至 10 月 6 日 黄荣福在新疆乔戈里峰地区考察并采集植物标本。途经乌鲁木齐县天山冰川观测站，喀什市，叶城县柯克亚乡、库地达坂、麻扎达坂、色日克达坂、依力克其牧场、阿格勒达坂、青红滩，以及乔戈里冰川、乔戈里峰地区莫红滩南山等地，海拔 1 100～4 800 m。共采集植物标本 221 号。

1986 年 9 月 4 日至 10 月 8 日 刘海源、李健华等在青海、新疆考察。途经青海省茫崖镇以西 20 km 处，新疆若羌县、疏勒县、泽普县、乌恰县、库车县、轮台县以北、新源县、特克斯县、昭苏县、霍城县以东、清河县以东、尼勒克县、伊犁林场、巴音布鲁克草原、达坂城区以东 78 km 处，海拔 1 950～2 920 m。共采集植物标本 533 号。

1987 年 6 月 18 日至 9 月 16 日 由吴玉虎、武素功（队长）、夏榆组成的青藏队生物组随中国科学院喀喇昆仑山-昆仑山地区综合科学考察队在新疆南部的高山区考察。途经乌恰县康苏乡肖尔布拉克、乌拉根矿区、吉根乡斯木哈纳，阿克陶县阿克塔什，塔什库尔干塔吉克自治县慕士塔格峰、苏巴什达坂、麻扎种羊场、克克吐鲁克、卡拉其古，阿克陶布伦口乡恰克拉克村、恰克拉克铜矿、琼块勒巴什，莎车县达木斯煤矿，叶城县柯克亚乡、普沙、莫莫克、高沙斯、苏克皮亚、阿卡子达坂、麻扎达坂，皮山县三十里营房、大红柳滩，和田县天文点、岔路口；9 月 2 日经界山达坂进入西藏日土县龙木错、多玛区、老县城郊区，狮泉河，日土县班公湖畔、日松乡过巴村、左用错等地；随后返回新疆叶城县麻扎达拉、依力克其、阿克拉达坂南北坡、音苏盖提冰川、乔戈里峰山麓、克勒克河、阿克拉达坂北叶思大湾、北塔里扬，三十里营房回麻扎途中，明铁盖达坂，大红柳滩—甜水海沿途，海拔 1 420～5 300 m。共采集植物标本 813 号。

1987 年 7 月 17 日至 7 月 23 日 黄荣福在青海省曲麻莱县，玉树县巴塘山公路口，囊谦县石峡山山口、肖龙沟山坡，玉树县结古镇西 10 km 处，玛多县玛积雪山，玛沁县昌马河乡、尼卓玛山等地考察，海拔 3 800～4 800 m。共采集植物标本 91 号。

1987 年 7 月 17 日至 8 月 2 日 刘海源在青海省兴海县温泉乡，玛多县苦海、花石峡长石头山、扎陵湖乡、野牛沟、巴颜喀拉山北麓，曲麻莱县方盘山，玉树县巴塘山口、结古镇北山和西山，玛沁县昌马河乡等地考察，海拔 3 700～4 500 m。共采集植物标本 606 号。

1988 年 6 月 15 日至 10 月初 由吴玉虎、武素功（队长）、大场秀章（日）、费勇等组成的青藏队生物组随中国科学院喀喇昆仑山-昆仑山地区综合科学考察队在新疆南部的高山区等地考察。途经新疆英吉沙县，塔什克什，皮山县阔什塔格乡克依克其村、垴阿巴提塔吉克族乡布琼村，策勒县奴尔乡，民丰县，和田县喀什塔什，且末县阿羌乡昆其布拉克，若羌县红柳沟，青海省茫崖地区。经茫崖到新疆阿尔金山自然保护区、祁漫塔格山、阿其克库勒；8 月 11 日到冷水泉湖畔、阿其克库勒湖南部；8 月 13 日到西藏班戈县鲸鱼湖西北部；8 月 15 日到鲸鱼湖东北部，8 月 17 日返回阿其克库勒湖边；8 月 19 日武素功等赴木孜塔格峰东北部，同时吴玉虎到大九巴地区，8 月 21 返回阿其克库勒湖边；8 月 23 日经阿尔金山自然保护区鸭子泉到祁漫塔格山南坡、土房子、阿牙克库木库勒湖畔、小沙湖，8 月 29 日返回茫崖镇，在阿尔金山采集；9 月 3 日 经大柴旦、格尔木进入昆仑山，9 月 6 日抵西大滩采集，两天后翻越昆仑山口，直到五道梁。9 月 9 日越过当金山口，到达甘肃省阿克塞哈萨克族自治县、敦煌莫高窟，最后又翻越阿尔金山返回新疆到达若羌县结束考察。其间的 6 月 22 日至 7 月 10 日，吴玉虎被抽调到临时组建的火山区考察小分队，经于田县普鲁到乌鲁克库勒火山群考察。整个考察范围海拔范围 2 600～ 5 200 m。共采集植物标本 2 212 号。

1988 年 8 月 4 日至 9 月 20 日 刘尚武等考察青海省五道梁、唐古拉山口；西藏安多县、土门格拉大滩，当雄县北部，拉萨河谷、达孜县，工布江达县米拉山，林芝县以西 50 km 处、色季拉山、八一镇，加查县城附近，错那县县城—勒布区沿途、日当高山，江孜县城北面，浪卡子县雪山、羊卓雍湖，拉萨市附近，林周县；青海省都兰县诺木洪以东，青海湖西部等地，海拔 2 800～5 000 m。共采集植物标本 181 号。

1989 年 6 月 18 日至 8 月 5 日 由吴玉虎、武素功（队长）、夏榆组成的青藏队生物组随中国科学院喀喇昆仑山-昆仑山地区综合科学考察队在新疆南部的高山区考察。途经新疆阿克陶县恰尔隆乡，叶城县棋盘乡，皮山县，塔什库尔干塔吉克自治县、红其拉甫、麻扎种羊场、明铁盖、卡拉其古，皮山县神仙湾，阿克陶县奥依塔克等地区，海拔 2 800～5 200 m，共采集植物标本 730 号。

1989 年 7 月 30 日至 8 月 25 日 黄荣福参加的中德联合西藏考察队，途经青海省格尔木市纳赤台、西大滩、不冻泉、五道梁、风火山、沱沱河沿、唐古拉山北坡；西藏安多县北面，当雄县念青唐古拉山爬洛淌、羊八井、青藏公路 100 道班西侧，唐古拉山北侧温泉兵站西面；青海省境内长江源头各拉丹冬冰川附近、通天河；西藏林芝县更张门巴民族乡，米林县红卫林场、派区、派区格嘎—拉木拉、拉木拉湖，错那县卡达乡、卡玛河谷等地，海拔 3 200～5 000 m。共采集植物标本 864 号。

1990 年 5 月 26 日至 8 月 13 日 黄荣福、武素功（队长）、杨永平等随中国科学院和青海省人民政府联合组成的可可西里综合科学考察队，沿格尔木市西大滩、昆仑山北坡、野牛沟、西大滩煤矿沟、各拉丹冬北面尕尔曲、水晶矿、各拉丹冬主峰、可可西里桑加曲、察日错、岗齐曲、玛章错钦、万胜雪山、乌兰乌拉山、桌子山、马料山、乌兰乌拉湖东南、西金乌兰湖西北部、链湖、移山湖南山、天占山、岗扎日雪山、勒斜武但湖西北部、马兰山东北部、太阳湖南岸、新青峰南坡、布喀达坂南坡、五雪峰西北面、可可西里湖东北山坡、新青峰东部红水河谷、卓乃湖东部、库赛湖南部、楚玛尔河上游等地考察，海拔 4 200～5 100 m。共采集植物标本 500 余号。

1990 年 7 月 25 日至 9 月 9 日　为国家自然科学基金资助的重大科研项目“中国种子植物区系研究”中的子课题“唐古特地区植物区系研究”进行补点考察，由吴玉虎（队长）、卢学峰、梅丽娟、沈颂东、丁托亚、邓德山等组成西倾山考察队，在青海省玛沁县拉加乡龙穆尔贡玛、军功乡，同德县河北乡林场、赛欠河谷、水磨沟、那休玛、那休玛沟垭口、赛欠沟，玛沁县西哈垄河谷、尕柯河电站，同德县阿加台、秀麻乡云杉林区、江群沟林区、县草原站，河南县柯生乡黄河滩、结梗山南面滩地、桑日梗、哈力莫合替木尔、拉木塔莫合替木垭口、智后茂乡、赛尔龙乡夏则滩、宁木特乡泽曲与黄河交汇处、达米塘，尖扎县直岗拉卡乡等地进行考察，海拔 3 200～4 800 m。共采集植物标本 3 300 号。

1991 年 7 月 2 日至 8 月 9 日　由何廷农、黄荣福（队长）、刘尚武、潘锦堂、彭敏、陈桂琛、沈颂东、邓德山等组成的祁连山考察队在祁连山南北坡考察。采集地有青海省互助土族自治县北山林场郎什当沟、扎隆沟、大通河边；甘肃省永登县连城林区吐鲁沟、竹林沟沟口，天祝县乌鞘崖脚下、金强河、哈溪双龙沟、哈溪西套子，武威县县城附近，山丹县钟山寺、大黄山羊虎沟，民乐县至扁都口；青海省祁连县公路边，门源回族自治县景阳岭；甘肃省张掖县西北沟、大野口，肃南县马蹄寺、海鸦沟，玉门白揣河，阿克塞哈萨克族自治县长草沟、当金山口；新疆天池等地，海拔 2 400～3 500 m。共采集植物标本 1 744 号。

1992 年 6 月 20 日至 9 月 9 日　黄荣福等在青海省贵德等县考察。采集地有贵德县拉鸡山、青阳山，门源回族自治县冷龙岭东南坡，祁连县景阳岭、托勒热水达坂，兴海县温泉乡雅尔吉，玛多县花石峡东北 20 km 处、长石头山，巴颜喀拉山北麓（玛多）和南麓（称多），海拔 3 200～4 500 m。共采集植物标本 152 号。

1993 年 7 月 19 日至 8 月 21 日　何廷农、Bruce Barthotomeu、Michad Giebere、刘尚武、卢学峰、沈颂东、邓德山、刘健全、彭敏、陈晓澄等在青海省阿尼玛卿山地区考察。沿途采集地有湟中县拉鸡山垭口，贵德县尕让，贵南县过马营，同德县城附近，玛沁县拉加寺黄河边、军功乡黑土山（塔拉龙）、西哈垄河谷、雪山乡切木曲、东倾沟乡东科河、大武乡牧场、格曲、尼卓玛山垭口、东科河江强、德勒龙，达日县窝赛乡，甘德县上贡麻乡附近、甘德山垭口，达日县吉迈乡克热贡玛、建设乡胡勒安玛、满掌山垭口、吉迈乡色尔根查朗寺，玛沁县昌马河，玛多县花石峡，兴海县温泉乡、姜路岭、鄂拉山口、曲隆，共和县江西沟、青海湖边等地，海拔 3 340～4 730 m。共采集植物标本 1 549号。

1996年5月19日至6月6日 吴玉虎在青海省长江源区考察，海拔4 200～5 500 m。共采集植物标本136号。

1996年7月18日至8月1日 黄荣福在西藏、新疆考察。途经西藏拉萨北郊水渠，措勤县桑木拉、打甲错、尼龙乡、扎日朗木错，改则县北部60 km处，革吉县狮泉河，噶尔县，日土县班公湖边，再由日土县赴新疆，到达新疆皮山县黑峡达坂等地，海拔3 650～5 100 m。共采集植物标本64号。

1997年7月12日至8月16日 黄荣福在青海省大通回族土族自治县，门源回族自治县达坂山、海北定位站、冷龙岭，兴海县河卡、温泉乡鄂拉山，玛多县花石峡、玛积雪山、姜路岭、东部大滩、扎陵湖乡，玛沁县石峡沟、阿尼玛卿山西南部，门源回族自治县皇城等地考察，海拔3 900～4 600 m。共采集植物标本49号。

1999年5月28日至6月24日 吴玉虎随民间环保组织"绿色江河"参加中央电视台举行的现场直播长江源纪念碑揭幕仪式并进行长江源区考察。途经青海省格尔木市西大滩、昆仑山口、可可西里索南达杰自然保护站，沱沱河沿、唐古拉山乡雁石坪、尕尔曲上游、岗加曲巴冰川区、姜古迪如冰川、雀莫错、尕尔曲河畔；返回后从索南达杰自然保护站附近进入可可西里腹地考察，海拔4 600～5 300 m。共采集植物标本161号。

1999年7月21日至7月26日 黄荣福在青海省海西蒙古族藏族自治州考察。途经大柴旦、鱼卡、当金山，乌兰县西里沟，德令哈市巴音河谷等地，海拔3 000～3 400 m。共采集植物标本28号。

2000年8月22日至8月27日 吴玉虎（队长）、梅丽娟、陈晓澄、吴瑞华和中国科学院昆明植物研究所的张广杰、聂泽龙、刘亚青（司机）等在黄河源区考察。途经青海省共和县，兴海县河卡乡、温泉乡，玛多县花石峡乡、县牧场、扎陵湖乡、错日尕则山；返回经花石峡到玛沁县昌马河乡、东倾沟乡、大武乡、江让水电站、军功乡、拉加乡，同德县河北乡，贵南县过马营，贵德县城郊、尕让乡等地，海拔3 000～3 400 m。共采集植物标本1 504号。

2001年8月22日至8月27日 吴玉虎（队长）、陈晓澄、吴瑞华、陈春花、刘兴国（司机）在青海省共和盆地考察。途经共和县江西沟乡、黑马河乡、石乃亥乡、哇玉香卡农场、切吉乡、廿地乡、阿乙亥、沙珠玉治沙试验林场、曲沟乡，兴海县河卡乡，共和县铁盖乡，兴海县尕玛羊曲，贵南县塔秀乡、森多乡，同德县河北乡，玛沁县军功乡，泽库县宁秀乡、阿毛垭口、王加乡，贵南县过马营，贵德县等地，海拔3 200～3 600 m。共采集植物标本1 655号。

2002年5月26日至5月31日 吴玉虎、潘伯荣、姚军、宋录邦（司机）在青海省海西蒙古族藏族自治州柴达木盆地进行荒漠植物考察。途经都兰县香日德、诺木洪，格尔木、锡铁山，大柴旦，德令哈市，乌兰县等地，海拔2 800～3 200 m。共采集植物标本20号。

2002年8月28日至10月8日 吴玉虎应青海省人民政府邀请，随同中央电视台和省政府联合组成的大型电视系列片《三江源》摄制组在澜沧江源区进行拍摄工作和植物考察。沿214国道行进，途经青海省兴海县、玛多县，翻越巴颜喀拉山抵达玉树藏族自治州；随后赴勒巴沟、隆宝滩，杂多县扎青乡扎曲源头、旦荣乡长江南源、昂赛乡郭道沟，囊谦县吉尼赛乡宗高寺沟、白扎乡才角寺沟；最后到达西藏类乌齐县，扎曲与吉曲汇合而成的澜沧江边的昌都市等地，海拔3 000～5 200 m。共采集植物标本70号。

2003年7月24日至8月6日 吴玉虎（队长）、吴瑞华、陈春花、白海生（司机）等在青海省南部地区考察。途经化隆回族自治县青沙山，同仁县隆务峡，泽库县麦秀林场、龙藏沟、恰科日乡、宁秀乡，同德县河北乡，玛沁县拉加乡龙穆尔贡玛、军功乡、大武乡，甘德县青珍乡、上贡麻乡、东吉乡，达日县窝赛乡、德昂乡、满掌乡，班玛县多贡麻乡、马柯河林场，久治县白玉乡、索乎日麻乡、赛儿查布日、康赛乡、哇尔依乡，达日县建设乡、莫坝乡等地，海拔3 150～4 210 m。共采集植物标本1 734号。

2004年7月19日至8月9日 吴玉虎（队长）、陈晓澄、陈春花、冶生虎、董孝和（司机）等在巴颜喀拉山考察。途经青海省湟源县小高陵，兴海县河卡乡、温泉乡、姜路岭、苦海东大滩，玛多县黑河乡、花石峡镇、长石头山垭口、巴颜喀拉山北坡，称多县清水河乡、毛哇山垭口、称文乡、歇武山、安多那；四川省石渠县红旗乡、德荣马乡、长沙贡玛乡、菊母乡、新荣乡、雅砻江边、国营牧场，德格县三岔河、竹庆乡、马尼干戈乡、玉隆乡，甘孜县昔色乡、来马乡、罗科马，色达县塔子乡、年龙乡、年龙寺、杜柯河桥、色柯乡、城关乡、霍西乡、旭日乡、翁达镇、甲学乡，壤塘县吾伊乡、二林场、南木达村，阿坝县柯河乡、塔河乡、查理乡、安羌乡、洛尔达乡、军马场、求吉玛乡；青海省久治县康赛乡；甘肃省玛曲县齐哈玛大桥、河曲军马场、欧拉乡哇尔玛；青海省河南蒙古族自治县柯生乡、托叶玛乡，泽库县多福屯乡，同仁县等地，海拔3 110～5 249 m。共采集植物标本3 746号。

2005年6月30日至8月16日 吴玉虎（队长）、陈春花、史惠兰、刘兴元、彭智勇、南龙、扎巴等在青海省杂多县为国家自然科学基金课题“澜沧江源区植物区系地理研究”进行考察。途经青海省玛多县，称多县，玉树县，杂多县萨呼腾镇、昂赛乡、苏鲁乡、结多乡、扎青乡、旦荣乡、莫云乡、阿多乡等地，最后抵达长江南源——当曲源头。海拔3 650～5 100 m。共采集植物标本3 686号。

2006年6月30日至7月24日 吴玉虎（队长）、陈春花、方梅存、阳忠新、宋海生（司机）等在青海省东昆仑山北坡和柴达木盆地进行植物考察。途经都兰县香日德镇，分别从沟里乡、巴隆乡和诺木洪乡3条路线进入布尔汗布达山和东昆仑山北坡腹地；又从格尔木市沿青藏公路经纳赤台、野牛沟、西大滩、昆仑山口等处分别进入东昆仑山腹地；后从格尔木到大灶火，再到大柴旦镇、南八仙、德令哈市、柯柯镇、乌兰县、天竣县、刚察县、海晏县等地，海拔2 780～4 760 m。共采集植物标本1 455号。

2007年7月4日至7月24日 吴玉虎、李小红、杨帆、扎西多杰等在青海省玉树藏族自治州进行植物区系考察。途经玉树县、治多县、曲麻莱县曲麻河乡措池村及青海省东部地区，海拔 3 660～4960 m。共采集植物标本 420 号。

2008 年 7 月 20 日至 8 月 18 日　陈世龙、张得钧、高庆波、张发起等在青海省南部地区为中国西南植物种质资源库采集种子和标本。途经青海省兴海县、同德县、玛多县、玛沁县、甘德县、达日县、班玛县、久治县、德令哈市、乌兰县、天竣县，四川省阿坝县、诺尔盖县，甘肃省玛曲县、天祝县等地，海拔 2 650～4 500 m。共采集植物标本 488 号。

2009 年 7 月至 10 月　吴玉虎、韩玉、熊淑惠、郑林、史惠兰、王杰、马宏（司机）等在青海省兴海县唐乃亥乡、大米塘、大河坝、中铁乡、中铁林场，同德县城、居布日，泽库县和日乡，以及西宁市中国科学院西北高原生物研究所院内等地考察。共采集植物标本 1 804 号。

2010 年 5 月至 10 月　吴玉虎、陈春花、史惠兰、韩秀娟、李炜祯、杨应销、李明虎、陈录（司机）、何海青（司机）、彭向东（司机）、郇林（司机）等在青海省平安县三合镇峡群寺林场、乐都县瞿昙乡药草台林场、化隆回族自治县扎巴镇青沙山、兴海县中铁乡中铁林场和赛宗寺、同德县巴沟乡然果村、贵德县河阴镇、大通回族土族自治县青林乡和老爷山及向化乡、门源回族自治县仙米林场、互助土族自治县北山林场等地考察，海拔 2 200～4 200 m。共采集植物标本 4 417 号。

2010 年 8 月 10 日至 8 月 30 日　陈世龙、高庆波、张发起、李印虎等在青海省共和县、兴海县、玛多县、称多县、曲麻莱县、格尔木市、都兰县等地考察，共采集植物标本 500 余号。

中名索引

（按笔画顺序排列）

二画

三画

四画

五画

六画

七画

八画

九画

十画

十一画

十二画

十三画

十四画

十五画

十六画

十七画

十八画

十九画

拉丁名索引

（按字母顺序排列）

A

B

C

D

E

F

G

H

I

L

M

N

O

S

T

Z

重庆出版集团（社）科学学术著作出版基金资助书目

第一批书目

蜱螨学	李隆术　李云瑞　编著
变形体非协调理论	郭仲衡　梁浩云　编著
胶东金矿成因矿物学与找矿	陈光远　邵　伟　孙岱生　著
中国天牛幼虫	蒋书楠　著
中国近代工业史	祝慈寿　著
自动化系统设计的系统学	王永初　任秀珍　著
宏观控制论	牟以石　著
法学变革论	文正邦　程燎原　王人博　鲁天文　著

第二批书目

中国自然科学的现状与未来	全国基础性研究状况调研组 中国科学院科技政策局　编著
中国水生杂草	刁正俗　著
中国细颚姬蜂属志	汤玉清　著
同伦方法引论	王则柯　高堂安　著
宇宙线环境研究	虞震东　著
难产（《头位难产》修订版）	凌萝达　顾美礼　主编
中国现代工业史	祝慈寿　著
中国古代经济史	余也非　著
劳动价值的动态定量研究	吴鸿城　著
社会主义经济增长理论	吴光辉　陈高桐　马庆泉　著
中国明代新闻传播史	尹韵公　著
现代语言学研究——理论、方法与事实	陈　平　著
艺术教育学	魏传义　主编
儿童文艺心理学	姚全兴　著
从方法论看教育学的发展	毛祖桓　著

第三批书目

奇异摄动问题数值方法引论	苏煜城　吴启光　著
结构振动分析的矩阵摄动理论	陈塑寰　著
中国古代气象史稿	谢世俊　著
临床水、电解质及酸碱平衡	江正辉　主编
历代蜀词全辑	李　谊　辑校
中国企业运行的法律机制	顾培东　著
法西斯新论	朱庭光　主编
《易》与人类思维	张祥平　著

第四批书目

计算流体力学	陈材侃　著
中国北方晚更新世环境	郑洪汉等　著
质点几何学	莫绍揆　著
城市昆虫学	蒋书楠　主编
马克思主义哲学与现时代	李景源　主编
马克思主义的经济理论与中国社会主义	项启源　主编
科学社会主义在中国	李凤鸣　张海山　主编
马克思主义历史观与中华文明	王戎笙　主编
莎士比亚绪论——兼及中国莎学	王佐良　著
中国现代诗学	吕　进　著
汉语语源学	任继昉　著
中国神话的思维结构	邓启耀　著

第五批书目

重磁异常波谱分析原理及应用	刘祥重　著
烧伤病理学	陈意生　史景泉　主编
寄生虫病临床免疫学	刘约翰　赵慰先　主编
国民革命史	黄修荣　著
现代国防论	王普丰　王增铨　主编
中国农村经济法制研究	种明钊　主编
走向21世纪的中国法学	文正邦　主编
复杂巨系统研究方法论	顾凯平　高孟宁　李彦周　著
辽金元教育史	程方平　著

中国原始艺术精神　　张晓凌　著
中国悬棺葬　　陈明芳　著
乙型肝炎的发病机理及临床　　张定凤　主编

第六批书目

非线性量子力学理论　　庞小峰　著
胆道流变学　　吴云鹏　主编
中国蚜小蜂科分类　　黄　建　著
中国历史时期植物与动物变迁研究　　文焕然等　著
中国新闻传播学说史　　徐培汀　裘正义　著
列宁哲学思想的历史命运　　张翼星　编著
唐高僧义净生平及其著作论考　　王邦维　著
中国远征军史　　时广东　冀伯祥　著
历代蜀词全辑续编　　李　谊　辑校

第七批书目

亚夸克理论　　焦善庆　蓝其开　著
肝癌　　江正辉　黄志强　主编
计算机系统安全　　卢开澄　郭宝安　戴一奇　黄连生　编著
声韵语源字典　　齐冲天　著
幼儿文学概论　　张美妮　巢　扬　著
黄河上游地区历史与文物　　芈一之　主编
论公私财产的功能互补　　忠　东　著

第八批书目

长江三峡库区昆虫（上、下册）　　杨星科　主编
小波分析与信号处理——理论、应用及软件实现　　李建平　主编
世界首例独立碲矿床的成矿机理及成矿模式　　银剑钊　著
临床内分泌外科学　　朱　预　主编
当代社会主义的若干问题
——国际社会主义的历史经验和中国特色社会主义　　江　流　徐崇温　主编
科技生产力：理论与运作　　刘大椿　主编
世界语言词典　　黄长著　著

第九批书目

法医昆虫学　　胡　萃　主编

储藏物昆虫学　李隆术　朱文炳　编著
15 世纪以来世界主要发达国家发展历程　陈晓律等　著
重庆移民实践对中国特色移民理论的新贡献　罗晓梅　刘福银　主编
中华人民共和国科技传播史　司有和　主编
高原军事医学　高钰琪　主编
现代大肠癌诊断与治疗　孙世良　温海燕　张连阳　主编
城市灾害应急与管理　王绍玉　冯百侠　著

第十批书目

当代资本主义新变化　徐崇温　著
全球背景下的中国民主建设　刘德喜　钱　镇　林　喆　主著
费孝通九十新语　费孝通　著
中国政治体制改革的心声　高　放　著
中国铜镜史　管维良　著
中国民间色彩民俗　杨健吾　著
发髻上的中国　张春新　苟世祥　著
科幻文学论纲　吴　岩　著
人类体外受精和胚胎移植技术　黄国宁　池　玲　宋永魁　编著

第十一批书目

邓小平实践真理观研究　王强华等　著
汉唐都城规划的考古学研究　朱岩石　著
三峡远古时代考古文化　杨　华　著
外国散文流变史　傅德岷　著
变分不等式及其相关问题　张石生　著
子宫颈病变　郎景和　主编
北京第四纪地质导论　郭旭东　著
农作物重大生物灾害监测与预警技术　程登发等　著

第十二批书目

马克思主义国际政治理论发展史研究　张中云　林德山　赵绪生　著
现代交通医学　王正国　主编
昆仑植物志　吴玉虎　主编
河流生态学　袁兴中　颜文涛　杨　华　著

"三农"续论：当代中国农业、农村、农民问题研究　　陆学艺　著
中国古代教学活动简史　　熊明安　熊　焰　著